GRUNDLAGEN DER PATHOLOGISCHEN ANATOMIE

FÜR STUDIERENDE UND ÄRZTE

VON

PROF. DR. GOTTHOLD HERXHEIMER,
PROSEKTOR AM STÄDTISCHEN KRANKENHAUS ZU WIESBADEN.

ZWEITE UND DRITTE AUFLAGE.
ZUGLEICH SIEBZEHNTE-ACHTZEHNTE AUFLAGE DES GRUNDRISSES DER PATHOLOGISCHEN ANATOMIE VON SCHMAUS-HERXHEIMER.

MIT 424 GROSSENTEILS FARBIGEN ABBILDUNGEN IM TEXT.

MÜNCHEN UND WIESBADEN.
VERLAG VON J. F. BERGMANN.
1922.

ISBN-13:978-3-642-89837-2 e-ISBN-13:978-3-642-91694-6
DOI:10.1007/978-3-642-91694-6

Softcover reprint of the hardcover 3rd edition 1922

Vorwort zur zweiten und dritten Auflage.

Vorliegende neue Auflage erfordert ein kurzes Vorwort — ja eigentlich stets Nachwort — schon $1^1/_2$ Jahre nach dem, welches die verkleinerte Ausgabe erstlings begleitete und sie als notwendige Anpassung an die allgemein-wirtschaftliche Lage erklärte. Dieser Beweis erneuter Einbürgerung — besonders auch bei den Studierenden, die sich, wenn ihnen keine Lehrbücher zu erschwinglichem Preise zur Verfügung stehen, ganz den Kompendien anvertrauen würden — und die richtige Wertung der bedingenden dira necessitas in allen Besprechungen (mit Ausnahme einer) zeigen mir, daß der Weg im Prinzip richtig war. Die heute noch weit traurigeren, ja geradezu katastrophalen, wirtschaftlichen Verhältnisse zwingen leider dazu, an ihm zunächst festzuhalten. Ich hoffe aber, daß vorliegende Neuauflage manche Mängel jenes ersten Versuches bessert. Eine erneute gründliche Durcharbeitung hat an vielen Stellen, an denen unter dem Bestreben nach Zusammenfassung und Kürze des Ausdruckes die Lesbarkeit gelitten hatte, kräftig gefeilt, hat überall wiederum neue wissenschaftliche Errungenschaften und Auffassungen eingefügt und vor allem an dem alten grundlegenden Prinzip festgehalten, wichtige Kapitel — und nur diese — weiter auszubauen. So sind manche Abschnitte völlig neu gestaltet. Ich erwähne nur als Beispiele: die Degenerationen, insbesondere „Verfettung“ und „Pigmente“, Teile der Entzündung und Tuberkulose sowie der ätiologischen Kapitel, die „Disposition“, die Störungen der Nahrungsaufnahme sowie das ganze Kapitel: „Folgen veränderter Drüsenfunktion für den Organismus“, insbesondere auch der Drüsen mit innerer Sekretion. Es sind dies also vor allem Gebiete des allgemeinen Teiles, der mir stets als der wichtigere, da gerade für den Grund der Kenntnisse maßgebende, erschien. Aber auch der spezielle Teil wurde in zahlreichen Abschnitten neu überarbeitet, z. B. die „perniziöse Anämie“, die Veränderungen der Gefäße, teilweise die Lungentuberkulose und das Emphysem, das Magenulkus, die Gallensteine, die Knochenentzündungen und unter den Infektionskrankheiten die Malaria. Der allzukleine Druck wurde wieder ausgemerzt. Trotz alledem umfaßt das Buch nur $1^1/_2$ Bogen mehr als die letzte Ausgabe. Der Bildteil blieb bis auf einige wenige durch neue ersetzte Abbildungen unverändert.

Allen Erschwerungen, früher ungeahnten Hindernissen zu Trotz arbeitet deutsche Wissenschaft weiter. Das Forschungsstreben muß auch den kommenden Arztgenerationen errettet werden. Die pathologische Anatomie, deren Bestreben ja heute glücklicherweise überall dahin geht, sich zu allgemeiner Pathologie zu weiten, kann hier führend sein. Und vor allem muß sie nach wie vor den Grund der positiven Kenntnisse auch für die klinische und überhaupt praktisch-ärztliche Betrachtungsweise legen. Zwischen der letzten und dieser Auflage liegt der hundertjährige Geburtstag Rudolf Virchows, festlich begangen überall, wo deutsche Kultur maßgebend ist oder nach Gebühr und Gerechtigkeit gewürdigt wird. Stolz auf den Altmeister der Pathologie wollen wir sein Erbe treu in dem Sinne nicht nur wahren sondern fortsetzen, daß wir das ererbte neu erwerben, um es zu besitzen. Geistigen Besitzstand als Grundlage für Wissen und Mehren des Wissens weiter zu vermitteln muß das letzte ideale Streben jedes Lehrbuches sein, so auch dieses.

Wiesbaden, 15. August 1922.

Gotthold Herxheimer.

Vorwort zur ersten Auflage.

Schmaus' „Grundriß der pathologischen Anatomie“ habe ich von der 8. bis 13./14. Auflage fortgeführt, völlig umgearbeitet und ausgebaut. Als sich aber sehr bald nach der letzten Auflage das Bedürfnis einer neuen geltend machte, entschloß ich mich zu einer Umgestaltung des Ganzen. Die Gründe waren zwingend, rein realer Natur. Sie lassen sich auf die einheitliche Formel bringen: Not der Zeit. Eine Neuauflage im bisherigen Rahmen hätte einen Preis des Buches erzwungen, der die Mittel des Durchschnittsstudenten weit überstiegen hätte. Die Folge einer solchen, heute unvermeidlichen, Preissteigerung der Lehrbücher ist dann, daß der Student zum Kompendium greift. Drei unserer bekanntesten Hochschullehrer wiesen mich auf diese Gefahr hin. Auch ich halte sie gerade auf dem Gebiete der pathologischen Anatomie, deren gründliche Erlernung und Durchdenkung für den angehenden Mediziner grundlegend sein und bleiben muß, für eine besonders hoch zu wertende. Und so mußte ich denn, gerade weil ich die ideale Aufgabe, meinen Teil zur Ausbildung zugleich wissender und guter Ärzte, die für die Zukunft unseres Volkes von äußerster Bedeutung sind, beizutragen (siehe das letzte Vorwort), tiefernst auffasse, den Versuch einer völligen Neugestaltung des Buches wagen. So mußte auch sein Titel etwas verändert werden. Es galt alles Überflüssige zu entfernen; „kompendiös", aber in nichts kompendiumartig war das mir stets vorschwebende Leitmotiv. Allerdings, an dem bisherigen Ausbau wichtiger Kapitel wurde festgehalten und auch sonst wurde nichts von Belang gestrichen. Nur einige Kapitel, die in jedem Lehrbuch der allgemeinen Chirurgie (oder auch Geburtshilfe) eine Hauptrolle spielen, wurden nur kurz dargestellt. Auch wurde weiterhin vielfach, wenn auch nicht in zu weit gehendem Maße, Kleindruck verwandt, vor allem auch in ausführlicher darstellenden Kapiteln. Für das Buch benutzende Studenten sei daher ausdrücklich hervorgehoben, daß Kleindruck nicht Bewertungsunterschied hinsichtlich Wichtigkeit bedeutet. Vor allem aber wurde jede Wiederholung und allzuhäufige Verweisung vermieden, unklare oder nichtssagende Beiworte ausgemerzt, alles gedanklich und logisch Zusammengehörige eng zusammengezogen. Äußerste Prägnanz des Ausdruckes mußte in erster Linie die Kürzung bewirken. Ich hoffe, daß sich dies zusammen mit der sich so ergebenden größtmöglichen Einheitlichkeit als ein Vorteil erweisen wird. Die Form ist neu, nicht der Inhalt. Aus denselben Bausteinen wurde ein neuer Bau errichtet. Aber auch allen bedeutenden Neuforschungen der letzten Jahre wurde wiederum Rechnung getragen. Auf Anregung von Geheimrat Hauser, dem ich, wie stets, für sein Interesse herzlich dankbar bin, wurden an vielen Stellen die Namen besonders verdienter Forscher eingefügt, um so ihre historische Bedeutung auch bei den Jüngeren festzuhalten.

Leider mußte auch der Bildteil beschnitten werden. Neue Abbildungen wurden diesmal nur ganz vereinzelt aufgenommen, aber auch unter den vorhandenen gesichtet und gewählt. Wer Einblick in die jetzigen Herstellungskosten vor allem bunter Abbildungen hat, wird verstehen, daß dies zwingende Notwendigkeit war. Nun war aber auch die Zahl der Bilder in den letzten Auflagen eine so große geworden, daß eine Verminderung unter Auswahl des Besten und Charakteristischen gut angängig war und wohl auch den Vorteil größerer Einheitlichkeit mit sich bringt.

Die „Selbstverkleinerung" war ein schwerer Schritt, ein Opfer an die Zeit. Wer muß ihr nicht opfern? Wieviel leichter ist es, breit und flüssig, als mit äußerster Raumbeschränkung kurz und doch umfassend zu schildern! Aber die große Arbeit, welche die Neugestaltung des Werkes in dieser Form für mich bedeutete, wird reichlich gelohnt, wenn mein Ziel, ein möglichst kurzes Lehrbuch zu schaffen, das trotzdem in gut lesbarer Form alles für den Studenten Wissenswerte enthält und auch dem Nachschlagenden möglichst viel und übersichtlich bietet, nach Möglichkeit erreicht ist. Dann wird das Werk, dessen Druckseiten nicht viel mehr als die Hälfte derer der vorigen Auflage betragen, und dessen Preis dementsprechend für die heutigen Verhältnisse ein mäßiger ist, auch weiterhin Verbreitung finden, und so die oben angedeuteten Gefahren zu bekämpfen und positive Kenntnisse zu vermitteln helfen, und dies gerade auf einem Gebiete, dessen Vernachlässigung oder äußerliche, oberflächliche Aneignung den zukünftigen Arzt zum Handwerker seiner Kunst stempeln würde.

Mein Vorhaben wäre nicht erreichbar gewesen, wenn mich nicht der Verlag mit vollstem Verständnis und mit nicht geringen Opfern unterstützt hätte. Kommen bessere Zeiten, so wird er mir helfen, das Werk wieder breiter anzulegen.

Wiesbaden, 1. Februar 1921.

Gotthold Herxheimer.

Inhaltsverzeichnis.

Allgemeiner Teil.

Kapitel V. Störungen der Gewebe während der Entwicklung.

Krankheitsursachen.

Kapitel VI. Äußere Krankheitsursachen (außer Parasiten) und ihre Wirkungen.

Spezieller Teil.

Kapitel II. Erkrankungen des Zirkulationsapparates.

Kapitel III. Erkrankungen des Respirationsapparates.

Seite

Kapitel IV. Erkrankungen des Verdauungsapparates und seiner Drüsen.

Kapitel V. Erkrankungen des Harnapparates.

Seite

Kapitel X. Allgemeine pathologische Anatomie der äußeren Haut.

Kapitel XI. (Akute) Infektionskrankheiten.

Allgemeiner Teil.

Einleitung. Allgemeine Pathologie der Zelle.

Die Pathologie, die „Leidenslehre", umfaßt die ganze Lehre vom „Krankhaften" im allgemeinen. Wir können zwei große Gruppen unterscheiden, krankhafte Vorgänge und krankhafte Zustände. Zu ersteren gehören die **Krankheiten.** Es sind dies Vorgänge, bei welchen ein lebendes System (Zellen, Gewebe, Organe) in einer oder mehreren Lebensäußerungen so verändert ist, daß eine Funktionsstörung (welche die funktionelle Variationsbreite überschreitet und von längerer Dauer ist) mit Gefährdung der Fortdauer des Organismus resultiert. Eine solche Funktionsstörung kommt zustande, wenn sich die Regulationsmechanismen, die durch Ausgleich wechselnder äußerer Lebensbedingungen im normalphysiologischen Leben die biologische Existenz sichern, nicht genügend anpassen können. Die Krankheit bedeutet ein Weiterleben, aber unter veränderten Bedingungen. Das „vitale Gleichgewicht" ist gestört. Die Lebensvorgänge unterscheiden sich quantitativ von den normal-physiologischen oder es finden solche an falschem Ort oder zu falscher Zeit — „anachronistisch" — statt. Der krankhafte Vorgang kann entweder auf den Ausgangspunkt zurückkehren (Heilung) oder wenigstens nahezu (unvollständige Heilung) oder aber er bleibt, nachdem er eine gewisse Höhe erreicht hat, ungefähr oder doch mit geringen Schwankungen auf dieser stehen (chronische Krankheit), oder endlich er führt zu einer so hochgradigen Funktionsstörung des Gesamtorganismus, daß der Tod eintritt. Die Lehre von den Krankheiten wird als **Nosologie** bezeichnet. Krankhafte Vorgänge sind des weiteren Störungen der Entwickelung, besonders der embryonalen, als Folge im Keimplasma gelegener innerer Bedingungen. Die Lehre von diesen Entwickelungsstörungen können wir als **Dysontologie** bezeichnen und der Nosologie an die Seite stellen.

Von den krankhaften Vorgängen zu trennen sind die krankhaften Zustände. Am wichtigsten sind solche, welche, meist dauernder Natur, aus krankhaften Vorgängen (Krankheiten bzw. Entwickelungsstörungen) resultieren. Man spricht dann gut von **„Schäden"** (E. Schwalbe) bzw. bei dem Resultat von Entwickelungsstörungen von **„Mißbildungen".** Eine scharfe Grenze ist zwischen „Vorgang" und „Zustand" praktisch allerdings nicht stets zu ziehen.

Nach dem Gesagten können wir allgemein einteilen:

Pathologie = Lehre vom „Krankhaften".

I. Lehre von den krankhaften Vorgängen:
   1. Lehre von den Krankheiten (Nosologie).
   2. Lehre von den Entwickelungsstörungen (Dysontologie).

II. Lehre von den krankhaften Zuständen:
   1. Lehre von den „Schäden".
   [2. Lehre von den Mißbildungen (Teratologie)].

Die Funktionen der normalen Organe hängen von ihrem anatomischen Bau ab. Sind erstere gestört, besteht also eine Krankheit, so ist auch die anatomische Struktur des oder der betreffenden bzw. betroffenen Organe verändert. Die Funktionsveränderungen gehören in das Gebiet der pathologischen Physiologie; die Struktur-, d. h. Formveränderungen bei krankhaften Vorgängen wie Zuständen bilden das Objekt der **pathologischen Anatomie.** Diese ist also die Lehre vom Bau des menschlichen Körpers bzw. seiner Organe allgemein unter pathologischen, d. h. krankhaften Bedingungen. Ebenso wie die makroskopische und die mikroskopische Anatomie eine Voraussetzung für die Lehre von den

Funktionen der Organe ist, so ist gründliche Kenntnis der pathologischen Anatomie — der makroskopischen wie histologischen — Vorbedingung für das Verständnis der Krankheiten selbst, wie sie dem Arzte am Krankenbett entgegentreten, und in letzter Linie auch für deren rationelle Behandlung und Bekämpfung. Feststellung des anatomischen Tatbestandes kann ja allein das richtige Verständnis der Krankheitssymptome ermöglichen. So muß die pathologische Anatomie als Grundlage mit allen Zweigen der Medizin in engster Fühlung stehen, ein Gesichtspunkt, den ihr Altmeister Virchow bei jeder Gelegenheit scharf betonte.

Bei den meisten Krankheiten kennen wir die entsprechenden Veränderungen der anatomischen Struktur als Substrat der Funktionsstörung; oder es finden sich wenigstens, wenn die Organzellen zunächst unverändert erscheinen, abnorme Zustände der Blut- oder Lymphzirkulation, welche meist dann noch zu Veränderungen der Organzellen selbst führen. Bei einem Teil der Krankheiten aber können wir bisher in den Organen, deren Funktion gestört ist, wie in anderen Organen keinerlei makroskopisch oder mikroskopisch wahrnehmbare Formveränderung erkennen, welche den Symptomenkomplex der Krankheit in genügender Weise erklären könnte. Ebenso gibt es einige Krankheiten, bei welchen der Gesamtorganismus falsche Leistungen aufweist, also in seiner Funktion gestört ist, ohne daß wir anatomisch bisher irgend ein Organ regelmäßig so verändert gefunden hätten, daß wir es beschuldigen könnten. Wir sprechen in diesen unserem Verständnis zunächst schwerer zugänglichen Fällen von **rein funktionellen Störungen,** weil eben ihr anatomisches Substrat sich unserer Kenntnis entzieht. Hierher gehören vor allem Erkrankungen des Nervensystems, wie Neurasthenie und Hysterie, Neurosen und zahlreiche psychische Affektionen. Die Zahl solcher funktioneller Störungen ist aber durch die fortschreitende Vervollkommnung der Untersuchungsmethoden, besonders die verfeinerte mikroskopische Technik und hier wiederum insbesondere die Ausarbeitung feinster Farbmethoden, eine immer begrenztere geworden. Es ergibt sich schon hieraus die große Wichtigkeit moderner histologischer Methodik, die wie der Meister dieses Gebietes, Carl Weigert, stets betonte, eben nie Selbstzweck, sondern ein Mittel fortschreitender Erkenntnis sein muß. Je enger aber der Kreis der funktionellen Störungen, bei denen die pathologische Anatomie noch versagt, wird, desto mehr weitet sich das Gebiet letzterer.

Wir teilen aus praktischen Gründen die pathologische Anatomie in eine **allgemeine** und eine **spezielle** ein. Die Teilung ist, da beide Gebiete ein Ganzes darstellen, in vieler Hinsicht nur eine künstliche. Die allgemeine pathologische Anatomie bzw. die allgemeine Pathologie umfaßt die allgemeinen Gesetze, welche für Veränderungen gelten, die sich in allen oder den meisten Organen und Geweben abspielen. Die spezielle pathologische Anatomie befaßt sich mit den krankhaften Strukturveränderungen, welche die einzelnen Organe erleiden. Daß die Vorgänge an verschiedenen Organen wesensgleich sind, beruht auf der allen Körperteilen gemeinsamen Zusammensetzung aus Zellen oder deren Derivaten. Auch die Fasern des Bindegewebes, der Muskeln und Nerven sind Abkömmlinge von Zellen; Blut und Lymphe hängen von zellulären Vorgängen, besonders auch der blutbildenden Organe, ab und selbst die im Blute kreisenden Antistoffe sind ja nach den Ehrlichschen Vorstellungen auf Zellentätigkeit zurückzuführen. Die zelligen Elemente, diese Bausteine des Körpers, sind die eigentlichen Träger der Lebenserscheinungen, der normalen wie der krankhaften, und auf ihnen beruht jene Organveränderung, als deren Ausdruck sich das Krankhafte uns darstellt. Unsere ganze Pathologie ist somit in diesem Sinne eine **„Zellularpathologie“** (Virchow).

Und doch dürfen wir nicht ohne weiteres annehmen, daß es sich bei den krankhaften Vorgängen um einfache Summation der Veränderungen der einzelnen Zellen handelt. Wir dürfen nie die Beziehungen auf „das Ganze“ außer acht lassen, bei denen auch innere „Korrelationen“ eine große Rolle spielen. Viele Organe stehen in synergetischen oder antagonistischen funktionellen Beziehungen, und insbesondere gilt dies für die „innere Sekretion“ der sog. endokrinen Drüsen. Weiterhin scheinen schon bei der Keimblattentwicklung besonders für die Bindesubstanzen, Muskeln und Nerven nicht nur einzelne Zellen, sondern zusammenhängende Zellterritorien — Synzytien — eine besondere Rolle zu spielen, und sich erst später Grundsubstanz und Fibrillen auszudifferenzieren. Diese Grundsubstanz ist aber auch nicht leblos, sondern kann auch im späteren Leben noch aus sich Fibrillen entstehen lassen (nach Hueck). Kommen dann also auch noch solchen „parablastischen“ Substanzen Lebensvorgänge, die auch beim pathologischen Geschehen eine Rolle spielen können, zu, so handelt es sich hier doch nicht um eine Wertminderung oder Einschränkung der Zellularpathologie, sondern um deren Ergänzung und Erweiterung. Doch steht eine solche „Interzellularpathologie“ erst ganz am Beginn.

Ist bei der normalen Zelle der anatomische Bau mit den Lebensäußerungen dieses Elementarorganismus eng verknüpft, so ist dasselbe unter krankhaften Bedingungen der Fall. Überall tritt der Virchowsche Grundsatz klar zutage, daß Lebensvorgänge unter normalen und unter pathologischen Bedingungen nicht grundsätzlich, sondern nur dem Grade nach verschieden sind. Die Lebensäußerungen der Zelle bestehen in Stoffwechsel, Kraftwechsel und Formwechsel; diese hängen eng miteinander zusammen.

Die Zellen befinden sich nicht in Ruhelage, dann wäre ein Leben nicht möglich; die Worte Stoff- etc. „wechsel" deuten das schon an. Sie werden durch **Reize** beeinflußt, unter welchen wir alle Veränderungen in den äußeren Lebensbedingungen verstehen können; die Zellen besitzen die Fähigkeit der **Reizbarkeit,** d. h. sich auf derartige Reize hin selbsttätig zu verändern. Virchow unterschied den Hauptlebensäußerungen entsprechend drei Reize, den nutritiven, funktionellen und formativen Reiz; der erste sollte die Zelle zur Ernährung, der zweite zur Ausübung ihrer Funktion und der dritte zu Wachstum und Vermehrung anregen und somit am Leben erhalten. Dies geschieht unter normalen und in vermehrtem oder vermindertem Maße unter pathologischen Bedingungen. Diese Beeinflussungen der Zelle sind nun aber einander nicht ganz gleich zu stellen. Naturgemäß kann eine Zelle nur Lebensäußerungen betätigen, zu denen sie befähigt ist; nur was in ihr „determiniert" ist kann „realisiert" werden. Ein äußerer direkter Reiz führt — wie wir wohl mit Weigert annehmen dürfen — nur einen Verlust von Zellsubstanz (Katabiose) herbei. Es ist dies bei der Funktion der Fall, bei welcher ja, wie bei Sekretionsvorgängen, Bewegungen etc., lebende Substanz verbraucht wird. Unter pathologischen Bedingungen tritt dasselbe zumeist in noch vermehrtem Maße ein, wenn irgend eine Noxe die Zelle angreift und stört. Im Gegensatz zu diesen mit Zellsubstanzabbau einhergehenden Prozessen wird bei den nutritiven und formativen Vorgängen lebende Substanz neu gebildet, indem die Zelle infolge ihrer Assimilationsfähigkeit Nährstoffe aufnimmt und zu organischer Substanz umbaut, infolgedessen sich wieder rekonstruiert und unter Umständen darüber hinaus wächst bzw. sich teilt, so daß neue Zellen entstehen. Solche bioplastische Vorgänge scheinen im Gegensatz zu den oben genannten mit Substanzverlust einhergehenden katabiotischen nicht durch äußere Reize direkt veranlaßt zu werden, sondern durch innere jeder Zelle von Haus aus innewohnende Kräfte; diese sind ihr vom Keimplasma mitgegeben, ererbt. Während des Wachstums des Organismus ist die bioplastische Energie der Zellen eine sehr lebhafte — kinetische —, später ruht sie, weil die geschlossene Zellstruktur und der enge Zellverband die einzelnen Zellteile und Zellen an der Betätigung dieser Fähigkeit hindern; allein die bioplastische Energie ist der Zelle bewahrt geblieben, wenn auch nur potentiell. Sobald die Zellstruktur und besonders der Zellverband gelockert wird, eben dadurch, daß lebende Substanz verloren geht, wie bei jeder Funktion oder bei dem physiologischen Absterben einzelner Zellen, noch stärker aber bei einem störenden Eingriff (s. oben), und somit eine Entspannung der Zellen untereinander oder eine Desorganisation der Zellen selbst eintritt, so wird eine Umwandlung der bioplastischen Energie aus potentieller in kinetische, ein Wachsen und Vermehren der Zellsubstanz die Folge sein, mindestens bis der Substanzverlust gedeckt ist. Wir sehen somit, wie die Funktion durch äußere Reize direkt angeregt wird, die inneren nutritiven und formativen Fähigkeiten der Zelle aber nur indirekt durch äußeren Reiz ausgelöst werden. Die enge Zusammengehörigkeit der verschiedenen Lebensäußerungen der Zelle zeigt sich hierbei gleichzeitig.

Der Stoffwechsel ist Zeichen des Lebens. Er ist also auch bei der Krankheit, da diese ja Weiterleben unter veränderten Bedingungen bedeutet, wenn auch verändert, vorhanden. Bei dem Stoffwechsel wird Substanz umgesetzt — Dissimilation —, sie muß ersetzt werden — Assimilation. Die Ernährung der Zelle ist somit eine Voraussetzung für ihre Erhaltung. Die Nährstoffe kommen aus der Blutzufuhr und dem Kontakt mit der aus dem Blute transsudierten Flüssigkeit. Störungen in der Verteilung dieser Körperflüssigkeiten, **Zirkulationsstörungen,** bilden daher eine besondere Gruppe von Krankheiten, um deren Erforschung sich außer Virchow vor allem Cohnheim und v. Recklinghausen grundlegend verdient gemacht haben. Im übrigen können wir nach dem oben Gesagten unter pathologischen Bedingungen somit zwei Hauptgruppen von Veränderungen der Zellen und ihrer Lebensäußerungen aufstellen. Die erste umfaßt solche, welche zu einem Substanzverlust führen (katabiotische nach Weigert). Sie verdanken nach dem Gesagten ihre Entstehung einem für die Zelle äußeren Reiz, welcher also hier als Schädlichkeit die Zelle trifft, sei es z. B. ein Giftstoff oder dergleichen. Hierbei wird vornehmlich der Stoffwechsel der Zelle nachteilig beeinflußt, wir können daher auch von **Stoffwechselstörungen** sprechen, oder die Vorgänge, da sie besonders im Hinblick auf die spezifische Funktion der betreffenden Zellen rückgängiger Natur sind, unter der Bezeichnung der **regressiven Prozesse** zusammenfassen. Entweder verändert sich das Gewebe quantitativ, indem sich seine Substanz einfach vermindert — **Atrophie** —, oder auch qualitativ, indem sie sich ändert — **Degeneration** —, oder es kommt gar zu einem völligen Absterben von Zellen — lokaler Gewebstod oder **Nekrose.** Auf der anderen Seite steht die zweite Hauptgruppe, Prozesse, welche mit Vermehrung von Zellsubstanz einhergehen (bioplastische nach Weigert). Man kann sie unter der Bezeichnung der **progressiven** zusammenfassen und den regressiven gegenüberstellen. Diese werden in Kraft treten, wenn unter pathologischen Bedingungen nach Änderung der Zellstruktur oder besonders Lockerung des Zellverbandes, Substanzverlusten etc., die Zellen wie oben besprochen kraft der ihnen innewohnenden bioplastischen Energie das Bestreben haben, zum Ersatz des Verlorenen und dadurch angeregt eventuell noch weiter zu wuchern. Solche Prozesse schließen sich daher besonders an regressive, d. h. Schädigungen an, bzw. werden durch sie eingeleitet; es sind Selbstregulationen, welche — im normal-physiologischen Leben vorgebildet — dem Schutze des Organismus dienen. Die Prozesse dienen entweder einfach dem Ersatz verloren gegangener Zellen durch gleichgeartete: **Regeneration.** Ihr steht nahe die **Hypertrophie.** Oder es liegen kompliziertere Vorgänge vor, welche sowohl Ausgleich der Schädigung wie Abwehr gegen die Schädlichkeit bewirken; sie stellen das große Kapitel der **Entzündung** dar. Für sich stehen Wachstumsvorgänge exzessivster aber nicht restlos geklärter Natur, die wir als **Geschwülste** zusammenfassen.

Auch der Fötus kann schon den verschiedensten krankmachenden Schädlichkeiten ausgesetzt sein, **Fötalkrankheiten,** vor allem fötale Entzündungen. Es kommen aber auch mechanische Beeinflussungen mit ihren Folgen hinzu, welche auf ungünstigen Verhältnissen des Medium (Uterus, Eihäute etc.) beruhen. Zu den eigentlichen Krankheiten gesellen sich hier, wie oben gestreift, die **Störungen in der Keimentwickelung.** Daß Krankheiten wie Entwickelungsstörungen, da sie den im Werden begriffenen Organismus betreffen, auch die weitere Entwickelung nachteilig beeinflussen und so bedeutende Formveränderungen verursachen können, liegt auf der Hand. Das Endresultat ist die **Mißbildung.** Mit ihnen hat sich in neuerer Zeit vor allem E. Schwalbe beschäftigt.

Zumeist ist eine Vielheit von Zellen von der krankhaften Veränderung ergriffen. Es kann aber von Bedeutung sein, die Veränderungen auch an den einzelnen Zellen zu verfolgen. Ja selbst Teile einer Zelle können Träger von Veränderungen sein, so Kern oder Protoplasma, die ja ganz verschiedene Wertigkeit besitzen. Verschiebungen im Verhältnis zwischen Kern und Protoplasma, eine nicht richtige Abgabe des Kernes als Stoffproduzenten oder nicht richtige Ernährung des Kernes von seiten des Protoplasmas müssen den Stoffwechsel und somit die Funktion von Zellen stören. Vor allem aber das Protoplasma selbst stellt wieder eine Vielheit verschiedener Substanzen dar, unter denen neben Eiweißstoffen offenbar Lipoide auch gerade als Ausgangspunkt einer Desorganisation der normalen Zellstruktur eine große Rolle spielen. Die Organisation der Zelle ist kolloidchemischer Natur. Im Protoplasma treten, morphologisch sichtbar, gewisse Strukturen hervor, vor allem die Altmannschen Granula und die sog. Mitochondrien. An erstere scheinen sich Stoffe des Stoffwechsels, wie Fett oder Glykogen, anzulagern. Kolloidchemische Verschiebungen wie Veränderungen solcher granulärer Zellstrukturen leiten wohl die allerersten Zellveränderungen ein. Wir beginnen aber eben erst Kenntnisse über eine solche „Intrazellularpathologie" zu gewinnen. Nicht nur die Zellen derselben oder benachbarter Gewebe beeinflussen sich untereinander in wichtiger Weise, sondern wir wissen, daß auch zwischen weit entfernten Organen wichtige „Korrelationen", vermittelt durch sog. „Hormone", bestehen. Störungen dieser Beziehungen sind auch als Grundlage von Krankheiten anzusehen.

Bei der Feststellung der anatomischen Veränderungen, also des Gewebszustandes, welcher einem als Krankheit sich äußernden abnormen Vorgange entspricht, tritt gleichzeitig die Frage nach der Entwickelung der veränderten Gewebsstruktur aus der normalen auf. Dem morphologischen Befund hat sich die Erforschung der Entstehungsart der Veränderung, d. h. der **„Pathogenese"** der Erkrankung, anzureihen. Und ebenso wichtig wie diese formale Genese, welche das formale Geschehen erforschen soll, tritt sofort die Frage der kausalen Genese hinzu, d. h. die weitere Frage, wodurch denn diese Veränderungen der Struktur veranlaßt sein mögen: die Frage nach den Krankheitsursachen bzw. Krankheitsbedingungen, der **Ätiologie** der Erkrankung. Zunächst zu nennen sind hier die sog. **äußeren Krankheitsursachen.** Unter ihnen spielen belebte Organismen, **Parasiten** — Tiere und Pflanzen —, eine besondere Rolle; die durch pflanzliche Mikroorganismen hervorgerufenen Erkrankungen werden als Infektionskrankheiten, die durch höhere tierische bewirkten als Invasionskrankheiten bezeichnet. Am wichtigsten sind kleinste pflanzliche Lebewesen, deren Erforschung sich ihrer Wichtigkeit wegen zu einer eigenen Disziplin, der Bakteriologie, ausgewachsen hat. Ihre Altmeister sind Pasteur und Robert Koch. Solche Krankheitserreger können natürlich direkt morphologisch nachgewiesen werden, andere äußere Krankheitsursachen hingegen nicht. So kann man z. B. eine Verletzung (Trauma) anatomisch nicht direkt wahrnehmen, sondern nur deren Folgezustände, und dadurch jene erschließen. Außer den Krankheiten mit äußeren Krankheitsursachen gibt es nun andere, bei welchen wir solche nicht nachweisen oder annehmen können und für welche in erster Linie **innere** im Körper selbst wirksame **Krankheitsursachen** in Betracht kommen, wie bei den ererbten Entwickelungsstörungen. Aber auch bei den Krankheiten mit äußeren Krankheitsursachen kommen noch Momente innerer Natur zugleich in Betracht, welchen es zugeschrieben werden muß, daß die Krankheit nicht die einfache Folge äußerer Einwirkung ist; ebenso wichtig ist die Art und Weise wie der betroffene Organismus auf den Insult reagiert. Ist doch die Krankheit ein Vorgang, welcher die Veränderungen eben dieses Organismus umfaßt. Also auch die Wirkung der äußeren Krankheitsursachen ist zum größten Teil abhängig von gewissen inneren Einrichtungen des Körpers selbst; ganz verschiedenartige Einflüsse können unter Umständen die gleichen Krankheitsprozesse veranlassen und das nämliche Agens kann in verschiedenen Fällen ganz ungleiche Erscheinungen auslösen. Man bezeichnet diesen Faktor, welcher im Bau des Körpers selbst liegt, als **Krankheitsanlage** oder **Disposition.** Diese kann in der Keimanlage begründet, also ererbt, oder intrauterin bzw. extrauterin erworben sein. Auch ist sie kein konstanter Faktor, sondern kann zeitlich, örtlich etc. wechseln. Ist gar keine solche Disposition vorhanden, so daß es trotz des Vorhandenseins der äußeren Ursache, z. B. pathogener Bakterien, nicht zur Erkrankung kommt, so bezeichnen wir diesen Zustand als **Immunität.** Sie kann auch künstlich erworben sein.

Unter dem Begriffe **Tod** des Organismus können wir „die mit dem endgültigen Stillstand der Atmung und des Kreislaufs gegebene, von einem Erlöschen sämtlicher Lebensvorgänge gefolgte dauernde Störung und Einstellung der Funktionen“ (Jores) verstehen. Aber über den Tod des Gesamtorganismus hinaus überleben noch einzelne Gewebe bzw. Organe insofern als an ihnen noch einige Zeit Vorgänge vor sich gehen, wie Kontraktionen von Muskulatur oder dergleichen. Mit dem Tode treten Erscheinungen ein, welche ein Individuum als tot charakterisieren und welche man als **Signa mortis** bezeichnet.

Die Erkaltung des Körpers, Algor mortis, welcher sofort nach dem Tode ganz vorübergehend eine Temperatursteigerung vorangeht, ist wesentlich von der Temperatur der Umgebung abhängig; es kann bis zu 24 Stunden dauern bis die Leiche deren Temperatur angenommen hat.

Die Totenstarre, Rigor mortis, wird auf eine (vorübergehende) Gerinnung des Muskeleiweißes (Myosin) zurückgeführt (Brücke, Kühne). Aus den Muskeln verschwindet mit Aufhören des Lebens das Glykogen und dabei wird Milchsäure gebildet. Diese wird neutralisiert, wobei Monokaliumphosphat (aus Dikaliumphosphat) entsteht, auf welchem die leichte saure Reaktion beruht. Steigerung des osmotischen Druckes, Druck der entstehenden Kohlensäure und Fällung von Albumin aus Alkalialbuminaten sollen dabei die Totenstarre bewirken (nach Wacker). Meistens tritt sie etwa 6 Stunden nach dem Tode ein; sie beginnt an den Muskeln der Hals- und Nackengegend, um von da nach abwärts zu steigen und löst sich nach einer Dauer von ungefähr 24—48 Stunden in der nämlichen Reihenfolge. Doch hängt die Reihenfolge der Muskeln (Nystensches Gesetz) auch mit der dem Tode vorausgegangenen Tätigkeit des Muskels, d. h. den vital noch entwickelten sauren Stoffwechselprodukten, zusammen. Nach dem Tode unmittelbar vorausgegangener starker Muskelanstrengung pflegt die Totenstarre sehr rasch einzutreten und fixiert dadurch manchmal noch bestimmte im Moment des Todes vorhandene Stellungen des Körpers und der Extremitäten. Auch der Herzmuskel erstarrt sehr früh (10—30 Minuten nach dem Tode); die Lösung erfolgt hier durchschnittlich nach $3^1/_2$ bis 25 Stunden. Die Totenstarre der Skelettmuskulatur wie des Herzens tritt bei Menschen, die aus voller Gesundheit plötzlich sterben (das Herz also bis zum Schluß gut arbeitet), besonders früh auf. Auch die glatte Muskulatur der Haut zeigt Starre, worauf das vorübergehende Auftreten der sog. „Gänsehaut“ beruht.

Die Haut wird bleich, wenn nicht schwere Zyanose bestehen bleibt. Später kann als Fäulniserscheinung das Gesicht wieder eine hellrote Farbe bekommen. Weiterhin änderte sich die Blutverteilung mit dem Eintritt des Todes in mehrfacher Beziehung. Es wirken dreierlei Einflüsse ein:

1. Die beim Tod eintretende energische Kontraktion der Arterien — Reizung des vasomotorischen Zentrums der Medulla oblongata durch das venös werdende Blut —, durch welche fast alles Blut aus denselben in die Kapillaren und die Venen getrieben wird. Wahrscheinlich beteiligt sich auch die Totenstarre, welche an den glatten Muskelfasern der Gefäße ebenso wie an der Muskulatur des Herzens eintritt, am Zustandekommen dieser Kontraktion.

2. Die postmortale Senkung des Blutes — soweit dasselbe noch flüssig geblieben ist — der Schwere nach, da nach Aufhören der Herztätigkeit und der den venösen Blutumlauf unterstützenden Momente die Schwerkraft allein herrscht. So entstehen einerseits postmortale Hypostasen in den inneren Organen, besonders Lungen, Gehirn, Magen-Darmkanal, andererseits die sog. Totenflecke, Livores. Letztere können aber auch auf Diffusion des Blutfarbstoffes in die Umgebung beruhen. Im ersteren Falle läßt sich durch Druck die Röte zum Verschwinden bringen — und beim Anschneiden erscheint Blut —, im letzteren nicht.

Die Totenflecke treten zuerst am Rücken, überhaupt den tiefliegenden Teilen, in der Regel nach 3—4 Stunden, auf.

3. Erfolgt der Tod durch Herzlähmung, so steht der linke Ventrikel in Diastole still und ist also prall mit Blut gefüllt. Mit dem Eintreten der Totenstarre des Herzmuskels und der mit ihr verbundenen Kontraktion treibt aber der linke Ventrikel das in ihm enthaltene Blut in die Aorta und den Vorhof, so daß er selbst leer gefunden wird; dieser Vorgang bleibt nur dann aus, wenn hochgradige Veränderungen der Muskulatur vorhanden waren. Den rechten Ventrikel trifft man gemäß seiner dünneren Wand und damit geringeren Kraft der Kontraktion meist mehr oder weniger mit Blut gefüllt an, besonders stark bei Erstickung. Bei Verblutungstod ist das Herz nur sehr gering gefüllt.

Das im Herzen und den großen Gefäßen befindliche Blut erleidet nach dem Tode, zum Teil schon während der Agone, in der Regel eine Gerinnung. Man unterscheidet zweierlei Gerinnsel: die schwarzroten Cruorgerinnsel, welche in ihrer Beschaffenheit dem Blutkuchen des extravaskulär gerinnenden Blutes gleichen, und die Speckgerinnsel (Faserstoffgerinnsel oder Fibringerinnsel). Letztere bilden sich vorzugsweise bei länger dauernder Agone, wenn die Herztätigkeit sehr allmählich erlahmt, und entstehen dadurch, daß die roten Blutkörperchen noch fortbewegt werden und so eine Scheidung derselben von den übrigen Blutbestandteilen stattfindet, welch letztere nun an der Wand anhaftende, weiße Faserstoffgerinnsel bilden. Mangelnde oder fehlende Blutgerinnbarkeit findet sich beim Erstickungstode, ferner bei gewissen Vergiftungen, bei hydropischer Beschaffenheit des Blutes, endlich bei septischen und pyämischen Erkrankungen.

Kadaveröse Veränderungen des Blutfarbstoffes. Nach dem Tode findet eine allmähliche Lösung des Blutfarbstoffes und Auslaugung desselben aus den roten Blutkörperchen statt, wodurch das Gewebe mit intensiv roter Farbe gleichmäßig oder fleckig imbibiert wird. Man kann dies sehr häufig an der Gefäßintima und den Herzklappen beobachten und muß sich hüten, diese rote Imbibition — also eine postmortale Erscheinung — mit einer Hyperämie oder Entzündungsröte dieser Teile zu verwechseln. Die Imbibition ist in ihrer diffusen Ausbreitung — die auch in gefäßarmen Bezirken recht ausgedehnt ist —, an ihrem Mangel an Gefäßverzweigungen und dem mehr schmutzig-roten Farbton zu erkennen. Durch Einwirkung von Schwefelwasserstoff — es bildet sich dabei Methämoglobin durch die Einwirkung des Schwefels auf Oxyhämoglobin — kann die rote Farbe sich in eine schmutzig-grüne bis schwarze umwandeln, eine Verfärbung, welche namentlich am Magen-Darmkanal, sowie an den dem Darm anliegenden Teilen von Leber, Milz und Nieren häufig zu beobachten ist. Auch körniges Blutpigment kann in der Leiche eine schwarze Farbe annehmen und dann große Ähnlichkeit mit Kohlenpigment erhalten; durch Einwirkenlassen von Schwefelsäure kann man unter dem Mikroskop leicht den Blutfarbstoff erkennen, da dieser sich in ihr unter Rückkehr der rötlichen Farbe löst, bei langsamer Einwirkung unter Eintreten der für die Gallenfarbstoffreaktion charakteristischen Farbennuancen (blau, grün, rosarot, gelb).

Am Magen, zum Teil auch am Ösophagus, kommt ferner noch die kadaveröse Selbstverdauung der Wände (schon Hunter bekannt) in Betracht, welche sich über den Magen hinaus in andere Gewebe ausdehnen kann. Ebenso weisen einige Drüsen, besonders das Pankreas, sehr schnell nach dem Tode Zeichen kadaveröser Selbstverdauung auf. Es handelt sich hier um Autolyse infolge Fermentwirkung, welche die toten Zellen angreift. Bei der Autolyse der Gewebe nach dem Tode im allgemeinen leiden deren feinere Strukturen, besonders die sog. Altmannschen Granula, sehr schnell.

Der Gewebsturgor schwindet infolge Stillstand der Herzarbeit. So verliert das Auge seinen Glanz und seine Konsistenz. Die Kornea wird trüb und sinkt, wenn die Lider nicht geschlossen wurden, infolge von Wasserverdunstung im Bulbus ein. In diesem Falle zeigen sich am freiliegenden Teile des Auges auch Vertrocknungserscheinungen.

Von den eigentlichen Leichenerscheinungen zu unterscheiden sind jene der eintretenden Fäulnis; zu ihnen gehören der Leichengeruch, die grünlich bis schmutzig-braune Verfärbung der Haut, welche gewöhnlich zuerst an den Bauchdecken eintritt, Gasbildung im Gewebe, Blasenbildung unter der Epidermis und in inneren Organen, Auftreten von Schaum im Blut.

Aus einzelnen der beschriebenen Todesanzeichen kann man auch bei einer Leichenbesichtigung oft schon auf die seit dem Tode etwa verflossene Zeit Rückschlüsse ziehen, zuweilen auch auf eine bestimmte Todesart schließen.

Allgemeine pathologische Anatomie der Gewebe.

Kapitel I.
Störungen der Gewebe durch lokale Veränderungen des Kreislaufs.

I. Hyperämie.

Als Hyperämie bezeichnen wir eine lokale Blutüberfüllung der Gefäße. Sie kann bedingt sein A. durch eine vermehrte Zufuhr von der arteriellen Seite her und heißt dann **aktive Hyperämie (arterielle, kongestive, Wallungs-Hyperämie, Fluxion)** oder B. durch verminderten Abfluß des Blutes nach den Venen und wird dann als **passive Hyperämie (venöse, Stauungs-Hyperämie)** bezeichnet.

A. Eine **aktive (arterielle) Hyperämie** stellt sich ein, wenn die Widerstände in irgendeinem Teil des arterio-kapillaren Gefäßsystems dadurch geringer geworden sind, daß die Gefäßlumina erweitert werden. Dies tritt ein:

1. Wenn die Muskulatur der Gefäßwand infolge lokaler Einflüsse erschlafft — myoparalytische Form.
2. Wenn die vasomotorischen Nerven beeinflußt werden und zwar

entweder a) die Gefäßverengerer gelähmt — neuroparalytische Form, oder b) die Gefäßerweiterer gereizt werden — neuroirritative Form.

1. Myoparalytische Form. Sie kann man an der äußeren Haut, z. B. durch Erhöhung der Temperatur eines Teiles, sowie mechanische Einflüsse, Reibung, fortwährend wiederkehrenden Druck, Streichen etc., bewirken. Ähnlich wirken viele chemische und toxisch-bakterielle Einflüsse, manche derselben nach einem vorausgehenden Stadium von Gefäßkontraktion und Blutarmut. Auch die sog. sekundäre Fluxion gehört hierher, welche sich dann einstellt, wenn lange Zeit ein äußerer Druck auf einem Gefäßgebiet gelastet hat und dieser nun plötzlich aufgehoben wird (wahrscheinlich infolge so bewirkten Elastizitätsverlustes); so am Peritoneum oder an der Pleura nach plötzlicher Entleerung reichlicher Exsudatmengen (durch gleichzeitige Anämie des Gehirns kann es sogar zu Ohnmachten kommen), oder nach Lösung des Esmarchschen, Blutleere bewirkenden Schlauches. Überhaupt stellt sich Erschlaffung der Gefäßmuskulatur leicht nach heftigem Kontraktionszustand ein.

2a) Neuroparalytische Form.

Sie wird experimentell erzeugt durch Durchschneidung des gefäßverengernde Fasern führenden Sympathikus (Cl. Bernard). Nach dessen Durchtrennung am Hals tritt beim Kaninchen auf derselben Seite Hyperämie des Ohres neben Temperaturerhöhung und Verengerung der Pupille ein. Nach Durchschneidung des Nervus splanchnicus kommt es zu starker Hyperämie der Gefäße der Bauchhöhle.

Auch für den Menschen liegen analoge Beobachtungen nach Verletzungen, Entartung des Sympathikus durch Kompression seitens Tumoren u. dgl. vor. Vielleicht gehören auch die beim Morbus Basedow auftretenden aktiven Kongestionen hierher. Auch die im Verlaufe mancher Infektionskrankheiten auftretenden Hyperämien (im Splanchnikusgebiet) werden auf Lähmung des Vasokonstriktorenzentrums durch Toxine bezogen.

2b) Zu der neuroirritativen Form gehören gewisse Angioneurosen, vorübergehende, aber sich häufig wiederholende Hyperämien bestimmter Gefäßbezirke zusammen mit sensiblen Reizungen. Auch gewisse Hauterkrankungen, wie flüchtige Erytheme, Urtikaria nach Genuß mancher Speisen, gegen die „Idiosynkrasie" besteht, Quaddeln nach Berührung mit Brennnesseln, gewissen Insekten, Spinnen etc. und wohl auch der Herpes zoster gehören hierher. Die

Nervenerregung, welche zur Hyperämie führt, kann auch auf dem Umweg über das Zentralnervensystems vor sich gehen — reflektorische Hyperämie (Zorn- oder Schamröte), bei manchen Hirnerkrankungen, bei Hysterie etc.

Als kollaterale (kompensatorische) Hyperämie bezeichnet man jene Formen von Blutfülle, welche in der Umgebung blutleer oder blutarm gewordener Bezirke auftreten. Hierfür sind neben dem erhöhten Blutdruck proximal von der Sperrungsstelle, der sich durch Verteilung auf das ganze Gefäßsystem bald wieder ausgleichen würde, auch vasomotorische, vielleicht reflektorische Vorgänge verantwortlich zu machen.

Eine aktive Hyperämie tritt erfahrungsgemäß an allen Organen ein, welche eine erhöhte Funktion leisten oder in denen die Zersetzungsvorgänge gesteigert sind; so finden wir einen vermehrten Blutgehalt an stärker sezernierenden Drüsen, an entzündeten Geweben etc.

Kennzeichen eines aktiv-hyperämischen Gebietes: es ist hellrot gefärbt, denn der Blutstrom innerhalb desselben ist beschleunigt (da hier das Poiseuillesche Gesetz für Kapillarröhren in Betracht kommt, nach dem in solchen die Stromgeschwindigkeit dem Quadrate der Durchmesser proportional ist) und damit ist der Kontakt mit dem Gewebe ein kürzerer und die Abgabe des Sauerstoffes vermindert, so daß das Blut noch arteriell, mit hochroter Farbe in die Venen gelangt. Zufolge der starken Injektion der Gefäße treten nun auch die kleineren hervor, besonders deutlich an durchsichtigeren Geweben, z. B. der Konjunktiva; so kommt eine diffusrote, auf Druck verschwindende Farbe und ein vermehrter Turgor zustande. Die Pulsation tritt stärker und auch an kleinen Gefäßen hervor. An äußeren Körperteilen, die unter normalen Verhältnissen infolge der Abkühlung niedriger temperiert sind als innere Organe, steigt auch die Temperatur. Die normale Transsudation ist infolge des erhöhten Druckes vermehrt, wodurch eine stärkere Durchfeuchtung der Gewebe und Gewebsschwellung herbeigeführt wird.

Die aktive Hyperämie geht meist schnell und ohne Folgen vorüber, doch kann auch die Funktionsstörung gefahrdrohend wirken, besonders im Gehirn. Auch können Gefäße zerreißen und so Blutungen eintreten. Oft bedeutet die Hyperämie nur die Einleitung einer Entzündung. Mit dieser sollen auch die auf Hyperämien folgenden Gewebsneubildungen besprochen werden.

B. Die **passive (venöse) Hyperämie** entsteht durch verminderten Abfluß des Blutes: **Stauungshyperämie.** Sie tritt unter verschiedenen Bedingungen auf:

1. Wenn mechanische Hindernisse den Blutabfluß direkt hemmen. Dies kann a) lokal der Fall sein durch Verstopfung, Kompression oder sonstwie, also von außen oder innen zustande kommenden Verschluß größerer Venen. Indes verfügt der Blutstrom selbst dann, wenn mehrere Venenzweige undurchgängig werden sollten, über eine größere Zahl von Kollateralen d. h. seitlichen Abflußwegen, da auf eine Arterie in der Regel zwei oder mehr Venen treffen, welche durch zahlreiche Anastomosen miteinander verbunden zu sein pflegen. Naturgemäß ist die Stauung um so ausgesprochener, je weniger kollaterale Abflußwege eine Vene hat.

So findet man nach Unterbindung einzelner Extremitätenvenen, selbst großer Äste, kaum eine starke Stauung, oder diese gleicht sich doch in kurzer Zeit wieder aus, während eine solche nach Verschluß der Pfortader sich in deren Wurzelgebiet (Magen, Darm, Milz) sehr intensiv zeigt. Eine Stauung bleibt natürlich auch aus, wenn gleichzeitig die arterielle Zufuhr vermindert ist, z. B. die zuführende Arterie mitkomprimiert wird.

Des weiteren kann die Stauung b) eine allgemeine sein, wenn das Hindernis vom Herzen ausgeht. Bei Herzschwäche ist der Arteriendruck erniedrigt, auch kann das Blut in der Diastole aus den Hohlvenen nicht genügend in den in der Systole mangelhaft entleerten rechten Ventrikel einströmen, so daß Rückstauung im Venensystem und Drucksteigerung hier die Folge ist. So kommt es zu Stromverlangsamung und Drucksteigerung auch in den Kapillaren. Unkompensierte Herzfehler wirken ähnlich.

Als weitere Ursache mehr oder minder ausgedehnter Stauungshyperämie sind endlich noch Erkrankungen des Respirationsapparates zu nennen. So erschweren Hustenstöße den Blutabfluß aus den Jugularvenen. Auch allgemeine venöse Stauung kann durch Lungenkrankheiten hervorgerufen werden, indem durch Verödung von zahlreichen Lungenkapillaren der kleine Kreislauf und mittelbar hierdurch auch der Rückfluß des Blutes zum Herzen gestört wird.

2. Haben sich einmal gewisse Hemmnisse für den venösen Rücklauf ausgebildet, so kann sich beim Zustandekommen der Stauung eine vermehrte Einwirkung von Momenten auswirken, welche schon unter physiologischen Verhältnissen dem Rückfluß des Blutes entgegenstehen und von demselben überwunden werden müssen; das ist in erster Linie die Schwere. Fehlen z. B. bei dauernder, aufrechter Haltung die Muskelbewegungen der unteren Extremitäten, so kann sich durch die überwiegende Wirkung der Schwere das Blut in den Venen ansammeln und sogar

Erweiterung dieser, sog. Varizen, hervorrufen. In ähnlicher Art entstehen bei sitzender Lebensweise die sog. Hämorrhoiden durch Erweiterung der Venae haemorrhoidales (doch sind dabei meist auch angeborene Anomalien der betreffenden Gefäße mit im Spiel). Erleichtert werden derartige Blutsenkungen, wenn gleichzeitig mangelhafte Herztätigkeit das Abfließen aus den großen Hohlvenen erschwert, oder in den großen Venenstämmen Hindernisse auftreten. Daher entstehen Varizen am Unterschenkel mit besonderer Vorliebe in der Gravidität, wenn der Uterus die Venen im kleinen Becken komprimiert, und gleichzeitig die Schwere des Blutes in den unteren Extremitäten, z. B. durch vieles Stehen, zur Wirkung kommt.

Die sog. asthenische oder atonische Hyperämie stellt sich dann ein, wenn die Herzkraft nachläßt und der sinkende Blutdruck nicht mehr imstande ist, die der Blutzirkulation entgegenstehende Wirkung der Schwere zu überwinden. Die arterielle Blutzufuhr ist vermindert, die erweiterten Kapillaren passen sich bei längerer Dauer dem Füllungszustand an und können sich nicht mehr kontrahieren. Es kann daher zu diffusen Überfüllungen ausgedehnter Kapillargebiete kommen, mit besonderer Vorliebe an bestimmten Stellen, welche, wie die Hohlhand, die Nägel, die Lippen, die Nase, die Ohren, schon unter normalen Verhältnissen blutreicher sind. Insbesondere treten solche Hyperämien in charakteristischer Weise in den tieferliegenden unteren, resp. bei Rückenlage den hinteren Teilen der Organe auf, z. B. in der Lunge in den hinteren Teilen der Unterlappen, und werden hier als **Hypostasen** bezeichnet.

3. Liegt eine Insuffizienz von Hilfskräften vor, die unter normalen Bedingungen den Rückfluß des Venenblutes unterstützen, so haben wir die dritte Ursache für die venöse Stauung. Sie wirkt aber oft bei schon aus anderer Ursache bestehender Stauung nur verstärkend ein. Hierher gehört Verlust von Elastizität und Kontraktilität der Venenwand, Insuffizienz der Klappen, Störungen der Respiration usw.

Fig. 1.
Stauungshyperämie der Leber.
In der Mitte die Zentralvene. Herum die stark erweiterten blutgefüllten Kapillaren (gelb) mit Atrophie der Leberzellen. Diese sind am Rande der Azini noch gut erhalten. (Kerne mit Hämatoxylin blau gefärbt.)

Gestaute Bezirke haben ein charakteristisches Aussehen. Da das Blut bei der venösen Stauung längere Zeit mit den Geweben in Kontakt bleibt, so gibt es mehr Sauerstoff an diese ab und nimmt mehr Kohlensäure auf. Hierdurch erhalten das Blut wie die mit Blut überfüllten Bezirke eine dunkle, blaurote Farbe, die man zyanotisch (Zyanose = Blausucht) nennt. Allgemeine Zyanose bei allgemeiner Stauung als Folge von Herzfehlern oder Herzschwäche macht sich besonders an peripheren Teilen, den Fingern und Zehenspitzen, ferner an den äußerlich sichtbaren Schleimhäuten bemerkbar. Stark gefüllte Venenverzweigungen treten nach dem Tode noch stärker hervor, weil hier die Gefäßfüllung durch postmortale Hypostase erhöht wird. Der Druck in den Venen gestauter Bezirke ist erhöht, indem er von der Arterie her auf das Venensystem übertragen wird. Die Venen können daher Pulsation zeigen. Die Temperatur ist im allgemeinen nach anfänglicher mäßiger Steigerung herabgesetzt, was als Folge der bei der Stromverlangsamung vermehrten Wärmeabgabe aufgefaßt werden muß. Die Konsistenz der Gewebe ist vermehrt, es transsudiert mehr Flüssigkeit — Stauungsödem.

Die Folgen sind meist bei der Stauungshyperämie schwerer als bei der arteriellen und naturgemäß besonders schwer, wenn der Abfluß vollkommen aufgehoben ist. Wird der venöse Abfluß plötzlich vollkommen sistiert, was man z. B. beim Frosch durch Ligatur der Vena femoralis herstellen kann, so muß die erste Folge eine Drucksteigerung innerhalb des Stauungsbezirkes sein, da ja die unbehinderte arterielle Zufuhr immer noch neue Blutmengen andrängen läßt; und zwar steigt der Druck so lange, bis er die mittlere Höhe des Arteriendruckes erreicht hat. Es tritt zunächst eine Stromverlangsamung, dann eine pulsierende Bewegung, endlich bei jeder Diastole ein Zurückweichen des Blutes ein. Aus kleinen Gefäßen bilden sich große Kollateralgefäße. Mit der Druckerhöhung nimmt auch die Transsudation, d. h. der Austritt flüssiger Blutbestandteile durch die Gefäßwand, erheblich zu; nach einiger Zeit treten auch rote Blutkörperchen mit aus (s. unter „Blutung"). Mit der stärkeren Füllung der Gefäße schwindet die normale Einteilung in den aus roten Blutkörperchen bestehenden Achsenstrom und die aus Blutplasma mit Blutplättchen und den langsamer fließenden Leukozyten bestehende plasmatische Randzone, indem die roten Blutkörperchen jetzt in Kapillaren das Lumen nach Abgabe der Flüssigkeit völlig ausfüllen und also auch der Wand des Gefäßes anliegen. Schließlich legen sie sich innig aneinander und verkleben unter sich so, daß man ihre Grenzen optisch nicht mehr unterscheiden kann; so entstehen homogene rote Blutzylinder, in welchen nur hie und da Leukozyten als ungefärbte Kugeln hervortreten. Diesen Zustand des Stillstandes der Zirkulation ohne Gerinnung bezeichnet man als venöse **Stase**.

Diese Stase, die besonders v. Recklinghausen genau verfolgte, beruht in letzter Instanz auf dem Wasserverlust des Blutes und der so bewirkten Unbeweglichkeit der roten Blutkörperchen, so daß diese sich so eng aneinander legen. Sie kann überall eintreten, wo es zu völligem Stillstand der Zirkulation kommt; außer bei Stauung auch unter sonstigen Bedingungen, so bei Herzschwäche oft schon bei geringen lokalen Hemmnissen (Veränderungen der kleinsten Gefäße oder vasomotorische Störungen, Druck wie beim Dekubitus, kleine Verletzungen wie bei Gangraena senilis), oder infolge von Kälte- oder Hitzewirkung, Ätzung, Einwirkung von Giften (Toxinen von Bakterien) oder Verdunstung, wie man am ausgespannten Mesenterium des Frosches direkt unter dem Mikroskop verfolgen kann.

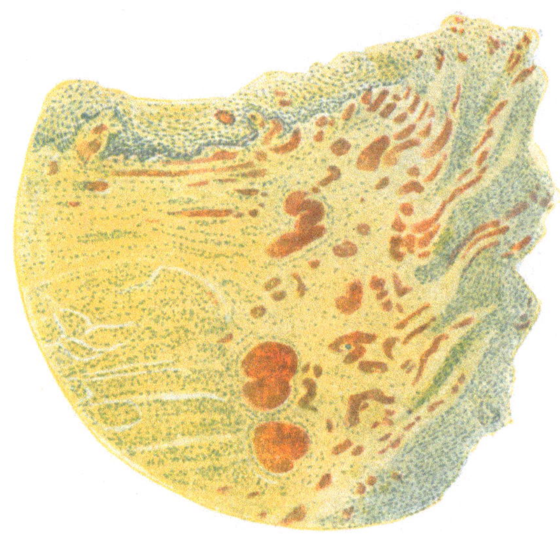

Fig. 2.
Stase zahlreicher Kapillaren (braun) bei Ätzung der Haut.
Oben ist die Epidermis gut erhalten, unten beginnt sie nekrotisch zu werden.

Ist eine Stase über größere Gebiete ausgedehnt, so muß im zuführenden Gefäßabschnitt Drucksteigerung, im abführenden Druckverminderung die Folge sein. Infolge letzterer kommt es hier zu Stromverlangsamung, zur Verbreiterung der plasmatischen Randzone und infolge von Verlangsamung der Fortbewegung der weißen Blutkörperchen zur Randstellung letzterer. Im zuführenden Abschnitt aber müssen sich die angegebenen Kennzeichen der Stauung ausbilden: Schwinden der Randzone, Transsudation unter Einschluß roter Blutkörperchen. Der erhöhte Druck im zuführenden Gefäßgebiete kann unter günstigen Umständen eine Lösung der Stase bewirken. Die scheinbar verschmolzenen roten Blutkörperchen können sich bei geringeren Graden der Stase wieder voneinander trennen, wenn die die Stase bewirkende Ursache beseitigt wird. Vollständige venöse Stase aber führt Aufheben des Gasaustausches mit den Geweben, also innere Erstickung — Asphyxie —, und wenn sie sich nicht bald wieder löst, infolge der Ernährungssistierung Absterben, Nekrose, des Stauungsbezirkes herbei.

In den meisten praktisch vorkommenden Fällen venöser Hyperämie handelt es sich nicht um diese vollständige Sistierung des Blutabflusses, sondern um eine mehr oder minder ausgeprägte Erschwerung desselben. Dann tritt zwar gleichfalls Drucksteigerung, Dilatation der Gefäße und leicht hämorrhagische Transsudation auf, aber die schlimmste Folge der völligen Stauung, die Nekrose des Bezirkes, bleibt aus. Allerdings auch dann treten, wenn die Stauung hochgradig ist, infolge des Sauerstoffmangels bzw. der Kohlensäurezunahme funktionelle Störungen ein (bei venöser Hyperämie des Gehirns Schwindel und Depressionserscheinungen, bei solcher der Lunge Dyspnoe, der Niere Albuminurie). Anatomisch findet sich oft Verfettung z. B. im Herzmuskel, in den Nieren usw. Auch leidet die Gefäßwand selbst; es kommt meist zu Verfettung der Endothelien. In Fällen chronischer Stauung kann der Druck der gedehnten Kapillaren zusammen mit dieser schlechten Ernährung Schädigungen empfindlicher Elemente veranlassen, sog. Stauungsatrophien, z. B. in der Leber. Anschließen kann sich die

Stauungsinduration (zyanotische Induration). Die Gefäße sind prall gefüllt, Bindegewebe wuchert an Stellen zugrunde gegangenen Parenchyms.

Stauungshyperämie wird künstlich zu Heilzwecken bakterieller Erkrankungen erzeugt. Die Wirkung beruht wohl auf den durch sie herbeigeführten Stoffwechselveränderungen der Gewebe, welchen die Lebensbedingungen der Bakterien wenig angepaßt sind.

Das Bild der Hyperämie, wie aller Zirkulationsstörungen, verwischt sich an der Leiche mit der jetzt veränderten Blutverteilung. Insbesondere aktive und passive Hyperämie läßt sich dann oft nicht unterscheiden.

II. Anämie.

Unter Anämie verstehen wir Blutarmut. Entweder es besteht allgemeine Anämie (s. Teil II, Kap. I) oder lokale infolge von Verminderung oder Aufhebung — man spricht dann auch von Ischämie — der arteriellen Zufuhr bei ungehindertem Abfluß des Blutes. Verminderte Herztätigkeit hat zwar auch lokale Anämie, besonders der peripheren Körperteile (sie äußert sich im Gehirn durch Ohnmachten, Schwindel, Schwäche usw.) zur Folge, zumeist aber, da die Behinderung des venösen Abflusses überwiegt, Stauungshyperämie (s. den vorigen Abschnitt).

Lokale Anämien werden bewirkt:

1. Durch äußeren Druck, der stark genug ist, um auch die Arterien oder die kapillaren Gefäße zu komprimieren, während mäßige Kompression meist nur auf die dünnwandigen Venen wirkt und daher Stauungshyperämie hervorruft. Druckanämie wird z. B. erzeugt durch die Esmarchsche Binde, ferner durch Geschwülste, Ansammlungen großer Flüssigkeitsmengen, z. B. im Pleuralraum oder den Gehirnventrikeln, durch Narben, Fremdkörper etc.

2. Durch Verstopfung oder sonstigen Verschluß der Arterien oder Verengerung des Gefäßlumens durch Erkrankungen der Gefäßwand (Atherosklerose oder dgl.) in Bezirken, zu denen eine Blutzufuhr aus anderen Gefäßen her nicht möglich ist, d. h. denen reichliche erweiterungsfähige Anastomosen nicht zur Verfügung stehen (Näheres s. Abschnitt 6).

3. Durch Lumenverengerung infolge von Kontraktion der muskulösen Gefäßwand. Eine solche wird durch die Gefäßnerven vermittelt, direkt oder reflektorisch. Auf diese Weise wirken lokal chemische Gifte ein, von denen das Adrenalin praktisch wichtig ist, ferner Kälte (an der Haut durch Blässe und Kühle kenntlich; auch die Frostbeulen gehören hierher), so auch bei Ätherspray. Sympathikusreizung wirkt ebenso, so bei gewissen mit halbseitigem Gefäßkrampf auftretenden Formen von Migräne. Die Anämie der Haut im Fieberfrost ist zentralen Ursprunges. Als Beispiel reflektorischer Anämie sei das bekannte Erblassen bei plötzlichem Schreck, bei Angst etc. erwähnt. Arbeitende Körperteile bekommen auf reflektorischem Wege viel Blut, ruhende wenig. So zeigen gelähmte Gliedmaßen kontrahierte Gefäße und geringen Blutgehalt (paralytische Anämie). Im übrigen schlägt geringe Gefäßkontraktion oft durch Ermüdung der Muskulatur bald in den entgegengesetzten Zustand der Gefäßerweiterung mit Hyperämie um.

4. Durch Entziehung von Blut, wenn in benachbarten Bezirken aktive Hyperämie besteht: kollaterale Anämie.

Die Zeichen des Blutmangels bestehen zunächst in Abblassen der betroffenen Bezirke und somit Hervortreten ihrer Eigenfarbe, Abnahme ihrer Temperatur und ihres Volumens und ferner in Undeutlicherwerden und weniger geschlängeltem Verlauf der Gefäße. Zunächst besteht nach dem Eintreten einer lokalen Anämie ein gewisses Bestreben nach einem Ausgleich; das Blut strömt von der Stelle der Sperrung, resp. des Hindernisses, in vermehrter Menge in die Gefäße der Umgebung: kollaterale Hyperämie. Sie macht sich nach Verlegung eines Gefäßstammes an den Ästen geltend, welche oberhalb des Hindernisses abgehen, und ebenso, wenn von paarigen Gefäßen das eine undurchgängig wird, an den Bahnen der anderen Seite. Bei dem sich so ausbildenden Kollateralkreislauf ist es aber sehr wichtig, ob derselbe zur Blutversorgung genügt und ob die betreffenden Gefäße selbst intakt sind. So werden Unterbindungen selbst großer Arterienäste ermöglicht.

Nach Unterbindung der einen Karotis z. B. wird von der anderen sowie auch von den Arteriae vertebrales dem Gehirn eine absolut größere Menge Blut zugeführt, so daß der durch einseitige Unterbindung entstandene Ausfall wieder gedeckt werden kann.

Des weiteren sind die Folgen der Anämie abhängig von Grad und Dauer der Blutleere und der Empfindlichkeit des Organes; das Gehirn, aber auch z. B. die Niere, sind sehr empfindlich. Besteht die Anämie lange, so ist die Folge der Sistierung der Nahrungs- und Sauerstoffzufuhr und Ansammlung der Zersetzungsprodukte (da ja auch die Wegfuhr der letzteren mit dem Wegfall des arteriellen Stromes aufhört) das Auftreten von Funktionsstörungen. Empfindliche Organe stellen sofort ihre Funktion ein, wie die Lähmung der Beine beim

Stensonschen Versuch (Unterbindung der Aorta und damit Ischämie des Lendenmarkes) lehrt. Auch schon leichtere Grade der Anämie rufen funktionelle Störungen hervor: im Gehirn Bewußtseinsstörungen, in anderen Fällen auch Erregungszustände (Krämpfe), in der Haut Störungen der Sensibilität (Analgesie) neben Erregungszuständen (Kontraktion der Musculi arrectores pilorum, „Gänsehaut") etc. Anatomisch bilden sich infolge von Stoffwechselherabsetzung regressive Prozesse, Verfettung u. dgl. aus. Ist die Anämie eine dauernde und vollständige, so stirbt das Gewebe ab, es verfällt der anämischen Nekrose.

III. Blutung. Hämorrhagie.

Die Blutung, Hämorrhagie, stellt den Austritt von Blut, also vor allem von roten Blutkörperchen, aus der Gefäßwand dar. Den Vorgang benennt man auch Extravasation, das ausgetretene Blut Extravasat.

Einige besondere Namen sind gebräuchlich: Epistaxis = Blutung aus der Nase, Hämatemesis = Blutbrechen, Hämoptoe = Bluthusten, Hämaturie = Auftreten von Blut im Harn (im Gegensatz zur

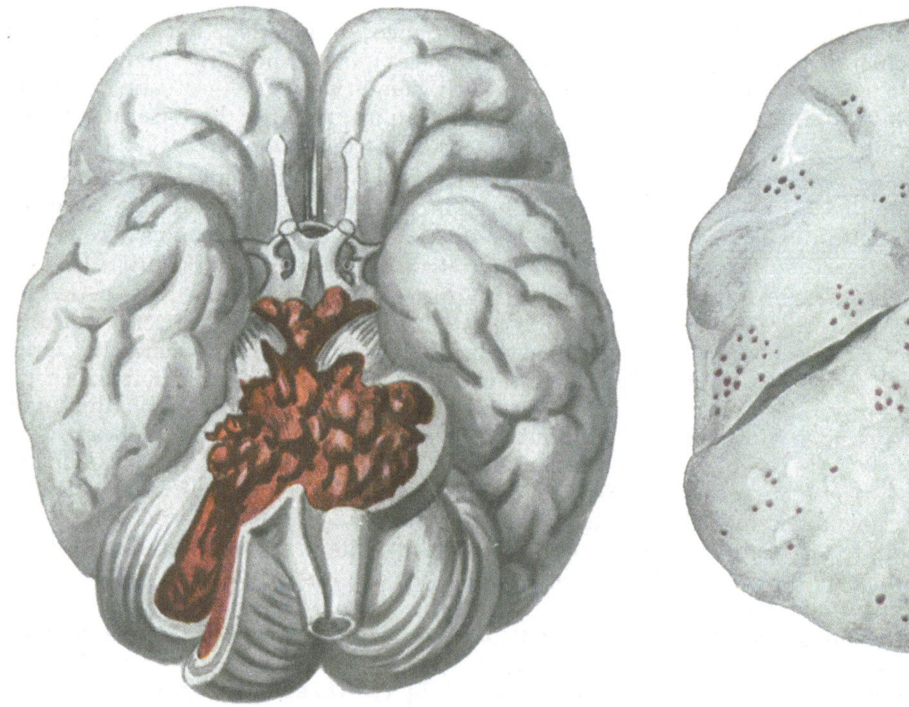

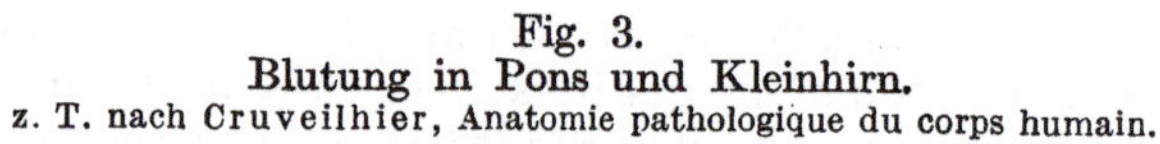

Fig. 3.
Blutung in Pons und Kleinhirn.
z. T. nach Cruveilhier, Anatomie pathologique du corps humain.

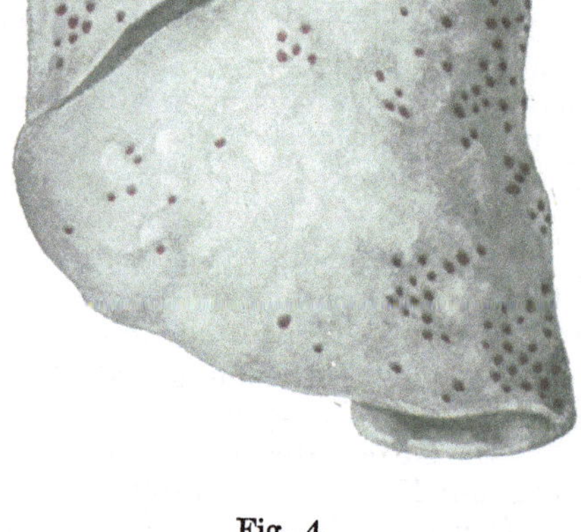

Fig. 4.
Zahlreiche kleine subpleurale Blutungen.

Hämoglobinurie, wobei der Harn nur durch gelöstes Hämoglobin rot gefärbt wird), Metrorrhagien = Uterusblutungen, Hämatozele = Blutung in das Cavum vaginale des Hodens, Hämatoperikard = Blutung in den Herzbeutel, Hämatothorax = solche in den Pleuralraum, Apoplexie = Gehirnblutung. Kleine flache Blutungen der äußeren Haut, serösen Häute und Schleimhäute heißen Petechien bzw. Ekchymosen, größere der Haut, namentlich wenn sie unter Zersetzung des Blutfarbstoffes verschiedene Farbennuancen annehmen, Suggillationen oder Suffusionen. Große Blutungen in umschlossene Räume, so daß sie hier tumorartig wirken, nennt man — wenig gut — Hämatome. Endlich unterscheidet man arterielle, venöse und kapillare Blutungen. Parenchymatöse Blutungen sind solche, die aus vielen kleinen Gefäßen zugleich stattfinden.

Nach der Art des Blutaustrittes können wir zwei Formen unterscheiden:

1. Bei gröberen Verletzungen der Gefäßwand, — sei es von außen durch Trauma, sei es von innen infolge extremer Steigerung des Blutdruckes, oder infolge so hochgradiger Veränderung der Gefäßwand, daß der gewöhnliche Blutdruck schon genügt — reißt diese ein: Hämorrhagie **per rhexin.** Innerhalb geschwürig zerfallender Gewebe (Eiterungen, tuberkulöse Prozesse, besonders Lungenkavernen, zerfallende Tumoren, Magengeschwüre u. dgl.) werden Gefäße arrodiert: Hämorrhagie **per diabrosin.**

2. Auch ohne grobmechanische Verletzung der Gefäßwand können die Blutkörperchen aus kleinen Gefäßen an solchen Stellen der Gefäßwand austreten, wo zwischen deren Endothelzellen präformierte Öffnungen — die Stomata Arnolds — vorhanden sind und sich bei der starken Überfüllung weiten: Hämorrhagie **per diapedesin** (Cohnheim, Arnold). Bei diesen anscheinend spontan auftretenden Blutungen liegt die Ursache in einem Mißverhältnis zwischen dem auf der Gefäßwand lastenden Blutdruck und der Widerstandsfähigkeit der Wand; dies Mißverhältnis ist teils durch eine abnorme Steigerung des Blutdruckes gegeben, teils durch einen durch krankhafte Veränderungen bewirkten Mangel an Festigkeit der Gefäßwände. Meist wirken beide Momente zusammen. Hierher gehören parenchymatöse Blutungen, z. B. auch die Menstruationsblutungen. Solche Blutungen ohne eigentliche Verletzung der Gefäßwand sind unter pathologischen Bedingungen sehr häufig, können recht bedeutend werden und spielen daher eine große Rolle, so bei der Stauung, ferner bei der Bildung der hämorrhagischen Infarkte (s. weiter unten) und unter zahlreichen sonstigen Bedingungen.

Nach den veranlassenden Bedingungen können wir eine Reihe von Gruppen von Blutungen unterscheiden:

1. Blutungen kommen infolge der Druckerhöhung bei aktiver wie passiver Hyperämie vor, sowohl Blutungen per rhexin, wie besonders auch per diapedesin. So bekommen die bei Stauung auftretenden Transsudate einen hämorrhagischen Charakter, z. B. an eingeklemmten Darmschlingen (Hernien).

2. Gefäßzerreißungen kommen sehr leicht zustande, wenn die Widerstandsfähigkeit der Gefäßwand durch Veränderungen herabgesetzt ist, z. B. bei Atherosklerose, variköser oder aneurysmatischer Erweiterung usw. Dann vermögen schon einfache arterielle Kongestionen, wie sie durch plötzliche Erregungen, namentlich bei vorhandener Herzhypertrophie, auftreten, nicht nur kleine kapillare Blutextravasate, sondern auch große, selbst tödliche Blutungen hervorzurufen. Junge und daher noch zartwandige Gefäße neigen schon an sich sehr zu Blutungen, solchen per diapedesin wie per rhexin, wie man das an granulierenden Wundflächen bei geringen Anlässen beobachten kann.

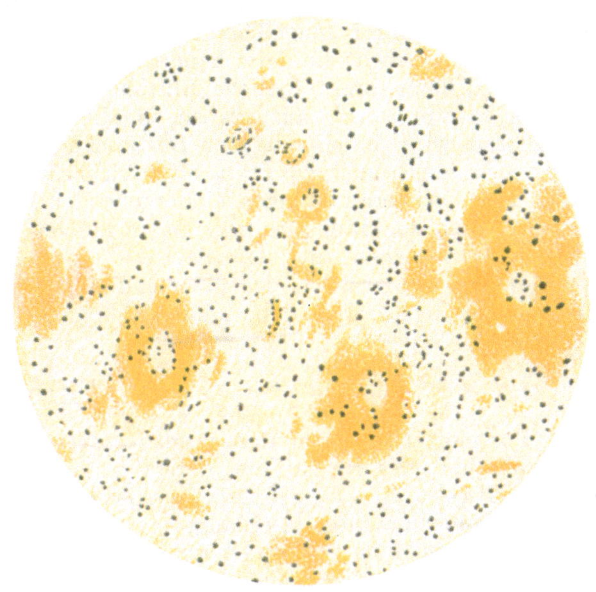

Fig. 5.
Zahlreiche kleine Blutungen im Gehirn (sogenannte Ringblutungen).

3. Die Kapillaren anämisch-ischämisch gewesener Bezirke neigen zu Blutungen, wahrscheinlich weil die Wände durch Störung der Ernährung durchlässiger geworden sind. Folgt bei Verstopfung der Arterien der anfangs bestandenen Anämie eine starke kollaterale Fluxion und füllt die Gefäße des Bezirkes in stürmischer Weise wieder, so kommt es, zum Teil wenigstens, hierdurch zu Blutaustritten. So entsteht die Mehrzahl der sog. hämorrhagischen Infarkte (s. unten).

4. Die infektiös-toxischen Blutungen treten bei einer Reihe von Allgemeinerkrankungen auf, teils infolge von regressiven Veränderungen der Gefäßwand und evtl. Verstopfung des Lumens, teils vielleicht auch infolge einer Änderung der Blutbeschaffenheit (besonders bei Anämie oder Leukämie). Die eigentlichen infektiösen Blutungen schließen sich an Verstopfung der kleinen Gefäße mit Kokkenhaufen oder infizierten Emboli an, vor allem im Verlauf septischer oder pyämischer Infektionen, z. B. Hautblutungen; die infektiös-toxischen Blutungen beruhen auf Schädigung der Gefäßwände durch Bakterientoxine, die toxischen Blutungen auf solcher durch Gifte wie Phosphor oder Quecksilber oder Schlangengifte, die autotoxischen Blutungen auf Schädigung durch bestimmte im Körper selbst entstehende Stoffe bei Ikterus, Eklampsie, Skorbut, Möller-Barlowscher Krankheit, Anämien u. dgl.

5. Noch ganz unklar sind Blutungen, die durch nervöse Einflüsse zustande kommen, so Hautblutungen im Verlauf allgemeiner Neurosen (Stigmata der Hysterischen) oder „supplementäre" oder „vikariierende" Blutungen nach Ausbleiben der Menstruation, z. B. in den Respirationsorganen oder der Mundhöhle. Zum Teil spielen wohl sicher vasomotorische Einflüsse eventuell reflektorischer Art mit.

Eine besondere Neigung zu Blutungen, die sich in multiplem, spontanem Auftreten oder unverhältnismäßiger Stärke und Dauer bei geringfügigen Anlässen zeigt, bezeichnet man als **hämorrhagische Diathese.** Sie findet sich angeboren als sog. Bluterkrankheit, Hämophilie, bei der schon geringfügige Verletzungen tödliche Blutungen bewirken können und die wahrscheinlich auf Mangel an Gerinnungsfermentbildung beruht. Ferner gehört hierher der Skorbut sowie die Möller-Barlowsche Erkrankung der kleinen Kinder. (Über beide s. später). Des weiteren ist hier zu nennen die Purpura haemorrhagica oder der Morbus maculosus Werlhofii, bei dem ebenfalls neben Blutungen in die Haut solche in die Schleimhäute und oft auch erhebliche Extravasate in die inneren Organe (Gehirn, Nieren) stattfinden.

Die Folgen der Blutungen sind teils allgemeine, so evtl. Verblutungstod (s. Kap. IX) oder Anämien (s. II, Kap. I), teils lokale, welche abgesehen von dem Umfang des Extravasates von der Beschaffenheit des betroffenen Organes abhängen. Während z. B. in der Haut die Folgen gering sind, haben die so häufigen Blutungen im Gehirn Substanzzerstörungen und unter Umständen schlagartige Sistierung der Funktion mit tödlichem Ausgang zur Folge (Apoplexie). Für gewöhnlich steht die Blutung nach einiger Zeit, d. h. sie hört auf, weil das (per rhexin) blutende Gefäß durch einen Thrombus, der später durch Bindegewebe ersetzt wird, verschlossen wird. Tritt dies nicht ein, oder handelt es sich um ein so großes Gefäß, daß sofort zu viel Blut austritt, so kann direkt tödliche Blutung erfolgen.

Ist Blut in Gewebe ausgetreten, so fällt es in der Regel sehr bald einer Gerinnung anheim. Das Plasma wird zumeist aus dem Blutkuchen ausgepreßt und rasch resorbiert; die roten Blutkörperchen verlieren ihren Farbstoff, welcher die Umgebung rötlich imbibiert; er macht eine Reihe mit Farbveränderungen einhergehender Umwandlungen durch, die z. B. den blutigen Suggillationen der Haut ihre nach Tagen auftretenden verschiedenen Nuancen (braun, gelblich, grün, blau) verleihen, und läßt als Residuum schließlich eine Pigmentierung an der Stelle der Hämorrhagie zurück. Liegenbleibendes Blut kann organisiert werden (s. unten); das durch die Blutung zerstörte Gewebe kann sich regenerieren.

IV. Thrombose.

Postmortal (bzw. im Reagensglas) gerinnt das Blut. Auch während des Lebens bilden sich außerhalb des Blutstromes derartige einfache Gerinnsel. Bei der Gerinnung scheidet sich der Blutkuchen oder Kruor, aus den roten Blutkörperchen und dem geronnenen Fibrin bestehend, vom Blutserum. Bei langsamer Gerinnung (postmortal vielfach in den großen Gefäßen oder im Herzen) kommt eine Dreischichtung zustande, indem sich noch die roten Blutkörperchen, als Kruor zu Boden sinkend, vom darüberstehenden geronnenen Fibrin trennen, welches als Faserstoff- oder Speckgerinnsel eine gelbliche, zähelastische Masse bildet.

Die Gerinnung geht so vor sich, daß das Fibrinogen des Blutes in Fibrinoglobulin und Fibrin gespalten wird, und zwar unter dem Einfluß eines Ferments, des Thrombin. Dies entsteht aus der im Blute vorhandenen Vorstufe, dem Thrombogen, unter Einwirkung der aktivierenden Thrombokinase. Diese Thrombokinase leitet somit den Prozeß ein. Sie ist im Blute nicht vorhanden und hierauf wie auf einem von den Endothelien produzierten gerinnungshemmenden Antithrombin beruht es, daß das Blut in den Gefäßen normaliter nicht gerinnt. Zerfallende Blutzellen — besonders Blutplättchen — und Gewebszellen liefern aber die Thrombokinase, und so kommt der Gerinnungsprozeß außerhalb des Körpers und im Körper postmortal, sowie wenn sich Blut außerhalb der Gefäßbahn befindet zustande.

Auch innerhalb der Gefäßbahn (Herz, Arterien, Venen oder Kapillaren) können während des Lebens am Fundorte feste Ausscheidungen aus dem Blute zustande kommen. Man nennt sie dann **Thromben** oder **Blutpfröpfe**, den Vorgang **Thrombose**, um deren Erforschung sich vor allem Virchow, Zahn, Eberth und Schimmelbusch sowie Aschoff verdient gemacht haben. Das Blut geht hierbei also in den festen Aggregatzustand über. Die Blutelemente zeigen starke Zerfallserscheinungen, welche zum Teil dann erst Gerinnung herbeiführen. Wir können nun zwei von verschiedenen Bedingungen abhängige, ganz verschiedene Bildungen unterscheiden: die roten Thromben einerseits, die grauen oder weißen andererseits.

In **stagnierendem** oder **langsam fließendem Blute** bilden sich die **roten Thromben** ganz nach der Art der Gerinnung außerhalb der Gefäßbahn. Untergang von Blutzellen leitet durch Bildung der Thrombokinase in der beschriebenen Weise den Prozeß ein. Da das Blut einfach gerinnt, finden sich die Blutelemente in dem Mengenverhältnis der normalen Blutmischung; daher die rote Farbe. Gleicht ein derartiges rotes Gerinnsel anfänglich gänzlich dem postmortalen Kruorgerinnsel, so gehen nach 1—2 Tagen weitere Veränderungen mit ihm vor: es wird heller, wird durch Wasserabgabe trockener, bröckeliger, an der Oberfläche gerippt (Zahn) und verklebt mit der Gefäßwand.

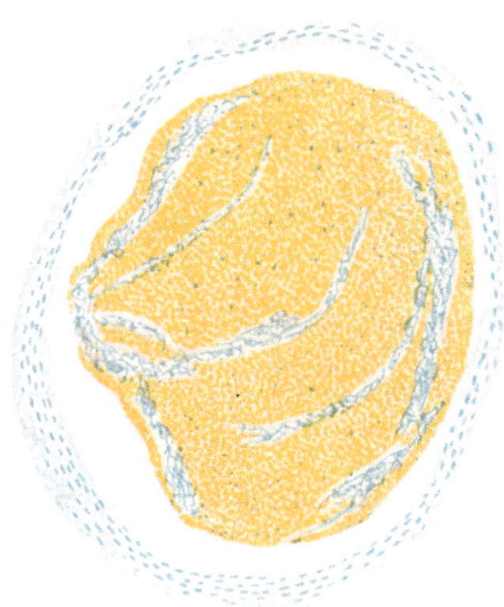

Fig. 6.
Gefäß mit einem roten Thrombus.
Der Thrombus besteht aus roten Blutkörperchen (gelb), dazwischen Fibrin mit Leukozyten (blau). Außen Gefäßwand.

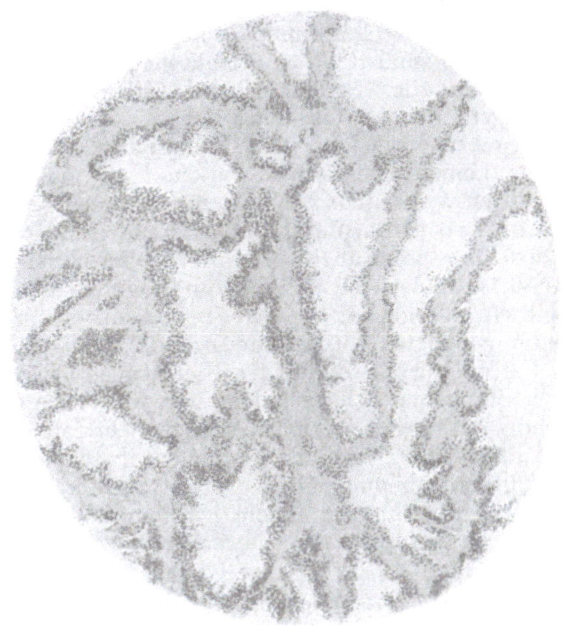

Fig. 7.
Typischer Aufbau eines frischen (weißen) Thrombus: Das dunklere Balkenwerk besteht aus Blutplättchen. Die Balken sind von einem Leukozytensaum eingerahmt. In den hell gehaltenen Lücken befindet sich rotes Blut. (Nach Aschoff-Gaylord, Kursus der pathol. Histologie.)

Ganz andere Vorgänge aber bilden den **weißen (grauen) Thrombus**, der innerhalb der Gefäßbahn **im strömenden Blute** entsteht. Hier handelt es sich nicht einfach oder auch nur vorzugsweise um Gerinnung, vielmehr gelangen die einzelnen Blutelemente in sehr verschiedenem Mengenverhältnis und sehr unterschiedlich zur Abscheidung. In erster Linie sind es die Blutplättchen (Bizzozero), dann auch die weißen Blutkörperchen, welche sich hier an die Gefäßwand absetzen und hier angehäuft werden (studiert vor allem von Eberth), während die roten Blutkörperchen größtenteils vorbeiströmen und nur spärlich in den Thrombus eingelagert werden; auch findet eine mehr oder weniger reichliche Fibrinabscheidung statt. Die Blutplättchen verlieren bei ihrer Ausscheidung bald ihre normale Gestalt, sie lagern sich dicht aneinander und verkleben so zu leichtkörnigen oder homogenen Massen: Agglutination. Diese verklebten Blutplättchen bilden einen korallenstockartigen Grundstock. Den einzelnen Lamellen liegt eine ungleichbreite Schicht weißer Blutkörperchen auf. Es kommt dies so zustande, daß der Blutstrom durch die sich bildenden Blutplättchenberge gewissermaßen in zahlreiche Unterströme geteilt wird, in jedem dieser aber sich die weißen Blutzellen infolge der verlangsamten Blutströmung als die spezifisch leichteren Blutzellen an den Rand stellen und so an den Blutplättchenmassen anlagern. In den Zwischenräumen des so gebildeten Gerüstes liegt das bald dichtere, bald lockerere Fibrinnetz und in dessen Maschen noch einzelne weiße und auch rote Blutkörperchen. Die Fibrinfäden lagern sich dabei (noch öfters bei extravaskulärer Gerinnung) oft büschelförmig um abgestorbene Zellen als „Gerinnungszentren“ (Zenker) ab. Es ist somit der Blutstrom selbst, welcher die beschriebene mikroskopisch wahrnehmbare typische

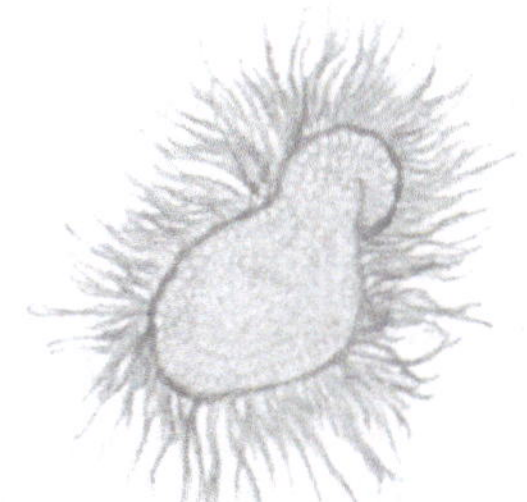

Fig. 8.
Blutplättchen als Gerinnungszentren in der Pfortader bei Pyämie nach K. Zenker.

Architektur formt. Die roten Blutkörperchen spielen bei den beschriebenen Vorgängen die kleinste Rolle, sie sind, ganz entgegengesetzt zu dem Mengenverhältnis des strömenden Blutes, in kleinster Zahl abgesetzt; daher die helle Farbe dieses Thrombus.

Bei der Bildung eines solchen weißen Thrombus sind also Blutstromverlangsamung und Agglutinationsfähigkeit der Blutplättchen Vorbedingungen. Die Gerinnung schließt sich erst an die Agglutination an. Die treibenden Kräfte sind teils physikalischer (mechanischer) Natur, wie Stromverlangsamung mit Schwächung der Stromkraft und Richtungsänderungen (Beneke), Wirbel- und Wellenbewegungen u. dgl., teils chemischer, wobei bei dem Zerfall von Blutelementen freiwerdende Stoffe ebenso wie von den Endothelien stammende eine Rolle spielen; auch evtl. Fremdkörper können chemisch einwirken.

Den weißen Thrombus kann man nach seiner Entstehung im fließenden Blut als Abscheidungsthrombus, den im stagnierenden Blut entstehenden roten Thrombus als Gerinnungsthrombus bezeichnen (Aschoff). Verschließt ersterer bei vitalen Vorgängen ein größeres Gefäß, so bildet sich dahinter im stagnierenden Blut ein roter Gerinnungsthrombus. Es liegt dann ein fortgesetzter Thrombus mit einem älteren weißen Thrombus am Kopf und einem später gebildeten roten Schwanz vor.

Haben wir so die beiden Haupttypen gezeichnet, so gibt es auch Mittelformen, wenn zwar noch Blutströmung vorhanden aber stark verlangsamt, der Stagnation genähert ist. Mit abnehmender Stromenergie bleiben immer mehr rote Blutkörperchen haften und so nähern sich solche Thromben in Farbe und Zusammensetzung immer mehr den roten. Da im strömenden Blut die Thrombenbildung nicht gleichmäßig und nicht auf einmal vor sich geht, so bilden sich oft deutliche Schichten, indem jede einzelne Schicht abwechselnd dem roten und dem weißen Thrombus entspricht, was man schon makroskopisch erkennen kann. So entsteht der **gemischte Thrombus.**

Seltenere Thrombenformen sind die reinen Plättchenthromben, welche eine graue, körnige Oberfläche haben und meist sehr weich sind, und die hyalinen Thromben, welche durch Umwandlung der Plättchenhaufen und des Fibrins in derbere, glasige Massen („Kongelation" der Eiweißkörper, Beneke) zustande kommen und sich — meist unter toxisch-infektiösen Bedingungen — besonders in Kapillaren finden (hier studiert besonders von Silbermann und Kaufmann).

Ganz frische rote Thromben sind zuweilen schwer von Kruor, fibrinreiche weiße Thromben von Speckgerinnseln zu unterscheiden. Eine Mittelstellung nehmen Gerinnsel ein, die sich ausbilden, wenn nach Herzstillstand noch Blutbewegung vor sich geht. Doch treten an Thromben charakteristische Merkmale gegenüber postmortalen Gerinnseln doch fast stets deutlich und sehr bald hervor. Sie sind trockener, fester, brüchiger, oft deutlich geriffelt oder gerippt an der Oberfläche, auf dem Durchschnitt oft geschichtet. Und vor allem der Thrombus haftet der Gefäßwand meist schon nach 24 Stunden mit ihr verklebt an und wird dann immer fester adhärent. Mikroskopisch kommt besonders beim weißen Thrombus der charakteristische architektonische Aufbau dazu.

Nach dem oben über die Entstehung der Thromben Dargelegten sind die ursächlichen Bedingungen vor allem in folgende drei Gruppen einteilbar: Veränderungen 1. der Blutströmung, 2. der Gefäßwand, 3. des Blutes.

1. Besonders Verlangsamung der Blutströmung begünstigt nach dem oben Gesagten Thrombenbildung: sog. Stagnationsthrombose. Außer der Blutstockung wirken hier auch infolge der herabgesetzten Ernährung eintretende Schädigungen der Gefäßwand, besonders der Endothelien, mit. Man kann aber Gefäße unter sorgfältiger Schonung der Wand an zwei Stellen so unterbinden, daß das Blut dazwischen noch wochenlang flüssig bleibt (v. Baumgarten).

Eine Verlangsamung des Blutstromes findet nach einfacher Unterbindung eines Gefäßes zwischen der Ligaturstelle und dem letzten Seitenaste (bei Arterien proximal, bei Venen distal) statt. Ferner bei Stauung, bei Kompression von Gefäßen (Kompressionsthrombose) und besonders bei Herzschwäche. Hierher gehört die sog. **marantische Thrombose.** Ist hier auch die Abnahme der Stromenergie der Hauptfaktor, so wirken wohl auch hier Schädigungen der Endothelien usw. durch schlechtere Ernährung mit. Diese Thromben finden sich vor allem in Venen, weil hier die Stromverlangsamung leichter eintritt. Prädisponiert sind die unteren Extremitäten infolge der Belastung bei aufrecht stehendem Körper; bei längerem Liegen vor allem die Venae femorales, weil hier, vor allem im Gebiete des Poupartschen Bandes, gerade bei wagerechter Haltung eine Steigung zu überwinden ist (und ähnlich im Gebiete des Prostata- und Uteringeflechtes). Ferner sind prädisponiert Erweiterungen im Gebiet von Venenklappen, Herzohren, Herzspitze („Herzpolypen") usw. Auch allgemein neigen Stellen plötzlicher Erweiterungen des Strombettes — normal im Herzen, im Arcus aortae, bei Venen oberhalb von Klappen, unter pathologischen Bedingungen als sog. Aneurysmen bzw.

Varizen —, wo Wirbelbildungen eine besondere Rolle spielen, zur Thrombose: Dilatationsthrombose. Auch hier wirken noch andere Faktoren mit.

2. Von Veränderungen der Gefäßwand befördern vor allem alle Prozesse die Thrombose, welche das Endothel wesentlich verändern (s. o.), so mechanische oder chemische Schädigungen, atherosklerotische Prozesse, Aneurysmen u. dgl. Zum großen Teil hierher gehören auch die Thromben bei entzündlichen (septischen) Prozessen. Während sich in kleineren Arterien und Venen — hier besonders häufig bei Phlebitiden — schon bei geringer veränderter Wand Thromben bilden, tritt dies in der Aorta fast nur ein, wenn der Blutstrom infolge von Herzschwäche verlangsamt, oder dies infolge eines Aneurysmas lokal der Fall ist.

3. Die Veränderungen der Zusammensetzung des Blutes, welche zu Thrombose führen, sind mannigfaltiger Art. Anwesenheit von viel Fibrinogen oder von Thrombin wirkt schon disponierend, wenn zerfallende Zellen die aktivierende Thrombokinase liefern können.

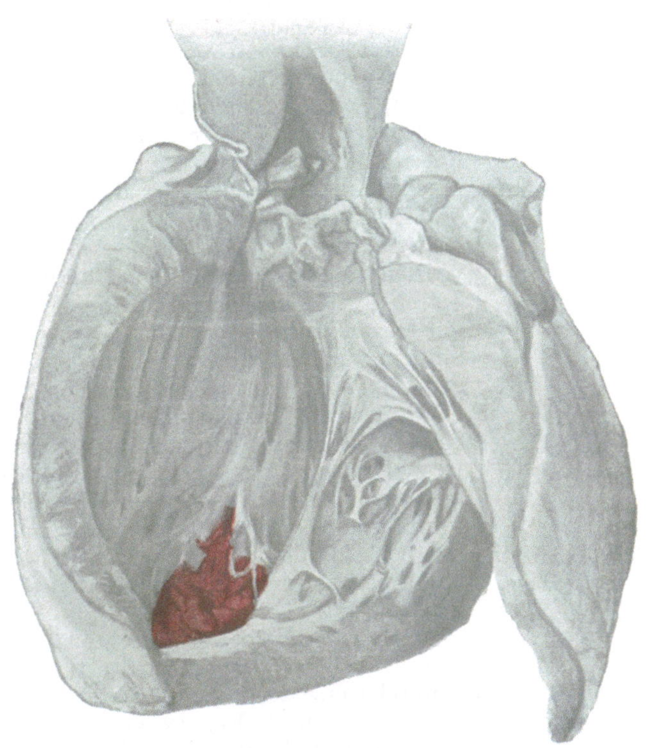

Fig. 9.
Thrombus im aneurysmatisch erweiterten linken Ventrikel nahe der Spitze.

Fig. 10.
Thrombus auf Grund einer atherosklerotischen Aorta.

Vergiftungen — besonders mit Quecksilbersalzen, Kalium chloricum, Morcheln u. dgl. — bewirken, zum größten Teil wenigstens durch Zerstörung von roten Blutkörperchen, Thrombosen. Auch die Injektion von Blut anderer Tierarten, selbst in defibriniertem Zustand, wirkt ebenso. Desgleichen Autointoxikationen z. B. bei Eklampsie. Auch bei Verbrennungen oder Erfrierungen auftretende Thromben — besonders in Kapillaren des Gehirns, der Niere, der Magenwand — hängen wohl mit Giftstoffen zusammen, die zerstörten Blutkörperchen oder Gewebezellen (Nekrosen) entstammen. Bei den verschiedenen Blutkrankheiten — wie Anämie, Chlorose, Leukämie —, bei denen sich die Thromben vor allem in den Sinus der Dura mater und in Ober- und Unterschenkelvenen finden, spielen außer Blutveränderungen Ernährungsstörungen der Gefäßwand wiederum eine große Rolle. Desgleichen bei Thromben im Verlauf von Infektionskrankheiten, wie Typhus abdominalis, Pneumonie, septischen Erkrankungen u. dgl. Hierher gehören auch die so häufigen postoperativen Thromben, bei denen aber auch traumatische Einflüsse (Zerrungen an den Gefäßen u. dgl.) mitspielen. Endlich zu erwähnen sind in das Blut gelangte Fremdkörper, vor allem Thromben selbst, welche mit dem Blutstrom weiter getragen werden, wobei sich durch Wellenbildungen und andere Momente große Thrombenmassen ihnen neu anlagern können, ferner Geschwulstzellen oder exogene Fremdkörper.

Die verschiedenen Faktoren kombinieren sich häufig untereinander. So bewirken Bakterien (am häufigsten Staphylokokken) Thromben einmal durch schädigende Wirkung auf die Herztätigkeit (Stromverlangsamung), sodann durch Blutkörperchenzerstörung und endlich durch lokale Gefäßveränderungen (Lubarsch). Im allgemeinen hat der letzte Faktor die geringere Bedeutung für die Thrombusbildung als solche, wohl aber für den topographischen Sitz der Thromben.

Nach Sitz usw. der Thromben sind noch einige Bezeichnungen in Gebrauch: Sitzt ein Thrombus an der Gefäßwand, so bezeichnet man ihn als wandständig, bzw. an den Venenklappen als klappenständig. Wird das ganze Gefäßlumen ausgefüllt, so spricht man von obturierendem oder obstruierendem Thrombus. Der ursprünglich entstandene heißt autochthoner, der in der Richtung des Blutstromes weiter gewachsene fortgesetzter Thrombus. An der Wand der Herzhöhlen sitzende Thromben heißen Parietalthromben; gelangen sie frei in das Lumen einer Herzhöhle und werden hier durch die Kontraktionen des Herzens abgerundet, so bilden sie die sog. Kugelthromben.

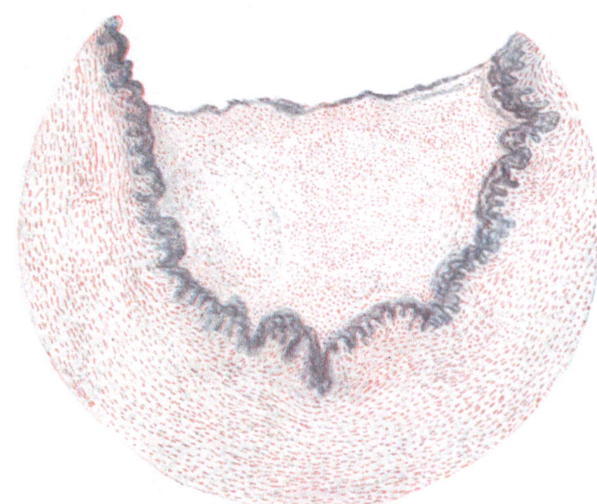

Fig. 11.
Organisierter und vaskularisierter wandständiger Thrombus.
Die Kerne sind rot (Karmin), die elastischen Fasern violett gefärbt. Man erkennt die Begrenzung der alten Intima an der geschlängelten elastischen Grenzlamelle und eine feine neugebildete Elastika, welche über den organisierten Thrombus hinüberzieht.

Nachdem Thromben sich gebildet haben, gehen sie bald weitere Veränderungen ein. Einerseits wachsen sie durch Anlagerung neuer thrombotischer Massen, andererseits tritt bald autolytische Zersetzung ein. Die roten Blutkörperchen geben ihr Hämoglobin her, werden so zu „Schatten" und zerfallen. Durch Auflösung des Hämoglobins wird der Thrombus heller oder durch Umwandlung in Pigment braun gefärbt. Auch die weißen Blutkörperchen zerfallen, das Fibrin und die Blutplättchen werden aufgelöst; so kommt die sog. puriforme Erweichung (die aber mit Eiterung nichts zu tun hat) zustande. Wirkliche Vereiterung oder Verjauchung ist möglich bei sekundärer Infektion mit Bakterien, besonders von der Gefäßwand aus.

Zumeist wird der Thrombus bald von der Gefäßwand her organisiert, d. h. junges Bindegewebe und Gefäße wachsen in ihn hinein oder ersetzen ihn, indem die thrombotische Masse allmählich resorbiert wird (Näheres s. Kap. III). Durch Erweiterung der einwachsenden Gefäße kann der Thrombus kanalisiert, d. h. das Gefäß teilweise für Blut wieder durchgängig werden. Auch Kalk kann sich in den in Organisation befindlichen Thromben ablagern. So bilden sich besonders in Venen die sog. Venensteine „Phlebolithen".

Als Folgen der Thrombose kommen zunächst Blutstauung, Blutungen und Hydrops, sodann Gewebsveränderungen an den Gefäßen selbst und Ernährungsstörungen der zugehörigen Bezirke in Betracht. Die größte Gefahr liegt in einer Embolie (s. unten).

V. Metastase und Embolie.

Von frischen, noch lockeren oder später erweichten Thromben wird nicht selten ein Stück durch den Blutstrom abgerissen und fortgeschwemmt. Es bleibt da wo die Blutbahn für es zu eng wird als **Embolus** stecken. Den Vorgang der Einkeilung benennt man dementsprechend **Embolie** (ἐμβάλλειν = hineinwerfen). Das Wesen derselben hat zuerst Virchow klargelegt.

Lokal können sich an den Embolus wieder thrombotische Massen anheften. Die Unterscheidung ob ein Thrombus oder Embolus vorliegt, die nicht immer leicht ist, kann so erschwert werden.

Schema der typischen Embolie im kleinen und großen Kreislauf.

Ein Thrombus aus der unteren Hohlvene (*V. C. J.*) gelangt als Embolus in das rechte Herz (*R. K.*), von dort in den Stamm der Pulmonalis (*P.*) und wird an der Teilungsstelle eines Astes der rechten Lungenarterie (*r. L. A.*) als reitender Embolus festgehalten. Ein Thrombus (*Thr.*) des linken Herzens (*L. K.*) gelangt in die Aorta und wird als Embolus (*Emb.*) in der rechten Nierenarterie festgehalten.

Nach Lubarsch, Die allgemeine Pathologie

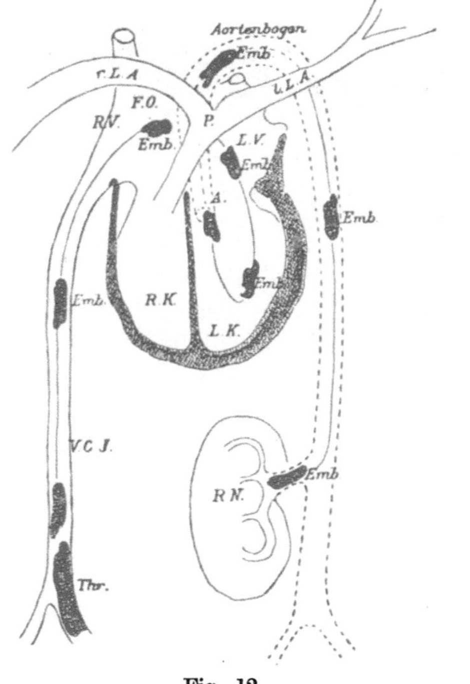

Fig. 12.

Schema der paradoxen Embolie.

Ein Thrombus (*Thr.*) der unteren Hohlvene (*V. C. J.*) fliegt in den rechten Vorhof (*R. V.*) und bei *F. O.* durch das offene Foramen ovale in den linken Vorhof (*L. V.*) und weiter die linke Herzkammer (*L. K.*) und die Aorta und bleibt dann als Embolus (*Emb.*) in der rechten Nierenarterie stecken.

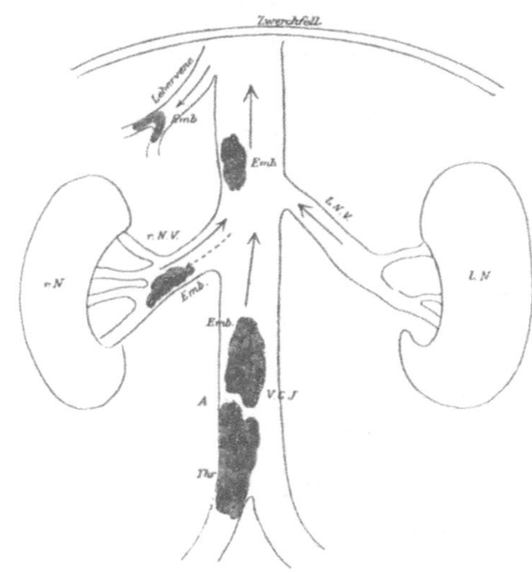

Schema der rückläufigen Verschleppung in den Blutadern.

Thrombus in der unteren Hohlvene (*V. C. J.*), der bei *A* losgerissen und zum Embolus (*Emb.*) wird; ein Teil des Pfropfes wird dem normalen Blutstrom folgend in der Richtung des nach oben gerichteten Pfeiles verschleppt, während andere Teile bei Stromumkehr in der Richtung des nach unten gerichteten Pfeiles in die rechte Nierenvene und die Lebervene verschleppt werden.

Die Richtung, in der solche Stücke weggetragen werden, ist natürlich zumeist die des Blutstroms. Von peripheren Venen aus, besonders der unteren Hohlvene und ihren Verzweigungen, wo ja besonders marantische Thromben häufig sitzen (s. oben), gelangen die Stücke durch das rechte Herz in die Lungenarterien. Deren Embolie ist daher die Hauptgefahr jener Thromben, denn wenn eine Hauptlungenarterie verstopft wird — oft auch in Nachschüben — kann durch plötzlichen Funktionsausfall einer Lunge sofortiger Tod eintreten. Thromben der rechten Herzhälfte nehmen natürlich denselben Weg. Thrombenstücke von Arterien oder der linken Herzhälfte her müssen weiter distal in Arterien, da wo sie zu eng für das Stück werden, hängen bleiben. Dies ist oft an Teilungsstellen, wo das Lumen plötzlich enger wird, der Fall. Längere Emboli ragen dann öfters in die beiden Gefäßäste hinein, d. h. sie

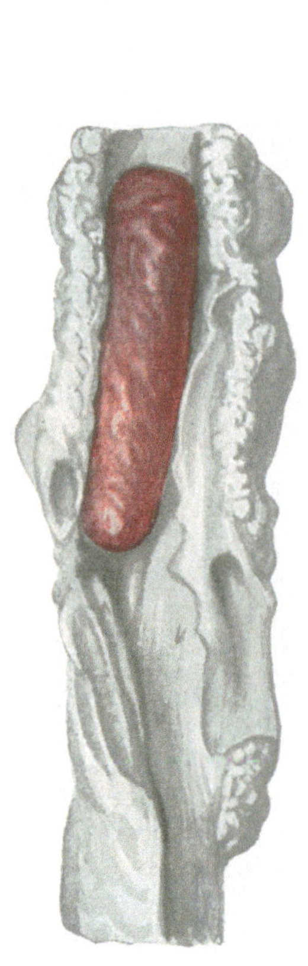

Fig. 13.
Femoralvene. Thrombus in einer Femoralvene.

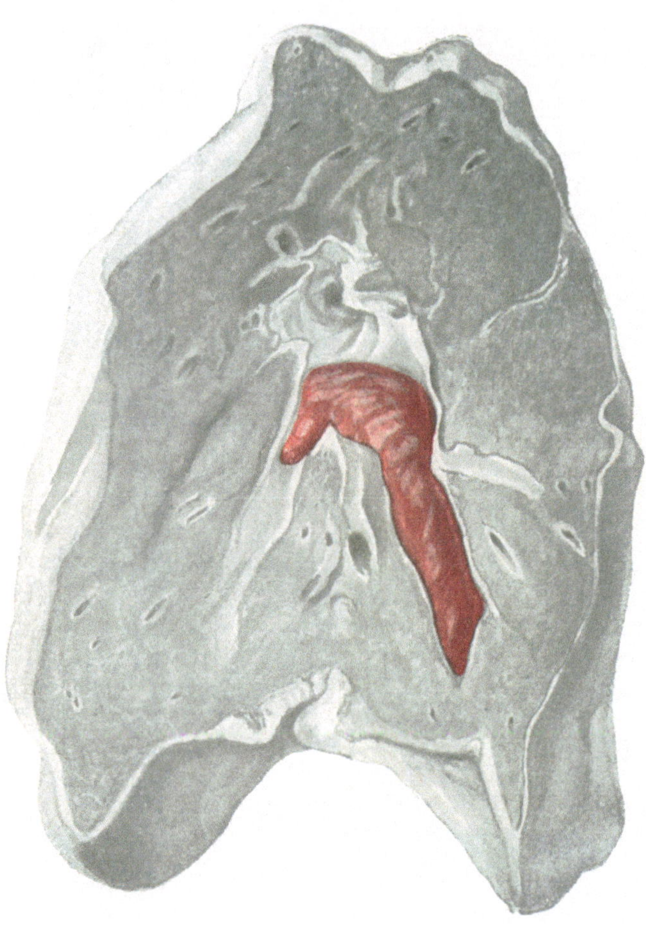

Fig. 14.
Embolus im Hauptast der Arteria pulmonalis.

„reiten" auf dem Steg der Verzweigungsstelle. Abgerissene Thrombenstücke aus dem Gebiete des ganzen Pfortaderwurzelgebietes haben ihre Ablagerungsstätte in der Leber.

Außer dieser der Stromrichtung entsprechenden gewöhnlichen Embolie gibt es unter verschiedenen besonderen Bedingungen zwei Formen von atypischer Embolie, die **retrograde** (rückläufige) und die **paradoxe** (gekreuzte).

Erstere (v. Recklinghausen) kommt durch Stromumkehr, also in dem Blut- bzw. Lymphstrom entgegengesetzter Richtung zustande. Dies ist am leichtesten im Lymphsystem der Fall, wenn die Hauptbahn verschlossen ist, ferner in den Venen; so gelangen z. B. Thrombusteile aus der unteren Hohlvene proximalwärts in die Nierenvene oder dgl. Ein rückläufiger Strom kommt hier aber meist nur zustande, wenn im Brustraum der sogenannte negative Druck (verglichen mit dem Atmosphärendruck) infolge von Erkrankungen der Atmungsorgane, wie Emphysem, oder bei starken Hustenstößen ein positiver wird, und somit eine, wenn auch kurze, Druckänderung im Venensystem eintritt. Auch bei Trikuspidalfehlern kommt ähnliches vor. Am leichtesten findet eine Stromumkehr im Pfortadersystem bei seinem geringen Druck statt (Payr). Wirkt die retrograde Bewegung nicht auf einmal, sondern werden bei jeder Herzkontraktion stoßweise kleine Partikel allmählich peripherwärts mehr verschoben, so spricht man von retrogradem Transport.

Eine paradoxe Embolie (Cohnheim, Hauser) liegt vor, wenn das Foramen ovale offen geblieben ist (oder Septumdefekte im Herzen bestehen), und daher ein losgelöster Thrombus, der aus einer Vene stammt, aus der rechten Herzhälfte in die linke übertritt — besonders wenn der Blutdruck im rechten Herzen (meist bei Lungenerkrankungen) erhöht ist —, so in den großen Kreislauf gelangt und irgendwo in einer Arterie hängen bleibt. Dasselbe kann bei ganz kleinen Partikeln nach Passage durch den gesamten Lungenkreislauf eintreten.

Als Folge einer Embolie tritt eine Blutsperre des peripher gelegenen Verzweigungsgebietes ein. Indem daher das Blut vermehrt die Gefäßbahnen der Umgebung füllt, entsteht hier kollaterale Hyperämie. Stehen hier wie in vielen Organen reichliche Anastomosen der Kapillaren zur Verfügung, die sich infolge ihrer Anpassungsfähigkeit erweitern, so strömt von der Seite her Blut auch wieder in den gesperrten Bezirk; an Stelle der Anämie tritt hier vorübergehend Hyperämie, und nach und nach gleicht sich die Zirkulation wieder aus.

Stellen sich aber innerhalb des Sperrungsgebietes Hindernisse entgegen, herrscht hier z. B. schon Stauung, also erhöhter Druck, oder stellt sich in den Kapillaren des abgesperrten Bezirkes infolge der Ernährungsstörung Stase und eventuell Thrombose der Kapillaren ein, oder ist das Organ gegenüber der eingetretenen Blutleere besonders empfindlich u. dgl. mehr, so sind die Folgen eingreifender.

Ganz anders gestalten sich aber die Verhältnisse in Organen, deren arterielle Verzweigungen nur wenige Anastomosen unter sich aufweisen, so daß dann alle dem seitlich zuströmenden Blut sich entgegenstellenden Hemmnisse zur Geltung kommen. Arterien, deren Anastomosen so gering sind, daß sie unter diesen Umständen nicht genügen die für die Ernährung ausreichende Blutmenge herbeizuführen, nennt man Endarterien (Cohnheim). Solche finden sich in: Gehirn, Leber, Milz, Nieren. Die Arterien anderer Organe, wie Lunge, Herz, Magen, Darm haben zwar reichlichere Anastomosen, sind also keine eigentlichen Endarterien, aber auch diese genügen unter Umständen nicht. Man nennt sie „funktionelle Endarterien“. Handelt es sich also um solche Endarterien im Cohnheimschen Sinne (ev. funktionelle), so führen die lokalen Hemmnisse zu Überfüllung und Stase in den Kapillaren und als Folge zu Austritt der Blutkörperchen (per diapedesin) aus denselben, die sich in dem vorher anämischen Absperrungsbezirk in solcher Menge ansammeln, daß dieser eine dunkelrote Farbe erhält. So kommt das paradoxe Ereignis zustande, daß sich infolge von Arterienverschluß eine heftige Blutung einstellt. Einen so veränderten Bezirk nennt man **hämorrhagischen** oder **roten, embolischen Infarkt.** In diesem Bezirke ist die Ernährung des Gewebes auf das äußerste gestört; es erleidet eine Nekrose, d. h. stirbt ab (studiert zuerst von Cohnheim).

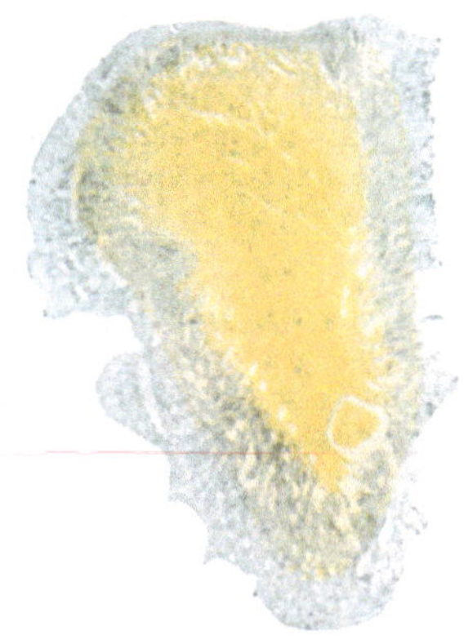

Fig. 15.
Hämorrhagischer Infarkt der Lunge.
Etwa an der Spitze des Keils der Embolus.

In anderen Fällen, die sonst ähnlich liegen, kommt es aber nicht zur Blutfüllung des gegesperrten Bezirkes, sei es, daß dessen Kapillaren zu spärliche Kommunikationen mit solchen der Nachbarschaft haben, oder daß die Verbindungen infolge krankhafter Veränderungen undurchgängig sind, sei es, daß die Herzkraft so darniederliegt, daß sie nicht ausreicht, um die Verbindungsäste rechtzeitig zu füllen. Dann kommt nur Hyperämie der Umgebung oder der Randpartien des Gebietes zustande und bildet um dies einen roten Hof, das Sperrungsgebiet selbst aber bleibt blutleer, anämisch. Auch dann stirbt das Gewebe natürlich ab. Der Herd erscheint hell, derb, wie geronnen. Man wendet in gedanklicher Übertragung den eigentlich eine hämorrhagische Durchsetzung bezeichnenden Namen auch hier an und benennt solche Herde **anämische** oder **weiße Infarkte.** Innerhalb des roten Hofes kann um einen solchen weißen Infarkt auch eine gelbe Zone bestehen infolge von Verfettung besonders der hier massenhaft abgelagerten Leukozyten (die auch viel Glykogen aufweisen). Beide Arten von Infarkten haben ihrer Genese entsprechend, wenn wir von der Farbe absehen, gewisse Form- und Lage-Eigentümlichkeiten gemeinsam. Sie liegen an der Peripherie der Organe, weil nach dieser hin die Gefäßverzweigung sich ausbreitet; die Gestalt ist kegelförmig, die Spitze dem Sitze des Embolus, die Basis der Organoberfläche entsprechend. Die Größe geht kaum unter Erbsengröße (weil bei Verstopfung ganz kleiner Arterien die kollaterale Blutzufuhr genügend zu sein pflegt). Mikroskopisch zeigen die Infarkte als Zeichen der Nekrose Fehlen der Kerne (s. unter Nekrose).

Eine Sonderstellung nimmt das Zentralnervensystem, besonders das Gehirn, ein; hier kommt es nach Arterienverschluß nicht zu festen Infarkten, vielmehr statt dessen zu autolytischer Verflüssigung und so zu anämischen **Erweichungsherden.**

Entsprechend den Gefäßeinrichtungen der einzelnen Organe zeigen diese in bezug auf das Auftreten von Infarkten gewisse Regelmäßigkeiten. Die Infarkte der Niere sind meist anämisch, ebenso die der Netzhaut (nach Verstopfung der Arteria centralis retinae) und die Erweichungsherde des Gehirns.

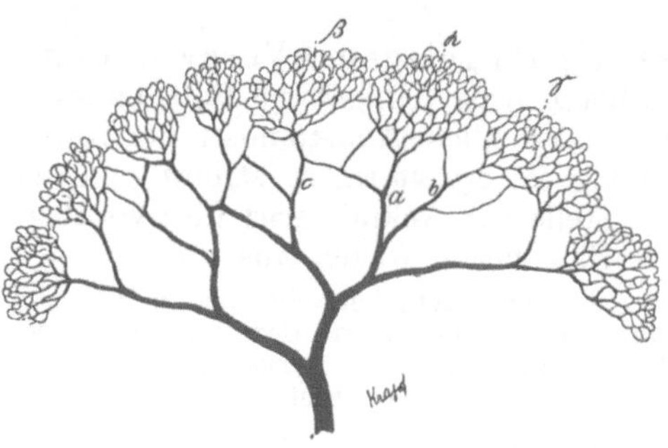

Fig. 16.
Schema der Gefäßverzweigung mit Anastomosenbildung.
Sowohl die Kapillargebiete α, β, γ, wie die zu ihnen führenden Gefäße a, b, c sind miteinander durch Anastomosen verbunden

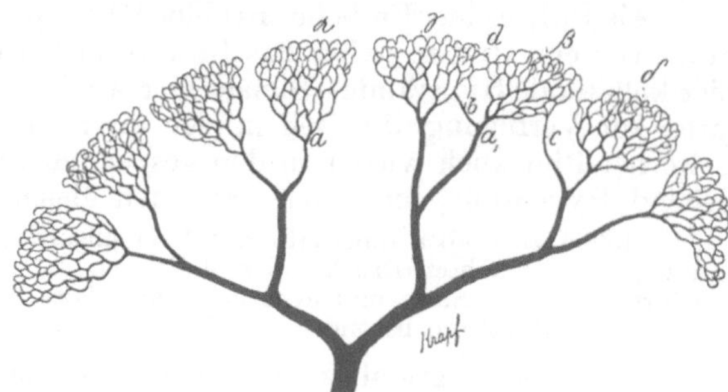

Fig. 17.
Schema von Arterien mit geringer Anastomosenbildung (sog. Endarterien).
Links: Reine Endarterien (a, α). Rechts: Geringfügige Anastomosen der Kapillargebiete (β, γ, δ) und der zuführenden Gefäße (a_1, b, c).

Hämorrhagisch sind die Infarkte des Magen-Darms, ferner der Lunge; doch sind hier die Anastomosen der Pulmonararterien untereinander und mit den Aae. pleurales und bronchiales so reichlich, daß hier Infarkte zumeist überhaupt nur zustande kommen, wenn die Lungengefäße, besonders durch chronische Stauung, schon verändert sind (also besonders bei Herzkrankheiten). In der Niere kommen hämorrhagische Infarkte an solchen Stellen vor, wo die Nierenarterien Anastomosen mit Kapselarterien haben. In der Milz finden sich bald hämorrhagische, bald anämische Infarkte. In der Leber sind Infarkte selten.

Fig. 18.
Embolus bei *a* mit anämischem Infarkt der Milz bei *b*.

Infarkte können außer durch embolischen Verschluß auch durch anderen Abschluß der Gefäße, z. B. thrombotischen, zustande kommen, aber seltener, und dann ist die Infarzierung wegen des langsameren Zustandekommens in der Regel weniger ausgeprägt.

Sehr kleine embolische Partikel können auch erst in den Kapillaren haften bleiben — Kapillarembolien; diese haben, wenn vereinzelt, für die Zirkulation kaum Folgen, treten sie aber in großer Zahl auf, so bewirken sie ebenso wie größere Emboli Infarkte. Dies findet sich besonders in den Lungen.

Ein blander (d. h. nichtinfizierter) Embolus und der zugehörige Infarkt bleiben nicht lange Zeit als solche liegen, vielmehr werden sie, ebenso wie schon beim Thrombus erwähnt, mit der Zeit unter Resorption durch Granulationsgewebe, dann Bindegewebe auf dem Wege der Organisation ersetzt. So entsteht eine an der Oberfläche eingesunkene, derbe, fibröse, weißgraue **„embolische Narbe"**. Ist der Embolus infiziert, d. h. mit eitererregenden Bakterien durchsetzt, so kommt es nicht zur **Organisation und Vernarbung**, sondern zur Vereiterung.

Außer thrombotischen Massen können auch andere Substanzen mit dem Blutstrom verschleppt werden und haften bleiben. Man spricht dann auch von Embolie oder auch Metastase. Am besten nennt man jeden derartigen Transport — von thrombotischen wie anderen Massen — **Embolie** und reserviert den Ausdruck **Metastase** für die Fälle, in denen sich am neuen Ansiedlungsort eine dem Ausgangsherd gleichartige Veränderung anschließt. Als solche embolisch verschleppte Substanzen kommen in Betracht:

1. Thrombotische Massen 2. Fett 3. Gas 4. Pigment 5. Gewebe und Zellen 6. Geschwulstzellen	im Körper gebildetes Material	7. Luft 8. Fremdkörper, Parasiten (Bakterien)	körperfremdes Material.

Als Metastasen, also mit Veränderungen am Ansiedlungsort, sind folgende embolische Verschleppungen zu benennen:

1. Geschwulstmetastasen;
2. Parasitenmetastasen, besonders Bakterienmetastasen mit Eiterungen u. dgl.;
3. Kohlenpigmentmetastasen mit entzündlichen Veränderungen.

Fettembolie entsteht, wenn Fettpartikel in eröffnete Venenlumina gelangen, so besonders aus dem Knochenmark nach Knochenbrüchen (Zenker, Wegner), oder auch schon bei heftigen Erschütterungen des Knochens, oder auch aus dem subkutanen Fettgewebe bei Quetschungen u. dgl., oder sonstigen Fettdepots bei Zerreißungen. Durch die Venen (ev. erst auf dem Lymphweg in diese gelangt) kommt das Fett in das rechte Herz und so in die Lungen. Hier bleibt es zum größten Teil in den Kapillaren hängen, und wenn das in ausgedehntem Maße der Fall ist, kann rascher Tod durch Respirationslähmung eintreten (Infarkte bilden sich nicht); ein kleinerer Teil kann auch die Lungen passieren, durch die linke Herzhälfte in den großen Körperkreislauf gelangen und in den Kapillaren vor allem der Milz, der Niere (besonders Glomeruli), des Herzens, und insbesondere des Gehirns stecken bleiben. Auch auf dem Wege durch ein offenes Foramen ovale kann das Fett direkt in den großen Körperkreislauf gelangen. Lokal können sich kleine Blutungen anschließen besonders im Gehirn und in der Haut. Die Fettembolien besonders auch im Gehirn können Schockerscheinungen und schwerere Folgen auslösen. Das Fett kann später verseift und resorbiert, aber auch von benachbarten Zellen aufgenommen werden.

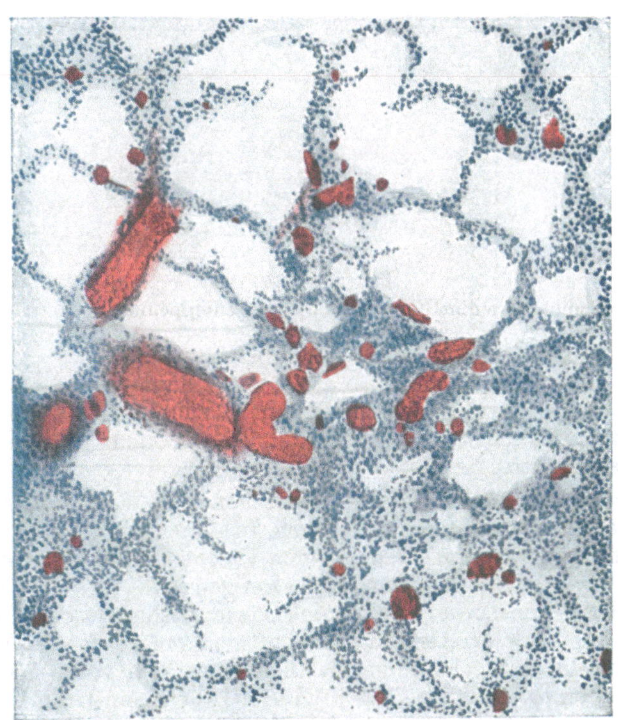

Fig. 19.
Fettembolie der Lunge.
Die Kapillaren der Alveolarsepten sind mit Fetttropfen (mit Scharlachrot rot gefärbt) angefüllt.

Gasembolie tritt ein, wenn Stickstoff aus Blut und Geweben bei Caissonarbeitern (bei Brückenbauten), welche unter stark vermehrtem Luftdruck arbeiten, bzw. bei Tauchern, wenn sie zu plötzlich in normale Luftdruckverhältnisse übergehen, entweicht und das ganze Gefäßsystem überschwemmt, so daß durch Überladung des rechten Ventrikels resp. der Lungengefäße mit Gas der Tod erfolgen kann.

Pigmentembolie entsteht, wenn im Körper gebildete oder von außen aufgenommene Pigmente, besonders Kohle, direkt, oder durch die Lymphwege indirekt, in die Blutbahn gelangen sie können an anderen Stellen, wo sie deponiert werden, Entzündungen bewirken.

Gewebe- und Zellenembolien finden sich vor allem in Gestalt von Knochenmarkgewebe und besonders Knochenmarkriesenzellen (ev. nur deren Kerne, Aschoff), welche bei Erschütterungen oder Veränderungen des Knochensystems in die Blutbahn gelangen. Mit Plazentarzellen bzw. -Zotten ist dies schon bei normaler Schwangerschaft der Fall (Schmorl). Bei den genannten Geweben wie ferner auch Lebergewebe, Herzklappenstücken, Milzpulpaelementen, Fettzellen, Osteoklasten und allerhand anderen Zellen findet dies aber besonders bei den Krämpfen der Eklampsie statt. Alle derartige Zellen bleiben besonders in den Lungen hängen und gehen dann bald zugrunde. Gelöster Kalk, besonders aus zerstörtem Knochenmark stammend, kann an anderen Stellen, mit dem Blut transportiert, ausfallen und liegen bleiben.

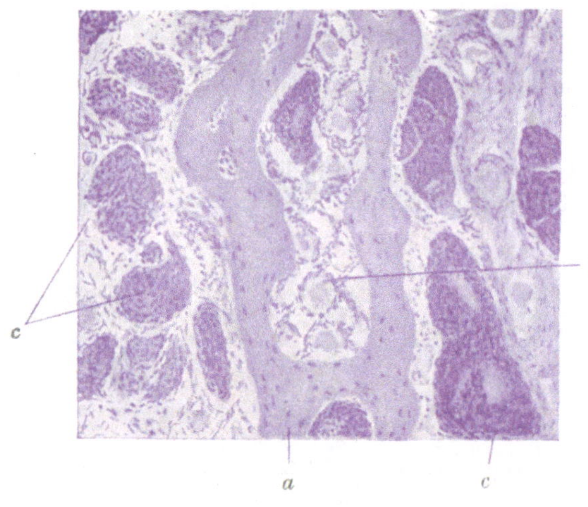

Fig. 20.
Krebsmetastasen ins Knochenmark verschleppt und hier weiter gewuchert.
a Knochensubstanz, *b* Knochenmark, *c* Krebsmassen.

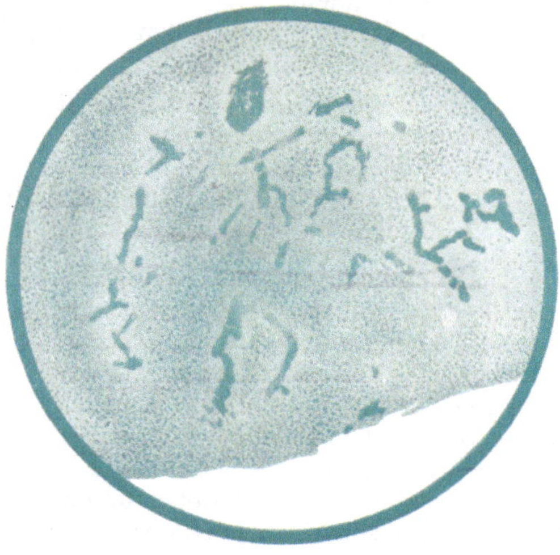

Fig. 21.
Kokkenembolien in zahlreichen Kapillaren. In nächster Nähe Nekrose, in einiger Entfernung Eiter.

Geschwulstembolien kommen zustande, wenn Geschwulstzellen in die Blut- oder Lymphbahnen einwuchern und so mit dem Blutstrom weitergetragen werden (s. im Kap. Geschwülste).

Luftembolie kann so entstehen, daß Luft von außen in große Venenstämme, besonders die leicht klaffenden Halsvenen, in denen der Druck wenigstens zeitweise negativ ist, bei Verletzungen (Operationen) — vom Uterus aus bei der Geburt —, eingesaugt wird. Dasselbe kann bei operativer Eröffnung einer Lungenvene (Brauer) und ferner bei gesteigertem Druck in der Lunge (künstlichem Überdruck) sowie, besonders bei Kindern, bei In- und Exspirationskrämpfen (Beneke) eintreten. Kleine Luftmengen werden leicht resorbiert, große aber verwandeln das Blut in eine schaumige Masse und können vor allem den rechten Ventrikel ballonartig auftreiben, so daß der Tod an Herzschwäche eintritt; oder aber die Luft füllt die kleinen Kapillaren der Lungen in solcher Ausdehnung, daß Respirationshemmung den Tod herbeiführt. Auch nachträglich kann die Herzschwäche noch zum Tode unter Zeichen der Erstickung führen. Ferner kann die Luft durch Übertritt in die Gehirngefäße zerebrale Erscheinungen auslösen, und man kann die Luft auch in den Kapillaren der Haut und im Auge verfolgen.

Bei der Sektion können wir im Blute Gas finden, das von Fäulnisbakterien stammt oder bei der Sektion selbst hineingelangt ist (besonders eröffnete Halsvenen).

Parasitenembolie findet sich vor allem in Gestalt von **Bakterien-** (besonders **Kokken-**) **embolie,** wenn diese von der Eingangspforte oder ihrer Entwickelungsstelle her mit dem Blute an andere Stellen getragen werden; sie können durch Vermehrung kleine Gefäße völlig verlegen.

Auch tierische Parasiten (Trichinen, Bilharzia, Filaria sanguinis, Malariaplasmodien, Echinokokken usw.) werden embolisch weitergetragen. Dasselbe kann auch mit anderen Fremdkörpern der Fall sein, z. B. mit Geschoßsplittern.

VI. Störungen der Lymphzirkulation. — Wassersucht. — Hydrops.

Zwischen den Gefäßen und den Geweben besteht ein Stoffaustausch. Flüssige Blutbestandteile treten aus den Kapillaren in die Umgebung: physiologisches Transsudat. 1. Filtrations- und 2. Diffusionsvorgänge, abhängig von der Höhe des endokapillären und des Gewebedruckes, von der chemischen Zusammensetzung der Flüssigkeiten und der Durchlässigkeit der Kapillarwand wirken hierbei mit, doch kommt 3. eine aktive, z. T. elektive Tätigkeit der Gefäßendothelien (Heidenhain) dazu und ebenso spielen 4. vasomotorische Nerven dabei auch eine Rolle. Dem Transsudat entnehmen die Gewebe zugeführte Nährstoffe, andererseits geben sie Wasser und gelöste Stoffwechselprodukte ab. So entsteht die Lymphe, welche durch die Lymphkapillaren, Lymphgefäße und Lymphknoten hindurch in das Venensystem gelangt. Ein Teil von ihr wird auch in die Kapillaren rücktranssudiert bzw. -resorbiert. Die Lymphe hat weniger Eiweiß (Serumalbumin und Serumglobulin) als das Blutplasma, besonders sehr wenig fibrinogene Substanz und Thrombogen, so daß sie wenig zur Gerinnung neigt, dagegen etwa denselben Gehalt an Salzen. Die Lymphe ist in den einzelnen Organen auch etwas verschieden. Besonders die aus dem Magendarmkanal stammende Lymphe — Chylus — enthält zu Zeiten der Resorption viel sehr fein verteiltes Fett, so daß sie milchähnlich trübe erscheint.

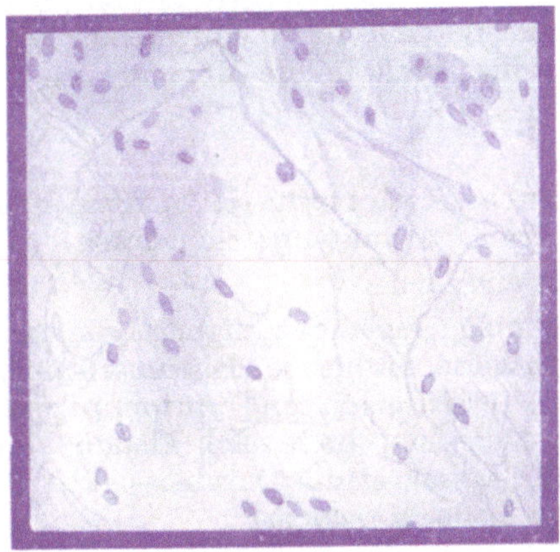

Fig. 22.
Lockeres ödematöses Bindegewebe.

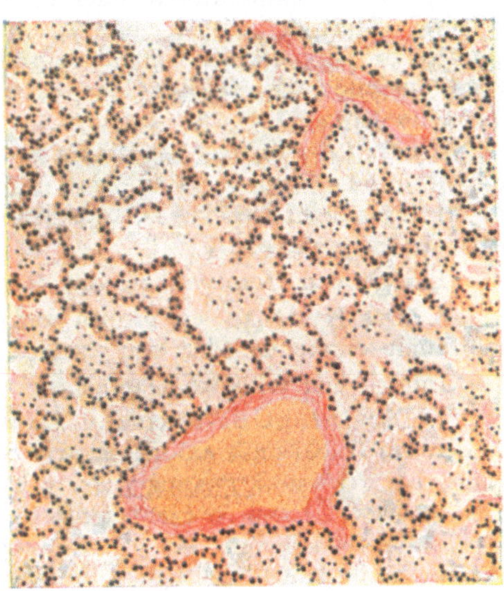

Fig. 23.
Hyperämie und Ödem der Lunge.

Allerhand fremdes Material gelangt sehr leicht in die Lymphe. Es kann in den Lymphknoten, die eine Art Filter (Arnold) darstellen, abgefangen werden, aber auch bis in die Venen gelangen. Größere Partikel können auch auf dem Lymphwege weitergetragen werden und zu Embolien führen (s. oben).

Eine vermehrte Ansammlung der, also in geringen Massen normalen, transsudierten Flüssigkeit in den Geweben oder in den physiologischen Hohlräumen des Körpers bezeichnet man als **Hydrops.** Infiltriert er die Gewebe selbst, so benennt man ihn meist **Ödem**, so der Lunge, des Gehirns usw. Das Ödem des Unterhautbindegewebes heißt auch Anasarka oder Hyposarka. Die Flüssigkeit ist im allgemeinen klar, leicht gelblich, reagiert alkalisch und gerinnt in der Regel nicht spontan.

Sie entspricht chemisch im allgemeinen der Lymphe und hängt auch von der Beschaffenheit des Blutes selbst ab. Abnorme Beimengungen des Blutes, wie Gallenfarbstoff oder Harnstoff, können in das Transsudat übergehen, auch mischen die Zellen des hydropischen Gewebes selbst Stoffe, wie Schleim oder Fett, bei. Das Transsudat enthält einzelne Leukozyten.

Bestimmte Namen sind in Gebrauch: so Hydrops für Höhlenwassersucht im engeren Sinne, ferner Hydrothorax, Hydroperikard, Aszites (in der Bauchhöhle), Hydrocephalus internus (in den Hirnventrikeln), Hydrarthros, Hydrozele (im Cavum vaginale des Hodens).

Die ödematösen Teile sind meist prall geschwellt, voluminös und haben eine auffallend weiche teigige Konsistenz; ihre Zellen und Fasern befinden sich, besonders in muzinreichem Gewebe, in einem Zustande der Quellung. Die Zellen zeigen häufig Vakuolen. Die Elastizität ist herabgesetzt; Fingereindrücke bleiben lange bestehen. Beim Einschneiden ergißt sich aus dem ödematösen Gewebe oft schon spontan eine dünne, klare Flüssigkeit; große

Mengen davon kann man durch mäßigen Druck auspressen. Da bei starkem Ödem die Gefäße komprimiert werden, ist die Farbe der ödematösen Teile blaß.

Nach ursächlichen Momenten kann man den Hydrops folgendermaßen einteilen:

A. **Aktiver Hydrops,** welcher auf vermehrtem Übertritt von Flüssigkeit aus den Kapillaren in die Gewebe beruht. Dies tritt unter folgenden Bedingungen ein.

Infolge von Erhöhung des intrakapillären Druckes:

1. Der kongestive Hydrops kommt bei aktiver Hyperämie zustande. Der erhöhte Turgor bewirkt zunächst verstärkte Transsudation, die zwar durch Rücktranssudation in die Gefäße ausgeglichen werden kann; kommt aber Stauungshyperämie, entzündliche Reizung, Schädigung der Kapillarwand, Erschwerung des Lymphabflusses od. dgl. hinzu, so entsteht der ausgesprochene Hydrops. In ähnlicher Weise entsteht in der Umgebung von Entzündungsherden das sog. kollaterale Ödem, doch geht dies ohne scharfe Grenze in das Transsudat der Entzündung = Exsudat über.

2. Der neuropathische Hydrops kommt als Folge von Zirkulationsstörungen durch Reizung der Vasodilatatoren oder Lähmung der Vasokonstriktoren bei Nervenkrankheiten (Myelitis, Syringomyelie, Ischias, Neuralgien, Hysterie usw.), bei Einwirkung traumatischer, thermischer (Brandblasen, Erkältungsödem) und toxischer Reize, teils auf reflektorischem Wege, zustande. Ein solches Ödem ist meist nicht sehr ausgedehnt und hält nicht lange an (Oedema fugax).

Ein Teil der Ödeme bei akuter Nierenentzündung ist auf die Wasserretention im Körper — hydrämische Plethora — infolge verminderter Harnmenge und die so eintretende Erhöhung des intrakapillären Druckes zu beziehen. Doch wirken hier auch andere Momente wie Insuffizienz des Kreislaufs mit.

Infolge von Herabsetzung des Gewebedruckes:

3. Der Hydrops ex vacuo entsteht, wenn durch Gewebsverluste, Atrophien u. dgl. Hohlräume entstehen oder sich erweitern, die gewissermaßen vakuumartig wirken.

Infolge von erhöhter Durchlässigkeit der Gefäßwand:

4. Der infektiös-toxische Hydrops ist die Folge einer Schädigung von Kapillarwänden bei Infektionskrankheiten, wie Scharlach, Diphtherie, Influenza, Rheumatismus, Milzbrand, bei Nierenerkrankungen (s. u.) und gewissen Vergiftungen und Autointoxikationen, z. B. Insektenstichen, Schlangengiften, bei manchen Menschen auch nach Genuß von Erdbeeren, Krebsen u. dgl. Auch soll Mangel an Schilddrüsensekret die Durchlässigkeit der Gefäße im Sinne einer Schädigung derselben steigern (so beim Myxödem).

Infolge chemischer Änderung des Blutes:

5. Der dyskrasische Hydrops entsteht namentlich wenn das Blut, infolge dauernder Eiweißausscheidung mit dem Harn, an Eiweiß verarmt und somit sein Wassergehalt relativ erhöht ist (relative Hydrämie), oder auch der Wassergehalt absolut erhöht ist (echte Hydrämie). Solches findet sich bei chronischen Nierenkrankheiten, allgemeiner Amyloiddegeneration, schweren Anämien, Malaria und überhaupt bei mit hochgradiger Kachexie verbundenen Erkrankungen. Hier wirkt die wässerige Blutbeschaffenheit fördernd auf Filtration und Diffusion, die Schädigung der Gefäßwände spielt auf die Dauer dabei eine noch größere Rolle; ferner auch Herzschwäche u. dgl.

Verschiedene Momente wirken ähnlich zusammen bei dem senilen bzw. marantischen Ödem.

B. **Passiver Hydrops,** welcher durch Störung im Abfluß der Gewebeflüssigkeit bedingt wird.

6. Das Hindernis liegt in der Blutbahn. Der Stauungshydrops bei gesperrtem oder erschwertem venösen Rückfluß kommt durch die Erhöhung des Druckes in den Gefäßen zustande und wird durch Ernährungsstörungen der Kapillarwände und Alteration und Elastizitätsverlust des umliegenden Gewebes gesteigert. Beispiele sind der Aszites bei Verödung zahlreicher Pfortaderäste bei der Leberzirrhose, oder Ödeme durch Druck des schwangeren Uterus auf Venen des kleinen Beckens oder solche durch Venen komprimierende Tumoren. Kann sich ein guter Kollateralkreislauf entwickeln, so bleibt der Hydrops aus. Kommt zur Stauung noch aktive Hyperämie hinzu, so steigert sich auch der Hydrops. Bei Herzinsuffizienz entsteht, der allgemeinen Stauung entsprechend, allgemeiner Hydrops. Dabei sind allerdings gewisse Gebiete prädisponiert (s. unten). Auch Lungenödem setzt bei Herzinsuffizienz ein.

7. Das Hindernis liegt in der Lymphbahn. Da aber den Lymphbahnen zahlreiche reichlich verzweigte Anastomosen zur Verfügung stehen, führt erst eine Verlegung des größten Teiles der Lymphwege eines Bezirkes, und dann meist unter entzündlichen Bedingungen, zum Hydrops, so bei der Elephantiasis.

Bei Entstehung des Hydrops wirken auch individuelle Eigentümlichkeiten des Organismus mit („hereditärer Hydrops"). Ferner lokale Dispositionen, besonders beim allgemeinen Hydrops, wo oft nur gewisse Gebiete das Ödem aufweisen. So besonders die locker gefügten Gewebe der Augenlider, der äußeren Genitalien u. dgl., wo erschwerte Rücktranssudation in die Blutgefäße (nach Klemensiewicz) eine Rolle spielt, und ferner tiefliegende Körperteile, wie Fußrücken, Knöchelgegend, überhaupt Unterschenkel, wo die Wirkung der Schwere sich geltend macht. Auch spielt der Zustand der Zellen eine Rolle, insbesondere der der Epithelien an serösen Höhlen, in der Lunge und im Gehirn an den Plexus chorioidei.

Nach dem oben Dargelegten kann man auch Ödeme (Hydrops) aus lokalen Gründen und unter allgemeinen Bedingungen unterscheiden. Unter letzteren sind am bekanntesten und wichtigsten diejenigen kardialer Natur, also bei Herzschwäche und -Insuffizienz, von denen unter 7 die Rede war, und dann diejenigen renaler Natur, bzw. bei Nierenerkrankungen (Nephritiden und Nierendegenerationen, s. unter „Niere"). Hier liegen die Verhältnisse sehr kompliziert und sind nicht völlig geklärt; offenbar wirken auch komplexe Faktoren zusammen. Von der Hydrämie ist oben die Rede gewesen. Störung der Eliminationsfähigkeit der Niere für Kochsalz, wenigstens wenn infolge Gefäßschädigung schon Ödembereitschaft besteht, wird vielfach als maßgebender Faktor der Ödeme bei Nierenerkrankungen angesehen. Andere Autoren sehen aber auch hier ganz von einem direkten Einfluß der Nierentätigkeit ab und fassen auch bei Nierenkrankheiten diese nur insofern als grundlegend auf, als sie bzw. die bedingenden Ursachen die Gefäße schädigen, erklären aber die Ödeme selbst dann extrarenal, d. h. lokal aus der Gefäßschädigung der betreffenden Orte. Manche Autoren denken dabei als für die Gefäßschädigung grundlegend an beim Untergang von Nierenzellen freiwerdende toxische Stoffe. Außer Gefäßschädigung (erhöhter Durchlässigkeit derselben) ist auch an kolloide Zustandsänderung von Körperzellen zu denken, die wohl mit einer Gefäßschädigung Hand in Hand geht, oder durch sie bedingt ist. Ferner ist das Ödem bei Nierenerkrankungen offenbar auch häufig zirkulatorischer oder kardialer Natur.

Die Folgen des Hydrops hängen von seiner Dauer und Ausbreitung sowie der Empfindlichkeit des befallenen Organes ab; Nerven z. B. können nach Ödem völlig degenerieren. Höhlenwassersucht kann zu Kompression von Organen führen, z. B. der Lunge, Hydrops der Hirnventrikel steht zu dem Symptomenkomplex des Hirndruckes in Beziehung. An Ödeme schließen sich unter der Einwirkung von Bakterien leicht Entzündungen an, so Unterschenkelgeschwüre an chronisches Ödem der Haut dieser Gegend.

Fötale Wassersucht, besonders zahlreicher Körperhöhlen, kommt unter verschiedenen Bedingungen vor, so bei Mißbildungen, wie Stenose des Ductus Botalli, ferner bei Anämie des Kindes verbunden mit abnormem Verhalten der blutbildenden Organe und Herzhypertrophie (Schridde), wohl auf Gund toxischer Einwirkungen von der Mutter her.

Der Höhlenwassersucht ähnelt äußerlich der falsche Hydrops, die sog. **Sackwassersucht.** Sie besteht darin, daß sich in präformierten, mit Schleimhaut ausgekleideten Hohlräumen bei Verschluß der Ausführungsgänge das Sekret anfänglich staut und den Hohlraum erweitert, später das Sekret resorbiert und durch eine vorzugsweise wässerige Flüssigkeit ersetzt wird. Solche sackförmige Erweiterungen der Gallenblase nennt man Hydrops vesicae felleae, des Uterus Hydrometra, der Tuben Hydrosalpinx, des Nierenbeckens Hydronephrose, um den Hoden Hydrozele u. a.

Lymphorrhagie.

Durch Zerreißung von großen Lymphgefäßen kann sich Lymphe frei an die Oberfläche eines Organes oder in Körperhöhlen hinein ergießen: Lymphorrhagie; wird die Öffnung des Lymphgefäßes nicht verschlossen, so können sich Lymphfisteln bilden, aus denen sich dauernd die Flüssigkeit entleert. So wird Zerreißung hier und da beobachtet am Ductus thoracicus als Folge traumatischer Einwirkungen oder von Verschluß durch tuberkulöse bzw. narbige Prozesse oder Tumoren; die Lymphe kann sich dann in die Pleurahöhle, seltener in den Herzbeutel, ergießen und dem Inhalt der serösen Höhlen beimischen, welcher dadurch milchig getrübt wird. Nach Zerreißung der Chylusgefäße des Darmes entsteht der sog. **Hydrops chylosus** bzw. **Ascites chylosus.**

Chylurie ist die Beimengung chylusartig aussehender, aus Leukozyten, Fett und reichlichem Eiweiß bestehender Massen zum Harn; sie erfolgt von den Lymphbahnen der Blase aus und wird durch einen in den Lymphgefäßen des Abdomens sich aufhaltenden Parasiten, das Schistosomum haematobium, verursacht, welches zeitweise auch ins Blut übertritt.

Kapitel II.

Störungen der Gewebe unter Auftreten von ihren Stoffwechsel verändernden (regressiven) Prozessen.

Gewebe und Zellen können angegriffen und geschädigt werden, sei es durch ungenügende oder ungenügend ausnutzbare Ernährung, bzw. bei Bestehen von Gefäßveränderungen, sei es vor allem durch Bakterien und deren Toxine oder sonstige giftige chemische Stoffe, eventuell auch solche autotoxischer Natur. Derartige primäre Schädigungen der Gewebe haben den größten Spielraum und eine gewaltige allgemein-pathologische Bedeutung. Sie verändern die Zellen in dem Sinne, daß diese leiden und daher veränderten Stoffwechsel und auch formale Abweichungen aufweisen. Die relativ günstigste Veränderung ist die einfache quantitative Herabsetzung von Stoffwechsel und Funktion; das Volumen der Zellen und Gewebe wird einfach reduziert, man spricht von Atrophie. Eine weit größere Bedeutung aber haben die auch mit ungleichen quantitativen (indem ein Stoff vermindert, ein anderer vermehrt ist) und vor allem qualitativen Abweichungen des Stoffwechsels und dementsprechenden auch morphologischen Veränderungen einhergehenden Degenerationen. Hier kombinieren sich oft allgemeine Stoffwechselveränderungen mit lokalen. Das Resultat ist, daß sich Stoffe in den Zellen ablagern oder vermehrt ablagern, die sonst weiter verarbeitet werden, wie Fette oder Glykogen, oder welche physiologisch an den betreffenden Stellen nicht auftreten, wie Kalk, Harnsäure, Pigmente, oder überhaupt nicht zu den gewöhnlichen Stoffwechselprodukten gehören wie das Amyloid. Werden diese Stoffe von außen her, meist mit dem Blute, in den Zellen abgelagert, so spricht man von Infiltration, liegt eine lokale in der Regel mit tiefergreifenden Schädigungen der Gewebselemente verknüpfte Umwandlung vor, von Degeneration im engeren Sinne. Doch verflechten sich oft infiltrative und eigentlich-degenerative, aktive und passive Vorgänge bei der Entartung von Zellen untereinander, so daß auch die Trennung in der Bezeichnung oft verwischt wird. Es handelt sich um ein Weiterleben der Zellen, wenn auch mit verändertem Stoffwechsel. Die Folge hiervon ist aber stets eine Verminderung der normalen, d. h. physiologischen spezifischen Funktion der betreffenden Zellen, sowie auch eine Herabsetzung deren Vitalität, d. h. der Anpassungsfähigkeit an weitere Schädigungen, was also den Begriff der Existenzgefährdung der ergriffenen Zellen einschließt. Gerade bei den Degenerationen kann uns die morphologische Betrachtungsweise meist nur das Bild des geänderten Zustandes, also das Gewordene darstellen, sie muß durch chemische und chemisch-physikalische Untersuchungen, die uns auch über das Werden aufklären sollen, ergänzt werden. Wenn die Schädigung keine sehr hochgradige war und die Wirkung der Schädlichkeit aufhört, kann sich die Zelle von der Entartung erholen — Rekreation. Manche Stoffe bleiben auch, besonders wenn sie keine allzu hochgradige Schädigung bedeuten, dauernd abgelagert. Die eingreifendste Folge nun, welche Schädlichkeiten hochgradiger Natur bewirken können, ist, daß der Stoffwechsel der betreffenden Zellen ganz erlischt, d. h. daß diese absterben, lokaler Gewebstod oder Nekrose. Setzt die Schädlichkeit erst Degenerationen, dann erst den Tod der Zellen, so daß sich also der Tod allmählich aus dem Leben entwickelt, so benennt man dies Nekrobiose; bei direktem Absterben spricht man von Nekrose im engeren Sinne. Im letzteren Fall ist naturgemäß die Form besser erhalten als im ersteren. Die in diesem Kapitel zusammengefaßten hier kurz charakterisierten Vorgänge bedeuten also vor allem eine negative Funktionsbilanz; man bezeichnet sie daher auch als solche regressiver Natur. Es handelt sich um veränderten — wenn nicht gar sistierten — Stoffwechsel. Man kann daher auch sehr gut von Dystrophien (mit kennzeichnenden Zusätzen) sprechen. Da die Prozesse mit Verlust von Zellsubstanz einhergehen (katabiotische s. o.), lösen sie häufig bioplastische, progressive Prozesse aus, die zur Regeneration bzw. Reparation führen (s. nächstes Kapitel). Die höchstorganisierten Organelemente (vor allem die sog. parenchymatösen) leiden bei Schädigungen im Sinne der Entartungen meist zuerst und am stärksten, die indifferenteren Zellarten, wie das Bindegewebe, sind dann um so mehr zu den proliferativen Prozessen befähigt.

I. Atrophie.

Die Atrophie, unter welcher wir also die einfache Verkleinerung einer Zelle oder eines Organes ohne wesentliche qualitative Veränderung verstehen, findet sich in ganz reiner Form, als deren physiologisches Vorbild wir die Ermüdung und Erschöpfung der Zellen nach ihrer

Funktion anführen können, z. B. bei der Skelettmuskulatur oder dem Herzen, wo die Muskelfasern bei völliger Erhaltung ihrer Struktur, insbesondere der Querstreifung, verschmälert und verkürzt gefunden werden können, oder an der äußeren Haut in Gestalt einer Verdünnung der Epidermis und Verschmälerung der Papillen. In parenchymatösen Organen atrophieren fast stets die höher entwickelten und somit leichter verletzbaren spezifischen Parenchymzellen zuerst. Ganz reine Atrophie liegt aber immerhin nur in einer beschränkten Anzahl von Fällen vor. Das Fettgewebe zerfällt schon bei atrophischen Vorgängen neben Verringerung des Umfanges und Fettgehaltes meist in mehrere kleine Tropfen. In den Ganglienzellen ändern sich bzw. schwinden die Nißlschen Schollen. Auch gewisse Epithelien, besonders der Niere und Leber, verlieren ihre charakteristische Beschaffenheit und gleichen dann den weniger hoch organisierten Epithelien der Ausführungsgänge („Rückbildung" nach Ribbert). Atrophische Muskelfasern zeigen häufig auch Vakuolisierung, Zerklüftung und Spaltung sowie Wucherung der Kerne. Bei der Atrophie der Knochensubstanz treten an der Knochenbälkchenoberfläche kleine Vertiefungen, die sog. Howshipschen Lakunen auf; ähnliches findet sich an der Wand der Haversschen Kanäle. Vielfach kombiniert sich aber die Atrophie mit qualitativen, also degenerativen Veränderungen, so mit Pigmentablagerung; man spricht dann von Pigmentatrophie oder brauner Atrophie (s. unten). Auch kann die Atrophie das Endresultat eines degenerativen Prozesses sein, wenn die abnormen Substanzen schon resorbiert sind und die Zelle nur noch einfach verkleinert oder das Gewebe zellärmer ist.

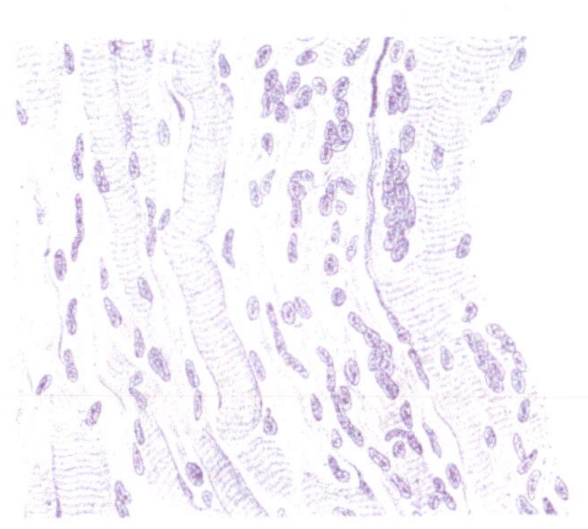

Fig. 24.
Atrophie eines Muskels mit starker Vermehrung der Muskelkerne.

Nach ursächlichen Momenten können wir einzelne Formen der Atrophie unterscheiden:

Die senile Atrophie stellt eine Erschöpfungsatrophie dar, wenn im Alter die Rekonstruktionsfähigkeit der Zelle im Stoffwechsel nachläßt, also die Dissimilation üder die Assimilation überwiegt. Sie ist individuell verschieden und befällt vor allem Haut, Gefäße, Leber, Milz, Knorpel und Knochen, Herzmuskel und Gehirn. Ihr nahe stehen Atrophien bei kachektischen Zuständen oder bei Fieber mit seinem vermehrten Stoffumsatz oder bei Erschöpfung nach übermäßigen Leistungen, besonders von Drüsen, Formen, die man als solche zellulärer Natur zusammenfassen kann.

Herabgesetzte Ernährung bewirkt Atrophie, aber die einzelnen Organe nehmen sehr verschieden im Hungerzustande ab, am stärksten Fettgewebe, Körpermuskulatur, Leber, Blut, Herz, am wenigsten Zentralnervensystem. Bei Atherosklerose einzelner Gefäße atrophieren die zugehörigen schlecht ernährten Bezirke, so z. B. in Niere oder Gehirn. Auch chronische Stauung bewirkt Atrophie (zyanotische Atrophie).

Inaktivitätsatrophie ist die Folge von Nichtgebrauch bzw. Funktionsherabsetzung, so an Knochen und Muskeln gelähmter Extremitäten, wie an Amputationsstümpfen, oder am Kiefer nach Ausfall der Zähne. Durchschnittene Nerven atrophieren nach bestimmten Gesetzen (s. dortselbst).

Druckatrophie ist vor allem die Folge anhaltenden, nicht allzu starken Druckes (sonst kann Nekrose eintreten). Weiche Organe werden dabei, weil anpassungsfähiger, meist weniger geschädigt als der sonst viel widerstandsfähigere Knochen. So rufen Pacchionische Granulationen Vertiefungen an der Innenfläche des Schädels hervor, ähnlich Hydrozephalus, oder Aneurysmen bewirken Atrophie der Wirbel, während die Zwischenwirbelscheiben besser erhalten bleiben.

Trophoneurotische Atrophien sind die Folge, wenn auf Grund von Nervenläsionen und Rückenmarkskrankheiten trophische Störungen an den zugehörigen Bezirken der Haut, Muskeln u. dgl. auftreten (da den Nerven ein „trophischer", d. h. die Ernährung regelnder Einfluß auf Zellen zukommt). Dazu kommen hierbei vasomotorische Störungen. Zu solchen neurotischen Atrophien gehört die halbseitige Atrophie des Gesichtes, welche auf Trigeminusstörungen, in anderen Fällen auf zerebrale Veränderungen zu beziehen ist, Störungen der Haut und ihrer Anfangsgebilde bei Lepra nervorum u. dgl. mehr.

Auch gewisse chemische Stoffe können Atrophie bewirken, so Jod an Drüsen.

Äußere Ähnlichkeit mit Atrophie kann Hypoplasie, d. h. ein Zurückbleiben in der Entwickelung, haben.

II. Trübe Schwellung.

Epithelien drüsiger Organe, besonders der Leber und Niere, sowie auch das Sarkoplasma der Muskelfasern zeigen häufig eine Veränderung des Zellkörpers, welche man als trübe Schwellung (Virchow) oder albuminöse Degeneration bezeichnet. Die Zellen — in Wasser oder Kochsalzlösung untersucht — weisen ein auffallend stark gekörntes, trübes Aussehen auf und erscheinen im ganzen vergrößert. Beides beruht auf der Einlagerung zahlreicher feiner Eiweißkörnchen, welche in den Epithelien oft den Zellkern verdecken und in den Muskelfasern in das zwischen den Primitivfibrillen gelegene Sarkoplasma eingelagert sind; auf Zusatz von Essigsäure hellen sie sich (im Gegensatz zu Fetttröpfchen) auf, worauf dann auch der vorher verdeckte Kern wieder deutlich hervorzutreten pflegt (Zusatz von Kalilauge hellt die Zellen gleichfalls auf, bringt aber auch die Kerne zur Auflösung).

Wahrscheinlich handelt es sich bei der trüben Schwellung um eine Destruktion des Aufbaus der Zellen, wobei die feinsten fädigen Elemente des Protoplasmas (Mitochondrien) zerfallen. Wir müssen dabei vom kolloidchemischen Bau desselben ausgehen; Anteile des Protoplasmas gehen wohl aus dem Hydrosolzustand in den Gelzustand über. Dann wird vermehrtes Eiweiß aus dem Blute bzw. Transsudat aufgenommen. Ob auch Quellungserscheinungen, d. h. vermehrte Flüssigkeitsaufnahme mitspielt, ist noch fraglich. Bei der Destruktion des Baus der Zelle wirken wahrscheinlich autolytische Vorgänge mit, und vielleicht sind die Trübung und die Schwellung nicht stets kombinierte und verschieden zu bewertende, zum Teil auch erst kadaveröse, Vorgänge. Wahrscheinlich handelt es sich auch nur um einen Sammelbegriff an verschiedenen Organzellen verschieden verlaufender Prozesse. Die sog. trübe Schwellung ist ein reversibler, nicht sehr eingreifender, Vorgang, bei dem auch die Kerne intakt erhalten bleiben; die Zellen können sich wieder völlig erholen.

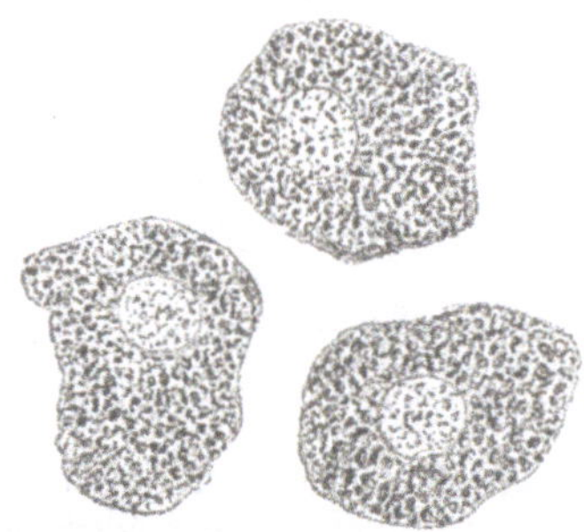

Fig. 25.
Leberzellen in trüber Schwellung.

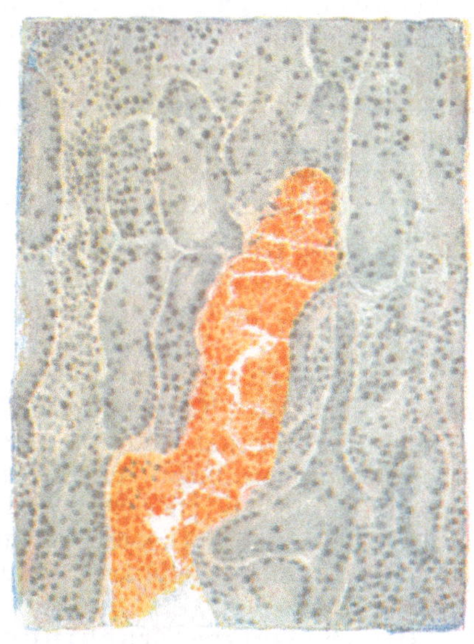

Fig. 26.
Tropfiges Hyalin der Niere.

In typischer Weise tritt die trübe Schwellung an den sog. parenchymatösen Organen (Leber, Niere, Herz usw.) unter dem Einfluß von allgemeinen Infektionskrankheiten (Diphtherie, Typhus usw.) und Intoxikationen mit verschiedenen Giften (Phosphor, Arsen usw.) auf. Mit dem Schwinden der Allgemeininfektion kann die Veränderung wieder rückgängig werden, in vielen Fällen schließt sich aber eine weitere Degeneration an, zumeist Verfettung. Ist die Veränderung hochgradig, so fallen die Organe schon makroskopisch als vergrößert und eigentümlich trübe, wie gekocht auf.

Nierenepithelien weisen im Zustand der Schädigung irgendwelcher Art neben der Körnelung häufig auch flüssige Tropfen auf, die als feinste, dann als größere, besonders tingierbare Tröpfchen die Zellen oft in großer Menge füllen und als tropfiges Hyalin bezeichnet werden. Der Kern der Zelle ist anfänglich gut erhalten, dann schwindet er, die Zelle zerfällt, die hyalinen Tropfen werden frei und bilden durch Zusammenfluß hyaline Zylinder. Bei dem ganzen Prozeß handelt es sich wohl auch um eine Degeneration. Eine ähnliche findet sich seltener auch an den Zellen anderer Organe, wie der Leber (Wagelin), und ferner vor allem in Plasmazellen.

Kurz erwähnen wollen wir die hydropische Quellung bzw. vakuoläre Degeneration, welche, auf Wasseraufnahme und Abscheidung in Vakuolen beruhend, sich oft mit der trüben Schwellung zusammen findet und seltener eine selbständige Bedeutung hat. Sie findet sich in der quergestreiften Muskulatur sowie in Epithelien, z. B. der Niere, ferner in Karzinomen, hier besonders ausgebreitet nach Röntgenbehandlung.

III. Störungen des Fett(Lipoid)stoffwechsels der Gewebe: Verfettung. (Fett-, Lipoid- und Myelin-Degeneration und -Infiltration.)

Die hauptsächlichste Quelle für Fettbildung ist das Nahrungsfett, das teils in Emulsion, teils verseift in die Chylusgefäße aufgenommen wird. Es wird dann zerlegt, und die Leber spielt bei dem intermediären Fettstoffwechsel offenbar eine große Rolle, indem sie Fettkomponenten in Verbindungen (Seifen, Fettsäuren usw.) umwandelt, die wahrscheinlich von den Körperzellen, zu deren Ernährung das Fett nötig ist, aufgenommen und hier wieder synthetisch zu Fett zusammengesetzt werden können.

Fette finden sich, größtenteils als Triglyzeride der Fettsäuren (Stearin, Palmitin, Olein), nur in geringer Menge als freie Fettsäuren, vor allem in den großen Fettdepots des Unterhautfettgewebes, des Fettgewebes des Mesenterium u. dgl. m., welche bei reichlicher Ernährung entsprechende Zunahme erfahren, aber ferner auch unter normalen Bedingungen schon in geringer Menge im Blute und in den Zellen zahlreicher Organe. So vor allem in den Leberzellen (auch in Gestalt größerer Tropfen) und ferner, meist in Form kleiner Tröpfchen, in Nebenniere und Niere (Henlesche Schleifen und Schaltstücke), Hoden, Thymus, Speicheldrüse, Tränendrüse, Schilddrüse, Milchdrüse, sowie ferner Muskulatur, Haut, deren Schweiß- und Talgdrüsen, Nervengewebe usw. Das Fett bedeutet hier, in mäßigen Mengen vorhanden, Stoffwechsel bei der Funktion, also Leben. Beim Neugeborenen findet sich auch Fett in zahlreichen Organen. Wir können alles dies als **physiologische Fettinfiltration** zusammenfassen.

Wenn sich nun Fett an solchen Stellen wesentlich vermehrt, oder an Stellen, wo es physiologisch nicht vorhanden ist, findet, so bedeutet dies einen pathologischen Zustand bzw. Vorgang. Dies kann nun unter den verschiedensten Bedingungen der Fall sein und in verschiedener Weise eintreten, und wir sprechen daher zunächst am besten mehr zusammenfassend und indifferent von „Verfettung".

An der Grenze von Physiologischem und Pathologischem steht der Mastzustand, bei dem im Blute mehr Fett als sonst kreist und auch in zahlreichen Organen gefunden wird, besonders auch in der Leber (z. B. die Gänsefettleber). Bei allgemeiner Adipositas ist das gleiche der Fall. Hier kann die Fettleber fast in allen Leberzellen Fett in Riesenmengen und in großen Tropfen aufweisen. Dasselbe sehen wir aber auch im Hungerzustand bzw. bei Unterernährung (so auch bei kleinen Kindern mit Ernährungsstörungen). Hier wird das Fett der Fettdepots mobilisiert, kreist in vermehrter Menge im Blute — Lipämie — und lagert sich dann zunächst vor allem in die Sternzellen der Leber, dann aber auch in großen Mengen in den Leberzellen und Zellen anderer Organe ab. So erhält sich der Körper gewissermaßen aus sich selbst (dies ist z. B. bei laichenden Fischen, welche keine Nahrung zu sich nehmen, der Fall). Dieselbe Lipämie und Verfettung finden wir weiterhin bei allgemeinen Störungen des Fettstoffwechsels, so bei Diabetes, hier vor allem in der Niere. Gelangt in diesen Fällen also das in den Organzellen vermehrt abgelagerte Fett von außen — mit dem Blute — in diese hinein, so können wir hier von einer Fettinfiltration unter pathologischen Bedingungen sprechen. Erst recht ist dies aber der Fall, wenn sich Fett in Zellen abgelagert findet, indem es zwar auch infiltrativ von außen hierher gelangt ist, dies aber gerade dann und dort stattfindet, wo die Zellen geschädigt sind (Eiweißverlust). Früher nahm man an, daß hier eine Degeneration in dem Sinne vor sich gegangen sei, daß sich Eiweiß direkt in Fett umgewandelt habe. Chemisch begründete dies Voit und darauf stützte Virchow seine Lehre der „Fettmetamorphose". Aber Pflüger deckte Schritt für Schritt die Einwände auf, die gegen eine solche direkte Umwandlung unter Verhältnissen, wie sie im Körper vorliegen, d. h. unter Ausschluß von Bakterien, sprechen. Auch erwiesen sich mikroskopisch durchgreifende Unterschiede zwischen den Fettröpfchen bzw. -Körnchen bei der vermeintlichen Metamorphose bzw. Degeneration und bei Infiltration als nicht stichhaltig. Und vor allem konnten zahlreiche Experimente nachweisen, daß es sich gerade bei dem als typisch angenommenen Beispiel eines lokalen fettig-degenerativen Prozesses um einen Infiltrationsvorgang handelt, nämlich bei der Leberverfettung, bei Vergiftungen mit Phosphor und dergleichen. Bringt man bei durch Hunger abgemagerten, d. h. des Fettes ihrer Fettdepots zum großen Teil beraubten, Hunden durch Ernährung mit Hammeltalg diesen in den Fettdepots zum Ansatz und vergiftet nun die Hunde mit Phosphor, so findet sich in den verfetteten Organen, besonders der Leber, nicht Hundefett, sondern Hammeltalg. Es handelt sich also auch hier nicht um eine lokale Umwandlung, sondern um eine Infiltration bei Mobilisation aus den Fettdepots und Lipämie. Aber hier sind auch die Leberzellen vom Phosphor angegriffen worden, was sich auch in ihrem Verlust an Glykogen und der Unfähigkeit, weiterhin Glykogen zu binden, äußert. So ist der Vorgang bzw. der Weg ein infiltrativer, aber er ist der Ausdruck einer degenerativen Zellveränderung. Ja wir können allgemein sagen, daß das Auftreten von vermehrtem Fett in allen möglichen Organzellen mit das häufigste Kennzeichen eines degenerativen Zustandes der Zellen bzw. der Gewebe ist. Wir können daher in solchen Fällen gut von degenerativer Fettinfiltration sprechen.

Außer mit dem Blute kann Fett auch Zellen von außen zugetragen und in ihnen abgelagert werden, wenn es aus der Nähe stammt, wo es durch Zerfall von Zellen frei geworden ist. Wir

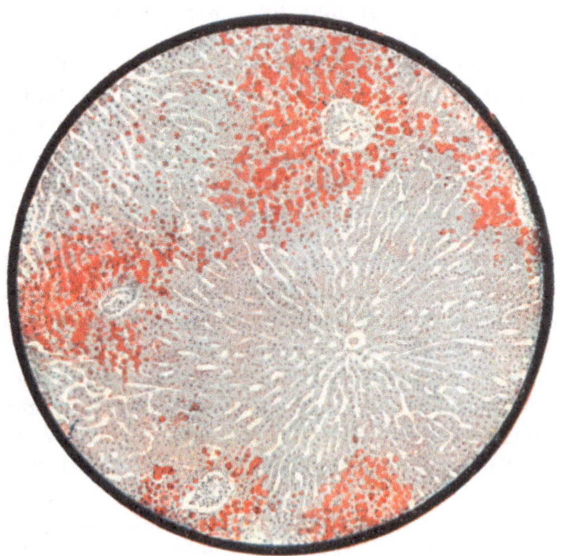

Fig. 27.
Fettinfiltration der Leber (Übersichtsbild).

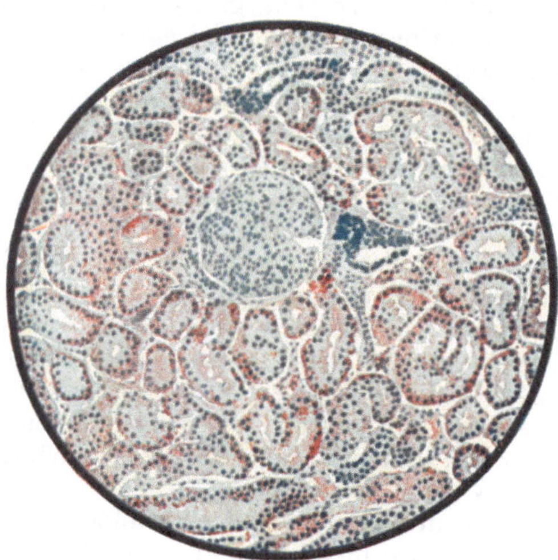

Fig. 28.
Verfettung der Niere.

sprechen dann von Fettresorption bzw. resorptiver Verfettung. Als Beispiel seien die Körnchenkugeln im Zentralnervensystem (s. dort) erwähnt.

Ein weiterer wichtiger Faktor für die Ansammlung von Fett in Zellen — Verfettung — ist darin gegeben, daß unter Umständen das aufgenommene Fett nicht genügend, wie sonst, weiter verbrannt werden kann und daher liegen bleibt und somit morphologisch in die Erscheinung tritt. Auch dies ist eben der Fall, wenn die Zellen in ihrer Leistungsfähigkeit geschädigt sind, also wieder Ausdruck eines degenerativen Zustandes, und kann sich mit vermehrter Fettinfiltration kombinieren. So können wir bei Phthisikern in merkwürdigem Gegensatz zu der allgemeinen Abmagerung hochgradige Fettleber finden.

Aber auch lokale Vorgänge können das Bild der Verfettung von Zellen ergeben. Fette und nahe verwandte Lipoide (s. u.) gehören in feinster Verteilung zur Struktur des Zellprotoplasmas und spielen wohl bei der Organisation der Zellsubstanz überhaupt eine beherrschende Rolle. Sie können sich bei der Desorganisation degenerierender Zellen zu größeren Tropfen sammeln und so mikroskopisch sichtbar werden. Man hat in diesem Fall von Fettphanerose gesprochen.

Endlich sei erwähnt, daß doch aber auch eine lokale Umwandlung von Eiweiß, bei dem Abbau von solchem, in Fett auf dem Umwege über Kohlehydrate, die sich ja in Fett umzubilden vermögen, möglich erscheint, sei es über den Kohlehydratrest der Glykoproteide, sei es durch Desamidierung der Aminosäuren und Umwandlung so entstehender Stoffe zu Kohlehydraten. Wieweit solche Vorgänge bei der Verfettung tatsächlich mitspielen, ist noch nicht sichergestellt.

Alle diese Vorgänge führen also allein oder kombiniert zum Bilde der Verfettung. Es ergibt sich von selbst, daß diese daher sehr verschiedene Wertigkeit für den Zustand der befallenen Zellen besitzt. Allgemein können wir sagen, daß die Verfettung eine Störung des Fettstoffwechsels darstellt, bei der sich lokale und allgemeine Momente kombinieren können. Im Einzelfalle gilt es den grundlegenden Vorgang näher zu gliedern. Zu allermeist ist die Verfettung, wie dargelegt, doch wenigstens der Ausdruck eines degenerativen Vorganges an Zellen, und somit bleibt, der alten Virchowschen Lehre entsprechend, der Befund von vermehrtem Fett als morphologisch nachweisbares Zeichen eines solchen Vorganges doch von größter Bedeutung.

Da es sich bei allen diesen Prozessen um einen veränderten Stoffwechsel handelt, können nur noch lebende, wenn auch zumeist geschädigte Zellen verfetten, abgestorbene nicht. So findet sich die Verfettung am Rand von nekrotischen Gebieten, nicht in ihnen (z. B. Infarkte).

Die Diagnose der Verfettung ist im allgemeinen leicht und in einigermaßen ausgeprägten Fällen schon mit bloßem Auge nach der gelben Verfärbung der ergriffenen Organe — ausgesprochen gelb verfärbte Organe sind stets auf Fette (bzw. Lipoide) verdächtig — und ihrem, namentlich auf der Schnittfläche deutlichen, matten Fettglanz zu stellen.

Mikroskopisch sind die Fettröpfchen durch ihr starkes Lichtbrechungsvermögen (Abblenden!), ihre Unlöslichkeit in Säuren und Alkalien und Löslichkeit in Äther und Alkohol zu erkennen. Bei der Behandlung der Präparate mit Alkohol, Xylol usw. löst sich das Fett; die Räume, wo es gelegen, erscheinen hell und leer. Man kann Fett mit gewissen Farbstoffen färben (besonders Osmiumsäure sowie gewissen Diazofarben wie Sudan III oder Scharlach R.).

Verfettung ist eine allgemeine Degenerationsform, die fast in allen Geweben eintreten kann: an den Muskelfasern, namentlich denen des Herzens, den Epithelien der Drüsen, der Intima und Media der Gefäße, dem Endokard, den Nervenfasern usw. Sie findet sich unter den verschiedensten Bedingungen, bei allgemeinen Infektionskrankheiten, bei Vergiftungen (Phosphor, Arsen, Chloroform usw.), bei der akuten gelben Leberatrophie, bei herabgesetzter Ernährung (z. B. Atherosklerose oder anämischen Zuständen), als Teilerscheinung von Entzündungen (s. dort) usw.

Verfettung des Herzmuskels und der Hauptstücke der Niere findet sich außerordentlich häufig bei irgendwie unter infektiös-toxischen oder toxischen Bedingungen Gestorbenen.

Von den genannten Formen der Verfettung von Zellen sind andere Formen der Fettvermehrung wohl zu unterscheiden, bei welchen es sich um eine Wucherung des interstitiellen, zwischen den Organelementen gelegenen physiologischen Fettgewebes handelt, und welche am besten als **Lipomatose** zu bezeichnen sind. Diese kann universell sein oder lokal, besonders als Ersatzwucherung (s. auch im Kapitel Hypertrophie).

Außer den eigentlichen Fetten (Neutralfette = Triglyzerinester der Fettsäuren) finden sich nun im Gewebe unter normalen wie pathologischen Zuständen noch andere **fettähnliche Körper, Lipoide.** Von den verschiedenen Namen und Einteilungen, welche für sie gewählt wurden, wollen wir denjenigen, welche auf den Untersuchungen Aschoffs und Kawamuras basieren, folgen:

1. P- und N-freie Substanzen, wie Cholesterin, Cholesterinfettsäureester, Cholesteringemische, ferner freie Fettsäuren (Ölsäuren), die verseifen oder sich mit Kalzium verbinden und als fettsaurer Kalk eine Rolle spielen.
2. N-haltige, aber P-freie Substanzen, sog. Zerebroside, vor allem das Phrenosin.
3. N- und P-haltige Körper, sog. Phosphatide, besonders das Kephalin, ein Monamidokörper, und das Sphingomyelin, ein Diamidokörper.

Diese fettähnlichen Körper unterscheiden sich zum großen Teil dadurch von den Neutralfetten, daß sie im polarisierten Licht Doppelbrechung aufweisen, besonders die Cholesterinester und Cholesterinfettsäuregemische, bei denen sie bei leichtem Erwärmen verloren geht, und ferner die Zerebroside, das Sphingomyelin und Kephalincholesteringemische, bei denen dies nicht der Fall ist. Des weiteren stehen uns zu der obigen Trennung der Körper besondere Farbmethoden zur Verfügung. Fein verteilt kommen die Lipoide überall vor, da sie im Aufbau des Protoplasmas der normalen Zelle eine große Rolle spielen. In größeren Mengen, morphologisch nachweisbar, finden sie sich vor allem in der Nebennierenrinde, ferner im Thymus (kleiner Kinder), in den Luteinzellen und auch in dem gewöhnlichen Fettgewebe.

Die pathologische Verfettung kann man nach Aschoff in drei Gruppen einteilen:

1. Die Glyzerinester = Neutralfettverfettung, welcher die gewöhnliche Verfettung entspricht.
2. Cholesterinesterverfettung.
3. Lipoidverfettung, welche die übrigen fettähnlichen Körper zusammenfaßt.

Cholesterinesterverfettung. Das Cholesterin entstammt, wie die Fette, der Nahrung; eine gewisse Menge von Cholesterin bzw. Cholesterinestern findet sich stets im Blute; abgelagert sind sie vor allem auch in der Nebenniere, wo ihre Menge der des Blutes etwa parallel ist (Laudau). Sie werden durch die Leber ausgeschieden, zum Teil auch hier in Cholate umgewandelt. Unter bestimmten Bedingungen, besonders bei Leberfunktionsausfall, physiologisch z. B. während der Schwangerschaft, pathologisch z. B. bei Diabetes oder manchen Lebererkrankungen, ist der „Cholesterinspiegel" des Blutes erhöht — Cholesterinämie oder Hypercholesterinämie. Teils in solchen Fällen, teils auch sonst können wir dann Cholesterin bzw. Cholesterinester in größeren Mengen in Körperzellen abgelagert finden, sog. Xanthelasmen im Gegensatz zu mehr geschwulstartigen ähnlichen Bildungen, Xanthomen. Allgemeine Xanthomatose ist sehr selten. Bei den Xanthelasmen scheinen örtliche Störungen der Lymphzirkulation mitzuspielen (Lubarsch). Besonders findet eine Cholesterin- und Cholesterinesterablagerung auch in schon geschädigte Zellen statt, so bei älteren Entzündungen, wo man derartige Bildungen dann als Pseudoxanthome bezeichnet, ferner bei Geschwülsten. Allerdings scheinen bestimmte Arten solcher, nämlich die sog. Xanthosarkome und Xanthofibrosarkome, welche besonders an den Fingern und Zehen vorkommen, meist eher zu den chronisch entzündlichen Prozessen denn zu den eigentlichen Geschwulstbildungen zu gehören. Die Cholesterinester bzw. das Cholesterin gelangt in allen diesen Fällen zu den Zellen teils auf dem Blutwege, also infiltrativ, besonders bei Cholesterinämie, teils aus der Nachbarschaft, wenn hier Zellen zerfallen, also resorptiv. Die Zellen, welche die Cholesterinesterverfettung aufweisen, werden Xanthom- bzw. Pseudoxanthomzellen oder auch Schaumzellen genannt, weil sie infolge Durchsetzung mit gleichmäßig verteilten feinen Tröpfchen nach Lösung dieser (in Alkohol) ein vakuoläres Aussehen darbieten. Makroskopisch haben die ganzen Gebilde eine ausgesprochen gelbe Farbe (daher die Bezeichnungen). Die Cholesterinesterverfettung spielt weiterhin eine große Rolle bei der Atherosklerose (s. dort), und das Cholesterin bzw. Ausfällung von solchem bewirkt

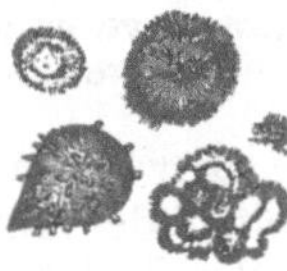

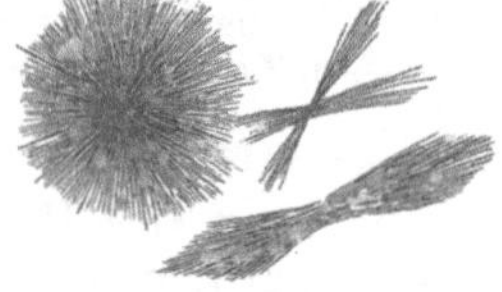

Fig. 29.

Leuzin. Tyrosin.

(Nach Seifert-Müller, Med.-klin. Diagnostik. 11. Aufl.)

Fig. 30.
Cholesterintafeln.

hauptsächlich die Gallensteine (s. bei diesen), in der Gallenblase, wenn auf Grund von Gallenstauung die Gallenblase an Cholesterin angereichert ist. Die Lipoidverfettung findet sich unter ähnlichen Bedingungen, meist mit der Neutralfett- und Cholesterinesterverfettung zusammen. Auch die Abnutzungspigmente (Lipochrome bzw. Lipofuszine) enthalten Lipoide.

Ganz zu trennen von den Lipoiden, welche also ganz entsprechend den Neutralfetten und oft mit ihnen zusammen unter physiologischen wie pathologischen Bedingungen in den Zellen gefunden werden, sind die **Myeline**. Sie sind charakterisiert durch die Bildung von Myelinfiguren und durch ihre Färbung mit Neutralrot, erscheinen nur als Absterbephänomene von Zellen (auch bei der postmortalen Autolyse) und entstehen wahrscheinlich bei Zellzerfall durch Übertritt der Kernphosphatide und -zerebroside in das Protoplasma.

Wo Fett in größerer Menge angesammelt wird, namentlich in Zerfallsherden, kleinen und größeren Hohlräumen, scheiden sich an der Leiche die schwerer schmelzbaren Fette häufig in Form sog. Fett- und Margarinesäurekristalle aus, die in einzelnen Nadeln oder in Büscheln zusammenliegen, wie wir sie auch im Inneren von Fettgewebszellen öfters finden. Unter ähnlichen Verhältnissen findet sich auch häufig Cholesterin in Form von dünnen, rhombischen Tafeln, die vielfach übereinander geschichtet sind und bei reichlicher Anwesenheit schon makroskopisch wahrnehmbare, perlmutterartige Schüppchen im Gewebe bilden. Durch Zusatz einer Mischung von fünf Teilen Schwefelsäure und einem Teil Wasser werden die Tafeln von den Rändern her zuerst karminrot, dann violett, durch Zusatz von Schwefelsäure bei nachherigem Jodzusatz nach und nach violett, blaugrün und blau.

IV. Schleimige Degeneration.

Die **Muzine** sind zähflüssige fadenziehende Massen, die in Wasser nicht löslich sind, sondern nur quellen, durch Essigsäure fädig oder flockig ausgefällt und im Überschuß nicht wieder gelöst werden, dagegen in alkalischen Flüssigkeiten leicht löslich sind.

Alkohol bewirkt ebenfalls eine Fällung, die jedoch (im Gegensatz zu der durch Essigsäure) bei Wasserzusatz wieder aufgehoben wird. Beim Sieden mit verdünnter Säure geben die Muzine eine Kupferoxyd reduzierende Substanz. Ihrer chemischen Zusammensetzung nach gehören die echten Muzine zu den Glykoproteiden (Pfannenstiel) und geben als nächste Spaltungsprodukte Eiweiß und Kohlehydrate. Sie finden sich in Schleimhäuten, Schleimdrüsen und im Bindegewebe des Nabelstranges. Doch werden unter dem Namen Schleim auch noch andere, von den echten Muzinen mehr oder weniger verschiedene Stoffe (Mukoide) aufgeführt, die zum Teil nicht scharf von ihnen trennbar sind. Hierher gehört z. B. das Pseudomuzin im Knorpel, das sog. Paralbumin, welches wahrscheinlich ein Gemenge von Pseudomuzin mit Eiweiß darstellt usw.

Bei der pathologischen Schleimbildung kann man die schleimige Entartung von Epithelien einerseits, von Zellen, welche normaliter keinen Schleim produzieren, vor allem Bindesubstanzen andererseits unterscheiden. Ersteres findet sich bei Katarrhen in den Zylinderepithelien der Schleimhäute und den Epithelien der Schleimdrüsen. Hier wird ja schon normaliter Schleim produziert, indem die sog. Becherzellen entstehen, in denen sich ein Teil der Zellen zu einem Schleimtropfen umbildet, der dann ausgestoßen wird. Bei Katarrhen ist die Zahl solcher Becherzellen vermehrt und in den einzelnen Zellen die schleimige Entartung gesteigert, so daß fast die ganze Zelle von Schleim erfüllt wird. Bei der Schleimbildung kann man zuerst eine muzigene Vorstufe verfolgen, der Schleim lagert sich zunächst wohl an die Mitochondrien an. Diese können bei gesteigerter Schleimbildung ganz verbraucht werden, und die Zelle so ganz zugrunde gehen. Das schleimige Sekret weist Schleim in großen und kleinen Tropfen, abgestoßene, zumeist ganz in Schleim verwandelte Becherzellen und schleimig gequollene Rundzellen — sog. Schleimkörperchen — auf. Auch die Epithelien von Tumoren (Krebsen) können schleimig degenerieren. Bei der schleimigen Entartung des Bindegewebes, Knorpels, Fettgewebes wird die Grundsubstanz in eine fadenziehende glasige Masse umgewandelt (nicht zu verwechseln mit einer nur ödematösen Durchtränkung des Bindegewebes). Auch die Zellen des Gewebes können dabei eine fettige oder schleimige Degeneration erleiden. Auf einer schleimigen Umwandlung des Bindegewebes der Haut beruht das sog. Myxödem. Am Knorpel, wo der Verschleimung in der Regel eine Auffaserung der Grundsubstanz vorhergeht, findet sie sich als senile Erscheinung sowie bei verschiedenen Gelenkaffektionen. Auch in Tumoren können bindegewebige Anteile in Schleim umgewandelt werden.

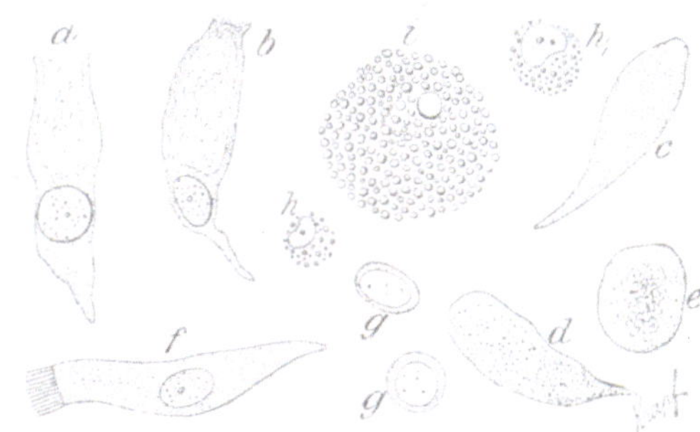

Fig. 31
Zellen aus dem Sekret einer katarrhalischen Bronchitis.

a Becherzelle; *b* Zylinderzelle mit teilweiser schleimiger Umwandlung des Protoplasmas; *c*, *d* schleimig umgewandelte Epithelien; *f* normale Zylinderepithelzelle mit Flimmern; *e*, *g* Schleimkörperchen; *h*, h_1, *i* in fettiger Degeneration begriffene Zellen.

V. Hyaline Degeneration.

Unter „Hyalin" (das vor allem von v. Recklinghausen studiert wurde) verstehen wir Substanzen von glasig-homogenem Charakter, fester, derber Beschaffenheit, ohne besondere Struktur, die gegen Säuren und Alkalien widerstandsfähig sind und besondere Affinität zu sauren Anilinfarben aufweisen. Es ist ein Sammelbegriff. Man unterscheidet am besten mit Lubarsch 1. intrazellulär gebildetes Hyalin und benennt es auch **Kolloid.** Es wird vor allem in Epithelien gebildet, und das physiologische Paradigma ist das Kolloid der Schilddrüse. Und 2. extrazellulär gebildetes Hyalin, welches vor allem das Bindegewebe imprägniert. Zum Teil handelt es sich hier um mit Quellung, d. h. Wasseraufnahme verbundene Änderung des kolloidchemischen Zustandes des Protoplasmas, welche diesem die oben gekennzeichnete Beschaffenheit verleiht.

Das intrazellulär gebildete Kolloid findet sich in der Schilddrüse in vermehrtem Maße bei Vergrößerungen dieser, Strumen. Es kann auch das Bindegewebe zwischen den Follikeln durchtränken. In den kolloiden Massen können sich festere geschichtete Körperchen, sog. Kolloidkonkremente, finden. Ein ähnliches Kolloid weist die Hypophyse unter normalen und pathologischen Bedingungen auf. In den Nierenepithelien findet sich bei degenerativen Zuständen (besonders auch bei Amyloiddegeneration) und unter entzündlichen Bedingungen, eine hyaline Degeneration in Gestalt

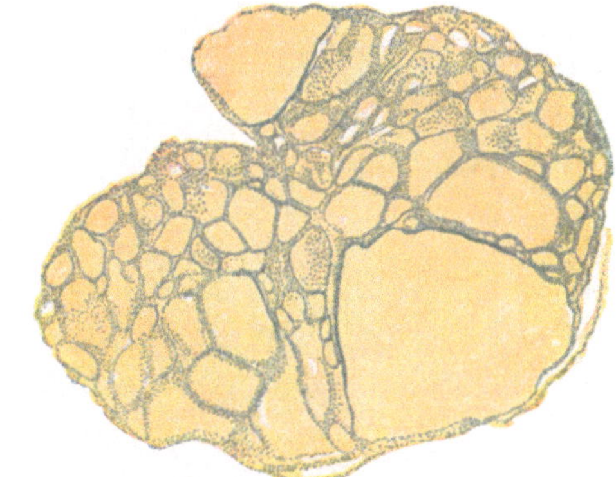

Fig. 32.
Struma colloides. Drüsenräume zum Teil stark erweitert, mit Kolloid gefüllt.

zunächst kleinster hyaliner Tröpfchen — sog. tropfiges Hyalin. Sie sintern dann zu größeren Tropfen zusammen; der zunächst gut erhaltene Kern der Epithelien geht zugrunde, die Zelle kann zerfallen, und die Tropfen werden in das Lumen abgegeben und werden zu hyalinen Zylindern (s. auch unter trüber Schwellung). Auch das Protoplasma von Plasmazellen (s. bei Ent-

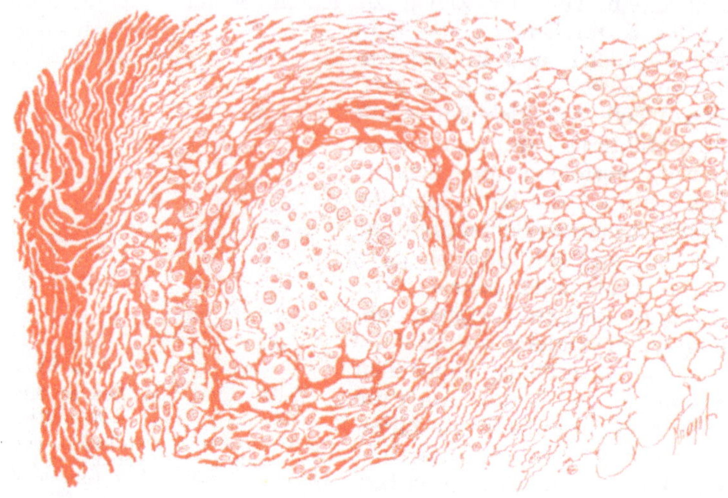

Fig. 33.

Hyaline Entartung des faserigen und retikulären Bindegewebes eines Lymphknotens in der Umgebung eines Tuberkels.

Am Rande links fibröses, sonst retikuläres (verdicktes) Gewebe; der Tuberkel erscheint als helleres Knötchen. Rechts normales, nicht verdicktes Retikulum.

zündung) degeneriert häufiger hyalin und bildet so die sog. Russelschen Körperchen. Auch andere Zellen können solche hyaline Tröpfchen aufweisen. Hyaline Zylinder der Niere sind auch sonst zum Teil das Resultat einer Degeneration von Nierenpithelien. Epithelial gebildetes Kolloid (Hyalin) findet sich weiterhin in aus Drüsen hervorgegangenen Retentionszysten, z. B. der Zervikalschleimhaut, auch in Nierenzysten, weiterhin in Tumoren besonders des Ovariums.

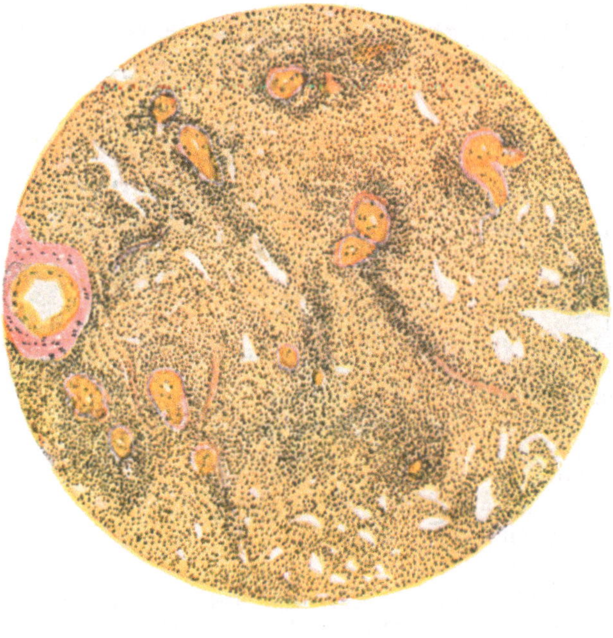

Fig. 34.
Hyaline Veränderung der kleinen Milzgefäße.

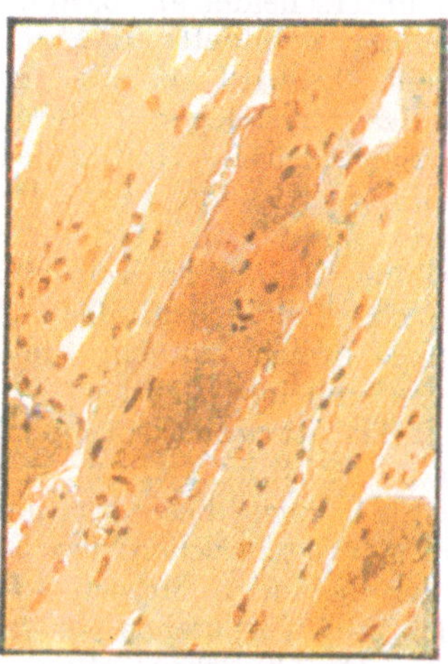

Fig. 35.
Nekrose von Herzmuskelfasern mit Bildung hyaliner Schollen.

Extrazellulär gebildetes Hyalin findet sich vor allem im fibrillären und retikulären Bindegewebe und an kleinen Kapillaren. Das fibrilläre Bindegewebe wird so in ein homogenes, keine weitere Struktur zeigendes, aus dicken homogenen Zügen zusammengefügtes Gewebe mit nur sehr wenig Kernen verwandelt. Eine solche Veränderung, auch „Sklerose“ (Virchow) benannt, findet sich z. B. an der Intima von Gefäßen bei Atherosklerose, ferner auch nicht selten in Narben (Keloid). Auch das sonst sehr feine retikuläre Bindegewebe, vor allem der Lymphknoten, sowie die nahestehenden Gitterfasern der Leber, des Pankreas usw. und die Membranae propriae von Drüsen, z. B. des Hodens oder die Bowmanschen Kapseln der Glomeruli, können in ähnlicher Weise verändert werden. Es entstehen dann auch hier dickere, glasige, ev. balkige, kernlose Massen und Stränge. Häufig entartet auch die Wand von Kapillaren oder kleinen Arterien und Venen hyalin. Die Wand quillt dabei beträchtlich auf, und so kann das Lumen sehr eingeengt oder gar verschlossen werden; in letzterem Falle gehen auch die zunächst noch erhaltenen Endothelien zugrunde. Ganz gewöhnlich ist ein solcher Befund in der Milz, sehr häufig an den Gefäßen der weiblichen (auch männlichen) Geschlechtsorgane und ferner bei bestimmten Erkrankungen an den Präkapillaren der Niere (und des Pankreas).

Auch andere homogene Massen werden als „hyalin“ bezeichnet, so wenn das Fibrin in Pseudomembranen (Diphtherie) oder in Thromben eine solche Beschaffenheit hat oder annimmt. Auch bei dem Zerfall von Muskelfasern des Herzens wie der Körpermuskulatur (bei Typhus und anderen Infektionskrankheiten), die man als „wachsartige Degeneration“ (Zenker) bezeichnet, treten hyaline Schollen auf.

Die Folge hyaliner Entartung ist Druckatrophie des umliegenden Gewebes; bei hyaliner Degeneration von Gefäßen kann sich auch die Ernährungsstörung geltend machen.

VI. Amyloiddegeneration.

Das Amyloid (Virchow) ist im normalen Gewebe nirgends vorhanden. Seine Ablagerung in größeren Massen verleiht schon makroskopisch den so entarteten Organen bzw. den befallenen Gebieten derbe Konsistenz und ein speckig-glänzendes, etwas transparentes Aussehen. Mikroskopisch gleichen die befallenen Gewebe hyalin degenerierten sehr; sie geben aber zudem gewisse Farbreaktionen.

Jodlösung färbt Amyloid mahagonibraun, das übrige Gewebe strohgelb. Weiterer Zusatz von Schwefelsäure verleiht dem Amyloid eine dunkelrote, dann violette und schließlich blaue Farbe (daher der Name

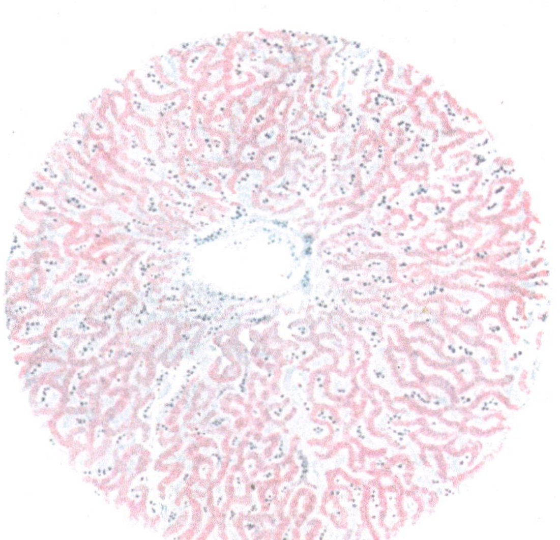

Fig. 36.
Amyloiddegeneration der Leber. Übersichtsbild (Färbung mit Methylviolett).

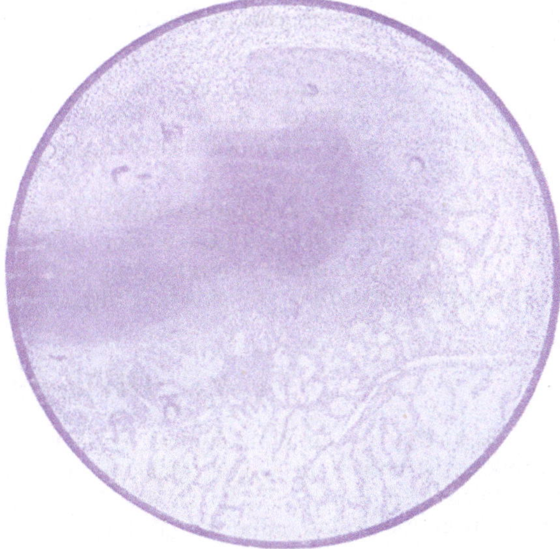

Fig. 37.
Amyloid und Tuberkulose der Leber.
Epitheloidzellentuberkel mit Riesenzellen und Nekrose. In der unteren Hälfte der Figur glasige Massen (Amyloid), ausgehend von den Kapillaren zwischen den Leberzellen, diese zu atrophischen Zellreihen komprimierend.

Amyloid = stärkeähnlich; Stärke bläut sich mit Jod allein schon). Gewisse Anilinfarben tingieren das Amyloid durch Metachromasie, d. h. Farbumschlag anders als das übrige Gewebe, so vor allem das Methylviolett rubinrot (das übrige Gewebe blauviolett) (Jürgens). Die Jodreaktion ist auch makroskopisch verwendbar. Das Amyloid ist gegen Säuren wie Alkalien sehr widerstandsfähig.

Das Amyloid ist ein basisches Eiweiß, ähnlich den Histonen, eventuell (aber nicht stets) in esterartiger Bindung mit Chondroitinschwefelsäure. Seine Bildungsweise ist uns unbekannt. Vielleicht wird es mit dem Blute zugetragen und abgelagert, vielleicht spielen auch lokale Stoffe mit; eine Insuffizienz des Gewebes zur Eliminierung von gepaarten Schwefelsäuren scheint dabei eine Rolle zu spielen (Leupold). Auch handelt es sich wohl um einen fermentativen Vorgang. Im ganzen liegt eine Stoffwechselstörung vor, bei der sich, ähnlich wie bei der Verfettung, lokal-degenerative und infiltrative Prozesse kombinieren.

Das Amyloid wird nicht in Zellen selbst, sondern extrazellulär in Gewebsspalten und Lymphbahnen abgelagert. Durch Druck auf die Zellen (und infolge herabgesetzter Ernährung) atrophieren diese dann oder degenerieren, besonders fettig. Zur Amyloidentartung neigen besonders die kleinen Arterien, wo das Amyloid in der Media zwischen den Muskelfasern, die dann zugrunde gehen, liegt, ferner die Kapillaren und allgemein Bindegewebe, besonders auch retikuläres und Membranae propriae von Drüsen, sowie endlich die Grundsubstanz des Knorpels.

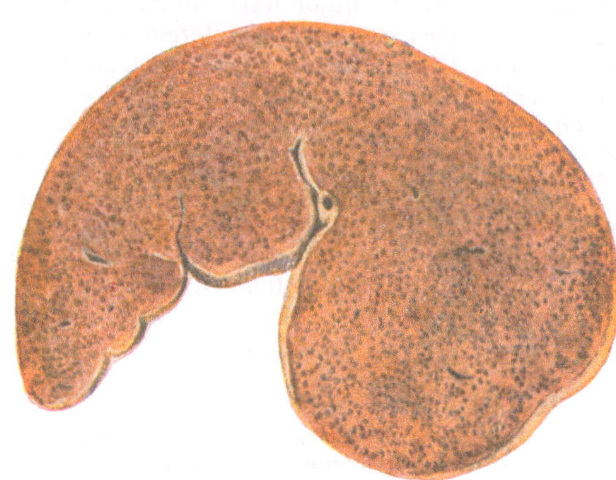

Fig. 38.
Amyloid(Sago-)Milz.

Diese Gewebe werden vor allem in besonderen Organen befallen und zwar meist in mehreren gleichzeitig. In erster Linie stehen hier die Milz — sind hauptsächlich die Follikel ergriffen, so spricht man von „Sagomilz“, ist besonders die Pulpa entartet, von „Schinkenmilz“ — die Leber, wo besonders die Kapillaren der mittleren Azinuszone entarten, und die Niere, wo die Kapillaren (Glomeruli), die Gefäße und die Membranae propriae der geraden Harnkanälchen ergriffen werden. In zweiter Linie stehen der Darm (Zotten), die Lymphknoten, die Haut und die Nerven, besonders die sympathischen, d. h. deren Bindegewebe und Kapillaren. Auch das Herz (Endokard), die Intima der großen Gefäße, Schilddrüse, Uterus usw. können, wenn auch seltener, ergriffen sein.

Die Amyloidentartung ist die Folge kachektischer mit Gewebszerfall einhergehender Krankheiten, besonders von Tuberkulose, Syphilis, chronischen Eiterungen (evtl. tuberkulöser Natur, besonders der Knochen und Gelenke) und Geschwülsten.

Selten kommen aus unbekannten Ursachen lokale tumorartige Amyloidosen vor, vorzugsweise an den Konjunktiven oder in den oberen Respirationsorganen. Das besonders auch hier in den Lymphbahnen gelegene Amyloid ist dann in solchen Mengen abgelagert, daß es auch makroskopisch das Bild völlig beherrscht. Allgemeine Amyloidentartung anderer Organe fehlt.

VII. Glykogendegeneration.

Glykogen — ein Kohlehydrat, dem Dextrin nahe verwandt — findet sich normal in vielen Geweben, besonders in Leber, Muskeln und Leukozyten, ferner in besonders großen Massen in embryonalen Zellen. Es ist in den Zellen an die Altmannschen Granula angelagert oder durchtränkt die Zellen. Jod ruft Bräunung des Glykogens hervor, es ist aber im Gegensatz zu Amyloid im Wasser leicht löslich. Nach dem Tode bzw. agonal geht es in Zucker über. Das Glykogen entsteht im Körper aus Kohlehydraten, Fetten und wahrscheinlich auch Eiweißen der Nahrung, und seine Menge hängt daher von dieser ab. Es schwindet im Hungerzustand schnell, besonders aus der Leber. Glykogenbildung scheint eine allgemeine Funktion aller Zellen zu sein, besonders aber die Leber verwandelt größere Mengen von Zucker in Glykogen, und ihre Zellen speichern es auf. Pathologisch ist die Anhäufung von Glykogen, die sowohl auf vermehrter Bildung wie verminderter Weiterverarbeitung beruhen kann, und der vielleicht hierauf zu beziehende Befund in Zellen, in denen es normal nicht zu finden ist (studiert vor allem von Langhans).

Es handelt sich bei der Glykogendegeneration wohl zumeist um eine Kombination infiltrativer Prozesse vom Blut her mit lokalen, die aus zugeführten Stoffen das Glykogen bilden. Es liegt also eine Störung des Kohlehydratstoffwechsels vor, und die Glykogendegeneration scheint eine Rückkehr zu weniger differenzierten Stoffwechselvorgängen zu bedeuten. Die betreffenden Zellen sind geschädigt, aber in jedem Fall noch lebend. Alles dies liegt ähnlich wie bei der Verfettung; auch finden sich beide Prozesse öfters nebeneinander, so am Rand von Infarkten.

Am stärksten verändert sind die Glykogenbefunde bei der allgemeinen Störung des Kohlehydratstoffwechsels, dem Diabetes. Das Leberzellenprotoplasma weist hier kaum Glykogen auf, hingegen die Leberzellenkerne, und vor allem findet sich jetzt Glykogen in der Niere, wo es sich sonst nicht findet (s. unter „Diabetes"). Bei zahlreichen Entzündungen und Tumoren findet sich Glykogen in den Zellen, unter letzteren besonders in embryonal angelegten oder bei Abstammung von Geweben mit Glykogengehalt. Leukozyten weisen schon bei geringer Schädigung Glykogen auf (Ehrlich).

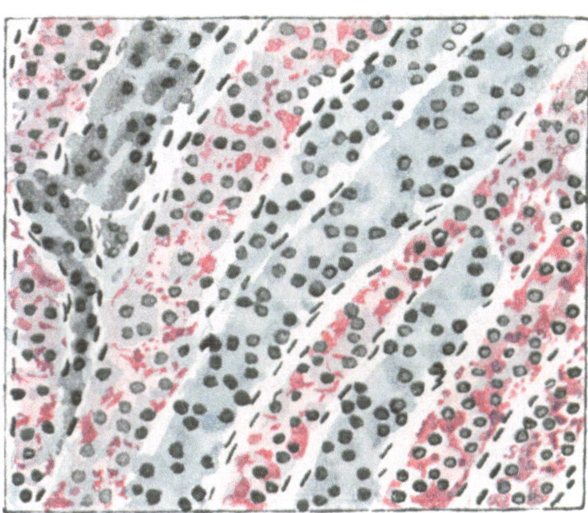

Fig. 39.

Glykogendegeneration der Niere bei Diabetes.

Gykogen mit Karmin (nach Best) rot, Kerne mit Eisenhämatoxylin blau gefärbt.

Im Gegensatz zu solchem vermehrten Auftreten von Glykogen kann aber auch eine Verarmung oder völliger Verlust von Glykogen in Zellen, wo es sich normaliter in großen Massen findet, einen degenerativen Vorgang bedeuten. So verlieren die Leberzellen unter dem Einfluß mancher Gifte, wie Phosphor, Chloroform u. dgl., ihre Glykogen.

VIII. Pathologische Verhornung.

Bei der Verhornung der obersten Lagen der Epidermis wandeln sich die abgeplatteten Epithelzellen zu kernlosen Lamellen um, welche aus einem eigentümlichen festen Eiweißkörper, dem Keratin, bestehen; dies ist unlöslich in verdünnten Säuren und Alkalien, dagegen löslich in starken Alkalien. Bei der Verhornung treten in den Zellen Keratohyalinkörner auf, die vielleicht von dem Chromatin bei der Verhornung zugrunde gehender Kerne herstammen. Pathologisch kommt eine Verhornung einmal dadurch zustande, daß am normalen Sitz der Verhornung, also an der Haut, diese das physiologische Maß übersteigt und in abnormer Tiefenausdehnung auftritt, so besonders an Stellen, welche auf Druck reagieren — hierher gehören die Hühneraugen, Schwielen u. dgl. —, oder in ausgedehnterer Weise bei hyperplastischen Prozessen, wie Ichthyosis, oder bei entzündlichen, wie Psoriasis. Oder die abnorme Verhornung tritt an Epithelien Plattenepithel tragender Schleimhäute auf, welche unter physiologischen Bedingungen keine Hornschicht bilden (Mundhöhle, Nasenschleimhaut bei Ozäna, Harnwege), als sog. prosoplastische Bildung (s. unter Metaplasie), oder — sehr selten — auch an Schleimhäuten mit sonst anders gestalteten Epithelien. Auch in Tumoren findet sich hochgradige Verhornung, so besonders in Kankroiden, und auch hier kommen solche an Stellen vor, wo normaliter kein Plattenepithel liegt, z. B. in der Gallenblase oder in Bronchien. Abartungen der Verhornung — wobei die Keratohyalinkörnchen fehlen —, welche oft mit besonders starker Verhornung Hand in Hand gehen, werden als Parakeratose bezeichnet.

IX. Abnorme Pigmentierungen.

Unter Pigmentierung versteht man die Einlagerung gefärbter gelöster oder körniger Substanzen in die Gewebe.

Pigment findet sich unter normalen Bedingungen, ferner unter pathologischen. Dabei können die Zellen degeneriert sein, doch ist dies keineswegs nötig.

Die Pigmente können wir nach ihrer Herstammung einteilen in:
A. im Körper selbst gebildete,
B. in den Körper von außen eingedrungene.

A. Im Körper gebildete Pigmente.

1. Hierzu gehören in erster Linie die Derivate des **Blutfarbstoffes.** Der Organismus besitzt einen Eisenstoffwechsel, da Eisen ja zum Aufbau des Blutfarbstoffs benötigt wird. Das Eisen stammt aus der Nahrung (Föten übernehmen viel Eisen von der Mutter). Zum Teil wird das Eisen durch Abbau von roten Blutkörperchen schon unter physiologischen Bedingungen wieder frei, besonders in der Milz bzw. der Leber, und dann wieder zum Aufbau von Blutfarbstoff verwandt, zum Teil auch ausgeschieden. Wenn rote Blutkörperchen, aus der Zirkulation ausgeschaltet, mit Geweben in Berührung kommen, also besonders bei Blutungen, tritt ihre Autolyse auf Grund von Fermentwirkung ein. Aus dem eisenhaltigen Pigmentkern des Hämoglobins, dem Hämochrom, kann dabei ein eisenhaltiges Pigment — Hämosiderin (Neumann), welches wahrscheinlich chemisch Eisenoxyd entspricht — oder ein eisenfreies — Hämatoidin (Virchow) — entstehen; ersteres im lebenden Gewebe, letzteres vor allem im absterbenden, also vornehmlich in Blutkoagula.

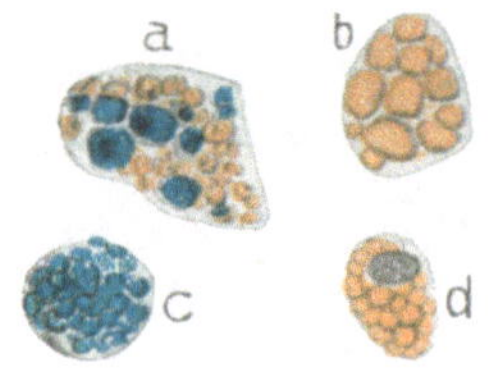

Fig. 40.
Pigmenthaltige Zellen aus einem alten Blutherd im Gehirn.
Hämosiderin, durch Ferrozyankalium und Salzsäure blau gefärbt. Nur in der Zelle *d* der Kern sichtbar, in den anderen Zellen ist er verdeckt

Das **Hämosiderin** ist gelb bis bräunlich und gibt, wie gesagt, Eisenreaktionen: die Berlinerblau-Reaktion mit Ferrozyankalium und Salzsäure sowie Schwarzfärbung mit Schwefelammonium. Es ist in Säuren löslich, gegen Alkalien und Bleichungsreagenzien resistent. Hämosiderin findet sich in kleinen Massen normal in Organen, wo rote Blutkörperchen zugrunde gehen, wie Milz, Knochenmark, Leber, Lymphfollikeln (Tonsillen, Wurmfortsatz). Bei Erkrankungen mit starkem Blutzerfall, wie Infektionskrankheiten, Anämien, Malaria, manchen Vergiftungen (mit Kalium chloricum, Morcheln u. dgl.) findet sich Hämosiderin in größeren Massen besonders in Milz und Leber, d. h. Organen, die schon physiologisch am Eisenstoffwechsel besonders beteiligt sind. Wird hämatogenes Pigment in größeren Massen in verschiedene Organe abgelagert, so spricht man von Hämochromatosis (v. Recklinghausen). Dabei kann sich das Pigment in verschiedenen Altersstufen unterschiedlich verhalten. Bei der Ablagerung des Pigmentes spielen wahrscheinlich Störungen im Ernährungssystem mit. An Stellen von Blutungen findet sich meist viel Hämosiderin, welches dem Gebiet für Jahre eine bräunliche Farbe verleihen und so auf die ehemalige Blutung hinweisen kann. Das Hämosiderin kommt diffus oder — zumeist — körnig vor. Es wird häufig phagozytär von Zellen aufgenommen oder in solchen, welche rote Blutkörperchen aufgenommen haben, gebildet, auch von Phagozyten weitergetragen. Aber auch fast alle Körperzellen können Hämosiderin aufnehmen. Andererseits kann das Pigment bei Zerfall von Zellen wieder frei oder auch gelöst werden, so in anämischen Infarkten durch bei der Autolyse gebildete Säuren (Hueck).

Das eisenfreie Blutpigment, das **Hämatoidin,** gibt mit konzentrierter Schwefel- oder Salpetersäure eine typische Reaktion in Gestalt des Auftretens von Regenbogenfarben, während sich dann das Pigment allmählich löst. Dieselbe Reaktion gibt der Gallenfarbstoff, dem das Hämatoidin sehr nahe steht (s. unten). Das Hämatoidin findet sich in Gestalt rhombischer oder nadelförmiger Kristalle oder körnig.

Als Hämofuszin (v. Recklinghausen) bezeichnet man ein eisenfreies feinkörniges Pigment, das sich bei hochgradigem Marasmus des Organismus und bei Potatoren besonders in den glatten Muskelfasern des Dünndarmes findet, dessen Blutabstammung aber keineswegs sicher ist.

Bei der Malaria wandeln deren Plasmodien unter Zerstörung roter Blutkörperchen Hämoglobin in einen schwarzen eisenfreien, doppeltbrechenden Farbstoff, das Malaria-Melanin oder -Hämatin, um, das sich in den Plasmodien, aber auch in Organzellen, besonders Gefäßendothelien, findet. Bei der Fixierung in Formol können aus dem Blutfarbstoffe ähnliche sog. Formolniederschläge entstehen.

Ein bei Atrophie quergestreifter Muskeln auftretendes eisenhaltiges Pigment — das sog. Muskelhämoglobin — leitet sich nicht vom Blutfarbstoff her.

2. Des weiteren gehören zu den im Körper gebildeten Pigmenten die **Gallenfarbstoffe,** vor allem das Bilirubin und dann die höhere Oxydationsstufe, das Biliverdin. Das Bilirubin

ist chemisch mit dem Hämatoidin identisch. Wahrscheinlich werden die roten Blutkörperchen schon in der Milz „angedaut", dann die Umwandlung des Blutfarbstoffes in das Bilirubin in der Leber besonders von den Sternzellen (vielleicht auch von Retikulo-Endothelien an anderen Orten) vorgenommen und die Gallenfarbstoffe von den Leberzellen mit der Galle ausgeschieden. Tritt ein Hindernis für den Abfluß der Galle durch die Gallenwege ein, oder gehen abnorm große Mengen roter Blutkörperchen zugrunde, so daß in der Leber eine Überlastung und eine stark vermehrte Bildung von Gallenfarbstoff zustande kommt, oder bestehen besondere Schädigungen bzw. Vernichtung von Leberzellen, so gelangt Galle bzw. der Gallenfarbstoff statt in die Gallenwege in das Blut (Genaueres s. unter „Ikterus"), und dann tritt eine gallige Verfärbung der die Organe durchtränkenden Gewebsflüssigkeit ein, und so werden die Organe, besonders Haut, Konjunktiva und andere Schleimhäute gelb bis grün gefärbt — Ikterus. In der Leber selbst findet sich dann körniger oder scholliger Gallenfarbstoff in den Leberzellen und Sternzellen, sowie gallig imbibierte Zylinder in den Gallenkapillaren. Auch die Nierenepithelien sind dann oft gallig gefärbt, ebenso Zylinder in den Nieren.

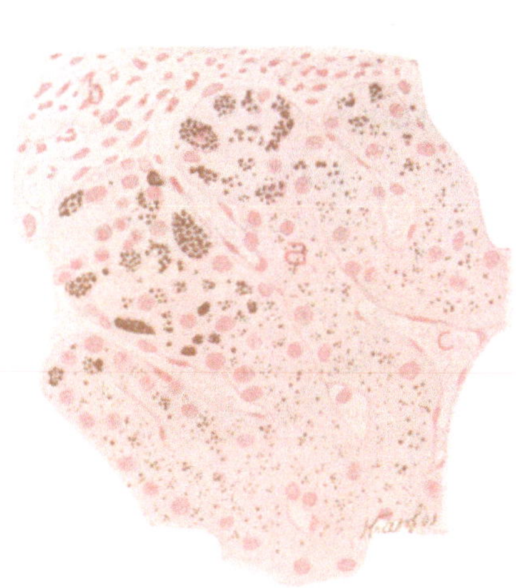

Fig. 41.
Pigmentierung der Leberzellen bei Leberzirrhose (Hämosiderosis).
a Leberzellreihen, *b* gewuchertes interlobuläres Gewebe, *c* Kapillare.

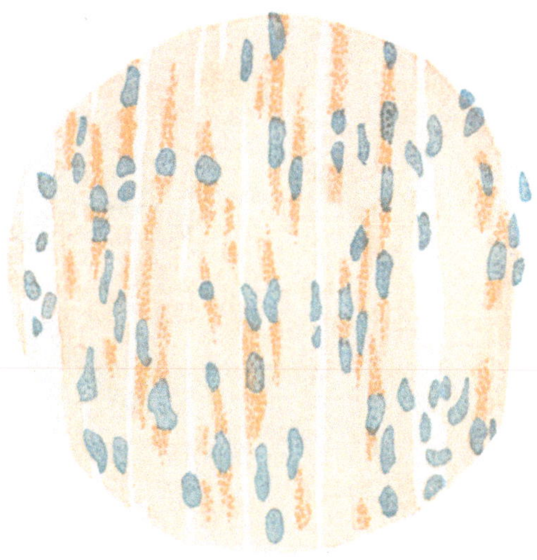

Fig. 42.
Lipofuszin (Abnutzungspigment) im Herzen, mit dem Fettfarbstoff Scharlach-R braunrot gefärbt.

In den Nieren können Bilirubininfarkte, d. h. Ausfüllungen einer größeren Reihe von Lumina von geraden Harnkanälchen mit dem Pigment entstehen.

3. Andere im Körper entstehende Pigmente, deren Herkunft nicht genau bekannt ist, kann man als **autochthone Pigmente** zusammenfassen. Sie enthalten kein Eisen aber zum Teil Schwefel und leiten sich vielleicht von Zelleiweißen her.

Hierher gehören in erster Linie fett- bzw. lipoidhaltige Pigmente. Ein Teil von ihnen, die eigentlichen **Lipochrome**, geben die Schwefelsäure-Jodkalireaktion wie die gleichbenannten Pigmente der Botanik; sie finden sich in Fettgewebe und Luteinzellen und pathologisch in Sternzellen der Leber. Aber weitaus verbreiteter sind andere lipoidhaltige Pigmente (Lipoid- und Pigmentkomponente scheinen locker gebunden zu sein, letztere entsteht vielleicht auch aus dem Lipoid, vielleicht auch aus Eiweiß), welche zwar auch Lipochrome genannt werden, besser aber, weil sie jene Reaktion nicht geben, **Lipofuszine** (Borst) oder **Abnutzungspigmente** (Lubarsch). Denn sie finden sich, und zwar in den meisten drüsigen Organen, wie Leber, Niere, Hoden, Samenbläschen, ferner in Muskelfasern, besonders des Herzens, in Ganglienzellen, Knorpel usw. in geringer Menge schon in der Jugend, in weit größeren Mengen aber im Alter, oder wenn kachektische Erkrankungen die Organe angreifen, also unter Bedingungen der Abnutzung. Hierbei atrophieren die Zellen auch häufig und man spricht dann von Pigmentatrophie oder brauner Atrophie.

Des weiteren ist das **Melanin** hierher zu rechnen, ein brauner bis schwarzer gekörnter Farbstoff, der eisenfrei ist und Silberlösungen reduziert. Wahrscheinlich entsteht er durch fermentative Oxydation aus Eiweißabbaustoffen wie Tyrosin, Adrenalin u. dgl. Das Melanin findet sich physiologisch in den untersten Epidermisschichten der Haut (sowie in Chromatophoren des Korium), in der Chorioidea und Retina und in der Pia oberhalb der Medulla oblongata, wohl auch in Ganglienzellen besonders der Substantia nigra.

Wahrscheinlich bilden die Zellen, besonders die Epithelien, das Pigment selbst und Chromatophoren tragen es weiter. In vermehrter Menge findet sich das Hautmelanin an der Mamilla, in der Mittellinie des Abdomen und als sog. Choasma uterinum bei Gravidität, ferner bei stärkerer Lichteinwirkung auf die Haut als Sommersprossen (Ephelides). Stark vermehrt ist das Melanin in den dunklen Muttermälern, den Nävi, und vor allem in bösartigen melanotischen Geschwülsten, sowie an der ganzen Haut bei der Bronzekrankheit (Morbus Addisonii s. dort).

Neuerdings wird das Pigment der Abnutzungspigmente auch mit Melanin identifiziert.

Bei der sog. Melanose der Dickdarmschleimhaut, besonders bei älteren Leuten mit chronischer Obstipation, findet sich ein dunkles Pigment, dessen Natur noch nicht sicher bekannt ist.

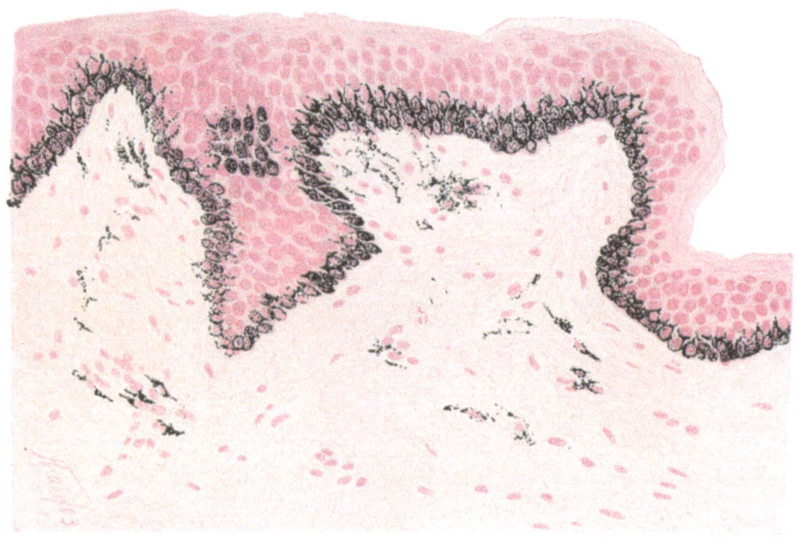

Fig. 43.
Haut von einem Falle von Morbus Addisonii.
In der Epidermis reichlich Pigment, ebenso in der Kutis, in letzterer innerhalb länglicher und verästelter Zellen (Chromatophoren).

Durch Umwandlung von Hämosiderin in schwarzes Schwefeleisen kann auch im Darm (Zottenspitzen oder Follikel) die sog. Pseudomelanose zustande kommen (Vogel).

Sehr selten ist eine diffuse Schwarzfärbung an Knorpeln, Gelenkkapseln, aber auch Niere, Haut, Sklera bei der sog. Ochronose (Virchow). Diese geht mit Alkaptonurie (Braunfärbung des Urins) zusammen einher, wobei infolge einer Insuffizienz des intermediären Eiweißstoffwechsels Homogentisinsäure nicht weiter abgebaut wird und im Urin erscheint. Fermente scheinen dann die Bildung und Ablagerung des schwarzen Pigmentes zu bewirken. Dauernde Verwendung von Karbolsäure kann ein ähnliches Pigment erzeugen.

Die genauere Natur des im Chloromen (s. Kap. IV, Anhang) auftretenden grünen Farbstoffes ist uns nicht bekannt.

B. In den Körper von außen eingedrungene Pigmente.

Als Eingangspforten kommen vor allem einerseits die Haut — bei Tätowierungen — sodann für mit der Atemluft inhalierte Substanzen die Respirationsorgane in Betracht. Hier handelt es sich besonders um Kohlenstaub, der von den Lungenalveolen aus mit dem Lymphstrom, zum Teil in Zellen eingeschlossen, in die bronchialen Lymphknoten und evtl. in das weitere Lymphgefäß- oder Blutgefäßsystem und so auch in andere Organe gelangt. Ähnliche Wege nimmt eingeatmeter Steinstaub oder organischer Staub oder Eisenteilchen. Es kommt zu verschiedenartigen Pigmentierungen und entzündlichen Schrumpfungsprozessen der Lungen. Solche Staubkrankheiten, um deren Studium sich vor allem Zenker verdient gemacht hat, bezeichnet man als Koniosen: übermäßige Einlagerung von Kohlenstaub als Anthrakosis, solche von Kalkstaub als Chalikosis und von Eisenstaub als Siderosis. In Lösung eingeführte Stoffe können sich im Körper körnig niederschlagen; so entsteht bei dauernder Beschäftigung mit Blei am Zahnfleischrand der grauschwarze Bleisaum, oder es bilden sich schwarze Silberniederschläge (Argyrosis) nach längerem inneren Gebrauch von Argentum nitricum, besonders in Haut, Niere, Plexus chorioidei, oder nach langem Einträufeln von Silberlösung in den Konjunktivalsack an dieser Stelle.

X. Verkalkung und Ablagerung anderer Salze. Konkrementbildung.

Kalk ist bekanntlich normalerweise im Knochen vorhanden. Er kann sich unter pathologischen Bedingungen in den verschiedensten Gebieten ablagern — Verkalkung (Petrifikation). Dies ist von der abnormen Bildung echten Knochens (Ossifikation), die sich an die Verkalkung anschließen kann, scharf zu trennen. Die abgelagerten Salze sind teils kohlensaurer, teils phosphorsaurer, weniger oxalsaurer Kalk. Salzsäure löst die Kalksalze auf, kohlensauren Kalk unter Entwickelung von Kohlensäurebläschen. Zusatz von Schwefelsäure läßt, unter dem Mikroskop verfolgbar, zierliche Gipsnadeln entstehen. Ferner kommt fettsaurer Kalk vor, indem sich der Kalk mit bei Fettspaltung freigewordenen Fettsäuren zu Kalkseifen (s. oben) bindet, so in atherosklerotischen Gefäßen, in Atheromen, bei Fettgewebsnekrosen.

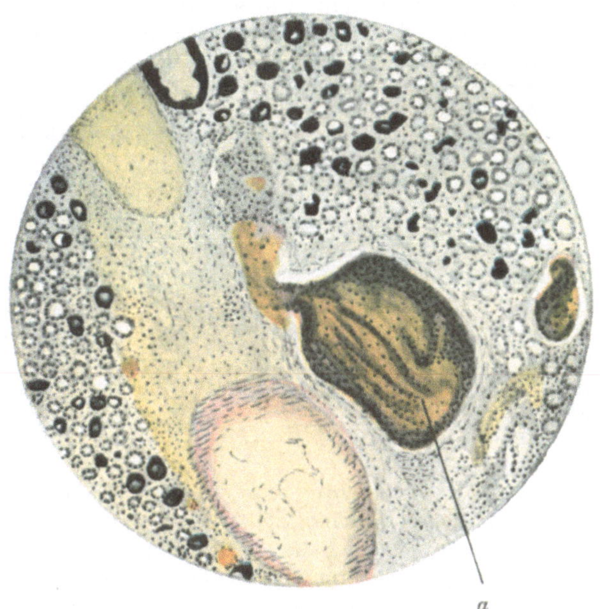

Fig. 44.
Verkalkung nekrotischer Harnkanälchenepithelien bei Sublimatvergiftung.
Die verkalkten scholligen Massen sind blauviolett (Hämatoxylin) gefärbt. *a* Thrombus.

Eine pathologische Verkalkung von Geweben kommt hauptsächlich unter zwei verschiedenen Bedingungen zustande:

1. Es besteht eine besondere Disposition bestimmter Gewebsarten sich mit Kalksalzen zu imprägnieren; die Zellen sind kalkgierig (v. Gierke),
2. es liegt der Einlagerung eine vermehrte Zufuhr von Kalk mit dem Blute, also eine Überladung dieses mit Kalksalzen, zugrunde.

1. Eine besondere Affinität zu Kalksalzen und Neigung zu ihrer Speicherung haben vor allem folgende „kalkgierige" Substanzen: abgestorbene Gewebeteile aller Art, verkäste Partien in Tuberkeln oder Gummata, abgestorbenes Fettgewebe bei Pankreas-Fettgewebsnekrose, Infarkte, abgestorbene Epithelien z. B. der Niere nach Vergiftungen, besonders mit Sublimat, oberflächliche Nekrosen von Schleimhäuten (z. B. Harnblase), abgestorbene Ganglienzellen, abgestorbene Föten (dann Lithopädien genannt) u. dgl. m. Weiterhin im Absterben begriffene oder überhaupt in ihrer Vitalität stark herabgesetzte Gewebeteile, so die Plazenta gegen Ende der Schwangerschaft oder Tumoren. Endlich Produkte der Fibringerinnung, wie fibrinöse Exsudate oder — wenn auch meist erst in Organisation begriffene — Thromben (Venensteine) und hyaline und kolloide Massen in der Schilddrüse, in veränderten Gefäßen usw. Ganz allgemein läßt sich sagen, daß Nachlassen von Zellfunktionen deshalb leicht zu Kalkablagerung führt, weil die das Kalziumphosphat und -karbonat lösende Kohlensäure, wie sie von allen normalen lebenden Zellen produziert wird, wegfällt (Liesegang).

Allgemein läßt sich sagen, daß weiterhin Knorpel (z. B. des Kehlkopfs und der Rippen bei alten Leuten) und überhaupt dem Knochen und Knorpelgewebe nahestehende Gewebe (Periost u. dgl.), ferner elastische Fasern, Grenzmembranen von Drüsen,

Blutgefäßwandungen (sklerotische Intimaverdickungen, die Media von Extremitätenarterien, Kapillarwände), sowie bindegewebige Schwarten unter pathologischen Bedingungen besondere Neigung zu Kalkaufnahme aufweisen.

2. Bei den Kalkmetastasen (Virchow) tritt eine vermehrte Zufuhr von Kalksalzen mit dem Blut in den Vordergrund. Bei bösartigen Geschwülsten des Knochensystems, primären oder metastastischen, und ev. anderen Erkrankungen desselben muß man eine ausgedehnte Zerstörung von Knochengewebe und damit einen vermehrten Übergang von Kalksalzen ins Blut voraussetzen, welche dann an anderen, allerdings hierfür besonders disponierten, d. h. im allgemeinen schon geschädigten Stellen wieder zur Abscheidung gelangen können. Auch ein mehr lokaler Kalktransport wird in Betracht gezogen.

Außer den genannten Momenten können noch andere vermehrte Kalkzufuhr bewirken: die Menge des mit der Nahrung aufgenommenen Kalkes (sog. „Kalkmast"), sowie primäre Erkrankung, und damit Insuffizienz, der Ausscheidungsorgane; als solche fungieren in erster Linie der Darm (90% des zur Ausscheidung kommenden Kalkes), sodann die Nieren (10%). Es ist anzunehmen, daß, wie es für die Niere auch bei der Ausscheidung von Uraten erwiesen ist, bei übermäßiger Zufuhr von Kalk diese Organe schließlich gleichsam erlahmen, den Kalk in sich anhäufen, und dadurch die Epithelien zum Absterben gebracht werden.

Eine seltene mehr allgemeine Verkalkung — Kalzinosis — kommt als Stoffwechselanomalie vor, wobei wahrscheinlich erst allenthalben Nekrosen entstehen, die dann verkalken.

In ähnlicher Weise wie Kalk können auch Harnsäure und harnsaure Salze eine Imprägnation von Gewebsteilen herbeiführen; es geschieht dies bei der sog. harnsauren Diathese (Gicht) namentlich in den Gelenkknorpeln, den Gelenkkapseln, den Arterien, den Ohrknorpeln, der Niere. Hierher gehören auch die sog. Harnsäureinfarkte der Neugeborenen.

Eisen findet sich im allgemeinen unter denselben Bedingungen wie Kalk in pathologischen Produkten, so vor allem ebenfalls in gewissen durch Nekrose hervorgerufenen Eiweißformationen, wie abgestorbenen Ganglienzellen und Nierenepithelzylindern. Gerinnungsprodukte scheinen manchmal größere Affinität zum Kalk, manchmal größere zum Eisen zu besitzen, sehr oft aber ist sie zu beiden sehr groß, so daß sich Kalk und Eisen nebeneinander finden. Auch physiologisch finden sich beide zusammen in fötalen Knochen, namentlich an der Epiphysenlinie.

Konkrementbildung.

Unter Konkrementen versteht man Abscheidungen fester Massen in Gestalt umschriebener Körper, meist in physiologischen Sekreten und Exkreten, seltener innerhalb der Körpergewebe. In letzterem Falle sind sie von der Verkalkung nicht scharf zu trennen. Konkremente in Sekreten und Exkreten werden bewirkt durch Änderungen in der Konzentration oder chemischen Zusammensetzung der Flüssigkeit und damit Änderung der Löslichkeitsverhältnisse, wodurch einzelne Bestandteile ausgefällt werden. Es sind dies Verhältnisse, wie sie durch Sekretstagnation, entzündliche Prozesse an den sezernierenden Organen, allgemeine Konstitutionsanomalien u. dgl. hervorgerufen werden können. Den Kern bilden meist abgestorbene Zellen oder auch Fremdkörper, welche mit ausgefällten Sekretbestandteilen oder Kalk inkrustiert werden. Hierher gehören die Gallensteine und Harnsteine, die Speichelsteine, Pankreassteine, Kotsteine, Tonsillarsteine u. a. (s. die einzelnen Organe).

Erwähnt werden sollen noch die Corpora amylacea, rundliche oder eckige, meist geschichtete, kleine Körper, die sich zum Teil mit Jod blau färben, was ihnen ihren Namen verschafft hat. Sie finden sich in großer Menge in der Prostata, vor allem älterer Personen, wo sie eine bedeutende Größe erreichen und oft bräunlich gefärbt sind (Prostatakörperchen); ferner kommen sie hier und da in der Lunge vor (in alten Exsudaten und Infarkten, bei Stauung usw.), endlich im Zentralnervensystem, wo sie im Rückenmark, unter dem Ependym der Hirnventrikel, unter der Pia, sowie im Tractus olfactorius bei alten Leuten und vor allem in Degenerationsherden in größerer Menge zu finden sind. Sie haben eine verschiedene Genese: in der Prostata entstehen sie aus abgestoßenen Zellen und eingedickten Sekretmassen, in der Lunge aus dem Eiweiß des Blutes oder der Exsudate sowie wohl auch aus zusammengeflossenen abgestoßenen Zellen und lagern sich hier oft um Kohlepartikel od. dgl. herum; im Zentralnervensystem nach einer Ansicht aus Teilen degenerierender Nervenelemente, nach einer anderen auch hier durch Ausfällung aus der Gewebeflüssigkeit. Mit der Amyloiddegeneration haben sie nichts zu tun und besitzen keine größere pathologische Bedeutung.

Die Psammomkörner des Nervensystems (Hirnsand in der Zirbeldrüse) und seiner Hüllen, sowie mancher Geschwülste sind Kalkkörner, welche durch Inkrustation von Geweben entstehen.

XI. Lokaler Tod. Nekrose.

Nekrose (Mortifikation, Brand) bedeutet lokalen Gewebstod innerhalb des lebenden Organismus. Tritt dieser allmählich auf dem Umwege degenerativer Prozesse ein, so spricht man auch von Nekrobiose, bei der die Form der Gewebe dementsprechend stärker als bei plötzlichem Tod verändert ist.

Mikroskopisch charakteristisch für Nekrose ist der sehr schnell eintretende Schwund der Kerne. Diese werden teils aufgelöst — Karyolyse —, teils zerfällt der Kern unter Auftreten von Verklumpungen und Bruchstücken des Chromatins — Karyorrhexis bzw. Pyknose. Das Protoplasma leidet dann auch durch Gerinnungen, Verklumpungen u. dgl. m., und so wird schließlich die ganze abgestorbene Zelle in eine gleichmäßige oder körnige bzw. schollige Masse verwandelt. Die Struktur der einzelnen Gewebsarten kann zunächst noch kenntlich sein; schließlich ist der ganze nekrotische Bezirk in eine zusammengesinterte strukturlose Masse verwandelt.

Die Nekrose wird bewirkt durch eingreifende Gewebsschädigung. Dieselben Schädlichkeiten, so kann man allgemein sagen, welche bei geringerer Wirkung Degenerationen verursachen, erzeugen bei starker Einwirkung Nekrosen. Hierbei hängt die Wirkung in hohem Maße von der Empfindlichkeit des befallenen Gewebes ab. Im allgemeinen ist der höher entwickelte Bestandteil eines Organes der empfindlichere, in sog. parenchymatösen Organen also die spezifischen Epithelien; ähnlich im Herzmuskel die Muskelfasern, im Nerven die Nervenfasern. Aber auch da bestehen noch weit feinere Differenzierungen z. B. unter den Epithelien der einzelnen Harnkanälchenabschnitte der Niere.

Fig. 45.
Multiple Nekrosen (hell) in der Leber eines Neugeborenen.

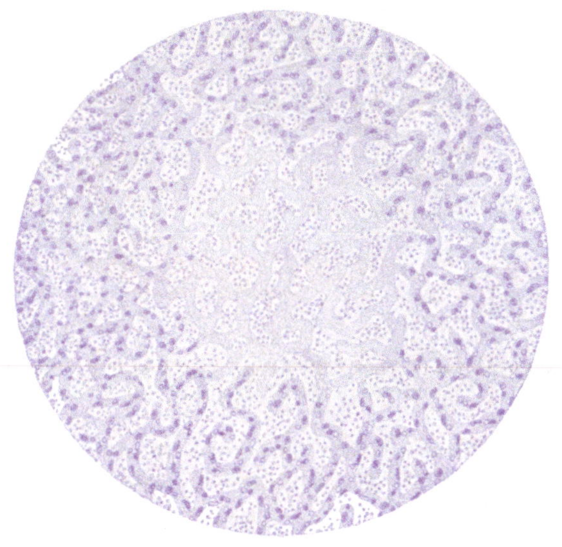

Fig. 46.
Nekrose der Leberzellenbalken inmitten eines Stauungsbezirkes.

Nach den einwirkenden Schädigungen kann man vor allem folgende Kategorien unterscheiden:

1. Direkte äußere Einwirkung. Hierher gehören größere Verletzungen, Quetschungen oder auch Erschütterungen, besonders des Nervensystems, Röntgenstrahlen oder Elektrizität, durch Blutungen bedingte Gewebszerstörungen, hochgradiger dauernder Druck (Dekubitus), zu hohe oder zu niedrige Temperaturen.

2. Einwirkung toxischer oder infektiös-toxischer Schädlichkeiten.

Hierher gehören z. B.: Verätzungen von Haut und Schleimhäuten, oder vom Blute aus wirkende Gifte wie Sublimat, chlorsaures Kalium, chromsaure Salze, Phosphor, Arsen u. dgl., oder autotoxische Stoffe des Körpers selbst, wie Galle, Harnsäure, Pankreassaft, wenn aus dem Pankreasgang ausgetreten, und endlich Bakterientoxine z. B. solche von Entzündungserregern, wenn sie besonders intensiv einwirken.

3. Erwirkung von hochgradigen Zirkulationsstörungen, wenn ein Bezirk kaum mehr ernährt wird. Man spricht dann auch von indirekter oder zirkulatorischer Nekrose.

Die Stase, die zu Nekrose führt, die anämischen und hämorrhagischen Infarkte, welche eine Nekrose darstellen, sind schon besprochen.

4. Einwirkung von Nerveneinflüssen, neurotische Nekrosen. Insbesondere handelt es sich um vasomotorische Nerven (Erregung von Vasokonstriktoren) und so bewirkte Zirkulationsstörungen. Bei Nervenlähmungen kann die Wirkung der Anästhesie hinzukommen, als Folge deren die Körperteile nicht vor äußeren Schädlichkeiten, die nicht

wahrgenommen werden, geschützt werden. Auch direkte trophische Funktionen von Nerven können mitspielen. Hierher gehören Lepra, Herpes zoster, Nervendurchschneidungen, nach denen die unterbrochenen Nervenfasern rasch einer Nekrobiose und auch die innervierten Muskelfasern Degenerationen verfallen.

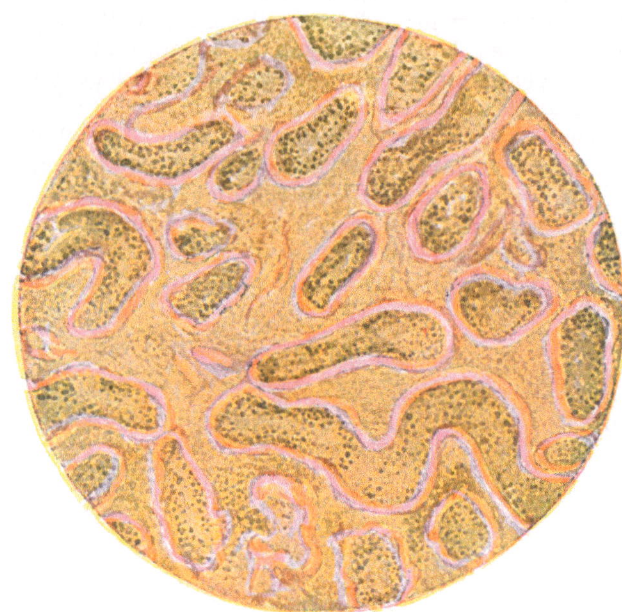

Fig. 47.
Nekrose des Hodens (alle Kerne sind verschwunden bzw. zerfallen, nur noch die Gesamtstruktur zu erkennen).

Während nun Nekrose der übergeordnete Begriff ist, kann das örtliche Absterben des Gewebes in verschiedener Weise vor sich gehen, abhängig von den einzelnen Vorgängen bei dem Übergang von Leben in den Tod, von sekundären Veränderungen und von den Reaktionen der lebenden Umgebung. Danach können wir folgende **Formen** unterscheiden:

1. **Koagulationsnekrose** (Weigert). Bei dem Absterben von weichen Geweben kommt es zu Gerinnungsvorgängen und zwar zu Koagulation des Zellprotoplasmas unter dem Einfluß der die absterbenden Massen durchtränkenden Lymphe, daneben ev. auch zu Fibrinabscheidung und -gerinnung. Zum Zustandekommen dieser Gerinnung ist also gerinnungsfähiges Eiweiß und reichlich plasmatische Substanz Vorbedingung, gerinnungshemmende Einwirkung lebender Epithelien darf nicht vorhanden sein. Solche der Koagulationsnekrose verfallene Bezirke, z. B. anämische Infarkte, zeigen ein leicht vermehrtes Volumen, eine derbe, etwas trockene Beschaffenheit und erinnern an geronnene Eiweißmassen.

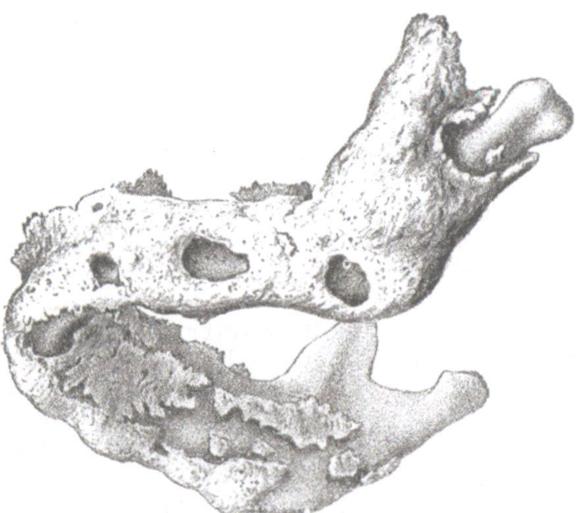

Fig. 48.
Phosphornekrose.
Aus Ziegler, Lehrb. der allg. u. spez Pathologie. Jena, Fischer.

Zur Koagulationsnekrose gehört auch die **Verkäsung** von tuberkulösen Massen, aber auch die Nekrose bei syphilitischen Prozessen oder Tumoren, wenn neugebildete Zellmassen absterben. Der Käse hat eine eigentümlich opake, gelbe, trockene, feste oder auch mehr schmierige Beschaffenheit (daher der Name). Hier geht die Nekrose allmählich vor sich (Nekrobiose), und zur Koagulation des Zelleiweißes kommt noch eine stärkere Abscheidung eines aus dem Blute stammenden Gerinnungsproduktes hinzu. Dies kann sich als sog. Fibrinoid in Gestalt hyaliner feinfaseriger oder dickerer Massen zwischen den Zellen finden. Allmählich zerklüftet sich die ganze Käsemasse in kleinere Partikel, so daß es zu einem körnigen, trüben Detritus kommt.

2. **Mumifikation (trockener Brand)** tritt an oberflächlich gelegenen Geweben bei ihrer Nekrose auf, indem sie durch Wasserabgabe an die äußere Luft hart, derb, mumienartig, meist schwärzlich verfärbt werden. Das physiologische Vorbild ist die Vertrocknung und Abstoßung des Nabelschnurrestes. Pathologisch findet sich ein solcher Vorgang z. B. an Zehen und Füßen beim

senilen Brand (infolge von Herzschwäche und Gefäßveränderungen), oder bei Diabetes, bei Arterienverschluß auf Grund von Atherosklerose oder vasomotorischen Störungen.

3. Inspissation tritt ein, wenn es auch an inneren Geweben nach Nekrose, besonders Verkäsung, zu Resorption der Flüssigkeit und Eindickung der abgestorbenen Massen kommt.

4. Kolliquationsnekrose ist das umgekehrte Vorkommnis, daß nämlich das nekrotische Gewebe unter Wasseraufnahme eine Erweichung und Verflüssigung eingeht. Dies findet sich vor allem im Zentralnervensystem, wo es ja bei Gefäßverschluß nicht zu festen Infarkten sondern eben zu Erweichungsherden kommt. Hierher gehört auch die Mazeration längere Zeit abgestorben im Uterus liegenbleibender Früchte. Verflüssigung kommt auch unter dem Einfluß von Fermenten, die aus dem absterbenden Gewebe oder von Bakterien geliefert werden, zustande, als ein autolytischer Verdauungsvorgang, der nur die geschädigten Gewebe angreift, die

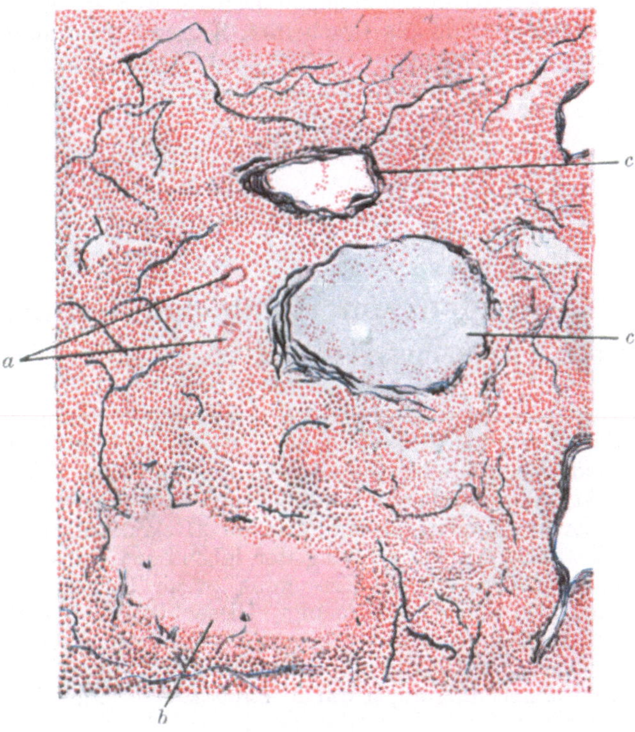

Fig. 49.
Käsige Pneumonie.

Die elastischen Fasern (blauschwarz nach Weigert gefärbt) sind zum Teil zerstört. Alle Alveolen sind mit zelligen Massen dicht infiltriert, welche sich durch Riesenzellen (*a*) und Nekrose (*b*) als tuberkulös erweisen. *c* = Gefäße.

Fig. 50.
Trockener Brand der Zehen, entstanden nach Verengerung und Verschluß der zugehörigen Arterien durch Atherosklerose.
Aus Ziegler, l. c.

gesunden verschont. Dieser Vorgang spielt eine große Rolle bei der Lösung — und somit Resorption — von fibrinösen Exsudaten, z. B. bei der Pneumonie u. dgl.

5. Gangrän (feuchter Brand) kommt unter der fermentativen Einwirkung von Fäulnisbakterien zustande. Da der Zutritt solcher an der Körperoberfläche und Lunge am leichtesten möglich ist, findet sich Gangrän hier auch am häufigsten. Die ergriffenen Partien erhalten durch zersetzten Blutfarbstoff ein mißfarbiges, schmutzig grün-schwarzes Aussehen; es finden sich Zersetzungsprodukte, wie Leuzin- und Tyrosin-Kristalle, Ammoniakmagnesiumphosphat, Fettkristalle, Blutpigment. Die Massen verbreiten einen übelriechenden Geruch. Kommt es zu Ansammlung von Gasblasen, so spricht man auch vom brandigem Emphysem.

Auch bei der Einschmelzung von Gewebe durch eiterige Infiltration handelt es sich um Wirkung von Fermenten, die von den durch die Eitererreger herbeigelockten Leukozyten geliefert werden.

Die nekrotischen Partien haben ein verschiedenes Aussehen, je nach dem Einsetzen der eben genannten Prozesse. Auch die Menge des Blutgehalts oder die Zersetzungen bzw. die

Auflösung von Blutfarbstoff in hämorrhagisch infarzierten Bezirken beeinflussen das äußere Aussehen. Handelt es sich um Nekrose durch Ätzwirkung, so hängt Farbe und Konsistenz auch von den Chemikalien ab. Feste Gewebe, wie Knochen oder Knorpel, elastisches Gewebe u. dgl. können zunächst äußerlich fast unverändert liegen bleiben, doch fehlen alle Lebensreaktionen in dem abgestorbenen Gewebe selbst.

Nekrotische Gebiete haben nun weitere Schicksale. Verflüssigte Partien können resorbiert werden, kleine Zerfallspartikel werden von Wanderzellen aufgenommen und fortgeschleppt. Widerstandsfähigere Gewebe wie Bindegewebe, elastisches Gewebe, Gefäße, Knochen bleiben lange als fetzige Reste erhalten. Liegenbleibende Massen können verkalken. Die Umgebung reagiert mit entzündlichen Prozessen, welche die Resorption einleiten und die nekrotischen Massen durch Bindegewebe ersetzen. Eiterung der Umgebung kann das abgestorbene Gewebe vom lebenden demarkieren, so wird das nekrotische Gebiet als **Sequester** frei; wird es ausgestoßen, so kommen Defekte zustande. An Oberflächen entstehende Defekte werden, wenn oberflächlicher Natur, als **Erosionen,** wenn tiefer greifend als **Geschwüre, Ulzera,** bezeichnet, Höhlen, die sich inmitten von Gewebe bilden, als **Kavernen.**

Kapitel III.

Störungen der Gewebe unter Auftreten von Wiederherstellung oder Abwehr bewirkenden (progressiven) Prozessen.

Diesen Prozessen ist eine Steigerung der vitalen Tätigkeit gemeinsam; zumeist handelt es sich um Wachstumsvorgänge und ev. Vermehrungsvorgänge von Zellen. Man kann daher von progressiven Prozessen sprechen. Vorgänge bioplastischer Natur sind allen Zellen des Organismus auf ererbter Grundlage eigen; sie assimilieren fremde Stoffe und ersetzen so das bei der Dissimilation (Funktion usw.) Verlorengegangene, sie sind also zur „Rekonstruktion" imstande. Aber darüber hinaus ist jede Zelle auch zur Vermehrung der lebendigen Substanz in Gestalt von Wachstum befähigt, und hierzu gehört auch die Erzeugung zweier Tochterindividuen durch Kern- und Protoplasmateilung, also die Fortpflanzung. Diese bioplastische Energie äußert sich in weitestem Umfang während der Zeit der embryonalen und extrauterinen Wachstums- und Entwickelungsperiode. Auch später bleibt die bioplastische Energie den Zellen zu eigen, aber nur potentiell, sie bedarf Auslösungsbedingungen um in kinetische Energie umgesetzt zu werden. Es ist im fertig entwickelten Organismus die geschlossene Struktur der Einzelzelle und der enge Verband der Zellen untereinander, d. h. also die Summe der so gesetzten Widerstände, welche die Betätigung bioplastischer Energie im Wachstums- und Vermehrungssinn zurückhält. Jede Beseitigung jener Widerstände kann somit als Auslösungsursache für ihre freie Betätigung wirken. Eine solche hat statt, wenn Zellen oder Zellteile verloren gehen oder sonstwie der Zellverband gelockert wird, oder wenn in der einzelnen Zelle eine Dekonstruktion ihres chemisch-physikalischen Aufbaues stattfindet. Hierbei spielen auch die Beziehungen der Zellen und Organe untereinander, ihre Korrelationen (Darwin), eine Rolle. Es ist ohne weiteres klar, daß alle im vorigen Kapitel besprochenen Vorgänge mit Vernichtung von Zellen oder Zellteilen einhergehen — man kann mit E. Neumann von Mikronekrosen sprechen —, daß daher bei ihnen Widerstände im oben gekennzeichneten Sinne beseitigt, und infolgedessen mit Wachstum und ev. Vermehrung von Zellen verknüpfte bioplastische Vorgänge ausgelöst werden.

Nach dieser vor allem von Weigert begründeten Auffassung werden die mit Abbau oder Zerstörung von Zellsubstanz einhergehenden Vorgänge schon bei der Funktion, noch weit mehr aber bei Schädigungen, welche Atrophie, Degeneration oder gar Nekrose bedeuten, durch äußere Reize (Schädlichkeiten) bewirkt, die bioplastische Tätigkeit hingegen nur indirekt.

Auf der anderen Seite wird auch an einen mehr direkt einwirkenden formativen Reiz (Virchow) gedacht. Zugunsten dieses werden meist Beispiele aus der Pflanzen- und Tierwelt, wo sich die Verhältnisse leichter überschauen lassen, angeführt. So die Entwickelung des Geweihes nur zur Brunftzeit oder die der Mamma zur Zeit der Schwangerschaft; sie beruhen auf „Hormon"-

wirkung, ausgehend von den Keimdrüsen. Des weiteren gehören hierher die im ganzen Pflanzenreich so verbreiteten Gallenbildungen, d. h. durch einen fremden Organismus (gallenerzeugende Tiere, Zedidozoen, oder Pflanzen, Zedidophyten) an der Pflanze veranlaßte Bildungsabweichungen, welche eine Wachstumsreaktion der Pflanze auf die von dem fremden Organismus ausgehenden Reize darstellen, und zu welchen die fremden Organismen in irgendwelchen ernährungsphysiologischen Beziehungen stehen (E. Küster). Aber auch in diesen Fällen kann man Stoffe annehmen, welche erst einwirken und zwar zunächst störend, worauf sich dann erst sekundär die Wachstumsvorgänge einstellen. Allerdings sind diese Wachstumsvorgänge nicht einheitlicher Natur, denn verschiedene gallenerzeugende Insekten bewirken an der gleichen Pflanze verschiedene Gallenbildungen, d. h. letztere hängen auch von der ihnen eigentümlichen Wachstumsbeeinflussung der gallenerzeugenden Lebewesen ab.

Stellen wir uns den formativen Reiz so vor, daß sich eine solche Einwirkung zunächst angreifender Natur und dann die Betätigung so freiwerdenden bioplastischen Energie in derselben Zelle nacheinander abspielen können, so ist auch jener Gegensatz der Auffassung überbrückt. Die mehr passive Veränderung der Zelle tritt dabei nur nicht zutage und geht sehr schnell vorüber, während der aktive Vorgang der Neubildung von Zellsubstanz als positive Leistung offen zutage tritt. Gerade im pathologischen Geschehen im Anschluß an Atrophien, Nekrosen usw. aber ist der andere Fall doch besonders hervorzuheben, daß eine Gruppe von Zellen geschädigt wird und infolge der so eingetretenen Entspannung die unversehrter gebliebenen Zellen bioplastische Vorgänge aufweisen, daß sich die gesamten Prozesse also nicht in derselben Zelle, sondern in verschiedenen abspielen.

Der einfachste Fall ist der, daß entstehende Zellücken vom Nachbargewebe derselben Art durch Wachstum (Fortpflanzung) gefüllt werden: **Regeneration.** Sie findet schon physiologisch an Stellen statt, wo „im Kampf der Teile" (Roux) einzelne Zellen zugrunde gehen, in viel höherem Grade aber wenn unter pathologischen Bedingungen weit mehr zugrunde gegangen ist. Ohne diese Selbstregulation, welche die Lebensfähigkeit des Organismus aufrecht erhält, wäre dessen Existenzfähigkeit überhaupt in Frage gestellt. Der Ersatz kann ein unvollständiger (Subregeneration), ein vollständiger oder selbst ein übermäßiger sein. Letzteres, **Superregeneration,** ist der Fall, wenn nach Füllung eines Defektes die Neubildung noch anhält und somit gegenüber dem Zugrundegegangenen ein Plus darstellt. Als Beispiel seien an Wunden sich anschließende Keloide oder übermäßige Kallusbildung nach Knochenbrüchen oder künstlich durch Verwundungen gesetzte Entwickelung von Doppelbildungen von Extremitäten, Köpfen usw., z. B. bei Tritonen (Barfurth, Tornier) genannt. Zum Teil wenigstens beruht auf superregeneratorischen Prozessen auch die **Hypertrophie.** Hier handelt es sich um über das gewöhnliche Maß hinausschießendes Wachstum, wobei allerdings die vorangegangene Schädigung oft nicht feststellbar, und uns ein Einblick in das Kausale des Vorganges vorläufig noch versagt ist. Ein eigenes großes vielseitiges und kompliziertes Kapitel stellt die **Entzündung** dar. Gerade hier wird der Auftakt durch das Einwirken einer Schädlichkeit dargestellt, welche aber nicht nur Gewebe schädigt, sondern auch Gefäße derart, daß hier besondere Reaktionen von seiten beweglicher Zellen ausgelöst werden; dazu kommt Ersatzwucherung. Hier vereinigen sich Vorgänge, welche der Abwehr gegen die Schädlichkeit und solche, welche dem Ersatz des bei der Schädigung Verlorenen dienen. Bei der eigentlichen (= **defensiven,** Aschoff) Entzündung sind die Abwehr bedeutenden Vorgänge die Hauptsache; morphologisch sind alle Kennzeichen der Entzündung hier sehr deutlich. Hiervon trennen können wir die andere große Gruppe, welche Vorgänge umfaßt, die nicht der Abwehr[1]), sondern der Wiederherstellung gelten, aber doch den Charakter der Entzündung, wenn auch weniger ausgesprochen, an sich tragen und sich somit auch im Endresultat dadurch von der Regeneration unterscheiden, daß das wiederhergestellte Gewebe nicht dem spezifischen früher hier gelegenen Gewebe, sondern indifferenterem Bindegewebe entspricht: **Reparation.** Hierher gehört die **Wundheilung** und die **Organisation,** und man kann diese Prozesse als **reparative Entzündungen** der defensiven gegenüber stellen.

Diese ganzen progressiven Vorgänge können wir nach dem Gesagten als „Selbstregulationen" des Organismus bezeichnen, d. h. als Reaktionen, durch die er Schutz gegen Schädigungen

[1]) Ausdrücke wie „Ersatz", „Abwehr" gehen natürlich über das der einfachen morphologischen Beobachtung zugängliche hinaus, eine derartige Betrachtungsweise ist aber berechtigt und zum richtigen Verständnis sogar nötig, weil wir sehen, daß unter gegebenen Bedingungen eine bestimmte Wirkung eintritt. Nur das Kausale oder Konditionale soll also mit solchen Ausdrücken gekennzeichnet werden, keineswegs — teleologisch — ein bewußter „Zweck" etwa einer gestaltenden Psyche.

im Kampfe um seine bzw. seiner Art Erhaltung bewirken kann, und sie in drei große Gruppen gliedern:

I. Regenerative Vorgänge.
II. Reparatorisch-entzündliche Vorgänge.
III. Eigentlich (= defensiv)-entzündliche Vorgänge.

Zu den Wachstumserscheinungen exzessivster Natur gehören endlich die Geschwülste — **Tumoren** —, deren letzte Entstehungsursache uns nicht restlos bekannt ist.

Leitet, wie wir gesehen haben, eine fortlaufende Kette von Zellwachstum und -neubildung unter physiologischen Bedingungen zu solchen unter pathologischen über, so sind auch die Mittel, welche die Zellen bei ihrer Neubildung verwenden, die gleichen. Es handelt sich hier wie dort um Zellteilungen und zwar solche auf dem Wege der Amitose (Remak, Fragmentierung und Segmentieruag Arnold) und der zuerst besonders von Flemming eingehend studierten Mitose. Letztere ist auch hier von ganz überragender Bedeutung, erstere zeigt in der Regel eine gewisse Schädigung oder Schwäche der Zellen an. Aber die Mitose kann auch abnorm verlaufen; ist eine Störung ihres normalen Mechanismus unter physiologischen Bedingungen selten, so ist dies unter pathologischen viel öfters der Fall, insbesondere wenn rapide wiederholte Teilung in überstürzter Weise vor sich geht, wie bei Geschwülsten oder ev. auch Entzündungen. Hierher gehören tripolare und mehrpolige Mitosen (wobei wir also drei Spindeln und eine Orientierung der Schlingen nach drei Punkten wahrnehmen), hyperchromatische und hypochromatische, und endlich unsymmetrische, inäquale u. dgl., betont von allem von v. Hansemann. Große Zellen mit zahlreichen Kernen, Riesenzellen, resultieren, wenn — wohl stets auf amitotischem Wege — Teilung der Kerne vor sich geht, das Protoplasma aber ungeteilt bleibt. So weist ihre Bildung auch darauf hin, daß die Zelle geschädigt ist.

Endlich bleibt noch die Frage, zu dem Hervorbringen welcher Zellarten die verschiedenen Zellen bei ihrer Vermehrung befähigt sind. Hatte schon Harvey den Satz geprägt: „omne vivum ex ovo“, und basiert unsere ganze Zellularpathologie auf der Virchowschen Erkenntnis: „omnis cellula e cellula“, so müssen wir bei dem Worte „cellula“ beidesmal die Frage hinzusetzen: „cujus generis?“ Der erste Furchungskern, der nach Verschmelzung von Spermienkopf und weiblichem Vorkern entsteht, ist natürlich „omnipotent“ und „totipotent“. Aber auch die dann entstehenden beiden Blastomeren sind beides noch. Dies zeigten feinste experimentelle Forschungen von Roux, Driesch u. a. Tötet man bei einem Froschembryo eine Blastomere ab, z. B. mit heißer Nadel, so bildet die andere Blastomere zunächst einen der Länge nach halbierten Froschhalbembryo, der sich aber später zu einem ganzen, wenn auch kleineren Froschembryo entwickelt. Jede Blastomere trägt also latent Totipotenz in sich. Die „prospektive Potenz“ von Zellen, also das was sie unter besonderen Bedingungen leisten können, ist also hier größer als ihre prospektive Bedeutung, d. h. als die Leistungen, die sie unter normalen Bedingungen erzielen (Driesch).

Bei Versuchen an Seeigeleiern ergab sich, daß die einzelnen Blastomeren selbst im Acht-, vielleicht sogar noch im Zweiunddreißigzellen-Stadium, noch totipotent und omnipotent sind. Diese Omnipotenz von Blastomeren finden wir beim Menschen unter pathologischen Bedingungen in Gestalt der als Teratome bezeichneten Geschwülste, welche wahrscheinlich auf versprengten Blastomeren beruhen. In späteren Stadien der Entwickelung, im Gastrulastadium und besonders nach Anlage der Keimblätter, werden dann aber die Potenzen sodifferenziert, daß die betreffenden Zellen zwar zunächst noch multipotent sind, indem sie mehrere Zellarten hervorbringen können, diese aber demselben Keimblatt zugehören müssen. Und dies läßt bald auch nach. So wächst bei jungen Froschlarven ein abgeschnittenes Bein noch nach, bei fertigen Fröschen nicht mehr (Barfurth). Auch beim Menschen sind die Gewebe in der Regel je jünger, desto besser zu ausgedehnter Regeneration befähigt.

Wir sehen so wie ontogenetisch, also in der Entwickelungsgeschichte des Einzelindividuums, mit der höheren Differenzierung der Zellen die bioplastische Energie, wie sie bei der Regeneration usw. in die Erscheinung tritt, immer mehr abnimmt bzw. spezialisiert wird. Eine ähnliche Wandlung läßt sich in der Phylogenese, d. h. in der Entwickelung der Arten, verfolgen. Pflanzen wie Weiden und Begonien, niedere Tiere wie Hydren besitzen überaus großes Regenerationsvermögen. Aber eine gewisse Spezialisierung ist hier schon vorhanden, indem aus Ektoderm nur ektodermale Gebilde werden, aus Entoderm nur entodermale. Allmählich in der Reihe nach oben gehend, nimmt diese Fähigkeit immer mehr und mehr ab. Ein Teilstück eines Regenwurms kann den ganzen Wurm wieder ersetzen, das abgerissene Bein eines Salamanders kann wieder nachgebildet werden, indem sich aber schon Muskelgewebe nur aus Muskelgewebe u. dgl. m. neu bildet. Bei höheren Tieren und beim Menschen ist von so großer Regenerationsbefähigung nicht mehr die Rede. Nur einzelne Gewebe können sich hier regenerieren, kompliziertere Organe sich nicht neubilden. So sehen wir im allgemeinen hier Übereinstimmung der phylogenetischen und ontogenetischen Entwicklung, wie sie dem sog. „biogenetischen Grundgesetz" Haeckels entspricht. Am Ende beider Entwickelungsreihen aber steht der erwachsene Mensch; so sind bei ihm zwar die einzelnen Zellarten am höchsten differenziert, dementsprechend aber bei der Regeneration am spezialisiertesten d. h. beschränktesten; sie sind nur noch unipotent.

Fast stets produzieren hier Zellen nur solche ihresgleichen; ganz besonders wird dabei die Spezifizität der drei Keimblätter gewahrt. Hier besteht als Antwort auf obige Frage der von Bard formulierte Satz: „omnis cellula e cellula eiusdem generis" zu Recht. In der Regel wird also das Gesetz der „Spezifizität der Gewebe" gewahrt, auch unter krankhaften Bedingungen. So stammen Bindesubstanzen von solchen, Epithel stets von Epithel ab. Nur unter besonderen Umständen können sich Zellen in morphologisch und funktionell anders geartete umwandeln = **Metaplasie** (Virchow). Echte Metaplasie, auch nur in dem Sinne, daß bei Neubildung von Zellen von dem Rückdifferenzierungsstadium während der Teilung aus (sog. indirekte Metaplasie, Schridde) anders geartete entstehen, ist aber auf jeden Fall

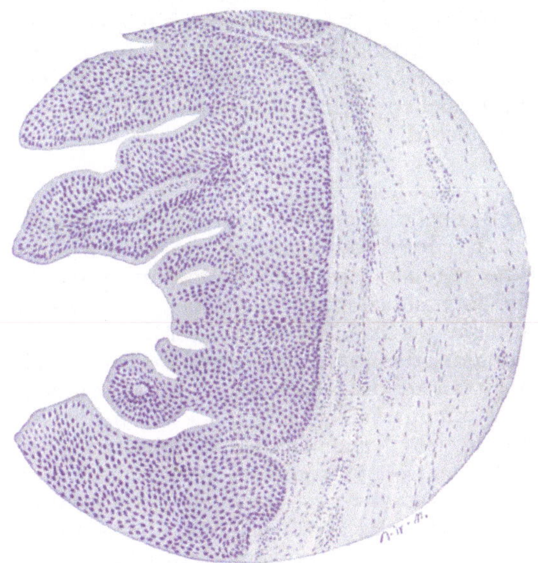

Fig. 51.
Fibroepithelialer Tumor der Stirnhöhle mit Pseudometaplasie. Das Epithel erscheint als geschichtetes Plattenepithel, ist aber gewuchertes Zylinderepithel, am freien Rand als solches noch deutlich zu erkennen.

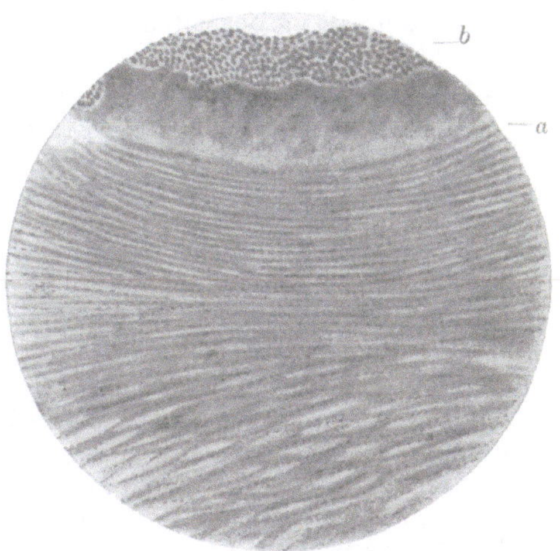

Fig. 52.
Funktionelle Anpassung.
Nach Exstirpation eines Stimmbandes ordnet sich das Bindegewebe (*a*) unter dem Epithel (*b*) in Form langgestreckter an ein Stimmband erinnernder Züge an.

äußerst selten. Meist liegen die Verhältnisse etwas anders. Zunächst kann eine Metaplasie vorgetäuscht sein, indem eine äußerliche Formveränderung vorliegt; so können Zylinderepithelien durch Druck eine platte Form gewinnen ohne zu echtem Plattenepithel zu werden. In solchen Fällen kann man von Pseudometaplasie oder formaler Akkommodation (Orth) sprechen. Höher differenzierte Zellen können ferner durch „Entdifferenzierung" auf einen entwickelungsgeschichtlich früheren Zustand zurückkehren, „Rückschlag" (Ribbert). Oder Metaplasie wird vorgetäuscht durch Überwuchern von der Nachbarschaft her, oder auf Grund einer embryonalen Keimversprengung, oder durch regressive Veränderung, wie Schleimbildung. Der Metaplasie näher steht die Prosoplasie (Schridde), d. h. die Erscheinung daß Gewebe ihre prospektive Potenz weiter entfalten als gewöhnlich, also daß z. B. das Übergangsepithel der Harnwege zu verhorntem Plattenepithel wird, sowie die Heteroplasie (Dysplasie), d. h. die Erfahrungstatsache daß sich Zellen von früheren embryonalen indifferenten Stufen her die Fähigkeit erhalten, sich in einer anderen als der sonst ortsdominierenden Richtung zu entwickeln; so entstehen z. B. im Ösophagus die häufigen sog. Magenschleimhautinseln. Solche Gesichtspunkte, also zumeist entwickelungsgeschichtliche, sind wohl auch heranzuziehen zum Verständnis von Tumoren, welche aus ortsfremden Epithelien bestehen, so Kankroide an Zylinderepithel tragenden Schleimhäuten (z. B. Gallenblase). Echte Metaplasie ist am ehesten bei Bindesubstanzen anzunehmen, die sich ja auch untereinander nahe stehen, also wenn z. B. Bindegewebe zu Knochengewebe wird u. dgl. Alle diese Vorgänge finden sich besonders bei Zellneubildungen, z. B. regenerativer Natur oder besonders in Tumoren.

I. Regeneration.

Regeneration bedeutet Ersatz verloren gegangener Zellen durch gleichgeartete der Umgebung an der Stelle jener. Die Fähigkeit der Regeneration ist jeder Zelle angeboren, ererbt. Wir sehen physiologische Regeneration (s. oben) überall da wo schon unter normalen Bedingungen einzelne Zellen verloren gehen. So findet an den Deckepithelien der äußeren Haut eine fortwährende Abnutzung und Wiederherstellung von Elementen statt, ebenso auch an den Epidermoidalgebilden, den Haaren und Nägeln. Etwas Ähnliches findet sich auch an den Lieberkühnschen Krypten des Darmes; ferner an den Talgdrüsen, sowie in der laktierenden Mamma. In ausgedehntem Maße treten Regenerationsvorgänge an der Uterusschleimhaut post partum, in geringerem Maße nach der Menstruation auf. Eine physiologische, durch fortwährenden Verlust bedingte Regeneration spielt sich auch an den Elementen des Blutes ab; die Lebensdauer der einzelnen, besonders der roten Blutkörperchen, ist eine verhältnismäßig kurz bemessene, und somit ist das Bedürfnis nach fortwährender Neubildung im Knochenmark (zuerst festgestellt vom Neumann) gegeben. Auch weiße Blutzellen gehen dauernd durch Austritt an Schleimhautoberflächen, namentlich über follikulären Apparaten, verloren und werden, Lymphozyten in Lymphknoten und Follikeln sowie im Knochenmark, Leukozyten in letzterem, neu gebildet und dem Blute zugeführt. Endlich gehört die fortwährende Neubildung von Samenfäden hierher.

Auch unter pathologischen Bedingungen entstandene Verluste einzelner Gewebselemente können durch Regeneration heilen, indem erst die Trümmer des zugrunde gegangenen Zellmaterials durch erhöhte Saftströmung resorbiert werden; so tritt eine Restitutio ad integrum ein. Meist, aber nicht stets, entprechen die regeneratorischen Neubildungsprozesse den embryonalen Bildungsvorgängen. Doch ist die Regenerationsfähigkeit beim Menschen relativ beschränkt, bei jüngeren Individuen vollständiger als bei älteren (s. oben), ferner am besten da möglich, wo die Gesamtstruktur, insbesondere das bindegewebige Gerüst, noch erhalten geblieben ist. Unbedingt nötig ist guter Zustand des Gewebes — Entzündungen insbesondere Eiterungen dürfen nicht vorhanden sein — und gute Ernährung. Wie bei jedem Wachstum, das ja auf gesteigerter Assimilation beruht, ist vermehrte Herbeischaffung der Bausteine, also der Nährstoffe nötig, die Zirkulation darf also nicht gestört sein. Überhaupt auch guter Zustand des Gesamtorganismus ist Voraussetzung. Auch Nerveneinflüsse sprechen mit, wie wir aus Beispielen experimenteller Natur (Herbst) wissen. Und endlich beschleunigt Anschluß an die physiologische Funktion die Regeneration. Aber auch bei den einzelnen Gewebearten ist die Regeneration sehr verschieden; Bindegewebe — auf dem Wege über Fibroblasten — und Knochen sind sehr zur Regeneration befähigt. Auch die Plattenepithelien der Epidermis regenerieren sich nach oberflächlichen Defekten schnell; sie zeigen hierbei Wanderungsfähigkeit und „gleiten" auf der Wundfläche. Talg- und Schweißdrüsen bilden sich nur neu, wenn Reste der Drüsenkörper stehen geblieben sind. Epithelien von Schleimhäuten regenerieren sich auch meist gut, so nach Katarrhen oder selbst nach Diphtherie. In der Magen- und Darmschleimhaut bilden sich die Drüsenschläuche von erhaltenen aus wieder, so nach Typhus oder Ruhr. Das Epithel der Uterusschleimhaut hat besonderes Regenerationsvermögen. In der Niere darf der Verlust zwar ein ausgedehnter sein, aber nicht allzuviele benachbarte Epithelien betreffen, und besonders die Harnkanälchen als solche und die Membranae propriae müssen noch erhalten sein. Bei der Regeneration treten öfters atypische Epithelformen und besonders Riesenzellen auf. Sehr regenerationsfähig ist die Leber. Sie kann $^4/_5$ ihres Gewichtes wieder ersetzen. Die Regeneration geht von den erhaltenen Leberzellen, vielleicht auch von Epithelien der Gallengänge aus, die nach der Ansicht mancher dabei nicht nur wuchern, sondern auch neue Leberzellen bilden. Auch hier treten bei der Regeneration atypische Zellformen, wie Riesenzellen oder große helle Zellen mit großem Kern, auf. Die Speicheldrüsen und insbesondere das Pankreas sind wenig regenerationsfähig, weit mehr die Schilddrüse.

Im Hoden sind die Zwischenzellen und Sertolischen Fußzellen am wucherungsfähigsten, aber auch die Samenepithelien können sich, wenn die Kanälchen erhalten sind, von restierenden Spermatogonien aus neubilden. Vielleicht ist dies auch mit Kanälchen vom Rete aus möglich, wenn die Zwischenzellen, welche hier eine trophische Rolle spielen, gewuchert sind. Die Ovarien zeigen regeneratorische Vorgänge vom Keimepithel bis zur Bildung von Primordialeiern.

Bei quergestreiften Muskelfasern kann eine regenerative Wucherung zu Wiederersatz des Verlorenen führen. Sie geht auf dem Wege der terminalen Knospung (Neumann) von den restierenden Muskelfasern aus kontinuierlich vor sich, bei stärkerer Zerstörung kann auch eine diskontinuierliche Neubildung aus Sarkoblasten stattfinden. Bei Anläufen zur Regeneration sieht man häufig viele Kerne (amitotische Teilung) auftreten in Gestalt von Riesenzellen; ein gutes Beispiel der sog. „atrophischen Kernwucherung" (weil bei bzw. nach Atrophien). Die glatte Muskulatur ist weit weniger zur Regeneration befähigt, der Herzmuskel fast gar nicht. Eine große Regenerationsfähigkeit besitzen die peripheren Nerven; hier ist über größere Gebiete hin eine völlige Wiederherstellung möglich. Es handelt sich hierbei um ein Auswachsen der Nervenfasern (autogene diskontinuierliche Neubildung aus Zellen der Schwannschen Scheide ist beim Menschen wenigstens nicht anzunehmen, doch bilden diese eine Wachstumsbahn für die neugebildeten Nervenfasern). Nervenfasern des Zentralnervensystems haben äußerst beschränkte Regenerationsfähigkeit, Ganglienzellen sogar kaum solche. Um so größer ist die Regenerations- und Wucherungsfähigkeit der Neuroglia. Die Milz zeigt fast keine Regenerationsfähigkeit. Diejenige der Blutelemente ist dem physiologischen entsprechend äußerst groß.

Werden Zellverluste nicht durch Regeneration gedeckt, so entwickelt sich an ihrer Stelle Bindegewebe oder dgl., aber auf dem Umwege komplizierterer Prozesse, die zur Entzündung gehören (s. u.). Das Endresultat ist dann unvollkommene Regeneration oder einfache Reparation.

An der Haut und in Drüsen geht die Regeneration zumeist von besonderen Bezirken — Proliferationszentren —, wo die Zellen indifferenter geblieben (daher auch Indifferenzzonen genannt) und so besonders wucherungsfähig sind, aus; sie liegen in zahlreichen Drüsen in den Schaltstücken. Also gegenüber den funktionell hochentwickelten Drüsenzellen eine zweckmäßige Arbeitsteilung.

Bei der Regeneration können sich Gewebsteile, besonders Knochen, den neuen mechanischen Verhältnissen durch Änderungen der Form und Struktur möglichst anpassen, um so zur Aufrechterhaltung der Funktion befähigt zu sein. Hierbei verdicken sich stärker beanspruchte Teile, die nicht benutzten atrophieren: Gesetz der funktionellen Anpassung. Ein derartiger Umbau findet sich außer an Knochen z. B. auch an Gelenken, bindegewebigen Teilen, Gefäßen. Dies Gesetz hat sein physiologisches Analogon im embryonalen Leben, wo es (nach Roux) ja bei den Wachstumsbedingungen der zweiten Periode als gestaltendes Moment die Hauptrolle spielt.

Transplantation.

Da abgetrennte kleine Gewebsstückchen am Leben erhalten werden können, können solche an andere Stellen desselben Individuums — besonders auf Wunddefekte — oder auch auf einen fremden Organismus übertragen werden, wo sie unter günstigen Umständen wieder anwachsen: Transplantation. Am sichersten ist die Bildung eines sog. gestielten Lappens, wo noch eine Brücke mit ernährenden Gefäßen stehen bleibt, während der Lappen gedreht wird. Auch kleine Epidermisscheiben (Thierschsche Transplantation) oder Epithelbrei können mit Erfolg übertragen werden. Auch mit größeren Stücken von Haut oder Schleimhäuten, ferner z. B. Knochenstücken, ist dies der Fall. Der überpflanzte Knochen geht zwar zugrunde, aber mitübertragenes Mark und Periost bildet osteoides Gewebe neu. Auch ganze Gelenke, Gefäße usw. zu transplantieren ist gelungen. Letzteres ist besonders wichtig; Venen können dabei durch funktionelle Anpassung die Aufgabe von Arterien übernehmen.

Voraussetzungen sind nötig, damit das übertragene Stück erhalten bleibt. Es muß natürlich selbst noch lebend sein, doch erhalten sich manche Gewebe, wie äußere Haut oder Kornea auch nach dem Tode des Organismus selbst außerhalb des Körpers, vor Vertrocknung, exzessiven Temperaturen und dgl. geschützt, noch längere Zeit. Das transplantierte Gewebe muß gut ernährt sein; jede Störung durch Eiterung u. dgl. muß vermieden werden, d. h. die Transplantation muß streng aseptisch erfolgen. Diese ist bei jugendlichen Individuen (und vor allem, wenn das Gewebe von solchen stammt) erfolgreicher. Sie gelingt infolge der individuellen „biochemischen Differenz" (Enderlen) am besten bei demselben Individuum = Autotransplantation oder wenigstens bei Individuen derselben Spezies = Homoiotransplantation, seltener bei artfremden Individuen = Heterotransplantation. Schneller Anschluß an Funktion erhöht die Aussichten. Diese sind zudem für die einzelnen Gewebsarten recht verschieden, am besten bei weniger hochdifferenzierten Geweben. Übertragung von Organstückchen in das subkutane Gewebe oder das Innere anderer Organe oder in Körperhöhlen wird als Implantation bezeichnet; solche Gewebe können am Leben bleiben und Funktion ausüben, die auch dem Körper zugute kommt (z. B. Implantation von Schilddrüse in die Milz).

Experimentelle Vereinigung mehrerer Tiere wird als Parabiose bezeichnet. Zellen können auch außerhalb des Körpers, ähnlich wie Bakterien, in geeigneten Nährflüssigkeiten weiter gezüchtet werden (Harrison, Carrel), auch als Explantation bezeichnet.

Hypertrophie.

Hypertrophie bedeutet ein über das normale Maß hinausgehendes Wachstum einzelner Zellen und Gewebe oder auch ganzer Organe, wobei die Zunahme die eigentlichen spezifischen Organelemente (Muskel-, Nervenfasern, Epithelien usw.) betrifft. Die Zunahme der Gewebe kann auf Vergrößerung ihrer einzelnen Elemente (Zellen, Muskelfasern usw.) beruhen -- **Hypertrophie** im engeren Sinn; oder sie ist durch Vermehrung der Zahl der einzelnen Zellen usw. bedingt -- **Hyperplasie.** Freilich werden diese Unterschiede in praxi kaum scharf auseinander gehalten.

Hypertrophien kommen als physiologische Zustände vor; so bei dem graviden Uterus, in welchem eine Vergrößerung der Muskelfasern bis zum Fünffachen in der Breite und Sieben- bis Elffachen in der Länge zustande kommt, ferner bei der laktierenden Mamma, bei stark arbeitenden Muskeln und unter ähnlichen Bedingungen.

Unter verschiedensten pathologischen Bedingungen treten Hypertrophien in die Erscheinung, die wir etwa folgendermaßen gruppieren können:

1. In manchen Fällen schließt sich eine Hypertrophie an Regeneration nach Eingriffen an. Hier liegt also Superregeneration vor (s. oben). Als Beispiele seien der Kallus nach Knochenbrüchen oder Keloide nach Vernarbung von Wunden genannt. Die Hypertrophien im Anschluß an Entzündungen können wir überhaupt hierher rechnen.

2. Ähnlich ist es in folgendem Falle: Wenn nach Gewebsverlusten unvollkommener oder funktionell minderwerter Ersatz (Reparation) erfolgt, tritt Vergrößerung und Vermehrung der restierenden spezifischen Elemente ein, so daß auf diese Weise ein funktioneller Ersatz, also eine Aufrechterhaltung der Gesamtfunktion des Organs möglich wird. Es ist dies die **kompensatorische Hypertrophie.** Sie kann in einem Organ neben dem Gewebsverlust statthaben, oder bei paarigen Organen kann das eine ausfallen, dagegen dann das andere kompensatorisch hypertrophieren, so eine Niere nach Exstirpation oder Verödung der anderen. Auch können hierbei manche Organe für andere, die ihnen funktionell nahe stehen („Korrelationen der Organe"), kompensatorisch durch Hypertrophie eintreten, so nach Exstirpation der Milz das Knochenmark und der lymphatische Apparat ferner die Sternzellen der Leber.

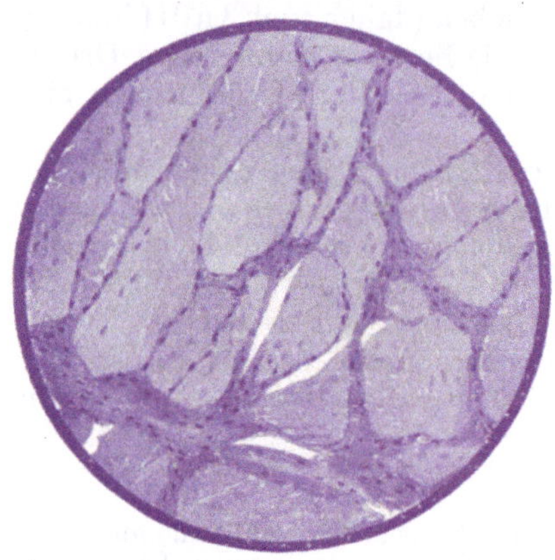

Fig. 53.
Hypertrophie von Muskelfasern.

Es ist die Mehrarbeit der restierenden Elemente zur Aufrechterhaltung der Funktion, welche diese kompensatorische Hypertrophie bewirkt. Dasselbe kann auch ohne vorausgegangenen Defekt der Fall sein, wenn aus anderen Gründen an ein Organ gestellte erhöhte Anforderungen vermehrte Arbeit verlangen, denen die physiologische Masse funktionierenden Parenchyms nicht gewachsen ist. Sie hypertrophiert dann = **Arbeitshypertrophie.** Daß Mehrarbeit Wachstum bedingt, spielt ja (s. oben) nach Roux schon in der Entwickelung die Hauptrolle. An der Grenze des Physiologischen steht die Arbeitshypertrophie in Gestalt der Muskelentwickelung bei Turnern, Athleten usw. Die ausgesprochen pathologische Arbeitshypertrophie tritt auch am Muskel am deutlichsten in die Erscheinung, so am Herzmuskel, wenn die Widerstände für die Herztätigkeit wachsen, diesem also bei Klappenfehlern u. dgl. erhöhte Arbeit zugemutet wird; ähnlich an der glatten Muskulatur, z. B. des Magens, wenn Pylorusstenose vorliegt, also der Speisebrei nur mit erhöhter Arbeit durch den Pylorus hindurchgepreßt werden kann, oder z. B. der Harnblase, wenn der Harnabfluß, etwa durch eine vergrößerte Prostata, erschwert ist.

3. Verschiedene physikalische und chemische Einflüsse können Wachstumsvorgänge hypertrophischer Art bewirken. So entstehen bei dauerndem Druck auf bestimmte einer harten Unterlage (Knochen) aufliegende Stellen Verdickungen der Epidermis und Hornschichtzunahmen, welche als Schwielen und Hühneraugen (Clavi) bezeichnet werden. Ähnlich liegt es mit umschriebenen Endokardschwielen bei abnormem Anprall des Blutes, so besonders des rückströmenden Blutes bei nicht schließenden Klappen (Insuffizienzen), oder mit den sog. Sehnenflecken am Perikard. Bei dauernder Druckerhöhung im Arteriensystem nimmt die Intima der Arterien an Dicke zu. Vielleicht kommt auch gewissen Chemikalien (Arsenik) eine ähnliche wachstumssteigernde Wirkung auf einzelne Gewebe zu. Ferner sind hier auch unter pathologischen Bedingungen gesteigerte Hormonwirkungen von endokrinen Drüsen zu betonen; so bildet sich die Akromegalie bei Adenomen der Hypophyse aus.

4. Vermehrung der Blutzufuhr hat in vielen Fällen unverkennbaren Einfluß auf hypertrophisches Gewebswachstum. Dies Moment spielt auch bei der Arbeitshypertrophie — Mehrfunktion bedingt Hyperämie — mit. Wenn man bei Tieren ein Ohr bei höherer Temperatur

hält (die daneben auch als solche wachstumfördernd einwirkt) und somit Hyperämie setzt, bewirkt diese gesteigertes Wachstum des Ohres. Auch länger anhaltende aktive oder besonders Stauungshyperämien können Hypertrophien bewirken. Doch spielen in letzterem Fall meist entzündliche Faktoren mit.

5. Nervöse Einflüsse — vasomotorischer oder auch trophischer Art — können das Wachstum beeinflussen; so sind hypertrophische Zustände in Zusammenhang mit Verände-

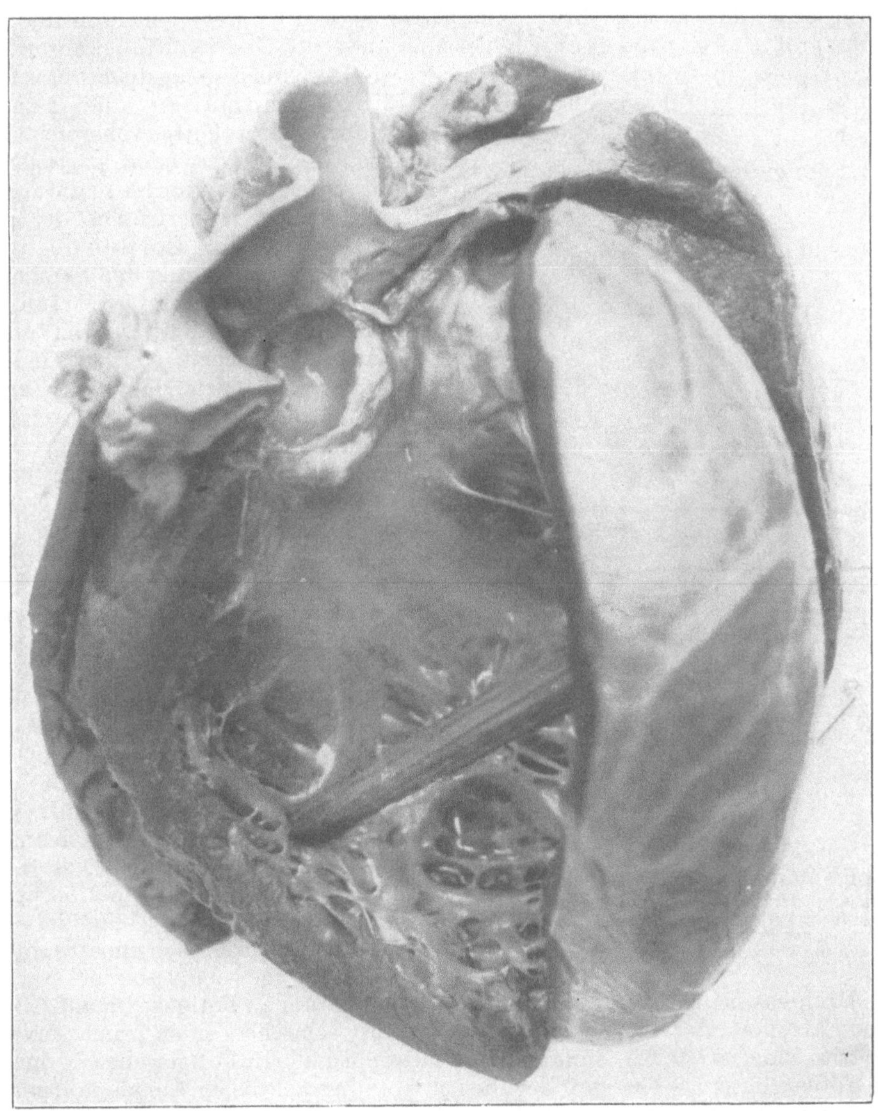

Fig. 54.

Alte Endocarditis aortica mit Stenose und Insuffizienz der Aorta. Starke Hypertrophie des Herzens, besonders des linken Ventrikels.

Nach Herxheimer aus Schwalbe, Morphologie der Mißbildungen. Fischer, Jena.

rungen von Nerven oder Rückenmark zu bringen, oder finden sich gleichzeitig mit anderen trophischen Störungen, wie Geschwüren, Pigmentanomalien, lokalem Haarausfall od. dgl.

Alle bisherigen Formen können wir in gewisser Beziehung der sub 1. genannten Superregeneration nahe stellen, denn auch unter den anderen Bedingungen können wir uns vorstellen, daß sich die Hypertrophie an kleinste Zellschädigungen oder Abbau lebender Substanz infolge der so bedingten Entspannung der Zellen und des Zellverbandes erst anschließt. So findet ja in stark funktionierenden Zellen schon ein stärkerer Abbau lebender Substanz (Katabiose) statt, bei Stauung wirkt der Druck auf das Nachbargewebe (sowie die schlechte Blutversorgung) schädigend mit, noch deutlicher ist dies bei Entstehung der Schwielen. Regeneration und Superregeneration könnte also hier die Entstehung der Hypertrophie erklären. Nun gibt es aber weiterhin Hypertrophien, bei denen uns jede kausale Erklärung ihrer Entstehung fehlt. Es sind dies die sog.

6. Idiopathischen Hypertrophien. Hierher gehören Hypertrophien ganzer Organe, wie der Schilddrüse, Leber, Niere, Brustdrüsen und — besonders im Alter — der Prostata (letztere wird neuerdings allerdings auch als Folge einer Atrophie von Prostataelementen in obigem Sinne erklärt). Zum größten Teil handelt es sich hier aber um echte Geschwülste (s. unter Adenomen).

Andere Formen idiopathischer Hypertrophie sind offenbar wenigstens teilweise auf kongenitale Anlage zurückzuführen, also als Konstitutionsanomalien aufzufassen. Hierher gehören: übermäßige Fettgewebswucherung — die Adipositas —, totaler oder partieller Riesenwuchs (s. unter Mißbildungen), die Ichthyosis, die auf allgemeiner Hypertrophie der Hornschicht beruht, die Hauthörner, Cornua cutanea, welche in lokaler starker Wucherung der Papillen und ihrer Hornschicht bestehen, die Hypertrichosis — abnorme Behaarung infolge Persistenz und Vermehrung der Lanugohärchen oder besonders starkes Wachstum der bleibenden Haare evtl. an sonst unbehaarten Stellen —, Onychogryphosis — krallenartiges Wachstum der Nägel —, gewisse Formen von Elephantiasis u. dgl. m. Hierher rechnen läßt sich auch mangelhafte Rückbildung von Organen, welche physiologisch nur zeitweise eine größere Ausbildung aufweisen, so z. B.: Persistenz des Thymus oder des Gartnerschen Ganges, mangelhafte Involution des puerperalen Uterus (wobei freilich meist entzündliche Prozesse mitspielen) usw.

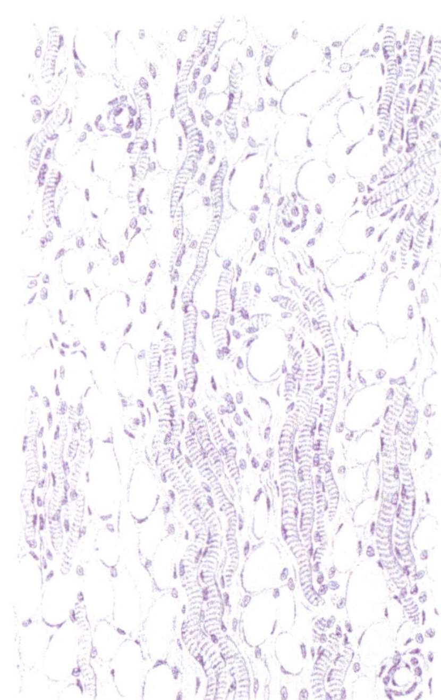

Fig. 55.
Atrophie eines Muskels mit Lipomatose.
Die Muskelfasern stark verschmälert; dazwischen reichlich gewuchertes Fettgewebe; da das Fett bei der Härtung und Einbettung des Präparates extrahiert wurde, erscheinen die Fettzellen als Lücken.

Eingangs wurde erwähnt, daß zum Begriff der Hypertrophie eine Zunahme der spezifischen Elemente, also z. B. in der Muskulatur der Muskelfasern, gehört. Eine Vergrößerung eines Organes kann aber auch auf Vermehrung der anderen Gewebsarten, besonders des Bindegewebes oder insbesondere des Fettgewebes, beruhen. Man bezeichnet dies als falsche oder **Pseudohypertrophie.** Diese tritt zumeist im Anschluß an Atrophien der spezifischen Elemente durch Wucherung „ex vacuo" besonders des Fettgewebes auf. So entwickelt sich um atrophische Nieren das Nierenhilusfettgewebe besonders stark, oder das atrophische Pankreas bei Diabetes weist besonderen Reichtum an Fettgewebe auf. Bei gewissen Formen von Atrophie der Skelettmuskulatur (neuropathischen oder primär-myopathischen Ursprungs) tritt eine so starke Zunahme des intermuskulären Fettgewebes — auch zwischen den einzelnen Muskelfasern — ein, daß der Muskel trotz beträchtlicher Abnahme der spezifischen Elemente im ganzen sogar stark an Volumen zunimmt.

II. Entzündung.

Da bei der „Entzündung" außerordentlich zahlreiche und komplizierte Vorgänge zusammenwirken, wollen wir diese zuerst besprechen, um dann erst aus ihnen Wesen und Einteilung der Entzündungen abzuleiten und zusammenzufassen. Grundlegende Untersuchungen verdanken wir vor allem Virchow, Samuel, Cohnheim, v. Recklinghausen, Thoma, Ziegler, Marchand und aus neuerer Zeit Ribbert und Aschoff.

Allgemeine Vorgänge bei der Entzündung.

Die Entzündung leitet sich ursprünglich ab von dem klinischen Symptomenkomplex, bei dem an äußerlich sichtbaren Körperteilen, besonders der Haut, die vier **Celsus-Galenschen**

Kardinalsymptome wahrnehmbar sind: Rubor, Tumor, Calor, Dolor; dazu kommt Functio laesa. Dasselbe wurde aus Analogieschlüssen für die inneren Organe angenommen; an der Leiche kann man hier höchstens noch Rubor und Tumor nachweisen.

Anatomisch stellt die Entzündung oder genauer gesagt die Gesamtheit der „entzündlichen Krankheit" die Vereinigung verschiedener Vorgänge dar, die wir in folgende Hauptkategorien einteilen können: a) lokale Gewebsschädigungen, b) Zirkulationsstörungen lokaler Natur und ihre Folgen (auf solche weisen schon die obigen Kardinalsymptome hin), sowie Zellwanderungen, c) Gewebsneubildungen.

Alle diese Vorgänge sind die Folge einer Einwirkung bestimmter Schädlichkeiten.

Betrachten wir diese ätiologische Seite zuerst. Wir können die schädigend einwirkenden Agenzien in zwei große Gruppen teilen. Die erste häufigere und wichtigere Gruppe umfaßt dem Körper fremde Schädlichkeiten; in erster Linie eingedrungene Mikroorganismen, vor allem **Bakterien**, die weniger an sich als durch ihre **Toxine**, eventuell auch auf weitere Entfernungen hin wirken, ferner aber auch mechanische, chemische und thermische Schädlichkeiten. Wir können hier von exogen bedingter Entzündung sprechen. Die zweite Gruppe umfaßt schädliche Stoffe, die im Körper selbst entstehen, so solche, welche bei Zerfall von Zellen frei werden, eventuell erst gerade unter der Einwirkung von Bakterien, oder abnorme Stoffwechselprodukte, wie Harnsäure, Kristalle oder dergleichen. Indirekt gehen solche als endogen bedingt zu bezeichnende Entzündungen ja natürlich auch auf eine außerhalb des Organismus gelegene Ursache zurück. Außer diesen äußeren Ursachen spielen natürlich auch innere disponierende Momente mit. So wird auf Grund chronischer, auch oft wiederholter, Entzündungen das Gewebe zu erneuter Entzündung besonders disponiert, so bei Schleimhautkatarrhen. Auch Stauungen oder Konstitutionsanomalien, wie Skrofulose, stellen häufig eine Disposition dar. Offenbar auch nervöse Einflüsse, vor allem solche vasomotorischer oder trophischer Natur, wozu noch Ausschaltung der Sensibilität kommen kann, welche verhindert, daß Schädlichkeiten empfunden und an äußeren Teilen wieder entfernt werden (so am Auge nach Durchschneidung des N. trigeminus). Das direkt einwirkende aber sind nach dem Dargelegten die oben genannten Schädlichkeiten, besonders Bakterien und ihre Toxine; sie bewirken die oben angedeuteten einzelnen Vorgänge, deren Zusammenfassung das Wesen der Entzündung ausmacht und von denen nunmehr genauer die Rede sein soll.

a) Degenerative und funktionelle Gewebsstörungen.

Die Schädlichkeit, welche die Entzündung bewirkt, schädigt zunächst, wie dies ja stets der Fall ist, die Gewebe in ihrem Stoffwechsel und somit ihrer Form wie ihrer Funktion. Es treten infolgedessen Degenerationen ein: trübe Schwellung, Verfettung, schleimige Entartung usw., aber auch Nekrose, lauter Erscheinungen regressiver Art, die im vorigen Kapitel geschildert wurden. Auch hier leiden wiederum bei der Schädigung die höchst differenzierten Elemente, also in parenchymatösen Organen das spezifische Parenchym zuerst bzw. am stärksten. Damit verknüpft ist natürlich Herabsetzung der Funktionsfähigkeit, eventuell nach anfänglichem funktionellen Erregungszustand; aber auch dieser (z. B. vermehrte Schleimproduktion) schlägt dann in Erlahmung um. Diese Gewebsschädigungen gehören zwar zum Bilde der Entzündung bzw. der entzündlichen Krankheit, sind aber für diese an sich nicht charakteristisch, vielmehr müssen, damit der Begriff „Entzündung" anwendbar ist, noch andere Störungen dazu kommen, welche die Gefäße betreffen. Dies sind:

b) Die vaskulären Störungen und ihre Folgen sowie Zellwanderung.

Die Entzündung erregende Schädlichkeit wirkt also — und das ist für sie charakteristisch — in bestimmter Richtung auch auf die Gefäße und somit Zirkulation störend und hindernd ein. Sie bewirkt zunächst, als zumeist erstes wahrnehmbares Zeichen, **eine aktive Hyperämie** mit Erweiterung der Gefäße und Blutstrombeschleunigung, die sich in roter Farbe (Rubor) sowie in stärkerer Pulsation (subjektiv auch in Hitzegefühl, Calor) äußert. Von der einfachen aktiven Hyperämie unterscheidet sich diese entzündliche durch ihre Dauer, da ja auch die schädigende Einwirkung anhält. Die Strombeschleunigung schlägt nun — wie experimentell verfolgbar ist — bei dilatiert bleibender Blutbahn in Stromverlangsamung um, welche die Anschoppung des Blutes in dem ergriffenen Bezirk zustande bringt. Auch kann die Stromverlangsamung von vornherein eintreten, wenn in den der Entzündung ausgesetzten Gebieten schon Stauung bestand (z. B. inkarzerierte Hernien), oder wenn das entzündungserregende Agens an sich schon Stase hervorruft. Diese dauernde Hyperämie hat nun Folgen: Es tritt, und zwar an Kapillaren und kleinen Venen, **Blutplasma** in vermehrter

Menge aus der Blutbahn in das umliegende Gewebe aus; diese Flüssigkeit ist reicher an Eiweiß und Fibrin als einfaches Transsudat und hat somit mehr Neigung zu spontaner Gerinnung. Ferner kann **Fibrin** in noch größerem Maße austreten und im Gewebe gerinnen, so daß dieses das Bild beherrscht. Es handelt sich hier also nicht um einfache Filtration, sondern um Folgen einer eigentümlichen **Alteration der Gefäßwände** (Cohnheim, Samuel). Auch zellige Elemente verlassen die Blutbahn: einmal **weiße Blutkörperchen,** und die **Emigration** dieser besonders bewegungsfähigen Elemente, entdeckt von Waller, wieder entdeckt und richtig gewertet von Cohnheim, ist für den Begriff „Entzündung" von äußerster Bedeutung; ferner eventuell auch **rote Blutkörperchen,** letztere passiv. Die aus dem Blute in das Gewebe ausgetretene Flüssigkeit mit diesen Beimengungen bildet das entzündliche **Exsudat**. Durchtränkt dasselbe das Gewebe, so spricht man auch von entzündlichem Ödem bzw. Infiltrat; wird das Exsudat an Oberflächen von Schleimhäuten abgesondert, so bezeichnet man es auch als entzündliches Sekret.

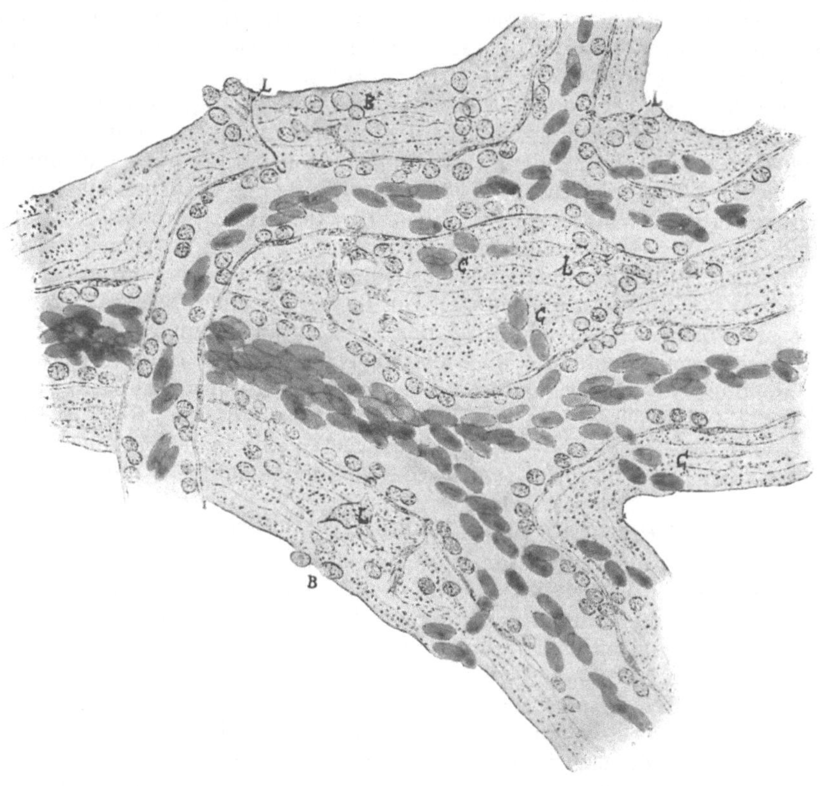

Fig. 56.
Entzündetes Mesenterium des Frosches. Vermehrung und Randstellung der Leukozyten in den weiten Gefäßen. Emigration bei *L*. Bei *B* runde Leukozyten im Gewebe, bei *C* rote Blutkörperchen im Gewebe. (Aus Ribbert, Lehrbuch der allg. Pathol. und der patholog. Anatomie. 3. Aufl. Leipzig, Vogel 1908.)

Das Ödem erklärt den „Tumor" und durch Druck auf die Nerven den Dolor. Wir haben so gesehen, wie alle oben genannten Kardinalsymptome auf diese Gefäßalteration und die durch sie bedingte Exsudatbildung hinweisen bzw. beziehbar sind.

Die Auswanderung der Blutzellen hängt nun nicht nur von der Gefäßalteration ab. auch treten noch andere Zellen bei der Entzündung auf, die nicht aus den Gefäßen stammen; wir müssen daher diese Punkte gesondert besprechen. In den Vordergrund stellen müssen wir hier wiederum die die Entzündung überhaupt bewirkende Schädlichkeit, und zwar sowohl Bakterien bzw. deren Toxine wie auch unter deren Einwirkung bei Zerfall von Zellen freiwerdende Stoffe. Diese üben nämlich auf mit Wanderungsfähigkeit begabte Zellen eine **chemotaktische** (zuerst studiert vor allem von Stahl und Pfeffer, Buchner usw.) **Wirkung aus**, d. h. sie locken sie an. Dies äußert sich zunächst im Verhalten der ja besonders wanderungsfähigen weißen Blutzellen und wird, wie oben dargestellt, durch die entzündliche Hyperämie erleichtert, denn da diese mit Stromverlangsamung verknüpft ist (s. o.), treten die weißen Blutkörperchen als spezifisch leichtere Elemente an den Rand, während die roten Blutkörperchen in der mittleren Blutschicht noch weiterströmen, und so bleiben erstere endlich wandständig ganz liegen. Noch eine andere Einwirkung hat die entzündliche Hyperämie; die feinsten Poren in der Kittsubstanz zwischen den Endothelien der Kapillaren und kleinen Venen, die Stomata, aus denen auch die Stauungsdiapedese (s. dort) statthat, sind infolge der Gefäßdilatation und auch der Gefäßwandalteration erweitert, und hier findet das entzündliche Exsudat seinen Weg aus den Gefäßen heraus. Diese Momente, besonders die Wandständigkeit der weißen Blutzellen, sind also auf die entzündliche Hyperämie zu beziehen, stellen aber nur die Voraussetzungen disponierender Art dar. Die eigentlich treibende Kraft ist die Chemotaxis der Schädlichkeiten. Sie lockt nun die Zellen ganz aus der Blutbahn heraus. An den weißen Blutkörperchen schieben sich zunächst Fortsätze durch jene Stomata hindurch, die Zellen, „insektentaillenartig“ eingeschnürt, liegen zum Teil noch im Lumen, zum Teil außerhalb. Dann schieben sich die ganzen Zellen hindurch, liegen nun frei im Gewebe und weisen hier amöboide Bewegungen auf. Sie sammeln sich hier in großer Menge an. Diese **Emigration** ist in ihrer Bedeutung für die Entzündung zuerst von Cohnheim erwiesen worden und am Mesenterium des Frosches leicht unter dem Mikroskop zu verfolgen. Die chemotaktische Anziehungskraft auf die weißen Blutzellen wirkt nicht nur lokal auf die Gefäße und lockt sie aus diesen heraus, sondern sie entfaltet auch Fernwirkung; so werden durch sie die weißen Blutzellen in die Gefäße der betreffenden Gebiete in vermehrter Menge überhaupt hineingelockt und durch Wirkung bis ins Knochenmark, aus diesem herausgeholt, wo ihr Ersatz stattfindet.

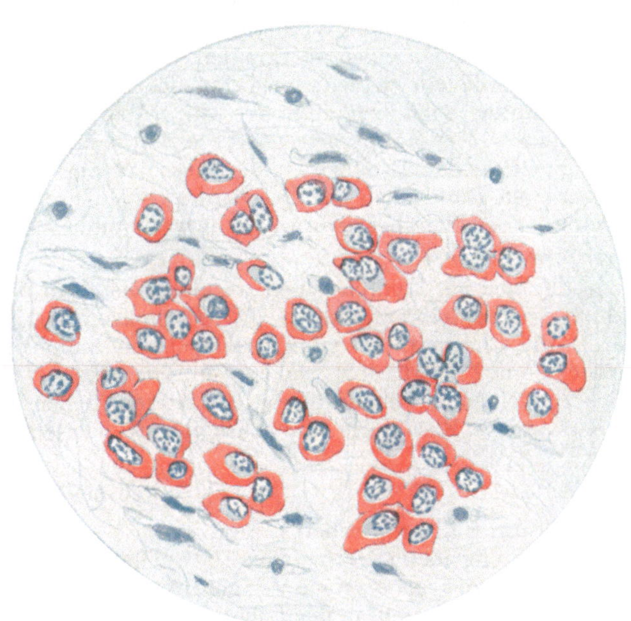

Fig. 57.
Plasmazellen mit radspeichenartigem Kern, perinukleärem, hellem Hof und basophilem Protoplasma.
Pyronin-Methylgrünfärbung nach Unna-Pappenheim.

Die Zellen, deren Auswanderung geschildert wurde, sind in erster Linie die die Hauptmasse der weißen Blutkörperchen ausmachenden gewöhnlichen neutrophil gekörnten Leukozyten; aber es können ihnen auch eosinophil gekörnte beigemischt sein, in besonderer Zahl bei Einwirkung bestimmter Reizstoffe. Im Anfang spärlicher, später zahlreicher, werden aber auch einkernige Leukozyten und Lymphozyten zur Auswanderung aus den Gefäßen gebracht, vielleicht durch dieselben chemotaktischen Stoffe, die besonders auf die Leukozyten einwirken, vielleicht auch durch besondere („lymphozytotaktische“).

Aber nicht alle Zellen, welche die chemotaktischen Stoffe anlocken können und anlocken, stammen aus den Gefäßen. Von embryonaler Zeit her finden sich nämlich überall im Bindegewebe Zellen, die wohl von den sog. primären Wanderzellen Saxers abstammen, besonders in der Umgebung der Blutgefäße abgelagert sind — sog. adventitielle Zellen (Marchand) oder Klasmatozyten — und sich dem Gefüge des Gewebes so einordnen, daß sie von den eigentlichen Bindegewebszellen kaum mehr unterschieden werden können. Sie sind Wanderzellen, wenn auch sessil geworden. Ferner sind es besondere Endothelien und Retikulumzellen der Lymphknoten, der Milz (Pulpazellen), der Leber (Sternzellen), die, bzw. deren Abkömmlinge, in kleinerer Zahl schon normal mobil werden und als sog. Bluthistiozyten (Aschoff) (wegen ihrer Abstammung von Gewebszellen so genannt) — zumeist mit den einkernigen Leukozyten identisch — ins Blut gelangen. Sie sind also ebenfalls Wanderzellen und werden jetzt unter entzündlichen Bedingungen auch in großer Zahl als sog. Histiozyten mobil und wandern ins Entzündungsgebiet. Auch gewöhnliche Zellen des Bindegewebes können sich wieder abrunden und wanderungsfähig werden, wenn auch kaum auf weite Strecken hin. Von allen diesen Quellen stammen also auch Zellen, welche, besonders in späteren Entzündungszeiten, wieder mobil geworden, chemotaktisch angelockt werden und sich nun den im Gewebe ansammelnden Blutelementen beimischen, wo sie besonders den Lymphozyten (die zum Teil wohl auch aus kleinen lymphknötchenartigen Ansammlungen, die überall im Bindegewebe liegen, stammen) so gleichen, daß sie nur schwer von ihnen zu unterscheiden sind. Sie teilen sich hier auch und vermehren sich so noch lokal. Alle diese Zellen zusammen bilden das entzündliche Infiltrat entzündeter Gewebe. Dies setzt sich also im Anfang besonders aus dem Blut entstammenden Leukozyten, später besonders aus Rundzellen, den Lymphozyten des Blutes wie den Zellen der verschiedensten anderen genannten Quellen, zusammen. Man kann sie auch als Granulationszellen, da sie das Hauptkontingent aller Granulationen bilden, zusammenfassen. Auch hat man sie wegen der verschiedenartigen Formen, die sie annehmen können, als Polyblasten bezeichnet (Maximow, Ziegler). Mit dem Wandern ist nun aber die funktionelle Tätigkeit aller dieser Zellen keineswegs erschöpft; im Gegenteil, auf dem Kampfplatz angekommen, beginnt erst ihre Haupttätigkeit. Sie nehmen aktiv am Kampf gegen die Schädlichkeiten teil. Die Wanderzellen besitzen nämlich die Fähigkeit, diese, soweit sie korpuskulärer Natur sind, in sich aufzunehmen, ebenso zerfallende Gewebe, die weggeschafft werden sollen, also die Trümmer des Kampffeldes. Diese Eigenschaft verdanken die Zellen ihrer Pseudopodienbildung (ähnlich wie die Amöben), also denselben Merkmalen, auf denen ja auch ihre Wanderungsart beruht. So werden diese Zellen zu den „Soldaten des Gesamtorganismus“. Sie verteidigen ihn, indem sie die genannten Schädlichkeiten fressen. Man benennt sie daher **Phagozyten**, den Vorgang **Phagozytose.** Der Hauptvertreter dieser Lehre Metschnikoff bezeichnete die zuerst auf dem Plan erscheinenden Leukozyten als Mikrophagen, die im Kampfe gegen fremde Schädlinge wirksameren Rundzellen als Makrophagen. Unter diesen spielen die von Retikuloendothelien abstammenden Histiozyten wegen ihrer besonders angesprochenen phagozytären Eigenschaften eine besondere Rolle.

Ein Teil der Lymphozyten wandelt sich nun in den Zellherden durch reichlichere Aufnahme von Eiweißmaterial in sog. **Plasmazellen** (Unna) um. Der Kern dieser hat einen durch die Chromatinverteilung radspeichenähnlichen Bau; er liegt exzentrisch im reichlich entwickelten Protoplasma, welches um den Kern, besonders nach der protoplasmareicheren Seite zu, einen halbmondförmig gestalteten hellen Hof aufweist und im übrigen durch besonders starke Basophilie (Färbbarkeit mit basischen Farbstoffen) ausgezeichnet ist.

c) Gewebsneubildungen.

Die unter a) besprochenen regressiven Veränderungen der Organzellen haben nach früher dargelegten allgemeinen Prinzipien Zellwucherungen zur Folge, welche dem Wiederersatz dienen. So kommt es zu regenerativer Vermehrung der spezifischen Elemente, besonders der Epithelien, z. B. an Schleimhäuten, in der Leber usw. Ein Teil dieser neugebildeten Epithelien ist besonders labil und fällt den weiter wirkenden Schädlichkeiten wieder zum Opfer. So können dem Urin bei Nephritis oder der katarrhalischen Flüssigkeit (s. u.) von Schleimhäuten massenhaft zugrunde gegangene Epithelien beigemischt sein. Dies ist ein neuer Anstoß zu weiterer regenerativer Wucherung.

Aber noch weit stärkere Wucherungsvorgänge sehen wir sich gerade bei der Entzündung im Bindegewebe abspielen; sie laufen an Maße und Schnelligkeit meist denen der parenchymatösen Elemente, wie Epithelien, Muskelfasern usw. den Rang ab. Es ist der Gefäß-Bindegewebsapparat, wie er sich fast überall findet, als Interstitium in parenchymatösen Organen, Perichondrium des Knorpels, Periost des Knochens usw., wo ausgedehnte Wucherungserscheinungen einsetzen. Von hier stammen ja die Wanderzellen zum großen Teil und hier bildet sich eben in späteren oder chronischen Entzündungsstadien ein zunächst rein zelliges, reichlich vaskularisiertes, aber fast jeder Zwischensubstanz entbehrendes sog. Granulationsgewebe. Es besteht aus den oben geschilderten Zellen; zunächst sind noch reichlich Leukozyten beigemischt, später besteht es fast nur aus den ihrer Herkunft nach uns schon bekannten „Granulationszellen“. Unter diesen sind auch reichlich Zellen, welche direkt dem Bindegewebe entstammen. Gerade diese haben nun das Bestreben, ihrer prospektiven Potenz entsprechend, wieder Bindegewebe zu bilden und so wandeln sie sich zu größeren länglichen Zellen mit meist länglichem, deutlich strukturierten Kern, d. h. zu **Fibroblasten**, um. In ihrem Protoplasma treten feine Bindegewebsfibrillen auf, und allmählich bilden diese Zellen so wieder Bindegewebe. Gleichzeitig mit diesen Neubildungsprozessen spielen sich solche auch an Gefäßen, besonders Kapillaren (und Lymphgefäßen) ab; die Endothelien schwellen zu Elementen an, die den Fibroblasten ganz gleichen, und als **Angioblasten** bilden sie durch Sprossung neue Kapillaren. So kommt der Reichtum der Granulationen und des aus diesen gebildeten neuen Bindegewebes an Kapillaren zustande. Bei der Neubildung des Bindegewebes mit Hilfe der Fibroblasten werden auch die Wanderzellen wieder seßhaft und ordnen sich dem neuen Bindegewebe ein. Die Zellen treten an Zahl zurück und nehmen ihre gewöhnliche Form wieder an. Die Zwischensubstanz vermehrt sich immer mehr und mehr. Zunächst ist dies Bindegewebe zwar noch reich an Rundzellen („kleinzellige Infiltration"), später verschwinden diese wieder. Auf diese Weise kommt ein Ersatz durch Bindegewebe zustande auch an Stellen, wo früher Epithel, Muskelfasern usw. gelegen, weil eben die Regeneration der spezifischen Elemente durch Bindegewebsneubildung überholt wird. Wir sprechen dann von einer Narbe. Das diese darstellende Bindegewebe wird allmählich immer ärmer an Kapillaren und Zellen, es wird dann derber und schrumpft. Die Narbe stellt natürlich, verglichen mit dem Zustande vor der Entzündung, eine dauernde Funktionsverschlechterung dar.

Haben wir nunmehr die lokalen Vorgänge, welche als „entzündliche Krankheit" zusammengefaßt werden, kennen gelernt, so soll hier noch hinzugefügt werden, daß bei allen schwereren Entzündungen bzw. bei der „entzündlichen Krankheit" auch der übrige Körper von den Bakterien (Toxinen) bzw. nachteiligen Stoffwechselprodukten des erkrankten Gewebes in Mitleidenschaft gezogen wird, allgemeine Entzündung", auf die Ribbert besonders hingewiesen hat. Auch die weit entfernten Organe zeigen Degenerationen (trübe Schwellung oder Verfettung), es treten allgemeine Lymphknotenschwellungen, **Fieber,** Leukozytenvermehrung im Knochenmark und Blut (Leukozytose), Antitoxine und Abwehrfermente auf.

Wesen der Entzündung.

Es handelt sich nun darum, die im vorhergehenden vor allem morphologisch geschilderten Prozesse in ihrem formal-genetischen Werdegang kurz zusammenzufassen, um so der Frage nach dem **Wesen und der Bedeutung** der Entzündung näherzutreten.

Bei der „entzündlichen Krankheit" setzen schädigende Agenzien ein, welche die Gewebe unter dem Bilde von Degenerationen und gleichzeitig die Gefäße angreifen. Diese besonders wichtige Gefäßwandalteration äußert sich zunächst in Hyperämie auf Grund einer Erweiterung der Kapillaren. Hierbei liegt der Angriffspunkt direkt an den Kapillaren selbst unabhängig von dem Zustand der zuführenden Arterien und wahrscheinlich auch unabhängig von reflektorischen Vorgängen, d. h. vom Umweg über Reizung der sensiblen Nerven (nach Versuchen von Groll). Vielmehr scheinen toxische Substanzen — seien es Bakterientoxine oder Stoffwechselprodukte zugrunde gehender Zellen — direkt auf den neuromuskulären Vasomotorenapparat der kleinen Gefäße im Sinne der Paralyse (Klemensiewicz) desselben einzuwirken. Marchand nimmt allerdings anfänglichen irritativen Zustand, der dann erst in einen paralytischen überginge, an. An die Gefäßwandalteration und Hyperämie schließen sich dann weitere Reaktionen an (s. o.). Weiterhin setzen, infolge der durch die Schädlichkeit bewirkten regressiven Prozesse im Gewebe und Gefäßveränderungen (eine andere Auffassung denkt auch an direkten Reiz der Schädlichkeiten), hier wie ja auch sonst bioplastische d. h. proliferative Prozesse ein, teils der spezifischen Elemente — also Regeneration — teils des Bindegewebes, also Narbenbildung, Reparation. So umfaßt die „entzündliche Krankheit" eine Verflechtung der lokalen Degenerationen, Gefäßwandalterationen und anschließenden Reaktionen, sowie der reparativ-produktiven Vorgänge, endlich auch die allgemeinen Erscheinungen des Gesamtorganismus (s. o.). Die eigentliche „Entzündung" aber entspricht gewissermaßen den in der Mitte der „entzündlichen Krankheit" gelegenen Prozessen, d. h. den Reaktionen, welche der Gefäßalteration folgen, denn nur diese sind für die Entzündung charakteristisch, während sich die Degenerationen einerseits, die regenerativen Vorgänge andererseits ja auch sonst ohne Entzündung finden.

So stellt also die Entzündung eine Reaktion gegen ein schädigendes Agens dar, wie das vor allem Neumann schon frühzeitig betonte. Als Folge der Gefäßschädigung und Hyperämie kommt es zu Erweiterung des Strombettes, Verlangsamung der Blutströmung, Austritt von Flüssigkeit, Fibrin usw. aus der Gefäßbahn, ferner Randstellung der Leukozyten, welche dann durch direkte chemotaktische Anziehung, auch wieder von der Schädlichkeit selbst ausgehend, zur Emigration gebracht werden. (Alles zusammen die Bildung des Exsudats.) Aber die

Chemotaxis derselben wirkt auch auf andere Zellen, welche von dem Bindegewebe und verschiedenen hier seßhaft gewesenen Zellen stammen, die jetzt wieder wanderungsfähig werden. Alle diese Zellen nehmen jetzt als Phagozyten aktiv den Kampf gegen die Schädlichkeiten auf. Dies sind Vorgänge mit erhöhter Funktion, aber sie sind auch auf jene Schädlichkeiten zu beziehen, teils indirekt, als Folge der Gewebs- und Gefäßalteration teils direkt, indem die Schädlichkeiten gerade auf alle diese mit besonderer Wanderungsfähigkeit und Phagozytose begabten Zellen funktionsreizend wirken, da diese Zellen gerade infolge dieser Eigenschaften Abwehrsoldaten des Gesamtorganismus sind. So wird die Funktion dieser Zellen durch angreifende Schädlichkeiten nicht wie bei allen anderen (seßhaften) Körperzellen herabgesetzt, sondern gerade gesteigert. Fassen wir somit das Gesamtbild der Entzündung ins Auge, so handelt es sich um **eine durch ein schädigendes Agens und die so gesetzte Schädigung der Gefäße teils direkt, teils indirekt bedingte Steigerung vitaler Zelltätigkeit.**

Die Lebensvorgänge sind gesteigert, nicht prinzipiell von den physiologischen verschieden. Aktive Hyperämie, Durchtritt von Flüssigkeit und einzelnen Zellen dient z. B. physiologisch schon der Ernährung. Sie sind hier nur enorm gesteigert. Mit dieser Steigerung sind auch qualitative Modifikationen verbunden; so ist das entzündliche Exsudat eiweiß-, fibrin- zellreicher als ein physiologisches Transsudat; so sind die neugebildeten Zellen (Epithelien) oft sehr labil und schnell wieder dem Untergang geweiht.

Fragen wir nun nach der **biologischen bzw. funktionellen Bedeutung der Entzündung** im allgemeinen im Haushalt des Organismus, so handelt es sich um eine **Selbstregulation**, d. h. um eine Kombination von Reaktionen, welche auf eine durch ein schädigendes Agens gesetzte Schädigung hin unter Steigerung von Lebensprozessen derart statthaben, daß sie Abwehr gegen die Schädlichkeit, Wiederherstellung nach der Schädigung bedeuten. Die Abwehr wird besonders besorgt von den mit phagozytären Eigenschaften begabten Wanderzellen, Leukozyten und vor allem Rundzellen, die, wie oben dargelegt, durch die Schädlichkeit selbst mobil gemacht, herangelockt und zu ihrer Tätigkeit angestachelt werden. Denn, wie gesagt, während auf andere Zellen nur adäquate physiologische Reize funktionsanregend, andere aber schädigend, funktionsmindernd wirken, sind diese Wanderzellen gerade auf pathologische Reize eingestellt, d. h. sie entfalten gerade unter pathologischen Bedingungen ihre Hauptfunktion, nämlich eben die der Abwehr, der Verteidigung des Gesamtorganismus. So werden die ortsseßhaften in ihrer Funktion höher und spezifischer entwickelten, aber weniger verteidigungsfähigen Parenchym- etc. Zellen möglichst geschützt. Die hohe Arbeitsteilung beruht auf „altruistischen" Prinzipien. So können wir die „Entzündung" nach ihrer biologischen Wertung definieren als **die Summe der auf Selbstregulation der lebendigen Substanz beruhenden gesetzmäßigen komplexen Vorgänge, welche auf durch schädigende Agenzien gesetzte Schädigungen hin im Sinne der Abwehr und Beseitigung ersterer und der Heilung letzterer wirken.** Daß somit die Entzündung ein im naturwissenschaftlichen Sinne „zweckmäßiger" Vorgang ist, soll später nach Besprechung der einzelnen Formen noch ausgeführt werden.

Die Entzündung steht als Selbstregulation im Sinne der Erhaltung des Organismus der Regeneration nahe, aber bei letzterer fehlen vaskuläre Störungen fast ganz und so auch das Moment der Abwehr gegen die Schädlichkeit; die Ersatzwucherung beherrscht völlig das Bild. So konnten wir die Regeneration von der Entzündung abtrennen. Aber auch der Begriff der „Entzündung" ist ein sehr umfassender. Wir können hier eine Hauptscheidung nach den beiden oben angegebenen hauptfunktionellen Momenten vornehmen. In der einen Gruppe steht das Moment der Abwehr gegen die Schädlichkeit zurück. Die Merkmale der Entzündung mit Gefäßalteration und Zellwanderung sind zwar vorhanden, aber weniger ausgesprochen; die Ersatzwucherung als Antwort auf die Schädigung dominiert, aber den statthabenden entzündlichen Prozessen entsprechend, ist kein vollwertiger Ersatz durch spezifische Zellen — also Regeneration — sondern Flickwucherung durch Bindegewebe — Narbenbildung — das Endresultat. Wir können hier von einer **reparativen Entzündung** oder einfach von Reparation sprechen. In der anderen Hauptgruppe sind nun in der Tat alle Faktoren der Entzündung, also neben der Heilung der Schädigung vor allem die der Abwehr gegen die Schädlichkeit, voll entwickelt und ausgesprochen. Die gegenseitige Wechselwirkung zwischen Schädlichkeit und den reaktiven Vorgängen ist eine länger andauernde und sehr rege; dementsprechend beherrschen letztere in Gestalt der Gefäßalteration, Exsudatbildung, Zellwanderung usw. das Bild, und das Abwehrmoment steht im Vordergrund. Wir können daher hier von eigentlicher oder **defensiver Entzündung** (Aschoff) sprechen. Es ist leicht zu verstehen, daß die erstgenannte reparative Entzündung nach einfachen exogenen Einwirkungen in Gestalt nichtinfizierter Traumen — also als Wundheilung — sowie bei geringeren Schädlichkeiten durch blande Fremdkörper oder im Körper selbst gebildetes Material — unter dem Bilde der Organisation dieser — auftritt, die eigentliche Entzündung aber besonders auf schwer schädigende exogene, vor allem bakterielle, eigentliche Einwirkungen hin einsetzt. Nach diesen Gesichtspunkten werden wir einteilen in: A. reparative, B. eigentliche (defensive) Entzündungen.

A. Reparative Entzündungen.

1. Wundheilung.

Wenn größere Substanzverluste durch Gewebstrennungen (Schnitt- oder Stichwunden) oder sonstige größere Gewebsdefekte vorliegen, also nicht nur einzelne Zellen oder Zellkomplexe zugrunde gegangen sind, welche von Zellen ihresgleichen regeneriert werden, so treten die komplexen Vorgänge der Wundheilung ein. Die spezifischen Organelemente, wie Epithel, Muskelfasern usw. beteiligen sich zwar regeneratorisch wuchernd, aber der größte Teil des Defekts wird durch neugebildetes Bindegewebe, also durch Narbenbildung geheilt.

Wir wollen die Vorgänge dieser Wundheilung zunächst an der äußeren Haut verfolgen und können hier 3 Formen derselben auseinanderhalten: 1. Die Primärheilung oder Heilung durch direkte Vereinigung, 2. die Heilung unter dem Schorf und 3. die Sekundärheilung oder Heilung durch Granulationsbildung.

1. Primärheilung. Sie ist möglich bei glattwandigen Schnitt- oder Stichwunden oder dergleichen, d. h. wenn die Wundränder sich von selbst oder etwa durch eine Naht fixiert dicht aneinander legen, unter der Voraussetzung daß Komplikationen wie Quetschungen oder andere Läsionen der Wundränder sowie ganz besonders Infektionen ferngehalten werden. Es kommt zu kongestiver Hyperämie der Gefäße der Wundränder, der feine Spalt zwischen diesen wird durch eine aus den Blutgefäßen exsudierende fibrinreiche Flüssigkeit gefüllt. Auch wird das benachbarte Gewebe von einzelnen auswandernden Leukozyten durchsetzt. Es finden also. wenn auch weniger ausgesprochene, entzündliche Vorgänge statt. Bald beherrscht aber die Ersatzwucherung das Bild Sich neubildendes Epithel überbrückt den Epidermisdefekt, vor allem aber entstehen im Bindegewebe zahlreiche junge Zellen, welche sich zunächst in den Bindegewebsspalten anhäufen, um dann in die den früheren Wundspalt füllenden Fibrinmassen vorzurücken und hier unter Resorption des Fibrins als Fibroblasten faserige Interzellularsubstanz, also Bindegewebe zu bilden. Das Bindegewebe wird später zellärmer, derber, und so ist die ehemalige Wundspalte in eine lineare Narbe verwandelt. Es fehlen noch elastische Fasern und Nerven, auch die regelmäßige parallelfaserige Struktur des normalen Kutisgewebes. So tritt die Narbe an der Oberfläche als weißliche Linie hervor; ist sie klein, so kann sie später fast ganz verschwinden.

2. Heilung unter dem Schorf. Hier bildet sich ein oberflächlicher Schorf durch eingetrocknetes Sekret oder Blut, oder durch vertrocknende nekrotische Gewebe, z. B. Ätzschorf, mumifizierte Gewebsschichten oder dergleichen. Unter dem Schorf deckt die Epidermis durch Epithelwucherung von den Rändern her den Defekt; sobald die Überhäutung vollendet ist, fällt der Schorf ab. Ist der Defekt tiefer, so wuchert unter der Epidermis wiederum Bindegewebe, d. h. es bildet sich eine Narbe aus, welche im weiteren Verlauf schrumpfen und so eine Einziehung hervorrufen kann.

3. Sekundärheilung, d. h. Wundheilung durch Granulationsbildung. Sie kommt an größeren freiliegenden oder mit Verbandstoffen bedeckten Substanzverlusten vor, sei es, daß solche, wie z. B. bei klaffenden Schnittwunden, von vorneherein vorliegen, sei es, daß sie erst durch Abstoßung eines Schorfes oder nekrotischen Gewebestückes entstehen; ferner in allen Fällen, in denen der Heilungsverlauf durch Einwirkung von Eitererregern gestört wird. Hier treten intensivere Entzündungsphänomene auf. Schon sehr bald sondert zunächst die Wundfläche eine sero-fibrinöse oder blutig-seröse Flüssigkeit — das Wundsekret — ab; so schlägt sich ein zartes fibrinöses Netzwerk in den obersten Schichten der Wundfläche nieder. Ebenso wie diese Flüssigkeit und dies Fibrin aus den Gefäßen stammen, emigrieren aus diesen auch Leukozyten, welche die Gewebsschichten durchsetzen. Sekretion und Leukozytenauswanderung sind, wenn eine Infektion mit Bakterien ferngehalten wird (antiseptische bzw. aseptische Wundbehandlung) nicht sehr hochgradig. Etwa nach 3 Wochen entstehen vom

Grunde der Wunde aus zarte, leicht blutende, rötliche Fleckchen, die schnell zu kleinen sukkulenten, weichen, warzenartigen Erhebungen anwachsen: Wundgranulationen oder Fleischwärzchen. Sie entstammen dem Bindegewebe und bestehen aus den schon beschriebenen Rundzellen verschiedener Herkunft (Granulationszellen), die sich durch fortgesetzte Teilung lokal weiter vermehren. Vermischt sind sie mit ausgewanderten Leukozyten und reichlich Flüssigkeit. Die Leukozyten treten immer mehr zurück, die Rundzellen überwiegen immer mehr. Dazwischen liegen zahlreiche neugebildete Kapillaren (s. u.). Diese Zellmassen durchsetzen zunächst die Spalten des Bindegewebes an Rand und Grund der Wundfläche, schieben sich aber dann in die der Wundfläche aufliegende Fibrinschicht (s. o.) und nach oben wachsend gegen die freie Oberfläche zu vor und bilden so eben die hier sichtbaren „Fleischwärzchen". Die Zellen, welche alten Bindegewebszellen entstammen, nehmen ovale oder spindelige Gestalt an — Fibroblasten. Sie werden immer langgestreckter, zeigen an ihren zugespitzten Enden eventuell auch nach verschiedenen Seiten Ausläufer, lagern sich auch der Länge nach aneinander, und nun bilden sich durch fibrilläre Umwandlung des Protoplasmas oder eine Art Abspaltung Bindegewebsfibrillenbündel, die bald in größerer Menge zwischen den Zellen hinziehen. Mit dieser Bildung von Interzellularsubstanz nehmen die Zellen immer mehr an Größe ab, zuletzt bleiben nur noch spindelige oder linear gestaltete Kerne mit geringen Resten von körnigem Protoplasma an ihren Polen übrig; sie liegen in dem neu gebildeten Bindegewebe. So ist Narbengewebe entstanden, welches zunächst noch von reichlichen größeren, länglichen Zellen der beschriebenen Art und Wanderzellen durchsetzt ist.

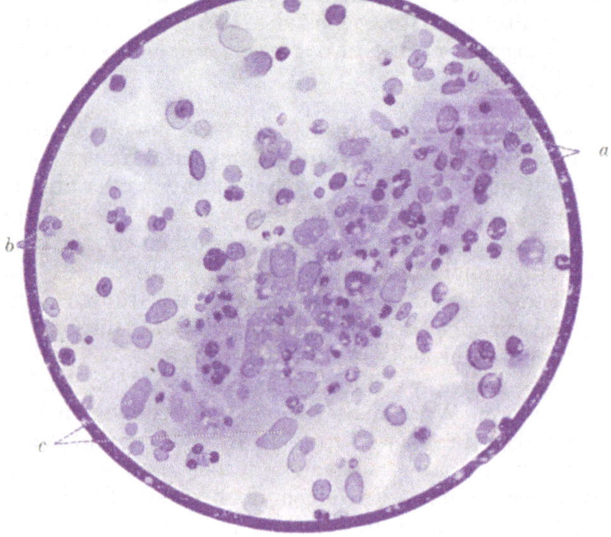

Fig. 58.

Frische Granulationen.

a Rundzellen, *b* polymorphkernige Leukozyten, *c* Fibroblasten.

Mit der Wucherung der Bindegewebszellen geht von vorneherein eine Neubildung von Blutgefäßen Hand in Hand, indem sich von den Kapillaren der Wundfläche aus eigentümliche sprossenartige Fortsätze entwickeln. Sie entstammen den Endothelien der alten Kapillaren, welche hier also als Angioblasten dienen, sind anfangs solide, werden dann aber unter der Einwirkung des Blutdruckes hohl und erhalten Kerne, indem die alten Endothelkerne sich teilen und dann der eine der beiden jungen Kerne in die Sprosse hineinwächst. Oder hervorsprossende Endothelien teilen sich so, daß von vorneherein ein mit dem alten Kapillarraum in Verbindung stehender Spalt entsteht, der sich dann mit anderen jungen Kapillaren in Verbindung setzt. Auf diese Arten entstehen in den Wundgranulationen und dem später aus ihnen entwickelten Bindegewebe (Narbengewebe) zahlreiche neue Kapillaren, die sich weit verzweigen und untereinander verbinden und dann strotzend mit Blut gefüllt werden. Aus den Kapillaren entstehen zum Teil durch Anlagerung von glatten Muskelfasern und elastischen Fasern, welche aus der Wand der alten Gefäße hervorwachsen, neue größere arterielle und venöse Gefäße.

Während der Bildung der Granulationen findet auch eine Vermehrung der Epidermiszellen der Wundränder statt, und die so entstandene Epithelmasse schiebt sich von den Seiten her über die Granulationen hinüber, diese so überhäutend. So entsteht eine neue Epitheldecke. Aber dabei schieben sich entsprechend der höckerigen Beschaffenheit der Granulationen vielfach auch Epithelmassen zwischen die Granulationen hinein und dringen so tief in das junge neu entstehende Bindegewebe ein. Außer der Epidermis können sich auch die Epithelien der Talgdrüsen und Haarbälge an diesen Epithelsprossen beteiligen. Ebenso wenn in der Wunde eventuell kleine Epidermisreste stehen geblieben oder in die Tiefe verlagert sind. Auf diese Weise entstehen in dem sich ausbildenden Narbengewebe „atypische Epithelwucherungen“ (Friedländer).

Das in seiner Entstehung geschilderte, zunächst noch zellreiche, Narbengewebe verliert diese Zellen immer mehr und mehr. Aber es bildet sich doch nicht ganz zu dem früher hier gelegenen Bindegewebe um, die regelmäßige parallel-faserige Anordnung zu geschlossenen Bündeln stellt sich nur nach und nach und auch nur teilweise wieder her; es bleibt eben Narbengewebe. Der regelmäßige Papillarkörper fehlt, die neue Epidermisdecke ist dünn und leicht verletzlich und, da auch die normalen Leisten und Furchen der Haut nicht ausgebildet sind, glatt und gespannt. Auch Pigment fehlt, und Talg- und Schweißdrüsen sowie Haare stellen sich nur soweit wieder her als Reste von ihnen erhalten geblieben waren. Dann geht das Narbengewebe weitere sekundäre Veränderungen ein. Sein ursprünglich reich entwickeltes Gefäßsystem bildet sich größtenteils zurück; die restierenden Gefäße werden enger und dickwandiger, so das Gewebe blasser. Vor allem aber erfährt das narbige Bindegewebe eine erhebliche Schrumpfung, die sog. Narbenkontraktion, welche die Narbe weit kleiner und gleich-

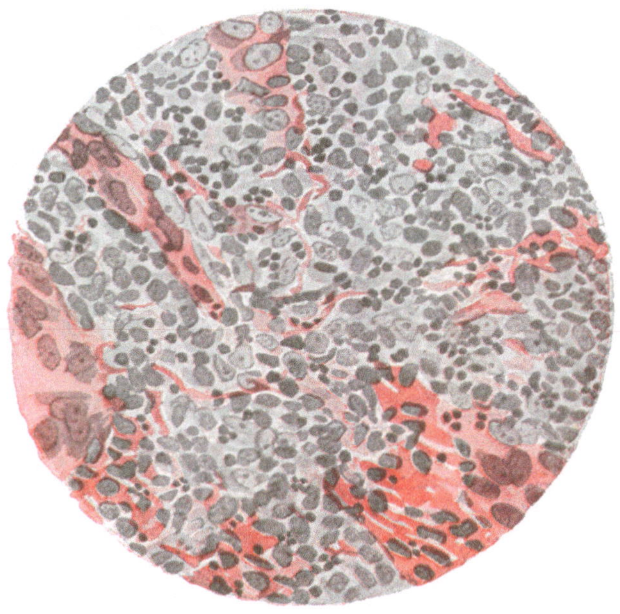

Fig. 59.
Etwa ältere Granulationen. Rundzellen, Fibroblasten bzw. geschwollene Endothelien, ganz vereinzelte polymorphkernige Leukozyten.

zeitig hart und derb gestaltet, so daß die Beweglichkeit manchmal stark beeinträchtigt wird („Narbenkontrakturen“). Makroskopisch hat nach alledem eine fertige Narbe ein weißlichgraues Aussehen, sie ist sehr derb, an der Oberfläche glatt, unter dem Niveau der übrigen Haut gelegen und trägt keine oder nur spärliche Haare und Drüsen.

Bisher war nur von einfacher Wundheilung die Rede. Wird diese durch **nekrotische Gewebeteile** behindert, sei es daß die Verwundung selbst mit einer starken Quetschung der Wundränder verknüpft war, sei es daß sekundär Nekrose auftrat, so erfolgt zunächst durch Auftreten zahlreicher Leukozyten in der Umgebung der nekrotischen Gebiete eine sog. **demarkierende** Eiterung. Durch sie werden die abgestorbenen Gewebe abgegrenzt (demarkiert) und nach und nach abgestoßen; dann verschwinden auch die Leukozyten wieder und die so gereinigte Wundfläche kann nunmehr durch Granulationsbildung der Wundheilung zugeführt werden.

Eine häufige Komplikation ist die **Infektion durch Eitererreger.** In diesem Falle ist die Auswanderung der Leukozyten (eiterige Sekretion) eine besonders lebhafte. Die Granulationen sind mit ihnen reichlich durchsetzt und werden vielfach eitrig ganz eingeschmolzen. Die Wundfläche ist zunächst eine dauernde Quelle eiteriger Absonderung. Infolge so bedingter stärkerer Reizung bilden sich oft besonders starke Wundgranulationen, die über das Niveau der Geschwürsfläche nach oben emporwachsen — Caro luxurians —, und Rückbildung in Bindegewebe und Überhäutung wird so gehindert. Werden die Infektionserreger entfernt, so kann die Wundheilung ihren gewohnten Gang nehmen. Ähnliche Wucherungen können sich auch bei Zirkulationsstörungen wie Stauungen (z. B. bei varikösen Unterschenkelgeschwüren) und unter ähnlichen Bedingungen bilden.

Ganz so wie für Wunden der Haut geschildert, verläuft die Wundheilung in ihren verschiedenen Formen auch nach Verletzungen und sonstigen Defekten **in anderen Organen.** Auch hier sind die Narben bei Sekundärheilung (Granulationsbildung) natürlich viel beträchtlicher als bei Primärheilung. Die verschiedenen Gewebe der Bindesubstanzgruppe heilen durch gewöhnliche bindegewebige Narben, so Fettgewebe, Schleimgewebe, Knorpelgewebe, auch Lymphknotengewebe; eventuell werden von den Granulationen auch wieder die betreffenden Bindesubstanzen neu gebildet. Sehnen heilen selbst nach ziemlich beträchtlicher Retraktion

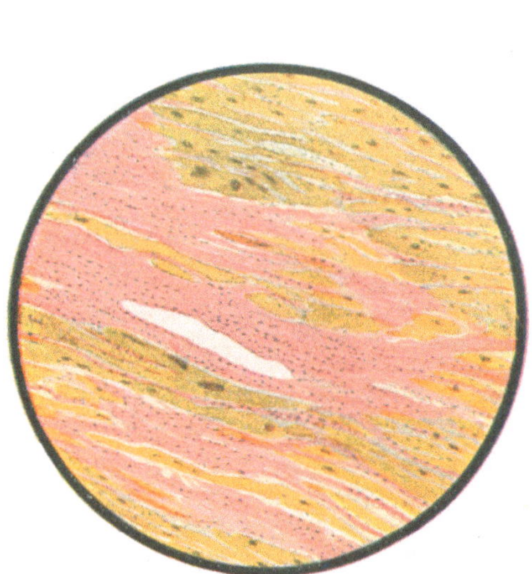

Fig. 60.
Schwiele im Herzmuskel. Bindegewebe, durchsetzt von Rundzellen, ist an die Stelle der zugrunde gegangenen Muskelfasern getreten.

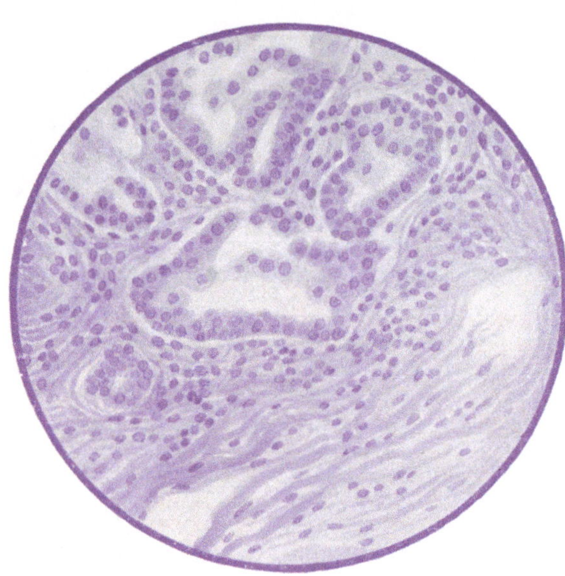

Fig. 61.
Atypische Wucherung der Alveolarepithelien (nach Art von Drüsen) bei Lungensklerose.

narbig. Bei **Knochenfrakturen** bildet sich vom Periost und Knochenmark ausgehendes Granulationsgewebe — Bindegewebskallus —, welches aber infolge seiner Abstammung die Fähigkeit besitzt, später Knorpel und dann wieder auf dem Wege über Osteoblasten vom Mark (innerer Kallus) wie vom Periost (äußerer Kallus) aus Knochensubstanz zu bilden. Zunächst übertrifft der so gebildete knöcherne Kallus die Defektlücke. Er wird später auf das nötige Maß reduziert und dem alten Knochen möglichst ähnlich transformiert. So ist eine knöcherne Vereinigung der Bruchenden hergestellt. Muskelwunden heilen selbst bei genauester Zusammenfügung der Schnittenden durch Ausbildung einer schmalen Narbe, die aber die Funktion nicht behindert. An Schleimhäuten kann die Wirkung der Narbenkontraktion sehr erheblich sein und z. B. Stenose von Hohlorganen bewirken. In der Umgebung der Narben bilden sich häufiger radiär ausstrahlende Schleimhautfaltungen aus. Erhaltene Drüsenreste oder solche der Nachbarschaft können in das Granulationsgewebe einwuchern; so entstehen hier und auch in drüsigen Organen wie Leber, Niere etc., die ebenso nach Defekten Heilung durch Granulations- und dann Narbengewebe aufweisen, öfters atypische Epithelwucherungen.

Besondere Verhältnisse liegen im Nervensystem vor. Im Zentralnervensystem schließt sich auch an geringe Verletzungen eine Degeneration des Nervengewebes an, sogenannte Zone der traumatischen Degeneration; das Nervengewebe stirbt ab, eine gliöse oder bindegewebige Narbe setzt sich an die Stelle. Werden periphere Nerven durch Naht wieder vereinigt, so entwickelt sich in der Lücke Granulationsgewebe; in dies wachsen aber vom zentralen Stumpf des durchtrennten Nerven her Nervenfasern ein, die dann gegen den peripheren Stumpf, sich mit diesem wieder vereinigend, vorwachsen. Selbst bei einer größeren Narbe zwischen den beiden Nervenstümpfen (wenn zunächst ein größerer Zwischenraum bestand) kann dies eintreten. So wird die Nervenleitung wieder hergestellt. Wenn die hervorwachsenden Nervenfasern sich in dem Narbengewebe gewissermaßen verlieren, so bilden sie hier knäuelförmige Auftreibungen, sog. Neurome (s. unter Tumoren), besonders wenn, wie bei Amputationen, der durchschnittene Nerv ein künstliches Ende findet.

2. Pathologische Organisationen: Einheilung von Fremdkörpern, Resorption und Organisation.

Hier werden solche reparativ-entzündliche Vorgänge zusammengefaßt, welche sich an Störungen der Gewebe durch Fremdkörper anschließen. Zu Fremdkörpern gehören, außer denen im eigentlichen Sinne, auch Bestandteile desselben Organismus, welche an eine andere Stelle desselben gelangen, sowie abgestorbene Gewebe. Sie verhalten sich dann auch für die betreffende Stelle wie Fremdkörper.

Fremdkörper, welche rein, nicht infiziert, sind, werden als bland bezeichnet; sie wirken hauptsächlich durch mechanische evtl. durch chemische Schädigung der Gewebe. Andere Fremdkörper sind mit Bakterien infiziert. Hier kommt zu der mechanischen Wirkung die für die betreffenden Bakterien spezifische, z. B. bei Kokken Eiterung. Werden die Bakterien entfernt oder sterben sie ab, so bleibt ein blander Fremdkörper mit seiner Einwirkung zurück. Hier soll nur die Rede von der Wirkung dieser sein, während die infizierenden Wirkungen in das Gebiet der eigentlichen Entzündung gehören.

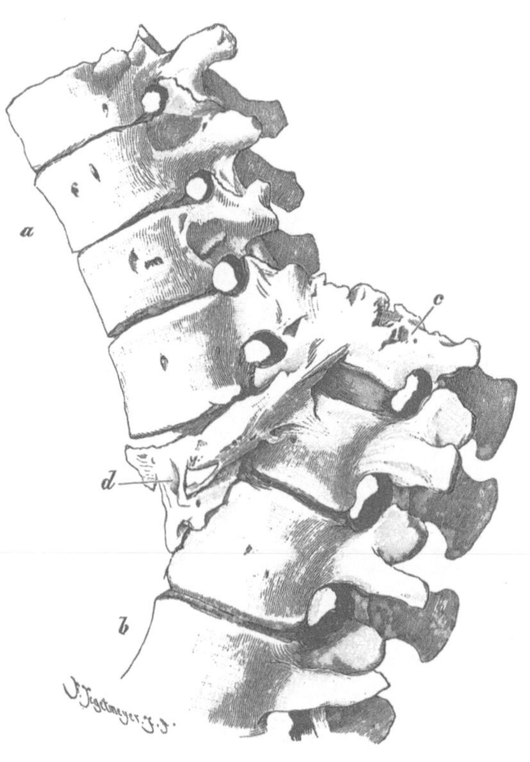

Fig. 62.
9 Monate alte mit starker Dislokation der Wirbel geheilte Fraktur der Wirbelsäule.

a = Brustwirbelsäule. *b* = Lendenwirbelsäule. *c* = Kallus, welcher sich der unteren Hälfte des frakturierten ersten Lendenwirbels aufgelagert hat. *d* = oben abgerissene und nach vorn und unten dislozierte Hälfte des ersten Lendenwirbels, welche durch Knochenspangen mit den Vorderflächen des II. und III. Lendenwirbels verbunden ist.

Aus Zieglers Lehrb. d. allg. u. spez. patholog. Anat. 7. Aufl. Jena, Fischer 1892.

Nach der Beschaffenheit der Fremdkörper können wir einteilen:

a) Geringe Mengen kleiner korpuskulärer Elemente. Staub, Pigment oder dergleichen, von außen eingebracht oder im Körper selbst gebildet, werden teils direkt, teils in Phagozyten eingeschlossen, mit dem Saftstrom weggetragen, d. h. resorbiert.

b) Reichliche feinkörnige Massen oder größere weiche nur teilweise resorbierbare Fremdkörper, sowie abgestorbene Gewebsteile, wie Infarkte oder Erweichungsherde, und endlich ähnliche feste Abscheidungen innerhalb der Blutbahn — Thromben — oder außerhalb derselben — wie Blutextravasate, fibrinöse Exsudate usw. — bewirken stärkere Reaktionen. Auch hier wird was von den Körpersäften angreifbar ist resorbiert. und es werden kleinere Zerfallspartikel von Phagozyten weggetragen. Diese Prozesse reichen aber zum Wegschaffen jener Massen nicht aus, es schließen sich kompliziertere Vorgänge an bzw. laufen neben der Resorption einher, welche zu Substituierung durch junges Bindegewebe (Narbengewebe) führen. Man bezeichnet diese Prozesse als **Organisation.** Sie sind allgemein reparativ-entzündlicher Natur.

Zunächst stellt sich eine Leukozytenemigration ein; die Leukozyten sammeln sich um die toten Massen herum an, dringen auch in etwaige Spalten und Lücken ein und nehmen phagozytär einiges in sich auf (sogenannte Mikrophagen) und tragen es weg. Aber ihre phagozytären Fähigkeiten sind sehr gering; die Zellen gehen bald wieder zugrunde. Dann aber treten die Rundzellen (Granulationszellen) auf, teils Lymphozyten, teils Abkömmlinge von Bindegewebszellen, Histiozyten usw. (s. oben). Sie sammeln sich im Bereich der zu resorbierenden Massen an und dringen in deren Spalten und Lücken vor. Die ursprünglich kleinen Rundzellen werden wesentlich größer, indem sie phagozytär korpuskuläre Zerfallsprodukte der abgestorbenen Massen u. dgl. aufnehmen: so Blutpigment („pigmenthaltige" Zellen), eventuell auch erhaltene rote Blutkörperchen oder Nervenmark („myelinhaltige" Zellen), Eiweißkörnchen, Fettpartikel („Fettkörnchenzellen") u. dgl. m. Besonders die Fettkörnchenzellen sind oft in großen Massen vorhanden. Alle diese Zellen fungieren als „Makrophagen"; sie gelangen, mit den Massen beladen, besonders mit dem Lymphstrom, an andere Orte, und so werden jene Massen resorbiert. Ein Teil der Rundzellen geht allerdings bei der phagozytären Tätigkeit auch zugrunde.

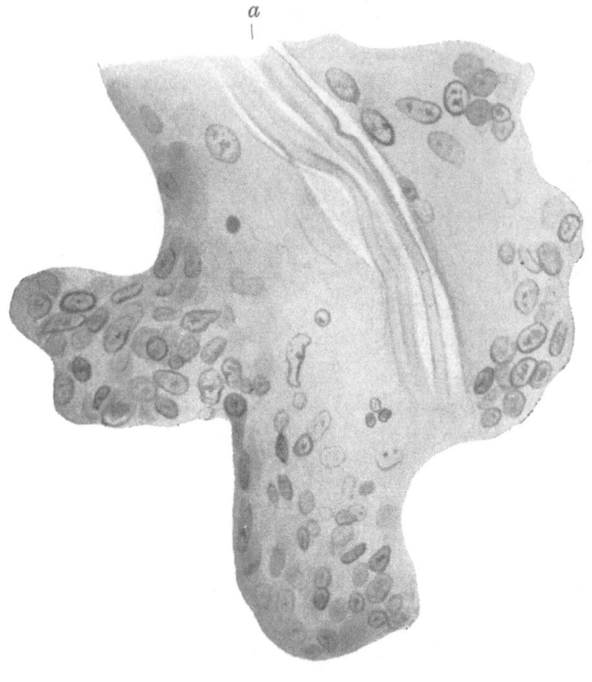

Fig. 63.
Fremdkörperriesenzellen um einen Seidenfaden (*a*).

Ein Teil dieser Zellen entwickelt sich unter dem Einfluß des Fremdkörpers als Reaktion gegen ihn zu Fremdkörperriesenzellen, d. h. zu besonders großen Zellen mit sehr zahlreichen, gelegentlich bis zu 100 Kernen in jeder Zelle. Sie entstehen durch fortgesetzte (amitotische) Kernteilung, während die Teilung des Zellkörpers infolge Schädigung durch den Fremdkörper ausbleibt. Vielleicht entstehen die Riesenzellen zum Teil auch durch Verschmelzung mehrerer Zellen zu einer besonders großen. Die Riesenzellen sind wie ihre Stammzellen wanderfähig und im höchsten Grade phagozytär. Sie liegen den fremden Massen an oder nehmen sie, wenn sie klein genug sind, in sich auf. Im ersteren Falle liegen die zahlreichen Kerne der Riesenzelle meist in dem dem Fremdkörper abgewandten Teil des Protoplasmas, im letzteren Falle liegt der Fremdkörper in der Mitte der Riesenzelle in von Kernen freiem Protoplasma, die Kerne aber wandständig an der Zellperipherie. Die Makrophagen und Riesenzellen nehmen die fremden Massen nicht nur phagozytär auf, sie besitzen auch die Fähigkeit, sie zu verdauen, d. h. also sie aufzulösen und zu zerstören; größere Massen nagen sie auch an und losen sie so ganz allmählich auf.

Diese Prozesse haben ihr physiologisches Vorbild in der Resorption von Knochengewebe durch Osteoklasten.

Hand in Hand mit der beschriebenen Phagozytose und Resorption gehen aber andere Vorgänge von seiten des Granulationsgewebes, besonders der von Bindegewebszellen stammenden Elemente. Diese werden auch hier zu Fibroblasten und dringen in die toten Massen vor, indem sie hier den durch Resorption der toten Teile freigewordenen Raum einnehmen. So treten an Stelle der Wanderzellen immer mehr spindelige Fibroblasten, sie bilden faserige Zwischensubstanz, gleichzeitig sprossen junge Kapillaren, und so entsteht an Stelle der Fremdkörper (toten Teile usw.) gefäßhaltiges und so zu dauerndem Bestand fähiges junges Bindegewebe (Narbengewebe), ein Vorgang, den wir eben als Organisation bezeichnen. So wird ein Thrombus oder ein Infarkt organisiert, d. h. ganz durch Bindegewebe substituiert; es tritt an seine Stelle als Endresultat eine Narbe, welche später auch stark schrumpfen kann. so daß z. B. eine Infarktnarbe eine tiefe Einziehung an der Oberfläche eines Organs darstellen kann.

Sind die abgestorbenen Massen zu umfangreich, um vollständiger Resorption zugänglich zu sein oder ist die Resorptionsfähigkeit des Organismus nicht ausreichend, so bleibt ein Teil der Massen inmitten der Organisationsvorgänge längere Zeit als körniger Detritus, in dem sich Fettnadeln, Tyrosinkristalle, Cholesterin usw. finden können, liegen. Diese Massen können sich auch durch Wasserabgabe zu einer trockenen käseähnlichen Substanz eindicken oder auch verkalken.

Etwas Ähnliches findet ganz gewöhnlich statt, wenn es sich um verflüssigte nekrotische Teile, besonders um Erweichungsherde im Zentralnervensystem, handelt. Sind sie auch vielfach leicht resorbierbar und vernarben somit gliös oder bindegewebig ganz, so sieht man doch in anderen Fällen, daß sich die Narbe nur als Kapsel um den flüssigen Herd bildet, während die Erweichungsflüssigkeit aber erhalten bleibt und nach und nach durch klare, seröse Flüssigkeit ersetzt wird. So wird der Herd zu einer glattwandigen Zyste. Waren Blutungen vorhanden, so kann Pigment übrig bleiben, welches die narbige Kapsel oder den flüssigen Inhalt der Zyste braun tingiert.

c) Derbe, nicht resorbierbare Fremdkörper und ebenso größere im Gewebe abgelagerte Konkremente (aus Kalk oder auch Gallen- oder Harnbestandteilen) bewirken Reaktionen der Umgebung. Es kommt zu Leukozytenansammlung, später Granulationszellenwucherung, Fibroblasten und Bindegewebsbildung, also alles Vorgänge, wie sie oben geschildert wurden, nur können sie nicht wie bei der Organisation an Stelle des Fremdkörpers treten, vielmehr sich nur um denselben herum abspielen, d. h. eine Kapsel um ihn bilden. Ist der Fremdkörper porös (experimentell bei aseptischer Einheilung von Schwämmchen, Holundermarkstückchen u. dgl. verfolgt), so wird er nicht nur abgekapselt, sondern die Zellen und später das Bindegewebe durchwachsen auch die Poren. In der beschriebenen Weise werden derbe, nicht resorbierbare Fremdkörper dem Organismus dauernd in nicht weiter irritierendem Zustande einverleibt, sei es im Innern eines Organs, sei es auf der Oberfläche einer Körperhöhle. So heilen Fremdkörper wie Nadeln, Seidenfäden, Teile von Geschossen oder Instrumenten, Glassplitter usw. usw. ein ohne anderen Schaden zu veranlassen als den, welcher durch ihr Eindringen schon gesetzt war oder welcher in empfindlichen Organen durch Druckwirkung u. dgl. ausgelöst wird.

B. (Eigentliche = defensive) Entzündung.

Als Haupteinzelprozesse, welche zusammen das komplexe Gesamtbild der „Entzündung" darstellen, haben wir oben kennen gelernt: die Gewebsschädigung in Gestalt von Degenerationen, die Gefäßalteration und als Folge die Exsudatbildung, die (regenerative) Gewebsneubildung. Manche Autoren nehmen, je nachdem einer dieser 3 Hauptprozesse überwiegt, eine Einteilung in einzelne Entzündungsformen vor. Eine parenchymatöse (oder auch alterative) Entzündung würde hier also eine solche bedeuten, bei der die degenerativen Parenchymveränderungen das Bild beherrschen, während aber auch sonstige Kennzeichen der Entzündung bestehen, denn sonst liegt ja einfache Degeneration, keine Entzündung vor. Früher sprach man aber auch in anderem Sinne von parenchymatöser Entzündung, nämlich als Entzündung des Parenchyms, und setzte sie in Gegensatz zur interstitiellen Entzündung, also einer Entzündung des Interstitiums. Nach unserer Auffassung ist eine solche Einteilung nicht möglich, denn das Parenchym als solches und isoliert kann zwar degenerieren, aber sich nicht entzünden, da dazu ja die Gefäßalteration gehört, und andererseits ist eigentlich jede Entzündung „interstitiell", da sie sich im Interstitium, zu dem auch die Gefäße gehören, abspielt. Wir geben daher eine solche Einteilung und auch die Bezeichnung „parenchymatöse Entzündung" selbst in dem oben zuerst genannten Sinne am besten auf. Wir können das um so eher tun, als neben den Parenchymdegenerationen stets, wenn es sich um eine Entzündung handelt, einer der beiden anderen Hauptentzündungsvorgänge, also entweder die Gefäßalteration und somit Exsudatbildung oder die Gewebsneubildung, richtunggebend hervortritt. Es genügt daher, hiernach einzuteilen.

Wir gelangen somit zu zwei Hauptentzündungsformen:

1. Die exsudative Entzündung.

Hier beherrscht die Gefäßalteration und somit Exsudatbildung morphologisch das Bild. Aber das Exsudat kann ein verschiedenes sein, ein seröses, fibrinöses, eitriges, jauchiges und hämorrhagisches. Dazu kommen Kombinationen untereinander, wie sero-fibrinös u. dgl. Das jauchige Exsudat ist fast stets mit einem eiterigen verbunden und kann daher mit diesem besprochen werden. Das hämorrhagische Exsudat bedarf auch keiner weiteren Besprechung. Es besteht einfach darin, daß dem sonstigen serösen, fibrinösen usw. Exsudat rote Blutkörperchen in größerer Menge beigemischt sind. Dagegen bestehen gewisse Unterschiede, ob ein Exsudat in ein Gewebe oder auf eine Oberfläche abgeschieden wird. Insbesondere wenn ein flüssiges Exsudat auf eine Schleimhaut gelangt, kann es sich hier nicht ansammeln, sondern muß abfließen. Eine solche Entzündung bezeichnet man als Katarrh und gliedert ihn als eigene Form der exsudativen Entzündung ein.

Wir gelangen daher bei der exsudativen Entzündung nach der Art des Exsudats zu folgenden Untereinteilungen:

a) Seröse Entzündung.
b) Fibrinöse Entzündung.
c) Eiterige Entzündung.
d) Katarrhalische Entzündung.

2. Die produktive Entzündung.

Hier treten die (regenerativen) Gewebsneubildungen in den Vordergrund des morphologischen Geschehens.

Abgesehen von dieser streng anatomischen Einteilung der Entzündung ist eine mehr klinische Unterscheidung in 2 Hauptformen nach der **Dauer der Entzündung** — meist abhängig von der Dauer der Einwirkung der Entzündungsnoxen — wichtig:

1. Akute Form, bei der die Wirkung einer Schädlichkeit vorübergehend ist und nach deren Sistierung die krankhaft gesteigerten Lebensvorgänge zum normalen Maß zurückkehren, auch die etwa zurückgebliebenen Produkte der Exsudation oder Degeneration wie sonst durch Resorption und eventuell Organisation weggeschafft werden.

2. Chronische Form, bei der die Wirkung einer Schädlichkeit auf das Gewebe eine dauernde ist, so daß diese Form sich gewissermaßen aus einer Reihe akuter Reizzustände zusammensetzt.

Zwischenformen kann man als subakute bzw. subchronische Entzündungen bezeichnen.

Nicht zu verwechseln mit chronischen Entzündungsformen sind Endresultate abgelaufener entzündlicher Vorgänge, also Zustände, welche zu den „Schäden“ (s. S. 1) zu rechnen sind. Hierher gehören Schwielen u. dgl.

1. Die exsudative Entzündung.

a) Die seröse Entzündung.

Einfache seröse Exsudation ist das Kennzeichen einer leichten Entzündung, welche eventuell das Initialstadium einer schwereren darstellt; sie findet sich in allen möglichen Organen. Liegt das seröse Exsudat im Gewebe (Gewebsspalten), so spricht man von „entzündlichem Ödem“, liegt es frei in Körperhöhlen, so nennt man es „entzündlichen Hydrops“. Dies seröse Exsudat enthält zwar wenig Fibrin und nur vereinzelte Leukozyten, aber nach dem oben Dargelegten doch immerhin mehr und auch mehr Eiweiß, als ein einfaches Ödem (Transsudat). Ist Fibrin in größerer Menge vorhanden und fällt unter der Wirkung zerfallender Zellen aus, so liegt eine sero-fibrinöse Entzündung vor.

b) Die fibrinöse Entzündung.

Hier tritt die Flüssigkeit zurück, das Fibrin beherrscht das Bild. Dies findet sich vor allem auf freien Oberflächen; hierzu müssen wir auch die Lunge rechnen, deren Alveolarwände gewissermaßen lauter kleine Hohlräume begrenzende Oberflächen darstellen.

Wir sehen bei allen diesen fibrinösen Entzündungen, daß Epithelnekrose die notwendige Einleitung der fibrinösen Exsudation ist; erhaltenes Epithel hindert die Fibrinauflagerung (Weigert). Findet sich erhaltenes Epithel unterhalb des Fibrins, so ist das daneben ausgetretene Fibrin halb geronnen von der Seite darüber geflossen.

Die fibrinöse Entzündung verläuft etwas verschieden an serösen Häuten und Schleimhäuten.

α) Fibrinöse Entzündung seröser Häute.

Das aus den Kapillaren exsudierte Fibrin lagert sich der Oberfläche auf, nachdem deren Endothelbelag zugrunde gegangen ist. Das Fibrin bewirkt so zunächst eine samtartige Trübung der Serosa. Liegt es in größeren Massen auf, so bildet es zarte, graue bzw. graugelbe, oft netzförmig gezeichnete, leicht abziehbare Membranen, in sehr hochgradigen Fällen dicke, zottige oder warzige untereinander verfilzte Auflagerungsmassen. In der Regel findet sich daneben auch eine gewisse seröse Exsudatmenge, in welcher auch Fibrinflocken oder -membranen schwimmen. Fehlt die Flüssigkeit, so spricht man von „trockener" fibrinöser Entzündung (Pleuritis usw.). Ist auch viel Blut beigemischt, so spricht man von einer hämorrhagischen

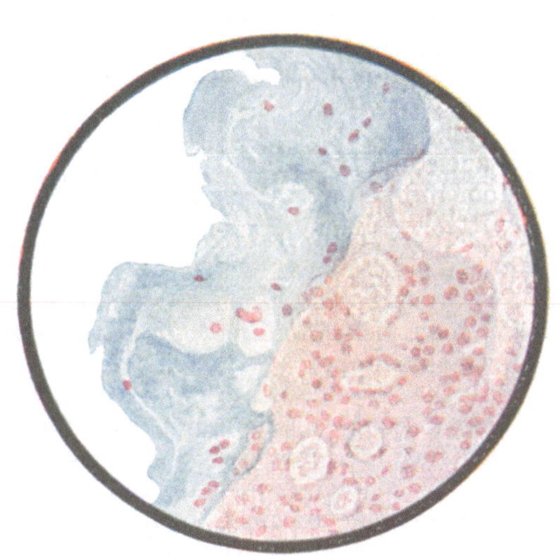

Fig. 64.
Fibrinöse Pleuritis.
Blau = Fibrin an der freien Oberfläche; rot = Kerne des Granulationsgewebes mit zahlreichen Gefäßen. (Färbung mit Karmin und nach Weigert.)

Fig. 65.
Fibrinöse Perikarditis.

Form. Dem Fibrin, besonders den untersten Schichten, sind meist einzelne Leukozyten beigemischt. Das Fibrin ist teils feinfaserig, netzförmig angeordnet, teils bildet es dicke Balken. Auch die oberste Schicht der Serosa selbst ist meist von Fibrinfäden durchsetzt.

Ist die fibrinöse Exsudation gering, so kann es durch Resorption zur Heilung kommen. Ist viel Fibrin vorhanden, so wuchert Granulationsgewebe von der Serosa aus zusammen mit jungen Gefäßen in das Fibrin unter Resorption dieses hinein und bildet dann Bindegewebe, d. h. die Fibrinauflagerungen wirken hier wie Fremdkörper und werden daher organisiert. So entstehen bindegewebige, schwielige Verdickungen der Serosa, z. B. die Pleuraschwarten. Da an der Oberfläche die Deckzellen fehlen oder wenn sie, falls über die Schwarte vom Rande her neu hinübergewuchert, abgerieben werden, so können gegenüberliegende Blätter der Serosa durch Fibrin miteinander verkleben und dann, indem auch hier Organisation einsetzt, bindegewebig verwachsen; so entstehen Adhäsionen der Serosablätter.

Solche Stellen können durch Bewegungen bandartig ausgezogen werden, sog. Synechien. Werden durch flächenhafte Prozesse der beschriebenen Art ganze Höhlen verschlossen, so spricht man von Obliteration. Die Schwarten können auch verkalken; auch kann in ihnen noch unresorbiertes Fibrin käseähnlich eingedickt oder auch verkalkt liegen bleiben.

Eine frische Fibrinauflagerung ist leicht abziehbar; während der Organisation haftet sie der Unterlage schon fester an, bei fortgeschrittener Organisation findet sich statt des Fibrins schon makroskopisch kenntlich die dicke festere Schwarte.

Mikroskopisch sieht man während der Organisation das Granulationsgewebe nebst den Gefäßen von der Serosa aus in den Fibrinbelag hineinziehend, während sich nach der freien Oberfläche zu zunächst noch Fibrin findet.

Ähnlich wie die serösen Häute verhalten sich das Endokard, die Gelenke, zuweilen auch die Bowmanschen Kapseln der Glomeruli.

β) Fibrinöse Entzündung von Schleimhäuten (diphtherische oder pseudomembranöse Entzündung).

Hier setzt gleichzeitig Nekrose der Schleimhaut und Fibrinexsudation auf ihre Oberfläche ein; so bilden sich aus geronnenen Eiweißmassen bestehende gelblich-weiße, elastische Häutchen, welche man als Pseudomembranen bezeichnet. Man kann oberflächliche Formen — vor allem früher als **Krupp** bezeichnet — und tiefe Formen — **Diphtherie** — unterscheiden. Doch legt man jetzt meist der Bezeichnung „Diphtherie" das ätiologische Moment, d. h. die Diphtheriebazillen, zugrunde.

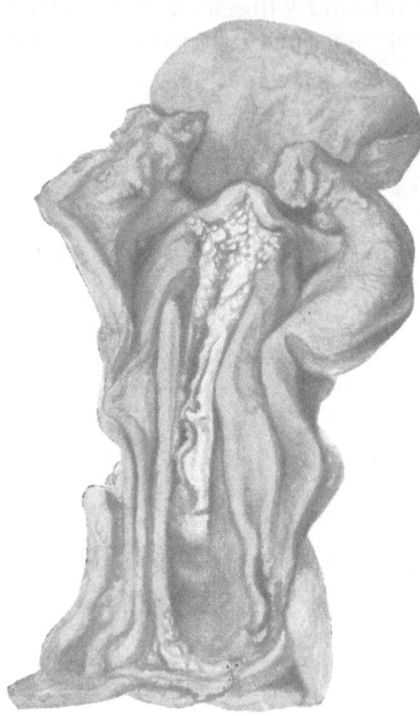

Fig. 66.
Diphtherie des Larynx und der Trachea. (Die Pseudomembran ist abgehoben und füllt das Lumen.)

Bei den oberflächlichen Formen erstreckt sich die Schleimhautnekrose nur auf das Oberflächenepithel; sonst ist die Schleimhaut intakt. An Stelle des Epithels lagert die Pseudomembran auf. Sie haftet in den oberen Luftwegen, an deren Schleimhaut sich die Veränderung besonders findet, im allgemeinen daher infolge der unter dem Epithel hier normaliter gelegenen Basalmembran nicht sehr fest an. Diese fehlt aber an Stellen mit Plattenepithel; hier, d. h. an der Epiglottis, den Stimmbändern, den Tonsillen (wo auch noch die Lakunen hinzu kommen) haften die Pseudomembranen daher fester.

Bei der diphtherischen, besser pseudomembranösen, Entzündung ist wieder das Epithel, aber auch darüber hinaus die sonstige Schleimhaut in ihren oberflächlichen Schichten nekrotisch, zudem ist auch die Schleimhaut — etwas tiefer — von Fibrin durchsetzt. Die Pseudomembran besteht also auch hier aus nekrotischen Massen und exsudiertem Fibrin, welches auch hier teils feinfaserig ist, teils schollige, balkige, vielfach anastomosierende hyaline Massen bildet und mehr oder weniger reichlich Leukozyten einschließt. Die zuerst flockigen Auflagerungen werden sehr ausgedehnt, auch an Breitenausdehnung, so daß sie dicke zusammenhängende Lagen bilden. Häufig zeigen die Membranen grubige Vertiefungen, welche den Mündungen der Schleimdrüsen entsprechen, wo der Schleim hervorquillt, welcher die Membranen sogar, solange sie noch dünn sind, siebartig durchlöchern kann. Hebt man den Belag ab, so liegt die wie oben beschriebene ihrer oberflächlichen Lagen beraubte Schleimhaut als feucht-glänzende, stark gerötete, häufig mit kleinen Blutungen durchsetzte Fläche vor.

Bei tiefgreifenden Formen fällt die Schleimhaut in größerer Tiefe der Nekrose anheim. Die Pseudomembran sieht hier starr, „schorfartig" aus; sie läßt sich nicht ohne Gewalt abziehen und setzt dann einen Defekt der Schleimhaut. Infolgedessen geht hier auch eine Heilung nur in der Weise vor sich, daß der Schorf sich unter eiteriger Demarkation (s. oben) löst und das so entstehende Geschwür unter Narbenbildung gedeckt wird.

Die pseudomembranöse (diphtherische) Entzündung findet sich vor allem bei der ja auch Diphtherie genannten Infektionskrankheit, besonders der Kinder, im Isthmus faucium, im Rachen, in den oberen Luftwegen, der Nase (s. letztes Kapitel). Die gewöhnliche Halsdiphtherie weist sehr tiefgreifende Formen seltener auf und heilt daher meist ohne Narbenbildung.

Dabei spielen die Diphtheriebazillen (Löffler), unter anderen Bedingungen aber auch Streptokokken die Hauptrolle.

Pseudomembranöse Entzündungen finden sich aber auch sonst, so im Uterus oder vor allem im Darm — besonders bei der Dysenterie — und gerade hier oft tiefgreifende Formen, die nicht ohne Narbenbildung abheilen können.

Im Darm stellen zahlreiche Bakterienarten, vor allem die Dysenteriebazillen, aber auch mechanische Faktoren (Einklemmungen) oder chemische (z. B. Quecksilber) die häufigste Causa efficiens dar.

Bei mit Behringschem Diphtherieheilserum behandelten Fällen findet man vielfach statt der festen Pseudomembranen erweichende, in Auflösung begriffene Massen.

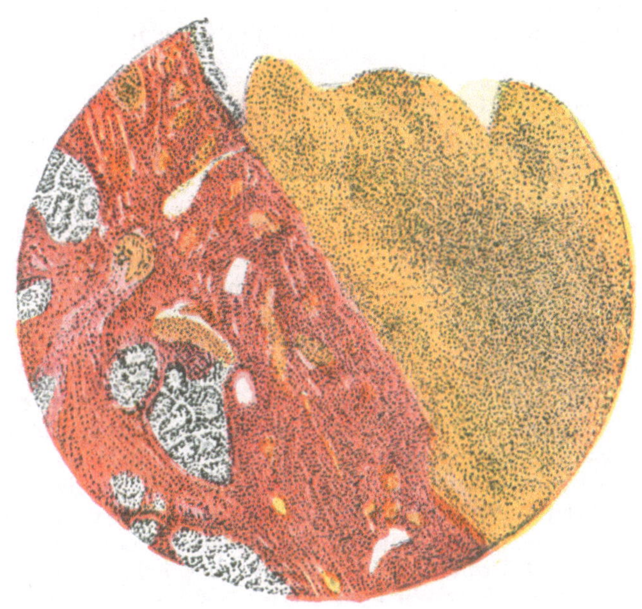

Fig. 67.

Diphtherie des Larynx.

Bindegewebe (rot) mit Schleimdrüsen, des Oberflächenepithels beraubt, bedeckt von der Pseudomembran (gelb); oben an der von Auflagerung freien Stelle Oberflächenepithel noch erhalten.

Fig. 68.

Pseudomembranöse Entzündung des Darmes (Dysenterie).

a, *b* Muskularis, *c* Submukosa, *d* erhaltener, *e* nekrotischer Teil der Schleimhaut mit Fibrin, *f* Reste von Drüsen, *g* Gefäße.

Ganz analog der fibrinösen Entzündung der Schleimhäute verläuft die der Lungen (s. dort).

c) Die eiterige Entzündung.

Das dickflüssige, undurchsichtige, gelbliche oder gelblichgrüne, fadenziehende, in frischem Zustand alkalische Exsudat, das wir **Eiter** nennen, besteht aus dem Eiterserum, der eiweißhaltigen wie auch etwas Fibrin oder Schleim enthaltenden exsudierten Flüssigkeit, und vor allem den Eiterkörperchen, d. h. aus den Kapillaren ausgewanderten neutrophilen, polymorphkernigen Leukozyten. Die große Masse der Leukozyten gibt dem Exsudat das Gepräge des Eiters; als Übergänge finden sich auch eitrig-seröse, eitrig-fibrinöse oder eitrig-hämorrhagische Exsudate. Das Zustandekommen der eitrigen Entzündung muß auf eine gesteigerte chemotaktische Erregung der Leukozyten, verbunden mit besonders hohen Graden der übrigen, die akute Entzündung auszeichnenden Veränderungen zurückgeführt werden (Marchand). Bewirkt werden diese Phänomene durch bestimmte, besonders heftig wirkende Agentien. Diese sind in wohl allen praktisch vorkommenden Fällen Mikroorganismen, besonders Streptokokken und Staphylokokken, aber auch die Diplokokken Fränkels und Weichselbaums, die Gonokokken, das Bacterium coli und der Typhusbazillen sowie manche andere Bakterien. Im übrigen können experimentell auch gewisse Chemikalien (z. B. Terpentin) eitrige Entzündung hervorrufen, während diese Fähigkeit allen anderen im übrigen sogar heftig und nekrotisierend wirkenden Giften fehlt. Unter der Einwirkung der Toxine der Eitererreger gehen die Leukozyten (Eiterkörperchen) schließlich selbst zugrunde; ihre Kerne zerfallen zu kleinen Bruchstücken, das Protoplasma verfettet oder degeneriert vakuolär oder schleimig. Beim Absterben der Leukozyten aber werden bakterizide, d. h. bakterientötende Substanzen frei, wodurch sich Spontanheilungen erklären lassen. Auch Fäulniserreger können Eiterung bewirken, meist aber finden sie sich neben Eitererregern — gleichzeitig oder nachträglich eingedrungen — und veranlassen eine jauchige Beschaffenheit des Eiters, ferner putride Zersetzung, eventuell unter Auftreten von Gasblasen (sog. brandiges Emphysem). Jauchiger

Eiter ist dünnflüssig, meist schmutzig braunrot gefärbt (zersetzter Blutfarbstoff) und stinkt. Ihm gegenüber bezeichnete man früher den reinen rahmigen Eiter, dessen Auftreten bei der (sekundären) Wundheilung man damals für eine Notwendigkeit hielt, als „pus bonum et laudabile".

Die primäre Eiterung findet hauptsächlich statt an Oberflächen von Schleimhäuten, serösen Häuten usw. oder im Innern von Geweben. Beide Fälle müssen wir gesondert betrachten.

α) Eitrige Prozesse an Oberflächen.

Der eitrige Katarrh an Schleimhäuten wird **Blenorrhöe** genannt; das abgesonderte Sekret hat eitrigen Charakter. Eiteransammlungen im Rete Malpighii der Epidermis werden als **Pusteln** bezeichnet. Eiteransammlungen in präformierten Höhlen, wie der Pleurahöhle, Gelenk- oder Knochenhöhlen (wie der Highmorshöhle) heißen **Empyeme.** Die Empyeme der serösen Höhlen enthalten dem Eiter meist reichlich Fibrin beigemengt. Nach einer Oberfläche zu offene, Eiter sezernierende Substanzverluste werden **Geschwüre** (ganz oberflächliche Erosionen) genannt; sie können auf die verschiedenste Weise zustande kommen: durch eitrige Einschmelzung oberer Gewebsschichten an Haut oder Schleimhäuten, oder durch Eiterung im Anschluß an Verletzungen, oder durch Löslosung nekrotischer Schorfe mittels eitriger Demarkation, oder durch tiefere Eiterherde, die nach der Oberfläche zu durchbrechen. Entstehen im letzteren Falle nur schmale Gänge, so spricht man von Fisteln.

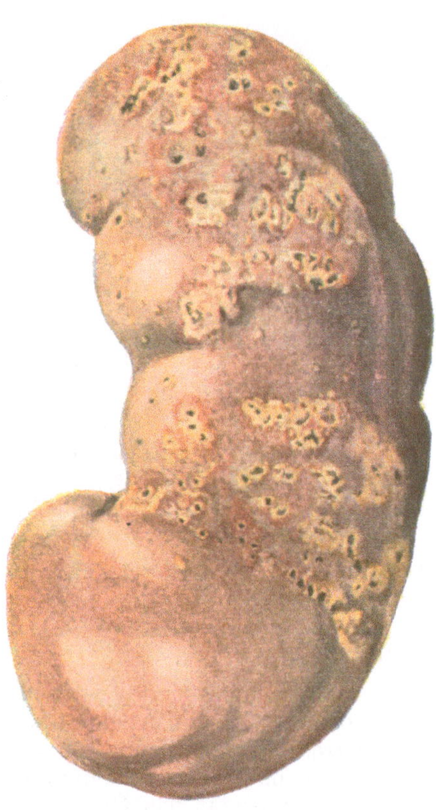

Fig. 69.
Niere von zahlreichen Abszessen durchsetzt. Man sieht die Niere von der Oberfläche; die Kapsel ist abgezogen. Die Abszesse sind gelb gefärbt, ihre Mitte zum Teil ausgefallen, um sie herum liegt ein roter (hyperämischer) Hof.

β) Im Inneren von Geweben sich abspielende (interstitielle) eitrige Prozesse.

Zunächst wird hier eine seröse oder fibrinhaltige Flüssigkeit (Ödem) ausgeschieden, der aber bald starke Leukozytenbeimischung ein trübes Aussehen verleiht — akutes purulentes Ödem. Die Leukozyten (Eiterkörperchen) überwiegen bald ganz und von ihnen abgeschiedene peptonisierende Fermente bringen dann das Gewebe zur Lösung (Histolyse), so daß man von eitriger Einschmelzung spricht. Je nach der Ausbreitung und der Art des Auftretens derselben können wir verschiedene Formen unterscheiden. Eine diffuse eitrige Gewebsinfiltration heißt **Phlegmone;** sie hat ausgesprochene Neigung sich ohne scharfe Grenze weiter auszubreiten, besonders in lockeren Geweben, wie im subkutanen oder subperitonealen Gewebe oder der Submukosa von Schleimhäuten. Außer der eitrigen Einschmelzung und Durchtränkung kommt es gerade hier vielfach auch zu Nekrosen, und dann findet man in der flüssigen Eitermasse öfters Fetzen abgestorbenen Bindegewebes, elastischen Gewebes u. dgl., aber auch Stücke von Muskeln, Sehnen oder Faszien, die, anfänglich widerstandsfähiger, später öfters in ausgedehnten Partien absterben. Selbst Knorpel und Knochen können eingeschmolzen, Partikel von ihnen dem Eiter beigemengt werden. Relativ häufig kombinieren sich mit phlegmonösen Eiterungen auch jauchige Prozesse.

Kommt es bei der eitrigen Einschmelzung der Gewebe im Gegensatz zu diesen diffusen Prozessen zur Ausbildung scharf begrenzter Höhlen im Gewebe, so bezeichnet man sie als **Abszesse.** Ihr Inhalt kann außer aus Eiter auch aus abgestorbenen Gewebsmassen bestehen.

Wenn Abszeßeiteransammlungen sich nach unten senken, so spricht man von Senkungs- oder Kongestions-Abszessen. So senkt sich nicht selten bei Karies der Wirbelsäule der Eiter dem M. psoas entlang und kommt unter dem Poupartschen Band als sog. Psoasabszeß zum Vorschein.

Zirkumskripte Eiterungen um Haarbälge stellen die **Furunkel** oder, wenn mehrere Haarfollikel zusammen ergriffen und so die Herde sehr groß sind, die **Karbunkel** dar. Die nekrotische Gewebe abgrenzende Eiterung wird **demarkierende Eiterung** genannt; von ihr war schon die Rede. Wir finden sie z. B. an vereiterten Infarkten oder — relativ häufig — am Knochen, wo das abgestorbene Gewebsstück als Sequester bezeichnet wird; es wird so aus seiner Umgebung losgelöst.

Im weiteren Verlauf aller dieser eitrigen Entzündungen kann es nun zu Bildung von Granulationsgewebe kommen. Es bilden sich, wie schon beschrieben, oft besonders üppig wuchernde Granulationen, die aber zunächst noch eine fortwährende Quelle eitriger Sekretion bilden und selbst wieder eitriger Einschmelzung zum Opfer fallen. Solche Granulationen an der Begrenzung von Geschwüren, wo sie eine weiche, gelbliche Schicht bilden, nennt man pyogene Membran. So lange noch Eiter und derartige üppig wuchernde Granulationen vorhanden sind, ist ein Geschwür ungereinigt, später, wenn der Rand glatt wird und die Eiterung aufhört, nennt man es gereinigt. Mikroskopisch treten jetzt die Eiterkörperchen mehr zurück. Man findet dann phagozytäre Rundzellen, welche abgestorbene Gewebsmassen, Fibrin, Reste von Blut usw. resorbieren; es treten reichlich Fibroblasten auf, welche faseriges Bindegewebe bilden, und so bildet sich an Stelle des — gereinigten — Geschwüres eine Narbe. Ganz ähnlich verlaufen die Prozesse bei Phlegmonen und bei Abszessen, wo man die Randgranulationen als Abszeßmembran bezeichnet. Auch hier tritt nach Sistierung der Schädlichkeit dann später Vernarbung ein, besonders wenn der Eiter aus den Abszessen nach außen entleert wird. Auch Eiteransammlungen in geschlossenen Höhlen (Empyeme s. o.) können, wenn die Schädlichkeit nicht weiter wirkt, vom Rand her organisiert werden, so daß auch hier Narbengewebe das Endresultat ist. So können sehr dicke, nicht selten später verkalkende, bindegewebige Schwarten und Adhäsionen, z. B. an Stelle von serösen Höhlen, entstehen. War sehr viel Eiter vorhanden, so bleibt er eventuell eingedickt in der Mitte liegen (verkalkt auch öfters), während sich am Rand um ihn eine bindegewebige Kapsel ausbildet.

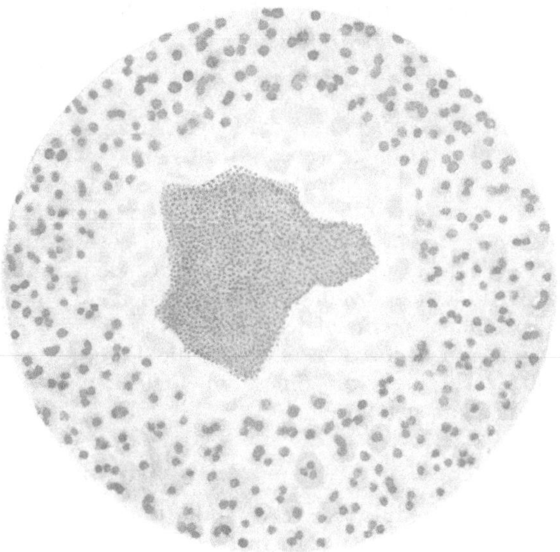

Fig. 70.
Abszeß.
In der Mitte ein Kokkenhaufen; herum Nekrose; außen Eiter (polymorphkernige Leukozyten).

Gerade Eiterungen breiten sich von ihrem Ursprungssitz oft weiter aus. Die Eitererreger gelangen mit dem Lymphstrom in die Lymphknoten und bewirken auch hier Eiterung. Oder sie kommen auf dem Blutwege frei oder in Thromben eingeschlossen an andere Orte und bewirken hier sekundär, d. h. metastatisch, Eiterung. Solche Thromben, welche mit Eitererregern infiziert sind (bilden sich doch gerade auf Grund eitriger Entzündung Thromben sehr häufig, besonders wenn die Gefäße selbst mitergriffen werden), erweichen weit leichter als „blande" Thromben, d. h. sie zerfallen eitrig. So kommt es besonders leicht zur Loslösung kleiner Partikelchen, die dann weitergetragen werden und als Emboli haften bleiben. Dann tritt auch hier an der sekundären Stelle metastatische Infektion ein, oft in Gestalt von Infarkten im Anschluß an die Embolie. Solche Infarkte sind dann auch infiziert, sie sind daher unregelmäßiger, kleiner als die „blanden" (= nicht infizierten) Infarkte und finden sich nicht nur an der Oberfläche, sondern auch in der Tiefe der Organe; sie zerfallen dann eitrig, Sie sind oft in großer Zahl regellos verteilt vorhanden. Auf die beschriebene Weise durch Verbreitung der Eitererreger auf Lymph- und Blutweg wird die Eiterung oft über den ganzen Körper generalisiert. Es entsteht das Bild der Pyämie bzw. Sepsis (s. später).

d) Die katarrhalische Entzündung.

An Schleimhäuten kommt der (akute) Katarrh in Gestalt eines serös bzw. serös-zelligen, mehr oder weniger eitrigen Exsudates vor; dieses ist aber meist dadurch charakterisiert, daß die-

Epithelien (sowohl Deckepithelien wie die der Schleimdrüsen) als Teilerscheinung der Entzündung lebhaft wuchern, außergewöhnlich viel Schleim produzieren und auch selbst wieder schleimiger oder fettiger Degeneration verfallen, und daß sich so von der Oberfläche abgelöste Epithelien wie vor allem Schleim dem Exsudat beimischen. Erstere sind dabei meist infolge schleimiger Quellung in glasige, rundliche, sog. Schleimkörperchen verwandelt (s. auch Fig. 31, S. 31). Die Aufeinanderfolge ist zumeist so, daß auf Schwellung und Hyperämie der Schleimhaut ein seröses Exsudat folgt, dem bald mehr Schleim beigemengt wird, und daß dann erst das mehr eitrige und gleichzeitig durch die zahlreichen abgestoßenen und beigemengten Epithelien für den Katarrh charakteristische Exsudat in die Erscheinung tritt. Überwiegt die Epithelvermehrung mit Schleimbildung bzw. Verfettung und Epithelabstoßung vollständig, so spricht man auch von einem Desquamativkatarrh. Die meisten akuten Katarrhe bleiben auf Oberflächenprozesse beschränkt und heilen unter Zurückgehen der Exsudations- und Sekretionserscheinungen einfach durch Epithelregeneration. Oder aber der Katarrh wird chronisch bzw. er entwickelt sich von Anfang an als solcher. Auch hier besteht vermehrte Sekretion — das Sekret weicht häufig vom normalen ab —, es treten aber auch kleine Blutungen auf, die eine bräunliche Pigmentierung hinterlassen, und durch stellenweisen Verlust des Oberflächenepithels oder weiterer oberflächlicher Schleimhautpartien bilden sich häufig kleine Defekte, Erosionen; vor allem aber tritt hier der Vorgang der Gewebsneubildung, und zwar sowohl von seiten des Bindegewebes wie der Drüsen in den Vordergrund. Insofern liegt hier eine produktive Entzündung vor (s. u.). Das Bindegewebe wuchert in Gestalt eines Granulationsgewebes, an dessen Stelle dann Fibroblasten und endlich vermehrtes Bindegewebe tritt. Die Drüsen bilden neue Drüsenschläuche, die besonders durch Unregelmäßigkeiten vom physiologischen Typus der betreffenden Stelle abweichen. Infolge solcher Gewebswucherungen entstehen umschriebene Verdickungen der Schleimhaut, die als Polypen bezeichnet werden, und zwar wenn alle Elemente gleichmäßig gewuchert sind, als Schleimhautpolypen, wenn die Drüsenwucherung ganz überragt, als Drüsenpolypen. Ist die Wucherung diffus, so entstehen mehr gleichmäßige Verdickungen. Endlich schrumpfen derartig gewucherte Partien ganz wie Narben, wobei die Drüsen atrophieren. Dann wird die Schleimhaut glatt dünn, derb, blaß, oft mit Pigmentflecken; der Prozeß hat seinen Ausgang in Atrophie der Schleimhaut genommen.

2. Die produktive Entzündung.

Von produktiver Entzündung sprechen wir, wenn die Vorgänge der entzündlichen Gewebsneubildung in den Vordergrund treten. In geringerem Maße sehen wir dies bei fast allen Entzündungsformen in deren späteren Stadien, wo diese Vorgänge sich am deutlichsten

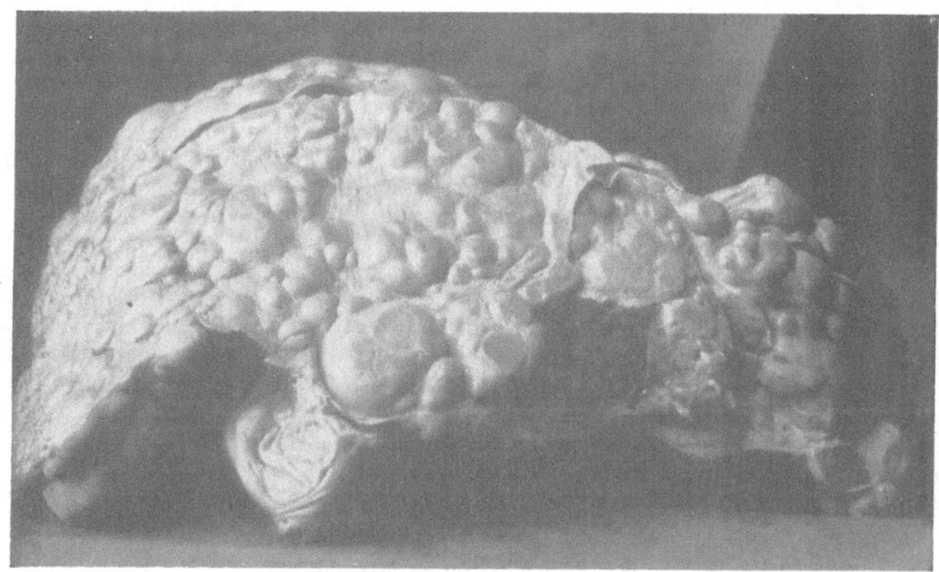

Fig. 71.
Chronisch produktive Entzündung der Leber. Leberzirrhose.

als solche regenerativer bzw. reparatorischer Natur dokumentieren. Dies haben wir bei der Wundheilung und Organisation wie Abkapselung von Fremdkörpern schon verfolgt, auch z. B. für den chronischen Katarrh erwähnt. Auch in der Umgebung destruktiver entzündlicher Prozesse finden sich solche Wucherungsvorgänge öfters als Schutzwall für die Nachbarschaft, z. B. Knochenwucherungen in der Umgebung von osteomyelitischen Herden oder die Endarteriitis obliterans, welche durch Lumenverschluß das Einbrechen destruktiver Prozesse in die Blutbahn hindert (z. B. in tuberkulösen Lungenkavernen). In allen diesen Fällen stellt die produktive Entzündung im allgemeinen einen reparativen Vorgang dar, wobei allerdings die an sich heilsamen Prozesse durch Steigerung einen proliferativen Charakter annehmen können.

Tritt eine produktive Entzündung insofern selbständig auf, als zwar Zirkulationsstörungen und Zelldegenerationen wie bei der Entzündung stets den Prozeß einleiten, die proliferativ-regenerativen Prozesse aber schon sehr früh das Bild völlig beherrschen, so spricht man gerne von einer primären produktiven Entzündung. Besonders chronische Formen der Entzündung tragen einen solchen Charakter. Sie kommen an den verschiedensten Stellen vor, so in der Lunge im Anschluß an dauernde Einatmungen reichlicher Kohlen-, Kalk- und anderer Staubarten, in Leber, Niere usw.

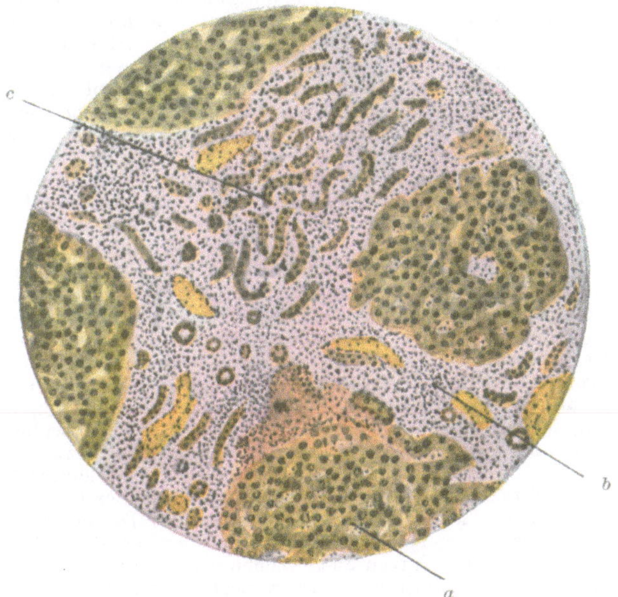

Fig. 72.
Leberzirrhose.
Lebergewebe (*a*). Das stark vermehrte (rot gefärbte) Bindegewebe (*b*) enthält zahlreiche Rundzellen und gewucherte Gallengänge (*c*). Färbung nach van Gieson.

Es ist insbesondere das bindegewebige Gerüst (Interstitium), welches wuchert, zunächst in Gestalt von Granulationszellen, dann Fibroblasten und Ausbildung von faserigem Gewebe, welches sich dann wiederum zu Narbengewebe gestaltet. Dazu kommen Zellinfiltrationen und Wucherungen in der Wand der Gefäße mit Ausgang in Verdickung dieser. Das Epithel bzw. das Parenchym wuchert zwar auch, aber nur in weit beschränkterem Maße. Infolge der Narbenschrumpfung wird ein von dem Prozeß ergriffenes Organ im ganzen verkleinert und verhärtet. Es liegt Atrophie vor, welche namentlich auf Kosten der spezifischen Organelemente (Epithelien) vor sich geht. Da die Bindegewebswucherungen und somit Schrumpfungsprozesse oft herdförmig vor sich gehen, und dazwischen das Parenchym besser erhalten bleibt, ja sogar vikariierend hypertrophieren kann, kommt eine unregelmäßige, höckerige Beschaffenheit der Oberfläche des Organs zustande. Wir sprechen von Granularatrophie. Wir finden sie besonders an der Niere und der Leber (Zirrhose). Im Zentralnervensystem wuchert bei chronischen Entzündungen statt des Bindegewebes die Neuroglia, oft mit sehr zahlreichen Gliazellen, besonders den großen verästelten sog. Spinnenzellen.

Gewisse Modifikationen erfahren die Entzündungsvorgänge an ganz oder teilweise gefäßlosen Geweben, also Kornea, Knorpel, Herzklappen. Hier kann eine Exsudation nur von Gefäßen der Nachbarschaft aus stattfinden, tritt daher sehr zurück, und infolgedessen beherrschen Degenerationen der Gewebszellen und besonders Proliferationen derselben das Bild. Später wachsen von der Umgebung her infolge von Chemotaxis Gefäße in die sonst gefäßlosen Teile ein.

Die nahen morphologischen Beziehungen der produktiven Entzündung zu den oben beschriebenen reperativen Entzündungen leuchten von selbst ein.

Umschriebene produktiv-entzündliche Gewebswucherungen können zuweilen sehr an echte Tumoren erinnern, so sog. Papillome der Haut und Schleimhäute.

Noch erwähnt werden soll die in der Einleitung genannte fötale Entzündung. Sie kommt z. B. als Endokarditis der rechten Herzhälfte unzweifelhaft vor, ist aber meist von Entwicklungsstörungen schwer abzugrenzen. Auch ist ihre Ätiologie, von Syphilis abgesehen, völlig unbekannt.

Bedeutung der Entzündung überhaupt und ihrer Formen für den Organismus.

Daraus, daß die Entzündung einen Reaktionsvorgang lokaler und allgemeiner Art, bewirkt durch die Erreger der Entzündung, darstellt, ergibt sich schon, wie dargelegt, daß die Entzündung den **Charakter einer**

gewissen Abwehr und Heilungstendenz nach eingetretenen Schädigungen und gegen deren Verursacher an sich trägt. Wir müssen somit die Entzündung als eine unendlich wirksame **Selbstregulation** des Organismus betrachten, welche seine Existenzfähigkeit im Kampfe überaus erhöht. Wie bei der Regeneration, also dem einfachen Ersatz eines Defektes, liegt die „Heilung" und somit die **Nützlichkeit** bei dem ganzen Kapitel der reparativen Entzündungen auf der Hand, so bei der „Wundheilung", welche ja einen Ersatz größerer Gewebsverluste bewirkt, oder bei der Organisation, welche Fremdkörper teilweise zugleich resorbiert, zum Teil aber, soweit sie nicht resorbierbar sind, sie durchdringt und durchwächst oder wenigstens einkapselt und somit unschädlich macht.

„Zweckmäßig" (in naturwissenschaftlichem Sinne = „angepaßt" oder „wirkungsmäßig") sind aber auch alle Formen der eigentlichen Entzündung, wo es nur etwas schwerer zu erkennen ist, und wir können verfolgen, wie die einzelnen gesteigerten vitalen Prozesse, deren Zusammenfassung ja, wie oben dargelegt, die „Entzündung" darstellt, eben Abwehr und unter Umständen auch Heilung herbeiführen. Die aktive Hyperämie stärkt die Zellen durch besonders gute Ernährungsbedingungen in ihrem Kampfe gegen die entzündungserregenden Agenzien; zugleich ist gute Ernährung eine Voraussetzung, daß regeneratorisch-proliferative Prozesse eintreten und eine Regeneration oder wenigstens Reparation herbeiführen können. Auf der aktiven Hyperämie beruht aber auch der Austritt von Flüssigkeit und auf ihr wie besonders auf der direkten chemotaktischen Anlockung durch die Entzündungserreger die Exsudatbildung und insbesondere die Emigration von Leukozyten und Lymphozyten, sowie auf letzterer auch das Erscheinen der histiozytären Wanderzellen. Alle diese Zellen werden zu Phagozyten (Mikro- und Makrophagen siehe S. 60), d. h. gerade sie nehmen direkt den Kampf mit den Entzündungserregern auf. Wir sehen sie die Bakterien usw. in sich einschließen und sie zum Teil direkt vernichten; ihre Enzyme spielen dabei offenbar eine Hauptrolle. Ferner geben die Leukozyten Fermente nach außen ab, welche die Verdauung der Bakterien auch außerhalb der Zelle vollziehen können (Abderhalden). Aber auch soweit eine Vernichtung nicht gelingt, sind die Bakterien doch in Leukozyten usw. eingeschlossen und somit in ihrer schädlichen Wirkung wenigstens teilweise paralysiert, indem sie nach Möglichkeit von den wertvolleren lokalen Zellen, vor allem den hochdifferenzierten Epithelien, ferngehalten werden. Gelangen aber die Phagozyten mit ihren Einschlüssen in die Lymphbahnen und somit in Lymphknoten, so fungieren die letzteren gewissermaßen als Filter, indem jene hier zurückgehalten werden, und somit der übrige Körper vor ihrer Verbreitung geschützt wird, in den Lymphknoten aber besonders gute Kräfte der Abwehr zur Verfügung stehen; aber auch die bei der Entzündung auftretenden Lymphknotenschwellungen, soweit sie direkt durch die hierher gelangten freien, d. h. nicht in Phagozyten eingeschlossenen Entzündungserreger entstehen, dienen im höchsten Grade der Abwehr, indem auch sie eine Reaktion der Lymphknoten darstellen, welche einmal ein Zurückhalten der Entzündungserreger und sodann, soweit es möglich ist, ein Schadlosmachen derselben bewirkt. Ähnlich verhalten sich z. B. Milz und Knochenmark. Die im Knochenmark hervorgerufene und auch im Blute sich äußernde Vermehrung von Leukozyten aber stellt insofern ein wesentlich nützliches Moment dar, als hierdurch einmal der Nachschub von Leukozyten an die gefährdete Stelle möglich wird, und vor allem infolgedessen der übrige Körper bzw. das Blut nicht an den so nötigen Leukozyten verarmt. Mit den Lymphozyten und Leukozyten hängen in letzter Instanz wohl auch die Stoffe, welche, wie die Antitoxine direkt schon in ihrem Namen das Wesen der gegen feindliche Stoffe gerichteten Abwehr an sich tragen, zusammen. Sie neutralisieren nicht nur die Toxine, sondern nach der Ehrlichschen Seitenkettentheorie fangen sie ja, wenn sie vermehrt im Blute vorhanden sind, jene direkt ab, und halten sie somit von den Organzellen fern. Der Nutzen aber, welche derartige Reaktionen des Organismus gegen Krankheitserreger für die Zukunft des Organismus bewirken, liegt auf der Hand, wenn wir daran denken, daß derartige Stoffe ja direkt unter Umständen eine Neuerkrankung derselben Art unmöglich machen, d. h. den Körper in den Zustand der Immunität versetzen können. Darüber wird in einem späteren Kapitel noch zu berichten sein So bedeuten die ganzen gesteigerten vitalen Prozesse der Entzündung einen Kampf der dem Organismus zur Verfügung stehenden Kräfte gegen die schädigenden Agenzien, und es handelt sich für den Ausgang hauptsächlich darum, ob sich diese Kräfte als wirksam genug erweisen, um mit jenen schädigenden Wirkungen fertig zu werden, oder ob sie nicht genügen und vor allem die Entzündungserreger sich weiter vermehren können und so siegen, so daß der Organismus zum Schluß der Schädigung anheimfällt. Aber auch in diesen Fällen, in welchen die Reaktionen des Körpers nicht Sieger bleiben, bewirken sie wenigstens eine Zeitlang ein Aufhalten des Prozesses, vor allem indem sie, besonders die Phagozyten, den Prozeß lokalisieren. Wir sehen dies besonders an den glücklicherweise immerhin sehr seltenen Fällen, in welchen diese lokalen Reaktionen ausbleiben, und sich daher Eitererreger oder dergleichen besonders schnell über den ganzen Körper verbreiten, so daß meist sehr schnell das deletäre Ende folgt. So sehen wir, daß trotz der mit den Entzündungsprozessen verbundenen Schädigungen, wie den degenerativen Prozessen, und mancher Gefahren, die mit Blockierung z. B. der Lungenalveolen mit Exsudatbestandteilen verknüpft sind, doch die Entzündung im ganzen als ein abwehr- und heilung- (ganz oder teilweise) bewirkender, für den Organismus in seiner physiologischen Bedeutung höchst nützlicher Prozeß anzusehen ist.

Auch die einzelnen Entzündungsformen zeigen dies zum großen Teil deutlich. Bei der serösen Entzündung ist die ödematöse Flüssigkeit geeignet, die Erreger gewissermaßen zu „verdünnen", d. h. ihren direkten Kontakt mit den Organzellen zum Teil wenigstens zu beheben. Auch enthält ein derartiges entzündliches Ödem ja stets eine gewisse Menge von Zellen, welche als Phagozyten fungieren können. Bei der fibrinösen Entzündung ist das Fibrin auch geeignet, einen Teil der Entzündungserreger gewissermaßen festzulegen; kommt es bei geringeren Entzündungen zu einem Erlöschen der Entzündungserreger, so ist das Ödem oder auch eine mäßige Fibrinein- bzw. -auflagerung leicht zu resorbieren, nachdem das Fibrin teils durch Autolyse, teils durch Leukozytenwirkung zerfallen ist; und auch der Epithelverlust, welcher ja unter der Einwirkung der Entzündungserreger den Prozeß meist einleitet, d. h. die fibrinöse Exsudatbildung überhaupt erst ermöglicht, kann leicht durch Regeneration gedeckt werden. So tritt nach Diphtherie, Pneumonie usw. völlige restitutio ad integrum ein. Nach starken Fibrinauflagerungen, z. B. an serösen Häuten, kommt es zur Organisation, die in ihrem Nützlichkeitswert schon besprochen ist; so tritt zum Schluß feste Verwachsung des viszeralen und parietalen Blattes der serösen Häute ein, und wenn schon die vorherige durch Fibrin bewirkte Verklebung der Blätter die Wirkung der Entzündungserreger eindämmen mußte, so kann sich nunmehr, wenn eine feste Adhäsion eingetreten ist, dieselbe in keiner Weise mehr entfalten. Auch die Eiterung, welche an sich besondere Gefahren in sich birgt, zeigt diese nicht durch die Eiterungsprozesse an sich bewirkt, sondern eben mit den die Eiterung hervorrufenden Erregern verknüpft; gehören diese doch zum größten Teil zu den allervirulentesten und den Körper schädigendsten Angreifern. Daher auch bei der Eiterung die Hochgradigkeit der Reaktionen. Aber auch der Eiterungsprozeß ist ein solcher von hochgradigster Nützlichkeit, wenn derselbe auch oft genug nicht ausreicht, den Körper zu schützen. Der Eiter besteht aus lauter Leukozyten, und gerade diese nehmen ja in aktiver Weise den Kampf mit den Eitererregern, durch welche sie angelockt wurden, auf. Soweit eine Vernichtung der Eitererreger oder der von diesen produzierten giftigen Stoffe nicht gelingt, hemmen sie wenigstens den Prozeß, indem sie die Wirkung der Eitererreger abschwächen oder zum mindesten ein weiteres Vordringen der Kokken usw. hintanhalten, also möglichst lange den Prozeß lokalisieren. Abgesehen von besonders empfindlichen Sitzen, wie Gehirn usw., sehen wir die Eitererreger zumeist erst dann ihre ganze Schädlichkeit entfalten und den Organismus töten, wenn die lokalen mit der Eiterung verknüpften Abwehrmaßregeln des Organismus versagen, die Eitererreger metastatisch an viele Orte des Organismus gelangen und vielerorts ihre deletäre Tätigkeit entfalten. Geschwüre können wir auch insofern als mit relativer Nützlichkeit verknüpft betrachten, als hierdurch die Bakterien und ihre Giftstoffe leichter nach außen gelangen und somit vom übrigen Körper ferngehalten werden; so wurde es ja auch in der voroperativen Zeit stets als ein gutes Omen betrachtet, wenn Abszesse oder Furunkel usw. sich nach außen öffneten, also in Geschwüre verwandelten. Die sogenannte demarkierende Eiterung zeigt ihre Nützlichkeit besonders deutlich, indem sie abgestorbene Gewebsteile, z. B. im Knochen sogenannte Sequester, loslöst und entfernt, soweit dies möglich ist, und somit erst die regenerativen Heilungsprozesse einleitet. Ist nach dem Erlöschen der Einwirkung von Eitererregern eine Abkapselung eines Abszesses eingetreten, so wird hierdurch zumeist eine Reparation in Gestalt einer Narbe bewirkt. Auch wenn eingedickter Eiter und eventuell einzelne Eitererreger noch liegen bleiben, aber eine Abkapselung durch neugebildetes Bindegewebe gegen die Umgebung eintritt, ist wenigstens einer Weiterverbreitung des Prozesses Einhalt getan. Die katarrhalische Entzündung braucht nur kurz erwähnt zu werden, da wir hier dieselben Faktoren der serösen Exsudation, Auswanderung der Leukozyten, und hier noch hinzukommend die vermehrte schleimige Sekretion wirksam sehen, die wir oben betrachteten, und, wenn wir uns an die wörtliche Bezeichnung dieser Form der Entzündung halten wollen, das „Hinunterfließen“ des Sekretes ja auch die Entfernung der Erreger mit sich bringt. Was endlich die produktiven Entzündungen betrifft, so schließen sie sich oft genug an akute Prozesse der fibrinösen usw. Entzündung an, und auch die Organisation und verwandte Vorgänge, die wir vom Standpunkt des Nützlichkeitswertes aus betrachtet haben, sind in gewisser Hinsicht zu ihnen zu rechnen. Ähnliche Bedeutung haben auch die „primären“ produktiven Entzündungen, nur daß hierbei die lokale und allgemeine Steigerung vitaler Prozesse im Sinne der Abwehr, dem ganzen chronischen Verlauf entsprechend, wenig in die Erscheinung tritt. Aber auch hier sehen wir die produktiven Prozesse, einmal die Bindegewebsneubildung, vor allem aber, soweit wie sie sich entfalten kann, die eigentliche Regeneration der parenchymatösen Elemente, eine Ausgleichung der gesetzten Defekte nach Möglichkeit bewirken. Hierbei treten zuweilen an den besser erhaltenen Elementen hyperplastische oder hypertrophische Vorgänge zutage, welche offenbar auch vikariierenden funktionellen Charakter oder wenigstens die Richtung nach einem solchen an sich tragen.

Aus allen diesen Erwägungen, denen wir noch das Fieber als die Entzündung begleitende Reaktion anschließen können, ergibt sich, daß die Entzündung im allgemeinen und in ihren einzelnen Formen durch die Steigerung vitaler Vorgänge eine den Organismus schützende Tätigkeit entfaltet und somit als Prototyp der abwehrbewirkenden im Organismus vor sich gehenden und letzter Hand „angepaßten“ Vorgänge, wenn sie sich auch als von den physiologischen quantitativ abweichende pathologische darstellen, zu betrachten ist. Wir sehen dies auch deutlich — und zugleich die Zusammengehörigkeit aller entzündlichen (exsudativen wie proliferativen) Vorgänge —, wenn wir z. B. den Werdegang eines Furunkels kurz überschauen. Die Kokken sind die Angreifer. Sie werden am Ort ihres Eindringens durch die Haut festgebannt durch die hierher strömenden Leukozyten, und so entsteht eben der Furunkel; aber an die Leukozytenansammlung schließen sich, besonders wenn der Furunkel nach außen durchbricht oder eröffnet wird und die Kokken verschwinden, proliferative Vorgänge an bis zur Ausbildung der Narbe, die sich auch wieder mit Epithel bedeckt. Der Furunkel ist geheilt, und somit auch die Gefahr der Kokken beseitigt, nur eine kleine Narbe bleibt zurück, den Platz bezeichnend, wo die „Schlacht“ geschlagen wurde. Nur in seltenen Fällen erweist sich die örtliche Eiterung nicht als wirksam, die Kokken gelangen ins Blut, Sepsis erzeugend.

Dieselben Kräfte sehen wir auch bei den unten zu besprechenden spezifischen infektiösen Granulationen, welche ja den Entzündungen, wie wir sehen werden, zuzurechnen sind, als Reaktion des Körpers einsetzen, wenn sie dort auch zumeist bei den dauernder wirkenden und besonders lebensfähigen Krankheitserregern weniger wirksam sind.

Anhang:

Zystenbildung.

Unter Zysten fassen wir Gebilde ganz verschiedener Genese nach rein morphologischen Gesichtspunkten zusammen. Ein Teil von ihnen ist entzündlichen Ursprunges.

Zysten sind abgeschlossene, d. h. mit einer Wand versehene Hohlräume mit flüssigem oder breiigem Inhalt; sie können einfach oder mehrkammerig sein.

Erweichungszysten gehen aus Erweichungsherden, besonders anämischen im Zentralnervensystem hervor, oder entstehen auf Grund von schleimiger Erweichung, Zerstörung durch Blutungen, Traumen und dergleichen. Um so entstandene Zysten bildet sich meist durch Bindegewebswucherung eine fibröse Kapsel; die zerfallenen Massen werden nach und nach resorbiert und durch seröse Flüssigkeit ersetzt. Oft ziehen auch bindegewebige Spangen durch die Zyste. Im Gegensatz zu solchen Erweichungszysten entstehen echte Zysten durch Erweiterung präformierter Körperhohlräume; dementsprechend sind sie mit Epithel — je nachdem plattem oder zylindrischem — oder eventuell Endothel ausgekleidet. Außerdem können sie noch außen davon eine fibröse Kapsel aufweisen. Die Erweiterung ist zumeist die Folge einer Verlegung der Ausführungsgänge oder dergleichen, sei es von innen durch eingedicktes Sekret oder Steine oder durch entzündlich-narbigen Verschluß, sei es von außen durch Kompression; auch Sekretstauung bei Sekretbildung in abnorm großer Menge kann ähnlich wirken. Alle diese Zysten kann man als Retentionszysten zusammenfassen. Sie finden sich z. B. in der Leber als Gallengangszysten, in der Mundhöhle als Ranula usw. usw. Auch ganze Hohlorgane können so zystisch abgeschlossen werden, z. B. die Gallenblase (Hydrops vesicae felleae), die Tuben (Hydrosalpinx) usw. Ebenso können Zysten aus Resten von Drüsengängen des fötalen Lebens, welche abnorm erhalten bleiben, entstehen, so die Parovarialzysten, die Morgagnische Hydatide am Hoden, Kiemengangszysten und dergl. Ähnlich können zystische Erweiterungen infolge von Verschluß (meist auch entzündlicher Natur) von mit Endothel ausgekleideten Lymphspalten oder Lymphgefäßen, eventuell auch Blutgefäßen, Sehnenscheiden oder Schleimbeuteln entstehen. Der Inhalt von Zysten entspricht teils dem Sekret bzw. Inhalt des betreffenden Organs, teils kommt er, besonders in späteren Stadien, durch seröse Transsudation in die Zystenräume zustande. Auch fettige Massen oder Cholesterin, Blut, Kalk oder dergleichen können ihm beigemischt sein.

Bei der Bildung von Retentionszysten können auch aktive Proliferationsvorgänge an Bindegewebe und Epithel mitspielen. So bei den Follikularzysten der äußeren Haut, zu denen ein Teil der Atherome gehört.

Andere Zysten gehören überhaupt ins Gebiet der echten Tumoren (vor allem die Zystadenome) und müssen bei diesen besprochen werden.

Auf anscheinende Zysten, nämlich blasige Parasiten, wie Zystizerken oder Echinokokken, sei hier nur hingewiesen.

Fig. 73.
Zystenniere (von der Oberfläche gesehen).

III. Spezifische infektiöse Granulationen (Entzündungen).

Als **spezifische infektiöse Granulationen** (die Bezeichnung umfaßt zuerst von Virchow, Klebs, Rindfleisch und Ziegler gebrauchte Namen) fassen wir Erkrankungsformen zusammen, die durch spezifische Infektionserreger hervorgerufen werden und zumeist in Form zahlreicher, umschriebener Herde auftreten, die sich aus Elementen zusammensetzen, welche in das Gebiet der Entzündung gehören. Dieselben Erreger haben zumeist die Fähigkeit, außer solchen herdförmigen Granulationen — die in ihrer zirkumskripten Form äußere Ähnlichkeit mit Geschwülsten haben können — auch diffuse Entzündungsprozesse zu veranlassen.

A. Tuberkulose.

1. Morphologie der Tuberkulose.

Der Begriff des „Tuberkels" wurde zuerst im spezielleren Sinne um 1800 herum geprägt von Baillie und Bayle, dann aber von Laënnec umgedeutet und von Virchow wieder mehr im ursprünglichen Sinne verwandt.

Am besten definiert man heute ätiologisch als tuberkulös alle Veränderungen, welche durch die Wirkung des Tuberkelbazillus zustande kommen.

Der Tuberkelbazillus (Koch) bewirkt zumeist **proliferative Vorgänge** in Gestalt kleiner knötchenförmiger Herde, der Tuberkel (bzw. seltener diffusen, ähnlich strukturierten tuberkulösen Gewebes), in anderen Fällen aber mehr **allgemeine Entzündung.**

Am typischsten sind die **Tuberkel**; es sind dies — soweit sie überhaupt schon makroskopisch erkennbar sind — hirsekorn- bis höchstens hanfkorngroße Knötchen; man benennt sie daher (Hirsekorn = Milium) Miliartuberkel. Diese stehen meist in größerer Zahl zusammen, sie sind zirkumskript und prominieren an der Oberfläche, weniger an der Schnittfläche der Organe. Anfangs sind sie grau, etwas durchscheinend. Dies zusammen mit der Kleinheit und Knötchenform charakterisiert die Gebilde schon makroskopisch.

Mikroskopisch — ältere Forschungen stammen hier vor allem von Schüppel, Langhans und insbesondere v. Baumgarten — bestehen sie der Hauptsache nach aus ziemlich großen, rundlichen oder mehr spindeligen, oder auch vieleckigen bzw. unregelmäßigeren Zellen mit großem hellem Kern. Diese entsprechen den größeren bei der entzündlichen Gewebsneubildung auftretenden Zellformen (Makrophagen, besonders von den Histiozyten abzuleiten, sowie Fibroblasten, von Bindegewebszellen stammend) und werden, da sie ja Epithelien sehr gleichen, hier Epitheloidzellen (der Name zuerst gebraucht von E. Wagner und Schüppel) benannt. Fast stets enthalten die Tuberkel zwischen den Epitheloidzellen und aus diesen entstanden weiterhin eine oder mehrere große Riesenzellen, d. h. Zellen mit einer größeren Zahl von Kernen. Diese Kerne liegen am Rand der Zelle, welcher häufig unregelmäßig, mit Ausläufern versehen, gestaltet ist. Man bezeichnet diese Riesenzellen mit rand- oder wandständigen Kernen auch nach ihrem Hauptbeschreiber als Langhanssche Riesenzellen oder als solche von tuberkulösem Charakter. Sie sind nämlich besonders charakteristisch für Tuberkulose, aber nicht spezifisch, denn sie kommen auch bei anderen infektiösen Granulationen (Syphilis) und — ebenfalls mit wandständigen Kernen — auch unter der Einwirkung von Fremdkörpern vor. Außen von den Epitheloidzellen, denen die Riesenzellen eingestreut sind, also am Rand der Knötchen, finden sich zumeist in größerer oder geringerer Zahl kleinere runde Zellen, Lymphozyten. So gebaute Tuberkel, bei denen — wie zumeist — im ganzen die Epitheloidzellen vorherrschen, bezeichnet man als Epitheloidzellentuberkel. Bestehen die Tuberkel zum größten Teil aus den Lymphozyten, so spricht man auch von Lymphoidzellentuberkeln. Zwischen den Zellen findet sich im Tuberkel ein feines Retikulum, dessen Fasern zwischen den Zellen hinziehen und in dessen Knotenpunkten einzelne Zellen liegen, deren Ausläufer dem Retikulum entsprechen. Die Tuberkel haben, was charakteristisch ist, keine Blutgefäße, weil diese im Tuberkel früh-

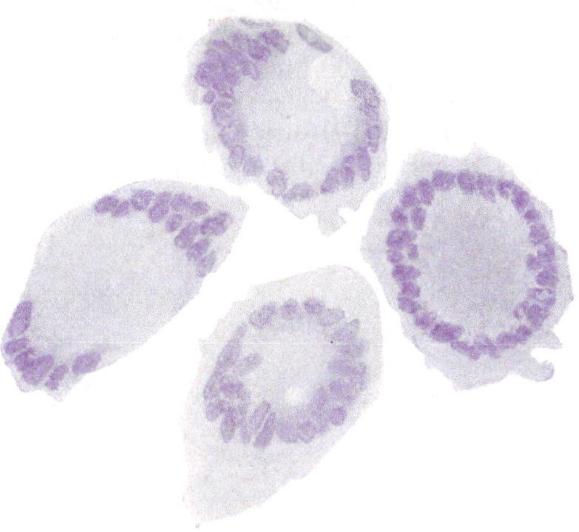

Fig. 74.
Langhanssche Riesenzellen mit randständigen Kernen.

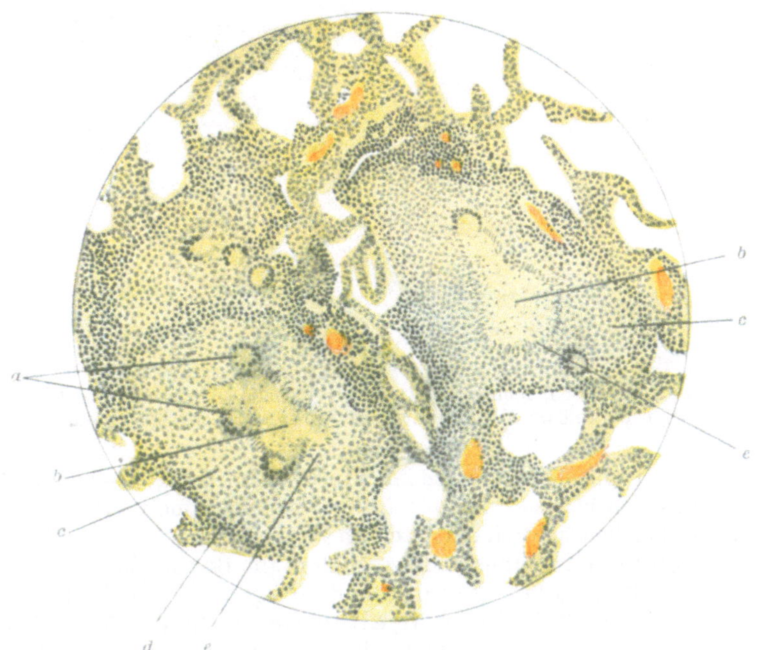

Fig. 75.
Tuberkel der Lunge
a Riesenzellen, *b* Nekrose, *c* Epitheloidzellen, *d* Symphozyten, *e* Wirbelzellenstellung um die Nekrose.

zeitig zugrunde gehen und sich keine Gefäße neu bilden. Die Tuberkelbazillen liegen namentlich in und zwischen den Epitheloidzellen und ganz besonders in Riesenzellen.

Während dies die Morphologie des gewöhnlichen frischen, aber voll ausgebildeten Tuberkels ist, stellen sich später bald regressive Veränderungen ein, und zwar in Gestalt der Koagulationsnekrose, der Verkäsung, welche im Zentrum beginnt und sich dann gegen den Rand ausbreitet. Die nekrotisch werdenden Zellen verlieren ihre Kerne; es tritt ein feines fibrinöses Netz auf, und mit diesem zusammen bilden die nekrotischen Zellmassen eine schollige bis feinkörnige, sehr dichte, sonst strukturlose Masse. Ganz zu Beginn der Nekrose kommen chemotaktisch angelockt polymorphkernige Leukozyten herbei, welche hier aber auch zerfallen. Alter Käse ist eine ganz gleichmäßig-strukturlose Masse, höchstens mit einigen liegen gebliebenen Kerntrümmern. Direkt um den Käse liegen die Zellen häufig konzentrisch gerichtet, wobei der zentrale, dem Käse zugelegene Teil der Zellen in die Verkäsung einbezogen ist — (Arnoldsche) Wirbelzellenstellung, auch palisadenförmige Stellung der Zellen benannt. Makroskopisch erscheint der Käse im Gegensatz zur grauen Farbe des Tuberkelgewebes gelb, seine

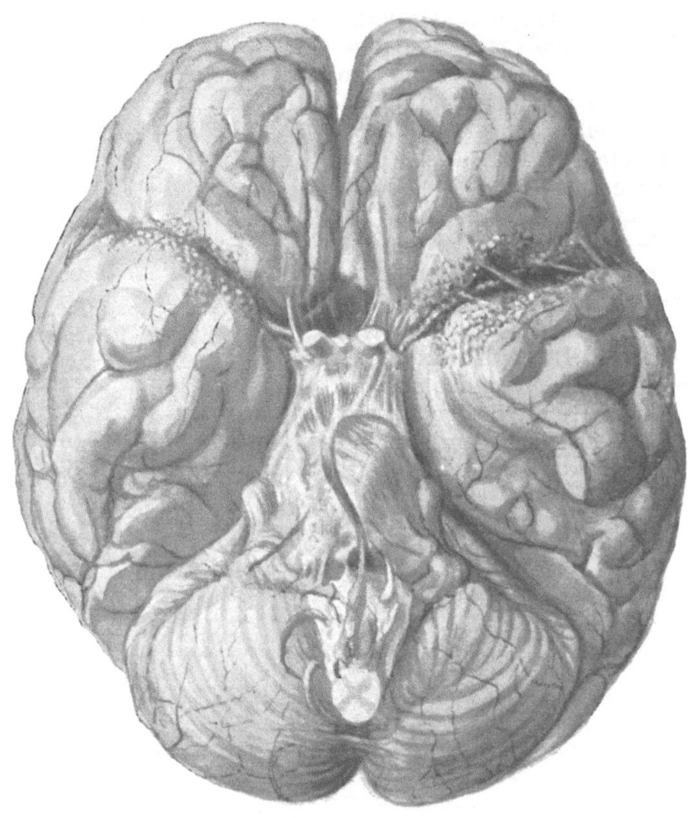

Fig. 76.
Tuberkulöse Meningitis. Die einzelnen Tuberkel stehen am dichtesten beiderseits in der Gegend der Fossa Sylvii (links im Bilde in situ gelassen, rechts die Arterie freigelegt). Unterhalb des Chiasma findet sich das bei tuberkulöser Meningitis meist vorhandene sulzige Ödem.

homogene Beschaffenheit gleicht geronnenem Fibrin. Im Käse liegen zunächst zahlreiche Tuberkelbazillen, später sterben sie mangels Nährmaterials zumeist ab.

Sind die Tuberkelbazillen spärlich oder sterben sie ab, so findet sich als Zeichen langsameren Verlaufs bzw. einer gewissen Heilungstendenz später am Rande der Tuberkel, konzentrisch um diese herum, eine Ausbildung von faserigem Bindegewebe aus Fibroblasten entstanden; dies Bindegewebe erleidet meist bald eine hyaline Umwandlung. Auch das spärliche Retikulum im Tuberkel selbst kann dabei eine hyaline Verdickung erfahren. In manchen Fällen kann der ganze Tuberkel, wenn die Tuberkelbazillen abgestorben sind, in Bindegewebe umgewandelt werden, sog. fibröser Tuberkel. Oft, wenn die zentralen Teile schon verkäst sind, bildet sich um diese eine fibrös-hyaline Kapsel.

Die ursprünglich submiliaren oder miliaren Knötchen werden bei weiterem Wachstum, besonders zu einer Zeit, zu der sie schon zentral verkäst sind, etwas größer; oft verschmelzen benachbarte Tuberkel zu größeren Massen, sog. Konglomerattuberkeln (in manchen Organen weniger exakt als Solitärtuberkel bezeichnet). Sie sind meist zentral ausgedehnt verkäst und wachsen langsam, gehören also den mehr chronischen Formen an. Werden mit der Lymphe Tuberkelbazillen in die Umgebung verschleppt und rufen hier neue, zunächst junge Tuberkel hervor, so spricht man von Resorptionstuberkeln.

Statt der zirkumskripten Knötchen bewirken die Tuberkelbazillen in anderen — nicht so häufigen Fällen — ein mehr diffuses, meist aber auch von kleinen Knötchen durchsetztes Granulationsgewebe, so an Schleimhäuten, in Lymphknoten usw. Es besteht aus gewöhnlichem Granulationsgewebe mit oft zahlreichen Riesenzellen und Epitheloidzellen und zeigt später zumeist eingesprengte gelbe, unregelmäßige Käseherde oder, wenn die Verkäsungsprozesse ausbleiben, narbig-fibröse Umwandlung, häufiger in großer Ausdehnung.

Die zweite Hauptwirkungsweise des Tuberkelbazillus besteht darin, daß er statt spezifischer gebaute kleine Knötchen oder mehr diffuse Granulationswucherungen zu bewirken, **exsudative Entzündungsprozesse** hervorruft, von serösem, sero-fibrinösem eventuell auch eitrigem oder hämorrhagischem Charakter. Diese exsudative Entzündung unterscheidet sich zunächst in nichts von einer gewöhnlichen solchen. Es handelt sich hauptsächlich um geronnenes Fibrin einerseits, eine mehr seröse und zellige Zone andererseits. Später entfaltet der Tuberkelbazillus aber auch hier seine charakteristische nekrotisierende Eigenschaft, indem er das Exsudat selbst zur Verkäsung bringt, wobei dann auch meist mehr Leukozyten als zuvor erscheinen. Solche entzündlichen Veränderungen finden sich besonders bei Tuberkulose der Lunge, aber auch der serösen Häute, Meningen, Gelenke usw.

Fig. 77.
Tuberkel (der Milz) mit Entwickelung hyalinen Bindegewebes außen um die Nekrose als Zeichen einer Heilungstendenz. Im Zentrum Käse. Außen herum fibröse Kapsel.

Nach dem Gesagten können wir die durch den Tuberkelbazillus hervorgerufenen Veränderungen einteilen einmal in die tuberkulöse Neubildung, besonders die Tuberkel, sodann die tuberkulöse bzw. käsige Entzündung. Doch sei betont, daß sich ganz gewöhnlich beide Prozesse kombinieren (s. unter Lunge). Jene Unterscheidung ist aber deshalb wichtig, weil sich beide Formen prognostisch recht verschieden verhalten.

Der weitere Verlauf und Ausgang der tuberkulösen Lokalaffektionen ist sehr unterschiedlich, abhängig von Menge und Virulenz der Bazillen einerseits, Reaktionsfähigkeit des Gewebes andererseits, wodurch je nachdem verschiedene Ausdehnung des Prozesses und Verkäsung oder auch fibröse Umwandlung zustande kommen. So können kleine käsige Herde, wenn die Bazillen absterben, ganz durch Bindegewebe ersetzt werden; größere können unter den gleichen Bedingungen unresorbiert liegen bleiben und durch eine bindegewebige Kapsel abgekapselt werden. Solcher alter Käse kann verkalken; auch kann es hier zu echter Verknöcherung kommen. Fibrös umgewandelte Partien bzw. ganze Tuberkel oder auch verkalkte Gebiete enthalten oft keine lebensfähigen Tuberkelbazillen mehr (negative Resultate bei Tierexperimenten). Eine solche spontane Heilung lokaler Tuberkulose ist ein sehr häufiges Ereignis besonders in der Lunge, aber auch in Lymphknoten, Knochen, Gelenken, d. h. gerade an Stellen, welche am häufigsten von tuberkulösen Prozessen ergriffen werden.

Im Gegensatz hierzu stehen die progredienten Formen, in denen die Tuberkelbazillen dauernd und sich mehrend ihre deletäre Wirkung entfalten. Die tuberkulösen Prozesse und vor allem die Käseherde greifen immer weiter um sich; die verkästen Massen erweichen und werden verflüssigt; brechen sie an Oberflächen oder in Hohlorgane durch, so entstehen die tuberkulösen Höhlen, **Kavernen,** z. B. der Lunge, die ihren Inhalt in Bronchien entleeren, oder **tuberkulöse Geschwüre** der Haut und Schleimhäute. Letztere zeigen anfangs breite, wulstige, später unregelmäßige, scharfe, öfters sinuös unterwühlte Ränder und lassen hier wie am Grund meist schon mit bloßem Auge frische graue oder ältere verkäsende Knötchen erkennen. Kommt es durch Verkäsung, Zerfall usw. zu großer Zerstörung und allgemeinem Schwinden der Kräfte, so spricht man von **Phthise** (während Aschoff, den Namen Tuberkulose bzw. tuberkulös ganz vermeidend, überhaupt nur von Phthise und phthisisch spricht). Aber selbst in späten Stadien kann, wenn die Bazillen absterben oder wenigstens an Virulenz und Vermehrung nachlassen, der Prozeß noch zum Stillstand kommen, und Kavernen können dann durch eine glatte Wand abgeschlossen werden. Selbst noch lebende Tuberkelbazillen können so an ihrer Weiterverbreitung gehindert werden, so daß die Tuberkulose latent wird.

Überschauen wir nun kurz den genetischen Werdegang der tuberkulösen Veränderung.

Der Tuberkelbazillus übt eine schädigende Wirkung auf Zellen und Zwischengewebe (auch elastische Fasern) aus. Die spezifische Zellproliferation — der Tuberkel — wie die tuberkulöse Entzündung sind der Ausdruck der Abwehrreaktionen des Körpers, ganz wie bei der allgemeinen Entzündung auseinandergesetzt. Leukozyten tauchen nur ganz vorübergehend auf; sie sind im Kampfe gegen die Tuberkelbazillen mit ihrer Wachsschicht unwirksam. Vielmehr sind es hier andere Zellen, welche das Wachs lösen können und so den Kampf aufnehmen. Diese das Bild der tuberkulösen Neubildung beherrschenden epitheloiden Zellen sind Abkömmlinge einerseits vorher fixer jetzt wieder zu Wanderzellen gewordener Elemente, besonders von Retikulumzellen und eventuell Endothelien, also histiozytäre Makrophagen, andererseits von echten Bindegewebszellen, also Fibroblasten. Es sind also Zellen, die wir bei der entzündlichen Granulation schon kennen gelernt. Daß die letztgenannten Zellen hier trotzdem zunächst und in der Regel kein Bindegewebe (Narbengewebe) bilden, ist die Folge der dauernden Schädigung durch die Bazillen, sowie der Gefäßlosigkeit des neugebildeten Gewebes (selbst wieder eine Folge der Schädigung). Auch die Bildung der Langhansschen Riesenzellen ist auf dies Moment zu beziehen. Bei der Wucherung der Epitheloidzellen teilen sich deren Kerne, und zwar amitotisch, was schon auf eine Schwächung der Zelle hinweist, und weiterhin kann sich infolge der Schädigung der Zellen durch die Tuberkelbazillen das Protoplasma nicht teilen; so entsteht die Riesenzelle. In der Mitte der Zelle liegen die Zentrosomen mit einer besonders groß und blasig werdenden Sphäre. So liegen die Kerne nur am Rand der Zelle (wandständige Stellung der Langhansschen Riesenzelle). Später fällt das Zentrum der Riesenzelle, ebenso wie das des Gesamttuberkels, der Verkäsung anheim; es kann dann auch (selten) verkalken. Die Bazillen sterben dann hier im Zentrum ab und liegen nur noch am Rand der Riesenzelle zwischen den Kernen, bis sie allmählich auch diese vernichten. So wird die ganze Riesenzelle nekrotisch und zerfällt. Die Epitheloidzellen wie ihre Abkömmlinge, die Riesenzellen, sind ihrer Herkunft und Bedeutung entsprechend im höchsten Grad phagozytär im Kampfe gegen die Bazillen. Vermehren diese sich und bleiben Sieger, d. h. üben fortgesetzt und besonders schwer ihre schädigende Wirkung aus, so gehen die Zellen zugrunde, es tritt Nekrose auf. Sie wird begünstigt durch die Gefäßlosigkeit der tuberkulösen Neubildung. Diese bewirkt auch, daß die schlechtesten Ernährungsbedingungen im Zentrum vorhanden sind, wo zudem die Bazillen zunächst besonders zahlreich liegen; so beginnt die Verkäsung hier.

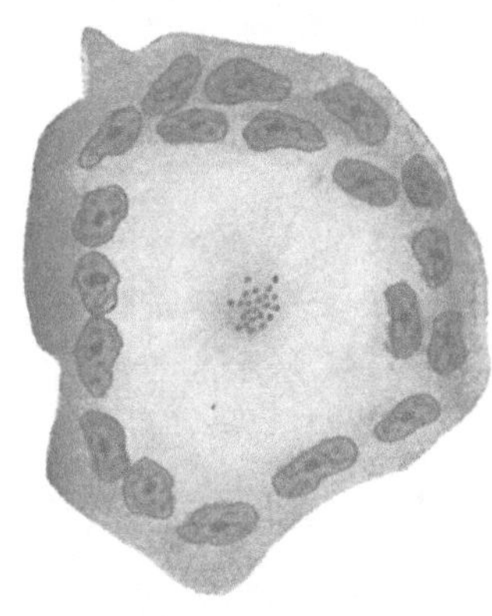

Fig. 78.

Riesenzelle mit wandständigen Kernen. In der Mitte zahlreiche Zentrosomen. Die Sphäre verschwindet. Am Rande die zahlreichen Kerne.

Die andauernde Wirkung des Tuberkelbazillus ist nach alledem das einzige für Entstehung und Bau des Tuberkels ganz charakteristische. Tuberkelbazillusähnliche Bazillen eventuell auch sonstige Fremdkörper können auch Knötchen, die anfänglich den Tuberkeln sehr gleichen, hervorrufen, hier hört aber die Einwirkung später auf, und so wird das Knötchen bindegewebig substituiert; dies ist beim Tuberkel nur möglich, wenn zuvor die Reaktion der Gewebe gesiegt hat und die Bazillen abgestorben sind, oder ihre Virulenz eingebüßt haben.

2. Eingangspforten und Lokalisation der Tuberkulose.

Die Erfahrungstatsache, daß die Tuberkulose mit Vorliebe Kinder tuberkulöser Eltern ergreift, steht außer Frage. Die Annahme einer direkten erblichen Übertragung hat aber nicht stichgehalten. Bei tuberkulösen Schwangeren dringen zwar öfters Tuberkelbazillen in die Plazenta ein und setzen hier tuberkulöse Veränderungen, aber nur extrem selten gelangen sie durch die Plazenta in den Fötus; auch ist andererseits eine Übertragung der Bazillen mit dem Sperma auf die Eizelle nicht mit Sicherheit festgestellt. So kann es nicht wunder nehmen, daß kongenitale Tuberkulose sehr selten ist.

Hieraus wie aus der sich erst einige Zeit nach der Geburt mehrenden Häufigkeit der Tuberkulosen geht schon hervor, daß die Tuberkulose zu allermeist erst im postuterinen Leben erworben wird; die anscheinende Erblichkeit aber wird erklärt durch die Erblichkeit der Disposition, wovon weiter unten die Rede sein soll. Bei der Infektion kommen in erster Linie die Atmungsorgane in Betracht; findet man doch hier auch bei sonst von Tuberkulose freien Individuen bei weitem am häufigsten tuberkulöse Herde. Allerdings ist diese Erfahrungstatsache noch kein strikter Beweis für primäre Entstehung der Tuberkulose in der Lunge, denn experimentell kann gezeigt werden, daß, wo auch immer die Infektion mit Tuberkelbazillen vorgenommen wird, in das Blut, oder subkutan, in die Bauchhöhle oder sonst, die Lunge einen bevorzugten Sitz für Ansiedlung und Wirkung der Bazillen darstellt, also besondere Organdisposition aufweisen muß. Trotz alledem spricht die Häufigkeit isolierter Lungentuberkulose ebenso wie zahlreiche Experimente mit allergrößter Wahrscheinlichkeit für die Häufigkeit der primären Lungentuberkulose, d. h. für die aërogene Infektion. Und auch innerhalb der Lunge selbst sehen wir, beim Erwachsenen wenigstens, fast stets die Lungenspitze zuerst ergriffen, ferner auch die hinteren Lungenpartien und zuweilen auch die untersten Teile der Unterlappen. Zu dieser besonderen Lokaldisposition wirken offenbar eine ganze Reihe von Momenten zusammen: die geringeren Atemexkursionen und damit die mangelhafte Ventilation dieser Lungenteile, d. h. so bewirkte schwere Entfernung eingeatmeter Bazillen, Verlegung von Lymphbahnen, veränderte Zirkulationsverhältnisse, und dergleichen mehr. Bei Kindern besteht eine derartige Lokaldisposition des Obergeschosses der Lunge nicht (s. u.). Gerade bei Kindern — aber auch sonst — gelangen die Tuberkelbazillen von der Lunge aus mit dem Lymphstrom in die bronchialen Lymphknoten, so daß diese ganz gewöhnlich miterkranken. Von hier aus werden dann häufiger die mediastinalen und andere Lymphknotengruppen ergriffen. Der zuführende Respirationstraktus, Kehlkopf, Luftröhre, die großen Bronchien, werden meist erst sekundär von der Lunge aus durch tuberkelbazillenhaltige Käsemassen oder dergleichen infiziert (primäre Tuberkulosen sind hier selten). Fragen wir nun wie die aërogene Infektion zustande kommt, so bildet die Hauptquelle für die Verbreitung der Bazillen sicherlich das Sputum von Phthisikern, welches sie in ungeheurer Menge an die verschiedensten Orte und Gegenstände überträgt und, wenn es in trockenem Zustand zu Staub zerfällt, Gelegenheit zur Infektion Gesunder geben kann. Besonders aber kann direkt durch ausgehustete fein verteilte Sputumtröpfchen eine Infektion statthaben, ein Modus, der auch durch Tierexperimente erwiesen ist.

Auch eine Infektion durch den Verdauungstraktus ist häufiger. Von Nahrungsmitteln, die Tuberkelbazillen enthalten und so infizieren können, kommt in erster Linie die Milch perlsüchtiger Kühe in Betracht, welche nicht nur bei Eutertuberkulose, sondern auch bei Tuberkulose innerer Organe Bazillen enthalten kann. Weniger gefährlich ist wohl das Fleisch tuberkulöser Rinder, welches zudem fast nur gekocht genossen wird. Die Tuberkulose tritt allerdings beim Rind in etwas anderer Form als beim Menschen auf, nämlich als sog. Perlsucht, deren Identität mit der menschlichen Tuberkulose schon von Gerlach, Orth, Bollinger etc. angenommen wurde. Hier finden sich in verschiedensten Organen teils größere reichlich konglomerierende Knoten, die selbst mikroskopisch eine gewisse Ähnlichkeit mit Sarkomen aufweisen. Der Erreger der Perlsucht, der Typus bovinus des Tuberkelbazillus, stellt aber nur eine Varietät des Tuberkelbazillus dar und ist auch für den Menschen pathogen. Auch erleiden die Perlknoten des Rindes Verkäsung, Verkalkung usw. wie die tuberkulösen Produkte des Menschen.

Vielleicht nicht ganz unwichtig als Eingangspforte für den Tuberkelbazillus sind auch die Schleimhäute des obersten Abschnittes des Verdauungs- und Respirationstraktus. Mit der Luft oder Nahrung hierher gelangt, könnten die Bazillen durch die (eventuell selbst unverletzte) Mund- und Rachenschleimhaut resorbiert werden, so durch die Tonsillen, die Follikel des Zungengrundes und die Rachentonsille.

Bazillenhaltige Milch perlsüchtiger Tiere oder andere infizierte Nahrungsmittel, ebenso aber auch eingeatmete (also zumeist von anderen Menschen stammende) und dann verschluckte Tuberkelbazillen infizieren selten den normal sezernierenden Magen, treten aber durch ihn hindurch und rufen die ersten Veränderungen dann im Darm hervor. Immerhin ist eine solche primäre Darmtuberkulose relativ selten und bei weitem am häufigsten noch bei Kindern. Weit häufiger — besonders bei Erwachsenen — kommt sekundäre Darmtuberkulose bei bestehender Lungenphthise durch verschlucktes bazillenhaltiges Sputum zustande. Vom Darm aus erkranken dann die mesenterialen und retroperitonealen Lymphknoten. Besonders bei Kindern tritt auch hier die Beteiligung der Lymphknoten besonders stark hervor. Dann können alle Lymphknoten der Peritonealhöhle geschwollen, tuberkulös und von Käseherden durchsetzt gefunden werden (Tabes meseraica der Kinder).

Gegenüber der primären Infektion auf dem Wege des Respirations- und Digestionstraktus treten andere Eingangsmöglichkeiten ganz zurück. Die tuberkulöse Wundinfektion, die sog. Inokulationstuberkulose, ist selten. So können Wunden durch tuberkelbazillenhaltiges Sputum oder tuberkulöse menschliche Organteile (Anatomen, Leichendiener) bzw. perlsüchtiges Tiermaterial (Metzger) infiziert werden. Solche tuberkulöse Hautinfektionen zeigen im allgemeinen wenig Neigung zu progressiver Ausbreitung; doch ist z. B. auch Allgemeininfektion im Anschluß an rituelle Beschneidung, wenn die Wunde von einem phthisischen Beschneider mit dem Munde ausgesaugt wurde, konstatiert worden. Allerdings ist es hier nicht eigentlich die Haut, sondern das Unterhautbindegewebe, welches primär infiziert wird. Dies ist disponierter als die Haut; durch die Poren der unverletzten Haut dringen die Tuberkelbazillen im Gegensatz zu manchen anderen Bakterienarten auch nicht ein. Primäre Infektion des Genitaltraktus durch tuberkelbazillenhaltiges Sperma (daß sich Tuberkelbazillen bei schwerer Tuberkulose selbst ohne Hodentuberkulose dem Sperma beimischen können, ist sichergestellt) ist in Fällen von anscheinend primärer Tuberkulose der weiblichen Genitalien, besonders Tuben, angenommen worden, aber nicht sichergestellt.

Der erste Ausgangspunkt der Tuberkulose ist in fortgeschrittenen Fällen natürlich schwer feststellbar, zumal die Orte der gewöhnlichen primären Infektion auch sekundär erkranken, und sich an kleine versteckte primäre Herde schneller wachsende sekundäre Erkrankungen anschließen können, so daß dann letztere als primärer Sitz imponieren. Es ist aber nach allen Erfahrungen anzunehmen, daß die aërogene primäre Lungentuberkulose die bei weitem häufigste Entstehungsart der Tuberkulose ist, und dann die primäre Darmtuberkulose an Häufigkeit folgt. Vielleicht können aber auch Tuberkelbazillen, auch ohne Veränderungen zu setzen, in Lymphknoten, latent liegen bleiben, sich dann später auf dem Blutwege im Körper verbreiten und so auch besonders zur Lungentuberkulose führen.

Bei der aerogenen (bronchialen) Lungentuberkulose entsteht zunächst der sog. Primärinfekt. Dies ist zu allermeist im frühen Kindesalter der Fall. Dieser Primärinfekt besteht in einer exsudativen, dann verkäsenden, also tuberkulösen Entzündung. Er sitzt — da ja beim Kinde eine besondere Disposition der oberen Lungenteile noch nicht besteht – irgendwo in der Lunge, dicht unterhalb der Pleura, und es schließen sich gleiche Veränderungen regionärer Lymphknoten, also bronchialer, sehr schnell an. Geht der Prozeß schon im Kindes- bzw. Säuglingsalter weiter, besonders in der Lunge und den Lymphknoten, dann aber auch in anderen Organen, so kommt es zur generalisierten kindlichen Phthise. Übergangsformen zu der gleich zu besprechenden Phthise der Erwachsenen finden sich vor allem im Pubertätsalter (Aschoff). Zu allermeist nämlich heilt der Primärinfekt — der also meist aus früher Kinderzeit datiert, aber auch noch im späteren Leben eintreten kann — schnell ab. Er wird durch Bindegewebe eingekapselt, welches zwei Schichten erkennen läßt, eine innere hyaline, die aus den Epitheloidzellen selbst entsteht, und eine äußere aus gewöhnlichem Bindegewebe bestehende, und schrumpft selbst zu einem gewöhnlich höchstens erbsengroßen, verkalkten oder zumeist verknöcherten Herd. Dieselbe Veränderung geht der Käseherd in dem entsprechenden bronchialen Lymphknoten ein (nach Aschoff). Nun kommt es aber oft genug später zu einer neuen Infektion, sei es aus dem alten Herd, wohl sehr selten — sog. endogene Reinfektion —, meist mit neu eingedrungenen Bazillen — exogene Reinfektion (Orth). Wir sehen dann den oder die Reinfekte in der Lungenspitze bzw. dem Obergeschoß der Lunge, wegen der besonderen Disposition dieser Lungenteile beim Erwachsenen, und — wohl weil infolge der primären Infektion eine relative Immunität besteht — kann sich jetzt hier eine zumeist viel chronischer verlaufende und mit vielfachen Narbenbildungen einhergehende (Heilungstendenz) Ausbreitung der Lungentuberkulose anschließen, eben die Phthise des Erwachsenen, die sich dann kranial-kaudal ausbreitet. (Genaueres s. auch unter Lunge.) So ist die Lungenphthise des Erwachsenen meist als das Resultat einer Doppelinfektion aufzufassen. Vielleicht ist der Typus der den schnellheilenden Primärinfekt setzenden Tuberkelbazillen und der den späteren Reinfekt und die anschließende Phthise bewirkenden ein verschiedener, und vielleicht spielt bei dem ersteren der Typus bovinus (v. Behring dachte dieser dringe bei kleinen Kindern ganz gewöhnlich durch den Darmkanal ein), bei der Reinfektion der gewöhnliche Typus humanus die Hauptrolle.

Diese ganze Darstellung harmoniert nun in hohem Grade mit Versuchen, die Ausbildung und Verbreitung tuberkulöser Prozesse in ihrer Unterschiedlichkeit — besonders in der Lunge — mit immunisatorisch verschiedenem Verhalten des infizierten Organismus zu erklären. Ranke teilt dabei — ähnlich wie bei der Syphilis, wo aber die Verhältnisse doch recht anders liegen — in drei Stadien ein.

Zuerst erscheint der Primäraffekt bzw. der primäre Komplex, d. h. der konglomerierte Lungenherd unter Beteiligung des zugehörenden Lymphstromgebietes in der Lunge und über diese hinaus bis zu den zugehörenden Hiluslymphknoten. Außer der Einwirkung der Tuberkelbazillen gewissermaßen als Fremdkörper mit toxischen Eigenschaften sollen toxische Fernwirkungen in die Umgebung wirken und hier perifokale Entzündung in Gestalt von Schwellungen, entzündlichen Wucherungen, Abkapselungen usw., bei den Lymphknoten Adenitis und Periadenitis, bewirken. So kommt es zum typischen Nebeneinander von Verkäsung und Bindegewebswucherung, ein Bild, das durch spätere Stadien erhalten bleibt. Diese perifokalen Entzündungen sollen der Ausdruck einer allmählichen Allergie, d. h. erhöhter Giftempfindlichkeit des Organismus sein. Diese erreicht ihren Höhepunkt nach Art einer Anaphylaxie im zweiten Stadium, d. h. dem der generalisierten Tuberkulose. Die Verkäsungen von Lungen wie Lymphknoten, andererseits auch die toxischen Entzündungen nehmen zu. Die Tuberkulose breitet sich hämatogen oder lymphogen auch in anderen Organen aus. Allmählich tritt die toxische Komponente zurück und so sehen wir als Charakteristikum der dritten Periode relative Giftfestigkeit, dagegen die Fremdkörperwirkung des Bazillus im Vordergrund stehen; so kommt es zur isolierten Phthise. Die „perifokale Entzündung" hört auf, die Ausbreitung auf Blut- und Lymphweg tritt zurück; die Organherde, so der Lunge, die Ausbreitung in Kanälen, wie den Bronchien, und die Infektion von Kehlkopf, Darm usw. mit Sputum stehen im Vordergrund. So ist das letzte Stadium der Phthise nach dieser Betrachtung Ausdruck einer erworbenen relativen Immunität gegen die Tuberkelbazillen.

3. Ausbreitung der Tuberkulose im Organismus.

Von einem primären tuberkulösen Herd aus kann eine Weiterverbreitung der Bazillen durch Kontaktinfektion oder auf metastatischem Wege mit dem Blut- oder Lymphstrom erfolgen. Kontaktinfektion kann besonders auf Oberflächen, vor allem auf Schleimhäuten, stattfinden. So werden in der Lunge, wenn Kavernen in Bronchien durchbrechen, durch Aspiration bazillenhaltigen Sputums selbst die feinsten Bronchialäste von der Schleimhaut her infiziert. Aber ähnlich breitet sich die Tuberkulose überhaupt in der Lunge vorzugsweise auf dem aerogen-bronchogenen Wege aus. Sekundär infiziert wird auch durch bazillenhaltiges Sputum die Schleimhaut des Kehlkopfes und Darms. Von einer Nierentuberkulose her kann bazillenhaltiger Harn das Nierenbecken, die Ureteren und Blase mit Bazillen überschwemmen. Ein in die Pleura- oder Bauchhöhle durchbrechender tuberkulöser Herd kann die Bazillen auf die Serosa auf weite Strecken hin ausstreuen.

Nehmen Saftspalten oder Lymphgefäße von einem primären Herd her Bazillen auf, so entstehen in der Umgebung häufig über größere Strecken hin neue Tuberkel in reichlicher Zahl, sog. Resorptionstuberkel. Wird die Wand größerer Lymphgefäße infiziert, so entstehen nicht selten rosenkranzartig aneinandergereihte Knötchen, welche den Verlauf der Lymphgefäße markieren (Lymphangitis tuberculosa). Mit den Lymphgefäßen gelangen die Bazillen zu Lymphknoten, wo sie gleichsam abfiltriert werden, liegen bleiben und sie infizieren.

Werden Tuberkelbazillen in geringer oder mäßiger Menge, oder nach und nach zu verschiedenen Zeiten auch in größerer Menge mit dem Blutstrom verschleppt — was bei der häufigen Berührung tuberkulöser Herde mit kleinen Gefäßen sehr oft der Fall ist — so kommen, wohin die Bazillen gerade gelangen bzw. wo sie liegen bleiben, einzelne, oft in verschiedenen Organen auch zahlreiche Tuberkel zustande. Dem verschiedenen Alter und der sukzessiven Entstehung entsprechend sind die einzelnen Herde verschieden groß und weit fortgeschritten (im Gegensatz zur akuten allgemeinen Miliartuberkulose s. unten). Sie rufen lokal wieder Weiterverbreitung hervor, und es kann so zu ausgebreiteter Organtuberkulose kommen. Solche sekundäre metastatische Herde in anderen Organen sind sehr häufig. Da das Blut der Vermittler ist, werden auch in ihm nicht selten die Bazillen gefunden. Durch Einbruch eines tuberkulösen Herdes in ein Arterienlumen können die Tuberkelbazillen über ein umschriebenes Gefäßgebiet zerstreut werden und hier zahlreiche tuberkulöse Eruptionen bewirken. Auch können, wenn dabei durch Verschluß von Endarterien Infarkte zustande kommen, diese von Tuberkeln durchsetzt gefunden werden.

Ein besonderer Fall ist aber gegeben, wenn auf einmal oder wenigstens innerhalb kurzer Zeit eine sehr große Menge von Tuberkelbazillen in das zirkulierende Blut gelangt, so daß eine große Zahl von Organen mit ihnen überschwemmt wird und sie überall Tuberkel hervorrufen. Infolgedessen entsteht dann eine gerade wegen der großen Zahl der Herde in allen möglichen Organen in wenigen Wochen tödlich verlaufende Allgemeinerkrankung, die

akute allgemeine Miliartuberkulose.

Sie weicht durch ihren akuten Charakter und ihre Verbreitung auch klinisch von der gewöhnlichen langsamen Phthise ab und nähert sich mehr akuten Infektionskrankheiten, stellt gewissermaßen eine Bakteriämie mit Tuberkelbazillen dar.

Die plötzliche Überschwemmung des Blutes mit zahlreichen Tuberkelbazillen kommt meistens dadurch zustande, daß ein tuberkulöser Herd entweder in den Ductus thoracicus (Ponfick) oder in eine Vene, besonders Lungenvene, durchbricht, hier im Lumen von der Wand aus eine tuberkulöse Neubildung entsteht, diese verkäst und so die im Käse massenhaft gelegenen Tuberkelbazillen von dem vorbeiströmenden Blut- oder Lymphstrom mitgerissen werden. Sie gelangen so — von Lungenvenen ausgehend direkt, von anderen Venen oder dem ja auch in eine Vene mündenden Ductus thoracicus aus indirekt — in den linken Vorhof, in den linken Ventrikel und die Aorta, um so in alle Organe ausgestreut zu werden. Gelegentlich bewirken vielleicht mehrere solche Einbrüche kleinerer tuberkulöser Herde das gleiche, auch kommen Fälle mit zahlreicheren großen Einbrüchen (in mehrere Lungenvenen) vor; die Regel aber bildet eine

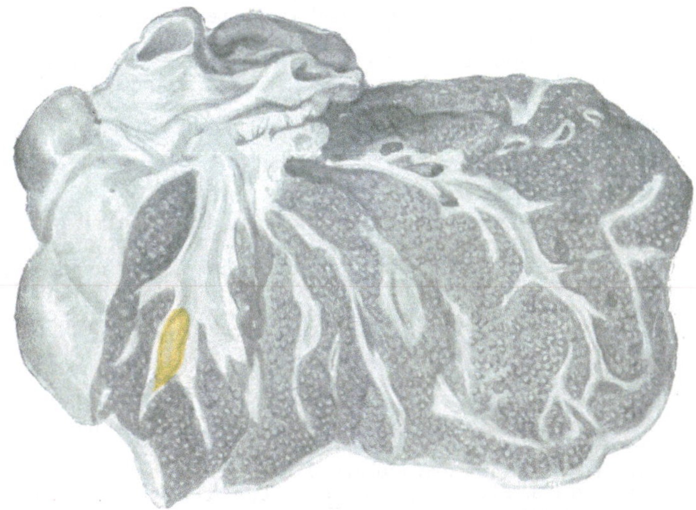

Fig. 79.
Akute allgemeine Miliartuberkulose. Lunge von miliaren Tuberkeln durchsetzt. Im Lumen einer Lungenvene findet sich ein großer verkäster (gelb gezeichneter) tuberkulöser Einbruchsherd, welcher die akute miliare Aussaat bewirkt hat.

einmalige plötzliche Überschwemmung des Gesamtkörpers mit Bazillen auf Grund eines großen Einbruches (Weigert). Dementsprechend finden sich die nun aufsprossenden Tuberkel fast in allen Organen des Körpers, auch da, wo Tuberkulose sonst selten ist, z. B. am Endokard des Herzens (besonders des rechten Ventrikels) oder in der Schilddrüse. Alle diese Tuberkel der verschiedenen Organe haben also zur Zeit des Todes dasselbe Alter; Unterschiede in Größe und Entwicklungsstadium sind auf die in einzelnen Organen oder Organteilen verschieden günstigen Wachstumsbedingungen zu beziehen. So bleiben die Tuberkel in der Leber meist besonders klein und sind an den Lungenspitzen schneller gewachsen als in anderen Lungenpartien.

Voraussetzung für den Einbruch eines tuberkulösen Herdes in ein Gefäß, der dann zur akuten allgemeinen Miliartuberkulose führt, ist natürlich das Vorhandensein eines solchen primären Herdes zunächst außerhalb des Gefäßes. Dieser befindet sich zumeist in der Lunge (daher der Einbruch in eine Lungenvene am häufigsten), und zwar häufig in den kleinen die Gefäße umgebenden Lymphfollikeln (sog. Arnoldsche Drüsen), und ist meist mikroskopisch klein, weil er eben frühzeitig in die Gefäße hineinwuchert. Hier im Lumen erreicht er dann aber ansehnliche Größe, weil er ja eine große Ausdehnung besitzen muß, ehe es zur Verkäsung und somit Freiwerden einer großen Zahl von Bazillen kommt. So ist denn fast ausnahmslos der Einbruchsherd, also ein großer verkäster Tuberkel, bei der Sektion in einer Vene (meist Lungenvene) oder dem Ductus thoracicus (besonders wenn die Pleurablätter verwachsen sind) — selten in dem Herzen oder der Aorta — als ein in der Längsrichtung des Gefäßes gestellter 1 bis 2 cm langer gelber und weicher (verkäster) Herd nachweisbar.

Im ganzen ist die akute allgemeine Miliartuberkulose, da hier eine Reihe Voraussetzungen zusammentreffen müssen, im Vergleich zu den so häufigen chronisch-phthisischen Formen ein seltener Befund. Daß nicht tuberkulöse Herde weit häufiger in Gefäße einwachsen, beruht auch darauf, daß in tuberkulösen Herden zumeist vorher ein entzündlicher Prozeß, eine Endophlebitis bzw. Endarteriitis obliterans, einen Verschluß des Lumens herbeiführt.

4. Häufigkeit der Tuberkulose.

Die Tuberkulose ist eine der häufigsten Erkrankungen; etwa $^1/_4$ aller Menschen erliegt tuberkulöser Phthise. Die Morbiditätsziffer ist noch weit höher. Statistisch findet sich (bei Ausschluß des Säuglingsalters) in großen Städten bei mindestens 40—50% aller Leichen Tuberkulose als Todesursache oder Spuren geheilter bzw. latenter Tuberkulose. Am seltensten ist die Tuberkulose im 1. Lebensjahr, in hohen Prozentsätzen im 2.—6. Jahre, sie nimmt dann bis zur Pubertät etwas ab, um die größte Zahl tödlicher Erkrankungen im Alter von 15—30 Jahren zu erreichen. Nimmt man auch die mikroskopische Untersuchung besonders auch der Lungen und Lymphknoten zu Hilfe, so ist der Prozentsatz ein enormer. Bei Krankenhausmaterial kann man dann in 80%, ja sogar in 97% aller Leichen Erwachsener, besonders älterer, alte Residuen tuberkulöser Prozesse auffinden (Nägeli, Aschoff-Schirp) Die Zahl der Personen mit tuberkulösen Lungenherden im allgemeinen kann man mit Orth oder Lubarsch auf gegen 70% taxieren. Bei den meisten Menschen also findet im Verlauf des Lebens eine Aufnahme von Tuberkelbazillen mit lokalen Reaktionen statt, daran schließt sich aber meist keine progressive tuberkulöse Erkrankung, also keine Phthise an. Die weitgehende Durchseuchung steht eben wohl zu diesen Zeichen relativ großer Immunität in direkten Beziehungen und daher können, wie Schirp mit Recht hervorhebt, jene großen statistisch errechneten Zahlen nicht erschrecken. Die alten Residuen unbedeutender tuberkulöser Prozesse nehmen mit fortschreitendem Alter zu, umgekehrt ist die Disposition zu schwerer und tödlicher Erkrankung im Jugendalter größer.

5. Bedingungen der Infektion. Disposition.

Die Infektiösität der Tuberkulose war schon vor Entdeckung des Tuberkelbazillus bekannt (vor allem Villemin-Klebs) und ist seitdem unbestritten. Glücklicherweise bleiben im Kampfe der Bazillen und Zellen doch meist letztere Sieger, und die Eindringlinge werden eliminiert. So kommt es, daß trotz der fast für jeden gegebenen Gelegenheit zur Aufnahme von Tuberkelbazillen eine Infektion im Sinne einer dauernden wirksamen Ansiedlung der Bakterien im Körper nur ausnahmsweise zustande kommt, d. h. nur wenn bestimmte Bedingungen für die Weiterverbreitung des Prozesses und das weitere Wachstum der Bazillen gegeben sind. Die Bazillen müssen in genügender Zahl und in infektionstüchtigem Zustand in den Körper eindringen und sich so in diesem aufhalten können. Diesen Faktoren stehen aber von Natur aus gewisse Hemmnisse entgegen. Gegen das Haften der Erreger schützt das Zurückhalten in den Nasenmuscheln mit ihren labyrinthartigen Gängen, oder Steckenbleiben in den oberen Luftwegen, sowie die nach aufwärts gerichtete Zilienbewegung des Flimmerepithels der Respirationswege. So ist den Bazillen der Zutritt zur Lunge erschwert; in weitaus den meisten Fällen werden sicher nur höchst geringe Mengen aufgenommen. Die Virulenz ist oft herabgesetzt, wenn auch Tuberkelbazillen in eingetrocknetem Zustand $^1/_2$—$^3/_4$ Jahren Infektionsfähigkeit bewahren können.

Noch wichtiger sind aber Momente, die im Organismus selbst gelegen sind. Finden wir doch unter sonst fast gleichen Bedingungen die tuberkulöse Erkrankung ganz überwiegend bei bestimmten Gruppen angehörenden Individuen. Das zeigt die Wichtigkeit des Momentes der individuellen Disposition besonders bei Ansiedlung nur weniger Bazillen, wie es die Regel ist. Am wichtigsten ist hier die erbliche Belastung (s. o.). Lange bekannt ist der Thorax phthisicus, der in Schmalheit und geringer Tiefe, sowie in eingesunkenen Klavikulargruben besteht. Er wird zumeist als Teilerscheinung eines allgemeinen Status hypoplasticus (im ganzen auch mit dem sog. Status asthenicus identisch)— wobei sich öfters auch Kleinheit des Herzens und zentral nach unten hängendes Herz (sog. Tropfenherz) sowie Enge der Aorta findet— angesehen, und dieser ist als Konstitutionsanomalie angeboren und vererblich. Man hat geglaubt (Freund-Hart) eine angeborene, wenn auch zunächst latent bleibende rudimentäre Entwicklung der ersten Rippe und eine so resultierende Formveränderung der oberen Thoraxapertur dabei als mechanische Grundlage der Lungendisposition für Tuberkulose ansehen zu dürfen. Jedoch hat sich keine durchgehende Parallelität gefunden, und jene Formveränderungen sind wohl zum großen Teil auch erst die Folge schrumpfender Prozesse an Lungen und Pleuren (Marchand). Auch direkten Druck auf die Lunge bewirkende Furchen sind (von Schmorl) beschrieben worden. Auf jeden Fall wird nicht der Tuberkelbazillus direkt intrauterin übertragen, somit auch nicht die Erkrankung intrauterin erworben, sondern die Disposition zur Tuberkulose ist in diesen Fällen kongenital und erblich. Solche erbliche Belastung ist bei $^1/_3$—$^2/_3$ aller an Tuberkulose Erkrankten nachweisbar. Dazu kommt bei Kindern phthisischer Eltern die stete Gefahr der zahlreichen Bazillen der Umgebung (Exposition). Die Gründe für die besondere Disposition des Lungenobergeschosses für die Phthise sind schon oben angeführt.

Erhöhte Disposition zur Tuberkulose kann aber auch im späteren Leben erworben werden. Dies wird bewiesen durch das besonders häufiges Vorkommen der Erkrankung bei den Arbeitern mancher „Staubgewerbe" (Steinmetze, Schleifer, Feilenhauer) einerseits, bei Inwohnern von Gefängnissen oder anderen unter schlechten hygienischen Verhältnissen, bei ungenügender Nahrung lebenden, oder durch schwere Krankheiten oder dergleichen — wie Diabetes, zahlreiche Wochenbette, sexuelle Exzesse, Alkoholismus, geistige Depression — geschwächten Individuen andererseits. In diesen Fällen ist also die Disposition eine erworbene allgemeine oder lokale. Letzteres ist am deutlichsten der Fall, wenn etwa ein Aneurysma einen Bronchus komprimiert und nur diese Lunge an Tuberkulose erkrankt. Doch liegen hier die Verhältnisse sehr kompliziert. Dies sehen wir gerade bei den durch Staubarten gesetzten alten Veränderungen der Lunge, den sog. Koniosen

(s. unter Lunge). Während solche, welche z. B. durch Stein- oder Metallstaub herbeigeführt werden (s. o.), die Lunge für Phthise besonders disponieren, scheinen andere Staubarten, wie vor allem sehr viel eingeatmeter und in der Lunge abgelagerter Kohlenstaub (Anthrabosis), aber auch Kalkstaub (Chalibosis) bzw. die so gesetzte chronische Entzündung die Disposition der Lunge gegen die Tuberkulose sogar herabzusetzen. Es ist dies wohl hauptsächlich mit der verschiedenen chemischen Beschaffenheit der Staubsorten zu erklären, und Rößle mißt in diesem Sinne der Kieselsäure (Porzellanarbeiter) eine besondere die Narbenbildung bei Tuberkulose begünstigende und so die Disposition für progrediente Phthise herabsetzende Wirkung zu. Im allgemeinen tritt die erbliche Belastung mit zunehmendem Alter allmählich zurück, die erworbene Disposition immer mehr in den Vordergrund. Doch kann sich beides auch kombinieren. Je ausgesprochener die Disposition, um so geringer braucht die Infektion quantitativ zu sein, um eine Phthise entstehen zu lassen, und umgekehrt.

Für die praktische Prophylaxe der Tuberkulose ergibt sich aus allem, daß die Bekämpfung der Disposition, soweit dies möglich ist, mindestens so bedeutungsvoll ist, als die — auch nur unvollkommen durchführbare — Hintanhaltung der Infektionsmöglichkeit. Bei weitem am häufigsten ist der Erreger der Tuberkulose beim Menschen der Typus humanus des Tuberkelbazillus. Dementsprechend ist der schwindsüchtige Mensch die Hauptgefahr der Krankheitsübertragung auf andere Menschen und zwar vor allem sein Sputum, dessen Tuberkelbazillen beim Sprechen und Husten in Form feinster Tröpfchen die Krankheit übertragen, aber auch zu Staub eingetrocknet noch virulent bleiben können. So kommt vor allem aerogene Lungentuberkulose zustande. In einem anderen Teil der Fälle (vielleicht 10, nach anderen auch 20%), besonders bei Kindern, ist der Typus bovinus, also der Erreger der Perlsucht, auch beim Menschen als ätiologisches Moment für Tuberkulose nachgewiesen. Hier ist die Milch perlsüchtiger Kühe die Hauptquelle. Denken wir uns die Phthise als das Resultat einer Doppelinfektion (s. o.), so kann die erste Infektion im Säuglingsalter mit weniger virulenten Bazillen zum großen Teil wohl gerade auf den Typus bovinus bezogen werden; dann kommt diesem noch größere Bedeutung zu. Prophylaktisch ist daher die Berücksichtigung auch dieser Infektionsquelle sehr wichtig.

6. Die Skrofulose.

Die sog. Skrofulose, eine Erkrankung meist der Kinder etwa im Alter von 2—13 Jahren, stellt eine Abart der Tuberkulose dar (vielleicht mit weniger virulenten Tuberkelbazillen), welche die Lymphknoten, besonders die des Halses betrifft (daher der Name Skrofulose wegen des „Schweine"halses). Die Disposition gerade der Kinder für tuberkulöse Erkrankungen der Lymphknoten erklärt, daß die Skrofulose hauptsächlich eine Erkrankung der Kinder ist. Die Lymphknoten sind zu Paketen geschwellt, hyperplastisch; später gehen die Affektionen einen Rückgang mit fibröser Induration oder Verkäsung, Erweichung, Vereiterung, oft mit Durchbruch nach außen und Fistelgangbildung, ein. Zuweilen kann ein großer Teil aller Lymphknoten ergriffen sein. Zugleich bestehen häufig mannigfache Affektionen der äußeren Haut in Gestalt von skrofulösen Ekzemen, oder des sog. Skrofuloderma, oder der Schleimhäute in Form chronischer Katarrhe, der sog. skrofulösen Lippe, Conjunctivitis und Keratitis phlyctänulosa, Nasen-, Mittelohr- und Rachenkatarrhe, adenoider Vegetationen und Schwellung der Tonsillen. Zum Teil handelt es sich hier um die Eingangspforten für die Lymphknotenerkrankung, zum Teil um Folgen letzterer. Nicht alle genannten Affektionen sind anatomisch oder ätiologisch (kein Befund von Tuberkelbazillen) tuberkulöser Natur, oft wirken pyogene Mikroorganismen an den ergriffenen Stellen mit bzw. ein. An Skrofulose schließt sich später oft Tuberkulose anderer Organe — besonders der Lungen und Knochen — an; eventuell auch akute allgemeine Miliartuberkulose.

Vielfach werden unter Skrofulose auch überhaupt starke Lymphknotenschwellungen bei Kindern eventuell mit Ekzemen usw. verstanden, auch wenn sie nicht tuberkulöser Natur sind. Sie beruhen dann auf Konstitutionsanomalien mit erhöhter Disposition zu verschiedenen Erkrankungen, besonders aber gerade auch zur Tuberkulose (klinisch oft exsudative Diathese genannt).

Lupus und Skrofuloderma sind tuberkulöse Affektionen der Haut und mancher Schleimhäute (s. im II. Teil, Kap. IV und IX).

B. Syphilis.

Die Infektion bei der Syphilis ist zunächst lokaler Natur, doch tritt bald eine Allgemeininfektion des Körpers ein. Erreger ist die Spirochaete pallida (Schaudinn). Die primäre Infektion erfolgt fast stets durch den geschlechtlichen Verkehr, seltener durch den Mund, durch Wundinfektion, durch verunreinigte Instrumente, durch Säugen syphilitischer Kinder an einer gesunden Amme u. dgl. m.

An der Eingangspforte des syphilitischen Virus entwickelt sich nach meist 3—4wöchentlicher Inkubationszeit der **Primäraffekt.** Dieser — es ist fast immer nur einer vorhanden — sitzt dem Infektionsmodus entsprechend meist an den Geschlechtsorganen, seltener an den Lippen, Fingern, Brustwarze usw. An der Haut des Penis, dem Präputium, dem Sulcus coronarius, dem Frenulum resp. den Labien oder der Vulva entsteht er in Form einer flachen Papel, welche bald in oberflächliche, wenig sezernierende Ulzeration übergeht. An Schleimhäuten entsteht der Primäraffekt meist zuerst als kleines, herpesähnliches Bläschen, das bald aufbricht und so auch eine kleine Erosion darstellt. Da das Knötchen bzw. die Umgebung der Geschwürsstelle hart wird, spricht man von **Initialsklerose;** da die Ulzeration bald zunimmt und so ein mit derben, eigentümlich speckigen Körnchen versehenes Geschwür entsteht, von **Ulcus durum** oder hartem oder Hunterschem Schanker.

Mikroskopisch handelt es sich um ein starres Gewebsinfiltrat, die Gewebsspalten sind von Granulationszellen sowie spärlichen kleinen gewucherten Bindegewebszellen erfüllt; die proliferierten Zellen liegen besonders um Lymphkapillaren und kleine Venen, später auch kleine Arterien. Die von Bindegewebszellen stammenden Elemente produzieren neues faseriges Bindegewebe, worauf die Härte des Schankers beruht. Die Ulzeration unterscheidet sich nicht von anderen Geschwürsbildungen. Später tritt Verheilung durch Narbenbildung ein, welche makroskopisch mehr oder weniger kenntlich bleibt und mikroskopisch meist noch lange Rundzellenhaufen, besonders um Gefäße, aufweist.

Bald nach Auftreten des Primäraffekts treten Zeichen ein, daß die Erkrankung sich zunächst per continuitatem weiter ausbreitet. Dieselben Zellwucherungen wie in der Initialsklerose treten auch in der Wand der abführenden Lymphgefäße sowie in deren Umgebung auf; so entsteht schon makroskopisch der sogenannte **Lymphstrang,** welcher von der Initialsklerose zu den regionären, also meist Inguinallymphknoten führt. Diese gehen dieselbe histologisch wenig scharf charakterisierte Zellhyperplasie ein; sie schwellen daher an und werden als **harte** oder **indolente** (schmerzlose) **Bubonen** bezeichnet.

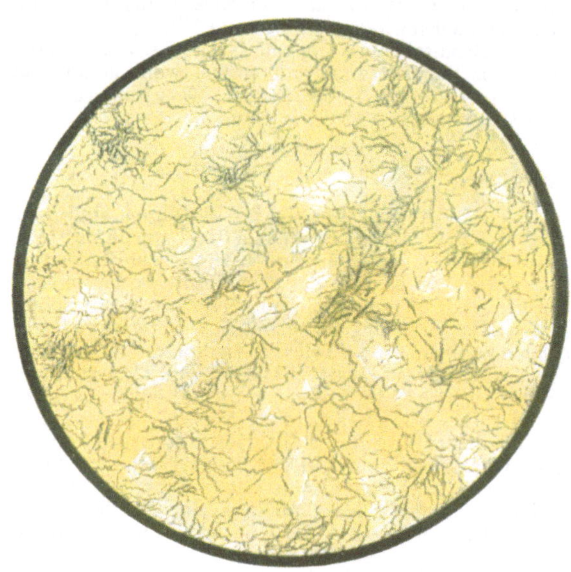

Fig. 80.
Große Massen der Spirochaete pallida (aus der Leber eines kongenital-syphilitischen Kindes).
Imprägnation nach Levaditi.

Da das Virus nun auch die Lymphknoten passiert, gelangt es in den Gesamtorganismus und ruft hier — meist etwa 6—7 Wochen nach Entstehung des Primäraffekts — mannigfache Veränderungen an Organen, besonders aber an der Haut und an Schleimhäuten hervor. Es handelt sich jetzt um eine **allgemeine Syphilis;** wir bezeichnen diese Periode als **Sekundärstadium.** Die Veränderungen an Haut und Schleimhäuten sind die sog. **Syphilide**; sie haben makulösen, papulösen, pustulösen usw. Charakter und stellen exsudative Entzündungen dar. Unter den entzündlichen Zellen fallen besonders zahlreiche Plasmazellen auf. Gefäßveränderungen stehen mit im Vordergrund (näheres über Syphilide s. auch unter „Haut"). Pigmentverschiebungen der Haut treten häufig dabei ein; so entstehen helle, pigmentfreie Flecke, das Leucoderma syphiliticum. An gewissen Stellen, besonders solchen, wo 2 Hautflächen sich berühren, und stärkere Gewebsreizung durch Feuchtigkeit, Schweiß, Wärme usw. statthat, also vor allem an den Schamlippen und den entsprechenden Flächen der Oberschenkel, der Analfurche, dem Skrotum und der Hinterfläche des Penis, der Achselhöhle, den Mundwinkeln, den Zehenfalten, stellen sich schwerere Entzündungen ein, welche (hier an der Haut) **breite Kondylome** benannt werden. An entsprechenden Schleimhautstellen, besonders an Übergängen der äußeren Haut zu Schleimhäuten, wie am inneren Blatt des Präputium, den inneren Teilen der Vulva, an der Portio vaginalis, den Schleimhäuten der Mundhöhle oder des Larynx heißen solche Bildungen besonders starker Entzündung **plaques muqueuses.** Sie bestehen in breiten Erhabenheiten, welche Papeln mit starker Schwellung der Papillen darstellen; an der Oberfläche wird das Epithel mazeriert und dann abgestoßen; so entsteht eine nässende, ein dünnflüssiges oder eitriges Sekret absondernde Oberfläche oder auch Geschwürsbildung. Ferner finden wir öfters an den Knochen des Schädels und der Extremitäten, besonders der Tibia, dicht unterhalb der Haut eine leichte Periostitis. In selteneren Fällen weisen auch die inneren Organe Entzündungen, Katarrhe u. dgl. auf. Alle diese Entzündungen der Sekundärperiode sind relativ gutartig und führen in der Regel keine tiefergehenden Organzerstörungen herbei.

An dies Stadium kann sich nun nach verschieden langer Latenzperiode das sog. **tertiäre Stadium** anschließen. Man spricht besser von Spätformen der Syphilis. Sie bestehen in für die Syphilis und meist dies Stadium derselben charakteristischen Neubildungen, den sog. Gummata sowie in ziemlich uncharakteristischen produktiven Entzündungen in allen möglichen

Organen. Diese **Gummiknoten (Gummata,** Virchow) oder **Syphilome** (E. Wagner) sind die für die Lues charakteristische Neubildung, vergleichbar dem Tuberkel, und entstehen wie letzterer weniger durch exsudative als durch proliferative Entzündung. Die Gummata stellen submiliare bis faustgroße (besonders in Gehirn und Leber), rundliche oder unregelmäßige, oft gelappte Knoten dar oder mehr flächenhafte, weniger scharf abgesetzte Einlagerungen von grauroter Farbe und weicher Beschaffenheit und finden sich in einem oder gleichzeitig in mehreren Organen. Mikroskopisch bestehen sie aus Anhäufungen von Rundzellen und kleinen Spindelzellen, die sich besonders um die sehr zahlreichen Gefäße gruppieren. Dazwischen finden sich — wenn auch seltener und weniger zahlreich als im Tuberkel — Riesenzellen mit wandständigen Kernen, die denen des Tuberkels ganz gleichen, nur meist nicht ganz so charakteristisch ausgebildet sind. Von den Spindelzellen, jungen Bindegewebszellen, hervorgebracht, findet sich in den Gummiknoten auch mehr oder weniger reichliche fibrilläre Interzellularsubstanz. Sehr bald treten nun weitere regressive Veränderungen ein. Zunächst hochgradige Verfettung der Zellen, was den Gebilden oft schon makroskopisch eine ausgesprochen gelbe Farbe verleiht. In zahlreichen Gummiknoten, besonders der Leber, des Gehirns, Hodens usw., kommt es ähnlich wie im Tuberkel zur Koagulationsnekrose, d. h. Verkäsung, die auch hier zentral beginnt und makroskopisch zähderbe, gelbe, oft unregelmäßig zackige Herde, die an geronnenes Fibrin erinnern, darstellt. Andere Gummata, besonders des Periosts, der Haut und mancher Schleim-

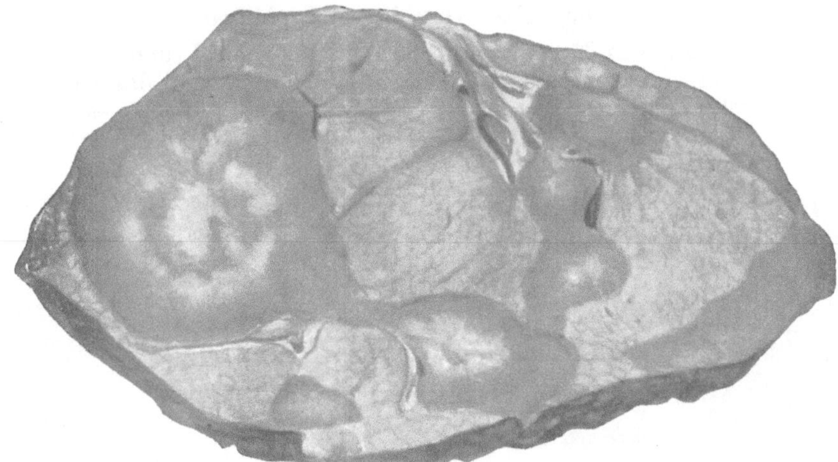

Fig. 81.
Multiple Gummata der Leber.

häute, erweichen zu einer gallertigen, schleimartigen Masse; diese bricht dann nach völliger Erweichung und Verflüssigung öfters nach der Oberfläche durch, so daß dann Geschwüre und Fistelgänge mit speckigen Rändern und oft von serpiginösem Charakter entstehen.

Der soweit auf der Höhe seiner Ausbildung und mit seinen regressiven Metamorphosen geschilderte Gummiknoten gleicht in vielen Hinsichten sehr einem Tuberkel auch in seinem mikroskopischen Verhalten. Meist sind aber immerhin charakteristische Unterschiede vorhanden: Das Gummi enthält Gefäße, die Granulationszellen sind meist kleiner als die Epitheloidzellen des Tuberkels, die Riesenzellen sind meist spärlicher und weniger gut ausgebildet; die Fibroblasten und somit neugebildetes faseriges Bindegewebe treten mehr hervor; infolgedessen entwickelt sich hier die Nekrose langsamer als im Tuberkel, und der Käse ist im Gummiknoten fester; mikroskopisch kann man an den verkästen Partien noch den faserigen Charakter des Gewebes erkennen, so daß die Konturen oft „wie durch einen Schleier gesehen" erhalten bleiben. Um die käsigen Massen des Gummiknotens liegt lange Zeit noch eine breite Zone von frischerem Granulationsgewebe. Dies dringt in die käsigen Partien unter Resorption derselben ein und wandelt sich dann in faseriges Bindegewebe, d. h. Narbengewebe um. Dasselbe Endresultat kann auch im Gummi von dessen Spindelzellen aus direkt ohne Umweg über Verkäsung eintreten. In jedem Fall ist diese Umwandlung und Bildung derben, stark schrumpfenden Bindegewebes gerade für die syphilitische Neubildung charakteristisch. Ganz besonders tritt eine solche totale fibröse Umwandlung in den Fällen auf, in denen überhaupt nicht zirkumskripte eigentliche Gummata vorlagen, sondern mehr diffuse gummöse Infiltration bestand, welche meist in Gestalt ausgedehnter Züge und Narben dem Interstitium der Organe folgt. Aus den Gummata wie den mehr diffusen gummösen Entzündungen entstehen also zuletzt stark schrumpfende Narben, welche oft tiefe Einziehungen an der Oberfläche von Organen bewirken und mit radiären Zügen in die Umgebung ausstrahlen. Solche recht typischen Narben finden sich besonders an der Leber, aber auch an anderen Organen, auch nach diffusen gummösen Neubildungen an den Meningen; die zirkumskripten Gummata des Zentralnervensystems hingegen lassen meist die fibröse Umwandlung vermissen.

Haben schon die diffusen gummösen Prozesse weniger Charakteristisches an sich als die eigentlichen tumorartigen Gummata, so leiten sie über zu der anderen Erscheinungsform spätsyphilitischer Produkte, der einfach **produktiven diffusen Entzündung**; diese, der öfters auch exsudative Prozesse beigemengt sind, hat nichts für Syphilis Charakteristisches an sich, kommt aber bei dieser in allen möglichen Organen besonders häufig vor. Solche syphilitische Granulationen und als ihr Endresultat Narben können daher oft sehr schwer als syphilitisch zu erkennen sein. Die Anordnung der Zellen um Venen und die Veränderung dieser selbst im Sinne der Endophlebitis (am besten bei Färbung auf elastische Fasern zu erkennen, Rieder) spricht sehr für Syphilis.

Während Tiere lange Zeit für immun gegen Syphilis galten, ist es gelungen die Erkrankung zunächst auf Affen, besonders durch Einimpfung an den Augenbrauen, dann auch auf andere Tiere zu übertragen und zu studieren.

Kongenitale (hereditäre) Syphilis.

In einer großen Zahl von Fällen ist die Syphilis kongenital, und zwar kann sie sowohl vom Vater wie von der Mutter herrühren; vom Vater dadurch, daß das Kontagium mit dem Sperma auf die Eizelle übertragen wird, von der Mutter dadurch, daß es entweder zur Zeit

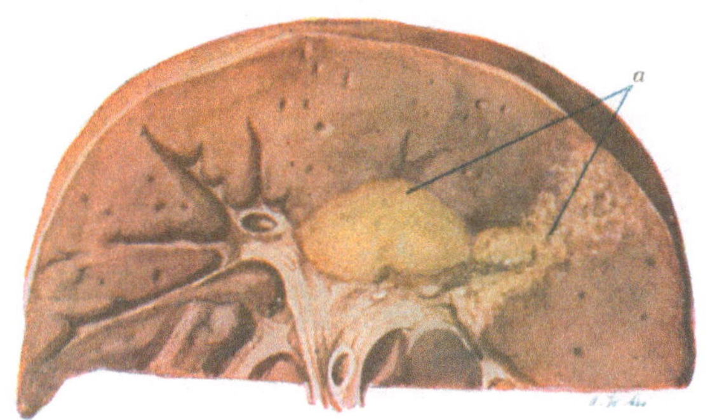

Fig. 82.
Feuersteinleber mit Gummata (bei *a*).

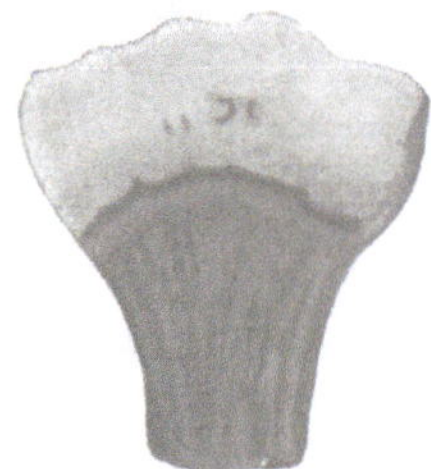

Fig. 83.
Osteochondritis syphilitica.

der Befruchtung an der Eizelle haftet (nur in diesen beiden Fällen ist es erlaubt, von hereditärer Syphilis zu sprechen), oder während der Schwangerschaft auf plazentarem Wege dem in Entwickelung begriffenen Fötus übermittelt wird (kongenitale Syphilis, vgl. auch Kap. V). Wird die Frucht durch spermatische Infektion luisch, so kann die Mutter von der Erkrankung verschont bleiben und erhält in diesem Falle sogar eine, allerdings nicht absolute Immunität durch immunisierende Substanzen, welche auf sie aus dem Fötus übertragen werden; in anderen Fällen kann aber die Mutter noch nachträglich vom Fötus her durch die Plazenta hindurch infiziert werden. Sehr oft hat die syphilitische Infektion ein Absterben der Frucht zur Folge; weitaus die Mehrzahl aller Fälle von Abort, Frühgeburt oder Geburt totfauler Früchte sind auf Syphilis zurückzuführen, ferner eine überaus große Zahl von Mißbildungen.

Die kongenitale Syphilis äußert sich in der Regel und in weit größerem Prozentsatz als die erworbene in diffusen Entzündungen, seltener in zirkumskripten Wucherungen, die auch hier als Gummata bezeichnet werden. Die kongenitale Syphilis betrifft namentlich bestimmte Organe; das Genauere s. in den einzelnen Kapiteln des speziellen Teils, hier nur eine kurze Zusammenstellung:

In der Lunge findet sich öfters eine eigentümliche Form von Pneumonie, die sogenannte weiße Pneumonie (II. Teil, Kap. III); in der Leber sogenannte Gummiknoten, sowie interstitielle Hepatitis (II. Teil, Kap. IV); in den Nieren zeigen sich Veränderungen an den Gefäßen der Rinde in Form von zelligen Infiltrationen (II. Teil, Kap. V); fast konstant findet sich beim luischen Fötus ein Milztumor (II. Teil, Kap. I); der Thymus zeigt indurative Prozesse, sowie die sogenannten Duboisschen Abszesse (II. Teil, Kap. I); die Osteochondritis syphilitica an den Diaphysenenden der Knochen ist diagnostisch sehr wichtig; sie ist zwar nicht ganz konstant, aber doch in den meisten Fällen vorhanden und fehlt bei allen nichtsyphilitischen Neugeborenen vollständig (II. Teil, Kap. VII); übrigens verschwindet sie meist in den ersten Wochen nach der Geburt. An der Haut finden sich verschiedene Exantheme, besonders der Pemphigus syphiliticus, an den Nägeln die Paronychia syphilitica (II. Teil, Kap. IX); die Melaena neonatorum, welche in einer großen Neigung zu Blutungen, namentlich in den Magen-Darmkanal, aber auch in die Bronchien und in verschiedene andere Organe besteht, ist in einer großen Zahl von Fällen auf Syphilis zurückzuführen. Auch die Nebennieren können verändert sein. Vgl. auch die Veränderungen der Plazenta und der Nabelschnur (II. Teil, Kap. VIII). Hierzu kommen noch Veränderungen, welche daher rühren, daß Organe infolge der Syphilis auf einer niedrigeren embryonalen Entwicklungsstufe stehen geblieben sind, z. B. Niere oder Pankreas. Der großen Zahl intensiver Veränderungen, die sich gerade bei kongenitaler Syphilis finden, entspricht auch das massenhafte Auffinden der Spirochaeta pallida in allen möglichen Organen gerade kongenital syphilitischer Kinder. Am gedrängtesten liegen sie dabei meist an den Stellen stärkster Blutversorgung und Stoffwechsels (Pick).

C. Malleus (Rotz, Wurm).

Der Rotz, eine durch den Bacillus mallei (Löffler, Schütz, Israel) hervorgerufene Infektionskrankheit, kommt bei Einhufern, besonders Pferden vor, ist aber auch auf den Menschen übertragbar. Bei letzterem tritt er unter dem Bilde einer pyämischen Allgemeinerkrankung auf, die mit Entwickelung von umschriebenen Hautinfiltraten einhergeht, welche sich in eiterige Pusteln und fressende Geschwüre verwandeln. Außerdem finden sich multiple, hämorrhagisch gefärbte Abszesse in den Muskeln, phlegmonöse Infiltrationen des intermuskulären Bindegewebes, embolische, eiterig zerfallende Rotzherde in der Lunge und in anderen inneren Organen.

D. Lepra (Elephantiasis Graecorum, Aussatz).

Die Lepra stellt ebenfalls eine infektiöse, durch die Leprabazillen (Armauer-Hansen) bedingte, Granulationskrankheit vor, welche in höchst chronischer Weise zumeist im Laufe von Jahren die schwersten Veränderungen und Verstümmelungen des Körpers und zuletzt, zumeist durch Kachexie, den Tod herbeiführt.

Wir unterscheiden zwei Hauptformen: einmal die **Lepra maculosa** bzw. **tuberosa.** Hier erscheinen an der Haut besonders des Gesichts, meist beginnend in der Stirn- und Augenbrauengegend und dann übergreifend auf die behaarte Kopfhaut einerseits, die benachbarten Schleimhäute der Nase, des Ohres, der Lippen andererseits, sodann auch an der Haut der Extremitäten, besonders der Hände und Füße, sowie des Skrotums Flecke, welche, da es sich um Hyperämie handelt, rot oder braun gefärbt sind. Sie gehen dann in prominente Knoten über, welche konfluieren und ganz elephantiasisartige Verdickungen herbeiführen können. Die Knoten bestehen aus einem weichen zellreichen Granulationsgewebe, welches vor allem von Gefäßwänden ausgeht; es beginnt in der Kutis und dringt dann auch subkutan mehr diffus vor. In dem Granulationsgewebe liegen größere Zellen, die sog. Leprazellen, manchmal mit mehreren Kernen bis zur Ausbildung von Riesenzellen, welche große Massen oft zusammengeballter Leprabazillen enthalten, ein Charakteristikum zur Unterscheidung von tuberkulösen oder syphilitischen Granulationsbildungen. Leprabazillen füllen nicht nur diese Zellen oft vollständig an, sondern liegen auch frei sowie auch in Lymphgefäßen. Die Granulationen enthalten weiter zahlreiche Plasmazellen und auch freie Kerne, durch Zerfall des Protoplasmas entstanden. Als regressive Metamorphose findet sich Verfettung, kaum eigentliche Nekrose. Dagegen vereitern die Knoten überaus häufig, so daß tiefe Geschwüre entstehen. Andererseits bilden sich die Knoten vielfach zurück unter Hinterlassung farbloser oder gefärbter Narben; auch die Geschwüre können vernarben. Unterdessen schreitet die Infiltrationsbildung am Rande weiter vorwärts. Durch alles dies zusammen werden fürchterliche Entstellungen herbeigeführt, besonders auch am Auge — wo Erblindung eintritt — und an den Schleimhäuten der oberen Respirations- und Verdauungsorgane. Die Nase kann völlig zusammenfallen, das Septum perforiert werden usw.

Die zweite Hauptform ist die **Lepra nervorum** (**trophoneurotische Lepra**). Hier zeigen die peripheren Nervenstämme knotige und spindelförmige Verdickungen, die ihren Ausgang vom interstitiellen Bindegewebe derselben nehmen und aus dem beschriebenen Granulationsgewebe bestehen. Furchtbar sind die Folgen der Nervenläsion. An der Haut treten anästhetische oder hyperästhetische Bezirke, besonders erstere auf; dazu kommen trophische Störungen mit Atrophie der Haut und der tieferen Gewebe. So entstehen Geschwüre, Haarverlust, abnorme Pigmentierungen. Besonders infolge der Anästhesie treten Sekundärinfektionen, d. h. schwerste Eiterungen hinzu, der nicht nur die Haut, sondern auch die tiefer gelegenen Gewebe, so auch größere Knochengebiete zum Opfer fallen; letzteres tritt auch als direkte trophoneurotische Atrophie ein (besonders von Harbitz in Norwegen verfolgt). So können ganze Knochen schwinden oder kariös abgestoßen werden, so Phalangen oder auch gar eine ganze Hand. Diese zu den fürchterlichsten Verstümmelungen führenden Formen bezeichnet man als **Lepra mutilans.** Erkrankungen innerer Organe treten auf metastatischem Wege ein, so Knoten und zirrhotische Veränderungen in der Leber, Infiltrationen im Knochenmark, Hoden, seltener Darm, Lymphknotenschwellungen usw., doch treten diese Veränderungen gegenüber den peripheren meist zurück. Die Lepra findet sich endemisch besonders in Norwegen, Spanien, Italien, der Türkei, Asien, auch auf den Sandwich-Inseln. Sie befällt meist Leute zwischen 20 und 40 Jahren. Ihre Kontagiosität ist jedenfalls gering.

E. Aktinomykose.

Der Aktinomyzespilz (Hahn, Bollinger) ist vor allem für das Rind häufig pathogen. Die von ihm bei diesem verursachten Wucherungen bestehen aus einem an Sarkom erinnernden Granulationsgewebe, das vor allem stark verfettete epitheloide Zellen aufweist. Sie erweichen im Zentrum, während sich fibröses Grundgewebe ausbildet; so entsteht auf Durchschnitten öfters ein wie wurmstichiges Aussehen, indem die erweichten Partien ausfallen. In dem Granulationsgewebe liegen, schon mit bloßem Auge erkennbar, schwefelgelbe ca. sandkorngroße Körner, die aus Aktinomyzeshaufen bestehen. Diese Prozesse finden sich besonders in der Mundhöhle (Zunge), den Kiefern, wo ganz geschwulstähnliche Auftreibungen auftreten können, der Halswirbelsäule usw., ferner den Lymphknoten am Hals, seltener in der Lunge oder anderen inneren Teilen.

Beim Menschen, bei dem die Aktinomykose seltener ist, bewirkt der Aktinomyzespilz (hier zuerst richtig erkannt von Israel, Ponfick, Bostroem) selten geschwulstartige Auftreibungen, meist diffuse Infiltrate, welche aus Granulationsgewebe bestehen; dies verfettet bald hochgradig und zerfällt vor allem ziemlich bald eitrig. Andererseits entstehen narbige Schwarten, welche von pustulösen Eiterherden durchsetzt sind. Dies Nebeneinander und die oft sehr ausgedehnten Fistelgänge sind charakteristisch. In den Eiterherden finden sich gelbliche Körner, d. h. die drüsenförmigen Kolonien des Aktinomyzespilzes. Die ganzen aktinomykotischen Veränderungen verlaufen meist sehr chronisch.

Die Infektion geschieht zumeist mit der Nahrung, und zwar hauptsächlich mittels Getreidegrannen, Stroh u. dgl., an denen der Aktinomyzespilz wächst. Zuerst ergriffen ist meist die Mundhöhle; kariöse Zahnhöhlen können dem Aktinomyzes als Eingangspforte und Brutstätte dienen, die Zunge kann ergriffen, die Halsspeicheldrüsen von den Ausführungsgängen her öfters infiziert werden, selten die Tonsillen. Besonders befallen werden die Kiefer und von hier aus der Hals, wo die Fisteln öfters nach außen durchbrechen. Der Prozeß breitet sich aber nach oben bis zu den Meningen und dem Gehirn und besonders nach unten nach dem Mediastinum und der Pleura aus. Die Wirbel, besonders des Halses, sowie die Rippen werden relativ häufig ergriffen. Hierbei ist zunächst zumeist das Periost betroffen; unter ihm entstehen Abszesse in Gestalt ausgedehnter Fistelgänge. Der Knochen wird sekundär kariös.

Seltener wie von der Mundhöhle geht die Aktinomykose primär vom Darm aus; am häufigsten ergriffen ist noch Zökum und Appendix. Es können hier tumorartige Wucherungen mit Stenose, nach Perforation Peritonitis entstehen. Noch seltener ist eine primäre Affektion der Lungen durch aspirierte Pilze. Es kommt dann hier zu Bronchopneumonien, Schwielen mit Fistelgängen, Pleuritis usw. Andere Organe, so das Gehirn, können sekundär, d. h. metastatisch erkranken.

Als Botriomykose beschriebene Granulationen des Menschen haben mit der durch den Botriomyzespilz erzeugten Samenstrangerkrankung der Pferde nach Kastration offenbar nichts zu tun.

F. Mykosis fungoides.

Meist nach einer sehr ausgebreiteten, chronischen und hartnäckigen ekzemartigen Veränderung der Haut, zunächst der oberen Körperhälfte, später des ganzen Körpers, als Vorstadium treten multiple, zunächst flache, später oft halbkugelige, eventuell pilzförmig gestaltete, geschwulstartige Bildungen von grauer oder roter Farbe auf, die bis handgroß werden und miteinander konfluieren können. An der Oberfläche sind sie trocken, rotbräunlich oder nässend und mit Krusten bedeckt, eventuell ulzeriert. Später treten entsprechende Veränderungen in inneren Organen (Magen, Lunge, Leber, Milz, Lymphknoten usw.) eventuell auch Nerven auf (Paltauf). Histologisch liegen Zellinfiltrate vor mit zahlreichen, strotzend gefüllten weiten Gefäßen; sie beginnen in der Haut um die Gefäße der subpapillären Kutisschicht. Die Herde sind ödematös, locker und bestehen zum größten Teil aus großen einkernigen Zellen mit einem oder zwei bis drei großen, hellen Kernen bis zur Ausbildung von Riesenzellen, oft vielgestaltigem Protoplasma, an Epitheloidzellen erinnernd, oder mit Fortsätzen nach Art von Fibroblasten. Daneben finden sich vor allem Lymphozyten und Plasmazellen, Mastzellen, eventuell Leukozyten, zum Teil auch eosinophile. So kann man von einem typischen „mykosiden“ Gewebe sprechen. Später kommt es zu Degenerationen und Nekrosen. Andererseits findet man zahlreiche Mitosen. Hyaline Gefäßveränderungen und Thromben mit starkem Ödem kommen dazu, und häufig setzen sekundäre Infektionen ein, welche zu Ulzerationen eventuell auch zu Sepsis führen. Die Erkrankung ist wohl sicher eine durch Erreger bedingte, doch ist die Ätiologie unbekannt. Sie führt zuletzt durch Marasmus zum Tode.

Die seltene, als **Rhinosklerom** (Hebra-Kaposi) bezeichnete, manchmal auf die Schleimhäute des Kopfes und des Halses übergreifende Erkrankung der äußeren Haut in der Gegend der Nase besteht in einer starken zelligen Infiltration der Kutis und der Papillen, die ihren Ausgang in narbige Bindegewebsbildung nimmt. Ihre Ursache ist ein Bazillus (Kap. VII).

Außer den genannten gibt es noch eine Reihe von Granulationen, die wesentlich aus lymphoidem Gewebe zusammengesetzt sind und zum Teil auch in den lymphatischen Apparaten auftreten. Zu ihnen gehören die typhösen Infiltrate der Darmfollikel und der Lymphknoten, besonders der mesenterialen, verschiedene bei Tieren vorkommende Infektionskrankheiten, die Pseudotuberkulose, das Ulcus molle, die Malakoplakie der Harnblase; vielleicht gehören auch die Leukämie und Pseudoleukämie, bzw. das Lymphogranulom hierher, lauter Erkrankungen, auf welche wir teils im nächsten Abschnitt, teils im speziellen Teil zurückkommen werden. Hierher zu rechnen sind auch die Sporotrichosen, Ansammlungen von Epitheloidzellen usw. durch Sporotricheen veranlaßt, welche erst wenig studiert sind, und ähnliche, seltene, durch Sproßpilze erzeugte Granulationen.

Kapitel IV.

Störungen der Gewebe durch geschwulstmäßiges Wachstum (Geschwülste).

Allgemeines.

Während man unter Tumor oder Geschwulst ursprünglich alle zirkumskripten Anschwellungen verstand, wird seit lange die Bezeichnung **Tumor** oder **Neoplasma** oder **Blastom** ausschließlich für **Proliferationsgeschwülste,** d. h. umschriebene, durch **Gewebsneubildung** an Ort und Stelle entstandene Vergrößerungen von Organteilen, welche infolge ihrer Gefäßverhältnisse eine gewisse Selbständigkeit aufweisen, reserviert. Die grundlegenden Kenntnisse verdanken wir Virchow, dem Bearbeiter der „krankhaften Geschwülste".

Blutergüsse, zystische Erweiterungen, entzündliche Proliferationen und dergleichen dürfen daher nicht „Geschwulst" oder „Tumor" benannt werden. Indifferent kann man hier von „Schwellung" sprechen.

Aber wie die entzündlich-proliferativen Prozesse gehen auch die Tumoren als Proliferationsgeschwülste aus den Bestandteilen des Körpers selbst hervor, sie sind nichts ihm Fremdartiges; Krebszellen z. B. sind eben weiter nichts als gewucherte Epithelien. Und ebenso wie bei anderen Prozessen mit Zellvermehrung erfolgt auch hier das erhöhte Wachstum ausschließlich durch Zellwucherung; und zwar ausnahmslos nach dem Gesetz „omnis cellula e cellula", fast stets mit dem Zusatz „ejusdem generis". Die Vermehrung geht auch bei den Geschwülsten auf dem Wege der **Mitose** vor sich; häufiger sieht man hierbei infolge Überstürzung der Zellneubildung **atypische Formen** (v. Hansemann), sei es **asymmetrische, multipolare** oder dergleichen. Oft lassen sich mehrere Zellen nicht so scharf abgrenzen wie sonst, oder aber es bilden sich auch wirklich zusammenhängende Zellmassen, **Synzytien,** oder vielkernige **Riesenzellen.**

Stehen durch ihre Wachstumsverhältnisse die Tumoren auch den Entzündungen und besonders Hypertrophien nahe, so daß im Einzelfalle die richtige Auffassung und somit Benennung schwierig sein kann, so bestehen doch genetisch und dem Wesen nach durchgreifende Unterschiede. Die Geschwülste müssen daher gesondert dargestellt werden. Indem wir das für die Geschwülste Charakteristische besprechen wollen, schicken wir voraus, daß nicht alle Eigenschaften jeder Geschwulst zu eigen, und daß diese untereinander sehr verschieden sind, so daß eine völlig befriedigende Definition des Wortes „Geschwulst" nicht möglich ist.

Eine der wesentlichsten Eigentümlichkeiten der echten Geschwülste ist die **fast unbegrenzte Wachstumsfähigkeit** der Geschwulstelemente ohne physiologischen Abschluß. Dabei zeigt dieses Wachstum infolge eigener Anordnung der Geschwulstgefäße einen **autonomen** Charakter; es ist so gut wie unabhängig von dem allgemeinen Ernährungszustand des Organismus: ein Lipom z. B. wächst auch bei völligem Schwund des normalen Fettgewebes weiter, Myome entstehen und vergrößern sich im hochgradig atrophischen Uterus, Karzinome und Sarkome wachsen nicht nur bei hochgradigster Atrophie des Gesamtorganismus weiter, sondern rufen selbst eine solche hervor, ohne dadurch im mindesten in ihrer Proliferationstätigkeit beeinträchtigt zu werden. Man hat die Tumoren von diesem Standpunkt aus geradezu mit Parasiten verglichen, welche sich auf Kosten des eigenen Organismus, dem sie entstammen, ernähren. Diesem Verhalten steht in funktioneller Beziehung ein negatives Moment gegenüber: obwohl Abkömmlinge von Elementen des Körpers, **verlieren** doch die Geschwulstgewebe im allgemeinen **sehr bald ihre spezifische Funktion** oder **erfüllen sie in mangelhafter Weise.** Muskelgeschwülste verlieren ihre Kontraktilität, Drüsentumoren sezernieren kein normales Sekret mehr oder stellen die Sekretion ganz ein, Geschwülste der Stützgewebe bilden selbständige Gewebsmassen und dienen nicht mehr als Unterlage oder Gerüst für die parenchymatösen Teile, Deckepithelien beschränken sich nicht mehr darauf, Oberflächen zu bekleiden, sondern drängen sich in die Spalträume des übrigen Gewebes ein. Jedenfalls kommt die Funktion der Tumoren nur in den seltensten Fällen dem Organismus zugute. Zu den Ausnahmen gehört es, wenn in Thyreoideageschwülsten oder Pankreastumoren sezernierte Stoffe auch noch für den Gesamtkörper nützlich sind oder wenn selbst Metastasen von Leberkrebsen noch Galle bilden können (v. Hansemann, M. B. Schmidt). Also allgemein gesagt, haben die Tumorzellen an funktioneller Tätigkeit abgenommen, an Proliferationsfähigkeit zugenommen.

Die **äußere Form** von Geschwülsten ist recht verschieden: knotig oder knollig, polypenartig gestielt, glatt oder höckerig, eventuell pilzförmig, papillär bzw. blumenkohlartig verzweigt usw. usw. Man drückt diese Formen durch Zusatz von Worten wie polyposum, papillare usw. aus. Die **Farbe** wird durch die Eigenfarbe der Gewebe, durch den Blutgehalt und eventuell Einlagerungen, wie Pigment oder Fett (gelb) bestimmt. Sind die meisten Geschwülste **zirkumskript**, so gibt es doch auch solche, welche von Anfang an in **diffuser** Weise auftreten; sie stellen dann mehr gleichmäßige Einlagerungen in die Organe dar und bewirken an diesen Verdickungen oder Auftreibungen; das Fremdartige der Einlagerung fällt dann zudem meist durch abnorme Farbe, andere Konsistenz und Struktur der Schnittfläche auf.

In der Mehrzahl der Fälle entstehen Tumoren von **umschriebenen Stellen** aus, d. h. es geraten innerhalb eines begrenzten Territoriums wenige Zellen in Proliferation. Die Geschwulst **wächst dann aus sich selbst heraus,** also durch fortwährende Vermehrung ihrer eigenen Zellen. Eine Kontaktinfektion benachbarter Zellen ist zum mindesten nicht die Regel. Die meisten Geschwülste gehen von einer Stelle aus (**unizentrisch**), selten von mehreren Stellen gleichzeitig (**multizentrisch**), wobei sich dann jeder Geschwulstherd selbständig vergrößert.

Naturgemäß unterscheidet sich die entstandene Geschwulst in Gewebeanteilen morphologisch von normalem Gewebe. Es fehlen größere Gefäße und vor allem richtig angeordnete Nerven. Auch die Gesamtstruktur der einzelnen Zellen, welche die Bausteine der Geschwulst bilden, zeigt Abweichungen vom normalen Typus, aber, wie wir bei den einzelnen Geschwülsten noch sehen werden, in sehr verschiedenem Maße. Man benennt Tumoren, welche den Bau des Mutterbodens in mehr oder weniger typischer Weise wiederholen, also einfachen Hyperplasien somit mehr gleichen, **homologe** (oder homöoplastische, Virchow). Sie sind im allgemeinen die gutartigeren Geschwülste. Umgekehrt zeigen die bösartigeren zumeist einen gegenüber dem ursprünglichen Gewebe hochgradig veränderten, also atypischen Bau, den man als **heterolog** (oder heteroplastisch, Virchow) bezeichnet. Bei Tumoren, die von Bindesubstanzen stammen, äußert sich dies z. B. in einem Überwiegen der zelligen Elemente, ohne daß diese die ihnen normaliter zukommende Zwischensubstanz bildeten. Diese Zellen entsprechen dann oft mehr einem indifferenten Keimgewebe; auch in epithelialen Tumoren haben die Epithelien oft einen indifferenten Charakter, während der scharf geschiedene Typ des Zylinder- oder Plattenepithels nicht besteht. Diese heterologen, im allgemeinen bösartigen Tumoren kann man danach auch als solche mit mangelhafter Gewebsreife betrachten. Tumoren, deren Zellen von den normaliter an der betreffenden Stelle vorkommenden ganz und gar abweichen, werden heterotop (Virchow) genannt.

Alle Tumoren enthalten eine gewisse Menge bindegewebiger Grundsubstanz, welche die Gefäße trägt; dies fällt naturgemäß weniger in Geschwülsten auf, welche überhaupt aus Bindegewebe zusammengesetzt sind als in anderen. Auch spielt es eine kleinere Rolle in Tumoren, deren Hauptbestandteil Knochen-, Muskelgewebe oder dergleichen ist. Alle diese Tumoren, welche wenigstens ihrem Hauptbestandteil nach aus einem einfachen Gewebe aufgebaut sind, nennt man histoide Tumoren. Eine gewisse Selbständigkeit erlangt dagegen das Bindegewebsgerüst in epithelialen Tumoren, ähnlich wie in parenchymatösen Organen, und man bezeichnet dementsprechend auch hier die epithelialen Tumorelemente — welche das wesentliche dieser Tumoren darstellen — als Parenchym, das bindegewebige Gerüst als Stroma und nennt solche mehrgewebig zusammengesetzte Tumoren organoide.

Auch in Tumoren bilden sich verschiedene regressive Metamorphosen aus. So finden sich Verfettung, Verkalkung, hyaline Degeneration und dergleichen mehr, vor allem aber Nekrosen, welche an Oberflächen zu Geschwüren führen. Sie sind teils die Folge der Hinfälligkeit der Geschwulstgewebe, teils auf Ernährungsstörungen zu beziehen, da meist die Bildung von Blutgefäßen mit der Gewebswucherung nicht Schritt hält; auch können die Gefäße komprimiert oder durchwuchert bzw. sonst verstopft werden. An der Stelle ausgefallener nekrotischer Geschwulstgewebepartien kann Bindegewebe wuchern und so partielle Vernarbung eintreten. Solche Vorgänge finden sich besonders nach Behandlung mit Röntgenstrahlen, Radium oder dergleichen.

Zu einer Rückbildung des Gesamttumors und somit Heilung desselben führen diese regressiven Metamorphosen aber nicht, da auf der anderen Seite das Wachstum überwiegt. Von dieser unbegrenzten Wachstumsfähigkeit als einem wesentlichen Charakteristikum der Geschwulst war oben schon die Rede. Das Wachstum eines Tumors kann nun in 2 verschiedenen Arten vor sich gehen bzw. auf die Nachbarschaft einwirken. Wächst der Tumor nur unter Verdrängung der Nachbargewebe, so spricht man von **expansivem Wachstum;** sendet er Fortsätze und Ausläufer baumwurzelförmig in die Umgebung hinein, deren Spalten durchsetzend und ausfüllend, also aggressiv gegen die Umgebung vordringend, so bezeichnet man dies als **infiltrierendes Wachstum.** Diese Wachstumsverschiedenheit steht in engsten Beziehungen zur Gutartigkeit oder Bösartigkeit eines Tumors. Sind diese Begriffe auch von Haus aus solche rein klinischer Natur, so sind wir doch gewohnt, sie auch in anatomischem Sinne durch eine gedankliche Übertragung anzuwenden. Dann benennt man eine Geschwulst **gutartig = benign,** wenn sie lokal bleibt und, da sie nur expansiv wächst, die Nachbarschaft nur durch Verdrängung, Kompression und dergleichen schädigt. Besonders die ganz zirkumskripten Tumoren in Form von Einlagerungen oder Emporragungen gehören hierher. Andererseits sind die **bösartigen = malignen** Geschwülste im wesentlichen identisch mit denjenigen,

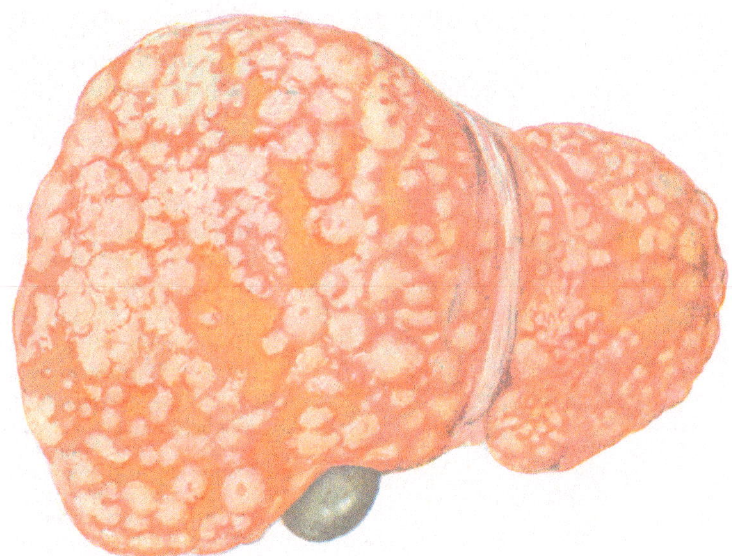

Fig. 84.
Leber von Karzinommetastasen durchsetzt.

welche aggressives Verhalten in Gestalt des infiltrierenden Wachstums aufweisen; hier wird also das Nachbargewebe durchwachsen, es wird gleichsam zerfressen, zerstört, wobei wohl auch fermentartige Stoffe mitwirken, und durch Geschwulstmassen ersetzt. Das Wachstum ist also hier über das infiltrierende hinausgehend ein **destruktives.** Alles, was im Wege steht, fällt zum Opfer, Knochengewebe nicht weniger als weiche Organteile. Diesem kontinuierlichen Einwachsen destruierender Neubildungen in die Umgebung schließt sich nun vielfach ein diskontinuierliches Wachstum an. Die Neubildung **bricht in Blut- und Lymphbahnen ein**, und so werden einzelne Geschwulstelemente losgelöst und metastatisch verschleppt. Diese weitergetragenen Geschwulstzellen aber bringen ihre abnorme Wachstumsenergie mit sich, und sie wachsen daher an den Orten ihrer Ablagerung wieder zu gleichgearteten Geschwulstmassen heran, d. h. es bilden sich so Tochterknoten, die man als **Geschwulstmetastasen** bezeichnet.

Hauptsächlich in Betracht kommt ein Einwachsen der Geschwülste in die Venen einerseits, Lymphwege andererseits. Im ersteren Fall bleiben verschleppte Geschwulstkeime besonders in den Lungenkapillaren stecken und wachsen hier zu Metastasen heran; bei Einbruch in die Pfortaderäste entstehen die Metastasen besonders in der Leber. Retrograder Transport oder Bestehen eines offenen Foramen ovale können andere Lokalisationen bedingen. Bei Einbruch in Lymphbahnen und Verschleppung mit der Lymphe entstehen Metastasen zunächst in nächstgelegenen Lymphknoten („regionäre Metastasen"), dann in entfernteren; auch kommt infolge von Verlegung von Lymphbahnen gerade hier nicht selten retrograder Transport zustande.

Eine Ausbreitung von Geschwulstkeimen ist außer durch Einbruch in Blut- und Lymphwege noch auf eine dritte Art möglich. Losgelöste Keime können auch über Oberflächen durch Dissemination verteilt werden und so Metastasen entstehen. Man bezeichnet sie als Transplantations-(Implantations-)Metastasen. Dies kommt besonders in serösen Höhlen vor, die Tumorzellen gleiten auf der Serosa herab, bis sie irgendwo haften bleiben und sich zu Tochterknoten entwickeln. So dient in der Bauchhöhle das kleine Becken gewissermaßen als „Schlammfang" (Weigert) für Tumorelemente. Auch an Schleimhäuten kommt, wenn auch selten, ähnliches vor. Hier ist auch direkte Kontakteinimpfung, z. B. von einer Lippe auf die andere, möglich (Abklatsch- oder Kontaktkarzinom).

Die Metastasen — einerlei wie entstanden — haben ihrerseits wieder die Fähigkeit zu destruierendem, infiltrierenden Wachstum in die Umgebung. Geringer ausgesprochen ist dies zuweilen bei den erwähnten Transplantationsmetastasen, die öfters mehr an der Oberfläche (seröser Höhlen) wachsen statt in die Tiefe zu dringen. Nicht jede verschleppte Tumorzelle wird zur Metastase, viele gehen am fremden Orte vor allem durch Anlagerung von Thromben und Organisation sicher auch zugrunde (M. B. Schmidt). Schwächung des Gesamtorganismus (gerade durch den Tumor) bereitet wohl oft den Boden zur Ansiedlung vor. Wird eine Geschwulst operativ anscheinend vollständig entfernt, so kann sie trotzdem nach einiger Zeit von neuem auftreten. Man spricht dann von **Rezidivbildung** und auch diese zeichnet also wieder die „malignen" Tumoren aus.

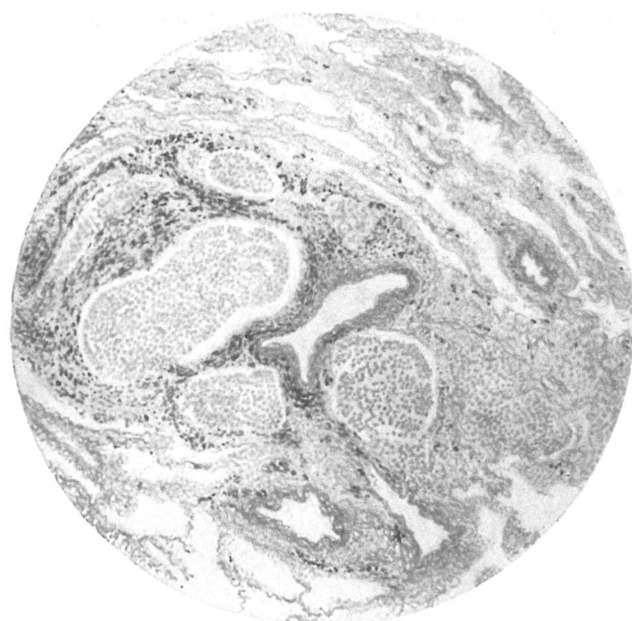

Fig. 85.
Karzinommetastasen der Lunge. Verbreitung auf dem Lymphweg.
Die Karzinommassen liegen in Lymphgefäßen um die Vene.

Zur Erklärung liegen verschiedene Möglichkeiten vor: es waren Geschwulstkeime in der Umgebung der Operationswunde zurückgeblieben (also nicht wirklich im Gesunden operiert) = lokales oder Wundrezidiv; oder es waren Geschwulstelemente schon in Lymphknoten (oder mit dem Blute) verschleppt, welche nicht mitentfernt werden konnten = metastatisches Rezidiv. Handelt es sich hier um „direkte" oder „kontinuierliche" Rezidive, so kann ein indirektes Rezidiv dadurch zustande kommen, daß ein Tumor zwar vollkommen entfernt ist, die lokale Disposition zur Geschwulstbildung aber weiterbestehen bleibt.

Noch in einer dritten Hinsicht zeigen zahlreiche maligne Tumoren dem Gesamtorganismus gegenüber ein deletäres Verhalten. Sie schädigen denselben so, daß es zu allgemeiner Anämie, Atrophie und Hinfälligkeit kommt; man spricht dann von **Geschwulstkachexie.**

Zum Teil hängt diese wohl damit zusammen, daß bösartige Tumoren bei ihrer Wachstumsart dem Organismus Stoffe entziehen, welche sie zu ihrem eigenen Wachstum brauchen, daß sie sich also ihm gegenüber gewissermaßen wie Parasiten verhalten, zum anderen Teil aber scheint es sich um Autointoxikationen und Störungen der inneren Sekretion zu handeln, welche durch von den Tumorzellen produzierte schädliche, vielleicht fermentartige Stoffe bewirkt werden. Die Kachexie hängt keineswegs direkt von der Größe der Geschwulst — große Tumoren brauchen keine, kleine können schon erhebliche Kachexie erzeugen —, sondern offenbar auch von Art und Sitz derselben ab.

Nach dem Dargelegten sind die Hauptmomente, welche einen Tumor als bösartig charakterisieren, rasches destruktiv-infiltrierendes Wachstum und damit zusammenhängend Metastasenbildung mit destruktivem Weiterwachstum der Metastasen, Neigung zur Rezidivbildung und die Fähigkeit allgemeine Geschwulstkachexie zu erzeugen.

„Malign" und „benign" sind nur durchaus relative Begriffe. Als absolut „gutartig" ist keine Geschwulst zu bezeichnen, denn bei allen Geschwulstarten ist gelegentlich das Auftreten dieser oder jener malignen Tendenz z. B. Metastasenbildung beobachtet worden. Auch ist „malign" hier nur in dem oben gekennzeichneten, anatomisch charakterisierten Sinne zu verstehen. „Bösartig" in dem allgemeinen Sinn, daß das Organ, in welchem die Geschwulst sitzt, und somit der Gesamtorganismus stark in Mitleidenschaft gezogen werden kann, kann auch eine Geschwulst sein, welche ein rein expansives Wachstum aufweist. Das hängt von der Empfindlichkeit des Organes ab (man denke z. B. an das Gehirn) oder von den mechanischen Folgen (z. B. Verschluß des Pylorus oder dergleichen) und manchen ähnlichen Faktoren.

Das destruktive Wachstum, die Metastasenbildung usw. setzen bei den Elementen bösartiger Geschwülste eine Fähigkeit voraus, welche den normalen Geweben ebenso wie den Produkten entzündlicher oder einfach hyperplastischer Wucherungen abgeht. Normale, aus ihrem Zusammenhang gelöste und an andere Stellen des Körpers transplantierte oder gelegentlich mit dem Blutstrom verschleppte Zellen (wie Knochenmarkriesenzellen, Chorionepithelien oder dergleichen) gehen am fremden Orte früher oder später wieder zugrunde. Ihnen fehlt die Fähigkeit, sich hier weiter zu entwickeln und sich durch junge Elemente ihrer Art hier zu vermehren. Gerade diese Fähigkeit aber besitzen die Zellen maligner Tumoren. Erhöhte Proliferationsfähigkeit ist daher direkt als eines ihrer Hauptcharakteristika zu bezeichnen. Die Folgen sind dann einleuchtend.

Fassen wir die Eigenschaften, welche wir als Charakteristika von Geschwülsten, besonders malignen, festgestellt haben, kurz zusammen, so bestehen sie in autonomem und fast unbegrenztem Wachstum, Fähigkeit der Aggressivität im Wachstum, der Rezidiv- und Metastasenbildung sowie Kachexieerzeugung einerseits (lauter Momente, die mit ihrem „Wachstum“ zusammenhängen), Verlust an anatomischer Differenzierung und funktionellen Leistungen andererseits. Diese Eigentümlichkeiten weisen darauf hin, daß die Zellen der Geschwülste eine tiefgreifende Änderung ihrer biologischen Eigenschaften erfahren haben müssen. Sie haben an physiologischer Funktion und Spezifität verloren, an Proliferationsfähigkeit und selbständiger Existenzfähigkeit gewonnen. Diese Änderung des biologischen Zellcharakters äußert sich auch histologisch; die Zellen und ihre Kerne sind viel unregelmäßiger, Größe, Form, Struktur und Färbbarkeit sind verändert; man faßt alle diese Abweichungen unter dem Namen **Anaplasie** (v. Hansemann) zusammen. In voller Ausbildung ist diese nur bei den höchsten Stufen der Geschwulstbildung, den bösartigen Formen, zu erkennen, da aber, wie erwähnt, auch die scheinbar gutartigste Geschwulst maligne Eigenschaften erhalten kann und sich eine kontinuierliche Reihe von gutartigen, umgrenzt bleibenden Tumoren bis zu jenen mit allen Eigenschaften ausgebildet malignen Geschwulstcharakters aufstellen läßt, müssen wir diese wenigstens in potentia vorhandenen Eigentümlichkeiten als für die Geschwulstbildung überhaupt geltend hinstellen.

Über die Genese der Tumoren s. später.

Wichtig ist eine Einteilung der Tumoren. Da ja die Geschwulstelemente Abkömmlinge von Gewebezellen sind, so ist in den Vordergrund zu stellen eine Einteilung und Benennung nach den Gewebearten, von welchen sie abstammen und aus denen sie sich dementsprechend auch zusammensetzen. Hiernach können wir 5 histologische Hauptgruppen unterscheiden: Geschwülste bestehend aus Zellen der **A. Bindesubstanzgruppe, B. der Gefäße, C. des Muskelgewebes, D. des Nervengewebes** und **E. des Epithels** (bzw. **Endothels).**

Hinzu kommt die oben schon gegebene Einteilung in

I. homologe Geschwülste, im ganzen identisch mit den benignen Formen.
II. heterologe „ „ „ „ „ „ malignen „ .

Des weiteren gibt es Geschwülste, in welchen (außer dem Bindegewebe) nicht nur eine Gewebsart den eigentlichen spezifischen Bestandteil darstellt, vielmehr zwei oder mehr Gewebsarten maßgebend für den Charakter der Geschwulst sind, z. B. Muskelgewebe und Epithel und dergleichen mehr. Solche Tumoren nennt man **Mischgeschwülste** oder Kombinationsgeschwülste.

Und endlich gibt es Tumoren, welche Abkömmlinge aller 3 Keimblätter eventuell sogar ganze rudimentäre Organe aufweisen. Man bezeichnet sie als **Teratome** bzw. **Teratoblastome.**

Bei der Benennung der einzelnen Geschwülste stellen wir den histologisch maßgebenden Bestandteil in den Vordergrund und hängen, um den Geschwulstcharakter auszudrücken, die Endung **„om“** oder **„blastom“** an. So bezeichnen wir z. B. eine Bindegewebsgeschwulst als „Fibrom“ usw. Zur Bezeichnung der äußeren Form können wir Adjektiva wie papillare oder dergleichen hinzusetzen. Für einzelne Tumoren sind besondere Bezeichnungen von alters her in Gebrauch, wie „Karzinom“ oder „Sarkom“.

Die einzelnen Geschwulstformen.

I. Homologe Geschwülste.

A. Geschwülste, bestehend aus Geweben der Bindesubstanzgruppe.

1. **Das Fibrom.** Das Fibrom entspricht seinem Bau nach im allgemeinen dem faserigen Bindegewebe des Körpers, zeigt jedoch in den einzelnen Fällen mannigfache Verschiedenheiten seiner feineren Struktur. Es besteht zur Hauptsache aus Fasern und weist ferner Zellen auf, zumeist schmale, spindelige Bindegewebszellen, daneben auch größere protoplasmareichere Zellen, die auch endothelartig Spalträume auskleiden, sowie endlich kleine Rundzellen, meist in kleinen Haufen, besonders um Gefäße. Die Faserbündel des Fibroms hängen mit dem angrenzenden Bindegewebe kontinuierlich zusammen, doch setzt sich die Geschwulst für das bloße Auge meist scharf ab. Das Fibrom ist eine gutartige Geschwulst, wächst nur expansiv, bildet keine Metastasen oder Rezidive. Eine scharfe Grenze echter Fibrome gegen hyperplastische oder entzündliche Bindegewebswucherungen ist oft schwer zu ziehen.

Wir können 2 Haupttypen unterscheiden. In den weichen Fibromen haben wir relativ viel Zellen und Kerne, die Bindegewebsfasern durchflechten sich locker und lassen mit

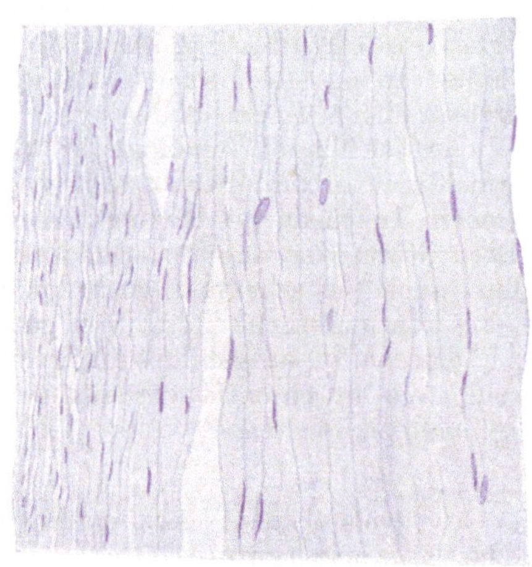

Fig. 86.
Aus einem derben Fibrom der Kutis mit hyalin-sklerotischem Bindegewebe.

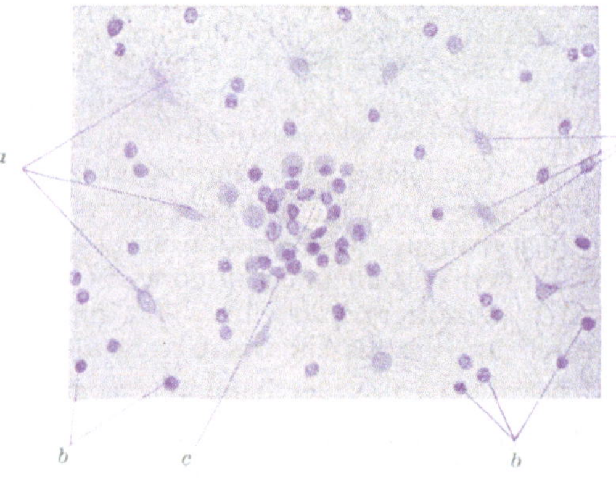

Fig. 87.
Myxom (Polyp der Nasenhöhle).
a Sternförmige Schleimgewebszellen mit reichlichen Ausläufern, b Lymphozyten, c Blutgefäß von Lymphozyten und einigen Gewebszellen umgeben. (Nach Borst, Geschwulstlehre.)

Serum gefüllte Räume zwischen sich, die dem ganzen Tumor einen ödematös-gequollenen, fast gallertig oder schleimigen Charakter verleihen können. Die harten Fibrome dagegen bestehen aus dicht gehäuften und gefügten Faserbündeln meist mit wenig Kernen; sie erscheinen sehnenartig glänzend, weiß, faserig, auf der Schnittfläche glatt.

Die äußere Form des Fibroms ist oft tuberös, also knotige Einlagerungen oder Vorragungen bildend, öfters auch papillär (sog. „Papillome"), auch gibt es flache Formen. Hauptausgangspunkt sind die äußere Haut (und hier besonders die Scheiden der Talg- und Schweißdrüsen sowie Nerven), wo die Fibrome öfters gestielt und multipel auftreten (Fibroma molluscum), Schleimhäute (sog. Schleimhautpolypen der Nase, des Kehlkopfs, des Darms usw., auch öfters multipel), Periost und Faszien. Eine besondere Form des Fibroms ist das Keloid, das sich meist an Narben anschließt, offenbar auf Grund besonderer Disposition. Es stellt glatte, eigenartig glasige, flache oder wallartige Vorragungen der Haut dar, der äußeren Gestalt nach als „krebsscherenähnlich" bezeichnet. Zusammengesetzt ist es aus dicht gefügten, hyalinen Bindegewebsbündeln. Eigentlich handelt es sich beim Keloid wohl um keinen Tumor, sondern um das Endresultat einer Bindegewebssuperregeneration nach Verletzungen. Auch die sogenannte mehr diffuse Fibromatose der Brustdrüsen, Ovarien usw. und ähnlich bestimmte hierher gehörige Formen von Elephantiasis der Haut und Subkutis sind wohl zumeist keine eigentlichen Fibrome, sondern entzündliche oder hyperplastische Gewebswucherungen. Sehr gefäßreiche Fibrome bezeichnet man durch den Zusatz teleangiectaticum bzw. cavernosum. Von regressiven Metamorphosen kommt besonders Verfettung, Verkalkung, schleimige Degeneration und Erweichung vor. Zusammen mit Knorpel, Knochen usw. finden sich Fibrome in Gestalt von Mischgeschwülsten.

2. Das **Myxom** besteht vorwiegend oder teilweise aus gewuchertem Schleimgewebe. Typisch sind die sternförmig verzweigten Zellen mit Ausläufern innerhalb der schleimigen Grundsubstanz. Letztere läßt bei Essigsäurezusatz Muzin ausfallen. Makroskopisch erscheint das Myxom gallertig-glänzend; es bildet meist rundliche oder gelappte Knoten und kommt vor allem in der Haut, dem Periost, den Faszien, dem Knochenmark, der Subkutis, den Herzklappen, dem Nervenbindegewebe vor. Ein Teil der Myxome stellt eigentlich schleimig entartete Fibrome dar; oft ist ein Myxom durch ein sehr ödematöses Fibrom nur vorgetäuscht. Relativ häufig findet sich Schleimgewebe in Mischtumoren. Das Myxom ist eine gutartige Geschwulst, doch finden sich alle Übergänge zu zellreichen malignen Formen (s. unter Myxosarkom).

3. Das **Lipom** besteht aus gewuchertem Fettgewebe; es erscheint meist kuglig oder gelappt (auch auf der Schnittfläche), von einer Bindegewebskapsel umgeben und kann sehr groß

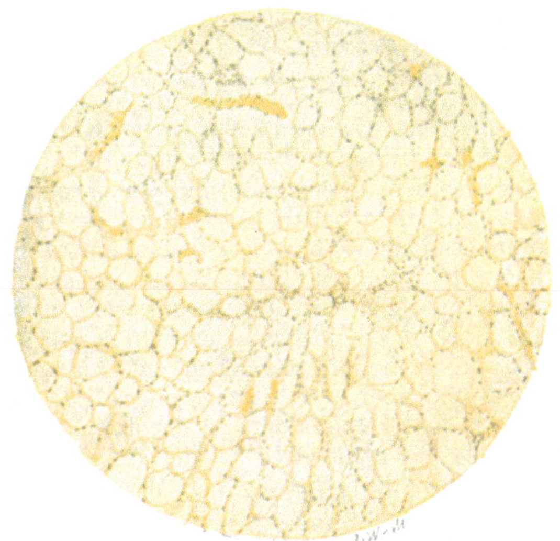

Fig. 88.
Lipom.

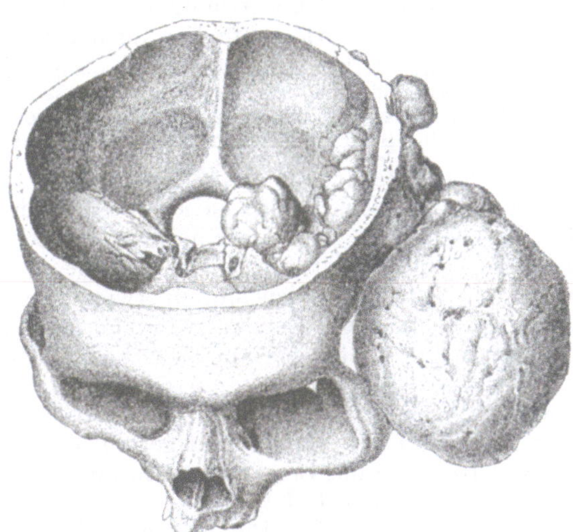

Fig. 89.
Vom Felsenbein ausgehende Exostosen.
Aus v. Küster, Grundzüge der allgem. Chirurgie l. c.

werden, ist aber durchaus gutartig. Die Lipome gehen vor allem vom subkutanen Fettgewebe (besonders des Rückens, des Halses, Oberschenkels, der Achselhöhle) aus, sitzen hier öfters multipel und symmetrisch und können auch die Haut als sog. „Lipoma pendulum" polypös vorschieben. Seltener gehen sie aus von Mesenterium, Netz, Gelenken, Pia, Darm, Gehirn, Niere, Leber usw. Je mehr Bindegewebe ein Lipom enthält, desto derber ist es — sog. Fibrolipome, die besonders in der Kreuz- und Steißbeingegend vorkommen. Häufiger sind auch Kalkeinlagerungen. Manche Lipomarten leiten sich von embryonal verlagerten Fettgewebskeimen ab, so die Lipome der Niere von Teilen der Fettkapsel (Lubarsch). Fettgewebe ist auch als Bestandteil von Mischgeschwülsten nicht selten.

4. Hier anschließen will ich das **Xanthom**: schwefelgelbe, flache (bei älteren Leuten) oder knotenförmige (bei jüngeren Leuten) Tumoren meist der Haut, besonders an den Augenlidern. Der Tumor besteht außer aus Bindegewebe aus großen protoplasmareichen Zellen, bindegewebiger Herkunft. Diese sind angefüllt mit gleichmäßigen feinen Tropfen, welche besonders aus Cholesterinfettsäureestern und Cholesterinestern bestehen. Auch Cholesterinkristalle finden sich in den Xanthomen, ferner gelbbraunes Blutpigment. Meist werden Riesenzellen gefunden. Die echten Xanthome sind wohl den Geschwülsten zuzurechnen; sie stehen den Nävi nahe, mit denen sie auch öfters zugleich vorkommen.

Xanthelasmen und Pseudoxanthome s. S. 34.

5. Das **Chondrom,** die aus Knorpelsubstanz bestehende Geschwulst, entspricht in seiner Struktur meist dem hyalinen, seltener dem faserigen oder dem Netzknorpel. Die Knorpelzellen nehmen nicht selten eine spindelige oder sternförmige Gestalt an, oft fehlt auch ihre Kapsel, so daß sie direkt in die Grundsubstanz eingelagert sind. In allen Chondromen findet sich zudem eine gewisse Menge von Bindegewebe, welches den Tumor oft in deutlich geschiedene Lappen abteilt. Chondrome entwickeln sich vom Knorpel resp. vom Perichondrium verschiedener Stellen (besonders im Kehlkopf, in der Trachea, an den Rippen) oder vom Periost bzw. dem Mark der Knochen. Ragen Chondrome des Knorpels oder Knochens über diese hinaus, so werden sie auch als **Ekchondrosen** bezeichnet (an den Rippen usw.). Im Mark der Knochen finden sich öfters multiple Chondrome, wahrscheinlich auf Grund von Versprengungen kleiner Knorpelherde aus dem Intermediärknorpel bei dem Knochenwachstum des Skeletts, besonders bei rachitischen und anderen Entwicklungsstörungen. Auch finden sich Chondrome relativ oft heterotop an Stellen, wo sich normal kein Knorpel befindet, auch hier offenbar auf Grund kleiner entwicklungsgeschichtlicher Versprengungen, so in den Speicheldrüsen (von den Kiemenbögen her), der Mamma (von den Rippen her), dem Hoden (von der Wirbelsäule her). Häufig ist Knorpelgewebe in Mischgeschwülsten vertreten. Im allgemeinen sind die Chondrome (viele sogenannte sind einfache hyperplastische Wucherungen) gutartige, langsam wachsende Tumoren, doch kommen auch metastasierende Formen vor. Von regressiven Metamorphosen sind Verfettung, schleimige Umwandlung und Erweichung mit Zystenbildung häufig, am häufigsten aber Verkalkung sowie echte Verknöcherung (Übergang zum Osteom).

Chordome (Ribbert) sind gallertige, aus nach der Embryonalzeit liegengebliebenen Resten der Chorda dorsalis entstehende, bis kirschgroße Geschwülste, welche sich hauptsächlich am Clivus Blumenbachii der Schädelbasis entwickeln und aus sehr hellen, von großen Vakuolen durchsetzten Zellen zusammengesetzt sind (früher für Knorpel gehalten und als Ekchondrosis physaliphora bezeichnet).

6. Das **Osteom.** Die aus Knochensubstanz bestehenden Geschwülste sind von entzündlichen und einfach hyperplastischen Knochenneubildungen nicht scharf zu trennen (s. auch II. Teil, Kap. VI). Wie das Knochengewebe überhaupt, bestehen sie aus eigentlicher Knochensubstanz und Marksubstanz; überwiegt die erstere, so daß die Tumoren sehr hart sind, so spricht man von **Osteoma eburneum,** überwiegt die Marksubstanz, von **Osteoma medullare.** Ihren Ausgang nehmen die Osteome vom Periost und dem Mark der Knochen oder vom Knorpel. Am häufigsten treten sie am Skelett, besonders an den langen Röhrenknochen, oft multipel, als sog. **Exostosen** auf, welche wohl, den Chondromen vergleichbar, auf Entwicklungsstörungen beruhen. Des weiteren finden sich Osteome in der Dura mater (besonders in der Hirnsichel, hier meist in Form platter Einlagerungen), an der Pia des Rückenmarkes, an der Innenfläche der Luftröhre, in der Lunge, sowie in der quergestreiften Muskulatur bei der sog. Myositis ossificans (von der ein Teil wenigstens trotz des Namens wahrscheinlich zu den Tumoren gehört s. II. Teil, Kap. VII). Die Knochensubstanz der Osteome wird von Osteoblasten, oder aus Knorpel, oder durch Umwandlung von Bindegewebe gebildet. Im allgemeinen sind die Knochengeschwülste langsam wachsende, gutartige Tumoren. Häufig kommt Knochen in Mischgeschwülsten vor; es finden sich besonders Osteofibrome oder Osteochondrome.

Erwähnt werden sollen hier noch in Beziehung zu Zähnen stehende Geschwülste, so das fast stets gutartige **Adamantinom,** welches sich wahrscheinlich von embryonalen Schmelzepithelresten ableitet und aus netzförmigen Epithelmassen (mit hochzylindrischen Zellen am Rande der im Innern meist zystischen Bildungen) in bindegewebigem Grundgerüst besteht; ferner das **Odontom,** eine gutartige durch Weiterwucherung eines Zahnkeimes entstandene, aus den Zahnbestandteilen bestehende Geschwulst.

B. Geschwülste bestehend aus Blut- und Lymphgefäßen.

1. Das **Angiom** (besser **Hämangiom**) ist eine Geschwulst, die im wesentlichen aus neugebildeten Blutgefäßen besteht. Es handelt sich um gutartige Tumoren, doch können gefährliche Blutungen auftreten. Ein großer Teil der sog. Angiome sind aber eigentlich gar keine geschwulstartig neugebildeten Blutgefäße, sondern entweder angeborene Gefäßmißbildungen oder einfache Dilatationen präformierter Gefäße, wie z. B. das sog. Angioma cirsoideum (Rankenangiom, Angioma racemosum oder plexiforme), welches, zumeist am Kopfe auftretend, einfach in starker Erweiterung und somit Schlängelung aller Zweige eines Arteriengebietes besteht. Meist werden folgende Hauptformen aufgestellt:

a) **Angioma simplex = Teleangiektasie.** Hier sind die kleinen Venen und Kapillaren eines umschriebenen Bezirkes abnorm reichlich entwickelt und unregelmäßig erweitert. Es handelt sich hier um eine angeborene Anomalie, die aber im späteren Leben zunehmen kann.

Solche Teleangiektasien finden sich vor allem in der Haut, als sog. Naevi vasculosi, teils flach, teils warzig vorragend, an der Haut benachbarten Schleimhäuten, seltener im Fettgewebe (der Subkutis, auch der Orbita) im Gehirn, Knochenmark usw. Auch Teile anderer Geschwülste können teleangiektatisch sein. Tritt das Blut aus und kollabieren die Gefäße, so kann das Bild schwer erkennbar sein.

b) **Kavernöses Angiom** (**Kavernom**) besteht aus vielfach kommunizierenden Bluträumen, durch bindegewebige endothelbekleidete Scheidewände getrennt. Es erscheint als scharf abgesetzte, rundliche, oder keilförmige Einlagerung, welche beim Einschneiden infolge Blutausfließens kollabiert. Solche Gebilde sind eigentlich auch mehr umschriebene angeborene Mißbildungen als eigentliche Geschwülste, doch können spätere Wucherungserscheinungen dazukommen. Sie finden sich an der Haut (ebenfalls Formen der Naevi vasculosi), der Zunge, Lippe, Wange und besonders häufig in der Leber, seltener in Milz, Niere, Knochen, Gehirn, Orbitalfettgewebe. In der Leber kommen in den Kavernomen noch Leberzellbalkenreste vor,

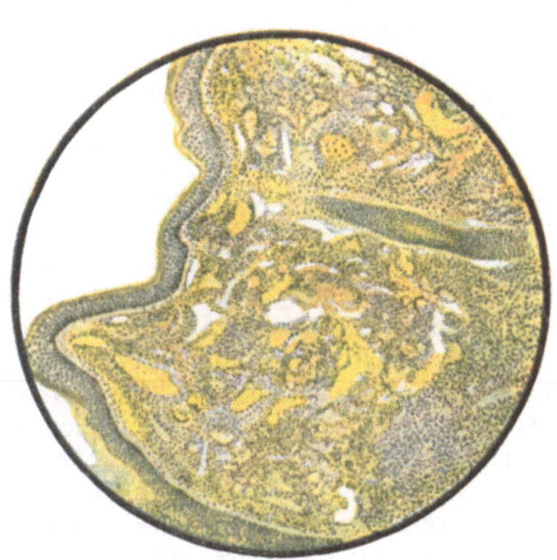

Fig. 90.
Angiom der Haut.

Fig. 91.
Kavernöses Angiom der Leber.
(Färbung auf elastische Fasern nach Weigert.)

welche später durch Druckatrophie zugrunde gehen. In den Bluträumen, besonders in der Leber, können sich Thromben bilden, die organisiert werden, so daß dann das Kavernom dem Bilde eines Fibroms weicht. Das Bindegewebe kann auch in die Bluträume in Gestalt von Kolben eindringen, eine Art intrakanalikulären Wachstums.

2. Das **Lymphangiom** besteht aus neugebildeten Lymphgefäßen und kombiniert sich häufiger mit dem Hämangiom, auch mit dem Lipom. Auch diese Geschwulst ist gutartig, aber auch hier sind es seltener echte Geschwülste als Erweiterungen und angeborene Anomalien. So ein Teil der sog. weichen Warzen der Haut, ferner als Makroglossie und Makrocheilie bezeichnete, auf Lymphgefäßerweiterung (vielleicht zum Teil auch -Wucherung) beruhende angeborene Vergrößerungen der Zunge bzw. Lippen. Auch Elephantiasisformen, besonders an den Schamlippen, dem Skrotum, den Oberschenkeln, beruhen vor allem auf Lymphangiektasien und Lymphstauung. Wuchern in sog. Lymphangiomen (weichen Warzen) Endothelien zu soliden Haufen, so spricht man von Lymphangioma hypertrophicum. Durch hochgradige Ektasie der Lymphräume können sich die sog. Zystenhygrome entwickeln; angeboren finden sie sich besonders am Hals, wohl auch auf Grund von Entwicklungsstörungen.

C. Geschwülste bestehend aus Muskelgewebe.

1. Das **Leiomyom** (Myoma laevicellulare), meist einfach **Myom** genannt, besteht aus einer Wucherung aus glatten Muskelfasern. Es bildet scharf abgesetzte (meist besteht eine bindegewebige Kapsel), ziemlich derbe, häufig gelappte, auf der Schnittfläche die Zusammen-

setzung aus sich durchflechtenden Muskelbündeln aufweisende, sonst den Fibromen ähnliche, grau- oder weißlichbraune Knoten. Mikroskopisch treten die regelmäßige Anordnung der Muskelfasern sowie die ziemlich parallel liegenden, regelmäßig angeordneten, langen, stäbchenförmigen Kerne hervor. Besonders charakteristisch sind auch die Querschnitte von Muskelbündeln, in welchen man den polygonalen Durchschnitt der aneinander gelagerten Fasern und den runden Querschnitt der Kerne erkennt. Daneben besteht immer etwas gefäßtragendes Bindegewebe. Die Myome finden sich besonders im Uterus (oft multipel) und seinen Ligamenten, der Prostata, dem Ureter, der Harnblase, dem Hodensack, in Magen und Darm, den Ovarien und der Mamma, selten (meist multipel) in der Haut. Die Myome sind gutartig, in ganz seltenen Fällen metastasieren sie (sog. maligne Myome); häufiger sind, besonders im Uterus, aber auch im Magen, Darm, Ovarien, Harnblase Übergänge zu bösartigen Tumoren, i. e. Sarkomen, auch in der histologischen Struktur (s. u.) erkennbar. Die Myome, besonders des Uterus, weisen infolge ungenügender Gefäß- und somit Blutversorgung, überaus häufig und oft sehr ausgedehnte regressive Metamorphosen auf, so besonders hyaline Umwandlung von Muskelfasern, Verkalkung und eventuell Verknöcherung, sowie besonders Erweichung (eventuell mit Höhlenbildung) und Nekrose. An die Stelle zugrunde gegangener Muskelfasern tritt dann Bindegewebe und man spricht dann oft — nicht sehr glücklich — von Fibromyomen, während Myome, in denen von vornherein das Bindegewebe fibromartig entwickelt ist, mit Recht so benannt werden.

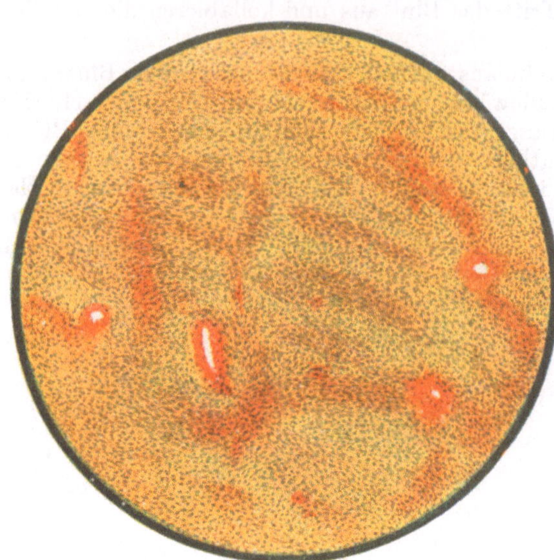

Fig. 92.
Myom des Uterus.

Die Uterusmyome besonders in der Gegend der Tubenwinkel oder der hinteren Uteruswand zeigen nicht selten Drüsenschläuche eingelagert — Adenomyome —, zum Teil von der Uterusschleimhaut, zum kleineren Teil auch von embryonalen Resten des Wolffschen Körpers (bzw. Wolffschen oder Müllerschen Ganges) stammend. Hier wie bei den Myomen überhaupt liegen vielfach Beziehungen zu entwicklungsgeschichtlichen Anomalien zugrunde.

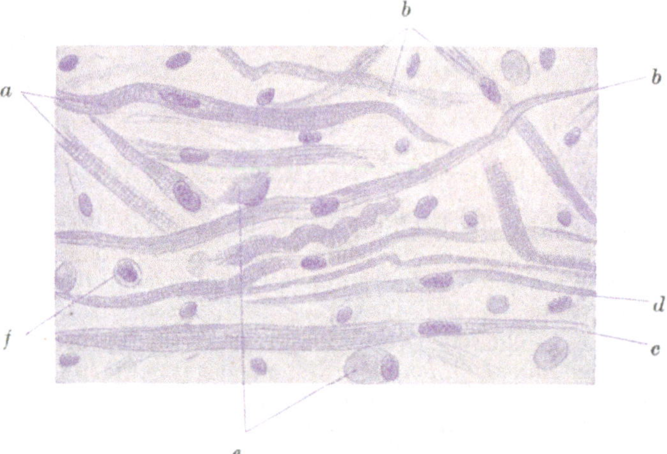

Fig. 93.
Zellen aus einem Rhabdomyoma sarcomatodes (Uterus).
Nach einem Präparat von Prof. v. Franqué.
Nach Borst, l. c.
a Quergestreifte Fasern, *b* längsgestreifte Fasern, *c* teils quer-, teils längsgestreifte Fasern, *d* ungestreifte Faser, *e* quer- und schräggeschnittene Fasern, *f* Rundzelle.

2. Das **Rhabdomyom** (Zenker) (Myoma striocellulare, Virchow), aus quergestreiften Muskelfasern bestehend, ist sehr selten und zeigt meist noch nicht fertig ausgebildete, sondern noch in Entwicklung begriffene quergestreifte Muskelfasern, ähnlich dem embryonalen Muskelgewebe. Solche Geschwülste kommen am Herzen, im Hoden, in der Augenhöhle vor, meist ist aber die quergestreifte Muskulatur nur ein Bestandteil von Mischgeschwülsten (Niere, Hoden, Harnblase usw.), oder es liegen Übergänge zu bösartigen Geschwülsten vor.

D. Geschwülste bestehend aus Nervengewebe bzw. seiner Stützsubstanz.

1. **Das Neurom.** Echte aus neugebildeten Nervenfasern bestehende Geschwülste — man unterscheidet von alters her ein N. myelinicum und amyelinicum, je nachdem die Fasern markhaltig oder marklos sind — sind äußerst selten, mit Sicherheit zumeist im Sympathikusgebiet nachgewiesen. Es finden sich zugleich als Matrix der Fasern Ganglienzellen. Wir können hier verschiedene Formen unterscheiden. Die eine besteht aus gewucherten, reifen Ganglienzellen: Ganglioneurome; sie sind meist gutartig, wenn auch maligne metastasierende Fälle vorkommen (s. u.). Eine zweite Form besteht aus den gewucherten sog. chromaffinen Zellen der Paraganglien, die zum Sympathikusgebiet gehören (insbesondere das Nebennierenmark), also ebenfalls ausgereiften Elementen, die den Ganglienzellen nahe stehen (d. h. auf dieselben Bildungszellen zurückgehen). Diese sog. Paragangliome oder chromaffine Tumoren, besonders der Nebenniere, sind durchaus gutartig. Tumoren hingegen, welche aus den unreifen Vorstufen (Neuroblasten) der Sympathikusganglienzellen (hier Sympathikusbildungszellen oder Sympathogonien genannt) bestehen, die malignen Neuroblastome, sind äußerst malign.

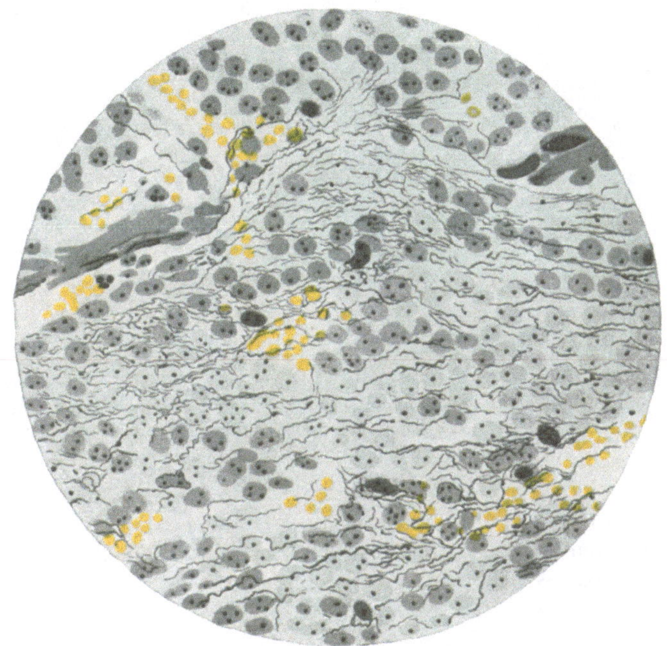

Fig. 94.
Malignes Neuroblastom des sympathischen Nebennierenmarkes. Die Zellen sind Neuroblasten, die Fasern Nervenfibrillen — gelb die roten Blutkörperchen.
Nach Herxheimer, Zieglers Beitr. 1913, Bd. 57.

Sie finden sich auch in der Nebenniere, sind angeboren und führen meist sehr schnell unter Auftreten von Metastasen, besonders in der Leber, den Tod der kleinen Kinder herbei. In diesen Tumoren sind die Sympathogonien oft rosettenartig angeordnet, während sich in der Mitte der Rosetten und sonst feinste neugebildete marklose Nervenfasern finden. Auch Mischformen (Ganglioneuroblastome) kommen vor.

Die sog. Amputationsneurome, in Amputationsstümpfen sowie auch gelegentlich sonst nach Nervenverletzungen auftretend, sind keine echten Geschwülste, sondern regeneratorisch-hyperplastische Wucherungen markhaltiger Nervenfasern, welche dabei Knäuel bilden.

Sog. Neurofibrome finden sich meist multipel bei der sog. Recklinghausenschen Neurofibromatose. Hier bestehen rundliche oder spindelige Knoten, zahlreichen Nervenästen folgend, sowohl peripheren wie besonders auch den feinen Hautnerven. Auch das Sympathikusgebiet ist oft stark mitbeteiligt (in der Nebenniere auch chromaffine Tumoren, s. o., oder multiple Knoten am Darm). Gleichzeitig finden sich öfters Gliome im Gehirn oder Rückenmark und sog. Endotheliome ihrer Hüllen. Die Erkrankung entwickelt sich öfters schon in frühester Jugend und ist häufig familiär, die Anlage dazu ererbt. Offenbar handelt es sich um eine Systemerkrankung des Nervensystems auf Grund einer Entwicklungsstörung. Der Name „Neurofibrome“ ist irreführend; es handelt sich nicht um gewucherte Nervenfasern, sondern um Wucherung entweder des bindegewebigen Endo- und Perineuriums — Fibromata nervorum — oder der Elemente der Schwannschen Scheide und entsprechender

Fig. 95.
Multiple Fibrome der Nerven.

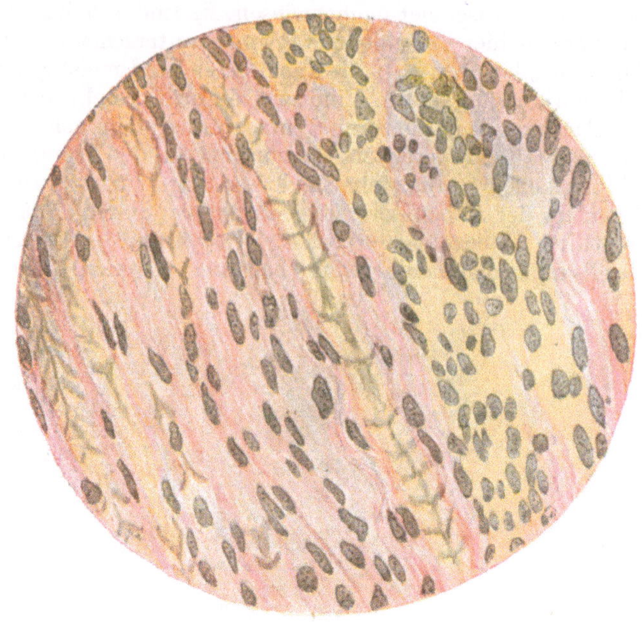

Fig. 96.
Recklinghausensche Neurofibromatose an einem peripheren Nerven. Die Nervenfasern (braun gefärbt) rarefiziert (sie zeigen Trichterformen), dazwischen stark gewuchertes Bindegewebe (rot gefärbt) und gewucherte (rechts, gelb gefärbte) Elemente der Schwannschen Scheiden.

Zellen — sog. Neurinome (Verocay). Meist besteht beides nebeneinander. Einzelne besonders große solche Knoten nehmen öfters malignen Charakter an, was sich in besonders großem Zellreichtum dokumentiert (sog. Neurosarkome).

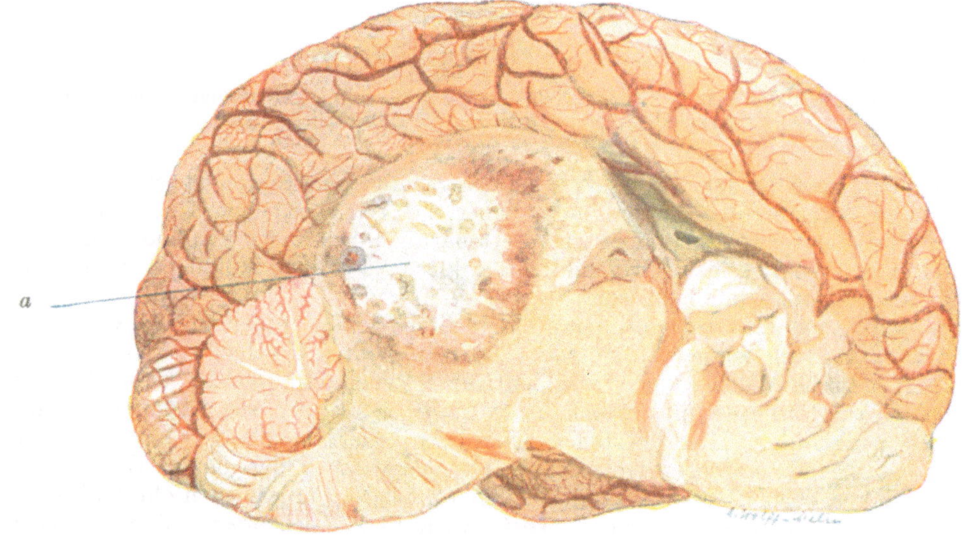

Fig. 97.
Gliom des Gehirns (bei *a*).

Aus denselben Geweben bestehen meist auch von der Haut ausgehende Tumoren, bei denen verdickte aufgetriebene, untereinander verflochtene Nerven ein geschlängeltes Konvolut bilden, so daß man (in Erinnerung an das äußerlich ähnliche Rankenangiom) von Rankenneurom (Bruns) (Neuroma plexiforme, Verneuil) spricht.

2. Das **Gliom** besteht aus gewucherter Glia; im Gehirn bildet es meist runde Knoten, die scharf abgegrenzt und derber, aber auch wenig scharf markiert und weicher sein können, im Rückenmark zumeist längliche Geschwülste. Es gibt auch ganz diffuse Formen, sog. Gliomatosen, die, meist über große Strecken ausgedehnt, in Zeichnung usw. dem Nervengewebe fast ganz gleichen können, dem tastenden Finger aber sich durch erhöhte Konsistenz bemerkbar machen. Die Gliome wirken in der Regel durch ihren Sitz gefahrdrohend, eigentlich infiltrativ wuchern sie seltener und nur in ganz vereinzelten Fällen bilden sie Metastasen. Mikroskopisch bestehen die Gliome aus Gliazellen, darunter auch größeren mit Ausläufern, sog. Astrozyten, einerseits, Gliafasern andererseits. Erstere sind wohl stets in größerer Zahl als in der normalen Neuroglia vorhanden, die Gliazellen können aber auch so vollständig das Bild beherrschen, während die Fibrillen völlig zurücktreten, daß Bilder resultieren, die völlig dem Sarkom (s. u.) gleichen. Infolgedessen spricht man hier von alters her von Glio-

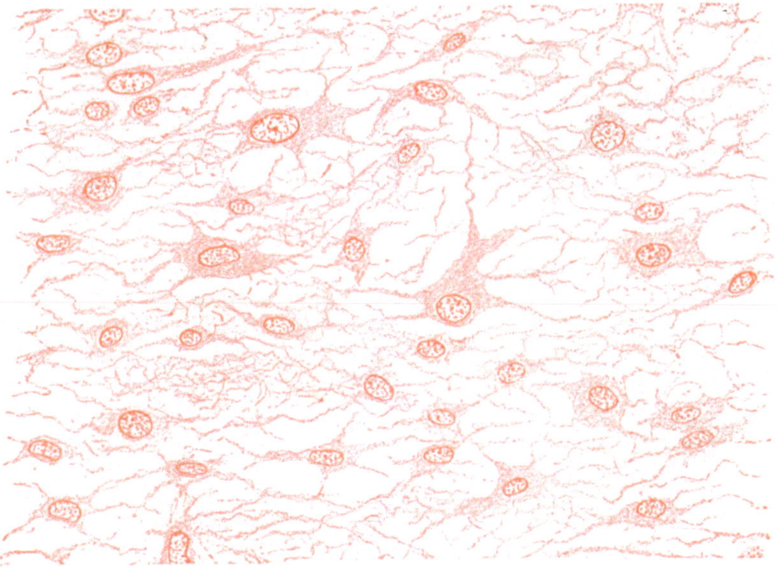

Fig. 98.
Gliom mit sternförmig verzweigten Zellen (Astrozyten), deren Ausläufer einen Teil der Fasern bilden. (Alauncochenille).

sarkomen, doch ist der Name nicht richtig, da die Glia ektodermalen Ursprungs ist (die Sarkome aber, s. u., sich von Bindesubstanzen, also mesodermalen Elementen ableiten). Gliome weisen oft regressive Metamorphosen besonders infolge des durch sie selbst gesteigerten intrakraniellen Druckes auf. So treten Nekrosen auf, die zu Zerfallshöhlen führen können (besonders die sog. gliomatöse Syringomyelie im Rückenmark). Auch können größere Blutungen aus den öfters teleangiektatisch erweiterten Gefäßen der Tumoren auftreten, die sogar zum Tode führen können. Außer von der Glia des Gehirns und Rückenmarks sowie des Nervus opticus und der Retina können Gliome auch von den ja den Gliaelementen zuzurechnenden Ependymzellen der Ventrikel bzw. des Zentralkanals abgeleitet werden. Finden sich in Gliomen drüsenartige Einschlüsse, welche dem Ependym oder embryonalem Neuralrohrepithel entsprechen, aber auch von den Gliazellen-Vorstufen abzuleiten sind, so bezeichnet man den Tumor als Neuroepithelioma gliomatosum (oder Spongioblastom evtl., wenn sich auch Retinaanlagen finden, als Spongio-Neuroblastom, Ribbert).

Gliome außerhalb der genannten normalen Standorte der Glia, also heterope Gliome, bilden sich höchst selten, doch sind sie, offenbar auf Grund der Entwicklungsstörungen auch an der Nase, Zunge, an der Nebenniere, an den Genitalien usw. beobachtet worden.

E. Geschwülste, bestehend aus Epithelien (und Bindegewebe).

1. **Die fibroepitheliale Oberflächengeschwulst (das Fibroepitheliom).** An der Haut und den Schleimhäuten kommt eine Anzahl von Neubildungen vor, welche von dem Deckepithel

sowie den oberflächlichen Bindegewebslagen, welche in einer gewissen gegenseitigen Abhängigkeit zusammenwuchern, ihren Ausgang nehmen und die Tendenz zeigen, von der Oberfläche emporzuwachsen. Sie sind gutartige Geschwülste. Allerdings handelt es sich nur bei einem Teil solcher Bildungen um echte Tumoren, bei einem anderen um entzündliche oder einfach hyperplastische Gebilde, oder um Mißbildungen.

Hierher gehören — an der Grenze von Geschwulst und Mißbildung stehend — die sogenannten **Warzen** oder **Verrucae.** Unter dieser Bezeichnung faßt man umschriebene, meist kleine Vorwölbungen der Haut zusammen, die verschiedenen Bau und Genese aufweisen. Die gewöhnlichen **harten** (infektiösen) **Warzen** weisen eine Wucherung von Oberflächenepithel und Papillarkörper auf; die Papillen sind verbreitert, oft kolbenartig angeschwollen, die Oberfläche der Warze erscheint dann unregelmäßig zerklüftet, oder die Papillen liegen dicht aneinander, die Spalten dazwischen werden von der verdickten Epithelmasse ausgefüllt, dann erscheint die Oberfläche eben oder nur leicht höckerig. Tritt die Wucherung der Papillen stark hervor, indem sie besonders in der Längsrichtung wachsen und sich dendritisch verzweigen, bedeckt von verdicktem, oft stark verhorntem Plattenepithel, so erhält die kleine Geschwulst ein pinselförmiges oder blumenkohlartiges Aussehen — man spricht von Fibroepithelioma papillare (meist kurz von Papillom).

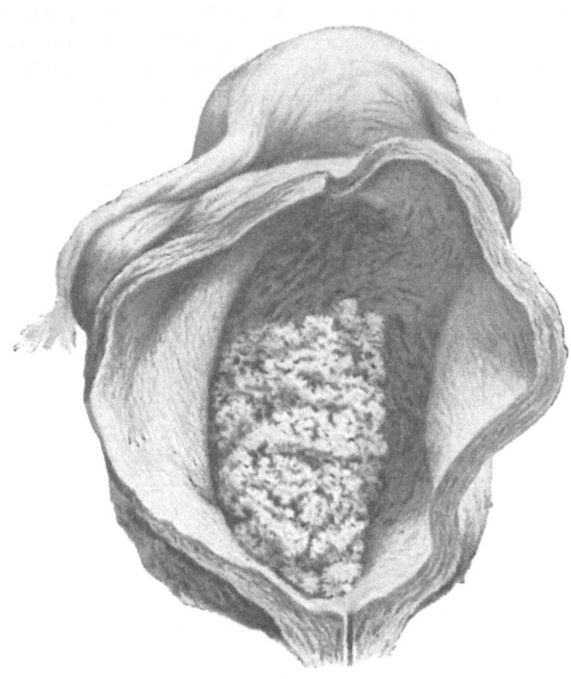

Fig. 99.
Fibroepithelioma papillare (Papillom) der Harnblase.
Aus Burkhardt-Polano, Untersuchungsmethoden und Erkrankungen der männlichen und weiblichen Harnorgane. Wiesbaden Bergmann 1908.

Häufiger noch sind ganz entsprechende Bildungen — Zotten- und Blumenkohlgewächse — an Schleimhäuten, so der Harnblase, des Rektums usw., sie können, an einem Stiel hängend, ganz über die Schleimhautoberfläche hinaustreten. Ähnliche Bildungen finden sich an den Plexus chorioidei.

Ein Teil ganz entsprechender Bildungen ist aber entzündlichen Ursprungs — sog. Polypen. Ein Teil von ihnen ist auf Lebewesen zu beziehen, wie die durch das Chistosomum haematobium in der Harnblase bewirkten, oder ist syphilitischen Ursprungs, wie die Kondylome bzw. Plaques muqueuses.

Die sog. **weichen Warzen, Naevi verrucosi,** sind angeborene Mißbildungen und stellen Fibrome, Angiome bzw. Lymphangiome besonders des Papillarkörpers dar, nur von dünner Epidermislage bedeckt. Oder aber es handelt sich um Einlagerung von Nestern und anastomosierenden Strängen, sog. Nävuszellen in den Papillarkörper. Sie sind auf Grund entwicklungsgeschichtlicher Anomalie verlagerte Abkömmlinge des Oberflächenepithels, und dementsprechend enthalten diese Zellnester oft Melaninkörnchen — Pigmentnävi. Es handelt sich hier also nicht um eigentliche Geschwülste, sondern um Gewebsmißbildungen, doch schließen sich nicht selten sehr maligne melanotische Geschwülste an (s. u.).

2. **Das Adenom.** Hier wuchern Drüsenepithelien, so daß sich die Drüsen verlängern, verzweigen, erweitern, ausbuchten, eventuell gegen das Lumen papilläre Vorsprünge treiben, aber so, daß doch stets der Drüsencharakter (Lumen umgeben von einem regelmäßigen, meist einschichtigen Epithelbelag) gewahrt bleibt. Dabei weichen die Drüsen naturgemäß vom normalen Bau ab, sie entsprechen zumeist den mehr indifferenten Ausführungsgängen, auch ihr Sekret entspricht meist nicht dem normalen. Man kann dem Bau nach tubulöse und alveoläre Adenome unterscheiden. Zwischen den Drüsen liegt, wie in allen Organen, ein bindegewebiges Stroma. Herrscht es vor, so spricht man von **Fibroadenom.** Adenome sind selten an der Haut, von Schweißdrüsen (A. sudoriparum) oder Talgdrüsen (A. sebaceum) ausgehend, sehr häufig an Schleimhäuten, besonders des Magendarmkanals, des Uterus usw. Zum Teil sind sie flach, zum Teil

gestielt vorgebuchtet (polypös); der Stiel besteht dann meist aus ausgezogener Submukosa. Doch ist ein großer Teil solcher Bildungen entzündlichen Ursprungs. Häufig finden sich Adenome der großen Organdrüsen, so der Mamma, wo man besonders inter- und intrakanalikuläre (wenn das Bindegewebe auch in die Drüsen hineinwächst) Formen unterscheidet, der

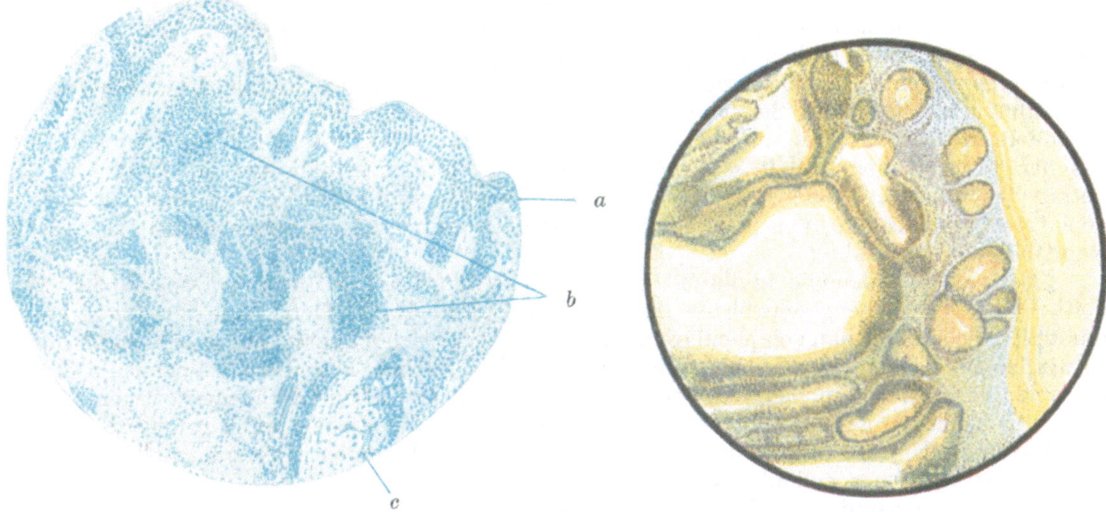

Fig. 100.
Nävus. Bei *a* normale Epidermis. Bei *b* Nävuszellnester. Bei *c* eine Talgdrüse.

Fig. 101.
Adenom des Darms.

Leber (ausgehend von Leberzellen oder Gallengangsepithelien), Niere, Nebenniere, Schilddrüse, Parotis, des Hodens, Ovariums, der Hypophyse (in Beziehungen zur Akromegalie, s. dort). Es handelt sich meist um knotige, scharf abgesetzte (eventuell bindegewebig abgekapselte) Ein-

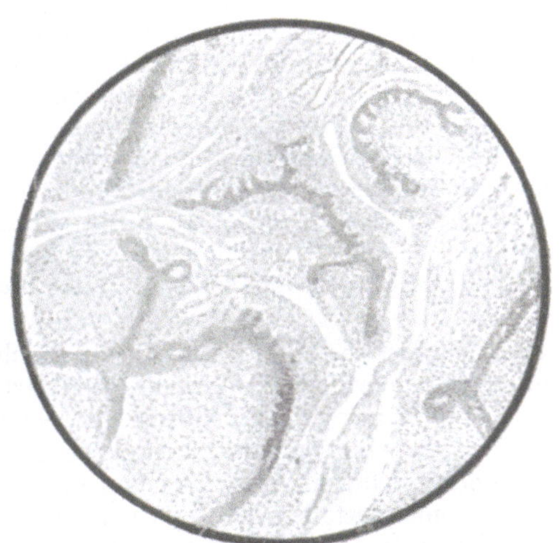

Fig. 102.
Intrakanalikuläres Fibroadenom der Mamma.

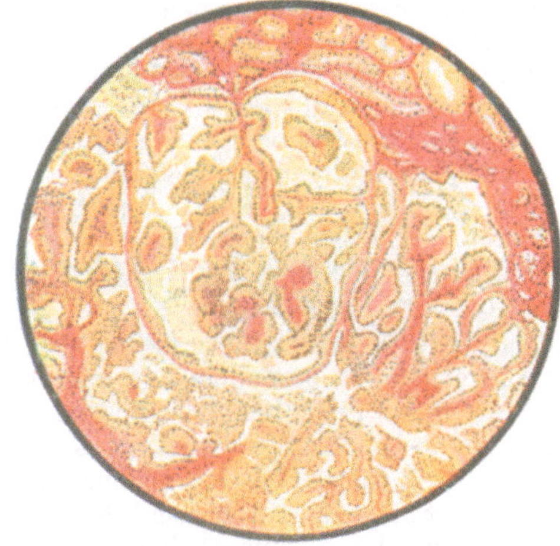

Fig. 103.
Papilläres Adenom der Niere.

lagerungen. Die das Adenom zusammensetzenden Drüsen sind meist mehr indifferent; Sekretion, aber abweichende, öfters schleimige, kann erhalten sein.

Die Adenome sind gutartige Tumoren. Wachsen sie destruierend oder bilden sie Metastasen, so handelt es sich nicht um einfache Adenome, sondern um Geschwülste, die zu den Karzinomen gehören (s. dort).

Auch den Adenomen liegen vielfach angeborene Geschwulstkeime zugrunde, so den Hodenadenomen bei Hermaphroditismus.

In Adenomen können drüsige Formationen durch Epithel- und Bindegewebsproliferation und Retention des Sekretes bei starker Sekretion zu Zysten umgebildet werden. Indem das zwischen solchen Zysten gelegene Bindegewebe mehr zurücktritt und dann auch, soweit es dünne Septen zwischen den Zysten bildet, durchbrochen wird, fließen die Zysten zu größeren Hohlräumen zusammen. Einzelne Hohlräume können so ausgedehnt werden, daß sie eine oder mehrere Hauptzysten bilden, während der übrige Teil der Geschwulst wie eine Wandschicht derselben erscheint. Die beschriebenen Geschwülste bezeichnet man als **Kystadenome** oder auch **glanduläre Kystome.** Sie bilden meist kugelige, fluktuierende Tumoren und finden sich besonders in den Ovarien, oft von enormer Größe, mit gallertig schleimigem oder kolloidem, seltener dünnflüssigem Inhalt, welcher konstant Paralbumin enthält und bis 40 und 50 Kilo betragen kann, ferner in der Mamma. Die Kystadenome sind gutartig, doch können eventuell geplatzte Zystenräume von Kystadenomen des Ovarium zu Implantationsmetastasen der Bauchhöhlenserosa führen.

Entwickeln Adenome in ihren Drüsen papilläre Vortreibungen, welche den fibroepithelialen Oberflächengeschwülsten ähnliche, von Epithel überkleidete, bindegewebige Sprossen darstellen, so spricht man von **papillärem Adenom.** Findet sich entsprechendes in Kystadenomen, so werden sie als **papilläre Kystadenome** bezeichnet. In solchen, besonders des Ovarium, können diese papillären Wucherungen so massenhaft sein, daß die Hohlräume dicht mit zottigen, blumenkohlartigen Massen gefüllt sind; auch können die Wände der Zysten perforiert werden, so daß die Massen an der Außenfläche des Tumors zum Vorschein kommen. Der Inhalt ist meist dünnflüssig, serös, seltener kolloidartig.

Papilläre Kystadenome können nach Platzen zu Implantationsmetastasen führen, aber auch aggressives Wachstum und sonstige Metastasenbildung ist nicht selten. Solche Tumoren gehören dann schon zu den Karzinomen (s. dort).

II. Heterologe Geschwülste.

A. Geschwülste, bestehend aus Geweben der Bindesubstanzgruppe (sowie aus Blutgefäßen, Muskel- und Nervengewebe) = Sarkome.

Man faßt bei den heterologen Tumoren die von Bindesubstanzen, Blutgefäßen, Muskel- und Nervengewebe stammenden bzw. die aus ihnen zusammengesetzten zusammen — auch in der Bezeichnung — und kann die Sarkome als Geschwülste dieser Gewebe, welche dauernd im Stadium unvollkommener Gewebsreife stehen bleiben, definieren.

Die Bindesubstanzen usw. entstehen aus einem zunächst rein zelligen Keimgewebe, welches erst später die entsprechenden Interzellularsubstanzen bildet und sich so zu Bindegewebe oder je nachdem Fettgewebe, Schleimgewebe, Knochen usw. differenziert. Dementsprechend zeigt auch das Sarkom großen Reichtum an Zellen verschiedener Form. Auch hat es mit dem jugendlichen Keimgewebe meist großen Reichtum an Blutgefäßen gemein, an deren Verlauf sich die wuchernden Zellen oft anschließen. Diese Gefäße sind meist sehr dünn und von Endothel bekleidet.

Makroskopisch verhalten sich die Sarkome sehr verschieden. Manche sind sehr weich, fast zerfließlich, besonders sehr zellreiche Formen, andere von markiger Konsistenz; der Farbton ist meist grau (Zellreichtum) oder rot (infolge des Gefäßreichtums), sie bluten oft leicht. Der Name „Sarkom" stammt von dem fleischähnlichen, d. h. den Wundgranulationen gleichenden Aussehen („wildes Fleisch") mancher dieser Geschwülste. Andere zellärmere, an Zwischensubstanz reichere Sarkome sind derber, eventuell härter. Die Sarkome verfallen häufig regressiver Metamorphose, anämischer Nekrose, Erweichungen, Ulzerationen, Blutungen, schleimiger Degeneration usw. Metaplastisch entwickelt sich zuweilen Knorpel- oder Knochengewebe.

Besonders die zellreichen weichen Formen wachsen in infiltrierender Weise, so daß sie ohne scharfe Grenze in die Umgebung übergehen. Sie gehören ihrem raschem Wachstum und ihrer Destruktionskraft nach zu den malignesten Tumoren, übertreffen sogar noch die meisten Krebse. Andere besonders zellärmere, härtere Formen wachsen weit langsamer und bleiben lange lokalisiert. Zu Rezidiven neigen die Sarkome im allgemeinen sehr, zu Metastasen im allgemeinen weniger als die Karzinome. Solche gehen vorzugsweise auf dem Blutwege (bei Karzinomen auf dem Lymphwege) vor sich, weil die Gefäßwände im Sarkom meist sehr dünn und somit leicht durchwucherbar sind, doch kommen auch solche auf dem Lymphwege vor. Geschwulstkachexie ist beim Sarkom seltener als beim Krebs, hochgradige Anämie allerdings häufig.

Über Ätiologie und Genese des Sarkoms ist wenig Sicheres bekannt. Liegen manchmal auch entwicklungsgeschichtliche Anomalien offenkundig zugrunde, so spielen chronische Irritationen auch in Gestalt wiederholter Traumen oft offenbar eine Hauptrolle.

Als Ausgangspunkt können alle Teile des Körpers dienen, da sich ja überall Bindesubstanzen vorfinden. Bevorzugte Stellen sind Kutis und Subkutis, Faszien, Periost und Knochenmark, intermuskuläres Bindegewebe, lymphadenoides Gewebe, Interstitium drüsiger Organe.

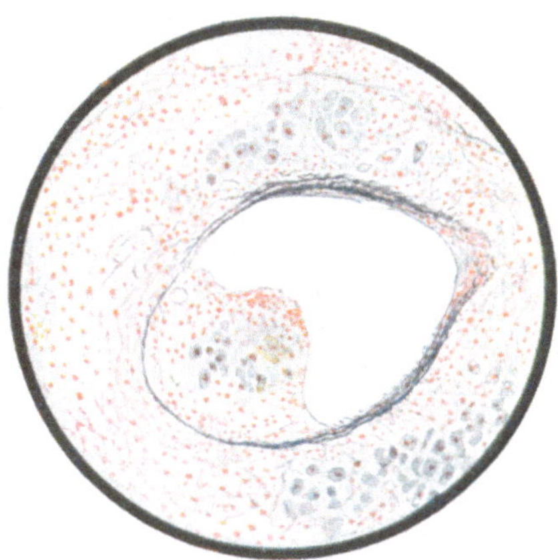
Fig. 104.
Chondrosarkom in eine Vene eingedrungen.

Wie oben dargelegt, zeichnen sich die Sarkome durch unvollkommene Gewebsreife aus. Nach dem relativen Grad von Reife, der immerhin erreicht werden kann, können wir eine Einteilung vornehmen. Einmal in ganz unreife Formen, in welchen sich, wie in jungem Granulationsgewebe, kleinere und größere, rundliche und spindelige Zellen, öfters auch Riesenzellen und dazwischen nur äußerst spärliche Zwischensubstanz vorfindet. Sodann in Formen mit etwas vorgeschrittenerer Gewebsreife; hier treten neben den Bindegewebszellen, je nach der Herstammung des Sarkoms, auch Knorpelzellen, Osteoblasten u. dgl. sowie mehr oder weniger ausgebildete Interzellularsubstanzen hervor. Außerdem gibt es dann noch einige besondere Sarkomformen.

Die einzelnen Formen der Sarkome.

a) **Sarkome mit ganz unvollkommener Gewebsreife** bestehen nur aus einem dauernd wuchernden Keimgewebe, ohne bestimmten Gewebscharakter und können von sämtlichen Arten der Bindesubstanzen ausgehen; bevorzugt sind Knochenmark und Periost. Je nach der Zellform, welche im einzelnen vorherrscht, unterscheidet man Rundzellen-, Spindelzellen- und Riesenzellensarkome, doch sind vielfach die verschiedensten Zellformen miteinander gemischt (gemischtzellige Sarkome).

1. Von den **Rundzellensarkomen** (Sarcoma globocellulare) bestehen die kleinzelligen, ähnlich wie einfaches Granulationsgewebe, aus kleinen Rundzellen mit wenig Protoplasma, welches oft sehr hinfällig ist (sog. freie Kerne). Zwischensubstanz ist nur in Gestalt vereinzelter Fasern, oder als spärliche formlose oder körnige Masse vorhanden. Diese Sarkome sind besonders bösartig, von rapidem Wachstum und großer Destruktionskraft.

Doch ist es oft schwierig diese kleinzelligen Rundzellensarkome gegenüber Lymphosarkomen (s. weiter unten) abzugrenzen.

Nicht ganz so malign sind im allgemeinen die sog. großzelligen Rundzellensarkome, welche aus größeren „epitheloid" ausgebildeten rundlichen Zellen zusammengesetzt sind. Hier findet sich öfters ein deutlicheres, die Geschwulst septierendes, bindegewebiges Gerüst.

2. Von den **Spindelzellensarkomen** (Sarcoma fusicellulare) besteht die kleinzellige Form der Hauptsache nach aus schmalen, spindeligen, mit polaren Fortsätzen und einem ovalen Kern versehenen Zellen, welche sich zu dickeren und feineren Bündeln zusammenordnen. Da diese in unregelmäßiger Weise durcheinander ziehen, trifft man immer einige auch auf dem Querschnitt, wo sie dann Rundzellen vortäuschen. Im allgemeinen sind die kleinzelligen Formen dieses Typus relativ gutartig, doch kommen Rezidive auch bei ihnen nicht selten vor. Bösartiger sind die großzelligen Spindelzellensarkome, in denen übrigens daneben vielfach auch rundliche und unregelmäßige, darunter auch sternförmige, mit zahlreichen Ausläufern versehene Zellen auftreten.

Rundzellensarkome gehen häufiger vom Knochenmark, Spindelzellensarkome vom Periost aus.

3. Das **Riesenzellensarkom** (Sarcoma gigantocellulare) besteht nie ausschließlich aus Riesenzellen, sondern zeigt die letzteren immer nur in größerer oder geringerer Zahl zwischen andere Zellformen, meist Spindelzellen, eingestreut. Die Riesenzellen selbst sind meist sehr groß, unregelmäßig, und zeigen ihre zahlreichen Kerne besonders in der Mitte des

Protoplasmas gehäuft, entsprechen also dem Osteoklastentypus der Riesenzellen. Diese Geschwülste gehen sehr häufig vom Periost oder Knochenmark aus; besonders finden sie sich am Kiefer als sogenannte Epulis, die aber im Gegensatz zu anderen Riesenzellensarkomen der Knochen gutartig ist.

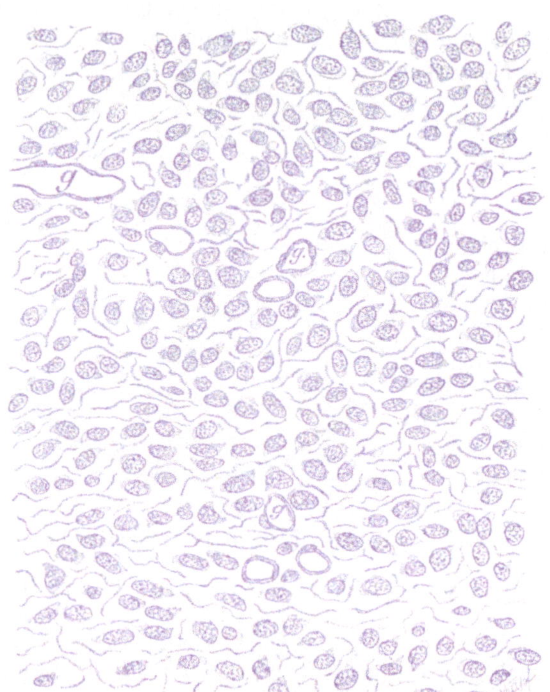

Fig. 105.
Kleinzelliges Rundzellensarkom; zwischen den Zellen ein feines Faserwerk.
g. Gefäße.

b) Weiter entwickelte Sarkome. Hier ist die Differenzierung, wenn auch noch unvollkommen, so doch so weit vorgeschritten, und vor allem spezifische Interzellularsubstanz so ausgebildet, daß die Charaktere bestimmter Arten der Bindesubstanzgruppe erkennbar sind. Auf diese Weise kommen eine Reihe von Geschwülsten zustande, von denen jede einzelne einer entsprechenden homologen Form, also z. B. dem Fibrom, Myxom usw. als heterologe Form gegenüber zu stellen ist, indem hier eben eine mehr blastomatöse sarkomartige, also heterologe, d. h. vom Mutterboden mehr abweichende, Form vorliegt. Wir sprechen dann von Fibrosarkom, Myxosarkom, Chondrosarkom usw. oder besser von fibroblastischem, myxoblastischem, chondroblastischem Sarkom usw. (Borst).

1. **Die Fibrosarkome, fibroblastischen Sarkome,** bestehen aus spindeligen Zellen, zwischen welchen reichlicher bindegewebige, kollagene Fibrillen gebildet sind; es entspricht also gewissermaßen dem Übergang eines Granulationsgewebes zu faserigem Bindegewebe. Auch seinem äußeren Verhalten und insbesondere seiner Malignität nach steht das Fibrosarkom in der Mitte zwischen einem Spindelzellensarkom und einem Fibrom. Seine hauptsächlichsten Ausgangspunkte stellen die Haut und Subkutis, die Faszien, das Periost (meist riesenzellenhaltige Fibrosarkome), die Sehnen und Bänder dar.

2. Bei den **Myxosarkomen, myxoblastischen Sarkomen,** handelt es sich um Bildung eines echten, jugendlichen Schleimgewebes; dies besteht aus sehr zahlreichen, meist sternförmig verzweigten und mit langen

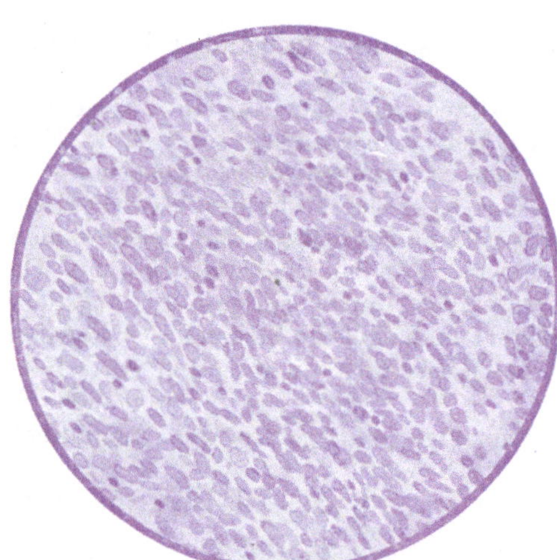

Fig. 106.
Spindelzellensarkom.

Fig. 107.
Chondroosteoblastisches Sarkom.
Knochen rot, Knorpel hell.

Ausläufern versehenen Zellen; zwischen ihnen liegt eine schleimige Grundsubstanz, welche der Geschwulst schon für das bloße Auge ein gallertartiges Aussehen verleiht. Es sind rasch wachsende, nicht selten auch metastasierende Geschwülste; sie gehen vom Bindegewebe verschiedener Lokalitäten, eventuell auch vom Knochenmark aus.

3. Die **Liposarkome, lipoblastischen Sarkome**, bestehen (neben den mehr indifferenten Zellen) aus Zellen, welche durch synthetische Bildung von Fett wenig weit differenzierten Fettzellen entsprechen. Sie sind sehr selten und relativ gutartig.

4. Bei den **Chondrosarkomen, chondroblastischen Sarkomen**, werden in der im übrigen zelligen oder zellig-fibrösen Geschwulst von den Geschwulstparenchymzellen Inseln und Züge von Knorpelsubstanz

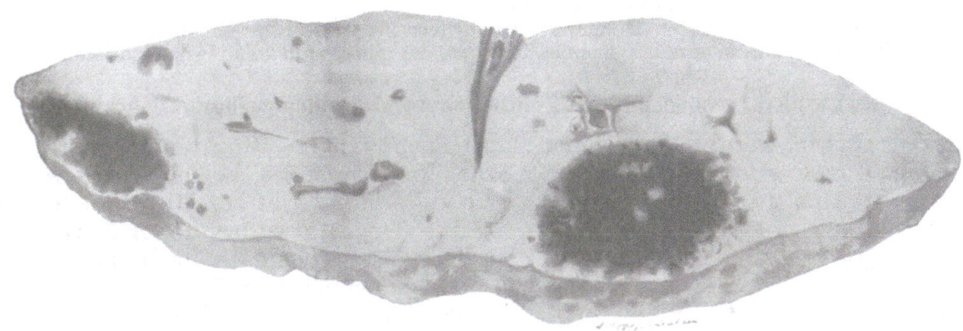

Fig. 108.
Zwei große Metastasen eines malignen Melanoms in der Leber.

gebildet; in dieser können typische, in Hohlräume eingeschlossene, zum Teil von deutlichen Kapseln umgebene, Knorpelzellen enthalten sein. Chondrosarkome gehen vom Knorpel, Periost oder Knochen aus, kommen aber auch heterotop an knorpelfreien Stellen vor, z. B. an der Parotis. Die Knorpelgrundsubstanz kann verkalken.

5. Wird unter Verkalkung der Zwischensubstanz und Bildung zackiger, die Zellen einschließender Höhlen von den Geschwulstzellen echte Knochensubstanz gebildet, so entsteht das **Osteosarkom, osteoblastische Sarkom,** öfters kombiniert mit Chondrosarkom. Es geht zumeist vom Periost oder Knochenmark, besonders noch wachsender jugendlicher Personen aus. An der Außenseite der jungen Knochenbalken findet man oft Reihen von Sarkomzellen, welche offenbar als Osteoblasten fungieren und dem Balken noch weitere Knochensubstanz anlagern. Sehr seltene fast nur aus adenomartig gewucherten Osteoblasten bestehende Geschwülste werden Osteoblastome genannt; so gebaute Gebiete finden sich öfters in Osteosarkomen. Geschwülste, welche aus homogener osteoider Substanz ohne Verkalkung, wie sie als Übergangsstadium in der Knochenentwicklung auftritt, bestehen, heißen Osteoidsarkome.

6. **Angiosarkome,** (Kolaczek-Waldeyer) **angioblastische Sarkome**, bestehen aus neugebildeten Gefäßen und sind so zellreich (besonders Spindelzellen, ausgehend vom Bindegewebe der Gefäße), daß sie morphologisch malignen Charakter tragen. Zum größten Teil sind die sog. Endotheliome hierher zu rechnen.

7. Die **Myosarkome, myoblastischen Sarkome**, gehen meist vom Muskelgewebe, besonders der glatten Muskulatur (am häufigsten des Uterus) aus, bestehen zum größten Teil aus Spindelzellen, bilden aber auch neue Muskelfibrillen. Morphologisch stellen sie sich also als zellreiche Myome dar.

8. Die sog. **Neurosarkome** sind schon oben erwähnt.

c) Einzelne besondere Sarkomformen: Einige Sarkome zeigen Eigentümlichkeiten, welche zur Aufstellung besonderer Formen geführt haben.

1. Ist das bindegewebige Stroma so verteilt, daß es ganze Inseln von Sarkomzellen abgrenzt — ähnlich wie beim Karzinom —, so spricht man von **Alveolarsarkom.** Die meisten sind aber tatsächlich keine Sarkome, sondern Karzinome.

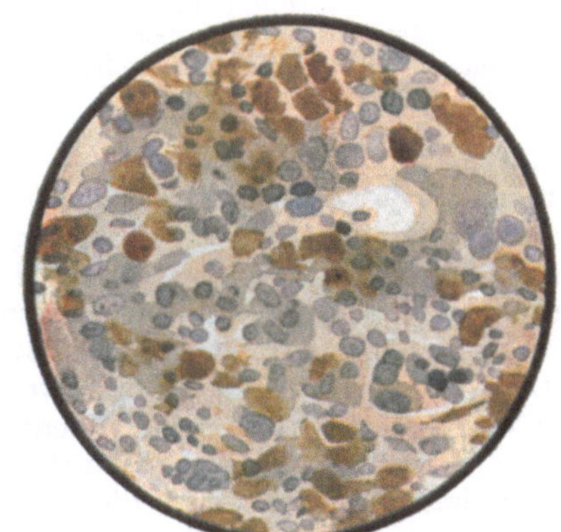

Fig. 109.
Malignes Melanom. Metastase im Ovarium.

2. Die sog. **Melanosarkome,** welche durch ihren Gehalt an melanotischem Pigment eine graubraune bis schwarze Farbe erhalten, die aber nur in einem Teil des Tumors ausgesprochen zu sein braucht, nehmen ihren Ausgang von der äußeren Haut, besonders von pigmentierten Nävi (was auch diese Tumoren auf eine entwicklungsgeschichtliche Grundlage stellt), oder der Chorioidea oder Retina des Auges (vereinzelt auch vom Zentralnervensystem bzw. deren Pia, vom Rektum, Ösophagus, der Nebenniere usw.). Sie sind höchst

bösartige Geschwülste und sowohl durch rapides Wachstum wie frühzeitiges Einbrechen in die Blutbahn und reichliche Metastasenbildung (die Metastasen sind nicht stets pigmentiert) ausgezeichnet. Da sich die meisten dieser Tumoren von Nävuszellen, welche wahrscheinlich epithelialer Abstammung sind, ableiten, handelt es sich bei diesen sog. Melanosarkomen re vera meist um **Melanokarzinome.** Daneben gibt es auch an anderen Orten Tumoren, die von Chromatophoren (Ribbert führte den Namen Chromatophorom ein), also von Zellen bindegewebiger Natur, abzuleiten sind, und die demnach wirklich als Melanosarkome aufzufassen sind; doch ist die ganze Frage und Abgrenzung noch keineswegs geklärt. Man benennt die Tumoren daher wohl am besten mit Orth **„maligne Melanome“.**

Ganz selten findet sich neben Melanom auch diffuse Melanose aller möglichen Organzellen. Hier wird wahrscheinlich Melanin zugrunde gehender Tumorzellen gelöst und lokal wieder aufgebaut.

B. Geschwülste, bestehend aus Epithelien (und Bindegewebe) = Karzinome.

Als Karzinom, Krebs, bezeichnet man eine bösartige Wucherung, bestehend aus Epithel und einem bindegewebigen Stroma, wobei ersteres, selbständig wuchernd, auch dem Stroma gegenüber, seine physiologischen Grenzen überschreitet und auf das Organgewebe destruierend wirkt. Es müssen demnach auch die schon früher erwähnten malignen Formen der Adenome und Papillome hier mit einbegriffen werden. Hatte sich Virchow noch die epithelialen Karzinomzellen durch Metaplasie aus Bindegewebe entstehend gedacht, so haben vor allem die ausgedehnten Untersuchungen von Thiersch und Waldeyer (1861—1873) gezeigt, daß die Karzinomzellen, der wichtigste Bestandteil des Krebses, nur von präexistierenden Epithelien abstammen. **Ein Karzinom** kann also nur von unzweifelhaftem Epithel ausgehen, sei es — zu allermeist — von dem ortszuständigen Epithel der Organe, oder von versprengten Epithelkeimen, oder von aus Epithel bestehenden, bisher nur gutartig gewucherten Tumoren. Die atypische Lagerung des Epithels, d. h. daß es da liegt, wo es normaliter nicht hingehört, unterscheidet das Karzinom von anderen aus Epithel und Bindegewebe bestehenden Tumoren. In der Regel aber äußert sich der maligne Charakter des Krebses ferner durch einen hochgradig heterologen Bau, d. h. durch eine auch morphologisch atypische Ausbildung der Epithelien, i. e. Karzinomzellen. Die Zusammensetzung aus einem epithelialen und einem bindegewebigen Bestandteil unterscheidet das Karzinom von der anderen Hauptgruppe maligner Tumoren, den Sarkomen, welche nur aus Abkömmlingen der Bindesubstanzen und verwandter Gewebe bestehen. Die beiden Bestandteile sind nun im Krebs folgendermaßen (nach Art parenchymatöser Organe) verteilt: die epithelialen Zellmassen bilden umschriebene Nester bzw. anastomosierende Stränge; diese sind durch ein öfters sehr reichliches, zuweilen nur spärlich entwickeltes, von faserigem Bindegewebe gebildetes Stroma, welches oft von Rundzellen durchsetzt ist, getrennt. Daß die die Zellnester bildenden Krebszellen in der Tat Epithelien sind, zeigt sich daran, daß sie, wie alle Epithelien, in epithelialem Verband, d. h. Zelle an Zelle aneinander liegen, ohne Zwischensubstanz (wozu die Kittleisten oder Interzellularbrücken von Epithelien nicht gehören). Färbt man also mit den Methoden für feinste Bindegewebsfibrillen (Silberimprägnationen), so finden sich solche zwischen den Zellen nicht, im Gegensatz zu den von den Bindesubstanzen stammenden Sarkomen. Diese epithelialen Massen des Karzinoms lassen sich bei zellreichen, daher weichen Krebsformen leicht von der Schnittfläche der Geschwulst mit dem Messer abstreifen oder hervordrücken; man bezeichnet sie daher als Krebsmilch. Man kann dann die einzelnen Krebszellen auch frisch untersuchen. Sie zeichnen sich durch große Polymorphie aus — die einzelnen Zellen

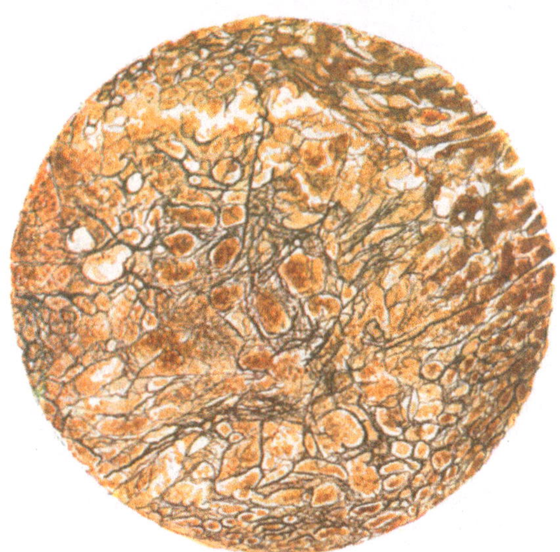

Fig. 110.
Karzinom (Metastase) der Leber. Das Stroma des Karzinoms ist mit Silber (Bielschowsky-Färbung) schwarz dargestellt.

sind rundlich oder oval, spindelig oder mit Fortsätzen versehen —, welche daher rührt, daß die dicht gedrängten Zellen sich gegenseitig anpassen und modellieren. Dazwischen liegen oft Zellen mit besonders großen oder mehreren Kernen bis zu Riesenzellen, oder Zellen hängen „synzytial“ mit von Zeit zu Zeit eingesetzten Kernen zusammen. Die einzelne Krebszelle

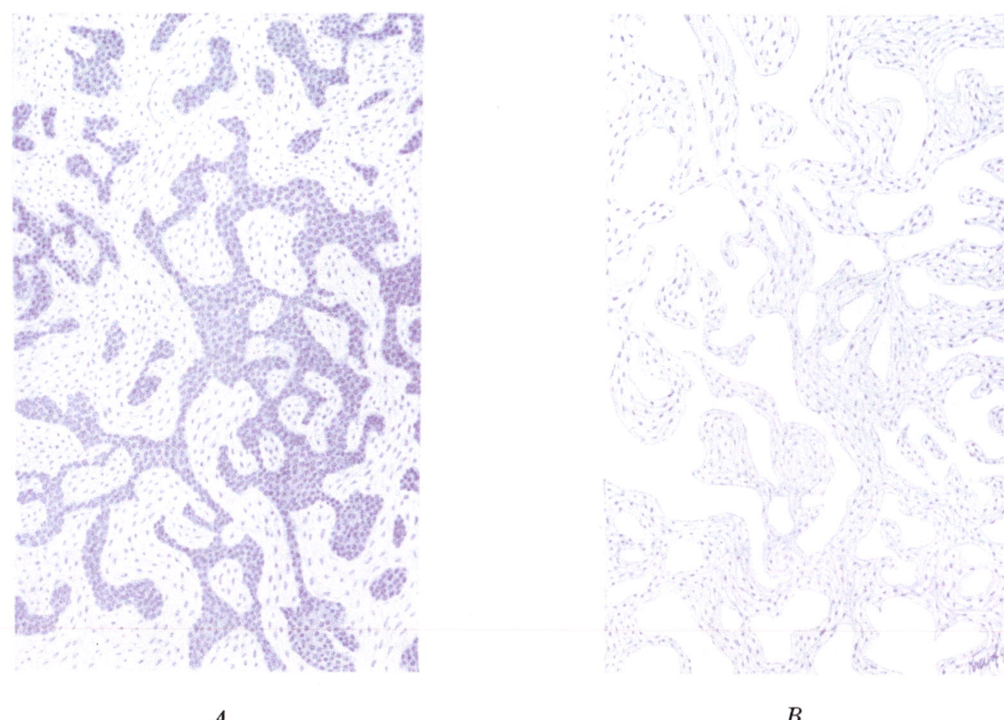

A *B*

Fig. 111. (Vgl. Text.)

A Karzinom der Haut, zwei Bestandteile zeigend: 1. Nester und zusammenhängende Stränge von Epithelien (dunkel gefärbt), 2. ein faseriges, bindegewebiges Stroma.
B Derselbe Schnitt, die Epithelmassen durch Auspinseln entfernt. Es bleibt nur noch das Stroma mit einem zusammenhängenden Lückensystem, in welchem die Epithelmassen gelegen waren, übrig.

Fig. 112.
Karzinom des Magens (bei *a*).

also ist nicht spezifisch, wohl aber die epitheliale Anordnung in dicht nebeneinander liegenden Verbänden charakteristisch und ebenso die Einlagerung solcher epithelialer Massen in das bindegewebige Stroma. Diese bezeichnen wir als alveolär; denkt man sich die „Krebsmilch" ausgepinselt oder ausgeschüttelt, so bleibt bloß das von Lücken durchsetzte bindegewebige Stroma übrig, und so erinnert der Bau an „Alveolen". Die einzelnen Epithelmassen sind nun aber nicht etwa, wie es auf dem einzelnen mikroskopischen Durchschnitt scheinen mag, allseitig vom Stroma begrenzt, abgeschlossen, vielmehr bilden die Nester ein dem zusammenhängenden Kanalsystem der Bindegewebsspalträume entsprechendes, vielfach anastomosierendes Netzwerk. Mit der Plattenmodelliermethode (bei der Serienschnitten, in Wachs geformt und wieder zusammengesetzt werden, so daß ein räumliches Modell entsteht), kann man feststellen, daß die Epithelstränge alle zusammenhängen, meist von einem Punkt ausgehend — unizentrisch —, selten von mehreren Anlagen gleichzeitig ausgehend — plurizentrisch. Das Bindegewebe (Stroma) weist als Ausdruck entzündlicher Reaktion kleine Rundzellen, häufig auch Leukozyten oder Plasmazellen auf. Nach alledem ist das in erster Linie für den Krebs Charakteristische der Gesamtaufbau der Geschwulst aus in epithelialem Verband gelegenen Krebszellen, alveolär (s. oben) inmitten eines bindegewebigen Stromas gelegen.

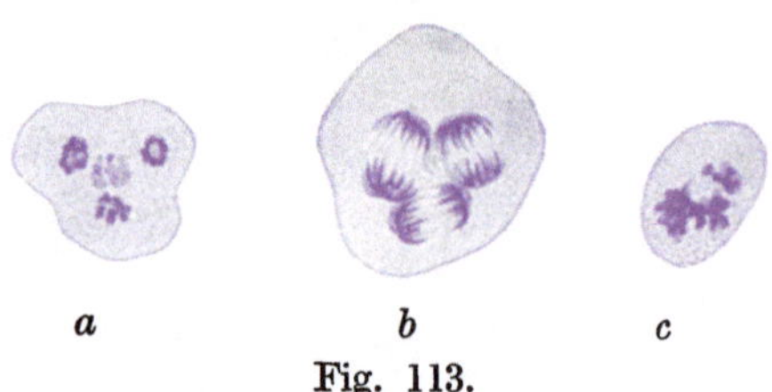

Fig. 113.

Mitosen aus bösartigen Geschwülsten.

(Nach Borst, Die Lehre von den Geschwülsten. I.)

a Vierteilige Mitose, beginnende Protoplasmaeinschnürung, *b* sechsteilige Mitose, *c* asymmetrische Mitose.

Sehr häufig finden sich regressive Metamorphosen im Krebsgewebe. Viele Krebszellen sind verfettet, oft auch ganz fettig zerfallen, doch wechselt dies sehr. In älteren Herden

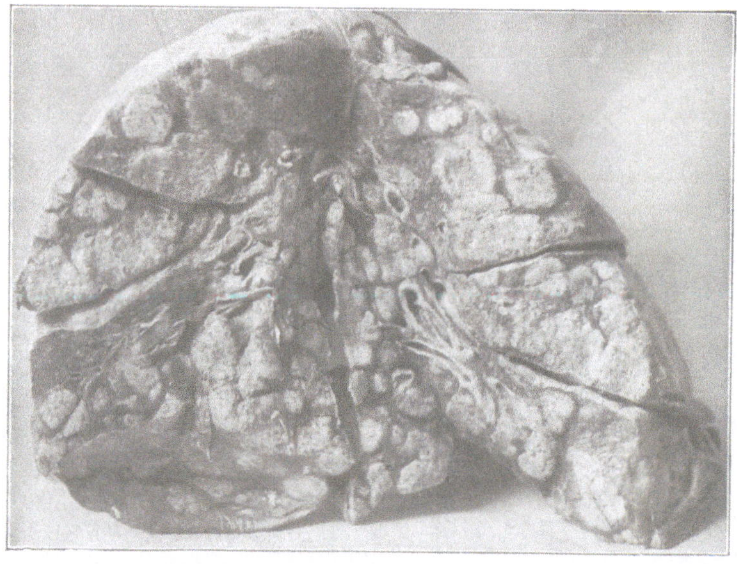

Fig. 114.

Karzinommetastasen der Lunge.

Die ganze Lunge ist von Karzinomknoten durchsetzt.

sind meist besonders die zentralen Partien nekrotisch zerfallen, oft erweicht. In der Nekrose kann sich auch Kalk ablagern, echte Verknöcherung ist sehr selten. Um nekrotische Herde sammeln sich oft Leukozyten an, öfters auch eosinophile in einiger Entfernung. Bei Krebsen an Oberflächen oder Innenflächen (Haut, Magen, Darm, Uterus usw.) oder wenn sie in solche durchbrechen, kommt es durch Ausfall des nekrotisch gewordenen zu Geschwürsbildung. Hierbei findet sich häufig eitrige oder putride Infektion, so daß die Geschwürsfläche eitrige, oft auch jauchige Flüssigkeit absondert und ganze Fetzen abgestorbenen Krebsgewebes abgestoßen werden können. Kollabieren — besonders in Karzinomen der Leber — die atrophischen zentralen Teile der Tumoren, so entsteht hier eine nabelartige Einziehung („Krebsnabel").

Zu einem Verschwinden führen diese Zerfallserscheinungen nie, denn das weitere Wachstum des Karzinoms überwiegt stets. Dem heterologen Bau, dem malignen Charakter entsprechend ist das Wachstum ein ausgeprägt infiltrierendes, destruktives. Dies zeigt sich meist schon für das bloße Auge und ist daher diagnostisch wichtig. Die knotigen Krebseinlagerungen sind doch nicht scharf abgesetzt, sondern ziehen in mannigfachen Zügen und Ausläufern in die Umgebung, in das noch erhaltene Organgewebe, hinein. Zwar können die Krebse an Haut und Schleimhäuten knotig oder fungös, papillär oder blumenkohlartig über die Oberfläche vorragen, aber sie dringen bald auch in die Tiefe und zerstören das unterliegende Gewebe. In anderen Fällen ist die Ausbreitung mehr flächenhaft, so im Magen und Darm, auch gibt es, und gerade auch im Magen, mehr ganz diffuse Formen. Farbe und Konsistenz hängen von dem Zell-, erstere auch vom Gefäßreichtum ab. Das schrankenlose Vordringen in umliegende Gewebsschichten und die Fähigkeit diese zu destruieren ist die wichtigste Eigenschaft karzinomatöser Neubildungen. Weder straffes Bindegewebe noch Knochen kann auf die Dauer Widerstand leisten; alles fällt der Wucherung zum Opfer, nur das Bindegewebe wird teilweise zur Bildung des Krebsstromas verwendet. Dies Eindringen des Epithels in andere, normaliter kein Epithel führende Schichten, also die Atypie der Lage ist zusammen mit der Atypie der Struktur, wie eingangs schon kurz erwähnt, entscheidend für die Diagnose auf Karzinom.

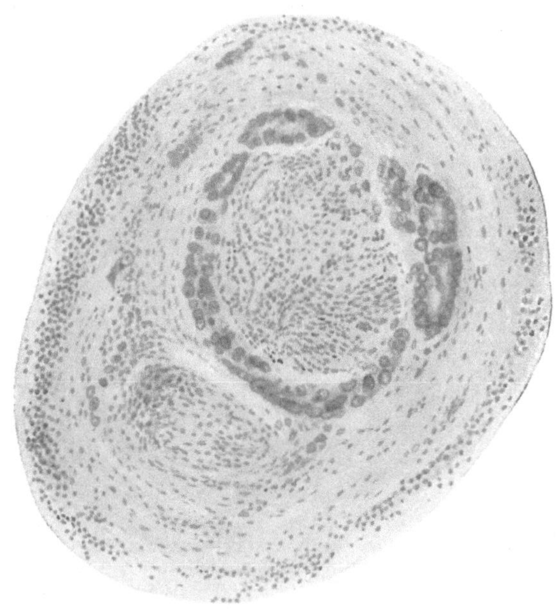

Fig. 115.
Verbreitung des Karzinoms in den um einen Nerven gelegenen Lymphräumen.

Der rapiden Proliferationsfähigkeit entspricht der häufige Befund einer großen Zahl von Mitosen in den Krebszellen, unter diesen (dem überstürzten Wachstum entsprechend; ähnlich auch in Sarkomen) oft asymmetrische bzw. atypische Formen. Bei dem aggressiven Wachstum der Krebse werden Blutgefäße, ganz besonders aber Lymphgefäße und -spalten, durchwachsen. und so kommt es hauptsächlich auf dem Lymphwege (was, schon Andral und E. Wagner bekannt, vor allem von v. Recklinghausen begründet wurde) zu oft ausgedehnter Metastasenbildung, zunächst in den Lymphknoten; auch retrograde Metastasen sind nicht selten. Auf dem Blutwege kommen Metastasen besonders in der Lunge und von dem Gebiet der Pfortader aus in der Leber zustande. In den Metastasen wird das lokale Bindegewebe zum Krebsstroma, alles andere Gewebe wird auch hier destruiert. Da auch lokal in der Umgebung von

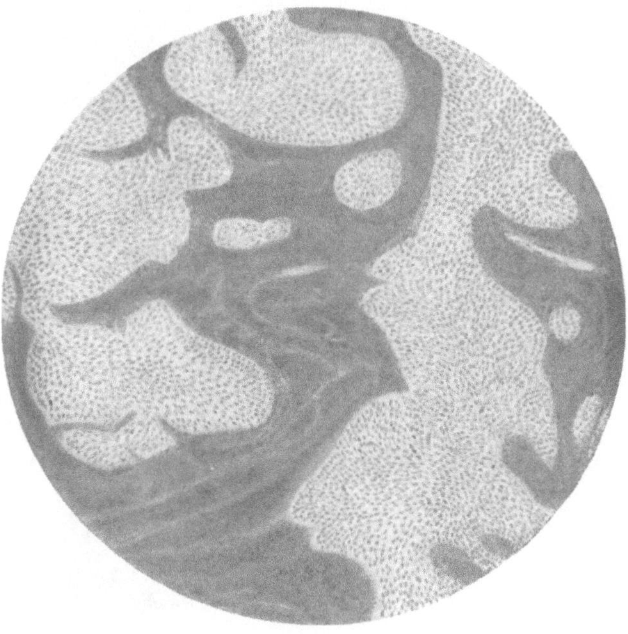

Fig. 116.
Sehr zellreiches Carcinoma medullare (Übersichtsbild).

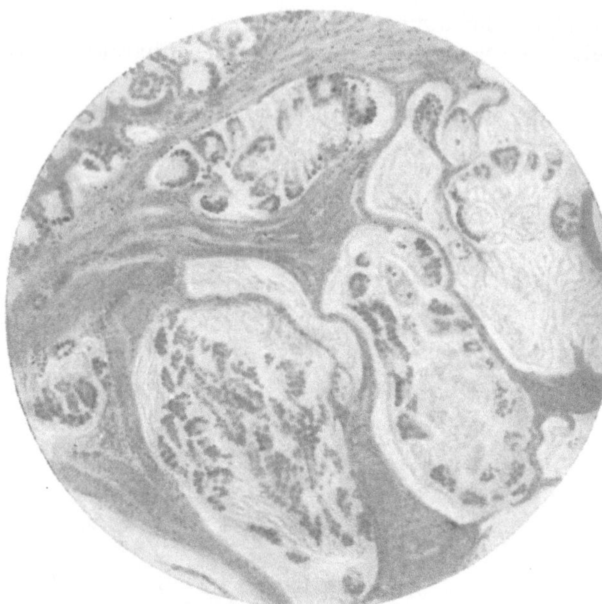

Fig. 117. Gallertkarzinom.
Die Epithelien sezernieren Schleim und gehen in diesen glasigen Massen selbst zum großen Teil unter.

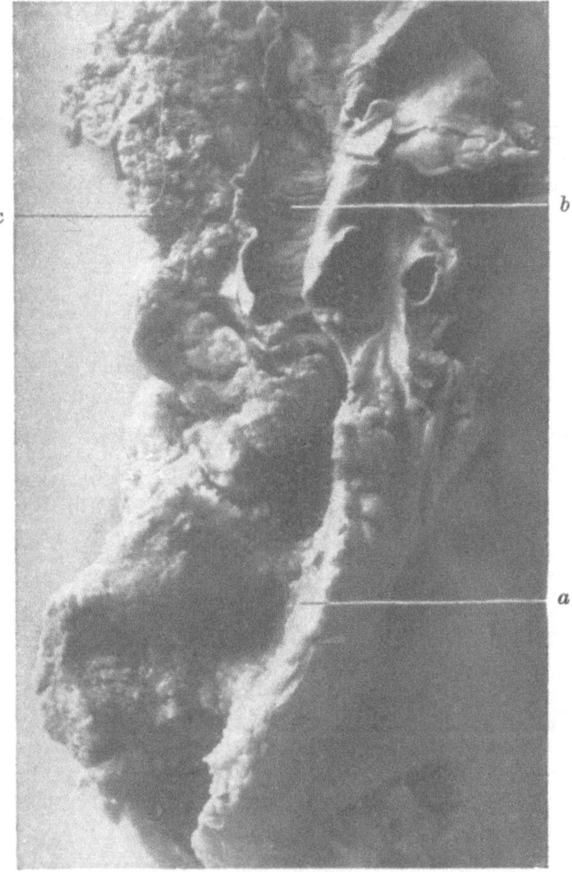

Fig. 118. Gallertkarzinom des Darms.
Darmkarzinom bei *a* (während die Wand des Darms bei *b* frei von Tumor ist), bei *c* ausgedehnte Serosametastasen.

Krebsherden oft schon früh diäseminierte Tochterknoten bestehen, kommt es bei Krebsen leicht zu Rezidiven. Alles dies zusammen zeigt den sehr malignen Charakter des Krebses, so daß ihm in dieser Beziehung fast nur gewisse Sarkome an die Seite gestellt werden können; aber auch diese übertrifft das Karzinom noch durch seine oft frühzeitig und hochgradig einsetzende Kachexie. In der Malignität bestehen aber große Verschiedenheiten zwischen den einzelnen Krebsformen. Die hochgradig heterologen, zellreichsten sind auch hier meist die bösartigsten, während derbere, zellärmere Formen oft einen langsameren Verlauf nehmen, ja manche Krebse der äußeren Haut sogar jahrzehntelang stationär bleiben können.

Je nachdem die Epithelien oder das Stroma relativ überwiegen, sind verschiedene ältere Bezeichnungen in Gebrauch. Ist das Stroma stark entwickelt in Gestalt faserigen Bindegewebes mit nur kleinen Gruppen und Reihen von Epithelien, so bezeichnet man den Krebs als **Skirrhus.** Er kommt in knotiger Form (besonders Mamma) oder mehr diffus (besonders Magen und Darm) vor, wächst meist relativ langsam, macht aber doch auch ziemlich frühzeitig Metastasen, öfters zellreicher als der Primärtumor. Ist der Skirrhus an Krebszellen sehr arm, so kann langes mikroskopisches Suchen nötig sein, um ihn von einer Narbenbildung zu unterscheiden. Sehr zellreiche Formen werden als **Medullarkrebs** oder **Markschwamm** bezeichnet. Er bildet weiche, schwammige, graurote, „markige" Massen, die zu Zerfall schnell neigen; Krebssaft läßt sich meist viel abstreifen. Diese Karzinomformen sind besonders bösartig und finden sich vor allem in Magendarmkanal und Mamma.

Durch sekundäre Veränderungen können auch besonders charakterisierte Karzinome entstehen. So durch schleimige, kolloide Degeneration das sog. Gallert- oder Kolloidkarzinom (Carcinoma gelatinosum). Zumeist sind es die Epithelien, welche durch schleimige oder kolloide Degeneration, wobei sich die Drüsenräume durch Sekretstauung oft zystisch erweitern, das Bild bewirken. Solche Gallertkarzinome finden sich vor allem im Magendarmkanal, in Ovarien und Mamma, und breiten sich meist auf weite Strecken infiltrierend aus. Ist es hingegen das Stroma, welches sich schleimig umwandelt, so spricht man von Gallertgerüstkrebs oder Carcinoma myxomatodes. Sie sind meist nicht so sehr bösartig.

Eine hyaline Degeneration führt zu den sogenannten Zylindromen. Wenn sich Schichtungskugeln bilden und verkalken, so spricht man von Psammomen. Beide werden gewöhnlich zu den Endotheliomen gerechnet (s. dort), die meisten Formen stellen sich aber als Karzinome dar.

Im Knochen sitzende Karzinome können zu Knochenbildung im Stroma reizen — osteoplastisches Karzinom. Hierbei wandelt sich das Bindegewebe in Knochengrundsubstanz um, deren Verkalkung dann rasch vor sich geht.

Ist das Stroma des Karzinoms sarkomatös, so spricht man von Karzinosarkom (bzw. Sarkokarzinom), sei es, daß hier von vorneherein ein Karzinom mit Sarkom vermischt vorliegt, sei es, daß unter dem Einfluß der Karzinomzellen das Stroma eines Karzinoms sich in Sarkom umgewandelt hat. (Der Name Carzinoma sarkomatodes für diese Tumoren ist, weil mißverständlich, besser hier zu vermeiden).

Das Karzinom ist eine der häufigsten Erkrankungen (ca. 8% aller obduzierten Leichen); ob die behauptete Zunahme in neuerer Zeit stattfindet ist noch sehr zweifelhaft. Im allgemeinen ist das Karzinom eine Krankheit des höheren Alters (am meisten zwischen dem 40. und 70. Lebensjahr). Immerhin sind Krebse selbst bei Kindern häufiger konstatiert, bei jungen Individuen gar nicht sehr selten. Dadurch daß die weiblichen Genitalorgane und die weibliche Brustdrüse einen großen Prozentsatz zur Zahl der Karzinome liefern, sind die Karzinomzahlen beim weiblichen Geschlecht wesentlich höher. Mit besonderer Vorliebe ergriffen werden: Haut, Magen, Darm (Rektum), Uterus, Mamma, Ösophagus, Gallenwege (-blase), Harnblase, Kehlkopf, Schilddrüse, Zunge, Prostata, Pankreas.

Karzinom und Tuberkulose kommen öfters zusammen vor; Zellbildungen im Karzinomstroma können auch die Form von Pseudotuberkeln annehmen. Mehrere primäre Karzinome desselben Organismus sind selten.

Die einzelnen Formen der Karzinome.

Wir teilen die Karzinome nach Form und Art des Epithels ein:

1. **Carcinoma simplex** (oder **Cancer**). Die Krebszellen, d. h. Epithelien, haben keine besonderen Charakteristika an sich; eventuell haben sie sie infolge besonders hochgradiger Abweichung vom Mutterboden eingebüßt.

2. Der **Plattenepithelkrebs = Kankroid.** Von der Epidermis (besonders an Übergängen zu Schleimhäuten, wie Lippe, Nase, Genitalien) und Plattenepithel tragenden Schleimhäuten — wie Kehlkopf, Scheide, Portio uteri — gehen meist Krebse aus, deren Epithelien wenigstens längere Zeit hindurch die charakteristischen Merkmale des Plattenepithels erkennen lassen. Außer aus der Form geht dies aus dem Befund einmal von Stachel- oder Riffelzellen, d. h. den mit Epithelfasern und Interzellularbrücken versehenen Zellen, wie sie im Rete Malpighii vertreten sind, hervor, ferner aus der für das Plattenepithel charakteristischen regressiven Metamorphose, der Verhornung. Man findet einmal verhornende

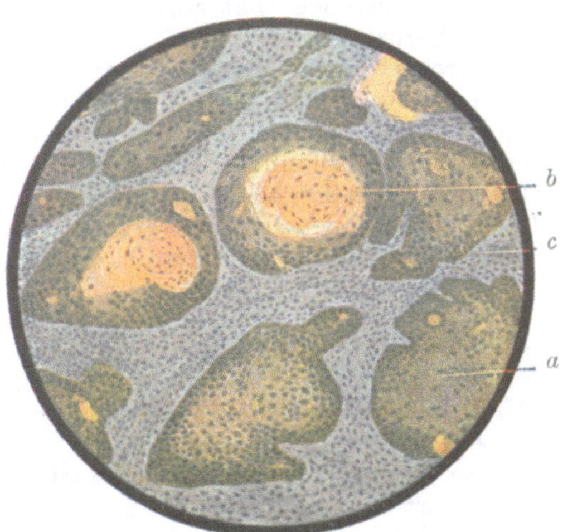

Fig. 119.
Kankroid (Plattenepithelkrebs) der äußeren Haut.
Epithelmassen außen mit höheren, dann mit großen platten, weiter innen konzentrisch geschichteten Zellen (*a*). Im Zentrum der Zellmassen zahlreiche Hornkugeln (*b*). Zwischen den Epithelmassen Stroma (*c*).

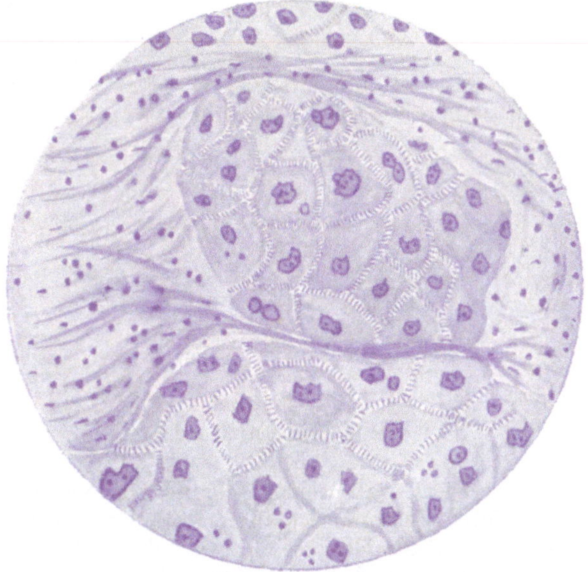

Fig. 120.
Kankroid.
Interzellularbrücken verbinden deutlich die den Stachelzellen entsprechenden Zellen des Kankroids.

Zellen (mit Keratohyalin und Eleïdin) und dann vor allem Schichtungskugeln, die sog. Hornperlen oder Kankroidperlen. Diese sind konzentrisch geschichtete Zellmassen. Außen liegen noch höhere Epithelien (den Basalzellen der Epidermis entsprechend), dann folgen immer platter und dünner werdende Zellen — mit plattovalen, oft spindelförmigen Kernen — in besonders ausgesprochener Schichtung; ihre innersten Lagen zeigen schon starke Verhornung und ganz innen liegen mehr oder weniger runde Hornmassen von homogen-glänzendem Aussehen ohne Kerne. Wir haben hier also eine ähnliche Anordnung wie in der Epidermis, nur daß die untersten Lagen dieser in den Schichtungskörpern außen (Basalzellen), die obersten Lagen hier innen (verhornende Zellen und Horn) gelegen sind. Zwar finden sich Hornperlen auch sonst in Plattenepithelwucherungen nicht malignen Charakters, zeigt aber die Wucherung besonders durch Atypie der Lage der Epithelien Karzinomcharakter, so sind diese Kankroidperlen sehr charakteristisch für Kankroid. Das Innere der Perlen kann auch verkalken.

Die Kankroide wuchern, besonders zunächst, oft über das Niveau der Umgebung nach oben hinaus und bilden so zottige oder blumenkohlartige, den gewöhnlichen gutartigen Fibroepitheliomen (sog. Papillomen) ähnliche Formen, unterscheiden sich aber von diesen dadurch, daß sie gleichzeitig in die Tiefe vordringen, was sie in anderen Fällen in ausgesprochenerem Maße von vornherein tun. Dies Vordringen ins Gewebe dokumentiert sich oft dadurch, daß eine scharfe Grenze der Epithelien gegen das Bindegewebe, welche in der normalen Epidermis gerade durch die Schicht der zylindrisch geformten höheren Basalzellen deutlich hervortritt, fehlt. Durch das Tiefenwachstum kommt es meist bald zur Ulzeration. Der Verlauf der Kankroide besonders der Haut ist meist gutartiger als bei anderen Karzinomformen, indem besonders Metastasen gewöhnlich ziemlich spät auftreten.

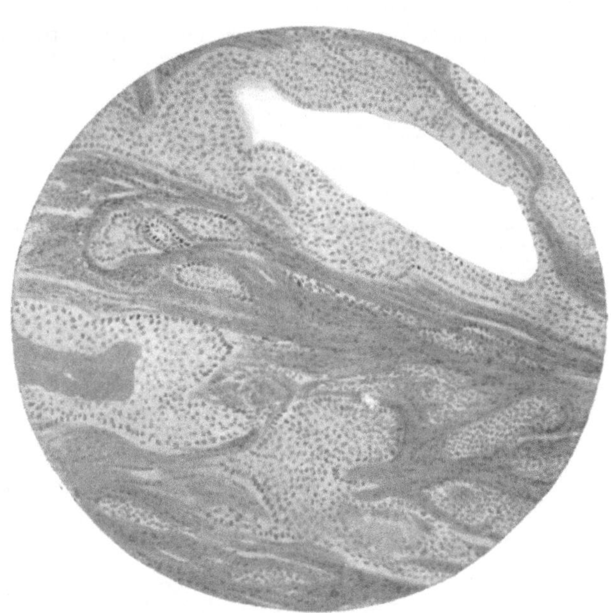

Fig. 121.
Krompechersches Karzinom.

Abzuzweigen ist eine Form des Kankroids, welche man am besten nach ihrem Hauptbeschreiber als Krompechersches Karzinom (oft Basalzellenkrebs genannt) bezeichnet. Es geht besonders von Plattenepithel tragenden, aber nicht oder wenig verhornenden Schleimhäuten aus; so von der Portio vaginalis uteri. Aber es findet sich häufig auch an der äußeren Haut, besonders im Gesicht, und bleibt hier fast stets klein und auffallend gutartig. Mikroskopisch ist diese Form dadurch charakterisiert, daß wenig Neigung zur Verhornung besteht, dagegen inmitten der oft weit verzweigten Zellstränge (ganz endotheliomartig, womit diese Tumoren auch früher verwechselt wurden) zentrale Nekrose mit Ausfall der Zellen und so eine Art Zystenbildung entsteht. Diese Karzinomform und echtes Kankroid sind der gemeinsamen Matrix entsprechend öfters kombiniert. Zahlreiche Karzinome der Speicheldrüsen sind auch solche Krompecher-Formen.

Selten entstehen Kankroide auch an Stellen, wo sich normaliter kein Plattenepithel findet, so besonders in Gallenblase, Corpus uteri, Lunge. Man kann von heterotopen Kankroiden sprechen. Zum Teil handelt es sich um Entwicklung aus versprengten Keimen, zum Teil um besondere, wohl auch durch embryonale Veranlagung bedingte, Umwandlungsfähigkeit anderer Epithelien in Plattenepithel. Findet sich solches Kankroid zusammen mit einem den Epithelien des Fundortes entsprechenden Zylinderzellenkrebs (s. unten), so kann man von Adenokankroid reden.

Die sog. Cholesteatome (Perlgeschwülste), umschriebene leicht aus der Umgebung lösbare, weißliche, trockene, lamellös geschichtete und seidenartig glänzende Massen, die sich vor allem im Ohr und in der Pia finden, sind zumeist keine echten Tumoren, sondern entzündlich-hyperplastische Bildungen. Sie bestehen aus Plattenepithel, das zum größten Teil zu kleinen Schüppchen verhornt ist, und weisen dazwischen Cholesterin, Fettdetritus und verfettete Körnchenzellen auf. Diese Plattenepithelwucherungen leiten sich von versprengten Epidermiszellen (oft im Ohr auf Grund von Entzündungen) ab.

3. **Der Zylinderzellenkrebs.** Er geht von den Zylinderepithel tragenden Schleimhäuten, insbesondere ihren Drüsen, sowie den großen drüsigen Organen, besonders ihren

Ausführungsgängen, aus; die Karzinomzellen bewahren noch die Merkmale des Zylinderepithels, d. h. dessen Form. Diesem und dem Ursprungsort entsprechend ordnen sich die Zylinderepithelien des Karzinoms dabei meist um ein Lumen an, d. h. bilden schlauchförmige, drüsenähnliche Bildungen. Besteht infolgedessen auch ein an ein Adenom erinnerndes Bild, so beweist doch die atypische Lage, d. h. das infiltrative Wachstum, daß kein einfaches Adenom, sondern ein bösartiger epithelialer Tumor, eben ein Karzinom, vorliegt, das man auch als **Adenokarzinom** bezeichnet. Meist aber besteht zugleich Atypie der Zylinderzellen und ihrer Zusammenlagerung, d. h. um das Lumen liegen wenigstens stellenweise die Zylinderepithelien unregelmäßig und mehrschichtig, an manchen Stellen das Lumen auch ganz ausfüllend, so daß hier kompakte Epithelmassen vorliegen, und auch die einzelnen Zellen sind unregelmäßig, von verschiedener Form und Größe. So gehen die Drüsen- oder Schlauchformen allmählich in solide Zellmassen über; bestehen nur noch solche, so daß jede Charakteristik der einzelnen Epithelien und ihrer Lagerung verloren gegangen ist, so entsteht das Bild des zuerst genannten Carcinoma simplex. Der Zylinderepithelkrebs wächst flächenhaft oder in Knoten- oder Blumenkohlformen und ulzeriert meist auch früh.

Für den Zylinderzellenkrebs wie für das Karzinom überhaupt ist, wie oben bereits erwähnt, die Atypie der Lage, welche das infiltrative Tiefenwachstum beweist, charakteristisch. Geringe Atypien der Lage kommen aber auch bei einfachen atypischen Epithelwucherungen vor, wie sie sich bei regenerativ-entzündlichen Prozessen finden, die aber nicht infiltrativ oder überhaupt geschwulstmäßig wachsen, sondern stets bald ein Ende finden. Daher gehört eine ausgedehnte atypische, weit in die Tiefe reichende Wucherung drüsenförmiger Formationen auch nie zu ihnen, sondern stellt eben Adenokarzinom dar. Die Tiefenwucherung ist am leichtesten festzustellen bei Organen, in denen, wie im Magendarmkanal, die Schleimhaut durch eine Submukosa scharf begrenzt wird. Bei gutartigen Wucherungen dringen einzelne Drüsen, besonders im Gebiete von Follikeln, etwas in die Submukosa, d. h. unter die Muscularis mucosae, vor; ist diese aber, oder sind gar die eigentlichen Muskelschichten, von Epithelinseln durchsetzt, so liegt infiltratives Wachstum d. h. Karzinom vor. Bei Schleimhäuten ohne Submukosa ist Einwuchern in untere Schichten, z. B. im Uterus in die Muskulatur, beweisend; aber auch hier ist tieferes Eindringen nachzuweisen. Schwierig kann die Unterscheidung bei Stückchendiagnosen, so an aus dem Uterus ausgekratztem Material, sein. Es fehlen die tieferen Schichten, zudem ist Orientierung der Schnittrichtung kaum möglich. Hier geht das infiltrative Wachstum aus dem Verhalten der drüsenförmigen Formationen gegen das umliegende Bindegewebe oder daraus hervor, daß die Epithelien ins Innere der Drüsen selbst atypisch wuchern, so daß kompakte Epithelnester entstehen. Doch ist hierbei vor Verwechslungen mit Drüsenflachschnitten, wobei solide Zellhaufen vorgetäuscht werden, zu warnen. In großen Drüsen, wo im Gegensatz zu den Schleimhäuten keine Grenze der Drüsenschicht besteht, kann die Entscheidung, ob Adenokarzinom oder einfaches Adenom vorliegt, sehr schwer sein, so in der Schilddrüse, Nebenniere, Leber. Einwachsen in die Kapsel oder in Gefäße, unscharfe Grenze gegen das Stroma ist beweisend, sonst nur die Anaplasie der Zellen.

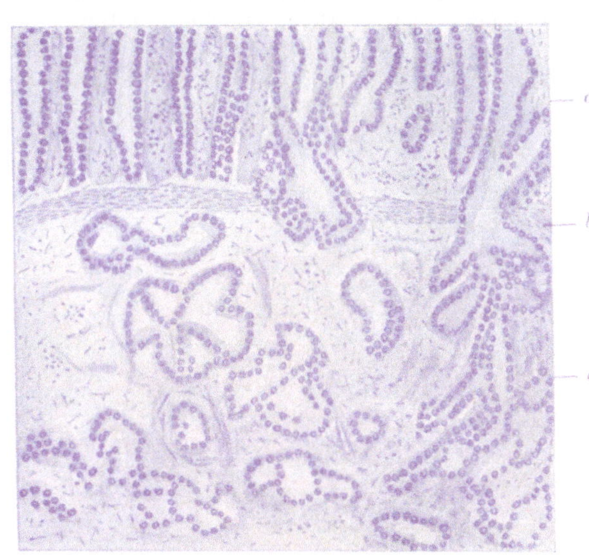

Fig. 122.
Zylinderzellenkarzinom des Magens.
Drüsige Formationen liegen auch jenseits der Muscularis mucosae. *a* Schleimhaut, *b* Muscularis mucosae, *c* Submukosa.

Bilden die Zylinderepithelien papilläre Wucherungen oder bestehen hauptsächlich Zysten mit solchen Papillen, während dem infiltrierenden Wachstum nach aber eben Karzinom vorliegt, so bezeichnet man dies als **papilläres Karzinom.**

Sehr selten kommen auch die Zylinderzellen-Karzinome heterotop, so im Ösophagus, vor. Von den Resten der Kiemengänge auf Grund entwickelungsgeschichtlicher Irrung gehen die sog. branchiogenen Karzinome aus.

Karzinome, welche von den sog. Deckzellen der serösen Häute, besonders der Pleura, die entwicklungsgeschichtlich Epithelien sind, ausgehen, benennt man am besten Deckzellenkarzinome. (Andere maligne Tumoren der serösen Häute gehen offenbar von Lymphgefäßendothelien aus.) In Dünndarm und besonders Appendix kommen kleine, meist gutartige, sog. karzinoide Tumoren vor, die aber in echte Karzinome übergehen und metastasieren können. Die sog. Grawitzschen Tumoren s. unter Niere. die Chorionepitheliome unter weiblichen Geschlechtsorganen.

C. Geschwülste, bestehend aus Endothelien (und Bindegewebe) = Endotheliome.

Die sog. Endothelien der Lymphspalten, Blut- und Lymphgefäße, der harten und weichen Hirnhäute, Gelenke, Sehnenscheiden und Schleimbeutel stehen den Zellen des Bindegewebes wohl sicher genetisch nahe. Morphologisch zeigen sie ein epithelartiges Verhalten.

Dieser Zwitterstellung entspricht das ungleiche Verhalten der aus Endothelien hervorgehenden Tumoren, der **Endotheliome,** welche teils ganz Sarkomen, teils aber auch Karzinomen gleichen. Doch soll betont werden, daß die Endotheliome überhaupt sehr seltene Tumoren sind. Die meisten früher als solche angesprochenen Tumoren sind Karzinome, vor allem vom Krompecher-Typ (s. o.), d. h. leiten sich von echten Epithelien ab.

Nur wenn als Ausgangspunkt eines Tumors mit Sicherheit Endothelien direkt nachzuweisen sind (was meist nur bei noch jüngeren Tumoren und mit Hilfe von Serienschnitten gelingt) darf ein Endotheliom angenommen werden.

Die Endotheliome kann man dem Ausgangsort entsprechend einteilen:

1. **Dural-Endotheliome** sind die in ihrer Genese gesichertsten Endotheliome. Es sind meist relativ kleine flache Knoten. Sie gehen wohl nur zum Teil von den Oberflächenendothelien der Dura aus, zum Teil von Oberflächenzellen der Arachnoidea, welche sich, besonders oberhalb der Pacchionischen Granulationen, in das Duralgewebe (bei älteren Leuten ganz gewöhnlich) vorschieben.

Fig. 123.
Endotheliom (ausgehend von Blutkapillaren) der Haut.

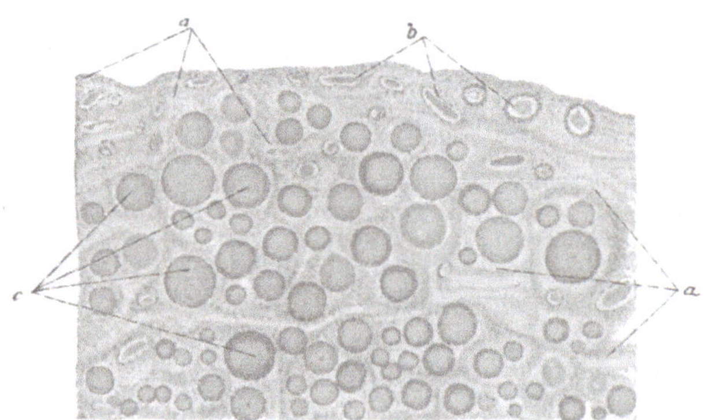

Fig. 124.
Psammoma (piae matris).
a fibrilläres Stroma, *b* Blutgefäße, *c* verkalkte (endotheliale) Schichtungskugeln.
(Nach Borst, Die Lehre von den Geschwülsten.)

2. **Lymphangioendotheliome** werden von den Endothelien der Lymphspalten und Lymphgefäße gebildet. Sie sind extrem selten. Zum Teil gehören wohl die sog. Endothelkrebse der serösen Häute (Pleura) hierher, soweit diese nicht von den Deckzellen (= Epithelien, s. oben) ausgehen, oder nur eine metastatische Verbreitung auf dem Lymphweg nach Primärkarzinom an anderem Ort (z. B. Lunge) darstellen.

3. **Hämangioendotheliome** sind auch sehr selten; mit Sicherheit sind wohl nur kapilläre Formen anzunehmen. Zum Teil wuchern die Endothelien in Form solider Zellhaufen und gleichen so Karzinomen, zum Teil können sie wohl auch Bindegewebe bilden und gleichen so Sarkomen.

Die sog. Peritheliome, welche von Endothelien der um Blutgefäße gelegenen Lymphwege (sog. „Perithelien") abgeleitet werden, haben etwas durchaus Hypothetisches. Die früher so bezeichneten Tumoren der Karotisdrüse und dergleichen sind chromaffine Tumoren (s. o.). Finden sich in Endotheliomen (weit häufiger aber handelt es sich um Karzinome) hyaline Massen und Stränge, besonders von Gefäßwänden ausgehend, so spricht man von **Zylindromen** (Schlauchsarkomen).

Bilden sich verkalkende Schichtungskugeln, besonders in Tumoren der Hirnhäute, so bezeichnet man den Tumor als **Psammom** (Sandgeschwulst). Doch kommt dasselbe auch in Karzinomen vor (s. o.).

III. Mischgeschwülste und Teratome.

1. **Mischgeschwülste** (besonders verfolgt von Wilms) sind Geschwülste, deren Parenchym (also abgesehen vom Stroma) aus zwei oder mehr verschiedenen Gewebsarten zusammengesetzt ist. Sie beruhen auf Versprengung von Gewebskeimen und ähnlichen entwicklungsgeschichtlichen Anomalien und datieren aus früher embryonaler Epoche, aber immerhin aus späterer als dem Blastomerenstadium (s. u.). Auf die kongenitale Natur weist oft der embryonale Charakter der Gewebe und das jugendliche Alter, in dem diese Geschwülste zumeist auftreten, hin.

Meist werden noch nicht differenzierte Anlagen versprengt, welche dann erst bei der Geschwulstbildung eine Entwicklung eben zum atypischen Geschwulstgewebe eingehen. So differenzieren sich entwicklungsgeschichtlich aus dem Mesoderm der Nierenregion das Myotom (welches die Muskulatur bildet) und Sklerotom (welches das Skelett, besonders Knorpel und Knochen, bildet) einerseits, die Mittelplatte (welche die Urnierenkanälchen bildet) andererseits. Wird ein solcher Keim ausgeschaltet und entwickelt sich später geschwulstgemäß, so finden sich in der Niere — besonders bei Kindern — Mischgeschwülste, welche zumeist aus einem indifferenten, sarkomartigen mesodermalen Keimgewebe bestehen, welches aber stellenweise weiter differenziert ist, d. h. drüsenförmige Formationen, glatte und quergestreifte Muskulatur, Knorpel usw. in mehr oder weniger vollkommener Ausbildung aufweist. Besonders häufig finden wir in den Speicheldrüsen (**Parotis**) von indifferenten Ektoderm-Mesenchymkeimen ausgehende Mischgeschwülste, welche dementsprechend Drüsenzellen (oft atypisch wuchernd. d. h. Karzinom bildend), aber auch Plattenepithelien und zugleich Schleimgewebe, Knorpel usw. aufweisen. Dabei ist oft zwischen Epithelien und kleineren sternzellenartigen in schleimartiger Grundsubstanz gelegenen Zellen keine scharfe Grenze zu ziehen, so daß sie epithelialer Abstammung zu sein scheinen. Seltener kommen entsprechende Mischgeschwülste in der Mamma, der Harnblase, Vagina, Cervix uteri usw. vor.

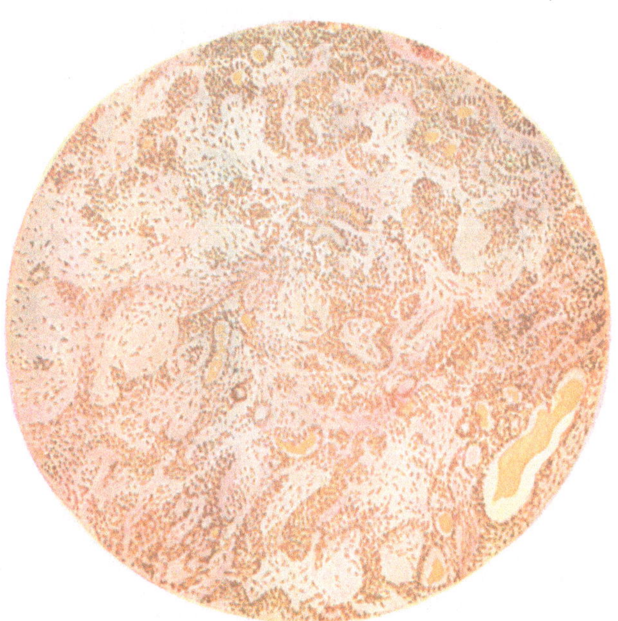

Fig. 125.
Mischgeschwulst der Parotis. Gewucherte Epithelien; dazwischen Schleimgewebe.

2. **Teratome** sind komplizierte, aus Abkömmlingen aller 3 Keimblätter bestehende Geschwülste. Es rührt dies daher, daß sie von den noch omnipotenten Furchungskugeln (Blastomeren) abstammen. Werden Blastomeren irgendwie aus ihrem normalen Zusammenhang ausgeschaltet und an andere Stellen des sich entwickelnden Eies disloziert (oder werden eventuell Polkörperchen versprengt), so entstehen solche Teratome (Marchand-Bonnetsche Theorie). Ihre Rückdatierung ins embryonale Leben, die sog. teratogenetische Terminationsperiode (s. unter Mißbildungen), ist somit die allerfrüheste.

Theoretisch sind also wenigstens potentiell alle Bestandteile des Organismus im Teratom vertreten — man benennt es daher auch „Embryom" —, im einzelnen sind aber die Gewebe sehr verschieden ausdifferenziert und bald das eine, bald das andere vorwiegend vertreten.

Die Teratome finden sich bei weitem am häufigsten in den Keimdrüsen, verhalten sich aber in der weiblichen und männlichen sehr verschieden. Im **Ovarium** bilden sie zumeist Zysten (auch Dermoidzysten genannt). Die Wand besteht aus Epidermis mit papillentragendem Bindegewebe, der Inhalt der Zyste aus grützeartigen Massen mit Cholesterin und Fettdetritus sowie meist verfilzten Haaren. In seltenen Fällen stellen die fettigen Inhaltsmassen sog. „Butterkugeln" dar, die sich um abgestoßene Zellen der Wand bilden. An einer Stelle der Wand findet sich nun eine ins Lumen vorspringende Stelle, der sog. Dermoidhöcker, und dieser weist bei mikroskopischer Untersuchung, oft auch schon makroskopisch, alle möglichen Gewebe, meist Abkömmlinge aller 3 Keimblätter auf, so: Knorpel, Knochen eventuell fertig ausgebildete Zähne, Plattenepithel, Drüsen, Muskulatur, Zentralnervensystemgewebe, eventuell ganze rudimentäre Organe, wie Augenanlagen, Stücke Darm und dergleichen. Alle diese Gewebe sind hochgradig differenziert; sie haben sich mit den Geweben der Trägerin synchron weiterentwickelt (adulte Teratome nach Askanazy). Diese Teratome sind nicht malign. Eigentlich handelt es sich bei ihnen um Gebilde, die an der Grenze von Mißbildung und Geschwulst stehen; eine direkte Linie führt zu der völligen Weiterentwicklung des Keimes, zu Zwillingen.

Ganz anders verhalten sich die Keime im **Hoden.** Auch hier sind Gewebe aller 3 Keimblätter durcheinander gewürfelt, aber in Gestalt eines soliden Tumors, und die einzelnen Gewebsarten haben sich mit dem Träger nicht synchron weiterentwickelt, sondern verharren auf embryonaler Entwicklungsstufe; deswegen aber neigen diese Gebilde dazu, auf irgendeine Auslösungsursache hin malign zu werden, indem besonders die Epithelien karzinomatös wuchern,

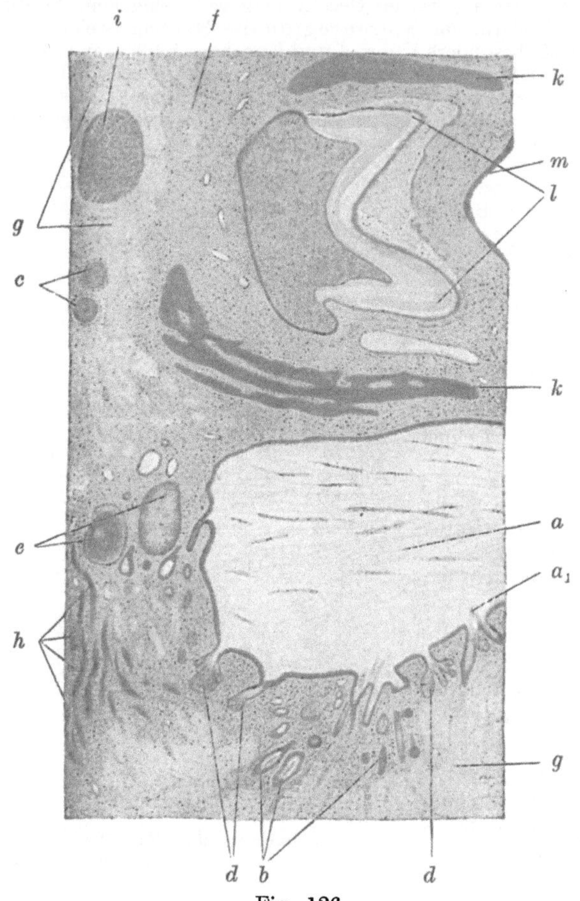

Fig. 126.

Aus einem Teratom des Ovariums.

(Nach einem Präparat von Geh.-Rat Prof. v. Rindfleisch.)

a Dermoidzyste, von Epidermis ausgekleidet, mit abgestoßenen Epidermisschuppen und Haaren gefüllt; bei a_1 Haare in ihren Schäften steckend; *b* Haarbälge (längs geschnitten), zum Teil mit Haaren, *c* Haarbälge quer geschnitten (mit Haaren); *d* Talgdrüsen, in die Zyste *a* einmündend; *e* Epidermoidzysten, von Epidermis ausgekleidet, mit abgestoßenen Epidermiszellen gefüllt. Das eine der kleinen Zystchen enthält eine große konzentrisch geschichtete Epithelperle (cholesteatomartig); *f* fibrilläres Bindegewebe; *g* Fettgewebe; *h* glatte Muskelfasern; *i* hyaliner Knorpel; *k* Knochenbälkchen; *l* Zahn mit inneren und äußeren Schmelzzellen, Schmelzpulpa, Schmelz, Zahnbein, Odontoblastenschicht und Zahnpapille (Zahnpulpa); *m* Teil einer Epidermoidzyste. (Nach Borst, Lehre von den Geschwülsten.)

Metastasen setzen usw. So wird hier beim Manne aus dem mehr mißbildungsartigen Teratom eine echte maligne Geschwulst, ein **Teratoblastom.**

Außer den Körpergeweben können sich in Teratomen oder Teratoblastomen auch chorionepitheliale Bildungen finden. Ein Bestandteil kann sich nun so einseitig entwickeln, daß alle anderen unterdrückt werden; dies kann gerade (besonders im Hoden) mit diesen Chorionepithelien der Fall sein, oder es findet sich in Ovarialteratomen nur ein Zahn (Saxer) oder nur Thyreoideagewebe oder dergleichen mehr.

Außer in den Keimdrüsen kommen in anderen Organen bzw. Körperhöhlen solche Teratome selten vor.

Meist von der Vorderfläche des Kreuzbeins oder Steißbeins ausgehend, finden sich sog. Sakraltumoren, die bis über kindskopfgroß werden und alle möglichen rudimentären aber schon organartigen

Bildungen aufzuweisen pflegen. Am Boden der Mundhöhle kommen die sog. Epignathi vor, ähnliche Bildungen in Brust- und Bauchhöhle werden als Inclusio foetalis bezeichnet. Doch handelt es sich hier um rudimentäre Zwillingsmißbildungen, welche in den anderen wohlgebildeten Zwilling eingeschlossen sind, so daß gerade hier alle Übergänge der Tumoren zu Doppelmißbildungen deutlich sind.

Als **Dermoide** bezeichnet man Zysten, deren Wand von Epidermis mit Anhangsgebilden gebildet wird, während der schmierige talgartige Inhalt verfilzte Haare, ferner Epidermisschuppen, Fettdetritus und Cholesterin aufweist. Fehlen die Anhangsgebilde, also besonders Haare, so spricht man von **Epidermoiden.** Alle diese Tumoren gehen aus versprengten Epidermiskeimen hervor; solches hat vor allem an Stellen statt, wo sich entwicklungsgeschichtlich Einstülpungen bilden oder Spalten geschlossen werden (fissurale Dermoide), so im Gesicht, am Hinterhaupt, Hals, in der Orbitalhöhle, am Boden der Mundhöhle, im Beckenbindegewebe. Ähnlich entstehen — aber sehr selten — aus abgesprengten Teilen der Darmanlage sog. **Enterozysten,** aus partiell persistierenden Kiementaschen bzw. -furchen am Hals (seltener im Nasenrachenraum oder Mediastinum) die **branchiogenen Zysten;** andere mit Zylinder- eventuell Flimmerepithel bekleidete Zysten sind ähnlich als entwicklungsgeschichtliche Irrungen zu erklären, so Zysten im Gehirn (Neuralrohr), am Zungengrund (D. thyreoglossus), an der Blase (Urachus) und dergleichen mehr.

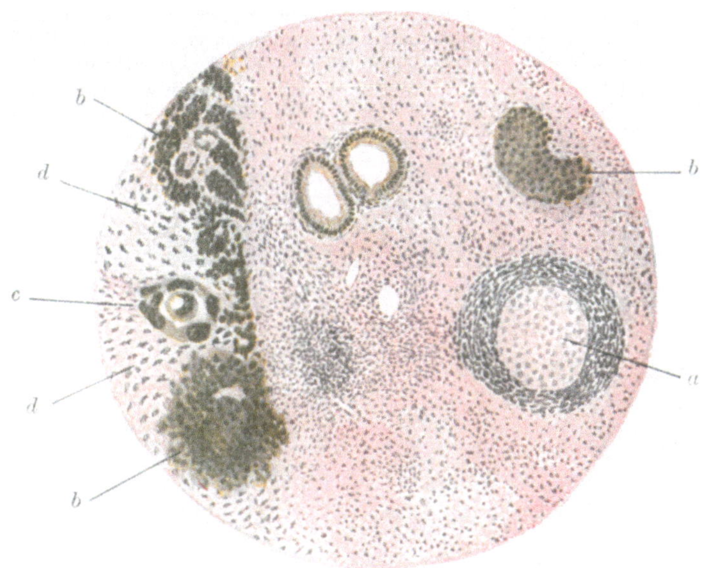

Fig. 127.

Teratom des Hodens. Bei *a* Knorpel mit Perichondrium. Bei *b* epitheliale Massen (Karzinom). Bei *c* Chorionepithelien. Bei *d* schleimartige Massen.

Pathogenese und Ätiologie der Tumoren.

Von überaus großer, auch praktischer Bedeutung ist natürlich die Frage nach der **Entstehung der Tumoren** im allgemeinen; doch sind wir hier noch keineswegs mit Sicherheit orientiert. Eine gut fundierte Theorie muß alle Tumoren umfassen, da diese ja ineinander übergehen können, benigne in maligne usw. Da die Verhältnisse aber am meisten bei dem gefährlichsten Tumor, dem Karzinom, studiert sind, wird hauptsächlich auf dieses Bezug genommen.

Bei der Frage nach der Entstehung der Geschwülste müssen wir nach Möglichkeit zwischen Ätiologie und Genese, d. h. der Frage nach der formalen und kausalen Genese, trennen. Die Erkenntnis der ersteren involviert noch lange nicht die Ergründung der letzteren.

Tumoren kommen bei allen Menschenrassen, sowie bei allen Tieren vor; doch sind sie, und insbesondere Karzinome, bei primitiven Menschenrassen seltener. Die Zunahme bei den Kulturnationen hängt mit im einzelnen noch unbekannten Momenten der Lebensgewohnheiten, wie sie die Kultur mit sich bringt, zusammen. Die Statistik ergibt eine ständige Zunahme der Karzinomzahlen in fast allen Ländern.

Da die Tumoren als proliferative Prozesse den Entzündungen noch relativ am nächsten stehen, lag es nahe sie in ähnlicher Weise bzw. von ihnen abzuleiten. Es ist dies die sog. Reiztheorie (Irritationstheorie), welche besonders von Virchow im Sinne seines formativen Reizes angenommen wurde. Wir besitzen nun auch eine große Reihe von Erfahrungen, welche auf einen Zusammenhang von Geschwulstbildungen mit äußeren Schädlichkeiten im allgemeinen hinweisen. Die Zahl solcher Fälle tritt aber zurück gegenüber der, in welcher einerseits Tumoren anscheinend ganz spontan auftreten, andererseits jahrzehntelange chronische äußere Reize auf Gewebe einwirken, ohne daß ein Tumor entstände. In vielen Fällen sind wohl auch derartige Reize nicht die einzige oder selbst grundlegende Ursache, sondern stellen für die Entstehung von Geschwülsten nur die Auslösungsursache dar. Auf jeden Fall sind sie aber für die Geschwulstgenese äußerst wichtig und können von keiner neueren Geschwulsttheorie entbehrt werden.

Die Reize können wir in chemische, physikalische und entzündliche einteilen. Unter den chemischen sind die Krebse der Schornsteinfeger, wo der Ruß das wirksame ist, und ebenso die der Teer- und Paraffinarbeiter bekannt (Sitz Hoden), ferner der Blasenkrebs der Anilinarbeiter. Unter den physikalischen Reizen spielen die spezifischen Strahlen eine besondere Rolle. Dienen die Röntgen- und verwandte Strahlen einerseits therapeutischer Bekämpfung der Tumoren, so können sie ihrerseits bei langedauernder Verwendung auf dem Umwege schwerer Dermatiden und Ulzerationen auch Krebse (eventuell Sarkome) erzeugen. Die Einwirkung der Lichtstrahlen als Auslösungsursache sehen wir, wenn Karzinome bei Leuten auftreten, welche mit der Xeroderma pigmentosum bezeichneten Hauterkrankung behaftet sind, welche aber ihrerseits gerade auf vererbbaren Zelldispositionen beruht. Bei den genannten Reizen handelt es sich meist nicht um direkte Reizung, sondern um so bewirkte Entstehung chronischer Entzündungen, die dann die Auslösungsursache für die Geschwulstbildung abgeben. Die Entzündung als Auslösungsursache sehen wir in zahlreichen anderen Fällen, so bei Mammakarzinomen im Anschluß an Schrunden und dergleichen beim Säugen, Magenkrebsen nach rundem Magengeschwür, Karzinom der Gallenwege bei Bestehen von Gallensteinen, Karzinom der Mundhöhle bei spitzen oder kariösen Zähnen, Krebsen am Mundwinkel bei Pfeifenrauchern (wohl durch chemische Einwirkung des Tabaks), Peniskrebs bei Phimose, Hautkrebsen nach chronischen Ekzemen, Schleimhautkrebsen nach Pachydermien, Leberkarzinomen im Anschluß an Zirrhosen, Uteruskrebsen besonders bei Frauen die öfters geboren haben, sowie endlich beim Prädilektionssitz der Darmkrebse an den Umbiegungsstellen (Kotstauung) und in vielen anderen ähnlichen Zusammenhängen. Das beste Beispiel dürfte der sog. Kashmir- oder Kangri-

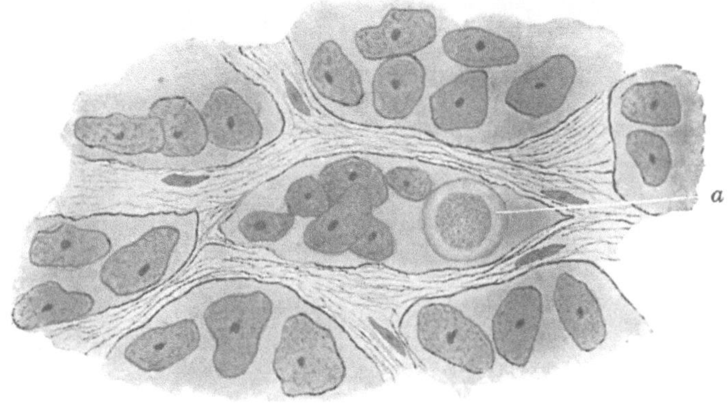

Fig. 128.
Karzinomzellen mit einem an Parasiten erinnernden Einschluß (*a*).

krebs sein. In Kashmir tragen die Leute eine Art Wärmeflasche (Kangri) am Abdomen und im Anschluß an Verbrennungen und Narben entwickeln sich gerade an diesen Stellen in einem auffallend hohen Prozentsatz später Kankroide. Bei diesen Entzündungen spielen als Ursache dieser wie sich aus einem großen Teil der angeführten Beispiele ergibt, Traumen eine große Rolle. Solche werden nun überaus häufig vor allem anamnestisch als Ursache von Geschwulstbildung angegeben. Aber von zahlreichen hierfür ins Feld geführten Beobachtungen halten nur ganz wenige einer ernsten Kritik stand. Es muß ein unmittelbarer oder mittelbarer Zusammenhang zeitlich und lokal gegeben sein, um überhaupt an einen Kausalnexus denken zu können. Den einzelnen Fällen gegenüber ist eine fast übertriebene Skepsis angebracht. Wie sich auch aus obigen Beispielen ergibt, scheint besonders auch beim Krebs als Auslösungsursache nicht ein einmaliges Trauma mitzuwirken, sondern nur mehrfache oder anhaltende Traumen auf dem Umwege über Entzündungen, Ulzerationen, Narben. In anderen Fällen beschleunigt ein Trauma das Wachstum eines schon angelegten Tumors und täuscht so seine Entstehung vor.

Es lag natürlich nahe die Irritationstheorie im Sinne der Infektionstheorie zu spezialisieren, d. h. nach infektiösen Reizen als geschwulsterzeugenden zu fahnden. Bakterien, Blastomyzeten, Protozoen sind in großer Zahl als Erreger von Tumoren und besonders Krebsen ausgegeben worden. Teils handelte es sich aber um zufällige Verunreinigungen, meist um grobe Täuschungen durch Degenerationsprodukte von Geschwulstzellen, und man kann sagen, daß es in keinem Fall gelungen ist, Parasiten irgendwelcher Art als spezifische Erreger echter Geschwülste nachzuweisen. Auch allgemeine Überlegungen sprechen gegen die parasitäre Natur der Geschwülste, so das Wachstum nicht durch Kontakt, sondern aus wenigen Zellen, die von den infektiösen Prozessen grundsätzlich verschiedene Art der Metastasierung (dort Verschleppung von Erregern, hier von Körperzellen vom Primärort), die Übergänge der verschiedenen Tumoren ineinander, die eigentümliche gerade das Wesen der Geschwulstbildung bestimmende qualitative Änderung des Gewebscharakters und viele andere Punkte. Auch phantastische Vorstellungen, wie z. B. die Krebszellen selbst für ein fremdes Lebewesen zu halten oder sagenhafte Befruchtungsvorgänge anzunehmen, sind unhaltbar. Wir können die Tumorzellen mit Parasiten vergleichen, insofern sie für den eigenen Körper, dessen Elementen sie entstammen, parasitär wuchern, sie aber nie für fremde Parasiten halten. Spezifische Geschwulsterreger sind also abzulehnen, aber naturgemäß können fremde Lebewesen in unspezifischer Weise auch im Sinne allgemeiner äußerer Reize ursächlich fungieren. So seien die Bilharziaeier genannt, die in der Blase chronische Entzündung und nicht selten im Anschluß daran Karzinome bewirken. Ähnlich liegt es bei den von Fibiger im Magen von Ratten künstlich erzeugten Tumoren (s. unten).

Können wir zur Erklärung der Geschwulstgenese also nur allgemein äußere unspezifische Reize heranziehen, so lenken sich für die letzte innere Ursache die Blicke von selbst auf das Wesen der Tumorzellen selbst. Am meisten in Betracht gezogen wurde hier das Karzinom. A priori könnte das innere Moment im Bindegewebe oder im Epithel gelegen sein. Eine „Nachgiebigkeit" des Bindegewebes könnte die Epithelwucherung einleiten, und auf einem solchen Gedankengang basierte die Thiersche Theorie: nach dieser sollte das „statische Gleichgewicht" im Alter im Sinne einer Schwäche des Bindegewebes verschoben sein, so daß im Grenzkrieg das Epithel zu wuchern beginne. Solche und ähnliche Theorien können aber das Problem der Krebsentstehung nicht befriedigend lösen. Die Karzinome des jugendlichen Alters und das schrankenlose Wuchern der Krebszellen sprechen schon dagegen. Eine neuere Theorie von Ribbert, nach der auch ein Zelligwerden des Bindegewebes und Ausschaltung von Epithel letzteren als Karzinomzellen erst das Wuchern gestatten sollte, so daß auch hier die letzte Ursache im Bindegewebe gelegen wäre, hat sich auch nicht durchführen lassen, da die primären Vorgänge im Bindegewebe zumeist nicht nachweisbar sind, und ist auch von ihrem Autor wesentlich eingeschränkt worden. Immer mehr und mehr brach sich daher die Anschauung Bahn, daß der primäre Vorgang im Epithel gelegen ist, d. h. daß dieses sich biologisch verändert, gewissermaßen zu Karzinomzellen entgleist ist. Die Epithelzellen lösen sich aus dem physiologischen Verband; sie entziehen sich dem „Altruismus" der übrigen Zellen und wuchern in Gestalt junger durch Teilung entstehender Zellen („neue Zellrassen", Hauser) auf eigene Faust; andererseits sind sie meist weniger hoch differenziert insbesondere in funktioneller Hinsicht (s. o.). Proliferationsfähigkeit und Funktionshöhe stehen ja oft im umgekehrten Verhältnis, so auch im embryonalen Leben oder bei der Regeneration, und in geistreicher Weise hat v. Hansemann die Geschwulstbildung mit der Regeneration niederer Tiere bzw. der Knospung der Pflanzen verglichen. Die wuchernden Zellen reißen die Nahrung, besonders sog. „Wuchsstoffe", besonders gierig an sich und entziehen sie so den Körperzellen, so daß diese geschädigt werden und die Geschwulstzellen um so leichter vordringen können. Alle diese Eigenschaften, welche die Geschwulstzellen von den Körperzellen unterscheiden und sich auch morphologisch äußern, faßt man gut mit dem von v. Hansemann geprägten Ausdruck Anaplasie zusammen. Die Entartung der Epithelzelle, welche sie zur Krebszelle stempelt, ist hiernach das wesentliche und den Prozeß einleitende. Den Zusammenhang mit den in einem Teil der Fälle wahrnehmbaren an Traumen, chronische Reize oder dergleichen angeschlossenen chronischen Entzündungen können wir darin sehen, daß sich an denselben Stellen in den Zellen infolge oft wiederholter Teilung ein entdifferenzierter und jetzt besonders proliferationsfähiger Zustand ausgebildet hat.

Statt dieser Entartung und insbesonders Entdifferenzierung fertig ausgebildeter und bisher normaler Zellen können wir nun in vielen Fällen sehr gut annehmen, daß die zu Tumorelementen werdenden Zellen von vorneherein unterdifferenziert oder sonstwie infolge entwicklungsgeschichtlicher Vorgänge entgleist waren, und wir gelangen so zur Ableitung von Tumoren von angeborenen Anomalien. Die erste hier einschlägige Theorie stammt von Cohnheim. Er leitete die Geschwülste (wenn auch nicht generaliter) von verlagerten, d. h. in der Entwicklungsperiode aus ihrem normalen Verband versprengten Gewebskeimen ab. Solche angeborene Gewebstranspositionen sind ein häufiges Vorkommnis, Nebenorgane (wie Nebenmilz, Nebenpankreas) sind auf sie zu beziehen, und Nebennierenkeime werden in Nieren, Leber usw. oder verlagerte Epidermiskeime an anderen Orten sehr häufig gefunden. An solche verlagerte Keime schließen sich in der Tat häufig echte Neoplasmen, oft mit malignen Eigenschaften an. Aber nur ein sehr geringer Teil der Tumoren ließe sich so erklären. Wir müssen noch weit feinere embryonale Irrungen in Betracht ziehen, und diese sind ein überaus häufiges Ereignis in allen Organen. Hierher gehören zunächst ganz geringfügige Versprengungen einzelner Zellgruppen in nächste Nähe ihres eigentlichen Standortes, wie Epidermiszellen in die oberste Kutis, einzelne Drüsenepithelien an Schleimhäuten in die Submukosa. Noch häufiger sind Zellgruppen, welche an Ort und Stelle auf einer embryonalen Entwicklungsstufe, also weniger hoch differenziert, unverwendet liegen bleiben. Wenn solche Zellen, die die allgemeine Entwicklung nicht völlig mitgemacht haben oder welche an falschem Orte liegen, später auf Grund einer Auslösungsursache wuchern, so besitzen sie aus der Embryonalzeit das Bestreben ein ihrer Gewebsart entsprechendes Organ zu bilden, aber infolge völlig veränderter entwicklungsmechanischer Bedingungen, verglichen mit der Zeit embryonaler Entwicklung, und anders gearteter nachbarlicher Verhältnisse können sie keine wirklichen Organe bilden, sondern nur mißglückte, organähnliche Gebilde und Albrecht umschreibt die Geschwülste so direkt als Organoide. Tumoren, welche Abtrennungen und Keimverlagerungen ihren Ursprung verdanken, bezeichnet er als Choristome bzw. Choristoblastome — hierher gehören z. B. die Mischgeschwülste und Teratome, die Nävi etc. — solche, welche auf falscher geweblicher Zusammensetzung beruhen, als Hamartome bzw. Hamartoblastome, z. B. Kavernome oder sog. Fibrome der Niere oder Mamma usw. Mathias schlägt neuerdings vor, Tumoren, welche er als von atavistischen Rückschlägen von Organanlagen ableitbar auffassen zu dürfen glaubt (wie gewisse Nävi oder Mischtumoren nach Art derer der Speicheldrüsen in einiger Entfernung von diesen u. dgl.) als Progonoblastome zu bezeichnen. Es ist angenommen worden, daß in den meisten Organen schon normaliter gewisse Zellgruppen weniger hoch differenziert bleiben, dagegen ihre embryonale Wucherungsfähigkeit beibehalten und so im späteren Leben im Bedarfsfall der Regeneration dienen; man nennt diese Zellterritorien „Wachstumszentren". Auch sie scheinen Beziehungen zur Geschwulstbildung zu haben; erst recht wird dies der Fall sein, wenn ähnliche Zellen sich an atypischer Stelle auf Grund geringster entwicklungsgeschichtlicher Ungleichheiten vorfinden. Solche Zellen sind dann zur Geschwulstbildung besonders disponiert. Alle diese geringfügigen Anomalien brauchen wir nicht unter dem Mikroskop wahrnehmen zu können; morphologisch brauchen sich solche Zellen von den anderen kaum zu unterscheiden. Wir können nur aus späteren Formveränderungen usw. das Vorhandensein solcher Zellen und ihre Rückdatierung ins embryonale Leben erschließen. Damit derartige versprengte oder durch mangelhafte Differenzierung und dergleichen disponierte Zellen ins geschwulstmäßige Wachstum kommen, dazu ist dann aber noch eine Auslösungsursache nötig; dies können wir schon daraus ersehen, daß versprengte, aus dem intrauterinen Leben stammende Keime z. B. meist erst in höherem Alter sich zu Geschwülsten entwickeln.

Auf diese Weise können wir uns zunächst aber nur die formale Genese erklären. Wir können alle wenigstens wahrnehmbaren Veränderungen, welche einem Krebs vorausgehen und offenbar in einem formalgenetischen Verhältnis zu ihm stehen, mit Orth als präkarzinomatös bezeichnen (ähnlich auch präsarkomatös). Die kausale Genese bleibt vorerst noch recht unsicher. Wir müssen hier eben auch eine besondere Geschwulstdisposition bestimmter Zellen, also das obengenannte innere Moment heranziehen, wie wir ja auch bei der Erklärung anderer Erkrankungen des dispositionellen Faktors nicht entraten können. Diese Disposition ist zugleich bei embryonal ausgeschalteten, besonders entgleisten Zellen am leichtesten verständlich, doch ist es gut möglich, daß in anderen Fällen eine solche Disposition auch im späteren Leben von den Zellen erworben werden kann. Zusammenfassend können wir also sagen, daß ein inneres, wohl in einem Teil der Fälle auf embryonaler Anomalie beruhendes Moment, das wir als das disponierende bezeichnen können, und ein äußerer Reiz als Auslösungsursache zusammentreffen, um jene Zellen unter Verlust von Funktion eine besondere Proliferationsfähigkeit entfalten, und somit eine selbständig wuchernde Geschwulst entstehen zu lassen.

Je stärker nun das innere Moment ist, desto geringer braucht die Auslösungsursache zu sein und eventuell gar nicht in wahrnehmbare Erscheinung zu treten und umgekehrt starke, der Wahrnehmung zugängliche Auslösungsursachen — äußere Reize — werden auch weniger disponierte Zellen zu geschwulstmäßigem Wachstum anregen. Je nachdem im Einzelfall die Zellentgleisung, besonders im Sinne entwicklungsgeschichtlicher Anomalien oder die Auslösung im Sinne äußerer Reize für unser Erkennen im Vordergrund steht, kann man so die Geschwülste — mit Schwalbe — in dysontogenetische und in hyperplaseogene einteilen.

Alles dies sind aber nur Vorstellungen zur Erklärung der Geschwulstgenese, unsere positiven Kenntnisse sind auf diesem äußerst wichtigen Gebiet noch keineswegs abgerundete. Auch geht aus dem Dargelegten hervor, daß es offenbar nicht eine Ursache bzw. Bedingung der Tumoren und insbesondere des Karzinoms gibt, sondern wahrscheinlich verschiedene.

Bei ihrem Weiterwachstum schädigen die Tumorzellen ihre Umgebung wahrscheinlich auch durch ihre Stoffwechselprodukte, d. h. für die Körperzellen Toxine. In besonders zahlreichen und schädigenden Toxinen kann man das Wesen der malignen Tumoren mit infiltrativem Wachstum und Metastasenbildung erblicken. So wäre der Übergang einer gutartigen Geschwulst in eine bösartige erklärlich und die prinzipielle Verschiedenheit zwischen beiden beseitigt, wie es ja den Tatsachen entspricht.

In zahlreichen Tierversuchen seit den Tagen Hanaus ist es gelungen, Tumoren von einem Tier auf ein anderes zu übertragen, gewissermaßen zu metastasieren, und am wichtigsten sind hier die auf Tausende von Ratten und Mäusen weiter übertragenen Tumoren, insbesondere Karzinome der Mamma, geworden (Jensen, Ehrlich-Apolant u. a.). Die Übertragung gelingt nur auf ganz nahe verwandte Tiere. Diese Tiertumoren haben zu wichtigen Erforschungen über Virulenzfragen, Tumorumwandlungen (Entstehung von spontanem Sarkom in übertragenem Karzinom) u. dgl. geführt, aber nicht zu Ergebnissen hinsichtlich der ersten Genese der Tumoren. Hier sind nun von besonderer Bedeutung die von Fibiger besonders im Magen von Ratten künstlich hervorgerufenen Karzinome, wobei eine Nematode der Gattung Spiroptera, übertragen durch Schaben (Periplaneta americana oder orientalis), hyperplastische Epithelwucherungen erzeugt, an die sich Karzinombildung mit Metastasierung anschließen kann. Auf derselben Linie liegt ähnliche und vielleicht noch wichtigere neuerdings geglückte Erzeugung echter Blastome. So ist es vor allem in Japan (Yamagiwa, Ichikawa und Tsutsui) gelungen, durch sehr lange dauernde Teerpinselungen an der Innenfläche des Kaninchenohres und an anderen Orten Epithelhyperplasien und dann Karzinome (Kankroide), ferner durch Einspritzung von Teer u. dgl. auch Mammakarzinome und endlich auch Sarkome zu erzeugen. Ähnliches gelang dann auch Fibiger und Bang sowie amerikanischen und deutschen Autoren, und neuerdings hat Bullock auf Grund von Beobachtungen von Spontansarkom der Rattenleber in der Wand von Zysten des Cysticercus fasciolaris (Larvenstadium der Taenia grassicollis der Katze) bei entsprechender Zufuhr der Eier der Tänie auf dem Nahrungswege auch bei Ratten, und zwar in einem großen Prozentsatz, künstlich Lebersarkome erzeugt, welche Metastasen bildeten, auf andere Tiere übertragbar waren usw.

Diese letztgenannten Tierversuche sind von äußerster Bedeutung, und wenn wir auch keineswegs vergessen dürfen, daß wir die Tumoren der Tiere nicht ohne weiteres denen des Menschen analog stellen dürfen, so geben sie uns doch einen starken Hinweis auf die Bedeutung der chronischen Reize, im Sinne der alten Lehre Virchows, wenigstens für einen Teil der Tumorentstehung.

Anhang:

Geschwulstartige primäre Wucherungen des lymphatischen und hämatopoetischen Apparates (Hämoblastosen).

Hier wollen wir eine Gruppe den Tumoren nahestehender Wucherungen besprechen, welche von den Blutbildungs- (Knochenmark) und Lymphbildungsapparaten (Lymphknoten und Follikel, Thymus, Tonsillen, Milz, Knochenmark, Lymphozytenansammlungen im Bindegewebe) ausgehen und meist eine größere Reihe von Organen gleichzeitig befallen. Hierdurch wie durch einige Besonderheiten unterscheiden sie sich von den Tumoren, denen sie sonst zum größten Teil fast ganz gleichen. Doch umfaßt die Gruppe Erkrankungen verschiedener Art, die vielleicht auf Grund genauerer besonders ätiologischgenetischer Kenntnisse späterhin zu trennen wären. Orth faßt diese Krankheiten zweckmäßig als **Hämoblastosen** zusammen.

Einteilung der Blutzellen.

Eine solche, vor allem auch in genetischer Hinsicht, soll, da zum Verständnis dieser Erkrankungen nötig, ganz kurz vorausgeschickt werden. Die erste Abstammung der Blutkörperchen wird nicht einheitlich beurteilt. Zumeist werden als gemeinsame Ursprungszelle der Blutzellen Zellen mesodermaler Abkunft angesehen, die verschiedene Namen erhalten haben. Im wesentlichen handelt es sich um die sog. primären Wanderzellen Saxers, welche als Adventitiazellen (Marchand) um Gefäße liegen. Von ihnen sollen die Bildungszellen der einzelnen Blutzellen und somit diese selbst abstammen. Auf der anderen Seite stellen viele Autoren die Bildung der Blutzellen den Gefäßendothelien nahe; entweder so daß beide gemeinsam auf dieselben Stammeszellen zurückgehen, oder so daß die Endothelien die Stammzellen der Blutzellen sind. Am einleuchtendsten ist hier die Ansicht, daß die roten Blutkörperchen und die Leukozytenreihe aus Gefäßendothelien, die Lymphozyten hingegen aus Lymphgefäßendothelien hervorgehen. Auch die Frage, ob die einzelnen Zellen zunächst intra- oder extravaskulär entstehen, wird noch vielfach umstritten. Die eben ge-

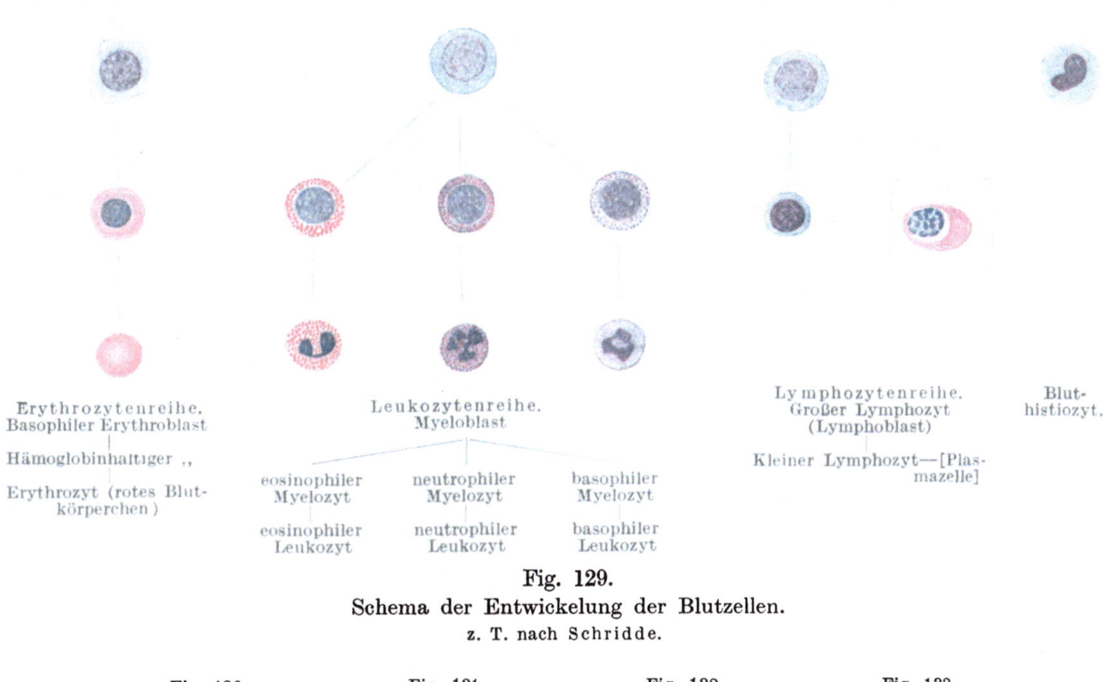

Fig. 129.
Schema der Entwickelung der Blutzellen.
z. T. nach Schridde.

Fig. 130.

Große mononukleäre Zelle

Fig. 131.

Punktierter Erythrozyt.

Fig. 132.

Erythroblast (Normoblast).

Fig. 133.

Megaloblast.

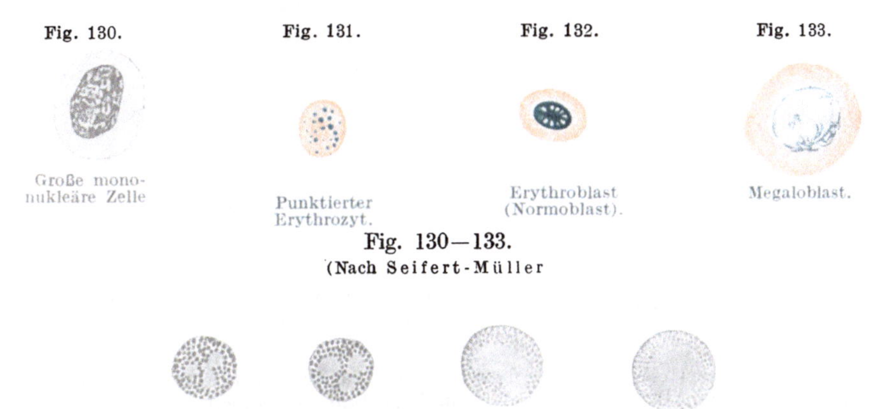

Fig. 130—133.
(Nach Seifert-Müller

Fig. 134.
Oxydasereaktion.
Von links nach rechts 2 polymorphkernige Leukozyten und 2 Myelozyten bzw. Myeloblasten.

kennzeichnete Auffassung, auf deren Boden wir uns stellen wollen, nach der die Lymphozyten- und Leukozytenreihe zwei von Anfang an getrennte Reihen darstellen, wird als dualistische (polyphyletische), die Ableitung aller Blutzellen aus gemeinsamer Ursprungszelle und eventuell auch Übergangsmöglichkeit derselben untereinander als unitarische (monophyletische) bezeichnet. Auch fehlt es nicht an Vermittlungshypothesen.

Für die dualistische Auffassung spricht, daß die verschiedenen Zellen zu verschiedenen Zeiten des embryonalen Lebens zuerst aufzutreten scheinen, daß Übergänge der beiden Reihen nicht erwiesen sind und daß trotz morphologischer Ähnlichkeit der Vorstufen eine funktionelle Reaktion, die sog. Oxydasereaktion, indem die Leukozyten und alle ihre Vorstufen ein oxydierendes Ferment (welches formolbeständig ist) aufweisen, die Lymphozyten und ihre Vorstufen hingegen nicht, die Zellreihen scharf scheidet.

Während anfänglich im embryonalen Leben die Bildung roter Blutkörperchen und Leukozyten vor allem in der Leber, in Milz, Netz, Thymus usw. vor sich geht, beherrscht späterhin das Knochenmark, wie wir seit Neumann wissen, die Bildung dieser Elemente vollständig. Dies ist auch im postembryonalen Leben für den Ersatz der Zellen, die ja sehr kurzlebig sind, der Fall. Unter pathologischen Bedingungen kann aber auch eine extramedulläre Bildung in Herden der Milz, Leber, Lymphknoten, eventuell Thymus wieder einsetzen. Die reifen Zellen werden an das Blut abgegeben, in dem selbst eine Neubildung von Blutelementen nicht vorkommt. Die Lymphozyten werden in allen Ansammlungen lymphozytärer Elemente, also besonders in Lymphknoten und Lymphfollikeln, aber auch im Knochenmark, in der Milz usw. gebildet. Auch von ihnen gelangt ein Teil in reifem Zustand ins Blut.

A. Rote Blutkörperchen. Zunächst bilden sich kernhaltige Zellen mit reichlich basophilem Protoplasma — Erythroblasten. Indem das Protoplasma Hämoglobin aufnimmt (Rotfärbung mit Eosin), entwickeln sich aus ihnen die (noch kernhaltigen) hämoglobinhaltigen Erythroblasten. Aus ihnen gehen durch Kernverlust (meist Kernauflösung) die kernfreien hämoglobinhaltigen Erythrozyten, d. h. die reifen roten Blutkörperchen des Blutes hervor.

B. Leukozyten-(Granulozyten-)Reihe. Die erste Stufe stellen die granulafreien einkernigen Myeloblasten dar, die nächste die granulahaltigen Myelozyten. Je nach der verschiedenen Färbbarkeit der Granula — die grundlegenden Kenntnissen auf diesem ganzen Gebiete verdanken wir Ehrlich — gibt es azidophile = eosinophile, basophile und neutrophile Myelozyten. Aus ihnen entstehen durch Umbildung des einfachen runden Kernes in einen fragmentierten polymorphen die entsprechend granulierten Leukozyten, also die neutrophilen (über 70% der weißen Blutzellen des Blutes überhaupt), die

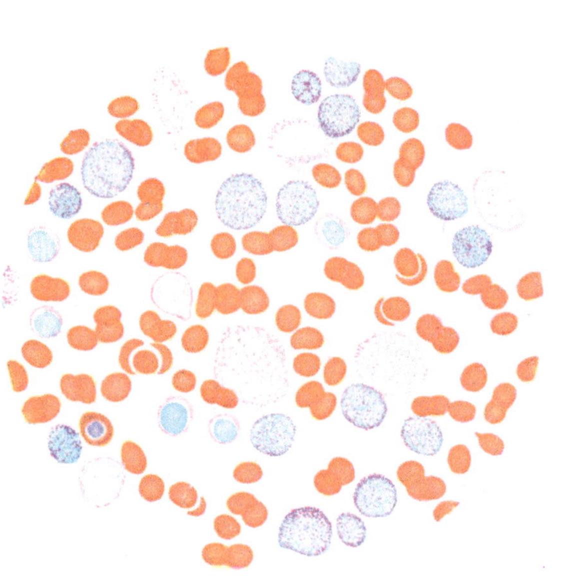

Fig. 135.

Blut bei gemischtzelliger Leukämie (Triazidfärbung).

(Nach Sternberg, Primärerkrankungen.)

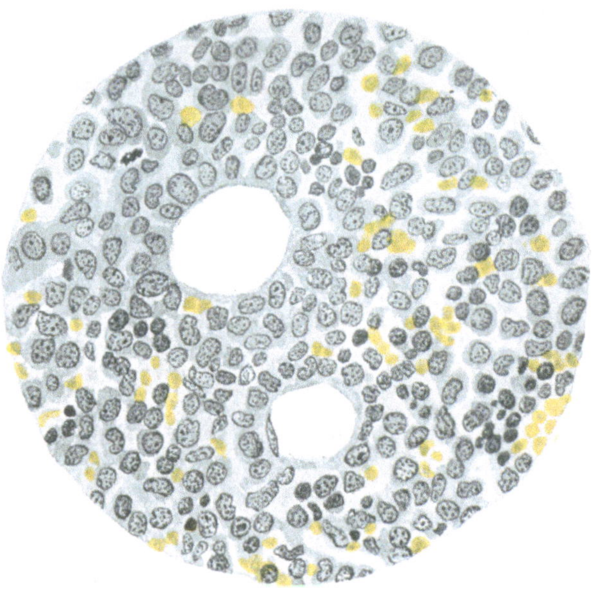

Fig. 136.

Knochenmark bei leukämischer Myelose. An Stelle des Fettmarks findet sich Hyperplasie des Myeloidgewebes (besonders Myelozyten und Myeloblasten).

eosinophilen und die basophilen, zu welch letzteren vor allem die Mastzellen gehören. Nur die reifen polymorphkernigen granulierten Leukozyten sind normal im Blut vorhanden.

C. Lymphozytenreihe. Aus den größeren mit großem rundem Kern versehenen Lymphoblasten gehen die Lymphozyten (kleine protoplasmaarme Zellen mit dunklem rundem Kern) hervor; sie betragen im Blut etwa 20% der weißen Blutzellen; daneben finden sich im Blut auch — spärlicher — große Lymphozyten mit mehr Protoplasma und größerem helleren Kern. In allen Zellen dieser Reihe sind mit den gewöhnlichen Methoden Granula nicht nachweisbar. Daß sich die ganzen Granulozyten-(Leukozyten-) und Lymphozytenreihen durch die bei der Indophenolreaktion (Oxydasereaktion) in ersteren auftretenden blauen Granula unterscheiden lassen, ist schon oben erwähnt.

D. Bluthistiozyten. Aus Retikulumzellen und Endothelien in Knochenmark, Milz, Leber, Lymphknoten usw. entstehen Zellen, die schon bei der Entzündung besprochen sind — Histiozyten. Ein Teil von ihnen geht in kleiner Zahl normal ins Blut über, wo sie sich als den großen Lymphozyten ähnliche, öfters mit bohnenförmigem Kern versehene, protoplasmareichere Zellen finden. Sie entsprechen offenbar den sog. einkernigen Leukozyten bzw. Übergangszellen des Blutes.

E. Die Blutplättchen (Hayem, Bizzozero s. auch bei Thrombose) stammen wahrscheinlich von den Megakaryozyten des Knochenmarks ab.

Ein Kubikmillimeter Blut enthält etwa 5 Millionen rote Blutkörperchen (beim Manne mehr als bei der Frau) und 5000—10 000 farblose Blutkörperchen.

Eine Einteilung der hier in Betracht kommenden tumorartigen Wucherungen des blutbildenden und lymphatischen Apparates kann man (mit Sternberg) vornehmen in: I. lokal begrenzte, mehr einfach homolog-hyperplastische, II. infiltrativ atypisch-heterolog wachsende Wucherungen.

I. Zu den mehr **homologen, hyperplastischen Wucherungen** gehören:

1. Die **Leukämie** (studiert vor allem von Virchow und Neumann) ist charakterisiert durch Vermehrung und besonders Verhalten der weißen Blutkörperchen im Blute.

Wir müssen die Leukämie dem Blutbefund und dem ganzen Wesen der Krankheit nach in zwei große Gruppen scheiden:

a) Leukämische Myelose (gemischtzellige [myeloische] Leukämie). Sitz der primären Erkrankung ist das Knochenmark. Es ist rot bis grau gefärbt und zeigt Hyperplasie des Markgewebes und seiner Zellen. Das Blut bietet, neben Verminderung und Veränderungen der roten Blutkörperchen (Poikilozytose, Auftreten von Erythroblasten usw., s. II. Teil, Kap. I), veränderte Verhältnisse der weißen Blutkörperchen, insbesondere der Leukozyten dar. Diese sind zumeist im ganzen beträchtlich vermehrt, und auch wo dies nicht der Fall ist, ist das Verhältnis der Leukozytenarten untereinander verschoben, und zwar der verschiedenen im normalen Blute befindlichen in verschieden hohem Maße, oft mit relativ starker Vermehrung der eosinophilen Leukozyten und Blutmastzellen. Nach der Gesamtzahl kann man mit Lubarsch in hyperleukozytäre und normoleukozytäre (und eventuell sogar hypoleukozytäre) Formen einteilen. Besonders charakteristisch ist nun aber auch das reichliche Auftreten von für das Blut pathologischen, sonst nur im Knochenmark befindlichen, unreifen Vorstufen der Leukozyten, die bei der Hyperplasie des Knochenmarks jetzt ins Blut ausgeschwemmt werden. Es sind dies die Myelozyten, besonders die neutrophilen, und eventuell sogar Myeloblasten.

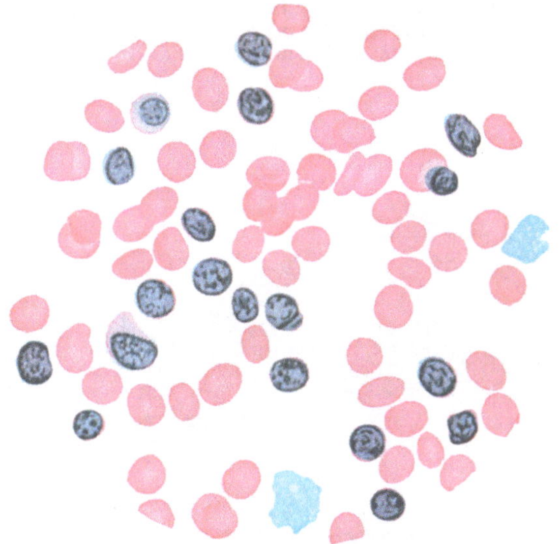

Fig. 137.
Blut bei lymphatischer Leukämie (Hämatoxylin-Eosin).
(Nach Sternberg, Primärerkrankungen.)

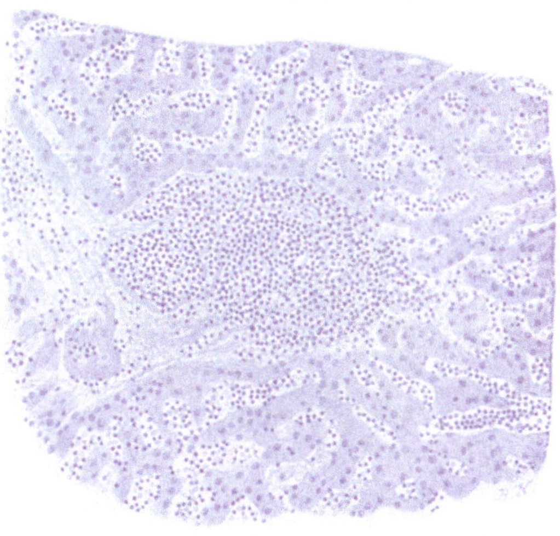

Fig. 138.
Leber bei lymphatischer Leukämie.
(Aus Sternberg, Primärerkrankungen.)

Auch die Organe sind verändert. Die Milz ist bedeutend vergrößert, oft weich, in späteren Zeiten aber oft von weißen Herden und Streifen durchsetzt. Auch die Lymphknoten sind stark vergrößert, zunächst weich, ebenso die Lymphfollikel besonders des Darms. Auch Leber und Nieren sind vergrößert, und weisen, besonders erstere, weiße Knoten und Streifen auf. Mikroskopisch sind die Organe, besonders die erwähnten Herde, durchsetzt von allerhand Blutzellen, unter denen meist die Myelozyten überwiegen. Auch die Kapillaren der Organe sind mit ihnen strotzend gefüllt. Durch Zerreißung kleiner Gefäße kommt es leicht zu Blutungen in Haut und Schleimhäute. Der ganze Prozeß stellt sich dar als eine atypische Hyperplasie des Myeloidgewebes des Knochenmarkes mit Ausschwemmung der Blutzellen, besonders der unreifen Myelozyten usw. ins Blut, sowie Deponierung und lokale Vermehrung derselben in den verschiedensten, besonders lymphatischen Organen. Um echte Metastasenbildung im Sinne von Tumoren handelt es sich hierbei nicht, vielmehr ist als wahrscheinlich anzunehmen, daß jene Herde der Organe auf lokaler Neubildung, derjenigen des Knochenmarkes analog, beruhen. Man bezeichnet am besten die ganze Erkrankung als leukämische Myelose, den Blutbefund als gemischtzellige oder myeloische Leukämie.

b) Leukämische Lymphadenose (lymphatische Leukämie). Das Blut zeigt auch hier neben Veränderungen der roten Blutkörperchen starke Vermehrung der weißen Blutzellen, hier aber fast nur der kleinen Lymphozyten (bis auf 95% der weißen Blutzellen). Die Organe zeigen makroskopisch ähnliche Veränderungen wie bei der gemischtzelligen Leukämie, doch ist oft auch der Thymus vergrößert und auch die Haut Sitz von

Knoten; ferner weisen Haut und Gehirn oft Blutungen auf. Mikroskopisch aber bestehen alle Vergrößerungen und zirkumskripten Herde der Organe, die auch in den Nieren, der Haut usw. auftreten, fast ganz aus jenen kleinen Lymphozyten, welche in diesen Fällen auch die Kapillaren füllen. Wir haben die Erkrankung als atypische Hyperplasie des gesamten lymphatischen Apparates (zu dem ja zwar das Knochenmark, aber auch Lymphknoten, Lymphfollikel der verschiedensten Organe, Thymus usw. gehören) mit Ausschwemmung der Lymphozyten in das Blut, vielleicht auch mit geringer Deponierung in einzelnen Organen aufzufassen. Die Erkrankung im ganzen nennen wir dann leukämische Lymphadenose, das Blutbild lymphatische Leukämie. Die gewöhnlichen Formen beider Leukämiearten verlaufen chronisch.

Es gibt aber auch **akute Formen.** Hier sind zuweilen die Blutbilder die obengeschilderten (besonders die lymphatische Form), zumeist aber beherrschen hier die ersten Vorstufen das Blutbild, weil in diesen akuten Formen ganz unreife Vorstufen in den blutbildenden Organen in enormer Menge überstürzt neugebildet und an das Blut abgegeben werden. So gibt es hier also einerseits Lymphoblastenleukämien, andererseits Myeloblastenleukämien. Auch in den Organen werden diese großen Zellen dann in solchen Mengen abgelagert bzw. gebildet, daß sie tumorartig infiltrativ die Organe durchsetzen und so an das Bild der Lymphosarkome (s. u.) erinnern. Fälle, in welchen das Bild ganz tumorartig wie beim Lymphosarkom ist, faßt Sternberg als Kombination einer akuten Leukämie mit Lymphosarkom auf und bezeichnet sie als Leukosarkomatosen.

2. Aleukämische Lymphadenose (sog. Pseudoleukämie). Es ist dies eine Erkrankung, welche makroskopisch-anatomisch (Schwellung der Milz, tumorartige Vergrößerung der Lymphknoten, Vergrößerung von Leber und Niere, Einlagerung jener Knoten und Streifen, eventuell Knoten in der Haut) und histologisch (Zusammensetzung der Herde vornehmlich aus Lymphozyten) der leukämischen Lymphadenose vollständig entspricht, aber nicht den Blutbefund jener bietet. Das Blut ist vielmehr von normaler Zusammensetzung, oder höchstens sind unter den in toto nicht vermehrten farblosen Blutzellen die Lymphozyten relativ vermehrt. Auch hier liegt eine Hyperplasie des gesamten lymphatischen Apparates vor, aber ohne wesentliche Ausschwemmung der Lymphozyten ins Blut. Wie nahe diese aleukämische Lymphadenose der leukämischen steht, geht aus Übergängen hervor.

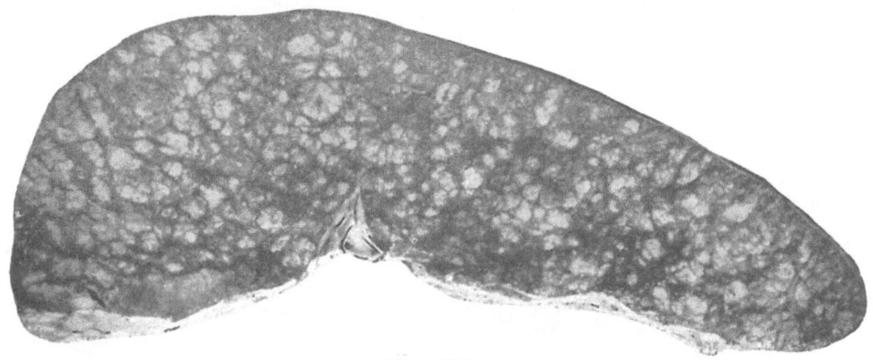

Fig. 139.
Milz bei Lymphogranulom (Porphyrmilz).
Die Milz ist durchsetzt von sarkomähnlichen Tumoren, die histologisch typische Granulome sind. Nach O. Meyer, Frankfurter Zeitschrift f. Pathologie. Bd. VIII, H. 3.

3. Lymphogranulomatose (früher Hodgkinsche Krankheit benannt). Klinisch und makroskopisch bestehen ähnliche Verhältnisse wie bei der vorigen Krankheit. Milz, Lymphknoten, Leber zeigen Vergrößerung und Einlagerungen. Die Milz bekommt oft ein gesprenkeltes Aussehen — Porphyrmilz —, das sehr charakteristisch ist. Histologisch aber zeigen die Herde ein ganz anderes Bild. Sie bestehen nicht gleichmäßig aus Lymphozyten, sondern aus einer Art Granulationsgewebe, welches verschiedene Zellarten aufweist: Lymphozyten, Spindelzellen, protoplasmareiche große Zellen mit großen runden ovalen oder vielgestaltigen, oft auch mehreren Kernen, die den Endothelien nahe stehen, aus diesen Zellen hervorgehende oft nach Sternberg, dem Haupterforscher dieser Veränderung, benannte Riesenzellen (mit in der Mitte gehäuften Kernen), ferner eosinophile Leukozyten, Plasmazellen. Später treten die Zellen zurück und es überwiegt das Bindegewebe. Bei Verlegung von Blutgefäßen treten Nekrosen auf. Das Zellgemisch gleicht nicht einem Tumor, sondern entzündlichen Granulationen, besonders infektiösen. In der Tat handelt es sich wahrscheinlich auch um eine infektiöse Granulation. In ihr werden den Tuberkelbazillen und besonders den sog. Muchschen Granula (einer Abart des Tuberkelvirus) gleichende Stäbchen und Granula gefunden, doch ist deren ätiologische Stellung noch nicht allgemein anerkannt; das Tierexperiment hat noch nicht sicher entschieden. Das Lymphogranulom stellt danach eine histologisch scharf charakterisierte Organveränderung dar, wahrscheinlich ein Granulom an der Grenze mehr tumorartigen Wachstums. Letzteres tritt in manchen Fällen noch stärker in die Erscheinung, so daß makroskopisch ganz das Bild des Lymphosarkoms (s. unten) vorherrscht; dann entscheidet das Mikroskop. Das Lymphogranulom kombiniert sich häufig mit echter Tuberkulose. Das Blut ist nicht charakteristisch verändert. Man kann generalisierte Lymphogranulomatose und mehr lokalisierte Formen des Lymphogranuloms (Lymphogranulome in engerem Sinne) unterscheiden.

4. Das Myelom (auch Kahlersche Krankheit genannt). Es ist dies eine homologe Wucherung, welche, vom Knochenmark ausgehend, auf die Knochen (meist Sternum, Rippen, Wirbel, Schädel, Femur,

Humerus) beschränkt bleibt und die Kortikalis zum Schwinden bringt (Spontanfrakturen), ohne zumeist über deren Grenzen zu wuchern oder Metastasen zu setzen. Es handelt sich um eine geschwulstartige Hyperplasie gewisser Zellen des Knochenmarkes, zumeist typischer Myelozyten oder ungekörnter Vorstufen solcher, in anderen Fällen der Lymphozyten oder besonders auch der Plasmazellen, selten der Erythroblasten. Aus der betreffenden Zellart sind die Tumoren meist sehr gleichmäßig zusammengesetzt; ein Zwischengewebe ist fast nur in Gestalt von Kapillaren vorhanden. Daß bald diese bald jene Blutzellart wuchert, könnte auf eine mehr indifferente Blutzellform als Matrix hinweisen. Das Blut verhält sich normal, im Urin findet sich oft ein besonderer (Bence - Jonesscher) Eiweißkörper.

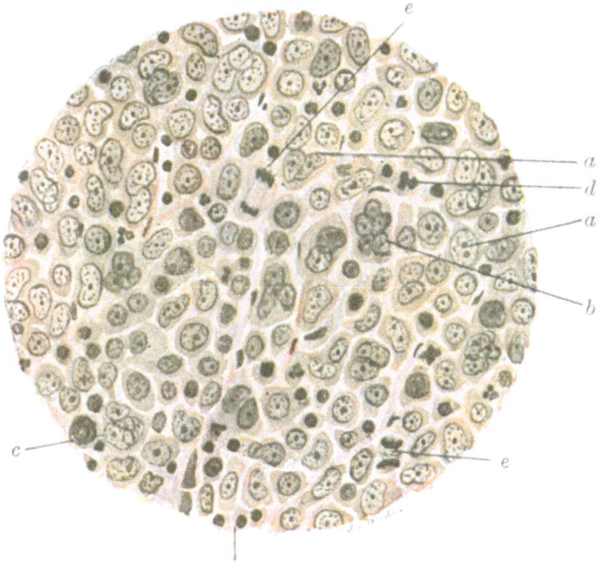

Fig. 140.
Lymphogranulom (einer Lymphdrüse).

Große helle, z. T. mehrkernige Zellen bei *a*; aus ihnen gebildete Riesenzellen z. B. bei *b*. Lymphozyten *c*. Leukozyten *d*. Bei *e* Mitosen in großen hellen Zellen.

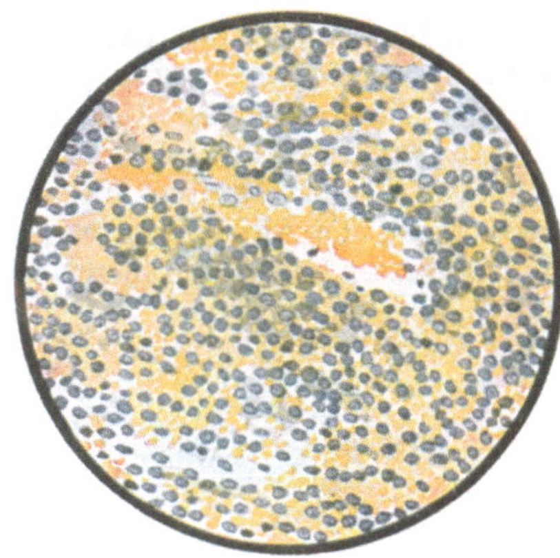

Fig. 141.
Myelom, bestehend aus ungekörnten Vorstufen der Myelozyten (= Myeloblasten).

Zu erwähnen ist noch eine symmetrische Ausbildung von lymphadenoidem Gewebe in den Tränen- und Mundspeicheldrüsen. Es liegt hier eine noch nicht geklärte und noch nicht einheitlich aufgefaßte Erkrankung vor, die nach v. Mikulicz benannt und auch als Achroozytose bezeichnet wird.

II. Zu den **mehr heterologen, infiltrativen Wucherungen** gehören:

5. Das Lymphosarkom (Kundrat). Hier bietet eine Gruppe von Lymphknoten das Bild einer infiltrativ wuchernden Geschwulst dar; sie bilden zusammen einen großen Geschwulstknoten, und die Wucherung greift auf die Kapsel und über diese hinaus um sich. Auf dem Wege der Lymphbahnen werden andere Lymphknoten ergriffen. Vorzugsweise stellen den Ausgangspunkt dar: die Halslymphknoten, die mediastinalen Lymphknoten oder auch der Thymus (Mediastinaltumor), die mesenterialen und retroperitonealen Lymphknoten, die Tonsillen, der Nasenrachenraum, die Magendarmfollikel usw. Die großen Gefäße, der Ösophagus, die Trachea usw. werden eingemauert. Atypisch ist auch die histologische Zusammensetzung, welche stets vom normalen Bau der Lymphdrüsen abweicht. Die Zellen entsprechen zumeist überwiegend gewöhnlichen Lymphozyten oder Zellen mit etwas größerem helleren Kern. Daneben finden sich — in manchen Fällen überwiegend — Zellen, welche den Lmyphoblasten entsprechen, sowie solche, welche von Retikulumzellen abzuleiten sind. Mehrkernige Zellen und Riesenzellen sowie Plasmazellen kommen vereinzelter vor. Dazwischen liegt ein dem Retikulum der Lymphdrüsen entsprechendes Stroma, zumeist spärlich, aber sehr wechselnd, zuweilen überwiegend. Andererseits kommt es zu regressiver Metamorphose, besonders Nekrose. Das Lymphosarkom unterscheidet sich durch den atypischen Bau und sein infiltratives, schrankenloses Wuchern (so daß es sehr malign ist) von den einfach hyperplastischen Wucherungen, besonders den leukämischen und aleukämischen Lymphadenosen, durch seinen histologischen Bau zudem scharf vom Lymphogranulom; durch seinen Beginn — multipel in einer Gruppe von Lymphknoten — und die mehr regionäre Ausbreitung wird es aber andererseits zumeist auch von

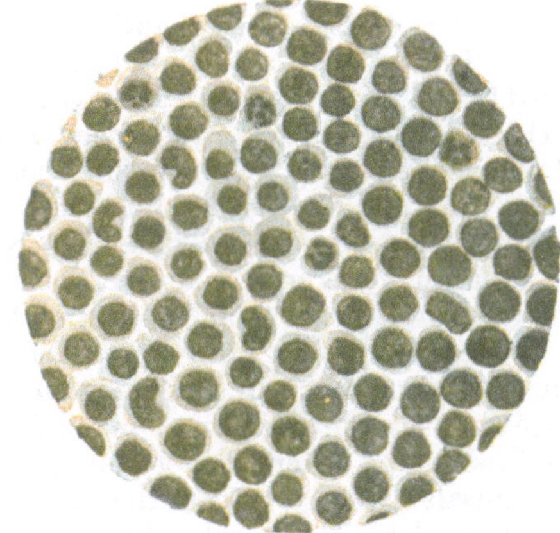

Fig. 142.
Lymphosarkom (einer Lymphdrüse).

echten Tumoren abgegrenzt. Doch kommen lymphogene (auch retrograde) und, wenn auch weniger, hämatogene Metastasen vor, so daß das Lymphosarkom von manchen Seiten auch zu den echten Tumoren gerechnet wird.

6. **Das Chlorom** stellt multiple grasgrüne Geschwulstbildungen des Periosts (Schädel, Wirbelsäule), des lymphatischen Apparates und verschiedener Organe dar. Die Milz ist vergrößert, das Knochenmark oft auch grün gefärbt, zuweilen ebenso Knoten der Haut. Die Wucherung wächst infiltrativ weiter und dringt in den Knochen ein. Die Tumoren entsprechen dem Lymphosarkom, und man spricht von Chlorolymphosarkomatose (Sternberg, wenn sich auch die großen Lymphozyten im Blute vermehrt finden, auch von Chloroleukosarkomatose). Einige Fälle nun zeigen einen Blutbefund, welcher dem der myeloischen Leukämie gleicht, und auch die Wucherungen der Organe bestehen dann aus Myelozyten. Es läge hier also eine zweite Gruppe des Chloroms — Chloromyelosarkomatose — vor. Worauf der grüne Farbstoff beruht, ist nicht sicher eruiert. Die Färbung ist wohl von sekundärer Bedeutung, Blutbefund und Organveränderungen sind den geschilderten Typen entsprechend die Hauptsache.

Überblicken wir das ganze Kapitel, so sehen wir progressive Prozesse, teils mehr einfach hyperplastischer, teils ganz atypischer Natur, bis zur größten Ähnlichkeit mit malignen Tumoren; ihr Ausgangspunkt und die Hauptverbreitung im lymphatischen und blutbildenden Apparate, ihr gleichzeitiges multiples Auftreten und ihre Verbreitung ohne echte Metastasenbildung rechtfertigen aber das Abgrenzen von den Tumoren und die Aufstellung einer eigenen Gruppe. Das Lymphogranulom ist hier zunächst noch am besten miteinzureihen; es ist aber offenbar zu den infektiösen Granulationen zu rechnen.

Kapitel V.

Störungen der Gewebe während der Entwicklung.

Mißbildungen.

Pathologische Zustände, die wir **Mißbildungen** oder **Monstra** (Mißgeburten) benennen, können wir definieren als während der fötalen Entwicklung zustande gekommene, also meist angeborene Veränderungen der Morphologie eines oder mehrerer Organe oder Organsysteme, oder des ganzen Körpers, welche außerhalb der Variationsbreite der Spezies gelegen sind (Schwalbe). Unbedeutendere derartige Veränderungen benennt man auch **kongenitale Anomalien.** Die Lehre von den Mißbildungen heißt **Teratologie.** Unsere Kenntnisse auf diesem Gebiete gehen bis auf Dareste, Geoffroy-St. Hilaire, Meckel zurück, später haben sich vor allem auch Förster, Ahlfeld, Marchand und neuerdings E. Schwalbe mit diesem Gebiete beschäftigt. Abweichungen der Entwicklungsperiode üben einen besonders großen Einfluß naturgemäß auf die Gestaltung des ganzen Körpers aus, denn zu der gerade auch in der Entwicklung herrschenden allgemeinen Korrelation der Organe kommt noch hinzu, daß auch die Anlagen weiterer Formationen beeinflußt werden. Je frühzeitiger daher ein pathologischer Einfluß zur Geltung kommt, um so bedeutender werden die Folgezustände sein, da ein um so größerer Teil des noch zu bildenden Körpers in seinen Wirkungskreis fällt. Den Zeitpunkt, zu dem bzw. vor dem (also auf jeden Fall nicht später) die mißbildenden Bedingungen eingewirkt haben, bezeichnet man als **teratogenetische Terminationsperiode** (Schwalbe). Bei der Entstehung unterscheidet man gerade bei den Mißbildungen am besten auch mit Schwalbe die **kausale Genese,** welche die zugrunde liegenden Ursachen ergründet, und die **formale Genese,** welche die morphologischen Vorgänge behandelt.

Die **kausale Genese** können wir in zwei große Gruppen einteilen, nämlich in die inneren und die äußeren Ursachen. Der letzte Grund für **Entwicklungsstörungen aus inneren Bedingungen** (die Lehre von diesen bezeichnet man als Dysontogenie) ist fehlerhafte Anlage; hier liegt die Entstehungszeit in letzter Linie schon in der Zeit vor der Befruchtung, d. h. die Ursache liegt in Verhältnissen des Sperma oder des Ovulum begründet, oder in der Zeit während der Befruchtung, d. h. die Ursache liegt in der Kopulation. Ein Teil solcher Entwicklungsstörungen beruht auf einer vererbten Eigenschaft.

Wie „vererbte", den Geschlechtszellen immanente Bedingungen den bestimmten Entwicklungsmodus des normalen Typus bewirken, so bedingen von vorneherein normwidrige vererbte Anlagen einen entsprechend veränderten Entwicklungsablauf, d. h. anomale Bildungen. Das Moment der Vererbung spielt besonders bei leichteren Anomalien, wie überzähligen Fingern oder Zehen oder dergleichen eine Rolle, ebenso aber auch bei schwereren Störungen (z. B. Hasenscharte oder Spina bifida). Die nicht vererbten Formen von Entwicklungsstörungen aus inneren Bedingungen entstehen anscheinend ganz spontan, wie ja auch das normale Individuum nicht nur Eigenschaften seiner Eltern (Rassen- und individuelle Eigentümlichkeiten), sondern auch eigene individuelle Besonderheiten aufweist. Man spricht von **primären Keimvariationen** (**Mutationen**).

Zweitens entstehen Mißbildungen, wenn die Anlage zwar normal ist, aber während der Entwicklung in utero **äußere schädliche Einflüsse** die Entwicklung beeinflussen. Hierher gehören einmal **fötale Krankheiten** im weitesten Sinne, welche solchen, wie sie ausgebildete Organismen durchmachen, entsprechen, so Degenerationen, Zirkulationsstörungen usw. Am wichtigsten sind hier fötale Entzündungen, beispielsweise die fötale Endokarditis (deren Bedeutung aber meist überschätzt wird), syphilitische Affektionen und Übergang von Infektionskrankheiten von der Mutter auf den Fötus. Indes betreffen fötale Krankheiten doch vorwiegend d n in seiner Entwicklung schon ziemlich weit vorgeschrittenen Fötus, und zwar um so mehr, je näher er der ausgebildeten, reifen Frucht steht. Die Mehrzahl aber auch der Entwicklungsstörungen durch äußere Einflüsse und insbesondere die erheblicheren Formabweichungen entstehen schon früher, etwa in den ersten drei Monaten des fötalen Lebens, und hier sind andere äußere Ursachen wirksam, welche durch **chemische und physikalische Schädigung** die Keimentwicklung beeinflussen. Insbesondere gehören hierher mechanische Einflüsse, Erschütterungen, Druckwirkungen und namentlich Wachstumshindernisse von der Umgebung her.

Besonders wirksam ist die allgemeine oder partielle **Verwachsung** des **Amnions** (schon von Dareste und Geoffroy-St. Hilaire betont) bei unvollkommener Entwicklung und dadurch bedingter Engigkeit desselben oder bei zu geringer Absonderung von Fruchtwasser. Nach Marchand entstehen amniotische Verwachsungen nicht durch direkte Verwachsung von Amnionteilen, sondern durch Bildung einer Art von Pseudomembran, „intraamniotische Membran". Allgemeine Engigkeit des Amnion läßt Mißbildungen besonders der Extremitäten entstehen. Partielle Verwachsungen finden sich vor allem im Bereich der Kopfkappe und des Schwanzteiles. Durch stärkere Fruchtwasseransammlung können später die Verwachsungsstellen durchtrennt werden und Amnionreste als Hautanhänge am Körper zurückbleiben, oder sie werden gedehnt und zu Synechien ausgezogen, die auch abgerissen werden können. Amniotische Fäden können einzelne Teile des embryonalen Körpers umschlingen und so deren normale Ausbildung hindern, ja sie können, besonders an den Extremitäten, Teile sogar abtrennen (fötale Amputation). Am Kopf kann Engigkeit und Verwachsung des Amnion die Ausbildung des Schädels, des Gehirns und Gesichtes hemmen und so verschiedene Formen der Akranie und Exenzephalie bewirken. Am hinteren Teil (Schwanzkappe des Amnion) kann Verschmelzung der unteren Extremitäten, sowie Verkümmerung des Beckens, an der vorderen Bauchwand mangelhafter Schluß der Bauchspalte mit Exenteration der Baucheingeweide, an der Brustwand ebenfalls unvollständiger Verschluß mit Ektopie des Herzens eintreten. Auch Geschwülste des schwangeren Uterus oder starke Blutungen in die Eihäute können rein mechanisch die fötale Entwicklung durch Druck oder durch Anpressung des Amnion und so bewirkte Verwachsung desselben beeinträchtigen.

Fig. 143.
Beginnende Spontanamputation des rechten Unterschenkels durch den Nabelstrang.

Aus Broman, Normale und abnorme Entwickelung des Menschen. Wiesbaden, Bergmann 1911.

Eine Einteilung nach kausalgenetischem Prinzip läßt sich aber im Einzelfalle lange nicht stets durchführen. Nur zu oft haben wir nur das durch weitere Entwicklung vielfach umgestaltete Endprodukt vor uns, das bei ganz ungleicher ursächlicher Bedeutung gleichgestaltet sein kann, und müssen uns somit an das Morphologische halten.

Bei der **formalen Genese**, also bei Betrachtung der sich abspielenden morphologischen Vorgänge, sind zu erwähnen: exzedierendes Wachstum, zu geringes Wachstum (Bildungshemmung, Ausbleiben einer Vereinigung physiologisch aus verschiedenen Teilen sich zusammenfügender Organe, Spaltbildung in einem geschlossenen Gebilde und dergleichen), Verlagerung losgelöster Teile und Verschmelzung bzw. Verwachsung sonst getrennter Teile. Man hat danach früher in Mißbildungen per excessum, per defectum und per fabricam alienam eingeteilt (Blumenbach).

Man spricht allerdings meist von **Hemmungsbildungen,** wenn eine Bildungshemmung **im weiteren Sinne** vorliegt, also nicht nur eine solche durch mechanische Hinderung des Wachstums, sondern auch durch anscheinend spontane Keimvariation oder auch auf ererbter Basis. Völligen Defekt eines Körperteiles bezeichnet man als **Aplasie,** sei es, daß er überhaupt nicht angelegt wurde (**Agenesie**), sei es, daß er in einem frühen Stadium wieder völlig zugrunde ging. Solche Aplasie kommt bei sonst normal gebildeten Individuen vor, indem z. B. von paarigen Drüsen, wie Niere oder Hoden, die eine fehlt; die Aplasie kann auch lebenswichtige Organe, wie Herz oder Gehirn, betreffen. Ist ein Körperteil zwar vorhanden, aber nicht der allgemeinen Körperentwicklung entsprechend, sondern verkümmert, so spricht man von **Hypoplasie.** Sie ist durch langsameres Fortschreiten der normalen Entwicklung bedingt. Auch durch im fötalen Leben entstandene **Atrophie** kann angeborene Kleinheit eines Organes resultieren.

Durch **Nichtvereinigung** mehrfacher Anlagen oder **Abschnürung** von Teilen von Anlagen mit **Verlagerung der abgeschnürten Teile** und **Weiterentwicklung an anderen Stellen** entstehen **Verdoppelungen** einzelner Körperteile, **Auswüchse** oder **Nebenorgane.** So kann sich z. B. der Uterus doppelt entwickeln, wenn seine beiden, ursprünglich getrennten Hälften an der Vereinigung gehindert werden, wobei die doppelt entstehenden Organe, da jedes derselben nur aus der Hälfte der Anlage hervorgeht, nicht in gehörigem Maße zur Entwicklung gelangen. Ähnlich entstehen die Hasenscharte und ihr verwandte Spaltbildungen im Gesicht. Indes kann auch eine **wirkliche Spaltung** einer unpaaren Keimanlage zu Verdoppelungen führen, und ebenso können solche durch **exzedierende Entwicklung** entstehen. Durch **Abschnürung** von der ursprünglichen einheitlichen Anlage entstehen **Nebenorgane,** wie Nebenmilzen u. dgl. Kleine abgetrennte Teile der Nieren und anderer drüsiger Organe können sich im weiteren Verlaufe auch zu **Zysten** umwandeln. Abschnürungen, besonders auch durch amniotische Fäden, finden sich besonders häufig an solchen Teilen, die, wie die Extremitäten und deren Glieder, durch eine Art Knospung oder Sprossung entstehen. Durch **Dislokation** abgetrennter Keime können Organteile, ja sogar ganze Extremitäten, an Orten entstehen, wo sie nicht hingehören. Verlagerte Keime haben wir auch schon als Grundlage von Teratomen und anderen Geschwülsten kennen gelernt.

Des weiteren kommt **Verschmelzung** und **Verwachsung** sonst voneinander getrennt bleibender Anlagen vor. Die Verschmelzung betrifft gleichartige Teile (z. B. Finger und Zehen — Syndaktylie —, oder die beiden unteren Extremitäten — Symmyelie) oder ungleichartige Teile (z. B. Verwachsung des Embryos mit dem Amnion). Eine oberflächliche Vereinigung nennt man auch **Verklebung.**

Mißbildungen bzw. Anomalien entstehen auch dadurch, daß gewisse, **physiologisch nur im fötalen Leben vorhandene Einrichtungen auch nach der Geburt bestehen bleiben;** so die Persistenz des offenen Foramen ovale, des Ductus Botalli oder von Keimen der Kiementaschen, des Ductus omphalomesentericus, des Urachus, des Gartnerschen Ganges usw.

Sind mehrere Mißbildungen vorhanden, so ist die Erkenntnis der primären von Bedeutung, sowie die Frage, ob die anderen Mißbildungen von der primären ableitbar oder nur akzidentell sind.

Im Werdegang der Störungen embryonaler Gestaltung spielen offenbar **abnorme Hormoneinwirkungen,** welche die Korrelation der Organe und ihre Entwicklung regeln, eine Rolle, doch sind hier Einzelheiten noch nicht bekannt.

Eine **Einteilung** ist heute noch nur nach morphologischen, vorwiegend äußerlichen Verhältnissen möglich. Wir unterscheiden:

I. Die Gruppe der **Doppelmißbildungen und Mehrfachmißbildungen.**

II. Die Gruppe der **Einzelmißbildungen.**

I. Doppelmißbildungen und Mehrfachmißbildungen.

Hierher zählen wir diejenigen Mißbildungen, welche *wenigstens eine teilweise Verdoppelung ihrer Körperachsen darbieten.* Sind Organe oder Teile, die außerhalb der Körperachse gelegen sind, z. B. Finger, verdoppelt, so stellt man diese Mißbildungen zu den Einzelmißbildungen. Die *Doppelbildungen sind, da eineiig, gleichgeschlechtlich.* Die beiden Teile, aus denen sich die Doppelmißbildung zusammensetzt, kann man als *Individualteile* (*Schwalbe*) bezeichnen. Diese ähneln einander meist außerordentlich, und die Verbindung geschieht durch gleichwertige Gewebe. Durch die Verwachsung wird eine sekundäre Störung in der Entwicklung herbeigeführt; oft zeigen einer oder beide Individualteile wieder weitere Mißbildungen. Die Verdoppelung ist meist eine weitergreifende, als es zunächst bei äußerer Untersuchung scheint.

Bei ausgeprägter Verdoppelung entstehen zwei Individuen, die meist an symmetrischen Stellen miteinander vereinigt sind; an der Zusammenhangsstelle sind die entsprechenden Körperteile einfach oder doppelt, im letzteren Falle mehr oder minder verschmolzen, vorhanden. So ist z. B. bei Verschmelzung zweier Köpfe das Gesicht einfach oder doppelt, es sind zwei Ohren vorhanden oder in der Mitte noch ein drittes, durch Verschmelzung der beiden einander zugewendeten Ohren entstandenes, und dergleichen mehr.

Genetisch hat man an ein zweikerniges Ei, oder an einen abnormen Vorgang bei der Befruchtung, oder an abnorme Entwicklung nach normaler Befruchtung gedacht. Letzteres ist das wahrscheinlichste, wofür auch Experimente sprechen, und zwar handelt es sich hier um Teilung des Eimateriales so, daß zwar gemeinsame Eihäute gebildet werden, sich aber zwei selbständige Wachstumszentren ausbilden, welche jedoch bei der einen Form miteinander in Zusammenhang bleiben. Die Voraussetzung einer solchen abnormen Teilung des Eimaterials zeigt, wie frühe die teratogenetische Terminationsperiode der Doppelbildungen sein muß. Der verschieden hohe Grad der Sonderung des Eimaterials erklärt die verschiedenen Grade der Doppelbildungen. Zu der primären Spaltung können dann später noch sekundäre Verwachsungen hinzukommen. Über die kausale Genese der Doppelbildungen wissen wir fast nichts. Dreifach- und Mehrfachbildungen sind zu selten, um besprochen werden zu müssen.

Als Einteilung wollen wir die von Schwalbe aufgestellte wählen:

I. Voneinander **gesonderte Doppelbildungen — Gemini.**
 A. Mit gleichmäßig entwickelten Embryonalanlagen, d. h. also gewöhnliche **eineiige Zwillinge.**
 B. Mit ungleichmäßig entwickelten Embryonalanlagen = **Acardii.**

II. **Nicht** voneinander **gesonderte = eigentliche Doppelbildungen — Duplicitates.**
 C. Mit symmetrisch entwickelten Individualteilen = **Duplicitas symmetros.**
 D. Mit unsymmetrisch entwickelten Individualteilen = **Duplicitas asymmetros = Parasiten.**

A. Eineiige Zwillinge.

Eine weitere Besprechung erübrigt sich, nur soll erwähnt werden, daß, wenn ein Zwilling abstirbt, er von dem anderen, sich normal entwickelnden vollständig komprimiert werden kann, so daß er nach Resorption seines Fruchtwassers pergamentartig mumifiziert: Foetus papyraceus.

B. Acardii (Acardiaci).

Da das Herz eines Zwillings fehlt oder rudimentär, funktionslos ist, treibt das eine Herz den gemeinsamen Kreislauf, und hierbei erhält der Akardius (da seine Nabelgefäße aus denen des gutentwickelten Fötus entspringen und so eine Umkehrung des Kreislaufes statthat) nur

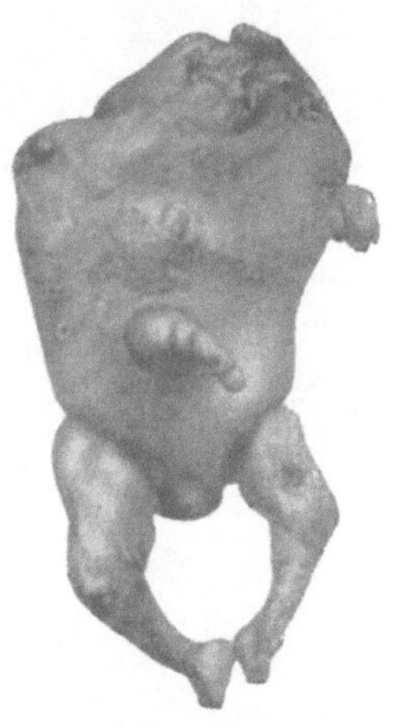

Fig. 144.

Holoacardius acephalus.

(Nach Schatz, Arch. f. Gynäk. 1900.)
(Aus Schwalbe, Die Morphologie der Mißbildungen. Jena, G. Fischer 1906.)

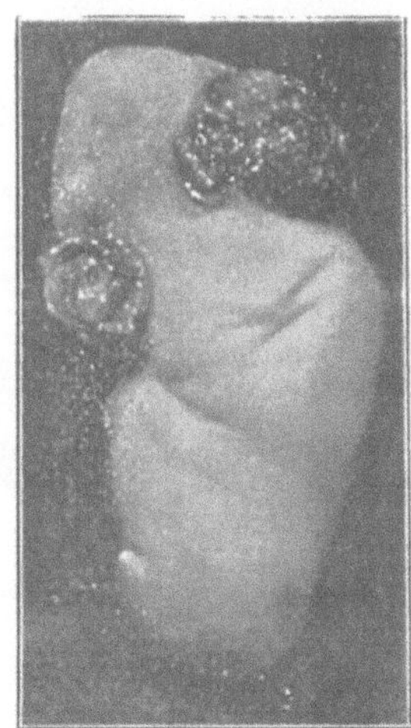

Fig. 145.

Holoacardius amorphus.

(Präp. im Besitz von Herrn Prof. Bock.)
Nach Schwalbe, Die Morphologie der Mißbildungen. Jena, G. Fischer 1906.)

verbrauchtes, sauerstoffarmes Blut. Er verkümmert daher, wenn auch verschieden hochgradig (eventuell bis zu denkbar höchstem Grade), wonach man einteilt:

1. Hemiacardius = Acardius anceps, Herz rudimentär. Der Acardius relativ gut entwickelt.
2. Holoacardii, Herz fehlt vollständig.
 a) H. acephalus, zudem fehlt der Kopf; Rumpf und Extremitäten einigermaßen entwickelt (häufigste Form der Acardii).
 b) H. acormus, untere Körperhälfte fehlt völlig,
 c) H. amorphus, unförmige Masse ohne Kopf und Extremitäten (höchster Grad einer Mißbildung).

C. Duplicitas symmetros.

Sie umfaßt mannigfaltige Doppelbildungen, die wir mit Schwalbe nach dem Prinzip der Symmetrie einteilen:

Die Symmetrieebene teilt die Doppelbildung in zwei spiegelbildlich gleiche Hälften, die Medianebenen teilen jeden einzelnen Individualteil. Wenn die Medianebenen die Anlagen symmetrisch teilen und die eigentliche Symmetrieebene senkrecht darauf steht, so liegen bisymmetrische Formen vor; stehen die Medianebenen im Winkel zur Symmetrieebene, monosymmetrische Formen. Steht dabei die Symmetrieebene (vom aufrechtstehend gedachten Menschen ausgehend) senkrecht, so kann die Verbindung der Individualteile eine ventrale oder dorsale sein, liegt die Symmetrieebene wagerecht, so kann sie eine kraniale oder kaudale sein.

1. Bisymmetrische und davon ableitbare monosymmetrische Formen mit senkrechter Symmetrieebene.

a) Ventrale Verbindung.

Verbindung oberhalb des Nabels.

1. **Zephalothorakopagus.** Die verschmolzenen Teile reichen bis in die Gegend des Nabels. Es gibt bisymmetrische Formen — **Janus** — und monosymmetrische, welche gleichzeitig oft Zyklopie, Anophthalmie, Synotie usw. aufweisen. Teratogenetische Terminationsperiode sehr früh, vor der ersten Herzanlage.

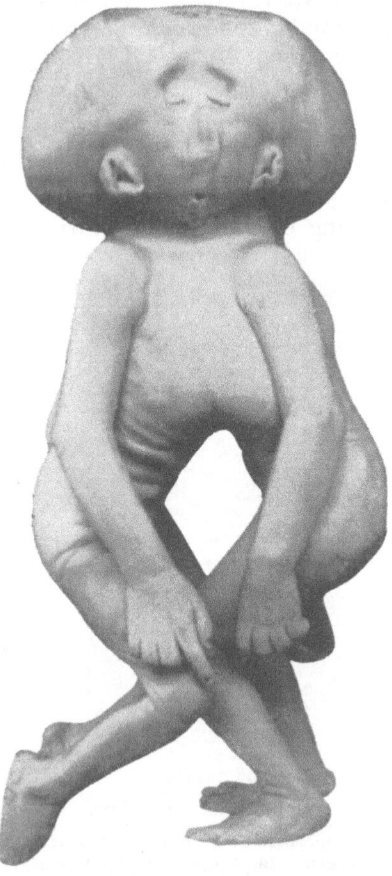

Fig. 146.
Cephalothorakopagus disymmetros (6. Embryonalmonat).
Aus Broman, Normale und abnorme Entwickelung des Menschen. Wiesbaden, Bergmann 1911.)

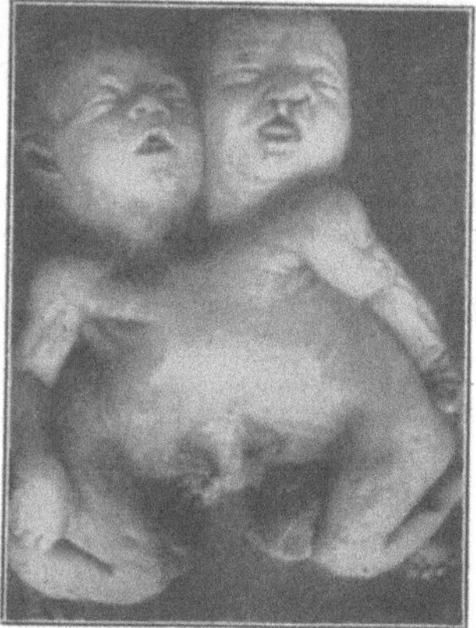

Fig. 147.
Thorakopagus monosymmetros (ventrolateraler Zusammenhang).
Ausgebildete sekundäre Vorderseite. Der eine Individualteil läßt als akzidentelle Mißbildung eine Hasenscharte erkennen (Präp. des Heidelberger pathologischen Instituts). (Aus Schwalbe, Die Morphologie der Mißbildungen.)

a

b

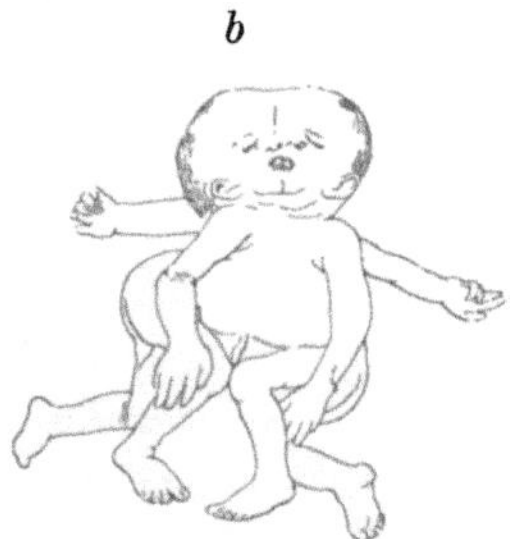

Fig. 148.
Prosopothorakopagus.

2. **Thorakopagus.** Die Verbindung reicht von der oberen Brustgrenze bis zum Nabel. Die Terminationsperiode dieser relativ häufigen Mißbildung liegt etwas später.

Zwischen 1. und 2. steht der Prosopothorakopagus, welcher eine Verbindung der Brust und eine solche im Gebiet des Kopfes und Halses aufweist.

3. Sternopagus. Vereinigung durch das Sternum. Ein bekanntes Beispiel sind die Schwestern Maria-Rosalina.

4. Xiphopagus. Verbindung durch den Processus xiphoideus. Hierher gehören die siamesischen und chinesischen Zwillinge.

3. und 4. haben eine spätere Terminationsperiode als 1. und 2. und stellen lebensfähige Mißbildungen dar.

Fig. 149.
Die Sternopagen Maria-Rosalina.
(Nach Baudoin, Rev. chir. Année 22 No. 5 p. 513.)
(Aus Schwalbe, l. c.)

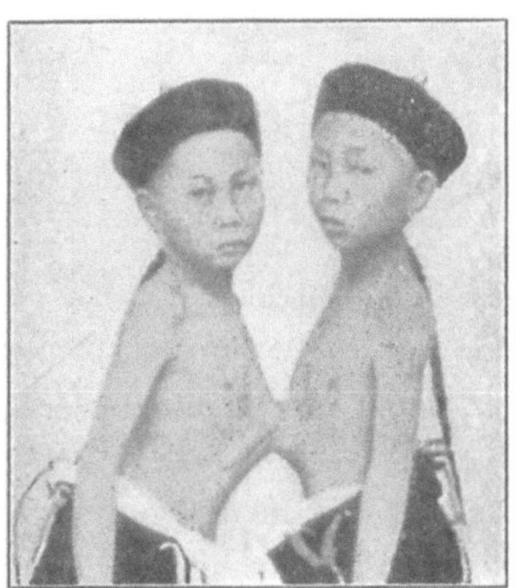

Fig. 150.
Xiphopagen (die chinesischen Brüder).
(Nach Baudoin.)
(Aus Schwalbe, l. c.)

Verbindung unterhalb und zugleich oberhalb des Nabels.

1. Ileothorakopagus. Infraumbilikaler Zusammenhang sowie solcher durch den ganzen Thorax.

2. Ileoxiphopagus. Infraumbilikaler Zusammenhang und zudem solcher durch den Processus xiphoides.

Man benennt diese beiden Formen auch Dicephali. Oft besitzen sie eine Minderzahl an Extremitäten, die aber ihre Zusammensetzung aus mehreren deutlich zeigen.

Ein rein infraumbilikaler Zusammenhang — Ileopagus — ist beim Menschen nicht beobachtet.

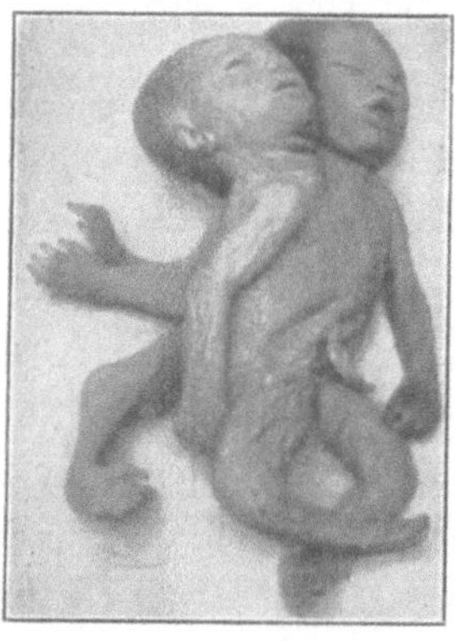

Fig. 151.
Ileothorakopagus.
(Präparat des Heidelberger pathologischen Instituts.)
(Aus Schwalbe, Die Morphol. d. Mißbildungen.)

Fig. 152.
Pygopagus.
(Nach Straßmann in Winckels Handb. d. Geburtshilfe. Bd. 27. 3. 1905.) (Aus Schwalbe, l. c.)

b) Dorsale Verbindung.

1. Kraniopagus occipitalis. Vereinigung am Os occipitale (s. auch unten).

2. Pygopagus. Vereinigung durch das Steißbein, eventuell auch durch einen Teil der Wirbelsäule.

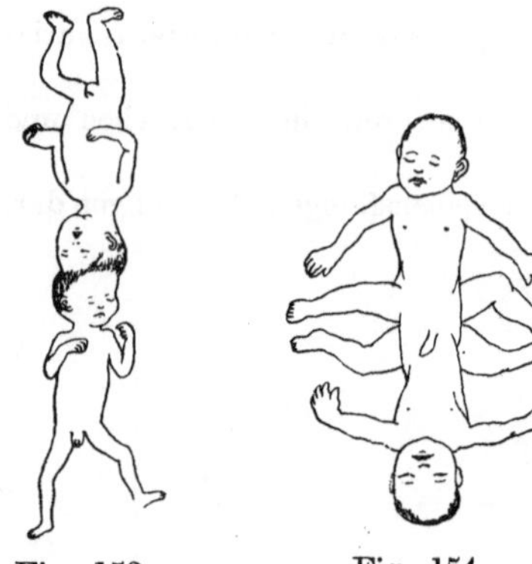

Fig. 153. Craniopagus.

Fig. 154. Ischiopagus.

2. Bisymmetrische und davon ableitbare monosymmetrische Formen mit wagerechter Symmetrieebene.

a) Kraniale Verbindung.

Craniopagus. Vereinigung durch den Schädel; hierher gehört der C. parietalis, während der C. occipitalis schon oben erwähnt ist, ferner der C. frontalis, welcher aber, da die Symmetrieebene hier senkrecht steht, den Kephalothorakopagi nahe steht. Die Kraniopagen sind oft unregelmäßig gestaltet, im übrigen sehr selten.

b) Kaudale Verbindung.

Ischiopagus. Verbindung durch das Becken. Es gibt bisymmetrische Formen, oder es kommt durch Verschmelzung von Extremitäten (z. B. I. tripus) zu monosymmetrischen.

3. Formen, deren Individualteile der Symmetrieebene parallele bzw. zum Teil mit ihr zusammenfallende Medianebenen besitzen.

Sie sind nicht in der ganzen Ausdehnung ihrer Körperachsen verdoppelt, große Teile von ihnen sind einfach (daher auch Duplicitas incompleta). Es kann demgemäß nur monosymmetrische Formen geben. Hierher gehören:

Fig. 155. Dicephalus tribrachius tripus.

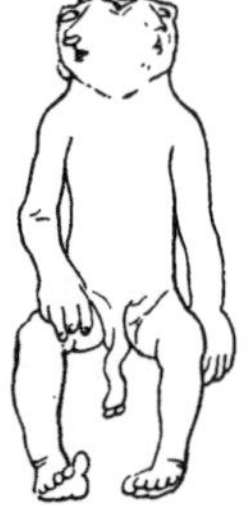

Fig. 156. Diprosopus.

Fig. 157. Dipygus tetrabrachius.

1. Duplicitas anterior. Divergenz der Medianebenen kranial, mehr oder weniger ausgedehnte Verdoppelung der vorderen Körperachse. Die Verdoppelung kann ein kleines Gebiet am Kopf aber auch diesen vollständig und zudem noch den Körper bis hinab zum Os sacrum (dies eingeschlossen) betreffen. Man unterscheidet hier Diprosopi (Verdoppelung des Gesichtes) und Dicephali (Verdoppelung der Köpfe) und je nach dem Grade der Verdoppelung weitere Unterabteilungen wie tri-, tetraophthalmus, tribrachius usw.

2. Duplicitas media. Beim Menschen nicht beobachtet.

3. Duplicitas posterior. Divergenz der Medianebenen kaudal. Verdoppelung des kaudalen Endes. Dipygus, z. B. dibrachius, tetrabrachius usw.

4. Kombinationsformen.

D. Duplicitas asymmetros.

Bei diesen ist der eine Individualteil = Autosit weit besser entwickelt als der andere = **Parasit.** Es gibt alle Übergänge von den geringsten bis zu den stärksten Formen der Entwicklungsstörung des letzteren, ähnlich wie bei den Acardii. Viele asymmetrische Formen entsprechen besprochenen symmetrischen.

Schwalbe teilt hier ein in:

1. Befestigung des Parasiten am Kopf des Autositen.

1. Epignathus. Der Parasit sitzt an der Schädelbasis bzw. am Gaumen des Autositen und kann daneben noch mit anderen Teilen der Mundhöhle desselben in Verbindung treten. Man kann mit Schwalbe weiterhin unterscheiden:

a) der Autosit trägt in der Mundhöhle, besonders am Gaumen, den Nabelstrang eines Parasiten;
b) aus der Mundhöhle des Autositen hängen Körperteile des Parasiten heraus;
c) aus der Mundhöhle des Autositen ragt der Parasit in Gestalt einer unförmigen Masse heraus;
d) in der Mundhöhle des Autositen ist der Parasit nur in Form einer mehrgewebigen Masse vorhanden.

2. Janus parasiticus. Beide ineinander geschobene Köpfe sind gleichmäßig entwickelt, sonst ist der Parasit nur rudimentär.

3. Kraniopagus parasiticus. Der Parasit ist am Schädel befestigt.

4. Dicephalus (oder Duplicitas anterior) **parasiticus** stellt einen Dizephalus mit rudimentärer Entwicklung des Parasiten dar.

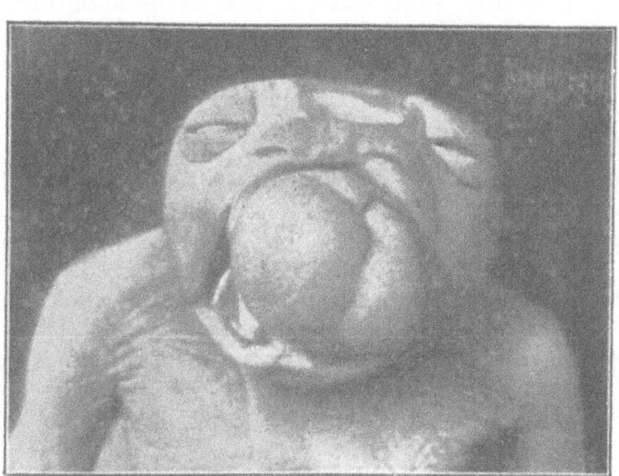

Fig. 158.
Epignathus von vorn.
Präparat des Heidelberger patholog. Instituts.
(Aus Schwalbe, Morphologie der Mißbildungen.)

Fig. 159.
Der Genuese Colloredo, ein Thorakopagus parasiticus (aus Licetus nach Bartholini).
(Licetus de monstris. Ex recensione Gerardi Blasii M. D. u. P. P. Amstelodami sumptibus Andreae Frisii 1665.)

2. Befestigung des Parasiten an Brust oder Bauch des Autositen.

a) Supraumbilikal.

1. Der Parasit läßt alle Hauptkörperteile erkennen, entsprechend dem Hemiakardius, gewöhnlich **Thorakopagus parasiticus** genannt. Hierher gehört der berühmte Genuese Colloredo.

2. **Epigastrius.** Vereinigung zwischen Processus xiphoides und Nabel.

b) Infraumbilikal.

Hierher gehört die asymmetrische von der Duplicitas posterior ableitbare Form des **Dipygus parasiticus.**

3. Befestigung des Parasiten am kaudalen Ende des Autositen.

1. **Pygopagus parasiticus,** bei dem ein rudimentärer Parasit der Steißgegend des Autositen aufsitzt. Diese Mißbildung leitet über zu

2. **dem Sakralparasiten,** d. h. einem in der Steißgegend befindlichen tumorartigen Körper mit Organen bzw. Teilen solcher; endlich zu

3. einem ebensolchen Sakraltumor in Gestalt eines **Teratoms** (mit Abkömmlingen dreier Keimblätter). Die Sakralparasiten (und ähnlich die Epignathi) zeigen also deutliche Überleitung zu Teratomen, d. h. zu Geschwülsten.

II. Einzelmißbildungen.

Hier sollen nur Mißbildungen der äußeren Form erwähnt werden, während die Organmißbildungen bei den einzelnen Organen mitaufgezählt werden.

Schwalbe unterscheidet bei ersteren:

A. Mißbildungen des gesamten Eies und der gesamten äußeren Form des Embryos bzw. des Individuums der postfötalen Periode.

1. Abortive Formen. Mißbildungen der ganzen äußeren Form des noch nicht fertig entwickelten Eis bzw. Embryos. Sie tragen alle Zeichen vorzeitigen Wachstumsstillstandes — verschieden hohen Grades — an sich. Es kommt zu Abort, oder die abgestorbenen Föten bleiben in utero, gehen hier die Veränderungen aller abgestorbenen Gewebe ein und rufen Reaktionen von seiten der mütterlichen Gewebe hervor.

2. Omphalozephalie, beim Hühnchen beobachtete Mißbildung: das Herz liegt am kranialen Ende der Körperachse, der Kopf ist ventralwärts nach dem Dotter zu abgeknickt.

3. Blasenmole. Sie besteht in einer ausgedehnten Umwandlung der Chorionzotten der Plazenta in Blasen (bes. bei Endometritis). Die Blasen stellen kein Myxom (Virchow) dar, sondern beruhen auf

Wucherungen des Zottenepithels — des Synzytiums wie der Langhansschen Zellschicht — mit Degenerationen (besonders hydropischer) und Nekrosen (Marchand).

Die als Fleischmole, Blutmole, Steinmole bezeichneten Veränderungen, welche im Anschluß an Blutungen usw. bei Aborten — infolge von Endometritis — sich ausbilden, gehören nicht hierher.

4. Zwergwuchs, Mikrosomie, Nanosomie. Bei den hierhergehörigen Formen des „echten Zwergwuchses" handelt es sich um kongenitale, öfters vererbbare, Störungen des Knochenwachstums, besonders der unteren Extremitäten, und zwar entweder eine sich schon im Embryonalleben ausbildende — so daß das Kind schon unternormal klein geboren wird — oder eine sich erst postfötal auswirkende (man spricht dann von infantilem Zwergwuchs). Genetisch liegt die Veranlassung schon im unbefruchteten Ei oder zur Zeit der ersten Furchung durch Untergang von Blastomeren, oder es liegt eine spätere Wachstumshemmung vor. Als Grenze für die Bezeichnung „Zwergwuchs" rechnet man in der Regel 1 m oder 1,20 m.

Andererseits gibt es einen unproportionierten Zwergwuchs, den man genetisch in einen rachitischen, kretinischen und mongoloiden einteilen kann (Dietrich); Zwergwuchs kann auch mit Störungen anderer Drüsen mit innerer Sekretion, so des Thymus oder der Hypophyse zusammenhängen. Alle diese Formen gehören naturgemäß nicht hierher.

5. Riesenwuchs — Makrosomie stellt das Umgekehrte dar; die Verhältnisse liegen hier ähnlich. Als Grenze des Normalen nimmt man gern 2 m an. Genetisch kommt wohl außer einer schon zu großen Anlage des Eies eventuell eine Verschmelzung von Eiern in Betracht, postfötal könnte eine Hemmung im Sinne eines Bestehenbleibens der Epiphysenknorpel dazu führen.

6. Halbseitiger Riesen- (und Zwerg-)Wuchs. Die eine Seite ist von größeren Dimensionen als die andere. Bei gleichem Wachstum ist die Bevorzugung der einen Seite kongenital begründet.

7. Partieller Riesen- (und Zwerg-)Wuchs. Naturgemäß auch nur der auf kongenitaler Basis hierher gehörig, kommt besonders an Extremitäten vor.

Dieser leitet über zu Hypertrophie einzelner Organe und Zellen sowie zu Tumoren.

8. Situs inversus (transversus), Inversio viscerum completa. Sämtliche Organe, welche rechts liegen sollten, liegen links und umgekehrt, also spiegelbildlich. Beschränkt sich die Inversio viscerum auf einzelne Höhlen — besonders Bauchhöhle — bzw. einzelne Organe, so spricht man von: Situs inversus partialis. Die Ursache dieser Mißbildung, die man auch experimentell erzeugen kann, ist vielleicht in mechanischen Momenten (abnorme Drehung des Embryo) zu suchen.

B. Mißbildungen der äußeren Form bestimmter Körperregionen.

a) Im Gebiet des Kopfes und Halses.

1. An Schädel und Gehirn. Bei der **Anenzephalie** findet sich statt des Gehirns bloß eine membranartige, gefäßführende, einzelne Ganglienzellen und Nervenfasern enthaltende Masse; meist ist auch die Nebenniere hypoplastisch, das Herz mißbildet usw. Konstant findet sich zugleich (wohl sekundär) **Akranie**, d. h. Fehlen des Schädeldaches, oft auch Rachischisis (s. u.). Die Anenzephalen zeigen weit hervorstehende Augen, darüber fehlt die Stirnwölbung, der Hals ist meist so kurz, daß der Kopf breit auf dem Brustkasten aufsitzt („Krötenkopf"). **Hemizephalie** bedeutet Fehlen einer Gehirnhälfte, **Mikrozephalie** abnorme Kleinheit des (Schädels und des) Gehirns oder einzelner seiner Teile, z. B. **Mikrogyrie, Hydrozephalie** abnorme Weite der Ventrikel mit rudimentärer Ausbildung des Großhirns. **Zyklopie** (Synophthalmie) entsteht bei Hemmung der Ausbildung des vordersten Teils des Gehirns; die beiden Hemisphären sind nicht oder mangelhaft getrennt. Nervus opticus, Tractus opticus, Thalami optici sind meist einfach vorhanden oder mißbildet, die beiden Augen stehen direkt nebeneinander, darüber häufig ein rudimentärer, rüsselförmiger Nasenfortsatz (**Ethmozephalie**), oder es liegt nur eine Orbita mit zwei oder einem Augapfel vor. Auch der N. olfactorius kann isoliert defekt sein, **Arhinenzephalie.** Von **Exenzephalie** spricht man, wenn ein Teil des Schädeldaches fehlt; von **Enzephalozele** oder **Hirnbruch,** wenn durch einen Defekt am Schädeldach ein Teil des Gehirns mit seinen Häuten hernienartig hervortritt, von **Meningozele,** wenn ein nur von den Meningen gebildeter, mit Zerebrospinalflüssigkeit gefüllter Sack vortritt.

Fig. 160.
Anenzephalus.

Fig. 161.
Kind mit großem hinteren Hirnbruch und anderen Mißbildungen (mit Polydaktylie).
(Aus Broman, Normale und abnorme Entwickelung des Menschen. Wiesbaden, Bergmann 1911.)

2. Im Gesicht. **Gesichtsspalten** kommen durch mangelhafte Vereinigung der aus dem ersten Kiemenbogen und dem sog. Nasenfortsatz des Stirnbeins hervorgehenden Teile zustande. Der erste Kiemenbogen

bildet den Unterkiefer durch Vereinigung seiner Hälften in der Mittellinie, zudem sendet er nach oben zwei weitere Fortsätze aus, welche die beiden Oberkieferhälften zu bilden bestimmt sind; zwischen letzteren bleibt aber zunächst ein Raum frei, in welchen von oben her der Nasenfortsatz des Stirnbeins und der aus ihm hervorgehende Vomer sowie der Zwischenkiefer hineinwachsen; letzterer enthält die Anlagen der vier Schneidezähne. Bleibt die Vereinigung eines Oberkieferfortsatzes mit dem Zwischenkiefer aus, so entsteht ein Spalt, welcher in der Gegend der Grenze zwischen äußerem Schneidezahn und dem Eckzahn beginnt und sich tief in den harten Gaumen erstrecken kann; Mund und Nasenhöhle kommunizieren so: **Wolfsrachen, Cheilognatho-palatoschisis.** Ist der Spalt doppelseitig, so ragt die Nasenscheidewand frei in die Mundhöhle vor; sie trägt den oft mangelhaft ausgebildeten, oft auch wulstig verdickten Zwischenkiefer. Betrifft die mangelhafte Vereinigung bloß die Weichteile, so daß nur in diesen eine Spalte oder zumindestens eine Einkerbung vorhanden ist, so entsteht die **Hasenscharte, Os leporinum.**

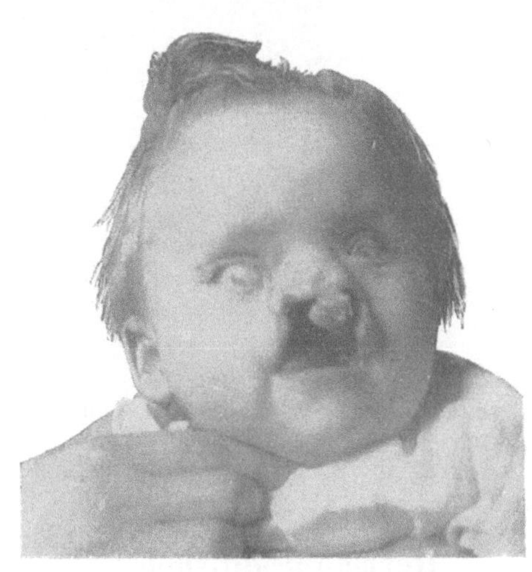

Fig. 162.
Doppelseitige Lippenspalte mit Kiefer-, Gaumenspalten und rechtsseitig persistierender Nasenfurche kombiniert.
Aus Broman, l. c.

Da auch die übrigen Teile des Gesichtes durch Vereinigung verschiedener, vom Stirnbein und dem ersten Kiemenbogen gebildeter Fortsätze formiert werden, so ist bei ihrer Entwicklung vielfach Gelegenheit zur Entstehung auch noch anderer Spaltbildungen im Gesicht gegeben; es kommen vor: die **schräge Gesichtsspalte,** welche vom Mund in der Richtung nach der Augenhöhle zieht, die **quere Gesichtsspalte** (Makrostomie) und die **mediane Gesichtsspalte** (letztere besonders an den Lippen, am Unterkiefer und der Zunge). Bei Vorhandensein zahlreicher Spalten nebeneinander spricht man von **Schistoprosopie**; dieselbe kann so hochgradig sein, daß von einer eigentlichen Gesichtsbildung gar nicht mehr gesprochen werden kann: **Aprosopie.** Wenn es nicht zur Ausbildung des Unterkiefers kommt, so entsteht die **Agnathie,** welche meist mit **Synotie,** Verwachsung beider Ohren an der Unterseite, verbunden ist. Auch **Astomie** (Fehlen des Mundes) kann gleichzeitig vorhanden sein. **Mikrostomie** bezeichnet Kleinheit desselben.

3. Am Hals. Zwischen den Kiemenbögen finden sich an der Außenseite des Halses die sog. Kiemenfurchen; ihnen entsprechen an der Innenseite Ausbuchtungen des Kopfdarmes, die sog. Schlund- oder Kiementaschen. Durch Offenbleiben solcher entstehen **Kiemenfisteln,** welche entweder an der Außenseite des Halses seitlich beginnen und gegen den Pharynx zu blind endigen, oder ein von letzterem ausgehendes, nach außen gerichtetes Divertikel darstellen, oder endlich von außen beginnen und in den Pharynx einmünden; sie werden auch als Fistulae colli congenitae bezeichnet. Die sog. medianen Halsfisteln sind Derivate des Sinus cervicalis. Von den Kiemenfisteln aus können sich auch Zysten entwickeln: **Hydrocele colli congenita.**

b) Im Gebiet des Rumpfes.

1. An der ventralen Seite entstehen mehr oder weniger ausgedehnte Spaltbildungen durch mangelhaften Schluß der einander ventralwärts entgegenwachsenden Teile der Brust- und Bauchwand. Die **Fissura sterni** zeigt das Sternum ganz oder teilweise gespalten, eventuell mit Fehlen der Haut darüber. Tritt aus der Spalte das Herz — frei oder vom Perikard bedeckt — vor, so entsteht die **Ectopia cordis.** Bleibt der Schluß der vorderen Bauchwand aus, **Fissura abdominalis,** so liegen die Gedärme und die übrigen Baucheingeweide in einem vom Amnion und dem Peritoneum gebildeten Sack vor: **Eventeratio, Ectopia viscerum.**

Liegt nur mangelhafter Schluß des Nabels und geringe Entwicklung der anliegenden Bauchdeckenteile vor, so handelt es sich um die **Hernia umbilicalis congenita,** den angeborenen Nabelschnurbruch. Urachuszysten entstehen durch Erweiterung des persistierenden Urachus zwischen Blase und Nabel.

Spaltbildungen am unteren Teil der Bauchwand erstrecken sich häufig auch noch auf die Symphyse und die Harnröhre: **Fissura vesicogenitalis.** Aus der Spalte ragt, wenn die vordere Bauchwand gespalten ist, die hintere Wand der Blase mit ihrer Schleimhautfläche mehr oder weniger invertiert vor: **Ectopia vesicae urinariae.**

Zu den häufigeren Mißbildungen gehört die **Hypospadie** = Spaltung des Penis an seiner Unterseite, infolge Ausbleibens der Verwachsung der beiden Urethrallippen (Hypospadia glandis bzw. penis) bzw. der Genitalwülste (H. scrotalis oder perinealis, oft zusammen mit Pseudohermaphroditismus), sowie die **Epispadie** = Spaltung des Penis an seiner Oberseite.

2. An der dorsalen Seite. **Amyelie** bedeutet Fehlen resp. rudimentäre Entwicklung des Rückenmarkes, **Rhachischisis** (die vor allem v. Recklinghausen studierte) Offenbleiben des Wirbelkanales (oft zusammen mit Kranioschisis). **Spina bifida** ist eine partielle Rhachischisis, wobei nur einige Wirbelbogen offen bleiben und das Rückenmark an der betreffenden Stelle mehr oder weniger rudimentär ist, aber sich weiterhin in normales Rückenmark fortsetzt. Die sog. Spina bifida occulta ist eine derartige Spaltbildung ohne Vorwölbung, oft mit starker Behaarung über dem Defekt. Häufig sind dabei zystische Formen (Spina bifida cystica cervicalis, dorsalis, lumbalis, sacralis), bei welchen aus der Lücke im Wirbelkanal ein hernienartiger Sack hervortritt, der entweder Rückenmarkshäute allein — **Hydromeningozele** — oder auch ein Rückenmarksrudiment — **Myelomeningozele** — enthält. Mit der Spina bifida vergesellschaftet finden sich auch Entwicklungsstörungen im Kleinhirn, der Pons, der Medulla und dem Halsmark, die sog. Arnold-Chiarische Mißbildung.

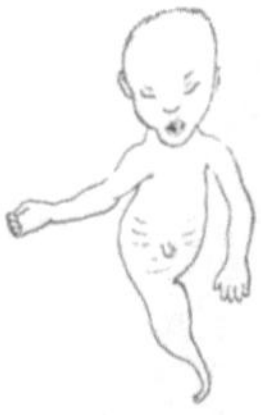

Fig. 163.
Sympus.

Fig. 164.
Spalthand und Spaltfuß beiderseits

c) Im Gebiet der Extremitäten.

Sie beruhen teils auf Aplasie oder Hypoplasie, teils auf Wachstumsbehinderung durch amniotische Fäden. Das völlige oder fast völlige Fehlen von Extremitäten bezeichnet man als **Amelie,** den so verunstalteten Fötus als **Amelus** bzw. je nachdem als **Abrachius** oder **Apus.** Verkümmerung der Extremitäten wird **Mikromelie** (Peromelie) genannt. **Phokomelie** bedeutet Fehlen der Arme und Beine, so daß die Hände und Füße unmittelbar den Schultern bzw. Hüften aufsitzen. Sind einzelne Finger verkümmert oder fehlen, so spricht man von **Adaktylie** oder **Perodaktylie,** fehlt eine untere Extremität, von **Monopus,** eine obere, von **Monobrachius.** Durch Verwachsung bzw. Trennungsmangel kommen zustande: **Symmyelie** (**Sympus,** Sirenenbildung), Verschmelzung der unteren Extremitäten, **Syndaktylie,** Verwachsung einzelner Finger oder Zehen untereinander; der geringste Grad der Syndaktylie ist die „Schwimmhautbildung". Zuweilen sind alle Finger bis auf den Daumen verwachsen, „Spalthand" bzw. am Fuß „Spaltfuß". Überzählige Finger und Zehen werden als **Polydaktylie** bezeichnet.

Anhang:

Hermaphroditismus.

Der ursprünglich embryonale Zustand der Geschlechtsorgane ist indifferent in Gestalt einer paarigen Drüsenanlage und je zweierlei „Geschlechtsgänge" (Wolffscher und Müllerscher). Durch einseitige Entwicklung der Geschlechtsdrüsenanlage und Rückbildung je eines Ganges (des Müllerschen beim Manne, des Wolffschen bei der Frau) entstehen die nach Geschlechtern getrennten Typen.

Tritt diese Entwicklung, daß also jederseits eine gleiche bestimmte Geschlechtsdrüse entsteht, nicht ein, liegt vielmehr eine „Zwitterbildung" vor, so sprechen wir von **Hermaphroditismus verus.** Entweder sind Hoden und Ovarium zu einem Organ vereinigt, zu einer sog. „Zwitterdrüse", dem Ovotestis (wobei der Hodenanteil meist keine eigent-

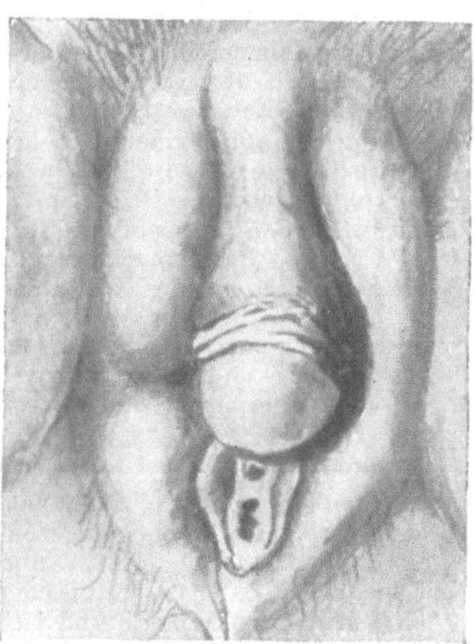

Fig. 165.
Pseudohermaphroditismus femininus externus mit Clitoris peniformis. Ausbildung klein. Schamlippen.
Aus Veit, Handbuch der Gynäkologie. 2. Aufl. IV. 2.

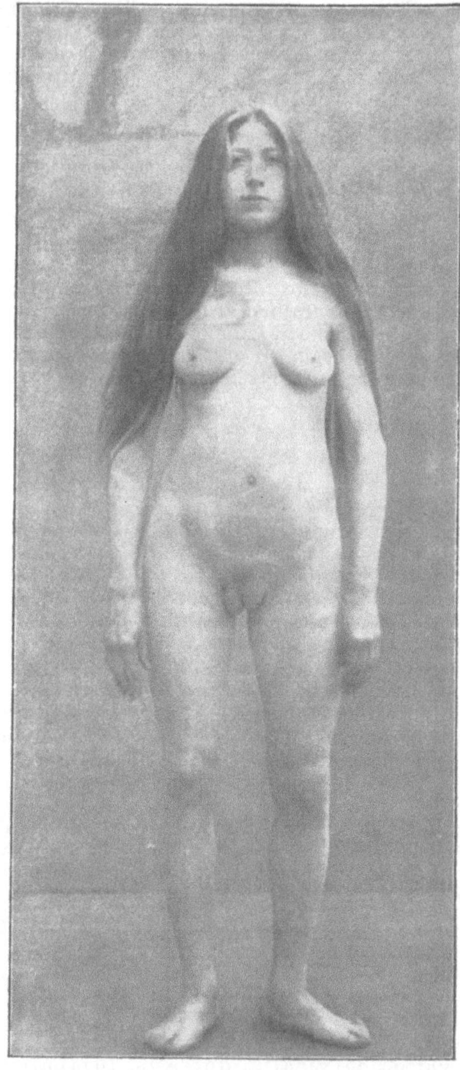

Fig. 166.
Männlicher Scheinzwitter mit weiblichen sekundären Geschlechtscharakteren.
Nach Neugebauer: Hermaphroditismus beim Menschen, Leipzig 1908. Aus Broman, l. c.

lichen Keimzellen aufweist), und dies ist beiderseits — H. bilateralis — oder einseitig — H. unilateralis — der Fall, oder es entwickelt sich getrennt auf der einen Seite ein Ovarium, auf der anderen ein Hoden, H. lateralis. Der echte H. ist bei Mensch und Säugetier äußerst selten, relativ am häufigsten beim Schwein.

Weit häufiger ist der **Pseudohermaphroditismus,** welcher darin besteht, daß die Geschlechtsdrüsen zwar eingeschlechtlich entwickelt sind, aber die beiden Geschlechtsgänge sich ohne Rückbildung differenzieren — P. internus —, oder sich nur die äußeren Genitalien in ihrer Entwicklung dem Typus des anderen Geschlechts nähern — P. externus. Auch Stimme, Behaarung usw. entsprechen dem anderen Geschlecht. So entsteht durch mehr oder weniger vollständige Entwicklung von Tuben, Uterus, Vagina bei einem männlichen Individuum der P. masculinus internus; der P. masculinus externus dann, wenn bei einem Manne

Fig. 167.

Pseudohermaphroditismus masculinus internus (vom Schwein).

a Nebenhoden, *b* Hoden, *c* Vas deferens, *d* Vagina, *e* Uterus, *f* Tuben.

die äußere Gestalt der Geschlechtsorgane dem weiblichen Typus ähnlich ist, indem der Penis klein ist und so einer Klitoris gleicht und der Penis und das Skrotum Hypospadie aufweisen, so daß — zumal zumeist auch Kryptorchismus besteht — das Bild an große Schamlippen erinnert. Seltener ist der P. femininus externus, wobei die Klitoris sehr groß, penisartig entwickelt ist und die großen Schamlippen als Hodensack imponieren.

Angang:

Gewebsmißbildungen.

Die Gewebsmißbildungen bzw. Gewebsanomalien betreffen nur mikroskopisch sichtbare Zellkomplexe. So unbedeutend auch diese auf Entwicklungsirrungen beruhenden Heterotopien (andere können im späteren Leben besonders auf entzündlicher Basis entstehen) erscheinen, solche Wichtigkeit haben sie wegen ihrer Häufigkeit und im Hinblick auf ihre Beziehungen zu Tumoren. Diese Gewebsmißbildungen entstehen naturgemäß durch eine Abartung bzw. quantitative Veränderung der Kräfte, welche die Entwicklung der Zellen überhaupt regeln, besonders wenn die Einwirkung von Zellen auf Nachbarzellen nicht genügend einsetzt, oder auch die Korrelationen der Gewebe auf weitere Strecken hin irgendwie versagen. Insbesondere kommen Ungleichheiten einzelner Zellen oder Zellkomplexe in der Entwicklung zustande bei dem „Kampf der Teile" (Roux), den die Zellen eines Organismus hierbei ebenso wie später die Organismen untereinander führen. Wir teilen nach der Art der Differenzierungsanomalie ein:

I. Hypoplastische Differenzierungsvorgänge. Ein Zurückbleiben in der Differenzierung einzelner Zellen findet sich überaus verbreitet in den verschiedensten Organen, ebenso wie sich einzelne mißglückte Individuen, also Krüppel, in jeder sozialen Zusammenfügung einer größeren Zahl von Individuen finden. Schon physiologisch sehen wir (s. o.) hier vergleichbare Wachstumszentren, die man eben wegen ihrer zurückgebliebenen Differenzierung dafür aber um so größeren der Regeneration dienenden Proliferationsfähigkeit auch „Indifferenzzonen" oder „Keimzonen" genannt hat (Schaper-Cohen), in sehr zahlreichen Organen. Liegen derartige, gewissermaßen normal unterdifferenzierte Zellen an bestimmten Stellen, so finden sich die oben erwähnten als pathologisch zu betrachtenden unregelmäßig verteilt. Späterhin können sie zugrunde gehen oder lange Zeit liegen bleiben und dann die versäumte Differenzierung noch nachholen. Hierbei können sie sich in abweichender Richtung — heteroplastisch — entwickeln. Vor allem aber können sie an Stelle der Unterdifferenzierung später im Laufe des Lebens auf irgendeine, meist entzündliche oder traumatische, Auslösungsursache hin eine Überdifferenzierung eingehen. Diese kann in typischer Weise zu einfach hyperplastischen Bildungen führen, oder aber die sich anschließenden Vorgänge gehen in atypischer, d. h. in anaplastischer Weise vor sich, wie sie für Tumoren charakteristisch ist. Es ist in der Tat sehr wahrscheinlich, daß zahlreiche Geschwülste dysontogenetischen Ursprungs (s. o.) gerade als Folgezustand von Entwicklungshemmungen auf solche bezogen werden müssen.

II. Heteroplastische Differenzierungsvorgänge können Metaplasie vortäuschen (s. dort).

III. Hyperplastische Differenzierungsvorgänge. 1. Aberrationen. Bei den sog. Verlagerungen von Keimen oder Keimausschaltungen ist es sehr schwer, aktive Abschnürungen und passive Versprengungen zu unterscheiden und zu entscheiden, welcher Bestandteil, vor allem Epithel oder Bindegewebe, hierbei mehr den aktiven Prozeß einleitet. Wir brauchen uns nun hierbei nicht irgendwelche Versprengung durch unbekannte Gewalten vorzustellen, sondern geringste individuelle Wachstumsdifferenzen der einzelnen Gewebe untereinander können Zellverschiebungen herbeiführen, wie dies Robert Meyer sehr gut als „illegalen Zellverband" bezeichnet hat; derartige Zellen können dann bei den Verschiebungen der weiteren Entwicklungsvorgänge rein passiv weiter disloziert werden und so in ganz fremde Gewebe gelangen. So kommt z. B. bei der normalen Entwicklung lymphatisches Gewebe in die Parotis zu liegen, da beide zunächst, ohne durch eine Kapsel getrennt zu sein, zusammenliegen. Bei geringsten Wachstumsverschiebungen aber können umgekehrt Speicheldrüsenzellen in das lymphatische Gewebe gelangen; später bildet sich eine Kapsel und nun sind jene in die Lymphknoten eingeschlossenen Speicheldrüsenzellen „versprengt". Solche aberrierte Zellen werden dann in der Regel auch zunächst unterdifferenziert bleiben, und somit sind die weiteren Entwicklungsmöglichkeiten, wie unter I. besprochen, gegeben. Wir wissen ja, daß derartige sog. versprengte Keime besonders häufig zur Tumorbildung, besonders Karzinombildung, „disponiert" sind. E. Albrecht bezeichnet solche auf Aberration beruhende Gewebsmißbildungen als Choristome (von χωρίζω = trennen), z. B. die Teratome oder die Nävi, die davon abzuleitenden Tumoren als Choristoblastome, z. B. die Teratoblastome oder die aus Nävi entstehenden malignen Melanome, ferner Mischgeschwülste, die Grawitzschen Tumoren der Niere usw. — 2. Abnorme Gewebsmischung. Es handelt sich hier um Gebilde, bei welchen ein Gewebsbestandteil die Oberhand über die anderen Gewebsbestandteile erlangt und daher besonders dominiert. Albrecht bezeichnet sie als „Hamartome" (von ἁμαρτάνω = mischen). Als Beispiel seien hier kleine Knötchen des Nierenmarkes genannt, welche wenige gerade Harnkanälchen aufweisen, im übrigen aber aus derbem Bindegewebe bestehen und daher zumeist Fibrome genannt werden. Auch ein Teil der Fibrome der Mamma, Kavernome der Milz und Leber, Zysten der Niere usw. kann man zu diesen Hamartomen rechnen. Seltener schließen sich hier echte Geschwulstbildungen, die man dann als Hamartoblastome bezeichnet, an. Hierfür seien als Beispiele die sog. Neurofibrome bzw. Neurinofibrome der Recklinghausenschen Krankheit angeführt; hier kann es dann auf ihrer Grundlage auch zur Entwicklung bösartiger sarkomähnlicher Tumoren kommen. — 3. Abnorme Persistenz. Es gibt Gewebe, die bei der weiteren embryonalen Entwicklung normaliter wieder zugrunde gehen, besonders im Urogenitalsystem, unter Umständen aber ganz oder teilweise persistieren können, z. B. der Gartnersche Gang in ganzer Ausdehnung. Zur Tumorentwicklung scheinen solche abnorm persistente Organteile oder auch einzelne persistierende Zellgruppen nicht besonders disponiert zu sein. (Über alle diese Bildungen vgl. auch oben unter Tumoren sowie Mißbildungen.) Erwähnt sei endlich, daß sich unbedeutendere Mißbildungen und Gewebsmißbildungen verschiedener Art untereinander und mit Tumoren auch öfters in der Mehrzahl bei demselben Individuum finden.

Krankheitsursachen.

Kapitel VI.

Äußere Krankheitsursachen (außer Parasiten) und ihre Wirkungen.

I. Mechanische Krankheitsursachen (Traumen).

Bei der Wirkung mechanischer Schädlichkeiten auf Gewebe handelt es sich zum Teil um Krankheitserzeugung, zum Teil nur um Auslösung einer solchen. Diese Zusammenhänge gehören zum großen Teil in das Gebiet der klinischen Pathologie und insbesondere der Chirurgie und haben durch die moderne Unfallgesetzgebung größte Bedeutung erlangt. Nur das Wichtigste sei hier angedeutet.

Wir betrachten zunächst die Einwirkungen ohne stärkere Kontinuitätstrennung. Die Wirkung eines **Druckes** ist nach Stärke und vor allem nach seiner Dauer verschieden, auch hängt sie von dem betroffenen Gewebe, dessen Elastizität, Unterlage usw. ab. Von besonders deletärer Wirkung ist ein allseitiger zirkulärer Druck und vor allem ein anhaltender. Als Beispiele der so entstehenden Formveränderungen seien die Hühneraugen, die Schnürleber, sowie die kleinen eingewickelten Füße der Chinesinnen oder die in utero durch amniotische Bänder gesetzten Amputationen, ferner aber auch die Folgen von Druck durch Tumoren, Aneurysmen usw. genannt. Eine schwerste durch dauernden Druck herbeigeführte Schädigung stellt der Dekubitus dar. Nahe mit dem Druck verwandt ist die **Quetschung** und die Überdehnung von Sehnen, Bändern usw. Ferner gehört zu den Folgen stumpfer Gewalt die **Erschütterung** (Commotio), besonders des Gehirns und eventuell des Rückenmarkes.

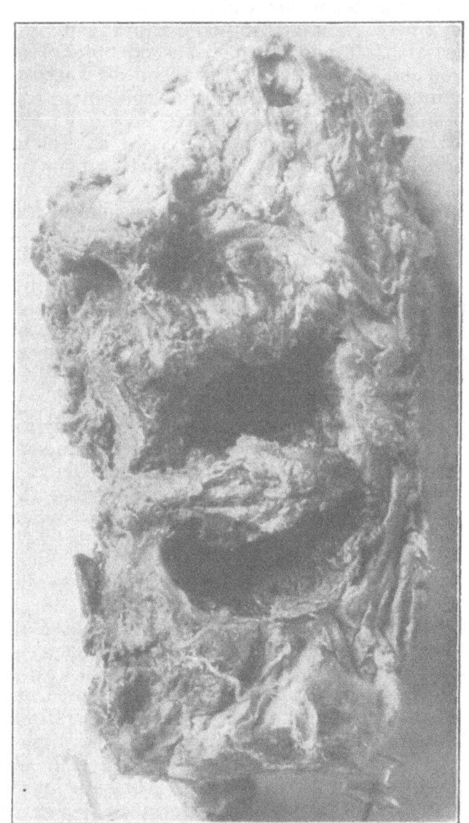

Fig. 168.
Tiefe Usur der knöchernen Wirbelsäule durch Druck eines Aneurysma (die Zwischenwirbelscheibe ist unversehrt geblieben).

In Geweben gelegene **Fremdkörper** rufen mechanische Schädigungen hervor. Sie tragen oft die Gefahr der Infektion in sich. Auch abgestorbene oder ortsfremde Körperteile wirken oft als Fremdkörper. Weiterhin sind mechanische Störungen durch anhaltende **Schwankungen** hier erwähnenswert; hierher gehört die ihrem Wesen nach noch nicht eindeutig geklärte Seekrankheit. In vielen Beziehungen ist auch noch plötzlich herabgesetzter **Luftdruck** hier zu erwähnen, besonders bei Ballonfahrten und nach Erhöhung bei Saissonarbeitern und Tauchern. Am wichtigsten sind hier die mit der Veränderung des Luftdruckes eintretenden Veränderungen der Blutgase, ein Moment, das durch seinen Einfluß auf Gehirn und Herz bei Tauchern und Caissonarbeitern, wenn sie sich zu plötzlich aus erhöhtem dem gewöhnlichen Luftdruck aussetzen, die schlimmsten Folgen bis zum Tode haben kann. **Bergkrankheit** und bei Ballonfahrten beobachtete Todesfälle sind wohl auf Verminderung der Sauerstoffspannung zu beziehen. Im übrigen erhöht sich bei verdünnter Luft die Zahl der Erythrozyten und die Menge des Hämoglobins; auch tritt Pulsbeschleunigung, Atmungsfrequenzerhöhung sowie Ausdehnung der Luft im Cavum tympani ein. Zu den mechanischen Schädlichkeiten kann man auch die **„Ermüdung“** rechnen, bei der nach Ansicht mancher Autoren sog. Ermüdungstoxine, die allgemeinen Erscheinungen erzeugend, gebildet werden.

Stärkere Kontinuitätstrennungen verursachen die eigentlichen **Wunden (Traumen),** solche mit scharfem Instrument, die komplizierteren Bißwunden, die Schußwunden usw.

Von letzteren soll noch kurz die Rede sein. Hier ist besonders die Entfernung sowie das Kaliber von maßgebender Bedeutung. Bei Schüssen aus der Nähe kann es zu enormen Zersprengungen kommen. Schwarzfärbung der Umgebung der Einschußöffnung (Pulverteile) spricht für Schüsse aus der Nähe. Granatsplitter setzen wegen ihrer häufigen Größenverhältnisse und ihrer zackigen Gestalt besonders zerrissene und oft sehr schwere Verletzungen. Im übrigen kann man unterscheiden **Durchschüsse, Steckschüsse** und **Streif- oder Tangentialschüsse.** Bei den Durchschüssen ist, besonders bei Infanteriegeschossen (und Revolverkugeln), die **Einschußöffnung** meist kleiner als die **Ausschußöffnung**; die Sprengwirkung an der letzteren kann bei Nahschüssen sehr bedeutend sein. Schrapnellkugeln zeigen oft an Einschuß- wie Ausschußöffnung wie ausgehauene runde Löcher. Die innere Verletzung ist oft weit beträchtlicher als es der Größe der Schußöffnungen nach scheint. Der Weg des Geschosses ist durch den **Schußkanal** gezeichnet. Bei Steckschüssen kann das Geschoß (z. B. im Gehirn) im Schußkanal selbst zurückfliegen. Infanteriegeschosse werden oft mit der Spitze nach vorne steckend gefunden. Die Geschosse sind oft sehr stark deformiert, kleine Geschoßsplitter, besonders Granatsplitter, sind oft sehr schwer zu finden, z. B. im Gehirn. An harten Teilen, wie Knochen, können Geschosse oft seitlich abgelenkt werden; sie können auch sonst „wandern", sei es der Schwere nach, sei es durch Einbruch in Hohlräume, wie Darm, Bronchien ev. Herz oder Gefäße. Außer der Geschwindigkeit und Bewegung des Geschosses kommt für dessen Wirkung das Gewebe in Betracht, das in bezug auf Elastizität, Festigkeit, Dehnbarkeit usw. sich ganz verschieden verhalten kann; auch lebendes und totes Gewebe zeigen Unterschiede (Borst). Um den Schußkanal liegt ein nekrotisches, meist von Blutungen durchsetztes Gewebe, durch dessen Ausstoßung der natürlich weit breitere sekundäre Schußkanal entsteht. Die Einwirkung des Geschosses kann infolge von wellenförmig sich fortpflanzender Erschütterung, besonders in weichen Geweben, wie Gehirn und Rückenmark, sich noch an entfernteren Orten äußern und hier Blutungen, Erweichungen und feinere Veränderungen setzen. Auch der sogen. Gegenstoß ist an Schädel und Gehirn wichtig. Knochen zeigen bei Schüssen oft weitgehende Frakturen oder Fissuren, diese verlaufen oft radiär, besonders am Schädel, und betreffen hier besonders die spröde Tabula interna. An der Basis cranii finden sich auch bei Schädeldachschüssen oft besonders ausgedehnte Frakturen. Die Sprengwirkung ist gerade an dem am meisten Widerstand leistenden Knochen sehr stark, so bei großen Granatsplittern und bei sogen. „Querschlägern". Oft entstehen zahlreiche Knochensplitter, die stark disloziert werden und die Weichteile, wie besonders Gehirn, Rückenmark oder Harnblase, schwer schädigen können. Das Gehirn zeigt oft enorme Zertrümmerung oder Blutungen. Bei großen Schädel-Gehirnverletzungen kann sich, z. T. infolge des sich oft einstellenden ausgedehnten Hirnödems, ein großer Gehirnprolaps entwickeln. Die Lungen weichen dem Geschoß auffallend oft aus und zeigen dann zumeist nur kleinere subpleurale Blutungen. Man kann aber auch oft in der Lunge einen Schußkanal verfolgen oder Anspießungen von Rippensplittern feststellen. Es entstehen Infarkte, und in der Pleurahöhle findet sich meist Luft oder bzw. und — oft viel — Blut. Milz und Leber zeigen oft sehr zahlreiche und ausgedehnte, nach allen Seiten ausstrahlende Kapselrisse und Gewebsrisse, sowie Zerschmetterungen und Zerquetschungen. Die Milz kann ganz zerquetscht oder in viele Teile zerrissen gefunden werden. Der Darm — besonders Dünndarm — ist oft vielfach durchlöchert, oft auch ausgedehnt zerrissen, besonders wenn die Füllung des Darmes eine starke war, zuweilen ganz abgerissen. Alle Bauchverletzungen schließen die Gefahr großer — oft tödlicher — Blutungen sowie die der Peritonitis in sich. Bei Blasenverletzungen kann sich Urininfiltration und Phlegmone anschließen.

Zu erwähnen sind unter den Traumen noch **Stürze** mit sehr wechselndem Bild — Schädelbasis- und sonstigen Knochenbrüchen, Gefäß-, Muskel-, Nerven- und Organzerreißungen, Erschütterungen —, besonders auch Stürze aus größerer Höhe (Flieger) mit enormen Zerschmetterungen und Zerreißungen. Ferner **Verschüttungen,** ebenfalls mit Frakturen, Zerreißungen durch direktes Trauma sowie vasomotorisch-ischämisch bedingten Nekrosen der Muskulatur, besonders der unteren Extremitäten, Milzrissen mit anschließenden kleinen multiplen Zysten (Pick) usw.

Die direkten lokalen Einwirkungsfolgen mechanischer Schädlichkeiten bestehen in Degenerationen bis zu Nekrosen, Verlagerungen von Zellen (aus verlagerten Epidermiszellen können sich z. B. traumatische Epithelzysten bilden) eventuell Stauung von Sekreten und Exkreten. Auch werden sonst von Haut usw. überkleidete Gewebe losgelöst und so der äußeren Luft, Eintrocknung und dergleichen preisgegeben. Einwirkung auf Gefäße führt zu Blutungen — eventuell mit der Gefahr direkter Verblutung —, Transsudaten, Stauung und Entzündungen. Es entstehen Thromben, welche zwar einerseits nützlich, ja lebensrettend sein können, indem sie klaffende blutende Gefäße verschließen, aber andererseits Infarkte herbeiführen können und auch die Emboliegefahr in sich tragen. Wenn Risse an Gefäßen durch thrombotische Massen verklebt werden und letztere durch den Blutstrom nach außen ausgedehnt werden — und ebenso wenn das gleiche mit Fibrinmassen der Fall ist, die sich in den durch die Gefäßwandrisse in die Umgebung ausgetretenen Blutmassen niederschlagen —, so entstehen, indem sich aus dem Bindegewebe der Umgebung eine neue Wand bildet, die sog. falschen Aneurysmen. Öfters werden Arterie und Vene gemeinsam verletzt; so kommt das sog. Aneurysma arteriovenosum zustande. Reißen, besonders bei Überdehnungen oder Streifschüssen, nur die inneren Gefäßschichten, so kommt es zu Blutungen in die Gefäßwand selbst — sog. dissezierendes Aneurysma. Alle diese unter dem Namen der traumatischen Aneurysmen zusammengefaßten Bildungen weiten sich immer mehr und tragen dann natürlich dauernd die Gefahr der Perforation mit eventueller Verblutung in sich. Einwirkung von Traumen auf die Nerven bewirkt Schädigung dieser sowie Degenerationen der zentrifugalen (und eventuell retrograd auch einzelner zentripetaler) Bahnen, ferner Inaktivitätsatrophien zugehöriger Muskeln. Hinzu kommen die Folgen gestörter Sensibilität (mangelnde Abwehr weiterer äußerer Schädigungen) und das weiteren als Allgemeinwirkung traumatische Neurosen bis zu echten Psychosen und vor allem Schock und reflektorische Schädigung des Atmungs- und Herzinnervationszentrums. Auch auf die Gefahren der Fettembolie — besonders bei Knochenbrüchen — sei hingewiesen.

Eine große Gefahr aller Traumen liegt in ihrer **Infektion,** d. h. also in ihrer Verunreinigung mit Eitererregern und dergleichen. Entweder gelangen die Erreger mit dem mechanischen Agens direkt in die Gewebe; so kann z. B. ein schneidendes Instrument infiziert sein oder Kleiderfetzen oder dergleichen mit allerhand Bakterien einimpfen, oder Bakterien, welche sonst auf der Oberfläche der Haut und Schleimhäute, ohne Schaden anzurichten, leben, gelangen so in die Wunde. Oder ein Trauma wird nachträglich infiziert. Auch können zuweilen Bakterien, welche im Gewebe bzw. im Blute, ohne pathogen zu wirken, anwesend sind, erst nach einer mechanischen Schädigung der Gewebe diese, welche jetzt einen Locus minoris resistentiae darstellen, angreifen. Reizt man z. B. mechanisch eine Herzklappe und injiziert dann pathogene Kokken ins Gefäßsystem, so rufen diese zuerst an der verletzten Herzklappe Endokarditis hervor. Etwas Ähnliches liegt vor, wenn Krankheiten nach Traumen aufflackern, so Syphilis oder Tuberkulose. Besonders durch mechanische Wirkungen herbeigeführte Zellnekrosen sowie Blutaustritte dienen den Bakterien als Infektionserregern als sehr günstiger Nährboden. In Betracht kommen vornehmlich Eiterkokken. Sie rufen nicht nur an den verletzten Stellen Eiterungen hervor, sondern es kann auch noch zu weiterer Ausbreitung dieser und durch Verschleppung auf dem Lymph- und besonders Blutwege zu allgemeiner Sepsis kommen. Besonders gefährdet sind Verletzungen des Gehirns; hier kommt es, eventuell auch noch sehr spät, häufig zu Abszessen, die allmählich in die Seitenventrikel durchbrechen und so zu eitriger Meningitis führen. Dieser Verbreitungsmodus mit basal beginnender Meningitis ist bei weitem häufiger als die an der Schußstelle selbst entstehende Meningitis, da sich hier meist bald Verklebungen der Hirnhäute usw. einstellen (Chiari). An Verletzungen der Lunge und Pleura schließt sich sehr häufig Empyem an, ebenso an Verletzungen der Organe der Bauchhöhle Peritonitis. Außer der gewöhnlichen Infektion mit Eitererregern liegen besondere Gefahren in der Infektion von Wunden mit den Erregern des Tetanus und der Gasphlegmone bzw. des malignen Ödems, für die ja Traumen den Angriffsboden erst eröffnen. Diese Gefahr ist besonders groß bei den vielfach zerrissenen und unterminierten Granatverletzungen, wobei ja einerseits Erdschmutz, beschmutzte Kleiderteile und dergleichen leicht in die Wunde gelangen, und andererseits oft alle für die Infektion mit diesen anaeroben Bazillen gegebenen Bedingungen erfüllt sind. Endlich sind hier die Erreger von Rotz, Syphilis, Tuberkulose, Aktinomykose und zahlreiche andere zu erwähnen.

II. Thermische Krankheitsursachen.

A. Die Hitze.

Verbrennungen werden durch direkte Wirkung der Flamme oder strahlende Wärme oder Berührung mit heißen Körpern (Dämpfen, Flüssigkeiten oder festen Körpern) herbeigeführt. Oft wirkt mehreres zusammen, so die Flamme und dann verbrennende Kleider oder dgl. Bei den lokalen Veränderungen der **Verbrennung** unterscheidet man drei Grade. Bei der Verbrennung ersten Grades entsteht ein Erythem mit ödematöser Schwellung und späterer Abschuppung der Haut. Die Verbrennung zweiten Grades zeigt Blasenbildung in der Epidermis; die Blasen sind mit einem dünnflüssigen, später sich trübenden Inhalt gefüllt und trocknen schließlich zu dünnen Borken ein. Die Verbrennung dritten Grades geschieht durch sehr hohe Temperaturen, welche die betroffenen Hautstellen nekrotisch machen und verschorfen. In der Umgebung der Brandschorfe finden sich fast stets auch Verbrennungen ersten und zweiten Grades. Die Brandschorfe werden später durch demarkierende Entzündung abgegrenzt, abgestoßen und der Defekt durch Granulierung und Narbenbildung gedeckt. Durch die Narben können starke Kontrakturen, z. B. am Hals, an Gelenken usw. hervorgerufen werden.

Bei der Verbrennung wird das Zellprotoplasma in einen Lähmungszustand versetzt, „Wärmestarre“ (Kühne). Die Gewebe sterben bei etwa 60° ab. Es erstarren die bewegungsfähigen Leukozyten; rote Blutkörperchen gehen Gestaltsveränderungen ein und zerfallen allmählich, oder werden gelöst (Hämolyse), oder sie koagulieren — ebenso wie das Eiweiß des Plasmas — bei plötzlichen hohen Temperaturen. Dazu kommen lokale Gefäßveränderungen mit Stase und Thrombose, Transsudaten und entzündlichen Erscheinungen, wie sie schon makroskopisch (s. o.) markiert sind. Einwirkung auf die Gefäßnerven bewirkt, daß die Veränderungen das Gebiet der direkten Verbrennung überschreiten.

Die allgemeine Wirkung der Verbrennung ist weniger von ihrem Grade als von ihrer Ausdehnung abhängig. Sie besteht in Veränderungen der Blutkörperchen (s. o.) und überhaupt des Blutes (Eindickung und Abnahme der Blutgase), wie der Zirkulation, des Nervensystems, insbesondere (reflektorisch) des Zentralnervensystems (erst Erregungszustand, dann Apathie und endlich Koma), mit Veränderungen des Pulses und der Atmung, im Auftreten von Hämoglobinurie und Eiweiß im Urin, in Veränderungen des Stoffwechsels und der Eigentemperatur.

Der Tod erfolgt, wenn etwa ein Drittel der Körperoberfläche lädiert ist, kann aber auch bei geringerer Ausdehnung eintreten. Die eigentliche Todesursache bei Verbrennungen ist noch nicht sicher aufgeklärt. Man hat Veränderungen des Blutes und vor allem die starke paralytische Ausdehnung der Hautgefäße mit konsekutiver Erweiterung des Strombettes und hierdurch bedingtes Sinken des Blutdrucks mit Insuffizienz des Herzens, die starke Reizung der Hautnerven mit Schock, die Unterdrückung der Hauttätigkeit, sowie die Wirkung sich bei der Verbrennung bildender toxischer Substanzen (Ptomaine) angeschuldigt. In erster Linie scheint die Einwirkung auf die Nervenzentren der Medulla oblongata den Tod zu bewirken, der im übrigen in verschiedenen Fällen wohl durch verschiedene Momente je nach deren Schwere herbeigeführt wird. Auch ist die Zeit des Todes nach der Verbrennung maßgebend. Für späteren Tod sind auch (toxische) Nebennierenveränderungen — Hyperämie mit Blutungen in Mark und Rinde — angeschuldigt worden. Wahrscheinlicher liegt dann Intoxikationstod nach Art eines anaphylaktischen Schocks (durch „Selbstsensibilisierung“) vor. Der Sektionsbefund ist an den äußeren Teilen verschieden nach dem Grade der Verbrennung, ferner je nachdem dieselbe durch Flüssigkeiten, oder feste Körper, oder durch direkte Flammenwirkung usw. verursacht wurde. An den inneren Organen ist der Sektionsbefund bei frischen Fällen von äußerer Verbrennung fast ganz negativ; es finden sich Hyperämien der peripheren Gefäße, ferner besonders des Gehirns und der Lungen, kleine Hämorrhagien, eventuell allgemeine Zelldegenerationen verschiedener Organe, sowie endlich vielleicht (aber sicher lange nicht so häufig als man früher annahm), Geschwüre im Magen und Duodenum, vielleicht durch Stase bedingt. Öfters sind auch die Halsorgane direkt in Mitleidenschaft gezogen; es finden sich dann Rötungen, Pseudomembranen, Ulzerationen, Nekrosen in Larynx, Trachea, Bronchien usw., und sekundär schließen sich oft Infektionen an.

Eine **Erwärmung des ganzen Körpers über seine normale Temperatur** wird nur kurze Zeit hindurch ertragen. Zunächst kämpft der Organismus auch bei zu heißer Außenluft gegen eine Erhöhung seiner Eigentemperatur durch „adäquierende“ Maßnahmen, wie durch gesteigerten Schweiß und dessen Verdunstung und durch beschleunigte Atmung. Endlich tritt aber doch Erhöhung seiner Temperatur und deren Folgen, zunächst Kopfschmerzen, Angstgefühl usw. später eventuell Koma auf.

Eine eventuell bis zum Tode führende allgemeine Erhöhung der Körpertemperatur stellt der sog. **Hitzschlag, Insolatio** dar. Er kommt nur bei längerer Einwirkung einer hohen Außentemperatur (nach Versagen der Wärmeregulierung), und zwar auch ohne Einwirkung der Sonnenstrahlen bei bedecktem Himmel vor, besonders bei gleichzeitiger körperlicher Anstrengung, sowie bei beengender Bekleidung und besonders auch bei Alkoholikern. Man kann eine asphyktische Form (einfache Hitzeerschöpfung) und eine hyperpyretische, bei welcher die Temperatur enorm erhöht sein kann, unterscheiden. Der Sektionsbefund ist meist nur sehr gering: es finden sich Hyperämien im Gehirn und in den Lungen (Ödem), das Blut ist meist flüssig, starke Totenstarre und schnelle Fäulnis (Temperatur!) sind die Regel. Vor allem, wenn reichliche Krämpfe bestanden, so finden sich gewöhnlich kleine Blutungen subserös, subendokardial usw. Die wahrscheinlichste Todesursache ist Insuffizienz der Regulierungsvorgänge und dann zentral (Versagen der Zentren der Medulla oblongata) bedingte hyperpyretische Steigerung (Marchand).

Ähnliche plötzliche Erkrankungen und Todesfälle unter direkter Einwirkung der Sonnenstrahlen auf das Gehirn bezeichnet man als **Sonnenstich.** Hier bestehen manchmal am Gehirn und besonders den Meningen Hyperämie, starke seröse Durchtränkung und leichte Entzündung. Ähnliche Veränderungen chronischer Natur finden sich zuweilen bei Leuten, welche strahlender Hitze dauernd ausgesetzt sind, wie Heizer, Schlosser, Schmiede.

B. Die Kälte.

Bei lokaler starker **Kälteeinwirkung (Erfrierung)** — man unterscheidet auch hier verschiedene Grade — kommt es zu Ischämie und eventuell dann zu Hyperämie und leichter Entzündung, eventuell auch zu Stase und Degenerationen. Hierher gehören die sog. Frostbeulen, Perniones, Rötungen und Schwellungen der der Kälte besonders ausgesetzten Körperteile, woran sich infolge mechanischer Einwirkungen Geschwürs- und Narbenbildungen anschließen können. Höchste Grade von Kälte (besonders „nasser Kälte") bewirken direkte oder — vorzugsweise — ischämische Neurose **(Frostgangrän),** besonders an den Füßen (Zehen). Dabei wirken oft disponierende Faktoren lokaler Art (Zirkulationshemmungen durch enge Schuhe u. dgl.) oder allgemeiner Natur (z. B. Unterernährung) mit. Sekundäre Infektionen schließen sich häufig an.

Abkühlung des **ganzen Körpers** wird im allgemeinen besser ertragen als Erhöhung der Körperwärme, doch hängen die Wirkungen der Kälte sehr vom Zustande des Organismus ab; namentlich kleine Kinder und marantische Individuen sind der Erfrierung leicht ausgesetzt. Zunächst sucht der Organismus durch „adäquierende" Wärmeerzeugung, wie vermehrte Bewegungen, gesteigerte Nahrungsaufnahme und Erhöhung des Stoffwechsels dem entgegenzuwirken; sodann reicht dies nicht mehr aus. Dem Erregungsstadium folgt das der Erschlaffung, Herztätigkeit wie Atmung verlangsamen sich. Als unterste Grenze der Temperatur, nach welcher eine Erholung noch möglich ist, scheint für den Menschen eine Abkühlung auf 24—30° C angenommen werden zu dürfen. Die Todesursache liegt wahrscheinlich in Paralyse aller lebenswichtigen Organe; die Sektionsbefunde sind keineswegs charakteristisch.

Als **Erkältung** bezeichnet man gewisse, durch die praktische Erfahrung bekannte, aber in ihrem Zustandekommen noch wenig geklärte, allgemeine oder lokale Kältewirkungen, welche mindestens eine erhöhte Disposition zu gewissen Erkrankungen, besonders rheumatischen, katarrhalischen und sonstigen entzündlichen setzen. Die Schädigung trifft vor allem die äußere Haut und die Respirationsorgane ev. auch die Digestionsorgane, doch spielt hierbei, vor allem auch für den Sitz der Erscheinungen, die persönliche Disposition eine wichtige Rolle. Auch setzen die Wirkungen öfters an anderen als den direkt von der Kälte betroffenen Körperteilen ein, namentlich an Stellen eines sog. Locus minoris resistentiae. Zum großen Teil handelt es sich wohl um reflektorisch hervorgerufene Zirkulationsstörungen als Grundlage. Gerade für manche Infektionskrankheiten ist ein Zusammenhang mit solchen Erkältungen erfahrungsgemäß so häufig, daß letztere offenbar ein Dispositionsmoment für die Einwirkung vor allem zwar schon vorhandener, aber vorher nicht pathogener Bakterien abgeben. Auch bei der Nephritis liegen ähnliche Verhältnisse vor.

Bei dem ganzen Kapitel der thermischen Schädigung spielt der Begriff der **„Gewöhnung"** eine Rolle. So kann man die Haut und insbesondere die Mundschleimhaut (z. B. Glasbläser) gegen heiße Körper, sowie den Gesamtorganismus gegen hohe Außentemperaturen (Tropen) und besonders gegen niedrige Temperaturen (arktische Zonen, Abhärtung gegen die sog. Erkältungskrankheiten) durch allmähliche Gewöhnung bzw. Übung bis zu einem gewissen Grade schützen.

Anhang:

Das Fieber.

Hier sollen nur wenige allgemeine Bemerkungen eingeschaltet werden. Als letzte Ursache des Fiebers nimmt man toxische, sog. „pyretogene" Stoffe an. Zum Teil handelt es sich um Bakteriengifte; aber auch um Zerfallsprodukte von Bestandteilen des Organismus („aseptisches Wundfieber"), so von Blutkörperchen infolge von Transfusion oder Injektion von Wasser ins Blut, oder Auftreten von Fibrinferment unter ähnlichen Bedingungen; auch wirken die physiologischen Sekrete, Milch und Harn, intravenös injiziert, temperaturerhöhend. Demnach ist wohl auch für die durch Infektion zustande kommenden Fieberformen neben der primären Toxinwirkung eine Autointoxikation mit Zerfallsprodukten geschädigter Zellen anzunehmen. Solchen im Blute zirkulierenden pyretogenen Stoffen hat man die Fähigkeit zugeschrieben, dadurch, daß sie das Körpereiweiß der Einwirkung des Sauerstoffes zugänglicher machten und so die Verbrennungsvorgänge vermehrten, eine erhöhte Wärmeproduktion zu bewirken (zymotische Fiebertheorie). In der Tat findet Steigerung des Eiweißzerfalles statt; im Harn ist der Harnstoff bei Verminderung des Gesamturins bis auf das Dreifache vermehrt, auch die harnsauren Salze sowie die Purinkörper sind vermehrt (erstere fallen beim Abkühlen als sog. Sedimentum lateritium aus). Es hat also eine Steigerung des Stickstoffumsatzes statt. Auch der respiratorische Gaswechsel ist erhöht. Neuere Untersuchungen lassen aber schließen, daß doch im Fieber eine Erhöhung des Gesamtstoffwechsels nicht vorhanden zu sein braucht, so daß die sog. febrile Konsumption hauptsächlich auf verminderte Nahrungsaufnahme zurückzuführen ist. Andererseits stellen wie bei der Regulation der physiologischen Temperaturschwankungen so auch beim Fieber die auf dem Nervenwege vermittelten vasomotorischen Vorgänge, die Erweiterung und Verengerung der Gefäße und die damit veränderten Verhältnisse des Blutdruckes und der Wärmeabgabe, einen Hauptfaktor dar. Auch hier wird durch Kontraktion der Gefäße verminderte, durch Dilatation derselben erhöhte Wärmeabgabe bewirkt. Und somit ist eine Änderung in dem Verhältnis zwischen Wärmeabgabe und Wärmeproduktion, und zwar im Sinne einer **Wärmestauung,** als wichtigster Faktor für die Temperatursteigerung beim Fieber in Betracht zu ziehen. Neuerdings soll festgestellt sein, daß beim Fieber eine abnorme Bindung des Wassers an die Kolloide der Körperzellen (bei bestehender Acidose) einträte und so Verlust des Körpers an freiem Wasser resultiere.

Das Nervensystem beeinflußt die Körpertemperatur auch noch durch Erregung der Muskeln und vielleicht der Drüsen; daher fällt bei Lähmungen infolge Aufhörens der Muskelbewegungen eine wichtige Wärmequelle weg. Auch gibt es rein vasomotorisch bedingte, rasch vorübergehende Temperatursteigerungen, die nicht zum eigentlichen Fieber zu rechnen sind, so bei gewissen Koliken, bei Katheterismus und dergleichen. Auch gewisse durch Läsion des Zentralnervensystems bewirkte Temperaturerhöhungen sind wohl hierher zu rechnen.

Beim Verlauf des Fiebers unterscheidet man 1. ein **Stadium incrementi,** welches oft mit Schüttelfrost beginnt, 2. ein **St. fastigii** oder **Akme,** 3. ein **St. decrementi** oder **Deferveszenz,** die als **Krisis** oder als **Lysis** vor sich gehen kann.

Nach der Form der Fieberkurve unterscheidet man 1. **Febris continua,** wenn das Fieber sich im ganzen auf gleicher Höhe hält, d. h. die Unterschiede zwischen Maximum und Minimum etwa denen der Norm entsprechen; 2. **F. remittens** (subcontinua), wenn die Unterschiede zwischen beiden Temperaturextremen die normalen Schwankungen übersteigen, 3. **F. intermittens,** wenn Fieber- und fieberfreie Perioden abwechseln. Man unterscheidet dann noch als besonderen Fiebertypus 4. **F. recurrens,** wobei auf eine F. continua eine Krise mit anschließender Apyrexie folgt, dann wieder eine neue Fieberperiode einsetzt usw.

Von **Störungen,** welche in Fieberzuständen von seiten der einzelnen Organsysteme auftreten, seien folgende aufgeführt:

Zirkulationsapparat: Beschleunigung der Schlagfolge des Herzens und damit auch der Pulsfrequenz; häufig tritt aber unter der Wirkung des Fiebers eine Schwäche der Herztätigkeit ein, welche aus verschiedenen Ursachen resultiert: Aus der Temperaturerhöhung des Blutes an sich, welche sowohl auf die Muskelfasern wie auf die nervösen Apparate des Herzens schädigend wirkt; aus einer Erschöpfung des Herzens durch vermehrte Anstrengung desselben bei herabgesetzter Ernährung infolge der febrilen Verdauungsstörung; endlich aus einer direkten Wirkung der das Fieber erzeugenden toxischen Stoffe. Durch starke Herabsetzung der Herztätigkeit mit Sinken des Blutdruckes kann es zu Kollaps und tödlichem Ausgang kommen.

Respirationsapparat: Wärmedyspnoe; Erhöhung des respiratorischen Gaswechsels (s. o.).

Verdauungsapparat: Sehr frühzeitige Verminderung der Nahrungsaufnahme und der Resorption infolge von Appetitlosigkeit und Herabsetzung der Sekretionen der Verdauungsorgane. An den sezernierenden Epithelien der letzteren finden sich oft auch anatomische Veränderungen in Form von Degenerationen (trübe Schwellung, Verfettung). Folge der Verdauungsstörungen ist die febrile Konsumption.

Harnapparat: Erhöhung der Harnstoffausscheidung und der Stickstoffausscheidung überhaupt (s. o.), leichte Albuminurie, Degenerationen der Epithelien der gewundenen Harnkanälchen.

Äußere Haut: Teils Kontraktion der Gefäße, teils Hyperämie und Erhöhung der Perspiration; die Schweißsekretion ist während des Fiebers vermindert; dagegen treten oft während der Krisis profuse Schweißausbrüche auf.

Nervensystem: Abgesehen von den vasomotorischen Erscheinungen (s. o.) frühzeitig Allgemeinerscheinungen von seiten des Nervensystems (Kopfschmerzen, Depression, Hypersensibilität, Betäubung, Delirien). In den höheren Graden Koma, Sopor, Stupor.

III. Strahlen als Krankheitsursache.

A. Wärmestrahlen als schädigendes Agens.

Von Sonnenstich usw. war schon oben die Rede.

B. Lichtstrahlen als schädigendes Agens.

Blaue, violette und ultraviolette Strahlen wirken weit langsamer als thermische Strahlen ein. Folgen sind: Rötung der Haut, Trübung, Abschilferung der Epithelien — z. B. sog. Gletscherbrand —, später Pigmentierung, die länger anhält und einen gewissen Schutz gegen Strahlen bietet; hierher gehören auch die Sommersprossen. Auch andere Gewebe, so die des Auges, besonders der Kornea, zeigen ähnliche Reaktionen degenerativer oder entzündlicher Natur. Die strahlende Energie des Lichtes regt in geringer Menge

Stoffwechsel, Zellneubildung usw. an, in größerer Menge wirkt sie destruierend. Da besonders pathologische Gewebe, wie bei Lupus, angegriffen werden, ist Lichtbehandlung vor allem durch Finsen als wichtiges therapeutisches Moment eingeführt worden. Die Innenzellwirkung der Lichtstrahlen besteht höchstwahrscheinlich in einem Angreifen der überall fein verteilt vorhandenen Lipoidstoffe, wodurch der Stoffwechsel der Zellen verändert und fermentative Prozesse beeinflußt werden.

C. Röntgen- und Radiumstrahlen als schädigendes Agens.

Diese bewirken an der Haut Degenerationen und Nekrosen — als Folgezustand Ulzera —, sowie Entzündungen: Röntgendermatitis, eventuell chronischer Natur, mit dauernder Rötung, Trockenheit und Sprödigkeit (Einrissen) der Haut; es kann zu völliger Atrophie der Haut und ihrer Anhangsgebilde kommen. An die Ulzerationen und chronischen Entzündungen kann sich die Entwicklung eines Tumors, besonders Karzinoms, anschließen. Des weiteren werden vor allem das Blut und die blutbildenden Organe, die Keimdrüsen und embryonales, bzw. noch wachsendes Gewebe angegriffen. Zumeist treten Degenerationen ein, Zellteilungen werden sistiert, Schwangerschaften werden verhindert bzw. unterbrochen. Tumorgewebe, besonders Karzinom, fällt der Wirkung der Strahlen besonders leicht anheim, wobei die Zellen vor allem vakuoläre Degeneration aufweisen. Diese Erfahrungen gaben die Grundlage zu der sehr wichtigen therapeutischen Anwendung der Röntgenstrahlen bei Hautaffektionen, Leukämie und dergleichen, sowie besonders zur Sistierung von Zellwucherungen vor allem bei Tumoren. Die Röntgenstrahlen greifen also Gewebe, welches in dauernder Vermehrungstätigkeit begriffen ist, besonders an, wobei vielleicht die Lipoide der Kerne den letzten Angriffspunkt darstellen, aber wohl auch Aktivierungen von Fermenten eine Rolle spielen. Andere Gewebe werden von den Röntgenstrahlen weniger angegriffen, so fertig ausgebildetes Zentralnervensystem fast gar nicht.

Radiumstrahlen wirken im ganzen ähnlich.

Anhang:

Elektrizität als schädigendes Agens.

Wie Unfälle und Todesfälle durch elektrische Leitung beweisen, bewirkt Elektrizität über einen gewissen Grad hinaus nekrotische und entzündliche Vorgänge. Hierher gehören auch die Blitzschläge; bei diesen treten auf: Hautverbrennungen, Haarversengungen, Blutaustritte, lochförmige Gewebsdurchtrennungen, sowie Blitzfiguren (baumförmig verästelte Verbrennungsfiguren der äußeren Haut, Jellinek). Bei Sektionen findet sich neben den Hautveränderungen wenig Charakteristisches, eventuell kleine Blutungen im Zentralnervensystem, sehr selten Zerreißungen von Organen.

IV. Gifte als Krankheitsursache.

Gifte sind nichtlebende Körper,' welche gelöst eine Bindung mit dem Protoplasma von Zellen (an deren Oberfläche oder im Inneren) eingehen und auf chemischem Wege den Organismus schädigen. Die Schädigung ist die Vergiftung (Intoxikation). Verschiedene Gifte greifen die einzelnen Gewebe verschieden an; es wirken individuelle, eventuell wechselnde Faktoren („Giftgewöhnen") und eine Art Selektion der Zellen mit. Von erheblichster Bedeutung ist die Stärke des Giftes; derselbe Stoff erzeugt in geringer Dosis oft, infolge geringer Schädigung und dann sofort einsetzender und stärkerer Reaktion, Zunahme der Zellfunktion (Erregung, progressive Erscheinungen), in starker Dosis dagegen — weil solche Reaktionen dann ausbleiben — deren Abnahme (Lähmung, regressive Metamorphosen, Nekrosen). Die Gifte wirken teils mehr akut, teils chronisch, besonders im Beruf dauernd zugeführte, wie Blei bei Bleiarbeitern und Anstreichern, Quecksilber bei Spiegelarbeitern, Phosphor bei gewissen Zündholzarbeitern und ähnlich Alkohol oder Morphium bei Alkoholisten bzw. Morphinisten.

Man kann die Gifte einteilen in: 1. **Chemikalien,** d. h. organische oder anorganische Verbindungen, welche in der Natur vorkommen, oder (meist zu technischen Zwecken) künstlich hergestellt werden. 2. **Pflanzengifte,** vor allem deren Alkaloide (z. B. Kokain, Chinin, Morphin) und Glykoside. Hierher zu rechnen sind auch die Bakteriengifte (Ptomaine, Bakterientoxine, Proteinstoffe), und ähnlich wirken das Abrin, Rizin, Krotin. Ein in Pollen von Gramineen vorhandenes Toxin erzeugt das Heufieber. 3. **Tierische Gifte** (Toxine, Toxalbumine), einmal physiologische Produkte gewisser Drüsen mancher Tiere (z. B. Schlangengift), sodann unter gewissen äußeren Bedingungen in den Tieren entstehende Stoffe (z. B. giftige Miesmuscheln). 4. Gifte, welche **innerhalb des erkrankten Körpers selbst** gebildet werden und die sog. **Autointoxikationen** hervorrufen.

Die Eintrittspforten (bzw. Angriffspunkte) der Gifte sind verschieden. Es kommt (besonders für Chemikalien) in erster Linie der Verdauungskanal in Betracht (s. dort), aber auch Haut, Blut (Injektion), Lunge (Inhalation von Gasen, z. B. Chlor und Dämpfen), Genitaltraktus usw. Im Organismus werden die aufgenommenen Substanzen durch Oxydation und synthetische sowie Spaltungsprozesse weiter verändert. Der Körper versucht die schädlichen Stoffe, soweit möglich, durch die Niere oder den Intestinaltraktus, oder mit Galle, Schweiß, Speichel usw. wieder zu eliminieren, also sich zu entgiften. Doch findet auch nicht selten eine Retention der Stoffe im Körper statt.

Die Gifte wirken teils mehr lokal, teils allgemein ein. Eine örtliche Wirkung in Gestalt von Nekrosen aber auch Entzündungen (Eiterungen) entfalten die **Ätzgifte** (**Kaustika**), eventuell neben Allgemeinwirkung.

Als solche wirken besonders Mineralsäuren und von Alkalien Natronlauge und Kalilauge (während Salze, wenn sie nicht dissoziiert werden und so die Säure- oder Alkaliwirkung eintritt, mehr durch osmotische Vorgänge wirken).

Die allgemein wirkenden Gifte pflegt man nach ihrem Hauptangriffspunkt einzuteilen in 1. **Blutgifte** (s. II. Teil, Kap. 1), 2. **Herzgifte,** z. B. Digitalin, 3. **Nervengifte,** besonders Alkohol, Nikotin, Chinin, Strychnin (diese beeinflussen auch mehr oder weniger das Herz), ferner Chloroform, Äther, Morphium, Opium, Atropin usw. Auch Wirkung auf Blutgefäße und besonders Drüsen, wie die Nieren, kann hinzukommen.

Von besonderer Wichtigkeit ist die **Narkose,** d. h. die durch chemische Mittel bewirkte zeitweise Sistierung oder Herabsetzung von Bewußtsein, Sensibilität und Motilität ohne Funktionsausfall von seiten der Respirationsorgane und des Herzens. Hierher gehören vor allem die Inhalations-Anästhetika, wie Äther und Chloroform, während Chloralhydrat, Sulfonal, Alkohol in geringerem Maße wirkend als sog. Hypnotika bezeichnet werden. Die Wirkungsweise der Narkotika ist nicht völlig geklärt und vielleicht auch nicht einheitlich. Nach der Overton-Meyerschen Theorie beruht die Wirkung auf der Lösungsaffinität der Stoffe zu Lipoiden des Zentralnervensystems. Sistierung der inneren Atmung wird zur Erklärung meist herangezogen.

Die therapeutische Anwendung der Gifte ist allgemein bekannt und beherrscht eine eigene Disziplin, die Pharmakologie.

Bei manchen Allgemeinintoxikationen zeigen bestimmte Organe anatomische Veränderungen, so die Leber (und andere Organe) Verfettungen und Nekrose bei Vergiftungen mit Phosphor, Arsen, Chloroform, Alkohol, giftigen Schwämmen usw.; nach Ergotinvergiftung (Kribelkrankheit) tritt neben anderen Erscheinungen eine tabesähnliche Veränderung der Hinterstränge des Rückenmarkes auf. Bei zahlreichen Vergiftungen aber fehlen bei Sektionen bestimmt charakterisierte Veränderungen. Hier kann die Diagnose durch chemische Untersuchung von Magen-Darminhalt oder Organen gesichert werden. Manchmal lenkt besonderer Geruch wie nach Chloroform oder Äther schon bei der Sektion die Aufmerksamkeit auf sich. Besonders bei Herz- und Nervengiften in akuten Fällen fehlen oft alle anatomischen Veränderungen; an den Ganglienzellen können zwar öfters Veränderungen gefunden werden, die aber anatomisch nichts Spezifisches an sich haben.

Kapitel VII.

Parasiten und ihre Wirkungen.

Parasiten (Schmarotzer) sind Lebewesen, welche auf oder in einem fremden Lebewesen (Wirt) zeitweise oder dauernd hausen und ihn, mindestens durch Nahrungsentziehung, oft aber auch sonst direkt schädigen (im Gegensatz zu der einfachen Symbiose des Pflanzen- und Tierreiches). Den Menschen befallen teils pflanzliche, teils tierische Parasiten.

I. Pflanzliche Parasiten.

Sie gehören ausschließlich den niederen Familien der Kryptogamen an, und zwar der Klasse der **Bakterien** — sie sind weitaus die wichtigsten — oder derjenigen der eigentlichen Pilze, **Sproßpilze** oder höher organisierten **Schimmelpilze.**

A. Bakterien.

a) Allgemeines über die Morphologie der Bakterien.

Die **Bakterien** (Schizomyzeten, Spaltpilze) sind höchst einfach gebaute, einzellige Mikroorganismen von der Größe $^1/_{1000}$ mm (1 μ), oft weit darunter. Einen Kern kann man in ihnen nicht nachweisen; wahrscheinlich sind Kern- und Protoplasmasubstanz diffus vermischt. Das Protoplasma läßt sich in ein Endoplasma und ein Ektoplasma scheiden, welch letzteres eine etwas dichtere Membran darstellt. Diese ist nach außen bei manchen Arten noch umgeben von einer schleimigen, in Wasser quellbaren, schwer färbbaren Hülle, der sog. Gallerthülle oder **Kapsel.** Die meisten „Kapselbakterien" bilden diese Hülle aber nur im Tierkörper sowie auf bestimmten Nährböden, nicht beim gewöhnlichen Kulturverfahren. Die Kapseln bleiben auch nach der Teilung bestehen und halten zuweilen eine größere Zahl junger Individuen zusammen, so daß als Zoogloea (Palmella) bezeichnete dichte Rasen (z. B. die bekannten Kahmhäute) entstehen können. Manche Bakterien weisen sog. Ernst-Babessche Granula auf, auch, da sie zumeist an den Enden liegen, Polkörperchen genannt (besonders zur Unterscheidung der Diphtheriebazillen wichtig).

Zahlreiche Bakterien zeigen, wahrnehmbar bei Untersuchung in lebendem Zustand, die Fähigkeit selbständiger **Bewegung** (nicht zu verwechseln mit der Brownschen Molekularbewegung, einem eigentümlichen Tanzen ohne wirkliche Ortsveränderung, wie sie in Flüssigkeiten suspendierte kleine Körper überhaupt zeigen). Die Art der Eigenbewegung ist eine kriechende oder wackelnde, schlängelnde oder walzende, bald rasche, bald langsame. Sie beruht zuallermeist auf den **Geißelfäden,** d. h. haarähnlichen Anhängen, welche dem Bakterium einzeln oder in Büscheln, an einem oder beiden Enden, oder auch um den ganzen Rand desselben herum aufsitzen (monothriche, lophothriche und perithriche Formen). Bestimmend für die Bewegung der Bakterien ist die Chemotaxis.

Fig. 169. Spirillen mit Geißelfäden.

Die Bakterien **pflanzen sich fort** zumeist durch einfache Querteilung, d. h. also eine Spaltung (daher „Spaltpilze"), so daß aus einem Individuum zwei neue entstehen. Dabei strecken sich die Kokken etwas in die Länge, die Bazillen stellen nach der Teilung kürzere Stäbchen dar, welche dann wieder zu längeren auswachsen. Eine weitere weitverbreitete Form der Fortpflanzung ist die **Sporenbildung.** Die Sporen entstehen durch Verdichtung des Plasmas und bilden in diesem rundliche, stark glänzende, schwer färbbare Körper; sie liegen in der Mitte eines Bazillus — mittelständige Sporen — oder an einem Ende — entständige Sporen; wird hierbei das Ende aufgetrieben, so entstehen eigentümliche Keulen- oder Trommelschlägerformen. Geht später die Substanz des eigentlichen Bakteriums zugrunde, so werden die Sporen als kleine, meist eiförmige Gebilde frei. Die Sporen sind umgeben von einer Sporenmembran von besonderer Dichte und verdanken vor allem ihr ihre Eigenschaft außerordentlicher Widerstandsfähigkeit auch gegen eingreifende, die Bakterien sonst vernichtende Einflüsse. Die Sporenbildung erfolgt wahrscheinlich nicht, wie man früher annahm, bei Verschlechterung und beginnender Erschöpfung des Nährbodens, sondern noch auf der Höhe der Vegetation unter besonders günstigen Wachstumsbedingungen. Die Sporen stellen Dauerformen dar, welche unter günstigen Bedingungen auskeimen und neue Bakterien aus sich entstehen lassen.

Die Vermehrungsfähigkeit der Bakterien ist eine ungeheuer große. Man hat berechnet, daß bei ungehinderter Vermehrung aus einer einzigen Bakterienzelle, die sich in ungefähr einer Stunde in zwei, nach einer weiteren Stunde in vier usw. neue Zellen teilt, nach 24 Stunden bereits $16^1/_2$ Millionen, nach 3 Tagen 47 Trillionen junge Bakterienindividuen entstehen würden (Cohn).

Im Absterben begriffene Bakterien zeigen oft Gestaltsveränderungen, Auftreibungen und Abschnürungen, Zerfall in unregelmäßige Formen und dergleichen. Man spricht von **Involutionsformen.**

Einteilung der Bakterien nach ihrer Form.

Nach der Gestalt unterscheidet man drei Hauptgruppen:

1. **Kokken,** von annähernd kugeliger oder ganz kurzovaler Form. Sie sind fast durchweg ohne Eigenbewegung und ihre Fortpflanzung geschieht ausschließlich durch Teilung. Je nach der gegenseitigen Lage der Einzelindividuen unterscheidet man folgende Unterabteilungen:

a) Diplokokken (Doppelkokken). Es bleiben nach der Teilung zwei junge Formen nebeneinander liegen; die gegeneinander gerichteten Seiten sind oft deutlich abgeplattet.

b) Streptokokken (Kettenkokken). Die Teilung geschieht nur in einer Richtung, und so entstehen längere oder kürzere, oft gewundene Ketten.

c) Tafelkokken (Merismopodien). Es bleiben, da die Teilung abwechselnd nach zwei aufeinander senkrechten Richtungen erfolgt, je 4 Individuen nebeneinander liegen: „Tetragenusformen“.

d) Sarzine-Arten (Paketkokken). Durch Teilung in 3 Dimensionen bleiben je acht Individuen nebeneinander liegen, so daß würfelförmige Kokkengruppen („Warenballenform“) entstehen.

e) Staphylokokken (Haufenkokken). Hier bleiben die Individuen in unregelmäßigen Haufen zusammen, manchmal in traubenförmiger Anordnung.

2. **Bazillen** von Stäbchenform. Die Fortpflanzung geschieht durch Querteilung, wobei die jungen Individuen sich meist trennen, aber auch in längeren Reihen („Streptobazillen“) zusammen liegen bleiben können, sowie durch Sporenbildung. Aus der Spore entwickelt sich der junge Bazillus durch einfache Streckung derselben, oder er keimt nach Sprengung der Sporenmembran aus.

3. **Spirillen** von schraubenförmig oder korkzieherartig gewundener Gestalt. Gliedern sie sich in kleinere Abschnitte, die nur aus einer Krümmung bestehen, so heißen sie **Vibrionen** oder Kommabazillen.

Manche Bakterien zeigen auch eine gewisse Vielförmigkeit, Polymorphie. Bei einigen, meist zu den Bakterien gerechneten Formen, wie den Tuberkel-, Diphtherie-, Tetanus-, Typhus-Bazillen, ist eine echte Verzweigung, d. h. Astbildung, nachgewiesen, wie sie den Hyphomyzeten regelmäßig zukommt.

b) Allgemeines über die Biologie der Bakterien.

Während zahlreiche Bakterien auf lebenden Körperteilen hausen (**Parasiten**), leben andere nur auf toten Nährsubstraten (**Saprophyten**); doch gibt es auch solche (**fakultative Parasiten**), welche auf beiden vegetieren können. Die meisten Bakterien brauchen zu ihrer Entwicklung Sauerstoff; sie sterben sonst ab: **Aerobier**; eine Anzahl aber wächst nur bei Sauerstoffabschluß: **Anaerobier** (z. B. Tetanusbazillen). In der Mitte stehen Bakterien, welche meist in O haltigem Medium wachsen, ihn aber auch entbehren können: **fakultative Anaerobier.** Die Bakterien brauchen weiter als Nährstoff Kohlenstoff, und da sie ihn mangels Chlorophylls nicht selbst aus Kohlensäure herstellen können, in Gestalt organischer Verbindungen, ferner Stickstoff (Eiweiße), Salze, Wasser usw. Ihr Wachstum ist ferner an die Temperatur gebunden (allgemein gesagt kommen -5 bis $+45^0$ C in Betracht); viele bedürfen einer bestimmten Temperatur z. B. der menschlichen Körpertemperatur und sind hierin sehr empfindlich. Bei Entziehung solcher notwendiger Wachstumsbedingungen verhalten sich die einzelnen Bakterienarten sehr verschieden; einige besitzen bedeutende Widerstandskraft, so z. B. Tuberkelbazillen, welche sich in eingetrocknetem Zustande monatelang virulent halten können. Ganz besonders widerstandsfähig sind die Sporen, so gegen Hitze (selbst kürzeres Aufkochen) und insbesondere Kälte, ferner selbst jahrelanges Trockenliegen und gegen Desinfizientien. Als Testobjekt dienen meist die Milzbrandsporen.

Besonders wichtig ist der Einfluß, welchen die Bakterien auf ihr Nährsubstrat, also bei der Kultur auf die toten Nährböden, ganz besonders aber auch auf die lebenden Gewebe des Organismus, in dem sie hausen, ausüben. Wir sehen hierbei einerseits eine Reihe höchst wohltätiger und für uns notwendiger Prozesse vor sich gehen, während andere Spaltpilze zu den schlimmsten Feinden der höheren Organismen gehören und direkt deren Leben bedrohen. Die Bakterien zerlegen hierbei ihren Nährboden und assimilieren so freiwerdende Stoffe zu ihrem eigenen Aufbau, andererseits aber findet eine Ausscheidung von Stoffen seitens der Bakterien statt, zum Teil chemisch einfacher Körper, wie Kohlenstoff, Wasserstoff, Schwefelwasserstoff, Ammoniak, zum Teil sehr komplizierter Verbindungen, welche teilweise höchst giftige Eigenschaften besitzen.

Hierher gehören die **Bakterientoxine,** welche zumeist schon in minimalster Menge ungeheuer giftig sind und deren Wirkung für zahlreiche Infektionskrankheiten verantwortlich zu machen ist. Man erkennt dies daran, daß dann auch mit diesen Stoffen allein ohne Bakterien (Filtrieren von Kulturen durch bakteriendichte Filter) die Erscheinungen hervorgerufen werden können. Hierher gehören einmal die eigentlichen Bakterientoxine = **Exotoxine,** welche von den Bakterien in die Umgebung ausgeschieden werden. In anderen Fällen handelt es sich um **Endotoxine,** d. h. Giftstoffe, welche im Inneren der Bakterien selbst vorhanden und an dieselben gebunden, erst mit Absterben und Zerstören der Bakterienleiber (künstlich durch Kochen mit Kalilauge) frei werden. Hierher gehören auch die **Bakterienproteine,** die sich besonders durch größere Widerstandsfähigkeit gegen höhere Temperaturen auszeichnen; auf sie sind besonders lokale Veränderungen an der Invasionsstelle der Bakterien zu beziehen. Als **Bakterienplasmine** bezeichnet man auf rein mechanische Weise, wie Zerreibung oder Pressung, aus den Bakterien in chem sch möglichst unverändertem Zustande gewonnene Zellsäfte, welche ebenfalls gewisse Wirkungen entfalten, die den lebenden Bakterien selbst zukommen; insbesondere kann man solche Stoffe auch aus Hefen gewinnen („Zymasen"), welche, wie die lebenden Hefezellen, Gärung (s. u.) bewirken.

Hier zu nennen sind auch die **Aggressine,** von den Bakterien erzeugte Stoffe, welche (nach Bail) die Widerstandskraft der Zellen erst brechen, so daß die Bakterien einwirken können. Manche Bakterien bilden Stoffe, welche im Blute Hämolyse (Austritt des Hämoglobins aus roten Blutkörperchen mit Zerstörung dieser) hervorrufen — **Hämolysine.**

Sehr wichtig sind die von Bakterien gebildeten **Fermente** oder **Enzyme,** d. h. Körper, welche schon in minimaler Menge, ohne dabei selbst verbraucht zu werden, große Massen komplizierter gebauter Stoffe in einfachere Verbindungen zerlegen. Sie wirken auch von den Bakterien getrennt, so selbst in Pulverform getrocknet. Die Wirkungen der einzelnen Fermente sind sehr verschieden; so verwandeln **diastatische** Fermente Stärke in Zucker, **invertierende** Fermente Rohrzucker in Traubenzucker, **proteolytische (eiweißlösende)** Fermente verflüssigen Leim (so auch die Gelatine der Kulturen), **Labferment** koaguliert Milch (bei neutraler Reaktion, d. h. unabhängig von Säurewirkung).

Auf Bakterien- bzw. Hefefermenten beruht auch die **Gärung,** d. h. die Spaltung höherer Kohlenstoffverbindungen (Kohlehydrate) zu einfachereren unter Auftreten von Kohlensäure (bzw. CO_2), daher meist mit Gasentwicklung. So beruht die **alkoholische Gärung** auf Spaltung des Traubenzuckers in Alkohol und Kohlensäure; bei der **Milchsäuregärung** des Zuckers bildet sich Milchsäure, bei der **Buttersäuregärung** von Stärke und Zucker Buttersäure, bei der **ammoniakalischen Harngärung** wird der Harnstoff in Ammoniak und Kohlensäure gespalten und dergleichen mehr. Gärungen komplizierter Stickstoffverbindungen (besonders Eiweiße) unter Auftreten **stinkender Gase** stellen die **Fäulnis** dar. Sie ist im wesentlichen ein Reduktionsprozeß und wird fast immer durch anaerobe Bakterien, also unter Sauerstoffabschluß herbeigeführt. Bei der Fäulnis entstehen die **Fäulnisalkaloide,** sog. **Ptomaine,** alkalische, stickstoffhaltige Körper, vorzugsweise nach dem Typus der Amine, Diamine und Triamine gebaut, zu welchen Stoffe wie Muskarin (in faulendem Fleisch), Neurin usw. gehören. Sie sind zum Teil hochgradig giftig. Von der Fäulnis unterscheidet man die **Verwesung,** welche unter Mitwirkung von atmospärischem Sauerstoff vor sich geht und einen Oxydationsvorgang darstellt. Bei der Verwesung werden die von den höheren Pflanzen und Tieren gebildeten, komplizierten Stoffe in einfachste chemische Verbindungen zerlegt, so daß sie von den höheren Pflanzen assimiliert werden können. Hierbei spielt die Nitrifikation, d. h. die Oxydation des Stickstoffes und Ammoniakes zu salpetriger Säure, von seiten bestimmter im Boden verbreiteter Bakterien, der sog. **Nitrobakterien,** eine besondere Rolle.

Manche Bakterien bilden **Farbstoffe,** so der Micrococcus prodigiosus einen roten auf Brot oder Hostien („blutende Hostien"), oder der Bacillus pyocyaneus einen blauen oder grünen Farbstoff im Eiter. Manchen Bakterien kommt die Eigentümlichkeit zu, daß ihre Kulturen **phosphoreszieren** (Leuchtbakterien, die sich z. B. auf faulenden Fischen finden), andere bewirken eine deutliche **Fluoreszenz** des Nährbodens.

c) Allgemeines über Infektionserreger und Infektion.

Besonders die parasitär lebenden Bakterien bewirken Krankheiten: **pathogene Bakterien.** Aber auch gewöhnliche Saprophyten, wie sie der Mensch auf der Haut, in der Mundhöhle, im Darmkanal, wo er sie direkt nötig zu haben scheint, als harmlose Schmarotzer beherbergt, können unter Umständen pathogene Eigenschaften entfalten. Die letzte Quelle pathogener Bakterien sind stets andere lebende Wesen, Mensch oder Tier. Hierbei spielen außer Kranken auch Gesunde, sog. Bazillenträger, eine Rolle.

Es ist zweckmäßig nur Leute, welche die betreffende Krankheit überstanden haben, und deren Bakterien noch beherbergen, als **Bazillenträger,** solche Gesunde, welche die Erreger, ohne die Krankheit durchgemacht zu haben, oft in saprophytischer Form beherbergen, als **Bazillenzwischenwirte** (Rößle) zu bezeichnen. Eine Entscheidung im Einzelfall kann, weil eine Erkrankung auch unbemerkt durchgemacht sein kann, allerdings schwer sein.

Solche Infektionserreger, welche sich außerhalb des lebenden Organismus nicht vermehren und so nur beschränkte Zeit virulent bleiben können, nennt man **endogene,** z. B. die Erreger der Gonorrhöe, der Lues usw. Infektionserreger dagegen, welche sich auch außerhalb des lebenden Körpers vermehren und virulent halten können, nennt man **ektogene,** z. B. den Erreger des Milzbrandes. Solche Bakterien halten sich besonders in der Luft (die höchsten Schichten der Atmosphäre sind keimfrei), oder im Erdboden (bis zu einer bestimmten Tiefe), oder im Wasser, oder an Gegenständen, welche mit kranken Menschen in Berührung kamen, auf. Geht ein Erreger nicht direkt von einem Individuum auf das andere über, sondern ist an einen bestimmten Ort gebunden, wo er seine Entwicklung im Boden, Wasser, in bestimmten Tieren usw. findet, so spricht man von **Miasma.**

Die Ansiedlung pathogener Mikroorganismen im Körper bezeichnet man als **Infektion,** die so bewirkten Erkrankungen als **Infektionskrankheiten.** Befällt eine Infektionskrankheit zeitweise kurz hintereinander zahlreiche Individuen eines bestimmten Gebietes, so nennt man sie **epidemisch**, tritt sie an bestimmten Orten andauernd auf, so spricht man von einer **endemischen** Erkrankung.

Kontagiös ist eine Infektionskrankheit, wenn die Erreger aus dem erkrankten Organismus ausgeschieden werden und so ein anderes Individuum infizieren, wie dies bei den akuten Exanthemen, den Pocken, dem Typhus, der Tuberkulose der Fall ist. Eine Infektionserkrankung, bei der dies auf natürlichem Wege (nicht etwa durch Blutinjektion oder dergleichen) nicht statthat, wird als **nichtkontagiös** bezeichnet, z. B. die Malaria.

Den meisten Infektionskrankheiten liegen **spezifische** Erreger zugrunde. Sie werden bei ihnen konstant gefunden, kommen pathogen nur bei ihnen vor und rufen reingezüchtet experimentell dieselben Erscheinungen hervor. Zumeist handelt es sich um Bakterien, seltener um Schimmel- oder Sproßpilze oder niedere tierische Lebewesen als Erreger. Einige Infektionskrankheiten, deren Erreger uns nicht bekannt sind, können nach dem ganzen Verlauf der Erkrankung als solche angesehen werden (z. B. Masern oder Scharlach).

Viele Infektionskrankheiten zeigen einen bestimmten Ablauftypus. Zwischen der Infektion und dem Ausbruch der Erkrankung schiebt sich oft eine im Einzelfalle sehr verschieden lange Inkubationsperiode ein. Zwischen manchen Bakterien und einzelnen Organen bestehen bestimmte Affinitäten, so daß nur diese angegriffen werden (z. B. Zentralnervensystem durch Tetanusbazillen).

Bei einer Infektionskrankheit tritt oft zunächst lokale Infektion — wo die Bakterien vor allem chemotaktisch und entzündungserregend wirken — ein, und die Allgemeinwirkung äußert sich sodann in Fieber, Hyperleukozytose und Veränderungen verschiedenster Organe.

Die **Eingangspforten** für die Infektionserreger sind verschieden. Bei unmittelbarem Kontakt kommen vor allem **Haut** oder Schleimhäute in Betracht. So entstehen die Wundinfektionskrankheiten, ferner Syphilis usw. Diese Eingangspforte ist auch wichtig für durch Stiche von Insekten übertragene Infektionserreger (zum Teil Protozoen). Manche Erreger, z. B. Eiterbakterien, können durch die Haut, d. h. deren Poren sowie die Talg- und Schweißdrüsen ohne Verletzung, die meisten Erreger nur durch kleine, oft nicht auffallende Haut- bzw. Schleimhautverletzungen eindringen. Von den Schleimhäuten kommen besonders die der Mund- und Nasenrachenhöhle, ferner die Harnröhre (Gonorrhöe), sowie die Konjunktiva in Betracht.

Eine weitere Haupteingangspforte ist der **Respirationstraktus** für mit der Inspirationsluft aufgenommene Mikroorganismen. Wird auch ein großer Teil derselben durch die Schleimhäute der obersten Luftwege zurückgehalten bzw. durch die nach oben gerichtete Bewegung des Flimmerepithels der Luftwege wieder nach außen befördert („prohibierende" Abwehrmechanismen des Organismus), so können doch virulente Infektionserreger in die Lunge gelangen, besonders wenn sie an aspirierten Massen, wie Schleim oder Fremdkörpern, haften.

Eine wichtige Eingangspforte ist weiterhin der **Digestionstraktus** für mit der Nahrung eingeführte Infektionserreger. Sie können schon in der Mundhöhle, besonders in den Tonsillen durch Epithellücken derselben, in die Gewebe eindringen und so weiter verbreitet werden. So scheinen die Tonsillen eine wichtige Eingangspforte für Erkrankungen wie Rheumatismus, Eiterungen, eventuell auch Appendizitis oder Tuberkulose darzustellen. Im Magen wird ein Teil der pathogenen Bakterien durch normalen Magensaft abgetötet, andere können ihm aber widerstehen, ganz besonders Sporen. Auch passieren Infektionserreger den Magen unbeschädigt, besonders wenn infolge Störungen der Magenfunktion oder in einem frühen Stadium der Verdauung durch Bindung der Salzsäure durch die Nahrung wenig freie Salzsäure vorhanden ist. Bei einer im Darm vor sich gehenden Infektion spielen die verschiedensten Verhältnisse eine Rolle. Für viele Erreger stellt in der Regel der normale Epithelbelag und die auf ihm liegende Schleimschicht einen gewissen Schutz dar; andererseits begünstigen kleinste Schleimhautläsionen (Kotstauung) oder gar Einklemmungen oder dergleichen, ebenso wie gewisse allgemeine Ursachen (Erkältungen) eine Infektion. Einen gewissen Schutz verleihen dem Darm auch die hier stets vorhandenen Saprophyten (Bacterium coli), doch können diese selbst unter Umständen Infektionen erregen.

Von geringerer Bedeutung sind die folgenden Eingangspforten: Es können virulente Mikroorganismen von außen in den **weiblichen Genitaltraktus**, besonders im puerperalen Zustande eindringend, Infektionen setzen. Auch in der Vagina stets vorhandene, an sich nicht virulente Mikroorganismen können, z. B. bei Geburten, eine „Autoinfektion" bewirken. In der **Harnblase** kann eine Infektion durch Harnsteine, Harnstauung oder dergleichen begünstigt werden. Sicher kann ein Infektionserreger von der Mutter her durch die Plazenta den Fötus infizieren (Birch-Hirschfeld): **plazentare** (bzw. **intrauterine**) **Infektion.** So bei Syphilis, Typhus, Erysipel, Pocken usw.; kleine Läsionen der plazentaren Gefäße sind wohl Voraussetzung. Betrifft die Infektion schon die Keimzelle oder das auf der Wanderung vom Ovarium in die Uterushöhle begriffene Ei, so spricht man von **germinativer** (oder **konzeptioneller**) Infektion. Dies ist bei Tieren erwiesen, beim Menschen, bei dem man vor allem an eine Infektion des Spermas mit dem Erreger der Syphilis und Tuberkulose gedacht hat, aber nicht. Für manche Infektionskrankheiten ist uns die Eingangspforte nicht bekannt. Gelingt es bei Infektionskrankheiten mit bekannter Eingangspforte, z. B. Wundinfektionskrankheiten, im Einzelfalle nicht diese nachzuweisen, so spricht man auch von **kryptogenetischer** Infektion.

Bei dem Vorhandensein von Infektionserregern müssen zum Zustandekommen einer Infektion noch eine Reihe von Bedingungen erfüllt werden; so müssen sie an eine **passende** Eingangspforte im Organismus gelangen, es haften z. B. die Gonokokken nur an gewissen Schleimhäuten. Des weiteren müssen die Bakterien **virulent** sein; so verlieren viele Bakterien (Parasiten) an Virulenz außerhalb des Körpers, besonders unter der Einwirkung von starkem Eintrocknen, von Feuchtigkeit, Temperaturschwankungen usw. Bei den meisten Bakterien ist es auch nötig, daß sie in **größerer Menge** eindringen, um eine Infektion zu bewirken. Und ganz besonders zu betonen ist, daß **eine Infektion ebenso wie von dem infizierenden Agens auch vom Zustand und der Reaktion des infizierten Organismus selbst abhängt.**

Bei der Allgemeinwirkung von Infektionserregern können wir zwei große Gruppen unterscheiden. Bei der einen überschwemmen die Infektionserreger den Gesamtorganismus in größerer Menge, indem sie mit dem Blute verbreitet werden: **Bakteriämie.** Vermehren sich hierbei die Infektionserreger hauptsächlich im Blut, finden sie sich also — abgesehen von der Infektionsstelle — fast nur in diesem, so spricht man von **Septikämie,** z. B. beim Milzbrand, bei manchen Kokkenarten usw. Es finden sich dann Milzhyperplasie und in den parenchymatösen Organen Degenerationen. Werden die Erreger durch den Blut- oder Lymphstrom in andere Organe gebracht und rufen hier sekundäre Ansiedelungen, z. B. metastatische Abszesse hervor, oft zugleich in vielen Organen, so spricht man von **Pyämie.** Vermischen sich, besonders bei eitrigen Prozessen, Septikämie und Pyämie, so benennt man die Erkrankung auch **Septiko-Pyämie.**

Es können sich auch mehrere Bakterienarten an derselben Stelle ansiedeln, wobei eine Infektion den Boden für die Wirkung anderer Infektionserreger ebnen kann: **Mischinfektion.** So finden sich bei der Lungentuberkulose in Kavernen zumeist auch Eitererreger. Andererseits können sich verschiedene Bakterienarten auch **antagonistisch** verhalten; so können mit Milzbrand infizierte Tiere durch nachträgliche Infektion mit Streptokokken gerettet werden.

Bei der zweiten Gruppe von allgemeinen Infektionskrankheiten bleiben die Erreger an ihrer Ansiedelungsstelle; sie werden nicht im ganzen Organismus verbreitet, sondern schädigen ihn nur durch von ihnen produzierte Toxine: **Toxämien (Intoxikationskrankheiten)**, z. B. Tetanus oder Diphtherie.

Ähnlich wenn Fäulniserreger an abgestorbenen Teilen wie Dekubitalgeschwüren, Wunden etc. eindringen und ihre Wirkung entfalten, wobei durch Zersetzung abgestorbener Eiweißmassen übelriechende Toxine entstehen können, deren Resorption Allgemeinerscheinungen hervorrufen kann: **Saprämie, putride Infektion.** Ähnlich können auch **Fäulnistoxine aus dem Darm** unter bestimmten Umständen in großer Menge resorbiert werden, so daß Autointoxikation auftritt. Auch verdorbene Nahrungsmittel (auch in gekochtem Zustande, da zahlreiche Alkaloide von in jene Nahrungsmittel gelangten Bakterien hitzebeständig sind) können eine **Intoxikation mit Ptomainen** vom Magen-Darmkanal aus bewirken; so entstehen manche Fleisch- oder Wurstvergiftungen, Vergiftungen mit Miesmuscheln u. dgl.

d) Einzelne Bakterienarten.

Zur Unterscheidung derselben ist die Morphologie der Bakterien, ihre Form, Beweglichkeit, Sporenbildung usw. wichtig. Man untersucht entweder frisch, eventuell im hängenden Tropfen, oder macht Ausstrichpräparate, die gefärbt werden. Im allgemeinen färben sich die Bakterien (da sie Kern- und Protoplasmasubstanz wahrscheinlich diffus enthalten, dabei aber erstere für das tinktorielle Verhalten überwiegt) mit basischen Farbstoffen, wie Methylenblau, Fuchsin, Safranin und dergleichen. Differentialdiagnostisch wichtig ist die Tatsache, daß sich bei der Gramschen Färbung, d. h. bei einer besonderen Entfärbung nach Färbung mit Methylviolett, eine Gruppe von Bakterien grampositiv eine andere gramnegativ verhält. Diagnostisch wichtig ist ferner die Säurefestigkeit einer Gruppe von Bazillen, besonders der Tuberkelbazillen, d. h. die Tatsache, daß sie sich schwerer färben, dann aber die Farbe gegen Säuren besonders festhalten. Zur Erkennung der einzelnen Bakterienarten genügt aber nicht ihre Morphologie, vielmehr muß ihre Biologie herangezogen werden. Dies geschieht in Gestalt von Kulturen auf verschiedenen Nährböden, wobei Reinkulturen erzielt werden, welche besondere, vielfach charakteristische Eigentümlichkeiten aufweisen, ferner in Form bestimmter in das Gebiet der Immunitätslehre gehöriger Methoden und endlich unter Umständen unter Zuhilfenahme des Tierexperiments.

Über alle Einzelheiten vergleiche die Lehrbücher der Bakteriologie. Ebenso über die einzelnen Bakterienarten, von denen nur die wichtigsten **pathogenen** hier kurz angeführt werden können.

I. Kokken.

Streptococcus pyogenes (Rosenbach). Die Ketten lassen oft Gliederung in je zwei mehr zusammenliegende Kokken erkennen, grampositiv. Er findet sich selten bei serös-exsudativen Entzündungen oder bei Perikarditis, Peritonitis, Endokarditis, Osteomyelitis, dagegen ganz gewöhnlich bei **Eiterungen**, und zwar weniger bei Abszessen oder Phlegmonen, dagegen ganz außerordentlich häufig bei akuten **bösartigen Eiterungen**, welche zu **Lymphangitis** bzw. **Lymphadenitis** oder durch Einbruch in die Blutbahn zu **Bakteriämie** (septikopyämischen Prozessen) führen. Insbesondere finden sich Streptokokken bei **Angina** und **diphtherieartigen Prozessen des Pharynx**, besonders bei Scharlach; der lymphatische Rachenring neigt überhaupt gerade zu Streptokokkenerkrankungen, an die sich dann Glomerulonephritiden anschließen können. Ferner finden sich Streptokokken bei **Erysipel** und **Puerperalfieber.** Öfters tritt der Streptokokkus bei Mischinfektionen auf, so bei Eiterungen zusammen mit dem Staphylococcus pyogenes oder in Kavernen phthisischer Lungen. Bei Gesunden wurden Streptokokken — meist in avirulenten Formen — in der Mundhöhle, Nase, Vagina, Cervix uteri gefunden, außerhalb des Körpers in Kanalwasser, Boden, Luft. Bei Tieren ruft er experimentell verschiedenste eitrige und septische Prozesse hervor.

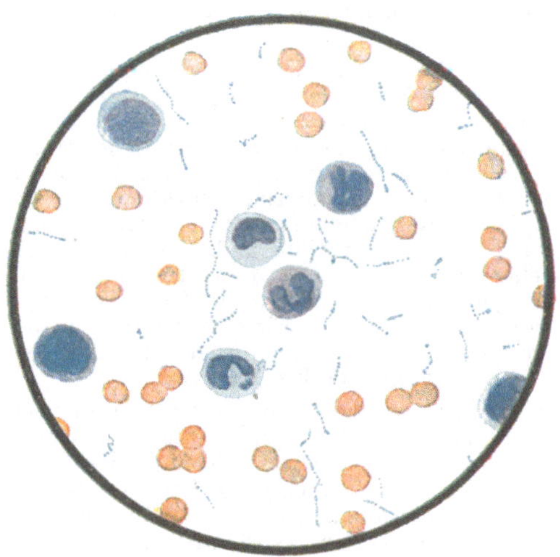

Fig. 170.
Streptokokken im Blute.

Man unterscheidet morphologisch einen in langen Ketten wachsenden **Streptococcus longus** und einen **brevis**, nach biologischen Gesichtspunkten (Blutagarplatte) **hämolytische** und **anhämolytische** Formen. Zu ersteren gehört besonders der Streptococcus longus, sowie der **Streptococcus mucosus** (Schottmüller) nach seinem im Namen ausgedrückten Kulturcharakteristikum, zu letzteren der **Streptococcus viridans** sive **mitis** (Schottmüller), welcher, weniger virulent, schleichende Formen von Endocarditis ulcerosa erzeugt.

Staphylococcus pyogenes (Ogston, Rosenbach), grampositiv, wächst in unregelmäßigen Haufen. Er ist einer der gewöhnlichsten Erreger von **Eiterungen** und zwar besonders **umschriebenen,** wie **Abszessen,**

Panaritien, Furunkeln, erzeugt aber auch Phlegmonen, Osteomyelitis, Periostitis, Meningitis, Endokarditis, Pneumonie, Empyeme, Akne, Sykosis, Pemphigus usw.; seltener findet er sich bei Erysipel. Durch Einbruch ins Blut kann es zu **metastatisch pyämischen Eiterungen** kommen. Staphylokokken sind auch bei zahlreichen Mischinfektionen beteiligt, ferner ist der Erreger des akuten Gelenkrheumatismus in ihre Gruppe verlegt worden.

Außerhalb des Körpers wurde der Staphylokokkus vielfach gefunden: auf der Haut, im Schmutz der Fingernägel, im Spülwasser, in der Luft; bei Gesunden ist er in Mundhöhle, Vagina, Cavum cervicis uteri nachgewiesen worden. Experimentell können durch ihn Abszesse, Gelenkentzündungen, bei Injektion in die Blutbahn pyämische Zustände, bei gleichzeitiger Verletzung der Herzklappen auch Endokarditis, bei Verletzungen des Knochens Osteomyelitis hervorgerufen werden; ferner im Anschluß an durch ihn bewirkte Eiterungen Amyloiddegeneration, welche sich ja auch beim Menschen bei chronischen Eiterungen häufig findet.

Von dem Staphylococcus pyogenes existieren verschiedene Varietäten, welche verschieden gefärbte Pigmente produzieren. **Staphylococcus pyogenes aureus** — der häufigste — bildet ein goldgelbes, **Staphylococcus pyogenes citreus** ein zitronengelbes, **Staphylococcus pyogenes flavus** ein blaßgelbes, **Staphylococcus pyogenes albus** ein weißes Pigment.

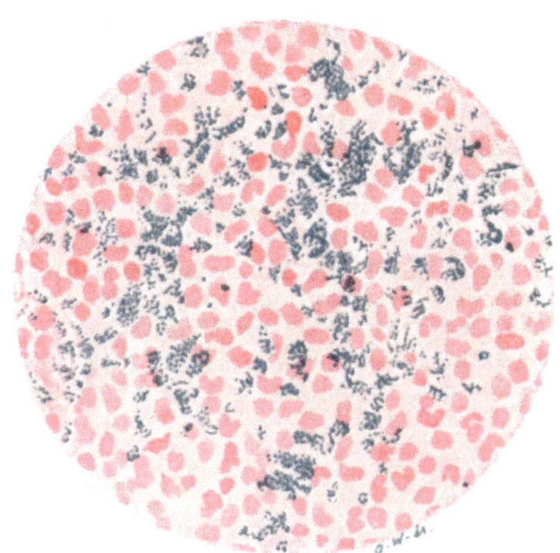

Fig. 171.
Staphylokokken (nach Gram blau gefärbt) und Eiter (Kerne der Leukozyten mit Karmin rot gefärbt).

Pneumokokkus, Diplococcus pneumoniae, Streptococcus lanceolatus (Fränkel-Weichselbaum) meist kurze, oft nur zweigliedrige Ketten, die einzelnen Kokken meistens lanzettförmig, wobei je zwei Glieder sich entweder — meist — die stumpfe Seite, oder die Spitze der Lanzette zukehren, grampositiv. Im Tierkörper mit breiter Kapsel, welche in der Kultur meistens fehlt. Der Str. lanceolatus ist einer der häufigsten Entzündungserreger, er kann auch Eiterungen hervorrufen. Besonders findet er sich in der Mehrzahl der Fälle als Erreger der **kruppösen Pneumonie,** sowie vieler Fälle von katarrhalischer Pneumonie, ferner von Meningitis, von Konjunktivitis, Perikarditis, Peritonitis, Endokarditis, Otitis media; seltener bei Entzündungen des weiblichen Genitaltraktus (Endometritis, Salpingitis), Osteomyelitis und Periostitis, Abszessen, Septikämie usw. Er findet sich lokal in den Geweben, wie auch im Blute und geht leicht in Harn und Milch über.

Bei Gesunden kommt der Str. lanceolatus sehr häufig im Speichel sowie im Nasensekret vor, zuweilen auch im Digestions- und Genitaltraktus. Tiere können leicht infiziert werden und sterben bei intravenöser Injektion an Septikämie; durch Inhalation unter bestimmten Bedingungen wurde auch experimentell Pneu-

Fig. 172.
Pneumokokkus. Pneumonisches Sputum.
(Nach Seifert-Müller.)

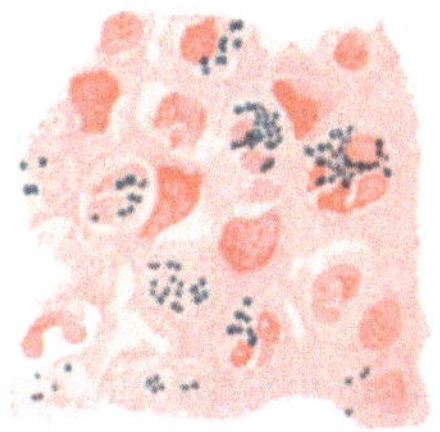

Fig. 173.
Meningococcus intracellularis. Eiter aus dem Meningealsack.
(Nach Seifert-Müller.)

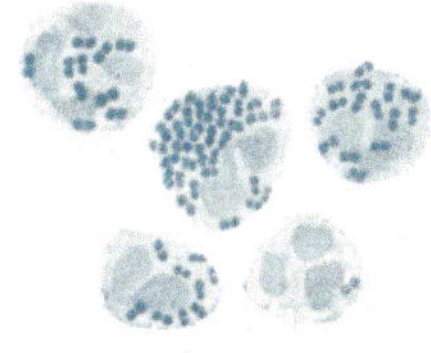

Fig. 174.
Leukozyten mit zahlreichen Gonokokken.

monie erzeugt. Eine Abart des Pneumokokkus ist der **Pneumococcus mucosus** nach dem schleimigen Wachstum benannt.

Meningococcus intracellularis (Weichselbaum), meist die Ursache der eitrigen **Zerebrospinalmeningitis,** verhält sich dem Pneumokokkus sehr ähnlich, ist aber gramnegativ. Dem Gonokokkus ähnlich liegt der Meningokokkus meist in Form von Diplokokken in Zellen. Er erreicht die Meningen vielleicht vom Nasenrachenraum aus, wo er auch bei Gesunden vorkommt.

Gonokokkus (Neißer) ist ein gramnegativer Diplokokkus. Die beiden zusammenliegenden Kokken sind an den einander zugerichteten Seiten etwas abgeflacht („Semmelform"). Sie liegen in charakteristischer Weise innerhalb der Eiterzellen, im Gegensatz zu anderen vielfach neben ihnen unter gleichen Verhältnissen vorkommenden Diplokokkenarten. Der Gonokokkus ist der Erreger der **Gonorrhöe,** bzw. Blennorrhöe und im Anschluß daran eventuell von Salpingitis, Endometritis, Oophoritis, Zystitis, Epididymitis, Proktitis, Arthritis, Endokarditis und pyämischen Abszessen. Oft handelt es sich dabei aber um Mischinfektion mit anderen Eitererregern. Er läßt sich künstlich nur schwer auf besonders präparierten Nährböden (menschliches Blutserum bei höherer Temperatur) züchten.

Micrococcus tetragenus (Zopf, Gaffky) aus vier großen runden Kokken bestehend, hie und da als Eitererreger, kommt im Inhalt tuberkulöser Lungenkavernen, aber auch im normalen Speichel Gesunder vor, erzeugt bei Mäusen eine Allgemeininfektion.

Von **Sarzine-Arten** kommt beim Menschen besonders die **Sarcina ventriculi** (Goodsir) im gesunden Magen, sowie bei Dilatation und chronischen Katarrhen des Magens vor; es handelt sich dabei um verschiedene Arten. Die **Sarcina pulmonum** ist in den Bronchien bei Phthisikern gefunden worden. Sie ist nicht pathogen.

2. Bazillen.

Bacterium pneumoniae (Friedländer), ein kurzes, plumpes Stäbchen, gramnegativ, bei Wachstum im Tierkörper (meist nicht in Kulturen) mit Gallertkapseln, ist der Erreger bestimmter Formen von **Pneumonie** und Bronchitis, sowie zuweilen von anderen entzündlichen (eitrigen) Prozessen. Es kommt bei gesunden Menschen im Mundspeichel und Nasensekret vor; Mäuse gehen nach Injektion an Septikämie ein.

Ähnlich ist der **Rhinosklerombazillus** (v. Frisch), wohl der Erreger dieser besonders in Osteuropa auftretenden Veränderung, in den für sie charakteristischen Mikuliczschen Zellen gelegen. Ferner der Erreger der **Brustseuche des Pferdes.**

Influenzabazillus (Pfeiffer), ein meist sehr kleines (kurzes) Stäbchen mit abgerundeten Enden, oft zu zweien aneinander haftend, gramnegativ, unbeweglich, hämoglobinophil (Wachstum auf Blutagar). Er wird, wenn auch nicht unbestritten, als Erreger der **Grippe** angesehen und findet sich oft in Mischinfektion besonders mit Streptokokken, Pneumokokken und Diplococcus catarrhalis. Er ist auf Affen übertragbar.

Fig. 175. Influenzabazillus. Reinkultur. (Nach Seifert-Müller.)

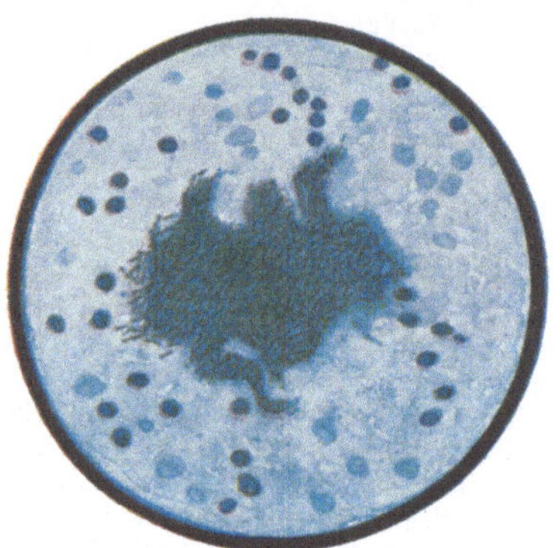

Fig. 176. Embolie von Typhusbazillen in der Milz.

Kaum vom Influenzabazillus unterscheidbar ist der Koch-Weekssche Bazillus bei manchen **Konjunktividen.**

Bacterium tussis convulsivae (Bordet-Gengou), ovale Formen bis kurze Stäbchen, ziemlich regelmäßig im Auswurf bei **Keuchhusten** gefunden.

Typhusbazillus (Eberth-Gaffky), meist ein kurzes, plumpes Stäbchen, seltener kurze Fäden, ziemlich vielgestaltig, gramnegativ, ist ringsum mit Geißeln besetzt und hat lebhafte Eigenbewegung. Er ist der Erreger des **Typhus abdominalis** und findet sich bei der Erkrankung im Darminhalt, Urin, fast regelmäßig und schon sehr frühzeitig im Blut sowie im Roseolainhalt; anatomisch ist er in der Darmwandung (Geschwüre), in Milz- und Lymphknoten (in kleinen Haufen), ferner in den Gallenwegen, in Lunge, Knochenmark, Hirn- und Rückenmarkshäuten, sowie in den Abszessen verschiedenster Organe bei Typhus nachweisbar. Bei den Erkrankungen der anderen Organe handelt es sich aber oft auch um Mischinfektion, besonders mit Streptokokken und Staphylokokken. Die Typhusinfektion erfolgt vom Menschen direkt oder indirekt, in letzterem Falle besonders durch mit Typhusdejektionen verunreinigtes Wasser oder Erde, in denen auch Typhusbazillen nachweisbar sind, auf den Menschen. Die sog. Bazillenträger — Menschen, welche Typhus durchgemacht haben, beherbergen oft jahrelang Bazillen in ihren Gallenwegen, besonders der Gallenblase — spielen eine wichtige Rolle. Bei Tieren wird durch Einverleibung des Typhusbazillus unter bestimmten Bedingungen der typhöse Prozeß reproduziert, in der Regel wird nur eine Intoxikation hervorgerufen.

Den Typhusbazillen stehen die in einer ganzen Reihe von Abarten vorkommenden **Paratyphusbazillen** (Schottmüller) nahe; am wichtigsten sind die beiden A und B benannten. Teils rufen sie meist mehr akute an Cholera nostras erinnernde Vergiftungserscheinungen (zahlreiche Fleischvergiftungen gehören hierher) — Gastroenteritis paratyphosa —, teils chronische, dem Typhus nahestehende Erkrankungen — Paratyphus abdominalis — hervor. Doch wird ganz neuerdings auch angenommen, daß nur die letztgenannte Form durch Paratyphusbazillen hervorgerufen wird, die gastrointestinale (bzw. choleraähnliche) Form hingegen durch eigene den Paratyphusbazillen sehr nahestehende Bazillen, nämlich den Bacillus enteritidis Gärtner und den sog. Bacillus enteritidis Breslau. Auch als Eitererreger kommen Paratyphusbazillen in Abszessen vor. Die Paratyphusbazillen sind morphologisch und tinktoriell von Typhusbazillen nicht zu unterscheiden, hingegen durch einige Kulturmerkmale und durch Serumdiagnose mittels Agglutination.

Bacterium coli commune (Escherich) verhält sich hierin ebenso. Es ist ein regelmäßiger Bewohner des menschlichen Dickdarms und findet sich (jedenfalls vom Darm her eingewandert) sehr häufig auch in Leber, Gallenwegen, Nieren usw. von Leichen. Für gewöhnlich durchaus unschuldig, kann es unter Umständen Intoxikationen (typhus- und choleraähnliche Erkrankungen) aber auch Entzündungen hervorrufen. Es wurde gefunden als Erreger von Zystitis, Urethritis, Pyelonephritis und eitriger Nephritis, Leberabszessen, Cholangitis und Cholezystitis; bei Erkrankungen des Darmes, Inkarzeration von Darmschlingen, Entzündungen der Darmschleimhaut, Kotstauung usw. kann das Bacterium coli die Darmwand durchdringen und eitrige Peritonitis hervorrufen. Seltener kommt es bei Pneumonie, Meningitis der Säuglinge, Winckelscher Krankheit, Melaena neonatorum, Puerperalfieber,

Wundinfektionen usw. vor. Vielleicht ist es auch Ursache gewisser Fälle von Myelitis. Experimentell konnten durch das Bacterium coli Abszesse und Septikämie hervorgerufen werden. Außerhalb des Körpers wurde das Bacterium coli im Kanalwasser sowie im Brunnenwasser gefunden. Der Name Bacterium coli vereinigt offenbar eine ganze Gruppe von Bakterien, die in einer Anzahl nicht unwesentlich voneinander abweichender Varietäten besteht.

Bacillus dysenteriae, ein nicht bewegliches, gramnegatives Stäbchen, ist der Erreger der (nicht tropischen) **Ruhr.** Man unterscheidet 3—4 Haupttypen — den Shiga-Kruseschen, den Flexnerschen und den Y-Typus, dazu eventuell noch den nach Strong benannten —, ferner zahlreiche ähnliche sog. Pseudodysenteriebazillen. Vielfach werden die Shiga-Kruseschen Dysenteriebakterien von den anderen, die dann als giftarme Dysenteriebazillen zusammengefaßt werden, besonders abgegrenzt. Die Dysenteriebazillen sind nach Form, Wachstum usw. dem Typhusbazillus ähnlich. Zur Unterscheidung von ähnlichen Bazillen dient vor allem die Agglutinations- und Gärungsprobe.

Proteus, Bacterium vulgare (Hauser). Nach seiner Vielgestaltigkeit benannt, bildet es dünne Stäbchen, lange Fäden, spiralig gewundene Fäden usw. Er hat Eigenbewegung und kommt in verschiedenen Varietäten vor. Er erzeugt typische Fäulnis und findet sich sehr oft in faulendem Fleisch, in fauligem Wasser, in der Luft, aber auch im Verdauungskanal gesunder Menschen. Er ist Erreger von Fleischvergiftungen und ähnlichen Intoxikationen, kommt aber vielfach auch mit Bacterium coli und anderen Infektionserregern zusammen bei Blasenkatarrh, bei jauchiger Phlegmone, in Abszessen, bei Lungengangrän, in jauchenden Karzinomen usw. vor. Große Bedeutung hat er neuerdings durch Beziehungen zum Fleckfieber gewonnen. Bei diesem ist Agglutination mit bestimmten Proteusarten fast konstant (Weil-Felixsche Reaktion) und daher diagnostisch sehr wichtig.

Bacterium septicaemiae haemorrhagicae, ein kurzes, dickes Stäbchen mit abgerundeten Enden, gramnegativ, zeigt sog. Polfärbung, ist unbeweglich.

Wahrscheinlich gehören die Erreger der **Hühnercholera,** der **Kaninchenseptikämie,** der **Schweineseuche, Rinderseuche** und dergleichen mehr hierher.

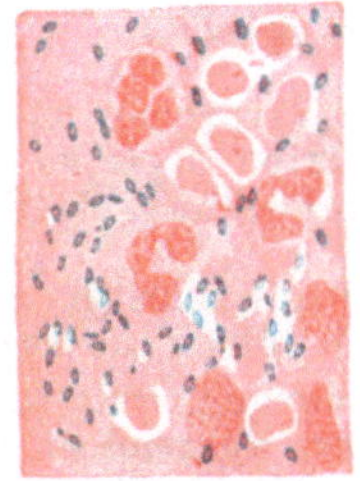

Fig. 177.
Pestbazillen. Buboneneiter.
(Nach Seifert-Müller.)

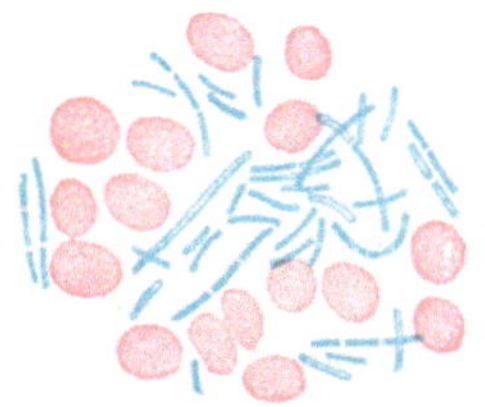

Fig. 178.
Milzbrandbazillus. Blut.
(Nach Seifert-Müller.)

Fig. 179.
Tetanusbazillus.

Pestbazillus (Kitasato-Jersin), ein kurzes unbewegliches Stäbchen, sehr polymorph, zuweilen in kleinen Ketten oder Haufen gelegen, mit charakteristischen, sehr rasch und typisch auftretenden Involutionsformen (Aufbauchung der Stäbchen oder Abrundung zu mehr kugeligen Formen), im Organismus (nicht in Kulturen) meist mit Polfärbung. Er findet sich als Erreger der **Pest,** besonders in den primären Hautpusteln sowie in den Bubonen, ferner bei Pestpneumonie im Sputum, aber auch im Blut und in inneren Organen. Indem sich die sehr empfänglichen Ratten an Pestkadavern infizieren, kommen Rattenepidemien als Vorläufer von Pestepidemien des Menschen vor. Letzterer infiziert sich entweder an anderen pestkranken Menschen oder an Ratten; auch sollen Flöhe oder Fliegen die Erkrankung vermitteln.

Bacterium ulceris cancrosi (Unna-Ducrey-Krefting), in langen Ketten dünner Bakterien auftretend (Streptobazillus), gramnegativ, nicht beweglich, ist der Erreger des **Ulcus molle** und wird bei diesem im Gewebe und Sekret gefunden.

Milzbrandbazillus, Bacillus anthracis (Pollender-Koch), ein großes, unbewegliches, grampositives Stäbchen mit Kapsel- und Sporenbildung; in künstlichen Kulturen wachsen die einzelnen Bazillen oft zu langen „gegliederten“ Fäden aus. Er ist der Erreger des **Milzbrandes,** besonders bei Schafen und Rindern, seltener bei Pferden und Ziegen und noch seltener beim Menschen. Quellen der Verbreitung sind Fäkalien, Blut, Haar, Haare infizierter Tiere sowie infizierte Futtergräser und dergleichen. Die Milzbrandbazillen können sich nämlich auch außerhalb des Körpers fortpflanzen (fakultative Parasiten) und dann auch, aber nur bei reichlichem Sauerstoffzutritt und höherer Temperatur. außerordentlich resistente Sporen bilden. Der Mensch wird infiziert durch die Haut (bei Bestehen kleinster Verletzungen) bei Kontakt mit milzbrandkranken Tieren bzw. mit der Wolle milzbrandkranker Schafe, durch Inhalation von Milzbrandsporen als sog. „Hadernkrankheit“, sowie endlich durch Aufnahme mit der Nahrung.

Bacillus tetani (Nicolaier), ein grampositives, bewegliches, feines, vollkommen gerades, borstenartiges Stäbchen, mit endständigen Sporen, wobei das Ende trommelschlägerartig anschwillt, streng anaerob. Er wird gefunden in Gartenerde, an Holzsplittern, in faulenden Flüssigkeiten, Kot von Pferden und Rindern und bewirkt beim Menschen den **Wundstarrkrampf.**

Ihm ähnlich ist der **Bacillus botulinus** (van Ermengem) der Erreger einer Gruppe von **Fleischvergiftungen** besonders mit nervösen Symptomen („Botulismus“). Der Mensch wird infiziert durch die schon im Fleisch gebildeten Toxine, mit denen man allein auch alle Vergiftungserscheinungen hervorrufen kann.

Rauschbrandbazillus (Pasteur, Koch), ein ziemlich großes, schlankes, an den Enden abgerundetes Stäbchen mit lebhafter Eigenbewegung, nur anaerob wachsend, bildet in der Leiche endständige Sporen. Er bewirkt den **Rauschbrand** der Rinder, ist aber auch auf andere Tiere wie Schafe, Ziegen, Meerschweinchen übertragbar und wohl auch für den Menschen pathogen.

Bazillus des malignen Ödems (Koch u. a.), ein rein anaerob wachsendes, schlankes, dünnes, zuweilen mit abgerundeten Enden versehenes, grampositives Stäbchen mit deutlicher Beweglichkeit (perithriche Geißeln) und mit meist mittelständigen Sporen. Er bewirkt die beim Menschen unter gewöhnlichen Bedingungen seltene, **malignes Ödem** genannte **Wundinfektion,** bei Experimenten an Kaninchen wie Meerschweinchen an der Impfstelle stark blutiges Ödem. Er findet sich außerhalb des Körpers in Schmutzwässern, Erde und faulenden Stoffen und dringt mit infizierten Granatsplittern oder dergleichen, meist durch die Haut, selten durch die Mundhöhle usw. in den Körper ein. Es scheint aber vielleicht verschiedene sich nahestehende Arten des Bazillus zu geben.

Bacillus phlegmonis emphysematosae (Welch-Fränkelscher **Gasbazillus**), ebenfalls ein streng anaerobes, kürzeres und plumperes, unbewegliches, keine Geißeln tragendes, grampositives, nur ganz ausnahmsweise sporenbildendes Stäbchen. Er ist der Erreger des **Gasbrandes** (**Gasgangrän, Gasphlegmone**) beim Menschen, ist für Kaninchen nicht pathogen, erzeugt dagegen bei Meerschweinchen einen Gasbrand ähnlich dem des Menschen mit noch stürmischerer Gasentwickelung. Im weiblichen Genitalapparat ruft er Physometra, Tympania uteri hervor. Agonal oder postmortal bildet er — bei Gasbrand — Gasdurchsetzung der inneren Organe (Leber, Milz, Niere, Gehirn usw.), die sog. „Schaumorgane".

Neuerdings sind als Erreger von gasgangränartigen Erkrankungen (s. auch im II. Teil) verschiedene Bazillenarten — auch alle anaerob — beschrieben worden, welche teils dem Fränkelschen Gasbazillus, teils dem des malignen Ödems, zum Teil aber auch dem Erreger des tierischen Rauschbrandes nahestehen, sich aber durch einzelne Merkmale oder im Tierversuch von jedem in dieser oder jener Eigenschaft unterscheiden. Wieweit es sich hier um identische Bazillen mit Mutationen handelt, ist nicht entschieden. Auf jeden Fall scheinen alle diese genannten Bazillen eine gemeinsame Gruppe zu bilden. Hierher gehören die von Aschoff, Conradi und Bieling, sowie Pfeiffer und Bessau beschriebenen Bazillen.

Man teilt die ganze Gruppe zweckmäßig mit Aschoff folgendermaßen ein (wobei hier nur die pathogenen Vertreter, nicht auch die nicht oder schwach pathogenen mitgenannt seien):

I. Immobile Butyrikusgruppe (früher Gasbrandgruppe).	Welch-Fränkelscher Bazillus.
II. Mobile Butyrikusgruppe (früher Rauschbrandgruppe).	Conradi-Bielingsche Gruppe; Ghon-Sachssche Gruppe (Vibrion septique Pasteurs); Aschoff-Fränkel-Königsfeldsche (Kolmarer) Gruppe.
III. Putrifikusgruppe (früher malignes Ödem).	Hiblers maligner Ödembazillus (Kochs maligner Ödembazillus?); Koch-Hiblersche Gruppe.

Der Bazillus des **Schweinerotlaufs,** ein äußerst kleines Stäbchen mit Eigenbewegung, ruft bei Schweinen unter Auftreten von Allgemeinsymptomen blaurote Flecken an der Haut hervor, während an den inneren Organen heftige entzündliche Prozesse zustande kommen. Er ist auch für andere Tiere pathogen. Fast vollkommen übereinstimmend verhalten sich die Bazillen der **Mäuseseptikämie.**

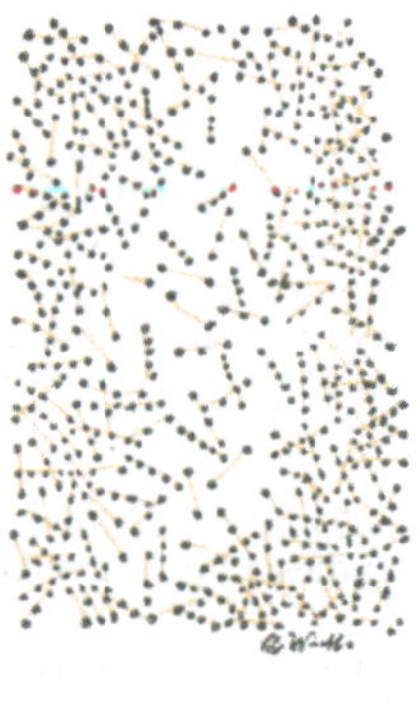

Bacillus pyocyaneus, klein, beweglich, gramnegativ, bewirkt beim Menschen zuweilen Eiter von blauer Farbe sowie mit veilchenartigem Geruch. Auch kann er Allgemeininfektion bewirken (besonders bei kleinen Kindern) und ist auch für Kaninchen pathogen. An der Haut wird das sog. Ekthyma gangraenosum durch den Bacillus pyocyaneus bewirkt. Durch Ansiedlung der Bazillen in Blutgefäßwandungen erkranken Schleimhäute des Respirations- wie Digestionstraktus, Lunge, Gehirn usw. (E. Fränkel).

Fig. 180. Diphtheriebazillen mit Polkörperchen (gefärbt nach Neißer mit Methylenblau und Bismarckbraun.)

Diphtheriebazillus (Löffler), ein kleines, plumpes, unbewegliches, grampositives Stäbchen. Es kann sehr verschiedene Gestalt haben, ist öfters leicht gekrümmt, oder an einem oder beiden Enden angeschwollen, oder länglich zylindrisch, oder spitz ausgezogen, auch fadenbildend. Die Bazillen sind sehr oft septiert. Mit bestimmten Doppelfärbungen lassen sich in ihnen die diagnostisch wichtigen (s. u.), sog. Ernst-Babesschen Granula (Polkörperchen) nachweisen. Der Bazillus ist der Erreger der genuinen **Rachendiphtherie, Nasendiphtherie** usw. sowie der **Hautdiphtherie.** Er ist exquisit toxisch und findet sich oft in Mischinfektion mit Streptokokken. Von Wichtigkeit sind Bazillenträger, bei denen sich der Bazillus in der Mund- und Nasenhöhle sowie im Konjunktivalsack finden kann. Auch bei Tieren kann man pseudomembranöse lokale Erscheinungen sowie Allgemeininfektion hervorrufen.

Dem Diphtheriebazillus ähnliche Bakterien, sog. **Pseudodiphtheriebazillen,** kommen bei Gesunden wie auch bei mannigfachen Erkrankungen vor; ihr Verhältnis zu den echten Diphtheriebazillen ist noch nicht vollkommen aufgeklärt; zum Teil handelt es sich vielleicht bloß um nicht virulente Formen der letzteren. Für die Unterscheidung der echten Diphtheriebazillen und Pseudodiphtheriebazillen ist die Färbung auf die oben genannten Granula, die in den echten Diphtheriebazillen weit stärker auftreten, in den Pseudodiphtheriebazillen meist fehlen, diagnostisch besonders wichtig.

Dem Diphtheriebazillus ähnlich in der Form ist der **Xerose-Bazillus** (Leber u. a.), welcher bei der als **Xerosis** bekannten Erkrankung der Bindehaut vorkommt und als Ursache des Prozesses aufgefaßt wird.

Rotzbazillus, Bacillus mallei (Löffler-Schütz), ein schlankes Stäbchen, etwas dicker als der Tuberkelbazillus, ohne Eigenbewegung, ohne Sporenbildung, gramnegativ, meist etwas schwerer färbbar, oft septiert; manchmal finden sich auch echte Verzweigungen, in Kulturen häufiger Involutionsformen. Er ist der Erreger des **Rotz,** besonders beim Pferde, seltener aber auch, meist vom Pferde her übertragen, beim Menschen. Er kann auch bei unverletzter Haut durch Haarbälge eindringen. Bei männlichen Meerschweinchen erzeugt der Rotzbazillus nach intraperitonealer Impfung eine diagnostisch wichtige, eigentümliche Schwellung und später Vereiterung des Hodens und Skrotums.

Bacillus fusiformis, stellt wahrscheinlich eine Gruppe ähnlicher Bazillen dar, die anaerob wachsen und von fadenförmiger, peitschenartiger Gestalt sind, gramnegativ. Er ruft in Symbiose mit Spirochäten die **Plaut-Vincentsche Angina** hervor, scheint aber auch allein bei Stomatitis ulcerosa, Noma und dergleichen eine Rolle zu spielen und in verschiedenen Organen Eiterungen zu bewirken, so Leberabszesse oder Eiterungen der Lunge (im Anschluß an Bronchiektasien), solche im Mittelohr und dergleichen.

Der **Coccobacillus Perez** ist der mutmaßliche Erreger der Ozäna; Tierversuche scheinen geglückt zu sein (Hofer).

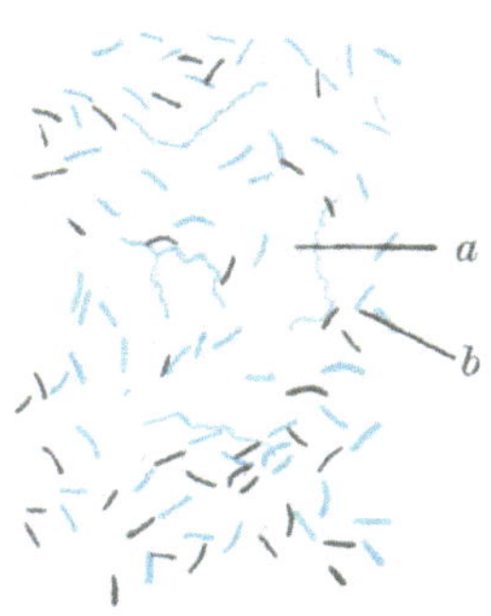

Fig. 181.
Fusiforme Bazillen (*a*) zusammen mit Spirochäten (*b*).

Fig. 182.
Sputum mit zahlreichen Tuberkelbazillen (mit Karbolfuchsin rot gefärbt). Die schleimigen fädigen Massen blau (mit Methylenblau) gefärbt.

Bacillus melitensis (Bruce), gramnegativ, zuweilen in Form von „Diplokokken", scheint den Erreger des sog. **„Maltafiebers"** darzustellen. Er findet sich dann in der Milz, der Leber, den Nieren. Er ist auf Affen übertragbar, bei denen er eine der des Menschen ähnliche Erkrankung hervorruft. Diese wird auf den Menschen durch kranke Ziegen bzw. deren Milch übertragen und besteht in entzündliche und ulzerösen Darmveränderungen, starker Schwellung der Milz und solcher der mesenterialen Lymphknoten. Sehr nahe steht der Bacillus dem für Rinder pathogenen Bac. abortus (Bang). Mit beiden konnte Jaffé bei Meerschweinchen besonders im Hoden aus größeren Zellen bestehende Knötchen (ohne Nitrose sich rückbildend) hervorrufen.

Säurefeste Bazillen.

Tuberkelbazillus (Koch), ein langes, schlankes Stäbchen, meist mit abgerundeten Enden, häufig leicht gekrümmt; öfters liegen mehrere Bazillen aneinander; im Inneren der Bazillen sieht man häufiger regelmäßig angeordnete, farblose, kleine Lücken (keine Sporen), auch sind sie oft in eine Körnchenreihe zerfallen. Der Tuberkelbazillus kann auch lange Fäden, sowie auch echte Verzweigungen bilden; im künstlich infizierten Tiere bilden sich manchmal drüsenförmige Massen. Der Tuberkelbazillus ist unbeweglich, bildet keine Sporen und wächst fakultativ anaerob. Er nimmt die gewöhnlichen basischen Farbstoffe schwer an (am besten bei Erwärmung), hält sie dann aber bei Entfärbung mit Säure fester als andere Bakterien, so daß er auf diese Weise isoliert (andere Bakterien ev. in einer einfachen Gegenfarbe) gefärbt werden kann. Auch in Form gramfärbbarer Granula ist der Bazillus nachgewiesen worden; es ist dies die sog. **Muchsche Granulaform des Tuberkelvirus,** über die aber das letzte Urteil noch nicht gesprochen ist.

Der Tuberkelbazillus ist der **Erreger der tuberkulösen Veränderungen jeglicher Art bei Mensch und Tier.** Er ist sehr resistent gegen hohe Temperaturen, Austrocknung, Fäulnis usw., ein echter Parasit und so nur relativ schwer außerhalb des Körpers züchtbar. Die Bazillen finden sich auch bei Gesunden in der Mund- oder Nasenhöhle; des weiteren in durch Sputum Tuberkulöser infiziertem Staub auf der Straße, in Wohnräumen und dergleichen, sowie in der Luft in Form von Staub oder Tröpfchen (besonders in der Nähe von Tuberkulösen).

Außer dem Tuberkelbazillus des Menschen gibt es andere Varietäten desselben für verschiedene Tierarten, wo sie weit verbreitet sind. Am wichtigsten ist der **Typus bovinus,** der Erreger der so häufigen **Perlsucht** der Rinder. Bei Kühen geht der Bazillus häufig in die Milch über, auch wenn keine Eutertuberkulose vorhanden ist. Hierin besteht seine Hauptgefahr für den Menschen. Doch kann auch das Fleisch tuberkulöser Tiere bei allgemeiner Miliartuberkulose und ausgebreiteter Organtuberkulose, besonders der innerhalb der Muskeln gelegenen Lmyphknoten, infektiös sein. Der **Typus humanus** und der **Typus bovinus** des Tuberkelbazillus scheinen nicht artverschieden, sondern höchstens speziesverschieden zu sein. Der Typus bovinus spielt eben insbesondere auch für die Darmtuberkulose des Menschen eine wichtige Rolle, wenn auch für den Menschen überhaupt eine viel geringere als der Typus humanus. Auch Affen erkranken — besonders in Gefangenschaft — sehr oft an Tuberkulose. Zu erwähnen ist weiterhin der Bazillus der **Vogeltuberkulose** (Hühnertuberkulose), welcher besonders an den Vogelkörper angepaßt ist, aber auch bei anderen Tieren pathogen wirkt. Übertragungen auf Frosch, Blindschleiche usw. sprechen dafür, daß Tuberkelbazillen sich unter Änderung ihrer kulturellen Eigenschaften auch an Kaltblüter anpassen können; auch bei Fischen und Schildkröten wurden Tuberkelbazillen gefunden. Experimentell kann man bei verschiedensten Tieren (besonders Meerschweinchen und Kaninchen) mit Reinkulturen von Tuberkelbazillen oder mit tuberkelbazillenhaltigem Sputum bzw. Organteilen Tuberkulose erzeugen, was diagnostisch wichtig ist.

Dem Tuberkelbazillus nahestehende, säurefeste Bazillen — **Pseudotuberkelbazillen** —, welche auch bei manchen Tieren tuberkelähnliche Neubildungen hervorrufen können (**Pseudotuberkulose**, Eberth), wurden mehrfach gefunden und kommen in der Milch, der Butter, auf Gras, Mist usw. vor. Hierher gehören die von Petri, Lubarsch, Rabinowitsch u. a. gefundenen Formen. Sie werden von Lehmann als Mycobacterium phlei zusammengefaßt. Alle wachsen im Gegensatz zu den Tuberkelbazillen leicht bei Zimmertemperatur. Auf Meerschweinchen wirken sie pathogen, indem sie bei intraperitonealer Injektion (namentlich wenn gleichzeitig Butter mit einverleibt wird), Pseudotuberkulose, fibrinöse und später fibröse Peritonitis hervorrufen. Wegen ihrer Fähigkeit tuberkuloseähnliche Prozesse zu setzen, sind diese Bakterienarten praktisch wichtig, ferner besonders weil sie in Milch- oder Butterproben die Anwesenheit echter Tuberkelbazillen vortäuschen können. Es spricht für echte Tuberkulose, wenn Tiere nach Infektion geringer Menge von Bazillen sterben und sich riesenzellenhaltige, sowie besonders später verkäsende Knötchen entwickeln. Die echte Tuberkulose entwickelt sich langsamer als die Pseudotuberkulose. Auch durch morphologisch ganz andere Bakterienarten (Pseudotuberkulosebazillen) kann bei gewissen Tieren eine Pseudotuberkulose hervorgerufen werden.

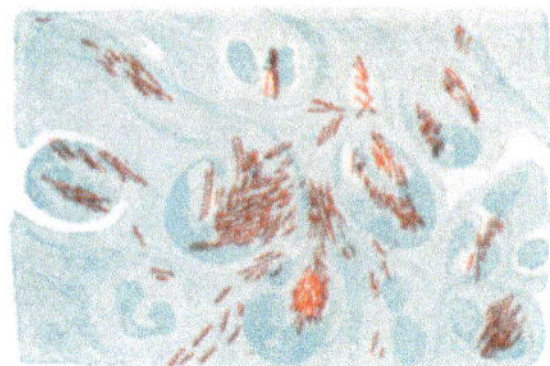

Fig. 183. Leprabazillen, Inhalt einer Pemphigusblase. (Nach Seifert-Müller.)

Den Tuberkelbazillen nahe stehen auch folgende Bazillen:

Leprabazillus (Armauer-Hansen), meist etwas kürzer als der Tuberkelbazillus, nimmt Farbstoffe etwas leichter auf als dieser und zeigt dementsprechend auch meist eine geringere Säurebeständigkeit. Er findet sich als Erreger des **Aussatzes** in dessen Veränderungen, besonders in den sog. Leprazellen, in großen Mengen; er kann auch reichlich in Milch und Sperma übergehen.

Smegmabazillus, ein nicht pathogenes Stäbchen, etwas weniger säurefest als der Tuberkelbazillus, findet sich im **Smegma** an Präputium und Klitoris. Er galt einige Zeit als Erreger der Syphilis (Lustgarten).

3. Spirillen.

Kommabazillus, Vibrio der Cholera asiatica (Koch), kommaförmig gekrümmte, kleine, plumpe, meist mit einer, seltener zwei, endständigen Geißeln versehene und dann bewegliche Stäbchen, deren mehrere zu schraubenartigen Windungen zusammenhängen können. Er ist der Erreger der **Cholera asiatica** und findet sich oft in Reinkulturen in den „Reiswasserstühlen" Cholerakranker, anatomisch bei ihnen in der Darmwand, weniger in inneren Organen. Seine Haupteinwirkung ist toxischer Natur. Er findet sich zu Zeiten von Choleraepidemien auch im Darm Gesunder sowie in mit Choleradejektionen verunreinigtem Wasser (in Brunnen, Leitungen, Flüssen und dergleichen).

Fig. 184. Kommabazillus der Cholera asiatica.

Es gibt des weiteren zahlreiche, den echten **Choleravibrionen sehr ähnliche Formen,** welche schwer von ihnen zu unterscheiden sind und z. T., in großen Massen einwirkend, choleraartige Darmerscheinungen erzeugen können.

B. Trichomyzeten, Hyphomyzeten und Blastomyzeten.

Als pathogene **Trichomyzeten** werden der **Aktinomyzespilz,** der **Leptothrix, Cladothrix** und **Streptothrix** zusammengefaßt. Sie zeichnen sich durch echte Verzweigung aus. Das Netzwerk der feinen Fäden bildet das **Pilzmyzelium,** das ebenso wie die **Konidien** dem gleich bei den Schimmelpilzen zu erörternden entspricht.

Am wichtigsten ist hier der **Aktinomyzespilz** (Hahn, Bollinger). Er ist der Erreger der **Aktinomykose** bei Pferd und Rind, seltener beim Menschen. In den Granulationen findet er sich in Gestalt sandkornartiger Drusen. Sie bestehen aus einer dichten Masse z. T. dichotomisch verzweigter Fäden, welche von einer feinen Scheide bekleidet sind, die am peripheren Ende der Fäden verdickt ist und so hier kolbige Anschwellungen bewirkt (sie können auch, besonders in Kulturen, fehlen), so daß rosettenartige Formen entstehen. Diese Fäden sind an der Peripherie der Drusen radiär angeordnet nachzuweisen und lassen sich sehr leicht, auch nach Gram positiv, färben. Im Zentrum der Drusen finden sich, durch Zerfall der Fäden entstanden, reichlich körnerartige Gebilde.

Die Infektion geschieht mit Grannen und anderen Getreideteilen oder Holzteilchen, an welchen der Pilz haftet. Eingangspforten stellen (am häufigsten) die Mundhöhle (besonders kariöse Zähne) und Rachenhöhle, die Luftwege, der Darmtraktus, sowie die äußere Haut dar. Zunächst entsteht immer eine Lokalaffektion, doch kann der Aktinomyzes, auf dem Lymph- oder Blutwege in die verschiedensten Organe verschleppt, hier zur Ansiedelung kommen.

Noch sei **Leptothrix buccalis,** der bei Karies der Zähne eine Rolle spielt, erwähnt.

Die **Hyphomyzeten** (**Schimmelpilze, Fadenpilze**) besitzen ein aus dicken, manchmal quergegliederten, oft verzweigten Fäden (**Hyphen**) gebildetes Myzelium (**Thallus**), welchem ebenso wie den Bakterien Chlorophyll fehlt. Diese Fäden überwiegen über die Sporen, die etwa kugeligen oben genannten Konidien.

Im allgemeinen haben die höher organisierten, d. h. mit eigenen Sporenträgern versehenen Schimmelpilze, zu denen die Gattungen der Mukorineen, Aspergilleen und Penizillien gehören, wenig pathologische Bedeutung, die meisten sind Saprophyten, doch kann bei Kaninchen durch intravenöse Injektion gewisser Schimmelpilzsporen eine tödliche Allgemeinerkrankung hervorgerufen werden, und auch beim Menschen sind durch Schimmelpilze entstehende Krankheiten bekannt. Von den Mukorarten ist Mucor corymbifer und rhizoporiformis als zuweilen pathogen (am Trommelfell und äußeren Gehörgang einsetzende

Otomykosen), von den Aspergilleen Aspergillus fumigatus, niger und flavescens als pathogen bekannt; insbesondere durch Aspergillus, meist fumigatus, hervorgerufene Lokalaffektionen entstehen an der Haut, im Gehörgang, an der Hornhaut, im Darm, in den Lungen (Pneumonomycosis aspergillina); allerdings findet die Ansiedlung von Schimmelpilzen meistens als Begleiterscheinung anderer, z. B. pneumonischer oder tuber-

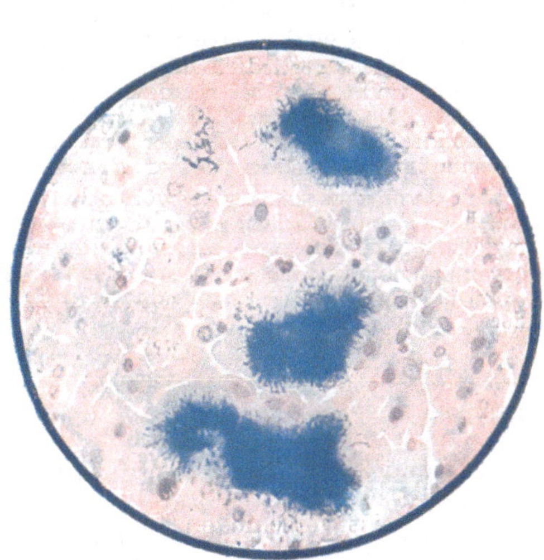

Fig. 185.
Aktinomyzes (gefärbt nach Gram, Kerne mit Karmin).

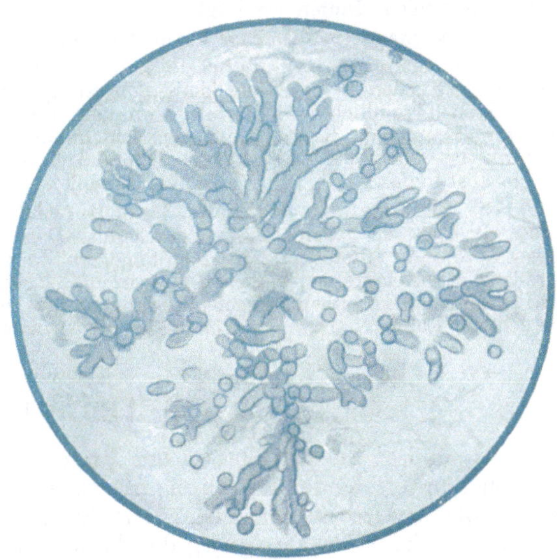

Fig. 186.
Aspergillus aus einem gangränösen Lungenherd.

kulöser Prozesse bei herabgekommenen Kranken — sekundär — statt; doch kann es keinem Zweifel unterliegen, daß manche Schimmelpilze sich nicht nur in abgestorbenen Gewebsteilen ansiedeln, sondern auch primär selbständig Nekrose und Eiterung mit ausgedehnten Gewebszerstörungen, ja unter Umständen selbst eine tödliche Allgemeinerkrankung hervorrufen können. Die besonders in Oberitalien verbreitete Pellagra wird vielleicht durch auf Mais wachsende Aspergilleen bewirkt, wobei Toxine (nach Gosio zur Gruppe der Phenole

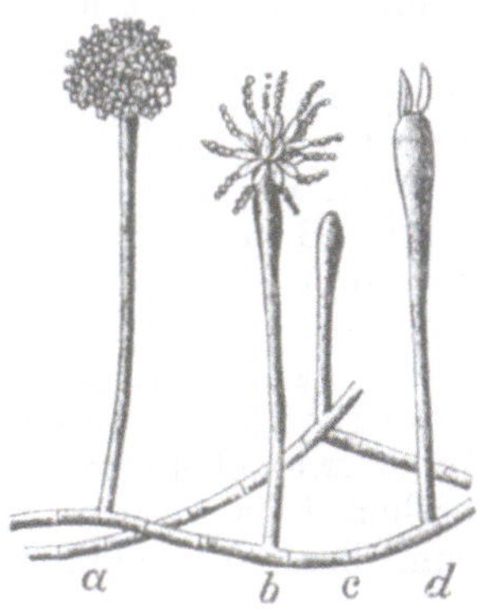

Fig. 187.
Aspergillus (nach Metz).
Bei *b* ist nur ein Teil der Sporenketten tragenden Sperigmen gezeichnet. Das gewöhnliche Bild ist *a*. Aus Lehmann, Methoden der prakt. Hygiene. Wiesbaden 1901.

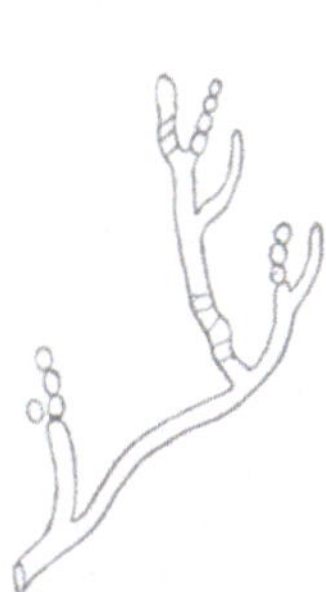

Fig. 188.
Trichophyton tonsurans schematisch.
(Nach Lehmann.)

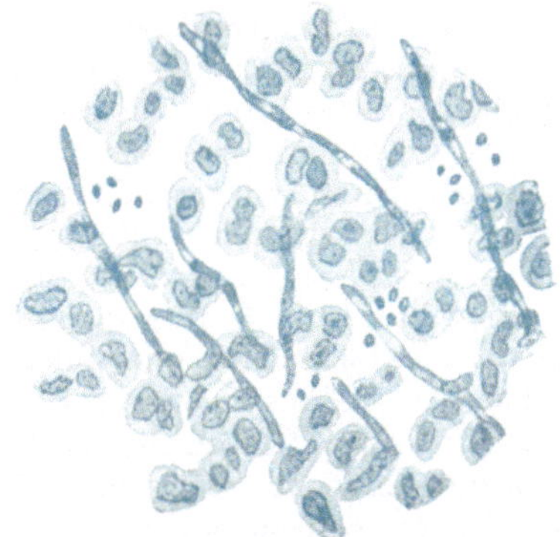

Fig. 189.
Soor-Fäden und Konidien aus dem Ösophagus.

gehörend) entstehen, die, zum großen Teil wohl auch mit anaphylaktischen Eigenschaften, die Pellagra in Gestalt einer besonderen chronischen Intoxikation hervorrufen. Taubenzüchter, welche den Tauben das Futter so darreichen, daß es diese aus ihrem Munde picken müssen, können von den Tauben mit Aspergilleen infiziert werden.

Zu den einfachen, besonderer Sporenträger entbehrenden, Hyphomzyten gehören folgende Erreger von **„Dermatomykosen"** (vgl. spezieller Teil unter Haut):

Achorion Schönleinii, die Ursache des **Favus**, in den sogen. „Skutula" reichlich vorkommend. bildet ziemlich breite, manchmal mit Scheidewänden versehene Fäden, die an den Enden etwas verjüngt sind, Sporen mäßig zahlreich, rosenkranzförmige Ketten bildend.

Trichophyton tonsurans (Malmsten), dem vorigen sehr ähnlich, in verschiedenen Formen vorkommend; zu denselben gehört der Erreger des **Herpes tonsurans**, ähnliche Formen liegen verschiedenen anderen Hautaffektionen zugrunde.

Microsporon furfur (Robin). Ursache der Pityriasis versicolor; reichliche Myzelfäden und Sporen, letztere zu großen Haufen vereinigt.

Ihm verwandt ist das sehr kleine **Microsporon minutissimum** des Erythrasmas der Oberschenkel.

Eine weitere pathogene Spezies kann man hierher stellen, nämlich den **Saccharomyces** (Oidium) **albicans** (Robin), den Erreger des **Soor** („Schwämmchenkrankheit"). Er bildet gegliederte Fäden, welche an vielen Stellen rundliche oder ovale Konidien abschnüren; der Soor findet sich bei Kindern und stark heruntergekommenen Kranken auf der Schleimhaut der Mundhöhle, Rachenhöhle, des Ösophagus, Magens (besonders bei Geschwüren), Dünndarms, der Scheide, auf der Brustwarze stillender Frauen und dringt selbst in das Epithel ein; manchmal kommen sogar Metastasen in inneren Organen (Gehirn, Nieren) vor.

Die **Blastomyzeten** (**Sproßpilze, Hefepilze**) sind einzellige, sich durch knospenartig vorwölbende, dann loslösende Sprossen vermehrende Organismen. Doch können auch die jungen Zellen, sowie deren weitere durch Sprossung entstehende Abkömmlinge, im Zusammenhang bleiben, so daß dann längere rosenkranzförmige Ketten entstehen, die aber aus einzelnen Zellen bestehen und somit kein eigentliches Myzel bilden. Als menschliche Krankheitserreger (Eiterungen, Wucherungen) sind die Blastomyzeten zum mindesten überaus selten. Echte Geschwülste können sie nicht etwa produzieren.

II. Tierische Parasiten.

Sie gehören zu den Klassen der Protozoen, Würmer und Arthropoden (Insekten).

Man unterscheidet Epizoen, die an äußeren Teilen, und Entozoen, die in inneren Organen höherer Organismen leben. Die Aufnahme der Parasiten ist verschieden. Bei Epizoen ist eine direkte Übertragung der Parasiten oder ihrer Eier leicht verständlich; Entozoen werden in Form von Eiern oder Embryonen besonders mit der Nahrung aufgenommen, doch können manche, so die Embryonen des Ankylostoma, auch durch die unverletzte Haut eindringen. Viele Parasiten werden durch den Stich bestimmter Mücken oder dergleichen auf den Menschen übertragen, z. B. die Erreger der Malaria durch die Anopheles, die der Schlafkrankheit durch die Glossina palpalis, die des Gelbfiebers durch die Stegomyia fasciata. Ebenso werden Filarialarven durch Moskitostiche dem Blute des Menschen einverleibt. Manche Parasiten machen aktiv im Körper ausgedehnte Wanderungen durch, z. B. Oxyuren oder Askariden; andere werden mit dem Lymph- oder Blutstrom verschleppt bzw. in serösen Höhlen in die Umgebung „disseminiert". Die höheren Parasiten nehmen mittels ihres Mundes ihre Nahrung auf, zum Teil durch Blutsaugen. Eingekapselte Parasiten können ein Jahrzehnte betragendes Alter erreichen.

Die Parasiten leben nur auf bestimmten „Wirten" (Wirtstieren), manche nur am Menschen, andere nur bei dieser oder jener Tierart; und zwar entweder in lebenslänglichem Parasitismus bei demselben Individuum, z. B. in dessen Darm, wie die Oxyuren oder Askariden, oder die Parasiten haben zu ihrer Entwicklung einen Wirtswechsel nötig, wie z. B. die Trichinen. Hierbei zeigen zahlreiche tierische Parasiten, z. B. die Bandwürmer (s. dort), einen Generationswechsel dergestalt, daß sich nur in bestimmten Wirtstieren — Zwischenwirten — aus den Eiern bzw. Embryonen geschlechtslose Generationen, sog. Ammen entwickeln, diese aber abwechseln mit einer geschlechtlich ausgebildeten Generation, die sich nur nach Aufnahme in eine andere Tierart (kurz „Wirt" genannt) in dieser entwickeln kann. Diese Übertragung geschieht oft dadurch, daß der definitive Wirt den Zwischenwirt als Nahrung aufnimmt. Manche Parasiten bedürfen nur in einem besonderen Stadium ihrer Entwicklung eines Wirtes, den sie aufsuchen — periodischer Parasitismus.

Hierbei können die Larven schmarotzen und die späteren Entwicklungsstadien freileben, wie bei der Dasselfliege, oder umgekehrt die späteren Entwicklungsformen parasitieren, wie beim Floh. Bei zweigeschlechtlichen Parasiten schmarotzt öfters nur das eine Geschlecht, das andere erobert sich seine Nahrung selbst. Daß Parasiten sich in ihrem Organbestand bzw. ihrer Form mit der Zeit ändern, da infolge ihrer Lebensweise manche Organe nicht mehr benutzt werden, ergibt sich aus allgemeinen Gesetzen von selbst.

Andere Parasiten suchen überhaupt nur gelegentlich ein Wirtstier zur Nahrungsaufnahme auf (z. B. zahlreiche Insekten) — temporärer Parasitismus.

Krankheiten, die durch niedrige tierische Lebewesen bewirkt werden, bezeichnet man zusammen mit den durch pflanzliche Mikroorganismen hervorgerufenen als Infektionskrankheiten, solche, die durch höhere tierische Parasiten erzeugt werden, als Invasionskrankheiten (Heller). Die Folgezustände sind je nach Art, Zahl und Sitz der Parasiten sehr verschieden, teils lokaler, teils aber auch allgemeiner Natur. Im Gegensatz zu den meist gefährlichereren pflanzlichen Parasiten wirken die tierischen krankheitserregend bzw. tödlich vorzugsweise auf mechanischem Wege, durch Druck auf wichtige Organe (Echinokokken, ferner Zystizerken besonders im Gehirn) oder durch Verlegen von wichtigen Gängen (Fasciola hepatica oder Leberechinokokkus mit Ikterus im Gefolge), von Blutgefäßen (Schistosomum haematobium) oder Lymphgefäßen (Filaria Bancrofti); es entstehen Atrophien und reaktive, oft zur Einkapselung der Parasiten (z. B. Muskeltrichinen) führende Entzündungen, ferner Wucherungen (z. B. bei Schistosomum haematobium oder bei den Coccidien der Kaninchenleber). Doch wirken auch toxische Substanzen, z. B. bei Ankylostoma duodenale und bei Botryozephalen, mit, und vor allem ist dies bei den rote Blutkörperchen zerstörenden Blutparasiten der Fall. Blasenwürmer reizen wohl ihre Umgebung auch durch toxische Substanzen. Die allgemeinen Störungen sind teils nervöse (z. B. bei Bandwürmern), teils fieberhafte Zustände (z. B. bei Trichinen); auch findet sich Eosinophilie des Blutes. Die tierischen Parasiten sind vor allem von Leuckart studiert worden.

A. Protozoen.

Der niedersten Tierklasse angehörend, lassen sie meist Protoplasma und Kern getrennt erkennen, öfters auch Andeutungen höherer Organisation. Die Vermehrung findet auf dem Wege

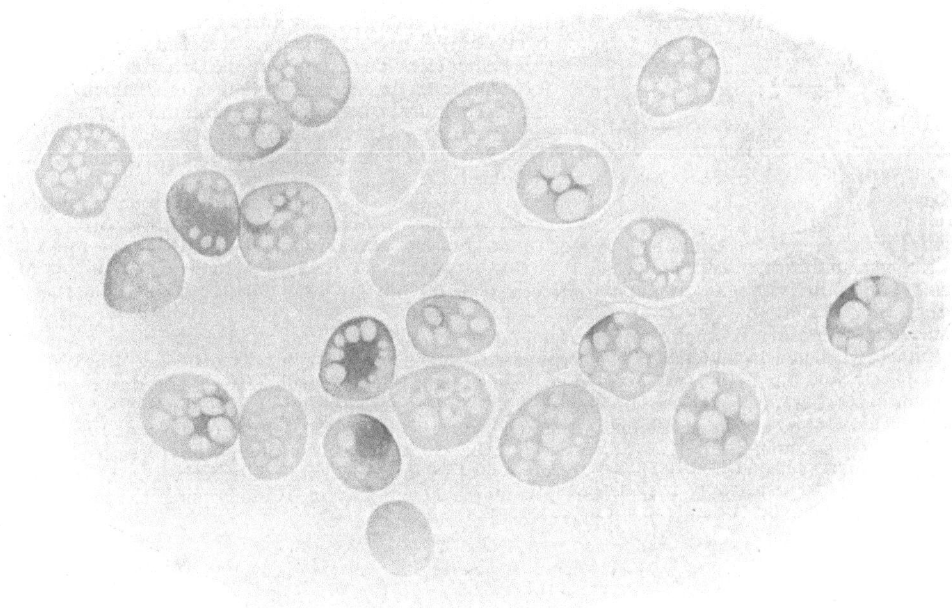

Fig. 190.
Amöbenherd in der Submukosa.
Aus S. Hara, Frankfurter Zeitschrift f. Pathologie, Bd. IV, H. 3.

von — meist mitotischer — Teilung statt, wobei, wenn das Protozoon zwei Kerne, einen Makro- und einen Mikronukleus aufweist, letzterer wichtiger zu sein scheint; daneben findet sich auch Konjugation. Zahlreiche Protozoen weisen Generationswechsel auf. Die Bewegung und Ernährung geschieht durch Vortreiben und Wiedereinziehen von Protoplasmafortsätzen, sog. Pseudopodien. Die Protozoenkrankheiten stehen den durch pflanzliche Erreger erzeugten Infektionskrankheiten nahe. Bei der Einteilung folgen wir Braun. Von den von ihm aufgestellten Klassen kommen hier folgende in Betracht: Rhizopoden, Flagellaten, Sporozoen und Infusorien.

Zu den **Rhizopoden** gehören die **Amöben,** nackte Klümpchen von Protoplasma, das sich in ein Ektoplasma (hyalin) und ein Endoplasma (granuliert) scheiden läßt. Die **Amoeba coli vulgaris** findet sich öfters im normalen, wie auch gelegentlich im erkrankten Darm, die **Entamoeba buccalis** in der Mundhöhle, aber nicht mit sicher pathogener Bedeutung. Am wichtigsten ist die **Amöba dysenteriae** (Kartulis). Sie ist der Erreger der tropischen Dysenterie und findet sich bei ihr in Inhalt und Wandung des Darmes sowie in den Leberabszessen. Auch bei tropischer Enteritis spielen Amöben eine Rolle. Sie sind auch für Katzen pathogen.

Zu den **Flagellaten** gehört das hier und da im Dickdarm gefundene und vielleicht mit Diarrhöen zusammenhängende **Trichomonas intestinalis,** ein birnenförmig gestalteter Körper mit 4 Geißeln an einem Ende. sowie das ähnliche im Scheidenschleim gefundene **Trichomonas vaginalis.** Ferner ist **Lamblia intestinalis** zu nennen, ein beim Menschen höchstens sehr selten pathogener, birnförmiger Parasit mit einer etwa nierenförmigen Aushöhlung am vorderen, dickeren Ende.

Hier anzureihen sind die **Spirochäten.**

Spirochaete pallida (Treponema pallidum) (Schaudinn-Hoffmann) wird (wie überhaupt die Spirochäten) von Schaudinn zu den Protozoen, von anderen allerdings zu den — pflanzlichen — Spirillen gerechnet. Sie stellt eine Spirale von etwa 4—14 Windungen dar, besitzt eine Länge von etwa 4—14 μ, ist äußerst schmal (höchstens $^1/_4\,\mu$) und trägt an jedem Ende eine Geißel. Die Spirale ist vorgebildet, bleibt also im Gegensatz zu den echten Spirochäten auch im Stillstehen erhalten, die Windungen sind steil, eng, tief, regelmäßig korkzieherartig gewunden. Die Spirochaete pallida hat wahrscheinlich eine undulierende Membran und vermehrt sich durch Längs-, vielleicht auch durch Querteilung. Sehr charakteristisch ist ihre außerordentliche Zartheit und schwere Färbbarkeit; sie erscheint bei Giemsafärbung hell rötlich violett (während andere Spirochäten blau tingiert werden), ist aber leichter frisch bei Dunkelfeldbeleuchtung (typische Art der Vorwärtsbewegung) oder nach Art des Burrischen Tuscheverfahrens, im übrigen auch durch Versilberung nachzuweisen. Die Spirochaete pallida ist der Erreger der **Syphilis.** Sie wird mit Vorliebe an rote Blutkörperchen angelagert gefunden, in Schnitten ist sie in Produkten tertiärer Syphilis seltener, dagegen besonders bei kongenitaler Syphilis oft in erstaunlichen Mengen zu finden. Sie wird auch bei experimentellen Übertragungen syphilitischer Produkte auf Affen (besonders an den Augenbrauen) und Kaninchen (besonders Hodeninokulationen) gefunden. Reinzüchtungen sind, wenn auch nur unter bestimmten Bedingungen, gelungen, besonders Noguchi, welcher einen flüssigen Nährboden, dem ein Stück steriles Gewebe zugefügt ist, benutzt und anaerob züchtet.

Fig. 191. Trichomonas vaginalis, ca. 100fach vergr. (Nach Künster.) (Nach Lehmann, l. c.)

Fig. 192. Spirochaete pallida

Ähnliche Spirochäten sind als nichtpathogene Schmarotzer weit verbreitet; so vor allem die oft mit der Spirochaete pallida zusammen vorkommende, aber ganz banale, weit dickere und leichter färbbare **Spirochaete refringens.** Zahlreiche andere Spirochäten mit eigenen Namen kommen vor allem in der Mundhöhle vor und haben hier Beziehungen zu Zahnveränderungen, im übrigen aber wenig ätiologische Bedeutung für Krankheiten.

Spirochaete Obermeieri, auch von den einen hierher, von anderen zu den Spirillen gerechnet, bildet lange, lebhaft bewegliche, gramnegative Schraubenwindungen. Sie ist der Erreger des **Rückfallfiebers** und findet sich nur während der Fieberanfälle im Blut. Sie wird auf den Menschen in Afrika durch eine Zeckenart, den **Ornithodorus moubata,** in Europa wahrscheinlich durch infizierte, zerquetschte Läuse übertragen (in diesen scheint die Spirochäte keinen Entwicklungszyklus durchzumachen). Die Krankheit läßt sich mit spirochätenhaltigem Blut auf Menschen oder Affen übertragen. Die Spirochäten wurden von Noguchi rein gezüchtet. Bei der Sektion von Menschen finden sich Milztumor (eventuell mit Infarkten oder Abszessen), Leberschwellung, hämorrhagische Exsudate besonders auch der Meningen, sowie häufig Bronchopneumonien.

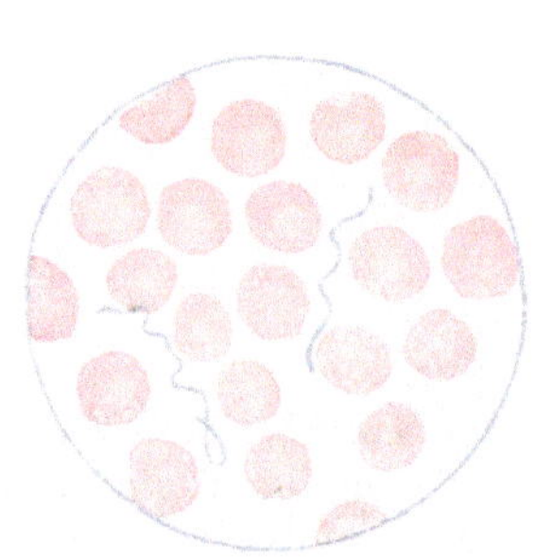

Fig. 193. Obermeiersche Spirochäten im Blut.

Fig. 194. Spirochaete nodosa bei Weilscher Krankheit.

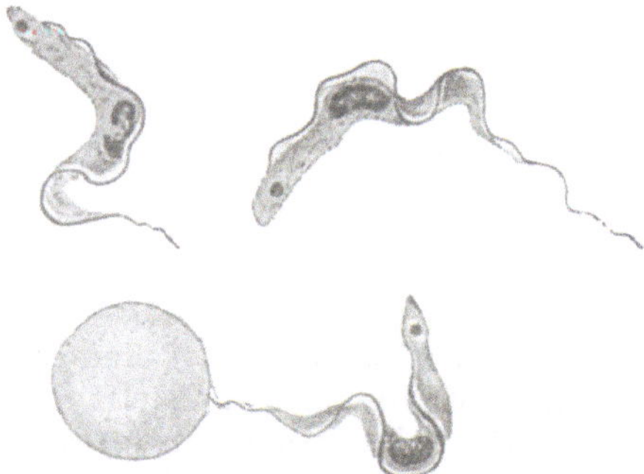

Fig. 195. Trypanosoma gambiense (nach Dutton). Aus Braun, Die tierischen Parasiten des Menschen. Würzburg 1908.

Ähnlich ist die **Spirochaete Duttoni,** der Erreger des „Zeckenfiebers“ in Afrika, und die **Spirochaete Novyi** der entsprechenden amerikanischen Erkrankung.

Spirochaete nodosa (icterogenes oder icterohaemorrhagiae) (Inada und Ido, Uhlenhuth und Fromme, Hübner und Reiter), meist kürzer als die Spirochaete pallida, zeigt spärlichere und weniger steile, überhaupt untypischere Windungen, ist unregelmäßig geschlängelt und weist besonders am Ende Knötchen auf. Sie ist der Erreger der **Weilschen Krankheit** (Icterus infectiosus) und findet sich im Blut, wenn auch nur in der ersten Krankheitswoche, seltener dagegen in den Organen, am relativ häufigsten in der Niere, und wird auch mit dem Urin ausgeschieden. Die Krankheit kann auf Tiere übertragen werden, in deren Blut und Organen sich die Spirochäten dann in großen Massen finden.

Spirochaete forans (Reiter), wurde bei einem mit Gelenkaffektion verbundenen Leiden gefunden. Neuerdings haben Noguchi und Kligler in der von ihnen sog. **Leptospira ictcroides** den wahrscheinlichen Erreger des Gelbfiebers nachgewiesen und mit ihr auch Meerschweinchen infizieren können.

Auch die **Trypanosomen** gehören zu den Flagellaten. Schon seit dem Anfang der 40er Jahre bekannt, wurde ihre ätiologische Bedeutung erst neuerdings anerkannt und weiter verfolgt; eine besondere Rolle spielen sie bei **tropischen Erkrankungen** und in der **Tierpathologie.**

Die Trypanosomen haben eine undulierende Membran, ein Zentrosoma am hinteren Ende und eine die Fortsetzung der undulierenden Membran bildende Geißel, sowie einen runden oder ovalen Kern am vorderen Ende. Sie sind sehr beweglich und vermehren sich durch longitudinale Teilung, zum Teil wohl auch auf komplizierterem Wege durch Vereinigung von sich bildenden getrennt geschlechtlichen Makrosporen und Mikrosporen. Die Zahl der beschriebenen Trypanosomen ist sehr groß — über 80 —, doch sind viele identisch. Die durch sie hervorgerufene Erkrankung im allgemeinen — Trypanosomiasis — zeigt nach einer Inkubationsperiode re- oder intermittierendes Fieber, Milzvergrößerung, Veränderungen der Leber, der serösen Häute usw. Am wichtigsten sind von den für Tiere pathogenen Trypanosomen das Trypanosoma Lewisi, das Ratten in sehr großer Zahl (41% in Berlin) infiziert, ferner das Trypanosoma Brucei, Evansi, equinum, equiperdum, Theileri, welche bei Pferden, Rindern usw., die als Nagana, Surra, Mal-de-Caderas, Durine, Galziekte (Gallenfieber) usw. bezeichneten Erkrankungen hervorrufen. Meist dienen Fliegen als Überträger der Infektion, so die Tsetsefliege (Glossina morsitans) bei der Tsetseerkrankung (Nagana). Wie alle Protozoen sind die Trypanosomen meist schwer kultivierbar; doch ist z. B. Mc Neal und Novy eine Kultivierung von Tsetse-Trypanosomen, sowie öfters eine solche von Trypanosoma Lewisi gelungen. Impfungen auf Tiere — besonders junge — sind zahlreich ausgeführt worden.

Das **Trypanosoma gambiense** ruft den Untersuchungen Duttons und Todds, wie Castellanis zufolge, wahrscheinlich die in Afrika beheimatete **Schlafkrankheit** hervor. Die zunächst mit unregelmäßigem Fieber, Erythemen und Ödemen sowie Anämie beginnende Erkrankung ist später mit starker Apathie und Konvulsionen verbunden und verläuft unter extremer Abmagerung, oft nach jahrelangem Verlauf, tödlich. Hirn und Hirnhäute zeigen Herde aus Lymphozyten und Plasmazellen (ähnlich wie bei der Paralyse). Zahlreiche Komplikationen kommen häufig hinzu. Die Trypanosomen werden besonders durch Punktion der stets geschwollenen Lymphknoten, besonders der zervikalen, nachgewiesen. Sie finden sich auch in der Zerebrospinalflüssigkeit sowie seltener im Blut. Als Überträger dieser Trypanosomen werden die **Glossina palpalis,** sowie auch andere Glossinenarten (Koch) angesehen. Auch auf Affen, Kaninchen usw. lassen sich die Trypanosomen meist mit tödlichem Erfolg übertragen.

Die sog. **Leishmann-Donovanschen** Körperchen, auch zu den Trypanosomen gerechnet, rufen die indische **Kala-Azar** hervor, eine Splenomegalie mit re- oder intermittierendem Fieber.

Ganz entsprechende Körperchen finden sich auch bei dem tropischen Geschwür, der sog. **Delhi-** oder **Orientbeule „Aleppobeule"** (Wrightsche Körperchen), ferner bei der an den Küsten des mittelländischen Meeres vorkommenden **Leishmannschen Anämie,** sowie bei **Granuloma teleangiectodes** unserer Gegenden (Schridde).

Noch genannt sei ein weiteres Trypanosomum, das **Chizotrypanum Cruzi,** der Erreger der in Brasilien auftretenden sog. **parasitären Thyreoditis.**

Hier eingereiht seien eine Reihe kleinster Gebilde, die **Zelleneinschlüsse** darstellen und von einer Reihe Autoren als fremde Mikroorganismen und Erreger bestimmter Erkrankungen bzw. als Zelldegenerationen, welche in Beziehungen zu solchen Erregern stehen, angesehen werden. Diese in ihrer systematischen Einreihung fraglichen Gebilde, die vor allem spezifischen Epithel- und eventuell Endothelparasitismus zeigen, kann man als **Chlamydozoen** (v. Provaźek) zusammenfassen. So sind bei der **Tollwut** (Lyssa) die in Ganglienzellen gefundenen **Negrischen Körperchen** schon länger bekannt und zur Diagnose herangezogen. Noguchi

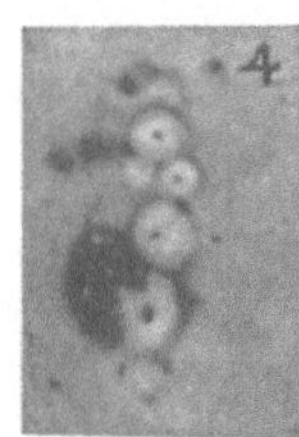

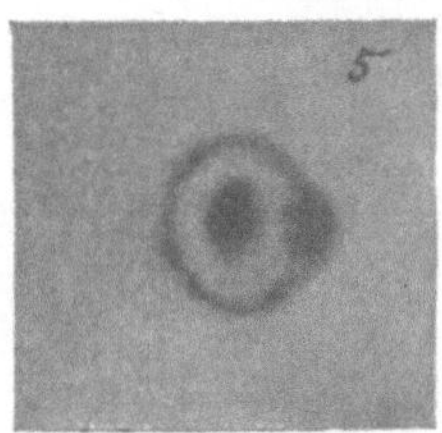

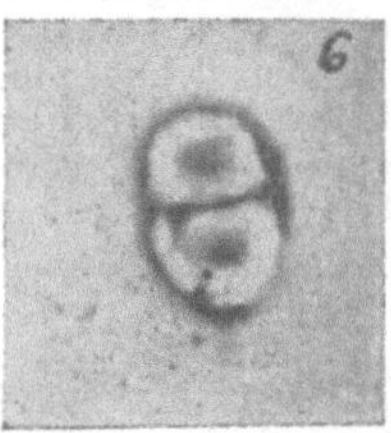

Fig. 196.
Negrische Körperchen in Natur gezüchtet. (Nach Giemsa gefärbt.)
(Aus Noguchi, Cultivation of the parasite of Rabies. Journ. of experim. Med. Vol. 18.)

ist es gelungen diese Körperchen zu züchten und mit den Kulturen bei Hunden usw. Tollwut zu reproduzieren. Sie enthalten anscheinend sog. Elementarkörperchen. **Elementarkörperchen** sollen auch die Erreger der **Pocken** sein (Paschen) und in Zellen einen Entwicklungsgang aus Vorstufen, sog. **Initialkörperchen,** durchmachen. Durch Reaktionsprodukte der Zellen um diese anscheinenden Mikroorganismen entstehen dann die sog. **Guarnierischen Körperchen,** welche schon länger bekannt und auf jeden Fall für Variola und Vakzine charakteristisch sind. Ähnliche kleine Elementarkörperchen, in Zellen eingeschlossen, wurden auch z. B. bei folgenden Erkrankungen gefunden und mit deren Ätiologie in Zusammenhang gebracht: **Molluscum contagiosum, Trachom, sog. Einschlußblennorrhöe, Epitheliosis desquamativa, Verruga peruviana** (auch **Carrionfieber** genannt), bei der die in wuchernden Endothelzellen vorhandenen Einschlüsse durch Phlebotomus verrucarum übertragen werden sollen. Des weiteren gehören hierher eine ganze Reihe von Tierkrankheiten. Andererseits stellen alle bei Geschwülsten als „Erreger" beschriebenen Gebilde und ebenso wohl auch die Malloryschen Körperchen bei Scharlach keine Lebewesen, sondern offenbar Zelldegenerationsprodukte dar.

Besonders wichtig sind kleinste Gebilde, welche bei **Fleckfieber** gefunden, mit der Ätiologie dieses in Zusammenhang gebracht und von Da Rocha-Lima als **Rickettsia Provazeki** (in Erinnerung an zwei besonders verdiente Fleckfieberforscher) bezeichnet werden. Sie finden sich im Körper der Laus, der Überträgerin der Krankheit. Allerdings beherbergt die Laus ganz gewöhnlich auch sonst ähnliche Körperchen, doch sollen Unterschiede insofern bestehen, als diese Gebilde bei Fleckfieberläusen allein parasitär in den Zellen des Magen-Darmkanals liegen sollen. Diese Rickettsien sind neuerdings auch in Zellen der menschlichen Fleckfieberzellanhäufungen um Gefäße nachgewiesen worden. Ähnliche Körperchen werden auch — aber weit hypothetischer — als Erreger des **Wolhynischen Fiebers** (5 Tagefieber) angeschuldigt.

Bemerkenswert ist endlich noch der von Flexner und Noguchi entdeckte Erreger der **Poliomyelitis anterior.** Es sind dies vom Nervenmaterial des an der Erkrankung leidenden Menschen wie Affen (auf den die

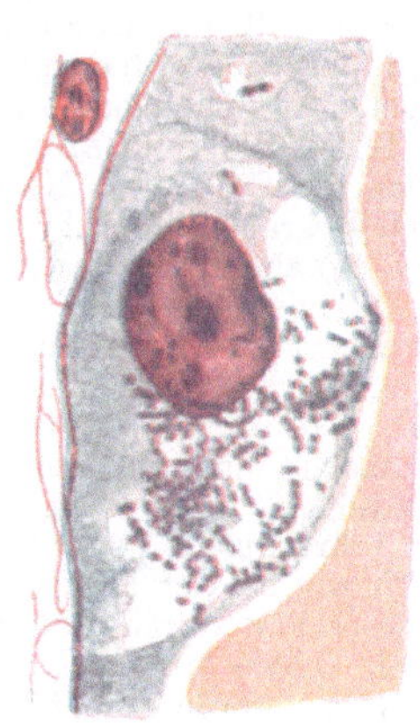

Fig. 197.
Rickettsien innerhalb einer Epithelzelle des Magens einer Fleckfieberlaus.
Nach Da Rocha-Lima, Patholog.-T. 1916 (Kriegspath. Tg.) s. Zentralbl. f. allg. Pathol. Bd. 27.

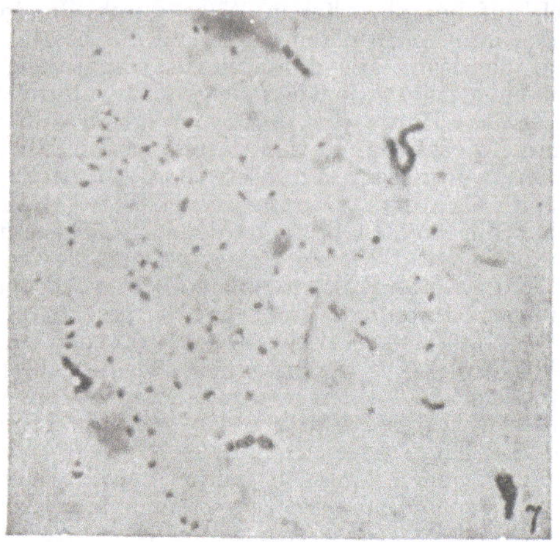

Fig. 198.
Erreger der Poliomyelitis epidemica (nach Flexner-Noguchi).
(Aus Flexner-Noguchi, Microorganism causing poliomyelitis. Journ. of experim. Med. Vol. 18.)

Erkrankung experimentell übertragbar ist) stammende kleine, filtrierbare, oft zusammenhängende, runde Körperchen; es gelang Flexner und Noguchi sie auch anaerob zu züchten und mit ihnen Affen zu infizieren.

Die **Sporozoen** besitzen keine Bewegungsorgane und bilden in ihrem Inneren Sporen (sog. Pseudonavizellen), aus denen wieder junge Sporozoen hervorgehen. Zu ihnen gehören die **Coccidien,** häufig in den Epithelien der Gallengänge der Kaninchenleber gelegen und an diesen Proliferationen bewirkend, sowie die sog. **Miescherschen Schläuche.** Letztere, oft schon mit bloßem Auge sichtbar, stellen weißliche Einlagerungen in das Muskelfleisch der Schweine, Rinder und anderer Haustiere dar; sie sind von einer dünnen Hülle umgeben und enthalten kleine, den sichelförmigen Körperchen der Gregarinen analoge Gebilde. Sie sind deswegen nicht unwichtig, weil sie mit Trichinen verwechselt werden können.

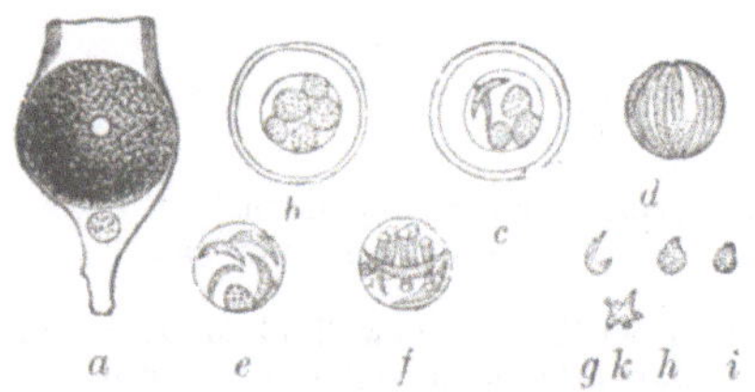

Fig. 199.
Coccidium aus dem Darm der Maus (nach Leuckart).
a eine nackte Kokzidie in einer Darmepithelzelle; *b*, *c* dieselbe mit einer Hülle versehen, *d*, *e*, *f* Inhalt im Zerfall zu sichelförmigen Körpern, die in Figur *g* frei werden und amöboide Bewegung zeigen (*h*—*k*).

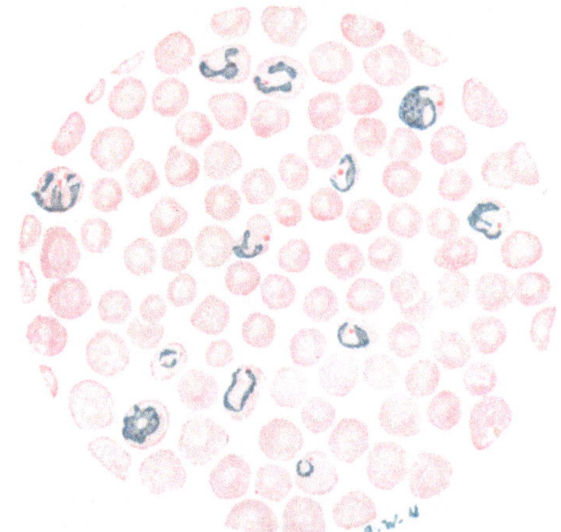

Fig. 200.
Zahlreiche Malariaplasmodien in roten Blutkörperchen (Giemsafärbung).

Zu den Sporozoen (ihrer Unterabteilung **Hämosporidien**) rechnet man auch die **Plasmodien der Malaria** (Macchiafava, Celli, Laveran, Golgi). Sie werden auf den Menschen übertragen durch den Stich eines Moskitos, der **Anopheles**; Malaria tritt also nur da auf, wo diese, welche aber überaus verbreitet ist, sich findet. So ins Blut des Menschen gelangt, wandern die Malariaplasmodien in die roten Blutkörperchen ein, wo sie unter amöboiden Bewegungen zu verschiedenen Formen auswachsen und die roten Blutkörperchen aufzehren, wobei sich im Zentrum ein Häufchen schwarzen, aus der Zerstörung des Hämoglobins entstandenen Pigmentes ansammelt. Ist der Parasit so groß geworden, daß er das Blutkörperchen fast ausfüllt, so teilt er sich in eine Anzahl rosettenförmig angeordneter Stücke (Gänseblümchenform), die sog. Merozoiten; diese werden dann frei und wandern als junge Plasmodien in neue rote Blutkörperchen ein; durch das Einwandern wird der Fieberanfall bedingt. Daneben finden sich, ebenfalls im menschlichen Blut, Formen, welche eine zweigeschlechtliche Unterscheidung in Männchen und Weibchen, besonders der Anordnung eines Kernstoffes (Chromatin) nach, zulassen. Man unterscheidet **Makrogameten,** welche dem weiblichen Geschlecht entsprechen, und **Mikrogameten,** welche dem männlichen entsprechen. Erstere können sich im Menschen durch Ausstoßen von Keimen parthenogenetisch weiter fortpflanzen, die männlichen Keime nicht. Sticht nun eine Anopheles einen Menschen, der jene geschlechtsreifen Schmarotzer beherbergt und nimmt so männliche wie weibliche Gameten in sich auf, so geht im Körper der Mücken die Begattung beider vor sich. Der männliche Malariaparasit stößt spermatozoenähnliche Gebilde aus, welche beweglich sind, zu den weiblichen Parasiten gelangen und sie begatten. Der befruchtete Makrogamet wandelt sich im sog. Magen der Anopheles in **„Ookineten“,** d. h. wurmförmige kleine Gebilde, sodann in eine **„Oozyste“** um. Aus diesen Zysten bilden sich Tochterzysten, **„Sporoblasten“** und aus diesen zahlreiche **Sporozoiten,** welche zu fertigen Plasmodien auswachsen. Sie werden durch Platzen der Oozyste frei, gelangen, da jene sich schon außen am Magen angesiedelt, in die freie Bauchhönle, sodann in die Speicheldrüse der Mücke und mit dem Stich der Mücke wieder in das Blut des Menschen, wo sie die roten Blutkörperchen von neuem invadieren.

Je nach der Spezies dauert der Entwicklungszyklus des Parasiten 48 Stunden, d. h. jeder zweite Tag weist einen Anfall auf (**Tertiana**), **Plasmodium vivax,** oder 72 Stunden (**Quartana**), dementsprechend 2 Tage Pause, **Plasmodium malariae.** Eine dritte Spezies des Malariaerregers erzeugt die **tropische Malaria** (**autumnale Form oder Perniziosa** genannt), **Laverania malariae.** Die Quotidiana ist eine Tertiana, bei welcher eine geringere Fiebererhebung auch am zweiten Tag (eventuell eine andere Generation von Tertianaparasiten) stattfindet oder eine dreifache Quartana.

Die frischen Formen der Plasmodien zeigen oft Siegelringform — Tertianaringe und Tropenringe —; die geschlechtlichen Formen der letztgenannten Malariaform bieten das Bild der sog. **Laveranschen Halbmonde** dar. Die Malariaplasmodien wurden auch gezüchtet (Baß). Als prophylaktische Maßnahmen versucht man es durch Chinin beim Menschen dahin zu bringen, daß die Anopheles kein Blut mit lebenden Plasmodien bekommt, und ferner den Menschen gegen den Stich durch Netze u. dgl. (besonders nachts) zu schützen.

Das **Schwarzwasserfieber** wird von manchen als besonders schwere Malariaform angesehen; doch handelt es sich wohl um eine Chininvergiftung (Koch) bei Malaria.

Den Malariaplasmodien verhalten sich in vielem ähnlich die **Piroplasmen,** die, durch Zecken auf Rinder übertragen, bei diesen das **Texasfieber** hervorrufen.

Die **Infusorien** sind formbeständige Organismen, welche sich durch Geißeln fortbewegen. Von ihnen kommt beim Menschen vor: das **Paramaecium** oder **Balantidium coli,** ein nur 0,1 mm langer ovaler Mikroorganismus mit einem Wimperkranz an der Außenseite seines Körpers (besonders starke Wimpern an der Mundöffnung). Es kann im Darm tief in die Schleimhaut eindringen und Katarrhe sowie Geschwüre hervorrufen, vielleicht auch Leberabszesse.

B. Vermes - Würmer.

1. Trematoden.

Platt(Saug-)Würmer mit ungegliedertem, meist blattförmigem Leib mit Mundöffnung und blind endigendem Darm. Ein Saugnapf zumeist am Mund; andere an anderen Stellen. Die Kutikula trägt häufig Stacheln. Die meisten Trematoden sind Hermaphroditen. Die Entwicklung der Eier und der Entwicklungsgang in den Zwischenwirten ist sehr kompliziert. Zwischen den zahlreichen zu den Geschlechtsorganen gehörenden Kanälen liegt ein „Parenchym“, welches sich durch großen Glykogenreichtum auszeichnet.

Schistosomum haematobium (**Distomum haematobium, Bilharzia**) ist zweigeschlechtlich, das Männchen kürzer und dicker als das Weibchen. Am hinteren Teil trägt das Männchen Stacheln, an der Vorderseite einen Canalis gynaecophorus zur Aufnahme des Weibchens. Die Saugnäpfe stehen dicht zusammen. Die Eier sind groß, oval und tragen am hinteren Ende einen stachelförmigen Fortsatz.

Die Infektion geht wahrscheinlich beim Baden und Trinken vor sich. Als Zwischenträger scheinen verschiedene **Schneckenarten** zu dienen. Der Parasit siedelt sich in Venen, besonders der Pfortader, in der Blase und im Mastdarm an. Die Eier gelangen in die Blase und rufen hier Entzündungen — Hämaturie —, papillomatöse Wucherungen, ev. Blasensteine hervor. Im Mastdarm können eine Art von Dysenterie sowie Wucherungen entstehen. Auch Vaginitis mit Hämaturie, tumorartige Wucherungen an Oberschenkel und Genitalien, sowie Allgemeinerscheinungen können auftreten. Der Parasit ist besonders an der Nordküste Afrikas vor allem in Ägypten (Deltagebiet) häufig.

Ähnlich ist das **Schistosomum japonicum** (Katsurada), der Erreger der sog. **Katayama-Krankheit** besonders Japans und Chinas. Als Zwischenträger scheinen auch hier **Schnecken** zu fungieren. Die Parasiteneier — ohne Endstachel — finden sich vor allem in der Leber aber auch in Gehirn usw. Eine dritte Art, das **Schistosomum Mansoni,** kommt besonders in Brasilien vor. Die Eier — mit Seitenstachel versehen — finden sich besonders in der Leber und können hier wie sonst Entzündungen, z. T. pseudotuberkulösen Charakters, erzeugen.

Fasciola hepatica (Distomum hepaticum), der **Leberegel,** über 3 cm lang, relativ breit, trägt zwei Saugnäpfe und Schuppen an der Kutikula; die Eier haben einen Deckel. Der Parasit entwickelt sich aus

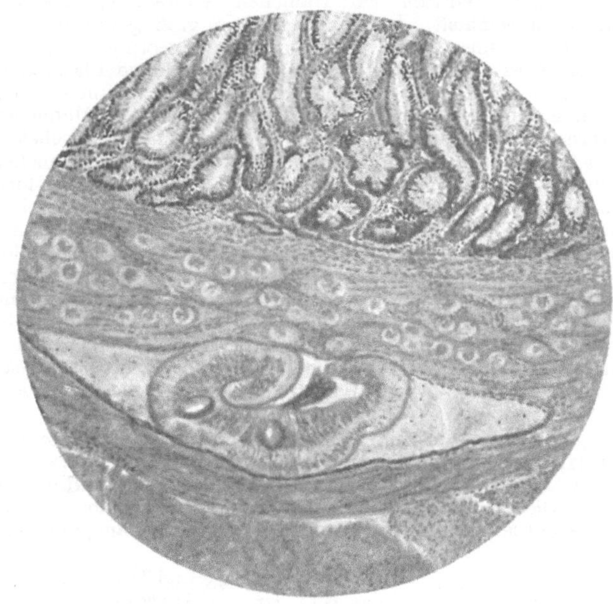

Fig. 201.
Schistosomum haematobium im Mastdarm (Submukosa).
Ein Wurm liegt in einer Vene; darüber finden sich im Gewebe zahlreiche Eier.

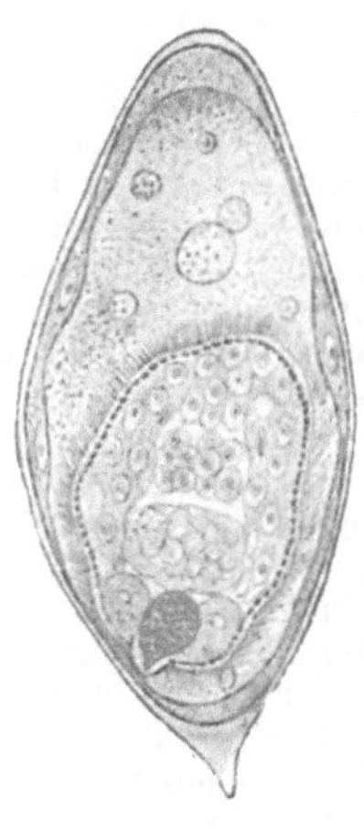

Fig. 202.
Ei vom Schistosomum haematobium mit Miracidium, das sich mit seinem Vorderende nach hinten gewendet hat (nach Looß).
(Aus Braun, Parasiten.)

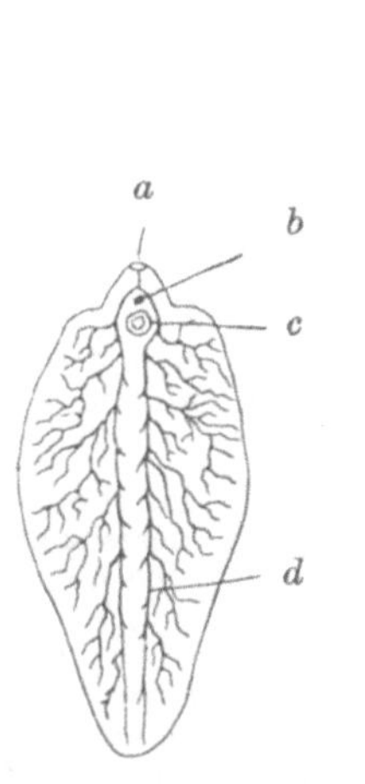

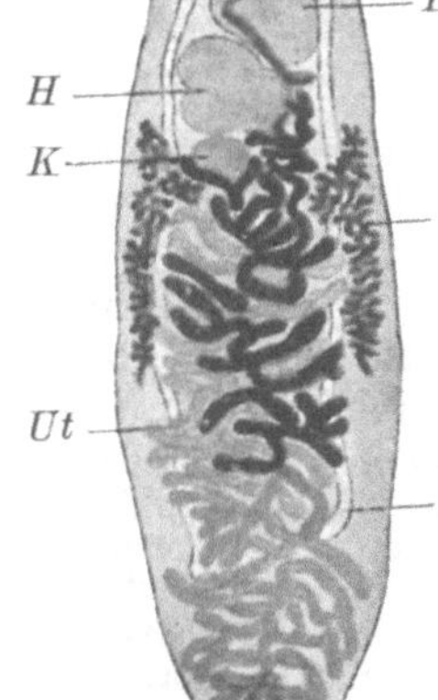

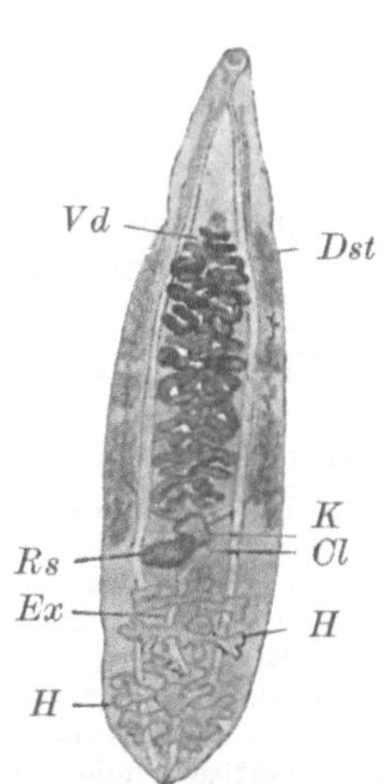

Fig. 203.
Fasciola (Distomum) hepatica.
$1^1/_2$ natürl. Größe.
a = Vorderer Saugnapf.
b = Porus genitalis.
c = Bauchsaugnapf.
d = Darmschenkel.
(Nach Lehmann, l. c.)

Ei von Fasciola (Distomum) hepatica.
(Nach Seifert-Müller l. c.)

Fig. 204.
Dicrocoelium lanceolatum. St. et Haß.
Bs Bauchnapf, *Cb* Cirrusbeutel, *D* Darmschenkel, *Dst* Dotterstock, *H* Hoden-, *K* Keimstock, *Ms* Mundnapf, *Ut* Uterus.
(Aus Braun, Parasiten.)

Fig. 205.
Clonorchis sinensis.
Cl Laurerscher Kanal, *Dst* Dottersack, *Ex* Exkretionsblase, *H* Hoden-, *K* Keimstock, *Rs* Receptaculum seminis, *Vd* Endabschnitt des Vas deferens.
(Nach Looß.)
(Aus Braun, Parasiten.)

dem Ei im stehenden Wasser und macht sodann in einer **Wasserschnecke** eine Umwandlung in **Zerkarien** durch, welche sich an Gräser in Zystenform anlagern und mit denen sich Rinder, Schafe usw., selten der Mensch, infizieren. Sie finden sich vor allem in den Gallengängen und bewirken Bindegewebswucherung.

Das **Dicrocoelium** (Distomum) **lanceolatum,** bis 1 cm lang, ist in seiner Wirkung dem Leberegel ähnlich, sehr selten beim Menschen. Der **Opisthorchis felineus** (Distomum felineum), besonders bei Katzen, aber auch beim Menschen (Sibirien, Ostpreußen), mit **Fischen** als Zwischenwirt, erzeugt in der Leber (sowie Pankreas) Entzündung bis zur Ausbildung von Leberzirrhose. **Clonorchis sinensis** und **endemicus** (Distomum spathulatum) befällt in China und Japan, Tonkin, Philippinen usw. auch vor allem die Gallenwege (so daß es zu Leberatrophie und Zirrhose kommen kann) und das Pankreas, kann aber auch schwere Allgemeinerscheinungen herbeiführen. Der **Paragonimus Westermanni** (Distomum pulmonale) bei Katzen, Hunden usw., aber auch beim Menschen, besonders in Japan, bewirkt in der Lunge Schrumpfungs- oder Höhlenprozesse, ev. mit Hämoptoe, und kann auf dem Lymphwege auch in andere Organe gelangen.

2. Zestoden.

Langgestreckte, meist gegliederte Plattwürmer ohne Mund und Darm. Der etwas angeschwollene Kopf, Skolex, oft mit einem Stirnfortsatz, Rostellum, das zuweilen einen doppelten Hakenkranz aufweist, versehen, trägt zwei bis vier Saugnäpfe (Haftorgane). Es folgt der schmale und dünne Hals, dann die Glieder, Proglottiden, die nach dem Hinterende zu immer größer werden und eine Zeitlang isoliert fortzuleben vermögen. Jede Proglottide hat ihre eigenen männlichen und weiblichen Geschlechtsapparate (unter letzteren besonders den „Uterus"), deren Ausführungsgänge meist gemeinschaftlich münden. Die Geschlechtsreife findet erst an den älteren Gliedern statt.

Der vordere, proliferierende Teil, welcher die Fähigkeit besitzt, nach Entfernung der Proglottiden wieder neue zu erzeugen, findet sich auch in der Jugendform des Bandwurms als Skolex, und zwar kommt die Jugendform in anderen Tierarten vor als der fertige, geschlechtsreife Bandwurm. Es geht also bei der Entwicklung der Zestoden ein echter Generationswechel vor sich: Aus dem geschlechtsreifen Tiere entstehen die Eier, aus diesen im Zwischenwirt die Jugendformen (Larven oder Ammen), die geschlechtslos sind und erst im definitiven Wirt zum Bandwurm auswachsen. Im einzelnen ist die Entwicklung folgende:

Die Eier, in denen sich der mit 6 Haken versehene Embryo entwickelt, verlassen mit den Proglottiden den Darm des Wirtes und gelangen nun auf Pflanzen, Düngerhaufen usw. oder ins Wasser; durch Zerfall der Proglottiden können die Eier frei werden, entwickeln sich aber nur weiter, wenn sie (frei oder mit den Proglottiden) in den Darmkanal eines geeigneten Zwischenwirtes gelangen. In diesem werden durch Verdauung der Eihülle (eventuell auch der Proglottiden) die Embryonen frei und bohren sich nun in die Darmwand ein; ein Teil wandert selbständig weiter, andere gelangen auch ins Blutgefäßsystem und werden mit dem Blute in den verschiedensten Organen abgelagert, wo sie sich zur Larvenform ausbilden. Bei einem Teil der Zestoden verlieren nun die Embryonen ihre Hakenkränze und werden zu einer mit heller Flüssigkeit gefüllten Blase. Aus dieser entsteht die Finne, Zystizerkus, indem von der Wand aus eine Hohlknospe in das Lumen der Blase hineinwächst, welche die Anlage des Kopfes darstellt und deshalb auch „Kopfzapfen" heißt. In der Höhlung entstehen die Saugnäpfe und das Rostellum mit Haken; es ist also bereits ein Bandwurmkopf, Skolex, entwickelt, aber derselbe ist handschuhfingerförmig in das Lumen der Blase eingestülpt, in welchem Zustande er auch bleibt, solange die Finne im Zwischenwirt enthalten ist. Übt man auf die herauspräparierte Blase einen leichten Druck aus, so gelingt es unschwer, den Skolex auszustülpen, und es erscheint dann die Blase als ein verhältnismäßig sehr großer Anhang des Skolex, der sich nun in seiner natürlichen Lage mit Rostellum und Saugnäpfen an der Außenseite darstellt. Meist bildet sich in einer Blase nur ein Kopfzacken, bei manchen Arten (Coenurus) aber eine größere Zahl derselben. Beim Echinokokkus entstehen aus der Blase Tochter- und Enkelblasen und in diesen wieder Skolizes. Andere Formen bilden keine Blasen, sondern nur kleinere, solide Körper, die man im Gegensatz zu den Zystizerken als Plerozerken bezeichnet. Bei wieder anderen endlich entwickelt sich als Larve ein sog. Plerozerkoid, d. i. eine Larve mit Kopf und ebenfalls solidem Schwanzteil, der aber nicht von ersterem abgesetzt ist, sondern nur als Verlängerung desselben erscheint. Der Kopf ist gleichfalls ursprünglich eingestülpt. Bei den Bothriozephalen (s. u.) wachsen die eingekapselten Plerozerkoide bald in die Länge und gleichen also schon völlig einem kleinen fertigen Bandwurm, können aber nie im Zwischenwirt zum großen, geschlechtsreifen Bandwurm auswachsen. Gelangt nun eine dieser Finnenformen in den Magen eines anderen für sie geeigneten Tieres, so stülpt sich der Skolex aus, und die Blase wird verdaut. In den Darm gelangt, heftet sich der junge Skolex mit Hilfe seiner Saugnäpfe an der Wand an und wächst nun zum gegliederten, geschlechtsreifen Bandwurm aus.

Von Bandwürmern finden sich beim Menschen Vertreter aus der Familie der **Täniaden** und **Bothriozephalen.**

Täniaden. Kopf rundlich mit vier Saugnäpfen, Geschlechtsöffnung seitlich; Jugendzustand eine Blasenform. Eier deckellos.

Taenia solium. 2—3 m, auch bis 6 m lang, der Kopf mißt 1 mm im Durchmesser und zeigt ein Rostellum mit 26 relativ großen Haken, die in zwei Kreisen angeordnet sind. Die Zahl der reifen, 8—10 mm langen, 6—7 mm breiten Proglottiden beträgt 800—900. Uterus jederseits mit 7—10 Ästen.

Die **Eier,** von 0,03 mm Durchmesser, sind oval, mit radiär gestreifter Schale und enthalten im reifen Zustand einen kugeligen Embryo.

Die **Finne, Cysticercus cellulosae,** bildet linsen- bis bohnengroße, meist einzeln liegende Blasen, in denen sich der junge Bandwurmkopf, Skolex, entwickelt.

Die **reife** Taenia solium findet sich nur im **Dünndarm des Menschen.** Werden mit den Exkrementen eines solchen Individuums die Proglottiden und Eier von einem Zwischenwirt, besonders dem **Schwein,** aufgenommen, so wird im Magen dieses der Embryo frei; er gelangt so in den Darm und durch dessen Wandung, in die er sich mit seinen Haken einbohrt, z. T. mit dem Blutstrom verschleppt, in die Gewebe und wächst hier, besonders in der Muskulatur, namentlich der Zungenwurzel, zur Finne aus (binnen 2—3 Monaten). Die Schweine beherbergen dann derartige Finnen oft in großer Zahl; in Deutschland trifft etwa auf 324 Schweine ein finniges.

Fig. 206.
Kopf von Taenia solium.
(Nach Heller in Ziemssens Handbuch der spez. Pathologie u. Therapie. Bd. VII. Leipzig 1876.)

Fig. 207.
Glied von Taenia solium.
(Nach Seifert-Müller, l. c.)

Fig. 208.
Ei von Taenia solium.
(Nach Seifert-Müller, l. c.)

Im Zwischenwirt entwickelt sich die Finne nicht weiter, kann aber hier 3—6 Monate am Leben bleiben, bis sie schließlich abstirbt, schrumpft und ev. verkalkt. Genießt der Mensch **rohes** (bzw. **ungenügend** gekochtes oder geräuchertes) **finniges Schweinefleisch,** so wird im Magen der junge Skolex durch Verdauung der Schwanzblase frei, gelangt in den Dünndarm und wächst hier binnen 10—12 Wochen zum geschlechtsreifen Bandwurm aus. Hier soll die Lebensdauer der Taenia solium 10—15 Jahre betragen können. Besonders ausgesetzt sind der Invasion Metzger, Köchinnen u. dgl.

Gelangen beim Menschen Eier in den Magen, sei es durch **mit Kot verunreinigtem Gemüse, Salat usw.** oder durch **Selbstinfektion,** wenn durch Unsauberkeit bei der Defäkation Bandwurmeier an die Hände und so in den Mund gebracht werden, oder ev. auch durch sog. **innere Selbstinfektion** beim Erbrechen vom Darm aus, so wird im Magen die Eihülle verdaut, die Embryonen werden frei, gelangen in den Darm und durch

Fig. 209.
Schematischer Schnitt durch eine Zystizerkusblase, an welcher der Bandwurmkörper sproßt.
(Nach Fleischmann, Lehrbuch der Zoologie. Wiesbaden 1898.)

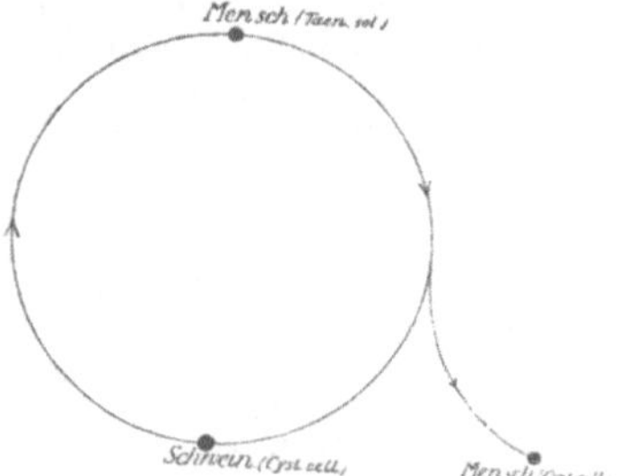

Fig. 210.
Schema des Wirtswechsels von Taenia solium.
(Nach Bollinger.)

diesen in innere Organe, wo sie zu Zystizerken auswachsen. Infolgedessen kommt die Larve, der **Cysticercus cellulosae,** auch beim Menschen in verschiedenen Organen vor, am häufigsten auch hier in der Muskulatur, aber auch in Gehirn, Auge, Herz, Unterhautbindegewebe, Lunge, Leber usw. Er bildet hier bis haselnußgroße und noch größere Blasen, meist von bindegewebiger Kapsel umgeben, an deren Innenfläche sich oft zahlreiche Fremdkörperriesenzellen finden. Die Zystizerken treten solitär oder auch in größerer Zahl auf und können auch, z. B. in den Hirnventrikeln, ganz frei liegen. Manchmal bilden sich auch zusammenhängende oder verzweigte, traubige Massen: **Cysticercus racemosus** (Zenker). Zystizerken z. B. des Gehirns können ein sehr hohes Alter erreichen; so bis 33 Jahre.

Taenia saginata (mediocanellata), Kopf größer als von Taenia solium (1,5—2 mm), mit vier großen Saugnäpfen, ohne Hakenkranz, mit rudimentärem Rostellum. Der ganze Bandwurm größer und kräftiger als die vorige Art, eine Länge von 8—10, ja sogar 30 m erreichend. Die reifen Proglottiden sind bis zu 18 mm lang, 7—9 mm breit, die Zahl der Glieder beträgt 1200—1600. Der Uterus zeigt jederseits 20—30 dichotomisch verästelte Seitenzweige, die viel feiner und verzweigter sind als bei der Taenia solium. Die Glieder kriechen auch spontan, ohne Stuhlentleerung, gewöhnlich zu mehreren vereinigt, aus

aus dem After her und zeigen auch dann noch lebhafte, kriechende Bewegungen. Die Eier sind denen der Taenia solium sehr ähnlich, aber mehr kugelig.

Der ausgebildete Bandwurm kommt ausschließlich beim Menschen vor und ist häufiger als die Taenia solium. Öfters findet man auch schon Eier im Kot des Bandwurmträgers. Die Entwicklung der Embryonen zur Finne — einem etwas kleineren Zystizerkus — geschieht in den Muskeln (besonders Kiefermuskeln) und inneren Organen des **Rindes**, das sich mit menschlichen Exkrementen (namentlich durch mit Kot verunreinigte

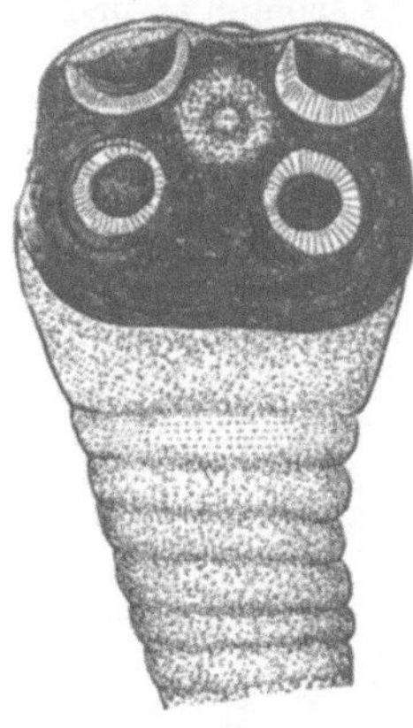

Fig. 211.
Taenia saginata (mediocanellata). Kopf stark pigmentiert.
(Nach Heller in Ziemssens Handbuch der spez. Pathol. u. Therapie. Bd. VII. Leipzig 1876.

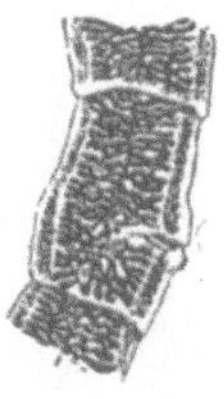

Fig. 212.
Glied von Taenia saginata.
(Nach Seifert-Müller.)

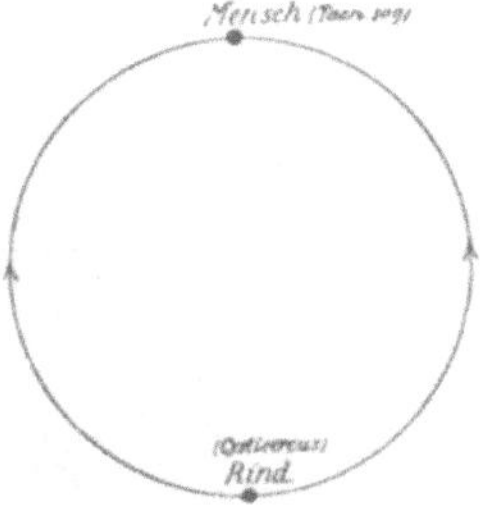

Fig. 213.
Schema des Wirtswechsels von Taenia saginata.
(Nach Bollinger.)

Pfützen) oder mit Gräsern, an denen Eier haften, infiziert. Die Infektion des **Menschen** geschieht durch Genuß finnigen rohen oder halbrohen Rindfleisches, namentlich da, wo der Genuß von rohem Fleisch verbreitet ist. Die Finnen entwickeln sich ebenso wie bei Taenia solium weiter.

Taenia echinococcus, 3—5 mm langer Bandwurm, Kopf mit 4 Saugnäpfen, Rostellum und doppeltem Hakenkranz mit bis über 40 Haken, sowie 3—4 Gliedern, von denen das hinterste, allein geschlechtsreife, besonders lang ist.

Der **Jugendzustand, Echinokokkus,** stellt Blasen dar von ein paar Millimetern bis zu Kindskopfgröße im Durchmesser. Der Blaseninhalt ist eine eiweißfreie Flüssigkeit, die Bernsteinsäure enthält; die Blasenwand besteht aus einer bis 1 mm dicken lamellösen **Chitinschicht (Cuticula),** welcher innen eine Art **parenchymatösen Gewebes** anliegt. Aus diesem entstehen, wenn die Blase nicht steril bleibt, direkt oder auf dem Umwege über die sog. **Brutkapseln** bis zu 25 **Skolizes.** Sehr häufig bilden sich von der Blasenwand aus sekundäre Tochterblasen, welche sich mit einer Chitinhaut bekleiden und dann ablösen können, und von ihnen aus Enkelblasen, die alle ihrerseits wieder Brutkapseln und Skolizes aus sich hervorgehen lassen. Letztere können durch Platzen der Kapseln frei werden. Im Gegensatz zu diesen endogen proliferierenden Formen kommen auch ektogen wachsende vor, bei denen die Tochterblasen nicht nach innen, sondern nach außen zu wachsen; lösen sich in diesem Falle die Tochter- und Enkelblasen nicht ab, sondern bleiben sie mit der Mutterblase in Zusammenhang, so entstehen vielfach verzweigte, traubige Bildungen, welche das Organgewebe durchsetzen. — Von dem gewöhnlichen **Echinococcus unilocularis** ist zu trennen der **Echinococcus multilocularis** oder **Alveolar-Echinokokkus** (zuerst von Virchow richtig erkannt). Hier ist das befallene Organ, zumeist die Leber, von größeren und kleineren Zysten durchsetzt, deren Membran die typische lamellöse Schichtung zeigt und um die das Organgewebe Riesenzellen und eine Kapsel bildet.

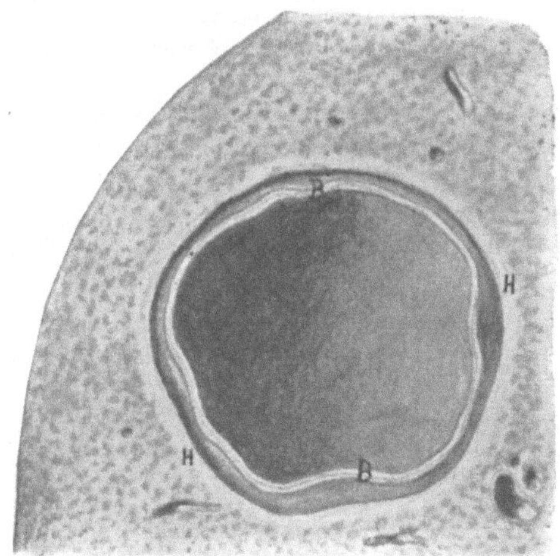

Fig. 214.
Echinococcus hydatidosus der Leber. Natürliche Größe.
Man sieht in dem Lebergewebe eine durch helle bindegewebige Zone *H H* begrenzte Höhle, in welcher die Echinokokkusblase *B B* etwas zurückgezogen von *H H* eingeschlossen ist.
Aus Ribbert, Lehrb. d. allg. Pathol. und der pathol. Anatomie.

Der Echinococcus multilocularis — besonders in Süddeutschland vorkommend — ist sehr gefährlich, er macht oft Metastasen und ruft Entzündungen und Nekrosen hervor. Wahrscheinlich liegt in diesem Echinococcus multilocularis eine eigene, vom gewöhnlichen zu scheidende Spezies vor.

Die Taenia echinococcus kommt sehr häufig im Darm der **Hunde** vor, und zwar meist in größerer Anzahl. Namentlich durch direkten Kontakt mit Hunden, an deren Schnauze, die ja öfter mit dem After in Berührung tritt, ebenso wie am Haarpelz der Tiere häufig Eier hängen bleiben, kommen die Eier in den Magen und die Embryonen dann in den Darm des Menschen und ähnlich in den von Haustieren. Vom Darm aus wandern die Embryonen in die Organe ein und bilden dort die Finne. Beim Menschen entwickelt sich diese am häufigsten in der Leber, seltener in der Lunge, Pleura, dem Peritoneum, den Nieren, Muskeln, dem Gehirn, ferner in Milz, Knochen, Unterhautbindegewebe, im Auge. Das Wachstum der Echinokokkusblasen ist sehr langsam; nach 19 Wochen erreichen sie ungefähr Walnußgröße und erst 5 Monate nach der Infektion bilden sie Brutkapseln. Ihre Wirkung auf das Gewebe besteht in Verdrängung, Druckatrophie und Zirkulationsstörungen. Um die Echinokokkenmembran herum entwickelt, wie um alle Fremdkörper, auch das Organ des Wirtes oft eine bindegewebige Kapsel. Öfters stirbt der Echinokokkus spontan ab und kann dann

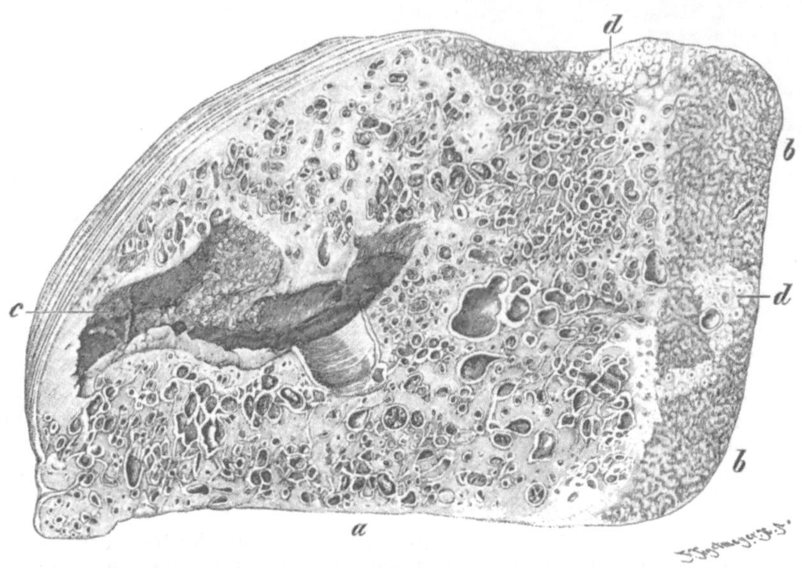

Fig. 215.
Stück aus einem Echinococcus multilocularis im Durchschnitt. Nat. Gr.
a Alveolär gebautes Echinokokkusgewebe. *b* Lebergewebe. *c* Erweichungshöhle. *d* Frische Knötchen.
Aus Ziegler, Lehrbuch d. allg. Pathol., Anat. u. Pathogenese. Jena, Fischer 1892. 7. Aufl.

resorbiert werden, oder die Blase schrumpft, verkalkt und zeigt als Inhalt eine breiige, häufig Kalkeinlagerungen aufweisende Detritusmasse. Besonders im Anschluß an traumatische Einwirkungen (Verletzungen, Punktion) kann die Blase vereitern und Abszesse verursachen. Von anderen Folgezuständen ist die Perforation in benachbarte Hohlorgane wie Darm, Bronchien, Blase, seröse Höhlen usw. oder nach außen zu nennen. Durch Einbruch in die Blutbahn kann auf embolischem Wege Ansiedelung von Echinokokkusblasen in entfernten Organen zustande kommen. Die Diagnose gründet sich, abgesehen von dem makroskopischen Verhalten, bei älteren, namentlich verkalkten Herden auf den Nachweis lammellös geschichteter Chitinhäute,

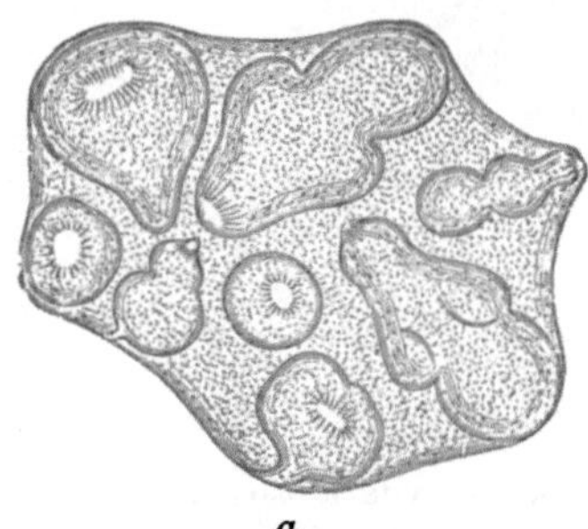

a

b

Fig. 216.
Brutkapsel eines Echinokokkus mit Bandwurmköpfen. Echinokokkenskolex eingestülpt.
(Nach Heller, l. c. Bd. III.) (Nach Heller, l. c. Bd. III.)

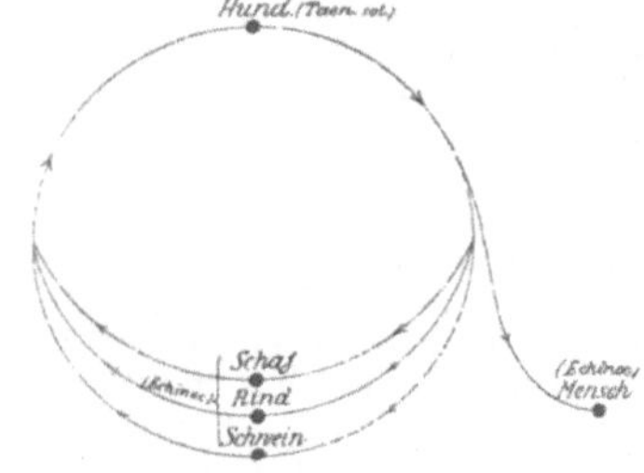

Fig. 217.
Schema des Wirtswechsels von Echinokokkus.
(Nach Bollinger.)

der Skolizes oder auch einzelner Haken von solchen. Die letzteren sind viel kleiner als die der Zystizerken, 0,03—0,04 mm lang.

Die Hunde infizieren sich durch Fressen von Fleischabfällen verschiedener Haustiere, die Echinokokken, sog. „Wasserblasen", enthalten.

Die Verbreitung des Echinokokkus ist in verschiedenen Gegenden wechselnd, im allgemeinen der Verbreitung der Hunde parallel. Der Echinokokkus ist beim weiblichen Geschlecht, infolge des manchmal recht intimen Verkehrs mit Hunden, häufiger.

Hier erwähnt werden soll noch die Taenia canina oder cucumerina. Der bis 35 cm lange Wurm ist ein Parasit des Hundes (bzw. der Katze). Durch Flöhe und Läuse wird er als Zystizerkoid auf den Menschen, besonders auf kleine Kinder, übertragen (durch Verschlucken der Insekten), und kann hier Darmaffektionen hervorrufen. Ferner sei erwähnt die Hymenolepis nana (Taenia nana, Grassi), ein nur etwa 4 cm langer Parasit, welcher auch bei kleinen Kindern ähnliche Störungen veranlassen kann.

Fig. 218.
Echinokokkushäkchen.
(Nach Heller, l. c. Bd. III.)

Bothriozephalen. Bothriocephalus latus; Kopf abgeplattet, mit zwei spaltförmigen Saugnäpfen, ohne Hakenkranz. Der Bandwurm wird 8—12 m lang. Die reifen Proglottiden, 10—12 mm breit, 3—5 mm lang, also viel breiter als lang, betragen 2400—3500; die Geschlechtsöffnung liegt an ihrer Fläche. Sie trennen sich nicht einzeln, sondern gehen immer in größeren Stücken ab. Der Uterus bildet einen einfachen, rosettenförmig gewundenen Schlauch in der Mitte des Gliedes. Die Eier sind oval, von einer Schale umgeben, die an dem einen Pol einen Deckel trägt. Sie färben sich im Wasser oder an der Luft bald dunkelbraun, wodurch die sie enthaltende Uterusrosette sehr deutlich hervortritt. Sie werden schon innerhalb des Darmes abgelegt. Der Embryo trägt ein Wimperkleid.

Der Jugendzustand ist ein Plerozerkoid, bestehend aus einem Skolex und einem soliden, vom Kopfe nicht scharf abgesetzten Schwanzteil. Er findet sich in den Muskeln und Eingeweiden von **Fischen.**

Die Embryonen entwickeln sich erst nach Ablage der Eier, meistens im Wasser, werden durch Lösung des Deckels frei und bewegen sich dann mit Hilfe der Wimpern fort. Später verliert der Embryo seine Wimperhülle. Da in den Eingeweiden und Muskeln der Fische immer nur ausgebildete Plerozerkoide gefunden werden, nie aber jüngere Zustände oder Embryonen, da ferner die Plerozerkoide in bereits ausgebildetem Zustande nachgewiesenermaßen die Darmwand der Fische durchbohren, so entwickeln sie sich wahrscheinlich nicht in diesen, sondern in kleinen Wassertieren, welche von Fischen gefressen werden. Sie durchwandern dann also zwei Zwischenwirte. Die Infektion des Menschen — auch bei Hunden kommt sie vor — erfolgt durch Genuß finnigen Fischfleisches. Die Anämie, welche oft eintritt, wird auf toxische Substanzen des Bothriozephalus bezogen.

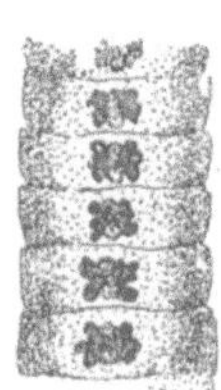

Fig. 219.
Glieder von Bothriocephalus latus.

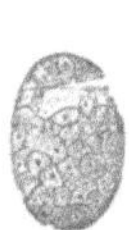

Fig. 220.
Ei von Bothriocephalus latus.

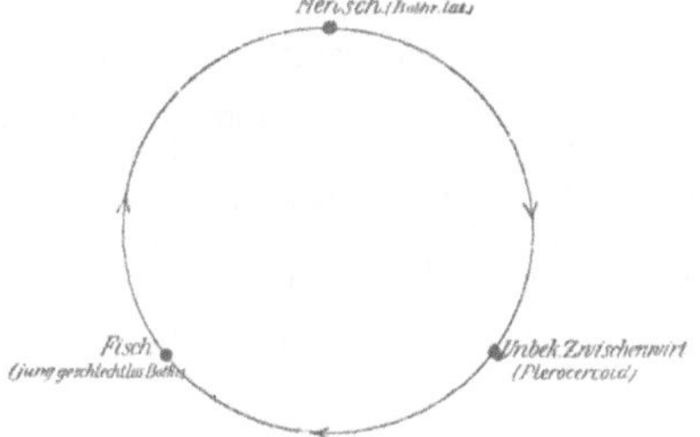

Fig. 221.
Schema des Wirtwechsels von Bothriozephalus.
(Nach Bollinger.)

Der Bothriocephalus latus kommt in manchen Gegenden endemisch vor: in der westlichen Schweiz, in manchen Gegenden Rußlands, in Polen, Schweden, mehreren Distrikten Norddeutschlands. Die Lebensdauer dieses Bandwurmes ist enorm. Er soll in einem Falle 43 Jahre lang in einem Organismus gehaust haben.

3. Nematoden.

Die **Nematoden (Fadenwürmer)** haben einen langgestreckten, walzenförmigen, ungegliederten Körper mit Mund und After, welche durch einen Digestionskanal verbunden sind, sowie einen Porus genitalis; an der Mundöffnung finden sich Anhänge in Form von Papillen oder Borsten. Die Würmer sind getrennten Geschlechtes; die Männchen, meist kleiner, haben eingerollte Hinterenden; manche Nematoden legen Eier ab, andere sind vivipar, zum Teil in Form von Larven. Hierher gehören:

Strongyloides intestinalis (Anguillula intestinalis) und stercoralis kommt vor allem in Cochinchina, von Europa am häufigsten in Italien, vor. Durch die Haut oder den Intestinaltraktus gelangt der Parasit in den Darm des Menschen. Hier legt das Muttertier, nachdem es sich in die Schleimhaut eingebohrt hat, etwa 2,5 mm lange, 35 μ breite Eier. Es entwickeln sich junge Larven, die — sehr beweglich — mit den Exkrementen nach außen gelangen. Diese gehen in Europa direkt — in den Tropen nach Dazwischentreten einer geschlechtlichen Generation — in die ausgewachsene Wurmform über. Enteritis und Diarrhöen sind beim Menschen die Folge der Invasion.

Neuerdings ist ein Strongylus Gibsoni in den Fäzes gefunden worden.

Filaria Bancrofti (Filaria sanguinis hominis, studiert vor allem von Manson). Das bräunliche Weibchen ist bis 8 cm lang, $^1/_4$ mm breit. Das farblose Männchen ist etwa halb so groß und breit; im Hinterleib zwei verschieden große Spikula.

Infizierte Mücken übertragen die Larven — **Mikrofilarien** — auf den Menschen. Hier entwickeln sie sich zu geschlechtsreifen Filarien. Sie siedeln sich in den Lymphgefäßen an. Die Weibchen legen seltener Eier ab, meist vivipare Junge, die in die Blutzirkulation gelangen.

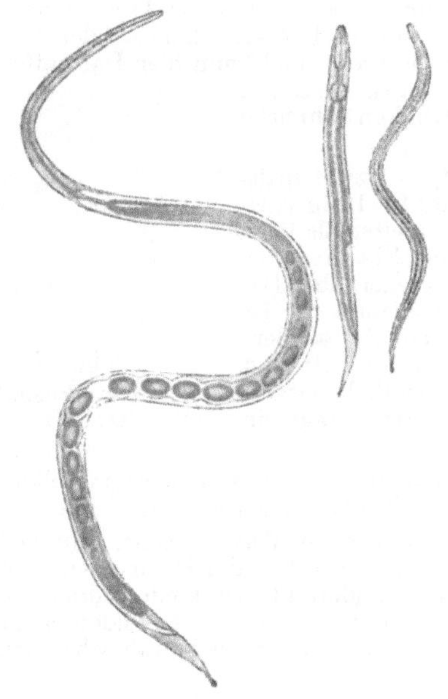

Fig. 222.

Strongyloides intestinalis. Links ein geschlechtsreifes Weibchen aus dem Darm eines Menschen. Natürl. Größe 2,5 mm. Daneben eine rhabditisförmige Larve aus frisch entleerten Fäzes ($\frac{120}{1}$) und eine filariforme Larve aus einer Kultur ($\frac{120}{1}$).

(Aus Braun, Parasiten.)

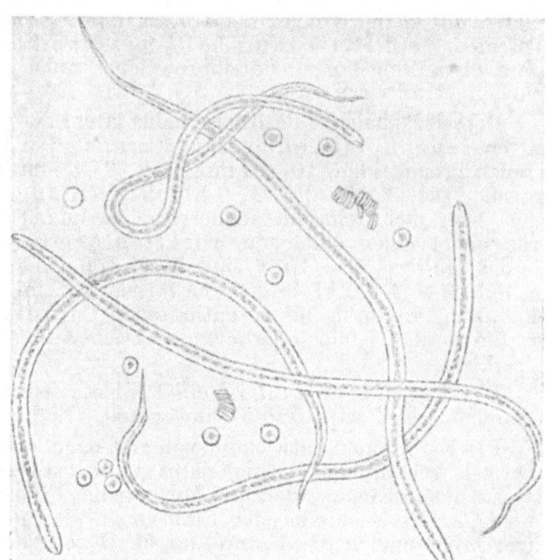

Fig. 223.

Larven der Filaria Bancrofti im Blute des Menschen. Vergrößert. (Nach Railliet.)

(Aus Braun, Parasiten.)

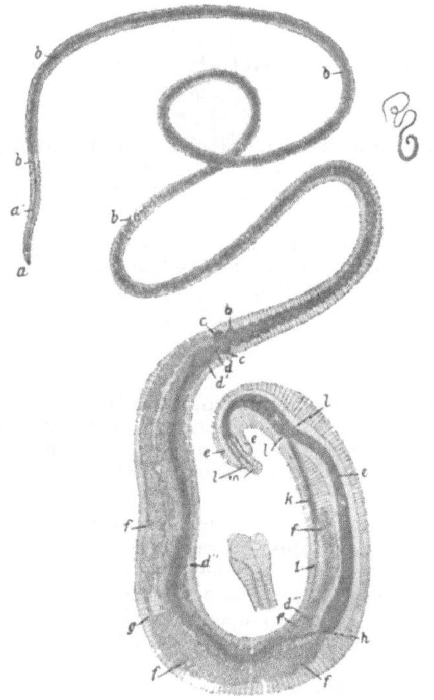

Fig. 224.

Männchen des Trichocephalus dispar.

(Aus Küchenmeister, Die in und an dem Körper des leb. Menschen vorkomm. Parasit. Leipzig 1855. Teubner.)

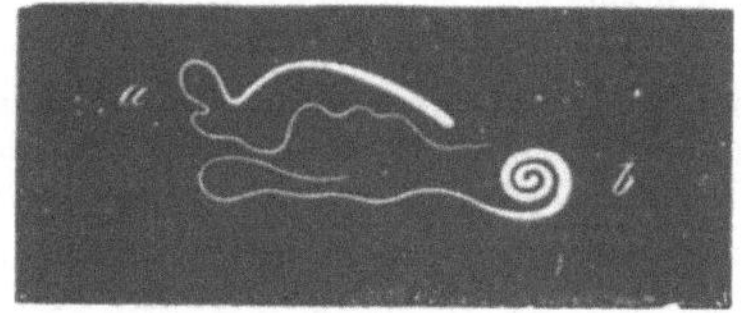

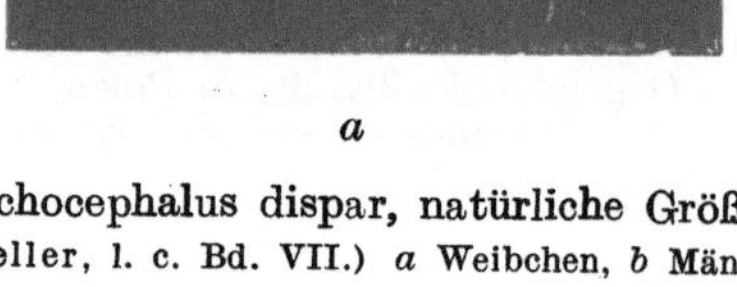

a

Trichocephalus dispar, natürliche Größe.

(Nach Heller, l. c. Bd. VII.) *a* Weibchen, *b* Männchen.

b

Ei von Trichocephalus dispar.

(Nach Seifert-Müller, l. c.)

Fig. 225.

Diese jungen Larven sind bis 0,2 mm lang, 0,01 mm breit und oft zu Millionen im Blute vorhanden. Sie werden aber im Blute nur während des Schlafes, also zumeist während der Nacht aufgefunden, was wohl auf ihrem Übertritt in die Hautgefäße beruht. Nachts aber haben die Moskitos gerade Gelegenheit, sich und sodann andere Menschen zu infizieren. Sie dienen also als Zwischenwirt, in dem die Larven sich weiter entwickeln. Die Filaria Bankrofti ruft beim Menschen neben Allgemeinerscheinungen Lymphangitis (mit Erysipel, Abszessen usw.) und Elephantiasis, besonders an den Beinen und Geschlechtsorganen, hervor. Auch Chylurie ist häufig die Folge. Die **Filaria loa** (besonders an der afrikanischen Westküste) bildet Larven, die im Gegensatz zu den vorgenannten am Tage im Blute erscheinen und somit am Tage stechende Insekten als Überträger haben — **Filaria diurna.** Es kommt zu wandernden Anschwellungen, besonders in der Konjunctiva bulbi und der Orbita. Die Larven der **Filaria perstans,** die tags und nachts im Blute erscheinen, siedeln sich im retroperitonealen Gewebe an.

Filaria medinensis (Guineawurm), Weibchen bis 1 m lang, und $1^1/_2$ mm breit, trägt am hinteren Ende einen Stachel. Im Uterus meist zahlreiche Junge. Männchen nicht mit Sicherheit erkannt. Die Larven dringen in Zyklopoden ein, vielleicht wird durch diese mit dem Trinkwasser der Mensch infiziert; hier wachsen die Larven zum Wurm aus, der nach langer Inkubationszeit im Unterhautgewebe, besonders der unteren Extremitäten, ein Geschwür hervorruft. Auch toxische Substanzen scheinen mitzuwirken. Die Krankheit kommt besonders in Afrika, Persien, Arabien vor.

Trichocephalus trichiurus (dispar) (Peitschenwurm), Vorderleib fadenförmig verlängert, Hinterleib walzenförmig, Männchen 40—50 mm, Weibchen ca. 50 mm lang. Der dicke Hinterleib beim Männchen eingerollt. After terminal. Spikulum in einer vorstülpbaren Tasche gelegen. Die mit den Fäzes entleerten Eier wachsen in feuchter Erde oder Wasser zu Larven aus, die, in einer Schale geborgen, lange so leben können. Von Kindern verschluckt, wachsen sie hier

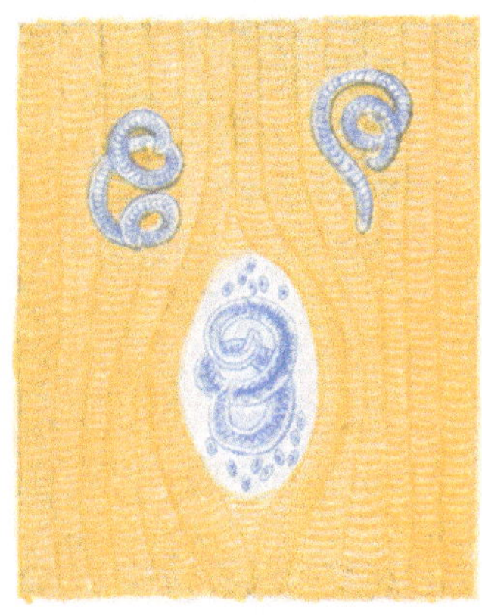

Fig. 226.
Muskulatur mit eingekapselter Muskeltrichine (in der Mitte). Junge Muskeltrichinen (oben). Kombinierte Zeichnung z. T. nach Heller sowie Lehmann.

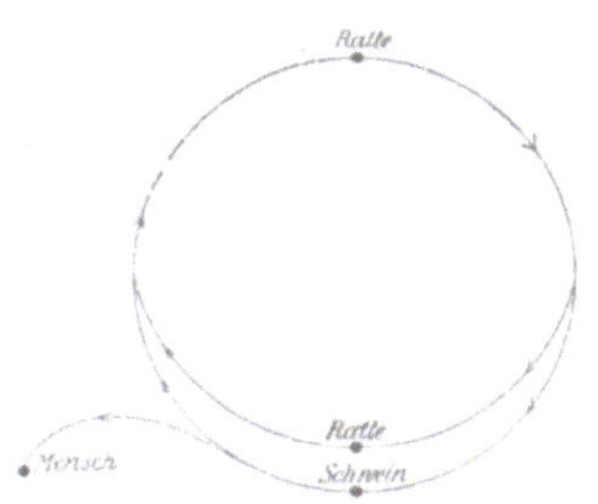

Fig. 227.
Schema des Wirtwechsels von Trichina spiralis.
(Nach Bollinger.)

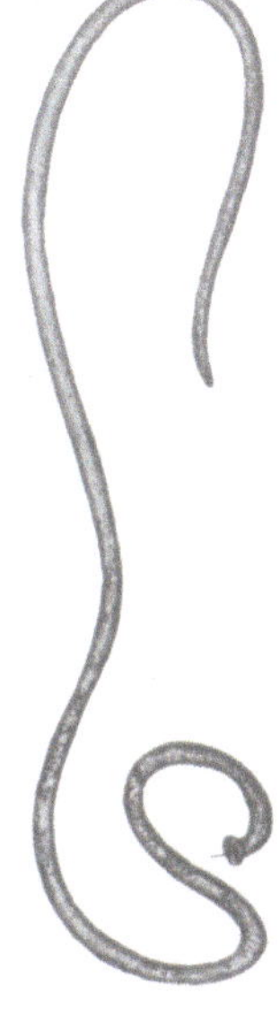

Fig. 228.
Eustrongylus gigas. Natürl. Größe. (Nach Railliet.)
(Aus Braun, Parasiten.)

zu geschlechtsreifen Würmern aus. Sie sitzen besonders im Cökum und im Processus vermiformis und bohren sich in die oberflächlichen Schleimhautschichten ein. Histologisch fehlen zwar Zeichen der Entzündung oder Blutungen in der Umgebung, aber die Epithelien zeigen hier eigenartige hydropische Quellungen, sowie zusammenhängende Epithelmassen und riesenzellartige Bildungen (Pick) offenbar infolge Einwirkung von Stoffwechselprodukten der Würmer. Im übrigen sind diese blutsaugend und bewirken so Anämien, ferner eventuell Enteritis und reflektorisch nervöse Erscheinungen.

Trichinella (Trichina) spiralis (studiert besonders von Zenker). Männchen bis 1,5 mm, Weibchen 3 mm lang. Hinterende wenig verdickt, beim Männchen mit zwei ventral gelegenen Zapfen versehen; Geschlechtsöffnung des Weibchens stark nach vorne gerückt. Die Weibchen sind vivipar; die Zahl der in einem Weibchen enthaltenen Jungen ca. 1500; diese sind (eben geboren) 0,01 mm lang und wandern nicht wie andere Parasiten aus dem Wirtstier aus, sondern entwickeln sich in demselben weiter. Die Infektion des Menschen erfolgt durch Genuß trichinösen **Schweinefleisches.** Im Darm des Menschen werden die eingekapselten Trichinen frei, begatten sich nach 2—3 Tagen, die Männchen gehen zugrunde, die Weibchen dringen in die Darmwand vor und setzen nach 5—7 Tagen die Embryonen ab, die mit selbständiger Bewegung begabt sind. Diese gelangen in Lymphgefäße, werden vom Blut verschleppt und erreichen so das Bindegewebe und die **Muskeln.** In diesen, besonders den Kau- und Halsmuskeln, dem Zwerchfell und der Brustmuskulatur, durchbohren sie das Sarkolemm und wandern in die Primitivbündel ein, deren Substanz dabei zum Teil zugrunde geht. Innerhalb der Muskelfasern nehmen die Trichinen stark an Volumen zu (bis 0,8 mm Länge) und rollen sich spiralförmig auf; sie liegen in einer körnigen, durch Degeneration der Muskelsubstanz entstandenen Masse. Der Sarkolemmschlauch wird erweitert und durch entzündliche Reaktion eine ovale hyaline Kapsel gebildet, die nach 5—8 Monaten von den Polen aus verkalkt. Jetzt erkennt man die Trichinen makroskopisch als feine weiße

Streifen. Meist enthält jede Kapsel eine, seltener mehrere Muskeltrichinen; sie können lange (selbst 20—30 Jahre) am Leben bleiben. Die Folgen sind außer den Muskelveränderungen Gastroenteritiden sowie Veränderungen verschiedener Organe: es besteht Eosinophilie (wohl auf Grund toxischer Einwirkungen auf das Knochenmark); im Anfang treten auch mehr akute Symptome einer fieberhaften Infektion auf. Die Invasion und Wanderung der Trichinen in die Muskeln findet sich außer beim Menschen auch beim Schwein, der Ratte und anderen Tieren. Die Schweine infizieren sich an Schlachtabfällen anderer trichinöser Schweine oder durch Fressen von Ratten; bei den Ratten pflanzt sich die Erkrankung durch gegenseitiges Auffressen fort.

Eustrongylus gigas, das Männchen ist 40 cm lang und 5 mm dick, mit einem wie abgeschnittenen Hinterende; das Weibchen bis 1 m lang und 1 cm breit. Der eigenartig blutrote Parasit kommt beim Menschen — selten — im Nierenbecken bzw. Ureter vor, mit Urinverhaltung und Entzündungserscheinungen als Folge, öfters bei Hunden, Pferden, Ottern usw.

Ankylostoma duodenale (Hakenwurm), (Griesinger, Bilharz) Männchen etwa 1 cm lang, $^1/_2$ mm dick, mit glockenförmigem Hinterende und zwei Spikulae, sowie am Kopfende mit einer großen Mundkapsel mit 4 hakenförmigen Zähnchen. Weibchen bis 13 mm lang. Der Parasit lebt im Dünndarm, besonders Jejunum, in dessen Wand er sich einbeißt und von wo er Blut aufsaugt, mit dem man den Darm des Parasiten fast stets gefüllt findet. Die Eier finden sich in größeren Massen im Kot; zu ihrer Entwicklung ist Wasser oder feuchte Erde, sowie eine etwa der Körperwärme des Menschen entsprechende Temperatur nötig. Die Larven werden

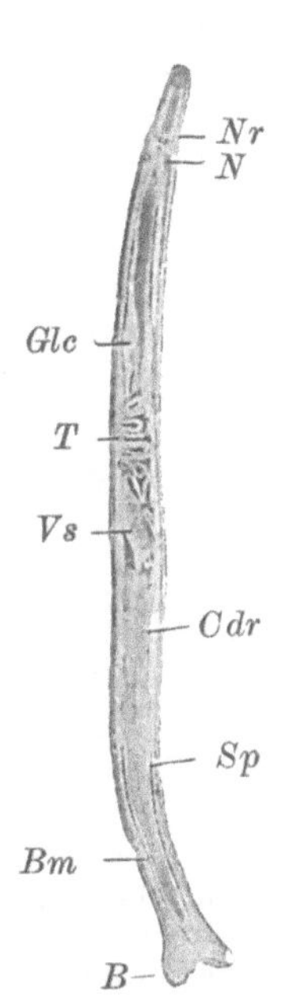

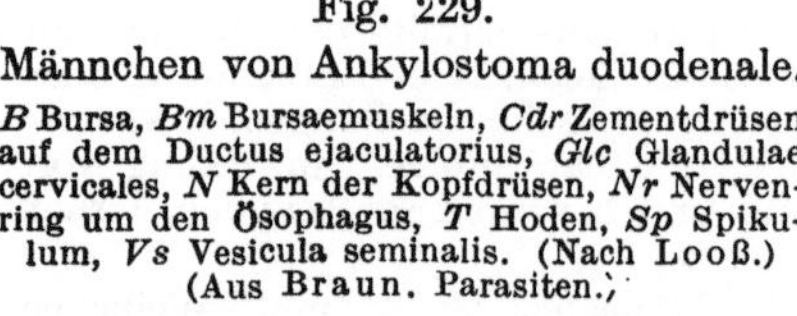

Fig. 229.
Männchen von Ankylostoma duodenale.

B Bursa, *Bm* Bursaemuskeln, *Cdr* Zementdrüsen auf dem Ductus ejaculatorius, *Glc* Glandulae cervicales, *N* Kern der Kopfdrüsen, *Nr* Nervenring um den Ösophagus, *T* Hoden, *Sp* Spikulum, *Vs* Vesicula seminalis. (Nach Looß.) (Aus Braun. Parasiten.)

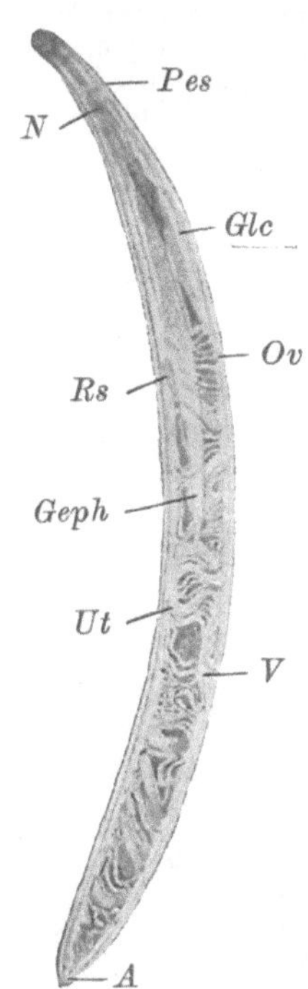

Fig. 230.
Weibchen von Ankylostoma duodenale.

A Anus, *Geph* Kopfdrüse, *Glc* Glandula cervicalis, *N* Kern der Kopfdrüse, *Ov* Ovarium, *Pes* Porus excretorius. *Rs* Receptaculum seminis, *Ut* Uterus, *V* Vagina. (Nach Looß.) (Aus Braun. Parasiten.)

Fig. 231.
Ei von Ascaris lumbricoides.
(Nach Seifert-Müller, l. c.)

durch Mund und sogar unverletzte Haut — Umweg über Lymphbahnen, Blutbahn, Lunge — aufgenommen; sie machen 4 Häutungen durch, 2 im Wirtstier, 2 in der Außenwelt. Das Ankylostoma ist in der Schweiz, in Italien, Ägypten und den Tropen sehr verbreitet. Es trat bei den Gotthardtunnelarbeitern auf und kommt seitdem auch in Deutschland, namentlich bei den Bergarbeitern des westlichen Deutschlands vor. Der Wurm verursacht schwerste Anämie; neben dem Saugen wirken hierbei wohl auch gerinnungshemmende Stoffe mit.

Dem Ankylostoma ganz nahe verwandt ist der **Necator americanus.**

Ascaris lumbricoides (Spulwurm), 3 papillentragende Mundlippen, Hinterende des Männchens ventral gekrümmt mit zwei hinteren Spikulae, das Männchen ca. 25 cm lang. Das Weibchen, bis 40 cm lang, ist deutlich geringelt, Körper nach vorne mehr als nach hinten zugespitzt. Die Eier, 50—60 μ lang, mit dicker Schale, auf der eine helle Eiweißschicht aufliegt. Der Spulwurm findet sich im Dünndarm des Menschen, besonders bei Kindern, und kann von da in Dickdarm, Magen, Gallenwege, Leber, Pankreas, aber auch Ösophagus und Respirationsorgane eindringen. Folgen sind lokale Entzündungen und Allgemeinerscheinungen. In den Fäzes finden sich meist nur wenige, manchmal aber auch Hunderte von Eiern. In feuchter Erde usw. entwickeln sich aus den Eiern die Embryonen, bleiben aber in der Schale und werden so verschluckt.

Oxyuris vermicularis (Pfriemenschwanz), das Männchen 4 mm, das Weibchen 10 mm lang; das Männchen am Hinterende stumpf, das Weibchen pfriemenförmig verlängert. Am Mund 3 kleine Lippen. Eier, 50 μ lang, oval, enthalten bei der Ablage bereits den Embryo. Der **Oxyuris** (Madenwurm) lebt im Dickdarm und findet sich namentlich bei Kindern sehr häufig, wo er Darmkatarrhe und starkes Jucken am After verursacht. Seltener findet er sich im Dünndarm (Wurmfortsatz) und kommt hier und da bei Mädchen in der Scheide, im Uterus, in den Tuben und auf diese Weise in der Bauchhöhle vor.

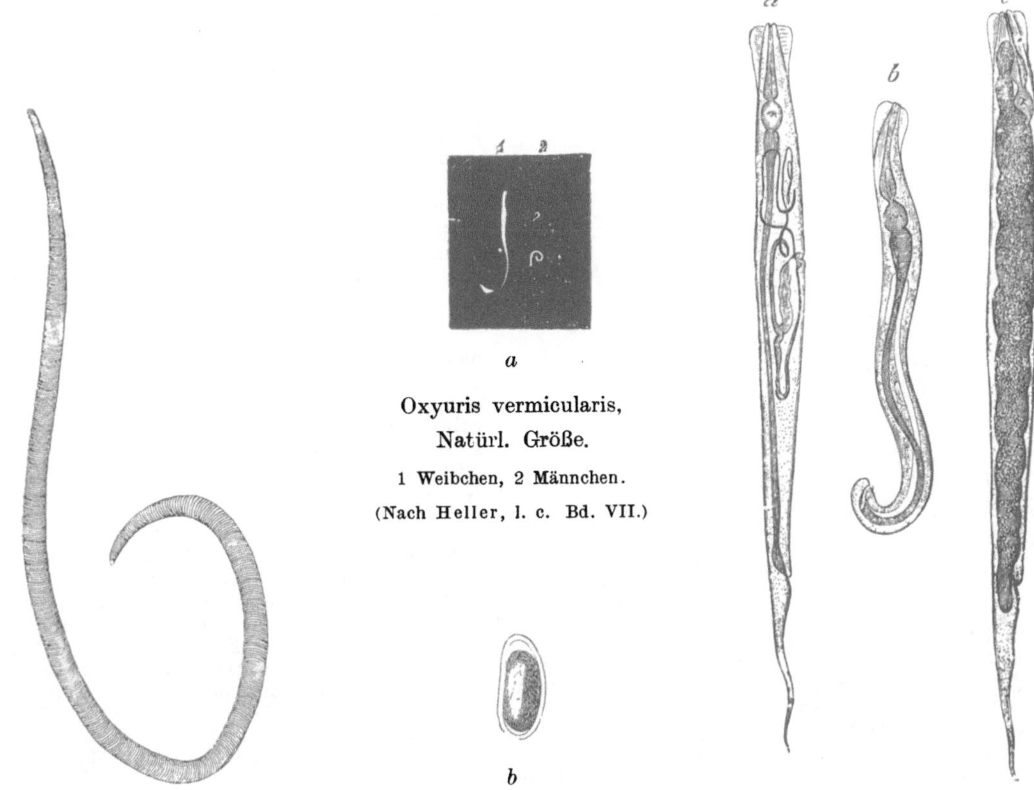

a

Oxyuris vermicularis, Natürl. Größe.

1 Weibchen, 2 Männchen.

(Nach Heller, l. c. Bd. VII.)

b

Fig. 232.
Ascaris lumbricoides (Weibchen).
(Nach Peiper in Brüning-Schwalbes Handb. der allg. Path. etc. des Kindesalters. Wiesbaden, Bergmann 1912.)

Fig. 233.
Ei von Oxyuris vermicularis.
(Nach Seifert-Müller, l. c.)

Fig. 234.
Oxyuris vermicularis, vergr.
a reifes, noch nicht befruchtetes Weibchen, b Männchen, c eierhaltiges Weibchen.
(Nach Heller, l. c. Bd. VII.)

Die **Hirudines** (Blutegel) sollen noch erwähnt werden. Sie kommen im Süden im Larynx, Pharynx usw. vor. Sie saugen Blut und fallen dann von selbst ab. Zu dem Zwecke der Blutentnahme werden sie auch therapeutisch verwandt. Da die Blutegel einen gerinnungshemmenden Stoff produzieren, kann es zu tödlichen Nachblutungen kommen.

C. Arthropoden. Gliederfüßler.

Hier sind medizinisch von Interesse die beiden Gattungen Arachnoidea und Insecta.

Zu den **Arachnoiden** gehören folgende Krankheitserreger:

Sarcoptes scabiei (Krätzmilbe) zu den Akarinen gehörig.

Männchen 0,2—0,3 mm, Weibchen 0,33—0,45 mm lang. Auf dem Rücken kleine Stacheln, vorn, an den Seiten und hinten Gruppen von Dornen. Beim Weibchen besitzen das erste und zweite Fußpaar gestielte Haftscheiben, das dritte und vierte lange Borsten; beim Männchen trägt nur das dritte Beinpaar je eine Borste, das vierte gestielte Haftscheiben. Die Krätzmilben leben in selbst gegrabenen Gängen in der Oberhaut des Menschen, die sie mit Eiern und Kotballen belegen, und erzeugen die als Krätze bekannte Hautaffektion mit starkem Juckreiz. Am Ende des ca. 1 cm langen Ganges sitzt das Weibchen. Dasselbe produziert ca. 50 Eier, aus denen nach einigen Tagen die Jungen ausschlüpfen und nun selbständig neue Gänge graben.

Demodex folliculorum, Haarbalgmilbe mit langgestrecktem Körper; 0,3—0,4 mm lang; lebt in Komedonen der menschlichen Haut, besonders im Gesicht, veranlaßt auch Akne und Hautpusteln.

Linguatula rhinaria (Pentastomum taenioides). Das Weibchen (bis 130 mm) ist etwa 6 mal so lang als das Männchen. Ersteres ist gelb, letzteres weiß gefärbt. Um den Mund stehen vier Haken auf einem Basalglied. Der Parasit lebt in Nasen- und Stirnhöhlen verschiedener Tiere, besonders beim Hund, selten beim Menschen. Mit dem Nasensekret gelangen Eier und Embryonen in die Außenwelt; so werden sie dann von Tieren und eventuell Menschen verschluckt; auch Hunde können letztere infizieren. Im Magen schlüpfen Larven aus und gelangen mit Lymph- und Blutstrom weiter, besonders in die Leber. Diese Larve, das **Pentastomum denticulatum,** 5 mm lang, kapselt sich in der Leber ein. In die Nasenhöhle gelangt — beim Menschen selten — entwickelt sie sich zum Parasiten. Beim Menschen sterben die Larven meist schon in der Leber bzw. den mesenterialen Lymphknoten ab und bleiben hier verkalkt liegen.

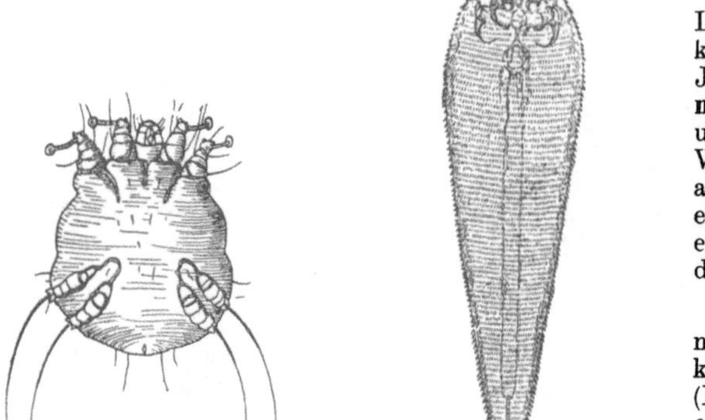

Fig. 235. Sarcoptes scabiei (Weibchen). (Nach Peiper, l. c.)

Fig. 236. Larve von Linguatula rhinaria. Pentastomum denticulum. (Nach Leuckart.) (Aus Braun, Parasiten.)

Noch seien erwähnt **Leptus autumnalis,** Larven, die von Sträuchern usw. aus in die Haut kommen — im Sommer und Herbst — und hier Jucken, Ekzem, Urtikaria veranlassen, die **Kedanimilbe,** welche die Larve eines Trombidiums ist und, offenbar als Überträger eines unbekannten Virus, in Japan ein kleines Geschwür mit Lymphadenitis und ein an akute Infektionskrankheiten erinnerndes fieberhaftes Bild hervorruft, sowie endlich **Ixodes ricinus,** der **Holzbock,** der meist den Hund, selten den Menschen befällt.

Von **Insekten** finden sich verschiedene Formen als Epizoen beim Menschen: Die **Läuse** kommen beim Menschen als **Pediculus capitis** (Kopflaus), **Phthirius pubis** (Filzlaus) und **Pediculus vestimentorum** (Kleiderlaus) vor. Sie haben keine Flügel, dagegen einen rüsselförmigen Mundteil. Sie legen mit Deckel versehene Eier, die Nissen, besonders an Haare, ab.

Noch erwähnt werden sollen: **Cimex lectuarius** (Bettwanze) und die **Flöhe,** in unserem Klima besonders **Pulex irritans,** in anderen Erdteilen (Südamerika) auch **Sarcopsylla penetrans** (Sandfloh), dessen Weibchen sich in die Haut der Füße einnisten und hier Eier zur Entwicklung bringen ev. mit Abszessen als Folge. **Bremsen, Fliegen, Stechmücken (Culicidae),** zu denen **Culex** und **Anopheles** gehören, reizen die Haut durch Stiche. Sie sind zudem als Krankheitsüberträger wichtig, die Anopheles, besonders die blutsaugenden weiblichen, durch kürzere Chitinhaare an den Fühlern von den männlichen unterschiedenen Formen, für die Malariaübertragung, die Culexart **Stegomyia fasciata** für die Gelbfieberübertragung. Fliegen können auch ihre Eier unter die Haut oder in Wunden oder in die Nase ablegen, wo sich dann Larven entwickeln — **Myiasis.** Die Larven können sich verschluckt auch im Intestinaltraktus eine Zeitlang erhalten.

Kapitel VIII.

Innere Krankheitsbedingungen: Disposition. Immunität. Vererbung.

Da eine Krankheit, wie vielfach betont, die Reaktion eines lebenden Systems darstellt, ist sie naturgemäß nicht nur von äußeren Krankheitsbedingungen bzw. -Ursachen abhängig, sondern ebenso von dem Zustand des Organismus und seiner Teile selbst, d. h. dem Maß und der Art der Reaktionsfähigkeit derselben. Wir sehen hier alle Übergänge und, fassen wir die Extreme ins Auge, so verstehen wir unter Disposition die inneren eine Krankheit begünstigenden Bedingungen, also „diejenige Beschaffenheit des Organismus, die die Voraussetzung der Wirkung schädigender Einflüsse ist" (Lubarsch), unter Resistenz, deren höchster Grad Immunität ist, die Widerstandsfähigkeit gegen äußere Krankheitsursachen. Besonders letztere ist vor allem bei den Infektionskrankheiten erforscht worden. Die genannten Zustände können erworben, aber auch angeboren, eventuell ererbt sein. Wir fassen daher in diesem Kapitel zusammen A. Disposition, B. Immunität, C. Vererbung.

A. Disposition.

Sie kann angeboren — intrauterin erworben oder ererbt — oder im extrauterinen Leben erworben sein und setzt sich aus sehr komplexen Faktoren zusammen, deren Trennung selbst im Experiment schwer sein kann.

Wir können unterscheiden:

1. **Art- und Rassedisposition.** Manche Tiere weisen häufig Spontantumoren auf, andere fast nie; die Übertragung des Jensenschen Mäusekrebses gelingt nur auf gewisse Stämme weißer Mäuse. Der Mensch und verschiedene Tierarten sind für die einzelnen Tuberkelbazillentypen ganz verschieden empfänglich.

2. **Individualdisposition.** Den gleichen (soweit sich dies beurteilen läßt) Infektionsgelegenheiten ausgesetzt, erkrankt ein Individuum, ein anderes nicht. Bei Tumorüberimpfungen auf Tiere bleiben einzelne verschont. Über die sog. Idiosynkrasien s. u.

Wir können noch weitere Unterabteilungen machen:

a) **Geschlechtsdisposition.** Die Frau neigt weit mehr als der Mann zum Mammakarzinom. In Bluterfamilien erkranken die Frauen, obwohl die erblichen Weitervermittler der Krankheit, fast nie an der Hämophilie.

b) **Altersdisposition.** Man kann das Leben in folgende Stadien einteilen:

I. Kindesalter und dies wieder (zum Teil nach Straatz) in

erstes Kindesalter
- a) Säuglingsalter bis 1 Jahr,
- b) neutrales Kindesalter 1—7 Jahre.

zweites Kindesalter (bisexuelles) 8—15 Jahre.

II. Pubertätsalter 16—20 Jahre.
III. Alter des reifen Individuums bis 60 Jahre.
IV. Greisenalter über 60 Jahre.

Die verschiedenen Alter sind für viele Krankheiten verschieden disponiert. Die Kinderkrankheiten stellen eine eigene Disziplin dar. Säuglinge neigen z. B. zu Brechdurchfall, Kinder neigen zu Epiphysenlösung, Rachitis, Skrofulose, das Pubertätsalter, wenigstens das weibliche, zu Chlorose, das Greisenalter zu atherosklerotischen Veränderungen, Knochenbrüchen usw. Manche Disposition besteht auch nur zeitweise, so nur zu bestimmten Jahreszeiten oder unter besonderen klimatischen Einflüssen. Auch das Individuum kann vorübergehend besondere Disposition zu Erkrankungen besitzen, so in Zeiten allgemeiner Schwächung des Körpers, Übermüdung und dergleichen.

3. **Organdisposition.** Bei Infektionskrankheiten erkrankt, auch wenn die Erreger an anderer Stelle eingedrungen sind, oft besonders ein Organ, so die Lunge an Tuberkulose, erst der unterste Dünndarm an Typhus und dergleichen. Die Lymphknoten stellen für manche Erkrankungen, so Tuberkulose, einen besonders günstigen Boden dar. Besondere Affinität sehen wir auch bei Tumoren; so findet sich das Riesenzellensarkom am häufigsten am Unterkiefer. Dasselbe sehen wir auch bei Metastasen, z. B. metastasieren Karzinome der Nebenniere, Thyreoidea, Prostata, Mamma besonders häufig ins Knochensystem. Metastatische Abszesse des Rückenmarkes finden sich z. B. fast nur bei Bronchiektasien.

4. **Auf Grund von Krankheiten und Anomalien erworbene Disposition.** Ein Teil der Staubinhalationskrankheiten (Koniosen) setzt Disposition der Lunge für Tuberkulose, Entzündungen zu neuen Entzündungen, Alkoholismus zu zahlreichen Erkrankungen; Diabetes disponiert zu Gangrän, Phthise und

Furunkeln; Pulmonalstenose zu Phthise und dergleichen mehr. „Erkältungen“ bewirken Neigung zu Katarrhen, Pneumonie, Nephritis usw. Wegfall von Schutzvorrichtungen des normalen Organismus muß zu Krankheiten disponieren; so dringen, wenn die Nase ihre Funktion nicht ausüben kann, infolge Offenhalten des Mundes kalte Luft und korpuskuläre Elemente leicht tiefer in die Atmungswege ein. Wenn Phagozytose oder Emigration nicht ausgeübt werden kann und so eine „Entzündung“ als Abwehrmaßregel nicht eintritt, ist der Körper den deletären Wirkungen von Entzündungserregern weit mehr ausgesetzt. Auch die Anaphylaxie — die Überempfindlichkeit gegen fremdes Eiweiß nach einmaliger Inokulation von solchem — können wir in gewisser Beziehung hier einreihen.

Zahlreiche (dysontogenetische) Tumoren beruhen auf entwicklungsgeschichtlichen Anomalien, wie versprengten Keimen oder besonders primären Gewebsmißbildungen als Disposition, sind also bei der Geburt schon „determiniert“ und entfalten sich später auf eine Auslösungsursache hin.

Die verschiedenen Dispositionsarten können sich häufig kombinieren. So kombiniert sich die Neigung des Kindesalters zu Tuberkulose mit spezieller Disposition der Lymphknoten für die Erkrankung; Geschlechts- und Altersdisposition sehen wir bei der Chlorose vereinigt; die Idiosynkrasien vereinigen zumeist Individualdisposition mit Organdisposition.

Vieles erscheint als „Disposition“, was anders begründet ist; so neigen zu bestimmten akuten Infektionskrankheiten deswegen Kinder in erster Linie, weil die meisten Erwachsenen die betreffende Erkrankung in ihrer Jugend durchgemacht haben und jetzt immun sind. Eine Rolle spielt auch häufig die „Exposition“ (Albrecht), d. h. die Tatsache, daß bestimmte Individuen besonders häufiger oder geeigneter Gelegenheit zu einer Krankheit (Infektion) ausgesetzt sind, z. B. Kinder phthisischer Eltern und dergleichen mehr.

Ein Teil der Dispositionen läßt sich anatomisch erklären. So bedingen die Wachstumsverhältnisse der Knochen, daß gerade Kinder an Rachitis leiden, oder es sind die physikalischen Verhältnisse des Knochenbaues, welche die Disposition junger Knochen zur Epiphysenlösung, diejenige alter Leute bei Einwirkung äußerer Gewalten zur Fraktur herbeiführen. Aber das eigentliche Wesen der „Disposition“ ist uns in den meisten Fällen völlig unbekannt; der Begriff umfaßt offenbar die komplexesten Faktoren; er basiert fast ganz auf Empirie.

Außerordentlich wichtig ist nun der Begriff der **Konstitution.** Man kann diese definieren als denjenigen (angeborenen oder erworbenen) Zustand des Organismus, von dem seine besondere (individuell verschiedene) Reaktionsart gegenüber Reizen abhängt (Lubarsch).

Schwer ist die Abgrenzung der „Konstitution“ nach mehreren Richtungen hin. Einmal gegenüber der „Disposition“. Man kann erstere als den übergeordneten Begriff ansehen, aber auch umgekehrt oder anders abgrenzen. Zum Teil hängt dies mit der anderen Frage zusammen, ob man unter Konstitution nur die auf ursprünglichen unabänderlichen Erbfaktoren beruhende Organismusverfassung verstehen will (z. B. Tandler, Löhlein, Hart) und dann die erworbenen Faktoren als „Kondition“ (Tandler) abgrenzt, oder ob man (wie z. B. Kraus, Lubarsch, Martius, Rößle) bei aller Betonung der Bedeutung der Erbfaktoren doch bei der Konstitution die „Vererbung und Erlebnisse“ (Rößle) zusammenfaßt, also auch die späteren äußeren Beeinflussungen in den Begriff einbezieht. Dann beruht die Konstitution also, wie es ja auch obiger Definition entspricht, auf angeborenen und erworbenen Faktoren und dies erscheint richtiger, da eben diese beiden Faktorenarten untrennbar miteinander verwoben sind. Hering, welcher auch diese Ansicht vertritt, schlägt neuerdings vor, den Begriff „Konstitution“ im morphologischen Sinne zu gebrauchen, den Begriff „Disposition“ als deren funktionelles Korrelat. Eine individuelle Konstitution ist ebenso wie eine individuelle Form jedem Menschen eigen. Sie ist für die Pathologie so wichtig, weil sie gerade darauf hinweist, daß wir bei Erkrankungen nicht nur die Lokalisation der ihnen als Substrat dienenden anatomischen Veränderungen, sondern vor allem auch den Gesamtorganismus und seine Reaktionsart in Betracht ziehen müssen. Es handelt sich bei der Betonung der Konstitution und Konstitutionspathologie nicht um eine glatte Rückkehr zur alten mystischen Krasenlehre, vielmehr läßt sich erstere durchaus mit der Zellularpathologie verbinden. Wir wissen heute, daß auch onto- und phylogenetische Entwicklung, Gestaltung, Lebensäußerungen (auch Temperament) und Konstitution im Sinne der Reaktionsart auf äußere gewöhnliche und abnorme Einwirkungen im höchsten Grad von gewissen Organen und deren zellulären und funktionellen Vorgängen (Hormone) abhängig sind. Es sind dies die unter der Bezeichnung endokrine Drüsen zusammengefaßten Organe mit innerer Sekretion, wobei aber zu betonen ist, daß es sich hier nicht um diese oder jene solche Drüsen handelt, sondern um ihre Gesamtheit, die auf ein bestimmtes, wenn auch labiles Gleichgewicht abgestimmt ist. Jeder Mensch hat so seine individuelle „polyglanduläre Formel“ (Stern). Dazu kommt, und in zum Teil engen korrelativen Beziehungen zu diesen Organen, das sog. autonome Nervensystem. Eine Konstitutionspathologie, die sich also zum großen Teil mit einer „Disharmonie“ der Drüsen mit innerer Sekretion beschäftigen muß, erstrebt so letzten Endes eine Ergänzung der Zellularpathologie in Gestalt der Einbeziehung aller genetischen und ätiologischen Momente. Aber sie ist heute mehr Forderung als Erfüllung (Rößle). Wir stehen erst am Beginn. Voraussetzung für die Feststellung der „Konstitutionsanomalien“ wäre auch die Grundlage des heute sehr umstrittenen Begriffes der „Norm“ nicht nur in morphologischer sondern insbesondere in funktioneller Hinsicht.

Der verschiedenen Konstitution des Gesamtorganismus entspricht ein schon unter Umständen äußerlich wahrnehmbarer verschiedener Habitus oder Status desselben. Unter den verschiedenen hier aufgestellten Typen seien nur folgende hier kurz gestreift. Der sog. Habitus phthisicus der engbrüstigen meist hochaufgeschossenen Individuen ist schon bei der Tuberkulose erwähnt. In manchen Beziehungen ähnlich ist auch der sog. Habitus asthenicus (Mathes-Stiller), wobei der Thorax einen steil abfallenden Verlauf der Rippen, besonders der untersten, abstehende Schulterblätter und hängende Schlüsselbeine aufweist. Bei diesen Menschen mit allgemeiner körperlicher Minderwertigkeit weisen das Herz (sog. Tropfenherz) und die großen Gefäße — oft enge Aorta — besonderes konstitutionelles Verhalten auf. Das Gefäßsystem versagt hier leichter, auch besteht konstitutionelle Anlage zu Anämie und Chlorose. Da es sich hier um eine hypoplastische Anlage des Herzens und des Gefäßsystems sowie eventuell anderer Organe handelte, spricht man statt von asthenischem Habitus besser mehr allgemein von einem Status hypoplasticus (Bartel). Über den Status thymicus und lymphaticus siehe im nächsten Kapitel. Hier seien noch einige Konstitutionen angeführt, welche zu besonderen, auf Einwirkungen der Umwelt bzw. besondere äußere Schädlichkeiten hin auftretenden Krankheiten disponieren.

Hierher gehören die sog. Idiosynkrasien, d. h. die Tatsache, daß manche Menschen, ohne sonst irgendwie krankhaft zu sein, auf für andere Menschen völlig unschädliche Nahrungsmittel, wie z. B. Krebse oder Erdbeeren, mit der Urtikaria genannten Hauterkrankung, eventuell auch mit Übelkeit oder Fieber reagieren, oder daß andere selbst bei kleinen Dosen von Medikamenten, wie Chloroform oder Jodoform oder Kokain, schwer erkranken. Auf gewisse Primelarten reagieren manche Menschen mit Ekzemen, auf Berührung der Nasenschleimhaut mit Pollenkörnern mit dem sog. Heuschnupfen.

Auch das Bronchialasthma gehört wohl zum großen Teil zu den konstitutionellen Krankheiten. Ebenso diejenigen Diabetesformen, welche in manchen Familien erblich sind; hier kann sich gerade die Konstitution auch darin zeigen, daß Individuen einer folgenden Generation zunächst keinen Diabetes, wohl aber besondere Disposition zu alimentärer Glykosurie aufweisen. Daß das verschiedene Alter auch eine wechselnde Konstitution hat, zeigt auch der Diabetes, der — bei manchen anderen Krankheiten umgekehrt — bei jungen Individuen eine weit gefährlichere Krankheit als bei älteren darstellt. Daß an gewissen sogenannten Kinderkrankheiten fast nur Kinder erkranken, daran ist neben anderen Momenten eben auch die Konstitution dieser schuld. Und entsprechend geht es mit Alterserscheinungen. In manchen Familien tritt erblich der Ausfall oder das Ergrauen der Haare besonders früh auf. Ebenso geht es mit den infolge allmählich erlöschender Regenerationsfähigkeit sich ausbildenden Abnutzungserkrankungen, die, z. B. die Atherosklerose, meist erst in höherem Alter als Alterskrankheiten auftreten, oft aber auch — und auch hier auffallend familiär — schon weit früher. Hier nutzt sich eben die Gefäßwand infolge konstitutioneller Momente früher ab. Die Markscheiden des Zentralnervensystems halten meist bis ins höchste Alter trotz zahlreicher durchgemachter Krankheiten stand, bei manchen Leuten sind sie aber an zahlreichen Stellen, wenn überhaupt, dann so labil ausgebildet, daß sie auf gewisse Schädlichkeiten hin zerfallen, ohne ergänzt zu werden, und so das Bild der sog. multiplen Sklerose in die Erscheinung tritt. Daß überhaupt sehr viele Krankheiten des Nervensystems, besonders auch Geisteskrankheiten, als konstitutionelle, besonders auch in manchen Familien erbliche, auftreten, ist bekannt. Hier kann die Konstitution angeboren sein, die Krankheit aber braucht erst weit später aufzutreten, und es braucht nicht dieselbe Form von Nervenaffektion zu sein. Auch die allgemeine „Nervosität" ist ja als Konstitution, sei es angeboren, eventuell vererblich, sei es erworben, bekannt; hier reagieren eben die Nerven auf Reize wie Aufregungen, Anstrengungen oder dergleichen anders als bei sonstigen Menschen.

Endlich sei erwähnt, daß man bei zu gewissen Krankheiten disponierenden Konstitutionen bestimmte andere Erkrankungen in der Regel nicht findet oder umgekehrt bestimmte Kombinationen häufig findet, so daß man den Versuch gemacht hat, nach solchen Gesichtspunkten in bestimmte Konstitutionen bzw. Rassen einzuteilen. Doch ist hier zunächst noch fast alles Spekulation.

Liegt die Konstitution so an der Grenze des Krankhaften, daß schon gewissermaßen „Krankheitsbereitschaft" besteht, so spricht man auch von **Diathese**, so von diabetischer, exsudativer Diathese usw.

B. Immunität (Resistenz).

Die Resistenz eines Organismus bedeutet seine Fähigkeit zu Abwehrmaßregeln gegenüber Schädlichkeiten, insbesondere Krankheitserregern, besonders an der Eingangspforte dieser, aber auch an Stellen ihrer weiteren Verbreitung. So besitzt das Blutserum bakterizide, d. h. bakterientötende Eigenschaften, näheres s. u. Die Entzündung haben wir bereits als einen ausgesprochenen Kampf des Körpers gegen — besonders belebte — Schädlichkeiten besprochen. Diese Abwehr basiert auf zellulärer Tätigkeit, und hierbei spielen Wanderzellen, welche bestrebt sind, die Bakterien „aufzufressen" und unschädlich zu machen, eine Hauptrolle. Diese Wanderzellen stammen teils aus dem Blute, teils aus lymphatischen Apparaten, teils sind sie Abkömmlinge retikulo-endothelialer Elemente. Wir haben sie schon bei der Entzündung als „Abwehrsoldaten" des Körpers kennen gelernt. Die Tatsache, daß diese Zellen als „Freßzellen" Bakterien aufnehmen, sie zum Teil auch „verdauen" und abtöten, hat Metschnikoff in seiner berühmten Phagozytentheorie zusammengefaßt.

Metschnikoff unterscheidet die **Mikrophagen** — polymorphkernige Leukozyten — und **Makrophagen** — die einkernigen Leukozyten, Lymphozyten usw., von denen erstere zuerst erscheinen, letztere hingegen bei zahlreichen Infektionen, wie Tuberkulose, die wirksamere Hauptrolle spielen. Es ist aber fraglich, ob der Phagozytentheorie Allgemeingültigkeit zugesprochen werden darf; auf jeden Fall ist die phagozytäre Tätigkeit dieser „Freßzellen" nur eines der Kampfmittel, welche dem Organismus als Abwehr gegen eingedrungene Infektionserreger zur Verfügung stehen, und es spielt die Tätigkeit dieser Zellen bei verschiedenen Infektionen eine sehr verschiedene Rolle.

Eine Abwehrmaßregel des Organismus gegen Bakterien ist auch die Ausscheidung derselben durch Haut, Darm, Nieren; so ist schon wenige Minuten nach Infektion mit Eitererregern ihr Übertritt in den Harn beobachtet worden.

Eine Steigerung der Resistenz bis zur Unempfindlichkeit eines Organismus gegen bestimmte spezifische Infektionen bezeichnen wir als **Immunität.** Diese kann auch eine relative, nur gegen geringe Bakterienmengen mit nicht sehr hochgradiger Virulenz ausreichende sein. An erster Stelle steht hier die angeborene Immunität, wie sie gegen manche Infektionen ganzen Arten oder auch Rassen eigen ist. Häufig beruht eine solche angeborene Immunität offenbar darauf, daß die Zellen eines Organismus einfach nicht die Fähigkeit besitzen, die Krankheitserreger so zu binden, daß sie von ihnen angegriffen werden können; zum Teil spielen andere Verhältnisse wie Hyperleukozytose usw. mit. Demgegenüber steht die erworbene Immunität. Sie entsteht häufig durch Überstehen einer Krankheit, und zwar nur für dieselbe, sei es lebenslänglich, sei es für eine kürzere oder längere Zeit. So wird ein Individuum von Pocken, Scharlach, Masern, Typhus meist, trotz Gelegenheit zu späterer Infektion, nur einmal im Leben befallen. Setzten Eltern doch im Mittelalter, wenn die Pocken wüteten, ihre Kinder oft absichtlich der Infektion aus, um sie so für spätere Epidemien immun zu machen.

In das Rätsel solcher Vorgänge haben uns namentlich Ehrlichs Forschungen, die hier nur ganz kurz gestreift werden können, einen gewissen Einblick gewährt. Die im Anschluß an Infektionen im Organismus entstehenden chemischen Stoffe, welche eine gewisse Gegenwirkung gegenüber den eingedrungenen Infektionserregern besitzen, faßt man als „Immunstoffe" oder Schutzstoffe oder **Antikörper** zusammen, die sie auslösenden Stoffe als **Antigene.** Wir müssen nun zwei Arten von Antikörpern streng scheiden.

In dem einen Fall handelt es sich um Infektionskrankheiten, welche im wesentlichen auf Vergiftung des Organismus mit Bakterientoxinen beruhen (Intoxikationskrankheiten), wie Tetanus oder Diphtherie. Hier bilden sich im betroffenen Organismus als Reaktionserscheinung gegen die Toxine Schutzstoffe, sog. **Antitoxine,** welche die Bakterientoxine, etwa wie Säuren die Alkalien, zu neutralisieren und so unwirksam zu machen vermögen. Diese, chemisch wenig bekannten, Stoffe werden von den Zellen des befallenen Organismus, wohl vor allem denen des Knochenmarkes und der Milz, als eine Art innerer Sekretion gebildet. Man kann sie aus dem Blute darstellen und experimentell verwenden oder eine Impfung mit dem Blutserum erkrankter Tiere vornehmen. Die Antitoxine sind nur gegen solche Toxine, welche ihre Entstehung hervorgerufen haben, spezifisch.

Bei den anderen Infektionskrankheiten, bei denen die Infektionserreger selbst, nicht ihre Toxine, die Hauptrolle spielen, entstehen im Blute des befallenen Organismus Antikörper, welche gegen die Infektionserreger selbst gerichtet, d. h. bakterizid sind: man bezeichnet sie als antibakterielle Immunstoffe. Die wichtigsten sind die **Bakteriolysine,** wie z. B. bei Typhus oder Cholera asiatica. Behandelt man, z. B. durch Injektion in die Bauchhöhle, ein Meerschweinchen wiederholt mit nichttödlichen Dosen von Cholerabazillen vor und injiziert dann vollvirulente Cholerabazillen, so werden sie in der Bauchhöhlenflüssigkeit sehr bald abgetötet und aufgelöst (Pfeiffersches Phänomen). Diese Bakteriolysine werden wohl vor allem in Lymphknoten, Milz und Knochenmark gebildet. Kam bei den Antitoxinen eine „Giftfestigkeit" des Organismus zustande, so hier eine „Bakterienfestigkeit". Unter ähnlichen Umständen werden auch **Agglutinine** gebildet, Stoffe, welche die Bakterien nicht auflösen aber dieselben immobilisieren, ferner die **Präzipitine** (s. u.), sowie die **Opsonine** (Wright) und die **Bakteriotropine** (Neufeld), bei denen es sich um das Auftreten spezifischer die Phagozytose anregender Substanzen, welche hierdurch die antibakterielle Wirkung fördern, handelt. Auch die Antiaggressine, welche die zellfeindlichen Aggressine der Bakterien in ihrer Wirkung ausschalten, gehören hierher.

Zur Erklärung der aufgezählten Stoffe hat die Ehrlichsche **Seitenkettentheorie** („Seitenketten" aus der organischen Chemie entnommen), welche überhaupt der Immunitätslehre ungeahnte Förderung gebracht hat, sehr beigetragen, wenn sie auch nur eine Vorstellungsweise der Vorgänge darstellt; nur ihre Grundlagen können hier kurz skizziert werden. Betrachten wir zunächst die gegen die Toxine gerichteten Antitoxine. Das Toxin besitzt zwei verschiedene Gruppen, eine haptophore, welche in Seitenketten — Rezeptoren — der Zelle (welche die Zelle gewöhnlich zur Aufnahme von Nährstoffen benötigt), in welche sie paßt, einhaken kann, so daß so eine Verankerung des Toxins mit der Zelle eintritt, und eine zweite, die toxophore Gruppe, welche ihre spezifische toxische Einwirkung auf die Zelle nunmehr entfalten kann. Die mit Toxin beladenen Seitenketten der Zelle werden für diese physiologisch unbrauchbar und so abgestoßen, die Zelle versucht den Verlust durch Bildung neuer Seitenketten zu ersetzen, wobei nach der Weigertschen Lehre eine Überregeneration stattfindet. Die überzähligen Seitenketten (Rezeptoren) werden von der Zelle abgestoßen, gelangen ins Blut und fangen hier Toxine ab, so daß diese gar nicht an die Zellen gelangen, d. h. fungieren als Antitoxine. So werden letztere und ihre Bildung bei dem Überstehen der betreffenden Erkrankung erklärt. Nach der Ehrlichschen Theorie werden auch die antibakteriellen Immunstoffe, vor allem die Bakteriolysine erklärt, doch liegen hier die Verhältnisse komplizierter. Es wirken hier zwei Körper zusammen, das schon im normalen Serum vorhandene thermolabile Komplement (das Alexin Buchners) und der thermostabile, erst im Immunserum (Pfeiffersches Phänomen s. o.) gebildete und für dies charakteristische Ambozeptor. Beide müssen zusammenwirken, um Bakteriolyse zu bewirken. Hierbei verankert der Ambozeptor die Bakterien mit dem Komplement, und so kann letzteres die Bakterien angreifen.

Es liegt nun der Gedanke nahe Individuen die Schutzstoffe — je nachdem Antitoxine oder Bakteriolysine — künstlich einzuverleiben und sie so gegen die betreffende Erkrankung künstlich zu immunisieren. Ein erster Weg hierzu ist der, die Krankheit selbst in geringerem, ungefährlicherem Maße durchmachen zu lassen, um so den Organismus zur Bildung jener Antikörper zu veranlassen, welche ihn dann vor einer späteren schweren Infektion mit derselben Erkrankung schützen. Die Virulenzabschwächung des zur Schutzimpfung verwandten Infektionsstoffes, auf die also hierbei alles ankommt, kann auf verschiedene Weise erreicht werden. So durch Passage des Virus durch einen anderen seiner Spezies nach ihm weniger zusagenden Tierkörper. Solches gelingt beim Schweinerotlauf durch Hindurchschicken des Virus durch Kaninchen, und offenbar beruht die älteste überhaupt gelungene Schutzimpfung, diejenige Jenners bei den Pocken, auch hierauf (wobei Voraussetzung ist, daß der Infektionsstoff der Kuhpocken mit dem der menschlichen Variola an sich identisch ist). Die Virulenz von Erregern wird weiterhin herabgesetzt durch Erhitzen (z. B. beim Rauschbrand) oder durch Sonnenlicht oder durch Trocknen, worauf, nämlich auf Impfung mit getrocknetem Rückenmark eines an Tollwut verendeten Tieres, die Pasteursche Schutzimpfung gegen diese Krankheit (welche meist auch nach der Infektion durch Biß eines wutkranken Tieres, da das Virus eine Inkubationszeit bis zu 3 Monaten hat, noch gelingt) beruht, oder endlich durch gewisse Chemikalien (z. B. Trichloressigsäure bei Tetanusbazillen).

Auch abgetötete Bazillen können, und zwar bei solchen Infektionskrankheiten, deren Erreger die betreffenden Substanzen in ihrem Körper enthalten, wie bei Typhus, Pest und Cholera, durch Bildung von Antikörpern, welche gegen spätere Infektion mit lebenden Bazillen schützen, Schutzwirkung erzielen. Und ebenso aus den Bakterien auf mechanischem Wege gewonnene Bakterienextrakte (z. B. bei Tuberkulose).

In allen diesen Fällen wird also die Immunität dadurch künstlich erworben, daß man den Organismus die Krankheit in abgeschwächtem Maße selbst durchmachen läßt. Man bezeichnet dies, weil der Organismus sich seine Antikörper selbst erzeugt, als **aktive Immunität.** Durch Injektion des Serums eines anderen Organismus, welcher die betreffende Krankheit überstanden hat, kann man aber auch einem Individuum die fertigen spezifischen Antikörper selbst einverleiben — **passive Immunität.** Etwas Ähnliches ist es, wenn Antikörper auch in utero von der Mutter auf dem Blutwege (oder auch in geringerem Maße bei Säuglingen durch die Milch) auf das Kind übertragen werden. Ist die aktive Immunität eine relativ feste, lang anhaltende, so kommt die passive zwar sofort zustande, doch verschwinden bei ihr die immunisierenden Antikörper bald wieder aus dem Organismus.

War bisher nur von prophylaktischer **Schutzimpfung** die Rede, so kann man das Prinzip der passiven Immunität auch zur therapeutischen Anwendung nach erfolgter Infektion, um diese zu heilen oder leichter zu gestalten, also in Gestalt eines **Heilserums** verwenden. Dies ist besonders bei der **Diphtherie** (aber auch z. B. bei Schlangengiften) gelungen. Hier werden Tiere, besonders große Tiere wie Pferde (von denen sich reichlich Serum gewinnen läßt) durch allmählich gesteigerte Dosen von Infektionsmaterial immunisiert, und das daher mit Antitoxinen reichlich versehene Serum zur Therapie verwandt. Man hat auch die aktive Immunisierung, wenn auch mit geringerem Erfolge, therapeutisch heranzuziehen versucht; hierher gehört das Kochsche Tuberkulin.

Zu den Antikörpern, welche sich unter dem Einfluß der Bakterien im Organismus während der Erkrankung bilden, gehören nun außer den wegen ihrer immunisatorischen Eigenschaften wichtigen Antitoxinen und Bakteriolysinen noch andere, oben schon kurz gestreifte Körper. So zunächst die **Agglutinine,** Stoffe, welche die betreffenden Infektionserreger zum Zusammenballen, zur „Agglutination" bringen. Fügt man dem Serum eines von einer solchen Krankheit, wie besonders Typhus oder Cholera, Befallenen lebende Bakterien der betreffenden Art hinzu, so kann man beobachten, wie die Bakterien sich zu Häufchen verkleben und zu Boden sinken. Kennt man nun diese (Gruber-Grünbaumsche) Reaktion als eine Konstante, so kann man einen Faktor als die Unbekannte der Gleichung eliminieren und somit ermitteln. Dies ist diagnostisch von größter Bedeutung, besonders beim Typhus als sog. **Widalsche Reaktion.** Das Blut eines Kranken läßt, wenn sein Serum Typhusbazillen zur Agglutination bringt, die Diagnose auf Typhus zu; die Reaktion muß hierbei noch bei starker Verdünnung des agglutinierenden Serums eintreten, um als „spezifisch" anerkannt zu werden; weniger verdünntes Serum läßt dabei auch Agglutination von den Typhusbazillen verwandten Bakterien, wie Bacterium coli, eintreten (sog. Gruppenagglutination).

Ferner gehören hierher die **Präzipitine,** Antikörper welche, nach Einverleibung gelöster Substanzen (filtrierte Bakterienkulturen und dergleichen) im Blut gebildet, diese Stoffe aus Lösungen ausfällen.

Dasselbe ist auch der Fall bei bestimmten anderen Eiweißstoffen nicht bakterieller Natur, und so sind die Präzipitine praktisch äußerst wichtig geworden, weil es mit ihrer Hilfe gelingt, verschiedene Blutarten auch in Extrakten von alten, längst eingetrockneten Blutflecken zu unterscheiden; z. B. Blutserum eines Kaninchens, welches durch Injektion von menschlichem Blut Präzipitine gegen menschliche rote Blutkörperchen gebildet hat, wird in einer Lösung von Blutflecken nur dann spezifische Niederschläge erzeugen, wenn es sich um Menschenblut handelt. Auch sonst können Antikörper nicht nur gegen Infektionserreger bzw. deren Produkte, sondern auch gegen andere Körper gebildet werden. So kann man auch gegen Gifte, wie Rizin und Abrin immunisieren und mit derartigen Sera weiterhin andere Tiere gegen die betreffenden toxischen Substanzen schützen.

Antikörper werden ähnlich auch gegen Zellen gebildet. Am bekanntesten sind hier die **Hämolysine,** gegen rote Blutkörperchen meist einer anderen Tierart, aber auch selbst eines Individuums derselben Tierart („Isolysine") gerichtet. Behandelt man also eine Tierart A mit dem Blute einer Tierart B, so bilden sich im Blutserum des Tieres A solche Stoffe, welche die roten Blutkörperchen der Tierart B auflösen und zerstören (freilich kann das Serum diese Eigenschaft der Hämolyse für das Blut anderer Tierarten auch schon von Haus aus besessen haben). Ähnliche Antikörper — **Zytolysine** — werden auch gegen andere Zellen, wie Epithelien oder Spermatozoen, gebildet. Alle diese Stoffe benötigen außer dem spezifischen Immunkörper noch des Komplements zur Wirkung, verhalten sich also ganz wie Bakteriolysine.

Die Vereinigung der Bakteriolyse und Hämolyse ist zu einer wichtigen diagnostischen Methode (zuerst von Bordet-Gengou) ausgearbeitet worden, welche besonders bei der Syphilis als **Wassermann-Brucksche Reaktion** von diagnostischer Bedeutung ist. Sie sei ganz kurz skizziert. Man braucht zu derselben 1. das Serum des Patienten, welches also, wenn derselbe Syphilis hat, ein Immunserum darstellt, 2. weil wir die Spirochaete pallida nur schwer rein züchten können, einen Extrakt spirochätenhaltiger Organe, z. B. der Leber eines kongenital syphilitischen Neugeborenen, 3. Komplement, wie es ja in jedem Blutserum vorhanden ist (s. o.). 4. rote Blutkörperchen, z. B. vom Hammel, 5. auf diese roten Blutkörperchen eingestellte Ambozeptoren (s. o.). Ist nun jenes Serum des Patienten ein Immunserum, d. h. liegt Syphilis vor, so wird es mit dem die „Antigene" enthaltenden Extrakt durch das Komplement gebunden. Dieses ist somit besetzt, und da es infolgedessen nicht die roten Hammelblutkörperchen (mit Hilfe der Ambozeptoren) lösen kann, tritt keine Hämolyse ein, die roten Blutkörperchen sinken im Serum zu Boden. Umgekehrt liegt keine Syphilis vor, so ist das Serum des Patienten kein Immunserum auf Syphilis, also auch auf jene Extrakte syphilitischer Organe nicht eingestellt, das Komplement ist somit frei und bindet sich mit dem Ambozeptor und den roten Blutkörperchen, so daß diese gelöst werden, d. h. es tritt Hämolyse ein. Letztere spricht somit gegen, ihr Fehlen für vorliegende Syphilis. Diese **„Komplementablenkungsmethode"** ist zwar nicht spezifisch, aber als Symptom der Syphilis von größter praktischer Bedeutung.

Noch erwähnt werden soll das sog. **Phänomen der spezifischen Überempfindlichkeit,** welches auch diagnostische Bedeutung hat. An einer bestimmten Infektionskrank' eit Erkrankte bieten nämlich unter Umständen bei neuer Einverleibung des gleichen Infektionsstoffes eine besonders starke und schnelle Reaktion. Tuberkulin in einer Dosis, welche bei Gesunden indifferent ist, ruft bei Tuberkulösen mehr oder minder starke Lokal- und Allgemeinreaktion hervor. Diese **Tuberkulinreaktion** ist diagnostisch beim Menschen und besonders in der Tiermedizin bei der Perlsucht der Rinder — und hier ähnlich die **Malleinreaktion** bei Rotz — von größter Bedeutung geworden. Man träufelt das Tuberkulin auch in den Konjunktivalsack — **Ophthalmoreaktion** — oder injiziert es in die Kutis — **Kutanreaktion** —, wodurch sehr sichere lokale Reaktionen ohne Störung des Allgemeinbefindens entstehen. Eine ähnliche Reaktion ist die Noguchische **Luteinreaktion** mit der von ihm gezüchteten Syphilisspirochäte.

Als **Anaphylaxie** bezeichnen wir eine Steigerung der Reaktionsfähigkeit nach wiederholten Injektionen; hierher gehört die bei wiederholter Behandlung besonders mit Diphtherieserum auftretende „Serumkrankheit“. Bei dem anaphylaktischen Schock, welcher mit Krämpfen, Temperatursturz usw. einhergeht, kommt es zu Dyspnoe und anderen Erscheinungen, evt. bis zum Tode, besonders bei Versuchstieren, bei denen man die gleichen Erscheinungen reproduzieren kann. Zur Erklärung des „Anaphylatoxins“ wird parenterale Verbrennung mit Abspaltung höchst giftig wirkender Stoffe herangezogen. Auch bei Infektionen spielt die Anaphylaxie eine Rolle. Nach einer Ansicht handelt es sich hier vielleicht um eine Vermengung von Antigenen und Antikörpern, welche hierbei einen Stoff entstehen lassen, der bei seiner Resorption im Blut einen toxischen (noch unbekannten) Körper in die Erscheinung treten läßt. Auch andere Stoffe nicht bakterieller Art scheinen ebenso wirken zu können. Doch ist das tiefere Wesen der Anaphylaxie nicht eindeutig sichergestellt. Unter **Allergie** versteht man mehr allgemein die veränderte Reaktionsfähigkeit nach Vorbehandlung. Abderhalden lehrte **Abwehrfermente** des Körpers genauer kennen, welche gegen alles dem Körper Fremdartige gerichtet sind. Hierauf beruht seine Schwangerschaftsreaktion. Das Mobilmachen dieser Fermente scheint auch bei allen möglichen Infektionen als Abwehrmittel eine Rolle zu spielen.

C. Vererbung.

Unter Vererbung fassen wir die Gesamtheit der empirischen Beobachtung zusammen, daß Eigenschaften der Deszendenz — teils der Rasse oder Spezies, teils individueller Natur — denen der Aszendenz gleichen. Die Vererbung von Eigenschaften (im allgemeinen Sinne), auf welcher die physiologische Konstanz der Arten beruht, kann sich auch auf krankhafte Eigentümlichkeiten erstrecken, d. h. auf die Disposition zu Krankheiten. Insofern werden gewisse Krankheitszustände, für deren Entstehen eine äußere Ursache nicht angeschuldigt werden kann, vererbt, d. h. sie finden sich, oft durch viele Generationen, an verschiedenen Gliedern derselben Familie. Wir dürfen aber nur solche — auch krankhafte — Eigentümlichkeiten als vererbt ansehen, deren letzter Grund im Ei oder Spermatozoon selbst oder in der Vermischung beider bei der Befruchtung (Amphimixis), in jedem Falle also in der ersten Anlage gegeben ist; durch äußere Ursachen nach der ersten Anlage, wenn auch noch in utero, entstandene krankhafte Zustände sind zwar auch angeboren = kongenital, aber nicht ererbt. Die Vererbung erfolgt teils von den Eltern auf die Kinder direkt, oder die Erkrankung überspringt eine oder mehrere Generationen, in denen sie „latent“ bleibt, um erst dann in der Deszendenz wieder aufzutreten, indirekte Vererbung. Bei der direkten Vererbung kann ein krankhafter Zustand z. B. von der Mutter nur auf die Söhne oder vom Vater her nur auf die Töchter übergehen und dergleichen mehr. Zeigen mehrere einer Generation angehörende Nachkommen gleichmäßig dieselben Abweichungen von der Norm, so spricht man auch von einem familiären Auftreten. Treten bestimmte Eigentümlichkeiten erst nach einer langen Reihe von Generationen bei den Deszendenten auf, so spricht man von Atavismus (insbesondere für Eigentümlichkeiten, welche aus einer früheren Ahnenreihe im Sinne phylogenetischer Entwicklung stammen). Doch ist es zweifelhaft, ob echter Atavismus beim Menschen vorkommt. Stammen krankhafte Zustände bzw. die Disposition zu solchen vererbt von beiden Seiten, so können sie sich potenzieren; hierin und wohl nur hierin liegt die Gefahr der Verwandtenehe.

Die Vererbbarkeit von Eigenschaften von seiten des Vaters wie der Mutter weist darauf hin, daß sowohl das Spermatozoon (bzw. dessen Kopf, welcher sich mit dem weiblichen Vorkern zum ersten Furchungskern vereinigt), wie der Kern des reifen Eies als Träger einer besonderen Stoffart, des wohl an die Kernsubstanz gebundenen **Idioplasma** (Nägeli), anzusehen sind, welches dem Keime Eigenschaften beider Eltern vermittelt. Daß väterliche wie mütterliche Eigenschaften in der gleichen Weise dem neuen Keim zugute kommen, ist dadurch gewährleistet, daß die beiden Vorkerne eine Reduktionsteilung ihrer Chromosomen auf die Hälfte eingehen, so daß dem ersten Furchungskern die normale Chromosomenzahl (wohl 24 beim Menschen), aber zur Hälfte aus dem Spermium, zur anderen aus dem Ovulum stammend, zur Verfügung steht. Für jedes Individuum muß das Idioplasma besondere Eigenschaften besitzen, d. h. von jedem anderen verschieden sein; die idioplasmatischen Bestandteile des männlichen wie weiblichen Vorkernes enthalten also potentiell schon sämtliche Anlagen für den neuentstehenden Organismus. Auf diese Vererbungspotenzen ist die ganze weitere Entwicklung des Individuums mit seinem ganzen Gepräge, in dem väterliche wie mütterliche Eigenschaften sich zusammenfügen, zu beziehen, ja sie bestimmen auch zahlreiche Lebensäußerungen des späteren Lebens. So treten manche vererbte Eigenschaften erst im späteren Leben zutage, z. B. geistige Erkrankungen oder der in manchenFamilien erbliche frühe Haarausfall. Auch die grundlegende Fähigkeit jeder Zelle, aus unorganisiertem Material Lebenssubstanz zu bilden und durch Mitose neue Zellen entstehen zu lassen, ist eine idioplasmatisch allen Zellen des gesamten Pflanzen- und Tierreiches vererbte Eigenschaft, während wir den letzten Ursprung dieser Fähigkeit, und somit der Zelle und des organischen Lebens überhaupt, nicht kennen und uns die „Urzeugung" wohl überhaupt nicht vorstellen können. Die „prospektive Potenz" einer Zelle, also ihre Fähigkeit zu Leistungen, ist ihr auch idioplasmatisch mitgegeben; diese kann aber größer sein als ihre „prospektive Bedeutung" (Driesch), d. h. als die Leistungen, welche sie wirklich betätigt. Wir sehen z. B., daß, wenn man eine der beiden ersten Blastomeren isoliert, trotzdem ein ganzer, wenn auch verkleinerter Froschembryo entstehen kann.

Da aber auch Eigenschaften, so auch pathologische Zustände, bei Individuen neu auftreten, so muß ihr Erscheinen ebenfalls gedeutet werden, wenn dies auch äußerst schwer ist.

Es scheint dies auf die Annahme hinzuweisen, daß während des Lebens von einem Individuum erworbene Zustände auf seine Nachkommenschaft übertragen werden können; jedoch wird diese Vererbbarkeit erworbener Eigentümlichkeiten (Darwin) fast allgemein heute für unmöglich gehalten. Sicher können traumatisch zustande gekommene gröbere Veränderungen, wie Verstümmelungen, erblich nicht übertragen werden; dem widersprechen alle Tierversuche ebenso wie auch z. B. die Tatsache, daß die seit Jahrtausenden geübte rituelle Beschneidung keinen derartigen Einfluß erkennen läßt. Doch ist andererseits die Annahme der Vererbung erworbener Eigenschaften in gewisser Beziehung auch nicht absolut widerlegt. Es ist vorstellbar, daß gewisse äußere Einwirkungen, welche einen ausgebildeten Organismus treffen, neben seinen somatischen auch seine germinativen (Geschlechts-) Zellen in bestimmter Weise, z. B. im Sinne erhöhter Disposition oder auch Immunität für bestimmte Erkrankungen beeinflussen, und daß eine so erworbene Eigentümlichkeit auch vererbbar wäre, vielleicht durch Beeinflussung des Furchungskernes. Doch ist alles dies rein hypothetisch. Die vor allem früher weitverbreitete Weismannsche Theorie von der Kontinuität des Keimplasmas, dessen einzelne Teile schon die Eigentümlichkeiten und den Bau aller Körperteile präformiert enthalten sollen, schloß jede Vererbung erworbener Eigenschaften aus.

Äußerliche Veränderungen in der Erscheinung (Erscheinungsbild — Phänotypus) treten allerdings infolge Ernährungs- und vieler anderer Faktoren ständig ein, sog. Modifikationen, doch handelt es sich hier um nebenbildliche (paratypische) Änderungen, die nicht vererbbar sind, da das Idioplasma dadurch nicht verändert wird und somit das Erbbildliche (Idiotypische) gleich bleibt. Also das, was vererbt wird, ist nicht eine bestimmte erscheinungsbildliche Eigenschaft, Farbe oder dergleichen, sondern die Reaktionsweise, d. h. eine erbbildliche Anlage wird übertragen (Idiophorie). Der Unterschied wird sehr gut durch ein Beispiel Baurs markiert. Flüssiges Paraffin gleicht geschmolzenem festen Paraffin äußerlich vollkommen. Das, was sie unterscheidet, ist eben nicht das Erscheinungsbild des festen oder flüssigen Aggregatzustandes, sondern die verschiedene Lage des Schmelzpunktes, d. h. die charakteristische Reaktionsweise auf Temperatureinflüsse. Liegt eine wirkliche Änderung des Idioplasmas vor — eine solche muß also auch möglich sein — so handelt es sich um bei der Vereinigung der beiden Gameten (Sperma und Ei) bei der Amphimixis neu entstandene Variationen. Diese können in Spaltung (s. u.) und Neukombination von Erbeinheiten bestehen (Kombination nach Baur) oder in den von de Vries zuerst sogenannten „Mutationen", welche ohne Bastardbildung aus meist unbekannter Ursache entstehen sollen.

Sehr verständlich erscheint die Anschauungsweise von Lenz. Er faßt die transitiven Ursachen, welche eine Änderung des Idioplasmas und somit die erblichen physiologischen wie pathologischen Anlagen bedingen, unter den Begriff der Idiokinese = Erbänderung zusammen. Diese Ursachen, d. h. also die einzelnen idiokinetischen Faktoren, sind exogener Natur. Hierher soll z. B. die Beeinflussung durch Alkoholismus gehören. Diese Idiokinese soll dann die Ursache für die Mutationen darstellen. Mutationen, die für die Erhaltung schädlich sind, verschwinden wieder; nur durch einige Generationen werden weniger erhaltungsgemäße Anlagen weiter gegeben, und das sind eben die krankhaften. Sie erlöschen dann durch im allgemeinen im natürlichen Daseinskampf von selbst erfolgende Auslese (Selektion) wieder. Auf die Dauer bleiben nur solche Mutationen übrig, die der Erhaltung nützlich sind. Ebenso wie das neuentstehende Individuum so zwar im allgemeinen seinen Eltern gleicht, daneben aber doch auch gewisse neue, individuelle Züge aufweist, können auch Eigentümlichkeiten pathologischer Art neu auftreten und eine Eigenschaft des Keimplasmas auch in einigen wenigen folgenden Generationen bleiben.

Ganz allgemein nun folgt die Vererbung einem Gesetz, welches, besonders botanisch ausgearbeitet, zuerst in wissenschaftlich grundlegender Erforschung von dem Augustinermönch Mendel (1865) erkannt wurde und daher nach ihm benannt wird. Er bewies, daß die Vererbung von beiden Geschlechtern her prinzipiell gleich vor sich geht, was der gleichen Zahl väterlicher wie mütterlicher Chromosomen in den Vorkernen als Träger idioplasmatischer Eigenschaften entspricht. Durch die Reduktionsteilung der Chromosomen auf die Hälfte kommt es, daß jede idioplasmatische Erbeinheit ebensoviel Wahrscheinlichkeit hat am Aufbau des Kindes mitzuwirken, als nicht. So kommt es zahlenmäßig bei Befruchtung von zwei Individuen, welche verschiedenen systematischen Einheiten angehören, zu einem Bastard, welcher in einer bestimmten Reaktionsweise, z. B. Farbäußerung, eine Mischform zwischen beiden Eltern darstellt. Im Gegensatz zu Individuen, welche der Vereinigung zweier gleichartiger Sexualzellen (Gameten) entstammen, d. h. homozygot = gleichanlagig sind, ist der Bastard heterozygot = verschiedenanlagig. Befruchten wir nun derartige Bastarde unter sich weiter, so zeigt die nächste Generation dreierlei Individuen, und zwar von den Eigenschaften des einen Ausgangselters, des Bastards und des anderen Ausgangselters im Verhältnis (in dieser Reihenfolge) von 1 : 2 : 1. Und dementsprechend in weiteren Generationen.

Dies „aufspalten" der Bastarde (auch „mendeln" genannt) kommt deswegen zustande, weil jeder der Bastarde zweierlei Arten von Sexualzellen bildet, und zwar 50% „väterliche" und 50% „mütterliche", und die vier so möglichen Kombinationen die gleiche Wahrscheinlichkeit haben. Ein Beispiel (nach Baur) mag dies kurz erläutern. Ein gleichanlagig elfenbeinfarbiges Gartenlöwenmaul, dessen Sexualzellen mit f bezeichnet seien, und ein gleichanlagig rotes Gartenlöwenmaul, dessen Sexualzellen mit F bezeichnet seien, werden gekreuzt. Eine gleichanlagig rote Pflanze hat somit die Formel FF, eine ebensolche elfenbeinfarbige diejenige ff, der Bastard hingegen Ff (bzw. fF). Er ist also verschiedenanlagig und seine Farbe ist blasser, rosa. Diese erste Generation ist P_1, d. h. Parentalgeneration; die nächste ist die Bastardgeneration (F_1 = erste Filialgeneration). In der nächsten Generation (F_2 = zweite Filialgeneration) werden nun zu gleichen Teilen F und f Sexualzellen von beiden Eltern gemischt, so treffen zusammen F mit F = FF (d. h. rote Pflanze), F mit f = Ff (d. h. rosa Pflanze), f mit F = fF (d. h. rosa Pflanze) und f mit f = ff (d. h. elfenbeinfarbige Pflanze), und da sich die Gesetze der Wahrscheinlichkeitsrechnung erfüllen, ist FF im Verhältnis von 1, fF + Ff (was dasselbe ist) im Verhältnis von 2, ff wieder im Verhältnis von 1 entstanden. So ist ein Teil der Nachkommen (FF und ff) wieder gleichanlagig, die Hälfte verschiedenanlagig (fF). Letztere „spalten" in der nächsten Generation (F_3) weiter. Der Stammbaum lautet dann bildlich nach Baur:

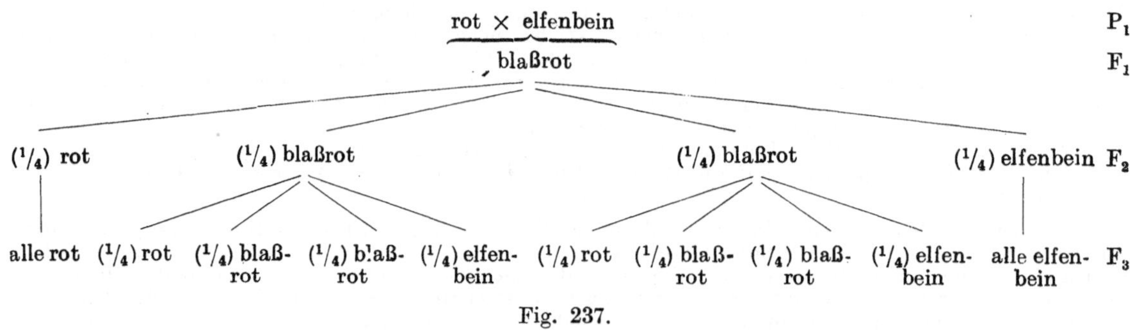

Fig. 237.

Hierzu kommen nun noch einige im einzelnen näher formulierte Regeln: hierher gehört die Dominanzerscheinung, welche besagt, daß beim Bastard oft eine Eigenschaft eines der Eltern so überwiegt, daß die des anderen verdeckt wird. Man nennt die vererbte Eigenschaft dann die „dominierende" = überdeckende, die unterdrückte des anderen der Eltern die „rezessive" = überdeckbare. Des weiteren die Regel von der „Selbständigkeit der Merkmale". War in obigem Beispiel nur ein Merkmal (Farbe des Löwenmauls) als verschieden angenommen worden, so treffen praktisch zumeist eine ganze Reihe verschiedene solche zusammen und dann „spalten" die verschiedenen Erbeinheiten eines Individuums voneinander unabhängig, wenn auch Korrelationen zwischen ihnen bestehen. Dabei nennt man das überdeckende Merkmal „epistatisch", das bzw. die überdeckbaren „hypostatisch". Durch alles dies werden die Verhältnisse im einzelnen natürlich sehr kompliziert.

Das Mendelsche Spaltungsgesetz, besonders mit überdeckendem wie mit überdeckbarem Verhalten, ist das Grundgesetz der Vererbung auch beim Menschen, insbesondere auch für dessen idioplasmatisch vererbte krankhafte Anlagen, welche ja oft schärfer als physiologische Merkmale zutage treten. Zur Erkenntnis sind die Ahnentafeln bzw. Stammbäume wichtig.

Derartige erbliche krankhafte Anlagen mit einem mendelnden Grundunterschied sind in größerer Zahl schon bekannt. Zu solchen mit überdeckendem Verhalten gehören z. B. Polyurie, Brachydaktylie, Buntscheckigkeit von Negern, grauer Star, vererbarer Diabetes, zu solchen mit überdeckbarem Verhalten z. B. Albinismus, Taubstummheit, Epilepsie und andere erbliche Geistes- und Nervenkrankheiten, wie Dementia praecox usw. (nach Baur und Siemens).

Für das Spalten mit überdeckendem und überdeckbarem Verhalten sei je ein Beispiel (nach Siemens) angeführt:

Schema für **überdeckende (dominierende) Vererbung.**

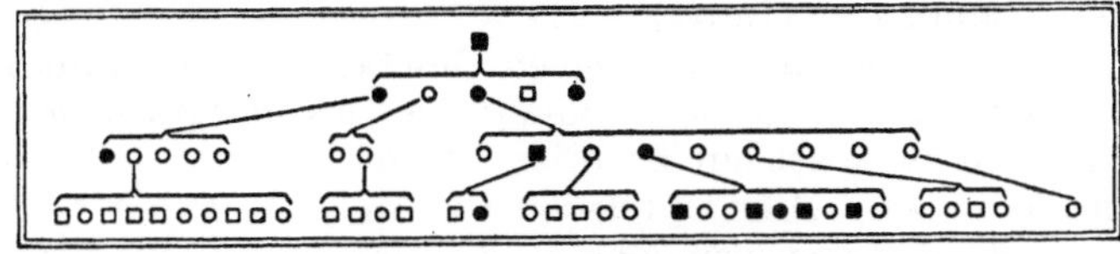

□ Mann ○ Weib ■● Kranke

Fig. 238.

Dominante (überdeckende) Vererbung.

(Ausschnitt aus einem Polyurie-Stammbaum nach Weil.) Aus Siemens, Die biologischen Grundlagen der Rassenhygiene. München, Lehmann 1917.

Die angeheirateten Personen sind nicht eingezeichnet; sie waren frei von der Krankheit.

In diesem Schema sind die gleichanlagig zur Polyurie disponierten (als K K zu bezeichnen) von den verschiedenanlagigen (K k) äußerlich nicht zu unterscheiden, da die Krankheit überdeckend (dominant) ist, also auch die verschiedenanlagigen krank sind. Der als krank eingezeichnete Stammvater muß verschiedenanlagig krank sein, da die Formel K k mit einer gesunden Frau K K die Hälfte k k (gesund) und die andere Hälfte K k (verschiedenanlagig krank) ergibt, wie es in obigem Stammbaum in der Tat der Fall ist (während, wenn der Stammvater gleichanlagig krank K K wäre, mit der gesunden Frau alle Nachkommen K k, d. h. krank sein müßten). Da die verschiedenanlagigen wegen der Dominanz krank sind, sind alle Gesunden der Nachkommenschaft gleichanlagig gesund und können somit auch die Anlage zur Polyurie nicht weiter vererben.

Umgekehrt ein Schema für **überdeckbare (rezessive) Vererbung.**

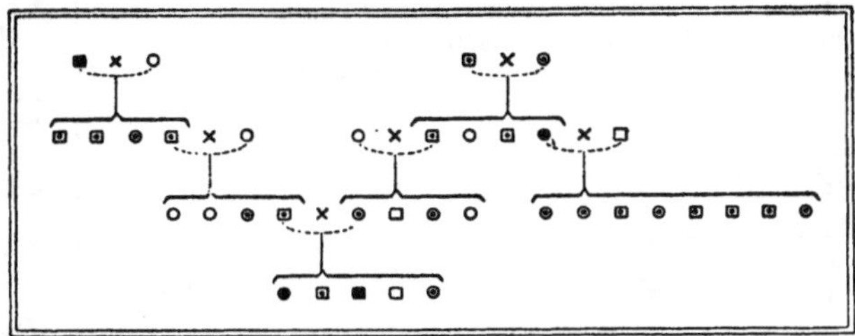

■● Kranke. ▣ ◉ Spalterbige (äußerlich gesunde). □○ Gesunde.

Fig. 239.

Rezessive (überdeckbare) Vererbung. Schematisches (erdachtes) Beispiel.

Aus Siemens, l. c.

Nach diesem Schema sind die gleichanlagig Gesunden (etwa G G) von den verschiedenanlagigen (Gg) im Leben nicht zu unterscheiden, da letztere wegen des rezessiven Verhaltens des krankhaften Merkmals im Erscheinungsbild gesund sind. Ein kranker Gamet mit einem gesunden (s. das Schema) gibt lauter verschiedenanlagige (G g), aber diese geben mit einem Gesunden (G G) zur Hälfte Verschiedenanlagige (G g) und zur Hälfte Gesunde (G G), tritt aber Amphimixis zwischen zwei verschiedenanlagigen ein, so wird (G g + G g) etwa die Hälfte der Nachkommenschaft krank sein (G G), siehe die unterste Reihe des Schemas. Die Verschiedenanlagigen erscheinen hier also gesund, ebenso ihre Kinder, an dem Auftreten der Krankheit in weiterer Erbfolge ist erst die Verschiedenanlagigkeit zu erkennen.

Es gibt aber auch Ausnahmen, die durch das Mitwirken besonderer Faktoren bedingt werden. Hier sollen zwei verschiedene derartige Paradigmen angeführt werden.

Das eine ist die Hämophilie (Bluterkrankheit). Sie befällt nur männliche Individuen, wird aber auf diese nur durch weibliche Individuen, welche die Krankheit aber nur latent, nicht manifest aufweisen (sog. Konduktoren, besser Anlagenträger), übertragen. Hierbei ist kein sicheres Beispiel bekannt, daß die Anlagenträgerin selbst die Erkrankung von einem männlichen Individuum geerbt hätte, sondern stets nur von einem anderen weiblichen Individuum (ebenfalls einer Anlagenträgerin). Die Hämophilie ist somit somatisch an das männliche, eventuell idioplasmatisch an das weibliche Geschlecht gebunden. Lenz erklärt aber diese sog. Lossensche Regel durch „Mendeln" mit Zugrundegehen der hämophil veranlagten Spermatozoen.

Im Gegensatz hierzu steht die Hornersche Regel, welche dieser Autor schon 1876 für die gewöhnliche Farbenblindheit aufstellte, und welcher nach Lenz auch die Vererbung bei neurotischer Muskelatrophie und der gewöhnlich mit Myopie einhergehenden Hemeralopie folgt. Hier erkranken in der Regel auch nur Männer; die Krankheit vererbt sich nur durch Frauen, welche selbst nicht manifest erkranken, sondern auch hier nur als Anlagenträgerinnen fungieren, auf deren Söhne. Die Frauen haben hier aber auch ihrerseits die latente Erbanlage von ihren Vätern ererbt. Hier besteht also idioplasmatische Korrelation zwischen

Geschlecht und pathologischer Anlage, und zwar solche zum weiblichen Geschlecht, somatische Korrelation aber zum männlichen (Lenz).

Mit Hilfe derartiger Korrelationen zwischen Geschlecht und Krankheiten hat man auch die Frage nach der idioplasmatischen Bestimmung des Geschlechts beim Menschen in Angriff genommen. Hier existieren zunächst nur Theorien. Lenz formuliert seine folgendermaßen: „Der Unterschied ist im Idioplasma derart bedingt, daß das weibliche Geschlecht eine Erbeinheit „homozygot" enthält, die das männliche „heterozygot" enthält". Hier öffnet sich noch ein unendliches Arbeitsfeld. Die Wichtigkeit aller dieser Gesichtspunkte für die Rassenhygiene kann hier nur angedeutet werden.

Beispiele erblich übertragbarer pathologischer Zustände, welche oft angeboren auftreten, oft aber auch erst im späteren Leben in die Erscheinung treten, d. h., potentiell vorgebildet, erst auf eine Auslösungsursache hin manifest werden, sind folgende:

1. Zahlreiche **Mißbildungen**, am bekanntesten wohl **Polydaktylie, Riesen- und Zwergwuchs, Hasenscharte, Mikrozephalie.**

2. Gewisse den **Geschwülsten nahestehende Entwicklungsfehler** wie **Naevi**, sog. **Neurofibrome, Pigmentmale, Exostosen.**

3. Erkrankungen des **Nervensystems** und besonders **Geisteskrankheiten**, zumal wenn man mehr allgemein die **„neuropathische Disposition"** in Betracht zieht. Solche Individuen neigen zu Neurasthenie, Hysterie, Psychosen; oder es zeigt sich angeborene nervöse und psychische Defektbildung, Idiotie und dergleichen.

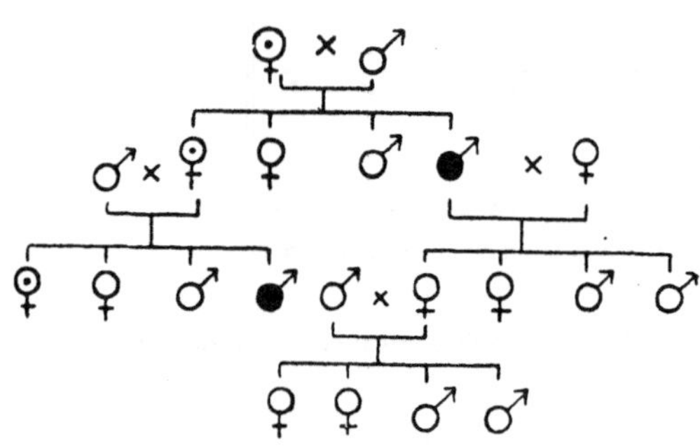

Fig. 240.
Lossensche Regel.
Aus Lenz: Über die krankhaften Erbanlagen des Mannes. Jena, G. Fischer 1912.

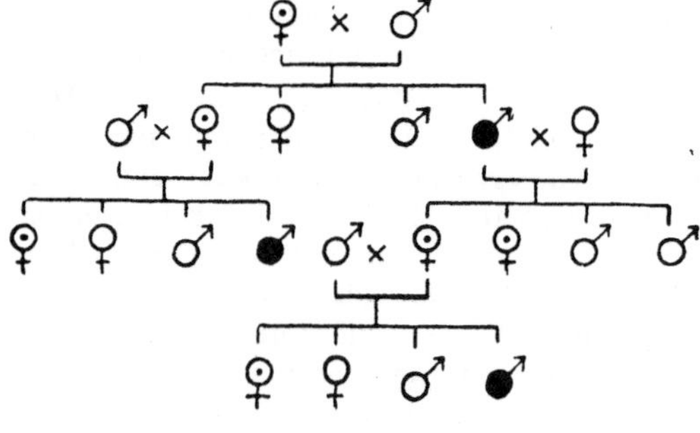

Fig. 241.
Hornersche Regel.
Aus Lenz, l. c.

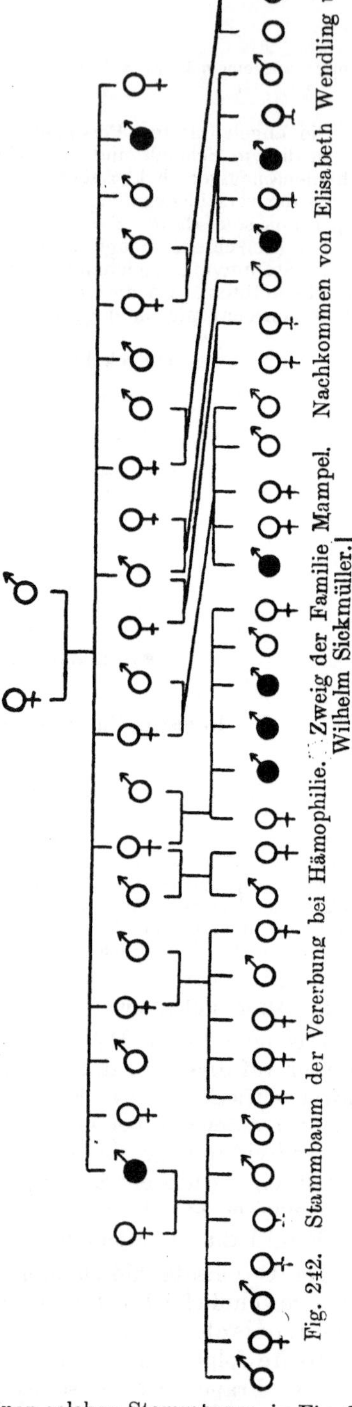

Fig. 242. Stammbaum der Vererbung bei Hämophilie. [Zweig der Familie Mampel. Nachkommen von Elisabeth Wendling und Wilhelm Sickmüller.]
Aus Lenz: Über die krankhaften Erbanlagen des Mannes. Jena, G. Fischer 1912.

4. Die **Hämophilie**, welche fast stets familiär auftritt (s. o. und einen solchen Stammbaum in Fig. 242).

5. Eine Anzahl von Störungen des **Sehapparates**, wie **Farbenblindheit, Hemeralopie, Myopie, Amblyopie, Katarakt, Retinitis pigmentosa** (s. z. T. oben).

6. Gewisse Formen von **progressiver Muskelatrophie** und **Pseudohypertrophie der Muskeln**, besonders des Jugendalters und oft in familiärer Verbreitung.

7. Disposition zu **chronischen Infektionskrankheiten**, wie **Tuberkulose**, ferner **Anomalien** der **Haut** und besonders des **Pigments**, sowie zu bestimmten sog. **Konstitutionsanomalien**, wie **Gicht**, **Diabetes**, **Adipositas** und endlich auch zu den **Idiosynkrasien**. In ähnlicher Weise wie eine Disposition kann auch eine **Immunität** erblich übertragen werden.

Kapitel IX.

Gestörte Organfunktion als Krankheitsbedingung für den Gesamtorganismus.

A. Folgen allgemeiner Kreislaufstörungen für den Organismus.

Die lokalen Zirkulationsstörungen sind schon in Kapitel I dargestellt. Mindestens ebenso wichtig sind die **allgemeinen** Kreislaufstörungen. Die Blutverteilung im ganzen Körper — und somit auch deren Veränderungen — hängen ab: I. von der Tätigkeit des Herzens, II. dem Verhalten des Gefäßsystems, besonders dessen vasomotorisch reguliertem Tonus, III. von der Beschaffenheit des Blutes selbst.

1. Kreislaufstörungen vom Herzen aus.

Hypertrophie und Insuffizienz des Herzens.

Indem das Herz mit jeder Systole seiner Kammern Blut in das Arteriensystem eintreibt, besteht der Effekt der Herzarbeit in der Erhaltung der Druckdifferenz zwischen Arterien- und Venensystem als unmittelbarer Ursache der Blutbewegung. Der Arteriendruck ist am höchsten in den großen Stämmen nahe dem Herzen und nimmt von da gegen die Kapillargebiete zu stetig ab; im Venensystem ist er gering und in den großen Hohlvenen zur Zeit der Inspiration selbst negativ, so daß eine Ansaugung des Blutes stattfindet.

Unter zahlreichen Bedingungen ist die Arbeit des Herzens erschwert, aber sein Muskel ist durch eine gewisse Reservekraft befähigt, seine Kraftleistung den zu überwindenden Widerständen anzupassen und so die erforderliche Mehrarbeit zu leisten. Dauernder erhöhter Arbeit wird er dadurch gewachsen, daß er **hypertrophiert** („Arbeitshypertrophie“, s. dort); und zwar der Herzabschnitt, welcher unter den an sich ja verschiedenen Bedingungen die erhöhte Arbeit zu leisten hat, also besonders die Ventrikel, wobei sich häufig, voneinander oder von gemeinsamen Bedingungen abhängig, Hypertrophien verschiedener Herzteile kombinieren können. Diese Hypertrophie ist also eine Kompensationserscheinung, welche zunächst die allgemeinen Folgen eines Versagens der Herzarbeit hintanhält.

Die Ursachen für die Arbeitserschwerung des Herzens können verschieden sein. Am klarsten liegen die Verhältnisse bei der ersten Gruppe, den **mechanischen Hindernissen.** Solche liegen am häufigsten im Herzen selbst vor, vor allem in Gestalt von Klappenfehlern. Durch ein stenotisches Ostium muß das Blut mit größerer Kraftleistung hindurchgezwängt werden, bei insuffizienten Klappen regurgitiert jedesmal Blut und erhöht so den Druck; oft kombiniert sich beides. Bei Stenose und Insuffizienz der Aorta ist die Mehrleistung dem linken, bei Fehlern der Pulmonalis dem rechten Ventrikel aufgebürdet, und der betreffende Ventrikel hypertrophiert. Bei Fehlern der Mitralklappe ist dies mit dem linken Vorhof der Fall; dessen Wand kann aber nur in geringerem Maße hypertrophieren. Bei Mitralinsuffizienz gelangt das ganze gestaute Blut mit der nächsten Diastole auch in den linken Ventrikel, der dann infolge von Mehrarbeit auch hypertrophiert. Die Wirkung besonders der Mitralfehler erstreckt sich aber durch Stauung auch auf den Lungenkreislauf und durch ihn auf den rechten Ventrikel, der infolgedessen ebenfalls hypertrophiert. Bei Klappenfehlern der Trikuspidalis sind Mehranforderungen an den rechten Vorhof gestellt, der aber auch nur gering hypertrophieren kann; es kommt, besonders bei Insuffizienz, in der Diastole zu vermehrter Blutmenge im rechten Ventrikel, die dieser austreiben muß, infolgedessen hypertrophiert er. Die meisten Klappenfehler beruhen auf Endokarditis des späteren Lebens (s. II. Teil, Kapitel I), die Klappenfehler der rechten Herzhälfte sind meist angeborene Mißbildungen, bei denen überhaupt auch der Herzteil, an welchen abnorme Anforderungen gestellt werden, hypertrophiert.

Ähnlich wie Hindernisse im Herzen können solche in seiner nächsten Umgebung mechanisch wirken. Hierher gehören Obliterationen des Herzbeutels, ferner Kyphoskoliosen, Bedingungen, unter denen zuweilen beide Ventrikel, meist aber der rechte weit stärker, hypertrophieren.

Mechanische Hindernisse können auch im peripheren Gefäßsystem liegen, besonders in den Arterien. Bei solchen im Körperkreislauf hypertrophiert besonders der linke Ventrikel, welcher die vermehrte Arbeit zu leisten hat. In Betracht kommen hier — seltener — allgemeine hochgradige und ausgebreitete Atherosklerose, öfters solche der Kranzarterien bzw. die hierdurch bedingten bindegewebigen Herzschwielen (soweit die Ernährung des Herzens im ganzen noch einigermaßen gut ist). Die wichtigste Rolle spielen aber die Veränderungen der kleinen Nierengefäße, von denen unten noch weiter die Rede sein soll. Des weiteren sind abnorme Lumenverhältnisse besonders der Aorta anzuführen; Aneurysmen derselben bewirken Hypertrophie (des linken Ventrikels), allerdings meist nur dann, wenn sie, mehr diffus im Anfangsteil der Aorta sitzend, die Klappen im Sinne der Insuffizienz mitverändern. Auch angeborene Aortenenge scheint infolge mechanischer Erschwerung Herzhypertrophie bewirken zu können, wenn nicht an der „hypoplastischen" Konstitution auch das Herz beteiligt und daher zur Hypertrophie nicht befähigt ist. Erschwernisse des Lungenkreislaufes andererseits bedingen Mehrarbeit des rechten Ventrikels, so daß dieser hypertrophiert. Hierher gehört Atherosklerose der Lungengefäße, Verödung zahlreicher Lungengefäßbahnen, besonders beim Emphysem, aber auch bei Phthise und Lungenschrumpfungsprozessen und mehr allgemein Respirationsstörungen, bei denen der fördernde Einfluß der normalen Atmung auf die Zirkulation wegfällt.

Ein mechanisches Hindernis kann endlich gegeben sein in einer Änderung des Blutes. Zunächst in Betracht kommt hier Vermehrung der Blutmenge (während das Blut selbst qualitativ unverändert ist), die sog. **Plethora vera.** Dieser Zustand, welcher früher eine auch für die Therapie (Aderlaß) hochbedeutsame Rolle spielte, wurde dann vielfach ganz geleugnet. Allerdings gleicht sich die Blutmenge bei Mehrzufuhr in der Regel von selbst schnell wieder aus, so bei Bluttransfusionen oder Infusionen mit isotonischer Kochsalzlösung (welche in vierfacher Menge der Blutmenge injiziert, schon in 6—7 Stunden ausgeglichen sein kann) und auch wenn bei Neugeborenen die Nabelschnur etwas später unterbunden wird. Jedoch ist das Vorkommen einer echten Plethora aus Fällen zu erschließen, in denen schwere Hyperämie aller Organe, starke Spannung des Pulses, Herzhypertrophie und Neigung zu Blutungen trotz Abwesenheit aller anderen pathologischen Organveränderungen bestehen. Eine solche Plethora vera gibt es wohl bei Biertrinkern (hier kommen offenbar noch andere Momente dazu), bei derselben spielen wohl auch konstitutionelle Momente mit, wobei als Auslösungsursache Überernährung eine Rolle zu spielen scheint (Hart). Ebenso wie die Plethora vera müßte eine **Plethora serosa,** d. h. Vermehrung der Gesamtmenge des Blutserums, wirken. Doch selbst bei überreichlichem Genuß von Flüssigkeit wird eine solche durch die Anpassung der Lymphbahnen, sowie wohl auch durch die Tätigkeit der Kapillarendothelien, verhindert, und diese Regulation versagt in der Regel nur bei Erlahmung der Nierentätigkeit, also bei Veränderungen dieses Organs (s. unten). Dann tritt Retention von der Niere aus ein, sowie eine Veränderung des osmotischen Druckes zwischen Gewebs- und Blutflüssigkeit infolge von Kochsalzretention.

Der mechanisch bedingten wollen wir als zweite Gruppe die sog. **renale Herzhypertrophie** anfügen. Erfahrungstatsache ist, daß bei Nierenveränderungen eine erhebliche Steigerung des arteriellen Blutdruckes — **Hypertonie** — resultiert und daß sich, wenn diese dauernd einige Zeit anhält, Hypertrophie des Herzens, besonders des linken Ventrikels einstellt, wie auch getrennte Wägungen der einzelnen Herzabschnitte beweisen. Der innere Zusammenhang ist aber trotz vielfacher Untersuchungen und Erklärungsversuche keineswegs einheitlich geklärt. Am besten unterscheiden wir hier (s. auch unter Niere) zwei verschiedene Formen von Nierenveränderungen. Die erste betrifft zunächst nicht das eigentliche Nierenparenchym, vielmehr Veränderungen (Verdickung und hyaline Degeneration sowie Verfettung) der Wandungen der kleinen und kleinsten Nierenarteriolen im Sinne der Sklerose, welche wir am besten als Arteriolosclerosis renum bezeichnen. Wenn auch die Arteriolen anderer Organe (Pankreas, Leber, Gehirn) im selben Sinne verändert sein können, so sehen wir doch stets die Nierengefäße im Vordergrund stehen. Die Folgen der Gefäßveränderung äußern sich natürlich auch an der Niere selbst; es kommt allmählich zur arteriolosklerotischen Schrumpfniere. Beim Bestehen solcher Veränderungen der Nierenarteriolen sehen wir nun schon frühzeitig, und gerade in diesen Fällen besonders hochgradig, Hypertonie und Hypertrophie besonders des linken Ventrikels auftreten. Ob die Gefäßveränderung das Primäre und Ursächliche darstellt — wie am wahrscheinlichsten erscheint —, ob ein anderer Zusammenhang, z. B. umgekehrter Kausalnexus oder gemeinsame Ursache, anzunehmen ist, ist noch nicht sicher entschieden. Die Erkrankung befällt meist jüngere Leute (etwa 40—50jährige), als die Altersatherosklerose der großen Gefäße, sie kann neben letzterer, aber auch ohne solche bestehen; die so Erkrankten können an Versagen des hypertrophischen Herzens sterben oder an Schlaganfällen (infolge von Veränderungen der kleinen Hirngefäße und Überdruck) oder im letzten Stadium an den Folgen der Nierenerkrankung (Niereninsuffizienz, Urämie). Die Erkrankung ist sehr verbreitet und wohl die häufigste Ursache der Hypertrophie des linken Ventrikels.

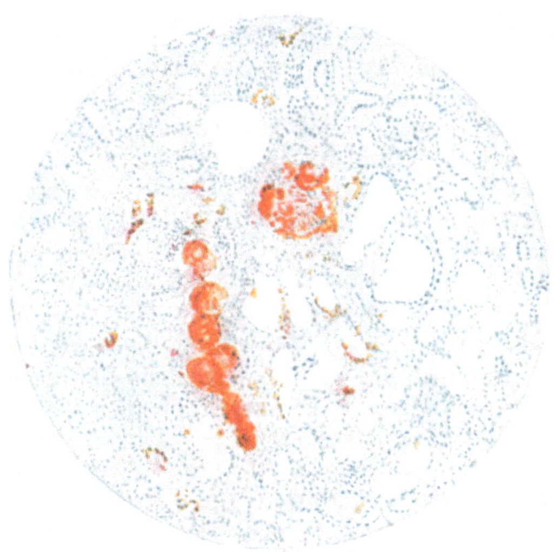

Fig. 243.
Arteriolosklerotische Schrumpfniere mit Hypertonie. Veränderungen der Arteriolen der Niere (auch im Glomorulus rechts) im Sinne der fettig-hyalinen Degeneration. Das Fett ist mit Scharlach R. rot gefärbt.

Die zweite hier in Betracht zu ziehende Nierenveränderung ist die echte Nephritis, meist Glomerulonephritis bzw. aus solcher entstehende Schrumpfniere, seltener hydronephrotische oder dergleichen Schrumpfniere. Hier tritt die Hypertonie und Herzhypertrophie zuweilen im subakuten Stadium, zumeist und hochgradiger aber erst im chronischen Stadium (Schrumpfniere) auf. Eine sichere Erklärung mangelt. Für manche Fälle ist wohl durch Wasserretention infolge ungenügender Harnabscheidung bedingte seröse Plethora anzunehmen (Traube, Cohnheim), doch trifft dies für die Fälle nicht zu, in denen eine solche Harnretention sehr lange Zeit ausbleibt. Man hat auch hier an Erhöhung der Widerstände in den kleinen Gefäßen (Glomeruluserkrankung) gedacht. Andererseits sind auch auf chemischen Gesichtspunkten fußende Theorien herangezogen worden. So hat Senator an chemische Wirkungen retinierter Harnbestandteile gedacht, doch findet eben eine Harnretention in vielen, gerade sehr ausgesprochenen Fällen chronischer Nephritis nicht statt. So einfach können also auch die chemischen Verhältnisse hier nicht liegen, und vielleicht wirken bei der Abhängigkeit der Herzhypertrophie von der Nephritis mehrere verschiedene Momente zusammen.

Eine dritte Gruppe von Herzhypertrophie ist weit seltener und in ihrem Zusammenhang unklarer. Man kann nämlich eine solche bei **Anomalien von Drüsen mit innerer Sekretion** beobachten, so bei Kropf und besonders Morbus Basedow sowie bei Veränderungen des Thymus und der Nebenniere. Doch ist hier alles hypothetisch. Ebenso auch die angeblich bei Uterusmyomen zu beobachtende Herzhypertrophie (sog. Myomherz).

Als vierte Gruppe kann man Fälle zusammenfassen, bei denen sich im Gesamtorganismus selbst kein ätiologischer Anhaltspunkt findet — daher **idiopathische Herzhypertrophien** genannt —, und für die fortgesetzte schwere körperliche Anstrengungen verantwortlich gemacht werden (sog. Arbeitsherzhypertrophie). Doch ist der Kreis dieser Formen von Herzhypertrophie mit fortschreitender anatomischer Forschung immer geringer geworden. Zum Teil analog wird auch die Herzhypertrophie der Potatoren (Bierherz, Bollinger) erklärt; bei dieser wirkt auch die schon erwähnte Plethora maßgebend mit, in anderen Fällen wohl auch eine auf den chronischen Alkoholismus zu beziehende Arteriolosklerose der Niere.

Infolge der unter allen genannten Bedingungen ausgebildeten Hypertrophie des Herzmuskels kann dieser, trotz der konstant erhöhten Ansprüche, wenngleich hierdurch ein Teil seiner Arbeit verbraucht wird, die normale Zirkulation aufrecht erhalten, ja hierbei sogar noch über einen gewissen Fonds von Reservekraft verfügen. Der Herzfehler ist kompensiert. Aber Reservekraft und somit Akkommodationsbreite ist natürlich geringer als bei einem normalen Herzen. So kommt es leicht zu Erschöpfung des Herzens mit Kompensationsstörung. Die Kontraktionen werden schwach und unvollständig, Reizbildung und -Leitung (s. u.) sind gestört. Es besteht das klinische Bild der **Herzschwäche** und **Herzinsuffizienz** bzw. des höchsten Grades derselben, des **Kollapses (Synkope).**

Es ist leicht zu verstehen, daß eine derartige Herzinsuffizienz erst recht und von vornherein eintritt, wenn unter den oben genannten Bedingungen eine Hypertrophie des Herzmuskels überhaupt nicht zustande kommt, weil die Hindernisse zu stark sind oder der Gesamtzustand des Organismus zu schlecht ist. Herzinsuffizienz kann aber auch eintreten, wenn das Herz aus anderen Ursachen geschädigt ist, so durch schlechte Ernährung infolge von Atherosklerose der Kranzgefäße oder durch Herzschwielen, meist die Folge der Koronararteriensklerose. Die Herzinsuffizienz kann sich in allen diesen Fällen allmählich ausbilden, so daß sie zunächst nur bei starken körperlichen Anstrengungen auftritt („Bewegungsinsuffizienz"), später auch bei Ruhelage („Ruheinsuffizienz") (Moritz). Oder sie setzt plötzlich ein, bei schon zuvor geschädigtem Herzen (Herzhypertrophie) infolge von Kumulationswirkung, d. h. Addition der schädigenden Momente, sonst besonders auch bei plötzlichem Verschluß (Thrombose) der Koronargefäße.

Herzinsuffizienz kann auch die Folge von toxischen Einwirkungen sein, so von bestimmten Giften („Herzgifte") oder bei den verschiedensten Infektionskrankheiten, bei anämischen und kachektischen Zuständen. Toxisch ist wohl auch der plötzliche Herztod bei Status thymolymphaticus (s. u.) zu erklären. Bei solchen toxischen Schädigungen spielen als Angriffspunkte neben dem Herzmuskel selbst offenbar auch die Herzganglien und die die Herztätigkeit regulierenden Nerven eine Hauptrolle.

Bei der Herzinsuffizienz sinkt der Blutdruck in dem mangelhaft gefüllten Arteriensystem (Druckerhöhung durch Kochsalzinfusion kann günstig wirken); er genügt nicht, um das Blut durch das Kapillargebiet hindurchzutreiben (blasse, kühle Haut, „spitzes Aussehen" von Nase usw., „Facies hippocratica"). Die Kontraktionsschwäche des Herzens bewirkt, daß in diesem selbst zu viel Blut zurückbleibt, zunächst in den Ventrikeln, besonders dem linken. Aber die Wirkung greift auch am Herzen selbst weiter. Die mangelhafte Entleerung des Herzens hat auch erschwertes Zurückströmen aus den großen Hohlvenen in den rechten Vorhof zur Folge (dies tritt bei mangelhafter Entleerung des rechten Ventrikels auch direkt ein), und dasselbe kommt auch dadurch zustande, daß sich die Blutfülle des linken Ventrikels und Vorhofes auch durch den Lungenkreislauf hindurch (infolge des hier herrschenden geringen Druckes und der Weite der Lungenkapillaren) auch auf den rechten Vorhof fortsetzt. Von hier aus kommt es zu rhythmischer Anschwellung, ja selbst rückläufigen Pulswellen, in den Venen. Die Herzhöhlen, in welchen sich Blut staut, zeigen **Dilatation.** In den Organen kommt es zu **Stauung** (venöser Hyperämie) mit Zyanose, eventuell Blutungen, Transsudaten, Indurationen usw. usw. Bei der Blutdruckerniedrigung und Stromverlangsamung in den Arterien äußern sich jetzt die schon normal der Blutzirkulation entgegenwirkenden Einflüsse der Schwere so hochgradig, daß sich das nicht oder nur noch mangelhaft gehobene Blut (eventuell bis zu völliger Stase) ansammelt — **Hypostase.** Diese macht sich an den hierzu besonders disponierten, d. h. tiefsten Stellen geltend, so bei aufrechter Haltung an den unteren Extremitäten, bei horizontaler Lage an den Lungen, besonders den hinteren Teilen der Unterlappen, wo sich an die Hypostase oft Entzündungserscheinungen (sog. hypostatische Pneumonie) als unmittelbare Todesursache anschließen. Als terminale Erscheinung stellt sich bei Herzinsuffizienz auch gerne ein Lungenödem ein, dessen Zustandekommen einerseits mit der intrathorakalen Blutbewegung, andererseits mit einer relativ energischen Tätigkeit des rechten Ventrikels bei gleichzeitiger beginnender Erlahmung der linken Kammer zusammenhängt. Bekanntlich besteht bei jeder Inspirationsbewegung im Thorax ein negativer Druck, durch welchen das Blut aus den großen Hohlvenen geradezu angesaugt wird und nunmehr dem rechten Vorhof und rechten Ventrikel zuströmt, welch letzterer es in relativ großer Menge in die Lungen entleert. Wenn sich nun der linke Ventrikel nicht genügend entleeren kann, so häuft sich das Blut in den Kapillaren der Lunge an, der Druck in diesen steigt und es kommt zu vermehrter Transsudation mit verstärkter seröser Durchtränkung des Lungenparenchyms und Flüssigkeitsaustritt in die Alveolen, deren Luftgehalt dadurch vermindert wird (Lungenödem).

Als letzter Ausgang der Herzinsuffizienz und des Kollapses mit allen diesen Folgezuständen tritt oft unter Atmungsstillstand und Asphyxie der Tod ein. Das Herz zeigt dann zwar oft die erwähnte Dilatation einer oder mehrerer Höhlen, unter Umständen neben älterer Hypertrophie, wir können auch degenerative Veränderungen der Muskulatur finden — die auch in noch funktionsfähig gewesenem Herzen gefunden werden —, aber konstante ausreichende Veränderungen des Herzens können zumeist anatomisch nicht nachgewiesen werden. Die entstehende Destruktion des Muskels ist vielleicht (Moritz) zunächst chemischer Natur, wobei das morphologische Korrelat zuerst noch fehlen kann.

Dagegen ist es gelungen, die anatomische Grundlage gewisser **Arhythmien** aufzudecken, zu deren Verständnis wir von der normalen Reizbildung und -Leitung ausgehen müssen. Der gewöhnliche sog. Primärrhythmus nimmt seinen Ausgang in einem Reiz, der im Sinusknoten an der Mündung der oberen Hohlvene (Keith-Flackscher Knoten) einsetzt und durch das rechte Atrium, den hier liegenden Tawaraschen Knoten (den Anfang des Hisschen Bündels) und dieses Bündel selbst zu den Ventrikeln (wo das Bündel mit je einem Ast unter dem Endokard in Gestalt der sog. Purkinjeschen Fasern endet) geleitet wird. Bei einer Gruppe von Arhythmien (v. Tabora) ist nun dieser primäre Rhythmus gestört bzw. aufgehoben. Dies kann seinen Grund außerhalb des Herzens haben in nervösen Störungen, so in einer durch Vagusreizung bedingten Atmungsanomalie (Pulsus irregularis respiratorius) oder im Herzen selbst, sog. Arhythmia perpetua, besonders im Alter oder bei Dilatation der Atrien, eventuell bei Klappenfehlern. Es gibt aber auch abnorme Reize, welche an allen Stellen des Herzmuskels, besonders der Ventrikel, angreifen und Kontraktionen auslösen können. Hierher gehören die noch nicht völlig geklärten Extrasystolen (v. Tabora zieht zur Erklärung vorübergehende Blutdrucksteigerungen heran). Besonders wichtig sind die Störungen des Reizleitungssystems, d. h. Unterbrechungen der Leitung, welche die Kontraktionen zu den Vorhöfen und besonders von diesen zu den Ventrikeln (Hissches Bündel) vermittelt. Es schlagen dann die Ventrikel langsamer, etwa 30 mal in der Minute, und nicht synchron mit den Atrien, welche etwa 90 mal in der Minute, wie der Venenpuls zeigt, schlagen; es besteht Dissoziation. Man bezeichnet diesen Zustand als Herzblock. Hierher gehört vor allem der sog. Adams-Stokessche Symptomenkomplex, welcher mit entsprechenden Anfällen, mit Bewußtseinsstörungen und dergleichen einhergeht. Das Hissche Bündel wird dann durch Narben, Gummata oder dergleichen besonders im Gebiete des Tawaraschen Knotens unterbrochen gefunden. Andere Fälle erklären sich durch eine Nervenstörung eventuell zerebraler Art. Auch sonstige schwere Störungen der Herztätigkeit mit Herzschwäche und eventuellem plötzlichen Herztod können zum Teil auf eine Systemerkrankung des Reizleitungssystems bzw. eine Ausschaltung desselben durch Prozesse verschiedener Art, die sich im Myokard abspielen, bezogen werden (Mönckeberg).

II. Kreislaufstörungen vom Gefäßsystem aus.

Die vom Herzen unabhängige, im Gefäßsystem selbst bedingte periphere Zirkulation scheint wichtiger zu sein, als man früher annahm. Der Gefäßtonus wird reguliert durch die vasomotorischen Nerven — Vasokonstriktoren und Vasodilatatoren — und deren Zentrum im verlängerten Mark. Eine Hypertonie finden wir bei gewissen Erkrankungen, unter dem Einfluß bestimmter Chemikalien z. B. des Adrenalins und besonders bei Nierenarteriolenveränderungen (s. oben). Umgekehrt findet sich eine Hypotonie namentlich bei Addisonscher Krankheit (Mangel an Adrenalin ?), ferner bei Infektionskrankheiten (Scharlach, Diphtherie, kruppöse Pneumonie, Typhus u. a.) sowie bei gewissen Vergiftungen (akute Alkoholvergiftung, Chloralvergiftung u. a.). Hier wirken Toxine auf die im verlängerten Mark gelegenen Zentren der Gefäßnerven lähmend ein, wobei nicht nur das Herz selbst anatomisch intakt gefunden werden kann, sondern auch die Krankheitserscheinungen nicht auf eine primäre Veränderung der Herztätigkeit hinzudeuten brauchen. Was man als „Schock" bezeichnet hat, einen Kollapszustand im Anschluß an Verletzungen, ist ebenfalls vielleicht auf eine Lähmung des Gefäßnervenzentrums, und zwar wahrscheinlich auf reflektorischem Wege (analog dem Herzstillstand beim bekannten Goltzschen Klopfversuch) zu beziehen.

III. Kreislaufstörungen infolge Veränderungen des Blutes.

Bei Abnahme der (schon physiologisch schwankenden, im Durchschnitt etwa 5% des Körpergewichtes betragenden) Gesamtblutmenge nach akuten oder wiederholten kleineren Blutverlusten (nach außen oder in den Körper selbst) sucht sich der Organismus durch Flüssigkeitsresorption aus den Geweben zu helfen. Bei größeren Blutungen aber — bei denen allerdings Infusionen von physiologischer Kochsalzlösung oft noch lebensrettend wirken können

— kann es zu Kollaps kommen. Der Blutdruck sinkt, der Puls wird klein, das Herz wird schlecht gefüllt, und so gesellt sich eine Abnahme derHerztätigkeit hinzu; die allgemeine Anämie äußert sich in Kälte der Haut und besonders auch (Gehirnanämie) in Ohnmachten, Krämpfen und dergleichen. Geht die Hälfte der Blutmenge verloren — oft aber auch schon bei viel geringeren Verlusten —, so ist ein letaler Ausgang die Folge. Bei der Sektion Verbluteter zeigen alle Teile eine besonders hochgradige Anämie.

Auch Änderungen der Blutflüssigkeitsbeschaffenheit bewirken Stromveränderungen. **Hydrämie,** Abnahme der zelligen Blutelemente mit relativer Vermehrung des Blutwassers, welche in erster Linie als Teilerscheinung von Magenerkrankungen, aber auch in kachektischen und anämischen (nach Blutverlusten) Zuständen auftritt, führt infolge der Blutverdünnung eine Abnahme der Reibungswiderstände mit Sinken des Blutdruckes herbei. Andererseits bewirkt **Anhydrämie,** Bluteindickung durch Wasserverlust bei Cholera asiatica, aber auch bei Cholera nostras, Brechdurchfall der Kinder und anderen mit starken Diarrhöen einhergehenden Darmerkrankungen, infolge der Erhöhung der Reibungswiderstände Verlangsamung der Blutströmung. Sekundär kann in solchen Fällen das Herz mechanisch in Mitleidenschaft gezogen werden; durch schlechtere Ernährung mit verändertem Blut können fettige und andere Degenerationen auftreten. Daß auch die sonstigen Blutkrankheiten — Chlorose, Anämie, Leukämie — Zirkulationsstörungen hervorrufen, sei hier nur erwähnt.

B. Folgen der Störungen der Nahrungsaufnahme für den Organismus. Inanition.

Gewohnheitsgemäße **zu große Nahrungsaufnahme** kann eine Magenektasie herbeiführen und ist ein wesentliches Moment beim Zustandekommen allgemeiner Adipositas, d. h. starker Fettanhäufung im Unterhautfettgewebe sowie an anderen Stellen, wie in der Leber oder am Epikard. Weit gefährlicher ist auf der anderen Seite der **Nahrungsmangel (Inanition).** Vollkommener Nahrungsmangel kann — meist vom Tierexperiment oder Hungerkünstlern her bekannt — bis zu drei Wochen, bei Zufuhr von Wasser länger, ertragen werden. Das Fett schützt zunächst das Eiweiß, es wird verbrannt (vorher guter Ernährungszustand verlangsamt daher den Eintritt des Todes); man findet den Fettgehalt des Blutes erhöht, ebenso Verfettungen zahlreicher Zellen. Allmählich nimmt auch das Eiweiß ab; vor allem die Muskulatur, sodann die meisten inneren Organe atrophieren. Zum Schluß tritt der Tod an Inanitionsatrophie ein. Atrophien und degenerative Veränderungen herrschen in den Organen vor. Bei verringerter Nahrungsaufnahme oder schlechter Ausnützung der Nahrung (bei psychischen Krankheiten oder mechanischen Hindernissen, z. B. bei Ösophaguskarzinom, chronischen Verdauungsstörungen usw.) kann sich das gleiche allmählich entwickeln. Wir finden dann alle Organe im Zustande hochgradiger Atrophie.

An Gewicht nehmen insbesondere Milz, Leber, Pankreas, aber auch das Herz, kaum hingegen das Gehirn ab. Mikroskopisch besteht in zahlreichen Organen braune Atrophie (Abnützungspigment). Noch erwähnt sei, daß die Organe in vielen Beziehungen die gleichen Verhältnisse im Alterszustand bieten, den Mühlmann direkt als „ein Naturexperiment des lange dauernden unvollständigen Hungerns" bezeichnet. Überwiegt doch hier die Dissimilation über die Assimilation. Doch sind hier die Bilder insofern selten rein als sich zumeist noch die Folgen der Atherosklerose in den einzelnen Organen, z. B. Niere, hinzugesellen.

Hier anfügen können wir auch die Befunde bei Ernährungsstörungen der Säuglinge, denn auch hier handelt es sich ja um ungenügende Nahrungsauswertung. In der Pädiatrie unterscheidet vor allem Langstein (bzw. Finkelstein) die sog. Dyspepsie und Intoxikation als mehr akute und die sog. Hypotrophie und Atrophie der Kinder als mehr chronische Zustände. Anatomisch findet man nun bei den akuteren Formen (u. dgl. nach Hübschmann bei dem chronischeren sog. Mehlnährschaden in höchstem Maße ausgesprochen) einerseits Leberverfettung, andererseits Lipoidschwund der Nebenniere (beginnend in der Zona glomerulosa). Bei den chronischeren hingegen Fettschwund und Braunfärbung der Leber durch mächtige Hämosiderinablagerung (Lubarsch) und vielleicht auch noch andere Pigmente. Hier ist der Hämoglobin- und Eisenstoffwechsel gestört, und so weisen besonders in der Leber die Leberzellen und Sternzellen, in der Milz die Pulpazellen reichlich Hämosiderin (wahrscheinlich geht die Hämolyse intravaskulär vor sich) auf. Dabei spielt wohl auch besonders in der Leber Zellschädigung mit (Dubois). Ob die Ernährungsstörungen der Säuglinge mehr auf infektiösen, vom Darm aus wirkenden toxischen, oder durch Zellzerfallsprodukte herbeigeführten toxischen (Hübschmann) Ursachen beruhen, ist noch unbekannt.

In eine Parallele zu dieser Säuglingserkrankung können wir die besonders während des Krieges vielfach beobachtete sog. Ödemkrankheit stellen, denn auch hier ist Nahrungsmangel (zusammen mit wasser- und kochsalzreicher Nahrung) maßgebend, welcher zu Eiweißverarmung der Zellen führt (vielleicht zusammen mit kolloid-chemischen Abartungen). Anatomisch findet sich — außer Ödemen besonders an den Unterschenkeln und eventuell Transsudaten in den großen Körperhöhlen — vor allem Atrophie der Organe und insbesondere Fettschwund. Dieser äußert sich vor allem in den Fettdepots, ferner dem Knochenmark, das sich in Gallertmark umwandelt, und dem Lipoidverlust der Nebennieren. Auch hier finden sich weiterhin die Hämosiderinablagerungen in Milz und Leber. Wenn sich bei der Erkrankung kein ausgesprochenes Ödem findet, so besteht doch „Ödembereitschaft"; gemeinsam und grundlegend ist die Inanitionsatrophie. Konsumierende, kachektische Erkrankungen können ganz entsprechende Zustände zeitigen.

Unzweckmäßige Mischung der Nahrung führt auch zu Erkrankungen. Nötig sind Eiweiße, Fette, Kohlehydrate, ferner Wasser, Salze und zum Aufbau bestimmter Stoffe und Gewebe, Eisen (für den Blutfarbstoff) und Kalk (für das Skelett). Unzweckmäßig ist eine besondere Bevorzugung oder Ausschaltung eines dieser Stoffe.

Es gibt nun noch weitere Ergänzungsstoffe, die der Organismus braucht und nicht selbst bilden kann, sondern mit der Nahrung aufnehmen muß. Man nennt diese lebensnotwendigen Stoffe Vitamine. Bei Mangel an ihnen entstehen bestimmte Krankheiten, die man als Avitaminosen zusammenfaßt. Unter den Vitaminen unterscheidet man das Vitamin A, welches fettlöslich ist, B und C, oder nach den durch ihr Fehlen bedingten Aritaminosen ein antirachitisches, antineuritisches (d. h. besonders gegen Beriberi gerichtetes) und antiskorbutisches Vitamin. Besonders das wachsende Kind ist auf die Vitamine A und C angewiesen. Im übrigen spielen bei dem Ausbruch der speziellen Erkrankungen auch konstitutionelle Bedingungen mit. Die Vitamine (alle 3 Arten) sind in erster Linie in grünen Gemüsen, teilweise auch in Kartoffeln (B und C), Hülsenfrüchten (besonders B), Früchten (B und C), ferner vor allem auch in Hühnereiern und Milch (alle 3 Arten) enthalten. Mangel an solchen Nahrungsmitteln bewirkt also vor allem die Avitaminosen. Ebenso Ernährung von Kindern mit hochsterilisierter des antiskorbutischen Vitamins (C) beraubter Milch. Bei Mangel an Vitamin A, welches für die geregelte Kalkapposition nötig ist, entsteht Rachitis (s. dort), bei Mangel an B (einseitige Ernährung mit geschältem Reis) die Beriberi genannte Neuritis, bei Mangel an Vitamin C bei Erwachsenen der Skorbut (Mangel an frischen Gemüsen auf Schiffen, im Krieg usw.) und als identische Erkrankung bei Kindern die Möller-Barlowsche Krankheit (künstliche Ernährung mit hochsterilisierter Milch). Bei den beiden letzgenannten Erkrankungen findet sich Haupteinwirkung auf die Gefäße, so daß es zu hämorrhagischer Diathese kommt, die sich vor allem in Zahnfleischblutungen, Blutungen der Haut, dann bei Kindern vor allem in periostalen Blutungen, bei Erwachsenen besonders in solchen der Muskulatur äußert, und ferner auf das Knochensystem, wo es zu Rarefizierung und Ausbildung von Gerüstmark an Stelle von Lymphoidmark an den Epiphysengrenzen kommt, bei den wachsenden Kindern — besonders Säuglingen — mit Epiphysenlösungen und Frakturen als Folge. Grundlegend ist nach Aschoff-Koch Schädigung des gesamten „Stützgewebes" in Gestalt ungenügender Bildung von Kittsubstanzen.

C. Folgen der Störungen der Sauerstoffaufnahme für den Organismus. Atmungsinsuffizienz. Asphyxie.

Die durch die Lungen bewirkte Sauerstoffaufnahme steht unter der Herrschaft von Zentren der Medulla oblongata, wahrscheinlich eines gesonderten Inspirations- und Exspirationszentrums (wir folgen hier Minkowski und Bittorf). Diese funktionieren zwar wohl automatisch, werden aber doch reguliert einerseits durch die Höhe der in den Geweben verlaufenden Oxydationsprozesse selbst (Pflüger-Voitsches Gesetz), andererseits durch Nervenvermittlung (N. vagus für die von den Lungen selbst ausgehenden Reize, N. trigeminus für solche, die von der Nasenschleimhaut usw. ausgehen, sympathische und andere Nerven). Hinzu kommt noch der sog. Blutreiz, d. h. Veränderungen des Gasgehaltes des Blutes, welche auch Einfluß auf das Atmungszentrum haben sollen; so gibt nach der Geburt der durch Unterbrechung der Sauerstoffzufuhr eintretende venöse Zustand des Blutes den Reiz für die ersten Atemzüge ab. Stellen diese Faktoren die zentripetalen Bahnen, welche die Atmungszentren beeinflussen, dar, so sind andererseits auch die zentrifugalen Wege, welche vom Atmungszentrum aus die Atmung selbst bewerkstelligen und beeinflussen, sehr kompliziert. Auch hier handelt es sich in erster Linie um die vielfachen Nervenwege für den ganzen komplizierten Mechanismus der Lungenventilation, sowohl für die gewöhnlichen wie auch für die unter besonderen Fällen (Atmungserschwerung) beanspruchten Muskeln; dazu kommen noch andere Momente (Elastizität der Lungen und wohl auch der Thoraxwandung und dergleichen). In den ganzen Verhältnissen liegt es, daß dem Organismus Selbstregulationsmittel zur Verfügung stehen, welche bis zu einem hohen Grade eine drohende Atmungsinsuffizienz mit ihren Folgen ausgleichen können. Diese Regulationen kann man mit Minkowski einteilen in solche, welche sich zunächst 1. auf die Luftzufuhr zu den Lungen beziehen. Hier kommt in Betracht die Atemgröße, welche dem Stoffverbrauch in hohem Grade angepaßt werden kann, wie sich bei der Atmung in O-ärmerer Luft zeigt. Ferner die Atmungsart und Atmungsform (Atemtiefe und Atmungsfrequenz können in hohem Grade einen Ausgleich herbeiführen) und endlich besonders die Atmungskräfte, von denen eben besondere muskuläre eingesetzt werden, wenn die normale Gleichgewichtslage in Frage steht, wie auch ferner Erweiterung der Nase, Öffnen des Mundes und dergleichen zu Hilfe genommen werden kann. 2. Gehört zu den Regulationen die Modifikation der Blutzufuhr zu den Lungen und 3. gehören hierher die Bedingungen, unter welchen der Gasaustausch zwischen Blut und Lungenluft einerseits, zwischen Blut und den Geweben andererseits sich vollzieht.

Natürlich können alle diese Kräfte und Regulationen nur bis zu einem gewissen Grade ausreichen, darüber hinaus muß eine Atmungsinsuffizienz durch Mangel an Sauerstoff sowie Überladung mit Kohlensäure (bzw. den sauren Produkten des intermediären Stoffwechselumsatzes als Vorstufen der Kohlensäure) zu schwersten Störungen der Gewebe und ihrer Funktionen führen.

Eine ganze Reihe von Momenten kann eine solche Atmungsinsuffizienz bedingen. Zunächst Änderung des Sauerstoffgehaltes der Einatmungsluft, wie sie in geringerem Maße durch O-arme und CO_2-reiche Luft kleiner Räume mit vielen Menschen, in höherem bei Abnahme des Luftdruckes mit Verringerung des Sauerstoffpartialdruckes z. B. im Höhenklima (Bergkrankheit), bei Ballonfahrten, im sog. pneumatischen Kabinett usw. gegeben ist. Des weiteren kann die Einatmungsluft durch irrespirable Gase (Chlor usw.) oder durch giftige (Kohlensäure, Zyanwasserstoff usw.) gefährdet werden. Weit häufiger wie durch Veränderung der Atmungsluft werden Atmungsbehinderungen herbeigeführt durch Erkrankungen der Respirationsorgane, der oberen Luftwege, der kleineren Bronchien und der Lungen selbst, wie besonders Emphysem, Atelektasen, Druck durch Pneumothorax u. dgl.; ferner der Unterleibsorgane, welche auch durch abnormen Hochstand oder Tiefstand des Zwerchfells, der in Prozessen der abdominalen Organe bedingt sein kann, auf die Atmung einwirken, und endlich vor allem Veränderungen des Blutes bzw. der Zirkulation. So haben Lungenstauung und insbesondere Lungenödem schwerste Folgen für die Atmung; Embolien oder Thrombosen können die Atmung plötzlich ganz in Frage stellen, Verlangsamung der Blutströmung bewirkt verringerte Aufnahme von O. Auch die roten Blutkörperchen und insbesondere ihr Hämoglobingehalt sind für die Sauerstoffbindung maßgebend.

Bei Atmungsinsuffizienz tritt als Abwehrbewegung angestrengte Atmungstätigkeit auf, wir bezeichnen sie als **Dyspnoe.** Sie ist eine inspiratorische bei Behinderung des Lufteintritts durch Verlegung durch diphtherische Membranen, bei Druck auf die Trachea oder bei ähnlichen Bedingungen; eine exspiratorische steht bei der kapillären Bronchitis und beim Asthma im Vordergrund. Oft kombinieren sich beide. Subjektiv wird Luftmangel als Atemnot empfunden. Bei hochgradigster Atmungsinsuffizienz durch Sauerstoffmangel, der durch die Regulationen nicht ausgeglichen werden kann, ist Erstickung (**Asphyxie**) die Folge. Bei ihr wird zunächst die Atmung beschleunigt und vertieft, dann treten hochgradige exspiratorische Anstrengungen mit Krämpfen und allgemeinen Konvulsionen auf, und unter Stillstand der Respiration nach wenigen letzten schnappenden, tiefen Inspirationen tritt der Tod ein. Bei der Asphyxie sehen wir hochgradige **Zyanose,** wobei die Kohlensäureüberladung, ebenso aber auch die durch die Atmungsbehinderung bewirkte Zirkulationsstörung mitwirken. Zur sog. akuten Asphyxie kommt es, wenn plötzlich ein vollständiges Hindernis der Atmung einsetzt, wie bei Erhängen oder Ertrinken oder bei embolischem Verschluß einer der beiden Hauptäste der A. pulmonalis. Bei an **Erstickung** Gestorbenen findet sich das Blut meist (wegen des großen Kohlensäuregehaltes) flüssig und von dunkler Farbe; die Totenflecke, die gewöhnlich frühzeitig auftreten, sind sehr dunkel, die inneren Organe zeigen vielfach postmortale Senkungen (infolge des Flüssigbleibens des Blutes). Der linke Ventrikel ist meist leer, das rechte Herz und das Venensystem stark gefüllt. Die Haut und vor allem die Pleurablätter und das Perikard zeigen zahlreiche kleine Ekchymosen. Im ganzen sind die anatomischen Veränderungen nicht sehr charakteristisch. Zu suchen ist eventuell nach in die Luftwege aspirierten Fremdkörpern, Schleim und dergleichen.

Bei **Erhängten** findet sich die charakteristische Strangfurche zumeist schräg von vorne und unten nach hinten oben bis zur Ohrgegend, wo sie sich verliert, verlaufend; sie ist meist leicht mumifiziert, lederartig trocken und bräunlich gefärbt. Bei **Erwürgten** ist auf äußere Verletzungen, sowie auf die Respiration behindernde Gegenstände in den oberen Luftwegen zu achten. Bei **Ertrunkenen** finden sich Zeichen der Wirkung des kalten Wassers, wenn die Leiche längere Zeit in ihm gelegen hatte, in Gestalt auffallender Kälte und Blässe der Haut, „Gänsehaut“, Schrumpfung der Haut des Penis, des Skrotums, der Brustwarzen und Warzenhöfe und insbesondere Mazeration der Epidermis, gewöhnlich am stärksten an Hand- und Fußfläche. Zumeist findet sich, terminal aspiriert, Flüssigkeit in den Lungen mit starker Blähung derselben, sowie auch im Magen verschluckte Flüssigkeit, oft in reichlicher Menge; vor Nase und Mund steht Schaum.

Zu erwähnen ist noch, daß starke Hustenstöße durch Überdehnung von Lungengewebe und eventuelle Zerreißung desselben und sodann Steigerung des intrathorakalen Druckes mit sich anschließenden Zirkulationsänderungen Gefahren in sich bergen, daß im übrigen aber Hustenstöße, welche reflektorisch nach Eintritt von Fremdkörpern in die Respirationswege erfolgen, zu den wichtigen „prohibierenden Abwehrmechanismen“ zu rechnen sind, welche die Lunge vor Schädigungen zu schützen geeignet sind. Zu diesen gehören auch die Schleimabsonderung der oberen Luftwege, die nach oben gerichtete Flimmerbewegung des Epithels und der reflektorische Glottisverschluß, welche unter denselben Bedingungen auftreten.

D. Folgen veränderter Drüsenfunktion für den Organismus. Autointoxikationen.

Aufhebung bzw. Herabsetzung sowie Veränderungen der Funktion sezernierender Drüsen können Allgemeinerkrankungen herbeiführen. Dabei kann Retention der Ausscheidungsstoffe oder die Bildung quantitativ oder qualitativ abnormer Stoffwechselprodukte **Autointoxikationen** bewirken. Wir können zwei große Gruppen unterscheiden, je nachdem es sich um die gewöhnliche äußere oder die sog. innere Sekretion von Drüsen handelt.

I. Veränderungen der gewöhnlichen (äußeren) Sekretion.

Am leichtesten sind die durch abnorme Stoffwechselprodukte bewirkten **Autointoxikationen von seiten des Darmkanals** verständlich. Bei Retention von Verdauungsprodukten (Koprostase = Ansammlung fester Kotmassen) fallen diese der Fäulnis anheim, und die Resorption der so entstehenden Stoffe bewirkt Autointoxikation. Eine solche Retention ist die Folge von Unwegsamkeit des Darmes (Tumoren, eingeklemmte Gallensteine oder dergleichen) oder Paralyse der Darmmuskulatur mit Stillstand der Peristaltik = **Ileus** (z. B. bei Peritonitis). Auf Autointoxikation auf Grund gastrointestinaler Störungen, besonders chronischer Katarrhe bei Alkoholismus, wird vielfach auch die Leberzirrhose bezogen.

Tritt aus irgendeinem Grunde **Galle** ins Blut über — **Cholämie** —, so werden die Organe durch Durchtränkung mit der durch Gallenfarbstoff tingierten Gewebeflüssigkeit gelb, gelbgrün bis dunkelschmutzigbraungrün verfärbt — **Ikterus.** Er tritt besonders an der äußeren Haut, der Konjunktiva, aber auch an der Intima der Gefäße, an Speckgerinnseln, am Gewebe der Leber, Nieren und anderer Organen hervor; nur Knorpel und Nervenparenchym bleiben verschont. Der Harn wird durch Bilirubin dunkel gefärbt, ebenso eventuell vorhandene Harnzylinder. Die Gallenfarbstoffe und Gallensäuren sowie andere Körper wirken auf den Gesamtorganismus schädlich ein; durch Schädigung des Herzens durch die Gallensäuren kommt es zu Pulsverlangsamung sowie auch zu Zerstörung einzelner roter Blutkörperchen mit Auftreten eisenhaltigen Pigments (Kretz).

Die Ursachen und Bedingungen für das Zustandekommen des Ikterus sind nicht einheitlich. Stellt derselbe doch nur ein Symptom dar. Am einfachsten liegen die Verhältnisse beim Retentionsikterus. Hier sind die Gallenwege irgendwo verschlossen, sei es von außen durch vergrößerte Lymphknoten, Tumoren oder dergleichen, sei es von innen durch Narben, insbesondere eingeklemmte Gallensteine usw. Die Retention der Galle ist um so leichter möglich, als die Galle überhaupt nur unter sehr geringem Druck abgeschieden wird. Die gestaute Galle sucht dann neue Wege und geht über die Lymphwege in das Blutgefäßsystem über. Infolge der aufgehobenen Gallenabscheidung in den Darm, soweit es sich um einen vollständigen Verschluß handelt, bleiben die Kotmassen hell, lehmfarben, acholisch und faulen stark; die Fettverdauung ist infolge der mangelnden Galle gestört. Früher glaubte man, daß auch Schwellung und Verlegung des Lumens der Gallenwege und ihrer Mündung an der Papille bei Katarrh mit Schleimbildung ein solches Hindernis darstellen und häufig zu Retentionsikterus führen sollte. Doch sei betont, daß ein solcher „katarrhalischer Ikterus" weit seltener ist, als man früher annahm. Zumeist handelt es sich hier (s. unten) um Schädigung der Leberzellen als Hauptmoment.

In den meisten Fällen ist nun ein Hindernis für den Gallenabfluß nicht nachzuweisen, auch tritt Galle in den Darm über (dunkle Färbung des Darminhaltes). Hier liegt also auch kein einfacher Retentionsikterus vor, vielmehr sind hier andere — offenbar komplexe — Faktoren maßgebend. In einem Teil solcher Fälle handelt es sich um überreichliche Bildung sehr dicker, dunkler Galle (Polycholie bzw. Pleiochromie) infolge gesteigerten Zerfalls roter Blutkörperchen, wobei vermehrte Bildung des Gallenfarbstoffes (da Hämatoidin seiner Zusammensetzung nach mit Bilirubin identisch ist) zustande kommt. Ein derartiger vermehrter Zerfall roter Blutkörperchen bzw. Auslaugung von Hämoglobin findet sich bei gewissen Vergiftungen („Blutgifte", wie Kalium chloricum, Arsenwasserstoff. Toluylendiamin, Gifte mancher Pilze besonders Morcheln), bei Transfusion artfremden Blutes, bei Blutkrankheiten, septischen und pyämischen Allgemeinerkrankungen usw. Hierher gehört auch der fast physiologische **Ikterus neonatorum.** Unter den genannten Bedingungen findet ein Umbau des Hämoglobins wohl schon in der Milz statt oder wenigstens eine „Andauung" veränderter roter Blutkörperchen. In der Leber selbst sind wohl die Sternzellen an der Farbstoffumwandlung beteiligt. Eine solche überpigmentierte und sehr dicke Galle staut sich leicht in den Gallenkapillaren („Gallenzylinder“ s. u.) an. Man nahm nun an, daß diese so erweitert werden und es durch Rupturen derselben, vielleicht auch durch diapedetischen Austritt der Galle aus den Kapillaren ohne Rupturen, zum Übertritt der Galle in die Lymph- und Blutbahn komme. Doch ist es wahrscheinlicher, daß gleichzeitig Schädigungen der Leberzellen (s. unten) vorliegen, welche auch die Gallenzylinder bewirken (s. auch unten).

Ähnlich liegen die Verhältnisse wohl auch, wenn sich Ikterus an große Blutungen anschließt oder an sonstigen reichlichen Austritt und Untergang roter Blutkörperchen, so bei der Pneumonie. Hier findet offenbar lokal, wohl auch unter der Mitwirkung von Retikuloendothelien, eine Umbildung des Hämoglobins zu Hämatoidin und Zufuhr zur Leber statt. Es spielten wohl hier die lokalen Zellen der Lunge usw. dieselbe vorbereitende Rolle wie zumeist die Pulpazellen (Retikuloendothelien) der Milz (Eppinger). Auch der Ikterus bei Herzfehlern wird so erklärt.

Der wohl wichtigste genetische Faktor für das Zustandekommen eines Ikterus ist nun eine Schädigung der Leberzellen, ein Moment, das wohl häufig mit dem eben genannten der Polycholie zusammen einwirkt. Erkrankte Leberzellen sollen, wie dies Minkowski annahm und als „Paracholie“ bezeichnete, hier die Galle nicht wie normal in die Gallenkapillaren, sondern zusammen mit Produkten ihrer inneren Sekretion direkt in die Blutkapillaren, also gewissermaßen in falscher Richtung, sezernieren. Aber dies ist nur eine Vorstellung, keine Erklärung. Sehr wahrscheinlich ist nun, daß geschädigte Leberzellen abnorm durchgängig werden für Eiweißstoffe und eventuell Fibrinogen, so daß diese so in die Gallenkapillaren zusammen mit Galle ausgeschieden werden. Hier gerinnen sie und bilden so die gallig gefärbten, vielfach verzweigten „Gallenthromben“ (Eppinger), besser Gallenzylinder genannt (ganz analog dem ähnlichen Vorgang in den Nieren). Diese Gallenzylinder verlegen die Gallenkapillaren. Durch Dissoziation der veränderten Leberzellen kann wahrscheinlich (Eppinger) die Galle in die eröffneten Lymphgefäße und so in das Blut übertreten.

Finden bei ausgedehnt nekrotischen Vorgängen in der Leber (z. B. bei der sog. „akuten gelben Leberatrophie“) ausgedehnte Zerreißungen und Eröffnungen der Gallenkapillaren statt, so ist eine direkte Kommunikation derselben mit den Lymph- und Blutkapillaren leicht erklärlich und ebenso direkter Übertritt der Galle.

Können wir diese Formen als hepatozelluläre zusammenfassen, so ist es eine noch nicht sicher entschiedene Frage, ob es auch einen rein anhepatozellulären Ikterus gibt. Spielen schon bei den beschriebenen Bedingungen die Retikuloendothelien der Milz und Leber (Sternzellen) eine wichtige Hilfsrolle, so wird nämlich auch angenommen, daß es Ikterusformen gibt, in denen nur diese Retikuloendothelien anzuschuldigen sind (Aschoff, Lepehne, Eppinger). Es wird dies vor allem für die Fälle von (angeborenem) Ikterus haemolyticus sowie Ikterus bei perniziöser Anämie, wohl auch Ikterus bei Weilscher Krankheit (Lepehne) angenommen. Doch hängt dies mit der allgemeinen Frage zusammen, ob die Retikuloendothelien der Milz und die Sternzellen die Umwandlung des Hämoglobins zum Gallenfarbstoff nur vorbereiten, die Leberzellen aber letzteren sezernieren, oder ob — wenigstens unter pathologischen Bedingungen, z. B. bei relativer Insuffizienz der Leberzellen (Eppinger) — jene Zellen das Bilirubin bilden und die Leberzellen es nur mehr passiv ausscheiden, wie es jetzt von manchen Seiten angenommen wird. Dann kann man den hämolytischen Ikterus als einen hepatolinealen (Eppinger) bezeichnen.

Betont werden soll noch, daß von den genannten Vorgängen oft mehrere in sehr komplizierter und komplexer Weise zusammenzuwirken scheinen, so bei der Leberzirrhose.

Bei Gallenstauung aus den verschiedensten Gründen sehen wir als deren Zeichen in der Leber Gallenfarbstoff in Leberzellen und Sternzellen, sowie geronnene gallentingierte Massen in den Sekretvakuolen der Leberzellen, und besonders in Gestalt der schon genannten Gallenzylinder in Gallenkapillaren, und eventuell auch von hier direkt phagozytiert in Sternzellen.

Durch mangelhafte Tätigkeit der **Nieren** (besonders Nephritis) oder Zurückhaltung des Harns durch Verlegung der ausführenden Harnwege (experimentell auch bei Ligatur beider Nierenarterien) entsteht die **Urämie**, ein durch Erbrechen, Krämpfe und Koma gekennzeichneter Zustand. Auf welche besonderen Harnbestandteile diese Autointoxikation beruht, ist nicht bekannt.

Bei Urämischen findet sich öfters eine katarrhalische oder auch pseudomembranöse (diphtherische) Enteritis. Auch Peritonitis ist nicht selten.

Ein in vieler Hinsicht ähnlicher, mit Krämpfen einsetzender, bedrohlicher Zustand ist die **Puerperaleklampsie,** die während oder besonders nach Geburten auftritt. Die Ursachen sind nicht geklärt, vielleicht auch nicht einheitlich. Auch hier handelt es sich wohl in einem Teil der Fälle um einen Zusammenhang mit einer erkrankten Niere, der sog. Schwangerschaftsnephritis, welche aber keine eigentliche Entzündung, sondern eine degenerative Nierenveränderung darzustellen scheint. Nach Zangemeister soll abnorme Durchlässigkeit der Kapillaren — Hydrops gravidarum — den Prozeß einleiten, dann soll es infolge Mitbeteiligung der Nierengefäße zur Nephropathia gravidarum und dann zu Blutdrucksteigerung, Hirnödem und Hirndruck kommen. Die Hirnrinde zeigt Kompressionsanämie und, wenn eine arterielle Versorgung hier wieder einsetzt, so soll der postanämische Reiz Krampfanfälle auslösen.

Bei Eklamptischen finden sich häufig Gerinnungen und Thromben (besonders hyaline und Blutplättchenthromben) mit Ödem, Stauung und Infarkten, so in der Niere, der Leber, der Lunge, ferner ausgedehnte Nekrosen besonders in der Leber, sowie in der Lunge Fettembolie und besonders Zellenembolien (Plazentarzellen und Leberzellen s. unter Embolie), welche mit den Krämpfen bei der Eklampsie zusammenhängen.

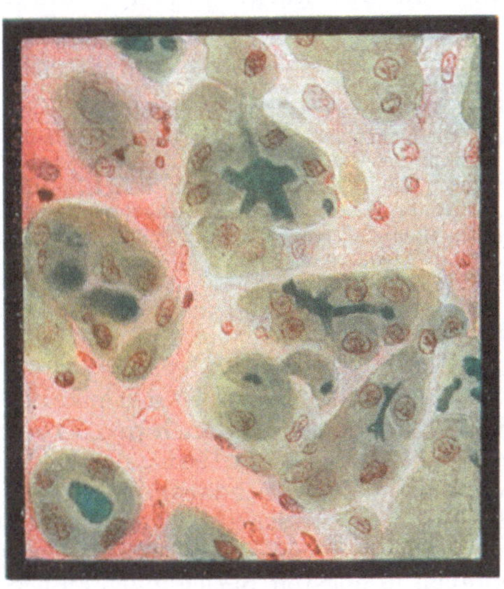

Fig. 244.
Ikterus. Gallenretentionen in Form von Konkrementen in den Gallenkapillaren zwischen den Leberzellen und in den Sekretvakuolen in den Leberzellen (bei Leberzirrhose).

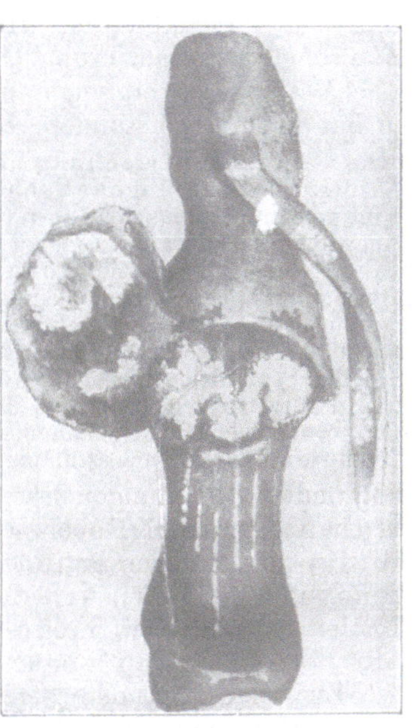

Fig. 245.
Gicht.
Nach Cruveilhier, l. c.

Die harnsaure Diathese, welche der **Gicht** zugrunde liegt, stellt eine Störung des allgemeinen Stoffwechsels dar. Hier werden Harnsäure und harnsaure Salze besonders in die Gelenke und deren Umgebung, aber auch in andere Teile des Körpers, wie Ohrknorpel, Nieren usw. ausgeschieden; hiermit gehen heftige entzündliche Prozesse einher, von denen es nicht sicher entschieden ist, wie sie Vorbedingung oder Folge der Harnsäureablagerung sind. Daneben findet auch vielfach ein Ausfall fester Harnbestandteile mit Bildung von Konkrementen in der Niere und den Harnwegen statt.

Die Gicht ist oft familiär und die Anlage offenbar vererblich.

Die Harnsäure entsteht aus den Purinbasen (der Nukleinsäure), die entweder der Nahrung entstammen oder bei Zerfall der Kerne, d. h. der Nukleoproteide sich bilden. Manche Autoren halten die renale Insuffizienz für die Harnsäureausscheidung, wodurch die Harnsäurewerte des Blutes gesteigert werden, für die Grundlage der Gicht. Schittenhelm unterscheidet bei der Gicht 2 Vorgänge, einmal eine allgemeine Stoffwechselstörung im Sinne der Erhöhung des Harnsäuregehalts im Blute und somit in den Geweben, wobei aber nur gewisse, d. h. eben die disponierten Gewebe als Depot dienen, und sodann den akuten Gichtanfall, bei dem eine physikalisch-chemische Änderung gewisser Gewebe zum Ausfällen der Harnsäure hier Veranlassung gibt. Vielleicht spielen nervöse Einflüsse mit, und Brugsch nimmt ein Harnsäurezentrum (in der Nähe des Zuckerzentrums) und Weiterleitung über den Splanchnikus an.

II. Veränderungen der inneren Sekretion.

Nicht nur die sog. Drüsen mit innerer Sekretion (endokrine Drüsen), welche, ausführungsgangslos, ein dem Gesamtkörper nötiges, diesem meist durch das Blutgefäßsystem vermitteltes Sekret sezernieren — wie vor allem Schilddrüse, Epithelkörperchen, Thymus, Nebennieren, Hypophyse, evt. Langerhansche Zellinseln des Pankreas usw. — besitzen diese innere Sekretion, sondern dieselbe kommt auch den gewöhnlichen Drüsenzellen neben deren äußeren Sekretion bis zu einem hohen Grade zu, so vor allem den Leberzellen. Auf einer Art innerer Sekretion beruhen die wichtigen Korrelationen chemischer Natur zwischen einzelnen Organen. Sogenannte Hormone vermitteln hier; so soll das vom Darm produzierte Sekretin Leber, Pankreas und Darm zur Abgabe ihrer Verdauungssäfte anregen.

Insbesondere die intra- und extrauterinen Wachstums- und die Entwicklungsvorgänge werden im höchsten Grade von Hormonen der endokrinen Drüsen beherrscht. Der Thymus ist in der Kindheit ein reines Wachstumsorgan, während, wie es scheint, mit der Zeit der Pubertät von den Keimdrüsen ausgehende Hormone durch Vollendung der Epiphysenfugenverknöcherung dem Längenwachstum ein Ende bereiten, und so jetzt der Thymus normaliter eine Rückbildung erfährt. Die Schilddrüse andererseits kontrolliert mehr die „harmonische“ Differenzierung (Hart). Auch andere endokrine Drüsen wirken in ähnlichem Sinne bei Wachstumsvorgängen und Kalkumsatz mit, so die Epithelkörperchen; die Hypophyse hat ebenfalls besondere Beziehungen zum Wachstum.

Die völlige Beherrschung nicht nur des Wachstums als solchen, sondern auch der ontogenetischen und selbst phylogenetischen Entwicklung von seiten der endokrinen Drüsen ergibt sich aus höchst interessanten Versuchen an niederen Tieren. So regt Fütterung mit Thymussubstanz — vielleicht aber zum großen Teil darauf beruhend, daß hierbei nach Hart die Schilddrüse atrophiert — Wachstum an und hemmt die Metamorphose; Schilddrüsenfütterung dagegen hemmt das Wachstum — so daß aus Kaulquappen Zwergfrösche entstehen —, beschleunigt aber die Metamorphose bis zur Überstürzung (Hart). Auch sonst gelang es durch verschiedenartige Beeinflussung endokriner Drüsen an Kaulquappen Bildungshemmungen, Mißbildungen u. dgl. zu erzeugen (Adler). Am interessantesten ist es aber, daß man den Kiemenatmer, den Axolotl, durch kleine Schilddrüsengaben (Gudernatsch, Babák und Laufberger) zur Metamorphose zwingen kann und daß es Hart gelungen ist, durch Fortsetzung der Schilddrüsengaben so den Axolotl in einen landlebenden, etwa einem Feuersalamander ähnlichen Molch zu verwandeln. Umgekehrt hemmt Exstirpation der Thymusdrüse das Wachstum der jungen Axolotl beträchtlich.

Besondere Beziehungen bestehen auch zwischen Thyreoidea und Thymus einerseits, dem Adrenalsystem (Nebenniere und sonstiges chromaffines System) andererseits. Das Adrenalin des letzteren erhöht den Blutdruck, zugleich aber wohl auch den Tonus des Nervensystems, wobei, wohl durch direktes Angreifen am Zellkern (Fulton), der Widerstand der Fortleitung des Nervenreizes am Übergang der feinsten Nervenendausbreitung zur Zellsubstanz herabgesetzt zu werden scheint. Der Thymus dagegen scheint hypotonisierend zu wirken. Zwischen Epithelkörperchen und Schilddrüse bestehen vielleicht antagonistische Beziehungen. Hormone von endokrinen Drüsen stehen auch in engsten Beziehungen zum Stoffwechsel, nicht nur, wie bei den dem Wachstum vorstehenden Drüsen zum Kalk- und Phosphorstoffwechsel, sondern auch sonst. So ist ein Inkret der Schilddrüse das sog. Thyrotoxin als eine Indolpropionsäure mit 3 eingelagerten Jodatomen (Kendall) erkannt worden, welches den Stoffumsatz steigert; das Erwachen winterschlafender Tiere soll mit histologisch wahrnehmbarer (Adler) gesteigerter Schilddrüsentätigkeit verknüpft sein. Auch die Hypophyse sowie die Keimdrüsen haben Beziehungen zum Stoffwechsel, desgleichen Pankreashormone und das sympathische Nervensystem zum Kohlehydratstoffwechsel der Leber (s. u.). Andererseits hängen die endokrinen Drüsen auch wieder von der Ernährung, vielleicht auch gerade von den oben genannten Vitaminen ab. So sehen wir, wie eng die Hormonleistungen des gesamten endokrinen Systems untereinander und in vielfachen korrelativen Beziehungen zum Nervensystem, besonders auch dem sog. autonomen — Vagotonien, Sympathikotonien — verknüpft sind, teils sich fördernd, teils antagonistisch einwirkend. Es liegt hier in diesem polyglandulären System (Hart) ein unendlich feines Räderwerk gegenseitigen Ineinandergreifens vor. Wir haben erst einiges davon begreifen, mehr vielleicht zunächst nur ahnen gelernt. Auf den feinsten Abstufungen und Schwingungen der Harmonie des Gesamtsystems der endokrinen Drüsen beruht, wie wir oben sahen, die Konstitution. So ist es ohne weiteres verständlich, daß schwerere Störungen dieser harmonischen Gesamtleistungen zu einer „Neueinstellung des Ganzen“ (Hart) unter dem Bilde eingreifender Veränderungen und Krankheiten führen müssen. Durch die Verflechtung der Zusammengehörigkeit des ganzen Systems wird aber naturgemäß der Kautalnexus zwischen den Drüsen mit innerer Sekretion und den auf ihre Veränderungen zu beziehenden Krankheiten in der

Erkenntnis ganz besonders schwer zugänglich. Auch hier liegt also nach dem oben Gesagten so gut wie stets nicht die Veränderung einer endokrinen Drüse, sondern in Korrelationen untereinander einer ganzen Reihe solcher zugrunde; es handelt sich also um polyglanduläre Erkrankungen. Morphologisch und für uns wahrnehmbar kann dabei aber die Veränderung einer endokrinen Drüse das Bild so beherrschen, daß wir gerade dies eine Organ mit Erfolg untersuchen können. Dabei kann es sich auch in diesem Organ schon um sekundäre Veränderungen handeln und sich der primäre Angriffsort unserer Wahrnehmung entziehen. Nur in diesem Sinne muß die Betonung einzelner endokrinen Drüsen und ihrer Veränderungen im folgenden verstanden werden. Das ganze Kapitel dieser Erkrankungen ist von äußerster Bedeutung und imstande manche bis dahin ganz rätselhafte Krankheit unserem Verständnis näher zu bringen, aber wir stehen hier erst am Anfang positiver Kenntnisse.

Nach vollständiger Abtragung der **Schilddrüse** kommt ein mit tetanischen Krämpfen beginnender, unter psychischer Abstumpfung und Kachexieerscheinungen tödlich endender Krankheitszustand zustande — die **Kachexia thyreopriva** bzw. **strumipriva.** Solche Leute zeigen schlaffe unelastische Schwellung der Haut mit Wulstungen, besonders im Gesicht, allgemeine Schwerfälligkeit und abgestumpftes, blödes Verhalten. Ganz ähnliche Erscheinungen werden bei spontaner Atrophie oder hochgradiger Entartung der Schilddrüse beobachtet als sog. **Myxödem** (so benannt von Ord nach dem ödematös-schleimartigen Zustand des Unterhautgewebes).

Es besteht hier schleimige Degeneration des Bindegewebes der Kutis, ferner an Gefäßen und Nierenscheiden. In den Muskeln findet sich auch eine eigenartige Degeneration in Gestalt von Zerfall der kontraktilen Substanz, welche mit dem Sarkoplasma sich in Schollen umwandelt, die Kernfärbung (Hämatoglin) annehmen. Sarkolemmkerne wuchern und zerfallen wieder (Schultz). Ähnliche Veränderungen der Muskulatur sah Askanazy bei M. Basedowii (s. unten).

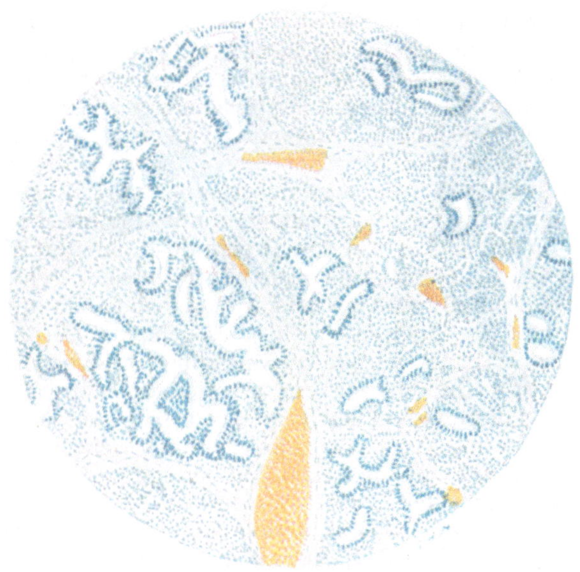

Fig. 246.
Schilddrüse bei Morbus Basedowii. Im ganzen parenchymatöse Struma, zahlreiche papilläre Stellen mit Zylinderepithel.

In manchen Gegenden endemisch findet sich **Kretinismus**, mangelhafte Entwicklung des Knochensystems usw. zusammen mit Kropf; hier wird auch an eine Einwirkung besonders der veränderten Schilddrüse gedacht oder Kretinismus und Struma auf eine gemeinsame Ursache bezogen. Ähnliche, wenn auch nicht identische, Veränderungen besonders des Skelettsystems lassen sich auch bei Tieren durch Entfernung der Schilddrüse erzeugen. Auch bei dem erblichen Infantilismus handelt es sich um eine Folge der Störung des endokrinen Drüsensystems, bei der Funktionsstörung (Unterfunktion) der Schilddrüse im Vordergrund des Wahrnehmbaren steht. Man nimmt an, daß bei den vom Ausfall der Schilddrüse abhängigen Erkrankungen das Kolloid der Schilddrüse (welches Jod in Gestalt des Thyreoglobulins enthält), d. h. dessen Verlust bzw. Veränderung, die Hauptrolle spielt, indem dasselbe entweder direkt oder durch Entgiftung anderer Stoffwechselprodukte für den Organismus notwendig ist. Bei der Wirkung krankhaft veränderter Schilddrüsen kommen vielleicht noch giftige Stoffe dazu, welche den Organismus direkt schädigen.

Der **Morbus Basedowii,** gekennzeichnet durch die drei Hauptsymptome beschleunigte und vermehrte Herztätigkeit, Struma und Exophthalmus und mit allgemeinen nervösen Störungen einhergehend, stellt offenbar eine Konstitutionsanomalie in Gestalt einer Störung einer Reihe endokriner Drüsen dar. Im Vordergrund steht die mit parenchymatöser Hyperplasie einhergehende Veränderung der **Schilddrüse** (näheres s. dort) und es wird sowohl an eine Vermehrung der inneren Sekretion derselben (Hyperthyreoidismus) wie vor allem an eine abnorme Sekretion (Dysthyreoidismus) gedacht. Gleichzeitig findet sich aber auch oft Hyperplasie des **Thymusrestes,** besonders bei den schweren Formen und wohl von

Einfluß auf die veränderte Herztätigkeit, und zuweilen auch Abnormitäten am Adrenalsystem. Im Blut soll oft neutrophile Leukopenie mit Lymphozytose (Kocher) bestehen. Das Herz zeigt bei Morbus Basedowii (ähnlich auch vielleicht bei Kolloidstruma) oft degenerative Veränderungen der Muskelfibrillen und Granulationsgewebe usw. bis zur Ausbildung von Schwielen (sog. Kropfherz). Hier liegt wohl direkte Beeinflussung des Herzmuskels vor; daneben werden vielleicht auch die Herznerven in Mitleidenschaft gezogen.

Die **Tetanie** (Zittern und besonders klonische Krämpfe) scheint von Veränderungen der **Epithelkörperchen (Parathyreoideae)** abzuhängen und tritt auch nach experimenteller Entfernung derselben bei Tieren auf; man vermeidet diese Drüsen daher bei Strumaoperationen. Wahrscheinlich hängen die Epithelkörperchen besonders mit dem Kalkstoffwechsel zusammen und sind daher außer zur Tetanie (bei der die Regulation des Blutkalkgehaltes insuffizient wird) auch zu Erkrankungen des Knochensystems in Beziehung zu bringen. Sie sind bei der Rachitis vergrößert; auch im Zustande der Schwangerschaft vergrößern sie sich und enthalten dann meist viel Kolloide.

Der **Morbus Addisonii,** die Bronzekrankheit, eine schmutzigbraune Verfärbung der Haut und eventuell Schleimhäute (Mundhöhle, Zungenschleimhaut, Bindehaut), als Ausdruck reichlicher Pigmentierung besonders in den tieferen Schichten der Epidermis und im Papillarkörper, eine Erkrankung, welche mit Störungen von seiten des Verdauungsapparates und Nervensystems, Anämie, Kachexie usw. einhergeht und zu allgemeiner Kachexie führt, steht in Beziehungen zu Zerstörungen der **Nebennieren**; diese zeigen am häufigsten Tuberkulose (Verkäsung), seltener Blutungen, Gummata, Tumoren, Atrophie. Es handelt sich dabei wohl nicht nur um eine Erkrankung der Nebenniere, sondern des gesamten (sympathischen) chromaffinen Apparates (Nebennierenmark, aber auch Karotisdrüse usw.). Doch scheinen daneben auch Veränderungen der Nebennierenrinde, die meist auch atrophisch ist, mitzuspielen, so daß meist das ganze Organ von der Tuberkulose usw. ergriffen ist Eine gemeinsame Funktionsstörung des ganzen Organs scheint demnach beim M. Addisonii grundlegend zu sein. Die Veränderung des chromaffinen Apparates ist wahrscheinlich durch Ausfall des Adrenalins (welches der chromaffinen Substanz entspricht) maßgebend. Bei der Erkrankung besteht auch Hyperplasie des Thymus (in der sich auch große Follikel mit Keimzentren (Dubois) finden) und des lymphatischen Apparates, womit wohl der öfters plötzlich eintretende Tod zusammenhängt. Auch hier handelt es sich offenbar um eine Konstitutionsanomalie mit Ergriffensein einer ganzen Reihe endokriner Drüsen. Ein typisches Beispiel von Korrelation ist auch dadurch gegeben, daß bei Anenzephalen (s. u. Mißbildungen) fast regelmäßig auch die Nebennieren hypoplastisch, oft zugleich der Thymus hyperplastisch ist. Daß die Nebennieren ein lebenswichtiges Organ darstellen, erhellt auch daraus, daß nach ihrer Entfernung Tiere kachektisch zugrunde gehen.

Eine wichtige Konstitutionsanomalie ist ferner der **Status thymolymphaticus.** Während der **Thymus** normal zur Zeit der Pubertät einer Involution anheimfällt, was wohl damit zusammenhängt, daß er ein das Wachstum kontrollierendes Organ darstellt, handelt es sich hier um ein **Persistieren** bzw. (bei Kindern) eine **Hyperplasie** desselben zusammen mit — wahrscheinlich sekundärer — **Schwellung des lymphatischen Apparates,** besonders des lymphatischen Rachenringes und der Zungenbalgdrüsen. Auch andere endokrine Drüsen können gleichzeitig abnorm sein. Solche Individuen nun, (Kinder von $^1/_2$ bis $1^1/_2$ Jahren weisen dann zumeist auch große Blässe und pastöse Beschaffenheit der Haut auf), sterben aus geringfügigen Anlässen, wie bei Beginn einer Chloroformnarkose, bei Erregungen, geringen Anstrengungen, beim Baden oder dergleichen oft plötzlich, ohne daß die Sektion sonst eine genügende Erklärung für den Eintritt des Todes gäbe. Offenbar handelt es sich auch hier um eine Konstitutionsanomalie im Sinne einer vererbbaren allgemein minderwertigen „hypoplastischen“ Anlage auf Grund einer Gleichgewichtsstörung des endokrinen Systems (Hart). Hierbei scheint der abnorm große Thymus eine Hypotonisierung (s. o.) zu bewirken, welche besonders am Herz- und Gefäßapparat angreift und so die plötzlichen Todesfälle, den sog. Thymustod, erklärt. Doch soll man einen solchen nur annehmen, wenn sorgfältigste Untersuchung andere Ursachen für den Herzkollaps ausschließt. Es gibt auch Fälle, in welchen nur die Thymushyperplasie (ohne Anomalie des lymphatischen Apparates) besteht, Status thymicus, und umgekehrt den wohl weniger wichtigen, auch konstitutionell bedingten, Status lymphaticus ohne Thymushyperplasie. Andererseits scheint es aber neben den eben besprochenen Zuständen als Ausdruck einer angeborenen Konstitutionsanomalie auch Fälle zu geben, wie das besonders Lubarsch und Hart betonen, in denen es sich erst um sekundäre Reaktionen auf Stoffwechselveränderungen und Indoxikationen hin handelt. Die Beziehungen des Thymus zum Wachstum, besonders des Knochensystems, erhellen auch daraus, daß nach Exstirpation des Organes bei Tieren der Kalkstoffwechsel häufig dergestalt gestört wird, daß zwar neues Knochengewebe im Übermaß gebildet wird, dieses aber nur sehr mangelhaft verkalkt, so daß der Rachitis ähnliche Bilder entstehen und das Wachstum gehemmt wird. Auch Veränderungen des Zahndentins bilden sich dann aus.

Bei den auf Ausfall der verschiedenen Teile der Hypophyse zu beziehenden Krankheiten wollen wir der neuesten Darstellung Biedls kurz folgen. Man kann an der Hypophyse unterscheiden 1. den Vorderlappen (aus dem inneren Keimblatt entstehend), 2. den Zwischenlappen = Pars intermedia (ektodermal), 3. den Hinterlappen (Teil des Hirnbodens) und 4. die Pars tuberalis (ektodermal). Dazu kommen die akzessorischen sog. Parahypophysen besonders die Rachendachhypophyse (entodermaler Anlage). Der Vorderlappen ist eine Drüse mit innerer Sekretion, seine lipoiden und sonstigen Stoffe werden in die Blutbahn abgegeben und bleiben bei Überproduktion in Kolloidform lokal gespeichert; die Epithelien des Zwischenlappens geben ihr kolloides Sekret in follikelartige Hohlräume ab; dasselbe gelangt dann durch Gewebsspalten, sodann Neurohypophyse (Hinterlappen) und Hypophysenstiel in den großen Lymphraum des Hirnventrikels. Die Pars tuberalis ist strukturell dem Zwischenlappen sehr ähnlich. Die Hypophyse hängt aufs engste in ihrer ganzen Tätigkeit mit den übrigen endokrinen Drüsen zusammen. Der Hypophysenvorderlappen ist eine Wachstumsdrüse und hat zunächst — ebenso wie die Rachendachhypophyse — seine Hauptbedeutung in der Wachstumsperiode. Es resultiert bei seinem Verluste so in dieser Lebensperiode Zwergwuchs und Infantilismus. Bei Unterentwicklung oder späterer Zerstörung desselben durch Tumoren u. dgl. entstehen Nanosomia pituitaria, hypophysärer Infantilismus, vorzeitiger Senilismus. Noch weit wichtiger sind aber die umgekehrten Verhältnisse. Hyperplasien und Tumoren noch in der Wachstumsperiode bewirken Riesenwuchs. und insbesondere auf Hyperplasien und besonders dem (eosinophilen) Adenom des Vorderlappens beruht im späteren Leben die Akromegalie (P. Marie). Es ist dies ein erworbener Riesenwuchs besonders der „gipfelnden" Teile (Hände, Füße, Gesichtsteile) sowie auch innerer Organe (Splanchnomegalie"), zu beziehen auf Hypersekretion des Hypophysenvorderlappens. Durch Funktionsbeeinflussung des Tumors auf den Zwischenlappen kommt es auch zu Stoffwechselstörungen, durch Druck auf die Sehnerven entstehen häufig Sehstörungen. Entwicklungshemmungen bzw. Destruktion des Zwischenlappens, Druck von Tumoren auf ihn, Behinderung seines Sekretabflusses durch den Hypophysenstiel (durch Tumoren, Hydrozephalus u. dgl.) bewirken die Fröhlichsche Dystrophia adiposogenitalis (Fettsucht zusammen mit Entwicklungsstörungen der Genitalien). Auch eine Kachexie hypophysären Ursprungs (Simmonds) wird durch Zerstörung drüsiger Hypophysenteile hervorgerufen. Der Diabetes insipidus mit Polyurie und wohl auch durch Störung der inneren Sekretion bewirkter herabgesetzter Konzentrationsfähigkeit der Nieren beruht auf Veränderungen des in der Gegend des Tuber cinereum befindlichen wasserregulatorischen Zentrums (nach Biedl). Nach anderen ist er auf Veränderungen des Hypophysenhinterlappens bei bestehender Funktionstüchtigkeit des Vorderlappens, eventuell auch auf eine Dysfunktion des ganzen Organs, oder überhaupt Veränderungen an der Gehirnbasis zu beziehen. Im ganzen also ist die Hypophyse in ihren einzelnen Teilen eine Wachstums- und Stoffwechseldrüse, und durch Ausfall einzelner Funktionen ergeben sich mannigfache Kombinationen von Krankheitsbildern. Doch bestehen wohl auch lokale Korrelationen der einzelnen Teile der Hypophyse zur ganzen Hypophyse (ähnlich wie bei der Nebenniere die beiden Hauptteile korrelativ ein Organ darstellen). Allerdings sind hier Einzelheiten noch nicht bekannt.

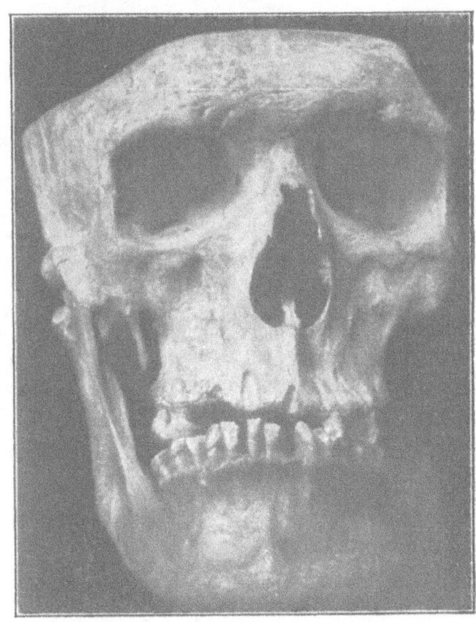

Fig. 247.
Schädel bei Akromegalie (besonders Unterkiefer enorm vergrößert).

Die nach Zugrundegehen oder Entfernung der **Geschlechtsdrüsen** (Kastration) auftretenden Allgemeinveränderungen des Organismus — bei noch wachsenden Individuen Hemmung der Pubertätsindizien, eine Art Riesenwuchs besonders der unteren Extremitäten (wohl infolge Bestehenbleibens des Epiphysenknorpels), Eunuchoidismus, bei Erwachsenen

Atrophie der Genitalorgane, besonders bei Frauen — sind auf Störungen der inneren Sekretion der Sexualorgane, also des Hodens bzw. des Ovariums, deren Hormone auch die sog. sekundären Sexualcharaktere bewirken, zu beziehen. Um die sog. „Zwischenzellen" dieser Organe, an die man dabei dachte (bes. Steinach), scheint es sich nicht zu handeln. Diese besitzen vielmehr wohl in der Hauptsache einen trophischen Einfluß auf die Organe selbst.

Das Corpus luteum des Ovarium, wohl auch eine Drüse mit innerer Sekretion (Born- L. Fränkel), beherrscht die vierwöchentlichen zyklischen Hyperämien, deren Ende die Menstruation ist, und wird selbst periodisch ausgebildet. Tritt Befruchtung ein, so bewirkt das Corpus luteum graviditatis die Einnistung des Eies, und, indem es eine neue Eireifung verhindert, bedingt es den Ausfall der Menstruation und schützt so das Ei. Hormone der weiblichen Geschlechtsorgane und eventuell der embryonalen Gewebe sind es auch, welche das Wachstum der Mammae, der Hypophyse usw. zur Zeit der Schwangerschaft bewirken.

Der **Diabetes mellitus,** die Zuckerharnruhr, gekennzeichnet durch vermehrten Zuckergehalt des Blutes und Zuckerausscheidung im Harn zusammen mit Polyurie und dann allgemeiner Abmagerung und Schwäche, steht mit Ausfall einer inneren Sekretion des **Pankreas,** welche den Kohlehydratstoffwechsel der Leber kontrolliert, in Verbindung. Dasselbe wird oft atrophisch, sklerotisch bzw. zirrhotisch oder auch lipomatös verändert gefunden. Häufig dominieren dabei Veränderungen der Langerhansschen Zellinseln (genaueres s. u. Pankreas), doch scheint die Störung der inneren Sekretion letztere, welche ja keine äußere Sekretion aufweisen, zwar vorzugsweise, zugleich aber das ganze Pankreasparenchym zu betreffen. Der Zusammenhang des Diabetes mit dem Pankreas erhellt auch daraus, daß bei Hunden und anderen Tieren auf Exstirpation des Organes echter Diabetes folgt (v. Mehring-Minkowski). Allerdings scheinen in sehr seltenen Fällen auch solche Veränderungen des Pankreas der Krankheit zugrunde liegen zu können, welche anatomisch noch nicht faßbar sind. Andererseits kann — wenn auch seltener — Diabetes auch von Erkrankungen des Nervensystems abhängen; dies ist auch experimentell, so durch Cl. Bernards berühmten Zuckerstich erhärtet. Hier handelt es sich wahrscheinlich um eine Einwirkung auf die Nebenniere mit gesteigerter Adrenalinabgabe und so bewirkter Erregungssteigerung des sympathischen Nervensystems, wodurch das Glykogen der Leber abgebaut und abgegeben wird. In der Niere tritt dabei vielleicht gleichzeitig Verminderung der „Zuckerdichte" ein. Es scheint, daß das Maßgebende beim Diabetes darin liegt, daß die Fähigkeit des Organismus, den Zucker weiter zu verbrennen, zu oxydieren, aufgehoben bzw. herabgesetzt ist, so daß sich der Zucker im Blute anhäuft, und daß diese durch die Leber bewirkte Veränderung des Kohlehydratstoffwechsels (weil der Kohlehydratstoff wechsel der Leber durch das Nervensystem stimulierend, durch ein der Leber mit dem Pfortaderblut zugeführtes inneres Sekret des Pankreas hemmend beeinflußt wird) entweder auf Fortfall des Pankreashormons oder (seltener) auf Nervenreizung beruht.

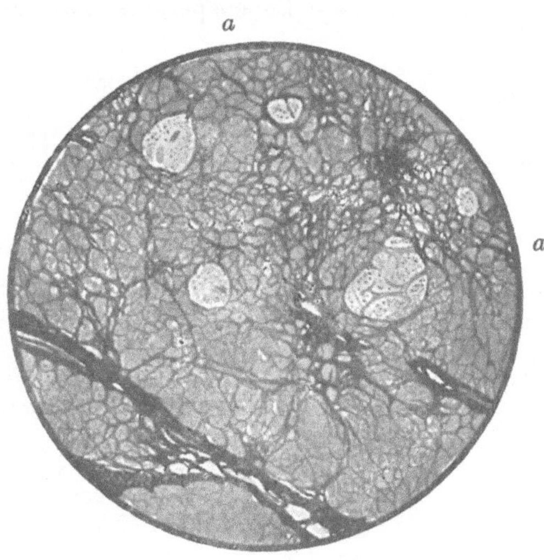

Fig. 248.
Pankreaszirrhose bei Diabetes mellitus; bei *a* zirrhotische, sonst intakte Langerhanssche Zellinseln. (Bindegewebsdarstellung mit Silber nach Bielschowsky.)

Bei Fortfall des Pankreashormons (bezw. Pankreasexstirpationen bei Tieren) sehen wir auch weitere Veränderungen an anderen endokrinen Drüsen besonders in der Hypophyse (Schwund der eosinophilen Zellen, Kraus), der Schilddrüse, den Keimdrüsen usw. Vielleicht gibt es auch Diabetesfälle, bei denen Hypophysenveränderungen, die eine Unterbrechung zwischen Hypophyse und Gehirn gemeinsam haben (Verron), mehr im Vordergrund auch für die Genese des Diabetes stehen.

Beim Diabetes sehen wir auch anatomische Zeichen der Veränderung des Kohlehydrat- und Fettstoffwechsels. Die normaliter glykogenreichen Leberzellen weisen in ihrem Protoplasma kaum Glykogen auf, dagegen enthalten ihre Kerne Glykogen (Hübschmann). In der Niere findet sich Glykogen in den Epithelien der Übergangsgebiete der Hauptstücke zu den Henleschen Schleifen sowie in letzteren selbst (auch in den Kernen), ferner auch in den Glomerulusepithelien und im Lumen der Kapselräume wie der Kanälchen (wobei das Glykogen wahrscheinlich lokal aus hier ausgeschiedenem Zucker auf Grund eines zellulären Umsatzes erst gebildet wird). Infolge einer Vermehrung des Fettgehaltes des Blutes (welche sich bis zu makroskopisch ausgesprochener Lipämie steigern kann) sind die Sternzellen der Leber verfettet. Die Epithelien der Hauptstücke der Niere zeigen infolgedessen fast stets auch hochgradige Verfettung (auch viel Cholesterinfett), welche zusammen mit Hyperämie die Diabetesniere oft schon makroskopisch erkennen läßt. Bei der Verfettung wie der Glykogenablagerung in der Niere handelt es sich wohl um einen Speicherungsvorgang, während im übrigen die Nierenzellen zunächst noch gut funktionieren. Infolge allgemeiner Schwächung des Körpers in späteren Stadien hochgradigen Diabetes finden sich häufig Furunkulose und trophische Störungen der Haut, auch besteht besondere Disposition zu Lungenphthise.

Der **Bronzediabetes** wird wohl durch eine Noxe (eventuell Alkohol) bedingt, welche gleichzeitig Hämochromatose, Leberzirrhose und die Pankreasveränderung, und durch letztere den Diabetes, bewirkt.

Spezieller Teil.

Kapitel I.

Erkrankungen des Blutes und der blutbildenden Organe.

A. Blut.

a) Veränderungen (Verminderung und Vermehrung) der roten Blutkörperchen.

Eine Verminderung der Zahl der roten Blutkörperchen wird als Oligozythämie bezeichnet. Sie findet sich vorübergehend nach allzu großen Blutverlusten oder wenn bei Schädigung des Knochenmarkes die Blutregeneration nicht hinreicht, dauernd aber bei der allgemeinen **Anämie**. Hier kann die Zahl der Erythrozyten bis auf 500000 bis 600000 (statt $4^1/_2$ bis 5 Millionen) im Kubikmillimeter zurückgehen. Die Anämie beruht also auf ungenügender Bildung roter Blutkörperchen. Wir können sie einteilen in primäre und sekundäre. Bei ersterer kennen wir die veranlassenden Faktoren nicht, letztere ist die Folge anderer krankhafter Vorgänge, welche die Blutbildung ungünstig beeinflussen. Finden wiederholt Blutverluste statt, so daß nicht genügend schnell das Knochenmark neue Blutzellen bilden kann, oder ist es dazu infolge eigener Veränderungen nicht imstande, so kommt es zu dauernder Anämie. Dauernde mangelhafte Ernährung oder Nahrungsaufnahme, beim Kinde Mangel an dem zur Blutbildung wichtigen Eisen, wirkt in demselben Sinne. Ebenso das Vorhandensein von Darmparasiten, wie Ankylostomum oder Botriocephalus latus, welche wohl durch Giftstoffe wirken, oder das Bestehen von Infektionskrankheiten, Tuberkulose, Karzinom etc. In solchen Fällen ist toxische Schädigung des Knochenmarkes anzunehmen. Bei der Anämie findet sich in den langen Röhrenknochen zumeist als Zeichen des Versuches besonders angestrengter Blutbildung zum Ausgleich der Erkrankung rotes Knochenmark. Extramedulläre Blutbildung tritt zumeist nicht hervor. Die Milz kann vergrößert sein (so bei der sog. Anaemia splenica, Griesinger, Strümpell), welche aber nach Nägeli kein eigenes Krankheitsbild darstellt. Im in schweren Fällen schon makroskopisch hellroten dünnflüssigen Blute ist also die Zahl der Erythrozyten beträchtlich vermindert. Auch zeigen sie Gestaltsveränderungen mannigfacher Art. Die Blutkörperchen sind abnorm groß — Megalozyten, wenn hämoglobinarm Makrozyten, genannt — oder klein — Mikrozyten. Auch wird die Gestalt unregelmäßig, birn- oder biskuitförmig u. dgl. — Poikilozyten. Die Färbbarkeit der roten Blutkörperchen kann sich ändern, sie werden mit basischen Farbstoffen färbbar — Basophilie —, oder mit solchen und sauren — Polychromasie —, oder es finden sich in ihnen als Degenerationszeichen basophile Granulierungen. Auch treten vor allem unfertige Blutkörperchen, d. h. kernhaltige Erythroblasten, oft in großer Zahl, im Blute auf. Haben sie die gewöhnliche Größe, so bezeichnet man sie als Normoblasten; sind auch sie besonders groß als Megaloblasten. Oft ist die Zahl der weißen Blutkörperchen im Blute gleichzeitig vermindert; zuweilen sind sie, besonders die Lymphozyten, auch vermehrt; auch können Vorstufen der weißen Blutkörperchen (Myelozyten, Myeloblasten) ins Blut ausgeschwemmt werden.

Die Folge einer Anämie ist schlechtere Ernährung der Gewebe, daher finden sich häufig Verfettungen, so in Herz, Gefäßwänden, Nieren, Leber. Infolge der Veränderungen der Gefäßwand kommt es auch zu Ödemen und Blutungen, so in der Lunge. Durch Zerfall roter Blutkörperchen treten — vor allem in Herz und Leber, aber auch Knochenmark — Blutpigmentablagerungen hervor. Der Magen zeigt häufig Atrophie der Schleimhaut.

Eine besonders schwere, progressiv zum Tode führende Form der Anämie ist die sog. perniziöse Anämie (Biermer). Die anatomische Ausbeute ist hier gering. Es besteht rotes Knochenmark, im anämischen Blute finden sich als charakteristischster Bestandteil Megaloblasten; in verschiedenen Organen bestehen myeloische Herde, es findet sich ein — meist nicht sehr erheblicher — sehr blutreicher Milztumor, sowie geringer Ikterus, im Magen, der Achylie während des Lebens entsprechend, Atrophie der Schleimhaut, wohl sekundärer Natur. Die Ätiologie des Leidens kennen wir nicht; auch das Wesen derselben ist nicht völlig klar. Wahrscheinlich handelt es sich um eine Minderwertigkeit des Knochenmarks zusammen mit gesteigerter Hämolyse, bei welcher wohl die Milz die Hauptrolle spielt, ebenso wie vielleicht auch die Sternzellen der Leber. Insbesondere Eppinger betont die Analogien der perniziösen Anämie zum hämolytischen Ikterus.

Steht eine Insuffizienz des Knochenmarks völlig im Vordergrund, so daß regeneratorische Blutbildungsbestrebungen ganz ausbleiben, kein rotes Knochenmark sich entwickelt, Megaloblasten nicht auftreten, so spricht man von aplastischer Anämie (Ehrlich). Hier kann Blutbildung in anderen Organen nach Art der embryonalen eine gewisse Rolle spielen. Es treten oft Blutungen auf, die mit mangelhafter Bildung von Blutplättchen (also auch mit Insuffizienz des Knochenmarkes, von dessen Megakaryozyten die Blutplättchen ja zumeist abgeleitet werden) zusammenhängen könnten.

Oft zusammen mit Anämie, aber auch allein, findet sich eine Verarmung der Erythrozyten an Hämoglobin (bis zu $^1/_4$) — **Chlorose.** Sie findet sich oft mehr vorübergehend, besonders bei Mädchen in der Pubertätsperiode. Öfters ist die Chlorose — bei der also das Knochenmark infolge einer gewissen Schwäche ohne nachweisbare Veränderung hämoglobinarme Blutkörperchen produziert — Ausdruck einer allgemein hypoplastischen Konstitution, dann sind auch Herz und Gefäße, besonders Aorta (Virchow), zuweilen auch der Genitalapparat hypoplastisch. Die Zahl der Leukozyten ist meist unverändert, diejenige der Blutplättchen im Blute kann erhöht sein.

Die roten Blutkörperchen können auch vermehrt sein, vorübergehend an der See oder im Gebirge, dauernder bei Herzerkrankungen, Emphysem od. dgl., zuweilen aber auch als selbständige Erkrankung = **Polyzythämie**, wobei die Zahl der Erythrozyten bis über 15 Millionen betragen kann. Dabei ist auch die Gesamtmenge des Blutes öfters vermehrt (Plethora polycythaemica), ebenso das Hämoglobin, wenn auch nicht im Maße der Vermehrung der roten Blutkörperchen. Es handelt sich um eine im Wesen unbekannte Knochenmarkerkrankung; es besteht oft zugleich Zyanose, Milztumor oder erhöhter Blutdruck.

b) Veränderungen (Verminderung und Vermehrung) der weißen Blutkörperchen.

Das Blut kann Leukozyten wie Lymphozyten in vermehrter wie in verminderter Zahl aufweisen. Die Vermehrung kann eine absolute sein oder eine relative, indem eine Zellart im Vergleich zur anderen vermehrt ist.

Eine Verminderung der farblosen Blutkörperchen — **Leukopenie** (Löwit), **Hypoleukozytose** —, auf Unterbildung im Knochenmark zu beziehen, leitet oft ihre Vermehrung ein und findet sich im übrigen bei einigen Infektionskrankheiten, besonders Typhus abdominalis, Sepsis, Anämie (siehe oben), sowie nach Röntgenbestrahlung.

Vermehrung der Leukozyten kommt als sekundärer, vorübergehender Zustand unter verschiedenen Umständen vor, **Leukozytose.** Die sog. Verdauungsleukozytose tritt physiologisch bei der Verdauung auf und erreicht nach 2—3 Stunden ihren Höhepunkt. Die sog. puerperale Leukozytose ist noch fraglich. Eine Leukozytose schließt sich an Blutverluste, Infektionen und Intoxikationen mit Bakteriengiften, eventuell Kachexien etc. an. Die Leukozytose besteht in Vermehrung der gewöhnlichen polymorphkernigen Leukozyten oder der eosinophilen Leukozyten, letzteres besonders bei Asthma, beim Vorhandensein von Würmern, bei manchen Hautkrankheiten (Ekzemen, Mycosis fungoides), Infektionen, Intoxikationen. Man muß annehmen, daß chemotaktisch wirksame Kräfte die betreffenden Zellen aus dem Knochenmark ins Blut locken. Außer den Leukozyten weist das Blut meist ihre Vorstufen (Myelozyten, Myeloblasten) oder auch sogenannte Reizungsformen auf.

Über die weit eingreifendere dauernde progressive Erkrankung, die **Leukämie,** s. S. 131.

Auch Vermehrung der Lymphozyten, **Lymphozytose**, kommt nach anfänglicher Lymphozytenverminderung vor, so bei Scharlach, in späten Zeiten des Typhus usw. Sie kann auch relativ, bei Verarmung des Blutes an neutrophilen Leukozyten (Leukopenie), sein. Auch bei den Lymphozytosen sind chemotaktisch anziehende Kräfte anzunehmen.

c) Qualitative Veränderungen der Blutflüssigkeit und fremde Elemente in derselben.

Veränderungen der Blutmenge s. S. 194, 197.

Wenn Gifte rote Blutkörperchen, oft nachdem sie sie erst zur Agglutination bringen, schädigen, also **Hämolyse** hervorrufen, so wird das Blut lackfarben, das Hämoglobin tritt aus den als „Schatten" zurückbleibenden Blutkörperchen in das Blutplasma über — **Hämoglobinämie** — und wird auch mit dem Urin ausgeschieden — **Hämoglubinurie**; es kommt auch zu Ikterus. Als solche hämolytische Gifte fungieren lipoidlösliche Substanzen, wie Chloroform, Äther, Saponin, Seifen, ferner manche tierische und pflanzliche Gifte, wie Schlangengift (Kobrahämolysin) oder solche, welche von Spinnen, Skorpionen, auch zahlreichen Bakterien produziert werden. Auch fremde Blutarten wirken in der gleichen Weise (bei Bluttransfusionen zu beachten) und endlich gewisse als **Blutgifte** bezeichnete Substanzen, welche gleichzeitig das Hämoglobin verändern. So seien folgende genannt:

Kohlenoxyd — meist Einatmen von Kohlendunst oder Leuchtgas — wandelt das Hämoglobin in Kohlenoxydhämoglobin um, eine festere chemische Verbindung als das normale Oxyhämoglobin. Das Blut wird auffallend hell, kirschrot, dünnflüssig; auch die Totenflecke sind auffallend hellrot. **Zyanwasserstoffsäure** und **Zyankalium** bilden Zyanmethämoglobin; auch hier wird das Blut der Fähigkeit der Sauerstoffbindung beraubt und erscheint hellrot. **Kalium chloricum** in größerer Menge bildet Methämoglobin, welches dem Blut einen braunen Farbton verleiht, der in bei der Sektion durchschnittenen Gefäßen auffällt. Die Totenflecke sind von eigentümlich mattgrauer bis violetter Farbe. Die roten Blutkörperchen zerfallen zu körnigen Massen. In den Nieren finden sich fast immer Pigmentinfarkte, welche oft schon makroskopisch, besonders im Mark, hervortreten. **Schwefelwasserstoff** bewirkt Schwefelmethämoglobin, das in größerer Menge das Blut schmutziggrün bis schwärzlich färbt. Die roten Blutkörperchen werden zerstört.

Im Blute können gewisse Stoffwechselprodukte vermehrt auftreten, wenn ihre Ausscheidung gehindert ist, oder sie vermehrt gebildet werden, so Zucker oder manche Stoffe bei Niereninsuffizienz, oder es treten Sekrete ins Blut über, z. B. Galle. Daß auch korpuskuläre Elemente ins Blut gelangen und mit ihm weiter getragen werden können s. S. 23. Der Fett- (bzw. Lipoid-) Gehalt kann so vermehrt sein, daß das Blut milchig getrübt erscheint — Lipämie (bei Diabetes oder chronischem Alkoholismus).

Parasiten gelangen oft ins Blut, so außer Bakterien und Spirillen vor allem eigentliche Blutparasiten, wie die Plasmodien der Malaria, Trypanosomen, Distomen und Filarien.

B. Knochenmark.

Die Zellen des Knochenmarkes sind schon als Vorstufen der Blutzellen besprochen.

Frühzeitig finden sich **im „roten Mark"** einzelne Fettzellen; zur Zeit der Pubertät wird das Mark der langen Röhrenknochen zum **„Fettmark"**, während in den platten Knochen (wie Sternum, Rippen) das rote, zellreiche Knochenmark bestehen bleibt. Doch ist auch in langen Knochen, z. B. Femur, zumeist auf weite Strecken hin rotes Knochenmark vorhanden. Im höheren Alter sowie bei kachektischen Zuständen atrophiert auch das Fettgewebe der Röhrenknochen und wird zum sogenannten **Gallertmark.**

Meist unbedeutende Blutungen finden sich vor allem bei infektiösen oder toxischen Ursachen. Veränderungen mit Blutzerstörung führen zu Hämosiderinablagerungen.

Daß die Blutkrankheiten, wie **Anämien** und **Leukämien,** zumeist auf Knochenmarksveränderungen beruhen und das Wesen dieser ist schon besprochen.

Ebenso die vom Knochenmark ausgehenden Tumoren und nahestehenden Bildungen (Myelome).

Alle Blutparasiten, Bakterien, Trypanosomen usw. können auch im Knochenmark gefunden werden. Bei Erkrankungen, bei denen im Blut oder lokal eosinophile Zellen vermehrt sind, wie bei Asthma, Wurmerkrankungen usw., finden sie sich auch im Knochenmark vermehrt und stammen wohl von hier.

Über die Veränderungen des Knochenmarkes bei Typhus (E. Fränkel) und anderen Infektionskrankheiten s. im letzten Kapitel.

Weiteres über das Knochenmark siehe im Kapitel „Knochen".

C. Milz.

Die Milz hat bindegewebige Balken, die Trabekel, die sich in feine Äste verzweigen. An ihnen sitzen die schon makroskopisch sichtbaren Follikel, die Malpighischen Körperchen. Die eigentliche Pulpa besteht aus den Pulpazellen, welche den Retikulo-Endothelien nahestehen; dazwischen liegen einzelne rote Blutkörperchen, Blutpigmente, Lymphozyten, Plasmazellen usw. Zwischen den Zellen liegt ein feinfaseriges Retikulum (Gitterfasern), ein solches auch in den Follikeln. Die kapillaren Venen bilden weite Sinus und sind von Endothelien ausgekleidet, die phagozytäre Eigenschaften haben. Schon physiologisch findet ein Untergang von Blutelementen in der Milz statt, man findet einzelne rote blutkörperchen- und blutpigmenthaltige Zellen. Die Milz ist ein wesentliches Organ für den Eisenstoffwechsel. Beim Embryo ist die Milz auch wichtiges blutbildendes Organ. Auch in anderer Hinsicht hat die Milz nahe Beziehungen zu dem Blute, ähnlich wie die Lymphknoten zur Lymphe. Es findet hier langsamere Durchströmung und direktere Berührung wie in anderen Organen statt. So können Verunreinigungen usw. hier hängen bleiben, und die Milz stellt so eine Art Filter für das Blut dar. Ihre sekundäre Beteiligung bei Blutkrankheiten und Allgemeinkrankheiten des Organismus, besonders Infektionskrankheiten, ist so anatomisch begründet.

Mißbildungen. Sehr selten ist Fehlen (Alienie), angeborene oder erworbene falsche Lage kommt vor (Situs inversus, Hernien). Häufig finden sich auf Grund versprengter oder abgeschnürter Keime kleine **Nebenmilzen,** manchmal sehr zahlreiche. Auch sie können dieselben Veränderungen wie die Hauptmilz, z. B. Amyloiddegeneration, mit eingehen. Die Milz kann auch abnorme Lappung zeigen. Durchsetzung der Milz mit großen Zysten eventuell zugleich mit Zystennieren (s. dort) ist selten.

Von besonderer Bedeutung sind die **Ablagerungen** in der Milz, die sich aus ihren Beziehungen zum Blute (s. oben) ergeben. Bei allen mit stärkerem Zerfall roter Blutkörperchen einhergehenden Erkrankungen, besonders auch bei Typhus, findet sich Hämosiderinablagerung in größeren Mengen, bei Malaria melanämisches Pigment. Auch kann sich Kohle finden.

Besonders häufig werden Bakterien zurückgehalten und abfiltriert; auch Bakterientoxine wirken besonders ein. So kommt es zu kongestiver Blutfülle und Hyperplasie der zelligen Elemente und somit zu einer oft erheblichen (bis das zwei- und dreifache und mehr erreichende) Vergrößerung der gesamten Milz: **akuter Milztumor,** besser **akute Milzschwellung.** Eine solche findet sich unter den allgemeinen Infektionskrankheiten besonders bei Typhus, Milzbrand, Pest, Sepsis, Pyämie u. dgl. m., während die Milzschwellung bei Diphtherie und Pneumonie meist nur gering ist. Der Ätiologie entsprechend geht der Milzschwellung meist Fieber parallel (Fiebermilz). Milzschwellung kommt bei mit Blutzerfall einhergehenden (hämolytischen) Erkrankungen auch durch die Aufnahme der Blutelementreste durch Pulpazellen als sog. spodogene Milzschwellung zustande.

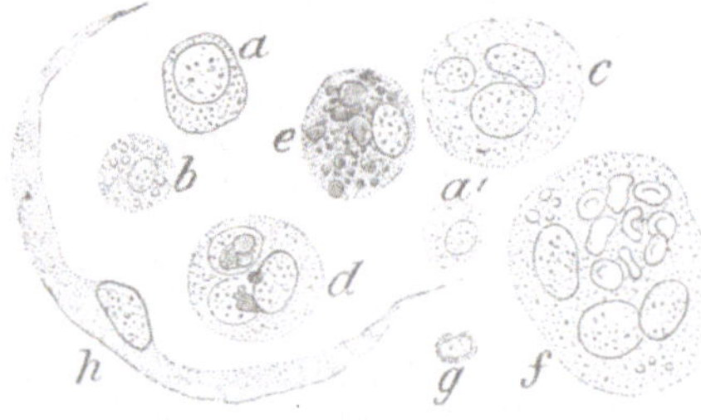

Fig. 249.
Zellen bei akutem hyperplastischem Milztumor.
a, a' einkernige Pulpazellen, *b* solche mit Fetttröpfchen, *c* mehrzellige Pulpazelle, *d, e* pigmenthaltige Zellen, *f* rote blutkörperchenhaltige, mehrkernige Zelle, *g* Lymphozyt, *h* Endothelzelle aus einem Blutraum.

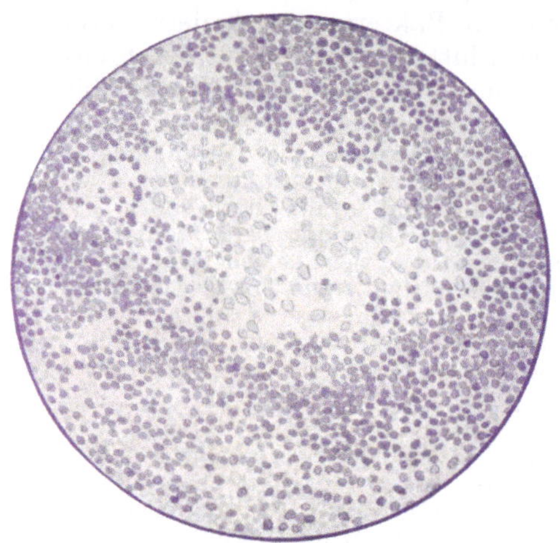

Fig. 250.
Große helle Zellen im Innern eines Follikels der Milz (bei Diphtherie).

Bei der akuten Milzschwellung, die also mit starker Hyperämie einhergeht, wird die Kapsel gespannt, die Pulpa wird gequollen, weich, von dunkelroter Farbe und überdeckt die Follikel und das Gerüst, die oft kaum mehr zu sehen sind. In anderen Fällen sind auch die Follikel hyperplastisch. Die Pulpazellen und Gefäßendothelien (sichelförmig) sind bedeutend vermehrt und stark angeschwollen. Meist finden sich zahlreiche Zellen mit roten Blutkörperchen und Pigment beladen (Blutzerfall). Lymphozyten, oft auch Plasmazellen, sind vermehrt. Auch treten in der Pulpa zahlreiche myeloische Zellen, vielleicht als Ausdruck einer wieder angenommenen blutbildenden Funktion der Milz, auf. Durch die Hyperplasie zelliger Elemente kann der Farbton aus dunkelrot in graurot übergehen und die Milz zerfließend weich werden. Da dies besonders bei septischen Erkrankungen der Fall ist, spricht man von **septischer Milzschwellung.** Sogar die Kapsel kann gesprengt werden, und tödliche Blutungen in die Bauchhöhle erfolgen.

Nicht selten bewirken besonders Bakterientoxine **Nekrosen,** sei es in Gestalt anämischer Infarkte oder sei es von Erweichungen, so bei Typhus, Pest usw. Oder abgefangene und eventuell lokal vermehrte Eitererreger rufen **Abszesse** hervor. Perforieren solche Bildungen, so kann es zu eiteriger Peritonitis kommen.

Bei Diphtherie und Scharlach vor allem können auch die Follikel stärkere Hypertrophie aufweisen. Nicht selten findet sich besonders bei Kindern, insbesondere bei Diphtherie und Bronchopneumonie, toxischer Zerfall von Lymphozyten der Follikel mit Ausbildung phagozytärer, aus Retikulumelementen entstehender, sog. heller Zellen und Quellung und Hyalinisierung des retikulären Gerüstes.

Sowohl wenn eine akute Milzschwellung längere Zeit anhält, wie auch von vorneherein in allmählicher Ausbildung bei chronischen Infektionskrankheiten, z. B. Syphilis, aber auch Lungenphthise, kommt es zu der **chronischen Milzschwellung (chronischer Milztumor).**

Hier gesellt sich zu der Hyperplasie zelliger Elemente eine Zunahme des faserigen Interstitiums hinzu, so daß die Pulpa allmählich fibrös umgewandelt wird. Das Organ wird jetzt derb, kleiner, die Pulpa erscheint glatt, derb, trocken, dazwischen treten die Trabekel als dicke graue Stränge hervor. Reichliches Pigment kann dem Organ auch eine bräunliche Farbe geben. Die Kapsel wird stark verdickt, oft umschrieben mehr schwielig, fast knorpelartig, derb, grauweiß, undurchsichtig (sog. „Zuckergußmilz", Perisplenitis fibrosa).

Bei chronischem Milztumor kann infolge von Gewichtszunahme und Dehnung der Bänder der Milz das Organ beweglicher werden und tiefer in die Bauchhöhle hinabtreten (Wandermilz).

Besonders hohe Grade chronischer Milzschwellung finden sich bei Malaria, welche im übrigen durch massenhaft abgelagertes schwarzes Pigment (schwärzlichschieferige Farbe des Organes) charakterisiert ist, ferner bei leukämischer Lymphadenose und Myelose sowie Lymphogranulom („Porphyrmilz", s. dort). Auch bei der Leberzirrhose besteht fast stets starke Milzschwellung, welche zum großen Teil auch auf Gewebshyperplasie, zum Teil aber auch auf Stauung im Pfortadergebiet beruht. Immerhin ist letztere nicht das bei der Leberzirrhose für die Milzschwellung allein und besonders nicht anfangs maßgebende, vielmehr kommt ihr eine selbständige, wohl meist auf die gleiche Ursache wie die Leberzirrhose zu beziehende Bedeutung zu. Besonders tritt die Milzschwellung bei manchen Formen sogen. hypertrophischer Leberzirrhose (s. u. Leber) hervor.

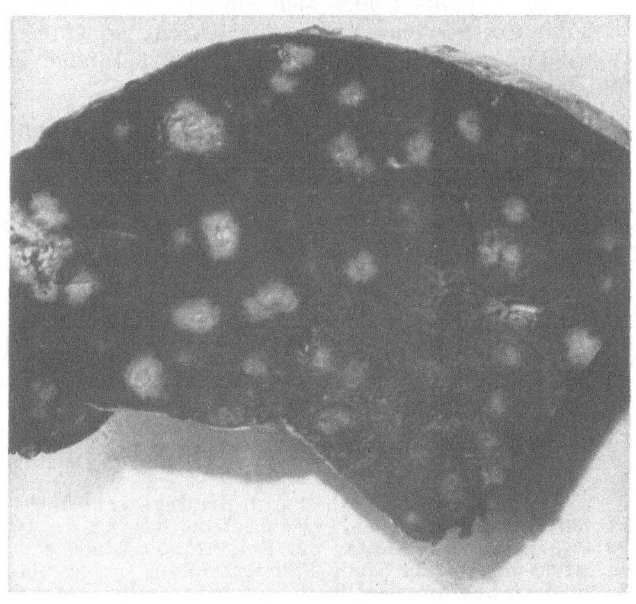

Fig. 251.
Großknotige Milztuberkulose.

Verschiedene Formen von besonders beträchtlicher Milzschwellung zusammen mit Leberzirrhose (und Anämie) sind als **Bantische Krankheit** bezeichnet worden. Hier soll die Milzvergrößerung, die Splenomegalie mit (Umwandlung erst der Follikel, dann der Pulpa, in fibröses Gewebe) schon vor der Leberzirrhose auftreten. Doch ist Wesen und Stellung der Bantischen Krankheit überhaupt noch unsicher. Sie scheint bei uns sehr selten, öfters vielleicht in Südeuropa vorzukommen.

Eine besondere Form der Milzvergrößerung, die sog. Splenomegalie Gaucher, kommt familiär vor. Sie besteht in großzelligen Wucherungen in der Milz (Lymphknoten, Knochenmark, Leber), die von Retikulumzellen bzw. Endothelien abstammen. (Ähnliche Zellen, mit Fetttropfen gefüllt, finden sich bei diabetischer Lipämie.)

In den Tropen gibt es eine mit Anämie, Hautblutungen usw. einhergehende Milzvergrößerung, das Kala-Azar der Indier. Hier finden sich die Erreger, die Leishman-Donovanschen Körperchen, in große Phagozyten der Milz eingeschlossen.

Eine **Stauungsmilz,** welche ebenfalls geschwollen ist und zyanotische Färbung aufweist, findet sich bei allgemeiner Stauung infolge von Klappenfehlern, Herzschwäche u. dgl. oder bei Pfortaderstauung, selten bei Verlegung der Vena lienalis. Besteht die Stauung länger, so wird das Organ fibrös, atrophisch (zyanotische Induration, zyanotische Atrophie).

Infarkte sind teils anämischer, teils hämorrhagischer Natur (durch Rückströmen von Blut aus den Milzkapselarterien her) und verhalten sich wie sonst. Heilen sie ab, so treten, eventuell pigmentierte, Narben an ihre Stelle; auch die Kapsel darüber zeigt sich meist verdickt. Infizierte Infarkte abszedieren gewöhnlich. Die größeren Venen der Milz sind oft varikös erweitert und enthalten öfters Venensteine.

Einfache **Atrophie** ist meist Teilerscheinung allgemeiner Organatrophie, besonders im Alter. Die Milz ist klein, schlaff, die Pulpa blaß, die Follikel sind kaum, mehr zu erkennen, die Trabekel sind verdickt, ebenso eventuell stellenweise die Kapsel, die im übrigen welk, gerunzelt ist. Letzteren Zustand zeigt die Kapsel auch nach Abschwellen einer akuten Milzschwellung.

Von Degenerationen ist die **Amyloiddegeneration** am wichtigsten. Daß sie in der Milz besonders häufig ist und alles andere ist schon S. 38 geschildert. Ebenso die beiden Formen: die die Follikel betreffende Sagomilz und die die Pulpa betreffende Schinken- oder Speckmilz. Amyloid degenerieren vor allem die Retikulumfasern und die Gefäße, die zelligen Elemente gehen an Druckatrophie zugrunde.

Tuberkulose findet sich in Gestalt von Miliartuberkeln besonders bei akuter allgemeiner Miliartuberkulose, aber auch bei chronischen Lungentuberkulosen sehr häufig; die einzelnen Knötchen sind zunächst kleiner als die Follikel, prominieren über die Oberfläche und lassen sich leicht ausheben. Bei der chronischen Tuberkulose bilden sich aus einzelnen Tuberkeln durch Zusammenfließen größere Konglomerattuberkel, bes. große am häufigsten bei Kindern; sie verkäsen und können erweichen und so Höhlen bilden.

Bei **Syphilis** findet sich eine chronisch-indurative Schwellung; Gummata sind selten. Bei der kongenitalen Syphilis besteht konstant Milztumor mit Hyperplasie der Pulpa und Verdickung des interstitiellen Gewebes. Infolge Entwicklungshemmung kann die Milz noch blutbildende Eigenschaften besitzen.

Tumoren sind in der Milz selten primär: Angiome, Fibrome, Myxome, Lipome, Chondrome, Osteome, Sarkome. Etwas häufiger sind sekundäre Tumoren (Sarkome); von der Umgebung (Magen, Pankreas) greifen zuweilen Karzinome direkt über.

Von **tierischen Parasiten** findet man in der Milz selten Pentastomum denticulatum, Echinokokken, Zystizerken, Trypanosomen.

Rupturen können durch Traumen, aber auch ohne solche, bei überstarker Schwellung zustande kommen. Kleinere, mit Hervorquellen von Pulpagewebe — sog. „Milzhernien" — finden sich häufiger, besonders am vorderen Rand. Hier können sich auch durch Abschnürung von Peritonealepithelien kleine Zysten mit klarem Inhalt bilden.

D. Lymphknoten.

Die Lymphknoten enthalten: 1. Bindegewebe in Gestalt der Kapsel und Trabekel, welche die Lymphknoten fächerartig abteilen, sowie das feine Retikulum (Gitterfasern) mit Retikulumzellen. 2. Lymphozyten, angehäuft in Gestalt der Follikel der Rinde und der Follikularstränge des Markes. Die Follikel enthalten im Zentrum häufig Keimzentren aus Lymphoblasten mit oft sehr zahlreichen Mitosen bestehend. 3. Die Lymphsinus, welche die Räume zwischen Follikeln (bzw. Follikularsträngen) und Trabekeln darstellen, von Endothelien ausgekleidet sind und mit den Lymphgefäßen in direkter Verbindung stehen. Enthalten die Sinus Blut, so spricht man von Blutlymphknoten (besonders intraperitoneal gelegene); sie hängen oft mit dem Blutgefäßsystem zusammen, und hier werden rote Blutkörperchen abgebaut. Die Lymphgefäße leiten, aus den Saftspalten der Gewebe entspringend, den Lymphknoten mit der Lymphe auch allerhand schädliche Produkte zu. So tragen die Lymphgefäße aus der Lunge den bronchialen Lymphknoten Kohlenstaub zu. Vor allem aber werden auch Entzündungserreger den Lymphknoten zugeführt. Korpuskuläre Elemente sind dabei oft in Wanderzellen phagozytär eingeschlossen. Die fremden Stoffe werden erst in den Lymphsinus, dann auch zwischen den Lymphozyten abgelagert. Dabei werden sie von den Lymphknoten abfiltriert und zurückgehalten. Bakterien können sich dabei lokal vermehren. So schützen die Lymphknoten den Gesamtorganismus, erkranken aber selbst. Eine weitere wichtige Eigenschaft derselben ist die Produktion von Lymphozyten.

Aus dem Gesagten erklärt sich das sekundäre Erkranken der sog. regionären Lymphknoten, so bei Erkrankungen der Mundhöhle der Halslymphknoten, bei Genitalaffektionen der inguinalen, bei Lungenkrankheiten der bronchialen usw. Seltener als auf dem Lymphwege werden Schädlichkeiten auf dem Blutwege Lymphknoten zugetragen, so bei allgemeinen Infektionskrankheiten Toxine, welche zahlreiche Lymphknoten zur Schwellung bringen.

Gelangen aus Blutungen in naheliegenden Geweben rote Blutkörperchen in die Lymphknoten, so bleiben sie hier zunächst in den Lymphsinus liegen — Blutresorption —; später findet sich hier Hämosiderin.

Bei **Atrophien** von Lymphknoten wuchert an ihrer Stelle meist Fettgewebe oder Bindegewebe raumfüllend. Häufig ist **hyaline** Verdickung und Veränderung des Retikulum — so bei seniler Atrophie, Syphilis, Tuberkulose — sowie **amyloide Degeneration** desselben.

Sehr häufig sind aus den oben auseinandergesetzten Gründen **Entzündungen** der Lymphknoten. Die akute Lymphadenitis beginnt meist mit Wucherung und Abschuppung der Sinusendothelien, die sich so in den Sinus ansammeln — Sinuskatarrh —; dann kommt es, außer entzündlicher Hyperämie und Exsudation sowie Emigration aus Kapillaren, zu Hyperplasie der Lymphfollikel. Akut entzündete Lymphknoten erscheinen daher meist in Paketen geschwollen, gerötet, auf der Schnittfläche markiggrau, eventuell mit kleinen Blutungen.

Werden Eiterkörperchen aus Eiterungen der Umgebung resorbiert oder wirken pyogene Bakterien, in den Lymphknoten zurückgehalten, hier lokal ein, so kommt es zur **eiterigen Lymphadenitis** mit Bildung von Abszessen, welche die ganzen Lymphknoten einnehmen und durch die Kapsel perforieren können; auch Fisteln können so entstehen.

Aus einer akuten Entzündung oder bei chronischen Entzündungen im Wurzelgebiet entsteht die **chronische hyperplastische Lymphadenitis.** Hier kommt es zunächst neben Zellen-

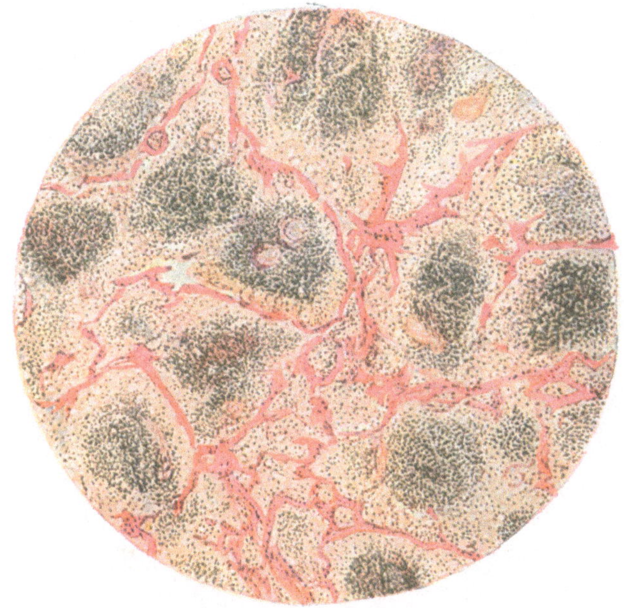

Fig. 252.
Sinuskatarrh eines Lymphknotens.
Dunkel die Lymphfollikel, rot die bindegewebigen Septen; dazwischen die Lymphsinus, angefüllt mit abgestoßenen Endothelien.

hyperplasie und später an ihrer Stelle zu Verdickung der Bindegewebszüge und des Retikulum. So wird der Lymphknoten klein und derb.

Als Beispiel sei die anthrakotische Induration genannt, wenn viel Kohle in die Lunge aufgenommen und in die bronchialen Lymphknoten resorbiert wird. Hierbei können die Lympknoten auch erweichen und in benachbarte Venen durchbrechen; so gelangt dann der Kohlenstaub mit dem Blute auch in andere Organe.

Pigment findet sich in den Lymphknoten unter verschiedenen Bedingungen, so Blutpigment (s. o.), oder nach Tätowierungen.

Bei starker Einwirkung von Bakterien kann auch eine **Nekrose** von oder in Lymphknoten resultieren (so bei Typhus oder Pest).

Sehr häufig ist die **Tuberkulose**, auch sekundär nach solcher des Ursprungsgebietes, so von der Lunge aus in bronchialen Lymphknoten, vom Darm aus in mesenterialen und retroperitonealen usw. Auch auf dem Blutwege kann es zu Lymphknotentuberkulose kommen, so bei akuter allgemeiner Miliartuberkulose. Tuberkelbazillen können aber auch durch Schleimhäute eindringen, ohne bei ihrem kurzen Verweilen an der Eingangspforte schwerere Veränderungen hervorzurufen, und so zu sog. primärer Lymphknotentuberkulose führen. Sie können aber auch hier liegen bleiben, ohne tuberkulöse Veränderungen zu erzeugen, vielmehr nur einfache Hyperplasie („lymphoides Stadium", Bartel), besonders bei kleinen Kindern.

Bei der Lympknotentuberkulose finden sich einzelne Tuberkel, die dann vielfach miteinander konfluieren, oder von vorneherein mehr diffuses tuberkulöses Granulationsgewebe. Es kommt dann zu oft sehr ausgedehnter Verkäsung, ferner zu hyalin-fibrösen Vorgängen. Durch Sekundärinfektion können Eiterungen hinzukommen, oder die käsigen Massen erweichen und brechen durch. Im Käse lagert sich häufig Kalk ab; auch kommen echte Verknöcherungen vor. Tuberkulöse bzw. verkäste Lymphknoten sind vergrößert, oft zu größeren Drüsenpaketen verwachsen. Über die Skrofulose, welche ja auch die Lymphknoten befällt, s. S. 89.

Bei der **Syphilis** spielen die Lymphknoten eine große Rolle in Gestalt der sog. indolenten Bubonen, besonders in regionärer, dem Primäraffekt entsprechender Ausbreitung, dann auch in anderen Lymphknotengruppen. Auch hier handelt es sich um Hyperplasie der Follikel, dann des interstitiellen Gewebes, und hyaline Veränderungen des letzteren. Im Tertiärstadium auftretende Gummata sind selten.

Daß die Lymphknoten, allein oder zusammen mit dem Thymus, als Konstitutionsanomalie hyperplastisch sein können (Status lymphaticus bzw. thymolymphaticus) ist S. 206 geschildert. Ebenso S. 132 die Lymphknotenvergrößerungen bei lymphatischer Leukämie und Pseudoleukämie, d. h. die leukämischen oder aleukämischen Lymphadenosen, ferner das Lymphogranulom und Lymphosarkom.

Fig. 253.
Zahlreiche Tuberkel mit Riesenzellen und ausgedehnter Verkäsung (gelb), sowie Bindegewebsentwicklung (rot) in einem Lymphknoten.

Alle diese Lymphknotenhyperplasien können wir als Lymphome zusammenfassen.

Von echten **primären Geschwülsten** sind die **Sarkome** in erster Linie zu nennen, besonders die **Rundzellensarkome.**

Dabei sind die Zellen meist größer als Lymphozyten und gleichen so mehr Lymphoblasten. Es fehlt ihnen das bei den ja meist nicht zu den echten Geschwülsten gerechneten Lymphosarkomen (s. S. 133) typisch aufgebaute Retikulum. Im Gegensatz zu den letzteren nehmen sie von einem Knoten ihren Ausgangspunkt und setzen Metastasen. Trotzdem sind die Grenzen zwischen Rundzellensarkomen der Lymphknoten und Lymphosarkomen oft schwer zu ziehen.

Auch Spindelzellensarkome und Riesenzellensarkome kommen, wenn auch selten, vor.

Außerordentlich häufig dagegen sind **metastatisch** entstandene **sekundäre Tumoren** der Lymphknoten, auch hier zunächst der regionären, dann in weiterer Verbreitung. Am häufigsten finden sie sich bei Karzinomen. Die Epithelien des Karzinoms siedeln sich auch hier zunächst in den Lymphsinus an, dann wachsen sie zu Tumoren aus, die die ganzen Lymphknoten durchwuchern und in die Umgebung durchbrechen können.

Eine Regeneration von Lymphknoten hat durch Neubildung aus Bindegewebe oder Fettgewebe statt. Oder sie regenerieren sich aus alten Lymphfollikeln, indem diese zentrifugal wuchern und parallel zur Längsachse des alten, dem Untergang geweihten Lymphknoten einen neuen entstehen lassen (Hammerschlag).

Kapitel II.

Erkrankungen des Zirkulationsapparates.

A. Herz und Perikard.

a) Mißbildungen und angeborene Anomalien.

Die am Herzen vorkommenden angeborenen Anomalien beruhen zum größten Teil auf Bildungshemmung des ganzen Herzens oder einzelner Teile, seltener auf einer im fötalen Leben durchgemachten Endokarditis, besonders der rechten Herzhälfte. Klassische Untersuchungen stammen von Rokitansky.

In den ersten Stadien seiner Entwickelung (His, Born) stellt das Herz einen einfachen Schlauch dar und nimmt erst durch komplizierte Krümmungen und Gestaltsveränderungen seine spätere Form an; die Scheide-

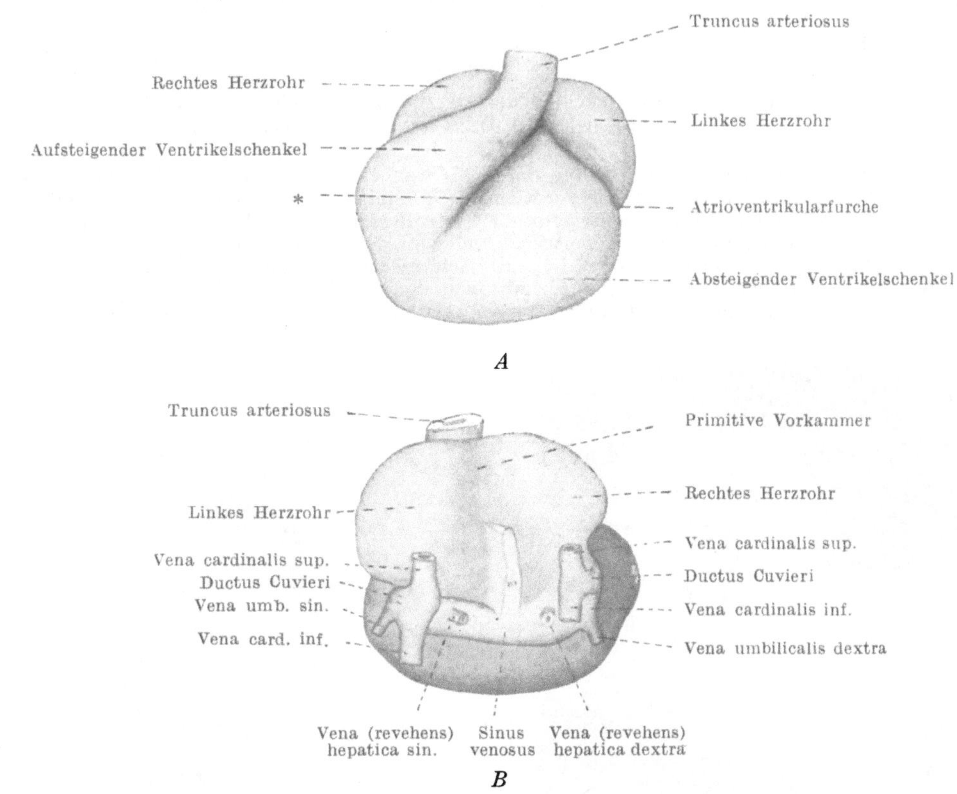

Fig. 254.
Rekonstruktionsmodell des Herzens eines 3 mm langen Embryos.
A von vorn, *B* von hinten gesehen, *m* Mesocardium posticum. (Nach Broman, Morpholog. Arbeiten, Bd. 5, 1895.) (Aus Broman, l. c.)

wände zwischen den Ventrikeln und den Vorhöfen, ebenso wie auch die Trennung von Aorta und Pulmonalis aus einem ursprünglich gemeinsamen Stamme (dem Truncus arteriosus), entstehen erst im Verlauf der Entwickelung und in ziemlich komplizierter Weise. Das Septum ventriculorum entsteht aus einem sich von der Spitze und einem sich vom Vorhofe her entwickelnden Septum, während der völlige Abschluß der Kammerscheidewand durch Hinabwachsen des Septums des Truncus arteriosus bewirkt wird. So kommen nicht selten Defekte zustande, welche durch mangelhafte Ausbildung oder Vereinigung der die Scheidewände bildenden Teilsepten verursacht sind. Es kommen von solchen Bildungshemmungen unter anderem vor: Offenbleiben des Foramen ovale durch mangelhafte Vereinigung der Septen zwischen den Vorhöfen (sehr häufig), Truncus arteriosus persistens durch mangelhafte Bildung des Trunkusseptums, Defektbildungen im Septum atriorum oder ventriculorum. Fehlt das Septum ventriculorum ganz, so sind zwei Atria, aber nur ein Ventrikel, im ganzen drei Höhlen vorhanden, **Cor triloculare biatriatum**; fehlt das Septum atriorum, so besitzt das Herz ein Atrium, zwei Ventrikel, **Cor triloculare biventriculosum**; sind beide Septen ganz defekt, so spricht man von **Cor biloculare**. Relativ häufige Mißbildungen sind ferner:

Ursprung eines der beiden großen Gefäße, Aorta oder Pulmonalis, aus beiden Ventrikeln; Ursprung der Aorta aus dem rechten, der Pulmonalis aus dem linken Ventrikel (Transposition der Gefäße) durch fehlerhafte Vereinigung des Septums des Truncus arteriosus mit den Septen des Ventrikels u. a.

Häufig kommen mehrere Fehlbildungen am Herzen miteinander kombiniert und voneinander abhängig, oft auch neben Mißbildungen anderer Organe vor. Von besonderer Wichtigkeit ist hier die **Pulmonalstenose** (seltener völliger Verschluß, **Atresie**), die am Conus arteriosus (dexter), am Ostium oder an der eigentlichen Lungenarterie sitzen kann. Der Konus kann sich bei seiner Stenose zu einer Art eigenen

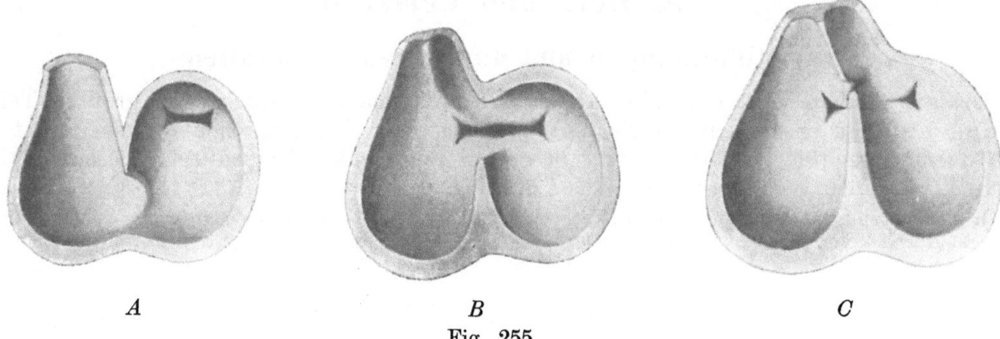

Fig. 255.
Drei Schemata, die Entwickelung der Herzkammerscheidewand zeigend.
(Nach Born, Arch. f. mikr. Anat. Bd. 33, 1899. Aus Broman, l. c.)

Ventrikels abschnüren. Die Klappenstenose kann durch Nichtanlage der Klappen, so daß hier nur eine Art Diaphragma besteht, oder durch entzündliche Verwachsung entstehen. Zumeist ist nun gleichzeitig mit der Pulmonalstenose ein Defekt im Septum ventriculorum — an dessen oberem Teil — und offenes Foramen ovale vorhanden. Auch kann das Septum ventriculorum ganz fehlen oder das Septum atriorum weitere Defekte zeigen. Die Aorta ist meist sehr weit und nach rechts verschoben. Sie kann aber doch noch dem linken Ventrikel, oder mit der Pulmonalis zusammen dem rechten Ventrikel entspringen, oder sehr häufig „reitet" sie über dem Septumdefekt und entspringt somit beiden Ventrikeln zusammen. Selten sind

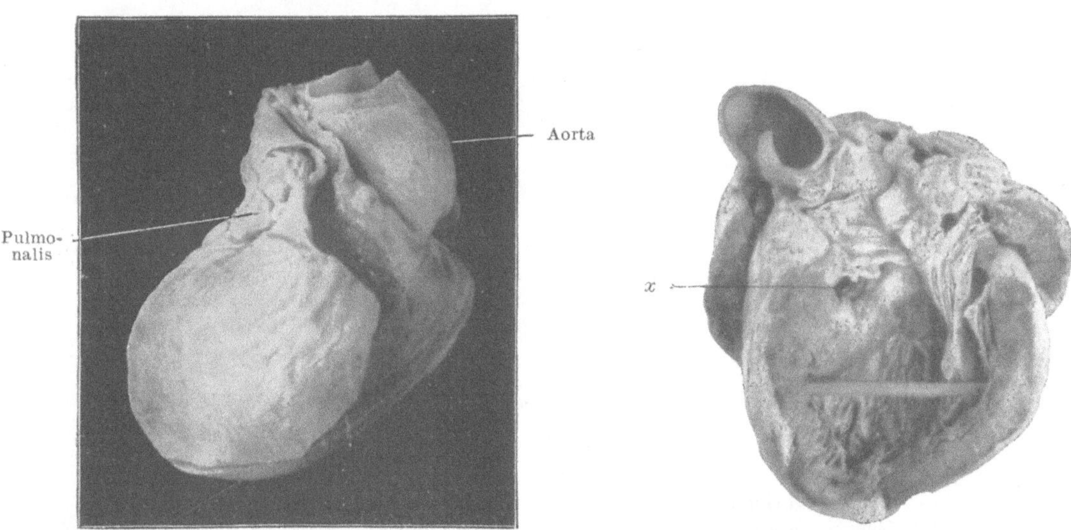

Fig. 256.
Pulmonalstenose. Transposition der Gefäße. Defekt des Septum ventriculorum. 6jähriges Kind.
Nach Herxheimer aus Schwalbe, Morphologie der Mißbildungen. III, 3. Jena, Fischer 1910.

Fig. 257.
Stenose des Aortenkonus (entzündlich?). Direkt darunter Defekt im Septum ventriculorum (*x*).
Nach Herxheimer aus Schwalbe, Morphologie der Mißbildungen. III, 3. Jena, Fischer 1910.

dabei Pulmonalis und Aorta vertauscht, so daß die Pulmonalis dem linken, die Aorta dem rechten Ventrikel entspringt — echte Transposition. Die Stenose der Lungenarterienbahn muß natürlich sekundär Veränderungen im Verhalten der Herzhöhlen und ihrer Wandungen bewirken. Die rechte Herzhälfte, besonders der rechte Ventrikel, ist erweitert, seine Wände sind infolge vermehrter Arbeit hypertrophisch. Der linke Ventrikel erscheint dagegen klein, wie eine Art Anhängsel an die rechte Herzhälfte. Das ganze Herz ist daher mehr kuglig gestaltet.

Diese fast stets zusammen auftretende Trias: Pulmonalstenose, Septumdefekt und Verschiebung der Aorta nach rechts ist genetisch einheitlich aufzufassen. Das Grundlegende ist eine mangelhafte Bildung eines Teiles des vorderen Septum ventriculorum (dessen hinteren Teiles nach Rokitansky). So kommt es zu einer anomalen Teilung des Truncus arteriosus communis. Vielleicht ist auch das Septum trunci primär beteiligt. Die teratogenetische Terminationsperiode dieser Mißbildung ist in den zweiten Fötalmonat zu verlegen. Es kann „angeborene Blausucht" bestehen, aber immerhin ist durch die Kombination mit dem Septumdefekt eine Art Selbsthilfe geschaffen; mit Hilfe des offenen Ductus Botalli und der Hypertrophie des rechten Ventrikels kommt eine Kompensation zustande, und die Anomalie ist eine der mit dem Leben am längsten verträglichen Herzmißbildungen. Von den Fällen, welche mit Pulmonalstenose ein höheres Alter erreichen, sterben sehr viele ($^1/_4$—$^1/_2$) an Lungentuberkulose. Besteht aber Pulmonalstenose ohne Septumdefekt (gleichzeitig fehlt die Trikuspidalis häufig bzw. ist auch stenotisch), so sterben die Kinder meist bald. Auch bei vollständiger Atresie können die Lungen noch durch den offenen D. Botalli oder Bronchial-Ösophagusarterien oder Äste der Aorta ernährt werden. Aber dieser Zustand ist natürlich viel gefährlicher als Stenose.

Der weit seltenere Parallelfall zu der genannten Anomalie ist **Atresie oder Stenose der Aorta** neben Septumdefekten, eine Herzmißbildung, welche die Lebensdauer erheblich beschränkt. Am häufigsten hat die Stenose der Aorta in der Gegend des Isthmus, also in der Nähe der Einmündung des Ductus Botalli, ihren Sitz. Der Anfangsteil bis zur Stenose ist dann meist erweitert. Sehr selten ist Defekt der Aorta descendens, so daß dann der Körper durch den Ductus Botalli von der Pulmonalis aus mit Blut versehen wird.

Der Ductus Botalli kann häufig auch beim Erwachsenen besonders als Kombination bzw. Kompensation anderer Mißbildungen (s. o.) persistent bleiben. Ferner kommt angeborene Hypertrophie (Hedinger) und andererseits Hypoplasie des Herzens vor (letztere kann sich als angeborene Enge auf den Aortenbogen und auf das ganze Arteriensystem erstrecken). Endlich finden sich Vermehrung oder Verminderung der Zahl der Klappen (besonders vier oder zwei Semilunarklappen, der letztere Zustand scheint später zu Endokarditis zu disponieren), Fensterung der Klappen (klinisch bedeutungslos), abnorme Sehnenfäden u. a.

Dextrokardie, Verlagerung des Herzens nach rechts, kommt am häufigsten als Teilerscheinung eines Situs inversus (S. 142) vor. Bei der Ectopia cordis ist das Herz, höchstens nur vom Perikard bedeckt, besonders bei Spaltung des Sternum, nach außen verlagert.

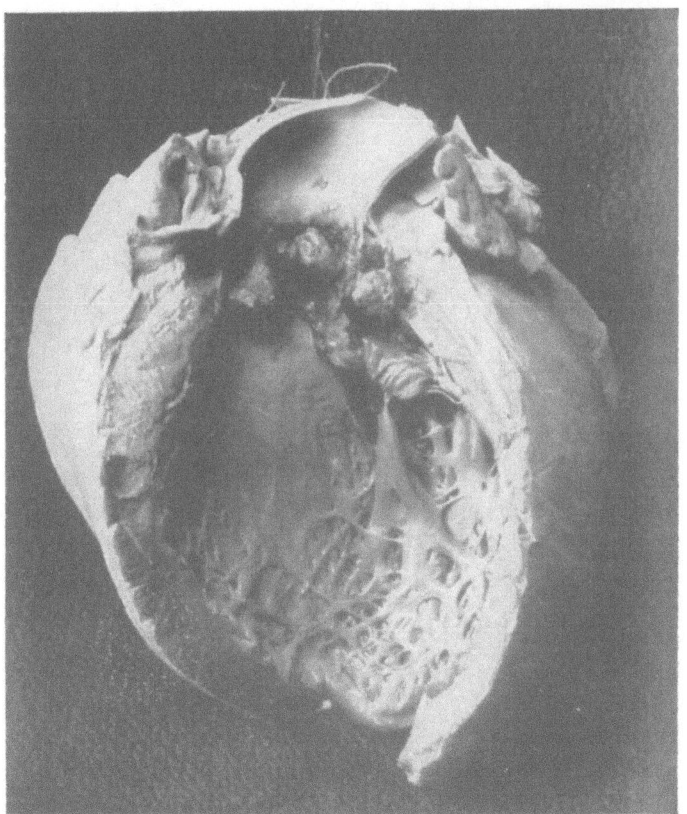

Fig. 258.
Endocarditis verrucosa der Aorta (große warzige Auflagerungen, welche Stenose der Aortenklappen bedingen; Hypertrophie des linken Ventrikels).

b) Endokard.

Subendokardiale kleine Blutungen sind nicht selten, besonders oberhalb der Ausstrahlungen des Atrioventrikularbündels im linken Ventrikel, dessen Fasern sie in Mitleidenschaft ziehen und so eventuell Arhythmien bewirken können.

Sie beruhen auf toxischer Einwirkung, z. B. bei Diphtherie (dann schließen sich degenerative Veränderungen der Muskelfasern an), oder heftigen Kontraktionen bei Tetanus, Eklampsie, Urämie, Erstickung u. dgl. Auch sind sie Teilerscheinung allgemeiner Blutungen.

Die **Endokarditis** des fötalen Lebens spielt sich vorzugsweise an den Klappen der rechten Herzhälfte ab, sonst aber meistens im linken Herzen, gewöhnlich an den Klappen, seltener am Wandendokard und auch dann zumeist in der Nähe der Klappen oder an Sehnenfäden. Zu allermeist sind sowohl die Aorten wie die Mitralklappen befallen, wenn auch die Veränderungen teils an ersteren, steil an letzteren weit überwiegen können. Wir unterscheiden zwei Hauptformen, die **Endocarditis verrucosa** und die **Endocarditis ulcerosa (diphtherica).**

Gemeinsam ist beiden Sitz und Beginn. Kokken od. dgl. zirkulieren, an irgendeiner Stelle eingedrungen, im Blute und bleiben aus mechanischen Gründen besonders an den

Schließungsrändern der Klappen (wenn diese sich aneinander legen die engste Stelle), vor allem an deren unterem Rand hängen und bewirken hier Schädigung und Entzündung. Insofern ist die Endokarditis also keine eigentlich primäre Erkrankung. Gemeinsam ist dann auch von der Endokarditis aus eine Weiterverbreitung krankhafter Veränderungen im übrigen Körper auf dem Wege der Metastasierung und Embolie. Im übrigen aber sind die Ätiologie und somit auch der weitere Werdegang und die mit der Erkrankung verbundenen Gefahren bei den beiden Formen recht verschieden.

Die **Endocarditis verrucosa** ist die mildere Form. Erreger sind auch hier anzunehmen, aber unbekannt, offenbar sind es nur weniger hochgradige Entzündung und vor allem keine Eiterung bewirkende Mikroorganismen. Diese Endokarditis schließt sich besonders häufig an Gelenkrheumatismus an, dessen Erreger ja auch nicht bekannt ist.

Bei der Endocarditis verrucosa sehen wir an der genannten Stelle der Klappen zunächst warzige oder papilläre Exkreszenzen von höchstens Stecknadelkopfgröße, oft reihenförmig nebeneinander gestellt, auftreten.

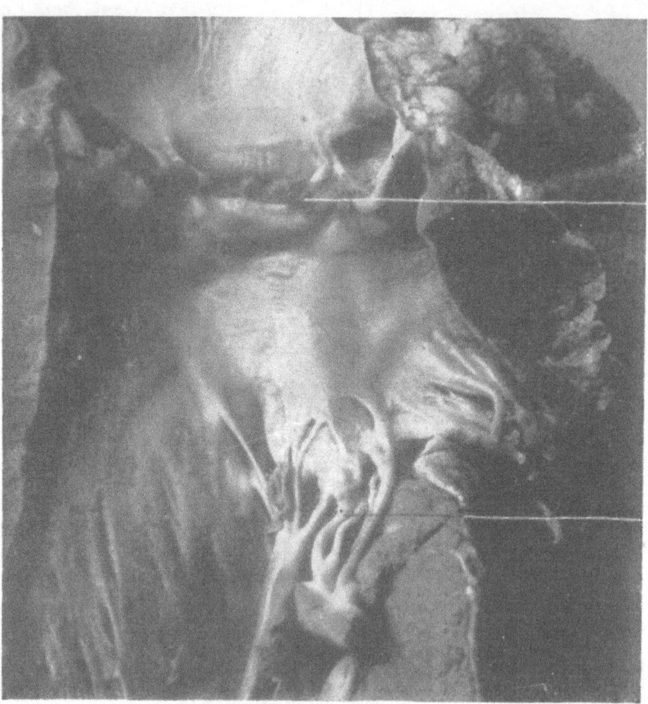

Fig. 259.
Rekurrierende verruköse Endocarditis mitralis und aortica.
a = verdickte und verkürzte Chordae tendineae der Mitralis (alte Endokarditis), *b* = den verdickten und verkürzten Aortenklappen (alte Endokarditis) sind frische warzige Massen aufgelagert.

Sie sind anfänglich grüngelb oder rötlich, weich und bestehen aus einem von Leukozyten durchsetzten Granulationsgewebe. Emigration und Exsudation kommt dabei zwar aus den Kapillaren des benachbarten Gewebes, da ja die Klappenränder selbst gefäßlos sind, auch zustande, aber es spielt, wie in gefäßlosen Bezirken überhaupt, wenn sie entzündlich affiziert werden, eine Proliferation des Bindegewebes eben in Gestalt des Granulationsgewebes die Hauptrolle. Die oberste Schicht der so entstehenden Effloreszenzen weist Nekrose auf, und es lagern sich nun thrombotische Niederschläge aus dem vorbeiströmenden Blute auf. An das beschriebene frische Stadium schließt sich die Umwandlung des Granulationsgewebes in Bindegewebe und ebenso die Organisation der Thrombenmassen an.

Jetzt bestehen die aufgelagerten Massen nur noch aus Bindegewebe; dies schrumpft und verkalkt eventuell — **Endocarditis fibrosa** und **calcarea retrahens** — und so ist zwar eine Reparation, also eine Art Heilung des Prozesses zustande gekommen, aber die Klappen sind in ihrer Funktion beeinträchtigt; es entstehen so **Klappenfehler**, von denen weiter unten die Rede sein soll.

Tritt die Bindegewebsneubildung von vornherein ohne akuten Beginn in den Vordergrund, so spricht man auch von **chronischer fibröser Endokarditis.**

Derartig veränderte Klappen neigen zu neuer Entzündung — **rekurrierende Endokarditis** — aus mechanischen Gründen, zumal die so veränderten Klappen ja jetzt bis zum Rande gefäßreich sind; auch rezidiviert die hauptsächlichste grundlegende Krankheit, der Gelenkrheumatismus, ja auch häufig.

Außer den Residuen in Gestalt der erwähnten Klappenfehler bietet die Endocarditis verrucosa noch andere Gefahren. Solange die Effloreszenzen (und die aufgelagerten thrombotischen Massen) noch weich, frisch sind, können sie bzw. Teile von ihnen leicht durch den Blutstrom abgerissen werden. Sie bleiben dann als Emboli in kleinen Arterien der Milz, der Nieren, des Gehirnes usw. stecken und rufen hier Infarkte bzw. Erweichungen, oft zahlreiche und in verschiedenen Organen, hervor. Diese sind nicht mit Eitererregern infiziert und werden daher später auch organisiert.

Die zweite Form, die **Endocarditis ulcerosa**, ist die weit malignere Form. Sie wird hervorgerufen, wenn Eitererreger, vor allem Streptokokken und Staphylokokken, aber auch z. B. Typhusbazillen, im Blute kreisend an den Klappen haften bleiben und schädigend einwirken. Es kommt dann hier nicht nur zur Entzündung im oben gekennzeichneten Sinn mit Effloreszenzen, Auflagerung thrombotischer Massen u. dgl., sondern auch zu Eiterung und Zerfall dieser Massen wie auch geschwürigen Prozessen an den Klappen selbst. Oder es bilden sich keine eigentlichen Effloreszenzen, sondern die Klappen sind mit einer weichen zerfallenden Detritusmasse bedeckt. Die thrombotischen Auflagerungsmassen eventuell zusammen mit nekrotischen Klappenteilen können durch den Blutstrom nach der Richtung des geringeren Widerstandes ausgebuchtet werden, so entstehen die akuten Klappenaneurysmen. Die Klappen können auch perforieren, und Stückchen losgerissen werden. Die geschwürigen Prozesse können auf das benachbarte parietale Endokard und Sehnenfäden übergreifen und zu Zerreißungen letzterer führen. Die ulzeröse Endokarditis heilt nur selten nach Art der verrukösen bindegewebig aus. Da die den Klappen aufgelagerten Massen sehr weich sind, werden

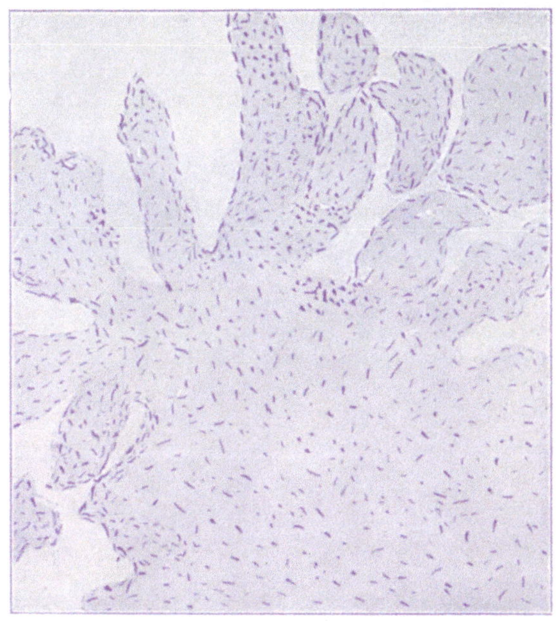

Fig. 260.
Chronische fibröse Endokarditis.
Das ganze zottige Gewebe, welches den Herzklappen aufgelagert ist, besteht aus Bindegewebe.

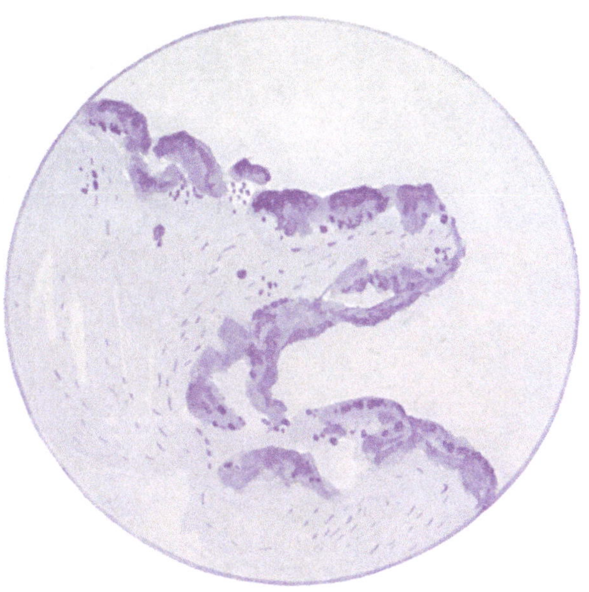

Fig. 261.
Endocarditis ulcerosa.
Kokenhaufen (dunkel) liegen am Rande der Klappe.

sie natürlich sehr leicht vom Blutstrom abgerissen, so bilden sich hier besonders häufig Emboli mit Infarkten in verschiedenen Organen, und da die Massen Eitererreger mit sich tragen, kommt es hier nicht zur narbigen Ausheilung, sondern zur Vereiterung der Infarkte oder auch, indem Kokken von der Endokarditis aus ins Blut gelangen, zu Abszessen und somit allgemein zu septisch-pyämischen Zuständen.

Lassen sich nach dem Dargestellten auch verruköse und ulzeröse Endokarditis prinzipiell scharf trennen, so gibt es doch auch Zwischenformen. Hier ist eine Endokarditisform am wichtigsten, die zwar zu den ulzerösen Formen gehört, aber nicht, wie diese, oft in kurzer Zeit zum Tode führt, sondern chronisch verläuft, und zwar deshalb, weil diese Endocarditis lenta durch weniger virulente Erreger hervorgerufen wird, und zwar besonders durch den Schottmüllerschen Streptococcus viridans. Hier werden daher auch die Klappen weniger zerstört und gleichen so oft mehr den durch verruköse Endokarditis veränderten. Es treten durch Embolien in die Nierenglomeruli dabei typische Veränderungen auf (s. unter Niere).

Auch durch **Atherosklerose** können die Herzklappen verändert werden, besonders die der Aorta, und zwar, da die Veränderung meist von der atherosklerotischen Aorta her auf die Klappen fortgeleitet wird, zunächst am sog. Ansatzrand. Die Klappen werden verdickt, zugleich finden sich, wie bei der Atherosklerose überhaupt, Verfettungen und Verkalkungen. Befällt die Veränderung die ganzen Klappen und hochgradig, so können sich, besonders wenn sich auch hier Thromben auflagern und organisiert werden, Bilder entwickeln, die ganz denen der chronischen verrukösen Endokarditis gleichen. Die Folgen sind dann auch hier Funktionsstörungen der Klappen. Auch isolierte Verfettungen sind, besonders an den Mitralklappen, sehr häufig und treten auch schon frühzeitig auf, sog. „weiße Flecke" der Mitralis.

Über isolierte Veränderungen der Aortenklappen (mit Insuffizienz derselben) bei der Mesaortitis s. unter „Blutgefäße".

Die Aortenklappen zeigen bei Herzhypertrophie, von der ventrikulären Klappenseite ausgehend, reaktive Erscheinungen der elastischen Fasern (Aufspaltung und Vermehrung) als Folge der Zerrung und übermäßigen Spannungszunahme (Orlandi).

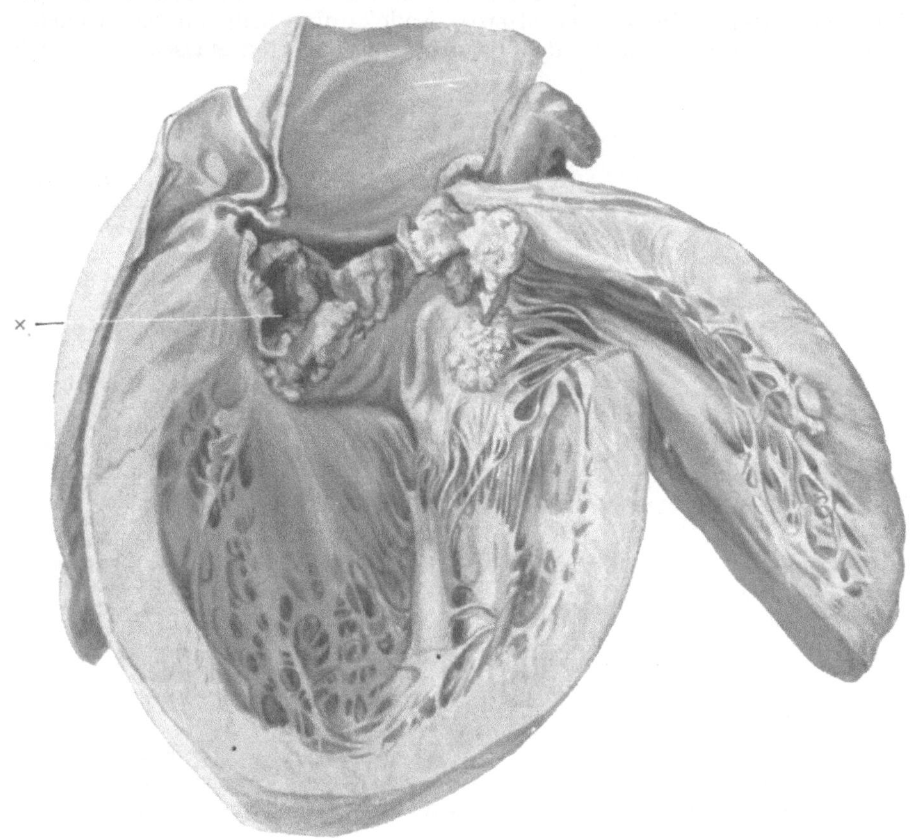

Fig. 262.
Endocarditis ulcerosa der Aortenklappen mit Perforation einer Klappe bei ×.

Klappenfehler sind das Resultat der beschriebenen Endokardaffektionen. Sie sind wesentlich zweierlei Art:

1. Die verdickten starren Klappen, eventuell am Rande mit Einkerbungen oder Knoten versehen, können sich beim Klappenschluß nicht mehr exakt aneinander legen. Und insbesondere später schrumpfen die Klappen und verkürzen sich (eventuell auch die Chordae tendineae); sie schließen dann nicht mehr. In beiden Fällen resultiert eine **Insuffizienz.** Ein Teil des Blutes strömt infolgedessen wieder zurück.

2. Infolge der Verdickung der Klappen und eventuell auch ihrer Verwachsung untereinander (ebenso solcher der Sehnenfäden) können die Klappen bei der Öffnung nicht mehr vollständig auseinander weichen. Es besteht dauernde Verengerung, **Stenose.**

Insuffizienz und Stenose kombinieren sich häufig am selben Klappenostium. Beide verursachen Erschwerung der Herzarbeit. Bei der Stenose wachsen die Widerstände. Ihre Überwindung bedingt Mehrarbeit des von der stenosierten Klappe aus rückwärts gelegenen

Herzabschnittes. Bei der Insuffizienz hat der rückwärts gelegene Herzteil durch Bewältigung des zurückströmenden Blutes und der so vermehrten Füllung Mehrarbeit zu leisten. Das Herz kann den an es gestellten erhöhten Anforderungen nur gerecht werden, indem es seine Reservekräfte in die Tat umsetzt, d. h. es **hypertrophiert** (die einzelnen Muskelfasern, besonders in die Dicke) in beiden Fällen. Durch diese Arbeitshypertrophie wird der Klappenfehler kompensiert. Wenn aber infolge allgemein schlechten Körperzustandes oder schlechter Ernährung oder schon bestehender Veränderungen des Herzmuskels dieser zur Hypertrophie nicht fähig ist, oder wenn er zwar anfänglich hypertrophiert, aber den erhöhten Anstrengungen nicht auf die Dauer gewachsen ist und so erlahmt, geben die Teile, in welchen sich das Blut — bei der Stenose durch nicht genügenden Abfluß, bei der Insuffizienz durch Rückfluß — staut, dem erhöhten Druck nach, und so kommt es zu ihrer **Dilatation.** Nun liegt ein unkompensierter Herzfehler vor und es kommt zur Herzinsuffizienz, zunächst bei Anstrengungen („Bewegungsinsuffizienz"), später überhaupt. Die einzelnen Herzfehler sind kurz zusammengefaßt folgende:

1. **Stenose der Aortenklappen.** Da die Ausströmungsmenge des Blutes, welches in die Aorta gelangt, unternormal ist, staut sich das Blut im linken Ventrikel. Die Menge hängt vor allem von der Hochgradigkeit der Stenose ab. Infolge von Schwingungen der Aortenklappen bei dem Durchpressen des Blutes unter erschwerten Bedingungen und von abnormen Bewegungen des Blutes tritt im Leben ein systolisches Geräusch auf. Die Mehrarbeit bedingt Hypertrophie des linken Ventrikels „mit obligater Erhöhung der absoluten Herzkraft" (Moritz). So wird stärkere Stauung des Restblutes im linken Ventrikel, damit dessen Dilatation und eine Kompensationsstörung lange vermieden, und das mit der Kontraktion in die Körperarterien hinausgesandte Blutvolumen hält sich etwa auf der Höhe der Norm. So auch der — meist leicht verlangsamte — Puls. Später aber kommt es doch zur Inkompensation; der linke Ventrikel wird dilatiert; es kommt rückwärts zu Blutstauung im linken Atrium und Druckerhöhung im kleinen Kreislauf mit Rückwirkung auf den rechten Ventrikel. Infolge der ungenügenden Arterienfüllung sind die Arterien eng, kontrahiert, der Puls klein. So kommt es zu vorübergehenden Anämien, besonders des Herzens und des Gehirnes mit allen Folgezuständen.

2. **Insuffizienz der Aortenklappen.** Diastolisch tritt Blut aus der Aorta in den linken Ventrikel zurück. Auch hier kommt es als Folge von Schwingungen der Aortenklappen und der durch das Aufeinanderstoßen zweier Blutwellen im linken Ventrikel bedingten Wirbelbewegungen zu einem, aber diastolischen, eventuell musikalischen Geräusch. Die abnorme Füllung des linken Ventrikels bedingt seine — oft gerade hier sehr hochgradige — Hypertrophie, der Spitzenstoß ist verstärkt, die starke Füllung der Arterien äußert sich in Pulsation der Karotiden, Kopfdruck, eventuell sogar Apoplexien. Es kommt zum sog. „Tönen" der mittleren Arterien. Die Aorta ascendens kann erweitert werden; der Puls steigt hoch an, wird aber „schnellend" (Pulsus celer), da das Blut schnell weiter gegeben wird. Infolge der enormen Füllung des linken Ventrikels kommt es aber meist bald zu seiner — zunächst geringen — Dilatation. Diese wird später stärker, der Herzfehler ist jetzt nicht mehr kompensiert. Es kommt zu rückwärtiger Stauung bis ins rechte Herz hinein.

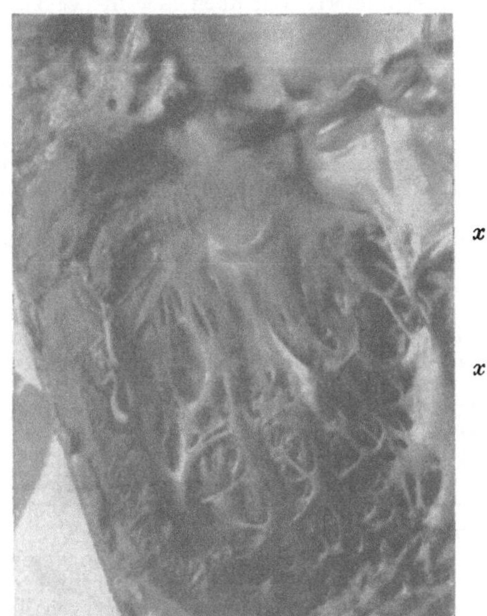

Fig. 263.
Insuffizienz der Aorta (verdickte, verkürzte Aortenklappen auf Grund alter geheilter Endocarditis verrucosa).
Klappenartige Endokardschwielen am parietalen Endokard des linken Ventrikels (bei x).

3. **Stenose der Mitralklappen.** Gerade hier finden sich außerordentlich hochgradige, zu Verdickung und Verwachsung der Klappen führende Veränderungen, so daß nur noch ein sehr enger Spalt an den Mitralklappen übrig bleibt; das Hindurchpressen des Blutes durch die stenotische Klappe ist sehr erschwert, das Blut staut sich rückwärts, d. h. im linken Vorhof. Das Anprallen des Blutes an die gespannten stenotischen Klappen usw. führt zu einem diastolischen Geräusch. Der linke Vorhof ist einerseits naturgemäß lange nicht so leistungsfähig in seiner Muskelstärke wie der linke Ventrikel, andererseits um so dehnbarer, und so kommt es denn hier zwar auch zu einer Hypertrophie, aber zu erheblicherer Dilatation. Rückwärts tritt Blutstauung und Druckerhöhung im Lungenkreislauf und noch weiter rückwirkend Überlastung des rechten Ventrikels ein. Infolgedessen hypertrophiert der rechte Ventrikel kompensatorisch oder wird dilatiert; die Stauung kann sich selbst bis in den rechten Vorhof fortsetzen, des weiteren selbst bis in die Kapillaren, und so wird dem arteriellen Blutstrom Widerstand gesetzt, was auch zu einer Hypertrophie des linken Ventrikels führen kann. Da bei der Mitralstenose die Füllung des linken Ventrikels vermindert und die Triebkraft dahinter, d. h. die des linken Atriums, verringert ist, ergibt sich der sog. — kleine und wenig gespannte — Stenosenpuls. Die Mitralstenose gehört zu den Herzfehlern mit den schwersten Folgen. Sehr häufig kompliziert sie sich mit dem nächsten Herzfehler, der

4. **Insuffizienz der Mitralklappen.** Sie ist der am häufigsten vorkommende Herzfehler überhaupt. Infolge des Rückströmens des Blutes in den linken Vorhof kommt es systolisch hier zu Stauung. Die gespannten Zipfel der Mitralis und die Wellenbewegungen beim Zusammentreffen der beiden Blutströme im

linken Atrium ergeben ein blasendes systolisches Geräusch. Infolge seiner geringen Hypertrophierfähigkeit kommt es zu seiner Dilatation. Bei der nächsten Diastole bekommt nun der linke Ventrikel die ganze gestaute Menge Blut, und so werden auch an ihn höhere Anforderungen gestellt; er hypertrophiert und wird eventuell auch dilatiert. So bringt der linke Ventrikel zunächst die etwa genügende Menge in die Aorta, und der Puls bleibt ziemlich unverändert; es kommt aber zu Stauung im Lungenkreislauf bis in den rechten Ventrikel. So hypertrophiert auch der rechte Ventrikel; erlahmt er, so kommt es zu stärkerer Dilatation desselben und ebenso des rechten Vorhofes, und infolgedessen tritt allgemeine Stauung ein.

Weniger wichtig sind die Herzfehler der Klappen der rechten Herzhälfte, die öfters schon angeboren sind (s. o.); sie werden daher nur ganz kurz behandelt:

5. **Stenose der Trikuspidalklappen.** Bei der Trikuspidalstenose kommt es zu Stauung und Dilatation des rechten Vorhofes, zu diastolischem Geräusch usw. Der Herzfehler ist meist schlecht kompensiert.

6. **Insuffizienz der Trikuspidalklappen** tritt meist erst im Anschluß an endokarditische Veränderungen der anderen Klappen, besonders der Mitralis, auf. Häufig ist die sog. relative Insuffizienz, wenn nämlich aus irgendeinem Grunde der rechte Ventrikel dilatiert, und so die Klappen insuffizient werden (siehe auch unten). Das Blut fließt bei Trikuspidalinsuffizienz in den rechten Vorhof zurück; hier kommt es zu Stauung und Dilatation, da der Vorhof (ebenso wie der linke, s. oben) nur wenig hypertrophieren kann. Die rückwärtige Stauung in den Körpervenen äußert sich z. B. im Jugularvenenpuls. Der rechte Ventrikel hypertrophiert, weil auch hier in der Diastole eine vermehrte Blutmenge in ihn einfließt.

7. **Stenose der Pulmonalklappen.** Fast stets angeboren. Der rechte Ventrikel hypertrophiert; ein systolisches Geräusch bzw. systolisches Schwirren tritt auf. Meist wird die Kompensation nicht sehr lange aufrecht erhalten, sondern durchschnittlich spätestens in etwa dem 15. Lebensjahre sterben die Kinder. Sehr häufig tritt Tuberkulose ein.

8. **Insuffizienz der Pulmonalklappen.** Hier kommt es naturgemäß zu Hypertrophie des rechten Ventrikels. Die so ermöglichte Mehrleistung des rechten Ventrikels kann längere Zeit hindurch die Kompensation aufrecht erhalten, bis Dilatation des rechten Ventrikels sich ausbildet.

Die Herzfehler kombinieren sich häufig an denselben oder verschiedenen Klappen, weil eben die Grundkrankheit, die Endokarditis, häufig mehrere Klappen befällt. Zumeist addieren sich dabei die verschiedenen Folgezustände und Symptome, und das Zusammentreffen stellt besondere Ansprüche ans Herz, so daß die Folgen nicht lange ausbleiben. Nur einzelne Folgezustände können sich bis zu einem gewissen Grade gegenseitig aufheben bzw. mildern. Wenn z. B. zu einer Mitralstenose eine Trikuspidalinsuffizienz hinzutritt, so kann die letztere, weil weniger Blut in die Arteria pulmonalis gelangt, eventuell eine Entlastung des Lungenkreislaufes herbeiführen.

Bei Hypertrophie und Dilatation des rechten Ventrikels, z. B. durch Lungenemphysem, oder des linken durch Aneurysma u. dgl. sind die an sich ja unveränderten Klappen relativ insuffizient; so strömt Blut zurück und dies verändert die Klappen noch sekundär, indem Verdickungen am freien Klappenrand zustande kommen. Bei Insuffizienz sieht man ferner infolge Anprallens der rückströmenden Blutwelle am parietalen Endokard kleine, eventuell taschenartige, Endokardschwielen entstehen (Zahn). Sie müssen also im Sinne des Blutstromes rückwärts von der Klappe liegen, so bei Aorteninsuffizienz im linken Ventrikel. Ihr Vorhandensein lenkt die Aufmerksamkeit sofort auf die Insuffizienz.

Auch Traumen können Klappen insuffizient gestalten, besonders schon veränderte.

Reste fötalen Schleimgewebes an der Mitralis können bei kleinen Kindern eine „Endokarditis" vortäuschen; sie werden mit dem schlechten Namen „Endocarditis vegetans" belegt. Besonders bei Neugeborenen finden sich am Schließungsrand, besonders der Segelklappen, kleine dunkle sog. „Blutknötchen" oder Klappenhämatome, welche wohl auf Einpressung von Blut in endotheliale Kanäle beruhen und bald verschwinden.

Bei akuter allgemeiner Tuberkulose entwickeln sich auch in bzw. unter dem Endokard, besonders des rechten Ventrikels, häufig miliare **Tuberkel.** Sehr selten ist dagegen sonst tuberkulöse Endokarditis, besonders der Herzklappen. **Syphilis** s. u.

c) Myokard.

Die **Atrophie** im Alter und bei kachektischen Zuständen ist meist eine Pigmentatrophie. Das Herz wird kleiner, die Muskulatur der Herzwand und der Papillarmuskeln dünner, die Konsistenz schlaff und brüchig, die Farbe braun (durch Einlagerung von besonders viel Lipofuszin an den Polen der Muskelkerne „braune Atrophie"). Hinzu kommen oft Veränderungen als Folge atherosklerotischer Koronararterien. An Stelle zugrunde gegangener Muskulatur kann sich Bindegewebe setzen, besonders in Streifenform an den Spitzen der Papillarmuskeln. Die Atrophie (ebenso die Hypertrophie und Dilatation) zieht besonders die Herzspitzenteile in Mitleidenschaft (Kirch).

Degenerative Veränderungen, welche teils unter infektiösen (Typhus, Scharlach, Diphtherie usw.) und toxischen Bedingungen auftreten, teils lokal auf zirkulatorische oder entzündliche Prozesse zu beziehen sind, sind häufig. Besonders die **trübe Schwellung,** wobei die Eiweißgranula zwischen den Muskelfibrillen liegen; sie verleiht in hohen Graden dem Herzmuskel ein opakes, wie gekochtes Aussehen. Ferner besonders die **Verfettung.** Makroskopisch erscheint die Muskulatur von gelblichen Streifen und Flecken durchsetzt; die Papillarmuskeln weisen dann, indem gesundere (rote) Streifen mit verfetteten (gelben) abwechseln — abhängig von der Gefäßverteilung — eine „getigerte" Zeichnung auf.

Ist die Verfettung hochgradig, so erscheint die Herzmuskulatur diffus gelblich, fettglänzend, sie ist mürbe, brüchig. Die Verfettung findet sich auch bei allen möglichen akuten und chronischen Infektionen, ganz besonders bei Diphtherie, aber auch Lungenphthise, sowie bei Intoxikationen, ferner infolge schlechter Ernährung bei anämischen Zuständen, bei Leukämie und auch bei Koronararteriensklerose und endlich unter den verschiedensten Bedingungen beim Bestehen von Herzinsuffizienz.

Im Gegensatz zur Verfettung der Muskelfasern handelt es sich beim **Fettherz, Obesitas, Adipositas, Lipomatosis cordis**, um Hypertrophie des intermuskulären und subepikardialen Fettgewebes, sowie insbesondere Umwandlung des zwischen den Muskelfasern gelegenen Bindegewebes in Fettgewebe. Das Muskelgewebe wird dann druckatrophisch. Stellenweise kann die Muskelwand, besonders des dünneren rechten Ventrikels, ganz von Fettgewebe durchwachsen werden; unter dem Endokard kann man dasselbe gelblich durchscheinen sehen. Diese Herzentartung findet sich bei allgemeiner Fettleibigkeit (Adipositas), z. B. bei Potatoren.

Das subepikardiale Fett erleidet, ähnlich wie das Knochenmark, im Alter gallertige Atrophie.

Amyloiddegeneration findet sich am Herzen ziemlich selten, meist fleckweise, das Bindegewebe und die Gefäße, selten die Klappen befallend.

Auch vakuolär und schollighyalin können die Herzmuskelfasern zerfallen, z. B. bei Diphtherie und bei anderen Infektionskrankheiten. **Nekrose** der Muskelfasern stellt den höchsten Grad ihrer Veränderung dar. Es kann sich dann Kalk in den nekrotischen Muskelfasern ablagern, evtl. sehr schnell.

Als wahrscheinlich nur agonale Erscheinung (fast nur bei Erwachsenen infolge von Zerreißungen der überdehnten Stellen) tritt die sog. **Fragmentatio myocardii** auf, welche in einer Kontinuitätstrennung der Muskelfasern, sowohl in den Fasern selbst, wie an deren Kittleisten (oft Segmentatio genannt) besteht. Mikroskopisch finden sich zahlreiche, im allgemeinen querliegende, oft treppenförmige Spalten und Fissuren der Muskelfibrillen; auch für das bloße Auge ist die Fragmentation stärkerer Grade erkennbar, indem die mit scharfem Messer angefertigten, sonst glatten Schnittflächen, da wo die Muskulatur längs getroffen ist, ein rauhes Aussehen zeigen.

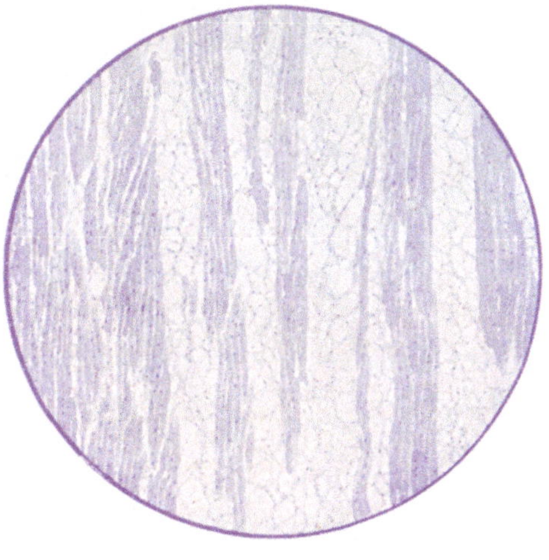

Fig. 264.

Adipositas cordis. Ganz atrophischer Herzmuskel zwischen dem eingewucherten Fettgewebe (hell).

Bei **Anämie** ist der Herzmuskel blaß; sie kann Teilerscheinung allgemeiner Anämie sein oder lokal durch atherosklerotische Gefäßverengerung entstehen. Ist sie hochgradig, so kommt es zu Atrophie oder Nekrose des Muskels.

Bei venöser **Stauung** (Herzschwäche) sind die Koronarvenen auffallend gefüllt, die Farbe des Muskels ist zyanotisch-dunkelrot. Es besteht meist Hydroperikard (s. u.).

Wird durch **Thrombose** oder **Embolie** (erstere meist auf atherosklerotischer Basis) ein großer Koronararterienast verstopft, so kann plötzlicher Herzstillstand — **Herzparalyse** — und sofortiger Tod eintreten, besonders wenn das Herz oder andere seiner Gefäße schon zuvor erkrankt waren. Werden nur kleinere Äste verlegt, so kommt es, obwohl die Herzgefäße ziemlich zahleiche Anastomosen besitzen, zu **Infarkten.** Abgestorbene Muskelpartien (nekrotische auf Grund toxischer Einwirkung oder Gefäßveränderung, sowie infarzierte) können erweichen — **Myomalazie.** Solche Teile sehen ganz morsch aus; am Rand bestehen oft Degenerationen; die Fasern sind hochgradig verfettet, verflüssigt, die Querstreifung ist verloren, erst mit Erhaltung, dann mit Verlust der Kerne, andere Fasern sind vakuolisiert oder hyalin-schollig zerfallen. Es finden sich Rundzellen und, oft mit Fett beladene, Leukozyten. Heilen solche Stellen, besonders Infarkte aus, so tritt Bindegewebe an die Stelle, und es wird eine **Narbe**, eine **Schwiele** gebildet. Solche Schwielen treten noch häufiger als Folge atrophischer Gebiete bei einfacher Koronararteriensklerose auf, oft in großer Zahl oder gar ganz diffus.

Sie sitzen besonders in den Papillarmuskeln und an der Herzspitze infolge ungünstiger Gefäßversorgung. Daß hauptsächlich der vordere Papillarmuskel der linken Kammer Infarkte und Schwielen aufweist, hängt damit zusammen, daß die Atherosklerose häufiger die linke Koronararterie trifft und der genannte Papillarmuskel im Gegensatz zu den anderen nur von dem Ramus descendens der linken Koronararterie versorgt wird.

Blutungen im Herzmuskel sind meist Begleiterscheinung von Myomalazie, Entzündungen od. dgl. oder finden sich bei allgemein-septischen Zuständen. **Thromben** lagern sich bei Herzschwäche und besonders in dilatierten Höhlen oder in aneurysmatisch erweiterten Stellen (s. u.) oder über verändertem Endokard als sog. **Parietalthromben** ab. Kommen sie frei ins Lumen zu liegen, so werden sie im Blutstrom durch drehende Bewegung abgerundet, Kugelthromben.

Akute Myokarditis kommt durch Vermittlung des Blutes, vor allem bei Infektionskrankheiten, ganz besonders Diphtherie vor, aber auch bei Trichinose, auf Toxine zu beziehen (Simmonds), oder sie ist von einer Endokarditis (besonders ulcerosa) oder Perikarditis her fortgeleitet. Sie tritt besonders mehr diffus oder auf größere Strecken hin auf, die Gebiete, oft in streifiger Form, erscheinen verwaschen, grauweiß oder gelblich. Die Muskelfasern sind körnig oder fettig degeneriert, vakuolär oder schollig zerfallen oder nekrotisch; dazu kommen als Entzündungszellen erst besonders Leukozyten, später mehr Lymphozyten. Tritt Reparation ein, so entsteht auf dem Wege über Granulationsgewebe auch hier eine **Schwiele.** Ist die Entzündung vom Endokard fortgeleitet, so liegen die Herde oft in der Nähe von Klappen. Sind zahlreiche, aber kleine, oft nicht makroskopisch einzeln erkennbare, solche Herde vorhanden, so wird das Myokard sehr derb, streifig oder mehr diffus grau. Man spricht von **diffuser Fibromatose.**

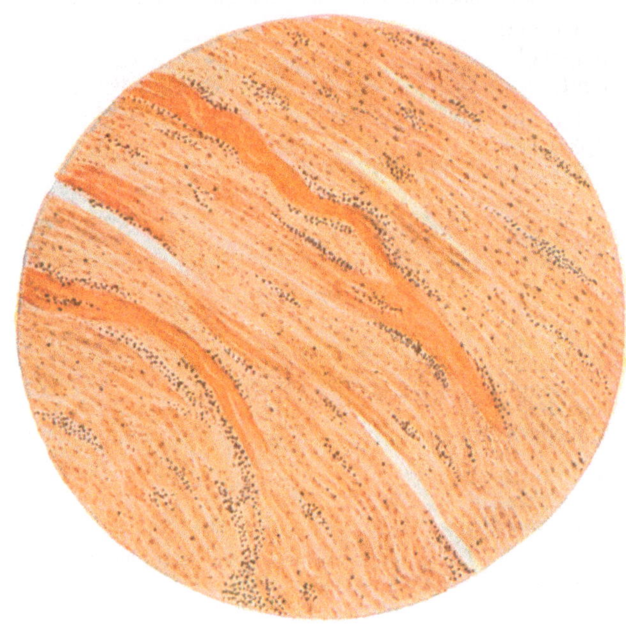

Fig. 265.
Myokarditis. Die Muskelfasern z. T. hyalin gequollen, z. T. hell, vakuolisiert. Ansammlungen von Leukozyten.

Die Schwielen brauchen aber nicht das Endresultat einer Entzündung zu sein, sondern können auch auf atrophischen oder degenerativen Prozessen (ausgebreitete Koronarsklerose, toxische Einwirkungen, wie Blei, Nikotin, Alkohol) beruhen, oder auf mechanischen Insulten wie Zerreißung von Muskelfasern bei Dilatation und Hypertrophie des Herzmuskels.

Bewirken bei septischen und pyämischen Affektionen Eitererreger die Entzündung, so kommt es zu **eitriger Myokarditis**, wobei sich **Abszesse** bilden sowie infolge Gefäßverlegung Infarkte, die in diesen Fällen vereitern.

Eine besondere Form von Myokarditis findet sich bei Gelenkrheumatismus in Gestalt kleiner Knötchen (Aschoff), die, interstitiell gelegen, aus großen Bindegewebszellen, die wohl von adventitiellen Elementen abzuleiten sind, mit eingestreuten großen riesenzellartigen Zellen bestehen und dann auch durch Bindegewebe ersetzt werden können (solche Knötchen finden sich dann auch in der Galea aponeurotica nach Jacki). Kleinere ähnliche Knötchen sowie Endothelwucherungen am Endokard, die auch zu subendothelialen Schwielen führen können, fand Fahr auch bei Scharlach. Interstitielle (perivaskuläre) Zellinfiltrate oder kleine Schwielen finden sich auch bei Struma, besonders bei Morbus Basedowii (Fahr).

Bei irgendwelchen Herderkrankungen des Herzmuskels können unter Umständen die erkrankten Stellen dem Blutdruck nicht widerstehen; sie werden ausgebuchtet, verdünnt und nach außen vorgetrieben: **Herzaneurysma.**

Bei akuten Prozessen, wie Myomalazie oder akuter Entzündung, spricht man von akutem Herzaneurysma; schließen sich solche Herzaneurysmen an Schwielen, meist infolge von Koronarsklerose besonders im Gebiet des absteigenden Astes der linken Koronararterie in der Nähe der Herzspitze, an, so spricht man von chronischem Herzaneurysma. Das schwielige Bindegewebe kann ja infolge Mangels an Kontraktibilität die Arbeit des Muskels nicht leisten und dem Blutdruck so minder gut widerstehen; es kann sich um so besser vorbuchten, als es reich an elastischen Fasern ist. Die Aneurysmen können sich mit Fibrinmassen und Niederschlägen aus dem Blute füllen. Herzaneurysmen — akute wie chronische —, besonders erstere, und ebenso überhaupt erweichte Gebiete nach Myomalazie oder Infarkten oder akuten Entzündungen, besonders eitrigen, können auch perforieren, und so durch Austritt von Blut in den Herzbeutel sofortiger Tod resultieren.

Hypertrophie des Herzens tritt als Arbeitshypertrophie unter den S. 193 geschilderten Bedingungen ein. Betrifft sie den rechten Ventrikel, so wird das Herz breiter, die Spitze besonders vom rechten Ventrikel gebildet, betrifft sie den linken Ventrikel, so wird das Herz vor allem länger, mehr kegelförmig. Die Papillarmuskeln werden drehrund. Hypertrophische Herzen degenerieren besonders leicht. Scharf zu scheiden von der Hypertrophie ist die **Dilatation;** die Höhlen werden weiter, ohne daß die Herzmasse zunimmt, die Herzwände werden dünner, die Trabekel abgeplattet, die Papillarmuskeln in die Länge gezogen, dünner, oberflächlich abgeflacht. Eine Dilatation tritt unter allen Bedingungen von Schwächung des Organismus und Herzens auf, bei Infektionskrankheiten, Blutkrankheiten u. dgl. aber auch nach schweren körperlichen Anstrengungen. In solchen Fällen tritt sie plötzlich, akut ein. Dauernder findet sie sich im Anschluß an Hypertrophie, besonders bei unkompensierten Herzfehlern. Diese Kombination von Hypertrophie und Dilatation wird auch als exzentrische Hypertrophie bezeichnet.

Syphilitische Veränderungen sind selten; so Gummata oder syphilitische Myokarditis. Öfters finden sich syphilitische Veränderungen der Koronargefäße mit Schwielen u. dgl. als Folge.

Auch **Tumoren** sind selten, primäre wie Metastasen. Von ersteren finden sich Fibrome, Myxome, Myome, Lipome. Meist sind es aber keine echten Tumoren, sondern Gewebsmißbildungen; wenigstens ein Teil der sog. Myxome der Klappen stellt organisierte Thromben dar. Sarkome gehen hie und da vom Septumendokard des rechten Vorhofes aus. Tumoren der Umgebung (Mediastinum, Pleura) können auch direkt auf das Herz übergreifen.

Verletzungen des Herzens können durch Blutaustritt sofortigen Tod veranlassen, unter günstigen Umständen (besonders nicht perforierende) aber auch heilen.

Über das Hissche Bündel, das meist unabhängig vom übrigen Muskelgebiet erkrankt, siehe S. 197.

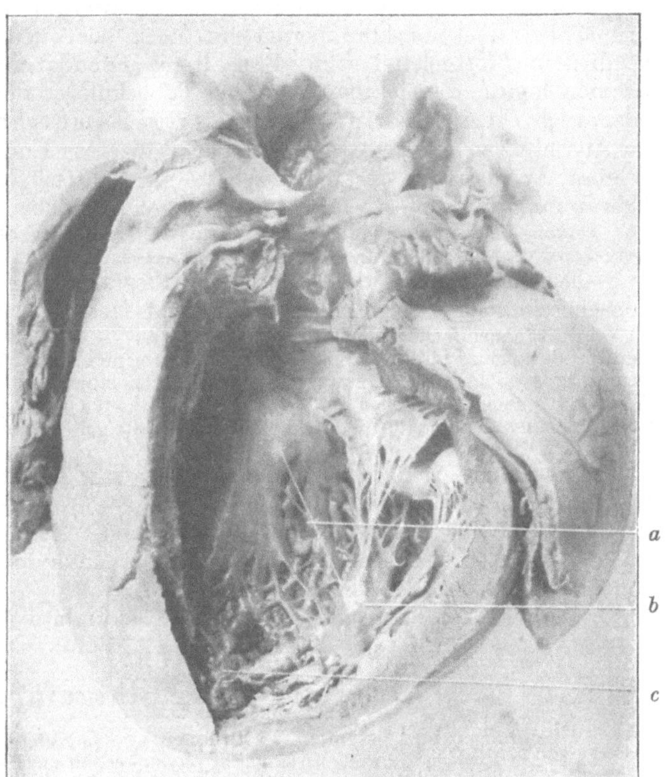

Fig. 266.
Dilatierter linker Ventrikel.
Abgeplatteter Papillarmuskel bei *b*. Thrombus im dilatierten Ventrikel nahe der Herzspitze bei *c*. Überzähliger Sehnenfaden bei *a*.

d) Perikard.

Die Menge der im Herzbeutel befindlichen Flüssigkeit kann bei langdauernder Agone bis auf etwa 100 ccm ansteigen. Stärkere Ansammlungen seröser Flüssigkeit entstehen als **Hydroperikard** bei Zuständen allgemeiner venöser Stauung; die vermehrte Flüssigkeit ist dabei klar, hell und zeigt keine oder nur einzelne Fibrinflocken, kann sich aber beim Stehen an der Luft trüben.

Bluterguß in den Herzbeutel, **Hämatoperikard,** ist Folge von Verwundungen des Herzens, spontanen Rupturen desselben oder von geplatzten Aneurysmen des aufsteigenden Teils des Arcus aortae oder der Koronararterien; in der Regel findet man das in den Herzbeutel ergossene Blut geronnen. **Ekchymosen** treten am Perikard in Begleitung entzündlicher (septischer) Prozesse, bei Dyskrasien und ziemlich konstant beim Erstickungstod auf.

Luft gelangt — selten — in den Herzbeutel **(Pneumoperikard)** durch traumatische oder von ulzerierenden Tumoren bewirkte Perforationen nahe gelegener Hohlorgane (Ösophagus, Magen, Lunge). Gasentwickelung im Herzbeutel kann auch Folge jauchiger Zersetzung eines Exsudates sein.

Sehr häufig entsteht während der Sektion bei der Abtrennung des Sternums vom Herzbeutel ein künstliches Emphysem an der Außenfläche des letzteren.

Bezüglich der **Entzündungen** des Perikards gilt zunächst das (S. 71) über die Entzündungen der serösen Häute überhaupt Mitgeteilte. Von einzelnen Formen ist folgendes anzuführen:

Am häufigsten ist die **serofibrinöse oder fibrinöse Perikarditis.**

Das Perikard ist hyperämisch, es können auch kleine Blutungen entstehen, der sonst spiegelnde Glanz der Oberfläche fehlt. Bald tritt eine samtartige Trübung auf, d. h. ein ganz feiner fibrinöser Belag. Dieser verdickt sich dann zu deutlichen, leicht abziehbaren, eventuell netzförmig gezeichneten Membranen oder zu dicken zottigen Massen, die dem Epicardium viscerale — Cor villosum, Zottenherz — sowie dem Pericardium parietale aufsitzen. Oft bilden die Zotten Leisten ums Herz infolge der Bewegung dieses. Freie abgelöste Fibrinmassen, die auch verkalken können, heißen Corpora libera.

Ist nur eine fibrinöse Entzündung vorhanden, so spricht man auch von Pericarditis sicca; ist Erguß zudem vorhanden, so ist dieser reicher an Fibrin (trüber) als ein einfaches Transsudat. Die Fibrinmassen werden später organisiert; so verwächst das Herz mit dem Herzbeutel — **Adhäsivperikarditis** — zu vollständiger Obliteration des Herzbeutels, oder nur stellenweise, wobei die Verwachsungsstellen infolge der Herzbewegung zu Strängen ausgezogen sein können. In den flächenhaften Schwielen kann sich auch Kalk ablagern. Die Verwachsungen bedeuten natürlich eine Erschwerung der Herztätigkeit. Die Perikarditis kann primär bei Infektionskrankheiten entstehen oder von der Umgebung, vor allem einer Myokarditis, her fortgeleitet sein. Enthält das Exsudat viel Blut, so spricht man von **Pericarditis haemorrhagica,** die sich besonders bei Tuberkulose oder den seltenen Tumoren findet. **Eitrige** oder auch eitrig-fibrinöse oder eitrig-hämorrhagische **Perikarditis** entsteht besonders im Anschluß an eitrige Myokarditis oder ulzeröse Endokarditis oder sonst von der Umgebung (Pleura, Wirbelsäule) fortgeleitet, oder metastatisch, besonders bei Pyämie oder Sepsis. Die Erkrankung führt meist zum Tode. Wenn nicht, kann auch hier Organisation erfolgen.

Auch die Außenfläche des Perikards kann, vor allem von der Pleura oder dem Mediastinum fortgeleitet, entzündlich erkranken: Pericarditis externa.

Eine **produktive Perikarditis** kann außer als Endresultat einer akuten fibrinösen auch von vorneherein mehr chronisch entstehen und fast ohne Exsudation verlaufen.

Die **Sehnenflecke** — Maculae tendineae — sind weißliche Verdickungen des Epikards, selten sind sie das Endresultat ganz zirkumskripter fibrinöser Entzündung, zumeist Folgen kleinster mechanischer Defekte bei der Herzbewegung (Orth). Sie sitzen mit Vorliebe über dem Conus arteriosus dexter. Wucherungen der Deckzellen in Spalten des verdickten Bindegewebes können an Drüsen erinnernde Bilder bieten. Feinste Knötchen, die in fortlaufender Kette über den Gefäßen sitzen können, gehören auch hierher (sog. Sehnenfleckknötchen).

Tuberkulose findet sich in Gestalt einzelner Tuberkel oder zugleich mit einer exsudativen oder produktiven Entzündung als tuberkulöse Perikarditis. Dann kann es zu ausgedehnten Verkäsungen des Granulationsgewebes kommen. Die Perikardtuberkulose ist zumeist von einer solchen der Pleura oder von verkästen Mediastinallymphknoten fortgeleitet (häufig am oberen Umschlagblatt des Perikards gelegen).

Primäre **Tumoren** sind sehr selten, sekundäre (fortgeleitete) häufiger.

B. Blutgefäße.

Mißbildungen und besonders Variationen von Gefäßen sind ein häufiger Befund.

Die Aorta weist in ihrem Anfangsteil physiologisch zwei kleine Narben auf, eine dem fötalen Ansatz des Duct. art. Botalli, die andere wahrscheinlich der fötalen Vereinigung der beiden ursprünglich getrennt angelegten Aortenbögen entsprechend. Diese Stellen sind Prädilektionssitze atherosklerotischer (s. u.) Veränderungen.

Sehr häufig ist, auch isoliert, die **Verfettung** der Intima, besonders der Endothelien; man sieht sternförmige Zellen häufig ganz von Fetttröpfchen durchsetzt. Dies findet sich meist in allen möglichen dyskrasischen Zuständen, bei Vergiftungen usw. Fleckweise fettige Degeneration ist in der Pulmonalarterie häufig bei Emphysem usw. Auch die Muskelelemente der Media können verfetten.

Fig. 267.
Verfettung der Intimazellen der Aorta.
Abgezogene Lamelle aus der Intima. Man sieht die mit Fetttröpfchen erfüllten dunkleren, sternförmigen Intimazellen.

Daß die **Amyloiddegeneration** sowie die **hyaline Degeneration** besonders die Gefäße betreffen, s. S. 37 und 38.

In höherem Alter kommt es zu Verminderung der elastischen und muskulösen Elemente der Wand; infolge dieser **Atrophie** hat schließlich eine **diffuse Erweiterung** statt. Dies findet sich besonders ausgesprochen im aufsteigenden Teil des Arcus aortae, und zwar findet sich hier bei alten Leuten so gut wie regelmäßig eine Ausbuchtung der Gefäßwand besonders nach hinten. Über Erweiterungen besonders erkrankter Stellen s. u. Über **Verkalkung** s. u.

Die wichtigste Erkrankung der Gefäße, deren **Atherosklerose**, stellt ein Gemisch regressiver (bezw. infiltrativer) und proliferativer Prozesse dar.

Zu dem Verständnis dieser so überaus häufigen Veränderung müssen wir (mit Jores und Aschoff) von dem normalen, im Laufe der verschiedenen Lebensalter sich verschiebenden Gefäßverhalten ausgehen. In der Jugend, in der Wachstumsperiode, bildet sich eine physiologische Intimaverdickung aus; sie beruht auf Spaltung der Lamina elastica interna und Abhebung der hyperplastischen elastischen Streifen. So erhalten die Gefäße trotz Wachstums ihre elastische Vollkommenheit, ja vermehren ihre elastische Widerstandskraft. Diese „aufsteigende Periode der Gefäßveränderungen" reicht etwa bis zum 20. Jahre, dann folgen zwei Jahrzehnte Ruheperiode, mit dem 40. Jahre etwa beginnt die Abnutzungsperiode. Das erste hierbei ist eine Verfettung (und Auflösung) in der Kittsubstanz der Elastika der elastisch-muskulösen Längsschicht der Intima. Das Fett und vor allem Cholesterin (bzw. Cholesterinester) und Lipoide dringen dabei wahrscheinlich mit dem Blutplasma vom Gefäßinhalt aus in die Intima ein und infiltrieren diese. Quellung und Hyalinisierung des Bindegewebes kommt hinzu; ebenso treten Fette und Cholesterinester auch hier auf. Es schließt sich eine Verdickung des Bindegewebes an. Die elastischen Fasern bilden sich in dieser Periode weniger neu; im Gegenteil, im Laufe der Jahre verlieren sie ihre Vollkommenheit an Elastizität, wobei wohl schon frühzeitig beginnend Elastin wertes in minderwertiges Elazin umgebildet wird, nutzen sich ab und werden zum Teil durch Bindegewebe ersetzt. Es ist ein „kompensatorischer Prozeß mit Bildung minderwertigen Ersatzmaterials" (Aschoff). Bindegewebe ist zwar widerstandsfähiger als elastisches Gewebe, aber seine elastische Vollkommenheit ist geringer, so findet eine Dehnung statt, und auf die Dauer kommt eine Erweiterung des Gefäßrohres zustande. Aber zu der Bindegewebswucherung gesellen sich bald als Effekt der Überdehnungen weitere regressive Vorgänge.

Diese leiten über zu der eigentlichen pathologischen Veränderung, der **Atherosklerose,** und so sehen wir, wie diese sich an physiologische Abnutzungserscheinungen anschließt.

Unter den regressiven Prozessen steht in erster Linie die Verfettung, und zwar hauptsächlich die Cholesterinesterverfettung. Die Stoffe stammen auch hier wohl vorzugsweise aus dem, eventuell an Cholesterin angereicherten, Blutplasma und infiltrieren besonders schwer geschädigte bzw. veränderte Stellen. Dabei zerfallen die Zellen und das Cholesterin wird frei. Wir bezeichnen die so in der Intima entstehenden Gebilde (nach Analogie zu ähnlich erscheinenden der Haut) als **Atherome** (Förster).

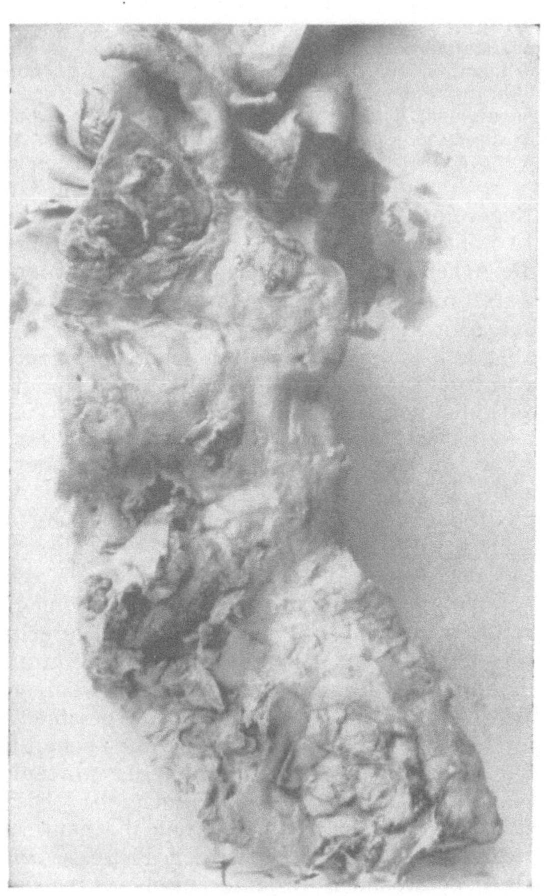

Fig. 268.
Sehr starke Atherosklerose der Aorta abdominalis mit starken atheromatösen Geschwüren und Verkalkungen.

Sie stellen gelbe Flecke dar, in denen sich gelbliche oder durch Blutbeimischung rötliche, weiche Zerfallsmassen ansammeln, hauptsächlich aus fettigem Detritus mit Cholesterintafeln bestehend. Brechen solche Herde nach dem Gefäßlumen durch oder geht die Endothellage verloren, so entstehen geschwürige Prozesse, atheromatöse Geschwüre von unregelmäßig gezackter Form, meist den Grund und die flachen, oft weit unterminierten Ränder mit gelblichen Detritusmassen belegt. Thromben können sich auflagern.

Aber dem atheromatösen Prozeß gesellen sich bald sklerotische Vorgänge zu. Diese bestehen einmal in der Ablagerung von Kalk, indem sich die Fettsäuren zu Seifen und besonders zu Kalkseifen verbinden, diese sich dann aber in phosphorsauren und kohlensauren Kalk umwandeln. So können selbst große Kalkplatten entstehen. Vor allem aber spielen jetzt proliferative Prozesse eine Hauptrolle. Es entsteht neues Bindegewebe zunächst in Gestalt flacher, leicht prominenter, umschriebener, selten diffuser, fibröser Platten; das neugebildete Bindegewebe ist dann auch wieder degenerativen Vorgängen (Verfettung usw.) ausgesetzt.

Diese Prozesse, degenerative bzw. infiltrative (Atrophie, Verfettung, Verkalkung) wie proliferative, beschränken sich aber nicht auf die Intima, sondern ziehen in derselben Art die

Media in Mitleidenschaft, in der auch immer mehr und mehr Bindegewebe an die Stelle elastischer und muskulöser Elemente tritt. Auch die Adventitia wird von entzündlichen Prozessen mitergriffen. Die ganzen Prozesse zeigenfortschreitenden Charakter.

Die beschriebene Vereinigung atheromatöser und sklerotischer Prozesse hat zum Namen Atherosklerose (Marchand) geführt, der dem älteren Arteriosklerose (Lobstein) vorzuziehen ist, zumal die Veränderung nicht nur an Arterien, wenn auch hier vorzugsweise, sondern auch an Venen (Phlebosklerose) auftritt.

Genetisch betrachtet ist die Atherosklerose die Folge eines Mißverhältnisses zwischen Gefäßwandstärke und dauernder funktioneller Inanspruchnahme, wie dies z. B. Thoma, Albrecht, Marchand, Jores betont haben. Es findet eine physikalisch-mechanische und chemische Abnutzung (Romberg) statt. Die mechanische Abnutzung stellt der Blutdruck und insbesondere die Schwankungen desselben dar; z. B. schwere körperliche Arbeit oder Potatorium erhöhen ihn; so ist Atherosklerose bei Männern weit häufiger als bei Frauen. Auch nervöse Momente, wie Aufregungen, wirken wohl blutdruckerhöhend. Die chemische Abnutzung hängt mit Faktoren zusammen, die sich an die mit der Ernährung eingenommenen Stoffe knüpfen. Noch stärker und plötzlicher und oft schon sehr früh wirken naturgemäß toxische und infektiöse Momente ein, denen so ziemlich jeder in einem längeren Leben in dieser oder jener Art ausgesetzt ist. Endlich mag auch eine familiäre bzw. hereditäre Minderwertigkeit des Gefäßsystems eine disponierende Rolle spielen.

Aus dem Gesagten ergeben sich die Gründe von selbst, warum die Atherosklerose in der Regel eine Erkrankung des fortgeschrittenen Alters ist, insbesondere nach dem 40. Lebensjahr. In höherem Alter ist sie ein fast regelmäßiger Befund; gerade im hohen Greisenalter aber ist die Atherosklerose oft gering entwickelt, denn hier hat schon eine Auslese stattgefunden; sonst wären die betreffenden Leute nicht so alt geworden, denn es gilt der alte Satz Virchows, daß das Alter des Menschen von seinen Gefäßen abhängt. Andererseits findet sich Atherosklerose aber keineswegs selten auch schon in jugendlicherem Alter, gerade hier wohl vor allem infolge von Infektionskrankheiten oder auf Grund toxischer Einwirkungen, wobei der dauernden Einwirkung von Alkohol, Nikotin oder Blei sicher eine große Rolle zukommt.

Auch Stoffwechselerkrankungen (Gicht, Diabetes) spielen eine besondere Rolle.

Die Verteilung der Erkrankung über das Arteriensystem kann eine sehr unregelmäßige sein. Im Vordergrund steht zumeist die Aorta, und zwar der Anfangsteil derselben, bzw. in diesem bestimmte Stellen (s. u.), allem aber die Bauchaorta, besonders in ihrem unteren Teil, wo die Atherosklerose häufig beginnt, bzw. am stärksten ausgeprägt ist. Vom Anfangsteil der Aorta aus werden häufig auch deren Semilunarklappen ergriffen (s. dort). Auch können mehr isoliert besondere Arteriengebiete befallen sein, so die Koronar- oder Gehirnarterien, welche oft gleichzeitig stark ergriffen sind, während die Aorta noch ziemlich glatt ist. In anderen Fällen sind die Extremitätenarterien stark ergriffen. Häufig ist, besonders in höherem Alter, auch mehr oder weniger das gesamte Arteriensystem hochgradig atherosklerotisch verändert, wenn auch verschieden stark. Kleine Lipoidansammlungen in Gestalt gelber Flecke finden sich aber auch schon in jugendlichem, ja selbst kindlichem Alter überaus häufig, besonders dicht oberhalb der Aortenklappen in der Aorta sowie in den Koronararterien (vor allem der vorderen absteigenden). Diese Veränderungen wurden früher von der Atherosklerose scharf getrennt, werden ihr heute aber meist zugerechnet, wobei sie wohl als erster Beginn des atherosklerotischen Prozesses zu deuten sind, während manche Autoren sie nur als disponierenden Vorläufer ansehen. Sie sind wohl auf toxische bzw. toxisch-infektiöse Schädigungen in erster Linie zu beziehen. Selten ist eine neben allgemeiner Atherosklerose einhergehende oder mehr isolierte Atherosklerose im Gebiet der Lungenarterie; diese Pulmonalsklerose findet sich besonders bei Mitralfehlern, sowie bei Lungenphthise, Emphysem und anderen Lungenerkrankungen. Sie ist abhängig von einer dauernden Überlastung des Lungenkreislaufes. Sehr selten sind isolierte Pulmonalsklerosen unbekannter Herkunft. Mit der Pulmonalsklerose zusammen findet sich meist Hypertrophie des rechten Ventrikels.

Vielleicht spielen mechanische Momente die Hauptrolle für die Ausbildung der Atherosklerose überhaupt, chemische für deren Sitz. Im übrigen sind gewisse Stellen des Gefäßsystems schon stärker disponiert. Hierher gehören physiologisch präformierte engere oder pathologisch stenotisch gewordene Stellen, ebenso wie Erweiterungen, wie sie sich im Alter gewöhnlich finden, oder auch Verzweigungsstellen, die stärkerem Blutanprall ausgesetzt sind. Aus diesen Gründen lokalisiert sich die Atherosklerose in der Aorta — dem Hauptsitz — in der Bauchaorta besonders an den Abgangsstellen der großen Äste und der Teilung in die Iliacae und im Anfangsteil besonders an der dem stärksten Anprall ausgesetzten Konkavität des Aortenbogens, an der Ansatzlinie der Klappen („Rückbrandungslinie") und an den oben genannten kleinen narbigen Stellen. Von anderen Gefäßen werden besonders solche getroffen, welche, locker in der Umgebung gelegen, infolge mangelhafter Fixation den Wirkungen der systolischen Erweiterung und Dehnung sowie der senilen Erweiterung besonders ausgesetzt sind (Milz-, Koronar-, basale Hirnarterien u. a.), oder solche, welche gegen eine feste Unterlage gepreßt werden (wie die Carotis interna oder die Vertebralarterien). Nach Oberndorfer sollen allgemein die nichtfixierten Stellen weniger betroffen werden. Zu betonen ist aber, daß bei aller Bedeutung der dargelegten mechanischen Momente Erweiterung und Drucksteigerung allein ohne gleichzeitige Schädigung der Arterienwand Atherosklerose wohl nicht bewirken.

An den Extremitätenarterien, besonders der unteren Extremitäten und des Beckens, findet sich, auch in jugendlicherem Alter, eine besondere Affektion, offenbar auf Grund toxisch-infektiöser Einflüsse, bzw. bei schwer Arbeitenden (Mönckeberg). Sie besteht in einer mehr reinen Nekrose und Verkalkung der Media (Virchow-Mönckeberg). Auch echte Verknöcherung kommt hier vor. Diese besondere Form ist wichtig, weil sie zeigt, daß aus diesen Veränderungen peripherer Arterien Rückschlüsse auf Bestehen artherosklerotischer Veränderungen der Gefäße innerer Organe, die ja weit wichtiger sind, nicht gezogen werden dürfen.

In den kleinsten Gefäßen (Arteriolen und Kapillaren) kommt, der weniger differenzierten Wandung entsprechend, die Atherosklerose nicht in ihrem ganzen komplizierten Werdegang zur Ausbildung; vielmehr kommt es hier meist zu hyaliner Verdickung und lipoider Degeneration, oft mit Verschluß des Lumens. Diese Affektion, die z. T. auf Intoxikationen mit Blei, Alkohol u. dgl. zu beziehen, schon in jugendlicherem Alter eine große Rolle spielt, betrifft vor allem die Arteriolen der Niere und ist wegen ihrer Beziehungen zur Hypertonie schon S. 195 geschildert. In der Milz findet sich ganz gewöhnlich eine morphologisch ähnliche Veränderung der kleinen Gefäße schon bei jugendlichen Individuen ohne nachteilige Folgen.

Die Folgen atherosklerotisch veränderter Gefäße bestehen natürlich in Ernährungsverschlechterung der betroffenen Gebiete und ihren Folgezuständen. So können sie an den unteren Extremitäten sogar Gangrän im Gefolge haben. Weitere Folgen können Zerreißungen der Gefäße mit Blutungen sein. Daß sich auch Thromben auf atherosklerotisch veränderten Ge-

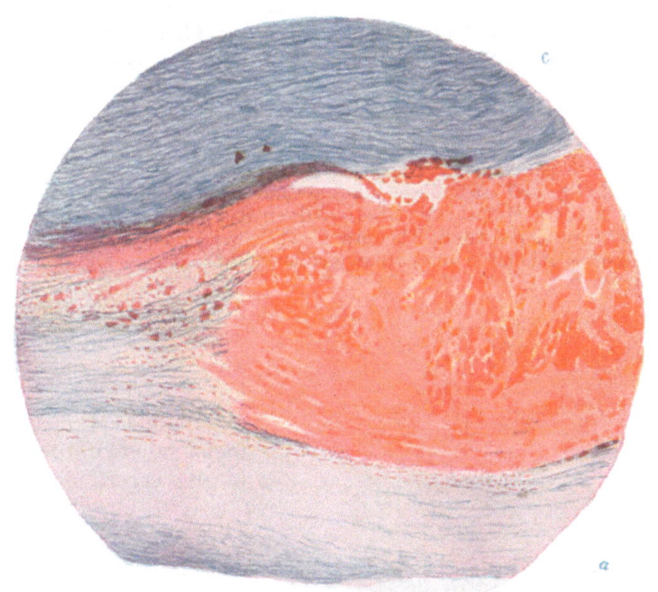

Fig. 269.
Hochgradige Atherosklerose der Aorta.
a Intimaverdickung. *b* Atherom, angefüllt mit fettigem Detritus (rot). Die, links im Bilde noch erhaltenen, elastischen Fasern (blau) zerstört. *c* Media mit elastischen Fasern (blau).

fäßen gerne ablagern, ist schon geschildert. Daß Atherosklerose der Koronararterien und der Gehirnarterien (s. dort) besonders schwere Folgen bewirken, ist leicht verständlich.

Auch einschlägige Tierexperimente sind von großem Interesse. Mittels Adrenalins und anderen toxisch wirkenden Mitteln hat man Nekrosen und Verkalkung der Media erzeugen können (Arterionekrose, Josué, B. Fischer, Steinbiß usw.), welche der oben angeführten Extremitätenarterienveränderung entsprechen. Mit besonderer Nahrung, insbesondere mit Cholesterinfütterung (bzw. solcher mit reichem Cholesteringehalt, wie Milch, Eigelb usw.), ist es dann aber geglückt (Anitschkow, Chalatow), der menschichen Atherosklerose fast völlig gleichende Arterienveränderungen zu bewirken. Auch mit Einnahme von Milchsäure ist ähnliches mit besonders starker Bindegewebswucherung gelungen (Loeb).

Von der eigentlichen Atherosklerose zu trennen sind mehr rein entzündliche Veränderungen der Gefäßwände. Sie finden sich vor allem inmitten von Entzündungsgebieten. Hierher rechnen können wir auch die vor allem die Intima betreffenden Vorgänge, welche als **Endarteriitis** bzw. **Endophlebitis** bezeichnet werden, oder, wenn das Lumen ganz verschlossen wird, mit dem Zusatz **obliterans.** Auch hier spielen toxische bzw. infektiöse oder auch mechanische Schädigungen die Hauptrolle oder es handelt sich um reparative Vorgänge. So wenn Thromben oder Emboli, welche das Lumen verschließen, durch Bindegewebe von der Intima aus ersetzt, d. h. organisiert werden. Durch Kanalisation (s. unter „Thrombus") kann sich dabei ein hindurchziehender Blutstrom wieder einstellen.

Solche obliterierende Vorgänge haben ein physiologisches Vorbild in der gewöhnlichen Obliteration der Nabelgefäße und des Ductus Botalli infolge der Entspannung, wenn bei Eintreten der definitiven Kreislaufbewegung kein Blut mehr in sie eintritt. Umgekehrt kommt eine kompensatorische Intimaverdickung aber auch zustande, wenn dauernd erhöhter Blutdruck, der zur Gefäßerweiterung tendiert, Wandverstärkung herbeiführt (die Mehrarbeit bedingt dabei auch Verdickung der Muskularis der Media). Und endlich können wir die sog. „funktionellen Sklerosen" (Aschoff) hier einreihen, welche sich besonders im Ovarium und Uterus als Folge von Ovulation, Menstruation und Plazentation finden und in Wucherung von hyalinem Bindegewebe und mächtiger Entwickelung elastischer Massen mit Lumenverengerung bestehen.

Betrifft die Entzündung weniger die Intima als die Media, so spricht man von Mesarteriitis, betrifft sie hauptsächlich die Adventitia von Periarteriitis.

Fig. 270.
Gefäßtuberkel der Pia (frisches Zupfpräparat).
(Aus Aschoff-Gaylord, Kursus der pathologischen Anatomie.)

Auch die Venen werden nicht selten entzündlich affiziert — **Phlebitis** —, besonders bei septischen oder überhaupt infektiösen Allgemeinzuständen. Das Endothel kann dabei verloren gehen und sich eine fibrinreiche Pseudomembran der Innenseite der Venenwand anlagern. Es lagern sich dann gerne Thromben darauf ab: **Thrombophlebitis.**

Sind die eine Gefäßerkrankung bewirkenden Bakterien Eitererreger oder die Thromben mit solchen infiziert, so kann eine echte Eiterung in der Gefäßwand entstehen — **eitrige Arteriitis** bzw. **Phlebitis.** Sie kann zur Perforation führen.

Selten ist eine besondere Erkrankung, die **Periarteriitis nodosa** (Kußmaul-Maier). Hier handelt es sich wohl um Nekrose der Media und anschließende entzündliche Exsudation und proliferative Wucherung aller drei Wandschichten ausgehend von der Media-Adventitialgrenze mit Verlust der normalen Gefäßwandelemente. Aneurysmen und eventuell Thromben schließen sich an. So bilden sich an den Gefäßen verschiedener Organe kleine weißliche Knötchen in großer Zahl. Wahrscheinlich hat die Erkrankung eine infektiös-toxische Grundlage.

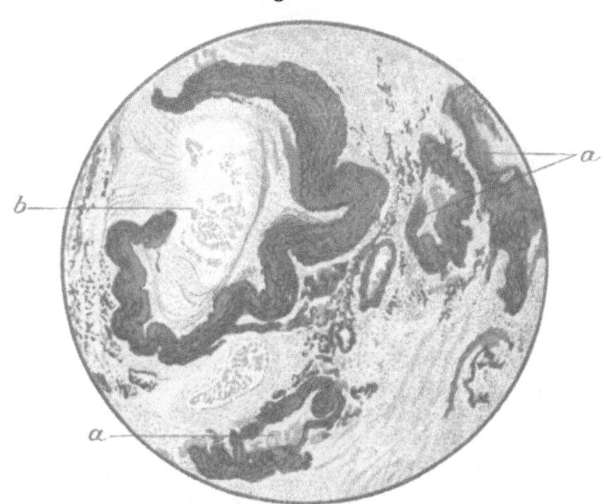

Fig. 271.
Aus einem Strang mit endarteritisch verschlossenen Gefäßen, welcher durch eine Kaverne einer tuberkulösen Lunge zieht.
a völlig verschlossene Arterien; *b* eine große, größtenteils verschlossene, Arterie.

Die **Tuberkulose** tritt besonders in der Intima in Gestalt miliarer Tuberkel auf oder in der Form größerer tuberkulös-verkäster Herde, die zu akuter allgemeiner Miliartuberkulose führen. Zumeist aber obliterieren die von Tuberkulose ergriffenen Gefäße vorher.

In tuberkulösen Herden werden Gefäße auch von außen her ergriffen. Zuletzt sind in allen diesen Fällen die ganzen Gefäßwandschichten verändert. Sind kleinere Gefäße ganz mit Reihen mittlerer Tuberkel besetzt, wobei oft spindelige Auftreibungen zustande kommen, so spricht man auch von Periangitis tuberculosa (vor allem Piaarterien). Im Gebiet tuberkulöser Herde erkranken kleine Gefäße auch oft ohne eigentliche Tuberkel aufzuweisen allgemein entzündlich oder hyalindegenerativ bzw. werden nekrotisch, z. B. bei Meningitis tuberculosa.

Die **Syphilis** ergreift die Gefäße häufig von der Umgebung her, wenn hier luetische Veränderungen bestehen, indem sich gummöse Knötchen bilden, die der Gefäßwand aufsitzen, „Arteriitis gummosa", oder indem die Gefäße mehr diffus erkranken, zunächst von der Adventitia und Media her, woran sich aber Wucherungen der Intima anschließen, oder indem zuerst Endangitis auftritt. Daß in syphilitischen Granulationen sehr häufig besonders die kleinen Venen erkranken — Endophlebitiden —, ist schon S. 92 geschildert.

Besonders an kleinen Gehirnarterien finden sich, von der Adventitia ausgehend, kleine Gummiknoten oder Rundzellenhaufen, kleine Nekrosen und Leukozytenansammlungen; es bilden sich kleine Zerreißungen der Wand oder besonders kleine Erweiterungen (Aneurysmen) aus. Auch die Intima zeigt Bindegewebswucherung, die überhaupt später an die Stelle der Zellhaufen tritt, wobei auch die Elastika wuchern kann — Endarteriitis syphilitica obliterans (Heubner).

Bei Syphilis tritt auch eine Sklerose der Pfortader auf und auch die großen Lebervenen können durch Endophlebitis obliterans verschlossen werden.

Eine selbständige Rolle spielt bei der Syphilis eine Veränderung der Aorta, welche, besonders von Heller, Chiari, Benda studiert, sehr charakteristisch und zwar nicht nur auf Syphilis (hie und da auch auf Kokkeninfektionen u. dgl.), aber doch zu allermeist auf diese zu beziehen ist. Sie ist von der gewöhnlichen (Alters-)Atherosklerose zu trennen. Ihr Sitz ist fast ausschließlich die Brustaorta, besonders die Aorta ascendens; wenigstens pflegt die Erkrankung hier zu beginnen und nach unten abzunehmen, oft mit dem Zwerchfell abzuschneiden. Infolge dieses Sitzes werden die Aortenklappen durch entzündlich-proliferative Prozesse, welche einen Randwulst der Klappen bewirken, der durch Schrumpfung dann Insuffizienz herbeiführt, in Mitleidenschaft gezogen (daher ist isolierte Aorteninsuffizienz besonders häufig syphilitischer Natur). Auch werden die Abgangsstellen der Koronararterien besonders häufig mitbefallen, was sehr deletäre Folgen zeitigen kann. Diese Affektion beginnt in der Media mit Nekrose der Muskelfasern und Zellinfiltrationen (eventuell auch in der Adventitia den Vasa vasorum folgend). Finden sich statt einfacher Zellinfiltrationen ausgesprochene kleine Glummata, so ist die syphilitische Ätiologie sichergestellt. Wir bezeichnen die Affektion am besten als **Mesaortitis.** Erst sekundär verändert sich dann auch die Intima. Hier stehen aber die regressiven Veränderungen — Verfettung und Verkalkung — im Gegensatz zur gewöhnlichen Atherosklerose nicht im Vordergrund, vielmehr bilden sich hier besonders bindegewebige Schwielen aus, makroskopisch in Gestalt weißlicher beetartiger Flecke, so daß die Intima ein ungleichmäßiges vorgewölbtes und dazwischen mit Einsenkungen versehenes Aussehen annimmt. Man spricht demnach auch von **schwieliger Atherosklerose** oder besser von **Aortitis productiva.** Die Erkrankung findet sich ihrer Ätiologie entsprechend häufig bei jungen Leuten, kombiniert sich aber oft auch mit Veränderungen der gewöhnlichen Atherosklerose.

Mit diesem Auftreten in jugendlicherem Alter, wo besonders bei kräftiger Arbeit der Blutdruck noch ein starker ist, und mit dem Sitz im Anfangsteil der Aorta hängt es zusammen,

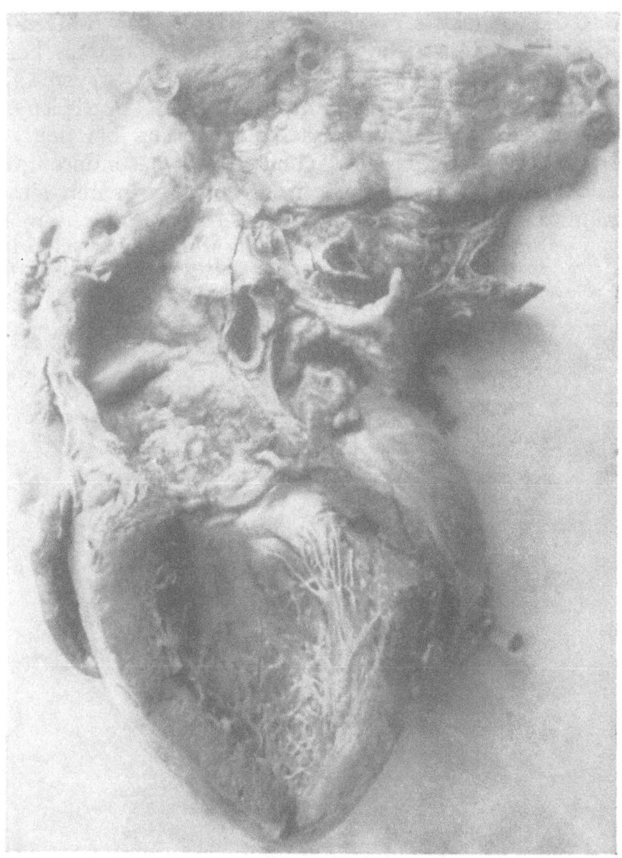

Fig. 272.
Schwielige (luetische) Mesaortitis der Aorta thoracica. Auch die Aortenklappen sind ergriffen, verdickt, verkürzt: Aorteninsuffizienz.

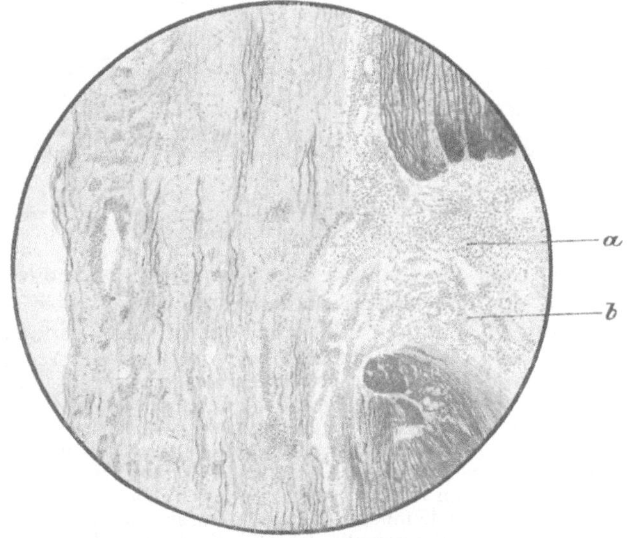

Fig. 273.
Schwielige Mesaortitis (syphilitica).
Bei *a* Unterbrechung der elastischen Fasern durch eine Zellanhäufung; *b* eine Riesenzelle. Kerne rot (Karmin). Elastische Fasern blauviolett. (Nach Weigert gefärbt.)

daß die wichtigste Folge der syphilitischen Mesaortitis, Erweiterungen = **Aneurysmen,** gerade hier ihren Sitz zu haben pflegen und besonders bei Männern auftreten (bei denen die Syphilis überhaupt häufiger ist). Ein solches Aneurysma, also die Erweiterung des mit veränderter Wand versehenen Arterienrohres, kann ein zirkumskriptes (sackförmiges) oder ein diffuses sein. Daß sich dasselbe besonders bei der syphilitischen Mesaortitis findet, ist leicht mit den für die Ausbuchtung besonders günstigen Bedingungen gerade bei der veränderten Media zu erklären. Die Aneurysmen sitzen mit Vorliebe im Anfangsteil der Aorta, kommen aber auch an der Bauchaorta oder den anderen größeren Arterien vor.

Ein Individuum kann auch mehrere Aneurysmen in sich tragen.

In den Aneurysmen gehen weitere Veränderungen vor sich. Sie betreffen zunächst die Gefäßwand. Die Muskulatur schwindet immer mehr, dagegen wuchert das Bindegewebe, welches der weiteren Verdünnung der Wand entgegenarbeitet, so stark, daß alle drei Schichten fast nicht mehr zu scheiden sind. Infolge der Wanddegeneration kann es zu Ruptur der inneren Schichten mit Erhaltung der äußeren und der ebenfalls bindegewebig-entzündlich veränderten Umgebung kommen und so entsteht statt des einfachen Dilatationsaneurysma das sog. Rupturaneurysma.

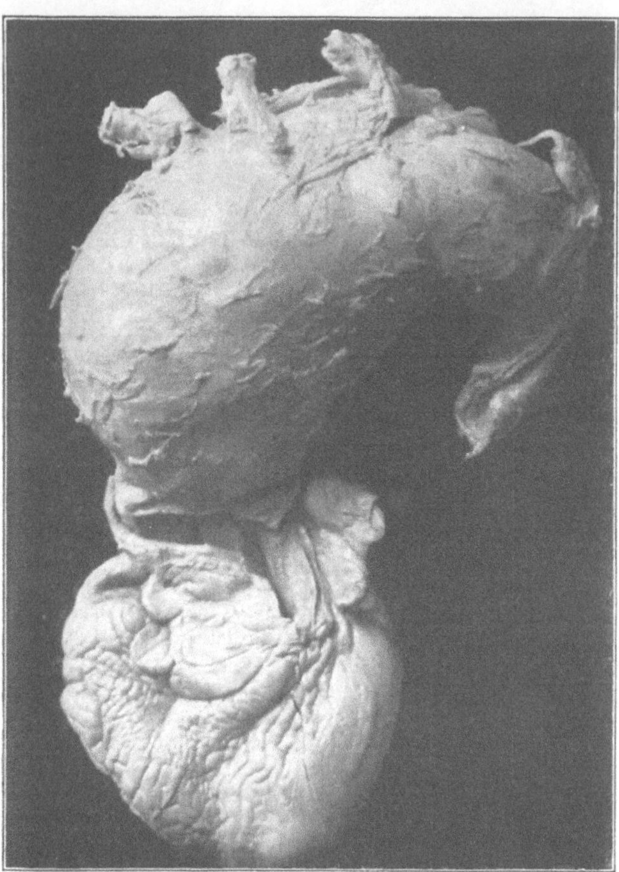

Fig. 274.
Großes Aneurysma des Arcus aortae (unaufgeschnitten).

Andere sekundäre Veränderungen betreffen das Lumen der Aneurysmen. Infolge der Stromverlangsamung und Wirbelbildungen lagern sich oft schichtweise thrombotische Niederschläge ab (sog. „Aneurysmenfibrin"). Sie können gewaltig sein und so ein etwa normales Strombett wieder herstellen; die Massen können auch organisiert werden, dann ist letzteres erst recht der Fall. Andererseits tragen frischere thrombotische Massen die Gefahr der Embolie in sich.

Die Aneurysmen stellen auch eine Gefahr für ihre Umgebung dar. Sie verwachsen mit benachbarten Weichteilen oder Organen, so Trachea, Bronchien, Lunge, Herzbeutel, Ösophagus, Nerven, Wirbeln, Rippen u. dgl. Diese Gewebe müssen mitleiden. So kann Bronchitis (und eventuell einseitige Lungentuberkulose), durch Druck auf den N. recurrens Stimmbandlähmung die Folge sein. Das Aneurysma wächst, und so drückt es immer mehr auf die Umgebung und bewirkt, besonders am Knochen, **Druckusuren,** so an der Wirbelsäule (s. auch unter „Atrophie"), wodurch sogar das Rückenmark in Mitleidenschaft gezogen werden kann, oder am Sternum, das zu einer dünnen Platte werden kann, durch das man das pulsierende Aneurysma durchfühlt, sieht und hört.

Die größte Gefahr des Aneurysma besteht aber in seiner **Perforation,** wenn die veränderte überdehnte Wand dem Blutdruck nicht mehr widerstehen kann.

Sie kann in die Pleurahöhle oder den Herzbeutel oder die Bauchhöhle oder das Gehirn, je nach dem Sitz, eventuell in Lungenkavernen oder durch das arrodierte Sternum nach außen, aber auch in verwachsene Hohlorgane, wie Trachea oder Ösophagus oder das Herz bzw. die Arteria pulmonalis oder benachbarte Venen erfolgen, eventuell sogar gleichzeitig in mehrere Hohlorgane. Meist tritt sofortiger Tod durch Verblutung ein. Kommt die Blutung zum Stehen, so gerinnt das ausgetretene Blut in der Umgebung des geplatzten Aneurysma, sog. arterielles Hämatom. Durch Einbruch in eine Vene (oder ähnlich durch eine Verletzung von Arterie + Vene) entsteht das sog. Aneurysma arteriovenosum.

Aneurysmen kommen aber auch unter anderen Bedingungen und an anderen Arterien, besonders auch an der Aorta abdominalis, Karotis, Poplitea und Radialis vor, so bei traumatischen Gefäßwandläsionen (s. auch unten), oder auch bei der gewöhnlichen Atherosklerose. Kleine Arterien erscheinen dabei öfters geschlängelt — Aneurysma serpentinum — oder es werden Nebenäste miteinbezogen, so daß ein ganzes Gebiet verändert wird — Rankenaneurysma, A. racemosum.

Es gibt auch noch besondere Aneurysmenformen: **embolische Aneurysmen** entstehen dadurch, daß harte Teile, wie verkalkte Thrombenteile oder Herzklappenstücke u. dgl. losgerissen als Emboli sich in die

Intima eines Gefäßes so einbohren, daß an der geschädigten Stelle der Wand eine Ausbuchtung resultiert. Sind die Emboli infiziert, so entstehen so die sog. mykotisch-embolischen Aneurysmen (Ponfick). Embolische Aneurysmen finden sich besonders an den basalen Hirnarterien und führen hier zu Blutungen. Die sog. Miliaraneurysmen (auch besonders an Arterien des Gehirns), welche klein, mit bloßem Auge kaum sichtbar sind, stellen wohl zumeist kleinste Hämatome dar. Andere Aneurysmen siehe unten unter Verletzungen.

Über Aneurysma spurium und dissecans s. u.

Venenerweiterungen — **Phlebektasien** — sind auch diffus oder umschrieben (sackförmig). Besonders letztere, meist mit geschlängeltem Verlauf infolge Zunahme der Längenausdehnung verbunden, stellen die **Varizen** dar. Meist sind ganze Plexus ergriffen. Die einzelnen Venenwände können dabei zur Atrophie gelangen, und so Kommunikationen eintreten. Die Ursache besteht in erster Linie in mechanischer Behinderung des venösen Rückflusses auf Grund entweder allgemeiner Momente — Herzschwäche, Wirkung der Schwere bei langem Stehen (besonders am Unterschenkel) — oder lokaler Momente wie Thrombosen, Druck durch den schwangeren Uterus, Tumoren od. dgl. Veränderungen der Wand (die sich sonst auch sekundär einstellen) und angeborene Schwäche wirken aber bei der Entstehung der Varizen mit. Nach

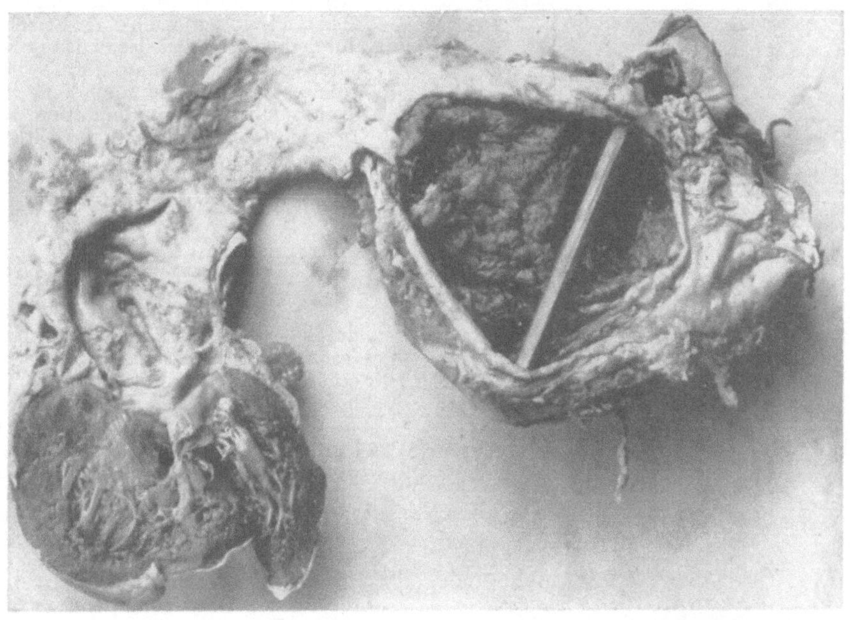

Fig. 275.
Mesaortitis. Zirkumskriptes Aneurysma der Aorta descendens mit thrombotischen Massen gefüllt.

Hasebroek entstehen die Varizen auf mechanischer Grundlage, indem bei einem Mißverhältnis zwischen Zu- und Abfluß die arteriopulsatorische Welle in Seitendruck umgewandelt wird und so die Venen erweitert. Die Varizen finden sich besonders am Unterschenkel, am Anus als Hämorrhoiden und am Hoden als Varikozele, sowie bei Leberzirrhose an den Ösophagusvenen. Sie können perforieren und so zum Tode führen.

So ist dies öfters Todesursache gerade bei den Varizen, die sich bei Leberzirrhose am unteren Ende des Ösophagus bilden. Im Herzen finden sich — selten — Varizen der Venae minimae Thebesii neben dem Foramen ovale (besonders im rechten Vorhof).

In der Umgebung können die Varizen Atrophie, Katarrhe und chronische Entzündungen (Unterschenkelgeschwüre), aber auch hypertrophische Bindegewebswucherungen (Elephantiasisformen) bewirken. Gleichzeitiges Vorhandensein von Aneurysma und Varizen kann die Gefäße kommunizieren lassen; man unterscheidet dabei das Aneurysma varicosum und den Varix aneurysmaticus.

In Phlebektasien kommt es auch zu thrombotischen Ablagerungen und Organisation solcher sowie dann durch Verkalkung zu Venensteinen, Phlebolithen.

Auch an Kapillaren kommen Ektasien vor, teils angeboren, besonders in der Haut als Naevi vasculosi, teils im Anschluß an Stauungen und chronische Entzündungen.

Gefäße besitzen große **Regenerationsfähigkeit,** auch sind sie sehr anpassungsfähig: so können sich kleine zu großen dickwandigen umbilden (Kollateralkreislauf). Neue Gefäßsprossen bilden sich in Granulationen u. dgl. stets.

Bei **Verletzungen** bilden sich zumeist zunächst Thromben, dann von der Intima aus Bindegewebswucherungen, so daß das Lumen auf diese Weise verschlossen wird. Bei Querdurchtrennungen und so bedingten Retraktionen schließen sich die Arterienenden durch starke Kontraktion und Gerinnselbildung.

Tritt bei einer seitlichen Gefäßverletzung Blut aus, so bildet dasselbe in der Umgebung eine Höhle mit Blut, die mit dem Gefäß kommuniziert, sog. **Aneurysma spurium.** Das Blut kann gerinnen, und es kann sich durch Organisation in der Umgebung eine neue bindegewebige Wand bilden.

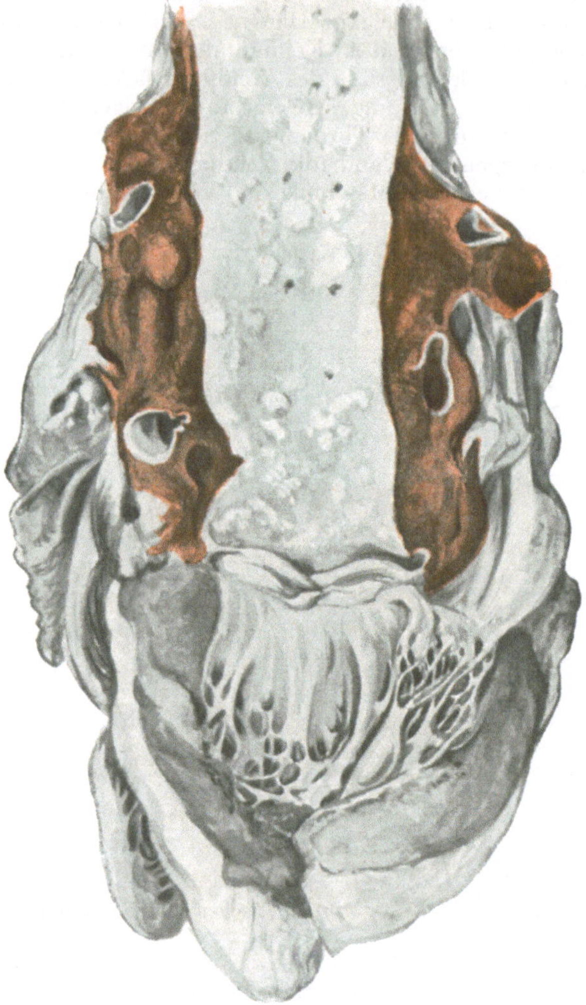

Führt ein Trauma eines meist atherosklerotisch veränderten Gefäßes eine Ruptur nur der Intima und eventuell eines Teiles der Media herbei, so drängt sich das Blut hier ein und wühlt sich in der Media eine Strecke weit einen neuen Weg. So entsteht das sog. **Aneurysma dissecans.** Dies kann dann noch durchbrechen, meist nach außen (in den Herzbeutel, da das A. dissecans meist dicht oberhalb der Aortenklappen sitzt), oder aber auch (selten) nach einer Strecke stromabwärts durch die Intima wieder in das Gefäßlumen hinein, eine Art Selbstheilung. Eine gleichzeitige Verletzung von Arterie und Vene kann auch die oben genannte Kommunikation beider bewirken. In sehr seltenen Fällen kann bei gewaltsamen Bewegungen auch eine Spontanruptur einer unverletzten Arterie — meist der Aorta oberhalb der Klappen — erfolgen.

Fig. 276.
Aneurysma dissecans.

C. Lymphgefäße.

Sehr häufig ist **akute Lymphangitis,** die durch Einwirkung der von Entzündungsherden resorbierten Substanzen oder Mikroorganismen entsteht und die Entzündung von dem ursprünglichen Herd zu den Lymphknoten vermittelt. Die Wand der Lymphgefäße ist infiltriert, ihre Adventitia nicht selten von kleinen Blutungen durchsetzt, die Endothelien ihrer Intima sind geschwollen und in Desquamation; im Lumen der Lymphgefäße bilden sich häufig Lymphthromben. Die entzündeten Wände der Lymphgefäße und deren hyperämische Umgebung bilden, entsprechend dem Verlaufe der ersteren, rote Streifen, die an der Haut sehr deutlich hervortreten.

Eiterige Lymphangitis entsteht bei Eiterung im Ursprungsgebiet. Wand und Inhalt der Lymphgefäße, eventuell thrombotische Massen zerfallen eitrig. Die Lymphgefäße treten als gelbe Stränge hervor. So wird die Eiterung zu den Lymphknoten und sonst weitergetragen, und es kann durch Infektion auf dem Blutwege septische Allgemeinerkrankung resultieren.

Eine chronische **fibrös-produktive Lymphangitis** kommt im Anschluß an chronische Entzündungen, besonders der serösen Häute, zustande und führt zu fibröser Verdickung der Lymphgefäßwände mit Wucherung ihrer Endothelien, welch letztere selbst einen Verschluß des Lumens herbeiführen kann **(Lymphangitis obliterans)**. Ähnliche chronische Entzündungen zeigen die Lymphbahnen der Lunge bei Anthrakose u. dgl.

Lymphangitis tuberculosa findet sich sehr häufig in der Umgebung tuberkulöser Herde. Die Lymphstämme können infolge des stellenweise eintretenden Verschlusses ihres Lumens an anderen Stellen erweitert werden (vgl. auch besonders den Abschnitt „Darm"). Über die Tuberkulose des Ductus thoracicus und seiner Hauptäste bei akuter Miliartuberkulose s. S. 87.

Lymphangitis syphilitica ist besonders als Vermittler des Syphiliserregers von dem Primäraffekte zu den benachbarten (meist Inguinal-) Lymphknoten wichtig **(„Lymphstrang")**.

Tumoren, namentlich Karzinome, wachsen oft in die Lymphgefäße hinein, so daß man auf größere Strecken hin eine Krebswucherung in den Lymphgefäßen und Lymphspalten sehen kann (oft besonders in der Lunge und Pleura sehr gut zu verfolgen).

Von primären Tumoren kommen **Lymphangiome und Lymphangioendotheliome** vor (vgl. S. 103 und S. 122).

Eine Erweiterung von Lymphgefäßen, **Lymphangiektasie,** entwickelt sich durch Stauung der Lymphe infolge von Verschluß der Lymphgefäße durch narbige Prozesse (obliterierende Lymphangitis), Neubildungen oder Tuberkel, wenn die vorhandenen Kollateralen nicht zur Abfuhr der Lymphe ausreichen. Dabei verändern sich die Wände der Lymphgefäße oft auch infolge der Entzündung der Umgebung und auch dies bietet ihrer Erweiterung Vorschub. Die Erweiterungen sind teils mehr gleichmäßig, teils sackförmig und knotig. Hierher gehören manche Fälle von **Elephantiasis** sowie von **Makroglossie** und **Makrocheilie** (S. 103). Häufig findet sich eine Lymphstauung in den mesenterialen Chylusgefäßen. In den Tropen bewirkt die **Filiaria sanguinis** eine **endemische Lymphangiektasie.** Über Lymphorrhagie s. S. 27.

Kapitel III.

Erkrankungen des Respirationsapparates.

A. Nase und deren Nebenhöhlen.

Nasenbluten — Epistaxis — findet sich sehr häufig bei aktiver oder Stauungshyperämie, im Verlauf von Infektionskrankheiten, bei Traumen, Geschwülsten oder hämorrhagischer Diathese usw.

Die häufigste Erkrankung ist der akute **Katarrh** (Coryza, Schnupfen), auf Grund verschiedenster Schädlichkeiten, oft zusammen mit Laryngitis oder Pharyngitis (s. dort). Als disponierendes Moment wirken dabei oft „Erkältungen" oder auch Einwirkungen mechanischer (Staub), chemischer (Gase, Jod etc.) oder thermischer Natur mit, dann erregen sonst unschuldige Bakterien die Entzündung. Oft ist sie auch Teilerscheinung akuter Infektionskrankheiten, besonders Masern oder Scharlach. Bei dem Katarrh folgt auf ein Stadium hyperämischer Schwellung der Schleimhaut eine schleimig-seröse, dann eine schleimig-eitrige Absonderung mit lebhafter Epitheldesquamation. Bei starken eitrigen Katarrhen (Blenorrhöe) treten oberflächliche Erosionen auf, oder Geschwüre, auf denen das Sekret zu Borken eintrocknet. Der akute Katarrh kann in einen chronischen übergehen, der sich auch bei Skrofulösen, dann auch als Berufskrankheit bei Müllern, Steinhauern usw. (Staub) findet. Auf Hyperplasie folgt dabei Atrophie der Schleimhaut mit Drüsenschwund. Auch hier bilden sich Erosionen oder Geschwüre.

Bei dem Katarrh erkranken oft die Nasennebenhöhlen (besonders Sinus frontalis und Antrum Highmori) mit. Eiteransammlungen mit Einschmelzung der Schleimhaut werden hier als **Empyem** bezeichnet.

Nasendiphtherie, durch Diphtheriebazillen erzeugt, ist besonders bei kleinen Kindern häufig. Auch kann eine Diphtherie der Rachenorgane auf die Nase übergreifen. Eine mehr selbständige Rhinitis fibrinosa ist ein gutartiges Leiden.

Bei dem chronischen Katarrh wird das Epithel öfters in Plattenepithel verwandelt, produktive Bindegewebsneubildung führt zu polypösen Bildungen; das Sekret wird faulig zersetzt und daher fötid-stinkend. Man spricht von **Ozäna** (über den mutmaßlichen Erreger s. unter Bazillen).

Tuberkulose eventuell mit Geschwürsbildung ist selten. Lupus kann von der Haut auf die Nasenschleimhaut übergehen.

Häufiger ist Syphilis, seltener als Primäraffekt, häufiger als — auch schon im Eruptionsstadium einsetzender— Katarrh (öfters mit Ozäna), ferner in Gestalt von Papeln oder Erosionen, in späteren Stadien auch in Form von Gummata oder Infiltraten. Letztere führen zu Zerfall der Schleimhaut und auch Nekrose (Karies) des knorpeligen und knöchernen Nasengerüstes; durch Einfallen der Nase kann so die „Sattelnase" entstehen.

Rotz ist selten, ebenso Lepra (s. Kap. III, S. 93). Über Rhinosklerom s. Kap. III. u. VII.

Geschwulstartige Bildungen nehmen oft die Form von Polypen an. Sie bestehen aus hyperplastischer Schleimhaut, eventuell mit Drüsenwucherungen — adenomatöse Polypen — (die Drüsen öfters zu kleinen Zysten erweitert), oft mit sehr zahlreichen weiten Gefäßen — teleangiektatische Polypen. Auch polypöse Fibrome (oft ödematös) kommen vor. Myxome, Chondrome, Osteome sind selten. Karzinome sind meist Plattenepithelkrebse des Naseneinganges, selten Zylinderzellkrebse. Selten sind Sarkome.

Über den sog. fibrösen Nasenrachenpolyp s. im Kap. IV.

Verkalken Fremdkörper oder seltener Sekret, so entstehen sog. Rhinolithen. Die Nase beherbergt oft saprophytische oder auch pathogene Bakterien, z. B. Diphtheriebazillen (Gefahr der Bazillenträger).

B. Larynx und Trachea.

Von **angeborenen Anomalien** kommen am Kehlkopf Hypoplasie, Spaltung der Epiglottis, den Kehlkopf abschließende Membranen u. a. vor. Die mit den Kiemenspalten in Verbindung stehenden sog.

branchiogenen Fisteln und Zysten sind wichtig, weil aus ihnen zuweilen Kankroide (branchiogene) entstehen.

Zirkulationsstörungen mit starker Transsudation und ebenso Entzündungen mit Exsudatbildung treten unter dem Bilde des **Glottisödems** auf, des akuten oder chronischen. Die Schleimhaut ist stark serös durchtränkt, quillt, besonders wo sie über einer lockeren Submukosa liegt (Regio interarytaenoidea, Taschenbänder, ary-epiglottische Falten) stark auf. Das Kehlkopflumen kann bis zum Eintreten des Erstickungstodes verengt werden.

An der Leiche kann die ödematöse Schwellung zum größten Teil zurückgegangen sein, dann erscheint die Schleimhaut zusammengesunken, sehr schlaff und gefaltet.

Die Ätiologie ist verschieden. Von Zirkulationsstörungen kommen weniger allgemeine Stauung (bei Herz-Nierenleiden) als lokale, besonders bei Larynxkarzinom oder Kompression oder Verlegung von Halsvenen in Betracht. Entzündliches Exsudat findet sich bei Erysipel des Larynx, sowie als Vorstadium oder neben Entzündungen desselben. Oft entsteht es im Anschluß an Entzündungen der Nachbarschaft, so bei Entzündungen des Pharynx, Prozessen an der Halswirbelsäule, Diphtherie usw.

Akuter Katarrh, Laryngitis catarrhalis, ist oft vom Rachen oder von den Bronchien her fortgeleitet, oder Teilerscheinung allgemeinen Katarrhes der Luftwege (bei Masern, Scharlach und besonders Influenza oder Keuchhusten), oder entsteht als selbständige Erkrankung.

Ätiologisch kommen dann Erkältungen, Inhalation mechanisch (Staub), chemisch (Gase) oder thermisch (heiße Luft) reizender Stoffe sowie auch Ausscheidung chemischer Stoffe, wie Jod oder Sublimat, durch die Schleimhaut in Betracht. Die Schleimhaut ist gerötet und geschwollen, es wird je nach Stadium und Art des Katarrhs verschiedenes Sekret — schleimig-seröses oder schleimig-eitriges — abgesondert. Glottisödem kann sich anschließen.

Chronischer Katarrh geht aus akutem durch öftere Wiederholung hervor oder ist Begleiterscheinung eines chronischen Katarrhs der Nachbarschaft. Ferner entsteht er durch fortgesetzte Inhalation von Staub oder chemisch verunreinigter Luft. Auch sind Stimmanstrengungen, Alkoholismus, übermäßiges Tabakrauchen als Ursachen zu nennen. Oft kommen chronische Stauungskatarrhe vor.

Ist der ganze Kehlkopf befallen, so findet sich diffuse, meist fleckige Rötung, ferner — konstante — Schwellung besonders der lockeren Schleimhautpartien der Interarytänoidealgegend und der Taschenbänder (welche dann im laryngoskopischen Bild die Stimmbänder überlagern können), so daß es zu Wulstungen und Faltungen der Schleimhaut kommt. Mikroskopisch finden sich zellige Infiltrationen, dann Bindegewebshyperplasie.

Treten bei der Entzündung kleine Knötchen auf, so spricht man von **Laryngitis tuberosa,** sitzen sie an den Stimmbändern, von **Chorditis tuberosa.** Chronische Hyperplasie der unterhalb der Stimmbänder gelegenen Partien wird **Chorditis vocalis inferior hyperplastica** benannt, auf die Epiglottis lokalisierte Entzündungen heißen **Epiglottitis.**

Als **Pachydermia laryngis** (Virchow) bezeichnet man Epithelverdickungen, wobei an Stelle des Zylinderepithels meist stark verhornendes Plattenepithel tritt, so daß dies eine weißgrautrübe dicke, abziehbare Haut bildet. Auch das Schleimhautbindegewebe kann eine Wucherung dabei eingehen. Bilden sich ungleichmäßige, warzenartige und papilläre Verdickungen, so spricht man von **Pachydermia verrucosa.** Die Pachydermie ist die Folge chronisch-entzündlicher Prozesse, oder von Alkoholismus, oder übermäßigem Tabakgenuß, auch angestrengtem Reden, besonders bei Vorhandensein von Katarrhen.

Pseudomembranöse (diphtherische) Entzündungen der Schleimhäute des Kehlkopfes und der Trachea treten besonders bei der **Diphtherie** auf (s. dort), selten zuerst im Larynx oder gar in der Trachea, meist von den Rachenorganen fortgeleitet. Seltener finden sich pseudomembranöse Entzündungen im Kehlkopf bei Scharlach oder Pocken (kleine Geschwüre nach Abstoßen kleiner Epithelnekroseherde) mit Kokken als Erregern, oder nach thermischen, oder chemischen Einwirkungen.

Bei Typhus kommen Katarrhe oft mit Ulzerationen sowie sog. Dekubitusgeschwüre der entzündlich geschwollenen Kehlkopfschleimhaut vor; die Erreger sind selten Typhusbazillen, meist Kokken.

Eine eiterige tiefgreifende Entzündung der Schleimhaut und Submukosa ist die **Phlegmone** des Kehlkopfes.

Sie schließt sich meist sekundär an heftige Katarrhe, Geschwüre, Diphtherie u. dgl. an, oder ist Begleiterscheinung bakterieller Allgemeinerkrankungen, wie Endokarditis oder Pyämie, oder Folge örtlicher Verletzungen durch Fremdkörper. Meist bildet sich dann zuerst ein zirkumskripter Abszeß, der auch ins Lumen perforieren kann, oder wenigstens ein zirkumskripter starker Entzündungsherd. Die Phlegmone lokalisiert sich, wie das sie begleitende — oder ihr auch vorausgehende — Glottisödem, besonders an der Epiglottis, den aryepiglottischen Falten und den Taschenbändern.

Unter denselben Bedingungen kann es zu **eiteriger Perichondritis** kommen, wobei sich Eiter zwischen Knorpel und Perichondrium ansammelt, der Knorpel nekrotisch wird und der Eiter in den Kehlkopf, nach dem Ösophagus oder auch durch die Haut nach außen perforieren kann.

Tuberkulose von Larynx und Trachea entsteht bei Phthisikern sehr häufig (etwa in 30%) sekundär durch Passage bazillenhaltigen Sputums, sehr selten primär.

Die Tuberkulose entspricht der anderer Schleimhäute. Lieblingssitz ist die zwischen beiden Stimmbändern gelegene Regio interarytaenoidea. Hier entstehen oft spitze Exkreszenzen, die zerfallen, wodurch graue, zackige, unregelmäßige, kraterartige Geschwüre entstehen. Bei geschwürigem Zerfall der Stimmbänder kommt es oft zu einer charakteristischen förmlichen Längsspaltung derselben. Die Taschenbänder, aryepiglottischen Falten, Epiglottis werden oft ausgedehnt geschwürig verändert. Daneben sieht man meist zahlreiche Tuberkel, allgemeinen Katarrh, Glottisödem, Perichondritis; oft kommt es dabei zu Nekrose der Knorpel, besonders der Aryknorpel. Seltener ist im Kehlkopf eine ganz diffuse tuberkulöse Granulationswucherung ohne Geschwürsbildung, so daß ganz tumorförmige Bilder mit starker Stenose entstehen. In der Trachea treten meist flache, lentikuläre Geschwüre und durch Konfluieren solcher ausgedehntere Ulzerationen auf.

Lupus verhält sich hier wie im Rachen. Er soll auch primär im Kehlkopf vorkommen.

Bei **Syphilis** finden sich im Kehlkopf im sekundären Stadium einfache Katarrhe oder Plaques muqueuses mit denselben Prädilektionsorten wie die Tuberkulose; im tertiären Stadium mehr diffuse dichte Infiltrate oder zirkumskripte, knotige, oft multiple Wucherungen (nodulöses Syphilid).

Es schließen sich Geschwüre mit gewulstetem, wallartigem Rand, speckigem Grund und scharfer Begrenzung an, welche, rasch in die Tiefe greifend (Perichondritis, Knorpelnekrose), ausgedehnte Zerstörungen herbeiführen. Dazwischen stehen bleibende Schleimhautpartien erfahren oft Wucherungen. An Stelle der Geschwüre treten später sehnig-glänzende, stark schrumpfende Narben, die durch starke Retraktion oft hochgradige Stenose des Kehlkopfes (und der Trachea) bewirken. So entstehen die mannigfachsten Formveränderungen und Verunstaltungen. Eine narbige Anteflexion der Epiglottis ist öfters auf Syphilis zu beziehen.

Selten, aber noch am relativ häufigsten, kommt (abgesehen von der Konjunktiva) in den oberen Respirationsorganen, besonders dem Kehlkopf, eine lokale Amyloidosis (sog. **Amyloidtumoren**) vor. Es sind eigenartig speckig glänzende, ganz an Tumoren erinnernde Bildungen, die das Kehlkopflumen sehr einengen können und auf lokaler massenhafter Amyloidablagerung, besonders in den Lymphbahnen, beruhen. Ätiologie völlig unbekannt.

Die Kehlkopfknorpel können verkalken oder verknöchern als senile Erscheinung oder als Folge chronischer Entzündungen, namentlich bei Phthisikern. So kann es zu Ankylosen der Kehlkopfgelenke und bei Traumen zu Frakturen kommen.

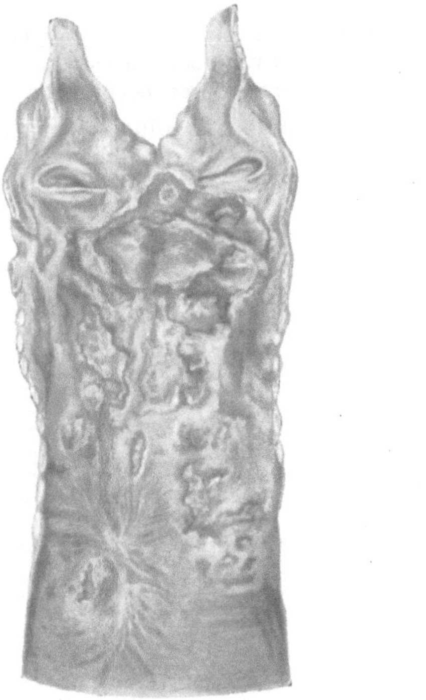

Fig. 277.
Syphilitische Geschwüre und Narben mit Bloßlegung der Knorpel.
Nach Türck, Atlas zur Klinik der Kehlkopfkrankheiten. Wien, Braumüller 1866.

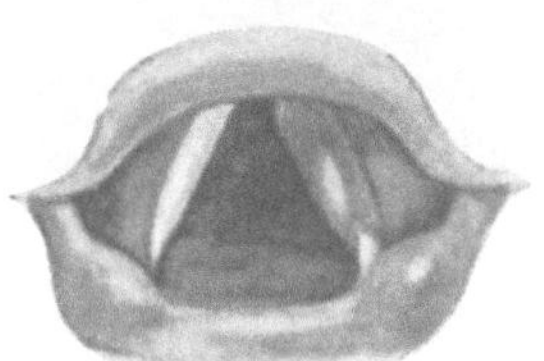

Fig. 278.
Fibrom des Stimmbandes.
(Nach einer mir gütigst von Herrn Dr. Ritter-Berlin überlassenen Zeichnung.)

Von Tumoren sind knotige oder **papilläre Fibrome** bzw. **Fibroepitheliome (Polypen)**, auch warzen- bis traubenförmig, öfters multipel und von verschiedener Größe, besonders an den Stimmbändern, häufig. Daneben besteht chronischer Katarrh. So können sie zu stenotischen Erscheinungen führen. Zu den knotigen Formen gehören die sog. Sängerknötchen an den Stimmbändern. Angiome, Myxome sind selten. Öfters treten **Ekchondrome** bzw. **Osteochondrome** am Schild- und Ringknorpel und den Trachealringen auf.

Die Osteome und Chondrome der Trachea werden jetzt mit den elastischen Fasern in Zusammenhang gebracht und als geschwulstartige Entwicklungsstörungen aufgefaßt (Tracheopathia osteoplastica, Aschoff).

Von bösartigen Geschwülsten ist Sarkom selten, **Karzinom** häufig. Es geht meist von den Stimmbändern als Plattenepithelkrebs aus und führt zu geschwürigen Destruktionen einerseits, Stenose andererseits. Karzinome der Trachea sind selten; relativ häufig sind Kankroide (auf Keimverirrungen vom Ösophagus oder metaplastischen Vorgängen basierend).

Auch kommen (sehr selten) zylindromartige Formen vor. Sekundär können Krebse besonders vom Ösophagus her auf Larynx oder Trachea übergreifen.

Wenn dysontogenetisch Schilddrüsengewebe zwischen die Larynxknorpel gelangt, kann es zur Bildung einer intratrachealen Struma kommen.

An der Rückwand der Trachea entstehen durch Sekretstauung in Schleimdrüsen retrotracheale Zysten, die sich nach dem Ösophagus zu vorwölben. Zystengeschwülste finden sich selten auch an Taschenbändern oder Epiglottis.

Luxationen von Gelenken der Knorpel sowie Fremdkörper können (außer den oben genannten Affektionen) Stenosen bewirken.

Kompression ist die Folge von Strumen, Ösophagustumoren oder solchen der Trachea, Aortenaneurysmen u. dgl. Bei Druck auf die Trachea durch Strumen entsteht die „säbelscheidenförmige“ Gestalt derselben, die aber im übrigen als „Alterssäbelscheidentrachea“ sehr häufig ist; Atemerschwerung und Emphysem können die Folge sein.

C. Bronchien.

Die meisten Veränderungen der größeren Bronchialäste stimmen im allgemeinen mit denen der Trachea überein. Die Erkrankungen der kleinen Bronchien hängen so vielfach mit denen der Lunge zusammen, daß sie zum Teil am besten mit dieser besprochen werden.

Akute katarrhalische Bronchitis findet sich unter denselben Bedingungen wie Katarrhe der Luftwege überhaupt. Ist bei **eiteriger Bronchitis** die Sekretion sehr reichlich, so spricht

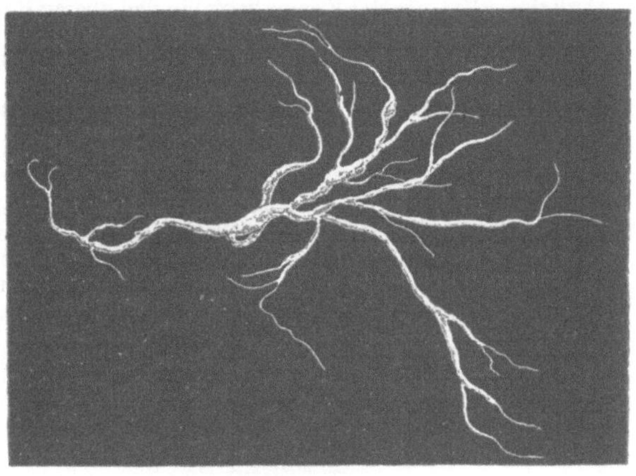

Fig. 279.
Großes Fibringerinnsel bei kruppöser Pneumonie (nach Kaatzer).

Fig. 280.
Asthmakristalle aus Sputum (nach Leyden).
(Aus Kaatzer Das Sputum und die Technik seiner Untersuchung.)

man von Bronchoblennorrhöe. **Chronische katarrhalische Bronchitis** schließt sich oft an Lungenaffektionen, wie Phthise, Koniosen u. dgl. an, häufig stellt sie (bei Herzfehlern) einen Stauungskatarrh dar. Die Sekretion ist dann oft reichlich (Bronchoblennorrhöe). Die Schleimhaut zeigt erst hyperplastische, dann atrophische Zustände, während die Muskularis, besonders die Längslagen, sich verdicken und somit deutlich hervortreten; oder auch die Muskulatur atrophiert. Ähnlich verhalten sich die elastischen Fasern. Auch verfetten Muskularis, Bindegewebszellen und Perichondrium häufig. Infolge Atrophie der Wand entstehen Bronchiektasien (s. unten); an chronische Bronchitis schließt sich oft Emphysem an (s. unten).

Dickes Sekret kann liegen bleiben und durch Fäulniserreger zersetzt, übelriechend werden. So entsteht die **fötide** (putride) Bronchitis, welche sich häufiger an Bronchiektasien mit faulig zersetztem Inhalt oder Lungengangrän anschließt oder aber primär entsteht und zu den erstgenannten Erscheinungen führt (s. u.).

Pseudomembranöse (fibrinöse) Bronchitis ist in den kleinen Bronchien (die großen verhalten sich wie die Trachea) ziemlich selten, deszendierend bei Diphtherie, aszendierend bei Pneumonie und besonders Lungentuberkulose.

Dann stammt das in den Bronchien gerinnende Sekret zum großen Teil aus den Alveolen (Marchand). Die Massen bestehen teils aus Schleim, infolge Überproduktion desselben im Bronchialepithel oder den Bronchialschleimdrüsen — Bronchitis mucinosa plastica (nach Hart) —, teils aus Fibrin — eigentlich Bronchitis fibrinosa — öfters auch aus beiden Materien. Solche Bildungen schließen sich an Lungenphthise und andere chronische Lungenveränderungen an. Die respiratorische Bronchusbewegung wirkt dabei formgebend auf die Bronchialausgüsse (Hart). In seltenen, zum Teil ätiologisch unklaren Fällen können die ganzen feinen Bronchien mit derartigen Gerinnseln ausgefüllt, und große baumartige Ausgüsse eines ganzen Bronchialgebietes ausgehustet werden.

Eine Bronchitis mit starker Schleimhautnekrose findet sich bei Verätzungen durch Gase, bei Masern, Scharlach unb Diphtherie und selten als schwere akute idiopathische Erkrankung (Hart).

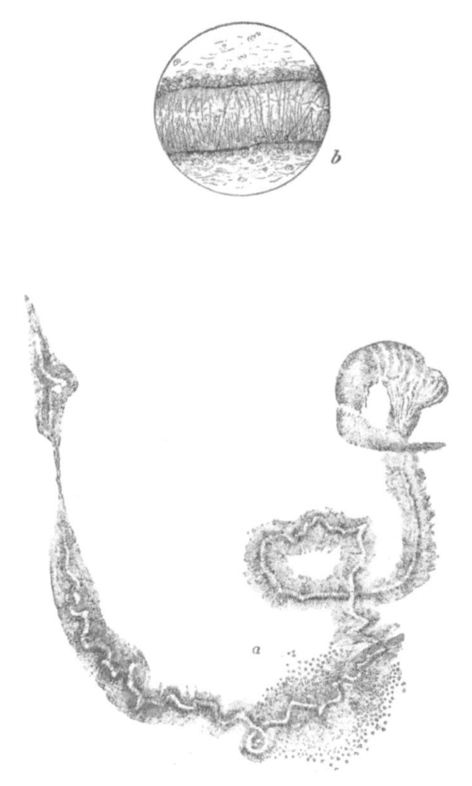

Fig. 281.
Curschmannsche Spiralen (nach Leyden).
a bei 80facher Vergrößerung, b bei 300facher Vergrößerung.
(Aus Kaatzer, l. c.)

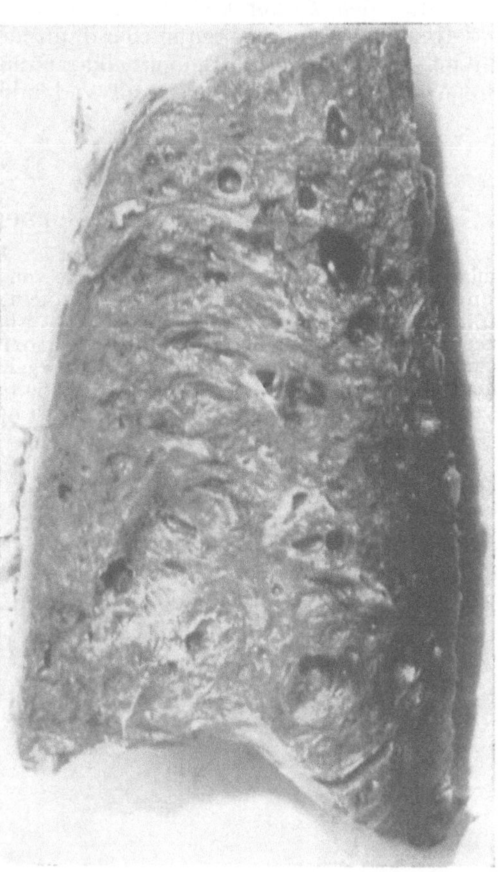

Fig. 282.
Lunge von bronchiektatischen Kavernen durchsetzt.

Das **Asthma bronchiale** stellt wahrscheinlich einen Bronchospasmus zusammen mit Schwellung und Sekretion besonderer Art dar (Marchand). Zugrunde liegt Reflexkrampf oder Reflexneurose auf neuropathischer Grundlage. So wird der charakteristische dyspnoische Anfall mit der Lungenblähung ausgelöst. Die Bronchien enthalten Schleimpfröpfe, ferner die oktaedrischen (Leydenschen) „Asthmakristalle", zahlreiche eosinophile Zellen und endlich die sog. **Curschmannschen Spiralen.** Sie bestehen aus gewundenen oder geschlängelten eigenartigen Sekretfäden, sog. Zentralfäden, die sich nach Marchand zuerst bilden; um diese lagern sich schleimige, streifige, wirbelförmige Massen.

Die **Tuberkulose,** fast stets sekundär, verhält sich wie in der Trachea. **Syphilis** (Geschwüre, Narben) ist selten.

Bronchostenosen entstehen durch Narben, Tumoren, Fremdkörper usw. Die zugehörenden Lungenabschnitte werden atelektatisch.

Bronchiektasien, Erweiterungen haben verschiedene Ursachen.

Sie treten hinter Bronchostenosen infolge Sekretstauung auf, oder vikariierend, wenn Lungenteile außer Funktion gesetzt sind, und so auf den gesunden Partien der ganze Inspirationsdruck lastet und sich dann die meist mitveränderten Bronchialäste erweitern, oder bei Atelektase, oder bei erschwerter Exspiration, besonders bei Asthma (s. u. Lunge).

So entstehen meist ausgedehntere diffuse (zylindrische) Bronchiektasien. Spielen sich aber in der Umgebung von Bronchien in der Lunge schrumpfende Prozesse (s. dort) ab, die einen Zug auf die Bronchien ausüben, besonders wenn pleuritische Adhäsionen der Lunge an der Brustwand dem Zug einen festen Stützpunkt gewähren, so entstehen umschriebene sackförmige Ektasien, sog. **bronchiektatische Kavernen.** Durch Ansiedlung von Eitererregern kann es in ihnen zu Eiterungen, durch Fäulniserreger zu fötider Zersetzung des Inhaltes kommen. Metastatisch können Abszesse anderer Organe (Gehirn, Rückenmark) entstehen. Bronchiektatische Höhlen haben (im Gegensatz zu durch Einschmelzung von Lungengewebe entstandenen) zunächst eine glatte Wand, gebildet von Schleimhaut in direkter Fortsetzung derjenigen des Bronchus. Die Wand ist meist sehr dünn (alte atrophierende Bronchitis). Die Knorpel können Verknöcherungen eingehen.

Unter den **Tumoren** sind **Karzinome** am häufigsten. Sie gehen oft nur von einer Stelle eines Bronchus aus und breiten sich dann hauptsächlich in der Lunge aus. Meist sind sie sehr zellreich; selten sind Plattenepithelkarzinome. Lymphosarkome der Bronchiallymphknoten können sekundär auf die größeren und mittelgroßen Bronchien übergreifen.

D. Lunge.

Vorbemerkungen.

Die Lobuli sind durch das interlobuläre Bindegewebe getrennt. In jeden Lobulus tritt ein intralobulärer Bronchus ein, der sich nach Abgabe von Kollateralen und dichotomischen Verzweigungen in Endbronchien (Bronchioli terminales), die keinen Knorpel mehr aufweisen, teilt. Diese wiederum teilen sich in zwei Bronchiolen, die schon seitliche Ausbuchtungen, die Alveolen, tragen. Alle solche Bronchiolen benennt man am besten Bronchioli respiratorii (wir folgen hier der neuesten Darstellung von Aschoff-Husten). Die aus den Endbronchien hervorgehenden kann man Bronchioli respiratorii erster Ordnung nennen, sie sind an einer Seite von einer Arterie begleitet und besitzen Flimmerepithel; sie teilen sich in die Bronchioli respiratorii zweiter Ordnung, welche nur auf der Seite der auch sie begleitenden Arterie in einer

Fig. 283.

Halbschematische, aus mehreren Schnitten ergänzte Darstellung eines Lungenazinus.

Aus dem Bronchiolus A geht der Bronchiolus terminalis B hervor, der sich in die beiden Bronchioli resp. I. Ordnung C_1 und C_2 teilt. Das von dem Bronchiolus resp. C_2 ausgehende System ist als Azinus aufzufassen und kommt weiter zur Darstellung. Es schließt sich an der Bronchiolus resp. II. Ordnung D, von dem die mit höherem Epithel bekleidete, der Arterie entsprechende Wand nicht zur Darstellung kommt, sondern nur die mit Alveolen besetzten Teile der Wand. Der Bronchiolus resp. II. Ordnung D teilt sich in die beiden Bronchioli III. Ordnung, E_1 und E_2. Von dem Bronchiolus resp. E_1 sind gleichfalls nur die mit Alveolen besetzten Wandabschnitte im Schnitt getroffen, während vom Bronchiolus resp. III. Ordnung E_2 gerade die mit höherem Epithel bekleidete Wandstelle getroffen ist. Die Bronchioli resp. III. Ordnung E_1 und E_2 gehen nun in die Alveolargänge F_1 über. Rechts im Bilde sieht man zwei Alveolargänge F_1, die sich in je zwei weitere Alveolargänge F_2 teilen. An die Alveolargänge schließen sich die Alveolarsäcke G. an. Das Epithel der Abschnitte A, B und C ist Flimmerepithel. Das Epithel im Bronchiolus resp. III. Ordnung E_2 oberhalb der Bezeichnung E_2 ist zum Teil hohes Zylinderepithel mit Flimmerzellen. Der Bronchiolus resp. I. Ordnung C_2 teilt sich, was hier im Bilde nicht sichtbar ist, etwa in der Linie a—b in 2 Bronchioli resp. II. Ordnung, von denen nur der eine D auf der Zeichnung zur Darstellung gekommen ist. Die von dem nicht dargestellten Bronchiolus resp. II. ausgehenden Gangsysteme füllen u. a. auch den Raum zwischen E_1 und E_2 aus. (Aus Husten, Zieglers Beitr. Bd. 68.)

Art Rinnenbildung hohes Epithel, auf der anderen Seite flaches respiratorisches Epithel aufweisen. Diese wiederum teilen sich in die Bronchioli respiratorii dritter Ordnung, in denen das Flimmerepithel verschwindet und Zylinderepithel und dann niedrigeres Epithel auftritt. Alle diese Bronchioli respiratorii verschiedener Ordnung tragen also seitlich Alveolen und weisen noch Muskulatur und Elastika auf, wenn auch zum Schluß meist nur auf der Seite der Begleitarterie. Jeder Bronchiolus respiratorius dritter Ordnung geht nun in zwei (oder mehr) Alveolargänge, die Alveolen ringsum tragen und von zirkulären Muskelbündeln und elastischen Fasern umgeben sind, über, und diese in Alveolarsäcke oder Infundibula (welche auch direkt aus den Bronchioli respiratorii III entstehen können), die keine Muskelfasern und nur weniger kräftige Elastika zeigen und Endsäcke mit ringsum sitzenden Alveolen darstellen. Zwischen den einzelnen mit respiratorischem Epithel bekleideten Alveolen liegen die Alveolarsepten mit den Kapillaren. Vom Bronchiolus respiratorius I bis zu den Endalveolen gehört das ganze geschilderte Gebiet einheitlich zusammen als Lungenazinus. Ein solcher ist somit die kleinste Einheit und aus einer Anzahl Azini baut sich ein Lobulus auf; dabei scheinen sich die im ganzen die Gestalt eines Würfels darstellenden Azini scharf abzusetzen und wie Steine eines Mosaiks ineinander einzuschachteln (Löschcke). Es ist wichtig, daß sich das Röhrensystem vom Bronchiolus terminalis und respiratorius I ab wieder erweitert und mit zunehmenden sackartigen Ausbuchtungen versehen ist, denn hinter jenen Engpässen (Aschoff) können sich vor allem Bakterien fangen, hier liegen bleiben und von hier aus einwirken.

a) Mißbildungen

sind bis auf abnorme Lappung (z. B. dreilappige linke, zwei- oder vierlappige rechte) nicht häufig. Agenesie oder Hypoplasie einer Lunge oder eines Teiles, zuweilen zusammen mit angeborener Bronchiektasie (Grawitz), kommt vor. Selten sind drei Lungen, die dritte sog. Nebenlunge liegt manchmal unterhalb des Zwerchfelles. Sehr selten sind Dermoidzysten.

b) Veränderungen des Luftgehaltes.

Bei der **Atelektase** ist ein Lunge ganz oder in einzelnen Abschnitten luftleer, die Alveolen sind ganz zusammengesunken. Dieser Zustand besteht physiologisch im intrauterinen Leben, da hier keine Lungenatmung stattfindet, **fötale Atelektase.** Eine solche bleibt nach der Geburt bestehen, wenn nach der Geburt die Inspiration durch Verlegung der Luftwege mit Schleim behindert ist oder vom Atemzentrum her nicht ausgelöst wird. Dann bleibt die Lunge kollabiert, erscheint dunkelblaurot, fleischartig und sinkt bei der bekannten Schwimmprobe sofort unter. Bei partieller fötaler Atelektase zeigt die Lunge eingesunkene, luftleere, dunkelrote Herde.

Die **erworbene Atelektase** (Kollaps) entsteht dadurch, daß die Luft aus dem Gewebe schwindet. Man kann nach der zugrunde liegenden Ursache drei Formen unterscheiden:

a) **Kompressionsatelektase.** Große Flüssigkeitsansammlungen der Pleurahöhle, oder Tumoren, oder das vergrößerte Herz, oder das, z. B. durch Tumoren der Bauchhöhle, hinaufgedrängte Zwerchfell üben einen Druck auf eine Lunge oder einen Lungenteil aus, so daß die Luft hinausgetrieben wird. Dies Gebiet ist dann verkleinert, von zäher schlaffer Konsistenz, blutarm, da meist die Gefäße mitkomprimiert sind, und läßt beim Durchschneiden oder bei Druck das für die lufthaltige Lunge charakteristische Knistern vermissen.

b) **Verstopfungs- (Kollaps-) Atelektase.** Sind Bronchiallumina durch liegenbleibendes Sekret verlegt (Katarrh usw.), so wird aus den zugehörigen Lobuli die Luft nach und nach resorbiert, das Gewebe (ein oder mehrere Lobuli, je nach der Größe des verstopften Bronchialastes) sinkt infolge seiner Elastizität zusammen, bleibt aber, da ein Druck nicht ausgeübt wird, bluthaltig, d. h. zeigt dunkelrote Farbe.

c) **Marantische Atelektase** entsteht bei mangelhafter Respiration zusammen mit Herzschwäche. Ist die Respiration ungenügend, um alle Lungenteile gehörig mit Luft zu füllen, so werden in erster Linie die unteren und hinteren Abschnitte mangelhaft ventiliert, der Luftgehalt ist meist nicht vollkommen aufgehoben, aber mehr oder weniger herabgesetzt, die Alveolen sinken dauernd etwas zusammen. Dazu kommt infolge der Herzschwäche Hypostase, d. h. eine Unfähigkeit das Blut aus eben jenen Lungenabschnitten zu heben, so werden die luftarmen Gebiete zugleich mit venösem Blut überfüllt, dunkelblaurot; dazu tritt meist geringes Ödem. Sitz und Farbe zeichnen diese Form aus.

Als Folgezustände einer Atelektase sind besonders die Kollapsinduration, Splenisation und die Bronchiektasien gesondert zu betrachten:

Bei länger bestehender Atelektase (eine frische kann durch wieder erfolgenden Lufteintritt rückgängig werden) findet Verklebung der Alveolarwände statt, woran sich unter Zugrundegehen etwa noch erhaltenen Alveolarepithels Bindegewebsentwickelung anschließt. So werden die atelektatischen Gebiete in ein derbes, blasses oder schiefrig pigmentiertes Gewebe verwandelt — **Kollapsinduration.**

Kommt es in kollabierten Partien zu Ödem, so daß diese etwas anschwellen und eine eigenartig milzähnliche Konsistenz bei dunkelschwarzroter Farbe erhalten, so bezeichnet man diesen Zustand als **Splenisation.** Sie kommt meist auf Grund einer Zirkulationsstörung zustande und schließt sich daher am häufigsten an marantische Atelektase an.

Bei Ausfall respirierenden Lungenparenchyms lastet der Inspirationsdruck auf den zuführenden Bronchien allein; so entstehen an ihnen Erweiterungen (s. auch oben) — **atelektatische Bronchiektasien** (Heller). Sie können sich auch an partielle fötale Atelektase anschließen.

Werden — im Gegensatz zur Atelektase — die Lufträume übermäßig erweitert und ausgedehnt, so stellt dieser Zustand das **Emphysem** (bzw. alveoläre oder vesikuläre Emphysem) der Lunge dar. Die Atmungsfähigkeit ist bei ihr naturgemäß herabgesetzt.

Kommt eine solche Aufblähung der Lunge in Zuständen forcierter Inspiration sehr schnell zur Ausbildung, so spricht man von akutem (vesikulärem) Emphysem, so bei Erstickungs- oder Ertrinkungstod.

Meist ist aber das Empyem ein chronischer Zustand. Wir können hier zwei große Gruppen nach pathogenetischen Gesichtspunkten unterscheiden. Bei der einen sind chronische Bronchitiden bzw. Bronchiolitiden grundlegend. Infolge Anhäufung eines zähen Schleimes in den kleinsten Luftgängen ist die Respiration sehr erschwert; der klinisch wahrnehmbare mangelhafte Atemstoß (Volhard) wird dadurch bewirkt, daß die Dyspnoe immer schon zu neuer Inspiration zwingt, ehe die dynamisch schwächere Exspiration völlig zu Ende ist (Löschcke). Auch ist die Expektoration erschwert und beim Husten der Exspirationsdruck erhöht.

Bei einer zweiten Hauptgruppe spielt auf jeden Fall die Thoraxform eine Hauptrolle. Manche Autoren dachten dabei an einen auf Rippenverknöcherung zu beziehenden, in Inspirationsstellung fixierten dilatierten Thorax. Nach Löschcke ist nicht dies, sondern Kyphosenbildung (rachitischer, tuberkulöser oder irgendeiner sonstigen Ätiologie) primär grundlegend. So werden durch Dehnungszug die oberen Rippenknorpel verlängert, wodurch der Oberlappen der Lunge in die Dehnungszone, der Unterlappen in die Kompressionszone zu liegen kommt. Infolgedessen stehen die oberen Lungenteile in dauernder Inspirations-, die unteren in dauernder Exspirationsstellung, wobei die Höhe der Wirbelsäulenkyphose die Grenze darstellt. Dieser kyphotische Thorax entspricht dem, was als „Faßform“ des Thorax bezeichnet wird. Kommt noch Bronchitis hinzu, so sind naturgemäß erst recht die Bedingungen für Emphysem gegeben.

Auch andere Zustände, bei denen die inspiratorische Ausdehnung dauernd beibehalten wird, können zu Emphysem führen. So fortgesetztes Blasen von Blasinstrumenten (Berufskrankheit). Da in Lungen-

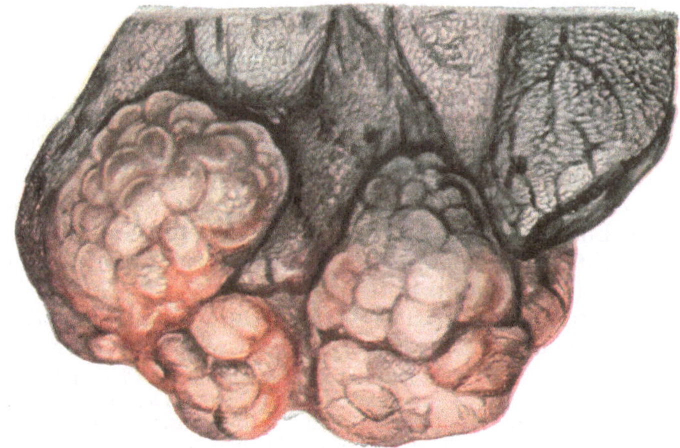

Fig. 284.

Emphysem der Lunge.

Nach unten im Bilde sind die Alveolen sehr weit, mit Luft aufgebläht, erscheinen daher hell.

teilen, welche für andere funktionsunfähige vikariierend eintreten (ganze Lunge oder Teile), der Inspirationsdruck erhöht ist, kommt es auch hier zu akutem oder chronischem Emphysem (besonders an den Rändern der Lunge) — vikariierendes (kollaterales, konsekutives) Emphysem. Solches findet sich neben Lungentuberkulose überaus häufig.

Bei dem Emphysem findet eine Dehnung der kleinsten Luftgänge und Alveolarräume statt. Die Alveolargänge werden diffus oder zirkumskripter erweitert, die aufsitzenden Alveolen flach abgeplattet. Infolge der Überdehnung werden die Septa zwischen den Alveolargängen und die Alveolarscheidewände atrophisch, so daß sie nur noch wenig vorspringende niedrige Leisten bilden. So konfluieren eine Anzahl weiter Lungenbläschen untereinander; dann wandeln sich die Alveolargänge in wurstförmige weite Gebilde um, die auch zu großen Hohlräumen verschmelzen, während die Alveolen verstreichen, und endlich können sogar die Ausbreitungsgebiete größerer Bronchien breit miteinander kommunizieren. Alles dies findet sich meist gleichzeitig in zahlreichen Lungenazini. Man hat die Bildungen durch Ausgüsse mit Woodschem Metall gut verfolgen können (Löschcke). Da mit dem Schwund der Septen auch deren Kapillaren und dann auch größere Gefäßstämmchen zugrunde gehen, wird die emphysematöse Lunge anämisch, blaß oder grau, und infolge des meist geringen Saftgehaltes trocken. Makroskopisch erkennt man stärkeres Emphysem an den schon mit bloßem Auge sichtbaren Bläschen. Befällt das Emphysem die ganze Lunge, so spricht man von allgemeinem substantiellem Emphysem.

Eine solche Lunge wird abnorm voluminös gebläht („Volumen auctum“); sie kann den Herzbeutel ganz überlagern. Ihre Ränder sind infolge der starken Füllung der Alveolen mit Luft abgerundet. Die sehr blasse Lunge ist weich, zeigt bei Druck oder Durchschneiden starkes Knistern, Fingereindrücke bleiben (bei fester Unterlage) infolge Elastizitätsverlustes lange bestehen. Wenn bei Bronchitis besondere Abschnitte emphysematös werden, so können durch immer weiter vorschreitende Rarefikation des Parenchyms haselnuß-, ja selbst taubeneigroße Blasen entstehen — Emphysema bullosum.

In höherem Alter tritt — wohl infolge atrophischer Prozesse am Parenchym — das die ganze Lunge befallende senile Emphysem auf. Meist wirkt dabei auch chronische Bronchitis mit. Infolge allgemeiner Atrophie ist beim senilen Emphysem die Lunge in toto nicht vergrößert, sondern verkleinert.

Als Folge der beim Emphysem eintretenden Verödung zahlreicher Lungenkapillaren (und Kontraktion größerer Arterien) stellt sich Erschwerung der Arbeit des rechten Ventrikels des Herzens und somit eine Hypertrophie desselben und eventuell Herzschwäche ein.

Im Gegensatz zu diesem alveolären (vesikulären) Emphysem tritt das **interstitielle Emphysem** dann ein, wenn Alveolarwände reißen, und so Luft in das Interstitium gelangt.

Dann erkennt man im interlobulären Gewebe, meist deutlich der netzförmigen Anordnung dieser Septen folgend, Reihen aneinanderliegender Luftbläschen, namentlich unter der Pleura. Dies kann sich auch als Leichenerscheinung auf Grund von Fäulnis einstellen.

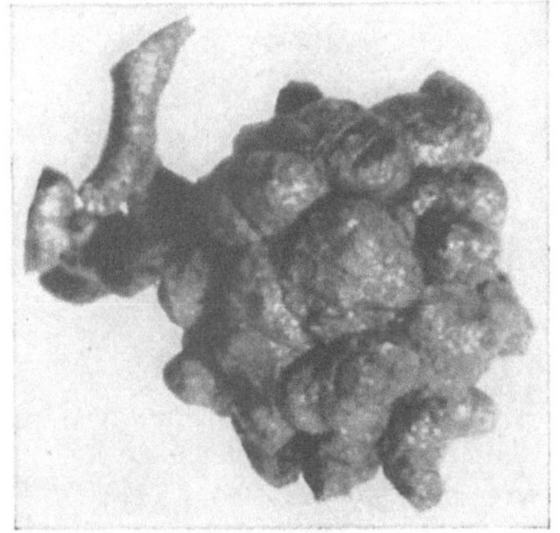

Fig. 285.
Die Alveolargänge eines Bronchiolus respiratorius in plumpe wurstförmige Gebilde umgewandelt und miteinander verschmolzen, die Alveolen fast vollständig verstrichen.
Vergr. 7 : 1.
(Aus Löschcke, Zieglers Beitr. Bd. 68.)

c) Zirkulationsstörungen.

Anämie ist Teilerscheinung allgemeiner Anämie, oder entsteht lokal bei Kompression der Lunge durch raumbeengende Prozesse in der Pleurahöhle, oder durch Verödung von Gefäßen, z. B. beim Emphysem.

Die **braune Induration** ist der Ausdruck chronischer venöser **Stauung,** meist bei Klappenfehlern am linken Herzen oder bei allgemeiner Herzschwäche.

Die Kapillaren sind stark erweitert und gedehnt, daher geschlängelt so daß, sie in die Alveolen hineinragen, deren Lumina einengend. Kleine Blutaustritte führen zu Blutpigment; dieses liegt im interstitiellen Gewebe, aber auch in den Alveolen, teils frei, teils in Zellen, besonders Alveolarepithelien, eingeschlossen. Diese pigmentführenden Zellen heißen im Hinblick auf die häufigste Ursache des Zustandes „Herzfehlerzellen". Solche Zellen liegen als Effekt des meist gleichzeitig vorhandenen Stauungskatarrhs dann auch desquamiert frei im Lumen neben Blutkörperchen oder pigmenthaltigen Wanderzellen; sie werden dann auch im Sputum gefunden und haben so diagnostische Bedeutung. Die Lunge erhält durch das Pigment eine charakteristisch rostbraune Farbe, welche bestehen bleibt, auch wenn das Organ, z. B. infolge allgemeiner Anämie, blutarm wird. Durch die Verdickung und Ausdehnung des venösen und kapillaren Gefäßapparates, an die sich leichte Bindegewebszunahme anschließen kann, wird die Konsistenz vermehrt, analog der zyanotischen Induration anderer Organe. Hinzu kommt chronisches Ödem.

Ödem der Lunge ist überhaupt sehr häufig. Durch Austritt von Blutserum in die Alveolen ist eine solche Lunge luftärmer. Auf leichten Druck entleert sich von der Schnittfläche viel schaumige (lufthaltige), graugelb oder rötlich (Blutbeimengung) gefärbte Flüssigkeit. Mit ihr sind auch die Bronchien gefüllt, auch das Interstitium ist ödematös durchtränkt. Eine ödematöse Lunge ist schwer, voluminös, von teigiger, unelastischer Konsistenz. In der ödematösen Flüssigkeit finden sich oft rote Blutkörperchen in geringer Menge sowie abgestoßene Alveolarepithelien.

Ursache und Bedeutung des Lungenödems sind sehr verschieden. Häufigste Ursache ist Stauung, welche bei Herzschwäche sich dadurch entwickelt, daß durch den inspiratorischen negativen Druck in den Alveolen mehr Blut angesammelt wird als wieder in den linken Ventrikel abfließen kann, der ja infolge schwächerer Kontraktionen wieder mangelhaft entleert wird; dann ist das Ödem mit Hyperämie verbunden, welche in den unteren Lungenabschnitten beginnt. Für manche Fälle ist auch ein frühzeitiges Erlahmen des linken Ventrikels bei kräftig fortarbeitendem rechtem Ventrikel als Ursache des Lungenödems wahrscheinlich. Schließt sich Lungenödem an behinderten Luftzutritt durch die Luftwege (Trachealstenose u. dgl.) an, so ist das Hauptgewicht auf die Wirkung forcierter Inspirationen zu legen, wodurch der bei der Ausdehnung der Alveolen sich einstellende negative Druck in diesen noch gesteigert wird. Auch eine septisch-toxische Wirkung auf die Gefäße, so daß diese durchgängiger werden, wird angenommen. Hierbei ist zu beachten, daß die Lungenkapillaren sich durch stärkeren Bau und größere vasomotorische „Autonomie" vor anderen Kapillaren auszeichnen. Immerhin scheint Lungenödem auch neurotisch bedingt sein zu können. Nach Klemensievicz kommt auch dem Alveolarepithel besondere Bedeutung zu. Lungenödem findet sich auch bei akuten Vergiftungen. In einem Teil der Fälle ist dasselbe auch ein entzündliches. Außerordentlich häufig ist Ödem der Lunge ein agonaler oder wenigstens kurz vor dem Tode sich entwickelnder Zustand.

Blutungen finden sich bei Stauung, bei hämorrhagischer Diathese, bei Traumen (z. B. bei Rippenfrakturen) und besonders bei Ulzeration von Gefäßen, besonders in phthisischen Kavernen. Bei Blutungen in die Mundhöhle, den Magen usw. werden rote Blutkörperchen oft in die Alveolen aspiriert.

Größere **hämorrhagische Infarzierungen** entstehen nach lokalem thrombotischem oder meist embolischem Verschluß von Lungenarterienästen. Die Emboli entstammen marantischen oder sonstigen Thromben der rechten Herzhälfte (zumeist als „Herzpolypen" zwischen den Papillarmuskeln, besonders an der Spitze des rechten Ventrikels oder im Herzohr des rechten Vorhofs zu finden) oder verschiedenen Stellen der venösen Blutbahn (besonders marantische Thromben der Venae femorales usw., oder Thromben in varikösen Venen, im Anschluß an Operationen usw.). Der Embolus an der Spitze des Infarktes „reitet" oft auf dem Steg an der Teilungsstelle einer Arterie. Für gewöhnlich bewirkt Gefäßverschluß keine Infarkte, weil die Anastomosen zwischen den Aae. bronchiales und pleurales auch dann noch zur Blutversorgung ausreichen. Dagegen treten die Infarkte häufiger auf bei Stauungszuständen (braune Induration), wenn infolge erhöhten Druckes in Venen und Kapillaren ein Rückströmen des venösen Blutes nach Arterienverschluß leichter zustande kommt, und zudem die Lungengefäße zu Blutungen disponiert sind (zahlreiche Pigmentierungen).

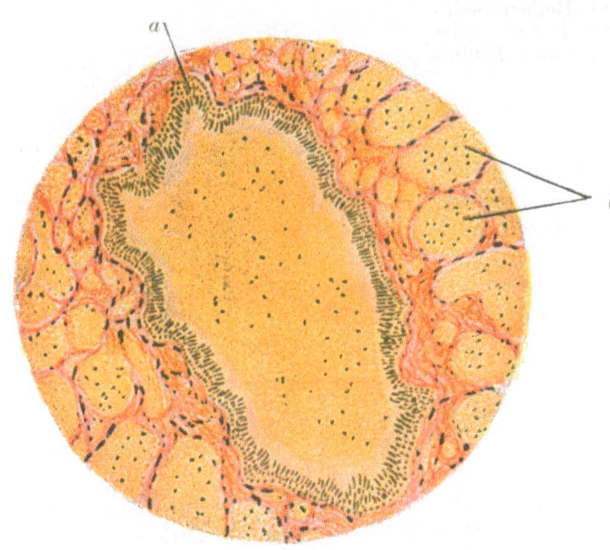

Fig. 286.
Aspiration von Blut in die Lunge.
Blut (in der Mitte) in einem Bronchus (*a*) und in Alveolen (*b*).

Auch Zerreißungen oder Arrosion von Gefäßen können Infarzierungen bewirken. Vielfach wird angenommen, daß bei den Lungeninfarkten das eingeströmte Blut aus den Kollateralen der Lungengefäße mit den Bronchialgefäßen stammt. Die Infarkte sind meist keilförmig mit dem Embolus an der von der Pleura abgewandten Spitze, oder auch von mehr unregelmäßiger Gestalt, oft von ansehnlicher Größe. Sie sind derb, schwarzrot, völlig luftleer, ziemlich scharf begrenzt, glatt, leicht prominent (an Oberfläche wie Schnittfläche) und lassen reichlich Blut abstreifen.

Aus den Infarkten entstehen durch Organisation derbe, pigmentierte, eingezogene Narben.

Sind die Thromben, von welchen die Emboli stammten, infiziert, so bilden sich infizierte Infarkte mit allen Folgen (s. unten).

Wenn Emboli die **Hauptlungenarterie** einer oder gar beider Seiten verstopfen, tritt **plötzlicher Tod** (ohne Ausbildung eines Infarktes) ein. Da sich dies besonders an Thrombosen der Venae femorales bei daniederliegender Zirkulation anschließt, stellt solcher Embolietod eine der gefürchtesten Komplikationen vieler Erkrankungen, Geburten, Operationen, auch langen Liegens bei alten Leuten dar. Solche Emboli haben oft enorme Größe; öfters handelt es sich um Embolie kleinerer Thromben, welche aber durch Gerinnung, die infolge von Wirbelbewegungen um die Emboli einsetzt, appositionell so stark gewachsen sind. Über gerade auch für die Lunge bedeutsame **Fett-, Luft-** und **Zellembolie** s. im I. Teil.

d) Entzündungen. Pneumonien.

Die **Lungenentzündungen** — **Pneumonien** — sind teils durch exsudative, teils durch proliferative Prozesse gekennzeichnet. Dem anatomischen Bau entsprechend wird Exsudat vor allem in die Alveolen abgesetzt; so wird die Luft aus ihnen verdrängt, und da das Lungengewebe infolge Konsistenzvermehrung dann bis zu einem gewissen Grade Lebergewebe gleicht, spricht man von **Hepatisation.** Als Erreger der Lungenentzündungen kommen Bakterien in Betracht, welche auf aerogenem Wege eindringen (genaueres siehe bei den einzelnen Formen), ferner mit Fremdkörpern in die Lunge aspiriert werden, sowie eingeatmete Staubarten (s. unten). Aber Entzündungserreger können auch metastatisch auf dem Blutwege, oder von der Nachbarschaft her (Hiluslymphknoten, Pleura usw.) meist auf dem Lymphwege die Lungen erreichen. Nach dem verschiedenen anatomischen Bild und der dementsprechend verschiedenen Ätiologie unterscheiden wir mehrere Formen der Pneumonie.

1. **Fibrinöse oder kruppöse Pneumonie.** Ganze Lungenlappen sind ziemlich gleichmäßig ergriffen — **lobäre Pneumonie** oder **Hepatisation.**

Es handelt sich um eine exsudative Entzündung, und zwar um ein fibrinöses Exsudat, welches in die Alveolen abgelagert wird nach Art der fibrinösen Entzündungen, wie sie sich an Schleimhäuten abspielen (s. S. 72).

Im ersten, wenig charakteristischen Stadium, dem der Anschoppung, tritt aktive Hyperämie mit entzündlichem Ödem auf, so daß die befallenen Lappen voluminöser, dunkelrot und etwas luftärmer werden.

Es folgt das Stadium der roten Hepatisation. Unter Nekrose und Abstoßung (zum Teil in zusammenhängenden Lagen) der Alveolarepithelien wird das aus zahlreichen geronnenen, netzförmig angeordneten Fibrinfäden, zwischen denen größere Mengen Leukozyten und mehr oder minder reichlich rote Blutkörperchen eingeschlossen sind, bestehende Exsudat in die Alveolenlumina abgesetzt. Dabei liegen die Zellen im ganzen mehr im Zentrum, das Fibrin am Rand. Fibrinfäden durchsetzen auch die Alveolarsepten (durch die Stomata hindurch), und so hängen die Fibrinmassen benachbarter Alveolen durch Fibrinbrücken zusammen. Fibrinmassen liegen auch in den Gefäßen und vor allem Lymphgefäßen. Aus solchen Ausgüssen der Alveolen setzen sich die Pfröpfe zusammen, welche dem Lungenabschnitte auf dem Durchschnitt makroskopisch ein deutlich gekörntes Aussehen verleihen, indem die Pfröpfe (welche leicht mit der Messerklinge abstreifbar sind) über die Schnittfläche hervorragen. Die Gebiete sind völlig luftleer und schwimmen daher nicht mehr, die Konsistenz ist vermehrt, das Gewebe aber brüchig, die Farbe dunkelbraunrot, dann, wenn die Pfröpfe fertig ausgebildet sind, mehr graurot. Die Lunge kann nicht nach Eröffnung der Pleurahöhle zurücksinken, sondern bleibt ausgedehnt.

Nach etwa drei Tagen folgt das Stadium der grauen oder graugelben Hepatisation. Es bezeichnet die Rückbildung des Prozesses, indem das Exsudat durch Autolyse verflüssigt und damit zum Teil durch Expektoration, zum Teil auf dem Wege der Lymphbahnen entfernt wird. Anfänglich liegen Fibrinmassen an vielen Stellen des Kapillarsystems, so daß die hepatisierten Teile blutarm sind; es liegen in den Alveolen noch zahlreiche Leukozyten. So kommt der graue Farbton zustande. Mit dem Freiwerden der Alveolen vom Exsudat — Lösung, Resolutio — schwindet die körnige Beschaffenheit, die Lunge nimmt wieder Luft auf, das Alveolarepithel regeneriert sich. Die normale Beschaffenheit ist wieder hergestellt.

Die kruppöse Pneumonie befällt meist zuerst den Unterlappen (rechts öfters als links) und schreitet nach oben fort. Eventuell sind beide Lungen ergriffen. Zumeist findet sich gleichzeitig fibrinöse (bzw. serofibrinöse) Pleuritis (an welche sich auch Perikarditis anschließen kann), sowie oft katarrhalische oder fibrinöse Bronchitis.

Erreger der fibrinösen Pneumonie ist der **Fränkel-Weichselbaumsche Pneumokokkus,** seltener der Friedländersche Pneumobazillus sowie der Pneumococcus mucosus. Pneumokokken finden sich in schweren Fällen oft auch im Blute.

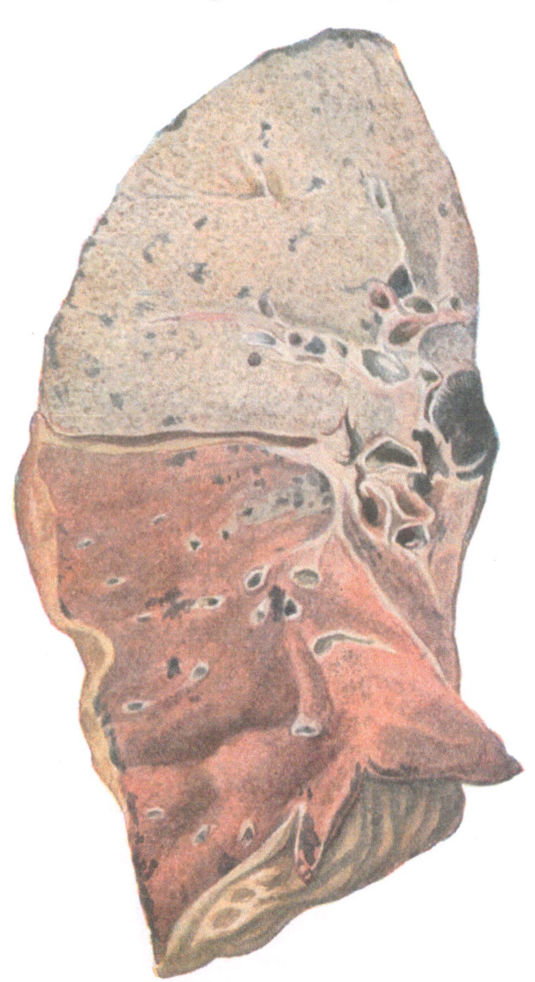

Fig. 287.
Fibrinöse Pneumonie (und Pleuritis).
Der Oberlappen ist im Zustand der grauen Hepatisation. Die Pleura der ganzen Lunge ist mit einem dicken Fibrinbelag belegt (gelb).

Die Weigertsche Fibrinfärbung stellt Fibrin und die Pneumokokken gleichzeitig blauschwarz dar, lehrreich ist auch Färbung auf elastische Fasern, welche die einzelnen intakt gebliebenen Alveolarsepten hervorhebt.

In seltenen Fällen schließt sich an die fibrinöse Pneumonie statt Lösung des Exsudates eine **Eiterung** (meist durch Mischinfektion mit Eitererregern, selten von den Pneumokokken selbst hervorgerufen), oder, wenn sekundäre Fäulniserreger hinzukommen, **Gangrän** an. Oder es kann in seltenen Fällen Lösung des Exsudates ausbleiben, das liegenbleibende Exsudat wird organisiert, zum Teil von dem peribronchialen Bindegewebe, zum Teil vom interstitiellen Gewebe zwischen den Lobuli sowie von den Alveolarsepten aus. Makroskopisch ist ein solches Gebiet zäh, rötlich, fleischartig, daher spricht man von **Karnifikation.** Allmählich wandelt sich das Granulationsgewebe in zellarmes Narbengewebe, oft schieferig pigmentiert, um. Eine

Induration der pneumonisch erkrankten Partien hat sich entwickelt, ein für die Respiration naturgemäß sehr schlechter Ausgang! Siehe auch das letzte Kapitel.

2. **Kapillarbronchitis und katarrhalische Bronchopneumonie.** Häufig bestehen Katarrhe der feinsten Bronchialäste bis in die intralobulären Äste hinein, **Kapillarbronchitis** (Bronchiolitis catarrhalis) mit Infiltration, Schwellung der Schleimhaut und Exsudatbildung wie

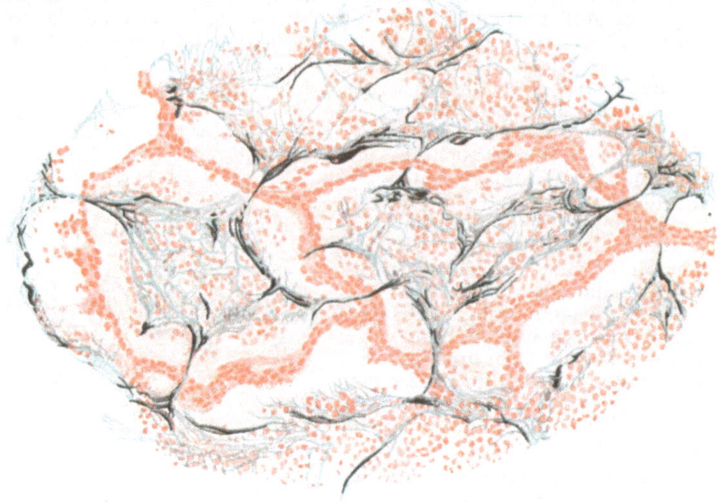

Fig. 288.
Fibrinöse Pneumonie.
Das Fibrin der einzelnen Alveolen (blau gefärbt nach Weigert) hängt durch Fibrinbrücken zusammen. Zellkerne rot (Karmin.) Nach Aschoff-Gaylord, Kursus der pathol. Histol. nebst einem Atlas.

an den größeren Bronchien. Die feinen Bronchiallumina sind verlegt — bei Druck auf die Schnittfläche der Lunge entleert sich trübe, schleimige, oder mehr oder weniger eiterige Masse aus ihnen — und so schließen sich (s. oben) atelektatische Stellen des Lungengewebes in Gestalt luftleerer, konsistenzerhöhter, dunkellivider, leicht eingesunkener Herde, sowie nicht selten partielles, akutes, alveoläres oder auch interstitielles Emphysem an (s. oben).

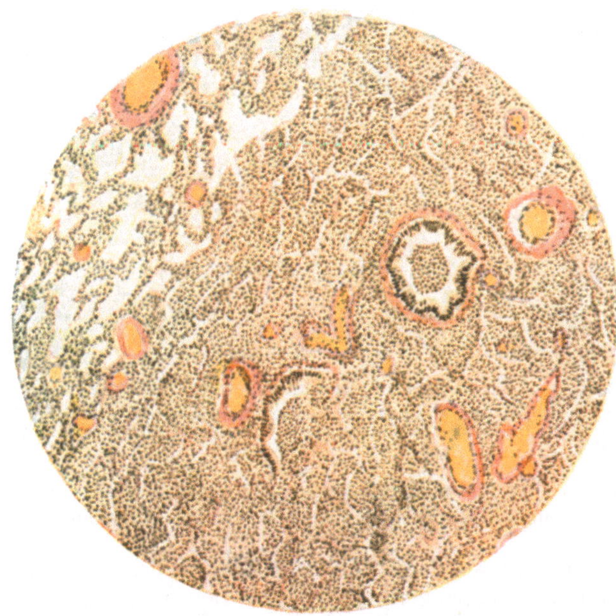

Fig. 289.
Bronchopneumonie (katarrhalische Pneumonie), links lufthaltiges Lungengewebe, rechts pneumonisches.
An zwei Stellen am Zylinderepithel kenntlich, kleine Bronchien mit katarrhalischem Inhalt gefüllt, welcher an dem unteren Bronchus in das pneumonische Exsudat direkt übergeht.

Am wichtigsten ist aber die Fortleitung der Entzündung von den Bronchiolen direkt auf das zugehörige Lungenparenchym, d. h. das Entstehen der sogen. **katarrhalischen Bronchopneumonie.** Die Schnittfläche der Lunge zeigt dann „lobuläre" (d. h. dem Verzweigungsgebiet einzelner oder mehrerer Lobularbronchien entsprechende), mehr oder weniger luftarme, aber derbere und hyperämische, daher intensiv rote (im Gegensatz zu Atelektasen) Herde.

Im Gegensatz zur „lobären" Ausbreitung der kruppösen Pneumonie ist dieselbe hier also lobulär; man spricht daher auch von **Lobulärpneumonie.** Das dort fibrinöse Exsudat ist hier serös-zellig, d. h. es besteht aus Serum, verfetteten abgestoßenen Epithelien und vor allem Leukozyten sowie Rundzellen, ferner Fibrin (aber weit weniger als bei der fibrösen Pneumonie, so daß es nicht zu festen pfropfförmigen Gerinnseln kommt) und daneben wohl auch aus von den Bronchien her aspiriertem Schleim. Nach dem zellreichen Exsudat spricht man

(Vergleich mit Schleimhäuten) von „katarrhalischer" Pneumonie, nach der Entstehungsart von „Bronchopneumonie".

Die Hepatisation der Herde ist unvollständiger, schlaffer, die Konsistenz nicht so hochgradig erhöht wie bei der fibrinösen Pneumonie. Die Schnittfläche zeigt keine Körnelung wie dort, sondern ist glatt und läßt gelblichen Saft abstreifen.

Später geht die Farbe der bronchopneumonischen Herde aus der roten Farbe in eine graurote oder graugelbe über, zuerst zentral, infolge zunehmender Verfettung des Exsudates. An der Peripherie bleibt meist ein hyperämisch-dunklerer Hof bestehen. In der Nähe treten meist frischere Entzündungsherde dazu; außerdem entstehen in der Umgebung, meist infolge der Verlegung von Bronchiolen, atelektatische Stellen (s. oben), die sich von den Entzündungsherden durch schlaffere Konsistenz, dunkler zyanotische Farbe und leichtes Eingesunkensein unter die Schnittfläche unterscheiden, aber sekundär, da sich hier mit Vorliebe die Entzündungserreger ansiedeln, auch in exsudativ-pneumonische Herde umwandeln können. Durch alles dies zusammen erhält die Lunge an Oberfläche wie Schnittfläche ein sehr buntes Aussehen und meist eine marmorierte Zeichnung.

Durch Konfluenz zahlreicher lobulärer bronchopneumonischer Herde kann ein größerer Teil der Lunge ergriffen werden — „konfluierte Bronchopneumonie". Aber auch eine solche unterscheidet sich noch von der kruppösen Pneumonie: sie ist schlaffer, die Schnittfläche glatt, der Luftgehalt ist nicht so völlig aufgehoben, das Exsudat ist mehr flüssig und die Veränderung ist nicht so gleichmäßig, sondern

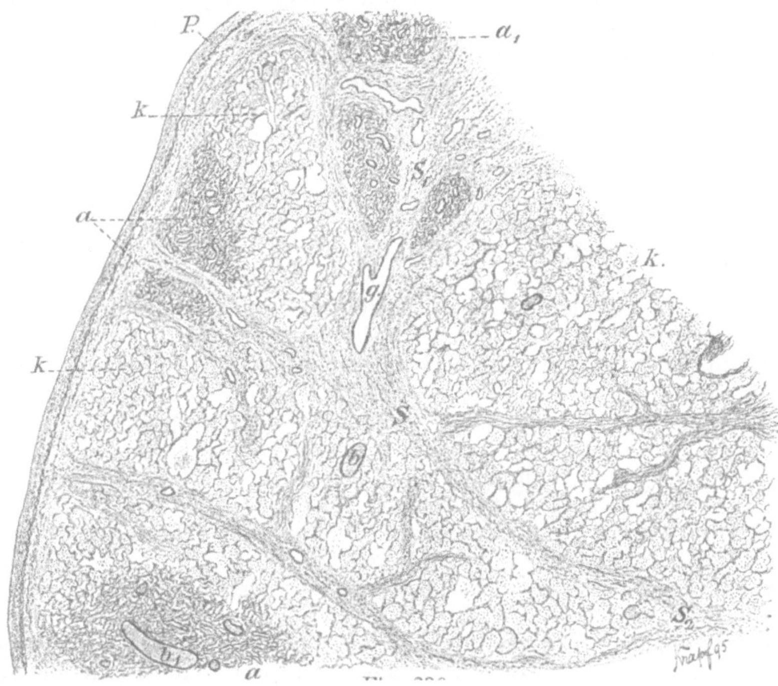

Fig. 290.

Katarrhalische Pneumonie mit Atelektase und Induration.

P Pleura, S, S_1, S_2 verdickte interlobuläre Septa, *g* Gefäß, *b*, b_1 Bronchien, *k* Partien mit Exsudat in den Alveolen, *a*, a_1 kollabierte (atelektatische) Partien, in deren Bereich die Alveolen zusammengesunken (Färbung auf elastische Fasern nach Weigert).

läßt fast stets ihre Zusammensetzung aus kleineren Herden durch den Wechsel frischer, dunkelroter und älterer, mehr grauroter bis graugelber Partien erkennen.

Auch bei der Bronchopneumonie, besonders wenn Herde bis zur Pleura reichen, beteiligt diese sich durch seröse oder fibrinöse Entzündung, zuweilen mit reichlicher Exsudation.

Kapillarbronchitis und Bronchopneumonie treten als Krankheit für sich auf oder sind Teilerscheinung von Infektionskrankheiten, besonders Scharlach, Masern, Diphtherie, Influenza; häufig schließen sie sich an Verschlucken oder Aspiration von Schleim bei Rückenlage, Narkose und besonders bei geschwächten (gelähmten oder benommenen) Individuen an und sind ferner besonders häufig im Greisenalter wie auch bei Kindern.

Bei Kindern schließen sich Bronchopneumonien besonders an Masern oder Keuchhusten an. Sie sitzen gerne im (rechten) Oberlappen (schlecht gelüftete Partien) und sind gerade bei Masern, weil das Exsudat infolge mangelnden Aushustens seitens der Kinder liegen bleibt, zuweilen besonders gefährlich. Bei solchen Bronchopneumonien des frühen Kindesalters bilden die Alveolarepithelien öfters Riesenzellen.

Bronchopneumonien schließen sich besonders häufig auch an Hypostase an (s. oben), hypostatische Pneumonie, meist in mehr diffuser Form. Meist wirkt auch hier Verschlucken und Sekundärinfektion mit, zumal die Personen zumeist schon sehr geschwächt sind. Die bronchopneumonischen Herde stellen so häufig die letzte Todesursache dar.

Die Bronchopneumonie hat keinen spezifischen Erreger, sondern wird bewirkt durch Streptokokken, Staphylokokken, Pneumokokken, Pneumobazillen u. dgl. m.

Eine katarrhalische Pneumonie kommt zur Rückbildung, indem die Exsudation aufhört und das vorhandene Exsudat fettig zerfällt, teils expektoriert, teils resorbiert wird. Luft füllt wieder die Alveolen, das Alveolarepithel wird regeneriert, und restitutio ad integrum tritt ein.

Hindert aber mangelhafte Expektoration, schwächliche Respiration oder Unwegsamkeit der Lymphwege die Entfernung des Exsudates oder tritt die Exsudation — meist neben chronischem Katarrh der größeren Bronchien — chronisch auf, so kommt es zu indurativen Prozessen welche die interlobulären Septen verdicken, aber auch auf die Alveolen übergreifen; auch die atelektatischen Stellen gehen eine Kollapsinduration ein (s. oben). An chronische Bronchopneumonien können sich Bronchiektasien und Emphysem (s. oben) anschließen. Bronchopneumonische Herde können andererseits in Eiterung oder Gangrän übergehen. Auch Infektion mit Tuberkelbazillen kann begünstigt werden.

Hier erwähnt werden soll auch eine seltene Veränderung der kleinen Bronchien. Kommt es hier nach Schädigung der Schleimhaut und teilweiser Zerstörung der elastischen Fasern, bei Bronchopneumonien nach Masern, Keuchhusten usw., oder durch Inhalation von Gasen, oder durch Fremdkörperaspiration zu bindegewebiger Ausfüllung der Lumina, so entstehen kleine, Tuberkeln sehr gleichende Knötchen. Den Prozeß benennt man Bronchiolitis fibrosa obliterans (Lange).

3. **Eiterige Pneumonie.** Sie beginnt meist mit einem zellig-fibrinösen Exsudat, das bald ein rein eiteriges wird; gleichzeitig wird das Gewebe eiterig eingeschmolzen. Die Eitererreger können auf verschiedenem Wege in die Lunge gelangen:

a) von den Bronchien her. Die eiterige Pneumonie schließt sich an Bronchopneumonien oder Bronchialkatarrhe mit stagnierendem Sekret (eventuell Bronchiektasien), käsig-tuberkulöse Lungenprozesse u. dgl. an, oder entsteht direkt als Aspirationspneumonie, wenn Speiseteile, Mageninhalt, Stücke von Pseudomembranen oder zerfallenden Neubildungen durch Aspiration in die Lunge gelangen und mit Eitererregern infiziert sind — Schluckpneumonie oder Fremdkörperpneumonie. Dies kommt besonders leicht bei Bewußtseinsstörungen und Lähmungen der Schlingmuskulatur zustande. Hierher gehört auch die sog. „Vaguspneumonie". Schluckpneumonien setzen besonders in den Unterlappen ein und stellen durch Konfluenz oft größere Herde dar. Frisch infiltrierte graurote Stellen finden sich meist neben zerfallenden Eiterpartien, die von einem hyperämischen Hof umgeben sind. Durch Hinzutritt von Fäulniserregern kann die Eiterung einen jauchig-gangränösen, stinkenden Charakter erhalten.

b) auf dem Blutwege, wenn das Blut Eitererreger der Lunge zuträgt, oder im Anschluß an septische Emboli hämorrhagische Infarzierungen entstehen, die dann eiterig zerfallen. Gangrän kann sich auch hier anschließen.

c) von der Nachbarschaft her auf dem Lymphwege oder per continuitatem, so nach Empyem der Pleurahöhle (pleurogene Pneumonie), Karies der Wirbel oder der Rippen u. dgl.

Auch innerhalb der Lunge geht die Ausbreitung der Eiterherde, besonders auf dem Lymphweg vor sich.

Wird Lungengewebe mehr zirkumskript eingeschmolzen, so entstehen **Abszesse.** Eiterherde der Lunge können durch die Pleura — die meist, wenn die Herde bis zu ihr reichen, selbst eiterige oder fibrinöse Entzündung aufweist — durchbrechen und so Empyem und Pyopneumothorax (s. unten) erzeugen. Lungenabszesse können durch Abkapselung heilen.

Lungengangrän (Brand) entsteht unter dem Einfluß von Fäulnisbakterien (s. unten) nach Broncho- (Schluck-) Pneumonien, fibrinösen Pneumonien (selten), im Anschluß an putride Bronchitiden, die auch umgekehrt von ihnen ausgehen können, oder auf dem Blutwege metastatisch. Die Gangränherde stellen mißfarben grünlichbraune, stinkende Herde bzw. Höhlen dar, welche zersetzte Massen, Lungengewebsreste, besonders elastische Fasern, Fettzerfallsprodukte u. dgl. enthalten, und sitzen mit Vorliebe in den Unterlappen und mehr zentral. Lungengangrän wie einfache Nekrose ist häufiger auch bei Diabetes.

Als Erreger kommen vor allem fusiforme Bazillen, Spirochäten und Spirillen in Betracht; sie sind alle anaerob und entstammen der Mundhöhle, von woher sie eingeatmet werden. Nach Schridde sollen diese Anaerobier an solchen Stellen des Lungengewebes sich entwickeln und Gangrän bewirken können, welche infolge von bindegewebigen Verdichtungsherden (nach Pneumonien, bei Bronchiektasien u. dgl.) luftleer sind.

Nicht zu verwechseln mit Lungengangrän ist die durch den sauren Geruch kenntliche saure Lungenerweichung, wenn postmortal oder auch agonal (durch Aspiration) Mageninhalt in die Lunge gelangt und besonders die Unterlappen angreift.

4. **Chronisch-produktive Pneumonie.** Solche Prozesse haben wir schon als Kollapsinduration und Karnifikation kennen gelernt, andere schließen sich an chronische Kapillarbronchitis und besonders an chronische Staubinhalation (s. unten) an. Die Bindegewebsneubildung geht von dem peribronchialen, perivaskulären und interlobulären Bindegewebe aus.

Es bildet dicke netzförmige Züge, aber auch die Alveolarsepten verdicken sich und auch die Alveolarräume werden mit Bindegewebe erfüllt, so daß eine schwielige, narbige Umwandlung des Lungenparenchyms zustande kommt.

An die so bewirkte Funktionsstörung schließen sich Emphysem und Bronchiektasien an. Durch neu hinzukommende Katarrhe, zu denen eine solche Lunge besonders disponiert ist, können nach und nach ausgedehnte Bezirke der indurativen Umwandlung zum Opfer fallen.

Sehr ausgedehnte interstitielle Entzündungsprozesse finden sich bei den **Staubinhalationskrankheiten** der Lunge, den **Pneumokoniosen,** die vor allem Zenker verfolgte.

In die Lunge geraten stets mit der eingeatmeten Luft deren staubförmige Verunreinigungen, besonders Kohlenstaub. Geringe Mengen sind unschädlich; ein Teil wird schon in den oberen Luftwegen festgehalten, ein Teil wird, wenn er in die Lunge gelangt, wieder expektoriert oder von den Lymphgefäßen, teils frei, teils in Alveolarepithelien, retikulo-endotheliale Elemente und Leukozyten eingeschlossen, aufgenommen und den bronchialen Lymphknoten (die daher besonders bei älteren Individuen mehr oder minder pigmentiert gefunden werden) zugetragen. Kohlensaurer Kalk z. B. kann auch von den Körpersäften gelöst und so unschädlich gemacht werden.

Große Mengen korpuskulärer Substanzen aber erzeugen chronische Bronchitiden und katarrhalische, dann produktive Entzündungen mit allen Folgezuständen. Die interlobulären Septa verdicken sich und treten zwischen den Lobuli als zierliche, meist stark pigmentierte, bindegewebige Netze hervor. Eine solche Lunge ist dann wieder zu neuen Katarrhen disponiert usw.

Manche Koniosen führen auch erhöhte Disposition zu Lungentuberkulose herbei. Doch trifft man bei der Anthrakosis z. B. einen viel geringeren Prozentsatz von Phthisikern an als z. B. bei der „Eisenlunge".

Die Ablagerung von Kohlenstaub, die **Anthrakosis,** ist am verbreitetsten; in mäßigen Mengen ist sie eine allgemeine Erscheinung, namentlich bei Städtern und besonders in Industriegebieten. Die höchsten Grade von Anthrakose finden sich bei Köhlern, Grubenarbeitern, Graphitarbeitern, Schornsteinfegern und Arbeitern in Pulverfabriken. Der Kohlenstaub ist im allgemeinen der wenigst schädliche Staub; auch größere Mengen bewirken meist nur pigmentierte Knötchen und Verdickungen der Septen und Pleura, das Lungenparenchym bleibt relativ verschont. Die Knötchen (nicht mit Tuberkeln zu verwechseln) entsprechen oft Kreuzungspunkten von Lymphbahnen und verschließen diese oft (Lymphangitis nodosa). Sie sind entweder ganz, oder oft (besonders an der Pleura) nur in einem äußeren Hof, durch Kohlenstaub schwarz gefärbt. Da Kohle in besonders großen Mengen in solche Lungen aufgenommen wird, welche heftiger reizende andere Staubarten abgelagert enthalten, ist der Gehalt einer Lunge an Kohle auch ein gewisser Maßstab für die Menge des in ihr abgelagerten Staubes überhaupt.

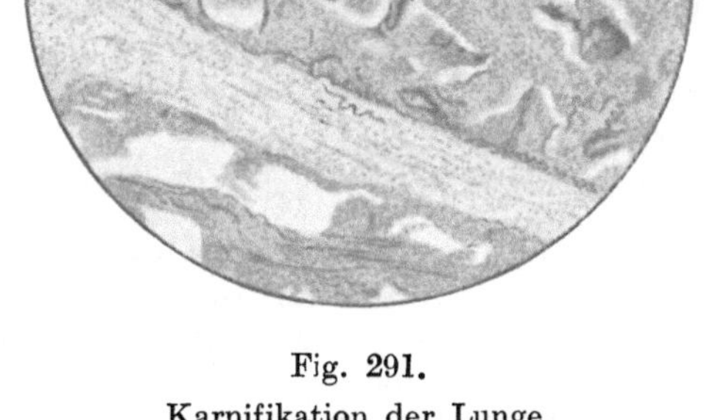

Fig. 291.
Karnifikation der Lunge.
Die Alveolen sind mit derbem Bindegewebe gefüllt; die elastischen Fasern sind wohl erhalten.

Die meisten anderen Koniosen sind Gewerbekrankheiten von Arbeitern, deren Beschäftigung dauernde Einatmung mit bestimmten Staubarten verunreinigter Luft mit sich bringt.

Einatmung von Staub von Steinarten — bei Steinhauern, Töpfern, Arbeitern in Stampfwerken der Glashütten, in Glasschleifereien, Porzellanfabriken, Ultramarinfabriken — bewirkt die **Chalikosis** („Steinhauerlunge"). Meist bilden sich mit Steinstaub durchsetzte, hanfkorngroße, derbe, grauweiße Knoten im interstitiellen Gewebe sowie auch an der Pleura, die gewöhnlich von einem schwarzen Hof reichlichen Kohlenpigmentes umgeben sind. Tuberkulose schließt sich in 8—16% an Chalikosis an.

Einatmung von viel mit Eisenstaub verunreinigter Luft — bei Schlossern, Schmieden, Feilenhauern, Schleifern (bei letzteren neben Ablagerungen von Steinstaub) — bewirkt die **Siderosis** („Eisenlunge"). Es bilden sich sehr diffuse schwielige Umwandlungen ausgedehnter Lungenteile. Chemisch ist ein Eisengehalt bis zu 1,45% der Lungensubstanz nachweisbar. Die Farbe der „Eisenlunge" ist je nach der Eisenverbindung, die von der Beschäftigung abhängt, verschieden. Durch Eisenoxyd (Glasarbeiter und Arbeiter in der Papierfabrikation) entsteht eine rote, durch Eisenoxyd und phosphorsaures Eisen eine schwarze Färbung. Bei Siderosis findet sich bis zu 62,2% anschließende Lungenphthise.

Andere Koniosen entstehen seltener, so durch Inhalation von Kupfer und anderen Metallen, von Baumwollstaub, Tabakstaub, Holzstaub u. dgl. m.

Wenn nach produktiven Pneumonien oder chronischen Bronchitiden oder (zumeist) Pleuritiden produktive Entzündungsprozesse im Anschluß an Gefäßen und Bronchien folgenden Lymphbahnen zu bindegewebigen Strängen führen, kann man von Lymphangitis trabecularis (v. Hansemann) sprechen. Entstehen durch bindegewebige Verdickung der Lymphbahnwand dünne bindegewebige Fäden, die ein feines Netzwerk in der Lunge bilden und meist durch Kohle schwarz gefärbt sind, so kann man dies als Lymphangitis reticularis (v. Hansemann) bezeichnen.

Bei allgemeiner Amyloiddegeneration können sich die Gefäße der Lunge beteiligen. Äußerst selten sind lokale tumorartige Amyloidablagerungen. Corpora amylacea, aus Zellen und Massen verschiedener Art entstanden, finden sich öfters im Interstitium wie in den Alveolen, besonders bei Stauung.

Kalkniederschläge im interstitiellen Gewebe kommen als Kalkmetastase bei Veränderungen des Knochenmarkes und ohne solche vor (Harbitz), sind aber sehr selten.

e) Tuberkulose.

I. Allgemeines.

In diesem ganzen Abschnitte sei auch auf die Besprechung der Tuberkulose im allgemeinen Teil verwiesen, die sich ja zum größten Teil auch auf die Lungen bezieht. So ist vom Primärinfekt, von der lokalen Organdisposition u. dgl. dort schon die Rede gewesen.

Die Lungentuberkulose bietet ein überaus wechselndes und kompliziertes Bild. Akute Formen sind durch Zwischenformen mit chronischen verbunden. Form und Ausdehnung der Prozesse kann sehr verschieden sein; dazu alle Variationen der Kombination und Folgezustände. Es ist daher nur möglich, Grundformen herauszuschälen. Man kann einmal in **akute** („floride, gallopierende Phthise") und **chronische** Lungentuberkulose einteilen. Die akute Miliartuberkulose der Lunge als Teilerscheinung einer akuten allgemeinen Miliartuberkulose ist eine exquisit akute Erkrankung, so gut wie stets zum Tode führend. Auch käsige Pneumonien mit Zerfall und Kavernenbildung, ohne namhaft indurierende Prozesse als Zeichen einer gewissen Abwehr- und Ausheilungstendenz, können so schnell einen großen Teil der Lunge zerstören, daß die Krankheit in akuter oder subakuter Weise — wenn auch nicht so schnell wie die akute Miliartuberkulose — zum Tode führt. In anderen Fällen sind dieselben Prozesse weniger ausgedehnt, oder es beherrschen zwar käsige Pneumonie und Zerfallserscheinungen auch das Bild, geringe fibröse indurierende Prozesse u. dgl. halten aber den Verlauf der Krankheit auf. Andererseits kann sich einer chronischen älteren Lungenphthise eine käsige Pneumonie, die dann in kurzer Zeit zum Tode führt, erst anschließen. Dann ist also gewissermaßen nur der Schluß akut. Die Prozesse der chronischen Lungentuberkulose sind aber, besonders in ihren verschiedenen Kombinationen, noch weit komplizierter.

Eine weitere Einteilung wäre möglich nach der Ausdehnung der die Lungen durchsetzenden tuberkulösen Herde. Hiernach hat man (Nicol bzw. Aschoff) in miliare, konglomerierende nodöse oder fokale und in konfluierende oder diffuse Formen eingeteilt. Die Ausdehnung des Prozesses stellt naturgemäß für die Schwere der Erkrankung ein wesentliches, aber keineswegs das einzige Moment dar.

Des weiteren ist der Sitz wichtig; man kann zwei Hauptformen unterscheiden: einmal tuberkulöse Prozesse, die interstitiell sitzen (Typus: akute miliare Tuberkelaussaat) und sodann diejenigen, welche sich im Innern der Lungenhohlräume, d. h. der Alveolen und des Bronchialbaumes, also mit anderen Organen (wo wir ja eine ähnliche Einteilung vornehmen) verglichen, gewissermaßen im Parenchym entwickeln (Typus: käsige Pneumonie).

Am wichtigsten ist aber für das Verständnis der wechselvollen anatomischen Veränderungen, daß wir uns (s. im allgemeinen Teil) vor allem die Verschiedenartigkeit der Wirkungen ins Gedächtnis rufen, welche der Tuberkelbazillus hervorzubringen vermag. Wir wissen, daß er bald umschriebene, bald diffuse **Zellwucherungen** (Tuberkel), andererseits aber **exsudative** Entzündungsprozesse veranlassen kann.

Es sind dies zwei verschiedene Formen der Gewebsreaktion auf die schädigende Einwirkung des Tuberkelbazillus. Neben Zahl und Virulenz der Bazillen ist hier offenbar die besondere Reaktionsart des Gewebes maßgebend. Die Abwehrreaktion ist auf jeden Fall bei der proliferativen Form ausgesprochener als bei der exsudativen. In beiden Fällen bewirken später die sich vermehrenden Bazillen Nekrose (Verkäsung).

Wie schon im allgemeinen Teil besprochen, gelangen die Tuberkelbazillen zumeist mit der Inhalationsluft (aerogen) primär in die Lungen. Aber auch, wenn solche irgendwo sonst eingedrungen sind, gelangen sie hämatogen-metastatisch in die Lunge, das Prädilektionsorgan für die Erkrankung.

Zumeist werden beide Lungen ergriffen, wenn auch in sehr verschiedener Hochgradigkeit; doch kann auch eine Lunge ganz überwiegend oder allein ergriffen sein. Bei der typischen Lungenphthise der Erwachsenen sind die Lungenspitzen bzw. Oberlappen (anscheinend häufiger rechts als links) fast stets zuerst bzw. später am hochgradigsten erkrankt (die Gründe für diese Prädisposition sind schon S. 85 auseinandergesetzt, s. auch unten).

Die **ersten Anfänge** der Lungentuberkulose werden beim Menschen nur selten angetroffen. Wir schließen vom Tierexperiment oder von Stellen, wo die Veränderung von älteren Herden aus in frischem Fortschreiten begriffen ist. Bei der gewöhnlichen — aerogenen — Infektion scheint zumeist der erste Angriffspunkt in den Bronchioli respiratorii bzw. deren Übergang in die Alveolargänge („Stapelplatz“ nach Nicol aus mechanischen Gründen, da das abwehrende Flimmerepithel hier aufhört und die Ausbuchtungen mit ihren Stauungsmöglichkeiten hier beginnen), seltener (aus dem Tierexperiment zu schließen) auch erst in den Alveolen zu liegen. Das Epithel wird angegriffen und zur Desquamation gebracht, dann entfaltet der Bacillus subepithelial seine (proliferative oder exsudative) Wirkung. Die Richtung beider Prozesse findet — dem geringeren Widerstand folgend — in das Lumen, also der Bronchioli respiratorii, ihrer Alveolargänge und der Alveolen hinein statt (wobei die Wandungen natürlich auch mitergriffen werden). So entspricht das erste Ausdehnungsgebiet einem **Lungenazinus** (s. in der Einleitung), und die Zugrundelegung dieses als kleinster Lungeneinheit (Rindfleisch) hat sich gerade für die Lungentuberkulose als sehr fruchtbringend erwiesen (Nicol-Aschoff, denen wir in unserer Einteilung folgen wollen). In einigen Fällen scheinen sich die ersten tuberkulösen Veränderungen auch in den kleinen (besonders um Bronchien und Gefäßen gelegenen) Lymphfollikeln, welche ja überhaupt zu tuberkulösen Veränderungen neigen, lokalisieren zu können.

Bei der für die gewöhnliche Lungenphthise ja weniger in Betracht kommenden hämatogenen Infektion können sich die Tuberkel im Interstitium entwickeln, doch können die Bazillen auch ins Lumen von Alveolen „ausgeschieden“ werden und dann auch hier ihre Wirkung entfalten.

Betrachten wir nunmehr die einzelnen Formen, so wollen wir zunächst **zwei Grundtypen** zeichnen, und zwar nach der verschiedenen Wirkung des Tuberkelbazillus

I. Proliferationsprozesse,
II. Exsudationsprozesse.

Verwischen und **kombinieren sich die Bilder auch meist**, so müssen wir doch die einzelnen Formen getrennt besprechen, da sie nicht stets alle und nicht zur gleichen Zeit auftreten, und es vor allem wichtig ist, die einzelnen Bilder unterscheiden zu können, welche das so sehr komplizierte Bild der Lungentuberkulose zusammensetzen. Auch haben die beiden unterschiedenen Grundformen sehr verschiedene prognostische Bedeutung.

II. Anatomische Grundtypen.

1. Proliferationsprozesse.

a) Akute Miliartuberkulose.

Die akute disseminierte Miliartuberkulose der Lungen ist Teilerscheinung einer allgemeinen Miliartuberkulose, also einer Aussaat von Tuberkelbazillen auf dem Blutwege (s. S. 87). Die ganzen Lungen (und Pleuren) sind übersät mit submiliaren bis miliaren grauweißen, später im Zentrum gelben, d. h. verkästen Tuberkeln. Die Bazillen haben zur selben Zeit die Lungen überschwemmt, da aber die Wachstumsbedingungen im Oberlappen günstigere sind, pflegen die Knötchen hier etwas größer zu sein als im Unterlappen. Auch kommen um die schon größeren Knötchen der Oberlappen Exsudationserscheinungen in den anliegenden Alveolen hinzu, so daß diese Knötchen noch etwas größer und weniger scharf begrenzt werden. Das übrige Lungengewebe ist höchstens leicht hyperämisch oder ödematös, sonst unverändert. Die hämatogen entstandenen Tuberkel liegen interstitiell; es können aber in Alveolen ausgeschiedene Bazillen auch hier Miliartuberkel hervorrufen oder auch exsudativ-entzündliche, dann verkäsende miliare Herde bewirken — sog. miliare käsige Pneumonien (s. unten). Die Hauptrolle spielen die echten proliferativen Tuberkelbildungen, und wegen ihrer Zahl (in den Lungen und allen Organen) tritt bald der Tod ein, so daß es sich um eine ausgesprochen akute Form handelt.

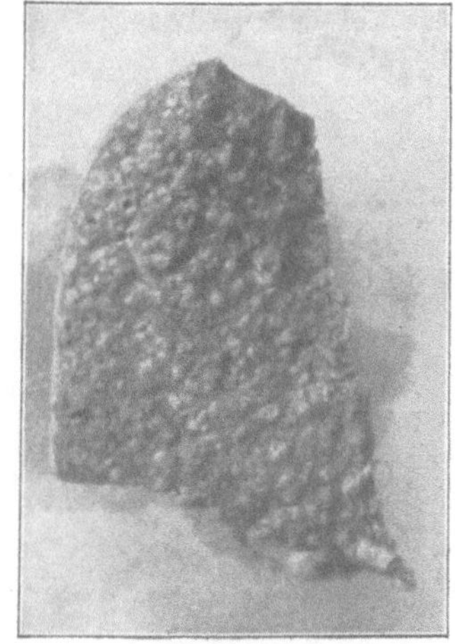

Fig. 292.
Akute Miliartuberkulose.
Die Lunge ist von zahlreichen kleinen Knötchen regellos durchsetzt.

Eine Aussaat von Tuberkelbazillen auf dem Blutwege kann auch in der Lunge, auf bestimmte Bezirke dieser beschränkt, erfolgen, wenn Bazillen aus einem älteren Herd hier in ein Gefäß gelangt sind. Dann entstehen nur hier regellos stehende Miliartuberkel.

b) Azinöse Form der Lungentuberkulose.

Die häufigste tuberkulöse Infektion der Lunge kommt im Gegensatz zu der besprochenen Form aerogen zustande. Hier handelt es sich auch um proliferativ-tuberkulöse Bildungen, aber nicht um regellos stehende Tuberkel, vielmehr schließen sich die Prozesse an ein bestimmtes System an, bzw. entwickeln sich in dessen Lumen, und das ist der Lungenazinus; sie stehen daher in Gruppen zusammen. Jeder einzelne aufsprossende miliare Tuberkel also entspricht einem Lungenazinus — azinöse Form. Später wird allerdings die Grenze des Azinus leicht verwischt, denn zu dem eigentlichen proliferativen Tuberkel kommen noch exsudative Prozesse in dem Bronchiolus respiratorius und den Alveolargängen hinzu, und auch in der Nachbarschaft entsteht tuberkulöses oder mehr allgemein entzündliches Granulationsgewebe oder Exsudat. Benachbarte Azini sind oft in großer Zahl befallen; so stehen die Tuberkel in Gruppen zusammen — azinös-nodöse Form; sie können auch durch Mitbeteiligung des dazwischen liegenden Gewebes (s. oben) größere Konglomeratherde darstellen. Fließen mehrere solche zu einem größeren Herd zusammen, so kann man von einer **konfluierenden azinös-nodösen** Form sprechen.

Fig. 293.
Azinös-nodöse Tuberkulose mit Kollapsinduration des zwischen den Knötchen gelegenen Lungenparenchyms.
Das letztere dunkel, eingesunken, links zwei (normale) Bronchialquerschnitte. (Nat. Größe.)

Sekundär setzen indurierende Prozesse ein. Zunächst finden sich inmitten der Knötchen, d. h. der tuberkulös veränderten Gebiete, nicht ergriffen stehengebliebene Lungenteile, und diese scheinen vor allem peripheren Teilen der Alveolargänge und den Alveolarsäcken (s. oben) mit ihren Alveolen zu entsprechen, in deren zuführenden Bronchioli respiratorii sich das tuberkulöse Gewebe entwickelt hat. Durch die so bewirkte Verstopfung verfallen dann die erstgenannten Lungenteile, welche also selbst frei von tuberkulösen Prozessen sind, dem Kollaps (Atelektase) und daran anschließend der Kollapsinduration. Sodann sind zwischen den von dem tuberkulösen Prozeß ereilten Azini andere Azini in toto nicht ergriffen stehen geblieben, und in ihnen entwickeln sich nun allgemein-entzündliche Zellwucherungen mit Ausgang in Narbengewebe, welche wohl von veränderten Gefäßen ausgehen (Nicol) und meist

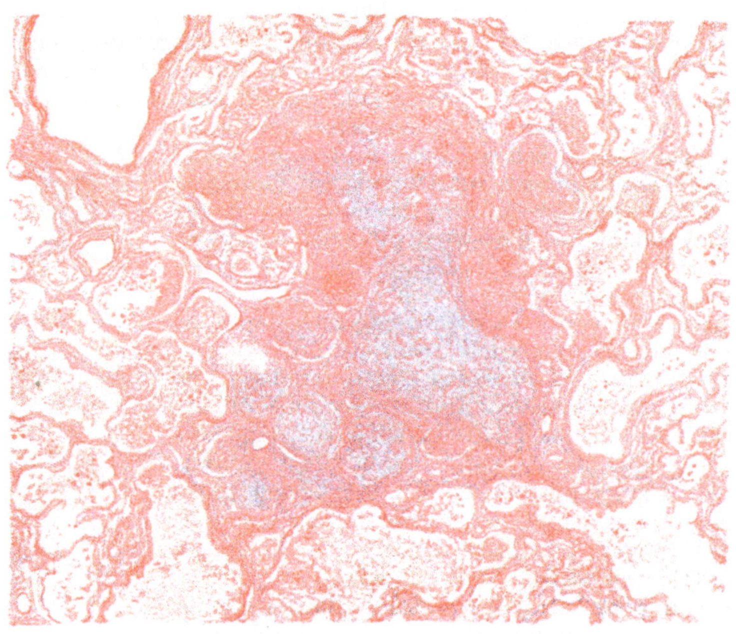

Fig. 294.
Azinöse (miliare) käsige Pneumonie.
In der Mitte mit käsigem Exsudat erfüllter Bronchiolus respiratorius, in dessen Umgebung, namentlich links unten, mit ebensolchem Exsudat erfüllte Alveolen. In den übrigen Alveolen geringe Mengen geronnener seröser Massen.

durch Kohle bzw. Ruß dunkel gefärbt werden, sog. schiefrige Induration. Auch solche Gebiete finden sich oft kranzartig von tuberkulösen Herden umgeben; durch die geschilderten Vorgänge erklärt sich die „kleeblattartige" Form der Herde. Auch in den proliferativ-tuberkulösen Herden selbst oder um sie entwickelt sich weiterhin Bindegewebe. Alle diese zu Bindegewebsentwicklung führenden Prozesse gehen langsam vor sich, und es entstehen daher so mehr chronische Formen mit ausgedehnten Schwielenbildungen, die man als **zirrhotische Phthise** (Aschoff) bezeichnen kann. Andererseits kommt es infolge von Verkäsung der tuberkulös-proliferativen Herde und Erweichung und Zerfall der Käsemassen auch zu Kavernenbildung, aber ebenfalls erst in chronischem Verlauf.

2. Exsudationsprozesse.

a) Käsige Bronchopneumonie.

Es handelt sich hier um eine ausgesprochen **aerogene Infektion.** Wir sehen kleine, stecknadelkopf- bis hanfkorngroße, rundliche, aber auch kleeblattförmige Herde in die Lunge eingelagert, welche etwas über das Lungengewebe prominieren und zunächst eine graue, bald aber eine gelbe Farbe (Verkäsung) aufweisen.

Es handelt sich um kleine Entzündungsherde, welche auch hier je einem Azinus entsprechen, d. h. um Ausgüsse des Lumens solcher mit Exsudat nach Art einer

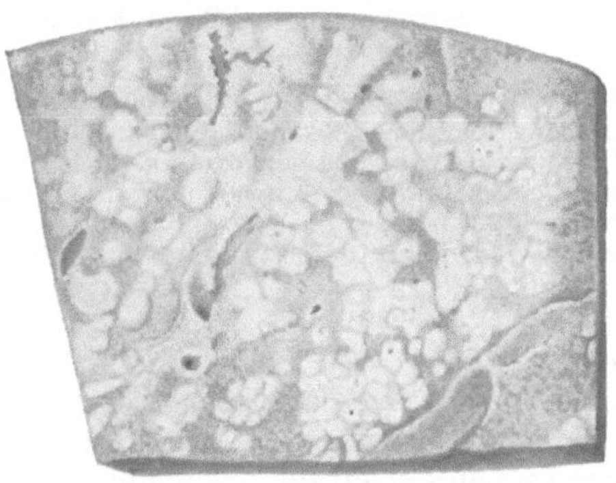

a *b*

Fig. 295.
Ausgedehntere lobuläre, käsige Bronchopneumonie mit teilweisem Konfluieren der ursprünglich kleinen, knotigen Herde (zusammen mit käsiger Bronchitis). Nat. Größe.
Bei *a* erkennt man in der Mitte mehrere quergetroffene, je einen Ring bildende, verkäste Bronchiolen (käsige Bronchitis). Am oberen Rande, etwas links von der Mitte, ein längs getroffener, verzweigter, verkäster Bronchiolus mit zackigem, durch Einschmelzung der Wand erweitertem Lumen. Bei *b* an mehreren Stellen beginnende Kavernenbildung, an anderen längs getroffene (größere) Bronchien, an deren Innenwand kleine weißliche Flecken zu finden sind, welche tuberkulösen Herden der Schleimhaut entsprechen.

katarrhalischen Bronchopneumonie. In den Alveolen liegen Leukozyten, Fibrin, rote Blutkörperchen, Lymphozyten, abgestoßene, verfettete Alveolarepithelien. Die Entzündung hat also zunächst nichts Charakteristisches. Das Besondere liegt aber darin, daß nach einiger Zeit unter der fortgesetzten Schädigung durch die vermehrten Tuberkelbazillen eine **Verkäsung des Exsudates,** zunächst im Zentrum, eintritt. Wir bezeichnen diese Pneumonie dementsprechend als **käsige Pneumonie (Bronchopneumonie).**

Das der Verkäsung zum Opfer fallende Exsudat ist das oben beschriebene zellreiche. Häufig wuchern auch die Alveolarepithelien sehr stark und werden in großer Zahl abgestoßen („Desquamativpneumonie" v. Buhls). Auch die Alveolarsepten können durch Zellinfiltration verdickt werden. Dann, bei der Verkäsung, wird alles zusammen zu einer dichten, körnigen oder scholligen Detritusmasse. Nur die Anordnung der elastischen Fasern, welche dem Prozeß lange Widerstand leisten, läßt noch die ursprüngliche Struktur des Lungengewebes erkennen.

Da die kleinen Herde einer solchen käsigen Pneumonie je einem Lungenazinus entsprechen, spricht man am besten von **azinöser käsiger Pneumonie** (weniger gut von **miliarer käsiger Pneumonie**).

Der Rand dieser Herde ist oft durch Reste inhalierter Kohlepartikel pigmentiert. Häufig kommt es in der Umgebung solcher Exsudatherde auch zu typischen poliferativen tuberkulösen Wucherungen, ausgehend vom periarteriellen Bindegewebe oder von den Alveolarsepten und in die anliegenden Alveolen einwuchernd, wodurch die kleinen Herde zackige Form erhalten und mit Ausläufern in die Umgebung ausstrahlen können. Auch diese tuberkulösen Wucherungen können dann wieder (in ihren zentralen Abschnitten) verkäsen. Auch kann sich in der Umgebung eine (nicht tuberkulöse) Entzündung in Gestalt fibrinösen Exsudates einstellen, das dann auf dem Wege der Karnifikation durch Bindegewebe ersetzt werden kann. Durch derartige Prozesse findet um die kleinen Herde eine Art Abkapselung in Gestalt eines mehr grauen, schwieligen, deutlicher prominierenden Gewebes statt, wodurch derartige Herde dann bei makroskopischer Beobachtung eine schärfere Abgrenzung erhalten.

Die kleinen azinös-käsig-pneumonischen Knötchen bzw. Herde sind fast stets gruppenförmig zusammenstehend angeordnet, da die einzelnen affizierten Azini das Ausstrahlungsgebiet eines feinen Bronchialastes darstellen. Die einzelnen Herde d. h. eine Gruppe derselben umgibt daher den kleinen, mit bloßem Auge meist eben noch erkennbaren Bronchus wie die größeren Äste eine Baumkrone. Zwischen den einzelnen azinös-käsigen Herden liegendes, zunächst intakteres Lungenparenchym erleidet häufig auch hier eine Kollapsatelektase mit anschließender Kollapsinduration.

Stehen Gruppen einer größeren Zahl azinös-käsig-pneumonischer Herde dicht nebeneinander und konfluieren, so nimmt eine derartige, dann verkäsende Hepatisation in mehr diffuser, flächenhafter Ausdehnung im eigentlichen Lungenparenchym das Gebiet einzelner oder zahlreicher Lobuli (ohne sich scharf an die Begrenzung solcher zu halten) ein, und man bezeichnet dies als **lobuläre käsige Pneumonie** (oder einfach **käsige Bronchopneumonie**). Ja es können durch Konfluieren solcher lobulärer Herde ganze Lungenlappen ergriffen sein, **lobäre käsige Pneumonie.**

An der Ungleichmäßigkeit, mit welcher die Verkäsung vor sich geht, kann man meist das Zustandekommen aus ursprünglich zahlreichen kleinen Herden erkennen. Schon früh finden sich im verkästen Gewebe da und dort kleine erweichte, halb oder ganz flüssige Stellen. Später erweichen die käsig-exsudativen Massen — besonders zentral — auf größere Strecken, und so kommt es zu Zerfall und zunächst ganz unregelmäßiger kavernöser Höhlenbildung. Andererseits setzen aber auch hier bindegewebig-schwielige Umwandlungen ein, welche auch größere Herde bindegewebig umwandeln oder wenigstens abkapseln.

Erwähnt werden soll noch eine besondere Form der Exsudation, die sog. **gallertige** oder **glatte Hepatisation,** eine eigentümliche makroskopisch weiche, graue Veränderung des Lungengewebes. Hier handelt es sich um eine starke gallertig-seröse, zellige Durchtränkung des Gewebes und seiner Hohlräume in diffuser Ausdehnung, besonders der Unterlappen: sie kann sich wieder lösen oder in eine käsige Pneumonie übergehen. Wahrscheinlich sind ätiologisch nicht Tuberkelbazillen, sondern deren Toxine anzuschuldigen.

b) Käsige und fibröse Bronchitis und Peribronchitis.

Von den kleinen käsig-pneumonischen Herden wie auch von den proliferativ-azinös-nodösen Affektionen aus (Nicol) kommt es im weiteren Verlauf auch zur Infektion der eigentlichen kleinen Bronchiolen. Es tritt Exsudation in das Lumen derselben, sowie zellige Infiltration ihrer Wand ein; beide verkäsen. Die verkästen, in Lagen abgehobenen Bronchialwände erscheinen makroskopisch im Längsschnitt als verzweigte käsige Stränge, auf dem Querschnitt als Gruppen käsiger Ringe, deren Lumen mit käsigem Sekret verstopft ist. Den ganzen Prozeß bezeichnet man als **käsige Bronchitis bzw. Bronchiolitis.**

Fig. 296.
Azinös-nodöse Tuberkulose und käsige Bronchitis mit käsig-bronchopneumonischen Herden.
Die käsigen bronchopneumonischen Herde stehen in Gruppen zusammen, zum Teil schließen sie sich deutlich an die Wand von verkästen Bronchien an.

Aber der exsudativ-käsige Prozeß greift auch auf das peribronchiale Bindegewebe und das benachbarte Lungenparenchym über — **käsige Peribronchitis** und **peribronchiale käsige Pneumonie.** Durch Kombination bronchopneumonischer und bronchitischer Prozesse kommt es zu größeren Herden ohne scharfe Abgrenzung der ursprünglich getrennten Herde. Statt der Knötchengruppen entstehen so grössere Flecke, von den Bronchiolen aus breitere käsige Streifen und Höfe und im ganzen dadurch blattförmige breitgestielte Figuren. Durch Erweichung und Einschmelzung der Käseherde kommt es dann auch hier zu Ulzerationen und Kavernen. Solche Prozesse stellen rascher fortschreitende, bösartigere Formen dar.

Andererseits kommen aber in der Bronchialwand und in dem peribronchialen Bindegewebe häufig zellige Wucherungen zustande. So kann die Wand des Bronchus selbst fibrös umgewandelt werden eventuell mit Obliteration des Lumens — **fibröse Bronchitis**, oder die Umgebung wird fibrös verwandelt und scheidet so auch den Bronchus ein — **fibröse Peribronchitis.**

Daß tuberkulöse Prozesse in den Bronchien durch Aspiration wiederum zu weiterer Verbreitung der tuberkulösen Prozesse im Lungengewebe selbst leicht Veranlassung geben, liegt in der Natur der Sache.

Wie schon erwähnt, kann im Gegensatz zu dem oben beschriebenen — häufigeren — Weg auch der ganze tuberkulöse Prozeß in der Wand von Bronchialästen seinen Anfang nehmen, um dann, entgegengesetzt der gewöhnlichen Ausbreitungsweise, distalwärts auf das Lungengewebe überzugreifen.

Die sub 2 geschilderten Prozesse der azinösen, lobulären und lobären käsigen Pneumonie, sowie der käsigen Bronchitis und Peribronchitis, bei denen also die allgemein-exsudativ-entzündliche Wirkung des Tuberkelbazillus das Bild beherrscht, die besonders am Rande jener Herde auch einsetzenden proliferativen Prozesse aber ganz zurücktreten, haben das Schicksal gemeinsam, daß das Exsudat später verkäst und der so gebildete Käse zu Erweichung und Zerfall neigt, und zwar meist über ausgedehnte Strecken hin. So kommt es zur **ulzerös-kavernösen Phthise.** Diese Prozesse pflegen zwar schneller zu verlaufen, als die der sub 1 geschilderten sehr chronischen, aus proliferativen Vorgängen hervorgehenden zirrhotischen Phthisenform, aber auch bei der ulzerös-kavernösen Phthise, d. h. den exsudativen Formen gesellen sich den Zerfallserscheinungen der käsig-bronchopneumonischen und käsig-bronchitischen Herde auch proliferativ-indurierende Prozesse hinzu, welche, besonders am Rande der Käseherde entwickelt, diese abkapseln können. So wird doch der Gesamtverlauf der Erkrankung aufgehalten und auch diese Phthisen pflegen nicht allzuschnell zu verlaufen.

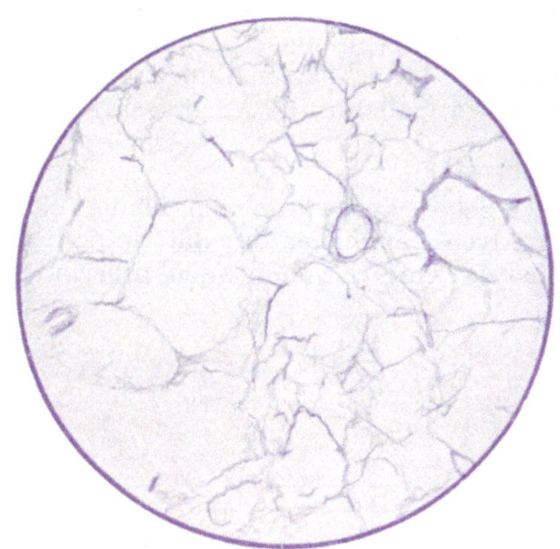

Fig. 297.
Käsige Bronchopneumonie. Elastisches Fasergerüst relativ gut erhalten. Keine Kerne mehr färbbar.

Es gibt aber auch Formen, welche jeden Versuch einer Abkapselung von Käsemassen u. dgl., d. h. also alle Bindegewebsentwicklung, vermissen lassen, so daß durch Konfluenz sich immer mehr ausdehnende, mehr diffuse käsige Bronchopneumonien lobulären oder gar lobären Charakters schnell in Erweichung, wobei Kokken meist mitwirken (Mischinfekti n), und Kavernenbildung übergehen. Solche in kurzer Zeit letal verlaufende Fälle entsprechen der **„floriden, galoppierenden Phthise“.** Hier finden sich nicht die mehr oder weniger gereinigten Kavernen der chronischen Lungenphthise, denn es tritt eben weit früher der Tod ein. Daher zeigen die Kavernen zerfetzte, von Käsemassen gebildete Ränder. Die Gefäße sind hier daher oft noch nicht obliteriert (s. unten), deshalb können sie durch den ulzerösen Prozeß arrodiert werden, besonders wenn sie kleine Aneurysmen besaßen, und solche, oft tödliche Blutungen, Hämoptoen, sind gerade in diesen sehr schnell verlaufenden Fällen relativ häufig und früh. Die Kavernen sitzen auch in diesen Fällen besonders an der Spitze, während sich weiter nach abwärts dann meist noch ausgedehnte käsige Herde finden.

Nochmals sei betont, daß sich die jetzt geschilderten Grundtypen in der mannigfaltigsten Weise kombinieren können, daß sich proliferative und exsudative Prozesse ja, wie geschildert, vielfach vermengen, daß sich in verschiedenen Lungenpartien verschiedenartige Formen finden und ineinander übergehen können. Auch die sekundären Veränderungen der Induration einerseits, Erweichung und Kavernenbildung andererseits finden sich nebeneinander. So kommen die kompliziertesten Bilder zustande. Die Unterscheidung der einzelnen Form — proliferativ oder exsudativ — und des Sitzes ist auch bei mikroskopischer Untersuchung oft sehr schwierig. Hier leistet die Färbung auf elastische Fasern unschätzbare Dienste. Sie gehen bei den proliferativen Prozessen schnell zugrunde, halten sich dagegen in den exsudativ-käsigen Herden relativ gut. Auch der Sitz im Bronchiolus respiratorius usw. wird durch Darstellung der elastischen Fasern deutlich hervorgehoben.

III. Verbreitung in der Lunge.

Betrachten wir nun noch zusammenhängend die Wege, auf welchen der Prozeß sich äußerst schnell **über die ganze Lunge verbreiten** kann. Zum großen Teil haben wir sie schon kennen gelernt. Außer der Kontaktinfektion, d. h. der Ausbreitung per continuitatem, stehen den Bazillen hier drei Wege zur Verfügung, die für ihre und somit der Tuberkulose noch schnellere Propagation sorgen, nämlich **1. der Bronchialweg, 2. der Lymphweg, 3. der Blutweg.**

1. Auf dem Bronchialweg.

Wir haben schon gesehen, wie sich einmal die käsige Pneumonie, ferner aber auch die azinös-proliferativen Prozesse an die Bronchioli respiratorii anschließen, sich in ihrem Inneren entwickelnd. Von den ergriffenen Bronchiolen werden Bazillen oder bazillenhaltiges käsiges Exsudat wieder in andere Bronchien und Bronchiolen aspiriert und rufen hier wieder neue tuberkulöse, proliferative oder käsig-exsudative Prozesse hervor. Im großen und ganzen halten sich die neuentstandenen Eruptionen wiederum an den Bronchialbaum und geben somit auch dem Durchschnitt eine gruppenförmige Anordnung. Ein feines Loch in der Mitte kann auf dem Durchschnitt noch das Bronchiallumen, wenn es erhalten ist, andeuten. Von der Bronchitis und Peribronchitis caseosa und fibrosa war oben schon die Rede. Auch die benachbarten Lungengebiete werden wieder mitergriffen. Der Bronchialweg spielt auf jeden Fall für die Verbreitung der Phthise in der Lunge die größte Rolle.

2. Auf dem Lymphweg.

Schon von vornherein können Tuberkelbazillen von den Alveolen aus nach Abstoßung der Alveolarepithelien in die in den Alveolarwänden beginnenden Lymphbahnen gelangen, oder sie werden von kleinen tuberkulösen Herden oder pneumonischen Stellen aus in diese resorbiert und geben zur Bildung von **Resorptionstuberkeln** (S. 86) Veranlassung. Häufiger finden sich solche Resorptionstuberkel in größerer Zahl, oft in Gruppen um einen älteren Herd herum angeordnet oder zwischen broncho-pneumonische Herde eingestreut, denen sie für das bloße Auge oft vollkommen gleichen. Auch können die Bazillen von den Bronchiolen aus in das peribronchiale Gewebe gelangen. Dann ist das die Bronchien umgebende sog. peribronchiale Bindegewebe hauptsächlich Sitz der Erkrankung. Auch das perivaskuläre und interlobuläre Bindegewebe spielt hier eine große Rolle. In den genannten Bindegewebszügen verlaufen nämlich die Lymphgefäße der Lunge gegen die Bronchialknoten zu konvergierend und schließlich in diesen sich sammelnd; in den Wänden dieser Lymphbahnen und der nächsten Umgebung bilden sich durch die mit der Lymphe verschleppten Tuberkelbazillen dann Reihen käsiger Knötchen, welche oft durch fibröse Stränge miteinander verbunden werden und dem Verlaufe der Bronchien bzw. der Lymphgefäße folgen; von dem peribronchialen Bindegewebe kann der Prozeß auch auf die Bronchialwand sekundär übergreifen und in das Lumen der

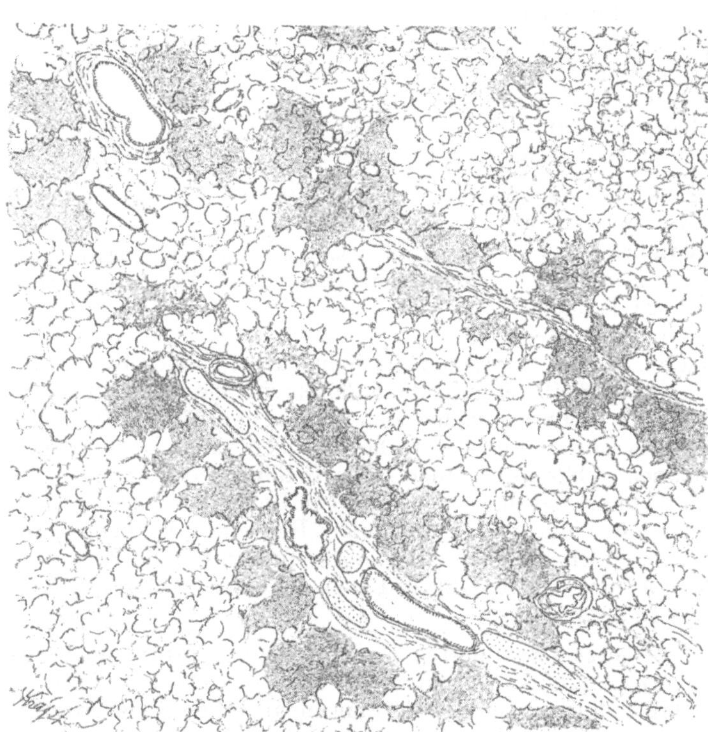

Fig. 298.
Interstitielle Tuberkulose (Lymphangitis peribronchialis tuberculosa).
Reihen von Knötchen, welche, dem Verlaufe von Bronchien folgend, im interstitiellen Bindegewebe hinziehen. (Färbung auf elastische Fasern.)

Bronchien einbrechen, wodurch es wieder zu weiterer Ausbreitung auf dem Bronchialwege kommt (s. oben). Die Verbreitung auf dem Bronchien- und Lymphwege ist, da beide Kanalsysteme zusammen verlaufen, oft schwer zu unterscheiden. Wenn der Prozeß sich wesentlich an die Lymphbahnen des interlobulären Bindegewebes hält, so erscheinen käsig-fibröse Stränge in vorwiegend netzartiger Anordnung. Man spricht in solchen Fällen von **interstitieller Tuberkulose.** Hält sich der Prozeß besonders an die peribronchialen oder perivaskulären Lymphbahnen, so spricht man von **Lymphangitis tuberculosa peribronchialis** resp. **perivascularis.** Auf diese Weise sehen wir eine Verbreitung der Phthisen auf dem Lymphwege, doch beherrscht diese nur sehr selten das Feld. Zumeist ist dieser Verbreitungsweg nur an dieser oder jener Stelle ausgeprägt und tritt für den Gesamtprozeß gegenüber der Verteilung der Bazillen auf dem Bronchialweg stark zurück.

3. Auf dem Blutweg.

Er wird, wenngleich noch seltener, im Verlauf der chronischen Lungentuberkulose eingeschlagen, indem gelegentlich der Käseherd in ein Blutgefäß durchbricht; handelt es sich um eine **Arterie,** so kann hierdurch deren ganzes Verzweigungsgebiet infiziert und innerhalb desselben eine Eruption disseminierter Herde hervorgerufen werden, **Miliartuberkulose der Lunge.** War das arrodierte Gefäß eine größere **Vene,** so kann **akute allgemeine Miliartuberkulose** (S. 87) die Folge sein. Selten tritt dies auch nach Durchbruch in eine Arterie ein. Im allgemeinen aber sind diese Vorgänge relativ selten, weil Arterien sowohl wie Venen innerhalb tuberkulöser Herde in der Regel frühzeitig obliterieren. Wir sehen nämlich bei allen tuberkulösen Prozessen in der Lunge, daß die Gefäße sehr bald (aber sekundär) in Mitleidenschaft gezogen werden, teils indem sich von ihrer Wand aus echte tuberkulös-proliferative, teils — zumeist — einfach entzündliche Prozesse entwickeln, die zu ihrer Obliteration führen.

Wie schon erwähnt, kann sekundär von den bronchialen Lymphknoten oder eventuell metastatisch von anderen Organen bei Tuberkulose dieser der Blutstrom die allerersten Tuberkelbazillen den Lungen zuführen, die dann hier haften bleiben und die spezifischen Veränderungen erzeugen (hämatogener Infektionsweg). Der Prozeß greift dann später in derselben Weise um sich, wie bei der — gewöhnlichen — primären aerogenen Infektion.

Die bisher aufgezählten Prozesse und Verbreitungsarten der Tuberkulose in der Lunge kann man als Grundformen bezeichnen; ihre Kombination zeigt die größte Mannigfaltigkeit.

Es schließen sich nun bei dem **chronischen Verlauf der Erkrankung** verschiedene andere Erscheinungen an, welche man teils **als eigentliche Folgezustände, teils als Komplikationen** auffassen muß.

IV. Folgezustände.

Zu den **Folgezuständen,** die zumeist oben bei den einzelnen Formen schon mitbesprochen werden mußten, gehören:

1. Der Kollaps (Atelektase) und die Kollapsinduration.
2. Fibröse Umwandlung; schieferige Induration.
3. Verkalkung.
4. Einschmelzung der Käsemassen, Bildung der Kavernen.

1.—3. kann man als indurierende Prozesse zusammenfassen.

1. Kollaps und Kollapsinduration

sind schon oben besprochen.

2. Fibröse Umwandlung; schieferige Induration.

Einzelne Tuberkel und proliferativ-tuberkulöse Prozesse können ebenso wie exsudativkäsige Prozesse eine **fibröse Umwandlung** oder auch Einkapselung erfahren. Das neugebildete Bindegewebe hat oft hyalinen Charakter. Tuberkulöses Gewebe wird öfters auch von den Septen oder vom peribronchialen Gewebe aus nach Art der Karnifikation organisiert (Ceelen). Durch alle solche Bindegewebswucherungen entstehen die in tuberkulösen Lungen, ganz besonders an den Spitzen, häufigen derben, schwieligen Narbenpartien, in die sich oft reichlich Kohlenpigment einlagert, die sog. **schieferige Induration.** In ihnen bestehen oft noch kleinere oder größere Käseherde, oder es haben sich auch wieder frische Tuberkel gebildet. Durch alle solche fibröse Prozesse geht natürlich Lungengewebe verloren, da sie aber besonders statthaben wenn die Tuberkelbazillen weniger virulent sind oder sich nicht mehr vermehren, und da sie andererseits die weitere Ausbreitung der tuberkulösen Prozesse erschweren, kann man bei ihnen von einem relativ günstigen Vorgang sprechen. Selbst ausgedehnte phthisische Prozesse können so abheilen, zuweilen mit starker Einziehung des Thorax.

Wenn in indurierten Gebieten noch einzelne Alveolen erhalten sind, so können die Alveolarepithelien großkubisch bis zylindrisch werden und so den Hohlraum umgeben, wodurch ganz drüsenartige Bilder entstehen — **atypische Epithelwucherungen.**

3. Verkalkung.

Kleinere Käseherde erleiden häufig eine totale **Verkalkung,** wodurch sie zuerst zu kreidigen, dann zu steinharten Massen werden, in denen die Bazillen zugrunde gehen, aber auch lange latent am Leben bleiben können. Größere Käseherde verkalken vor allem zentral. Bis linsengroße und größere, in schwieliges Gewebe eingeschlossene Kalkherde bilden neben den eben erwähnten Veränderungen einen der häufigsten Befunde an der Lungenspitze. Statt Ablagerung von Kalk kann sich auch echter Knochen bilden. Kalk und erst recht Knochen sprechen stets für einen alten Prozeß.

4. Einschmelzung der Käsemassen. Bildung von Kavernen.

Den zur Heilung tendierenden oder doch langsamer um sich greifenden Formen steht als ausgesprochen bösartiger Prozeß die **Einschmelzung der Käsemassen** gegenüber, welche schon an ganz kleinen Herden zustande kommen kann, regelmäßig aber eintritt, wenn die Verkäsung, einerlei ob aus Tuberkeln oder pneumonischen Herden hervorgegangen, eine größere Ausdehnung erreicht hat. Die vorher feste, trockene Masse wird durch Wasseraufnahme flüssig und bildet dann eine eiterähnliche, gelbe, schmierige oder auch dünnflüssige Masse, welche noch reichlich kleine Käsepartikel enthält; so bildet sich im Gewebe eine Höhle, eine **Kaverne.** Ihr häufigster Sitz ist die Lungenspitze; in der in Erweichung begriffenen Wand solcher Kavernen liegen in der Regel zahllose Tuberkelbazillen. Von der Höhlenwand aus schreitet der tuberkulöse Prozeß und die Verkäsung direkt auf das umliegende Gewebe fort, und damit hält auch die fortdauernde Einschmelzung Schritt, so daß schließlich sehr große, ja selbst einen ganzen Lungenlappen einnehmende Kavernen sich bilden können. Bei dem Fortschreiten der Einschmelzung leisten die einzelnen Gewebsteile ungleichen Widerstand; am längsten widerstehen die fibrös entarteten Bronchien und Gefäße, welche oft als leistenartige Vorsprünge an der Wand der Kaverne bestehen bleiben oder sogar als derbe Stränge durch die Höhle hindurchziehen. Die Gefäße zeigen sich hierbei meistens durch Wucherung ihrer Intima frühzeitig obliteriert (s. oben). Wird ein Gefäß vorher arrodiert, so entstehen Blutungen in die Kaverne, und wenn letztere mit einem Bronchus (s. unten) in Verbindung steht, tritt **Hämoptoe** durch den Mund, d. h. Blutung nach außen ein. Solche Blutungen entstehen auch nicht selten von kleinen Aneurysmen aus, welche sich an den aus der Kavernenwand herausragenden Gefäßstümpfen bilden. Auch zu Beginn der Tuberkulose kann sog.

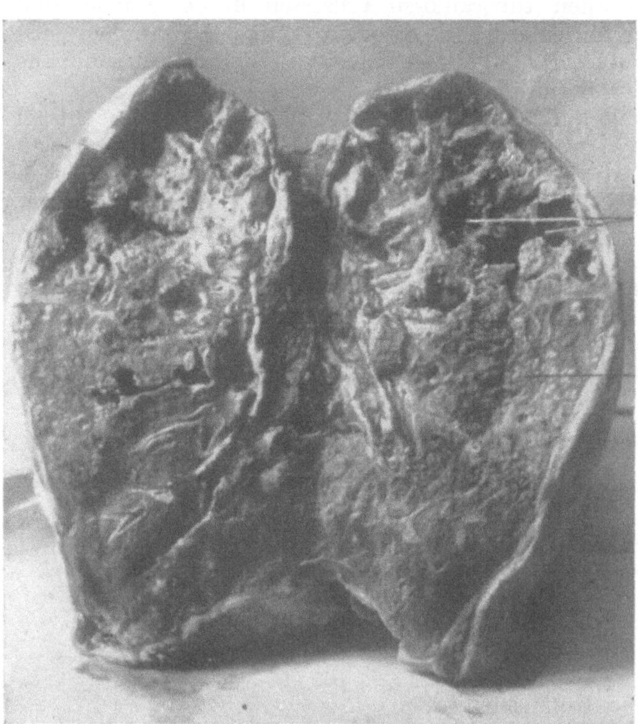

Fig. 299.
Phthisis pulmonum.
Kaverne im Oberlappen (bei *a*) mit zahlreichen durchziehenden Balken, welche obliterierten Gefäßen entsprechen. Im Unterlappen zahlreiche frischere tuberkulöse Herde (bei *b*). Dicke Pleuraschwarte.

„initiale Hämoptoe", oft das erste Zeichen jener, eintreten, wenn ein kleines Gefäß, welches noch offen ist, einem frischen tuberkulösen Prozeß zum Opfer fällt. Die Wand der Kaverne findet man in frischen Fällen innen immer mit käsigen Massen bedeckt, öfters hängen an ihr noch ganze Stückchen abgestorbenen Lungengewebes. Früher oder später erreicht eine sich vergrößernde Kaverne einen mittleren oder größeren Bronchialast, durch welchen sie dann ihren Inhalt dem Sputum beimischt, in dem dann reichliche Bazillen erscheinen. Ist auf diese Weise eine Kommunikation mit der Außenwelt hergestellt, so ist damit auch Gelegenheit zu verschiedenartiger anderweitiger Infektion der Kaverne gegeben. In ihrer Wand stellt sich dann meist durch Einwirkung von Bakterien, besonders Kokken, eine heftige eiterige Entzündung ein; sehr häufig siedeln sich auch Fäulniserreger in der Kaverne an und erzeugen eiterig-jauchige und gangränöse Prozesse, die auch auf das Gewebe der Umgebung übergehen und Lungengangrän hervorrufen können. Auch Schimmelpilze, wie der Aspergillus, können jetzt angreifen, indem sie sich hier entwickeln (Pneumonomycosis aspergillina s. Fig. 186).

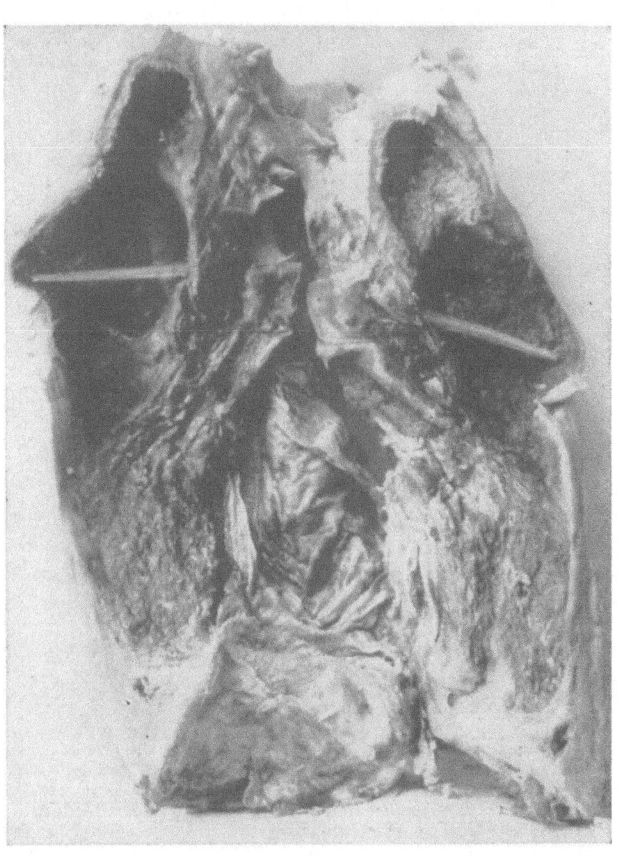

Fig. 300.
Phthisis pulmonum.
Große Kaverne im Oberlappen, Durchsetzung des Unterlappens mit frischeren tuberkulösen Eruptionen. Pleuraschwarte.

Auf die beschriebene Art der fibrösen Induration einerseits, der Kavernenbildung andererseits, geht durch alle möglichen Prozesse ein größerer Teil der Lungensubstanz verloren: **Phthisis pulmonum.** (Doch sei hier bemerkt, daß der Name Phthise sich ursprünglich nicht auf den Gewebsschwund der Lunge, sondern mehr allgemein auf den Körperschwund bezog).

Der Vorgang der Erweichung und zunehmenden Kavernenbildung ist es, welcher am raschesten zu einer Zerstörung der Lungensubstanz führt. In weniger ungünstigen Fällen setzen die oben erwähnten Prozesse der fibrösen und schwieligen Neubildung dem Fortschreiten der Erweichung wenigstens gewisse Hemmnisse entgegen. Schon die durch Kollapsinduration schwielig umgewandelte Lungensubstanz und ähnliche Bindegewebswucherungen sind dem Umsichgreifen der Kavernen hinderlich, und wo eine Höhlenbildung auf solches Gewebe trifft, wird sie wenigstens aufgehalten. Doch stellen sich auch in der Umgebung von Kavernen selbst nicht selten indurative Vorgänge ein; es bilden sich um frisch zerfallende Herde herum frische Granulationen, welche bei langsamem Fortschreiten des zentralen Zerfalls eine fibröse Kapsel bilden können; ja auch die Innenwand älterer Kavernen zeigt sich nicht selten wenigstens zum Teil von Zerfallsmassen gereinigt und an solchen Stellen von frischen roten Granulationen bedeckt, in manchen Fällen sogar glatt und von einem derben, meist schieferig gefärbten Narbengewebe (s. oben) gebildet. Auf diese Weise werden Kavernen abgekapselt, wobei sie noch käsige oder kalkige Massen enthalten können; ja sie können sogar, wenn entleert, vollkommen ausheilen, doch ist dies offenbar sehr selten der Fall.

V. Komplikationen.

1. Chronisch-katarrhalische Bronchitis und katarrhalische Pneumonie.

Unter den zahlreichen allgemein-entzündlichen Prozessen, welche die Lungentuberkulose begleiten, findet man namentlich **chronisch-katarrhalische Bronchitis und katarrhalische Pneumonien,** welch letztere neben den tuberkulösen Herden mehr oder minder ausgebreitete Infiltrationen des Lungengewebes hervorrufen und ihrerseits wieder eine Reihe von Folgezuständen, namentlich auch Atelektase und Kollapsinduration, nach sich ziehen können. Eine der gefährlichsten Komplikationen der Lungenphthise ist die **eiterige Bronchitis,** welche von kleinen Bronchien aus beginnend, sich über große Strecken hin ausbreiten, sich auch auf das Lungengewebe ausdehnen und hier eiterige Entzündungen hervorrufen kann. Alle diese begleitenden Entzündungsprozesse können wohl zum Teil auf die Wirkung der Tuberkelbazillen bezogen werden, da ja den letzteren auch die Fähigkeit zukommt, exsudative, ja selbst eiterige Entzündungen hervorzurufen; zum großen Teil aber handelt es sich bei diesen Zuständen um Mischinfektionen mit anderen Bakterien, denen die phthisische Erkrankung der Lunge den Boden geebnet hat.

2. Bronchiektasien.

Ein nicht unwesentlicher Anteil an der Schrumpfung des Lungengewebes kommt den sich häufig in großer Ausdehnung entwickelnden **Bronchiektasien** zu, für deren Entstehung die Bedingungen im Verlauf der Lungentuberkulose meist reichlich gegeben sind. Sie bilden sich in der oben angegebenen Art als vikariierende Erweiterungen nach Verlust anderer Partien, ferner — und dann in mehr zirkumskripter Form — infolge von Zug, den ein schrumpfendes Narbengewebe auf die Wand von Bronchien ausübt.

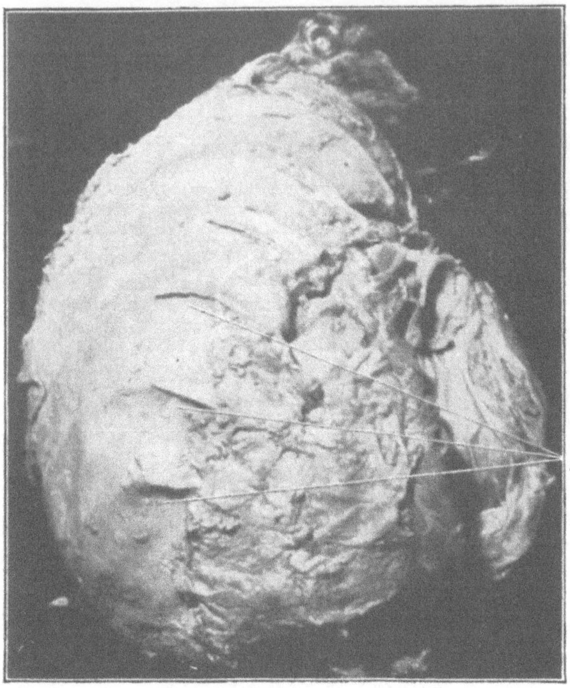

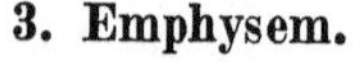

3. Emphysem.

Die von der Tuberkulose verschonten Lungenabschnitte zeigen sehr häufig ein mehr oder minder hochgradiges vikariierendes **Emphysem.** Dies sowie die Verödung und Kompression der Gefäße bewirken Hypertrophie und Dilatation des rechten Ventrikels, oft die letzte Todesursache.

4. Pleuritiden.

Sehr wichtige Begleiterscheinungen der chronischen Lungentuberkulose stellen die fast regelmäßig sich einstellenden **Erkrankungen der Pleura** dar (s. unten).

Von der Pleura diaphragmatica aus gelangen Tuberkelbazillen nicht selten in und durch die Lymphbahnen des Zwerchfelles, und es finden sich dann zahlreiche Tuberkel auch auf dessen unterer Oberfläche, sodann auf der Oberfläche von Leber, Milz usw. und auf dem Peritoneum.

Fig. 301.
Sehr dicke Pleuraschwarte mit Synechie der beiden Pleurablätter.
Abdruck der Rippen mit dazwischen stehen gebliebenen Leisten (bei x).

5. Tuberkulose und Verkäsung der bronchialen Lymphknoten.

Besonders auf dem Lymphwege gelangen Tuberkelbazillen von der Lunge aus zu den bronchialen Lymphknoten und bewirken auch hier Tuberkulose, die oft ausgedehnt verkäst und dann verkalkt. Auch die axillaren Lymphdrüsen werden, vor allem wenn die Pleura costalis (meist verwachsen) tuberkulös erkrankt ist, mitergriffen. Von den bronchialen Lymphknoten aus verbreitet sich die Tuberkulose auch auf dem Lymphweg weiter, besonders nach den unteren Halslymphknoten zu.

§VI. Das Gesamtbild der Lungenphthise

mit seinen verschiedenen Grundtypen und Kombinationen, verschiedenartigen Verbreitungswegen in den Lungen selbst, Folgezuständen und Komplikationen in der Lunge und deren Umgebung ist somit ein höchst wechselvolles. Ebenso ist es daher ja auch mit ihrem klinischen Verlauf.

Die in die Lunge aerogen (zumeist) oder auf anderem Wege gelangten Tuberkelbazillen bewirken in ihr den **Primärinfekt** mit der Veränderung des zugehörenden Bronchiallymphknotens, von denen schon im allgemeinen Teil unter Tuberkulose genauer die Rede war. Die wohl zumeist durch exogene Reinfektion (s. auch dort) dann im Obergeschoß der Lungen entstehenden Reinfekte leiten den akuten Prozeß ein. In der Regel gewinnen die Abwehrmöglichkeiten des Organismus die Oberhand. Es kommt zur Vernarbung des Herdes; der Prozeß erlischt schnell. Es liegt eine abgeheilte Tuberkulose vor. Oder es kommt zwar zu einer etwas größeren Herdbildung, aber diese wird abgekapselt; etwa vorhandener Käse wird mit Kalk durchsetzt. Wir finden zwar einen solchen Herd bei der Sektion, aber auch hier brauchen klinische Symptome gar nicht aufgetreten zu sein; die Tuberkulose bleibt im klinischen Sinne unerkannt, „okkult". Die Gefahr in diesen Fällen ist nur darin gegeben, daß die Bazillen in solchen Herden und sogar auch in Narben sehr lange erhalten, lebensfähig und virulent bleiben und dann zu irgendeinem späteren Termin eine fortschreitende Lungenphthise erzeugen können. Im Gegensatz zu den genannten Fällen erringen nun in anderen die Tuberkelbazillen von vorneherein die Oberhand. Die Abwehrmöglichkeiten des Organismus genügen nicht, es kommt zur — auch klinisch manifesten — fortschreitenden Lungenphthise, seltener akuten oder subakuten, meist ganz chronischen Charakters, mit jedem Wechselspiel von im Sinne einer gewissen Abheilung aufzufassenden Narbenbildungen einerseits, Erweichung und Kavernenbildung sowie Entstehung neuer Herde andererseits. Über die Gründe für die Prädisposition der Lungenspitzen, über die Bedingungen der Abheilung der Spitzenaffektionen u. dgl. muß im ersten Teil nachgelesen werden.

Auch bei Zustandekommen der fortschreitenden Lungenphthise liegen also — abgesehen vom Primärinfekt — die ältesten und verbreitetsten Herde in der Nähe der **Lungenspitze.** Hier finden sich dann ausgedehnte Verkäsungen, durch Verschmelzung zahlreicher kleinerer Herde entstanden; sie sind erweicht, zerfallen und haben so zu Kavernen, die oft schon bindegewebig abgekapselt sind, geführt. So finden wir die größten Kavernen, die oft ganz erstaunliche Maße annehmen können, fast stets im Oberlappen. Von hier hat sich der Prozeß aber inzwischen nach unten zu, d. h. kaudalwärts, ausgebreitet. Dies geht nach und nach, aber oft an vielen Stellen gleichzeitig, durch Weiterschreiten der Infektion vor sich, in direkter kontinuierlicher Kontaktinfektion, vor allem aber indem weitere Gebiete auf dem Bronchialweg durch Aspiration infektiöses Material erhalten und so erkranken. Verbreitung auf dem Lymphweg und eventuelle lokale Aussaat auf dem Blutwege kann hinzukommen (s. oben). Es handelt sich hier also um dauernde „endogene Reinfektion" (Orth). Dabei geht der Prozeß in seiner kranial-kaudalen Ausbreitung „etagenweise" (Nicol) vor sich. Jedes erkrankte Gebiet setzt in der nächsten „Etage" die in besonderen Behinderungen der „Atmungsgröße" und des Lymphstromabflusses gelegene Prädisposition (die ja auch für die Erkrankung an der primären Stelle maßgebend ist, s. allgemeiner Teil) zur Weitererkrankung. Jeder neue Herd ist eine Quelle weiterer Infektion und Ausbreitung auf den gleichen Wegen. Unterhalb der großen Kavernen in der Spitze finden wir dann auch noch im Oberlappen oder in den oberen Teilen des Unterlappens bzw. Mittellappens Kavernenbildungen, meist kleinere und weniger abgekapselte, oder auch ausgedehnte Käseherde. Dazwischen und vor allem weiter nach unten zu finden sich dann frischere Herde, kleinere oder größere käsig-bronchopneumonische Stellen, käsige Bronchitis, proliferativ-azinöse, zumeist in größeren Gruppen stehende Herde, eventuell auch miliare Tuberkel. An allen Stellen können narbig-zirrhotische Prozesse lokaler Natur, oft mit starker Rußeinlagerung (schieferiger Induration), einsetzen; öfters finden sie sich ausgeprochen ganz oben an der Lungenspitze noch oberhalb der Kavernen, nicht selten aber auch weiter kaudalwärts. Andererseits können die Käsemassen überall, aber doch zumeist dicht unterhalb der eigentlichen Kavernen, Erweichung aufweisen. Die untersten Teile des Unterlappens nach unten von den noch kleineren jüngeren Eruptionen sind meist frei von tuberkulösen Herden. Die oben aufgeführten Komplikationen — bronchiektatische Höhlen, Bronchitiden, Emphysem — können das Bild ergänzen. Zu jedem Stadium einer chronischen Phthise kann ein akutes hinzukommen (besonders ausgedehnte käsige Bronchopneumonien usw.). Andererseits kann auch eine anfangs rasch verlaufende Phthise eine langsamere Ausbreitungsweise einschlagen oder gar zum Stillstand kommen, vor allem indem ausgedehnte zirrhotische Prozesse die weitere Infektionsmöglichkeit herabsetzen. Hierauf, d. h. auf Unterstützung der dem Körper und Organ möglichen Abwehrreaktionen, beruht der Erfolg therapeutischer Maßnahmen zum größten Teil.

Überblickt man das Bild einer an chronischer Phthise von oben bis fast ganz unten ergriffenen Lunge, so sind die zum „Schwinden" des Organs führenden Prozesse oft so ausgedehnt, daß man sich nicht wundert, daß der Tod eingetreten ist, sondern daß das geringe Maß noch zur Respiration zur Verfügung stehenden Lungengewebes das Leben solange zu fristen gestattet hatte. Es ist in der Regel nicht der Verlust an Lungengewebe, der direkt zum Tode führt, sondern die Infektion wie die Komplikationen bewirken ihn; der Tod des Phthisikers ist zuletzt fast stets ein Herztod.

Daß sich bei der Lungenphthise auch ganz gewöhnlich tuberkulöse Veränderungen in anderen Organen finden, so besonders in Darm und Kehlkopf, aber auch in Milz, Leber, Nieren usw., braucht hier nur erwähnt zu werden.

Sehr wichtig ist auch die Gesamtauffassung der tuberkulösen Veränderungen, und daher insbesondere Lungenphthise, vom immunisatorischen Standpunkt aus. Siehe darüber S. 86.

Unter bestimmten Bedingungen weicht Sitz und Ausbildung der Lungenphthise von der skizzierten typischen Form ab. Solche **atypische Lungenphthisen** finden sich z. B. bei Diabetikern.

Von dem typischen Werdegang der Phthise Erwachsener weicht besonders auch ab

VII. die Lungenphthise der Kinder.

Wenn bei Kindern Tuberkelbazillen in die Lunge gelangen, sei es aerogen, sei es auf dem Blutweg (hier relativ oft, da ja bei Kindern primäre Darmtuberkulose häufiger ist, s. S. 85), so entstehen zwar ganz die gleichen, oben geschilderten proliferativen und exsudativen Prozesse, aber der Sitz ist ein anderer als bei Erwachsenen. Aus schon auseinandergesetzten Gründen nämlich besteht beim Kinde keine größere Disposition der Lungenspitze als der Gesamtlunge für Tuberkulose. Der Primärherd kann also bei Kindern irgendwo in der Lunge sitzen. Die Disposition der Lunge ist für fortschreitende Phthise aber meist zunächst überhaupt gering, der Lymphstrom in seinem Abfluß noch ungehindert; so bleibt der primäre Lungenherd klein, vernarbt oft, wird leicht übersehen. Statt dessen gelangen die Bazillen mit dem Lymphstrom zu den regionären, d. h. bronchialen Lymphknoten (bestimmte für verschiedene Lungenteile) und, da das Lymphknotengewebe ja gerade bei Kindern große Disposition für tuberkulöse Veränderungen aufweist, kommt es hier zu ausgedehnter Tuberkulose, Verkäsung usw. Die Lymphknotenaffektion beherrscht zunächst hier völlig das Bild. Aber dann gelangen zumeist die Tuberkelbazillen von hier aus wiederum in die Lunge. Dies geschieht retrograd auf dem Lymphwege; auch können verkäste erweichte Lymphknoten in ein Lungengefäß einbrechen, und so Bazillen auf dem Blutwege in die Lunge gelangen. Häufig brechen solche auch in größere benachbarte und verwachsene Bronchien durch, und die Bazillen gelangen auf diesem Wege in die Lunge; oder auch der Lymphknoten infiziert die Lunge direkt per continuitatem. Jetzt kommt es — sei es vom Primärinfekt aus, sei es mehr indirekt über den Weg der Lymphknoten — in der Lunge zu ausgedehnten tuberkulös-proliferativen und exsudativ-verkäsenden Herden, die eben auch keine besondere Affinität zur Lungenspitze aufweisen, sondern regellos in der Lunge,

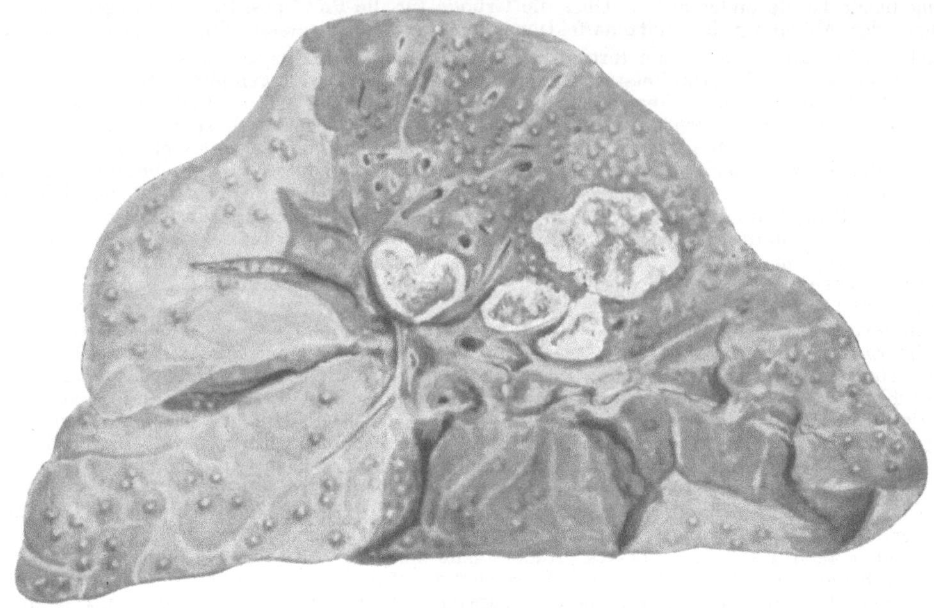

Fig. 302.
Tuberkulose einer kindlichen Lunge.
Große Käseknoten in der Höhe des Hilus. Durchsetzung der Lunge und Pleura mit miliaren Tuberkeln.

oft aber auch vorzugsweise in der Hilusregion sitzen. Am meisten finden sich ausgedehnte Verkäsungen neben frischeren Herden; es kommt gewöhnlich nicht zu eigentlichen Kavernenbildungen. Die Lungenphthise endet hier meist schneller letal. Von den Bronchiallymphknoten aus oder primär vom Munde aus (Tonsillen) erkranken häufiger auch die Halslymphknoten an Tuberkulose.

f) Syphilis.

Die Lunge zeigt bei der kongenitalen Syphilis eine spezifische Veränderung, die sog. weiße Pneumonie. Hier kombinieren sich katarrhalisch-exsudative Prozesse in die Bronchiallumina und Alveolen (die Zellmassen zerfallen hochgradig fettig) mit zelliger Infiltration und Verdickung der Alveolar- und interlobulären Septen (die Gefäße zeigen hier oft Intimaverdickung). So entstehen makroskopisch lobuläre oder gar lobäre, völlig luftleere, weiße, derbe hepatisierte Gebiete. Kleine Gummata sowie herdförmige Entwicklungshemmungen der Lunge kommen vor.

Bei der erworbenen Syphilis, und zwar deren Spätstadium, finden sich nicht selten (besonders von v. Hansemann betonte) Schwielen (indurative Lungensyphilis, Orth). Sie gehen besonders vom interlobulären und peribronchialen sowie subpleuralen Bindegewebe und den Septen aus und sind durch Mangel an anthrakotischem Pigment charakterisiert (Rößle). In den Schwielen können auch miliare Gummata oder aus solchen entstandene nekrotische Herde gelegen sein. In den Schwielen kommen auch glatte Muskelfasern (zumeist von kleinen Bronchien ausgehend) vor (Rößle). Komplikationen in Gestalt von Kollapsinduration, eiterigern Bronchialkatarrhen u. dgl. können sich anschließen. Selten sind große Gummata oder kavernös-syphilitische Lungenphthise.

g) Tumoren.

Unter den primären Neubildungen kommen am häufigsten **Karzinome** vor. Sie gehen meist von den Bronchien — deren Schleimdrüsen oder Oberflächenepithel — aus, wenn auch der Ausgangspunkt, da die Karzinome sich meist in der Lunge selbst stark ausdehnen, oft schwer festzustellen ist. Seltener gehen die Krebse vom Alveolarepithel, also der

Lunge selbst aus. Die rechte Lunge ist öfters befallen. Es gibt Zylinderzellenkrebse — auch Gallertkarzinome —, häufiger sehr zellreiche, mehr indifferente Formen, vom Bronchialepithel ausgehend. Aber auch Kankroide kommen vor, ausgehend vom Alveolarepithel oder auch von der Bronchialwand, besonders in alten tuberkulösen Kavernen oder bronchiektatischen Höhlen. Die Karzinome können sich dann in der Lunge infiltrierend oder in Lymphbahnen wachsend (ähnlich wie die sekundären Lungenkarzinome) verbreiten. An das Karzinom können sich Zerfall der Tumormassen bis zu Höhlenbildungen sowie Blutungen, aber auch Stenosen von Bronchialästen mit eiterigen Katarrhen, Bronchiektasien, Gangrän u. dgl. anschließen. Lungenkarzinome setzen besonders häufig Metastasen im Gehirn und in den Nebennieren (Dosquet).

Die bei den Schneeberger Grubenarbeitern besonders häufigen „Lungenkrebse" scheinen teils Lymphosarkomen, teils wohl auch Karzinomen zu entsprechen.

Endotheliome (von den Endothelien der Lymphgefäße aus), Sarkome (am relativ häufigsten Rundzellensarkom), Fibrome, Lipome, Chondrome, Osteome kommen in der Lunge selten vor.

Weit häufiger sind sekundäre Tumoren, besonders Karzinome, bei deren Metastasen die Ausbreitung in den Lymphwegen meist besonders deutlich hervortritt. Auch die Chorionepitheliome setzen besonders in der Lunge Metastasen (meist große bunte, sehr blutreiche, zuweilen auch multiple kleine miliare Knötchen).

h) Parasiten und Fremdkörper.

Zystizerken und Echinokokken kommen vor. In Asien ruft das Distomum pulmonale Entzündungen hervor. Von Schimmelpilzen siedelt sich Aspergillus niger oder fumigatus zuweilen besonders in Kavernen an; Aktinomyzes kann von der Mundhöhle aus (besonders an Getreide hängend) in die Lunge gelangen (Abszesse). Auch bei Rotz kann die Lunge beteiligt sein (Knötchen, pneumonische Herde, Abszesse). Streptotricheen können Bronchopneumonien und kleine Knötchen, die später nekrotisch zerfallen, Bronchitis und Bronchiektasien (eventuell mit Metastasen, besonders im Zentralnervensystem) bewirken.

Beim Neugeborenen kann sich Fruchtwasser in die Alveolen aspiriert finden in Gestalt weißgelblicher oder grünlicher Massen, die mikroskopisch Mekoniumkörperchen, Lipoidstoffe, Talg usw. enthalten.

E. Pleura.

Kongestive Hyperämie findet sich vor und bei Entzündungen, ferner bei plötzlicher Aufhebung eines länger bestehenden Druckes (Entleerung großer Transsudate oder Exsudate). Stauungshyperämie ist Folge allgemeiner Stauung oder solcher im kleinen Kreislauf. Es kommt zu Ansammlung eines Transsudates, oft in erheblichen Mengen, in der Pleurahöhle — **Hydrothorax.**

Die Lunge, besonders die Unterlappen, können Kompressionsatelektase zeigen. Durch Platzen eines Lymphgefäßes kann der Hydrothorax chylöse Beschaffenheit annehmen. Ähnlich sieht die Flüssigkeit aus, wenn ihr zahlreiche verfettete Zellen (z. B. bei Pleurakarzinom) beigemengt sind — pseudochylöser (chyliformer) Hydrothorax.

Ein **Hämatothorax** kommt besonders bei Verletzungen des Thorax und der Lunge zustande. Kleine subpleurale Ekchymosen sind sehr häufig, besonders bei Erstickungstod sowie bei septischen Zuständen (s. Fig. 4).

Die **sero-fibrinöse Pleuritis** beginnt mit Nekrose der Deckzellen und zunächst leichter Exsudation auf die Pleuraoberfläche. Die Fibrinauflagerungen stellen zunächst einen matten, samtartigen Belag, dann eine zarte oder dickere gelbliche Membran, endlich eventuell dicke zottige Massen dar, ganz wie am Herzbeutel (s. dort). Meist findet sich zugleich ein entzündlicher Hydrothorax, welcher sich durch seinen Gehalt an reichlichen Fibrinflocken oder -massen von den Transsudaten unterscheidet. Es kann sich auch hier um mehrere Liter Flüssigkeit handeln, welche Kompressionsatelektase der Lunge bewirken und diese, wie eventuell auch das Herz, verschieben. Es gibt aber auch Formen mit rein fibrinöser Exsudation, ohne Flüssigkeit, **fibrinöse Pleuritis** oder **Pleuritis sicca.**

Die Heilung der Pleuritis erfolgt durch Organisation des Exsudats (Fibrins). So kommt es zu **Synechien** oder flächenhaften, oft sehr festen **Verwachsungen, Adhäsionen.** Kalkplatten können sich in ihnen ablagern, ebenso Knochengewebe.

Hämorrhagische Pleuritis, die bis zu einem Hämatothorax führen kann, findet sich besonders bei Tuberkulose oder Tumoren der Pleura.

Eiterige Pleuritis zeigt eine gelbliche trübe Infiltration und einen Belag der Pleura mit Eitermassen, eventuell auch eine freie Eiteransammlung im Pleuraraum = **Empyem.**

Der Eiter kann eingedickt und teilweise organisiert werden, so daß er einkapselt und abgesackt wird. Letzteres kann auch statthaben, indem das Exsudat in vorher schon bestehende, durch Verwachsungen zustande gekommene abgesackte Höhlen ausgeschieden wird. Oft ist eine Kombination einer eiterigen und einer fibrinösen Entzündung vorhanden; dann sind die aufgelagerten Fibrinmassen weich, in Quellung und Lösung begriffen und solche flottieren auch im Eiter.

Die meisten Pleuritiden kommen durch Fortleitung entzündlicher Prozesse der Umgebung, besonders der Lunge, aber auch des Mediastinums und der Lymphknoten, des Herzbeutels und der Thoraxwand zustande. An Lungentuberkulose schließen sich ganz gewöhnlich (s. oben) fibrinöse Pleuritiden, aus denen feste Schwielenbildungen und Verwachsungen entstehen, an. Oberhalb tuberkulöser Kavernen findet sich auch nicht selten eiterige Pleuritis; nach Perforation einer Kaverne entsteht Empyem. Ebenso durch Fortleitung einer purulenten Peribronchitis. Selten schließt sich eiterige Pleuritis auch fortgeleitet von tuberkulösen Veränderungen der Wirbelsäule, Rippen oder auch des Peritoneum (wichtig sind hier die direkten Lymphbahnenverbindungen durch das Zwerchfell hindurch) an solche an. Auch kruppöse Pneumonie sowie Bronchopneumonie ist fast stets von Pleuritis, besonders in ersterem Falle fibrinöser, begleitet. An eiterige Pneumonie, besonders Lungenabszesse, schließt sich gewöhnlich fibrinöse oder eiterige Pleuritis an. Pleuritiden entstehen auch oft metastatisch bei Infektionskrankheiten, Gelenkrheumatismus, Typhus, Pyämie usw. Auf Verletzungen und Wundinfektion hin entsteht meist eiterige Pleuritis. In allen Fällen mit Abheilung, besonders nach fibrinöser Pleuritis, setzen später produktiv organisierende Prozesse ein, so daß es zu Verwachsung der Pleurablätter kommt.

Fig. 303.
Tuberkulose der Pleura.
Die Pleura parietalis ist übersät mit miliaren Tuberkeln.

Von vorneherein **chronisch-produktive Pleuritiden,** zum Teil mehr lokalisierter Art, begleiten chronisch-entzündliche, indurative u. dgl. Prozesse der Lunge und besonders Pneumokoniosen (s. oben).

Tuberkulose findet sich in Gestalt von Tuberkeln der Pleura oder als Pleuritis tuberculosa.

Hier liegen die Tuberkel in eine fibrinöse, später produktive Pleuritis eingestreut. Daß bei Tuberkulose ganz gewöhnlich die Pleura in Gestalt nicht charakteristisch-tuberkulöser, sondern serös-fibrinöser oder hämorrhagischer Entzündung (ohne Tuberkelbazillen im Exsudat) beteiligt ist, ist schon betont. In der verschiedensten Weise und sehr mannigfaltig sind so die Veränderungen der Pleura, welche Lungentuberkulose begleiten. Bei alten Phthisikern bestehen ganz allgemein Verwachsungen der Lunge mit der Kostalpleura als Effekt solcher Pleuritiden. Doch finden sich auch sonst besonders bei alten Leuten und oft ausgehend von abgeheilten Spitzentuberkulosen überaus häufig Verwachsungen der Pleurablätter, sei es in toto, sei es mehr strangförmig.

Gummiknoten, Aktinomykose usw. können von der Lunge auf die Pleura übergreifen. Auch Tumoren sind meist von der Umgebung, besonders den Lungen oder auch dem Peritoneum (s. oben) fortgeleitet oder metastatischer Natur. Sehr selten sind primäre Tumoren, besonders **Deckzellenkarzinome,** Endotheliome (von den Endothelien der unter der Pleuraoberfläche gelegenen Lymphspalten ausgehend), Fibrome, Lipome, Chondrome, Sarkome und Mischtumoren (z. B. Fibrosarcoma myxomatodes).

Pneumothorax, Eindringen von Luft in die Pleurahöhle, kommt zustande durch Verletzungen der Brustwand oder durch Perforationen der Lungenpleura (bei Lungenkavernen, Gangrän, Abszessen, geplatzten großen Emphysemblasen u. dgl.), seltener vom Magen oder Ösophagus aus.

Die Lunge sinkt, wenn sie nicht verwachsen ist, zusammen. Bleibt die Perforationsstelle offen — offener Pneumothorax — so muß sich der Druck in der Pleurahöhle und dem Ort, woher die Luft stammt, ausgleichen.

Dringt Luft infolge Perforation der Pleura pulmonalis — zu allermeist im Anschluß an perforierte tuberkulöse Kavernen — ein, so kann sich die Öffnung bei der Exspiration, eventuell auch durch sich verlagernde Exsudatmassen oder Gewebsfetzen verlegen, so daß die Luft nicht aus der Pleurahöhle entweichen, aber bei jeder Inspiration von neuem Luft in sie gelangen kann. So kommt es zu starker Drucksteigerung mit Verdrängung des Herzens und des Zwerchfelles (nach unten) sowie Auftreibung des Thorax mit Vorwölbung der Interkostalräume. Man spricht von Spannungs- oder Ventilpneumothorax. Solange ein Pneumothorax (besonders der letztgenannte) besteht, entweicht bei Eröffnung des Thorax die gesamte Luft unter zischendem Geräusch, eine vorgehaltene kleine Flamme (Streichholz) erlischt im Moment des Einstechens; beim Eröffnen des Thorax unter Wasser sieht man Luftblasen aufsteigen. Kommt ein Verschluß der Perforation zustande (auch beim Spannungspneumothorax), so wird die Luft resorbiert und der Zustand heilt so aus.

Geraten — besonders von Kavernen aus — zusammen mit der Luft Eiterbakterien u. dgl. in die Pleurahöhle, so entsteht zugleich Empyem — **Pyopneumothorax.** Selten begleitet ein Pneumothorax eine seröse Pleuritis — **Seropneumothorax.**

Kapitel IV.

Erkrankungen des Verdauungsapparates und seiner Drüsen.

A. Mund- und Rachenhöhle.

Bei der **Angina (Tonsillitis) catarrhalis,** der katarrhalischen Entzündung des Gaumens (der Tonsillengegend), sind die Mandeln geschwollen, gerötet, eventuell mit katarrhalischem Exsudat belegt. Auch Eiterungen kommen vor, kleine Herde — Angina follicularis (oder lacunaris) — oder größere Abszesse. Die Anginen stellen sich namentlich bei Erkältungen und als Begleiterscheinung bei Infektionskrankheiten, wie Scharlach, Masern, Influenza ein, sind auch in ersterem Falle auf Infektionserreger zu beziehen und von äußerster Bedeutung. Denn gerade auf diese Weise bzw. an diesem Orte kommen Infektionserreger häufig in den Körper und Gelenkrheumatismus, Glomerulonephritis (bei Streptokokken), Endokarditis, Sepsis, wohl auch Appendizitis kann sich anschließen. Ganz gewöhnlich sind die regionären Lymphknoten an der Entzündung beteiligt.

In den Lakunen der Tonsillen können sich Pfröpfe finden, die verschiedene Bedeutung haben. Man kann mit Marchand unterscheiden: 1. die eitrigen Pfröpfe der obengenannten Angina follicularis bzw. lacunaris, 2. die gelben, nicht-eitrigen, vielmehr aus Massen abgestoßener Epithelien und Bakterien der Mundhöhle bestehenden, eingedickten und eventuell verkalkten Pfröpfe, die nach früheren Anginen in den Krypten (deren Mündungen narbig eingeengt sind) liegen bleiben, ohne weitere pathologische Bedeutung zu haben. 3. Seltenere graugelbliche, weiche, aus Streptothrixfäden und kokkenartigen Körnchen bestehende Pfröpfe, die ein hartnäckiges Leiden mit üblem Geruch und Geschmack darstellen.

Das Epithel insbesondere in den Lakunen kann verhornen und selbst Hyperkeratose eingehen, wohl als Ausdruck einer angeborenen Gewebsanomalie (Keratosis tonsillaris, Gäbert).

Akute Katarrhe können auch in chronische übergehen, solche sind bei skrofulösen Kindern besonders häufig. Hierbei zeigen die Gaumenmandeln, wie auch die sog. Rachentonsille, Hypertrophie des lymphatischen Gewebes, welche dann in fibröse Induration mit Atrophie übergehen kann.

Entzündungen des Rachens — **Pharyngitis** — verlaufen ähnlich akut oder chronisch. In letzterem Falle tritt auch Hyperplasie der Follikel (mit Wucherung der Schleimhautdrüsen) auf, so daß sich neben allgemeiner Verdickung kleinere und größere knötchenförmige Erhebungen ausbilden — Pharyngitis granulosa. Auch die Rachentonsille ist öfters dabei stark geschwollen. So entstehen bei Kindern die sog. **adenoiden Wucherungen,** die oft mit geistiger Minderwertigkeit einhergehen und die Atmung erschweren können. Auch hier ist Atrophie der Schleimhaut, von der sich die Granula dann um so deutlicher abheben, das Endresultat.

Katarrhalische Entzündungen der Mundhöhle heißen **Stomatitis,** solche der Zunge Glossitis, der Lippe Cheilitis, des Zahnfleisches Gingivitis.

Die **Stomatitis aphthosa** ist durch Aphthen (studiert besonders von E. Fränkel) charakterisiert, d. h. kleine, grauweiße, leicht vorragende Flecke, die auf fibrinöser Exsudatbildung beruhen und einen hyperämischen Hof zeigen. Diese Aphthen sitzen — am meisten bei Säuglingen — besonders am Zahnfleisch und dessen Übergang in die Schleimhaut der Wange und Zunge. Aus ihnen können kleine Erosionen entstehen.

Die sog. Bednarschen Aphthen sitzen fast symmetrisch am Gaumen kleiner Kinder, ulzerieren und heilen meist schnell.

Herpesbläschen und pustulöse Entzündungen finden sich besonders an den Lippen wie an der Haut (s. dort). Geht Maul- und Klauenseuche vom Rind auf den Menschen über (besonders mit der Milch), so findet sich auch eine Stomatitis mit Bläschen.

Tiefere **phlegmonöse Entzündungen** finden sich überall in der Mundrachenhöhle.

Am Zahnfleisch entsteht die eiterige Gingivitis, **Parulis,** nach Zahnerkrankungen oder Verletzungen; wenn nach Durchbruch in die Mundhöhle oder nach außen dauernde Verbindung mit der Höhle eines kariösen Zahnes bestehen bleibt, spricht man von **Zahnfistel.** Bei der **Angina phlegmonosa** (bei Infektionskrankheiten, nach Ätzgiften, thermischen Reizen usw.) ist oft besonders die Uvula beteiligt. Die **Tonsillitis phlegmonosa** führt zur Bildung oft multipler kleiner Abszesse, die zu einem größeren konfluieren und nach der Mundhöhle durchbrechen können. Selten wird die Karotis von einem derartigen Abszeß arrodiert. Es kann unter Einwirkung von Fäulniserregern (besonders im Anschluß an Scharlachdiphtherie) auch Gangrän entstehen. **Pharyngitis phlegmonosa (Retropharyngealabszeß)** ist meist sekundär, durch Infektion der retropharyngealen Lymphknoten bei Scharlach, Diphtherie usw., oder durch Verletzungen durch Fremdkörper (Gräten u. dgl.), oder im Anschluß an Karies der Halswirbel entstehend. Der Abszeß kann in die Rachenhöhle perforieren, bedingt aber durch die Möglichkeit einer Eitersenkung längs der Wirbelsäule ins Mediastinum stets eine schwere Gefahr.

Die **Angina Ludovici** stellt eine besonders gefährliche phlegmonöse Entzündung des Bodens der Mundhöhle dar, welche sich im subkutanen Gewebe der Unterkiefergegend ausbreitet. Sie geht von eitrigen Entzündungen der Mundhöhle oder der Submaxillardrüsen oder eitriger Periostitis der Kiefer aus.

Die **Stomatitis ulcerosa** (Stomakaze, Mundfäule), eine Entzündung des Zahnfleisches, die durch ausgedehnte Geschwürsbildung charakterisiert ist, geht auf die Schleimhaut der Zunge und Wange, wo sich auch Geschwüre mit höchst übelriechendem eiterigem Sekret bilden, über. Nekrose kommt dazu, selbst der Kiefer kann ergriffen werden. Am häufigsten ist die Erkrankung bei skrofulösen oder herabgekommenen Kindern.

Ähnliche Veränderungen werden auch durch gewisse Vergiftungen wie Quecksilber (grauweiße Beläge am Zahnfleisch, die unter fürchterlichem Geruch gangränös zerfallen, gleichzeitig enormer Speichelfluß, mit dem das Quecksilber ausgeschieden wird), Blei (am Zahnfleischrand der auf Schwefelbleiniederschlägen beruhende Bleisaum), Phosphor u. a., sowie durch den Skorbut hervorgerufen.

Noma („Wasserkrebs"), ist ein mit Ödem und Infiltration beginnender, sehr schnell zu gangränösem Zerfall führender Prozeß, der von den Mundwinkeln auf die Wangen übergreift, dem aber auch Knorpel und Knochen zum Opfer fallen. So entstehen ausgedehnte Zerstörungen des Gesichtes. Die in ihrer Ätiologie nicht sichergestellte Erkrankung befällt besonders dystrophische Kinder in den ersten Lebensjahren.

Bei der **Plaut-Vincentschen Angina** bilden sich fibrinöse Auflagerungen, dann tiefe Geschwüre, die aber leicht heilen. Erreger sind die fusiformen Bazillen in Symbiose mit Spirochäten. Diese finden sich auch bei anderen ulzerösen Prozessen, in geringer Zahl auch saprophytisch sonst in der Mundhöhle.

Die die typische Infektionskrankheit der durch die Löfflerschen Bazillen hervorgerufenen **Rachendiphtherie** darstellende **fibrinöse Entzündung** beginnt zumeist am Gaumen oder den Mandeln, kann aber auch auf den Kehlkopf, die Trachea und selbst in die Bronchien übergreifen. Unter Verlust des Epithels bilden sich grauweiße — aus Fibrin und nekrotischer Schleimhaut bestehende — Pseudomembranen, welche sich ausbreiten und auf große Strecken der Rachenschleimhaut konfluieren können. Die Diphtherie kann auch in Form eiterig-gangränöser Entzündung, aber auch unter dem Bilde einer einfachen Angina, mit Übergang in fibrinöse Entzündung auftreten. Über alle Einzelheiten s. unter „Diphtherie" im letzten Kapitel.

Ähnliche pseudomembranöse Entzündung findet sich auch bei Scharlach, sogenannte Scharlachdiphtherie. Hier sind Kokken das wirksame Agens. Starke Schwellung, tiefgreifende eiterig-gangränöse Ulzerationen finden sich gerade hier, und oft schließen sich Eiterung und Nekrose der Halslymphknoten und deren Umgebung an (s. unter „Scharlach" im letzten Kapitel).

Ätzgifte, heiße Flüssigkeiten u. dgl. können auch Nekrose der Schleimhaut und pseudomembranöse Entzündungen bewirken.

Die sog. **Leukoplakie** oder **Psoriasis lingualis et buccalis** stellt eine zirkumskripte, chronisch-katarrhalische Affektion (Wucherung und Verhornung des Epithels, subepitheliale Infiltration) in Form weißer, oft konfluierender Flecken dar. Sie findet sich bei starkem Tabakgenuß, im Gefolge von Syphilis, wohl auch auf Grund angeborener Anlage. Die Herde können in Karzinom übergehen.

Aus kleinen Verdickungen konfluierte, unregelmäßig gestaltete Herde der Zunge werden als Lingua geographica bezeichnet.

Tuberkulose ist hier selten.

Es gibt tuberkulöse Geschwüre, Schleimhauttuberkulose, selten Konglomerattuberkel (Zunge) infolge Infektion mit tuberkulösem Sputum. Die Tonsillen erkranken selten primär, kommen aber als Eingangspforten für Tuberkelbazillen in Betracht.

Lupus kann vom Gesicht auf die Mundhöhle übergreifen. Verdickungen, Geschwüre, Narben bestehen nebeneinander. Die sog. „skrofulöse Lippe“, besonders skrofulöser Kinder, ist wulstig angeschwollen, an der Oberfläche oft mit Rhagadenbildungen.

Die **Syphilis** spielt eine größere Rolle.

Primäraffekte, besonders an den Lippen vorkommend, sind selten. Sekundär treten die Angina syphilitica sowie die Plaques muqueuses (Zunge, wo am Geschwürsgrund oft Fissuren auftreten, die demselben ein zerklüftetes Aussehen verleihen, Lippen, Wange usw.) auf. Tertiär kommen gummöse Infiltrate vor, die zu ausgebreiteten, tiefen Geschwüren mit Defekten an Uvula und Gaumen, Zerstörungen der Mandeln, Perforationen usw., andererseits aber auch zu stark retrahierten Narben Veranlassung geben. So kommt es zu starken Verunstaltungen. Narben bzw. fibröse Entzündung bewirken unter Zugrundegehen der Balgdrüsen ein Glattwerden des Zungengrundes — **Atrophia laevis radicis linguae** — was für tertiäre Syphilis recht charakteristisch ist (Virchow).

Über **Aktinomykose** s. S 93 und 164, über **Soor** S. 166.

Die Papillae filiformes können besonders am Zungenrücken zu dunklen haarartigen Gebilden hypertrophieren — sog. schwarze Haarzunge.

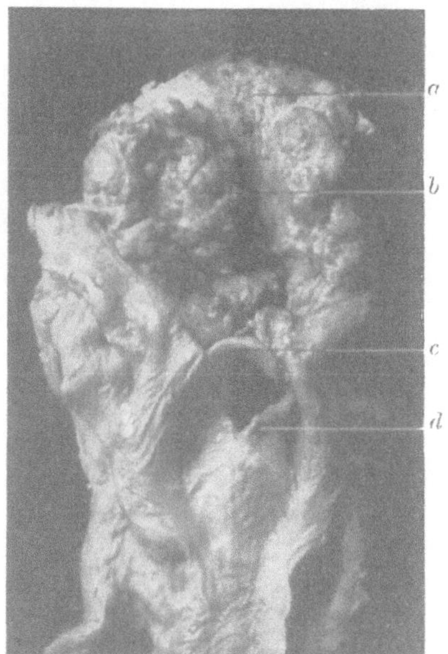

Fig. 304.
Karzinom der Zunge bei *b*.
a Zunge, *c* Epiglottis, *d* Kehlkopf.

Von Geschwülsten sind die **Karzinome** am wichtigsten. Es sind fast ausschließlich Plattenepithelkarzinome. Sie sitzen seltener am Gaumen, den Mandeln, der Wange, häufig dagegen an den Lippen (wo sie besonders von den Winkeln der Unterlippe ausgehen) und an der Zunge. Es bilden sich meist papilläre Massen, die bald ulzerieren. Die Ulzera haben einen wallartigen Rand und breiten sich schnell aus. Leukoplakieherde (s. oben) sowie ständige kleine Verletzungen der Zunge durch kariöse scharfkantige Zähne scheinen genetisch wesentliche Momente darzustellen.

Sarkome und Teratome (am Boden der Mundhöhle) sind selten. Über die am Kiefer vorkommende **Epulis,** ein gutartiges Riesenzellensarkom, s. S. 112.

Fibroepitheliale Geschwülste (Papillome, besonders an Lippen oder weichem Gaumen), Fibrome, Myxome, Chondrome, Osteome, Angiome, Lymphangiome sind selten Zu letzteren gehört ein Teil der als Makrocheilie bzw. Makroglossie bezeichneten angeborenen Vergrößerungen dieser Gebiete. Die sog. **Nasenrachenpolypen** gehen von der Basis cranii aus und wachsen in die Nasen- und Rachenhöhle hinab; sie sind meist Fibrosarkome.

Kleine Retentionszysten von Drüsen kommen vor. An der Unterfläche der Zunge bzw. zwischen dem Frenulum linguae und der Spitze des Unterkiefers entwickeln sich die als **Ranula** („Fröschleingeschwulst“, [v. Recklinghausen]) bekannten Zysten, welche zum Teil auf Erweiterung von Ausführungsgängen der Speicheldrüsen, zum Teil auf eine zystische Entartung der Nuhnschen Drüse zurückzuführen sind. Über die Kiemengang- (und Kiemenspalten-) Zysten s. S. 80. — Die Zahnzysten (Kieferzysten) gehen meist von den Zähnen bzw. Zahnkeimen aus. Sie können multilokulär sein und den Kiefer blasig auftreiben.

Zu erwähnen ist noch die sog. Struma, welche sich an der Zungenbasis in der Gegend des Foramen coecum auf Grund versprengter Schilddrüsenkeime (Ductus thyreoglossus) meist bei fehlender Thyreoidea entwickelt.

An den **Zähnen** kommt besonders vor: Karies, verursacht durch von Mundpilzen produzierte Säuren, welche entkalkend wirken, Pulpitis, Wurzelperiostitis, welche zu Parulis, Kieferperiostitis und Fisteln führen kann, sog. Wurzelgranulome, sowie Zahnzysten (s. oben) und Entwicklungsstörungen (besonders bei Rachitis und kongenitaler Syphilis), von Geschwülsten besonders Odontome, Dentalosteome und Adamantinome (s. S. 102).

Die Speichelkörperchen der Mundhöhle werden von manchen Seiten von Leukozyten abgeleitet, von Hammerschlag von Lymphozyten. Sie sind auf jeden Fall Wanderzellen, welche die Schleimhaut der Mundhöhle durchdringen.

B. Speicheldrüsen.

Entzündungen sind am häufigsten an der Parotis; der sog. **Mumps** (Ziegenpeter), die **Parotitis epidemica,** ist eine im allgemeinen gutartige Infektionskrankheit mit entzündlicher Hyperämie, Infiltration und Schwellung der Parotis, öfter auch der anderen Speicheldrüsen, die sich meist nach einigen Tagen spontan wieder zurückbildet; seltener nimmt sie einen Ausgang in Abszedierung. Auffallenderweise ist mit dem Mumps verhältnismäßig häufig eine entzündliche Schwellung der Hoden und Nebenhoden verbunden.

Sekundär kommt eine meist eiterige Parotitis (Abszesse) nach Typhus, Scharlach usw. metastatisch vor; in einem Teil der Fälle werden die Erreger in die kleinen Gänge ausgeschieden und führen so zur Eiterung. Bei Infektionskrankheiten (Scharlach, Diphtherie usw.) oder von der Umgebung fortgeleitet, kommen auch phlegmonöse Formen vor.

Nach Verletzungen oder Entzündungen können Durchbrüche in die Mundhöhle oder die Wangenaußenseite vorkommen, und sich so **Speichelfisteln** bilden.

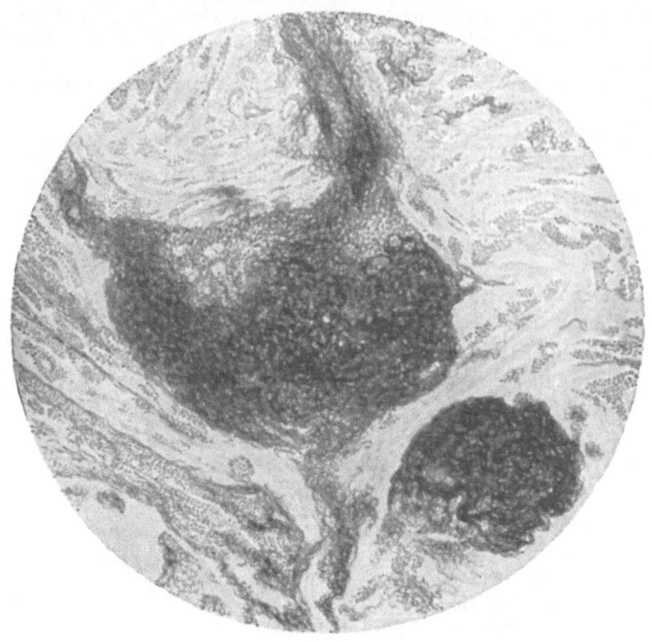

Fig. 305.
In Karzinom übergegangene Mischgeschwulst der Parotis mit Entwickelung mächtiger elastischer Massen (dunkel dargestellt).

Durch Inkrustation organischer Abscheidungen mit Kalk (hauptsächlich kohlensaurem) bilden sich in den Speicheldrüsen manchmal Konkremente, sog. **Speichelsteine.** Sie können durch Verlegung des Ausführungsganges dessen rückwärtigen Teil zu zystischer Erweiterung und die Drüse zur Atrophie bringen.

Die Speicheldrüsen (Parotis) stellen ein Hauptkontingent der **Mischgeschwülste** (s. S. 123). Besonders finden sich drüsenähnliche und mehr indifferente Epithelmassen, zum Teil von ihnen abzuleitendes schleimartiges Gewebe, Knorpel, seltener verhornendes Plattenepithel. Die Geschwülste sind meist sehr reich an elastischen Massen. Durch atypische Wucherung der epithelialen Elemente entstehen **Karzinome.**

Auch sonst finden sich in den Speicheldrüsen Karzinome. Fibrome, Lipome, Angiome, Chondrome, Adenome, Sarkome sind selten. Über die Mikuliczsche symmetrische Speicheltränendrüsengeschwulstbildung s. S. 133.

C. Ösophagus.

Über die **kadaveröse Erweichung** des Ösophagus nahe der Kardia und die äußerst seltenen hier gelegenen peptischen Geschwüre s. unter Magen.

Im oberen Ösophagus finden sich sehr häufig kongenitale sog. **Magenschleimhautinseln** (Schaffer, Schridde), aus denen auch Zysten entstehen können. Sie beruhen auf Umwandlung der ursprünglichen Entodermzellen der Speiseröhre in Zylinder- bzw. Drüsenzellen. Mit der Ausbildung der Trachea und Ösophagus trennenden Leiste hängen gewisse Mißbildungen, wie angeborener Verschluß oder Trachea-Ösophagus-Fisteln, zusammen.

Eine Erweiterung der Venen zu Varizen findet sich vor allem im unteren Teil bei Leberzirrhose (als Kompensation bei Pfortaderstauung); sie können durch Perforationen zu Verblutung führen.

Entzündungen des Ösophagus sind meist sekundärer Natur. Eine pseudomembranöse, besonders des oberen Teils, findet sich bei der Scharlachdiphtherie; eine eiterig-phlegmonöse mit Abszeßbildung in der Umgebung schließt sich meist an Verletzungen mit spitzen Speiseteilen, wie Gräten oder Knochen, an. Es kann zu Perforationen in Trachea, Bronchien, Pleurahöhle, Herzbeutel, selten in große Gefäße kommen. Verätzungen (s. auch Magen) führen zu Nekrosen, Entzündungen und Narben.

Stenosen werden, abgesehen von Mißbildungen, von außen durch Kompression durch Tumoren, Aneurysmen, Strumen od. dgl., von innen durch Narben oder Tumoren (Karzinome) bewirkt.

Diffusere Erweiterungen entstehen — abgesehen von angeborenen Ektasien — oberhalb von Stenosen oft mit hypertrophischer Muskulatur (Arbeitshypertrophie), vielleicht auch als Folgen chronischer Katarrhe, selten, besonders im unteren Teil, als sog. idiopathische Erweiterung, zum Teil auf Vagusveränderungen bezogen.

Wichtiger sind die mehr zirkumskripten Erweiterungen, die **Divertikel,** die man meist mit Zenker in die Pulsions- und Traktionsdivertikel einteilt.

Erstere bilden sackförmige Ausstülpungen der Hinterwand, meist an der Grenze gegen den Ösophagus. Prädilektionsstellen sind Stellen, wo der Ösophagus geringe Verengerungen aufweist: Höhe des Krikoidknorpels und der Bifurkation, sowie Übergang in die Kardia. Veranlassend sind wohl traumatische Einflüsse, Einklemmung von Fremdkörpern u. dgl. Der Druck beim Schlingakt dehnt und vergrößert dann die Ausstülpung erst recht, und wenn das Divertikel einmal gebildet ist, so füllt es sich mit Speiseteilen, drückt auf den Ösophagus und sackt sich so bei jedem neuen Schluckakt immer mehr aus. Im Gebiet des Pulsionsdivertikels finden sich keine oder meist fast keine Muskelfasern. Also entweder stülpt sich bloß Mukosa und Submukosa zwischen die Muskellager des Constrictor pharyngis inferior hindurch oder es besteht schon kongenital eine muskelschwache Stelle.

Die Traktionsdivertikel haben trichterförmige Gestalt und sitzen an der Vorderwand in Höhe der Bifurkation. An ihrer Spitze finden sich sehr häufig geschrumpfte tuberkulöse oder koniotisch-indurierte Lymphknoten, auf deren Verwachsung und Zug die Divertikelbildung bezogen wird. Der ausgezogene Trichter kann perforieren, und es können sich unter dem Einfluß der hindurchtretenden Speiseteile Eiterung und Verjauchung, eventuell mit Einbruch in benachbarte Hohlorgane oder ausgedehntere Phlegmone anschließen.

Einem Teil der Divertikel scheinen auch angeborene Anomalien (Ribbert), wie mangelhafte Trennung von Ösophagus und Trachea zugrunde zu liegen, worauf die Verwachsung mit Lymphknoten erst sekundär eintritt. Hierfür spricht das Vorkommen seitlicher Divertikel auf Grund unvollkommen geschlossener Kiemengangreste.

Die Divertikel bieten die Gefahr der Perforation (s. o.); auch können sich Karzinome in ihnen entwickeln.

Fig. 306.
Traktionsdivertikel des Ösophagus.
a Divertikel, *b* verwachsener Lymphknoten.

Multiple, kleine weiße Platten — Epithelverdickungen, sog. **Leukoplakia Oesophagi** — sind nicht selten, teils als Folge chronischer Entzündungen, teils wohl als kongenitale Hypertrophien.

Zysten sind relativ häufig. Sie weisen zum Teil Flimmerepithel auf; zum Teil sind sie von Schleimdrüsen-Ausführungsgängen, zum Teil von den oberen Kardiadrüsen abzuleiten.

Von Tumoren sind die **Karzinome** die häufigsten — besonders bei Männern und mit Vorliebe bei Potatoren — und wichtigsten. Prädilektionsstellen sind (wie beim Pulsionsdivertikel) der oberste Teil (hinter dem Kehlkopf), die Höhe der Bifurkation und die Gegend der Kardia. Es handelt sich zuallermeist um Plattenepithelkrebs mit Verhornung, selten Zylinderzellkarzinom.

Die Karzinome wachsen besonders in die Breite ringförmig in der Ösophagusschleimhaut und führen so frühzeitig schon Stenose herbei. Skirrhen können solche auch durch narbigen Zug bewirken. Andererseits kommt es, besonders bei weichen Formen, zu Ulzeration mit flachen oder knotigen Rändern der Geschwüre. Vereiterung und Verjauchung kann sich anschließen.

Das Karzinom greift oft auf Kehlkopf oder Trachea, andererseits flächenhaft auf den Magen weiter. Zerfallshöhlen können zu Perforation in Trachea, Bronchien, Lunge (mit eitriger Pneumonie als Folge), Pleuraraum (Empyem), Mediastinum, große Gefäße, selbst Aorta führen. Metastasen treten besonders in den Halslymphknoten, aber auch in Leber, Lunge usw. auf.

Sarkome (zirkumskripte und diffuse), Karzinosarkome, Fibroepitheliome, Myome usw. sind sehr selten.

Zerreißungen und Verletzungen werden meist durch eingekeilte Fremdkörper bewirkt.

Soor kann auch von der Mundhöhle auf den Ösophagus übergreifen (Kinder und Kachektische).

D. Magen.

a) Kadaveröse Veränderungen; angeborene Anomalien.

In kleinen Grübchen zwischen den netzförmigen Leisten münden mehrere Drüsen. Die tubulösen Labdrüsen des Fundus zeigen die wohl die Salzsäure produzierenden Belegzellen (Heidenhain), und die kleineren, wohl das Pepsin liefernden Hauptzellen. Die Pylorusdrüsen sind verästelt und zeigen nur eine mehr den Hauptzellen gleichende Zellart. Hier finden sich auch die Brunnerschen Drüsen (in der Submukosa) so wie im Duodenum. Die Oberfläche der Magenschleimhaut weist Zylinderepithel mit zahlreichen Becherzellen auf. Die Schleimhaut wird durch die Muscularis mucosae gegen die lockere Submukosa begrenzt; es folgen die beiden Muskelschichten und die Serosa.

Man kann am Magen nach besonders durch Beobachtungen im Röntgenbild feststellbaren partiellen Kontraktionen vier Abschnitte unterscheiden (nach Forssell): 1. Fornix, 2. Korpus, 3. Sinus pyloricus, 4. Canalis pyloricus (von der Kardia pyloruswärts). Eine Einschnürung im Korpusgebiete kann die „Pseudosanduhrform" bewirken; ein Engpaß kann Fornix + oberen Korpusteil vom unteren Teil des Magens abtrennen. Hier findet sich deswegen auch eine Verengerung der „Magenstraße", weil die (meist vier) von der Kardia bis in den Sinus verlaufenden Längsfalten, von denen sich die lateralen dachziegelartig über die medianen hinüberlegen und welche eben die Straße darstellen, in welche die Ingesta hinabgleiten, hier eine Zusammenraffung aufweisen (Aschoff). Über die Bedeutung dieser Verhältnisse für den Sitz der Magengeschwüre s. unten. Die Kontraktionsstellen, abhängig vom Füllungszustand und anderen vitalen Bedingungen, sind nach dem Tode noch zu erkennen. Allmählich geht der Magen dann postmortal in schlaffen Zustand über.

Kadaveröse Veränderungen des Magens muß man kennen, um sie nicht mit krankhaften Zuständen zu verwechseln. Der Leichenmagen zeigt fast stets, besonders am Fundus, einige kleine oberflächliche dunkelrote Flecke, die eine hypostatische Füllung der Venennetze darstellen. Sie unterscheiden sich von kleinen Blutungen dadurch, daß sie sich in die kleinen Äste auflösen lassen und nicht scharf umschrieben sind. Auch die großen Venen sind oft stark gefüllt und von braunschwarzen Streifen — d. h. Imbibition mit diffundierendem, zum Teil zersetztem Blutfarbstoff — begleitet. Blutungen können durch Zersetzung (Fäulnis) ganz dunkel erscheinen (Pseudomelanose, E. Neumann). Fäulnis kann auch sog. Emphysem der Magenwand herbeiführen.

Durch die nach Aufhören der Zirkulation einsetzende Einwirkung des sauren Magensaftes bedingt, kommt es zur **postmortalen Selbstverdauung.** Trübung des Epithels, auch der oberflächlichen Zylinderepithelien (nicht nur der mittleren und tieferen Drüsenabschnitte, wie bei der normalen Verdauung), leitet den Prozeß ein, später erweicht die ganze Schleimhaut zu einer grauweißen, schmierigen, abstreifbaren Masse. Diese Erweichung findet oft nur, oder auf jeden Fall am stärksten, an solchen Stellen statt, wo Mageninhalt angesammelt ist, bei Rückenlage der Leiche also im Fundus und an der Hinterwand des Magens. Selten geht die kadaveröse Erweichung bis zur Muskularis, die dann, an ihrer Streifung kenntlich, freiliegt, oder führt gar bis zur Perforation. Eine ganz entsprechende Selbstverdauung kann vielleicht auch schon agonal einsetzen.

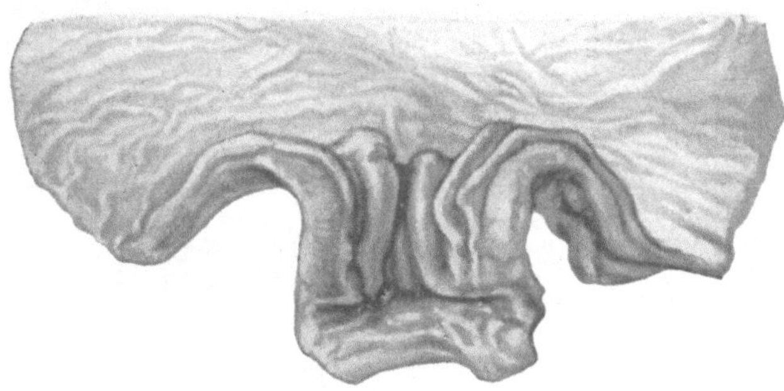

Fig. 307.
Angeborene Hypertrophie (und Stenose) des Pylorus.

Von den an sich seltenen **angeborenen Anomalien** kommen Stenosen und Atresien des Pylorus sowie Verengerungen zwischen Pylorus und Fundus vor, wodurch der Magen eine sanduhrförmige Gestalt erhält. Die beim Fötus bestehende vertikale Stellung kann auch dauernd erhalten bleiben. Bei Situs inversus nimmt der Magen an der Verlagerung teil.

Die Pylorusstenose der kleinen Kinder ist nicht völlig geklärt. Vielleicht spielen hier angeborene Anomalien, so ein zu kurzes Lig. hepatoduodenale mit; wahrscheinlich handelt es sich aber häufig um einen nervös bedingten Muskelspasmus. Offenbar ist die Affektion nicht einheitlicher Natur. Sekundär kann dann die Muskulatur hypertrophieren.

b) Zirkulationsstörungen.

An der Leiche findet man den Magen meist **anämisch,** besonders ausgesprochen bei allgemeiner Anämie und bei parenchymatösen Degenerationen der Magenschleimhaut. **Aktive Hyperämie** tritt besonders nach Aufnahme stark reizender Ingesta, sowie als Initialstadium entzündlicher Vorgänge ein. **Stauungshyperämie** ist meistens Folge allgemeiner Zirkulationsstörungen oder einer Blutstauung im Pfortadergebiet.

Sehr häufig sind **kleine Blutungen** der Schleimhaut, auch Stigmata haemorrhagica (Beneke) genannt. Aus ihnen bilden sich unter Einwirkung des Magensaftes sehr häufig kleine Geschwüre, sog. **hämorrhagische Erosionen,** scharf begrenzte, rundliche oder ovale, bis etwa linsengroße, meist flache, auf der Höhe der Schleimhautfalten gelegene Substanzverluste, manchmal mehrere nebeneinandergereiht. Selten entstehen aus ihnen größere, meist auch flache, Geschwüre. Die kleinen Blutungen und Erosionen finden sich besonders bei kongestiven, namentlich entzündlichen Hyperämien, wie bei Vergiftungen, Verbrennungen, allgemeinen, besonders septischen Infektionskrankheiten, nach Laparotomien, bei heftigem Erbrechen, bei hämorrhagischer Diathese, Meläna usw. Sie werden als toxische, nervöse und embolische Vorgänge, also durch Schädigung des arteriellen und besonders des venösen Gefäßsystems erklärt. Man hat dabei an nervös bedingten arteriellen Spasmus, besonders aber, wie beim Erbrechen, an ein Rückströmen des Pfortaderblutes in die Venen des leerwerdenden Magens gedacht.

c) Entzündungen.

Bei der **akuten Gastritis** handelt es sich im wesentlichen um degenerative Veränderungen (trübe Schwellung und schleimige Degeneration) sowie vermehrte Schleimsekretion der Oberflächenepithelien und der eigentlichen Drüsenepithelien. Die Schleimhaut ist bedeckt von zähem, glasigem, oft leicht blutig gefärbtem Schleim in mehr oder weniger großer Menge. Des weiteren ist die Schleimhaut im Zustande aktiver Hyperämie, die meist fleckig, besonders auf der Faltenhöhe, ausgeprägt ist, von Rundzellen infiltriert und stark geschwollen, so daß sie stets aufgelockert und gefaltet ist. Die Veränderungen betreffen vor allem die Pylorusregion.

Andere Falten, die durch Kontraktion der Muskulatur entstehen, sind leicht durch Zug in der Querrichtung ausgleichbar und so erkennbar.

Bei dem Katarrh treten oft kleine Blutungen und hämorrhagische Erosionen auf.

Akute Magenkatarrhe haben eine sehr verschiedene Ätiologie: Diätfehler in Gestalt des Genusses chemisch reizender, oder verdorbener oder infektiöser Nahrungsmittel, übermäßige Nahrungsaufnahme, thermische Reize u. dgl. m In anderen Fällen sind sie Begleiterscheinung allgemeiner Infektionskrankheiten, wie Typhus, Influenza, Erysipel usw.

Das Bild des akuten Katarrhs ist infolge kadaveröser Veränderungen an der Leiche selten gut zu erkennen.

Bei der **chronischen Gastritis** tritt zu der Hyperämie noch durch meist reichliche kleine Blutungen bedingte schieferige Pigmentierung hinzu; es findet sich derselbe dicke, zähe, meist trübe Schleim und die Schwellung, die aber hier nicht mehr nur auf ödematöser Durchtränkung (und Zellinfiltration), sondern auf produktiv-entzündlichen Vorgängen sowohl der Drüsen wie des Zwischengewebes beruht.

Erstere hypertrophieren, werden dabei oft geschlängelt, oft auch durch Kompression zystisch erweitert und mit massenhaftem Sekret gefüllt (Gastritis cystica), das interstitielle Gewebe zeigt starke Rundzelleninfiltration, Vergrößerung der besonders in der Submukosa gelegenen Follikel und erhebliche Vermehrung des Bindegewebes, welches die Drüsen so weit auseinanderdrängt. Ist die Vermehrung des Bindegewebes sehr hochgradig, so treten die sog. „Magenzotten" als warzige oder gar polypöse Vorragungen stark hervor (Gastritis granulosa), in extremen Fällen in Form und Größe an Brustwarzen erinnernd. Man spricht dann auch von état mamelonné. Auch längliche, gestielte Schleimhautwucherungen in größerer Zahl können entstehen — Gastritis polyposa.

In späteren Stadien schwindet die Hyperämie, und es resultiert nur die schon erwähnte schieferige Pigmentierung. Die Schleimhaut wird atrophisch, blaßgrau, derb, dünn. Das Narbengewebe ist geschrumpft, die Drüsen sind zugrunde gegangen. Normale (wenn der Prozeß mehr herdweise verlief) oder polypös gewucherte Partien können dazwischen bestehen bleiben. Die Muskulatur kann atrophisch, oft auch hypertrophisch werden.

Der chronische Magenkatarrh ist das Resultat dauernder schädlicher Einwirkungen, so bei Alkoholikern, bei gewissen Allgemeinerkrankungen, wie Chlorose, schweren Anämien, kachektischen Erkrankungen usw., bei Gastrektasie, Magengeschwüren und -karzinomen und insbesondere bei Zirkulationsstörungen und Störungen im Pfortadergebiet. Im letzteren Falle bleibt die venöse Stauung und Erweiterung der Venen dauernd erhalten, und es spielen die zahlreichen kleinen Blutungen eine besondere Rolle.

Der klinisch wichtigen Achylia gastrica simplex soll (Fricker) eine chronische atrophierende Gastritis zugrunde liegen mit Veränderungen und Verdrängungen der spezifischen Haupt- und Belegzellen der Drüsen vor allem durch einfache Zylinderepithelien.

Pseudomembranöse (fibrinöse) Entzündungen kommen bei Infektionskrankheiten, besonders Diphtherie, vor allem aber bei Verätzungen vor.

Tiefer greifende Eiterungen, **phlegmonöse Entzündungen** der ganzen Magenwand, welche unter dem Bild eines akuten purulenten Ödems (S. 74) beginnend, zu eiteriger Einschmelzung des Gewebes führen, treten bei Vergiftungen (s. unten) sowie in einzelnen Fällen, ohne bekannte unmittelbare Veranlassung, besonders bei Säufern auf. Es finden sich dann zuweilen große Mengen von Streptokokken. Ein ähnliches Bild geben auch die bei intestinalem **Milzbrand** in der Magengegend auftretenden **Karbunkel,** welche mit hämorrhagisch-sulziger Infiltration der Magenwand, besonders der Submukosa, beginnen und dann zur Nekrose und Geschwürsbildung führen.

Kleine **embolische Abszesse** in der Magenwand bilden sich hie und da bei Allgemeininfektionen, wie Pyämie, Septikämie und Endokarditis.

Eine Gastritis cirrhoticans oder Gastrozirrhose soll teils auf den Pylorus beschränkt, teils den ganzen Magen einnehmend dadurch zustande kommen, daß das submuköse und intermuskuläre Bindegewebe erst Ödem, dann Vermehrung und Hyalinisierung aufweist und so derb wird (Stenosklerose Krompechers). Reizende Nahrungsfremdkörper, eventuell chronische Stauung sollen die ursächlichen Momente darstellen. Auf diese Weise scheint ein Teil der Fälle von sog. erworbener gutartiger Pylorusstenose bzw. Hypertrophie zu erklären zu sein. Auch vom Peritoneum aus kann ein chronisch entzündlicher Prozeß auf Magen- (und Darm-) Wand übergreifen und einen sehr harten geschrumpften Magen bewirken.

d) Regressive Veränderungen. Ulcus rotundum.

Trübe Schwellung und **Verfettung** kommt an den Epithelien der Schleimhaut unter den gleichen Bedingungen wie anderwärts vor. Die Schleimhaut erscheint dann grau oder grüngelb, anämisch, geschwollen.

Solches findet sich besonders auch bei Vergiftung mit Phosphor und Arsen, sowie bei der sog. akuten gelben Leberatrophie.

Amyloiddegeneration an Gefäßen und Bindegewebe ist Teilerscheinung allgemeiner solcher. Ablagerung von Kalk bei Kalkmetastase (Knochenerkrankungen) kommt hie und da vor.

Atrophie mit Verdünnung der Wand und Verkleinerung des Lumens kann das Endresultat einer chronischen Entzündung sein und findet sich ferner bei Inanition und Kachexie, bei Verschluß der Kardia usw. Eine Atrophie der Magenschleimhaut ist auch für perniziöse Anämie charakteristisch. Die Drüsen schwinden, können aber auch Regenerationsbilder zeigen, das Bindegewebe weist Infiltration auf. Hierbei finden sich hyalin degenerierte Plasmazellen. Die Magenveränderung stellt aber kein genetisches Moment für die Anämie, wie früher angenommen wurde, dar, sondern ist offenbar sekundär oder auf dieselbe Ursache zu beziehen.

Das **Ulcus rotundum** (schon von Cruveilhier erforscht) stellt eine dem Magen und Duodenum, sehr selten auch dem untersten Teil der Speiseröhre, eigentümliche Geschwürsform meist sehr typischer Art dar. Gewöhnlich von der Größe eines Fünfpfennig- bis Fünfmarkstückes (zuweilen aber so klein, daß es selbst bei der Sektion nur nach längerem Suchen gefunden wird), kreisrund oder oval, ist es so scharf abgesetzt, daß es wie mit einem Locheisen ausgestampft erscheint; die Ränder sind kaum infiltriert, nicht geschwollen. Ein zweites Charakteristikum des runden Magengeschwürs ist seine Trichterform, der Defekt ist in der Mukosa größer als in der Submukosa und hier wiederum größer als in der Muskularis; er setzt also bei jeder Magenschicht etwas ab, so daß er nach der Tiefe zu nach Art einer Terrasse abnimmt. Daher bilden, von oben gesehen, die Ränder der einzelnen Schichten ineinander gelegene Kreise. Sie sind in der Regel frei von Auflagerungen (nur selten mit schleimigem oder blutigem Belag), sehen gereinigt, wie präpariert aus. Ein drittes Merkmal ist, daß die Achse des Trichters nicht senkrecht in die Tiefe führt, sondern schief; die Kreise, welche die einzelnen Terrassen des Geschwürs bilden, liegen also exzentrisch. Die Richtung dieser Achse stimmt überein mit dem Verlauf der Arterienäste der Magenwand, und weitaus in den meisten Fällen entspricht auch der Defekt in seiner Gesamtausdehnung und Form mehr oder weniger dem Verbreitungsgebiet einer kleinen Magenarterie. Öfters findet man auch am Grunde des Trichters einen kleinen obliterierenden Gefäßstumpf oder noch etwas Blut oder Blutpigment. Lieblingssitze des runden Magengeschwürs sind die hintere Magenwand, insbesondere die kleine Kurvatur, sowie der Pylorusteil.

Das geschilderte anatomische Verhalten des runden Magengeschwürs weist darauf hin, daß lokale Störungen in der Blutzirkulation an seiner Entstehung beteiligt sind; es entsteht der Eindruck, als wäre das ganze Gefäßterritorium eines kleinen Arterienastes aus der Wand des Magens herausgegraben; dazu kommt, daß es auch gelungen ist, durch Störungen der Zirkulation experimentell Magengeschwüre zu erzeugen. Das Bestehen einer zirkumskripten Zirkulationsstörung zunächst vorausgesetzt, muß auf jeden Fall noch ein zweites Moment zum Zustandekommen der Defektbildung hinzukommen. Das ist die zerstörende Wirkung des Magensaftes, welche sich an den der normalen Zirkulation beraubten Stellen, wo die Säure nicht mehr durch das alkalische Blut neutralisiert wird, geltend macht — die zirkumskripte Selbstverdauung des Magens (vgl. S. 276). Daher wird dieses Geschwür auch **„peptisches Geschwür“**, Ulcus ex digestione, genannt.

Die Art der Zirkulationsstörung ist nicht in Einzelheiten sicher erkannt und wahrscheinlich auch nicht einheitlicher Natur. In Betracht zu ziehen sind Erkrankungen der Gefäßwände, wie Atherosklerose (Hauß), Aneurysmen u. dgl., welche zu Thrombosen und Embolien führen können. Auch das Auftreten von Magengeschwüren bei Hämoglobinämie, bei septischen Infektionen, bei Erysipel (embolische Verstopfung von Gefäßen), bei Malaria (Verstopfung von Magengefäßen durch Pigmentembolien) ist so erklärlich. Für andere Fälle wird einer venösen Stauung die Schuld gegeben. In wieder anderen Fällen ist grundlegend wahrscheinlich eine Erkrankung der Gefäße, welche sie zu Zerreißungen und Blutungen disponiert. Sicher ist, daß Hämorrhagien in die Magenwand den Grund zur Geschwürsbildung legen können und daß kleinere Geschwüre sich auf Grund hämorrhagischer Erosionen der Magenschleimhaut entwickeln (s. oben). Da die Magengefäße Endarterien darstellen, so können übrigens durch ihre Verstopfung auch hämorrhagische Infarkte zustande kommen. Alle diese Annahmen reichen indes nicht für sämtliche vorkommenden Fälle von Ulcus rotundum aus. Man hat daher für andere Fälle spastische Kontraktionen angenommen, welche lokale Anämie mit Nekrose bewirken sollen. Man hat an Krämpfe der Muscularis mucosae gedacht und vor allem an spastische Gefäßkontraktionen (Beneke), welche lokale Anämie und Nekrose bewirkten. Insbesondere wurden reflektorische Nervenreizungen, vor allem im Vagusgebiet, herangezogen, welche sowohl die Muskeltätigkeit wie die Sekretion beeinflussen sollen (Rößle, v. Bergmann). Auch konstitutionelle Momente werden dabei herangezogen. Vielleicht spielen auch Bakterien schon bei der ersten Entstehung des Magengeschwüres mit.

Zu den Störungen der Zirkulation kommen jedenfalls noch andere Einwirkungen hinzu, welche dann kleine hämorrhagische Erosionen unter Einwirkung des Magensaftes zu Geschwüren umbilden. So ist ein an bestimmten Stellen infolge mechanischer Reibungen, besonders an der kleinen Kurvatur, wo die

Speisen entlang gleiten (Magenstraße), eintretender Stillstandkontakt mit dem oft hyperaziden Magensaft besonders zu betonen. Dann treten die Ulzera mit Vorliebe in der Magenstraße auf der Höhe der Falten auf (Stromeyer). Aschoff besonders betont die Wichtigkeit physiologisch-mechanischer Momente für den Sitz und einige Eigentümlichkeiten der Geschwüre. Hierbei spielt die „Enge der Magenstraße", zumeist in deren mittlerem Teil gelegen, für den Prädilektionsort offenbar eine wichtige Rolle. Ebenso die Enge am Pylorus. Hier wirken wohl die Faktoren am intensivsten ein, welche, wenn kleine Erosionen bestehen, eine Heilung derselben verhindern und so die Ulzera entstehen lassen. Die bestimmte Richtung der Bewegung des Inhaltes zusammen mit dabei bewirkten Zerrwirkungen an der Schleimhaut (kardiawärts über das Geschwür hinüber, pyloruswärts vom Geschwür hinweg), erklären die Trichterform des Ulkus, eine spiralige Drehung der Längsfalten bei der Übereinanderschiebung der äußeren über die inneren (s. oben) in bestimmten Gebieten die Schrägstellung der Geschwürsachse (Aschoff). Vielleicht kommen die schlechteren Zirkulationsverhältnisse gerade der Gegend der kleinen Curvatur und in der Pylorusgegend hinzu.

Wichtig ist endlich der Allgemeinzustand des Körpers: So tritt das Magengeschwür bei chronischen kachektischen Erkrankungen, besonders bei den eigentlichen Blutkrankheiten auf, so bei Chlorose, Anämie, aber auch bei Lues, Tuberkulose, Amyloiddegeneration. Hierbei darf allerdings nicht übersehen werden, daß auch die Gefäßwände durch schlechte Ernährung geschädigt sind. Die frühere Annahme, daß das Magengeschwür bei Frauen öfters als bei Männern und ganz besonders zur Pubertätszeit (Chlorose) auftrete, scheint nicht einwandfrei (Kaufmann, Oberndorfer).

Zu erwähnen sind endlich noch Ulzera, bei deren Entstehung Traumen der Magengegend und Fremdkörper (Gräten, Knochen, spitze Steine usw.), also überhaupt mechanische Insulte, ferner chemische oder thermische (heiße Speisen) eine Rolle spielen. So wird das relativ häufige Auftreten bei Porzellanarbeitern, Schleifern, Metalldrehern auf Verschlucken spitzer Porzellan- oder Metallteilchen bezogen.

Schimmelpilze (Aspergillus fumigatus) können in der Magenwand, aber wohl nur an traumatisch oder sonst geschädigten Stellen (v. Meyenburg) oder auf Grund hämorrhagischer Erosionen (Löhlein) angreifen und dann wohl auch Nekrose mit Reaktionen und Ulkusbildung bewirken.

Der Soorpilz wird relativ häufig bei Ulcus rotundum gefunden. Er wird von Askanazy hier ätiologisch, wenigstens für dessen Chronizität, bewertet, während andere seine Ansiedlung nur für sekundär halten. Die Frage ist auf jeden Fall noch nicht entschieden.

Offenbar wirken bei der ersten Entstehung des Ulcus pepticum ganz verschiedene Faktoren und wohl auch im Einzelfall komplexe Faktoren mit bzw. zusammen.

Von Bedeutung erscheint die Zweiteilung der Ätiologie bzw. Genese des runden Magengeschwüres, so wie sie jetzt meist vorgenommen wird. Einmal in die Frage der ersten Entstehung peptischer Defekte, meist zunächst Erosionen oder kleiner Geschwüre, und sodann zweitens die Frage nach den Gründen des Chronischwerdens und somit der Entstehung des eigentlichen großen runden Magengeschwüres. Auch für die zweite Frage wirken offenbar mehrere schon oben gestreifte ursächliche Momente zusammen, unter denen die Sekretion des Magens, d. h. der saure Magensaft, die Eigenarten des Sitzes, vielleicht auch reflexneurotische Faktoren und endlich auch der durch das Ulkus selbst gesetzte irritative Reiz eine Hauptrolle spielen mögen.

Andererseits stellen sich aber auf Grund der durch das chronische Ulkus bedingten Reizung ausgesprochene Reaktionsvorgänge an dessen Umgebung ein.

Die nekrotisierende Wirkung des Magensaftes bewirkt zwar stets neue nekrotische Einschmelzungsvorgänge und somit Ausdehnung oder Tiefergreifen des Geschwüres. Aber dem setzen sich dann reparative Entzündungsvorgänge entgegen, welche zu Granulationsgewebe und Bindegewebsneubildung am Rand und Grund des Geschwüres führen, wobei das neugebildete Granulationsgewebe selbst wieder neuer Nekrose zum Opfer fallen kann. Auf der Nekroseschicht sieht man durchgewanderte Leukozyten aufgelagert, am Grunde und am Rande derselben eben die Granulationsschicht und dann jenseits fasriges, narbiges Bindegewebe; so kommen die noch zu schildernden Verwachsungen mit der Umgebung zustande, welche doch der Perforationsmöglichkeit des Magengeschwüres einen gewissen Damm entgegenstellen. Und vor allem wird auf diese Weise Grund und Rand des Geschwüres fest und derb. Ist so infolge der entzündlichen Reaktion das Geschwür im vernarbenden Zustand von einem besonders derben und wallartigen Rand umgeben, welcher direkt den Eindruck eines Karzinoms machen kann, so spricht man von **Ulcus callosum.**

Infolge der geschilderten Ausbildung von Narbengewebe ist der gewöhnliche Ausgang des runden Magengeschwüres die Heilung, entweder ohne sichtbare Narbe (Oberndorfer), oder in Gestalt einer auf die gewöhnliche Weise durch Granulation gebildeten, weißen, derben, oft radiär-strahligen **Narbe.**

Solche finden sich besonders an den typischen Sitzen der Ulzera ungemein häufig; sie können kleinen Geschwüren entsprechend sehr klein sein. Große solche Narben können aber in der Umgebung starke, radiär auf sie zulaufende Faltungen der Schleimhaut und durch Narbenkontraktion starke Zusammenschnürung des Magens bewirken. So können Narben an der Kardia oder dem Pylorus beträchtliche Stenosen, in letzterem Falle mit anschließender Erweiterung des übrigen Magens (mit Katarrhen usw. als Folgezuständen) zur Folge haben. Bei einem Sitz des Ulkus etwa in der Mitte des Magens kann eine geschrumpfte Narbe die sog. Sanduhrform des Magens herbeiführen.

Das Magengeschwür als solches trägt nun mehrere Gefahren in sich, so insbesondere die der **Blutung** und der **Perforation.**

Die Blutung kommt durch Gefäßarrosion zustande und kann so stark sein, daß sie Verblutungstod oder besonders bei Wiederholung einen Zustand äußerster Anämie bewirkt. Solches kann selbst bei ganz kleinen Geschwüren eintreten, wenn größere Gefäße arrodiert werden. Daß sich am Grunde des Geschwürs der offene Gefäßstumpf, häufiger noch Pigment als Residuum der Blutung finden, ist schon erwähnt. Daß nicht öfters Blutungen eintreten, wird durch thrombotischen Verschluß vieler Gefäße im Bereiche des Ulkus bewirkt.

Tiefreichende Geschwüre führen leicht zur Perforation und so zur diffusen Peritonitis. Eine solche wird zumeist dadurch hintangehalten, daß schon während des chronischen Entstehungswerdeganges des Geschwürs Verwachsungen der Geschwürsgegend mit Nachbarorganen, am häufigsten, entsprechend dem gewöhnlichen Sitz an der Hinterwand, mit Pankreas, Leber oder Kolon zustande kommen. Besonders das Pankreas wird sehr oft im Grunde des Ulkus angewachsen gefunden. Nicht selten schreitet dann die Zerstörung durch den Magensaft noch weiter fort und erstreckt sich auch auf die verwachsenen Organe in Gestalt tiefer kavernenartiger Hohlräume. Auch Abszesse können sich bilden. Bei dem Fortschreiten der Geschwürsbildung können auch größere Gefäße, z. B. die Arteria lienalis, arrodiert werden, was zu großen Blutungen Veranlassung geben kann. Selten kommt es zu direkten Perforationen eines Ulkus in andere Hohlorgane, wie Gallenblase oder Kolon, noch seltener nach oben in Mediastinum, Herzbeutel oder Pleurahöhle, oder äußerst selten nur nach Verwachsung bzw. Verklebung des Magens mit der Bauchwand zu äußeren Magenfisteln. Am gefährlichsten sind die (seltenen) Ulzera der Vorderwand und der Kardiagegend, weil hier am seltensten Adhäsionen zustande kommen und so Perforation in die freie Bauchhöhle am leichtesten möglich ist.

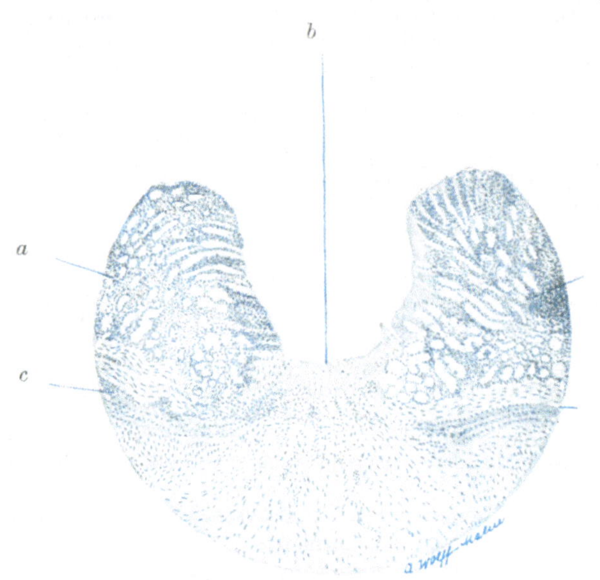

Fig. 308.
Chronisches rundes Magengeschwür.
Schleimhaut bei *a*, in der Mitte das Geschwür (bei *b*). Der Grund ist bindegewebig, auch die Muscularis mucosae (*c*) fehlt hier.

Als weitere Gefahr ist die Bildung eines **Karzinoms** im Anschluß an vernarbte bzw. vernarbende Geschwüre eventuell auf dem Umweg über hierbei auftretende atypische Epithelwucherungen zu nennen. Solche Karzinome können wohl sicher entstehen, aber auf jeden Fall viel seltener, als vielfach angenommen wird.

Meist findet sich nur ein Ulkus, zuweilen aber auch mehrere nebeneinander. Entsteht durch Konfluenz mehrerer ein außergewöhnlich großes Ulkus, so hat ein solches nicht typische Form und Trichtergestaltung, sondern ist mehr unregelmäßig. Sehr selten haben die Geschwüre ring- oder gürtelförmige Gestalt.

Man kann flache, schnell heilende akute Ulzera von den gewöhnlichen, typischen, chronischen Ulzera unterscheiden, welche zwar auch akut beginnen, aber durch Einwirkung des hyperaziden Magensaftes tief und chronisch werden (s. oben). Auch ganz akute Geschwüre können sehr schnell alle Wandschichten durchsetzen und in die Bauchhöhle perforieren.

e) Vergiftungen.

Gifte können, in den Magen gelangt, in diesem besonders Nekrosen und Entzündungen lokal bewirken, oder, ohne wesentliche Veränderungen zu setzen, resorbiert werden und dann auf den Gesamtorganismus giftig wirken, hierbei eventuell auch vom Blute her die Magenschleimhaut angreifen.

Am wichtigsten sind hier die lokal ätzend wirkenden Mineralsäuren und einige organische Säuren sowie ätzende Alkalien. Die Wirkung besteht in Nekrose der Schleimhaut oder auch tieferer Schichten, d. h. der Bildung der Ätzschorfe, die je nachdem derb oder brüchig usw. sind. Ferner kommt es oft zu starken Blutungen und Zersetzung des Blutes, wodurch bei manchen Giften schwärzliche Färbung der Schorfe und eventuell auch des Mageninhaltes zustande kommt. Wenn nicht früher der Tod erfolgt, schließen sich als dritte Haupterscheinung meist heftige Entzündungsvorgänge an. Die Schleimhaut ist hochgradig ödematös geschwollen, der Magen kontrahiert. Oft hat die Entzündung hämorrhagischen Charakter. Eiterig-phlegmonöse Infiltration der Magenwand kann sich anschließen.

Die Wirkung des Giftes hängt im übrigen sehr von diesem selbst ab, ferner von der Konzentration (wenig konzentrierte Ätzgifte, wie Gifte ohne Ätzwirkung, bewirken oft nur die sog. toxische Gastritis in Gestalt von Katarrhen, aber auch heftigen hämorrhagischen oder eiterig-phlegmonösen Entzündungen mit Ulzerationen u. dgl.) und der in den Magen gelangten Menge sowie der Zeitdauer der Einwirkung (besonders wenn ein Gift aus Versehen genommen wurde, wird es oft schon aus der Mundhöhle wieder entfernt und nur diese bzw. die Speiseröhre zeigt Verätzung), und endlich dem Füllungszustand des Magens. Am intensivsten ist natürlich die Wirkung bei leerem Magen. Inhalt des Magens kann verdünnen oder gar neutralisieren; Metallsalze können eventuell mit Eiweißstoffen des Mageninhaltes unlösliche, d. h. unschädliche Verbindungen eingehen. Sofortiges Erbrechen oder rasche Gabe von Gegengiften kann die Wirkung abschwächen oder gar aufheben. Von ähnlichen Verhältnissen sind Sitz und Ausdehnung der Ätzung abhängig. Bei aufrechter Haltung ist besonders Fundusregion und große Kurvatur, bei Rückenlage die hintere Magenwand betroffen. Besonders bei kontrahiertem Magen und mäßiger Menge des Giftstoffes sind die Höhen der Schleimhautfalten hauptsächlich befallen. Eine geringe Menge des Giftes macht oft nur streifenförmige Verätzungen. In Betracht zu ziehen sind auch die anderen Teile des Digestionsweges. Die Mundwinkel sind (vom Trinken oder Erbrechen her) oft mit Ätzschorfen bedeckt, desgleichen die Lippen und äußere Gesichtshaut, aber auch Mundhöhlenschleimhaut. Auch Kehldeckel und Kehlkopfeingang (Erbrechen) sind öfters mitverätzt, so daß Glottisödem sich einstellen kann, ebenso der Ösophagus, der aber auch oft frei bleibt. Andererseits kann die Ätzwirkung jenseits des Magens auch noch den Dünndarm betreffen.

Eine Hauptgefahr der Magenverätzung ist die Perforation (doch tritt eine solche oft durch Weiterwirkung auch erst postmortal ein und ergreift dann auch Darm, Pankreas oder Leber). Auch besteht noch später bei der Entstehung tiefer Ulzerationen nach Ablösung der Ätzschorfe die Gefahr des Durchbruches. Kommt es zur Heilung, so entstehen vielfach große Narben mit Stenosen von Kardia, oder Pylorus, oder Einschnürungen an anderen Stellen (Sanduhrform), oder auch allgemeiner narbiger Verkleinerung des Magens mit Aufhören der Sekretion. Solche Folgezustände bergen also auch noch große Gefahren der Funktionsstörung, ja selbst des Todes.

Man kann mit Kaufmann in Ätzung durch Wasserentziehung und Koagulation (Mineralsäuren, Metalle, Karbolsäure, Oxalsäure) und durch Quellung und Erweichung, Verflüssigung, Kolliquation (Ätzalkalien) einteilen.

Über die von einigen Giften hervorgerufenen Veränderungen — immer dabei die stärkste Wirkung des Giftes im konzentrierten Zustande angenommen — sei noch folgendes bemerkt:

Bei Vergiftung mit **Schwefelsäure** zeigt sich ein schwärzlicher (verändertes beigemischtes Blut) Inhalt von teer- bis sirupartiger Konsistenz. Auch die Ätzschorfe der Magenwand haben dunkelschwarze Färbung. Außerdem kommt es durch die sich einstellenden hämorrhagischen Infiltrationen der Wand noch sekundär zur Bildung weiterer nekrotischer Schorfe auch an den von der direkten Säurewirkung nicht betroffenen Partien. Die Schorfe sind anfangs brüchig, wie gegerbt, lederartig und werden dann in Membranen abgehoben. Hämorrhagische oder phlegmonöse Entzündungen und Ulzerationen schließen sich sehr häufig an (Perforation der Magenwand tritt häufiger erst nach dem Tode ein).

Die obersten Partien des Verdauungstraktus zeigen meist starke Veränderungen: von den Mundwinkeln herabziehende lederartige Streifen, Verätzungen in der Mundhöhle und im Ösophagus (hier oft besonders hochgradig) usw.; relativ häufig ist auch der Darm in großer Ausdehnung verätzt.

Das Blut zeigt sich bei an Schwefelsäurevergiftung Verstorbenen dickflüssig bis geronnen; oft findet sich trübe Schwellung und fettige Degeneration, besonders in Herz, Leber und Niere. Der Tod ist meist auf durch die Säurewirkung bedingten Alkaliverlust des Blutes zurückzuführen, weshalb auch verdünnte Lösungen sehr gefahrdrohend werden können.

Ähnlich sind die Wirkungen konzentrierter **Salzsäure** und **Salpetersäure.** Bei ersterer sind die Ätzschorfe von graugelber oder auch, wie bei der Schwefelsäure, von schwärzlicher Farbe. Dagegen sollen (nach Lesser u. a.) die Anätzungen der Umgebung des Mundes, der Lippen usw. fehlen. Die Salpetersäure bewirkt an den Stellen, wo sie in konzentrierter Form einwirkt, eine orangegelbe Verfärbung (Xanthoproteinreaktion), während an entfernten Stellen, wo die Säure nicht mehr so konzentriert zur Wirkung kommt, die verschorften Stellen eine wechselnde, violette bis grauweiße Farbe aufweisen. (Im Gegensatz hierzu zeigen die verätzten Partien bei den ebenfalls eine gelbe Farbe hervorrufenden Vergiftungen mit Ferrum sesquichloratum und Chromsäure überall, wo überhaupt eine Verätzung stattgefunden hat, eine gelbe Farbe.) Parenchymatöse Degenerationen in Herz, Leber und Nieren finden sich auch bei der Salpetersäurevergiftung. War diese kombiniert mit einer solchen durch **Stickstoffdioxyd** (Stickstofftetroxyd), so zeigen sich häufig starke Reizerscheinungen im Gebiet der Respirationswege, insbesondere auch öfters Glottisödem.

Essigsäure bewirkt ausgedehnte Ätzwirkungen in der Mund- und Rachenhöhle und besonders im Magen, ferner Blutungen im Magen und Duodenum, aber auch Hämolyse mit Hämoglobininfarkten der Niere und Hämoglobinophagie der Milz (Pick), sowie Bronchopneumonien als Folge der Einwirkung der Essigsäuredämpfe auf die Lunge.

Oxalsäure und deren saures Kaliumsalz **(Kleesalz)** zeigen deutliche Ätzschorfe von weißer bis weißgrauer, auch gelblicher bis bräunlicher (Blutfarbstoff oder Gallenfarbstoff) Farbe vom Mund bis zur Speiseröhre und an der Schleimhaut des Darmes. Die Magenschleimhaut zeigt in der Regel keine Anätzung, dagegen in frühen Stadien eine eigentümliche Transparenz, Ödem, Hyperämie und Blutungen. Der Mageninhalt ist immer bräunlich durch Blut verfärbt. Charakteristisch sind weißliche, trübe Auflagerungen auf der Magen- und der Darmschleimhaut, welche aus ausgeschiedenen amorphen oder kristallinischen Massen von oxalsaurem Kalk bestehen. Letzterer findet sich konstant auch in den Harnkanälchen (s. Kap. V). Häufig kommt es noch postmortal zu einer Perforation des Magens mit nachfolgender Anätzung benachbarter Organe. In den Gefäßen finden sich ähnliche schwärzliche Blutgerinnsel wie bei Vergiftung mit Mineralsäuren.

Karbolsäure bewirkt, konzentriert durch den Mund aufgenommen, meist weißlichgraue (oder durch Blut bräunliche) Verätzungen, ähnlich denen durch Mineralsäuren, doch ist die Verschorfung keine so tiefgehende. Die äußere Haut erhält, wo sie von der konzentrierten Säure berührt wird, ein eigentümlich glattes, glänzendes Aussehen. Charakteristisch ist der Karbolsäuregeruch. Es kann sich Hämoglobinurie mit Pigmentinfarkten in der Niere einstellen. (Im Harn wird die Karbolsäure als Alkalisalz der Phenylätherschwefelsäure und auch der Phenylglykuronsäure ausgeschieden; der entleerte Harn zersetzt sich an der Luft sehr bald unter schwärzlicher Verfärbung.)

Von Alkalien kommen namentlich **Kali-** und **Natronlauge** und **Pottasche** (Kaliumkarbonat, vielfach stark verunreinigt mit Ätzkali), selten **Ammoniak** in Betracht (während durch kohlensaures

Natrium [Soda] keine tödliche Vergiftung bekannt ist). Sie wirken ähnlich ätzend wie die starken Mineralsäuren in Gestalt weißlich-grauer eventuell brauner Ätzschorfe. Diese sind aber weniger brüchig, auch treten keine frühzeitigen Defekte auf.

Dagegen quillt das verschorfte Gebiet wie die ganze Schleimhaut unter dem Einfluß freier Alkalien im Magen stark auf. Im höchsten Grade wird der Magen weich, stark durchsichtig, hellrot. Allmählich wandeln sich die verätzten Teile in eine schmierige, bräunlich-schwarze Masse um. Ähnliche Trübungen, dann Aufhellungen usw. zeigt auch der Darm sowie die Nachbarorgane, auf welche die Wirkung der Alkalien ausgedehnt übergreift (es kann auch zur Perforation kommen).

Fig. 309.

Lysolvergiftung des Magens

Die Schleimhaut ist in toto verätzt und kleienförmig verschorft. Der Ösophagus (oben im Bilde) ist frei

Ammoniak bewirkt starke Reizung der Luftwege und an diesen wie am Ösophagus und Magen fibrinöse Exsudation, daneben namentlich auch Glottisödem. Im übrigen gleichen die Veränderungen denen der anderen Alkalien.

Quecksilber (fast stets als **Sublimat**) kann vom Magen ganz resorbiert werden, ohne irgendwelche Veränderungen der Schleimhaut zu setzen, in anderen Fällen bilden sich im Magen und Ösophagus weißlich-graue (mit dem Zelleiweiß gebildetes Quecksilberalbuminat) bis bräunliche Ätzschorfe wie bei Karbolvergiftung. Der Darm wird selten direkt verätzt, dagegen zeigt er, und zwar besonders der Dickdarm, oft schwere diphtherisch-hämorrhagische Enteritis, ganz nach Art der Dysenterie. Die hierbei auftretenden Nekrosen entstehen durch Ausscheidung durch die Darmwand (also auch wenn das Gift an anderer Stelle wie bei Ausspülungen oder von Wundflächen aus in den Körper gelangt ist), wo das Gift auch Stasen und Thrombosen der kleinen Gefäße (Kaufmann) hervorruft. Unter Mitwirkung von Bakterien entsteht so das Bild der Darmdiphtherie. In den Nieren besteht starke trübe Schwellung und Nekrose von Epithelien mit oft sehr starker und charakteristischer Ablagerung von Kalk (s. Fig. 44 auf S. 43).

Auch **Kupfer, Antimon, Zink** können ätzend wirken. Die Ätzschorfe im Magen-Darm (Ösophagus) sind bei Vergiftung mit Kupfervitriol und Grünspan öfters grünlich bis blau; Antimon (Tartarus stibiatus) kann im Magen und Darm ähnliche Pusteln wie auch an der äußeren Haut bewirken. Auch Zink und **Argentum nitricum** können Ätzschorfe bewirken, welche sich in letzterem Falle unter späterer Lichteinwirkung schwärzen.

Phosphor und **Arsenik** bewirken hauptsächlich Allgemeinerscheinungen. Bei Phosphorvergiftung zeigt der Magen mäßige Injektion und kleine Ekchymosen (selten größere Blutungen); besonders aber finden sich in allen Organen starke trübe Schwellung und vor allem hochgradige Verfettung, in allererster Linie in der Leber, mit weiteren Veränderungen ähnlich der sog. akuten gelben Leberatrophie (s. dort), ferner in Niere, Herz, Körpermuskulatur, Magen usw. (besonders wenn der Tod erst nach einigen Tagen erfolgte). Ferner finden sich in zahlreichen Organen, wie Haut, serösen Häuten, Endokard, Lunge, Uterus, Ovarien, kleine Blutungen; es besteht Ikterus.

Arsenik (arsenige Säure) -Vergiftung zeigt ähnliche allgemeine Veränderungen. Auch die Schleimhäute von Magen und Darm sind öfters lokal stärker mitbetroffen, mit stärkeren Blutungen und eventuell leichter Verätzung. Es bilden sich Pseudomembranen, in deren Lücken die Kristalle der arsenigen Säure liegen. Unter Einwirkung des Magensaftes können sich sekundär peptische Geschwüre entwickeln (ebenso bei Phosphorvergiftung). In dem der Magenwand aufliegenden blutigen Schleim und an geschwürigen Stellen finden sich oft weißliche Massen von oktaedrischen Arsenikkristallen mit beim Verbrennen deutlichem Knoblauchgeruch. Immerhin sind bei Arsenikvergiftung die Veränderungen der Schleimhaut des Magen-Darmkanals höchst inkonstant. Arsen läßt sich chemisch meist sehr lange (besonders in Leber, Knochenmark, Nieren) nachweisen. Die Leichen widerstehen lange der Fäulnis. Zuweilen wurden wieder ausgegrabene Leichen derart Vergifteter im Zustande der Mumifikation gefunden.

Der Sektionsbefund von Arsenikvergiftung kann ein der asiatischen Cholera auffallend ähnliches Bild ergeben (Enteritis, besonders auch follicularis, reißwasserähnlicher Darminhalt), so daß zur Zeit von Choleraepidemien Verwechslungen möglich sind.

Blausäure kann lebhafte Kongestion und Ekchymosen des Magens bewirken, in anderen Fällen fehlen lokale Veränderungen. Allgemeinerscheinungen sind vor allem: Bittermandelgeruch aller Leichenteile, geringe Neigung des Blutes zur Gerinnung (über die Farbe lauten die Angaben verschieden), meist auffallend hellrote Totenflecke (Zyanmethämoglobin); doch ist alles dies nicht ganz konstant. Leber, Nieren, Milz, Gehirn, Lunge sind meist hyperämisch, das letztgenannte Organ auch ödematös. **Zyankalium** dagegen bewirkt direkte Verätzung der Magenschleimhaut, was auf den Gehalt an kohlensaurem Kalium und Ammoniak beruht. Doch können die Schorfe durch nachträgliche Quellung an der Leiche wieder verschwinden. Meist ist die Magenschleimhaut stark gequollen, hellrot, mit blutigem Schleim belegt. Der Mageninhalt ist stark alkalisch, seifenartig. Es finden sich oft größere Blutungen.

Nitrobenzol (Mirbanöl, künstliches Bittermandelöl, das aus Benzol dargestellt und zur Herstellung von Anilin verwandt wird) zeigt ganz ähnliche Vergiftungserscheinungen wie Blausäure, ebenfalls mit Bittermandelgeruch. Die Totenflecke sind meist livid gefärbt.

f) Infektiöse Granulationen.

Tuberkulose — disseminierte Knötchen bei allgemeiner Miliartuberkulose, Geschwüre (s. diese) oder mehr tumorartige Formen — ist wohl infolge der Salzsäureeinwirkung auf die Bazillen selten. Auch nur selten greift Tuberkulose von der Serosa aus über.

Auch **Syphilis** — Gummata, von der Submukosa ausgehend — ist selten; relativ häufig kleinzellige Infiltrate bei kongenitaler.

g) Geschwülste.

Das **Karzinom** des Magens ist, wenigstens bei Männern, das häufigste Karzinom innerer Organe überhaupt (beim weiblichen Geschlecht noch übertroffen durch das Uteruskarzinom). Die Häufigkeit ist allerdings regionär sehr verschieden. Das Magenkarzinom ist naturgemäß eine Erkrankung vorzugsweise des höheren Alters.

Es schließt sich häufiger an adenomatöse Polypen an; auch kann es sich auf Grund eines Ulcus rotundum entwickeln (s. oben). Weit häufiger handelt es sich aber umgekehrt um Ulzera auf Grund eines Karzinoms; auch kann Karzinom und Ulcus pepticum unabhängig nebeneinander bestehen. Partielle krebsige Entartung am Geschwürsgrund und -rand, sowie die „am Geschwürsrand steil aufwärts gekrümmte, förmlich wie leicht umgerollte Muskularis, deren äußere Lage in scharfer Linie vom übrigen Geschwürsgrund abgegrenzt erscheint“ (Hauser), spricht histologisch für sekundär entwickeltes Karzinom. Hierfür spricht auch Entwickelung in einer Narbe. Doch kann die Unterscheidung des Primären sehr schwierig sein (Kaufmann, Hauser).

Das Karzinom findet sich am häufigsten in der Pylorusgegend, ferner an der kleinen Kurvatur, seltener an der Kardia.

Die äußere Form ist verschieden, knotig oder pilzförmig, polypös oder zottig-papillär. Die zentralen Tumorteile erweichen meist unter Einwirkung des Magensaftes sehr bald, so daß unregelmäßige, oft kraterförmige Geschwüre mit wallartig verdicktem Rand und mit lockeren, in Erweichung begriffenen Massen am Grunde zustande kommen. Nach den Seiten zu wuchert das Karzinom weiter, und so findet man oft unter der eventuell emporgehobenen, aber noch intakten Schleimhaut kleinere und größere zusammenhängende (Ausläufer des Tumors) oder isolierte (regionäre Metastasen) Karzinomknoten, die sich besonders in der lockeren Submukosa, aber auch in der Muskularis entwickelt haben.

Andere Magenkarzinome zeigen ein vorwiegend flächenhaftes Wachstum, besonders in der Submukosa und Muskelschicht, ohne eigentliche Knoten oder Vorragungen in das Lumen zu bilden. Gegen Pylorus oder Kardia hin können solche Formen sich mehr zirkulär entwickeln und das Lumen gürtelförmig umfassen, besonders am Pylorus; es kann aber auch ein großer Teil des Gesamtmagens flächenhaft ergriffen sein.

Histologisch handelt es sich zumeist um **Zylinderzellenkrebse,** oft von ganz adenokarzinomatösem Bau. Die Drüsenbildungen können durch gehäuften Schleim zystisch erweitert sein (Carcinoma microcysticum). Seltener hat das Karzinom papillären Bau oder mehr soliden Charakter.

In einer zweiten Form, meist in Gestalt von zirkumskripten Knoten, die schnell ulzerieren und metastasieren, bildet das Karzinom kompakte Nester indifferenter, meist ziemlich kleiner Epithelien mit wenig Stroma — **Carcinoma globocellulare.**

In anderen Fällen ist relativ das Stroma sehr stark entwickelt — **Skirrhus.** Hier handelt es sich zumeist um derbe, diffuse, flache Formen, welche einen größeren Teil der Magenwand in ein starres bis knorpelhartes Rohr verwandeln. Es erscheint sehnig, weiß, sehr trocken (wenig Karzinomepithelien, „Krebsmilch“). Durch starke Schrumpfung des massigen bindegewebigen Stromas kommt es zu erheblicher Verengerung des Lumens, besonders zu hochgradigster Stenose am Phylorus, wo die Szirrhen mit Vorliebe sitzen. Da sich selbst mikroskopisch nur wenige atrophische Krebszellen zu finden brauchen, wird leicht das Bild einer einfachen Narbenbildung (man hat auch von „Magenzirrhose“ gesprochen) hervorgerufen. Auch entstehende Geschwüre zeigen vielfach Neigung zu Vernarbung.

Eine weitere Form ist der **Gallertkrebs** (Carcinoma gelatinosum). Schon makroskopisch sieht man, in einem grauen Bindegewebe gelegen, gelbliche oder bräunliche, weiche, durchscheinende, klebrige, gallertige Massen. Makroskopisch liegen die schleimig degenerierenden Krebszellen teils in soliden Massen, teils in drüsigen Formationen. Der Gallertkrebs breitet sich auch sehr häufig flächenhaft aus, oft über einen großen Teil des Magens; die Mukosa kann, ohne zu ulzerieren, ergriffen sein, Hauptausdehnungsgebiet aber ist Submukosa und Muskularis. So kann die ganze Magenwand in eine sehr dicke, gallertige Masse verwandelt sein. Außer eigentlichen Metastasen verbreitet sich der Gallertkrebs häufig durch Dissemination in Peritoneum und Netz, oft in enormer Ausdehnung.

Sehr selten sind Plattenepithelkarzinome (besonders an der Kardia) und noch seltener das Karzinosarkom.

Die Metastasierung des Karzinoms erfolgt hauptsächlich auf dem Lymphwege. So entstehen Tochterknoten im Magen selbst oder Darm, ferner in den regionären und später in entfernteren Lymphknoten (besonders der Brusthöhle). Von krebsigen Thromben der Magenvenen oder durch Übergreifen auf die Pfortader kommt es auch zur Verschleppung auf dem Blutwege und zur Bildung von Metastasen, besonders in der **Leber,** aber auch in Lunge und Pleura, Milz, Pankreas, großem Netz usw. Durch Aussaat ist oft das ganze Peritoneum, besonders der Douglassche Raum, von Krebsknoten übersät.

Das Karzinom kann aber auch direkt auf die Umgebung übergreifen und so gewisse Folgezustände herbeiführen. Der karzinomatöse Magen ist häufig durch chronische Bindegewebswucherungen mit der Umgebung verwachsen. Folge hiervon ist vielfach Lageveränderung und Zerrung des Magens und der Nachbarorgane. Später dringt das Karzinom, eventuell durch die Adhäsionen, auf die Nachbarorgane vor, so besonders auf Pankreas, Leber, Speiseröhre, Darm, großes Netz, eventuell auch rückwärts auf die Wirbelsäule oder nach oben auf Lunge, Pleura, Perikard oder Mediastinum. Auch hier kann das Karzinom dann zerfallen, und so können Magenfisteln mit Darm, Ösophagus, Gallenblase usw., selten Durchbruch in das Peritoneum (weil meist die bindegewebigen Adhäsionen davor schützen), Pleurahöhle oder Herzbeutel und am seltensten durch die äußere Haut (äußere Magenfistel) eintreten. Zu dem geschwürigen Zerfall des Karzinoms können sich auch eiterige und jauchige Prozesse hinzugesellen, häufiger in den sekundär ergriffenen Organen als im Magen selbst, wo der Magensaft die Fäulnis lange hintanhält. So können abgesackte eiterige Peritonitiden, subphrenische Abszesse, nach Durchbruch durch das Zwerchfell Pyopneumothorax oder Pyoperikard, entstehen, und sich embolisch Leberabszesse oder auch pyämische Zustände anschließen.

Eine weitere Folge des Magenkarzinoms kann in Blutungen aus krebsigen Geschwüren bestehen. Sie sind selten sehr bedeutend, aber öfters führen sie zu hämorrhagischer Durchsetzung und so starker Pigmentierung von Geschwürsrand und -grund, daß die Geschwulst das Aussehen eines Melanoms gewinnt.

Oft schließt sich, besonders in der nächsten Umgebung, chronisch-katarrhalische Gastritis an. Zu dieser tragen oft auch die funktionellen Störungen bei.

Die schon besprochenen **Stenosen** bedingen oft rückwärts **Dilatationen** mit ihren Folgen (s. unten). Andererseits kann es auch oft frühzeitig zu Insuffizienz des krebsig zerstörten Pylorus kommen. Bei Stenose der Kardia kann sich einerseits Hypertrophie und Erweiterung des Ösophagus, andererseits hochgradige Verkleinerung und Atrophie der Wandung des Magens einstellen. Hochgradige Stenosen können **Inanition** bewirken. Andere funktionelle Störungen werden durch Verwachsungen, Lage- und Gestaltsveränderungen bewirkt. Der krebsige Pylorus kann sich, wenn Verwachsungen ausbleiben, bis ins kleine Becken senken und hier mit Darmschlingen verwachsen.

Sekundäre Krebse sind selten; am häufigsten noch durch Übergreifen vom Ösophagus (auch Lymphweg) oder auch von Leber, Pankreas oder Peritoneum her.

Schleimhautpolypen, von der Struktur der Schleimhaut, eventuell mit zystisch erweiterten Drüsenräumen, sind entweder Endzustände chronisch-katarrhalischer Prozesse oder eigentliche **Adenome.**

Finden sich mehrere, so spricht man auch von Polyposis. Solche kommt zuweilen zusammen mit Darmpolypen bei jugendlichen Individuen schon auf angeborener Grundlage vor. Sie können in Karzinom übergehen.

Fibrome, Fibroepitheliome, Myome, Neurofibrome, Lipome, auch **Adenomyome** (besonders am Pylorus) kommen vor.

Sehr selten sind **Sarkome**: Spindelzellen-Fibrosarkome, Myosarkome, gemischtzellige, Rundzellensarkome und am relativ häufigsten Lymphosarkome.

Sie sind zirkumskript oder oft enorm ausgedehnt, diffus, ulzerieren kaum und bewirken selten Stenosen. Am häufigsten sitzen sie an der großen Kurvatur (Fundus), relativ oft finden sie sich bei jüngeren Individuen.

Kleine **Nebenpankrease** können in der Magenwand sitzen.

h) Erweiterungen und Verengerungen; Lageveränderungen; abnormer Inhalt des Magens.

Eine mechanische **Gastrektasie,** meist zusammen mit Arbeitshypertrophie der Muskulatur entsteht bei Pylorusstenosen. Zwischen Dilatation und chronischer Gastritis besteht insofern eine Wechselwirkung, als bei ersterer das lange Verweilen der Speisemassen Gärungs- eventuell auch Fäulnisprozesse und somit Entzündungen auslöst, chronischer Katarrh andererseits Liegenbleiben der Speisen (schlechte Verdauung und Resorption) und somit Erweiterung zur Folge hat.

Solche Kombinationen finden sich häufig bei Säufern, aber auch bei Stauungskatarrhen. Magenektasien mit Erschlaffung der Magenwand auf nichtmechanischer Grundlage werden auch als „dynamische Ektasien“ bezeichnet. Sie finden sich bei nervösen Störungen der Magenfunktion — Atonien. Solche können auch die Folge abnormer Gärungen sein eventuell bei mangelnder Salzsäure, welch letztere, wenn zu gering vorhanden (Hypoazidität) durch mangelnde Peristaltik, wenn zuviel vorhanden (Hyperazidität) durch einen bis zu Pyloruskrampf führenden Reiz, Dilatation bewirken kann.

Im ektatischen Magen finden sich häufig Gärungserreger, Fäulnispilze, Sarzine usw.

Bei Dilatation des Magens kann die große Kurvatur (und zwar manchmal bis zum kleinen Becken) oder der ganze Magen herabtreten, so daß auch die kleine Kurvatur eine tiefere Stellung einnimmt (Enteroptose, worunter man allgemein ein Herabsinken von Eingeweiden, meist durch verminderte Spannung der Gewebe bedingt, versteht).

Verengerungen des Magens sind, abgesehen von der Stenose seiner Ostien, am häufigsten Folge narbiger Strikturen der Wand im Anschluß an Geschwüre, bzw. Einwirkung von Ätzgiften oder von Szirrhen (s. oben). Durch zirkuläre narbige Verengerung an einer Stelle zwischen Pylorus und Kardia kommt es zur Bildung des Sanduhrmagens, einer Deformität, an welche sich selbst eine Achsendrehung des Magens anschließen kann (über die „Pseudosanduhrform" des Magens s. oben). Allgemeine Einengung des Magens entwickelt sich ferner infolge von Inanition.

Lageveränderungen des Magens entstehen, abgesehen von Enteroptose (s. oben) am häufigsten als Folge von Verwachsungen, besonders nach Ulkus oder Karzinom; endlich kann der Magen in innere Hernien, in Zwerchfellhernien oder Nabelhernien eintreten.

Inhalt des Magens: Starker Gasgehalt des Magens kommt neben Tympanites des Darmes vor, Blut besonders infolge von Geschwürsbildungen, so daß der Mageninhalt eine eigentümliche kaffeesatzähnliche Beschaffenheit annehmen kann. Die Blutung kann eine sog. parenchymatöse, aus einer großen Zahl kleinster Gefäße sein. Derartige kommen — neben solchen im Darm— bei Entzündungen, Pfortaderstauungen, Leberzirrhose, schweren Formen von Ikterus und anderen Erkrankungen vor. Bei Darmverschluß kommt es im Magen zu kotigem Inhalt. Sehr häufig wird Galle im Magen gefunden. Der Magen kann allerhand verschluckte abnorme Gegenstände enthalten, so bei Haare verschluckenden Hysterischen ganze Haarballen, welche lange Zeit im Magen verweilen können ohne besondere Erscheinungen hervorzurufen.

Die **Magendarmschwimmprobe** (man bindet am Ösophagus und Rektum zuvor ab) bedeutet, wenn positiv, daß ein neugeborenes Kind geatmet hat, da erst mit den ersten Atemzügen Luft verschluckt wird.

Von **Parasiten** finden sich im Magen öfters Askariden (welche aus dem Darm hierher gelangen), selten und nur bei ganz frischer Infektion Trichinen. Von pflanzlichen Parasiten kommen Soor, Sproßpilze, Schimmelpilze und sehr häufig die Sarcina ventriculi, besonders bei chronischen Katarrhen und Dilatation, vor.

E. Darm.

Vorbemerkungen.

Das Duodenum (und Jejunum) zeigt Querfalten, die Valvulae conniventes Kerkringii, ferner die Darmzotten. Der ganze Darm zeigt Zylinderepithel, ebenso die sog. Lieberkühnschen Krypten, dazwischen Becherzellen. Das Duodenum weist die sog. Brunnerschen Drüsen — mit den azinösen Drüsen des Pylorusteiles übereinstimmend — auf.

Im Dünndarm befinden sich zweierlei lymphoide Apparate: die sog. Solitärfollikel und die Peyerschen Haufen (oder agminierten Follikel), meist oval in der Längsrichtung des Darmes. Sie finden sich an der der Ansatzstelle des Mesenteriums entgegengesetzten Seite, besonders auch im unteren Ileum; auf der Ileozökalklappe selbst zeigt sich ein quer hinüberziehender Haufen. Der Wurmfortsatz ist meist fast vollkommen von ihnen ausgekleidet. Die Haufen können durch die Zotten aufgenommenen verschluckten Kohlenstaub enthalten (Lubarsch).

Der Dickdarm zeigt an seiner Außenfläche drei Längsbänder, Tänien, welchen innen drei Längswülste der Schleimhaut entsprechen. Außerdem hat er zirkuläre Falten — die Semilunarfalten —; je zwei begrenzen mit den zugehörigen Abschnitten der Längsfalten je eines von den Haustren, den Ausbuchtungen der Dickdarmwand. Der Dickdarm hat nur Lieberkühnsche Krypten, keine eigentlichen Drüsen.

a) Mißbildungen.

Unter den Divertikeln ist das **Meckelsche Divertikel,** d. h. der nicht obliterierte Rest des Ductus omphalo-mesentericus am häufigsten.

Es sitzt etwa 1 m oberhalb der Ileozökalklappe. In der Wand des Meckelschen Divertikels finden sich öfter abnorme Strukturen, so besonders der Magenschleimhaut entsprechende Gebiete. Meist belanglos kann sich das Meckelsche Divertikel auch nach Art des Wurmfortsatzes (s. unten) entzünden, perforieren, Verwachsungen eingehen, die zu Darminkarzeration führen, u. dgl. m.

Ferner kommen multiple Divertikel besonders im Dickdarm vor. Unter den Atresien bzw. Stenosen ist die Atresia ani, d. h. das Fehlen der Ausmündung des Darmes die relativ häufigste.

Dabei kann 1. das Rektum vollkommen fehlen, so daß das Kolon blind endigt, oder das Rektum ist nur als solider derber Strang ausgebildet: **Atresia recti;** dann ist der Anus oft nur durch eine flache Grube angedeutet; 2. das Rektum ist normal ausgebildet, endet aber blind in der Analgegend; es fehlt also die Analöffnung — **Atresia ani.**

In früher Entwicklungsperiode (5. Woche) besteht eine Kloake, in welche hinein die Geschlechtsgänge, die Ureteren und der Enddarm münden. Eine Analöffnung besteht um diese Zeit noch nicht, sondern bildet sich erst später, indem eine Einstülpung der äußeren Haut in das untere Ende des Darmes hinein perforiert. Später trennt sich — unter Entwicklung des Dammes (im 3.—4. Monat) — der Mastdarm von dem vorderen Teil der Kloake ab, welche nunmehr Sinus urogenitalis heißt und in deren Bereich sich die Ausführungsgänge der Harn- und Geschlechtsorgane weiter entwickeln. Bleibt die Bildung der Afteröffnung aus oder entsteht gar kein Rektum, so kommt es zu den oben erwähnten Atresien. Bleibt gleichzeitig eine Kommunikation des Enddarmes mit einem der dem Sinus urogenitalis zugehörigen Organe bestehen, so entsteht die **Atresia ani vesicalis, urethralis, vaginalis, perinealis, scrotalis** oder **suburethralis**, d. h. das Rektum mündet in die Blase, Harnröhre, Scheide, das Perineum, Skrotum oder an der Peniswurzel.

Auch sonst kommen im Darm (zum Teil multiple) Stenosen und Atresien vor, so in der Gegend der Papilla Vateri, an der Bauhinschen Klappe usw.

Über **Enterokystom** vgl. Allg. Teil S. 125.

Auf einer abnorm großen Anlage der Flexura sigmoidea (Megasigmoideum congenitum), welche zu Achsendrehung und ventilartigen Knickungen und hierdurch zu Hypertrophie und Erweiterung des Dickdarmes führt, beruht die besonders bei Knaben sich findende sog. Hirschsprungsche Krankheit.

b) Regressive Störungen.

Sie haben im Darm wenig selbständige Bedeutung. Trübe Schwellung und fettige Degeneration finden sich bei entzündlichen Prozessen und besonders bei gewissen Vergiftungen (Phosphor, Arsenik). Amyloiddegeneration, welche vorzugsweise die Blutgefäße und das Bindegewebe, besonders der Zotten, sowie die Muskelschicht des Darmes betrifft, befällt den Darm erst in zweiter Linie; sie verleiht der Darmwand eine matt glänzende, blaugraue, glatte, derbe Beschaffenheit. Hyaline Degeneration der glatten Muskulatur nach Art der wachsartigen Degeneration kommt vor. Bei kachektischen Zuständen, insbesondere bei Säufern, kommt im Duodenum nicht selten eine Hämochromatose (S. 40) der Darmmuskulatur vor, wodurch die Darmwand eine rostbraune Verfärbung erleidet. Umschriebene Pigmentflecken an der Darmschleimhaut bleiben häufig als Reste kleiner Blutungen, namentlich im Bereich von Follikeln oder als sog. Zottenmelanose zurück. Vielleicht spielen hier auch hämolytische Prozesse bei geschädigtem Blut mit.

Atrophie der Schleimhaut ist meist die Folge von Entzündungen oder Inanition.

c) Zirkulationsstörungen.

An der Leiche erscheint der Darm meist anämisch, nur bei heftigen Entzündungen sowie in Stauungszuständen hyperämisch. Häufig sind dann auch kleine Blutungen. Wichtig ist die **hämorrhagische Infarzierung**. Sie wird bewirkt durch embolischen Verschluß einer der Arteriae mesentericae (die „funktionelle Endarterien“ sind), meist von Thromben im linken Herzen oder in der Aorta bei deren Atherosklerose aus, oder thrombotischen Verschluß derselben auf Grund von Wandveränderungen, oder durch Verschluß von Mesenterialvenen bei Inkarzeration von Darmschlingen oder bei Pfortaderthrombose.

Der Darm ist über größere Strecken hin hämorrhagisch infiziert und stark ödematös. Blut tritt reichlich ins Lumen aus. Gangrän und, durch die Wirkung der im Darminhalt vorhandenen Mikroroganismen (Bacterium coli u. a.), Entzündung der Darmwand schließen sich an. Anämischer Infarkt von Darmschlingen, welcher Nichtfunktionieren aller Kollateralen voraussetzt, ist extrem selten. Kleine eiterige Infarkte kommen durch Einschwemmung septischer Emboli vor (embolische Abszesse s. unten). Erweiterungen der Lymphgefäße, besonders bei deren Verlegung durch Tuberkulose, führen zu kleinen Chyluszysten im Dünndarm.

d) Entzündungen.

Der **akute Darmkatarrh** entsteht ähnlich wie der des Magens und oft mit ihm zusammen — akute Gastroenteritis — bei Vergiftungen (besonders mit Arsen), reizenden, verdorbenen oder unverdaulichen Speisen, abnormen Umsetzungen (wie sie langes Verweilen des Inhalts, besonders im Dickdarm schon hervorrufen) u. dgl. m.

Besonders heftige Entzündungen entstehen bei Fleisch-, Wurst-, Fisch-, Käsevergiftungen u. dgl. Hier wirken toxische Substanzen (Ptomaine), meist aber Bakterien und ihre Toxine (besonders Paratyphusbazillen, seltener der mit Fleisch aufgenommene Bazillus botulinus) ein. Ist die Schleimhaut schon geschädigt, so wirken auch gewöhnliche Saprophyten des Darmes, besonders das Bacterium coli, pathogen und können sogar tiefgehende ulzerierende Entzündungen auslösen. Endlich finden sich diffuse Darmkatarrhe als Begleiterscheinung spezifischer Darmerkrankungen, wie Dysenterie oder Typhus, oder bei allgemeinen Infektionskrankheiten.

Anatomisch bestehen Rötung und Schwellung, manchmal auch kleine Blutungen und vermehrte Sekretion, d. h. Schleim. Schleimiger oder auch schleimig-seröser oder schleimig-eiteriger Belag bedeckt die Schleimhaut. Mikroskopisch finden sich reichlich Becherzellen, Abschuppung von Epithelien, zellige Infiltrationen. Die Follikel und Peyerschen Haufen sind dabei meist geschwollen; letztere erscheinen glatt, wenn ihr ganzes Gewebe, höckerig, wenn besonders die Follikel geschwollen sind. Öfters entstehen Erosionen, die sich in größere Geschwüre umwandeln können. Durch Vereiterung der Follikel entstehen Follikulärabszesse, nach deren Durchbruch Follikulärgeschwüre. Anatomisch ist ein akuter Darmkatarrh aber oft nicht sicher zu erkennen.

Sind die Follikel ganz besonders betroffen, so spricht man von Enteritis follicularis. Sie sind geschwollen, von einem hämorrhagischen Hof umgeben; kleine Blutungen in ihnen lassen Pigment zurück, das sich unter dem Einfluß der Darmgase schwärzt. Geschwollene Follikel können platzen, und so kleine Erosionen entstehen (öfters bei der eiterigen Follikulitis). Die Schwellung betrifft oft auch die Umgebung der Follikel.

Die Veränderung des Darminhaltes ist je nach Sitz des Katarrhs verschieden. Meist ist viel Schleim, oft in Form kleiner Klümpchen, beigemengt. Vielfach finden sich unverdaute Speisereste. Im Dickdarm ist der Inhalt auch dünnflüssig, auch hier oft noch durch reichlich Gallenfarbstoff grünlich gefärbt. Dünnflüssige Stühle können außer durch Entzündung allerdings auch durch einfach vermehrte Peristaltik bewirkt werden.

Auch der **chronische Darmkatarrh** schließt sich oft an solchen des Magens an und entsteht durch Verdauungsstörungen, unpassende Ernährung, Potatorium, Stagnation des Inhalts, Fremdkörper usw., ferner aus akutem Katarrh oder im Anschluß an Infektionskrankheiten, besonders als Nachkrankheit nach Dysenterie oder Typhus, endlich sehr oft als Stauungskatarrh bei allgemeiner Zirkulationsstörung infolge von Herzschwäche oder bei Pfortaderstauung, im Rektum im Anschluß an Hämorrhoiden.

Beim Stauungskatarrh herrscht dunkle Rötung oft neben zahlreichen kleinen Blutungen. Bei allen Katarrhen finden sich oft als Residuen kleiner Blutungen schieferige Pigmentierungen der Schleimhaut. Erosionen sind nicht selten. Das Bindegewebe weist meist starke entzündliche Wucherung auf, die Drüsen zuweilen Hypertrophie und eventuell zystische Erweiterung mit Schleimretention — Enteritis cystica. Einzelne Stellen, besonders im Dickdarm, können stärkere hyperplastische Schleimhautwucherung — Enteritis polyposa — eingehen. Endausgang ist meist Atrophie der Schleimhaut, besonders ihrer Drüsen, mit Vermehrung des interstitiellen Gewebes. Die Schleimhaut ist dann dünn, derb, blaß und glatt. Die Zotten im Dünndarm sind verkleinert und eventuell pigmentiert. Besonders bei Kindern kann der Darm in seiner ganzen Wandung fast papierdünn und durchscheinend werden.

Der Inhalt ist wechselnd dünn- und dickflüssig bis hart, auch hier besonders vom Sitz der Erkrankung abhängig; er enthält besonders bei Stauung reichlich Blut (Diapedese).

Gewisse Formen, die besonders bei Frauen vorkommen, sind durch besonders reichlichen Schleim und Epitheldesquamation ausgezeichnet, welche sich im Lumen zu membranartigen, derben, fädigen, oft gerinnselähnlichen verzweigten Massen eindicken — Enteritis chronica mucosa oder membranacea. Bei der Colitis mucosa findet sich vermehrte Schleimsekretion (Becherzellen) mit nur geringer Entzündung.

Chronischer Darmkatarrh kleiner Kinder = Pädatrophie. Bei dieser leidet auch der allgemeine Ernährungszustand sehr, und auf sie ist ein erheblicher Teil aller Todesfälle dieses Alters, namentlich im Sommer, zurückzuführen. Die Pädatrophie ist die Folge unpassender, vor allem künstlicher Ernährung. Bei der Sektion kann Atrophie des Darmes, besonders im Ileum, oder Katarrh bestehen, meist aber finden sich im Darm weder makroskopisch noch mikroskopisch besondere Veränderungen; der Darminhalt ist oft grünlich, dickflüssig, sehr übelriechend, mit unverdauten Nahrungsresten und oft auch Schleim vermischt (im Gegensatz zum normaliter breiigen, ockergelben, schwach säuerlich riechenden Stuhl der Kinder bis zur Entwöhnung). Der Darm ist oft hochgradig meteoristisch, somit das Abdomen aufgetrieben. Die mesenterialen Lymphknoten sind öfters geschwollen, doch sind sie bei Kindern häufiger überhaupt relativ groß. Der allgemeine Ernährungszustand solcher Kinder ist hochgradig herabgesetzt. Die Haut ist trocken, blaß, schlaff und hierauf das greisenhafte Aussehen des Gesichtes zurückzuführen, die Organe, insbesondere Fettgewebe und Muskulatur, sind hochgradig atrophisch. Krämpfe, welche oft auftreten, sind wohl auf Gehirnreizung durch Toxine zu beziehen. Die Ätiologie der Erkrankung scheint nicht einheitlich zu sein. Katarrhalische Pneumonien und Atelektasen treten oft hinzu und führen oft schnell den Tod der hochgradigst geschwächten Kinder herbei (vgl. auch S. 198 im Allgemeinen Teil besonders über die Veränderungen des Eisen- und Fettstoffwechsels und deren anatomische Kennzeichen).

Kleine bis erbsengroße **Abszesse** der Darmwand entstehen durch embolische Verlegung kleiner Darmarterien (bei ulzeröser Endokarditis); bei Anspannung und Betrachtung des Darmes im durchfallenden Licht kann man das verstopfte Gefäß sehen (Orth). Die Abszesse entsprechen zum Teil vereiterten kleinen Infarkten. Umgeben sind sie von einem hämorrhagischen Hof. Durch Aufbruch nach dem Lumen zu entstehen sog. embolische Geschwüre.

Phlegmonöse Entzündungen entstehen selten primär, öfters im Anschluß an geschwürige Prozesse. Über **Darmmilzbrand** s. das letzte Kapitel.

Sehr wichtig ist die **pseudomembranöse, eiterig-fibrinöse bzw. eiterig-nekrotisierende Entzündung** des Dickdarms, besonders in seinen unteren Abschnitten. Es handelt sich vornehmlich um die spezifische Infektionskrankheit, die **Dysenterie, Ruhr,** die bei uns sporadisch oder epidemisch, in den Tropen endemisch auftritt und ätiologisch auf verschiedene Arten von Dysenteriebazillen (s. S. 161) zu beziehen ist. Ähnlich verläuft die, besonders in den Tropen und Ägypten, aber auch in Japan auftretende, durch Amöben hervorgerufene sog. Amöbenruhr, besser Amöbenenteritis (Löhlein) genannt. Es handelt sich bei der Ruhr um katarrhalische, eiterige und vor allem diphtherisch-pseudomembranöse Entzündung, die zu ausgedehnten Ulzerationen, dann zu Heilungsvorgängen usw. führt. Über alle Einzelheiten s. im letzten Kapitel unter Dysenterie.

Ähnliche diphtherische und gangränöse Entzündungen kommen außer bei Ruhr auch unter anderen Bedingungen vor. Gemeinsam ist ihnen also die Bildung von Pseudomembranen meist mit Nekrose und späterer Geschwürsbildung der Schleimhaut, sowie fast stets der Sitz im Dickdarm. Solche Entzündungen entstehen relativ häufig nach Vergiftung mit **Quecksilber (Sublimat)** (s. oben) und finden sich ferner als **urämische Enteritis** bei Niereninsuffizienz, also in Zuständen der Harnretention. Vielleicht ist hierbei kohlensaures Ammoniak wirksam, welches sich durch Umsetzung aus dem in den Darm ausgeschiedenen Harnstoff entwickelt. Doch spielt auch hier auf jeden Fall Stauungskatarrh mit, der, in solchen Herz-Nierenleiden stets vorhanden, noch eine Steigerung erfährt, und vorzugsweise wichtig ist auch hier dann die Einwirkung von im Darm vorhandenen Bakterien. Des weiteren kommen pseudomembranöse Dickdarmentzündungen bisweilen bei Syphilis, sehr selten bei Idiosynkrasie gegen Rizinusöl (v. Hansemann) und auch nach Laparotomien (Rößle) vor. Doch ist der Prozeß in allen diesen Fällen kaum so ausgedehnt wie bei Dysenterie selbst.

Nekrotisierende Entzündungen, mehr lokalisiert, finden sich auch sonst. So entstehen durch den Druck stagnierender, harter Kotmassen Drucknekrosen und nach Abstoßung der Schorfe **sterkorale Geschwüre,** die bis zur Perforation führen können. Prädilektionssitz sind die Umbiegungsstellen des Darmes, das Zökum, der Wurmfortsatz. Kotstauung bewirkt auch bei Inkarzeration von Darmschlingen (s. unten) Gangrän, Ätzgifte, vom Darmkanal oder vom Blut her ausgeschieden, diphtherische Entzündung. Desgleichen findet sich solche unter der Einwirkung von Bakterientoxinen oder Ptomainen bei Wurst-, Fleisch- usw. Vergiftung (s. oben), ferner im Verlaufe einer Wundinfektion nach Verletzungen oder Operationen, an der betreffenden Stelle lokalisiert, und endlich zuweilen auch als Steigerung einer schon vorhandenen Entzündung, besonders bei Typhus, Cholera, Darmtuberkulose sowie bei Sepsis, Scharlach usw.

In den meisten Fällen sind Bakterien — eventuell sonst als Saprophyten im Darm anwesende — anzuschuldigen, alle anderen Momente haben mehr dispositionellen Charakter.

Ähnliches findet sich auch in den Endstadien mit starker Kachexie einhergehender Erkrankungen und ebenso bei der Ödemkrankheit, wo lokale Darmblutungen und Ödeme wohl auch dispositionelle Faktoren darstellen. Die darmbewohnenden Bakterien, sonst Saprophyten, rufen bei den geschwächten Individuen dann ganz das anatomische Bild der Dysenterie hervor (Prym).

Wir wollen hier die **Cholera asiatica** (und **nostras**) sowie den **Typhus abdominalis** nur kurz erwähnen und verweisen wegen aller Einzelheiten auf das letzte Kapitel.

Die **Cholera asiatica** zeigt anatomisch im ganzen ein wenig charakteristisches Bild. Der Darm, besonders Dünndarm (Ileum) zeigt eine stark gerötete und geschwollene, anfangs mit zähem glasigem Schleim bedeckte Schleimhaut, d. h. heftigen Katarrh. Der Inhalt ist dünnflüssig, „reiswasserähnlich".

Beim **Typhus abdominalis** handelt es sich um eine „markige Schwellung" (Zellvermehrung, besonders von Abkömmlingen von Retikulumzellen und Endothelien), dann Schorfbildung, Geschwürsbildung, Reinigung und endlich Heilung der Geschwüre, besonders der Peyerschen Haufen sowie Follikel des Ileum und eventuell auch Follikel des Kolon. Hierüber wie über Paratyphus s. im letzten Kapitel.

e) Infektiöse Granulationen.

Tuberkulose. Die erste Entwicklung lokalisiert sich meist in den Follikeln, greift aber bald über diese hinaus. Die Tuberkel und die sie meist umgebenden mehr diffusen Infiltrate verkäsen, zerfallen und brechen nach dem Darmlumen durch; die so entstehenden Geschwüre vergrößern sich weiter durch Umsichgreifen des tuberkulösen und dann verkäsenden Prozesses. Ein tuberkulöses Geschwür pflegt folgende Merkmale zu haben. Es ist quergestellt, ja kann das Darmlumen gürtelförmig als Ringgeschwür umfassen. Es beruht dies darauf, daß die Tuberkulose den Hauptlymphgefäßen und somit auch deren Verlauf folgt. Große Defekte können durch Konfluieren mehrerer Geschwüre — eventuell zunächst noch mit einzelnen geschwollenen Schleimhautinseln zwischen ihnen — entstehen. Ferner zeigt das frische tuberkulöse Geschwür dicke, geschwollene Ränder und hier wie am Grund neue Knötchen sowie Käsemassen. Größere ältere konfluierte Geschwüre zeigen dann meist mehr unregelmäßig zackige Form mit infolge des unregelmäßigen Fortschreitens unterminierten, „sinuösen" Rändern. Ein weiteres Merkmal sind die auch an der Darmserosa (wenigstens über tieferen Geschwüren) entstehenden Gruppen kleiner Knötchen, welche meist schon von außen die Stellen der Geschwüre markieren. Sie folgen als Knötchen perlschnurartig aneinander gereiht oder auch als käsige Streifen meist sehr deutlich den Lymphgefäßen — Lymphangitis tuberculosa.

Um die Knötchen herum entwickelt sich an der Serosa oft fibröse Peritonitis, welche zu Adhäsionen der Darmschlingen unter sich oder mit anderen Organen bzw. der Bauchwand führen. Durch Perforation tuberkulöser Herde nach solchen Verwachsungen können Kommunikationen zwischen zwei Darmschlingen entstehen — Fistula bimucosa. Auch ausgedehnte tuberkulöse Peritonitis kann sich entwickeln; verhältnismäßig selten kommt es zu Durchbruch der Wand und allgemeiner Perforationsperitonitis, weil gewöhnlich Entstehung neuen tuberkulösen Gewebes, welches nicht im selben Tempo einschmilzt, dies verhindert. Tritt doch eine Perforation ein, so haben sich meist durch Adhäsionen schon abgesackte Höhlen gebildet, in welche die Perforation erfolgt, so daß allgemeine Peritonitis hintangehalten wird.

Die tuberkulösen Geschwüre kommen selten zur Reinigung oder gar Vernarbung eventuell mit Stenosenbildung. Meist zeigen auch ältere Geschwüre immer neue, teils frische, teils verkäste Tuberkeleruptionen. Ansätze zur Regeneration sind aber häufiger wahrzunehmen; sie können von Resten in die Tiefe gewucherter Drüsen ausgehen.

Hauptsitz der tuberkulösen Geschwüre ist die Ileozökalgegend; sie finden sich aber auch im ganzen unteren Dünndarm und Wurmfortsatz sowie auch im Dickdarm weiter abwärts. Die Ulzera können äußerst zahlreich sein; oft finden sich daneben auch noch tuberkulös veränderte Follikel u. dgl. Die Darmtuberkulose ist meist sekundär, Folge des verschluckten Sputums bei Lungenphthise. Fast bei allen, insbesondere mit größeren Kavernen einhergehenden, Lungentuberkulosen finden sich tuberkulöse Darmgeschwüre, zuweilen auch isoliert im Processus vermiformis. Über die besonders auch von Heller betonte primäre alimentäre Darmtuberkulose s. S. 85.

An tuberkulöse Darmgeschwüre mit Vernarbungsprozessen kann sich Karzinom anschließen.

Auch mehr diffuse tuberkulöse Prozesse, welche ganz den Eindruck von Tumoren machen, kommen besonders, in der Ileozökalgegend, vor.

Bei der Darmtuberkulose sind ganz gewöhnlich auch die Mesenteriallymphknoten tuberkulös bzw. käsig mitverändert. Besonders häufig ist dies bei Kindern als sog. Tabes mesenterica (mesaraica) der Fall, sei es nach Lungen- und Hiluslymphknotentuberkulose, sei es bei primärer Darmtuberkulose.

Syphilitische Veränderungen — eventuell narbige uncharakteristische Strikturen — sind selten. Am und um das Rektum treten Entzündungen syphilitischer Natur etwas häufiger auf — Proctitis und Periproctitis syphilitica —, bei denen öfters endophlebitische Prozesse festzustellen sind (Färbung auf elastische Fasern). Bei kongenitaler Lues kommen Infiltrationen und Gummata vor.

Aktinomykose kann primär besonders im Colon ascendens entstehen. Aus Eiterungen gehen Geschwüre hervor, die perforieren können usw.

Bei **Leukämie** (bzw. Pseudoleukämie) und bei **Lymphogranulomatose** kommen aus den entsprechenden Zellen bestehende Anschwellungen des lymphatischen Apparates des Darmes vor.

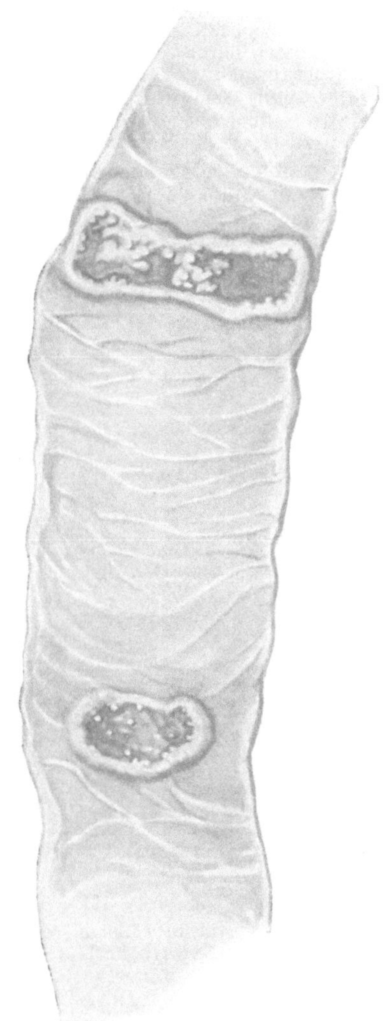

Fig. 310.
Tuberkulöse Darmgeschwüre.
Quer (ringförmig) gestellte Geschwüre mit tukerkulösem wallartigem Rand und Tuberkeln im Grund der Geschwüre.

f) Besondere Affektionen einzelner Darmabschnitte.

Im **Duodenum** findet sich das **peptische Ulcus rotundum** mit allen Folgen und Gefahren, (auch Ausbuchtungen, die zu Pulsionsdivertikeln werden können, und zwar zwei, die die Ulkusnarben zwischen sich lassen, Hart), ebenso wie im Magen ebenfalls sehr häufig. Aber auch im Duodenum führen sie ganz gewöhnlich zur Vernarbung. Katarrhe können durch Verschluß der Papilla Vateri Ikterus bewirken, aber weit seltener, als man früher annahm.

Bei Neugeborenen finden sich hie und da Duodenalgeschwüre mit nicht sicher erkannter Ätiologie.

Zökum und besonders **Wurmfortsatz** sind sehr häufig Sitz von Entzündungen, **Typhlitis** und **Appendizitis.**

Der Processus vermiformis ist infolge seiner S-förmigen Abbiegungen und der leichten Stagnation seines eigenen Sekrets sowie von Kot — durch Niederschlag von Kalk entstehen so die sog. Kotsteine — sowie seines Reichtums an Lymphfollikeln („Darmtonsille") und seiner Epitheleinsenkungen (Krypten) sehr zu Entzündungen disponiert. Während größere Fremdkörper eine weit geringere Rolle spielen (so können Kirschkerne z. B. überhaupt nicht in das Lumen des Wurmfortsatzes gelangen) können allerhand hier zurückgehaltene Entzündungserreger leicht und intensiv einwirken. Es kommt zu Epitheldesquamation und Exsudation, meist bald eiterigen Charakters. Oft schließen sich auch eiterig-gangränöse bzw. nekrotisch-pseudomembranöse Prozesse an. Die Veränderung beginnt meist — ähnlich wie an der Tonsille — den Krypten entsprechend in der Tiefe der Schleimhaut; hier geht das Epithel verloren, und es bildet sich ein aus Leukozyten und Fibrin bestehendes Exsudat; man kann von einem Primäraffekt sprechen. Makroskopisch kann ein solcher Wurmfortsatz noch unverändert erscheinen. Dann schreitet der Prozeß durch die Muskularis nach der Serosa einerseits, in der Submukosa und Schleimhaut andererseits vor. Auch die Serosa ist von Exsudat bedeckt, und auch im Lumen sammeln sich Leukozyten an. Andere Krypten verändern sich in der gleichen Weise; der Prozeß gewinnt große Ausdehnung. So kann innerhalb 24 Stunden eine ausgedehnte Appendicitis phlegmonosa und ulcerosa entstehen. Es bilden sich dann auch größere Abszesse — Appendicitis apostematosa —, welche kleine Perforationen ins Peritoneum schon bewirken können, während die Schleimhaut noch relativ intakt ist. Oder die Schleimhaut ist besonders distal auf größere Strecken nekrotisch, gangränös, ulzeriert, mit eiterigen bzw. eiterig-blutigen Massen bedeckt, die Serosa ist ebenfalls mit eiterig-fibrinösem Exsudat belegt, ebenso das Mesenteriolum, es treten Thrombosen und Infarkte auf und es kommt zu großen Perforationen — Appendicitis gangraenosa perforans. Ist ein Kotstein vorhanden, so kann auch er durch Drucknekrose direkt oder durch Gefäßverlegung eine Perforation herbeiführen. Zumeist besteht die Gefahr des Kotsteins aber darin — abgesehen davon, daß er als Vehikel von Bakterien dient —, daß es in dem von ihm distal gelegenen Teil zu einer Stagnation des Exsudates kommt mit der Gefahr der Nekrose und so bewirkten Perforation.

Mit den Veränderungen am Wurmfortsatz entwickeln sich oft auch Entzündungen am Zökum und am Peritoneum der Umgebung: **Perityphlitis.** So bilden sich Adhäsionen und abgesackte Höhlen. Tritt jetzt eine Perforation des Wurmfortsatzes ein, so gelangt der Eiter in diese: perityphlitischer Abszeß. Ein solcher kann in die freie Bauchhöhle perforieren und so zu diffuser Peritonitis führen. Heilt aber eine

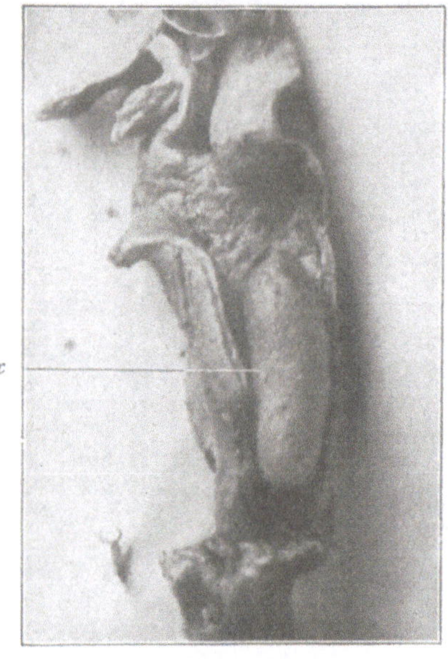

Fig. 311.
Processus vermiformis mit einem Kotstein (bei x).

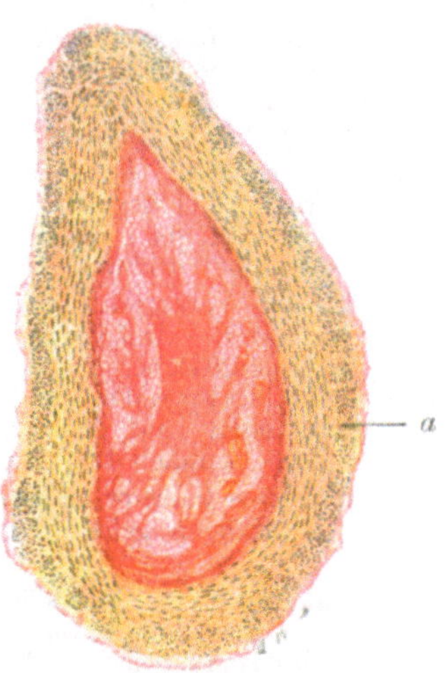

Fig. 312.
Obliterierter Wurmfortsatz als Endresultat einer Appendizitis.
Außen Muskulatur (gelb, bei a). Schleimhaut zerstört. Das ganze Lumen ist mit Bindegewebe (rot) und Fettgewebe (helle Lücken) gefüllt.

derartige perityphlitische Entzündung aus, so kommt es zu Organisation und Narbenmassen um Zökum und Appendix und auch zu Adhäsionen des Processus vermiformis mit Zökum, Ileum, Organen des kleinen Beckens, Bauchwand usw. In den Adhäsionen können noch peri- bzw. paratyphlitische Eiterherde bestehen bleiben, welche durch Fortschreiten der Eiterung dann noch zu Rezidiven der Erkrankung führen können.

Perforiert der entzündete Wurmfortsatz von vorneherein frei in die Bauchhöhle, so entsteht eine allgemeine Peritonitis. Meist herrschen aber, wenn auch keine perityphlitischen Verwachsungen bestehen, andere Verhältnisse, weil der Wurmfortsatz ganz vom Bauchfell bekleidet ist, welches ein eigenes Mesenteriolum für ihn bildet. So perforiert der Wurmfortsatz in das hinter dem Zökum gelegene retroperitoneale Bindegewebe, es entwickelt sich hier eine jauchig-eiterige Paratyphlitis. Der Eiter kann sich dann in das kleine Becken, oder in die Nierengegend, oder in den Schenkel- oder Leistenkanal senken, oder in die freie Bauchhöhle oder in Rektum, Vagina oder Blase durchbrechen. Auch die Venen können an Thrombophlebitis erkranken, und durch Vermittlung der Pfortader so multiple Abszesse der Leber entstehen.

An die akute Appendizitis schließen sich, wenn sie einen glatten Weiterverlauf nimmt, Vorgänge an, welche man als Heilungsvorgänge bezeichnen kann; von vielen Seiten wird dann auch von chronischer Appendizitis gesprochen. Diese Prozesse schließen sich vor allem an nicht allzu hochgradige Entzündungen des Wurmfortsatzes an. Bindegewebe setzt sich an Stelle des Exsudates, und nach Verlust des Epithels kann das Lumen ganz bindegewebig obliterieren. Auch im Muskelgewebe finden sich den Krypten entsprechend narbige Stellen. In der Submukosa kann sich auch Fettgewebe entwickeln. Auch in der Umgebung treten bindegewebige Schwarten an Stelle des Exsudats als eine Art Selbstheilung. Die zu Obliteration führenden geringen Appendizitiden verlaufen oft ganz symptomlos und sind überaus häufig. Finden sich doch obliterierte Wurmfortsätze bei alten Leuten so häufig, daß man sogar an einen phylogenetischen senilen Rückbildungsvorgang gedacht hat. Obliteriert nur das proximale Ende, so kann jenseits Schleimstauung im erweiterten Lumen eintreten. Die Flüssigkeit wird dann infolge Atrophie der Drüsen allmählich wässeriger, sog. Hydrops des Processus vermiformis.

Ob Appendizitis auch metastatisch, besonders im Anschluß an Angina, entstehen kann (Kretz), erscheint unbewiesen. Appendixveränderungen können auch durch spezifische Erreger hervorgerufen werden, so bei Typhus, Dysenterie, Tuberkulose, Aktinomykose. Nicht selten finden sich bei Appendizitiden Nematoden (Oxyuren), doch ist die Frage, ob ihnen ursächliche Bedeutung zukommt (Rheindorf) heftig umstritten. Aschoff, welcher dies wohl mit Recht leugnet, spricht von Appendicopathia oxyurica, welche klinisch appendizitisähnliche Symptome bewirken kann.

Recht häufig finden sich bei Erkrankungen der Tuben subseröse Entzündungen am Wurmfortsatz in Gestalt perivaskulärer Zellanhäufungen.

Am **Rektum** sind variköse Erweiterungen der Venen besonders häufig — **Hämorrhoiden.** Sie hängen mit mechanischen Momenten bei der Defäkation — besonders bei chronischer Obstipation — zusammen. Die Gefäßwände werden hypertrophisch, dann insuffizient. Die Venen konfluieren zu weiten Bluträumen, die als blaue Knoten und Stränge an der Innenfläche der Schleimhaut und am Anus vorspringen. Thromben entstehen, diese werden organisiert: so bilden sich feste fibröse Massen; auch das umgebende Gewebe geht fibröse Induration ein. Die Hämorrhoiden können durch Platzen zu gefahrdrohenden Blutungen führen. Oft schließen sich an sie Katarrhe des Rektums an, und durch Bakterien werden sie selbst dann leicht sekundär entzündet.

An der Rektumschleimhaut kommen gonorrhoische Entzündungen vor.

Entzündungen des Mastdarms gehen öfters auf das umgebende periproktale Gewebe über in Gestalt von Abszessen oder chronischen, eiterigen oder indurierenden Entzündungen: **Periproktitis.** So entstehen **Analfisteln.** Solche, welche mit dem Darm in Verbindung stehen, heißen „inkomplette innere Fisteln", solche, welche neben dem Anus nach außen durchbrechen, „inkomplette äußere Fisteln", solche, bei welchen beides der Fall ist, „Fistula ani completa". Auch Durchbrüche in Blase, Vagina usw. kommen vor. Eine Periproktitis kann sich auch auf das Peritoneum weiter ausdehnen.

Das Ulcus chronicum recti mit anschließender strikturierender Proktitis, früher ausschließlich auf Lues bezogen, kommt fast nur bei Frauen vor und ist wahrscheinlich häufiger die Folge von gonorrhoischen Affektionen, Kotstauungen, Verletzungen usw. Derbes Bindegewebe geht hier bis zu der stark verdickten Muskulatur in die Tiefe (s. auch oben unter den syphilitischen Veränderungen).

g) Tumoren.

Adenome treten in zwei Formen auf: als flache Knoten, besonders im unteren Rektum, und dann als sog. adenomatöse Polypen oder polypöse Adenome, meist multipel, hauptsächlich im Rektum. Der ganze **Darm** kann von ihnen übersät sein: Polyposis intestinalis adenomatosa, öfters zusammen mit denselben Bildungen im Magen.

Sie können sehr groß werden und so Stenose und durch Zug Invaginationen, am Mastdarm auch Prolaps der Schleimhaut, verursachen.

Zum Teil handelt es sich um entzündliche Bildungen, zum Teil um angeborene Geschwulstbildung, besonders bei den multiplen. Auch da mögen entzündliche Auslösungsreize mitwirken. Die Drüsen der Adenome bestehen aus Zylinderepithelien mit Schleimzellen; aus den Drüsen können Zysten entstehen.

Die Adenome haben eine große Wichtigkeit deswegen, weil sie in Karzinome übergehen können bzw. solche schon darstellen (Anaplasie, Mitosen, Tiefenwachstum), wenn auch alle anscheinenden Übergänge die Beurteilung erschweren. Die Kombination multiple Polypen und Karzinom ist häufig, der Übergang so gut wie sicher.

Fibrome, Lipome, öfters **Myome** sowie **Adenomyome** kommen vor. **Karzinome** sind häufig im Rektum, besonders im unteren Teil und am Übergang zum S-Romanum, seltener an den Flexuren, dem Zökum und Prozessus, sehr selten im Dünndarm, am relativ häufigsten noch an der Papilla Vateri.

Darm- (Rektum-) Karzinom ist häufiger bei Männern als bei Frauen. Der Darmkrebs ähnelt in vielem dem des Magens, bildet Knollen, Höcker oder auch zottig gebaute Tumoren, teils mehr flächenhafte Verdickungen und breitet sich rasch, besonders zirkulär aus. Es gibt wie im Magen medulläre, skirrhöse Formen und Gallertkarzinome.

Besonders die zentral oft stark schrumpfenden Skirrhen führen zu hochgradiger Stenose. Durch Ulzeration kann die Passage vorübergehend wieder freier werden. Oberhalb der Stenose treten oft Erweiterungen mit Arbeitshypertrophie der Darmmuskulatur auf.

Die Neubildung dringt oft direkt in die Umgebung vor, es kommt zu Verwachsungen mit anderen Darmschlingen un dOrganen. Durch — oft jauchigen — Zerfall kann es zu abnormen Kommunikationen kommen (Magen-Kolonfisteln, Mastdarm-Scheidenfisteln, Mastdarm-Blasen-, Mastdarm-Vaginal- und Mastdarm-Uterusfisteln). Auch nach außen kann das Karzinom perforieren (Bildung eines Anus praeternaturalis). Weiterhin kommt Ausbreitung auf dem Wege der Dissemination über die ganze Serosa hin zustande, woran sich seröse oder serös-hämorrhagische Exsudationen in die Bauchhöhle anschließen können. Anscheinend multiple primäre Darmkarzinome — immerhin sehr selten — können durch Implantationsmetastasen erklärt werden, doch handelt es sich offenbar auch hier zumeist um metastatische Verbreitung auf dem Lymph- oder Blutwege im Darme selbst.

Weitere Folgen des Darmkarzinoms können Blutungen aus Geschwüren und (sehr selten) Darmrupturen sein.

Am Anus können Plattenepithelkarzinome auf den Mastdarm übergreifen. Kleine karzinomartige Tumoren, zunächst gutartiger Natur — sog. Karzinoide — kommen im Dünndarm sowie im Processus vermiformis (besonders bei Appendizitis) vor. Sie werden als embryonale Mißbildungen aufgefaßt (Saltykow leitet sie von abnormen Pankreasanlagen ab), können aber auch bösartig werden und Metastasen machen.

Sekundär können Karzinome von der Serosa aus den Darm ergreifen, Metastasen (Melanokarzinome) sind selten.

Sarkome sind selten; meist sind es **Lymphosarkome** von Follikeln (besonders des Dünndarmes) ausgehend. Spindelzellensarkome, Myosarkome, Melanosarkome (Rektum) sind sehr selten. Sekundär ist das Sarkom aber häufiger.

h) Lageveränderungen und Kanalisationsstörungen.

In Betracht kommen hier die **Brüche = Hernien,** die inneren und äußeren Leistenbrüche, Schenkelbrüche, Nabelbrüche, Bauchbrüche, Lumbalbrüche, die Hernia obturatoria, ischiadica, perinealis und diaphragmatica und die Retroperitonealhernien, ferner die **Achsendrehung = Volvulus,** die **Knotenbildung, Invagination, Prolapsus recti** und **ani** und der **Anus praeternaturalis,** endlich die **Stenosen** und **Erweiterungen (Divertikel).**

Da sich ausführliche Darstellungen dieses Kapitels in allen Lehrbüchern der Chirurgie und in den meisten der topographischen Anatomie finden, soll hier auf diese verwiesen werden.

i) Kontinuitätstrennungen.

Abgesehen von Perforationen durch gangranöse und ulzerierende Prozesse kommen **Rupturen** des Darmes durch traumatische Einwirkungen auf das Abdomen, sehr selten durch übermäßige Füllung des Darmes oder Gasansammlung in ihm, besonders bei gleichzeitiger Koprostase, vor. In solchen Fällen reißt zuerst die Serosa durch, öfters auch nur sie. Ist die Verletzung klein, so kann der Darm sich sofort wieder schließen, ohne daß Kot austritt. und die Wunde kann heilen. Findet ein Durchtritt von Kot in die Bauchhöhle statt, so kommt es zu fäkulenter Peritonitis; geschieht der Durchtritt in das retroperitoneale Gewebe, so entstehen daselbst Abszesse.

k) Darminhalt.

Nach jeder Nahrungsaufnahme finden sich im Dünndarm mehr oder weniger reichliche Mengen von (mit Magensaft gemischtem) Chymus (Speisebrei). Je näher dem Dickdarm, um so mehr nimmt er die Beschaffenheit des Kotes an. Der Darm enthält konstant auch mehr oder minder reichlich Gase. Beim Neugeborenen findet sich im Dickdarm das Mekonium, eine braungrünliche, dickbreiige Masse, aus Schleim, Galle, Darmepithelien, Epidermiszellen und Wollhaaren zusammengesetzt, welche mikroskopisch die sog. Mekoniumkörperchen, rundliche bis ovale, grünliche Körperchen, die aus Gallenfarbstoff zusammengesetzt sind und dessen Reaktionen geben, erkennen läßt. Außerdem finden sich im Mekonium Kristalle von Cholesterin und Hämatoidin.

Abnorm flüssiger Inhalt findet sich bei diarrhoischen Zuständen, starker Peristaltik und Katarrhen des Dickdarms; abnorm dicker, harter Kot bei Verstopfungen. Ein Zustand von starker Auftreibung des Darmes durch Gase, wie er bei abnormen Gärungen, Darmverschluß oder Paralyse der Darmmuskulatur zustande kommt, wird als **Meteorismus** oder **Tympanites** bezeichnet. Eine sehr seltene Erscheinung ist das sog. Darmemphysem (Pneumatosis cystoides intestinorum), welches mit chronischer Bläschenbildung vom Lumen bis zur Serosa, meist des Ileum, einhergeht. Die Gasblasen, wohl durch Gasbazillen nicht pathogener Art erzeugt, liegen meist in den Lymphgefäßen, besonders der Serosa und bewirken hier Endothelwucherung. Reichliche Mengen von Blut (unter den verschiedensten Bedingungen) verleihen dem Darminhalt eine dunkelbraunrote bis schwarze Färbung. Schleim findet sich im Darm in reichlicher Menge bei katarrhalischen Zuständen in Form kleiner Klümpchen oder auch größerer Fetzen und Membranen dem Kot beigemischt.

Die echten **Kotsteine (Koprolithen)** bestehen aus verfilzten Pflanzenresten, die mit Kotbestandteilen sowie Kalk- und Magnesiumsalzen imprägniert sind. Andere **Darmsteine (Enterolithen)** bestehen aus Fremdkörpern (namentlich Obstkernen), um welche herum sich Ablagerungen von Phosphaten und anderen Salzen finden. Auch aus Arzneistoffen, ferner aus Schellack, Kreide usw. bestehende Steine kommen gelegentlich zur Beobachtung. Die im Wurmfortsatz vorkommenden Kotsteine (s. oben) bestehen zum großen Teil aus Schleim. Endlich finden sich im Darme Gallensteine, verschluckte Fremdkörper, unter Umständen auch abgestorbene Schleimhautteile.

l) Parasiten.

Parasiten. Die wichtigsten im Darm vorkommenden Parasiten sind die Bandwürmer (Tänien und Bothriozephalus), Rundwürmer (Ascaris lumbricoides), Ankylostomum duodenale, Trichozephalus dispar, Oxyuris vermicularis, Cercomonas intestinalis, Trichinen (s allg. Teil, Kap. VII). Ferner die zahllosen Bakterien, welche stets den Darm bewohnen.

F. Leber und Gallenwege.

Vorbemerkungen.

In der Längsachse der einzelnen, etwa $1-1^1/_2$ mm langen und 1 mm breiten Azini (lobuli) verläuft die Vena centralis, der Anfang der Vena hepatica; sie liegt also im Querschnitt eines Azinus in dessen Mitte. In sie münden von allen Seiten her Kapillaren, und zwischen diesen liegen die Leberzellbalken. Zwischen den Leberzellen, welche die von ihnen gebildete Galle in Sekretvakuolen, nicht in präformierten Räumen, aufstapeln, liegt der Anfang des sekretorischen Apparates, die Gallenkapillaren, welche erst am Rande der Azini in mit Zylinderepithel versehene Gallengänge übergehen. Hier zwischen den Azini an dieser oder jener Stelle liegen die Gallengänge gemeinsam mit Ästen der Leberarterie und Vena portarum, d. h. der durch die Porta hepatis eintretenden Gefäße. Sie werden gemeinsam umscheidet vom Bindegewebe, dem sog. periportalen, oder der Glissonschen Kapsel. Eine andere bindegewebige Abgrenzung der Azini besteht beim Menschen nicht. Die Leberarterie und Pfortader bilden das Kapillarnetz, welches sich in der Zentralvene wieder sammelt. Die größeren Lebervenenäste liegen auch, aber gesondert, an der Peripherie der Azini, ohne weiteres Bindegewebe. Dagegen findet sich in den Azini eine Stützsubstanz in Gestalt der teils von der Zentralvene ausstrahlenden, teils die Kapillaren umspinnenden Kupfferschen Gitterfasern. Die Kapillaren weisen eine besondere Art Endothelien auf, die sog. Kupfferschen Sternzellen; sie sind im höchsten Grade phagozytär und fangen so Stoffe, wie Fett, Pigment, aber auch Bazillen aus dem Blute äußerst schnell ab und schützen so zunächst die Leberzellen. Auch mit der Hämoglobinumbildung zu Gallenfarbstoff werden sie, wenigstens unter pathologischen Bedingungen, in Zusammenhang gebracht. Die Sternzellen können nach Milzexstirpation wuchern und besonders dann einen Teil der Milzfunktion mitübernehmen, d. h. rote Blutkörperchen phagozytieren, Blutfarbstoff verarbeiten und Eisen speichern. Auch sind sie, wie auch die anderen Retikuloendothelien, Ursprungsstätten der Histiozyten (s. unter Entzündung). Die Leberzellen enthalten mehr oder weniger großtropfiges Fett; stets finden sich einige zweikernige.

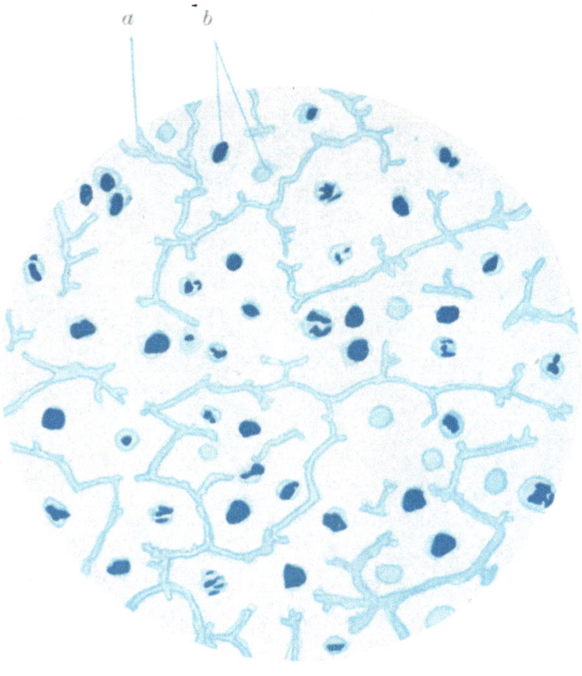

Fig. 313.
Normale Leber.
Nach einem Präparate des Herrn Geheimrat Weigert.
Die Gallenkapillaren (*a*) sind nach der Weigertschen Gliamethode dargestellt; auch die Zellkerne (*b*) sind blau gefärbt.

a) Mißbildungen; Form- und Lageveränderungen.

Defekt oder Hyperplasie eines Lappens, oder überzählige solche, oder abnorme Furchen sind ziemlich häufig. Bei Situs inversus liegt die Leber links, bei Hernia umbilicalis kann sie im Bruchsack liegen. Die besonders an der Vorderfläche des rechten Lappens häufig zu findenden sog. Sagittalfurchen (eine oder mehrere, oberflächliche oder oft sehr tiefe) hängen auf jeden Fall mit Atembeschwerden, zuallermeist Emphysem, zusammen (daher auch Respirationsfurchen, Hustenfurchen, Emphysemfurchen genannt). Wahrscheinlich wirkt dabei ein Anpressen an kontrahierte Muskelbündel des Zwerchfells mit, doch wird auch an kongenitale Anlage gedacht (Orth). Häufig findet sich — bes. bei Frauen — die querverlaufende Schnürfurche, welche auch einen eigenen eventuell nach oben geschlagenen „Schnürlappen“ abgrenzen kann. Es ist das Schnüren selbst oder der durch dasselbe an die Leber fest angedrückte Rippenbogenrand, was die oft tiefe Furche mit Atrophie des Lebergewebes und Verdickung der Kapsel bewirkt. Durch Druck auf die Gallenblase und Stagnierung der Galle können auch Gallensteine entstehen. Bei abnormer Länge des Lig. suspensorium und coronarium kann sich die sog. „Wanderleber“ (Hepar mobile) ausbilden. Abnormer Inhalt des rechten Pleuraraumes kann die Leber nach unten, abnormer Inhalt der Bauchhöhle sie nach oben drängen und eventuell drehen.

b) Zirkulationsstörungen.

Anämie ist Teilerscheinung allgemeiner solcher und ist ferner bei trüber Schwellung und Verfettung der Leber vorhanden.

Aktive Hyperämie besteht physiologisch bei der Verdauung; sie ist bei entzündlichen Prozessen ausgesprochen.

Wichtig ist die **Stauungshyperämie,** welche die Folge einer Behinderung des Abflusses in die Vena cava inferior bei Kompression dieser (durch Tumoren, Exsudat usw.) oder bei Herzfehlern, Herzschwäche, Nierenleiden oder Behinderung des kleinen Kreislaufes ist.

Das makroskopische Bild der Stauungsleber ist sehr charakteristisch; sie ist vergrößert, ihre Kapsel gespannt; Ober- und vor allem Schnittfläche erscheinen gesprenkelt, indem die Zentren der Azini, wo die Blutanhäufung am stärksten ist (Vena centralis und Umgebung) in Gestalt von Flecken oder mehr unsymmetrischen Streifen dunkelrot erscheinen, während die Randbezirke eine hellere Farbe behalten. Später nimmt die pralle Füllung und Ausdehnung der Kapillaren auch gegen die Ränder hin zu, und zwar in der Richtung nach den Gebieten, wo die Azini ohne Zwischenlagerung vom periportalen Bindegewebe direkt ineinander übergehen; so entsteht eine dunkle Netzzeichnung. Die peripheren Azinusabschnitte zeigen dann häufig eine infolge Herabsetzung der Fettverbrennung eintretende stärkere Fettansammlung, sie erscheinen dann gelb und prominieren etwas um die dunkelroten Zentren.

Dies sehr kontrastreiche, die Azinuszeichnung außergewöhnlich deutlich hervorhebende Bild bezeichnet man als **Muskatnußleber.**

Infolge Druckes durch die erweiterten Kapillaren sowie schlechter Ernährung atrophieren die Leberzellen, wenn die Stauung anhält; sie werden zu Balken schmaler Zellen mit viel Abnutzungspigment und können z. T. gänzlich zugrunde gehen. Die atrophischen Teile sinken dann stark ein und werden durch Blutfüllung und das sich anhäufende Pigment immer dunkler —**atrophische Muskatnußleber, rote oder zyanotische Atrophie.**

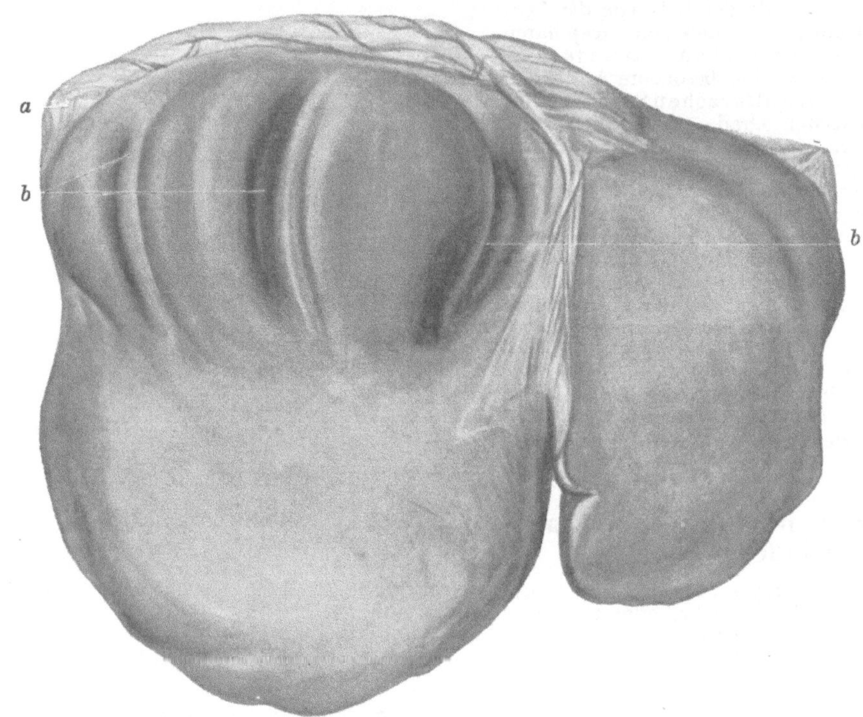

Fig. 314.
Drei parallele tiefe Sagittalfurchen der Leber (bei *b*), Zwerchfell bei *a*.

Eine solche Leber ist hart — Stauungsinduration, indurierte Muskatnußleber, „cirrhose cardiaque". Das Bindegewebe ist vermehrt, dies ist aber nicht direkt auf die Stauung zu beziehen, sondern auf zusammen mit der Stauung vom Darm her auf dem Pfortaderweg einwirkende Toxine. Andererseits finden sich häufig — besonders bei jungen Leuten — auch Regenerationserscheinungen von seiten des Lebergewebes. Auch die Leberkapsel kann bindegewebige Wucherung eingehen, wodurch dicke, derbe, weißliche Verdickungen entstehen — sog. „Zuckergußleber" (Curschmann).

Partielle Stauung kommt durch Verlegung größerer Lebervenenäste durch Thromben oder obliterierende Phlebitis (Syphilis) zustande.

Thrombose der Pfortader oder Leberarterie bewirkt nur unter besonderen Umständen — weil sonst genügende Kollateralen zur Verfügung stehen — hämorrhagisch rote oder (seltener) anämische Infarzierungen in Gestalt kleiner, unregelmäßiger oder keilförmiger Herde.

Am häufigsten finden sich solche bei entzündlichen oder infektiösen Affektionen oder als Folge von Traumen bei Zerreißungen. Meist folgt auf Verschluß von Pfortaderästen durch Thromben oder Phlebitis obliterans — wobei sich in seltenen Fällen aus dem verschließenden Bindegewebe kavernöses Gewebe entwickeln kann — nur Stauung.

Die Pfortadersklerose mit Thrombose usw., sowie Endophlebitis hepatica obliterans, wohl zumeist auch auf Grund von Sklerose mit folgender Thrombosierung und

Obliteration scheinen meist auf syphilitischer Basis zu beruhen (Chiari, Simmonds, O. Meyer).

Blutungen, besonders unter der Kapsel und meist nicht sehr ausgedehnt, finden sich bei Traumen, Atrophien, Eklampsie, Vergiftungen, Blutkrankheiten usw.

Bei **Ödem**, welches der Leber eine feuchte, teigige Beschaffenheit verleiht, tritt die Flüssigkeit zwischen Kapillaren und Leberzellbalken aus; das Gitterfasergerüst bleibt vollständig erhalten. Letzteres ist bei Atherosklerose oft gewuchert.

c) Atrophien, Degenerationen und verwandte Zustände, Ablagerungen.

Atrophie findet sich als Teilerscheinung allgemeiner Atrophie sowie bei kachektischen Zuständen aller Art. Das Organ ist im ganzen verkleinert, die Ränder sind infolge der Volumenabnahme abnorm scharf, die Konsistenz der Leber ist etwas derber, ihre Farbe in der Regel etwas dunkler als normal. Durch gleichzeitige Einlagerung von Lipofuszin (Lipochrom, Abnutzungspigment) in die Zellen entsteht die sog. braune oder Pigmentatrophie, besonders ausgesprochen im Zentrum des Azinus.

Trübe Schwellung verleiht der Leber eine opake, trübgraubraune Farbe. Sie ist etwas vergrößert, schlaff und brüchig; infolge der Kompression der Kapillaren durch die geschwollenen Leberzellen ist das Gewebe anämisch.

Verfettung. Eine mäßige Menge Fett ist schon normaliter besonders in den peripheren Partien der Azini abgelagert. Verfettung im Sinne gesteigerter **Fettinfiltration,** wohl meist zusammen mit Insuffizienz der Fettverbrennung (s. unter „Verfettung" im allgemeinen Teil) kommt besonders hochgradig bei allgemeiner Adipositas, bei Säufern, endlich sehr häufig bei Phthisikern vor.

Sie beginnt in der Leber im allgemeinen peripher im Läppchen; diese Zonen umgeben als helle gelbe Ringe die von der Eigenfarbe und dem Blutgehalt braunroten fettfreien Zentra. So treten die einzelnen Azini (genau gesagt ihre inneren Teile) schon für das bloße Auge sehr deutlich hervor (vgl. fetthaltige Muskatnußleber oben). Bei sehr starker Fettablagerung sind auch die inneren Partien der Azini ergriffen; dann zeigt die Leber auf der Schnittfläche eine gleichmäßig gelbe Farbe („Gänseleber"), ist vergrößert und erhält stumpfe plumpe Ränder. Sie ist teigig weich, unelastisch; Fingereindrücke bleiben auf der Oberfläche lange bestehen. Die rasch hindurchgezogene (vorher gut getrocknete) Messerklinge weist deutlich einen mattglänzenden Fettbelag auf. Häufig ist die Fettleber gleichzeitig etwas ikterisch und dann grünlichgelb gefärbt (Safranleber). Mikroskopisch findet man bei der Fettinfiltration (Fig. 27 S. 32) innerhalb der Leberzellen größere und kleinere Fettropfen, welche vielfach den Kern beiseite drängen oder verdecken. Die Kupfferschen Sternzellen verfetten häufig, wenn das Blut viel Fett führt, so bei Diabetes (Lipämie), ferner bei Inanitionszuständen, nach Chloroformnarkose usw., und zwar unabhängig bzw. früher als die Leberzellen.

Beruht in anderen Fällen die Fetteinlagerung in die Leberzellen noch deutlicher darauf, daß sie eine Schädigung erlitten haben, so kann man von **degenerativer Fettinfiltration** (nach dem alten eingreifenden Sprachgebrauch „fettiger Degeneration") sprechen, weil auch hierbei das meiste Fett von außen infiltriert wird, wenn auch in degenerierte Zellen und als Ausdruck bzw. als Folge dieser Zellveränderung. (Vgl. das im allgemeinen Teil Gesagte.)

Das Fett tritt besonders in kleinen Tropfen — aber auch in großen — auf und liegt nicht nur an der Peripherie der Azini, sondern im ganzen Azinus. Oft beginnt die Verfettung auch zentral. Diese degenerative Fettinfiltration tritt besonders bei toxischen und infektiösen Zuständen ein, so bei schweren anämischen Zuständen, besonders perniziöser Anämie, und bei Infektionskrankheiten (Diphtherie, Typhus, Scharlach, Pocken, Malaria, Cholera), zum Teil gehört auch die Leberverfettung bei Tuberkulose hierher.

Die höchsten Grade solcher degenerativer Verfettung (dem Prozeß nach auch hier vorzugsweise Infiltration) finden wir aber bei bestimmten Vergiftungen. Hierher gehören einmal vor allem Phosphor und Arsen, sodann Chloroform und endlich gewisse Pilze (Schwämme). Hier handelt es sich aber um Veränderungen, bei denen zwar die der Leber überwiegen, aber an denen auch andere Organe teilnehmen, so daß bald eine Allgemeinerkrankung zustande kommt. Ganz ähnlich verhält es sich auch mit der auch in den Leberveränderungen ähnlichen sog. akuten gelben Leberatrophie, so daß wir diese ganze Gruppe zusammen besprechen und mit der letztgenannten Erkrankung beginnen wollen.

Die sog. **akute gelbe Leberatrophie** (Rokitansky) stellt einen rasch um sich greifenden Schwund des Lebergewebes dar.

Im Anfang — aber nur ganz vorübergehend — ist die Leber vergrößert, **bald atrophisch**, es herrscht verwaschene Struktur und diffus gelbe bzw. ockergelbe Farbe. Es handelt sich hier um trübe Schwellung, Verfettung und vor allem Ikterus, sowie beginnende Nekrose von Leberzellen. Außerordentlich schnell greift nun letztere um sich. Die Leberzellen gehen ganz zugrunde, an ihrer Stelle liegt ein Detritus mit Fetttröpfchen und Pigment (besonders Gallenpigment); die meist stark mit Fett gefüllten Sternzellen und die Gitterfasern bleiben gut erhalten. Hier erweitern sich die Kapillaren, strotzend mit Blut gefüllt, aufs äußerste, auch kommt es zum Austreten zahlreicher roter Blutkörperchen. So tritt in diesen Gebieten an Stelle der gelben Farbe eine *rote*, und da gleichzeitig das Volumen der Leber infolge des Zellunterganges stark verringert ist, spricht man jetzt von **roter Atrophie.** *Die roten Stellen entsprechen also dem höchsten Grad der Degeneration bzw. Nekrose, dem fast spurlosen Verschwinden des Parenchyms.* Die gelben und roten Partien sind meist mehr unregelmäßig verteilt; im allgemeinen leidet der linke Leberlappen zuerst und am stärksten, oft sind die Leberpartien dicht unterhalb der Kapsel noch am relativ besten erhalten. Der Beginn in den einzelnen Azini ist nicht regelmäßig der gleiche, doch ist zumeist *zuerst das Zentrum* ergriffen, während die Leberzellen peripher und besonders ganz außen im Azinus noch besser erhalten sind. Durch die geschilderten Veränderungen wird das *Farbbild der Leber ein sehr buntes*, doch überwiegen immer mehr die roten Partien. Die verkleinerte Leber ist weich, schlaff.

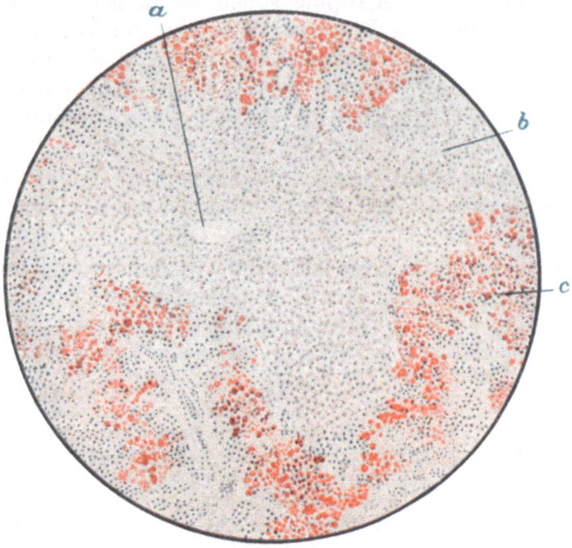

Fig. 315.

Akute gelbe Leberatrophie.

a Zentralvene; bei *b* vollständige Zerstörung der Leberzellen Detritus mit Fettresten sowie Rundzelleninfiltration; bei *c* noch erhaltene, sehr stark fetthaltige Leberzellen. (Fett mit Fettponceau rot gefärbt, Kerne mit Hämatoxylin blau.)

Dem Zellzerfall entspricht das häufige Auftreten von Tyrosin in Gestalt eines weißlichen Belages an der Leberober- bzw. Schnittfläche, besonders wenn das Organ einige Zeit an der Luft gelegen (Leuzin, Tyrosin und andere Eiweißabbauprodukte treten auch im Urin auf). Sehr bald werden die Zellschlacken wenigstens zum Teil resorbiert und es treten *entzündlich-reaktive* Erscheinungen auf in Gestalt von Rundzellen, dann vor allem Plasmazellen, die infolge des Zellunterganges relativ vermehrt erscheinenden Gitterfasern quellen; Gallengänge beginnen zu sprossen (s. unten).

Das Geschilderte betrifft die akut verlaufende Erkrankung, bzw. wenn das Leben weiter gefristet wird, das **akute Stadium** derselben. Es hält etwa 3—4 Wochen an. Daran schließt sich das **subakute** bzw. sodann das *subchronische* an. Jetzt werden die vernichteten Leberzellen so gut wie ganz resorbiert, höchstens einige Fettkörnchen bleiben liegen. *Dagegen treten die regeneratorischen und reparatorischen Vorgänge jetzt ganz in den Vordergrund.* Die *Gitterfasern* zeigen jetzt neben starker Quellung *wirkliche starke Vermehrung*, das periportale Bindegewebe kann sich auch verbreitern. So tritt Bindegewebe an die Stelle der ehemaligen, jetzt ganz kollabierten Azini. An Stelle der ausgetretenen roten Blutkörperchen bleibt mehr oder weniger zahlreiches Pigment liegen; die Kapillaren selbst sind eng und treten ganz zurück. Die regeneratorischen Prozesse bestehen einmal in *stärkster Hypertrophie und Hyperplasie der Leberzellen an vom Untergang verschonten Gebieten*, so daß sich große, aus besonders großen und nicht mehr in der gewöhnlichen Azinisart angeordneten Leberzellen bestehende Knoten bilden, die sog. *knotigen Hyperplasien* (s. unten). In den Gebieten aber, wo die Azini, nach Untergang des Leberzellgewebes, jetzt zumeist aus Bindegewebe bestehen, finden wir — neben Gallengangswucherungen im periportalen Bindegewebe bzw. von diesem aus — sehr zahlreiche unregelmäßige *Stränge und mit meist unregelmäßigem Lumen versehene Gänge von Epithelien*. Sie liegen vor allem an den Peripherien der ehemaligen Azini, können aber auch bis zur Zentralvene vordringen und werden vielfach als von den alten Gallengängen neugebildete Gallengänge, welche regeneratorisch neue Leberzellen bilden sollen, aufgefaßt, scheinen aber einzelnen vom Prozeß verschonten Leberzellbalken, welche jetzt auch neue Leberzellen bilden, zu entsprechen. Makroskopisch zeigt in diesem subakuten Stadium die fast noch stärker verkleinerte Leber im ganzen derbere, zähelastische Konsistenz und graue oder graubraune Farbe; zumeist heben sich hiervon kleinere Partien und dann vor allem große Knoten von fast tumorartigem Gepräge, besonders im rechten Lappen, dadurch scharf ab, daß sie eine ausgesprochen gelbe oder gelbgrüne bzw. gelbrötliche (im Leben durch stärkeren Blutgehalt mehr blaurötliche) Farbe aufweisen und viel weicher sind (die obengenannten knotigen Hyperplasien).

An das subakute (subchronische) Stadium schließt sich nach etwa gut $^1/_2$ Jahr, wenn das Leben erhalten bleibt, das **chronische Stadium** an, oder besser gesagt ein vollendeter Reparation entsprechender Folgezustand, welcher völlig einer *großknotigen Leberzirrhose* (s. unten) entspricht (*Marchand*). Dies scheint besonders bei Kindern vorzukommen. Es sei bemerkt, daß sich in jedem Stadium auf Grund Weiter- bzw. Wiedereinwirkens der Noxen neues Einsetzen der Nekrosen ausbilden kann.

Der Tod kann zu jeder Zeit erfolgen. Am häufigsten findet sich wohl das subakute Stadium, was besonders in der letzten Zeit, in der sich die Erkrankung überhaupt vermehrt zu haben scheint, vielfach aufgefallen ist. Da also nur ein Teil der Fälle akut verläuft, da ferner die gelbe Farbe nur ganz zu Beginn beherrschend ist, dann die rote hervortritt, hat man außer von akuter gelber Atrophie auch von subakuter und von roter gesprochen. Da aber als anatomischer Prozeß keine Atrophie, sondern Degenerationen und Nekrobiose und Nekrose als den Gesamtprozeß kennzeichnend vorliegen, wäre eine andere Bezeichnung richtiger, doch ist die von Rokitansky geprägte nun einmal eingebürgert.

Die Leberzelldegenerationen und -nekrosen sind auf stark schädigend einwirkende Noxen zu beziehen, von denen sogleich die Rede sein soll. Dabei ist aber wesentlich, daß der Zelluntergang auf dem Wege der Autolyse vor sich geht infolge der im Funktionsleben der Leber so bedeutsamen Leberzellfermente, welche physiologisch den intermediären Stoffwechsel, der ja zum größten Teil den Leberzellen obliegt, besorgen, jetzt aber bei Schädigung der Leberzellen gewissermaßen „wild geworden" die Leberzellen selbst angreifen und vernichten.

Gleichzeitig mit den Veränderungen der Leber haben sich nun auch Veränderungen an anderen Organen entwickelt.

Zunächst trübe Schwellung und vor allem Verfettung besonders in den Nieren, dem Herzmuskel, der Skelett- und sonstigen Körpermuskulatur, den Magendrüsen, den Gefäßendothelien usw. Weiterhin treten oft an den verschiedensten Stellen Blutungen auf. Fast stets bildet sich ein — wenn auch nicht sehr hochgradiger — Milztumor und stets herrscht Ikterus, der zunächst auf das Zugrundegehen der Leberzellen und so eröffnete Gallenkapillaren, später auf weitere Veränderungen in den hyperplastischen Knoten zu beziehen ist. Aszites besteht in älteren Fällen zumeist. Die Veränderungen der anderen Organe sind teils Folge der die ganze Krankheit bewirkenden Noxen, teils des Funktionsausfalls und der abnormen Stoffwechselstoffe der Leber.

Nicht völlig geklärt ist die Ätiologie; auch ist sie offenbar nicht einheitlich. Dispositionelle Momente sind Schwangerschaft — auch sonst erkranken Frauen öfters als Männer — jugendlicheres Alter und schon bestehende Leberaffektionen bei Potatorium u. dgl. Bewirkend sind toxische bzw. infektiöse Noxen. So schließt sich die Erkrankung zuweilen an akute Allgemeininfektionen, wie Osteomyelitis, Erysipel, Typhus, Sepsis u. dgl. an. Von chronischen Infektionen scheint Syphilis eine besondere Rolle zu spielen, vor allem auch für Fälle mit protrahiertem Verlauf. Ob auch Salvarsan mitwirkt, ist fraglich. Häufig scheinen Erkrankungen des Darmkanals maßgebend, von dem die wirksamen Stoffe offenbar auf dem Wege der Pfortader der Leber zugeführt werden. In vielen Fällen aber, die man als „genuine" bezeichnet hat (Paltauf), ist keinerlei Infektion oder Intoxikation als veranlassendes Moment nachzuweisen. Offenbar ist die sog. akute gelbe Leberatrophie keine ätiologische Einheit, sondern verschiedene disponierende und ätiologische Momente scheinen sie herbeiführen zu können und auch im Einzelfall erscheint das Zusammentreffen komplexer Faktoren maßgebend. Das letzte Ausschlaggebende scheint die oben gestreifte fermentative Autolyse zu sein.

Viele gemeinsame Punkte mit der besprochenen Erkrankung haben die oben schon erwähnten **Vergiftungen.**

Bei solchen mit **Phosphor** steht auch die Leber im Vordergrund. Aber hier handelt es sich um schwerste Verfettung (degenerative Fettinfiltration), besonders peripher im Azinus beginnend, welche auch länger anhält; und zumeist sterben die Patienten schon wenige Tage nach Aufnahme des Giftes, so daß die Sektion eine hochgradig ikterische Fettleber zeigt. Tritt der Tod aber in einem späteren Stadium ein, so ist auch hier Zerfall der Leberzellen vor sich gegangen und haben andererseits reparatorisch-regeneratorische Prozesse eingesetzt, so daß die Leber jetzt ganz dem unter „akute gelbe Leberatrophie" Geschilderten entspricht, bis, wenn das Leben nach schwerer Erkrankung so lange erhalten bleibt, was hier aber sehr selten ist, zum Ausgang in Leberzirrhose. Die Veränderungen der anderen Organe sind die gleichen wie dort geschildert, die Verfettungen können bei der Phosphorvergiftung noch ausgedehnter und hochgradiger sein. Zumeist handelt es sich bei dieser Vergiftung um zum Zwecke des Selbstmords eingenommene Streichholzköpfchen oder Phosphorrattenpaste. Seitdem erstere kein Phosphor mehr enthalten, ist diese Vergiftung fast ganz ver-

Arsen und andere Gifte, so auch nitrierte Toluole (Munitionsfabriken) wirken ganz ähnlich.

Auch das **Chloroform** bei den sog. Chloroformspättoden, d. h. wenn der Tod erst einige Tage nach der Narkose auftritt, bewirkt fast ganz die gleichen Veränderungen der Leber und anderer Organe. Erst stellt sich hochgradigste Fettleber ein, dann schon bald gerade hier deutlich zentroazinär beginnende Nekrose. Ebenso finden wir der Phosphorvergiftung sehr gleichende Verhältnisse, besonders auch der Leber, bei Vergiftungen mit giftigen Schwämmen, insbesondere der **Amanita phalloides** (Knollenblätterschwamm), während bei Morcheln u. dgl. die Hämolyse mehr das Bild beherrscht.

Bei Tieren kommen ähnliche Veränderungen besonders bei der Lupinose vor.

Kleine nicht progrediente nekrotische Herde, meist zentroazinär gelegen, sind sehr häufig bei Infektionskrankheiten verschiedenster Art, auch chronischen wie Tuberkulose, besonders aber akuten. Bei Typhus (s. dort) finden sich mehr zirkumskripte runde Nekrosen mit unregelmäßigerem Sitz. Bei der Eklampsie werden Kapillargebiete der Azini durch Thromben verlegt, und es bilden sich einzelne oder zahlreiche umschriebene, anämische oder hämorrhagische Stellen von unregelmäßiger Form aus, welche zu landkartenartigen Figuren konfluieren können. Nekrosen besonders im intermediären Teil des Azinus sollen bei Gelbfieber auftreten.

Die sog. **Schaumleber,** eine Durchsetzung der Leber (bei Sektionen) mit Gasbläschen, wird durch Bazillen, besonders den Fränkelschen Gasphlegmonebazillus, aber erst agonal oder postmortal, hervorgerufen (s. auch unter Bazillen und unter Gasphlegmone im letzten Kapitel).

Die sog. **Teleangiectasia hepatis disseminata** besteht in toxischer Atrophie der Leberzellen mit sekundärer Teleangiektasie.

Auch ohne Einlagerung von Fett können die Leberzellen von kleinsten Vakuolen durchsetzt, die Kerne klein, dunkel erscheinen — **vakuoläre Degeneration.**

Amyloiddegeneration tritt in der Regel fleckig über die ganze Leber verbreitet auf; in den leichtesten Fällen nur mikroskopisch nachweisbar, macht sie sich in stärkeren Graden durch Zunahme von Volumen und Konsistenz sowie eine eigentümlich speckige Beschaffenheit geltend, meist mit starker Anämie und ausgedehnter Fettinfiltration verbunden. Sie beginnt meist an den Kapillaren eines mittleren Gebietes zwischen Zentrum und Peripherie des Azinus, der sog. intermediären Zone. Das in der Wand der Kapillaren (bzw. der um diese gelegenen Lymphspalten) abgelagerte Amyloid verengert das Kapillarlumen und komprimiert andererseits die zwischen den Kapillaren gelegenen Leberzellen. So gehen sie mit der zunehmenden Ablagerung von Amyloid zugrunde, teils durch Druckatrophie, teils infolge geringerer Blutzufuhr durch die veränderten Kapillaren. Schließlich findet man an den am stärksten entarteten Teilen nur noch die homogenen, an Stelle der Kapillaren gelegenen Amyloidschollen und zwischen ihnen noch atrophische Leberzellen oder Reste von solchen. Dabei kann die Amyloidentartung sich über den ganzen Azinus ausdehnen und auch die interazinösen Gefäße ergreifen.

Glygogendegeneration, richtiger **Glykogeninfiltration,** findet sich über das normale Maß hinaus in der Leber, und zwar in den Leberzellen, besonders peripher, bei beginnendem Diabetes. Später werden bei Diabetes die Leberzellen in ihrem Protoplasma frei von Glykogen. Die Zellkerne weisen aber solches auf.

Die Leber ist eine der bevorzugten Ablagerungsstätten für **Pigment.**

Zum großen Teil stammt dieses aus dem Blute, entweder durch Zerfall von Blutkörperchen innerhalb der Leber selbst (Stauungszustände, hämorrhagische Infarkte) entstanden, oder erst mit dem Blute zugeführt (Hämosiderosis, S. 40). Außer in den Leberzellen ist das Pigment besonders in den sog. Kupfferschen Sternzellen (s. oben) gelegen, vielleicht auch von diesen umgebildet worden. Pigment lagert sich auch bei manchen Formen von Leberzirrhose ab (s. unten). Lipofuszin („Abnutzungspigment", S. 41) findet man bei der sog. braunen Atrophie (s. oben). Bei der Malaria findet sich ein schwarzes Pigment (S. 40), welches in großen Mengen der Leber eine dunkle bis schwarzgrüne Farbe verleiht. Außerdem kommt, meist in geringer Menge, Kohle in der Leber vor, welche bei der Anthrakose von der Lunge oder von Bronchialknoten aus mit dem Blute verschleppt worden ist. Bei Ikterus treten Gallenfarbstoffablagerungen teils in den Leberzellen, teils in den Sternzellen auf. Sie sind körnig oder schollig, gelb bis gelbgrün gefärbt. Reichlich verzweigte, gallig imbibierte, aber im übrigen aus Eiweißstoffen bestehende sog. Gallenzylinder (Gallenthromben) finden sich in den Sekretvakuolen der Leberzellen und vor allem in den Gallenkapillaren, öfters auch von hier in Sternzellen phagozytiert. Die Leber ist bei Ikterus makroskopisch gelb bis gelbgrün verfärbt.

Über den Ikterus im allgemeinen s. S. 201/202.

Verkalkung findet sich in der Leber (außer bei Chalikosis) sehr selten. Es handelt sich um phosphorsauren oder kohlensauren Kalk (ganz vereinzelt um fettsauren).

d) Akute, eiterige Entzündung. Leberabszesse.

Die Leberabszesse entstehen meist, durch Eitererreger oder Bacterium coli hervorgerufen, metastatisch. Die Hauptverbreitungswege sind dabei die folgenden:

1. Die Vena portae, wenn in deren Ursprungsgebiet ein Entzündungsprozeß sitzt, z. B. Magen- oder Darmgeschwür, oder Typhus, oder Dysenterie, oder vor allem Amöbenenteritis, in deren Verlauf in den Tropen Leberabszesse sehr häufig sind, während in unseren Gegenden besonders Appendizitis in Betracht kommt; ferner eiterig zerfallende Darmkarzinome u. dgl. Die Erreger gelangen dann in die interazinösen Pfortaderäste der Leber und verursachen einfache oder multiple, häufig auch konfluierende Abszesse. Öfters bildet sich auch in der Pfortader bzw. deren Äste dabei eiterige Thrombophlebitis (Pylephlebitis), die bis in die Leberäste hineinreichen oder in diese infizierte Emboli absetzen kann.

2. Die Arteria hepatica, besonders bei ulzeröser Endokarditis. Es entstehen Abszesse, zuweilen auch vereiternde Infarkte.

3. Die Vena hepatica auf retrogradem Wege von der Vena cava inferior aus. Die Venen können thrombosieren — Hepatophlebitis —, und auch die Nachbarschaft vereitern — Periphlebitis suppurativa. Beides kann sich auch neben Pylephlebitis finden, wenn Entzündungserreger von der Vena portae aus die Kapillaren passieren.

4. Die Vena umbilicalis infolge von Nabeleiterung bei Neugeborenen.

5. Die Gallenwege, wenn diese unter Einwirkung vom Darm aus einwandernder Eitererreger, besonders wenn Gallensteine oder Gallenstauung den Boden ebnen, oder bei Typhus, Dysenterie oder anderen Darmerkrankungen, oder beim Einwandern von Parasiten (Askariden) vom Darmlumen in den Ductus choleductus, eitrige Prozesse eingehen — Cholangitis suppurativa. Die Wandungen der Gallengänge schmelzen ein, die Entzündung greift auf das Leberparenchym über. Es entstehen meist gallig gefärbte und multiple, zum Teil sehr große Abszesse. Infolge Gallenstauung wird die Gesamtleber ikterisch. Der Vorgang geht oft in sehr chronischer Weise ganz allmählich von den Gallenausführungsgängen oder der Gallenblase auf die kleinen Gänge und die Leber selbst vor sich. Es schließen sich indurative Prozesse, vor allem an der Peripherie der Abszesse an. (Über diese biliäre Zirrhose s. unten.) So kann der Prozeß ausheilen.

Anscheinend primäre Abszesse sind bei uns höchst selten, häufiger in den Tropen. **Perforationen** in die Bauchhöhle bewirken natürlich Peritonitis.

e) Chronische, produktive Entzündung. Leberzirrhose.

Die chronische produktive Hepatitis oder **Leberzirrhose** ist charakterisiert durch einen erheblichen Ausfall von Lebergewebe und durch das Auftreten eines von dem Interstitium der Leber ausgehenden, später stark schrumpfenden Granulations- bzw. Bindegewebes, verbunden mit weitgehenden Regenerationsbestrebungen des Parenchyms. Bedingt werden diese Veränderungen durch verschiedene das Lebergewebe dauernd treffende Schädigungen (s. unten). Diese greifen, wie stets, das am höchsten organisierte, also die Leberepithelien, zuerst an.

Unter ihnen sind besonders toxische Stoffe zu nennen. Übermäßiger Alkoholgenuß wird seit langer Zeit in erster Linie angeschuldigt. Hiermit hängt es zusammen, daß die Leberzirrhose so viel verbreiteter unter Männern als unter Frauen ist. Immerhin scheint erst sehr langdauerndes Schnapstrinken die ausgesprochene Zirrhose zu bewirken — auf jeden Fall Schnaps weit mehr als Bier — und die häufigste Säuferleber ist die Fettleber, nicht die Zirrhose. Wahrscheinlich greift auch der Alkohol nicht direkt die Leber an, sondern er setzt chronische Gastrointestinalkatarrhe, die erst ihrerseits durch so gebildete giftige Stoffe als Autointoxikation die Leber schädigen. Auch andere chronische Erkrankungen des Magen-Darmkanals können dann — wenn auch seltener — Leberzirrhose im Gefolge haben.

Fig. 316.

Leberzirrhose.

Ansicht von der Leberoberfläche. Die gelbgefärbten Granula ragen hervor, die tiefer liegenden Gebiete sind von grauer Farbe (Bindegewebe).

Andere toxische Einwirkungen, welche letztere bewirken können, sind chronische Vergiftungen mit Blei, Phosphor, Bakterientoxinen bei allgemeinen Infektionskrankheiten u. dgl. So wird der Tuberkulose von manchen Seiten große Bedeutung zugeschrieben.

Unter der Einwirkung solcher Schädlichkeiten geht in sehr chronischem Verlauf ein Teil von Leberzellen zugrunde, andere gehen allerhand Degenerationen ein. Die Leberzellenbalken werden zu Reihen schmaler, kubischer oder selbst platter Zellen umgewandelt; sie zeigen vielfach starke Fettinfiltration und Durchsetzung mit braunem Pigment sowie mit bei dem vermehrten Untergang roter Blutkörperchen entstehendem Hämosiderin. Gleichzeitig kommt es, da es sich ja um eine Entzündung handelt, zu einer Schädigung der Gefäße und wie sonst bei proliferativen chronischen Entzündungen, weniger zu einer Exsudatbildung als wie zu der eines, besonders aus Rundzellen bestehenden, Granulationsgewebes, hauptsächlich vom periportalen Bindegewebe ausgehend.

Dies wird in der gewöhnlichen Weise im Bindegewebe umgebildet, auch die Gitterfasern nehmen durch Hypertrophie und Hyperplasie in erheblicher Weise an der Neubildung von Bindegewebe Teil. Dies Bindegewebe liegt daher nicht nur mehr interlobulär, sondern dringt auch in das Innere der Azini ein und trennt so unregelmäßige Abschnitte vom Leberparenchym, die man gut indifferent als Inseln bezeichnet, ab.

Gleichzeitig zeigen aber auch die Leberzellen proliferative, d. h. regeneratorische Prozesse. Ein Teil der Leberzellen, die man mikroskopisch findet, sind nicht die erhaltenen alten, sondern neugebildete. Dies äußert sich darin, daß die alte regelmäßige Gefäßverteilung im Azinus verloren geht. Venae centrales liegen an einer Stelle zu mehreren dicht nebeneinander, an anderen Stellen sind solche auf weite Strecken nicht zu finden. Bei der Regeneration ist es zu einem völligen Umbau des Lebergewebes gekommen (Kretz). An manchen Stellen wuchern die Leberzellen regeneratorisch bzw. vikariierend hyperplastisch so stark, daß es zu knotigen hyperplastischen Gebilden kommt (s. unten). Andererseits wuchern auch die Gallengänge regeneratorisch sehr stark, und das neugebildete Bindegewebe zeigt eine große Zahl solcher gewucherter Gallengänge (Fig. 317). Aber man findet hier auch zahlreiche gangförmige Gebilde mit kubischem bis höherem Epithel, weniger regelmäßig und mit kleinerem und unregelmäßigerem oder auch ohne Lumen; man hat sie als Schläuche, Pseudogallengänge u. dgl. bezeichnet, und ihre Entstehungsart ist sehr umstritten. Wahrscheinlich gehen sie nicht aus einer Wucherung von Gallengängen hervor, sondern werden von restierenden Leberzellen gallengangsartig gebildet — doch muß ja überhaupt an die nahe genetische Verwandtschaft der Leberzellen und Gallengangsepithelien erinnert werden —, und es erscheint auch fraglich, ob sie, wie angenommen wird, neue Leberzellen wieder entstehen lassen. Auf jeden Fall liegt auch hier regeneratorisches Bestreben zugrunde.

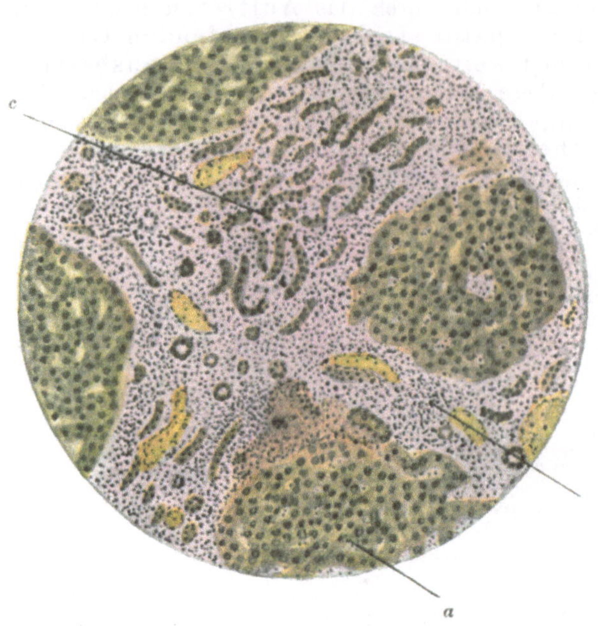

Fig. 317.

Leberzirrhose.

Lebergewebe (*a*). Das stark vermehrte (rot gefärbte) Bindegewebe (*b*) enthält zahlreiche Rundzellen und gewucherte Gallengänge (*c*). Färbung nach van Gieson.

In diesem Stadium überwiegt die Zunahme — besonders auch des Interstitiums — räumlich über die Abnahme des Lebergewebes. Es besteht das hypertrophische Stadium der Zirrhose. Die Leber ist groß, die einzelnen Lebergewebsinseln treten durch gelbe (Fett) bzw. gelbgrünliche (Ikterus) Farbe hervor (von κιῤῥός, gelb, leitet sich das Wort Zirrhose ab).

Allmählich aber geht immer mehr Lebergewebe zugrunde, und trotz aller Regenerationserscheinungen, die mit dem Ausfall nicht Schritt halten können, wird das Lebergewebe reduziert. Das neugebildete Bindegewebe geht hochgradige Narbenschrumpfung ein. Es enthält meist sehr zahlreiche neugebildete elastische Fasern (Fig. 318).

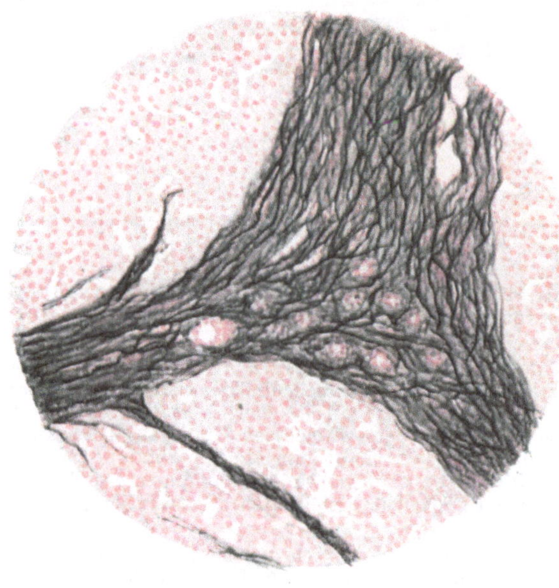

Fig. 318.

Leberzirrhose.

Die Zellkerne sind rot gefärbt (Karmin). Das vermehrte Bindegewebe ist außerordentlich reich an neugebildeten elastischen Fasern (blauschwarz gefärbt nach Weigert), zwischen denen quergetroffene Gallengänge gelegen sind.

Es liegt das atrophische Stadium dieser gewöhnlichen Leberzirrhose, der sog. **Laënnecschen** oder **atrophischen Zirrhose** vor. Die Leber ist bedeutend verkleinert, dies zeigt sich auch in der Abnahme des Gewichtes, ferner in der Zuschärfung der Ränder; der linke Lappen besonders ist oft so verkleinert, daß er nur noch wie ein kleines Anhängsel des rechten erscheint. Das noch erhaltene Leberparenchym hebt sich in Form unregelmäßiger gelber (gelbgrüner) Körner (Granula) von dem geschrumpften, etwas tiefer liegenden, grauen Bindegewebe ab. Es ist zur Granularatrophie (Fig. 316) gekommen, die sich auch an der Oberfläche deutlich äußert. Die Konsistenz ist auf der anderen Seite stark erhöht. Die Leber wird immer mehr in eine harte, beim Einschneiden knirschende Masse (Narbengewebe) verwandelt.

Seltener entsteht die atrophische Form von vorneherein, indem der Schwund des Gewebes stärker ist als die Masse neugebildeter Zellen usw.

Ist das neugebildete Bindegewebe sehr reichlich mit Blutpigment durchsetzt, so spricht man von Pigmentzirrhose. Dies ist besonders ausgesprochen, wenn Leberzirrhose, allgemeine Hämochromatose und Pankreasveränderung mit Diabetes zusammentreffen, bei dem sog. Bronzediabetes.

Begleiterscheinungen der Leberzirrhose sind mehr oder weniger regelmäßig Ikterus (s. oben und im allg. Teil letztes Kapitel) und Stauung im Pfortadersystem, d. h. Aszites und Milzschwellung.

Die Stauung im Pfortadersystem ist die naturgemäße Folge des Prozesses. Fallen doch mit dem Zugrundegehen der Azini zahlreiche Pfortaderäste aus; andere werden komprimiert; die ganze Kapillarausbreitung ist umgebaut. Die Stauung kann nur zum Teil durch Kollateralen — Bahnen des Ösophagus, der Nierenkapsel, Venae spermaticae — ausgeglichen werden. Sie werden überfüllt gefunden, und auch die den Nabel umgebenden Venen fallen schon von außen durch Füllung und variköse Schlängelung als sog. „Caput Medusae" auf. Da aber die Kollateralen nicht ausreichen, das Pfortadergebiet zu entlasten, kommt es zu Stauungserscheinungen in den Organen der Bauchhöhle. So treten am Magen und Darm Stauungskatarrhe auf, ferner Aszites und Milzschwellung. Letztere ist aber nur zum Teil auf die Stauung im Pfortadersystem zu beziehen; zum Teil handelt es sich auch um primäre, der Bindegewebsvermehrung der Leber wohl koordinierte bindegewebige Wucherung in der Milz.

Nicht selten findet man auch Pfortadersklerose als Folge der Stauung, zum Teil aber offenbar auch direkt auf die Grundnoxe zu beziehen. An die Sklerose kann sich thrombotischer Verschluß der Pfortader anschließen.

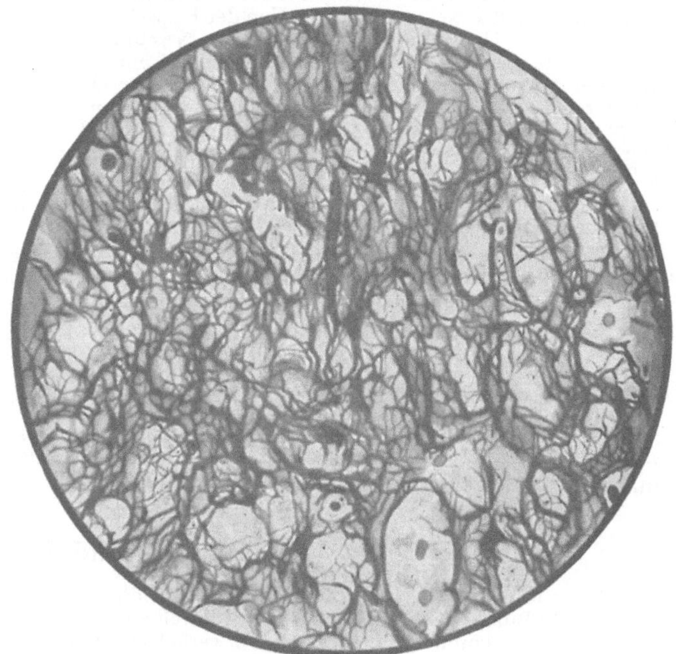

Fig. 319.
Leberzirrhose. Das Bindegewebe zum großen Teil durch Hyperplasie der Gitterfasern entstanden.
(Imprägnation mit Silber nach Bielschowsky.)

Von dem bisher gezeichneten Werdegang und Bild der gewöhnlichen atrophischen oder Laënnecschen Leberzirrhose weichen andere Formen chronischer Zirrhose dadurch ab, daß die Volumenzunahme der Leber dauernd bestehen bleibt. Man spricht von **hypertrophischer** oder **Hanotscher Leberzirrhose.**

Es sind dies besonders die Fälle, in welchen von vornherein neben der interazinösen Bindegewebswucherung auch die intraazinöse das Bild beherrscht. Das Bindegewebe entwickelt sich zwischen die Leberzellreihen, drängt diese, sogar einzelne Leberzellen, auseinander. So nimmt das Volumen und Gewicht (bis auf 2—4 Kilo) zu; die Leber ist mehr zäh als hart. Oft zeigt das vermehrte Bindegewebe (Gitterfasern) eher den Charakter einer einfachen gleichmäßigen Hyperplasie als den einer starken Granulationswucherung. Die Oberfläche bleibt ziemlich glatt oder zeigt nach Atrophie des Bindegewebes meist nur flache Vorwölbungen, keine charakteristische Granularatrophie. Der Ikterus ist besonders hochgradig. Eine atrophische Leberzirrhose kann auch dadurch hypertrophische Form annehmen, daß die vikariierend-hyperplastisch-regeneratorischen Leberzellwucherungen — meist in Gestalt großer Knoten (s. später) — ganz besonders stark hervortreten.

Produktive Hepatitis kann sich als sog. **biliäre Zirrhose** auch an chronische Gallenstauung, besonders wenn Infektion durch die Gallenwege hinzukommt, anschließen.

Es kommt hier zu Nekrose der Leberzellen und Ersatz durch Bindegewebe unter chronisch-entzündlichen Erscheinungen. Dabei behält die Leber oft zum mindesten ihr Volumen (hypertrophische Formen). Bei der biliären Zirrhose können Milzschwellung und Pfortaderstauung fehlen.

Überall, wo lokal Lebergewebe zugrunde gegangen ist — geheilte kleine Gummata oder Tuberkel, abgestorbene Pentastomen u. dgl. —, können sich kleine, aus Bindegewebe und gewucherten Gallengängen bestehende Herde nach Art einer lokalen Zirrhose bilden; kleine, ähnliche Knötchen finden sich auf Grund angeborener Anomalie (s. u.).

f) Infektiöse Granulationen.

Tuberkulose kommt als disseminierte Tuberkulose sowie — seltener — in Form größerer Herde (Konglomerattuberkel) vor.

Erstere sind meist gerade in der Leber sehr klein, mit bloßem Auge nicht oder kaum erkennbar. Etwas größere sind meist schon aus mehreren kleinsten Tuberkeln zusammengesetzt. Sie gehen zumeist vom periportalen Bindegewebe aus und finden sich sehr häufig metastatisch entstanden bei Tuberkulose der Lunge, des Darmes — hier fast regelmäßig — usw.

Auch die Konglomerattuberkel gehen meist vom periportalen Bindegewebe aus und entstehen ebenso. Sie sind meist etwa erbsengroß. Da sie in der Nähe der ja auch im periportalen Bindegewebe gelegenen größeren Gallengänge sitzen, brechen sie bei ihrem Wachstum oft in solche ein, so daß besonders die käsigen Massen dann gallig gefärbt werden — sog. Gallengangstuberkel. Sehr selten sind große tumorartige Konglomerattuberkel.

Bei Neugeborenen sind in seltenen Fällen Pseudotuberkel, durch Pseudotuberkelbazillen bewirkt, beobachtet worden.

Syphilis tritt in späteren Stadien in Form fibröser Hepatitis oder von Gummata auf.

Die erstere ist öfters auf einzelne Bezirke lokalisiert und ruft dann hier hochgradige Veränderungen mit starken Einziehungen hervor. Die Gummata, miliar aber auch über walnußgroß, zuweilen mehrere, zeigen auch Neigung zu schwieliger Vernarbung, besonders am Rande, wo sich eine derbe Kapsel bildet, während in der Mitte Nekrose eintritt. Von der Kapsel strahlen oft radiäre Bindegewebszüge in die Umgebung; es entstehen so charakteristische strahlige Narben. Durch die starke Schrumpfung, wie sie gerade auch syphilitischem Granulationsgewebe eigen ist, entstehen an Stellen syphilitischer Hepatitis oder auch vernarbter Gummata erhebliche Einziehungen der Oberfläche, besonders am Rand — mit Vorliebe am unteren und in der Umgebung des Lig. suspensorium — in Gestalt tiefer Furchen. So wird der Rand gelappt — **Hepar lobatum.** Auch die Kapsel verdickt sich und verwächst eventuell mit umgebenden Organen — Perihepatitis fibrosa. Gallenstauung, Ikterus, auch Amyloiddegeneration kann sich hinzugesellen.

Relativ häufig sind im Frühstadium akute gelbe Leberatrophien, oft mit hyperplastischen Ersatzwucherungen (s. oben).

Bei der kongenitalen Syphilis findet sich die fleckig ausgebreitete hochgradige, intraazinöse Zirrhose, welche das charakteristische Bild der sog. Feuersteinleber darstellt (s. im allg. Teil). Auch Gummata — meist miliare — sind nicht sehr selten.

Aktinomykose kommt meist vom Darm her zustande.

Kleine, aus Lymphozyten bestehende Knötchen — sog. Lymphome — treten multipel bei Infektionskrankheiten — Typhus, Diphtherie usw. auf.

Bei Leukämie finden sich neben den Veränderungen des Blutes in den Kapillaren diffuse Zellinfiltrate oder öfter umschriebene, von dem portalen Bindegewebe ausgehende und daher zunächst etwa dreieckig gestaltete Zellanhäufungen.

g) Verletzungen und Wundheilung.

Ausgedehnte Verletzungen der Leber endigen meist durch die mit ihnen verbundene Blutung tödlich. Über Infarkte s. oben. Da die Leber durch eine gewisse Brüchigkeit ihres Gewebes zu Zerreißungen disponiert ist, so kommen ihre Rupturen verhältnismäßig leicht durch äußere Gewalteinwirkungen, auch ohne Verletzung der Bauchdecken, zustande, so auch als Effekt forcierter Extraktion des Fötus. Im Gefolge von Zerreißungen von Lebervenen kommt es bei Leberverletzungen gelegentlich zu Embolie von Leberzellen in andere Organe. Die Heilung von Leberwunden erfolgt durch Bildung bindegewebiger Narben.

h) Hyperplastische Prozesse; Geschwülste.

Hypertrophie der ganzen Leber ist selten. **Regenerativer Wiederersatz** von Leberparenchym findet in höchstem Grade statt.

Man kann bei Kaninchen bis zu $^3/_4$ der Leber entfernen, und das Lebergewebe wird durch regeneratorische und kompensatorisch-hyperplastische Wucherungen der Leberzellen — nach einigen Ansichten beteiligen sich dabei auch die Gallengänge — fast vollkommen wiederhergestellt.

Auch beim Menschen spielen kompensatorische Hypertrophien und vikariierende Regenerationen von Leberzellen — die sehr groß werden können — und vor allem von Azini und ganzen Gruppen solcher, eine große Rolle nach vielen, mit Substanzverlust verknüpften Erkrankungen, so akuter gelber Leberatrophie, Zirrhose, Echinokokkus, Gummata usw. Es treten dann — besonders bei den beiden erstgenannten Erkrankungen, oft erbsengroße und größere Knoten hervor, welche zuweilen ohne scharfe Grenze in die Umgebung übergehen, oft aber durch eine bindegewebige Kapsel von ihr geschieden sind. Die einzelnen Zellen sind oft sehr groß und zeigen Abweichungen von der gewöhnlichen Anordnung, indem sie nicht mehr in Balken angeordnet sind, sondern größere solidere Zellmassen oder drüsenschlauchartige Anordnung aufweisen. Man bezeichnet sie als **knotige Hyperplasien.** Solche gehen nun ohne scharfe Grenze, indem die Anordnung noch mehr vom gewöhnlichen Bau abweicht und die Bildungen noch selbständigeren tumorartigen Charakter gewinnen, in **Adenome** über.

Es gibt solche, die von den Leberzellen und solche, die von den Gallengängen ausgehen. Sie sind also, wie die knotigen Hyperplasien, auf Grund vikariierend regeneratorischer Vorgänge entstanden und finden sich dementsprechend, besonders bei Zirrhose oder in Spätstadien von Leberatrophien, meist multipel. Es gibt aber auch solitäre Adenome, von Leberzellen oder Gallengängen ausgehend, in sonst normalen Lebern, offenbar auf Grund angeborener Anomalien, zu den sog. Hamartomen (s. allg. Teil) gehörend.

Das **primäre Karzinom** ist selten. Es schließt sich auch zuallermeist an regeneratorische Prozesse an und findet sich dementsprechend in der ganz überwiegenden Zahl der Fälle (in 80—90%) bei Leberzirrhose, in selteneren Fällen auch nach atrophischen Stauungslebern oder im Anschluß an Echinokokken.

Wir können zwei Formen, je nach der Matrix, unterscheiden. Das häufigere ist das Leberzellenkarzinom (Carcinoma hepatocellulare), welches gerade zumeist aus knotigen Hyperplasien oder Adenomen bei Leberzirrhose hervorgeht und dementsprechend bei Männern häufiger als bei Frauen ist. Die zweite Form, das Gallengangskarzinom (Carcinoma cholangiocellulare), geht von dem Epithel der kleinen Gallengänge (die von den großen Ausführungsgängen ausgehenden Tumoren rechnen wir nicht zu den primären der Leber) aus und findet sich öfters bei biliärer Zirrhose u. dgl. Das Leberzellenkarzinom besteht aus dickeren und unregelmäßigeren Zügen von Leberzellen, welche zumeist durch Auftreten von Lumina schlauchartige Formationen bilden, und ist dadurch gekennzeichnet, daß sich als Stroma — zunächst wenigstens — weniger Bindegewebe findet als zwischen den Karzinomzellen nach Art des Lebergewebes gelegene Kapillaren. Die Karzinomzellen sezernieren noch sehr häufig (selbst in Metastasen) Galle, und die genannten Lumina sind mit gestauter Galle gefüllt. Das Gallengangskarzinom ist zumeist ein ausgesprochenes Zylinderzellenkarzinom mit bindegewebigem Stroma. Später können sich diese Unterschiede verwischen und in beiden Fällen ein mehr indifferentes Karzinom entstehen. Das primäre Leberkarzinom — beider Matrizes — kann in Form eines oder mehrerer großer massiver oder öfters in Gestalt zahlreicher kleinerer zerstreuter Knoten auftreten. Meist ist der rechte Lappen bevorzugt, doch kann auch die ganze — zirrhotische — Leber so gleichmäßig diffus von den Knoten eingenommen werden, daß makroskopisch das Bild einer hypertrophischen Leberzirrhose entsteht. Die zahlreichen Knoten sind als intrahepatische Tochterknoten des Primärkarzinoms der Leber zu deuten, denn schon sehr frühzeitig bricht dasselbe in die Lebergefäße, besonders Kapillaren und Venen, unter ihnen besonders auch die Äste der Vena portae ein (oft findet sich ein großer Geschwulstthrombus auch im Hauptstamm der Pfortader oder auch in der Vena hepatica eventuell auch der Vena cava inferior) und verbreitet sich in dem ganzen intrahepatischen Pfortadersystem. Die Knoten sind dann zum großen Teil Durchschnitte solcher zusammenhängender Stränge oder aus embolischer Versprengung im Pfortadersystem entstanden. Sie entwickeln sich also in beiden Fällen zum großen Teil in den Venen und sind aus diesen ausspülbar. Aber auch extrahepatische Metastasen schließen sich, wenn auch nicht so häufig, an; sie sitzen besonders in der Lunge und Pleura, nicht selten auch im Knochensystem. Sehr häufig sind auf dem Lymphwege die benachbarten Lymphknoten ergriffen.

Auch von versprengten Nebennierenkeimen können — selten — Tumoren der Leber ausgehen.

Sarkome sind primär in der Leber sehr selten.

Es gibt Spindelzellen — Rundzellen — und gemischtzellige Sarkome, oft mit einigen Riesenzellen. Auch das Sarkom schließt sich öfters (wenn auch seltener als das Karzinom) an Zirrhose an. Es findet sich öfters auch schon bei Kindern, wohl auf kongenitaler Grundlage. Karzinosarkome, Teratome sind extrem selten, ebenso auch Mischtumoren, meist bei Kindern. Endotheliome — ebenfalls selten — gehen von Kapillaren aus; es können sich Blutbildungsherde finden.

Unter den gutartigen Tumoren sind Fibrome äußerst selten. Um so häufiger aber sind — oft auch multipel — in allen Lebensaltern vorkommende Kavernome (kavernöse Angiome). Sie stellen sich als kleine, meist unter der Kapsel gelegene blaurote Flecke dar; nur selten erreichen sie große Dimensionen und können dann auch klinische Bedeutung gewinnen. Die Septen zwischen den Bluträumen sind reich an elastischen Fasern; von den Endothelien aus kann auch hier Bildung von Blutzellen erfolgen. Später verdicken sich die Septen häufig, und auch die Bluträume können organisiert und durch Bindegewebe ersetzt werden. So entstehen kompakte, an Fibrome erinnernde Knötchen (deren Genese sich bei Färbung auf elastische Fasern noch ergibt).

Zysten der Leber können verschiedener Art sein. Eine oder mehrere große (uni- oder multilokuläre Zysten) werden meist als Kystadenome der Gallengänge gedeutet. Auch von aberrierenden Gallengängen, besonders in der Gegend des Lig. suspensorium, können Zysten ausgehen. Sehr selten sind Übergänge von Kystadenomen zu Karzinomen. Durchsetzung der ganzen Leber mit kleinen Zysten (sog. Zystenleber oder zystische Leberdegeneration), auch von den kleinen Gallengängen ausgehend, findet sich mit derselben Veränderung der Niere (s. dort) zusammen auf Grund angeborener Anomalien. Die Affektion kann durch Vergrößerung der Leber zum Geburtshindernis werden.

Sekundäre — metastatische — Karzinome sind überaus häufig. Es hängt dies mit der Anordnung der Kapillaren in der Leber und der hier stattfindenden Stromverlangsamung zusammen. Insbesondere finden sie sich nach Karzinom aller Organe des Pfortaderwurzelgebietes, auf diesem Wege der Leber vermittelt, so nach Karzinomen insbesondere des Magens, ferner des Darmes (Rektum), des Pankreas, der Nebennieren usw. Des weiteren schließt sich das Karzinom überaus häufig sekundär an solches der Gallenblase und der Gallenwege an.

Die Lebermetastasen durchsetzen oft in riesiger Zahl und kolossaler Ausdehnung das ganze Organ, öfters bei sehr kleinem Primärtumor, z. B. des Magens. Die Mitte der Knoten wird oft nekrotisch, sinkt — besonders unter der Kapsel — ein und bildet so eine nabelartige Delle. Am Rande der Knoten sind die

Leberzellen oft zu dünnen, konzentrischen Zellagen abgeplattet. Als Vermittler des Primärtumors und der Lebermetastasen findet man oft einen Geschwulstthrombus in einem größeren Pfortaderast. Auch auf dem Wege der Leberarterie können Geschwulstkeime — welche aus irgendeinem Gebiet des großen Kreislaufs stammen und die Lungenkapillaren passiert haben — in die Leber gelangen und hier Metastasen setzen. Seltener greifen Karzinome der Nachbarschaft — z. B. des Magens, öfters aber der Gallenblase — direkt per continuitatem auf die Leber über. Von Lebermetastasen aus kann es nach Einbruch in eine Lebervene zu weiterer Metastasierung in die Lunge usw. kommen.

Auch von anderen Tumoren, Sarkomen usw. aus kommen, wenn auch weit seltener als bei Karzinomen, Metastasen in der Leber zustande.

i) Parasiten.

Der Echinokokkus ist der wichtigste und häufigste. Über beide Formen desselben siehe Allgemeiner Teil.

Die Leber bildet um die Echinokokkuszysten bindegewebige Kapseln. Außen herum wird das Lebergewebe komprimiert und atrophiert. Kompression der Gallengänge bewirkt Ikterus. Echinokokken können in Gallengänge, Bauchhöhle, andere Organe, Vena cava (mit Embolie der Lungenarterie) durchbrechen. Echinokokken können auch durch Infektion auf dem Gallen- oder Blutwege vereitern.

Ferner finden sich zuweilen: Cysticercus cellulosae, Distomum hepaticum und lanceolatum (Gallenblase), Pentastomum denticulatum, Ascaris lumbricoides (vom Darm eingewandert), Amöben (Abszesse in den Tropen usw.), Coccidien (besonders beim Kaninchen in den Gallengängen).

k) Gallenwege und Gallenblase.

Selten ist Aplasie der Gallenblase.

Sehr häufig sind die **Gallensteine.**

Ein einzelner, sehr großer, eiförmiger, an der Oberfläche höckriger kann die ganze Gallenblase füllen. Oder es sind viele, bis hunderte, verschieden große, aber im ganzen kleinere, eckige bis polyedrische, durch gegenseitiges Abschleifen meist fazettierte, an der Oberfläche glatte, vorhanden. Auch finden sich oft kleine Partikel in ungeheuren Massen, sog. Gallengries.

Alle Gallensteine haben ein organisches Gerüst. Dies wird mit Kalk, besonders mit Bilirubinkalk, aber auch kohlensaurem und phosphorsaurem einerseits, Cholesterin andererseits imprägniert. Je nach diesen Stoffen, die quantitativ sehr verschieden gemischt sind, wechselt Farbe und Konsistenz. Danach können wir formal und genetisch hauptsächlich zwei Arten von Gallensteinen unterscheiden, den **Cholesterinstein** und die **Bilirubinkalksteine** bzw. die nichtentzündlichen und die entzündlichen Gallensteine.

Die reinen Cholesterinsteine sind sehr leicht, schwimmen auf Wasser, sind von heller Farbe, weich, schneidbar und leicht zerdrückbar; die Bruchfläche zeigt einen eigentümlichen, glimmerähnlichen Glanz und meist eine radiäre Zeichnung, auf grobkristallinischem Cholesterin beruhend. Eine bräunliche Färbung im Zentrum ist durch Beimischung von Gallenfarbstoffniederschlägen im Kristallisationszentrum zu erklären; sonst enthalten die Cholesterinsteine nur Spuren von Eiweiß und Kalk. Dieser reine Cholesterinstein ist stets nur in der Einzahl vorhanden und kommt in jedem Lebensalter, schon bei Kindern, vor. Er bildet sich bei Zuständen von Stauung der Galle zum Teil durch autolytisch-chemische Umsetzungen der gestautenGalle (besonders wenn viele abgelöste Epithelien oder dergleichen da sind), aber ohne Infektion der Gallenblasenwand dadurch daß Cholesterinämie besteht, oder ohne solche, auf jeden Fall auf Grund einer Stoffwechselerkrankung, vorübergehend stark erhöhte Ausscheidung des Cholesterins stattfindet; zum Teil mag auch konstitutionell bedingte „Cholesterindiathese“ mitwirken. Die Galle selbst liefert also das — ja in erster Linie von den Leberzellen sezernierte — Cholesterin. Der Cholesteringehalt der Galle — parallel dem Cholesterinspiegel des Blutes — hängt offenbar mit der Nahrung und anderen Momenten zusammen. Während der Schwangerschaft besonders wird Cholesterin gespeichert und ausgefällt, und so mag sich auch zum Teil die Häufigkeit der Gallensteine nach Geburten bei Frauen erklären. Nach Schmieden soll der ventilartige Verschluß infolge der Falten im Ductus cysticus bei der aufrechten Haltung des Menschen die Gallenstauung begünstigen; auch Schnüren mag die Stauung fördern. Störungen der anderen Gallenbestandteile (Verminderung der Gallensäuren) können zur Ausfällung des Cholesterins von Bedeutung sein (Aschoff). Nach dem letztgenannten Autor stellen diese reinen Cholesterinsteine etwa ein Drittel aller Gallensteine dar.

Der Cholesterinstein klemmt sich nun sehr häufig in den Blasenhals bzw. den Ductus cysticus ein und wird so zum Verschlußstein. So kommt es zum — fast fieberfreien — nichtentzündlichen Gallensteinanfall. Aber der Verschluß hat weitere Folgen. Der Inhalt der Gallenblase wird gestaut und dann vom Darm aus durch aszendierende, evtl. auch durch hämatogene, Infektion infiziert. So entsteht die oft prall mit Eiter gefüllte Gallenblase, das **Empyem** derselben. Mit der Zeit kann der Eiter resorbiert werden, und die stark erweiterte Gallenblase ist dann mit schleimig-seröser Flüssigkeit gefüllt — **Hydrops vesicae felleae.** Vor allem aber ist, auch wenn der Verschlußstein in die Gallenblase zurückgewandert und sich so der Verschluß wieder löst, infolge der Infektion die Gallenblasenwand in den Zustand entzündlichen Katarrhs geraten. So ist nun aber die Gelegenheit zur Bildung der anderen Art der Gallensteine, der entzündlichen, gegeben.

Die Zersetzung der Galle führt nämlich zur Ausfällung außer von Cholesterin auch von Pigmentkalkmassen. Den Kalk liefert also die Entzündung der Wand. Diese Massen lagern sich nun einmal um den ursprünglich reinen Cholesterinstein ab und bilden so den Kombinationsstein — welcher naturgemäß wie der Cholesterinstein selbst nur in der Einzahl vorhanden und meist besonders groß ist —, andererseits bilden jene Massen jetzt aber auch neue Cholesterinpigmentkalksteine, welche zu Hunderten und in verschiedener Größe sich in der Gallenblase finden können. Diese Steine sind meistens aber kleiner, schwerer, von außen gelblich bis schwarz, die Oberfläche oft höckerig, maulbeerförmig, zumeist aber facettiert, die Schnittfläche konzentrisch geschichtet. Die facettierte Oberfläche wird gewöhnlich durch gegenseitiges Abschleifen unter Pressung, von Aschoff durch stärkeres Wachsen „an den gipfelnden Teilen", also als primär erklärt. Auch diese Steine können sich einklemmen und so wird zu infektiös-entzündlichen Gallensteinanfällen und weiterer Infektion und Gallensteinen Veranlassung gegeben. Bei der Bildung dieser Gallensteine wirken einmal äußere Momente — außer der infektiösen Zersetzung der Galle vor allem Exsudatbildung von seiten der entzündeten Schleimhaut — mit, dazu aber spielen infolge der Beimischung eiweißartiger Kolloide (das Eiweißgewicht sieht Schade als fibrinartig an) kolloidchemische noch nicht restlos ergründete Momente mit. Hierbei scheinen rhythmische Fällungen in kolloidalen Systemen bei Diffusionsvorgängen nach Art der sogenannten Liesegangschen Ringe eine Hauptrolle zu spielen; hiermit hängen wohl die Schichtungen der Konkremente zusammen.

Auch ist zu bedenken, daß zu verschiedenen Zeiten unter dem Einfluß der Entzündung die Wand und der Inhalt der Gallenblase sich verschieden verhalten. Die äußeren Schichten der Pigment-Cholesterinkalksteine sind härter, was nach Torinoumi nicht auf größerem Reichtum an Kalk, sondern auf größerer Dichte des kristallinisch ausgefällten Kalks beruht. Das Zentrum der Steine ist weich, ja weist öfters Spalten oder kleine Hohlräume auf. Naunyn bezieht dies auf einen ursprünglichen Brei als Kern der Steine und nimmt sekundäres Eindringen des Cholesterins von außen an. Aschoff erklärt solche Befunde mit nachträglichen Entquellungen im Zentrum und so erfolgenden Niederschlägen des im Entquellungswasser gelösten Cholesterins in den Spalträumen im Kern der Steine. Solche Entquellungsvorgänge können nicht nur zu Selbstzerreißungen im Zentrum führen, sondern auch zu Zerfall ganzer Steine in Bruchstücke (nach Aschoff).

Andere Steine sind selten, so solche, welche hauptsächlich aus kohlensaurem und phosphorsaurem Kalk bestehen. Sie sind hart, meist hell, mit höckeriger Oberfläche und kreidiger Bruchfläche.

Die primär in der Gallenblase gebildeten Steine können sekundär in die abführenden Gallengänge geraten und diese verschließen (über die Folgezustände s. u.). Primär entstehen Steine hier selten, sie sind meist weich, gleichmäßig braun (Aschoff). Auch in den großen Gallengängen der Leber entstehen echte Gallensteine nur höchst selten. Es mag dies mit den Unterschieden der Galle an Konzentration und Schleimgehalt in der Leber und in der Gallenblase, welch letztere ja eine physiologisch wichtige Änderung der Galle bewirkt, zusammenhängen; ebenso mit mechanischen Bedingungen.

Wichtig sind lokale Folgezustände für die Gallenblasenschleimhaut.

An der Stelle, wo der Stein aufliegt, kommt es häufig zu Drucknekrose. Es schließt sich lokale entzündliche Reaktion mit Narbenbildung an, und so wird der Stein fest umwachsen. Legen sich Steine zwischen Schleimhautfalten, so können hier divertikelartige Ausbuchtungen entstehen (doch können solche auch zuvor bestehen und sich in ihnen Steine erst bilden). Die Muskularis der Gallenblase hypertrophiert dabei häufig. Auch kann die Gallenblase stark schrumpfen und zum Teil obliterieren; auch Kalk kann sich ablagern.

Aber auch die Gesamtschleimhaut der Gallenblase geht oft unter dem Einfluß der Steine und von aus dem Darm hierher gelangten Bakterien, besonders Bacterium coli, heftige Entzündungen ein — Cholezystitis (s. o.).

Bei der Cholezystitis spielen Epitheleinsenkungen in die Muskelschicht, die sog. Luschkaschen Gänge, welche meist in Beziehungen zu Gefäßdurchtritten stehen, eine bedeutsame Rolle. An diesen Stellen beginnen nämlich die Entzündungsvorgänge mit Vorliebe; hier sammeln sich die zelligen Infiltrate — meist mehr Leukozyten, dann Lymphozyten und Plasmazellen — besonders an, und jene Epithelstränge wuchern und sezernieren viel Schleim. Daneben besteht oft starkes Ödem oder Durchsetzung der Wand mit fibrinösem Exsudat.

In Spätstadien von Cholezystitiden können die akut entzündlichen Prozesse ganz abgelaufen sein. Die Schleimhaut ist atrophisch, stellenweise aber auch hypertrophisch, und jene drüsenförmigen Formationen dringen noch weit tiefer und zahlreicher vor. Derbes altes Bindegewebe ist an einen großen Teil der Schleimhaut und des darunter liegenden Gewebes getreten, die Muskularis ist oft hypertrophisch.

Durch Beteiligung der Serosa kommt es zu Verwachsungen mit Nachbarorganen — Pericholecystitis adhaesiva. Die Entzündung kann eiterigen — Cholecystitis phlegmonosa — oder gar diphtherisch-eiterigen Charakter annehmen. So kann es zu Perforationen kommen. Infolge der zuvor meist eingetretenen Verwachsungen erfolgen diese zumeist in Duodenum oder Kolon, seltener Magen, Ileum usw., und so bilden sich, da sich die Durchbruchstelle gewöhnlich nicht wieder schließt, Gallenblasenfisteln; selten erfolgen solche bei Verwachsung mit der vorderen Bauchwand nach außen. Sind Adhäsionen ausgeblieben, so kann eine Perforation in die freie Bauchhöhle mit Peritonitis erfolgen.

Durch die Perforationen können Steine die Gallenblase verlassen, sie können so in den Darm gelangen und wenn sie sehr groß sind, hier Verschluß bewirken. Sehr häufig gelangen Steine in die größeren Gallenwege; ganz kleine gehen so in den Darm ab; größere bleiben auf dem Wege liegen bzw. stecken. An den Gallengängen spielen sich im Anschluß an die Steine dieselben Veränderungen ab: Drucknekrose, Cholangitiden verschiedener Art (bei eiterigen mit Ausbildung von Leberabszessen, s. oben), Perforationen mit Durchbruch in das Duodenum in der Nähe der Papilla Vateri (wenn der Stein im Duct. choledochus eingekeilt liegen geblieben) oder auch in die freie Bauchhöhle.

Bleibt ein Stein im Ductus choledochus oder hepaticus stecken, so kommt es infolge Behinderung des Gallenabflusses aus der Leber zu **Ikterus** (Stauungsikterus).

Bei dauernder Gallenstauung kann das ganze rückwärts gelegene Ganggebiet stark mit stagnierter Galle gefüllt und erweitert sein. Dies kann sich bis in die feinsten Verzweigungen in der Leber erstrecken und sich Cholangitis und Pericholangitis fibrosa sowie biliäre Leberzirrhose (s. oben) anschließen. Das Lebergewebe nimmt infolge der Gallenstauung, besonders im Zentrum der Azini, gelbgrüne Farbe an.

Gallensteine bleiben oft sehr lange symptomlos. Ein Übertritt in die Gallengänge, vor allem aber die entzündlichen Prozesse, besonders an der Serosa, lösen oft krampfartige Schmerzen — Gallensteinkoliken — aus.

An die durch Gallensteine verursachten nekrotischen, narbigen, entzündlichen Prozesse in Gallenblase und Gallengängen können sich Karzinome anschließen.

Meist im Anschluß an Gallenkonkrementen (s. o.), aber auch ohne solche treten in den Gallenwegen entzündliche Prozesse (katarrhalische, diphtherische, eiterige) auf, und zwar ist auch hier meist Übertritt von Darmbakterien, besonders Bacterium coli, anzuschuldigen. Auch tierische Parasiten, besonders Spulwürmer, können einwandern, mechanisch reizen und Entzündungsprozesse hervorrufen, ähnlich den Gallensteinen.

Bei dem schwachen Druck, unter welchem die Galle abgeschieden wird, ist sie nicht imstande, einen auch nur mäßigen Widerstand zu überwinden und staut sich schon bei geringen Hindernissen in der Leber en.

Von anderen Darmaffektionen, an welche sich entzündliche Prozesse in den Gallenwegen anschließen können, ist besonders der Typhus abdominalis zu erwähnen; in seinem Verlauf finden sich nicht selten Typhusbazillen in der Gallenblase, wo sie eine starke, sogar eiterige Cholezystitis hervorrufen können; auch bleiben sie hier oft sehr lange latent liegen (s. im letzten Kapitel) und können oft auch Steine bewirken.

Auch auf dem Blutwege können Entzündungserreger in die Gallenblase und Gallenwege im Verlauf allgemeiner Infektionskrankheiten gelangen.

Von einfachen Zirkulationsstörungen ist das Ödem der Gallenblasenwand zu nennen bei allgemeiner Stauung oder Entzündung; es führt zu starker Schwellung und Verdickung namentlich der Schleimhaut und Submukosa.

Fett-(Cholesterinester)gefüllte Zellen in der Gallenblasenschleimhaut sind auf Resorption aus der Galle zu beziehen. Teils handelt es sich um Epithelien, teils liegen die Cholesterinester in Bindegewebszellen, welche dadurch zu Xantomzellen gleichenden Zellen (Pseudoexantomzellen s. allgemeiner Teil) werden, unter dem Epithel. Bei Cholezystitiden mit Gallensteinen erweitern sich infolge Druckwirkung die Luschkaschen Gänge zuweilen, werden in die Tiefe (bis zur Serosa, durch die sie auch selbst perforieren können) vorgetrieben und enthalten kleine, eingedickte Gallenmassen. Aus diesen resorbierte Cholesterinester und auch Cholesterinkristalle können in der Umgebung von Zellen aufgenommen werden und auch hier kleine makroskopisch gelbe Entzündungsherde verursachen (Pseudoxanthome, s. allg. Teil). Solche finden sich auch sonst öfter in entzündeten Gallenblasenwandungen.

Tuberkulose, manchmal auch größere Verkäsungen, sind selten.

Von **Tumoren** treten sehr selten Fibrom (papilläres Fibroepitheliom), Myxom, Mischgeschwülste oder Sarkom, häufig das **Karzinom** auf; in etwa 90% der Fälle finden sich gleichzeitig Steine, welche meist als primär anzusehen sind. Sie hängen, wenigstens indirekt, mit der Karzinomentstehung zusammen.

Das Gallenblasenkarzinom tritt in Form des Adenokarzinoms (zumeist), des Skirrhus oder des Kolloidkrebses und in nicht ganz seltenen Fällen als Kankroid (zuweilen gemischt mit Zylinderzellenkarzinom = Adenokankroid) auf. Dabei kann die ganze Wand der Gallenblase vom Karzinom eingenommen sein, so daß nur eine mit zerfallenden Massen gefüllte Höhle frei bleibt; oder der Tumor zeigt eine knotige Form und kann, wenn er am Hals der Gallenblase sitzt, zu Hydrops derselben führen. In allen Fällen greift die Geschwulst gerne auf die Leber über, und zwar teils direkt, teils nach Einbruch in die großen Pfortaderäste, ferner auf den Darm, den Magen, den Ductus choledochus und bewirkt öfters Verschluß oder Thrombose der Vena cava inferior.

Ferner können sich Krebse (Zylinderzellkrebse) an den großen Gallenwegen, am Ductus choledochus, besonders an der Papille und in der Nähe der Vereinigung mit dem Ductus cysticus, am Ductus hepaticus und am Ductus cysticus, oder an den innerhalb der Leber gelegenen Gallengängen entwickeln. Verschluß der Gänge mit Stauung der Galle, Entzündungen, besonders eitrige, und somit Leberabszesse können Folgeerscheinungen sein.

G. Peritoneum.

Das meiste ist schon bei den Darmeingeweiden gesagt; auch entsprechen die Veränderungen meist denen der Pleura und des Perikards.

Aktive Hyperämie ist entzündlich oder die Folge plötzlichen Nachlassens des intraabdominalen Druckes (Entfernung großer Geschwülste, Flüssigkeitsmassen u. dgl.).

Flüssigkeitsansammlung in der Bauchhöhle heißt **Aszites**; er findet sich oft in beträchtlichen Mengen und entsteht entweder auf dem Wege der Transsudation als Teilerscheinung allgemeiner Höhlenwassersucht bei allgemeiner Stauung oder bei Pfortaderstauung, besonders bei Leberzirrhose oder Pfortaderthrombose. Oder der Aszites entsteht auf dem Wege entzündlicher Exsudation. Es sammelt sich zunächst im kleinen Becken, dann in der ganzen Bauchhöhle, so daß das Zwerchfell nach oben gedrängt wird, eventuell bei Verwachsungen auch in abgesackte Räume. Durch Kommunikation mit den Bauchlymphgefäßen, besonders nach Zerreißung des Ductus thoracicus, wird der Aszites durch Chylusflüssigkeit milchig-trübe — Aszites chylosus; sind zahlreiche verfettete Zellen, besonders Endothelien, beigemengt, so spricht man von Aszites pseudochylosus oder adiposus.

Kleine **Blutungen** — Ekchymosen — finden sich bei Stauung sowie bei gewissen Infektionskrankheiten, bei hämorrhagischer Diathese usw.; größere auch bei Tumoren, Peritonitiden sowie Verletzungen, ferner nach Platzen von Aneurysmen, Extrauteringraviditäten, Fettgewebsnekrose (s. unten) usw. Sie können zum Tode führen, sonst resorbiert oder abgekapselt werden.

Am wichtigsten sind die **Entzündungen,** zunächst die exsudativen, die seröse, fibrinöse, eiterige oder hämorrhagische bzw. aus diesen gemischte **Peritonitis.** Sie schließt sich meist an Erkrankungen der vom Bauchfell bekleideten Organe an und auch ihr Charakter richtet sich im wesentlichen nach dem des ursprünglichen Entzündungsherdes. Am leichtesten sind die serösen Entzündungen, alle schwereren sind, wie bei anderen serösen Häuten, fibrinöser oder auch fibrinös-eiteriger Natur. Sehr gefährlich ist die **eiterige Peritonitis,** welche sich zumeist an eiterige Entzündungen der Genitalien (Puerperalfieber) des Darmes (Typhus, Appendizitis usw.), der Leber, Milz oder an Wundinfektion (Wunden der Bauchwand, Laparotomien) anschließt, oder auch bei Pyämie, Typhus und anderen Infektionskrankheiten metastatisch auftreten kann. Am gefahrdrohendsten sind die Perforationen in die Bauchhöhle nach Geschwürsprozessen, ulzerierenden Tumoren, Gangrän (inkarzerierte Hernien, Volvulus, Invagination), Zerreißungen, besonders von Magen und Darm. Es kann vor Ausbildung einer eigentlichen Peritonitis der Tod durch peritoneale Sepsis erfolgen, d. h. durch Resorption der von den Fäulnisorganismen des Darminhaltes produzierten Gifte, sonst entsteht eine **jauchig-eiterige („fäkulente") Perforationsperitonitis.** Bei Perforation von Magen oder Darm findet sich in der Bauchhöhle auch Gas, welches diese auftreibt.

Zuweilen sind Entzündungserreger in solchen Mengen vorhanden, daß sie auf den Darmschlingen einen feinen Rasen bilden und der Tod eintritt, auch hier infolge Resorption der Toxine, bevor eine eigentliche Peritonitis sich ausbilden kann.

Bezüglich der Prognose quoad vitam ist bei jeder Peritonitis die wichtigste Frage, ob sie abgegrenzt bleibt oder diffus wird.

Diffus ist in der Regel die Perforationsperitonitis, wenn nicht vorher schon Verwachsungen vorhanden waren, welche eine sofortige weitere Ausbreitung hindern. Zirkumskript sind zunächst alle Formen fortgeleiteter Bauchfellentzündung, vor allem die eigentlich fibrösen, produktiven, dann aber auch die exsudativen, wenn sie nicht allzu intensiv sind und nicht sehr rasch fortschreiten; dann bilden sich in ihrem Umkreis gleichfalls fibröse Prozesse aus, die das Exsudat absacken und begrenzen. Man hat eigene Namen für derartige lokal beschränkte Peritonitiden: Perityphlitis, Perihepatitis, Perisplenitis, Pelveoperitonitis, Peri- und Parametritis usw. Es ist damit allerdings kein absoluter Schutz gegen das Eintreten einer allgemeinen Peritonitis gegeben, denn immer kann der schützende bindegewebige Wall noch nachträglich durchbrochen werden.

Sind von früheren Entzündungen her solche Adhäsionen vorhanden oder entwickeln sich diese noch rechtzeitig bei drohender Perforation, so kann, wenn letztere später trotzdem erfolgt, auch die Perforationsperitonitis abgegrenzt und ihr Exsudat abgesackt werden (vgl. als Beispiel die Typhlitis und Perityphlitis S. 289/290).

Heilt eine Peritonitis, so geschieht dies durch Narbenbildung, welche zu **Adhäsionen** zwischen den Darmschlingen untereinander und mit sonstigen Organen der Bauchhöhle führt.

Eine **produktive Peritonitis** ist Ausgang einer exsudativen oder von vorneherein schleichend, besonders in der Umgebung chronischer Entzündungen der Bauchorgane (Darm). Sie führt zu Verdickung der Serosa und Adhäsionen von Darmschlingen untereinander oder mit dem Netz oder der Bauchwand, zu Verwachsungen des Wurmfortsatzes, der Milz, Leber usw. Innere Einklemmung, Lageveränderungen u. dgl. können Folgen sein.

Es gibt auch anscheinend idiopathische Formen chronischer Peritonitis (Polyserositis

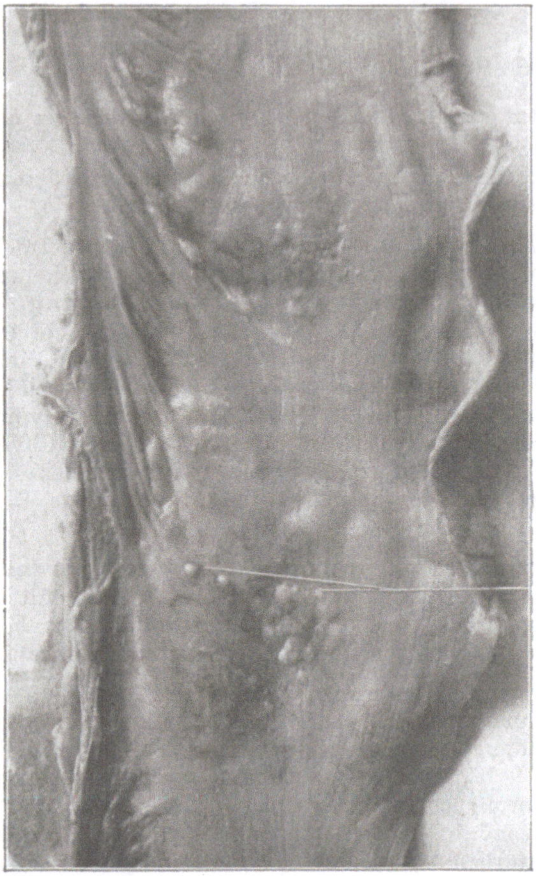

Fig. 320.
Tuberkulöse Darmgeschwüre von der Serosaseite aus gesehen.
Reihenförmig gestellte Tuberkel (in den Lymphgefäßen entwickelt) bei x.

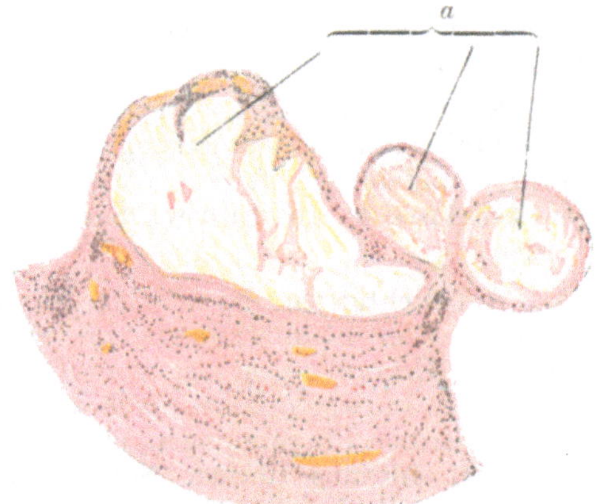

Fig. 321.
Pseudomyxom des Peritoneum.
Mucinmassen aus einem Ovarialtumor auf der Serosa haftend und eingekapselt (an dieser Stelle ohne Epithelien) bei a.

fibrosa), welche mit Zuckergußbildung am peritonealen Überzug der Milz, Leber usw., sowie zumeist mit Aszites einhergehen. Vielleicht liegt hier oft Tuberkulose zugrunde.

Bei der **Bauchfelltuberkulose** unterscheidet man, wie bei der Pleura (s. dort), einfache Tuberkulose und tuberkulöse Entzündung. Beide Formen schließen sich fast stets an Tuberkulose der Bauchorgane an. Findet man keinen primären Herd, so ist bei der Frau auch an die Tube als Eingangspforte zu denken. Die Tuberkel entwickeln sich meist am zahlreichsten am tiefsten Punkt, d. h. dem kleinen Becken, besonders dem Douglasschen Raum („Schlammfang“ Weigert). Auf Grund ausgedehnter chronischer tuberkulöser Entzündung können enorme Adhäsionen aller Bauchorgane, besonders auch der Darmschlingen, eintreten.

Oft ist (besonders auf dem Wege der Dissemination entstanden) das ganze Peritoneum übersät mit kleineren oder größeren grauen oder gelben (verkästen) Knoten. Bei Karzinom des Magens usw. kommt eine Aussaat kleiner Karzinomknoten vor (s. unten), welche makroskopisch den Tuberkeln ganz gleichen können. Bilden sich größere gestielte, am Peritoneum hängende Knoten, so ähnelt die Bauchfelltuberkulose der beim Rinde gewöhnlichen Form der Perlsucht. Die Peritonealtuberkulose neigt sehr zur Heilung (Operation: einfache Eröffnung der Bauchhöhle), und es bilden sich dann zahlreiche Darmverwachsungen. Oft besteht bei ihr Aszites.

Tumoren: Primäre Deckzellenkarzinome, Lymphspaltenendotheliome und Sarkome verhalten sich ähnlich wie die entsprechenden Tumoren der Pleura, sind aber noch seltener. Lipome, Fibrome, Myxome, von subserösem Gewebe ausgehend, sind ebenfalls selten. Vom Serosaepithel ausgehende Zysten und sehr selten; Teratome kommen vor.

Sehr häufig sind **sekundäre Tumoren, besonders Karzinome**, im Anschluß an solche eines Bauchorgans. Es kann dabei das Peritoneum von kleinen Tuberkeln völlig gleichenden Knötchen übersät sein. Tumorknoten sitzen oft am Mesenterialansatz und bewirken Retraktionen und Stenosen. Produktive Peritonitis (oft Hämorrhagien) und Aszites besteht meist zugleich.

Wenn bei Ovarialkystomen mit pseudomuzinösem Inhalt, ohne daß es zu eigentlichen Metastasen kommt, der kolloide Inhalt spontan oder bei Operationen nach Eröffnung von Zysten in die Bauchhöhle gelangt, so wird er hier zerstreut und an vielen Stellen in Form kleiner Bläschen eingekapselt. Dasselbe kann (auch bei Männern) nach Platzen eines mit Schleimkügelchen gefüllten Processus vermiformis (Myxoglobulose, v. Hansemann) — meist auf Grund einer Entzündung — eintreten. Man bezeichnet die Peritonealaussaat als Pseudomyxom. Echte Metastasen (Dissemination) eines Gallertkarzinoms des Magens oder Darms kann ein ähnliches Bild erzeugen. Bei dem Platzen eines Ovarialteratoms u. dgl. können auch Fettmassen in der Bauchhöhle verteilt und zu Pseudozysten eingekapselt werden.

Von **tierischen Parasiten** kommt zuweilen Echinokokkus vor.

Losgelöste eventuell verkalkte Appendices epiploicae können freie Körper bilden.

H. Pankreas.

Die einzelnen, schon makroskopisch sichtbaren Drüsenläppchen bestehen aus dem sezernierenden Epithel; sie sind durch bindegewebige Septen, in welchen auch Fettgewebe liegt, geschieden; einzelne Epithelhaufen werden von Gitterfasern umsponnen. Die Ausführungsgänge haben Zylinderepithel, Die mehr oder weniger runden Langerhansschen Zellinseln bestehen aus Epithel ohne Anschluß an die Ausführungsgänge, sind dagegen sehr reich an Kapillaren und erscheinen, verglichen mit dem übrigen Parenchym, hell (Mangel der Epithelien an Zymogenkörnchen). Sie stehen genetisch dem Drüsenepithel sehr nahe. sind aber insofern nur relativ selbständige Gebilde, als sie wenigstens unter pathologischen Bedingungen aus dem Parenchym neu entstehen und wohl auch in solches übergehen können, wozu sie um so eher befähigt sind als sie keine allseits geschlossene Kapsel besitzen. Ihnen entsprechen wohl auch inmitten der Drüsenläppchen gelegene helle Zellen, die sog. zentroazinären Zellen.

Neben der äußeren Sekretion hat das Pankreas eine innere, den Kohlehydratstoffwechsel der Leber kontrollierende; wahrscheinlich liegt diese den Pankreaszellen und den Zellen der Zellinseln, vorzugsweise aber letzteren, ob.

Partielle Selbstverdauung, analog der des Magens, kommt selten intravital (bei Gefäßstörungen) oder agonal, meist postmortal zustande.

Unter den **Mißbildungen** ist der Befund von Nebenpankreassen am Magen, Duodenum usw. am häufigsten. **Atrophie** ist Teilerscheinung allgemeiner Atrophie oder eine selbständige Erkrankung, öfters verbunden mit Diabetes (s. unten). Öfters wuchert dann das Fettgewebe raumfüllend, **Lipomatose.** Sie findet sich auch bei allgemeiner Adipositas.

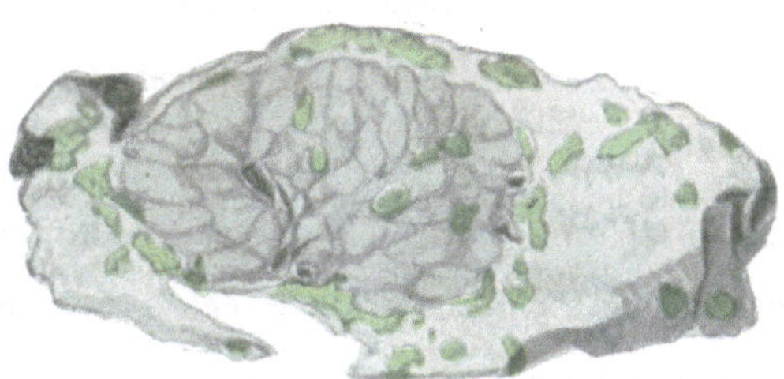

Fig. 322.
Fettgewebsnekrose im Pankreas.
Die nekrotischen Gebiete sind grün gefärbt (Bendasche Färbung).

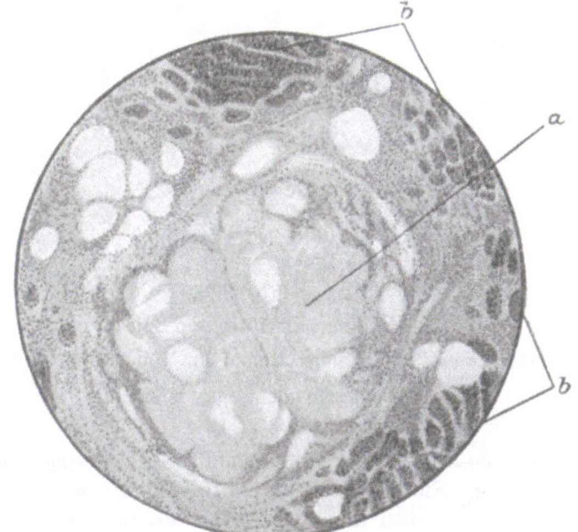

Fig. 323.
Fettgewebsnekrose des Pankreas.
In der Mitte (bei *a*) nekrotisches Fettgewebe, umgeben von infiltriertem Bindegewebe mit Pankreasdrüsengewebe (*b*).

Trübe Schwellung und **Verfettung** findet sich bei Infektionskrankheiten, Vergiftungen usw., **Amyloiddegeneration** als Teilerscheinung allgemeiner solcher.

Dem Pankreas eigentümlich ist die sog. **Fettgewebsnekrose** (nicht „Fettnekrose"), auch **Balsersche Krankheit** genannt. Es treten im Pankreas größere (kleine punktförmige sind nicht selten), opake, gelbweiße Herde auf, welche vielfach konfluieren und ausgedehnte Partien des

Pankreas einnehmen können. Es handelt sich um eine Nekrose zunächst des interstitiellen Fettgewebes, wobei dann auch die eingeschlossenen Drüsenläppchen absterben. Bei höheren Graden der Erkrankung findet zugleich eine Nekrose des Fettgewebes auch im Netz, Peritoneum und Mesenterium, eventuell aber auch an weiter entfernten Orten, so im Unterhautfettgewebe, statt. In den Pankreasherden kommt es oft zu Blutungen, die sehr bedeutend, selbst tödlich sein können. Tritt nicht schnell der Tod ein, so können entzündliche Prozesse die Herde abkapseln; letztere verwandeln sich dann in mit breiigen trüben, meist bräunlichen Massen gefüllte Höhlen. Das ganze Pankreas kann so verwandelt und abgekapselt werden. Die Höhlen können in die Bauchhöhle (oder das Duodenum) perforieren; die abgestorbenen Teile können auch durch Infektion, wohl vom Darm her, vereitern oder verjauchen.

Mikroskopisch finden sich im nekrotischen kernlosen Gewebe zerfallende Fettzellen, Fettsäurekristalle und scholliger fettsaurer Kalk.

Das den ganzen Prozeß Einleitende ist eine Zerstörung von Pankreasgewebe durch Traumen (Zerreißungen) oder Zirkulationsalterationen (Atherosklerose oder Thrombosierung der Pankreasvenen), Blutungen, (hämorrhagische) Entzündungen, Infektionen der Gänge mit Bacterium coli, Sekretstauung durch Verschluß des Ausführungsganges, besonders durch Gallensteine, u. dgl. Disponierende Momente scheinen dabei Potatorium oder allgemeine Adipositas zu sein. Bei Zerstörung des Pankreasgewebes wird Pankreassaft frei, und dieser führt dann die Nekrose des Fettgewebes herbei. Dies tritt aber wohl nur ein, wenn der Pankreassaft durch Enterokinase, (physiologisch im Darm oder Galle oder Blut), oder vielleicht auch unter Bakterienmiwirkung (das oft gefundene Bacterium coli scheint allerdings nur eine sekundäre Rolle zu spielen) aktiviert wird. Das Wirksame, Zerstörende des Pankreassaftes scheint dann das Steapsin zu sein. Das Fett wird unter dessen Einwirkung in Glyzerin und Fettsäure gespalten, und letztere verbindet sich mit Kalk zu fettsaurem Kalk.

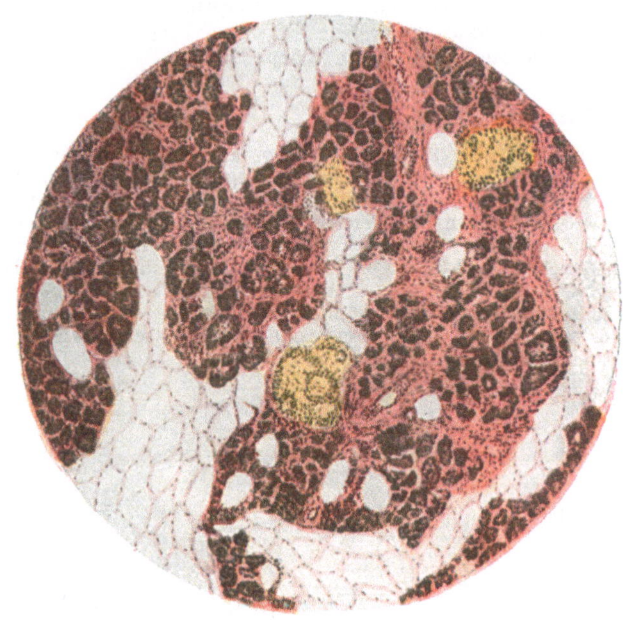

Fig. 324.
Pankreaszirrhose bei Diabetes.

Pankreasgewebe (braun) ganz atrophisch. Bindegewebe (rot) stark vermehrt. Ebenso das Fettgewebe (hell). Die Langerhansschen Zellinseln stark hyalin (gelb) verändert.

Die Fettgewebsnekrose verläuft klinisch öfters unter dem Bilde des Ileus, vielleicht auf Grund sekundärer Veränderungen im Plexus coeliacus.

An die Prozesse können sich septische oder marantische Zustände anschließen.

Von **Zirkulationsstörungen** sind Stauung und Blutungen zu nennen. Letztere kommen bei Atherosklerose, Aneurysmen, Entzündungen usw. vor; zuweilen aber auch als sog. **Pankreasapoplexie** aus unbekannter Ursache, wobei trotz nicht allzu starker Blutung plötzlicher Tod eintreten kann, wohl infolge sog. Bauchschockes auf Grund einer Läsion des Plexus coeliacus und Ganglion semilunare.

Unter den akuten **Entzündungen** spielt die hämorrhagische wegen ihrer Beziehungen zur Fettgewebsnekrose eine Rolle. Bei Sublimatvergiftung kommt mit der Ausscheidung des Giftes durch das Pankreas zusammenhängende Pankreatitis vor (Wildberger). Eiterige Entzündung kommt besonders von der Umgebung her, (so auch von den Gallenwegen und vor allem von peptischen Magengeschwüren her fortgeleitet) oder metastatisch, oder im Anschluß an Fettgewebsnekrose zustande. Chronische produktive Pankreatitis ist der anderer Organe analog und führt zu Verkleinerung und Induration des Organs. Sie findet sich oft zusammen mit Leberzirrhose, wohl auf dieselben Ursachen (s. dort) zu beziehen. Im übrigen kommt Pankreatitis auch bei manchen Formen von hämolytischer Anämie vor (Chvostek); aber die Pankreasveränderung ist wohl sekundär. Die chronische Pankreatitis ist wichtig als Grundlage von Diabetes. Von dem Zusammenhang im allgemeinen war schon Seite 208 die Rede; hier soll die Pankreasveränderung selbst, wie sie sich dann zumeist findet, noch geschildert werden.

Das Organ ist häufig verkleinert, besonders im Dickendurchmesser; sein Gewicht (normal etwa 100 g) kann bis auf etwa 50 g heruntergehen. Es ist zumeist derb oder im Zustande der Lipomatose. Mikroskopisch findet sich fast stets — auch wenn das Pankreas makroskopisch unverändert erscheint — Atrophie der Drüsenläppchen, Zunahme des Bindegewebes sowie eventuell interstitiellen Fettgewebes und regeneratorische Anzeichen von seiten des restierenden Pankreasgewebes. Es liegt also das Bild einer produktiven chronischen Entzündung vor, die man als **Granularatrophie** (v. Hansemann) oder wegen der völligen Analogie mit der Leberzirrhose als **Pankreaszirrhose** bezeichnen kann. Dabei zeigen die Langerhansschen Zellinseln besondere Veränderungen. Sie sind teilweise atrophisch, ebenso ihre Epithelien, oder diese sind hydropisch degeneriert (frühes Stadium), oft besteht auch (von den Kapillaren ausgehend) eine hyaline Degeneration; in den hyalinen Partien kann sich auch Kalk ablagern. Sehr häufig besteht auch bindegewebige Sklerose um und in den Zellinseln. Andererseits können sich die besser erhaltenen Zellinseln auch (vikariierend) vergrößern, wobei sie sich wahrscheinlich durch Umwandlung aus Pankreasparenchym neu bilden (wohl auch umgekehrt), so daß sie an Stellen, wo das Parenchym im übrigen zugrunde gegangen ist, im Bindegewebe fast isoliert in besonderer Zahl und Größe — bis zur Ausbildung von Adenomen — liegen können.

Schwund des Parenchyms und der Zellinseln ist somit — wie bei anderen chronischen Entzündungen — das Primäre, wobei zum Zustandekommen des Diabetes den Zellinseln wohl eine besondere, aber nicht ausschließliche, Bedeutung zukommt; Bindegewebsvermehrung und regeneratorische Prozesse von seiten des Parenchyms und der Zellinseln schließen sich an. Als Grundlage des ganzen Prozesses scheint häufig Atherosklerose der kleinen und kleinsten Gefäße (an denen ja die Zellinseln besonders reich sind), vor allem in Form hyaliner Degeneration der Kapillarwand, anzuschuldigen zu sein. Über Bronzediabetes s. S. 209.

Tuberkulose und **Syphilis** — nicht häufig — verhalten sich wie in anderen Organen. Bei kongenitaler Syphilis kann das Organ auf einer niederen Entwicklungsstufe stehen geblieben sein (starke Bindegewebsentwickelung, noch bestehende Verbindung der Zellinseln mit dem Pankreasparenchym).

Von Geschwülsten des Pankreas ist nur das **Karzinom** von Wichtigkeit.

In der Regel geht es vom Kopfteil des Organs, vielleicht zuweilen im Anschluß an chronische Entzündungen, aus. Es handelt sich meist um indifferente Karzinome (zuweilen auch skirrhöse Formen), doch kommen auch echte Adenokarzinome vor, die wohl von den Pankreasausführungsgängen abzuleiten sind. Von den sich anschließenden Folgezuständen sind — außer Entzündungen im Pankreas selbst infolge Verschluß des Ausführungsganges durch das Karzinom des Pankreaskopfes — besonders Kompression des Ductus choledochus mit folgendem Ikterus, Kompression des Duodenums mit Dilatation und Katarrh des Magens, Kompression oder Durchwachsung der Pfortader mit sekundärer Pfortaderstauung zu nennen. Die weitere Ausbreitung des Karzinoms erfolgt durch direktes Übergreifen auf die Nachbarschaft und durch Metastasenbildung (besonders in der Leber).

Bei Karzinomen kann Diabetes auftreten; fehlt er, so wird angenommen, daß die Pankreaskarzinomzellen noch die Funktion aufrecht erhalten (v. Hansemann). Sekundäre Karzinome des Pankreas entstehen meist durch Einwuchern von benachbarten Organen aus.

Auch Adenome des Pankreas (s. auch unten) und von Nebenpankreassen kommen — selten — vor, zum Teil mit kleinen Zysten; sie können in Karzinome übergehen.

Erweiterungen des Ductus Wirsungianus kommen durch Sekretstauung infolge von Steinen oder durch Druck von außen durch Tumoren — besonders in der Gegend der Papille — zustande. Entweder der ganze Gang ist erweitert (er erscheint dann infolge seiner Querleisten aus kleinen rosenkranzartig aneinander gereihten erweiterten Abschnitten bestehend) oder nur der Teil vor dem Hindernis ist zystisch erweitert (nach Analogie der Mundspeicheldrüsen **ranula pancreatica** genannt). Die Bildung multipler kleiner Zysten, vielleicht auf katarrhalische Verlegung zahlreicher kleiner Ausführungsgänge zu beziehen, wird als **Akne des Pankreas** bezeichnet. Außer Retention von Sekret wirken hier Epithelwucherungen in den Gängen (regenerativer Natur) mit. Das Parenchym atrophiert. Ein anderer Teil der Zysten gehört als **Kystadenome** zu den echten Tumoren. Es gibt groß- und kleinzystische Formen, mit zylindrischem oder kubischem Epithel, erstere mit schleimigem Inhalt. Auch papilläre Kystadenome kommen vor und letztere können auch in Karzinome übergehen. Es gibt auch angeborene, meist multiple, Zysten (Zystenpankreas) als Entwicklungsstörung neben Zystennieren (Jamane). Pseudozysten, oft mit Blut gefüllt, kommen besonders im Schwanzteil, auf Grund von Blutungen (eventl. bei Fettgewebsnekrose) oder von nekrotischen Gebieten (besonders Entzündungen und anämische Herde) vor, indem zirkumskripte Selbstverstauung zustande kommt.

Pankreassteine, in den Ausführungsgängen, bestehen aus kohlensaurem und phosphorsaurem Kalk und sind die Folge von Katarrhen der Gänge. Sie können bis Walnußgröße erreichen und bewirken Erweiterungen der Gänge wie Verödung des Parenchyms mit Bindegewebszunahme. Eiterige Entzündung durch Infektion vom Darm her kann sich anschließen. Mikroskopisch kleine Konkremente finden sich als Sekretstauung bei chronisch-produktiven Entzündungen des Pankreas häufig.

Gallensteine können aus den Gallengängen in den Pankreasgang gelangen, was wohl für die Fettgewebsnekrose wichtig ist.

Von **Parasiten** kommen hie und da Askariden, Taenia solium und Echinokokken vor.

Kapitel V.

Erkrankungen des Harnapparates.

A. Niere.

Vorbemerkungen.

Das Mark der Niere besteht aus den Pyramiden (Markkegeln), welche mit der Papille ins Nierenbecken ragen, und dazwischen den Columnae Bertini; die Rinde aus den Pyramidenfortsätzen (Markstrahlen) und dazwischen den Rindenpyramiden. In den letzteren und der äußeren Rindenschicht (mit Ausnahme der äußersten Zone) liegen d Glomeruli, die mit ihrer Bowmanschen Kapsel die Malpighischen Körperchen bilden. Der Kapselraum wird von den Kapselepithelien und den Schlingenepithelien umrandet. Er geht über in das Hauptstück (gewundenes Harnkanälchen), das man am besten nach mit vitalen Färbungen gewonnenen Differenzierungen (Aschoff-Suzuki) in drei Abschnitte einteilt, deren letzter terminaler Übergangsabschnitt gerade verläuft und sich aus der Rinde, in der das Hauptstück im übrigen liegt, tiefer ins Mark (Markkegel) einsenkt. Er leitet dann über in den absteigenden Schenkel (niedriges helles Epithel), dann den aufsteigenden (dicker und trüber erscheinenden) Schenkel der Henleschen Schleife. Dieser tritt wieder in die Rinde über; es folgt nach einem Zwischenstück das Schaltstück (gewundenes Kanälchen zweiter Ordnung), das sich in ein größeres, mehrere Harnkanälchen aufnehmendes, in einem Markstrahl gelegenes, sog. Sammelrohr einsenkt. Mehrere solche bilden einen Ductus papillaris, welcher an der Papille ins Becken mündet. Alle Kanälchen tragen — mit Ausnahme der absteigenden Schenkel der Schleifen — ziemlich hohes, kubisches bis zylindrisches Epithel, das in den verschiedenen Abschnitten charakteristisch verschieden ist. Die Epithelien (besonders der terminalen Abschnitte der Hauptstücke und des Anfangsteiles der absteigenden Schleifenschenkel) weisen Abnutzungspigment auf.

Die Harnkanälchen haben durch die Glomeruli enge Beziehungen zum Zirkulationsapparat. Die Nierenarterienäste bilden an der Grenze von Mark und Rinde die Arcus renales arteriosi (Arteriae arcuatae), von denen die Arteriolae interlobulares in den Markstrahlen aufsteigen und die Vasa afferentia abgeben, die sich nach Abgabe der unter pathologischen Bedingungen wichtigen kleinen Ludwigschen Schlinge, welche das afferens und efferens direkt verbindet, in die Glomeruluskapillarschlingen auflösen, um sich dann wieder als Vas efferens zu sammeln. Dies löst sich dann wieder in Kapillaren auf, welche die Rindenkanälchen umspinnen. Arterielle Äste der Arcus renales, Arteriolae interlobulares und der Vasa afferentia bilden auch sog. Arteriolae rectae, welche in der Grenzzone des Markes zusammenliegen und sich gegen die Papille zu in Kapillaren auflösen. Das Blut der Rindenkapillaren sammelt sich dann in den Venae interlobulares, die an der Nierenoberfläche als Venae stellulatae (Stellulae Verheynii) schon makroskopisch hervortreten, das Blut der Kapillaren des Markes in den Venulae rectae. Den Arteriae arcuatae entsprechen die Venae arcuatae. Die Enden der Arteriae interlobulares (und zwar etwa jeder zweiten, während die dazwischenliegenden in der Teilung in 2 vasa afferentia ihr Ende finden), haben Anastomosen mit den Kapselarterien, welche tiefer abgehenden Zweigen der Arteria renalis, ferner den Arteriae suprarenales, lumbales, phrenicae und spermaticae internae entstammen. Die Niere enthält nur wenig Bindegewebe zwischen den Harnkanälchen, welches die zahlreichen Kapillaren trägt, dichteres solches im übrigen in der Papille der Markkegel.

Entwicklungsgeschichtlich bildet sich die Niere wahrscheinlich aus zwei Keimen, aus dem Ureter, d. h. dem Wolffschen Gang (Sammelröhren und Ductus papillares) und dem mesoblastischen Nierenblastem (sonstige Harnkanälchen und Glomeruli), was für das Verständnis von Mißbildungen wichtig ist.

Nach Aschoff kann man die Harnkanälchen funktionell folgendermaßen einteilen:

1. Bowmansche Kapsel = Nierenfilter.
2. Hauptstücke und aufsteigende Schleifenschenkel = Sekretionsabschnitt.
3. Absteigende Schleifenschenkel und Sammelröhren = Resorptionsabschnitt.
4. Sammelröhren = Exkretionsabschnitt.

a) Angeborene Anomalien.

Die bei Neugeborenen noch vorhandene fötale Renkulieinteilung kann dauernd bestehen bleiben.

Das Fehlen beider Nieren kommt bei Mißbildungen, besonders sog. „Sirenen“, vor. Eine Niere kann — nicht so sehr selten — fehlen (Aplasie), besonders bei gleichzeitigem Fehlen der gleichseitigen Geschlechtsdrüsen, wobei der Ureter zuweilen in das Vas deferens, die Samenblasen oder den Ductus ejaculatorius mündet, oder — weit häufiger — hypoplastisch sein; eine solche hyperplastische Niere zeigt meist nur wenige weite, mit eingedickten kolloiden Massen gefüllte Harnkanälchen sowie eventuell Glomeruli und besteht sonst meistenteils aus Bindegewebe. Die andere Niere pflegt dann vikariierend-hypertrophisch zu sein. Angeborene Hyperplasie kommt auch selbständig vor. So findet sich zuweilen Verdoppelung des Ureters, zusammen mit Entwickelung eines zweiten halben Nierenbeckens und einer zweiten halben Niere, welche der vollentwickelten oben aufsitzen. Sehr selten findet sich eine dritte „überzählige" Niere. Verlagerung beider Nieren auf eine Seite kommt vor. Durch Verwachsung beider Nieren entsteht die **„Hufeisenniere"**, bei der die beiden unteren Pole der Niere verwachsen sind und das ganze Gebilde dem unteren, gemeinsamen Teil der Wirbelsäule, meist tiefer als der normalen Nierenlage entspräche, anliegt. Die Ureteren laufen über die Vorderfläche der Hufeisenniere nach abwärts. Feinste sog. Gewebsmißbildungen sind sehr häufig, was bei den komplizierten entwickelungsgeschichtlichen Verhältnissen, besonders auch in der Bildung der Malpighischen Körperchen, nicht wunderbar ist. Einzelne atrophische, fibröse, hyaline Glomeruli finden sich bei Neugeborenen fast stets, sehr häufig auch kleine Stellen mit atrophischen Harnkanälchen und Bindegewebshyperplasie. Glatte Muskulatur und versprengte Nebennierenkeime (s. unten) finden sich unter der Nierenkapsel auch sehr oft. Manchmal ist eine Niere abnorm, z. B. abnorm tief, gelegen.

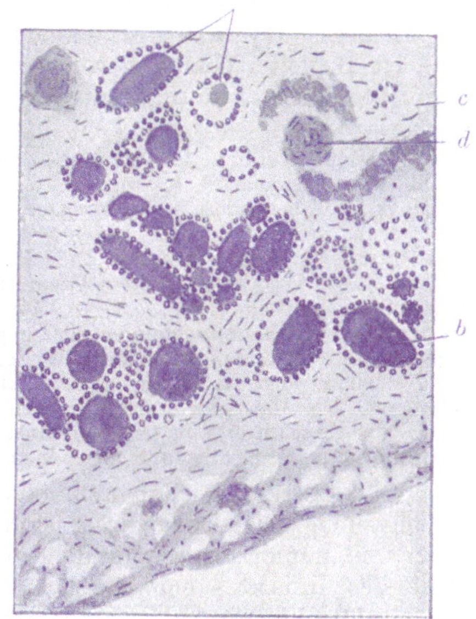

Fig. 325.
Hypoplastische Niere.

Erweiterte Reste von Harnkanälchen (*a*) mit kolloiden Massen (*b*) gefüllt. Sonst besteht die Niere nur aus Bindegewebe (*c*). *d*. obliteriertes Gefäß.

Lockere Befestigung der Niere an ihre Umgebung setzt Disposition zur **Wanderniere** (Ren mobilis), bei welcher im übrigen traumatische Einflüsse (Heben schwerer Lasten), Schnüren (Einwirkung auf die Niere durch Hinabrücken des rechten Leberlappens) und besonders Schwund der Fettkapsel der Niere oder Lockerungen der Bänder und Kapsel, wie nach Schwangerschaften, mitwirken. Die Wanderniere findet sich dementsprechend weit häufiger bei Frauen als bei Männern.

Zysten kommen, besonders unterhalb der Kapsel, sehr häufig und in verschiedener Größe und Zahl vor; multiple einerseits, große Solitärzysten andererseits, durch Übergänge verbunden. Sie enthalten häufig bräunliche, gallertige Kolloidkonkremente oder zahlreiche ähnliche, konzentrisch geschichtete, radiär gebaute Körper, die in Flüssigkeiten schwimmen, oft auch verfallene abgestorbene Epithelien und Kalkmassen. Wahrscheinlich beruht die Bildung der Zysten zu allermeist auf kleinen, bei der sehr komplizierten Entwickelungsgeschichte der Niere gut verständlichen embryonalen Irrungen, so daß kleine Zysten schon oft angeboren gefunden werden. Ihre Vergrößerung und somit makroskopisches Erscheinen verdanken sie wohl zumeist erst entzündlichen bzw. Schrumpfungsprozessen in ihrer Umgebung; daher werden sie mit Vorliebe bei Nephritis und in atherosklerotischen Nieren, überhaupt bei weitem am häufigsten bei alten Leuten gefunden.

Andere Zysten sind mit kleinen papillären Wucherungen angefüllt, offenbar gleicher Genese. Auch kommen Übergänge von feinsten Papillen in Zysten bis zu echten papillären Adenomen, die sich in Zysten entwickeln, vor. Auch die einfachen **Adenome,** die man in tubuläre und papilläre Formen einteilt und die teils aus niedrigeren Zellen, teils aus hohem Zylinderepithel (oft zahlreiche Zellen verfettet und zum Teil desquamiert) bestehen und ebenso die sogen. **Markfibrome** sind meist Gewebsmißbildungen. Endlich gibt es Fälle, in denen die ganze Niere von größeren und kleineren Zysten durchsetzt ist, mit nur noch wenig normalem Parenchym, die eigentliche **Zystenniere.** Zusammen mit Zystenniere bestehen oft Zysten der Leber, eventuell der Milz oder des Gehirns oder des Pankreas. Diese multiple Zystenbildung ist angeboren und beruht ebenfalls auf entwicklungsgeschichtlichen Anomalien. Beide Nieren können so erheblich vergrößert sein, daß sie ein Geburtshindernis bilden. Auch sonst tritt bei Hochgradigkeit der Affektion der Tod meist sehr bald ein. In solchen Fällen aber, in welchen neben den Zysten eine genügende Menge von Nierenparenchym entwickelt ist, bzw. wenn die Affektion nur einseitig ist, kann das Leben erhalten bleiben und so der Zustand auch bei alten Leuten getroffen werden. Die Zysten vergrößern sich; so geht immer mehr Nierengewebe zugrunde, bis Tod an Niereninsuffizienz eintritt. Da bei einseitiger Zystenniere der Erwachsenen meist die andere Niere hypertrophiert (Arbeitshypertrophie), ist sie Insulten sehr leicht preisgegeben und wird daher leicht nephritisch, woraufhin dann der Tod eintritt.

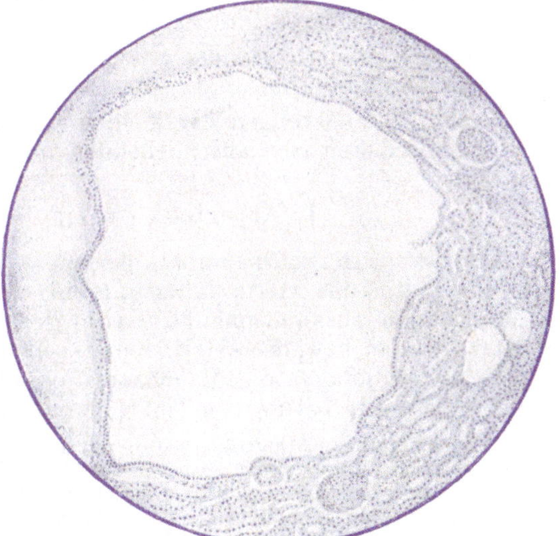

Fig. 326.
Zyste der Niere (von ganz normalem Nierengewebe umgeben und wohl die Folge einer Entwickelungsstörung).

Ganz vereinzelt kommen auch Zysten in der Niere (Grenze von Mark und Rinde bzw. dem Nierenbecken benachbart) vor, welche als Lymphangiektasien und Lymphangiome infolge einer Entwickelungsstörung zu deuten sind (Dyckerhoff).

b) Zirkulationsstörungen.

Anämie ist Teilerscheinung allgemeiner Anämie oder lokal (in der Rinde) vorhanden bei degenerativen Zuständen.

Aktive Hyperämie, besonders deutlich in den Markkegeln, leitet Entzündungen ein, bzw. ist Begleiterscheinung solcher. Stauung entsteht lokal bei Druck auf die Venen oder Thrombose dieser, häufiger aber als Teilerscheinung allgemeiner Stauung.

Die Niere ist vergrößert, namentlich die Rinde verbreitert, die Konsistenz erhöht, die Farbe ist infolge Blutüberfüllung dunkelrot, besonders treten die Venensterne an der Oberfläche, die Venae interlobulares und Glomeruli, letztere als dunkelrote Pünktchen, ferner aber meist noch stärker die Streifung der Markkegel, besonders in der Grenzzone (Venulae rectae) deutlich hervor. Mikroskopisch sieht man frühzeitig trübe Schwellung und besonders Verfettung der Epithelien mit Ausscheidung von Eiweiß in die Kapselräume und Auftreten von Zylindern, dann auch Atrophie der Epithelien, besonders in den Hauptstücken, sowie Verödung einzelner Glomeruli. Diese zyanotische Atrophie ist die Folge schlechter Ernährung und des durch die erweiterten Venen und Kapillaren ausgeübten Druckes. Auch kleine Blutungen aus den Glomerulusschlingen oder aus den sonstigen Kapillaren kommen dazu, in deren Gefolge die Epithelien auch da und dort Blutpigment enthalten können. Das Bindegewebe — besonders in den Markkegeln — nimmt zu, die Niere wird daher im ganzen kleiner, die Rinde schmäler, und die Oberfläche zeigt feine Einziehungen. Die Markkegel verkürzen sich, so daß sich das Becken erweitert, woran sich häufig Wucherung des Hilusfettes anschließt. Es kommt das Bild der zyanotischen Induration und dann **zyanotische Schrumpfniere** (Stauungsschrumpfniere) = **Nephrocirrhosis cyanotica** zustande.

Infarkte sind die Folge embolischen oder thrombotischen Verschlusses von Arterienästen, die physiologische Endarterien sind. Sie sind meist anämisch mit hyperämischem Hof, selten rein hämorrhagisch, und liegen in der Rinde nicht ganz bis zur Kapsel reichend. An Stelle des Infarktes entwickelt sich später eine oft pigmentierte Narbe, in der noch die widerstandsfähigeren, aber kernarmen homogenen Glomeruli sichtbar sein können. Mit der Schrumpfung des Narbengewebes kommt eine gröbere Einziehung an der Oberfläche zustande. Infolge mehrerer Infarktnarben kann die Niere eine groblappige Beschaffenheit erhalten: **embolische Narbenniere**; durch sehr zahlreiche kann das ganze Organ zudem verkleinert, geschrumpft erscheinen: **Infarkt- (embolische) Schrumpfniere** = **Nephrocirrhosis embolica.** Wird die Hauptnierenarterie verschlossen, so kann die Niere in toto nekrotisch werden bis auf die andere Ernährungsquellen besitzende subkapsuläre Schicht und die Umgebung des Nierenbeckens.

Ödem, welches der Niere teigige Beschaffenheit verleiht, ist meist entzündlich.

Am wichtigsten unter den Zirkulationsstörungen der Niere sind die **atherosklerotischen Gefäßveränderungen** und ihre Folgen. Wir können hier unterscheiden zwischen

1. den **Veränderungen der größeren und mittleren Arterien** und den sich anschließenden Nierenveränderungen und

2. den **Veränderungen der kleinen und kleinsten Arterien — Arteriolen** — (bzw. auch Kapillaren) und den sich anschließenden noch wichtigeren Folgen.

1. Arteriosklerotische Nierenveränderungen.

Mikroskopisch wahrnehmbare geringere Veränderungen der mittelgroßen Arterien setzen meist schon um das vierte Jahrzehnt ein, was wohl mit der Funktion der Niere als Ausscheidungsorgan zusammenhängt. Hochgradige Atherosklerose zahlreicher größerer und mittlerer Arterien bzw. der Arteria renalis selbst geht meist einer solchen der Arterien des übrigen Körpers und besonders der Bauchaorta parallel und zeitigt schwere Folgen für das Nierengewebe. Sie spielt bei der senilen Nierenatrophie (s. unten) auch eine Rolle.

Bei hochgradiger Atherosklerose — mit Einengung des Lumens — treten die dickwandigen, weitklaffenden Gefäße schon makroskopisch auf der Schnittfläche deutlich hervor. Als Folge der Gefäßveränderung verwandeln sich zahlreiche Glomeruli in homogene, mit der zuerst verdickten und hyalin degenerierten Bowmanschen Kapsel verschmelzende Kugeln; so entstehen hyaline Glomeruli. Sowohl infolge der schlechten Ernährung, wie auch abhängig von der Glomerulusverödung — Inaktivitätsatrophie — treten nun Veränderungen an den sezernierenden Epithelien, besonders den Hauptstücken auf. Das Epithel wird atrophisch, die Zellen werden flach, niedrig, gehen zum Teil auch völlig zugrunde, worauf die Tunica propria des Harnkanälchens kollabiert und letzteres verödet. An anderen Stellen kann auch ein kleines Nierengebiet mehr in toto in akuterer Form infarktartig nekrotisch werden. In jedem Falle tritt an die Stelle des ausgefallenen Parenchyms Bindegewebe, welches dann eine Narbenschrumpfung eingeht. Das Organ wird im ganzen kleiner, und es entstehen vereinzelt gelegene, unregelmäßig verteilte Narben an der Oberfläche; so kommt es zu einer ungleichmäßigen Höckerung derselben.

Nur wenn die Atherosklerose weiter fortschreitet und die Narben sehr zahlreich werden, kann in Ausnahmefällen eine mehr gleichmäßige Granulierung, die an die echte (entzündliche s. unten) Schrumpfniere erinnert, die Folge sein.

Die geschilderte Nierenschrumpfung und Narbenbildung auf Grund atherosklerotischer Veränderungen der Arterien können wir als **Nephrocirrhosis arteriosclerotica** bezeichnen.

2. Arteriolosklerotische Nierenveränderungen.

Die gerade in der Niere relativ sehr häufigen, in das Gesamtgebiet der Atherosklerose gehörigen Veränderungen der kleinen Arterien (Arteriolen) treten hier oft schon sehr frühzeitig auf („präsenile Sklerose"), am häufigsten allerdings in den vierziger Jahren. Ätiologisch spielen außer den allgemeinen, die Atherosklerose bedingenden Momenten vielleicht Blei oder Alkohol eine besondere Rolle. Die Arteriolen der anderen Organe sind meist nicht oder weniger hochgradig befallen, am meisten, aber doch geringer, noch gleichzeitig die des Pankreas, eventuell der Leber oder des Gehirns. Die Bevorzugung der Niere hängt auch hier wohl mit der Exposition dieser als Ausscheidungsorgan zusammen.

Atherosklerose der größeren Nierengefäße und der großen Körpergefäße kann gleichzeitig bestehen oder auch — besonders in den jugendlichen Fällen — fehlen.

Die Veränderungen selbst verlaufen an den Arteriolen etwas anders als an den größeren Arterien. Es kommt nicht zu den hyperplastischen Bildungen und der Elastikaaufsplitterung — elastische Fasern besitzen die kleinsten Gefäße überhaupt nicht — sondern im wesentlichen handelt es sich um regressive Veränderungen. Die Wand quillt auf und wird in eine strukturlose, hyaline Masse verwandelt, welche gleichzeitig — besonders in etwas späteren Stadien — hochgradige lipoide Degeneration (die Gefäße treten bei Fettfärbungen mit Sudan III bzw. Scharlachrot rot gefärbt hervor) aufweist. Das Lumen wird wesentlich beeinträchtigt oder auch fast oder völlig verschlossen.

Mit der Arteriolosklerose in den Nieren sehen wir nun zweierlei Erscheinungen vergesellschaftet, einmal eine Herzhypertrophie als Ausdruck einer Blutdruckerhöhung (**Hypertonie**), sodann Veränderungen der Niere selbst.

Die **Hypertonie** ist eine dauernde und besonders hochgradige. Unter den Hypertonikern stehen die Nierenarteriolosklerotiker an erster Stelle, noch vor den an Glomerulonephritis (s. unten) leidenden. Die Hypertonie ist — wenn auch der Zusammenhang noch nicht sicher geklärt ist — wahrscheinlich Folge der Arteriolenerkrankung speziell der Nieren. Andere Autoren nehmen gemeinsame Ursache an, oder denken an ein noch nicht eruiertes Moment als die Hypertonie bewirkend, welches dann auch durch Tonuserhöhung die Arteriolenveränderung herbeiführt. Folge der dauernden Blutdruckerhöhung ist natürlich Arbeitshypertrophie des Herzens, speziell des linken Ventrikels.

Die in Betracht kommenden Arteriolen sind besonders die Vasa interlobularia und Vasa afferentia der Glomeruli (sowie die Vasa vasorum der größeren Gefäße). Solange vor allem die Vasa interlobularia und nur der Anfangsteil der Vasa afferentia und noch nicht allzu hochgradig ergriffen sind, kann man von Frühsklerose sprechen. Die Hypertonie besteht schon und ist bei der Sektion an der Herzhypertrophie kenntlich, aber die Nieren selbst sind noch fast intakt; man kann dann zweckmäßig von **Arteriolosclerosis renum** sprechen.

Sobald aber die Arteriolenveränderung fortgeschritten und verbreitet ist — die meisten Lumina sind jetzt sehr eng oder fast verschlossen – und besonders auch die Vasa afferentia bis in die Glomeruli betrifft, müssen die Folgen auch für diese letzteren und somit das ganze Nierengewebe eintreten. Die Glomeruli werden kaum oder ungenügend mit Blut versorgt, die Schlingen kollabieren und wandeln sich, wie auch unter anderen Bedingungen, in kernarme, dann zuletzt fast kernfreie hyalin-bindegewebige Massen um. Alle Übergänge sind auch hier in derselben Niere nebeneinander zu verfolgen. Das Zugrundegehen oder die Funktionsverschlechterung der Glomeruli hat natürlich die eingreifendsten Folgen für die Kanälchen und ihr Epithel. Gerade hier steht infolge der Inaktivität Atrophie an erster Stelle, daneben kommt es aber auch zu Degenerationen, wie Verfettung, tropfigem Hyalin usw. Die Abhängigkeit der zunächst oft mehr fleckweise auftretenden Veränderungen von den zugehörigen Glomeruli ist gerade hier oft sehr deutlich. An die Stelle der zugrunde gegangenen oder atrophischen Kanälchen treten verdickte gequollene Membranae propriae und gewuchertes interstitielles Gewebe. Letzteres weist auch kleine Rundzellhaufen auf — aber weit weniger als bei der Glomerulonephritis (s. unten) — was wohl auf bei dem Zugrundegehen der Zellen in die Erscheinung tretenden chemotaktisch anziehenden Substanzen beruht. Die Atrophie der Kanälchen, die Wucherung des Bindegewebes wird immer ausgebreiteter, dasselbe schrumpft, dazwischen bleiben andere Kanälchengruppen erhalten, ihre Lumina sind weit, die Epithelien zeigen vikariierende Wucherungen — desgleichen auch die wenigen noch gut erhaltenen Glomeruli — alles ganz so, wie es bei der Glomerulonephritis noch beschrieben werden soll. So muß denn der Ausgang auch sehr ähnlich sein, d. h. eine Schrumpfniere.

Wir bezeichnen diese so entstandene Form der Schrumpfniere von alters her als **genuine**, nach anatomisch-genetischen Gesichtspunkten am besten als **arteriolosklerotische**, und so kann man von **genuiner arteriolosklerotischer Schrumpfniere** oder **Nephrocirrhosis arteriolosclerotica** sprechen. Sie ist auch infolge der Verteilung der kleinen Gefäße — die in einem großen Prozentsatz ergriffen sind — eine ziemlich gleichmäßig fein granulierte, ähnlich wie bei der aus Entzündung resultierenden (s. unten) und im Gegensatz zur arteriosklerotischen Schrumpfniere (s. oben). Oder es kommt dadurch, daß die Veränderung und Narbenschrumpfung recht diffus verläuft, eine glatte Schrumpfniere zustande. Die Farbe ist, wie bei der Schrumpfniere überhaupt zumeist, eine graue, oder auch eine rote — sog. **rote Granularatrophie.**

Auf die geschilderte Weise ist auf Grund der Arteriolenveränderung aus der einfachen Arteriolosclerosis renum in direktem Übergang eine Nephrocirrhosis arteriolosclerotica geworden. Es ist eben derselbe Prozeß, der zunächst die Arteriolen ergreift und dann direkt hiervon abhängig die Niere in fortlaufender Kette immer mehr in Mitleidenschaft zieht. Es sind also nur verschiedene Stadien desselben Prozesses. Hiermit hängt auch der meist sehr langsame, jahrelange Verlauf dieser „genuinen Schrumpfniere" zusammen. Man kann diese dem Verlauf nach in eine initialis und progressa oder lenta und progressiva gliedern und nach dem klinischen Verlauf eine Einteilung in drei Stadien (Aschoff) vornehmen.

In jedem Stadium kann der Tod eintreten. Zunächst ist die Herzhypertrophie als eine kompensatorische Leistung anzusehen, Stadium der Kompensation (Aschoff). Später aber ist das Herz den an es gestellten Anforderungen nicht mehr gewachsen; es kann versagen — Herztod. Oder es kommt zu Gehirnblutungen — Apoplexien — und zwar recht häufig; außer eventuellen arteriolosklerotischen Gehirngefäßveränderungen spielt hier der hohe Blutdruck selbst und die durch ihn bedingte ständige Abnutzung der Gefäßwand offenbar eine große Rolle. Wir können in diesem zweiten Stadium von einem der kardiovaskulären Störungen sprechen. Im letzten Stadium endlich kann die Nierenaffektion, vor allem auch die der Glomeruli, eine besonders eingreifende sein, sei es, daß in allmählichem Fortschreiten der Veränderungen allzuviel Glomeruli und Parenchym vernichtet sind, sei es, daß derselbe atherosklerotische Prozeß, wie oben für die Arteriolen geschildert, auch die Glomeruluskapillarschlingen selbst (mit kleinen reaktiven Wucherungen des Kapselepithels) befallen hat, was dann in akuterem Verlauf schneller deletäre Folgen zeitigt (verschiedenes „Tempo"). Bei dem Glomerulusausfall und seinen Folgen kommt es jetzt zu Niereninsuffizienz, d. h. klinisch zu Zeichen der Urämie. Doch kann auch hier noch ein Herztod oder eine Apoplexie der Urämie zuvorkommen.

Die Nephrocirrhosis arteriolosclerotica ist recht häufig, und bei bestehender Hypertrophie des linken Ventrikels ohne sonst zureichenden Grund ist stets an sie zu denken, ganz besonders aber, wenn bei bestehender Herzhypertrophie in jugendlicherem Alter eine Apoplexie das Leben beendet hat und die großen Gehirngefäße intakt sind. Zu der arteriolosklerotischen Nierenveränderung kann sich auch eine entzündliche hinzugesellen, sog. Komplikations- oder Aufpfropfungsformen (Aschoff).

c) Störungen in der Sekretionstätigkeit; Ablagerungen.

Wenn die der Niere zugeführten Stoffe, welche ausgeschieden werden sollen, zu reichlich sind oder deren sezernierende Zellen irgendwie insuffizient sind, so können solche Stoffe in den Epithelien, oder den Glomeruluskapillaren, oder auch dem interstitiellen Gewebe zur Ablagerung kommen. Abscheidungen können auch einfach so zustande kommen, daß die Stoffe nicht mehr im Harn in Lösung gehalten werden können und so schon innerhalb der Epithelien oder in den Harnkanälchen ausfallen. So entstehen, besonders in den Markkegeln, dem Verlaufe der Harnkanälchen folgende (gegen die Papille konvergierende) Streifen — **Konkrementinfarkte.**

Die wichtigsten Ausscheidungen sind folgende:

Werden rote Blutkörperchen im kreisenden Blute aufgelöst, so wird Hämoglobin sowohl durch die Glomeruli filtriert wie von den Epithelien sezerniert, später aber von den Epithelien der Hauptstücke und Henleschen Streifen in Granulaform gespeichert. Bei der Rückresorption des Wassers kommt es dann weiter abwärts zu Hämoglobinzylindern. Hierbei treten **Hämoglobininfarkte** auf, klumpige oder körnige Massen, die als bräunliche Streifen im Marke, zum Teil auch als rundliche Punkte und Flecke in der Rinde liegen. So kann die Niere schon makroskopisch dunkelbraun erscheinen. Auch kommt es zu Hämoglobinurie. In den Epithelien finden sich Hämatoidin- und Hämosiderinablagerungen.
Ähnliches findet sich auch bei Methämoglobinurie (Kalium chloricum-Vergiftung).

Gallenfarbstoff durchtränkt die Epithelien meist diffus. Bei schwerem Ikterus kann aber Gallenfarbstoff auch körnig in den Epithelien und Lumina abgelagert werden. Etwa gebildete Zylinder werden gallig imbibiert. Bei Neugeborenen, wenn Gallenfarbstoff, in großen Mengen gebildet, mit dem Blute die Niere erreicht, finden sich richtige **Bilirubininfarkte,** gelbe bis bräunliche Streifen in der Marksubstanz, auf massigen Abscheidungen in die Kanälchenlumina des Markes beruhend.

Wird bei harnsaurer Diathese — Gicht — die Menge der durch die Niere auszuscheidenden Urate zu groß und versagt so schließlich die Sekretionsfähigkeit der Epithelien, so werden harnsaure Salze in Gestalt von Körnern und Kristallen in den Epithelien abgelagert, und diese sterben ab. Im Lumen der Harnkanälchen liegen auch abgestoßene derartige Epithelien. Schrumpfungsprozesse in der Niere schließen sich bei Gicht an. Bei Neugeborenen und kleinen Kindern (oft zusammen mit Bilirubininfarkten) treten typische **Harnsäureinfarkte** im Mark in Gestalt konvergierender gelblicher bis orangeroter Streifen auf, wobei im Lumen krümelige und stachelige, kugelige Massen von harnsaurem Ammoniak liegen; sie sind doppeltbrechend, in Salzsäure und Essigsäure löslich und scheiden dann beim Verdunsten Harnsäurekristalle aus.

Bei stärkerer Resorption von Knochensubstanz kommen Kalkausscheidungen vor. Kalkmassen in abgestorbenen Epithelien schlagen sich oft bei Vergiftungen — besonders mit Sublimat —, in Infarkten usw. nieder. Kalkmassen in den Pyramiden treten als gelbe mattglänzende Streifen hervor — **Kalkinfarkte.** Zum Teil handelt es sich um verkalkte Zylinder, zum Teil um Kalkablagerung in Membranae propriae und Zwischengewebe, meist beides zugleich („gemischter Kalkinfarkt", Lubarsch). Kalkinfarkte sind besonders häufig bei Leberzirrhose, was mit erhöhter Säureausscheidung zusammenhängen mag (Goldschmid). (Makroskopisch an der Nierenoberfläche sichtbare, punktförmige Verkalkungen in der Nierenrinde — in höherem Alter — beruhen auf Verkalkung von gestautem Inhalt zystisch erweiterter Harnkanälchen.) Lipoidablagerung findet sich an denselben Stellen wie Kalkinfarkte gleichzeitig oder allein — **Fettinfarkt.** Dies findet sich besonders bei älteren Leuten („Atherosklerose der Nierenpapille", Aschoff) auf Grund kleiner örtlicher Veränderungen, begünstigt durch mangelhaften Stoffwechsel (Kühn).

Silberniederschläge s. S. 43.

Eine wichtige Sekretionsstörung besteht in Durchtritt eiweißhaltiger Flüssigkeit durch Glomeruli (und eventuell Kanälchen), so daß Eiweiß im Urin auftritt — **Albuminurie.** Histologisch läßt sich das Eiweiß auch im Kapselraum der Glomeruli nachweisen (Kochen oder Fixation in Eiweiß schnell koagulierenden Flüssigkeiten). Albuminurie findet sich bei Allgemeinerkrankungen, Vergiftungen, fieberhaften Affektionen, Hydrämie und anderen Bluterkrankungen, allgemeinen Zirkulationsstörungen usw. usw., sowie bei allen intensiveren Erkrankungen der Niere. Vorübergehend tritt Albuminurie auch bei dazu disponierten Individuen schon nach Märschen u. dgl. auf. Der Albuminurie liegen Alterationen der sezernierenden Epithelien der Glomeruli oder Kanälchen einerseits, vor allem solche der Kapillaren andererseits zugrunde, welche in der verschiedensten Weise bedingt sein können. Das Eiweiß kann im Lumen der Kanälchen — besonders da wo Wasser resorbiert wird — zu homogenen Massen erstarren, welche Ausgüsse in ihnen bilden, sog. **hyaline Zylinder.** Sie können mikroskopisch in situ nachgewiesen werden und gehen in größerer oder geringerer Zahl in den Harn über. Sie sind glashelle, sehr zarte, durch Essigsäure weniger rasch durch Alkalien, lösliche Gebilde. Ein Teil dieser Zylinder stammt aus Exsudat aus den Kapillaren, andere aber beruhen auf Nekrose von Epithelien (s. oben), zum Teil auf der sog. tropfig-hyalinen Degeneration derselben (s. S. 30). Außer den hyalinen Zylindern unterscheidet man noch körnige und Wachszylinder und spricht auch von Epithel-, Fett- und Blutzylindern.

d) Regressive Prozesse.

Einfache **Atrophie,** welche sich in Verkleinerung des Gesamtvolumens wie der einzelnen Gewebsbestandteile, namentlich der sezernierenden Abschnitte, äußert, findet sich als Teilerscheinung allgemeiner Atrophie bei kachektischen Erkrankungen, bei Inanition und zum Teil auch bei der Altersatrophie, welch letztere freilich in den meisten Fällen zugleich auf Atherosklerose beruht (s. oben).

Teile der Niere, welche nicht funktionieren können, zeigen Inaktivitätsatrophie. So gehen Glomeruli bei schlechter Blutversorgung (Atherosklerose) oder aus anderen Gründen häufig hyalin zugrunde. Auch die zugehörigen Harnkanälchen atrophieren dann.

Degenerative Veränderungen treten an den Nierenepithelien überaus häufig auf. Alle schädlichen Substanzen, welche auf dem Blutwege der Niere zugeführt, durch sie ausgeschieden werden sollen, haben hierbei Gelegenheit, sie zu schädigen, teils im Anfangsgebiete der Kanälchen, teils weiter abwärts nach Konzentrierung des Giftes bei der Harneindickung durch Wasserresorption. Unter den schädlichen Stoffen handelt es sich einmal um von außen aufgenommene Gifte (Phosphor, Arsenik, chlorsaures Kalium, Chloroform, Karbolsäure, Jodoform, Blei, Alkohol usw.), ferner um Autointoxikationen mit Stoffwechselprodukten, sei es daß sie in abnormer Menge gebildet werden, sei es daß sie an sich abnorm sind, bzw. um Produkte erhöhten Blutzerfalles, wie bei Cholämie, Diabetes, harnsaurer Diathese und verschiedenen Blutkrankheiten, oder um giftige Zersetzungsprodukte, die vom Darm aus resorbiert werden, oder endlich um Bakterien, d.h. deren Toxine bei akuten oder chronischen Infektionskrankheiten der verschiedensten Art. Nur wenige dieser Stoffe (s. unten) greifen an den Glomeruli an und bewirken Entzündung; die meisten passieren die Glomeruli ohne die Kapillaren stärker zu schädigen, greifen aber die Kanälchenepithelien in Gestalt regressiver Veränderungen an.

Dabei werden die empfindlichsten, d. h. höchstdifferenzierten, Epithelien in der Regel zuerst betroffen; so die Hauptstücke, oft auch deren terminale Übergangsgebiete. Ferner werden solche Stellen besonders betroffen, welche zuerst von den Giften angegriffen werden oder diejenigen Gebiete, wo die Gifte wegen der Harneindickung zuerst konzentrierter einwirken (Henlesche Schleifen, Schaltstücke). Doch kommt hinzu, daß verschiedene Stoffe an ganz verschiedenen Stellen ausgeschieden zu werden und anzugreifen scheinen. Durch alles dies erklärt sich die im Anfang oft fleckweise Verteilung der Degenerationsherde in der Niere.

Unter den Degenerationen herrschen drei Formen vor, die trübe Schwellung, die tropfig-hyaline Degeneration und die Verfettung.

Die **trübe Schwellung** verleiht der leicht verbreiterten, etwas vorquellenden Rinde ein blasses, weißlich-opakes, trübes, wie gekochtes Aussehen; sie tritt anfänglich in verwaschenen trüben Flecken und Streifen in der Rinde zwischen den Markstrahlen auf.

Die Epithelien sind geschwollen, leicht gekörnt; die Grenzen der Zellen untereinander verwischen sich, auch gegen das Lumen hin sind sie unscharf begrenzt und hängen hier mit fein geronnenen, im Lumen liegenden Eiweißmassen direkt zusammen.

Das sog. **tropfige Hyalin** tritt meist gleichzeitig mit der trüben Schwellung auf. Es finden sich in den Epithelien, meist besonders der Endteile der Hauptstücke, ganz feine hyaline Kügelchen (die mit sauren Farben tingierbar sind); sie sintern dann zu größeren Tropfen zusammen. Die anfänglich gut erhaltenen Kerne der Zellen gehen zugrunde, und unter Zerfall der Zellen gelangen die hyalinen Kugeln ins Lumen und werden, zu einer besonderen Art hyaliner Zylinder zusammengeballt, weitergetragen.

Manche Autoren fassen das Auftreten des tropfigen Hyalins zunächst als eine abnorme Sekretion auf, die aber bald zu einem degenerativen Zustand der Zellen führt.

Bei der **Verfettung** (oft neben trüber Schwellung) lagern sich die zunächst spärlichen Fetttröpfchen zuerst basal, am äußeren Rand der Epithelien ab. Später wird die ganze Zelle von ihnen erfüllt. Am Prozeß beteiligen sich zuerst vor allem die höchst differenzierten Hauptstücke, später eventuell alle Kanälchen, besonders bei Vergiftungen mit Phosphor, Arsen usw. Auch die Zellen des interstitiellen Gewebes enthalten dann oft Fett, ebenso die der Glomeruli.

Außer Fetten finden sich häufig auch fettähnliche Körper (Cholesterinester, Lipoide).

Physiologisch findet sich in den Epithelien bestimmter Kanälchenabschnitte schon Fettinfiltration, so beim Menschen in den Schaltstücken, Schleifen und Sammelröhrchen und besonders ausgedehnt bei manchen Tieren. Starke Fettinfiltration ohne Zeichen von Degeneration (und meist bei zunächst gut erhaltener Funktion) besteht besonders bei allgemeiner Adipositas, bei Phthisikern, Blutkrankheiten, Morbus Basedowii und besonders bei Diabetes.

Neben den genannten drei degenerativen Hauptformen findet sich auch **hydropische Degeneration,** bei der die Epithelien **Vakuolen** aufweisen. Sie besteht öfters mit trüber Schwellung zusammen, kann aber auch selbständige Bedeutung erlangen (Jaffé-Sternberg), anscheinend besonders bei chronischen Darmerkrankungen.

Mit den degenerativen Prozessen geht vielfach auch eine Desquamation der geschädigten Zellen ins Lumen einher. Besonders verfettete Zellen verbacken dabei oft miteinander und werden als sog. Fettzylinder weiter transportiert.

Infolge der degenerativen Prozesse werden somit einzelne Zellen oder Abschnitte von Kanälchen ganz atrophisch oder auch nekrotisch. So können die Zellen über ganze Abschnitte hin in kernlose, körnige oder hyaline Massen verwandelt werden und so in das Lumen (und den Urin) als homogene (hyaline) Zylinder gelangen (s. auch oben).

Die degenerativen Prozesse der Niere können besonders auch klinisch ein der echten Entzündung sehr gleichendes Bild hervorrufen und werden daher von alters her dem sog. Morbus Brightii (s. unten) zugerechnet. Erst neuerdings ist eine schärfere Abtrennung anatomisch und auch klinisch erfolgt. Die Bezeichnung des ganzen Komplexes als Nierendegeneration ist am einfachsten; auch Nephrodystrophie ist ein guter Name, weniger der jetzt viel gebräuchliche „Nephrose“.

In schweren Fällen tritt der Tod ein. In weniger hochgradigen können die fremden oder in abnormer Menge abgelagerten Stoffe resorbiert werden und eine Erholung der Zellen (Rekreation) eintreten. Halten die degenerativen Veränderungen lange bzw. oft wiederholt an, so können Rundzellenhaufen und kleine Narbenbildungen auftreten. Echte Schrumpfnieren scheinen aber beim Menschen auf diese Weise kaum zu entstehen.

Manche Autoren sehen auch in den beschriebenen Veränderungen einen Abwehrvorgang gegen die angreifende Noxe und bezeichnen sie dementsprechend als parenchymatöse oder tubuläre Nephritis, was mit der allgemeinen Stellungnahme zur „parenchymatösen Entzündung“ zusammenhängt (s. unter Entzündung).

Neben den degenerativen Vorgängen sieht man oft frühzeitig auch schon regenerative einzelner Epithelien bzw. Epithelstrecken in Gestalt unregelmäßiger Epithelwucherungen bzw. Riesenzellen. Dies findet sich auch oft in Fällen, in denen man keine stärkeren Degenerationen sieht, aber annehmen muß, daß geringe Nierenschädigungen vorangegangen.

Zu den besonderen Degenerationen der Niere gehört die Amyloid- und Glykogendegeneration.

Die **Amyloiddegeneration** kommt als Teilerscheinung allgemeiner Amyloidosis oder lokal bedingt vor, letzteres besonders bei chronischer Nephritis. Ergriffen werden das Gefäßsystem, besonders die Kapillaren — vor allem der Glomeruli — sowie die Vasa afferentia und efferentia und die Membranae propriae, besonders der geraden Harnkanälchen. Infolge der allmählichen Verödung der Glomerulusschlingen fallen auch die Glomerulusepithelien der Nekrose und Desquamation anheim. Ebenfalls zum Teil wenigstens Folge der Glomerulusaffektion sind die mit der Amyloiddegeneration fast stets gleichzeitig bestehenden Veränderungen der Epithelien, besonders der Hauptstücke. Einmal handelt es sich um Verfettung, sodann um meist sehr ausgedehnte tropfig-hyaline Degeneration. Hat die Amyloidentartung höhere Grade erreicht, so ist die Niere vergrößert, derb, die Rinde etwas verbreitert, auf der Ober- und Schnittfläche speckig wachsgelb, unregelmäßig gefleckt. Amyloide Glomeruli treten als größere glasige Körperchen hervor. Die blaßgelbe Farbe der Rinde rührt zum großen Teil auch von der Ablagerung von Fett (bzw. Lipoidsubstanzen), sowie von Anämie her. Von der hellen fleckigen Rinde sticht meist das Mark durch rote Farbe sehr deutlich ab. Ebenso wie sich bei Nephritis Amyloid ablagern kann, können sich an die Amyloidentartung auch entzündliche Prozesse anschließen; so kommt eine **Amyloidschrumpfniere, Nephrocirrhosis amyloidea** zustande.

Glykogendegeneration findet sich bei Diabetes (s. S. 208).

Nekrose der Epithelien tritt besonders auf Grund von Intoxikationen — vor allem mit Quecksilber und chlorsaurem Kalium — und Infektionen, sowie im Verlaufe heftiger Entzündungen des Organs auf. Ferner finden sich Nekrosen an Stellen von Harn-

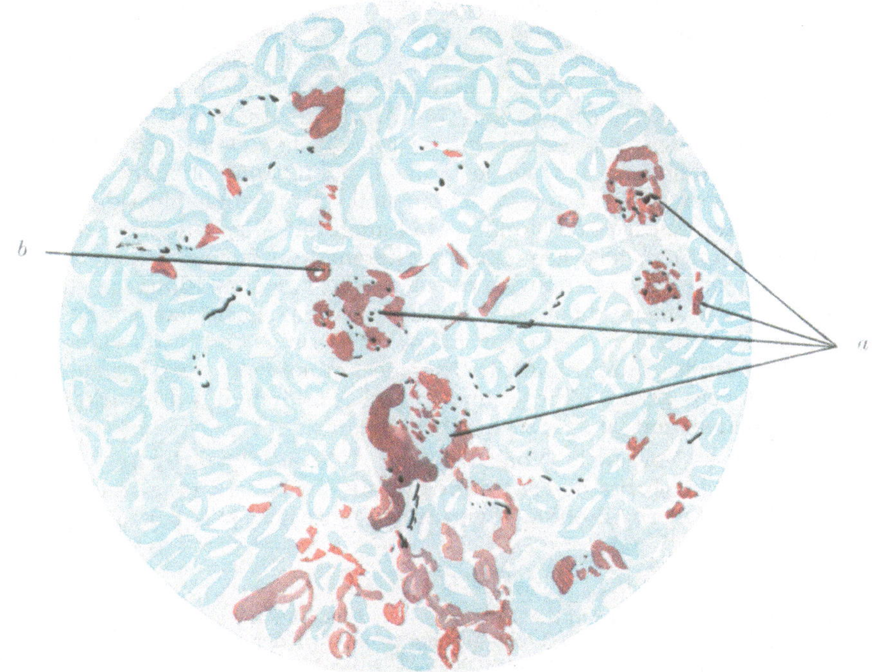

Fig. 327.

Amyloid der Niere.

Die amyloid entarteten Teile: Glomeruli *a* und Gefäßwände *b* heben sich durch ihre rotviolette Farbe von dem übrigen, blaugefärbten Gewebe ab. (Färbung mit Methylviolett.)

säureablagerungen, „Gichtnekrosen", sowie bei Diabetes. Die nekrotischen, zu kernlosen homogenen oder körnigen Massen werdenden Epithelien können abgestoßen werden oder verkalken (vgl. Fig. 44 S. 43). Dies ist vor allem bei der Sublimatvergiftung der Fall.

Bei dieser kann man (Askanazy) 3 Stadien unterscheiden: ein durch Hyperämie gekennzeichnetes „rotes Initialstadium" mit schon beginnender Nekrose und Desquamation der Epithelien, die anämische „grauweiße Sublimatniere", in der die Epithelien hochgradigste Nekrose und Desquamation, aber, besonders an den Hauptstücken, auch schon Regenerationserscheinungen aufweisen, und die — etwa nach einer Woche ausgesprochene — „rote Sublimatniere" mit der starken Verkalkung der Epithelien aber auch fortgeschrittener Regeneration einerseits, starker Hyperämie andererseits.

e) Nichteiterige Formen der Nephritis (Nierenentzündung).

Die ganz überwiegende Mehrzahl der Fälle läßt die ersten entzündlichen Veränderungen an den Glomeruli erkennen. Die Nephritis in ihrer typischen Form ist somit eine Glomerulonephritis. Daneben haben wir in selteneren Fällen und nur unter bestimmten Bedingungen noch zwei Formen, zuerst die auch die Glomeruli zunächst betreffende, bei subakuter ulzeröser Endokarditis auftretende sogen. embolische (nichteiterige) Herdnephritis (Löhlein), und sodann die offenbar auf die kleinen Gefäße der Niere zu beziehende, bei Scharlach zu beobachtende exsudative, lymphozytäre Nephritis (Aschoff). Allen drei Formen ist gemeinsam, daß sie — wenigstens zu allermeist — auf Bakterien bzw. deren Toxine zu beziehen sind, und daß diese auf dem Blutwege in die Nieren gelangen und die kleinen Gefäße in besondere Mitleidenschaft ziehen. Gehört letzteres schon zur Begriffsbestimmung der Entzündung (siehe bei dieser im allgemeinen Teil), so tritt dies bei der Nephritis besonders deutlich zutage. Nur selten und uncharakteristisch treten nichteiterige Nephritiden auf urogenem Wege (abgesehen von der Beteiligung entzündlicher Prozesse bei der Hydronephrose s. u.) oder von der Nachbarschaft her fortgeleitet auf.

I. Glomerulonephritis.

Die ganz überwiegende Mehrzahl der Glomerulonephritiden entsteht im Anschluß an Infektionen des Körpers mit **Streptokokken**, und zwar am häufigsten solchen der Rachenorgane bzw. der oberen Respirationsorgane. So am deutlichsten und typischsten bei an Scharlach erkrankten Kindern, meist in etwas späteren Stadien, ferner bei Angina, aber auch bei Gelenkrheumatismus, Erysipel und zahlreichen nahestehenden Erkrankungen. Des weiteren treten Glomerulonephritiden auf im Anschluß an Pneumonien, Meningitiden eventuell auch Dysenterien, nur selten wie es scheint bei Diphtherie, Typhus oder anderen akuten Infektionskrankheiten. Ob sie sich auch bei Staphylokokkeneiterungen finden, ist fraglich, zum mindesten selten. Recht selten sind Glomerulonephritiden auch im Verlaufe einer Tuberkulose und zumeist sind sie hier wohl auch auf Mischinfektionen mit Streptokokken (Lungenkavernen u. dgl.) zu beziehen. Zu der Nierenerkrankung scheinen weniger die Kokken selbst Veranlassung zu geben als ihre Toxine, welche auf dem Blutwege die Niere erreichen. Die Niere scheint vor allem dann zu erkranken, wenn noch das Organ schwächende disponierende Momente hinzukommen, vor allem Erkältung und insbesondere Durchnässung, des weiteren schon früher durchgemachte Nierenerkrankungen oder besondere Labilität ihrer Gefäße. Selbst schwere akute Fälle können nach Aufhören des Einwirkens der schädlichen Noxe sich zurückbilden und in Heilung übergehen.

Wir teilen die — vor allem von Bartels, Klebs, Langhans, Löhlein eingehend verfolgte — Glomerulonephritis in drei Stadien ein, in ein akutes, subakutes bzw. subchronisches und ein chronisches, wenn auch natürlich alle Übergänge diese verbinden.

1. Akutes Stadium.

Die schädigende Noxe gelangt in die Niere auf dem Blutwege (s. oben). Durch die besondere anatomische Struktur der Niere, d. h. die Kapillarauflösung in Gestalt der Glomeruli, kommt es, daß sich hier die ersten und schwersten Veränderungen abspielen. Die Kapillarschlingen des Glomerulus werden blutarm, dann blutleer und zeigen eine eigenartige Blähung mit Ablagerung einer geronnenen, protoplasmatischen Masse im Innern der Schlingen. Der erste Angriffspunkt liegt offenbar des weiteren in den Endothelien der Glomeruluskapillarschlingen. Diese degenerieren bzw. werden nekrotisch, aber nur gering und als schnell vorübergehendes Stadium, dem sehr schnell sogar ein Wuchern der Endothelien (nach allgemeinen früher geschilderten Grundsätzen) folgt. So ist ein erstes Kennzeichen selbst einer frischen akuten Glomerulonephritis schon eine Vermehrung der Endothelien, welche den Glomerulus auffallend groß und zell- bzw. kernreich macht. Gleichzeitig gibt sich aber die entzündungserregende Einwirkung vom ersten Beginn an in Exsudation und Emigration zu erkennen. Polymorphkernige Leukozyten gelangen in größeren Mengen in das Entzündungsgebiet und bleiben hier in den Kapillaren der Glomeruli haften. An Stelle der etwa 3—25 Leukozyten, wie sie der Durchschnitt durch einen Glomerulus in dessen Kapillaren normaliter aufweist, finden wir jetzt deren 50, 80 und oft sogar weit über 100. Die Leukozyten werden chemotaktisch durch die Fernwirkung der Entzündungsnoxe hierher gelockt. Daß sie hier in der Niere, im Gegensatz zu anderen Entzündungen, wo sie emigrieren, in den Kapillarschlingen der Glomeruli selbst in besonders großer Zahl gefunden werden — solche oft geradezu blockieren — hängt offenbar mit den räumlich mechanischen Verhältnissen der besonders dicht, fast ohne Interstitium, aneinandergepreßten Kapillarschlingen der Glomeruli zusammen. Aber auch hier kommt es zu einer nicht geringen Emigration der Leukozyten aus den Kapillaren. Sie gelangen in den Kapselraum und von diesem aus abwärts in die Lumina der Harnkanälchen, wo sie besonders in denen der Hauptstücke gefunden werden. Oft sieht man auch um die Glomeruli einen Ring von Leukozyten; sie liegen hier wohl in einem perikapsulären Lymphspalt, in diesen resorbiert. Das exsudative Moment der akuten Glomerulonephritis ist nun naturgemäß mit der Leukozytenanlockung und Emigration keineswegs erschöpft. Auch eine Exsudation von Serum geht vor sich. Es gelangt in das umliegende Gewebe in Gestalt eines Ödems; aber der größte Teil muß auch hier wieder in die Kapselräume der Glomeruli und so in die Lumina der Harnkanälchen gelangen. Das Serumeiweiß wird weiter abwärts durch Wasserresorption ausgefällt und tritt somit in Gestalt von Zylindern zutage. Auch rote Blutkörperchen gehen in das entzündliche Exsudat über; einzelne finden wir stets in den Kapselräumen und den Lumina der Harnkanälchen. Sind größere Mengen exsudiert, so lagern sie sich, besonders nach Resorption des Serums, auch zu größeren Massen zusammen und man spricht dann von Blutkörperchenzylindern (s. oben). Gelangen rote Blutkörperchen in solchen

Mengen in den Urin — mit einzelnen ist dies bei frischen Glomerulonephritiden wohl stets der Fall — daß sie diesen hellrot färben, so spricht man (vor allem klinisch) auch von hämorrhagischer Nephritis. Erwähnt werden soll noch, daß dem vor allem im Kapselraum auftretenden Exsudat auch geringe Mengen Fibrin (viel, nach Art der fibrinösen Entzündung seröser Häute, ist selten) beigemischt sein können. Außer den Glomeruluskapillaren bleiben naturgemäß auch die übrigen kleinen Nierengefäße von der Entzündungsnoxe nicht verschont; löst sich doch das Vas efferens bald nach Verlassen des Glomerulus wieder in ein Kapillarnetz auf, welches die Harnkanälchen umspinnt. Auch an den außerhalb des Glomerulus gelegenen Kapillaren kommt es natürlich zu exsudativen Prozessen. Die hier exsudierenden Massen müssen dann, da ja ein Interstitium in der Niere nur höchst gering entwickelt ist, auch zumeist in die Lumina der Harnkanälchen gelangen. Auch kleine Blutaustritte kommen vor. Nur stehen die Veränderungen der im Glomerulus vereinten Kapillarschlingen und das aus ihnen stammende Exsudat an erster Stelle und beherrschen das Bild.

Wie bei jeder Entzündung bleibt nun naturgemäß auch das eigentliche Parenchym bei der Einwirkung der Noxe nicht intakt. Zum Parenchym gehören schon die Glomerulusepithelien, die der

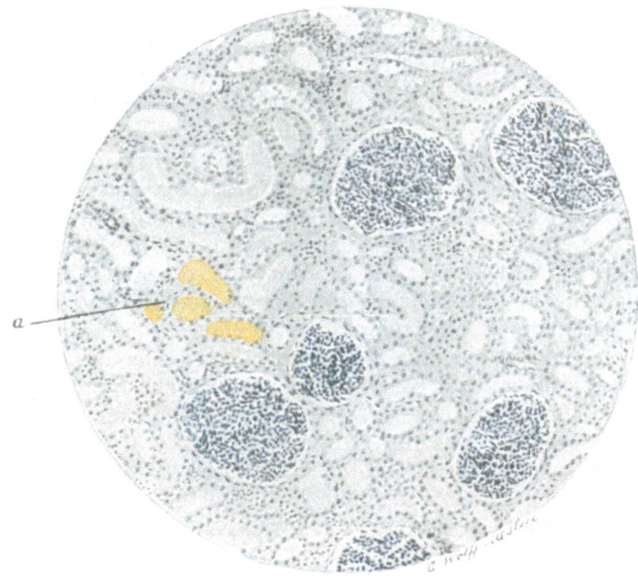

Fig. 328.

Akute Glomerulonephritis.

Die Glomeruli äußerst zellreich und groß. In den Hauptstücken geronnene Eiweißmassen und bei (*a*) rote Blutkörperchen.

Schlingen wie der Kapsel. Erstere, der Noxeneinwirkung an den Kapillaren ja zuallernächst gelegen, zeigen schon frühzeitig geringe Verfettung und Degeneration, auch Nekrose einzelner Zellen und andererseits geringe Schwellung und Vergrößerung, doch alles dies in geringem Maße. Auch die Kapselepithelien verhalten sich zunächst ähnlich, und erst gegen Ende des akuten Stadiums zeigen sie etwas stärkere Wucherung. Das eigentliche Parenchym, die Epithelien der Harnkanälchen, besonders der Hauptstücke bzw. deren terminale Übergänge, weisen zunächst auch fast nur trübe Schwellung auf. Auch sie sind im Anfang dafür, daß es sich um einen Entzündungsvorgang handelt, auffallend gering verändert, und es mag dies damit zusammenhängen, daß die Giftstoffe in den Kapillarschlingen der Glomeruli aufgefangen, und so das Parenchym geschützt wird. Die besondere Kapillarordnung stellt eben für die Niere, die als Ausscheidungsorgan toxischen Insulten so besonders ausgesetzt ist, einen besonders sinnreichen Schutz dar. Sind so im Anfang zumeist nur die Malpighischen Körperchen bzw. die Glomeruli in stärkerem Grade verändert, so kann man die Affektion auch als Glomerulitis bezeichnen. Ist dies bei weitem der häufigste Fall, so gelangen in einer kleinen Minderzahl der Fälle doch Giftstoffe von vorneherein durch die Glomeruli auch zu den Epithelien der Kanälchen und rufen an ihnen stärkere degenerative Erscheinungen hervor, in Gestalt starker trüber Schwellung, Verfettung usw. Diese Formen kann man auch als tubulär-glomeruläre Nephritis bezeichnen. In späteren Zeiten des akuten Stadiums werden dann die Epithelien stärker in Mitleidenschaft — Atrophie, starke trübe Schwellung, tropfig-hyaline Degeneration, Verfettung, Desquamation — gezogen; dies ist weniger auf die Entzündungsnoxe selbst und direkt als auf Inaktivität und beeinträchtigte Blutversorgung infolge der Glomerulusveränderung zu beziehen.

Fassen wir kurz zusammen, so zeigen bei der typischen Glomerulonephritis zunächst die Glomeruli die Hauptveränderungen: Blutarmut der Kapillaren, Angegriffenwerden und besonders Vermehrung der Endothelien, Leukozytenreichtum in den Kapillaren, Exsudation in den Kapselraum usw. Zunächst ist die örtliche Leukozytenvermehrung am auffälligsten. Im allerersten Beginn sieht man alles dies in den einzelnen

Glomeruli noch nicht an allen Schlingen und auch nicht an allen Glomeruli des Schnittes; sehr bald aber sind alle Schlingen aller Glomeruli (beider Nieren) ergriffen. Kurz darauf wird die Endothelvermehrung immer stärker und überwiegt über die Leukozytenansammlung. Erstere beherrscht jetzt das mikroskopische Bild immer mehr. Die Glomeruli erscheinen infolgedessen sehr groß und überaus kern-, d. h. zellreich, dagegen völlig blutleer. Auch die feinen Wände der Kapillaren erscheinen jetzt etwas verdickt, hyalin gequollen, miteinander bzw. mit der Kapsel verbacken. Später erst zeigen die Glomerulusepithelien leichte Wucherungserscheinungen, das Kapselepithel ebensolche sowie Atrophien und Degenerationen, desgleichen stärkere jetzt auch vor allem das Kanälchenepithel. Ohne scharfe Grenze gelangen wir so ins subakute Stadium.

Makroskopisch ist eine derartige Niere im akuten Stadium der Glomerulonephritis zunächst nur höchst minimal, oft so gut wie gar nicht verändert; die Diagnose ist makroskopisch nicht sicher zu stellen, obwohl die klinischen Erscheinungen schon sehr ausgesprochen gewesen sein können. Höchstens eine geringe Trübung oder ganz leichtes Ödem, besonders der Rinde, und stärkere Blutfüllung, d. h. Rotfärbung der Markkegel kann den Prozeß, der Platz gegriffen, andeuten. Bald aber treten die makroskopischen Veränderungen weit deutlicher hervor. Die Niere nimmt an Volumen erheblich zu, was teils auf die mit der Anschwellung der Harnkanälchen verbundene Verbreiterung der Rindensubstanz, teils auf die entzündlich-ödematöse Durchtränkung und Auflockerung des Gesamtgewebes zurückzuführen ist. Die Farbe besonders der Rinde ist infolge Kompression der Kapillaren durch die geschwollenen Kanälchen blaß. Die Glomeruli treten, vergrößert und blutarm, als kleine graue Knötchen hervor. Die trübe Schwellung verleiht der Nierenrinde eine weißliche, opake, trübe Beschaffenheit und ein wie gekochtes Aussehen. Bei der Verfettung erscheinen mehr und mehr gelbliche Flecken und Streifen, welche schließlich vielfach konfluieren. Mit dem durchschnittlich geringen Blutgehalt der Rinde kontrastiert meistens auffallend ein rosafarbener bis dunkelroter Farbton der Markkegel, an welchen die Entzündungshyperämie in viel ausgesprochenerem Maße, die Verfettung usw. viel weniger zur Geltung kommen. Sie sind saftigglänzend und, drückt man seitlich auf die Papillen, so entleert sich eine mehr oder weniger trübe, aus dem Inhalt der Harnkanälchen bestehende Masse. Aber auch in der Rinde finden sich da und dort hyperämische bzw. hämorrhagische Stellen als dunkelrote Pünktchen und Streifchen, und so kann die Niere an der Oberfläche und auf dem Durchschnitt ein geflecktes Aussehen erhalten.

Klinisch besteht Albuminurie, teils auf die abnorme Funktion der Nierenepithelien zu beziehen, zum großen Teil aber als Effekt oder Teilerscheinung der entzündlichen Gefäßalteration aufzufassen. Auf letztere weisen auch die eventuell im Urin auftretenden Leukozyten und roten Blutkörperchen hin. Auch die Zylinderbildung ist, wie beschrieben, teils auf Epitheldegenerationen, teils auf entzündliches Exsudat zu beziehen. Man findet durchsichtige, hyaline Harnzylinder, sog. Wachszylinder (kompaktere, deutlich gelb gefärbte Gebilde), Zylinder, welche mit körnigen Detritusmassen, mit Epithelien oder Blutkörperchen bekleidet sind, sog. Epithelzylinder, die aus abgestoßenen verbackenen Epithelmassen bestehen, sog. Zylindroide, d. h. unregelmäßige, meist gestreifte und an den Enden aufgefaserte Gebilde, eventuell auch Zylinder, die ganz aus roten oder weißen Blutkörperchen zusammengesetzt sind. Die Harnmenge ist vermindert bis zur Anurie.

2. Subakutes (subchronisches) Stadium.

Nach etwa vierwöchigem Verlauf können wir in direktem Übergang von der bisherigen Schilderung der Veränderungen den Anfang des subakuten Stadiums datieren. Wir können hier nach dem mikroskopischen Verhalten zwei Formen unterscheiden.

a) **Intrakapilläre Form.** Sie schließt sich direkt an das Beschriebene an. Die Endothelvermehrung der Kapillaren tritt immer mehr hervor und beherrscht jetzt völlig das Bild. Die Leukozytenvermehrung in den Kapillaren flaut zumeist allmählich wieder ab. Infolge der enormen Vermehrung der Endothelien — von etwa 130 (die Glomerulusepithelien mit eingerechnet) eines normalen Glomerulusdurchschnittes bis auf etwa das Doppelte bis Vierfache — sind die Glomeruli jetzt von ganz besonderer Größe und Zell- bzw. Kernreichtum. Sie füllen den Kapselraum meist ganz aus und buchten sich kuppenförmig in den Anfang des abgehenden Harnkanälchens vor. Die Schlingenepithelien zeigen etwas stärkere Verfettung, die Kapselepithelien sind oft geschwollen und zeigen — aber nur mäßige — Wucherungserscheinungen. Die Kapillarschlingen des Glomerulus sind hyalin verdickt, klumpig, miteinander verbacken.

b) **Extrakapilläre Form.** Hier sind zwar die unter a) beschriebenen Glomerulusveränderungen auch vorhanden, aber sie fallen nicht so ins Auge, weil die Glomeruli komprimiert sind, und zwar durch die Erscheinung, welche hier das Bild beherrscht, nämlich eine ganz außerordentliche Wucherung der Schlingen- und besonders Kapselepithelien. Es bilden sich vielfache Lagen gewucherter Epithelien, welche sich dadurch schichtenweise abplatten. Diese Wucherung schmiegt sich in ihrer äußeren Form derjenigen des stark ausgedehnten Kapselraums an, d. h. sie ist gegenüber dem Hilus (Vas afferens und efferens), also nach dem Abgang des Kanälchens zu, am stärksten entwickelt. So kommt eine Halbmondform zustande (s. Fig. 329) und man spricht daher auch von Halbmonden. Die Wucherung der Glomerulusepithelien kann sich auch in das abgehende Harnkanälchen selbst hinein vorbuchten. Die gewucherten Epithelien sind infolge ihrer Menge, von schlechter Ernährung, Druck usw. leicht wieder dem Untergang geweiht, und so sehen wir bald an ihnen degenerative Erscheinungen auftreten in Gestalt von Hyalin (Glomerulusepithelien können auch sonst — selten — tropfiges Hyalin aufweisen) und nekrotischem Zerfall. Zwischen den gewucherten Epithelien liegen noch Exsudatreste, besonders auch rote Blutkörperchen (meist mehr nach außen zu).

Während die intrakapilläre Form der Veränderung mehr den Glomerulonephritiden mit langsamerem Verlauf entspricht, handelt es sich bei der extrakapillären Form mehr um solche von schnellem, stürmischem Werdegang. Doch finden sich oft auch beide Veränderungen nebeneinander an verschiedenen Glomeruli derselben Niere.

In jedem Falle treten nunmehr die besonders von den verödeten Glomeruli abhängigen Folgeerscheinungen an den Kanälchen sehr stark hervor. Zahlreiche Epithelien und ganze Kanälchen sind hochgradig atrophisch, tropfig-hyaline Degeneration tritt jetzt auch in Gestalt zahlreicherer und größerer Tropfen auf, viele Epithelien sind hochgradig verfettet. Im Lumen liegen zahlreiche Zylinder, auf die verschiedene, oben angegebene Weise entstanden. Andere Kanälchen enthalten größere Mengen ausgetretener roter Blutkörperchen bzw. Blutkörperchenzylinder, andere zusammengeballte Leukozyten.

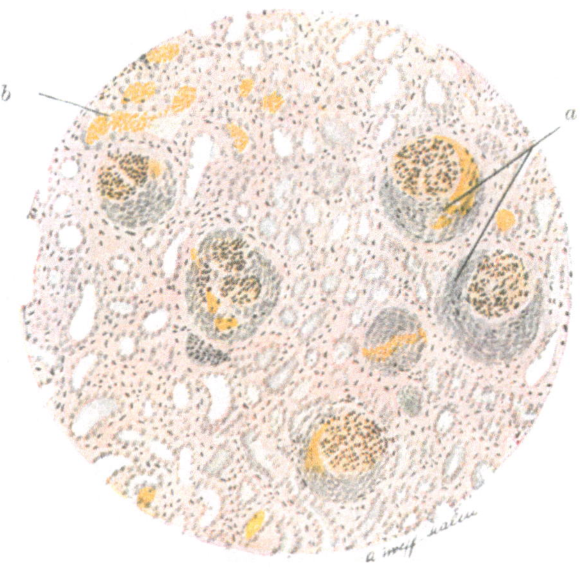

Fig. 329.
Subakute Glomerulonephritis; sog. extrakapilläre Form.
Die Glomeruli sind zellreich, komprimiert durch die starke Kapselepithelwucherung von der Form der sog. Halbmonde (*a*). Zwischen den gewucherten Epithelien hyaline Zerfallsmassen und rote Blutkörperchen (gelb). Kanälchen atrophisch, im Lumen (bei *b*) rote Blutkörperchen. Das Bindegewebe ist schon leicht diffus gewuchert.

Alle die so veränderten Kanälchen liegen zumeist in kleinen Gruppen zusammen — oft in direkter Abhängigkeit von den veränderten Glomeruli — so daß eine fleckweise Verteilung der einzelnen Veränderungen zutage tritt. Dazwischen liegen nun andere Gruppen von Kanälchen, welche noch besser erhaltene, ja sogar gewucherte Epithelien zeigen, und deren Lumen deutlich erweitert ist, was wohl ein Indizium für stärkere vikariierende Harnbereitung ist. Diese Kanälchengruppen liegen mit Vorliebe mehr nach der Oberfläche zu, vielleicht weil sie von den Endausläufern der Vasa interlobularia (nach Abgabe der Vasa afferentia) bzw. von deren Anastomosen mit den Kapselarterien aus noch besser ernährt werden.

Auch das überall verteilte Interstitium zeigt jetzt stärkere Veränderungen. Vielfach finden sich kleine Blutaustritte, vor allem aber treten jetzt entzündliche Zellanhäufungen stärker hervor. Neben einzeln zerstreuten Rundzellen bestehen bis ins Mark hinunter, und oft besonders ausgeprägt an der Grenze von Mark und Rinde, größere Zellansammlungen, welche besonders aus Rundzellen (Lymphozyten), daneben auch mehr oder weniger zahlreichen Leukozyten und hie und da Plasmazellen bestehen. Gleichzeitig sehen wir immer mehr eine Verbreiterung des interstitiellen Gewebes auftreten, besonders an den Stellen, an welchen die Kanälchen besonders atrophisch kollabiert sind. Das neugebildete Bindegewebe ist zunächst noch sehr reich an Rundzellen. Auch Quellung und hyaline Verbreiterung der Membranae propriae der ganz atrophischen Kanälchen trägt zu der Bindegewebshyperplasie bei. Inzwischen sind an den Glomeruli weitere Veränderungen vor sich gegangen. Der Zellreichtum dieser nimmt ab, dagegen verdicken sich die hyalin gequollenen Schlingen immer mehr und verbacken immer mehr miteinander, so daß die Gesamtheit der Schlingen an vielen Glomeruli schon anfängt völlig zusammenzusintern zu einer hyalinen Masse mit einer mäßigen Zahl von Kernen. Die bei der extrakapillären Form vorhanden gewesenen Epithelwucherungen zerfallen völlig. Von der Kapsel aus, und nach Durchbrechung dieser auch von um die Bowmanschen Kapseln herum vermehrtem Bindegewebe aus, wuchert Bindegewebe in den Kapselraum ein. Das eingedrungene Bindegewebe wird breiter, füllt allmählich den ganzen Kapselraum und bildet dann mit dem verödeten Glomerulus eine Masse.

Makroskopisch schließt sich das Aussehen der subakut-nephritischen Niere an das über das Ende des akuten Stadiums Gesagte an. Nur ist alles jetzt deutlicher markiert. Die Niere ist stark vergrößert, so daß die stark gespannte Kapsel leicht abziehbar ist und das Nierengewebe dann hervorquillt; die Glomeruli treten auf der Schnittfläche als kleine, glänzende, tautropfenartige Gebilde, besonders bei seitlicher Betrachtung, noch deutlicher hervor. Die Rinde ist beträchtlich verbreitert, fleck- oder streifenförmig gelb (Verfettung), im übrigen mehr gleichmäßig weiß gefärbt. Die Markkegel heben sich noch durch rote oder auch mehr braune Farbe scharf ab. Man spricht von alters her von großer weißer oder großer gelber Niere. Einzelne kleine Blutpunkte — Blutaustritte oder Gruppen mit Blutkörperchen gefüllter Kanälchen — heben sich vor allem auch an der Oberfläche ab. Sind diese sehr ausgedehnt und zahlreich, so daß ein sehr farbenreiches Bild an Ober- und Schnittfläche entsteht, so spricht man von großer bunter Niere (Fig. 330); beherrschen Hyperämie und Blutungen ganz das Bild, auch von großer roter Niere.

Die so veränderten Nieren wurden vielfach früher fälschlicherweise als „chronische parenchymatöse Nephritis" aufgefaßt und bezeichnet.

Dann gegen Schluß des subakuten Stadiums verkleinert sich das Organ, die Rinde wird schmäler, ein verwaschenes Grau herrscht in der Rinde, im Mark ein Graubraun vor; die Grenze von Mark und Rinde ist nicht mehr scharf markiert. Die Kapsel haftet dem Organ fester an. So ist — nach der mikroskopischen und makroskopischen Schilderung — in allmählichem Übergang an die Stelle des subakuten Stadiums das subchronische getreten und das Bild dieses leitet über zu:

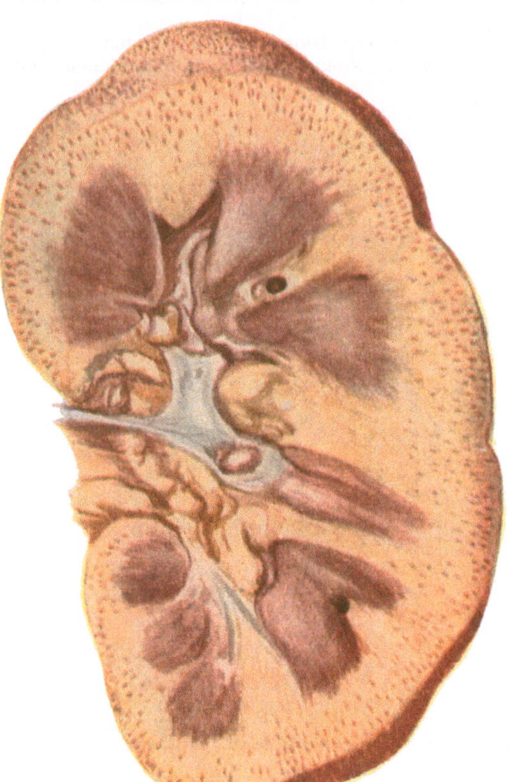

Fig. 330.
Subakute Glomerulonephritis (große bunte Niere) von der Schnittfläche aus gesehen.
Die Niere ist stark verfettet (gelb). Scharf heben sich infolge von Hyperämie und Hämorrhagien rote Streifen und Flecke ab (letztere auch an der Oberfläche der Niere, oben im Bild). Desgleichen die stark hyperämischen Markkegel.

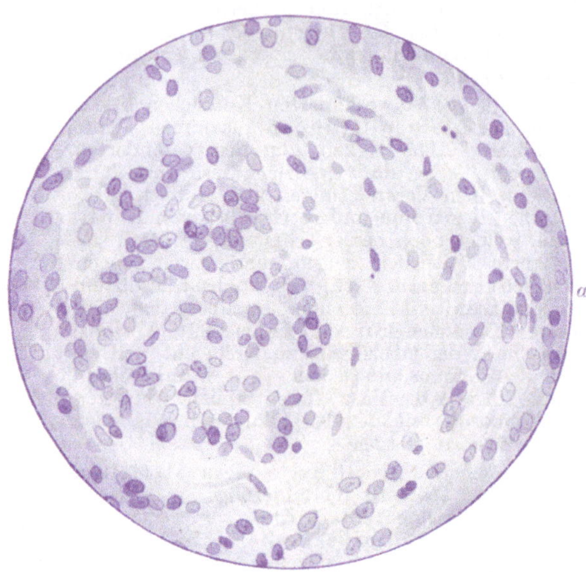

Fig. 331.
Komprimierter Glomerulus mit verdickter Kapsel, zum Teil (bei *a*) auf dem Wege hyaliner Umwandlung.

3. Chronisches Stadium.

Hier, etwa vom dritten Monat ab, handelt es sich um den allmählichen Ausgang der Veränderungen, um das Reparationsstadium im anatomischen Sinne. Nachschübe entzündlicher Prozesse sind immer noch möglich. Die Glomeruli schreiten in ihrer Verödung fort. Die Malpighischen Körperchen (Glomeruli und Kapsel) sind zu geschrumpften, fast kernlosen hyalinen Kugeln geworden; den von der gewucherten Kapsel und den vom kollabierten Glomerulus abstammenden Teil kann man oft noch färberisch unterscheiden. Außen um die hyalinen Glomeruli bilden sich nicht selten ganz feine elastische Fasern neu. Die am stärksten veränderten Glomeruli liegen oft gruppenweise zusammen. Andere Glomeruli sind noch größer, kernreicher, noch nicht hyalin, aber auf dem Wege der Hyalinisierung; man sieht alle Übergänge. Nur wenige Glomeruli sind besser erhalten; sie können dann sogar besonders groß und zellreich sein.

Die Kanälchen zeigen nun die höchsten Grade der Atrophie. Sie fehlen oft in ausgedehnten Gebieten ganz. In anderen Bezirken sind sie zwar noch vorhanden, aber völlig atrophisch. Manche Kanälchengruppen oder Kanälchen weisen zwar ein sogar weites Lumen auf, aber in diesem liegen Zylinder und das Epithel herum ist doch atrophisch und entdifferenziert. Andere Kanälchengruppen hingegen, und zwar besonders nach der Oberfläche zu, zeigen hohe gewucherte Epithelien um weite Lumina. Es finden sich leistenförmige Vorsprüge mit Epithelwucherungen ins Innere hinein. Besonders diese hohen Epithelien weisen oft größere Mengen Fett auf. Auch mehrkernige Zellen, Riesenzellen und kleine Adenome können auf Epithelwucherung hinweisen; diese ist offenbar eine vikariierende für das verlorene Parenchym.

Das Interstitium zeigt nun parallel der Atrophie der Harnkanälchen eine ungeheuere Zunahme. Es ist allmählich arm an Spindelzellen und Rundzellen geworden — nur hier und da bestehen noch kleine Ansammlungen von Rund- oder Plasmazellen — und zeigt starke Schrumpfung. Auch im Mark hat es enorm zugenommen, während die meisten auch geraden Harnkanälchen zugrunde gegangen sind. Im Interstitium finden sich vielfach auch Gruppen mit Fett (Lipoiden) überladener Zellen.

Auch die Gefäße verändern sich sekundär. Die größeren Arterien weisen endarteriitische Prozesse auf, und auch die Arteriolen (besonders Vasa interlobularia und vor allem afferentes) zeigen schon nach einigen Wochen beginnende, später stark zunehmende sekundäre Veränderungen in Gestalt hyaliner Verdickung mit lipoider Degeneration der Wand und starker Einengung des Lumens. Die Gefäßveränderung trägt dann ihrerseits natürlich wieder zum Untergang des noch restierenden Parenchyms bei.

Infolge der beschriebenen Prozesse wechseln eingezogene, den untergegangenen Kanälchen mit geschrumpftem Bindegewebe entsprechende Partien mit vorgewölbten Granula, in denen die Kanälchen gut erhalten, die Epithelien sogar vikariierend gewuchert sind, ziemlich regelmäßig ab. Die Nierenoberfläche ist daher nicht mehr glatt.

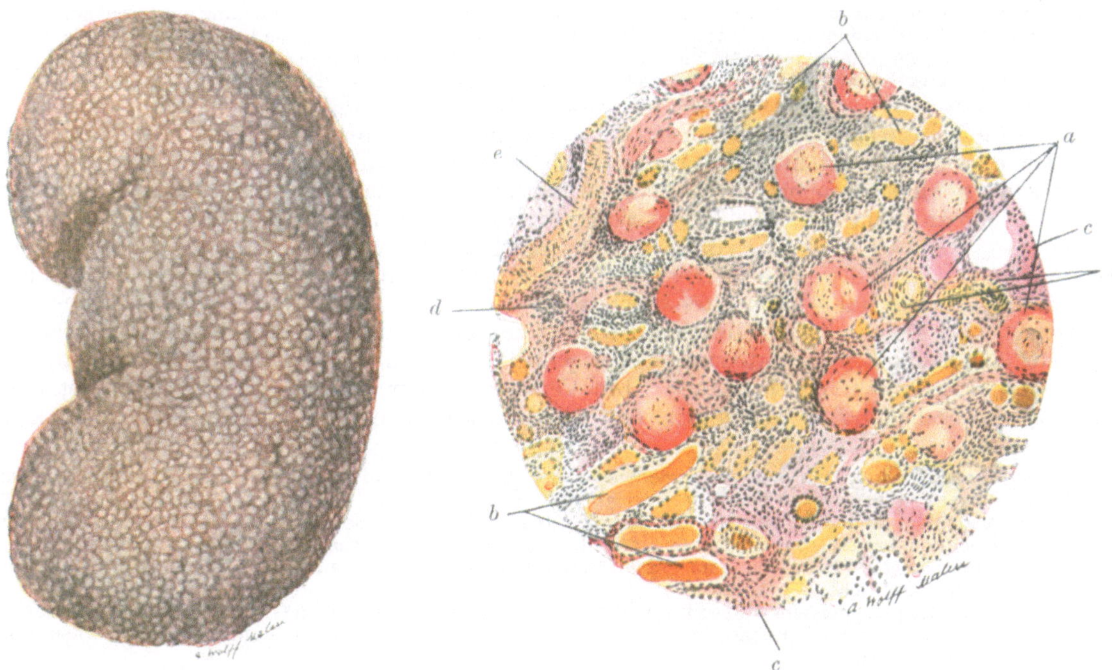

Fig. 332.
Granularatrophie der Niere. (Sekundäre Schrumpfniere, Endresultat einer Glomerulonephritis.)
Gleichmäßige Granulierung der Nierenoberfläche.

Fig. 333.
Sekundäre Schrumpfniere, chronisches Endstadium einer Glomerulonephritis.
Die Glomeruli (*a*) bindegewebig verödet, zum großen Teil hyalin, Kanälchen atrophisch, mit hyalinen Zylindern im Lumen (*b*), zum großen Teil ganz zugrunde gegangen, Bindegewebe gewuchert (z. B. bei *c*) und mit Rundzellen durchsetzt (z. B. bei *d*) *e* = Gefäße.

Makroskopisch zeigt dies Endstadium naturgemäß in höchstem Grade veränderte Nieren. Sie sind außerordentlich viel kleiner geworden. Das Volumen kann bis zur Hälfte oder ein Drittel abnehmen. Es liegt eine Schrumpfniere vor. Aber sie ist nach dem Geschilderten nicht ungleichmäßig, sondern zeigt eine ziemlich gleichmäßig verteilte Granulierung; man bezeichnet den Zustand daher als Granularatrophie oder granulierte Schrumpfniere. Weit seltener ist eine gleichmäßige Verschmälerung der Rinde — glatte Schrumpfniere. Um das verkleinerte Organ zeigt die Fettkapsel und ebenso das Fett am Hilus oft eine starke vikariierende Wucherung. Die verdickte Kapsel läßt sich nur schwer und meist nicht ohne Verletzung der Nierenoberfläche von dieser abziehen. Nach ihrer Entfernung treten die Granulierung und eventuell auch einzelne größere Narben (eine Folge größerer abgestorbener Partien, deren Gefäße stark verändert, eventuell obliteriert sind), deutlich zutage. Manchmal erkennt man auch an der Oberfläche kleinste weiße Punkte, Glomeruli entsprechend, die durch die Rindenschrumpfung soweit nach außen gerückt sind.

Unter der Oberfläche fallen oft auch kleine Zysten oder, meist gelb erscheinende, Adenome (s. oben) in Gestalt flacher Knoten auf. Auf der Schnittfläche des Organs ist vor allem die starke unregelmäßige Verschmälerung und Atrophie der Rinde auffallend; sie weist oft nur noch eine Breite von 1—2 mm auf. Von den feinen, zwischen den Granula gelegenen Einziehungen gehen kleine graue oder graurote, den Schrumpfungsherden entsprechende Flecke bzw. Streifen ins Gewebe hinein. Ähnliche Partien treten auch in den tieferen Schichten der Rinde hervor, so daß diese, wie die Oberfläche, ein fleckiges Aussehen erhält, und ihre normale Zeichnung völlig verwischt ist. Auch die Marksubstanz nimmt an der Atrophie teil; ihre Markkegel sind oft auch verschmälert und verkürzt. Die Gesamtfarbe ist im ganzen eine graue in der Rinde wie auch im Mark. Eine scharfe Grenze beider ist daher meist gar nicht mehr zu erkennen. Verfettete Gebiete können sich als gelbe Flecke und Streifen zu erkennen geben, kleine Blutungen als rote. Die Konsistenz ist eine sehr derbe.

Mit dem Abklingen der stürmischen Erscheinungen und dem langsamen, ja jahrelangen Ablauf der weiteren Erkrankung ändert sich auch der Harnbefund sehr. Der Urin enthält sehr wenig Eiweiß, Zylinder usw.; er wird vielfach sogar in abnorm großer Menge (Polyurie) gebildet. Außer den vikariierenden Erscheinungen des restierenden Nierengewebes spielen hier der sich ausbildende Blutüberdruck und Herzhypertrophie mit. Sind aber zuletzt allzu große Teile der Nierensubstanz verloren gegangen, und kann das Herz somit keine Kompensation mehr leisten und ist auch selbst an der Grenze seiner Leistungsfähigkeit angelangt, so tritt Niereninsuffizienz ein. Die Harnmenge verringert sich, Albuminurie tritt stark hervor, Ödem und Transsudate treten auf, ferner Retinitis albuminurica und endlich das Gesamtbild der Urämie, dem der Patient dann zumeist erliegt.

Der ganze Prozeß der Nephritis = Glomerulonephritis, welcher beide Nieren ziemlich gleichmäßig befällt, dokumentiert sich so als ein entzündlicher, welcher zuerst die Glomeruli ergreift, besonders durch deren Affektion die Kanälchen in Mitleidenschaft zieht, und bei dem es dann später zu hochgradigen indurativ-proliferativen Vorgängen im Bindegewebe — mit nur geringen vikariierenden Epithelwucherungen — kommt, so daß eine Schrumpfniere (Granularatrophie) resultiert. Wir bezeichnen diese Form der Schrumpfniere — also das Endresultat — von alters her als die **sekundäre Schrumpfniere** oder jetzt auch als **Nephrocirrhosis glomerulonephritica.** Es ist leicht zu verstehen, daß man den späteren Stadien, die man am häufigsten zu untersuchen Gelegenheit hat, den Beginn, besonders auch an den Glomeruli, kaum mehr ansehen kann. Die Verfolgung aller Zwischenstadien verbindet aber Anfang und Ende, und so wissen wir, daß die Glomerulonephritis die Nephritis kat' exochen ist.

Der Verlauf kann ein sehr verschiedener sein. Der Tod kann schon im akuten bzw. subakuten Stadium erfolgen, ja es gibt so stürmisch verlaufende Fälle, daß fast ohne vorangegangene Krankheitssymptome plötzlich der Tod eintritt. In den meisten Fällen, besonders auch bei den milden Formen, die sich an Infektionskrankheiten anschließen, tritt Heilung ein. Zahlreiche Fälle aber zeigen den erwähnten chronischen jahrelangen Verlauf bis zum geschilderten Endausgang. Die sich einstellende Hypertonie und Herzhypertrophie sind schon erwähnt.

Während bei den meisten Tierexperimenten mit den verschiedensten Giftstoffen nur degenerative Nierenerkrankungen zu erreichen sind, hat man mit Urannitrat der Glomerulonephritis des Menschen ähnliche Veränderungen erzielt.

Es gibt nun noch zwei besonders charakterisierte, nur unter besonderen Umständen auftretende, Nephritisformen:

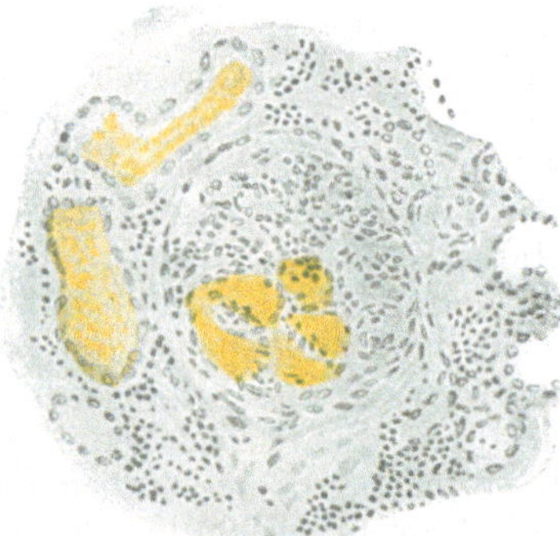

Fig. 334.
Embolische Herdnephritis.
Embolische Massen mit Fibrin und Nekrose in einzelnen Schlingen eines Glomerulus. Daneben in zwei Harnkanälchen Blutzylinder.

II. Embolische (nichteiterige) Herdnephritis.

Bei Endocarditis ulcerosa lenta, wie sie besonders durch den Schottmüllerschen Streptococcus viridans verursacht wird (s. unter Herz), können Kokkenmassen in die Glomerulusschlingen metastatisch verschleppt, hier in Form kleiner Kokkenembolien haften bleiben. Exsudation und Nekrose der Kapillarwand und des benachbarten Schlingenepithels sind die Folge, und so bilden dann die ganzen Massen größere, verbackene Bezirke des Glomerulus. Reaktiv treten sodann Wucherungen der benachbarten Schlingen- und Kapselepithelien auf. Charakteristisch ist also für diese Fälle, daß nicht, wie bei der Glomerulonephritis, alle Schlingen aller Glomeruli, sondern nur einzelne Schlingen mehr oder weniger vieler — oft zahlreicher — Glomeruli beteiligt sind, aus den veränderten Glomerulusschlingen treten Leukozyten und vor allem rote Blutkörperchen aus, in den Kapselraum und die Kanälchenlumina über — so daß die Nieren meist makroskopisch schon punktförmige Blutungen aufweisen — und gelangen so meist in großer Menge in den Urin.

Die veränderten Glomeruli können später bindegewebig werden, und ebenso treten davon abhängig Schrumpfungsherde auf, aber meist nicht sehr ausgedehnt, zumal die grundlegende Endokarditis vorher zum Tode zu führen pflegt.

III. Exsudativ-lymphozytäre Nephritis.

Sie findet sich in manchen Fällen von Scharlach bei Kindern (wohl auch bei hämorrhagischen Pocken, Munk), während die typische Veränderung gerade hier die Glomerulonephritis ist. Bei der lymphozytären Nephritis sind die Glomeruli nicht primär beteiligt, vielmehr handelt es sich um eine akute Schädigung der kleinen extraglomerulären Gefäße, besonders der Markrindengrenzzone, so daß es zu einem Austritt von Rundzellen in großen Massen ins Interstitium kommt. Ihnen sind, vor allem später, Plasmazellen und (zum Teil eosinophile) Leukozyten — letztere aber meist nur in geringer Menge — beigemischt. Diese Zellmassen durchsetzen in großen Streifen und Flecken die ganze Niere. Es besteht auch starke Hyperämie, und zahlreiche rote Blutkörperchen treten auch aus den Kapillaren aus in Form roter Streifen und Felder, besonders in der Rinde. Lymphozyten dringen von außen auch in Kanälchen ein; andere Harnkanälchen werden durch die Zellmassen komprimiert.

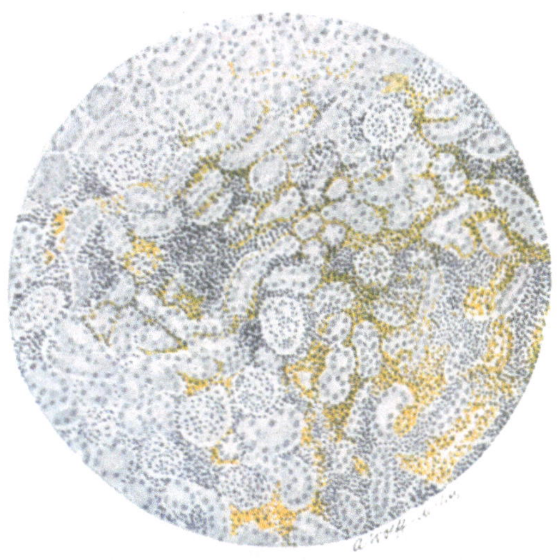

Fig. 335.
Exsudativ-lymphozytäre Nephritis bei Scharlach.
Interstitielle Ansammlung von Rundzellen, einigen Leukozyten und stellenweise zahlreichen roten Blutkörperchen. Glomeruli intakt.

Makroskopisch sind die Nieren groß, geschwollen, fast zerfließlich weich (ähnlich wie leukämische Nieren), grau mit den zahlreichen Blutungen. Daß diese Nephritis in ein chronisches Schrumpfnierenstadium gelangt, ist nicht bekannt.

Es kommen auch mehr zirkumskripte Infiltrationsherde, besonders unter der Nierenoberfläche, in Gestalt kleiner Knoten und Flecken allein vor (Landsteiner).

f) Eiterige Formen der Nephritis.

Die **eiterige Nephritis** wird durch Bakterien hervorgerufen, welche entweder auf hämatogenem Wege oder von den Harnwegen — nur selten auf dem Wege eines Traumas — in die Nieren gelangen; man unterscheidet demnach zwei Formen: eine — stets doppelseitige — hämatogene und eine — öfters einseitige — aszendierende. Die **hämatogene Form** entsteht im Verlauf allgemeiner Infektionskrankheiten, namentlich im Gefolge der ulzerierenden Endokarditis bei Pyämie.

Die mit dem Blute eingeschwemmten Eitererreger siedeln sich zumeist in den Glomeruli oder den Rindenkapillaren an, bilden häufig typische Kokkenembolien und verursachen so die Bildung kleiner, in der Regel Stecknadelkopfgröße nicht überschreitender Abszesse, die oft in größerer Zahl vorhanden, von einem roten, hyperämischen oder hämorrhagischen Hof umgeben sind und nach Abziehen der Kapsel an der Nierenoberfläche hervortreten; daneben zeigt das Nierengewebe häufig in größerer Ausdehnung parenchymatöse Degeneration. In den Harnkanälchen finden sich aus den Abszessen heruntergespülte Eiterkörperchen sowie sonstige Zellen. Sehr häufig aber treten die Bakterien ohne zunächst Abszesse zu bewirken, durch die Glomerulusschlingen, die irgendwie lädiert sind, aus, d. h. sie werden in die Harnkanälchen „ausgeschieden"; sie gelangen so in den Harn, „Bakteriurie", oder vermehren sich in den Harnkanälchen, infolge der Stromverlangsamung besonders in den geraden, und rufen hier Abszesse hervor, sog. „Ausscheidungsherde", welche oft, der Form der geraden Harnkanälchen angepaßt, in den Markstrahlen oder Markkegeln länglich gestaltet sind und als gelbe Streifen mit hyperämisch rotem Rand hervortreten, in der Rinde dagegen mehr runde Formen annehmen. Haften die eitererregenden Mikroorganismen an Emboli, so kommt es zur Bildung kleinerer und größerer vereiternder Infarkte, welche ebenso wie auch die kleineren Abszesse meist vorwiegend in der Rindensubstanz auftreten. Dem Konfluieren der Abszesse und der Vereiterung der Infarkte kann ein größerer Teil der Niere zum Opfer fallen, doch tritt meist vorher der Tod ein.

Die **urinogene oder aszendierende Form** entsteht dadurch, daß eine **Pyelitis** (Entzündung des Nierenbeckens), welche ihrerseits meist die Folge einer Cystitis und eventuell Ureteritis ist (s. unten), auf das Nierenparenchym übergreift — **Pyelonephritis**. Zumeist handelt es sich als Erreger um das Bacterium coli, seltener um Kokken. Über die also in letzter Linie zugrunde liegende Cystitis s. unten. Erwähnt sei, daß der ganze Komplex von der Cystitis bis zur Pyelonephritis bei Blasenlähmung infolge von Rückenmarkserkrankungen besonders ausgesprochen zu sein pflegt.

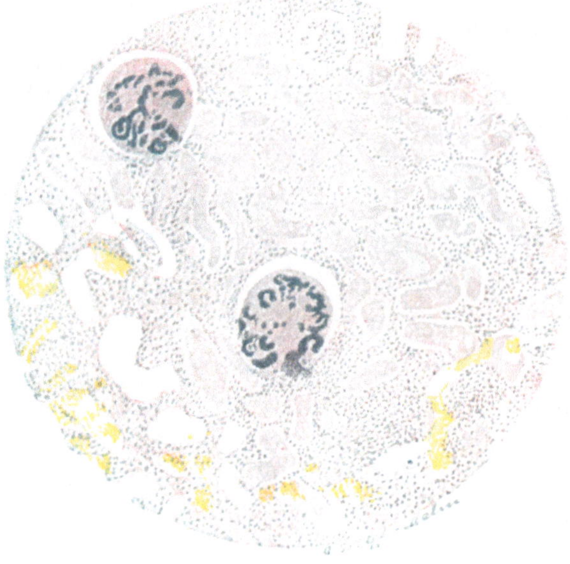

Fig. 336.
Kokkenembolie in der Niere.
Die Kapillarschlingen zweier Glomeruli sind mit Kokkenhaufen ausgefüllt, das umliegende Nierengewebe ist nekrotisch (die Kerne fehlen). Dazwischen zahlreiche Leukozyten (Eiter). Färbung nach Gram.

Die Erreger geraten vom Nierenbecken aus in die geraden Harnkanälchen, dann auch in die Kanälchen der Rinde. Es entstehen von den Papillen ausstrahlende Eiterstreifen, die dann konfluieren; die Markkegel können nekrotisch werden. Besonders die der Rinde benachbarten Markkegelteile zeigen streifenförmige Abszesse, die Rinde mehr rundliche, ebenso die Nierenoberfläche, wo die Herde meist in Gruppen stehen. Sie folgen oft zunächst dem Gebiet eines oder einiger Markkegel mit dem zugehörigen Rindenabschnitt. Die Bakterien sollen von den Markkegelspitzen aus in die Kapillaren und so in die Venen der äußeren Markkegelgebiete gelangen, sich vermehren und dann in gerade Kanälchen und besonders Schleifen eindringen, so in die Rinde gelangen und vor allem in den Schaltstücken sich ansiedeln (Ribbert). Überall werden Eiterungen bewirkt. Außerordentlich große Gebiete der Niere können so, besonders durch Konfluenz der Herde, eingeschmolzen werden — **Phthisis renum apostematosa.** Auch unter der Kapsel kann sich Eiter ansammeln — Perinephritis — und in das umliegende lockere Gewebe — Paranephritis — oder selbst in die Bauchhöhle perforieren. Andererseits können die Abszesse unter Bildung von Narben heilen. So können leichtere Formen unter Entstehung großer, flacher, am Grunde oft feinhöckeriger eingezogener Narben an der Nierenoberfläche abheilen und so, wenn der Prozeß ausgedehnter war, hochgradige, sehr unregelmäßige Schrumpfungen der ganzen Niere entstehen, **Nephrocirrhosis apostematosa** = **Abszeßschrumpfniere.** Hierher ist ein großer Teil speziell der einseitigen Schrumpfnieren zu rechnen.

An den Papillen der Niere kommt eine Wucherung und Abschuppung der Epithelien der großen Sammelröhren als sog. Nephritis papillaris desquamativa vor. Es bestehen gegen die Papillenspitze konvergierende graugelbe Streifen, den veränderten Kanälchen entsprechend. Bei Druck auf die Papillen entleeren sich trübe aus Leukozyten und abgestoßenen Epithelien bestehende Massen in Mengen. Die Affektion findet sich neben Nephritiden, speziell aber nach Pyelitis, und nimmt dann gerne eiterigen Charakter an.

g) Infektiöse Granulationen.

Tuberkulose. Auf dem Blutwege entstehen bei akuter Miliartuberkulose Tuberkel auch in der Niere. Ebenso sonst bei Tuberkulose, besonders auch bei chronischer Lungenphthise, und zwar in Gestalt kleinerer Tuberkel oder Konglomerattuberkel, besonders in der Rinde. Verlegt Tuberkulose einen größeren Arterienast, so kann ein primär oder sekundär tuberkulös infizierter Infarkt resultieren.

Ebenso wie für Kokken beschrieben, können auch Tuberkelbazillen aus den Kapillaren der Glomeruli in Harnkanälchen ausgeschieden werden und sich im Lumen dieser vermehren — Ausscheidungstuberkulose. Es treten dann besonders im Mark der Verlaufsrichtung der Sammelröhren entsprechende Streifen auf. Später verkäst das so entstehende tuberkulöse Gewebe. Das Mark, besonders an den Papillen, wird oft hochgradig zerstört.: Käsige Nephritis papillaris. Auch die Schleimhäute des Nierenbeckens und von Nierenkelchen erkranken oft in Gestalt tuberkulöser Prozesse mit — Pyelonephritis tuberculosa. Das Nierenbecken wird in eine unregelmäßige, buchtige Höhle verwandelt, welche mit den Höhlen der Niere zu großen Kavernen zusammenfließt. Andererseits rückt der Prozeß auch nach oben in die Rinde vor. Er nimmt in der besprochenen Weise einen sehr chronischen Verlauf.

Der Prozeß kann deszendierend auf Ureteren, Blase usw. fortschreiten (s. unten). Andererseits kann die Nierentuberkulose auch aszendierend, also von der Harnblase aus, entstehen, aber nur, wenn ein Hindernis Stagnation des mit Tuberkelbazillen von der Harnblase aus infizierten Urins bewirkt.

Dies kann z. B. bei Tuberkulose der Prostata, wenn diese dadurch vergrößert ist, der Fall sein oder eine deszendierende Tuberkulose (spez. nach Ausscheidungstuberkulose der Niere) kann den Ureter und die Harnblase ergreifen, so hier ein Hindernis setzen und nun wiederum zu aszendierender Tuberkulose führen. In anderen Fällen folgt die Tuberkulose von der Blase her den die Ureteren begleitenden Lymphgefäßen zur Niere. Ist auf solche Weise das Becken infiziert, so greift der Prozeß auch auf die Papillen und, besonders vom Winkel der Kelche und Markkegel aus, auch auf die übrige Niere über, und so entstehen auch große Kavernen, die bis zur Kapsel reichen können.

Auf die eine wie andere Weise können die Nieren durch große Kavernen, die mit dem ebenfalls in eine große käsige Höhle verwandelten Nierenbecken zusammenhängen, in unaufhaltsamer Ausbreitung allmählich zerstört werden — **Phthisis renum tuberculosa.** Die Käse-

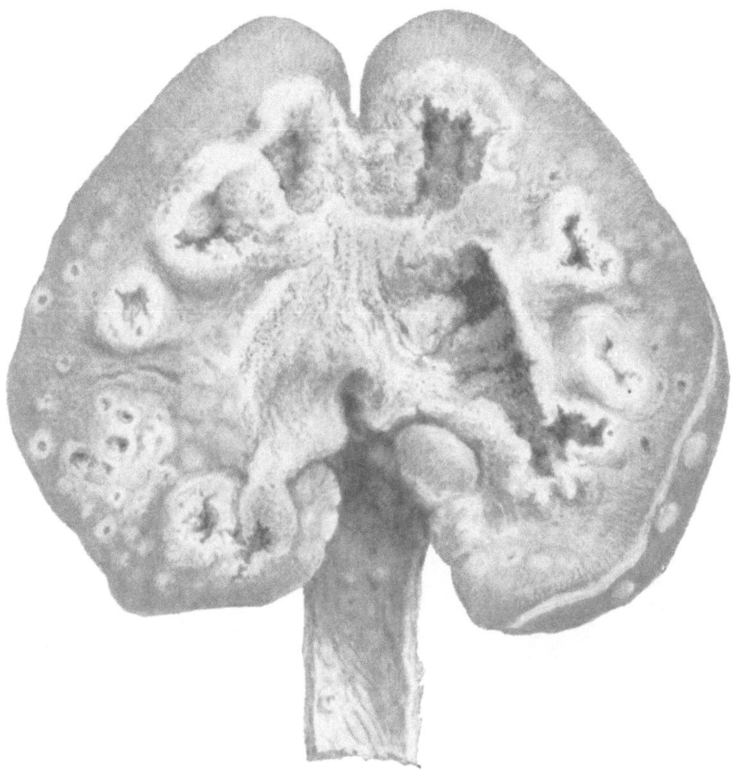

Fig. 337.
Kavernöse käsige Nierentuberkulose (Phthisis renum tuberculosa) mit Infektion von Nierenbecken und Ureter.
Aus Burkhardt und Polano, Die Untersuchungsmethoden der Erkrankungen der männlichen und weiblichen Harnorgane.

massen können sich eindicken und verkalken. Eiterungen, besonders auch des Beckens, können sich dazu gesellen, die Umgebung der Niere auch peri- und paranephritische entsprechende Veränderungen eingehen, und so eine mächtige Kapsel um die Niere gebildet werden. Andererseits sind gerade in der Niere fibröse Heilungsvorgänge mit starker Schrumpfung des neugebildeten Narbengewebes nicht selten, und so entsteht die **Nephrocirrhosis tuberculosa = tuberkulöse Schrumpfniere.**

Auch können Gefäße der Niere tuberkulöse Veränderungen eingehen und so an die arteriosklerotische Schrumpfniere (s. oben) erinnernde Bilder entstehen, oder, wenn größere Gefäße betroffen sind, können Gebiete infarktartig absterben und dann eventuell auch vernarben.

Die Tuberkulose befällt oft zunächst nur eine Niere. Hierauf beruhen die Heilungschancen bei Exstirpation einer tuberkulösen Niere. In späteren Stadien allerdings sind meist beide Nieren erkrankt.

Sehr häufig ist Nierentuberkulose mit Genitaltuberkulose (s. dort) kombiniert.

Bei Tuberkulose der Lungen usw. zeigen die Nieren häufig Herde mit Atrophie der Harnkanälchen und Bindegewebswucherung ohne spezifisch tuberkulöse Charakteristika. Auch zeigen die Bowmanschen Kapseln häufig Verdickung und hyaline Umwandlung.

Syphilis der Niere kommt in seltenen Fällen in Form von Gummiknoten vor. So können sich Narbenbildungen bilden. Auch kommt manchmal eine, wahrscheinlich von syphilitischer Gefäßveränderung ausgehende, Granularatrophie der Niere zustande — **Nephrocirrhosis syphilitica.** Häufig findet man bei Lues Amyloiddegeneration der Nieren.

Bei hereditär-syphilitischen Neugeborenen finden sich (nach Hecker) konstant kleinzellige Infiltrate um die Rindengefäße der Niere.

h) Hydronephrose und hydronephrotische Nierenveränderungen.

Hier handelt es sich zunächst um eine Behinderung des Urinabflusses und somit Urinstauung im Nierenbecken. Es muß also an irgendeiner Stelle der harnleitenden

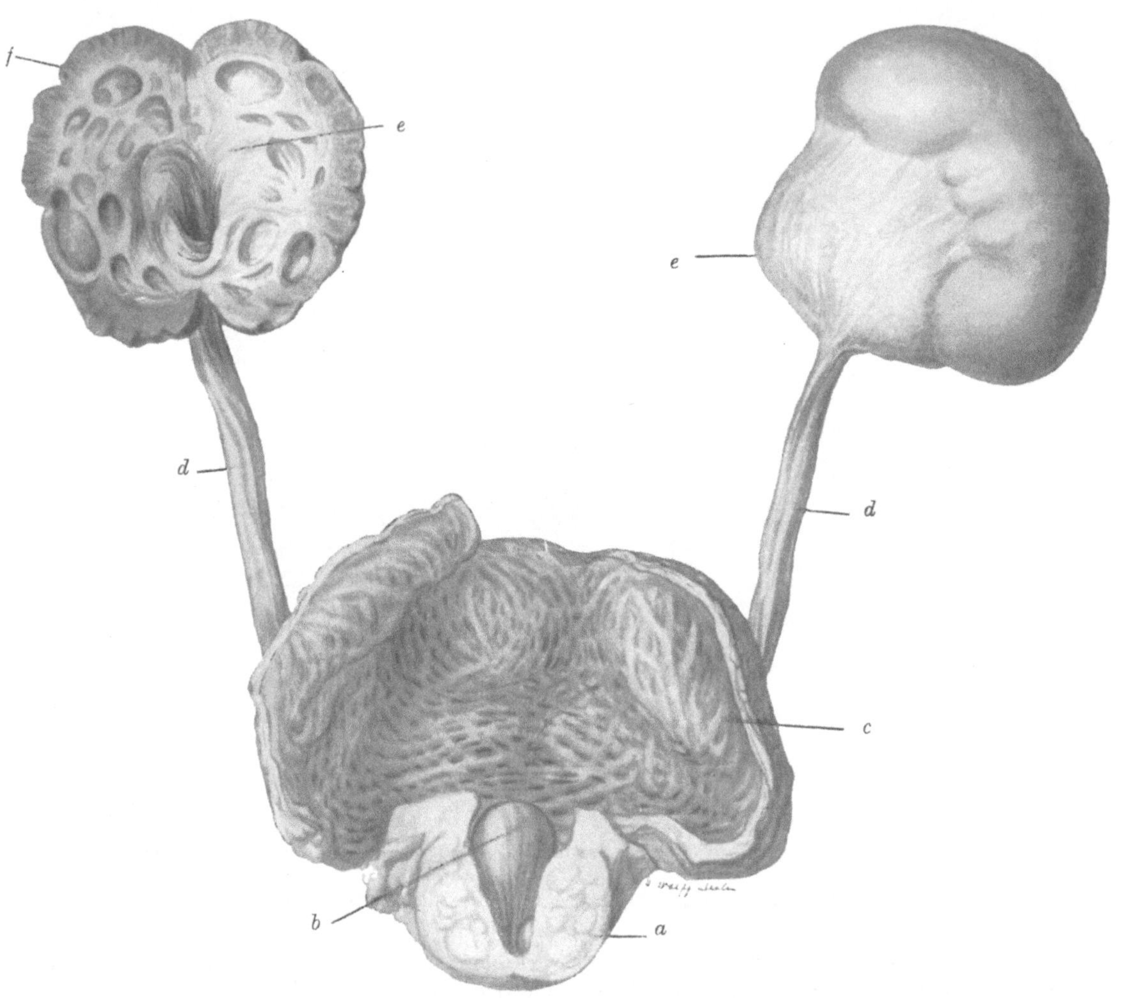

Fig. 338.
Prostatahypertrophie (*a*) mit Bildung eines großen mittleren Lappens (*b*); Balkenblase (*c*); beiderseits erweiterte Ureteren (*d*) und Hydronephrose (*e*), sowie hydronephrotische Schrumpfnieren (*f*).
Schematisch zum Teil nach Burkhardt und Polano, Die Untersuchungsmethoden und Erkrankungen der männlichen und weiblichen Harnorgane.

Wege ein Hindernis vorhanden sein. Wegen der Folgen für die Nieren soll aber die Affektion hier mitbesprochen werden.

Ein derartiges Hindernis kann gegeben sein durch Harnsteine im Nierenbecken oder im Ureter, oder durch Prostatavergrößerungen, Lageveränderungen der Nieren mit Knickung des Ureters, narbige Strikturen in letzterem oder durch Tumoren des Nierenbeckens oder der Harnblase oder solche, welche den Ureter komprimieren oder in ihn oder die Blase einwuchern (besonders Uteruskarzinome, die oft die Ureteren komprimieren). Ebenso kann der schwangere Uterus wirken. Nicht selten ist auch ein spitzwinkliger Übergang des Ureters in das Nierenbecken, wobei dann die Stauung natürlich nur das Nierenbecken betrifft.

Um Stelle und Ursache des Hindernisses zu finden, muß man stets die Erweiterung bis zu ihrem Beginn verfolgen.

Die Folge chronischer Harnstauung ist eine sackartige Erweiterung des Nierenbeckens — **Hydronephrose** — (und wenn das Hindernis tiefer liegt, auch Erweiterung des oder der Harnleiter), welche je nach der Ursache einseitig oder doppelseitig und verschieden hochgradig (je nachdem der Verschluß ein vollständiger oder nur ein ventilartiger ist) auftreten kann. Durch den Druck des gestauten Harns werden zunächst die Nierenpapillen abgeplattet, verstrichen und verschwinden schließlich ganz, während die Nierenkelche so stark erweitert werden, daß sie schließlich an der Nierenoberfläche Vorwölbungen bilden.

Im Nierenparenchym bewirkt der Druck Atrophie der Nierenepithelien und im Anschluß daran Wucherung des Bindegewebes. Da die Wirkung vom Nierenbecken ausgeht, ist das Mark von vorneherein hier hauptbeteiligt, nicht wie sonst zumeist die Rinde. Dementsprechend, und da ja die Gefäße und der Blutweg zunächst unbeteiligt sind, bleiben die Glomeruli hier zunächst relativ intakt und werden nur allmählich und vereinzelt hyalin verändert. Allmählich aber breitet sich die Atrophie und Degeneration des Parenchyms und die beträchtliche Bindegewebszunahme durch die ganze Niere aus. Die Gefäße werden auch sekundär in Mitleidenschaft gezogen.

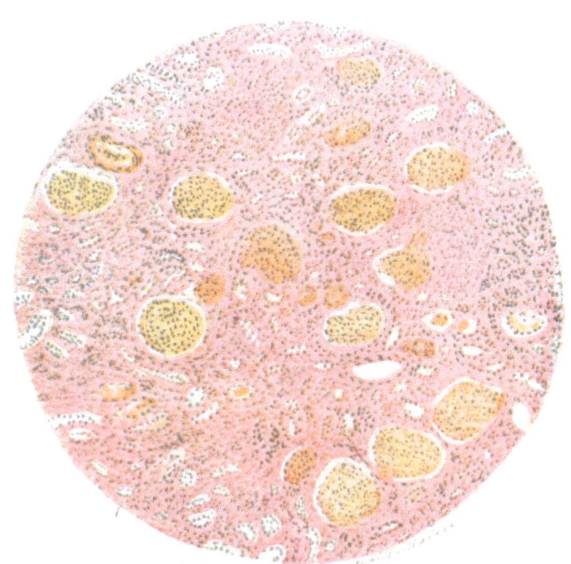

Fig. 339.
Hydronephrotische Schrumpfniere.
Kanälchen hochgradig atrophisch. Bindegewebe stark vermehrt, Glomeruli relativ intakt.

So schrumpft auch hier das Organ in toto mit eventuell grobhöckeriger Granulierung der Oberfläche: **hydronephrotische Schrumpfniere.** Die Veränderung kann soweit gehen, daß die Niere nur noch einen Sack mit einer ganz dünnen Wand bildet. Durch fortdauernde Sekretion — auch von seiten der Schleimhaut des Nierenbeckens — kann dieser Sack sich weit über das Volumen der normalen Niere ausdehnen. Der zuerst aus Harn bestehende Inhalt wird mit Fortschreiten der Nierenatrophie mehr und mehr zu einer einfach serösen Flüssigkeit, seltener auch zu einem kolloiden oder fettigen Detritus.

Bei der hydronephrotischen Schrumpfniere spielen außer mechanischen Momenten auch entzündliche Prozesse mit. Auch kommt es bei der Harnstauung leicht zu eiteriger Entzündung des Beckens (und der Ureteren) mit Eiteransammlung — Pyonephrose — und davon ausgehend zu eiterigen Formen der Nierenentzündung (s. oben).

Bei angeborenem Fehlen oder Stenose der Ureterenausmündung kommt es meist nicht zu Hydronephrose, sondern zu Nierenhypoplasie, eventuell mit relativ weitem Becken.

Wir haben im vorhergehenden gesehen, wie die unterschiedlichsten chronischen Prozesse als Resultat eine **Schrumpfniere (Granularatrophie der Niere, Nephrocirrhosis)** ergeben können. Bestehen auch meist Unterschiede, wie sie oben geschildert wurden und sind auch fast stets die grundlegenden Prozesse wenigstens an einzelnen Stellen noch zu erkennen, so kann das Resultat der Schrumpfniere doch ein recht gleiches sein. Ich stelle hier die Prozesse, welche zu Schrumpfniere führen, übersichtlich kurz zusammen:

Übersicht über die verschiedene Genese der Schrumpfnieren.

Embolische (Infarkt) Schrumpfniere (Nephrocirrhosis embolica), Stauungs- (zyanotische) Schrumpfniere (Nephrocirrhosis cyanotica), Amyloid-Schrumpfniere (Nephrocirrhosis amyloidea).

Arteriosklerotische Schrumpfniere (Nephrocirrhosis arteriosclerotica).

Genuine (arteriolosklerotische) Schrumpfniere (Nephrocirrhosis arteriolosclerotica genuina).

Nephritische (glomerulonephritische) Schrumpfniere (Nephrocirrhosis glomerulonephritica).

Abszeß-Schrumpfniere (Nephrocirrhosis apostematosa).

Tuberkulöse Schrumpfniere (Nephrocirrhosis tuberculosa), syphilitische Schrumpfniere (Nephrocirrhosis syphilitica).

Hydronephrotische Schrumpfniere (Nephrocirrhosis hydronephrotica).

Die chronischen Prozesse, welche Entzündungen der Niere bedeuten, wurden früher mit solchen, die auf Gefäßveränderungen zu beziehen sind, und ähnlichen, die man weniger scharf trennte, unter der Bezeichnung „Morbus Brightii" zusammengefaßt.

i) Tumoren.

Häufig finden sich in der Niere unter der Kapsel in der Nähe des oberen Nierenpoles sog. versprengte Nebennierenkeime, bis über kirschgroße, scharf abgesetzte, weißliche oder gelbliche (Reichtum an Fett- und Lipoidgehalt) Knoten vom Aussehen und der Struktur der Rindensubstanz der Nebenniere (s. dort). Von solchen versprengten Nebennierenkeimen, also kleinen Mißbildungen, können nun nach einer weit verbreiteten Ansicht Tumoren ausgehen, welche in ihrer Zusammensetzung den sog. Strumen oder Adenomen der Nebenniere (s. unten) gleichen und auch als **Struma lipomatodes aberrans renis (Grawitzsche Tumoren),** auch vielfach als **Hypernephrome** bezeichnet werden. Sie sind seltener solide, meist adenomatös-papillär gebaut (im Gegensatz zu den in die Niere versprengten einfachen Nebennierenknötchen) und enthalten außer meist sehr zahlreichen fett-, lipoid- und glykogenhaltigen Zellen auch große helle vakuolär durchsetzte Zellen, ferner meist zahlreiche kavernöse Bluträume. Oft erreichen diese Tumoren eine erhebliche Größe und werden maligne, d. h. zu echten **Karzinomen,** indem sie in Venen einbrechen und so sehr ausgedehnte Metastasen, ganz besonders in die Knochen, bilden.

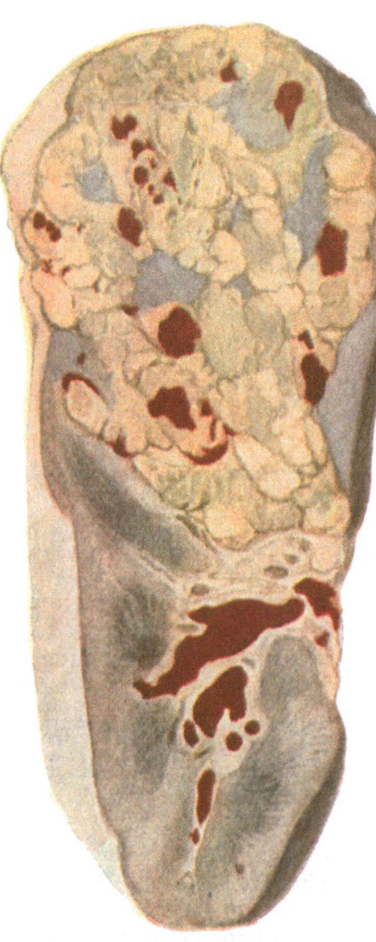

Fig. 340.
Sogenannter Grawitzscher Tumor am oberen Pol der Niere.

Das Tumorgewebe sieht zum Teil grau, zum Teil gelb (starke Verfettung), zum Teil rot (Blutungen) aus, so daß ein sehr buntes Bild im Tumor entsteht. Die Nierenvenen sind thrombosiert (nach unten im Bild).

Während diese Tumoren bisher — wie der (wenig schöne) Name Hypernephrom besagt — von versprengten Nebennierenkeimen, wie eben dargestellt, abgeleitet wurden, bricht sich jetzt wieder die Anschauung Bahn, daß diese Tumoren von Elementen der Niere selbst, d. h. von ihren Epithelien, abzuleiten sind. Besonders gilt dies für die Karzinome, in welchen adenomatöser Bau vorherrscht. Sie leiten über zu den seltenen, im ganzen rein adenomatös gebauten Karzinomen der Niere, welche sicher in der Niere (Rinde) selbst entstanden sind. Wahrscheinlich beruhen alle diese Tumoren in letzter Linie auf entwicklungsgeschichtlichen Entgleisungen, wobei Nieren- wie Nebennierenstammzellen beteiligt sein können, so daß sich so die Mannigfaltigkeit des Bildes erklärt. Andere Karzinome (härtere Formen nach Beneke) sind von den Ausführungsgängen abzuleiten.

Wichtig sind ferner die sog. **Adenosarkome,** welche Sarkomzellen, solide und adenomatöse epitheliale Elemente, oft auch andere Gewebsarten — glatte und quergestreifte Muskelfasern, Knorpel- und Schleimgewebe — enthalten, also richtige **Mischgeschwülste** darstellen. Oft überwiegt dabei das rein sarkomatöse Gewebe ganz erheblich, so daß man Mühe hat, die anderen Bestandteile aufzufinden. Diese Tumoren sind offenbar angeboren und kommen meist bei kleinen Kindern vor.

Sehr selten sind echte Sarkome oder gar Endotheliome. Von gutartigen Neubildungen finden sich häufig kleine **Fibrome** (Fibroadenome) besonders in der Marksubstanz (s. unter Gewebsmißbildungen), **Lipome,** welche von versprengten Keimen des Fettgewebes der Nierenkapsel hergeleitet werden, **Myome,**

Lypomyome, Myofibrome und **Myofibrosarkome**, alle meist in der Rindensubstanz. Alle diese Gebilde stellen mehr Gewebsmißbildungen, denn eigentliche Geschwülste dar. Einschlägige Bildungen verschiedener Art werden auch zusammen mit tuberöser Hirnsklerose (s. nächstes Kapitel) gefunden. Meist kleine, oft papillentragende **Adenome** kommen, zum Teil sicher angeboren, zum Teil wohl auf ebensolcher Basis bei Schrumpfungsprozessen in der Niere, oft zugleich mit Zysten (s. dort) vor. Ein großer Teil von ihnen entsteht auch in Zysten: **Kystadenome.**

Metastatisch treten sowohl Karzinome wie Sarkome — im ganzen selten — in den Nieren auf. Dabei können Glomeruli und Harnkanälchen als präformierte Wege der Ausbreitung der Karzinome nach Durchbruch durch Gefäße dienen.

Lymphosarkomknoten kommen öfters in der Niere vor; bei Leukämie findet sich eine diffuse Infiltration der Niere mit den leukämischen Zellen.

k) Parasiten.

Von tierischen Parasiten kommt in der Niere hie und da Echinokokkus, sehr selten der Cysticercus cellulosae vor, ferner die Filaria sanguinis, die auch in den Harn übergeht.

B. Abführende Harnwege.

a) Nierenbecken und Ureteren.

Von **Mißbildungen** finden sich Verdoppelung des Nierenbeckens oder der Ureteren (s. auch oben), welch letztere sich dann meist am unteren Ende kreuzen und getrennt in die Blase einmünden oder sich noch vorher vereinigen; Einmündungen eines oder beider Ureteren an ungewöhnlichen Stellen der Blase oder in andere Organe (Uterus, Vagina, Samenbläschen, Urethra); Hydronephrose durch angeborene Atresie oder Stenose eines Ureters oder Nierenbeckens infolge intrauteriner entzündlicher Veränderungen oder durch blind endigende Ureteren oder spitzwinkeligen Abgang derselben (s. oben) oder Knickung resp. Klappenbildung an ihm.

Blutungen im Nierenbecken finden sich häufig als Teilerscheinung von Entzündungen, Infektionen (Sepsis) und Vergiftungen, sowie bei Steinen im Nierenbecken, bei Stauung usw.

Pyelitis kommt seltener deszendierend von der Niere her, meist aszendierend von einer Cystitis aus zustande: auf dem Wege über eine Ureteritis, oder ohne daß die Ureteren miterkranken, oder auf dem Wege der die Ureteren begleitenden Lymphgefäße. So ist Cystitis, Pyelitis, Pyelonephritis, hochgradige Niereneiterung (s. auch oben) ein sehr häufiges Krankheitsbild, besonders auch bei Lähmungen der Harnblase (Katheterisieren) nach Rückenmarkserkrankungen. Die Schleimhaut ist bei leichten Katarrhen hyperämisch mit flachen Blutungen; in chronischen Fällen ist sie verdickt und pigmentiert. In Fällen heftiger Entzündung handelt es sich um eiterige Formen. Besonders bei Konkrementen (s. unten) im Nierenbecken unter Mitwirkung von Bakterien kommen sehr heftige, eiterige, diphtherische und häufig nekrotisierende Entzündungen und Ulzerationen zustande. Solche Geschwüre können die Wand des Beckens ausgedehnt zerstören.

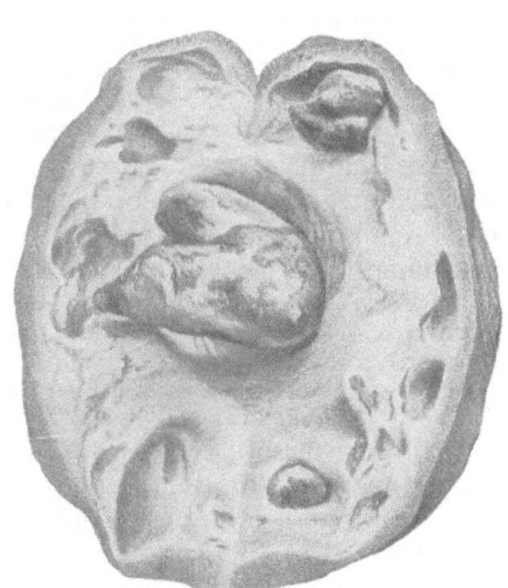

Fig. 341.
Infizierte Steinniere.
Aus Burkhardt und Polano, Die Untersuchungsmethoden und Erkrankungen der männlichen und weiblichen Harnorgane.

Ureteritis schließt sich meist an Pyelitis oder an Cystitis an.

Als **Pyelitis** resp. **Ureteritis** und **Cystitis cystica** bezeichnet man eigentümliche, in der Schleimhaut vorkommende, bis höchstens hanfkorngroße Zystenbildungen mit wässerigem oder kolloidem Inhalt; sie sind von epithelialen Gebilden (besonders den nach v. Brunn benannten Epithelzellnestern) herzuleiten und bilden sich meist auf Grund von Entzündungen des betreffenden Organs. Bilden sich polypenartige Wucherungen bei der Entzündung, so spricht man von Pyelitis, Ureteritis, Cystitis polyposa. Besonders in der Blase finden sich häufig kleine Lymphknötchen — Cystitis granulosa.

Konkremente können sich im Nierenbecken bilden oder aus der Niere in dasselbe gelangen resp. sich hier vergrößern: **Nephrolithiasis.** Manche von diesen mineralischen Massen stellen korallenförmige Ausgüsse des Nierenbeckens und der Nierenkelche dar, andere sind ganz klein (Harngrieß). Die Zusammensetzung der im Nierenbecken und in den Harnleitern vorkommenden Konkremente stimmt mit jener der Blasensteine (s. unten) überein.

Die wichtigste Folge der Konkremente ist Pyelitis mit Übergang in Pyelonephritis, Hydronephrose (besonders bei Einkeilung eines Steines in den Ureter) eventuell Pyonephrose, Paranephritis; durch Verlegung beider Nierenbecken oder Ureteren kann sich Urämie einstellen.

Über Hydronephrose s. S. 330, über Tuberkulose des Nierenbeckens s. S. 328.

Neubildungen greifen öfters von der Niere her auf das Nierenbecken und die Ureteren über; die Ureteren werden auch häufig von Karzinomen im kleinen Becken, namentlich von solchen des Uterus, in Mitleidenschaft gezogen, indem sie teils von diesen komprimiert, teils in ihrer Wand durchwachsen und verschlossen werden (s. oben). Fibroepitheliale papilläre Neubildungen sowie primäre Karzinome, auch öfters papillärer Form, (Adenokarzinome, indifferente Karzinome und Kankroide) sind selten, kommen aber im Nierenbecken wie in den Ureteren vor.

b) Harnblase.

Die Harnblase hat mehrere Schichten sogenannten Übergangsepithels, wohl unterdifferenzierten Plattenepithels.

Von **Mißbildungen** der Blase sind zu erwähnen die Ectopia vesicae (S. 143), ferner angeborene Erweiterung und Divertikelbildung. Mangel der Blase mit direkter Einmündung der Harnleiter in die Urethra ist sehr selten.

Blutungen entstehen am häufigsten durch Läsion der Blasenwand durch Blasensteine, infolge von Zottengeschwülsten der Blase (Papillomen S. 108) oder Karzinom, bei Verletzungen durch Fremdkörper, Beckenfrakturen, seltener bei hämorrhagischen Diathesen und den sog. Blasenhämorrhoiden, venösen Erweiterungen der Blasenvenen. **Ödem** findet sich bei Stauung und Entzündungen. Luftblasen, das sog. Schleimhautemphysem der Harnblase, wird durch Bakterien der Koligruppe bewirkt.

Eine akute **katarrhalische Cystitis** entsteht durch chemische Stoffe, welche entweder von außen her direkt in die Blase gelangen (Blasenspülungen) oder aus dem Blut durch die Nieren in den Harn ausgeschieden werden. Es handelt sich hier oft um die Wirkung von Medikamenten (Kanthariden u. a.). In den meisten Fällen aber entsteht die katarrhalische Cystitis durch Einwirkung von Bakterien.

Diese können von außen durch die Harnröhre, namentlich mit Kathetern, in die Blase eingeschleppt werden, oder sie wandern von der Urethra aus in die Blase aszendierend (es kann dies besonders bei älteren Frauen selbst von der normalen Urethra aus geschehen), oder erreichen sie deszendierend von der Niere aus. Die Bakterien kommen namentlich dann zur Wirkung, wenn gleichzeitig eine Harnstagnation (s. unten) besteht, oder durch die Anwesenheit von Blasensteinen schon ein Reizzustand der Blasenschleimhaut gegeben ist.

Die Bakterien, von denen besonders das Bacterium coli, der Proteus vulgaris sowie Eiterkokken (auch Gonokokken) in Betracht kommen, wirken auf die Blasenschleimhaut teils direkt, teils indirekt dadurch entzündungserregend, daß sie eine Zersetzung des Harnes verursachen.

Die Schleimhaut der Blase zeigt sich beim Katarrh hyperämisch, namentlich auf der Höhe der Falten oft von Blutungen durchsetzt, das Epithel getrübt, in Wucherung und Abschuppung begriffen. In dem immer stark getrübten Harn finden sich reichliche Epithelzellen, Eiterkörperchen und Bakterien. Die Reaktion des Harnes ist alkalisch oder sauer; in ersterem Falle („alkalische Harngärung“) finden sich in ihm meist reichlich Kristalle von Tripelphosphat und harnsaurem Ammoniak.

Die chronische Cystitis wird zumeist durch Harnstauung infolge von Verengerung der Urethra oder Blasenlähmung (Rückenmarkserkrankung) oder von Harnsteinen herbeigeführt. Das wirksame Agens sind auch hier Bakterien. Auch Neubildungen der Blase führen chronischen Katarrh herbei.

Die Schleimhaut wird allmählich verdickt, pigmentiert (aus Blutungen), die Muskulatur hypertrophisch. Öfters entstehen Erosionen, aus denen sich Geschwüre entwickeln können. Auch papilläre Wucherungen sind nicht selten. Die Blase wird erweitert. Das Sekret ist meist schleimig-eiterig. Häufiger bilden bzw. vergrößern sich kleine Lymphfollikel; besonders die Gegend des Trigonum und der Fundus sehen dann fein granuliert aus — Cystitis nodularis (oder granulosa).

Schwere Entzündungen im Anschluß an heftige Katarrhe, nach Verletzungen, bei Blasensteinen und vor allem auch bei Blasenlähmungen (oft bei Rückenmarksleiden) verlaufen als **pseudo-membranöse (diphtherische) Cystitis**. Die Schorfe sind meist mit Harnsalzen imprägniert und daher gelbraun gefärbt, durch ihre Abstoßung entstehen tiefe Ulzerationen, selbst bis zur Perforation.

Nach schweren Entzündungen oder bei geschwürig zerfallenen Tumoren bzw. nach Traumen kommen **Abszesse** und **Phlegmone** in der Harnblasenwand vor. Der Eiter kann in die Umgebung (Peri- und Paracystitis) oder umliegende Organe (Blasenfisteln verschiedener Art) oder die freie Bauchhöhle durchbrechen.

Tuberkulose kommt meist von der Niere aus durch tuberkelbazillenhaltigen Harn zustande. Sie kann aber auch von den Geschlechtsorganen, namentlich der Prostata oder den Samenblasen aus, erfolgen. Es bilden sich miliare Knötchen, die konfluieren, verkäsen und durch Zerfall zu kleinen, lentikulären, dann durch Konfluenz oft sehr ausgedehnten, zackigen Geschwüren führen. Die Blasentuberkulose ist beim Manne weit häufiger als bei der Frau.

Erworbene **Dilatationen** sind die Folge von Harnstauung (Verlegung der Urethra durch Strikturen, Prostatahypertrophie, Steine, Tumoren, zentral bedingte Lähmung). Die Blase kann bis zum Nabel hinaufreichen. Die Wand ist verdünnt. Oder es bildet sich — am häufigsten nach Prostatahypertrophie sowie Strikturen — infolge vermehrter Arbeit eine **Hypertrophie der Blasenmuskulatur** aus, zu der sich eventuell erst die Dilatation hinzugesellt. Auch lang anhaltende Cystitis (häufige Kontraktionen und Entleerungen der Blase) führt zur Hypertrophie der Muskulatur. Bei dieser ist die Wand verdickt und an der Innenfläche springen die verdickten Muskelbälkchen trabekelartig mit tiefen Taschen dazwischen vor — **Balkenblase.**

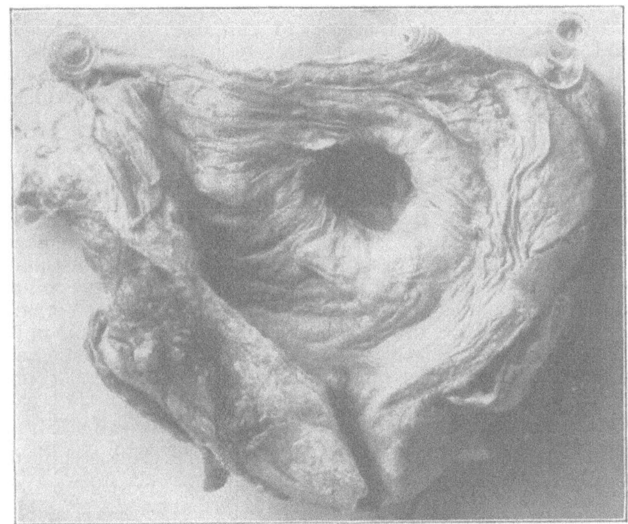

Fig. 342.
Großes Divertikel der Harnblase.

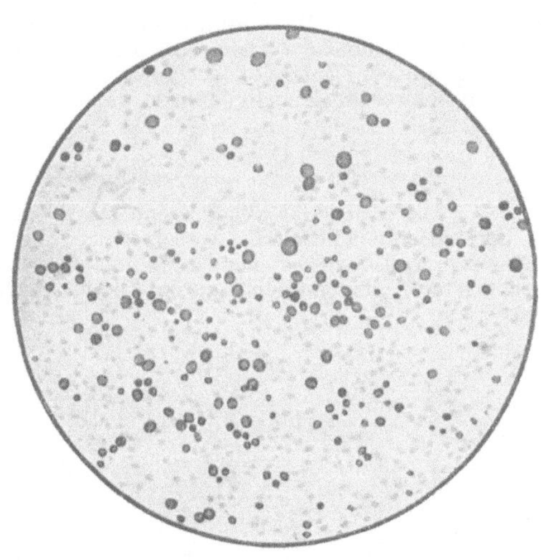

Fig. 343.
Malakoplakie der Blase.
Eisenhaltige Gebilde dunkel.
(Nach einem Präparat von Dr. Gutmann.)

Divertikel — lokalisierte Ausbuchtungen der Wand oder der Schleimhaut zwischen Muskelbalken — kommen als Folge erhöhten Innendruckes bei Störungen der Harnentleerung vor, am häufigsten bei Balkenblase, öfters multipel. Blasensteine können auch mechanisch Divertikel bewirken, doch können sich auch umgekehrt in solchen sekundär Konkremente bilden. Divertikel finden sich besonders an der hinteren und seitlichen Blasenwand, manchmal auch am Scheitel der Blase. Entzündungen, Eiterungen, Verwachsungen mit der Nachbarschaft können Folgen der Divertikel sein.

Unter **Cystocele vaginalis** versteht man eine Vorstülpung der Blasenwand in die Scheide, wie sie durch Zug des prolabierten Uterus oder auch durch dauernde Füllung der Blase zustande kommt. **Inversion** der Blase ist eine Einstülpung des Blasenscheitels in das Blasenlumen, welche soweit gehen kann, daß der erstere am Orificium urethrae zum Vorschein kommt.

Von Neubildungen sind papilläre Fibroepitheliome, die sog. **Papillome,** weitaus am häufigsten. Sie bestehen aus zahlreichen, reich verzweigten epithelbekleideten Papillen, die sich auch am Ende mit Kalk imprägnieren können und öfters losgerissen mit dem Harn abgehen. Die Tumoren können heftige Blutungen veranlassen und den Eingang der Urethra oder der Ureteren verlegen (Hydronephrosengefahr), sowie Cystitis veranlassen, sind aber an sich gutartige Geschwülste, die meist am Grund in der Gegend des Trigonum sitzen.

Aber auch die **Karzinome** haben meist zottig-papilläre, eventuell auch Knotenform. Sie dringen in die Tiefe vor. Andere Formen von Karzinom sind indifferenter Natur, aber auch Adenokarzinome, Gallertkrebse und Kankroide mit Verhornung kommen vor. Doch sind die Blasenkarzinome im ganzen nicht sehr häufig. Häufiger sind sie von der Nachbarschaft auf die Blase fortgeleitet, beim Mann von Prostata oder Rektum, bei der Frau von Uterus, Vagina oder Rektum. In beiden Fällen (primäres und sekundäres Blasenkarzinom) kann es durch geschwürigen Zerfall zu Blasen-Scheidenfisteln, Blasen-Uterusfisteln oder Blasen-Rektumfisteln kommen. Bekannt ist das Auftreten primärer Blasenkarzinome bei Anilinarbeitern.

Auch Adenome, Myome, Myxome und vor allem sarkomatöse Mischgeschwülste (s. dort) (meist am Trigonum bei jugendlichen Individuen, vom Wolffschen Gang abzuleiten) kommen vor. Reine Sarkome sind sehr selten.

Selten finden sich, meist neben chronischer Cystitis, eigenartige flache, gelbe Herde, aus großen Zellen mit kleinen kalk- und eisenhaltigen Konkrementen und zuweilen zahlreichen Plasmazellen bestehend — **Malakoplakie** (v. Hansemann). Die Genese ist unbekannt.

Ebenfalls meist bei Entzündungen findet sich Umwandlung des Blasenepithels in verhornendes Plattenepithel (Prosoplasie nach Schridde) — **Leukoplakie** der Harnblase.

Verletzungen kommen meist durch Knochenfragmente bei Beckenfrakturen, selten durch unvorsichtiges Katheterisieren vor. Quetschungen bei schweren Geburten u. dgl. können Drucknekrose eventuell mit Perforation zur Folge haben. Auch stumpfe Gewalt kann bei prall gefüllter Blase eine **Ruptur** bewirken, evtl. auch eine Zerreißung nur der Schleimhaut.

Bei solchen Verletzungen können große Blutungen in die Blasenwand und das Lumen erfolgen. Ferner entsteht **Harninfiltration** der Wand und des umgebenden Bindegewebes. Dann kommt es — besonders wenn der Urin bei bestehender Cystitis zersetzt und bakterienhaltig ist — zu meist jauchig-phlegmonöser Entzündung. Perforation und Peritonitis kann sich anschließen. Besonders Verletzungen nach schweren Geburten führen auch Fisteln mit der Scheide oder dem Uterus herbei.

Harnkonkremente und Blasensteine.

Auch der klar abgeflossene Harn setzt später einen Bodensatz ab. Diese **Sedimente** sind je nach der Beschaffenheit des Urins verschieden. Im sauren Harn findet man ein aus Harnsäure und saurem harnsaurem Natrium bestehendes Sediment (früher „saure Harngärung" genannt), wobei diese Stoffe aus einer Umsetzung des zweifach sauren Alkaliphosphats mit den Alkaliuraten entstehen. Bei der sog. alkalischen Harngärung (nach längerem Stehen, bei pathologischen Verhältnissen aber auch schon in der Blase) zerfällt der Harnstoff unter der Einwirkung von Bakterien in Kohlensäure und Ammoniak, wobei letzteres mit der Harnsäure harnsaures Ammoniak und z. T. mit Magnesia Tripelphosphat (s. unten) bildet.

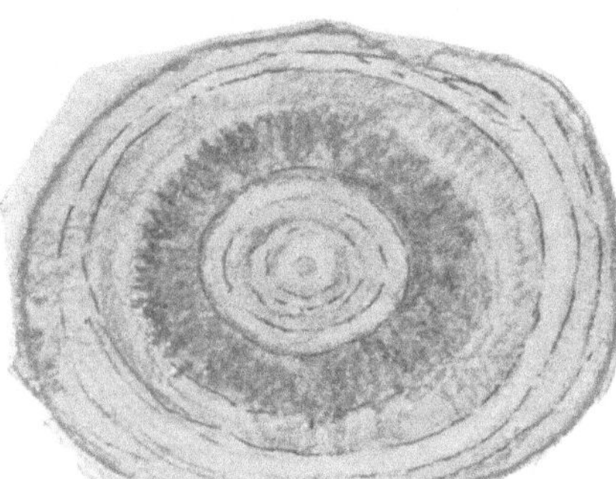

Fig. 344.
Querschnitt durch einen Blasenstein. Man sieht die konzentrische Schichtung.
Aus Jahr, Krankheiten der Harnorgane. Bergmann 1911.

Die wichtigsten Sedimente haben folgende Form:

1. Harnsäure bildet bräunliche Kristalle (Wetzsteinform, Kammform, Tonnenform usw.) im sauren Urin.

2. Saures harnsaures Natrium ist amorph. Es bildet einen rotgefärbten, in der Wärme und bei Zusatz von Kalilauge leicht löslichen Niederschlag im konzentrierten oder stark sauren Harn, bei Fieber, starkem Schweiß usw., er bildet sich nach dem Erkalten, oder der Harn wird schon trüb entleert. Es ist der Hauptbestandteil des sog. Sedimentum lateritium (Ziegelmehlsediment).

3. Harnsaures Ammoniak, stechapfelförmige Kristalle, im alkalisch zersetzten Urin.

Diese drei Sedimente geben die Murexidprobe.

4. Phosphorsaure Ammoniakmagnesia (Tripelphosphat), große Prismen von Sargdeckelform, in Essigsäure löslich, ebenfalls im alkalisch zersetzten Urin.

5. Kohlensaurer Kalk, kleine Kugeln oder Biskuitformen, bei Zusatz von Säuren unter Gasentwicklung löslich, nur in geringer Menge.

6. Oxalsaurer Kalk, kleine Quadratoktaeder, sog. Briefkuvertformen, löslich in Salzsäure, unlöslich in Essigsäure, im sauren wie alkalischen Urin vorkommend.

7. Phosphorsaurer Kalk als Kalziumdiphosphat, farblose, keilförmige, am breiten Ende schief abgeschnittene Kristalle, eventuell zu Drusen angeordnet, im neutralen oder schwachsauren Urin und als Kalziumtriphosphat, ein feines, amorphes Pulver, im alkalischen Harn vorkommend.

Werden diese Stoffe schon in den Harnwegen aus dem Harn ausgeschieden, so bilden sie **Konkremente,** größere als **Harnsteine** bezeichnete, oder kleine — meist in reichlicher Zahl vorhandene — Partikel, **Harngries** oder **Harnsand.** Die Grundlage bildet von der Wand der Harnwege gelieferte Eiweißsubstanz, welche dann mit den konkrementbildenden Stoffen imprägniert wird. Epithelien, abgestorbene Gewebsfetzen, Blut, Schleim usw. können ebenso wie auch eigentliche Fremdkörper den ersten Angriffspunkt für die Steinbildung abgeben.

Findet die Entstehung und das Wachstum eines Konkrementes im unzersetzten Harn statt, so spricht man von primärer Steinbildung (primäre Steinbildner sind die Harnsäure und Urate); ist der Harn in alkalische Gärung übergegangen, und lagern sich so um einen Fremdkörper oder einen primären Stein als Kern weitere Niederschläge (von harnsaurem Ammoniak, Tripelphosphat und anderen Phosphaten) ab, so nennt man dies sekundäre Steinbildung. Die so aus verschiedenen Stoffen zusammengesetzten Steine zeigen oft eine deutliche konzentrische Schichtung. Sog. metamorphosierte Steine entstehen z. B. dadurch, daß bei Einwirkung eines alkalischen Harns auf einen primären Stein die ursprünglichen Bestandteile zum Teil ausgelaugt und durch sekundäre Steinbildner ersetzt werden.

Durch Konkrementbildung kommen die Konkrementinfarkte der Niere (s. dort), eigentliche Steine im Nierenbecken und in den Kelchen — **Nierensteine, Nephrolithiasis** — sowie in der Blase — **Blasensteine** — zustande.

Die Blasensteine können in der Blase gebildet oder aus der Niere bzw. dem Nierenbecken herabgeschwemmt werden und sich dann noch lokal sekundär vergrößern. Die Form ist rundlich, eiförmig, oder dgl., oder, wenn aus dem Nierenbecken stammend, korallenartig ästig. Sind mehrere Steine vorhanden, so sind sie öfters fazettiert. Die Steinbildung in der Blase kann ohne Cystitis erfolgen; sie wird begünstigt durch Allgemeinerkrankungen mit Störung des Stoffwechsels, insbesondere durch harnsaure Diathese.

Die wichtigsten Formen der Blasensteine sind:

1. **Uratsteine,** aus Harnsäure und Uraten bestehend; sie sind hart, schwer, gelbbräunlich, mit glatter oder höckeriger Oberfläche und konzentrisch geschichteter Sägefläche. Sie geben die Murexidprobe und finden sich bei saurem Harn.

2. **Oxalatsteine** aus oxalsaurem Kalk, sehr hart, warzig bis maulbeerförmig, eventuell mit stacheligen Fortsätzen. Sie erzeugen daher leicht Blutungen und erhalten so einen dunklen Überzug zersetzten Blutfarbstoffes.

3. **Phosphatsteine** aus phosphorsaurem Kalk und Ammoniakmagnesia; sie lagern sich meist sekundär, nachdem der Harn alkalisch geworden ist, um einen Urat- oder Oxalatstein oder einen Fremdkörper ab. Sie sind lockerer, brüchiger, mehr kreideartig.

4. **Kohlensaure Kalksteine,** kreideartig, mehr reinweiß (häufig bei Pflanzenfressern).

5. **Zystinsteine,** blaßgelb, glatt oder höckerig, kugelig, wachsartig durchscheinend.

6. **Xanthinsteine,** weiß oder bräunlich, auf dem Bruch amorph, bei Reiben Wachsglanz annehmend; sie kommen nur im alkalischen Harn vor.

Um reine Steine kann sich durch Auskristallisieren aus dem Harn ein Mantel, besonders aus Uraten, Oxalaten, Phosphaten, ablagern. So entstehen aus den „Kernsteinen" die „Schalensteine" (Aschoff).

An Blasensteine schließt sich zumeist chronische Cystitis, eventuell mit tieferen Ulzerationen, an, welche zu Pyelonephritis führen kann. Häufig verursachen sie Blutungen (Hämaturie), auch Verlegung des Harnröhreneinganges mit Erweiterung der Harnblase, Hypertrophie der Harnblasenwand oder Divertikelbildungen. In Divertikeln liegende Steine können durch Entzündungsprozesse fest eingekapselt werden. In anderen Fällen führen entzündliche Zustände erst ihrerseits die Bildung der Steine herbei, die man auch hier in (entzündliche) Kern- und Schalensteine einteilen kann.

Im Nierenbecken kommen noch sog. Eiweißsteine, zum Teil mit Amyloidreaktion, zuweilen auch bei Amyloidose, vor; als Kern können Zylinder oder auch Harnsäure- oder Kalziumphosphatkristalle fungieren.

Fremdkörper kommen durch ein Trauma oder bei Masturbationen in die Blase; auch Teile von Kathetern kommen gelegentlich zur Beobachtung. Es können sich Verletzungen der Wand anschließen, und es entsteht zumeist bald eine schwere, öfters phlegmonöse oder jauchige Cystitis. Doch können die Fremdkörper auch längere Zeit ohne weitere Folgezustände liegen bleiben; sie inkrustieren sich dann mit Harnsalzen und geben so die Grundlage zu Blasensteinen.

Über Schistosomum (Distomum) haematobium s. S. 171, über Filaria sanguinis S. 187.

c) Harnröhre.

Von den **Entzündungen der Harnröhre** ist weitaus am häufigsten die **gonorrhoische,** der **Tripper,** welcher durch Übertragung des Neißerschen Gonokokkus entsteht. Über diesen und die sich anschließenden **Strikturen** mit ihren Folgen s. das letzte Kapitel.

Nichtgonorrhoische Entzündungen der Harnröhre findet man besonders hier und da im Anschluß an entzündliche Prozesse der Umgebung (Vagina) oder im Verlauf von allgemeinen Infektionskrankheiten.

Außerdem sind von Erkrankungen der Harnröhre zu nennen der syphilitische Primäraffekt, ferner das Ulcus molle; selten kommen Tuberkulose, Lupus oder Gummen vor. Entzündliche fibroepitheliale Wucherungen, sog. Papillome, entstehen durch den Reiz des Trippersekretes auf die Schleimhaut, besonders am Übergang in die äußere Haut. Karzinome sind sehr selten.

Verengerungen kommen durch Narben nach Gonorrhoe (s. dort), harten oder weichen Schankern sowie nach periurethralen Abszessen, ferner nach Verletzungen oder durch Prostatahypertrophie zustande. Harnstauung mit ihren Folgen schließt sich an.

Verletzungen kommen meist durch eingeführte Fremdkörper und durch Katheterisieren („falsche Wege") zustande und sitzen im letzteren Fall meist im hinteren Teil der Harnröhre. Ferner entstehen sie öfters bei Geburten, gewöhnlich auf Grund von Drucknekrose.

Seltener sind Verletzungen durch Beckenfrakturen. Eiterung und Harninfiltration sowie Fistelbildungen sind die Folge. Lokal können sich Narben mit Strikturen ausbilden.

Urethralsteine bilden sich hinter Strikturen oder stammen aus der Blase; sie bestehen aus Phosphaten oder Uraten.

Die **Cowperschen Drüsen** zeigen hie und da Schwellung, auch Vereiterung, besonders nach Gonorrhoe. Auch chronische Entzündungen mit Induration und — selten — Karzinome kommen vor

---

Kapitel VI.

Erkrankungen des Nervensystems.

Von der Anatomie des Nervensystems können hier nur kurz einige, zum Verständnis seiner Pathologie besonders wichtige Punkte rekapituliert werden.

Das **Großhirn** läßt sich seiner Entwickelung nach und der vergleichenden Anatomie entsprechend in sechs Schichten teilen (Brodmann). Die aus marklosen, wenigen markhaltigen Nervenfasern und Ganglienzellen bestehende graue Rinde zeigt außen die tangentiale Randzone, es folgen die Schichten der kleinen, der mittelgroßen und der großen Pyramidenzellen (deren stärkster Fortsatz als Apikaldendrit nach der Gehirnoberfläche zu geht) und eine Schicht mehr unregelmäßig länglich gestalteter Ganglienzellen, unter denen in der Gegend der vorderen Zentralwindung besonders große Zellen, die sog. Beetzschen Riesenzellen liegen. Diese Schichten enthalten ein dichtes Fasernetz markloser Nervenfasern, meist Dendriten der Ganglienzellen, ferner tangential verlaufende Fasern, vor allem den sog. Kaes-Bechterewschen Streifen, besonders kräftig entwickelt im Frontalhirn als Gennarischer Streif. Diese sind auch nur zum Teil markscheidenhaltig. Außerdem enthalten die beschriebenen Schichten auch von der Tiefe nach der Oberfläche zu ziehende „Radiärfaserbündel", die sich aus den markscheidenhaltigen, aus der weißen Substanz in die graue einstrahlenden sog. „Markstrahlen", denen sich einzeln die oben genannten Apikaldendriten der Pyramidenzellen (nackte Achsenzylinder) zugesellen, zusammensetzen. Nach innen schließt sich an diese genannten fünf Schichten der grauen Rinde die weiße Substanz an, welche fast nur aus markscheidenhaltigen Fasern besteht. Beide Substanzen haben ferner als Stützsubstanz Glia sowie Gefäße mit Bindegewebe herum. Die Gliafasern stammen von den Gliazellen, Zellen epithelialer Anlage, sind aber von ihnen in fertigem Zustande meist völlig differenziert und hängen so nicht direkt mit den Zellen zusammen.

Im **Kleinhirn** unterscheidet man an der grauen Rinde vor allem drei Schichten: von außen nach innen die Molekularschicht mit multipolaren Korbzellen, sodann die Schicht der Purkinjeschen Zellen, besonders großer Zellen, welche von Kollateralen der Korbzellen umsponnen werden, und deren Dendrit nach oben, der Nervenfortsatz nach unten zieht, nnd endlich die Körnerschicht, bestehend aus kleineren multipolaren Ganglienzellen und einem dichten Geflecht markloser Achsenzylinder. Diese Schicht grenzt an die weiße Substanz.

Im **Rückenmark** liegt die graue Substanz zentral, bildet vor allem die Vorder-, Hinter- und Seitenhörner. Außen herum liegt die weiße Substanz in Form der Vorder- Seiten- und Hinterstränge. Die graue Substanz weist auch hier Ganglienzellen und Nervenfasern auf. Diejenigen der vorderen Hörner sind motorisch; ihre Achsenzylinder werden zu den vorderen Wurzeln und verlassen als motorische Nerven das Rückenmark. Die Ganglienzellen der Hinterhörner stehen in Beziehungen zu den sensiblen hinteren Wurzeln. Die Clarkesche Säule wäre noch zu erwähnen, eine Gruppe von Ganglienzellen welche an der Basis der Hinterhörner liegt.

Die weiße Substanz besteht besonders aus längsverlaufenden markhaltigen Nervenfasern welche zu bestimmten **Strangsystemen** angeordnet sind. Von diesen Strangbahnen sind besonders zu erwähnen im Vorderstrang die Pyramidenvorderstrangbahn, im Seitenstrang die Pyramidenseitenstrangbahn, der Kleinhirnseitenstrang, das Gowerssche Bündel, die Grenzschicht der grauen Substanz die vordere gemischte Seitenstrangzone und das Grundbündel. Die Hinterstränge zeigen im Hals- und oberen Brustmark, welches die Fasern enthält die von den unteren Rückenmarksteilen (aus den hinteren Wurzeln stammend) aufsteigen, außen den Funiculus cuneatus oder Burdachschen Strang, medial den Funiculus gracilis oder Gollschen Strang. Auch im Rückenmark bildet Glia die Stützsubstanz. Sie ist besonders dicht um den Zentralkanal gelagert als Substantia gelatinosa centralis (im Gegensatz zur Rolandoschen Substantia gelatinosa, einer Gliaansammlung an den Hinterhörnern). Der Zentralkanal des Rückenmarkes und die Ventrikel des Gehirnes werden direkt begrenzt vom Ependym.

In der Medulla oblongata finden sich Ganglienzellenherde besonders in den sog. Kernen, von denen ein Teil den meisten Hirnnerven zum Ursprung dient.

Die Achsenzylinder bzw. Nervenfasern des Zentralnervensystems setzen sich zusammen aus feinsten **Neurofibrillen,** welche mit ebensolchen in den Ganglienzellen in direktem Zusammenhang stehen. In den **Ganglienzellen** findet sich ein bläschenförmiger zentraler Kern mit Kernkörperchen, das Protoplasma weist sehr zahlreiche Klümpchen, die nach Nißl als Nißlsche Körperchen oder Tigroidschollen benannt werden, auf, Zwischen diesen — gewissermaßen ihr Negativ darstellend — ziehen zahlreiche Neurofibrillen durch die Ganglienzelle. Die motorischen Pyramiden-Vorderhorn- und viele andere Ganglienzellen zeigen hierbei längsverlaufende, oft gewellte Neurofibrillen welche ohne Netze zu bilden, durch die Zellen hin-

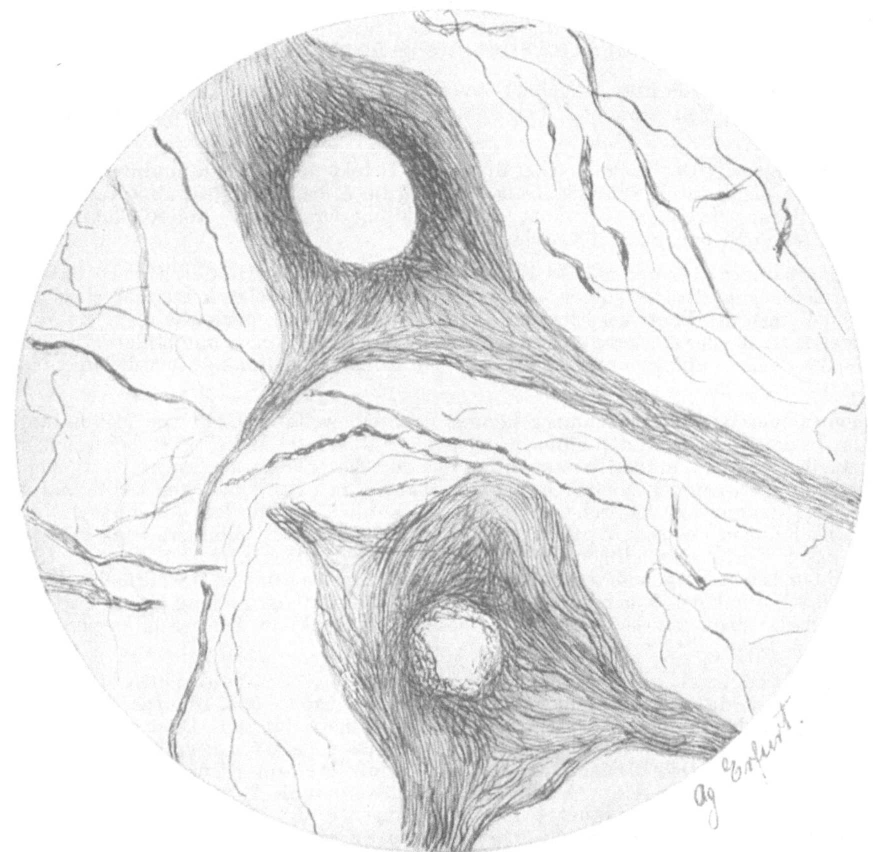

Fig. 345.
Motorische Vorderhornzelle mit Darstellung der Fibrillen (Silberimprägnation nach Bielschowsky).
Das Zellprotoplasma wie die Fortsätze zeigen durchlaufende glatte Fibrillen ohne Netzbildung. Um den hellen Kern liegen die Fibrillen etwas dichter (perinukleäre Verdichtungszone).

durch von einem Fortsatz in den anderen ziehen. In anderen Zellen bilden die Neurofibrillen, wenigstens teilweise, Netze. Zahlreiche Ganglienzellen weisen lipoidhaltiges Abnutzungspigment auf.

Die **peripheren Nervenfasern** zeigen zentral den Achsenzylinder, eventuell um diesen herum, soweit es sich um markhaltige Nervenfasern handelt, die Markscheide aus Myelin bestehend und außen herum die Schwannsche Scheide, die jetzt als epithelialen Ursprungs gilt. Größere Nerven sind aus einer Reihe solcher Fasern zusammengesetzt. Um das Nervenbündel herum liegt das bindegewebige Perineurium. Das Endoneurium-Bindegewebe bildet bindegewebige Septa, welche bis um die einzelnen Nervenfasern verlaufend eindringen. Diese bindegewebigen Scheiden tragen die Gefäße.

Zu erwähnen sind noch kurz einzelne **Hauptzentren,** wie sie im Gehirn lokalisiert sind. Das Geruchzentrum liegt an der unteren Großhirnfläche, das Sehzentrum im Hinterhirn, besonders im Cuneus und an der Fissura calcarina, das Gehörzentrum in der ersten Schläfenwindung, das Gefühlszentrum in der Gegend der Zentralwindung. Die linke dritte Stirnwindung, sog. Brocasche Windung, stellt das motorische Zentrum für die Sprache dar. Das sensorielle Wortverständnis liegt im hinteren Drittel der oberen Temporalwindung. Das Kleinhirn beherrscht die Koordination der Bewegungen. Besonders wichtig ist noch die Medulla oblongata als Zentrum von Atmung und Herztätigkeit. Bei Ausfall eines

Zentrums auf Grund von Veränderungen können bis zu einem gewissen Grade öfters andere Bezirke funktionell vikariierend eintreten.

Die sog. **Neurontheorie** von Waldeyer (1891), welche besagt, daß die Ganglienzellen mit ihren Dendriten und Achsenzylindern je ein Neuron darstellen, welches also dem Äquivalent einer Zelleinheit entspräche, und daß die einzelnen Neurone nur durch Kontakt zusammenhängen, ist wohl dahin zu ergänzen, daß innerhalb und zwischen den einzelnen Zellterritorien doch Kontinuität besteht und das leitende Element, die Neurofibrillen, größere Selbständigkeit beanspruchen und oftmals glatt durch die Ganglienzellen hindurchziehen. Als gestürzt ist die Neurontheorie aber nicht zu betrachten und physiologisch kann sie auf jeden Fall ihre Bedeutung behalten, indem die Ganglienzellen eine Art Zentrum für Reflexe, für Ernährung usw. der Nervenfasern darstellen.

A. Zentralnervensystem.

a) Angeborene Anomalien.

Anenzephalie und Akranie bzw. Amyelie, Spina bifida sowie die hernienartigen Vorstülpungen sind schon im allgemeinen Teil erwähnt. Von letzteren sollen hier noch folgende Formen einzeln genannt werden:

1. **Hydromeningozele:** Der Sack, welcher durch den Defekt im Knochen hindurchtritt, besteht aus den weichen Häuten, welche durch Flüssigkeitsansammlung im Subarachnoidealraum ausgedehnt sind; Hirn- und Rückenmarksubstanz beteiligen sich nicht an der Bildung der Hernie. Am Rückenmark kann auch die Dura geschlossen sein und den Sack überziehen.

2. Fällt Hirn- oder Rückenmarksubstanz mit den weichen Häuten vor, so daß sie sich an der Bildung des Herniensackes selbst beteiligen, so spricht man von **Enzephalozele** resp. **Myelozele.** Meist besteht ein Hydrops im Lumen der Ventrikel bzw. des Zentralkanals, **Hydrozephalozele** resp. **Hydromyelozele.** Oft ist die prolabierende Hirn- oder Rückenmarksubstanz hochgradig rudimentär und bildet dann bloß eine dünne, der Innenfläche des Sackes aufliegende Platte, welche Blutgefäße und einzelne Nervenelemente enthält (Area vasculosa).

3. **Myelomeningozele:** am Rückenmark kommt noch ein weiterer Grad von Mißbildung in folgender Weise zustande: In den obengenannten Fällen von partieller Rhachischisis (S. 143), bei welchen an Stelle des Rückenmarks bloß eine Area medullovasculosa der dorsalen Fläche den ebenfalls offenen, flach vorliegenden Meningen aufliegt, kann es zu einer Flüssigkeitsansammlung zwischen Dura und Arachnoidea oder dieser und der Pia kommen; dadurch werden die weichen Häute mit dem von ihnen getragenen Rückenmarksrudiment nach außen vorgestülpt; der von den weichen Häuten gebildete Sack trägt dann an seiner Außenfläche das Rückenmarksrudiment; da bei dieser Form der partiellen Rhachischisis der Zentralkanal der oben und unten besser ausgebildeten Rückenmarksteile sich gegen die Dorsalfläche der Area medullovasculosa öffnet (eben durch den fehlenden Schluß der Medullarplatte ist ja diese offene Partie an jener Stelle entstanden), so gelangt man von der Außenfläche des Sackes direkt in den geschlossenen Zentralkanal der besser ausgebildeten Teile.

Infolge prämaturer Synostose der Schädelknochen, oder fehlerhafter Anlage, eventuell auch fötaler Erkrankungen kann abnorme Kleinheit des Schädels und Gehirns — **Mikrenzephalie** bzw. **Mikrozephalie** — zustande kommen. Die Mikrozephalen sind meist Idioten. Oder es kommt zu partieller Hypoplasie oder Agenesie aller Windungen einer Hemisphäre — Mikrogyrie — oder einzelner Lappen oder Windungen oder des Kleinhirns, Balkens usw. Defekte von Hirnsubstanz, öfters trichterförmig und eventuell in die Tiefe bis zu den Ventrikeln reichend, werden als **Porenzephalie** bezeichnet (doch kann solche auch im späteren Leben nach Blutungen, Erweichungen u. dgl. zustande kommen). Mit solchen Bildungsfehlern des Gehirns sind öfters Idiotie oder Kretinismus, auch eventuell Psychosen, verbunden. Hypoplasie des Rückenmarks heißt **Mikromyelie** (öfters zusammen mit Mikrozephalie). Auch einzelne Teile, z. B. Wurzeln, Systeme oder Leitungsbahnen können fehlen oder hypoplastisch sein. Sehr selten ist echte Hyperplasie — **Makrozephalie.**

Asymmetrien, Verlagerungen, Verdoppelungen u. dgl. am Rückenmark sind meist Kunstprodukte durch mechanische Insulte bei der Herausnahme des Organs.

Über Hydrozephalus und Hydromyelus s. unten.

b) Regressive Prozesse.

Eine **einfache Atrophie** — ohne degenerative Vorgänge im eigentlichen Sinne — besteht darin, daß ein Teil der Nervenfasern ganz allmählich teils sich verschmälert, teils atrophisch zugrunde geht, ohne daß es zu Anhäufung fettiger und anderer Zerfallsprodukte (s. unten) kommt. Gliaersatzwucherung kann eintreten oder fehlen.

Betrifft die Atrophie das ganze Gehirn, so wird es in toto kleiner, füllt die Schädelhöhle unvollkommen aus, nimmt an Gewicht ab. Besonders die Atrophie der Rinde äußert sich in Schmälerwerden der Windungen, damit werden die Sulci weiter. Der durch die Volumenabnahme des Gehirns freiwerdende Raum wird durch reichliche seröse Flüssigkeit angefüllt: sog. **Hydrocephalus externus e vacuo** bzw. **Piaödem.** In der Folge werden auch die Ventrikel weiter und mit Flüssigkeit gefüllt — **Hydrocephalus internus e vacuo.**

Hierher gehört die **senile Atrophie.** Meist ist die Hirnrinde, und zwar des Frontallappens, besonders betroffen. Die Oberfläche zeigt die genannten Formveränderungen; es besteht Piaödem verschieden hohen Grades und Hydrocephalus internus, oft mit Ependymwucherung — Ependymitis granularis (s. unten).

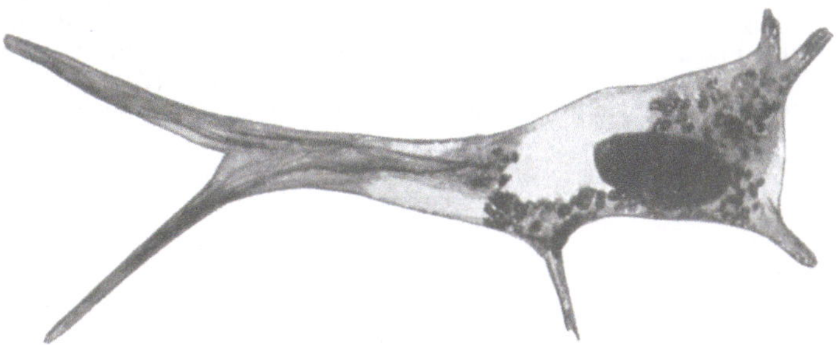

Fig. 346.

Vollständig atrophische Pyramidenzelle.

Verklumpte Neurofibrillen nur noch in den Fortsätzen vorhanden, im Zellprotoplasma sind dieselben gänzlich zu schwarzen Massen zerfallen. Die ganz hellen Stellen bedeuten Vakuolen. Der Kern ist dunkel gefärbt. (Silberimprägnation nach Bielschowsky.)

Mikroskopisch findet sich Atrophie von Ganglienzellen mit massig angeordnetem Abnutzungspigment, Verfettung, Schrumpfung, Chromolyse, Verkalkung u. dgl., sowie Atrophie der Nervenfasern. Andererseits ist die Glia, besonders die faserige, vermehrt. Eine oft ungleichmäßige Verteilung atrophischer Stellen hängt damit zusammen, daß neben dem Prozeß reiner seniler Involution auch die Folgezustände atherosklerotischer Veränderungen der Gefäße (die auch zu kleinen Erweichungen führen) sehr häufig mitspielen.

Die Erkrankung wird auch Altersparalyse genannt. Über die progressive Paralyse s. unter „Entzündungen".

Auch bei manchen Geisteskrankheiten finden sich feinste, nur mit bestimmten Methoden nachweisbare Veränderungen degenerativer Natur im Zentralnervensystem. So handelt es sich bei der Dementia praecox um einen langsam, aber fortschreitend verlaufenden Abbauprozeß der Rinde (Zimmermann).

Erwähnt sei der bei Neugeborenen mit starkem Ikterus — extrem selten — auftretende Kernikterus, d. h. eine ikterische Verfärbung der Ganglienzellen des Gehirns (und Rückenmarks), wohl erst nach einem Absterben derselben auf Grund der Schädigung durch den Gallenfarbstoff (Hart).

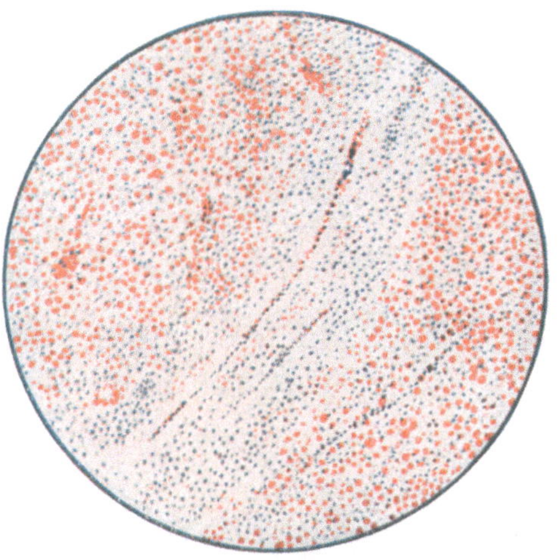

Fig. 347.

Sehr zahlreiche Körnchenkugeln des Gehirns.

Das Fett ist mit Fettponceau rot, die Kerne sind mit Hämatoxylin blau gefärbt.

Von großer Wichtigkeit sind die **degenerativen und nekrobiotischen Prozesse**, welche sich an nervösen Elementen abspielen. Hier lassen sich gewisse allgemeine Linien ziehen:

Bei der Degeneration der Ganglienzellen verklumpen zunächst die Tigroidschollen (Nißlsche Körperchen) und zerfallen, oder sie werden ganz aufgelöst — Tigrolyse. Die Neurofibrillen quellen auf und verschmelzen und zerfallen dann auch zu unregelmäßigen Klumpen. Das übrige Protoplasma zeigt starke Anhäufung von Abnützungspigment und kann sich auch in Gestalt von Vakuolen verflüssigen, verfetten usw.

Der Kern ändert oft von Beginn an sein Verhalten, er wird dunkel tingierbar, zerfällt pyknotisch oder wird hell und dann aufgelöst. Endlich zerfällt die ganze Zelle; es kann sich in ihren Resten dann auch Kalk niederschlagen. Schwinden die Ganglienzellen nicht völlig, so resultiert wenigstens starke Atrophie derselben, wobei auch die von ihnen ausgehenden Fortsätze und Nervenfasern atrophieren.

In den Nervenfasern zeigen die Achsenzylinder meist zuerst kolbige Anschwellungen, segmentieren sich zu unregelmäßigen Teilstücken und zerfallen dann zu kleinen Partikeln, die sich spiralig aufrollen können. Die Markscheide zerklüftet sich und zerfällt dann zu unregelmäßigen, rundlichen oder ovalen, doppelt konturierten sog. Myelinkörpern, welche eventuell noch Segmente von Achsenzylindern einschließen oder von ihnen abfallen. Später geht das Myelin zerfallener Markscheiden in Fett oder fettähnliche Produkte über (die man mit der Marchischen Methode isoliert darstellen kann).

So zerfallen die Markscheiden endlich zu einem körnigen, fettigen Detritus. Dieser wird langsam resorbiert, zum Teil durch die Lymphe, zum größten Teil aber durch phagozytäre Zellen. Als solche fungieren kaum die zunächst erscheinenden polymorphkernigen Leukozyten, dagegen vor allem wanderungsfähige „Abraumzellen“, die sich zumeist von Gliazellen ableiten, zum kleineren Teil auch von Bindegewebszellen. Es sind dies die dann mit Fettpartikeln gefüllten **„Körnchenzellen“ („Körnchenkugeln“)**. Auch sie liegen zum Teil in Lymphräumen, in denen sie abtransportiert werden, doch bleiben Körnchenzellen oft sehr lange lokal liegen. An die Stelle verlorener Nervenelemente wuchert dann vor allem die Glia, zunächst Gliazellen, später auch -Fasern, ferner eventuell auch Bindegewebe von den Gefäßen bzw. der Pia aus. Kleine Lücken können so, vor allem mit Glia, ganz gedeckt werden, größere werden meist nur eingekapselt, während in der Mitte eine Höhle (Zyste) bestehen bleibt. Solange noch fettige Zerfallsprodukte in größerer Menge vorhanden sind, äußert sich das makroskopisch durch

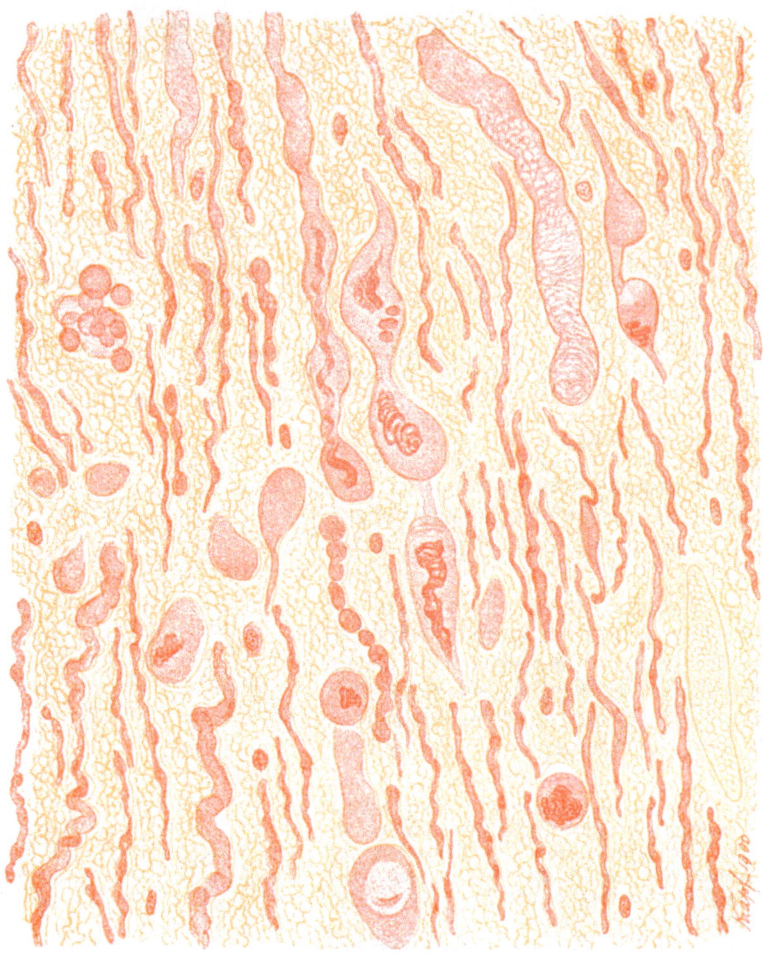

Fig. 348.
Wallersche Degeneration aus dem Rückenmark eines Kaninchens, 6 Tage nach Durchschneidung des Rückenmarks. Längsschnitt aus dem Hinterstrang. (Färbung nach van Gieson.)
Die Nervenfasern sind zum Teil stark gequollen; an manchen die Achsenzylinder zerrissen, die Teilstücke spiralig gewunden, zum Teil aufgerollt; in der (gelb gefärbten) Glia freie Myelinkugeln.

einen gelben Farbton; mit der Gliawucherung tritt ein grauer Farbton an die Stelle, das Gewebe wird derber, verliert aber an Volumen. Der Ausgang wird als **graue Degeneration** oder **Sklerose** eventuell Gliose (Weigert) bezeichnet. Es ist also ein Reparationsprozeß, vor allem von seiten der Glia; für die nervöse Substanz bedeutet er Atrophie, denn eine Regeneration von Nervenzellen und Nervenfasern hat im Zentralnervensystem fast nicht statt. Allerdings können sich bei bestimmten Degenerationsformen Achsenzylinder trotz Zerfall ihrer Markscheiden lange oder dauernd intakt erhalten und so in der gewucherten Glia markscheidenfrei gefunden werden.

Nervenfaserdegenerationen finden sich auf Grund verschiedener Schädlichkeiten: mechanische Einflüsse, wie dauerndes Ödem, thermische Einwirkungen, Zirkulationsstörungen und besonders toxische Schädlichkeiten, vor allem Bakterientoxine (Infektionskrankheiten) und Autointoxikationen.

Vor allem aber kommt folgendes in Betracht. Im Anschluß an die oben geschilderte Degeneration von Ganglienzellen kommt es zu Degeneration auch ihrer Fortsätze und auch hier wuchert dann die Glia raumfüllend. Also auch hier ist sklerotische Verdichtung die Folge. Wie man sich auch zur Neurontheorie stellt (s. oben), in jedem Fall besitzt die Nervenzelle also einen die Lebensfähigkeit und die Ernährung der Fasern beherrschenden Einfluß. Geht die Zelle zugrunde, so erleiden damit auch sämtliche von ihr ausgehende Fortsätze und auch die mit ihr in Verbindung stehenden Nervenfasern eine Nekrobiose. Man spricht hier von **sekundären Degenerationen,** welche häufig ganze Bündel funktionell zusammengehöriger Fasern, sog. Leitungsbahnen, befallen. Wird eine Nervenfaser unterbrochen (auf irgendeine Weise), so verändert sich wenigstens der Teil der Fasern, welcher von der zugehörigen Ganglienzelle getrennt und deren trophischem Einfluß entzogen ist, stark regressiv. d. h. also in zentrifugaler Richtung — **Wallersches Gesetz.** Aber auch in zentripetaler Richtung kann der Rest der Faser nebst ihrem Ursprung aus der Ganglienzelle und sodann letztere selbst degenerieren — **retrograde Degeneration** oder **Guddensche Atrophie,** z. B. nach Amputationen.

Diese Gesetze, vor allem die Wallersche Degeneration, beherrschen das Bild, wenn wir besonders die großen Leitungsbahnen in Gehirn und Rückenmark betrachten.

Wir können hier bei den degenerativen Veränderungen unterscheiden:

I. Sekundäre Strangdegenerationen der Leitungsbahnen.
II. Primäre Systemerkrankungen.

I. Die sekundären Strangdegenerationen der Leitungsbahnen.

1. **Motorisches System** (zentrifugale Bahnen). Die Zentren für die willkürliche Bewegung liegen in den motorischen Ganglienzellen der grauen Rinde des Großhirns, namentlich der Zentralwindungen; von den hier gelegenen pyramidenförmigen Ganglienzellen nimmt die sog. kortiko-muskuläre Leitungsbahn ihren Ursprung mit Fasern für die Hirnnerven und für das Rückenmark und die peripheren motorischen Nerven. Die Fasern der sog. Pyramidenbahn ziehen durch die Capsula interna, den Hirnschenkelfuß und die Brücke in die Medulla oblongata, wo sie die schon äußerlich sichtbaren Pyramiden bilden und in der Pyramidenkreuzung größtenteils an die andere Seite des Rückenmarks treten; hier ziehen diese gekreuzten Fasern herab, die **Pyramidenseitenstrangbahn** bildend (Fig. 349 und 352). Aus der letzteren treten Fasern zu den Ganglienzellen der Vorderhörner des Rückenmarks. Ein kleiner Teil der Pyramidenfasern bleibt in der Medulla oblongata ungekreuzt und zieht als **Pyramidenvorderstrangbahn** an der Seite des Sulcus anterior des Rückenmarks herab, um dann ebenfalls Fasern in das Vorderhorn hinein abzugeben. Alles dies zusammen wird als zentrales motorisches Neuron bezeichnet. Die in den Vorderhörnern des Rückenmarks sich auffasernden Enden dieses Neurons stehen durch feinste Primitivfibrillen (Neurofibrillen) mit den Ausläufern der motorischen Ganglienzellen der Vorderhörner in Verbindung; von diesen Ganglienzellen gehen Fasern in die vorderen Wurzeln des Rückenmarks und von da in die peripheren Nerven und zu den Muskeln; mit der Ausbreitung der motorischen Nerven in die Endplatte des Muskels endigt das zweite, das periphere motorische Neuron.

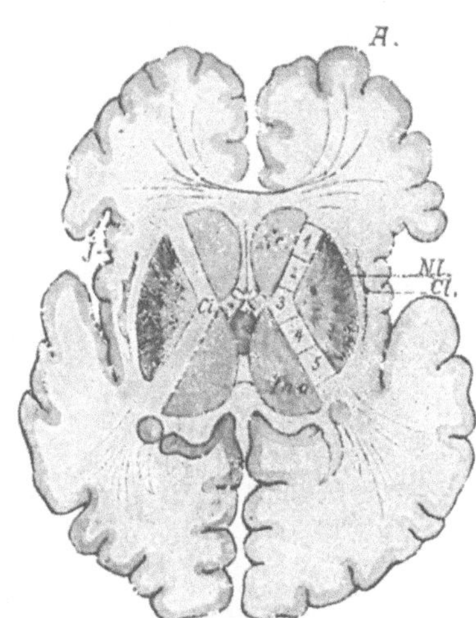

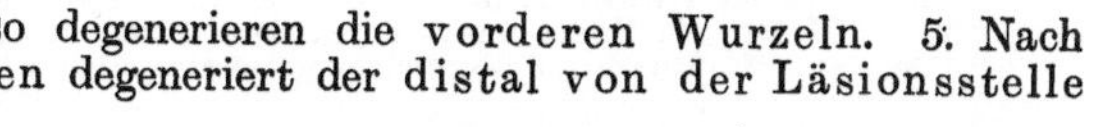

Fig. 349.
Horizontalschnitt durch das Gehirn.

Nc Nucleus caudatus, *Nl* Nucl. lentiformis, *Tho* Thalamus opticus, *Cl* Claustrum, *Ci* Capsula interna; in letzterer die folgenden Bahnen: *1* Bahn zum Sehhügel, *2* frontale Brückenbahn, *3* Bahn der motorischen Hirnnerven, *4* Pyramidenbahn, *5* sensible Bahnen (schematisiert nach Edinger und Obersteiner).

Unter Berücksichtigung des oben Gesagten, daß mit der Ganglienzelle stets das gesamte Neuron, nach Unterbrechung einer Faser aber jener Teil des Neurons zugrunde geht, welcher von seiner Ursprungszelle getrennt ist (Wallersches Gesetz), können wir für die Pyramidenbahnen folgende sekundäre Degenerationen aufstellen:

1. Nach Läsion der motorischen Rindenregion degenerieren die von den zerstörten Partien ausgehenden Faserbahnen ihrer ganzen Länge nach durch das Rückenmark hinab bis zum Vorderhorn. Ist auf einer Seite die ganze motorische Region zerstört, so entsteht eine sekundäre Degeneration der Pyramidenseitenstrangbahn der entgegengesetzten und der Pyramidenvorderstrangbahn der gleichen Seite des Rückenmarks. 2. Die gleiche Degeneration entwickelt sich bei Unterbrechung der motorischen Bahn an irgendeiner Stelle ihres Verlaufs innerhalb des Gehirns oder der Medulla oblongata vor der Pyramidenkreuzung. 3. Nach totaler Unterbrechung (Querläsion) des Rückenmarks degenerieren die Pyramidenbahnen beider Seiten nach abwärts von der Stelle (Fig. 356). 4. Wird durch eine Erkrankung ein Vorderhorn zerstört, so degenerieren die vorderen Wurzeln. 5. Nach Läsion der letzteren oder eines peripheren Nerven degeneriert der distal von der Läsionsstelle gelegene Teil der Fasern.

Die Bahnen der motorischen Hirnnerven ziehen von den Rindenzentren zunächst mit den Pyramidenfasern zusammen hinab durch die Capsula interna und den Hirnschenkelfuß und kreuzen sich, bevor sie zu den motorischen Hirnnervenkernen in der Medulla oblongata treten (zentrales motorisches Neuron). Von den motorischen Kernen gehen die Fasern der peripheren Hirnnerven ab (peripheres motorisches Neuron).

An sekundären Degenerationen werden wir also zu erwarten haben:

1. Nach Läsion der motorischen Rindenregion eine Degeneration der zerebralen Fasern bis zu den Kernen in der Medulla oblongata, 2. nach Erkrankung der Hirnnervenkerne Degeneration der peripheren Nerven, 3. nach Läsion der letzteren Degeneration ihres distalen Abschnittes.

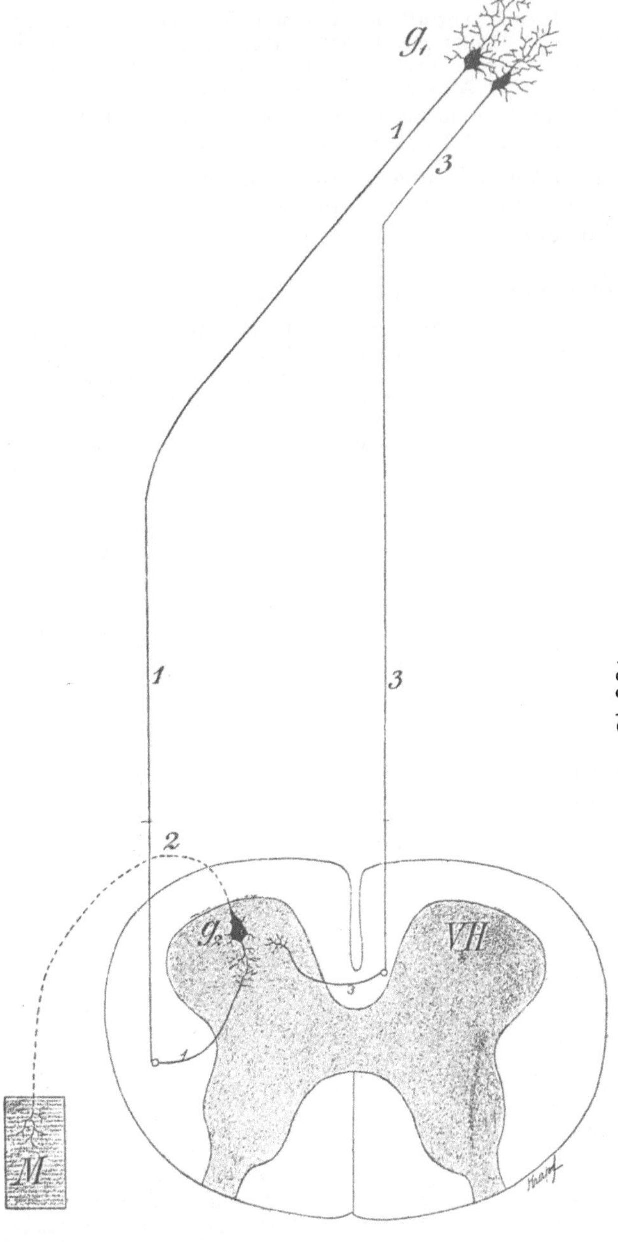

Fig. 350.

Schema der motorischen Bahnen.

g_1 Ganglienzelle in der Hirnrinde, g_2 im Vorderhorn. *1* Pyramidenseitenstrangbahn. *2* Motorische Faser der vorderen Wurzel und des peripheren Nerven. *M* Muskel. *3* Pyramidenvorderstrangbahn.

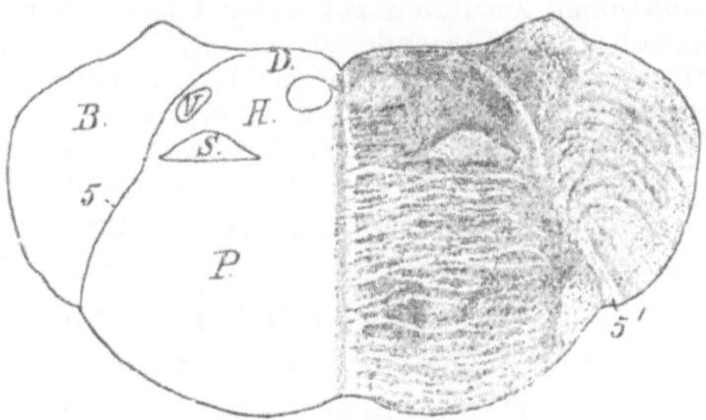

Fig. 351.

Pons (Frontalschnitt).

D graue Decke, *H* Haubenregion, *S* Schleife, *V* Trigeminuskern, *P* Pedunkulusregion, *5* Wurzelfasern des Trigeminus, *B* Brückenarme.

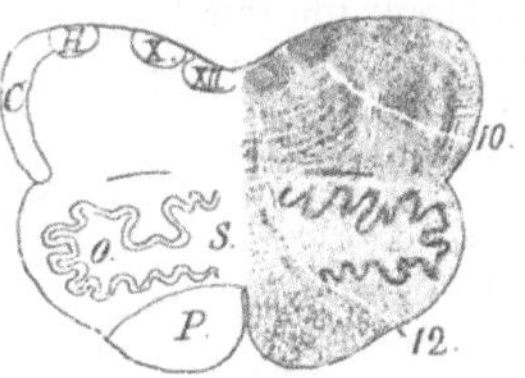

Fig. 352.

Medulla oblongata (unterer Teil).

P Pyramiden, *O* Oliven, *S* Olivenzwischenschicht (mit den Schleifenfasern). Nach oben die Haubenregion. In der grauen Decke die Kerne des Hypoglossus und Vagus, *XII* und *X*. *H* Kerne am oberen Ende der Hinterstränge (Nucl. grac. und N. cuneat.), *C* Corpus restiforme, *10* Vagusfasern, *12* Hypoglossusfasern.

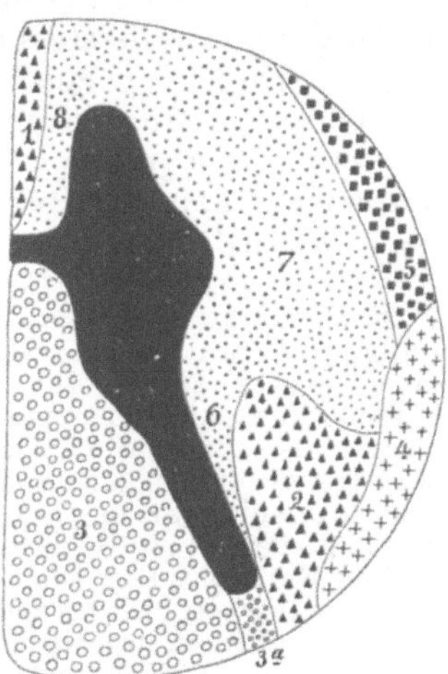

Fig. 353.

Schema der wichtigsten Leitungsbahnen des Rückenmarks.

1 Pyramidenvorderstrangbahn, *2* Pyramidenseitenstrangbahn, *3* Hinterstrangbahn, *4* Kleinhirnbahn, *5* Gowerssches Bündel, *6* seitliche Grenzschicht, *7* Seitenstrangrest, *8* Vorderstrangrest, *3a* Lissauersche Randzone.

2. **Sensibles System** (zentripetale Bahnen). Die spinalen sensiblen Nervenfasern ziehen von ihren sensiblen Endorganen (Haut, Sinnesorgane usw.) innerhalb der Nervenstämme zu den hinteren Wurzeln, in welche die Intervertebralganglien eingeschaltet sind, und mit diesen in die Hinterstränge

des Rückenmarks, um zum Teil innerhalb der Stränge bis zur Medulla oblongata hinaufzusteigen. Innerhalb der letzteren liegen — entsprechend dem oberen Ende der Hinterstränge des Rückenmarks — zwei graue Kerne, der Nucleus gracilis und der Nucleus cuneatus, gegen deren Ganglienzellen die aus dem Hinterstrang kommenden Fasern sich aufspalten.

Außer den eben erwähnten langen Fasern treten auch kürzere Fasern von den Intervertebralganglien zum Rückenmark, welche teils aus den hinteren Wurzeln in das Hinterhorn einstrahlen, teils von den langen Hinterstrangbahnen in das Hinterhorn hinein abzweigen; zu diesen letzteren gehören die Reflexkollateralen, welche zu den motorischen Zellen der Vorderhörner treten und so eine Verbindung der sensiblen mit der motorischen Bahn herstellen, sowie die Fasern zu den Clarkeschen Säulen (s. unten).

Die bisher besprochenen zentripetalen Bahnen bilden die peripheren sensiblen Neuren.

Die Zellen der als Nucleus gracilis und als Nucleus cuneatus (s. oben) bezeichneten Kerne senden Fasern zerebralwärts, welche sich dann weiter oben kreuzen und in der Haubenregion der Medulla oblongata zwischen den Oliven gelegen sind. Durch vielfach hinzutretende andere Fasern verstärkt, bilden sie die **Schleife** (Fig. 349/352), welche durch die Brücke hindurchtritt und sich dann in die Haubenregion des Hirnschenkels und von da in die innere Kapsel begibt und schließlich im Gebiet des Parietallappens in die Rinde ausstrahlt. Ein anderer Faserzug gelangt in die Vierhügel, ein dritter zum Thalamus opticus, resp. zum Nucleus lentiformis. Diese Bahnen bilden also das zentrale sensible Neuron.

Auch aus der grauen Substanz des Rückenmarks entspringen lange zentripetale Bahnen; an der Basis der Hinterhörner liegen Gruppen von Ganglienzellen, welche als **Clarkesche Säulen** bezeichnet werden; von diesen entspringen Fasern, welche das Hinterhorn und den Seitenstrang durchsetzen und am Rand des letzteren nach oben ziehen, um schließlich in das Kleinhirn zu gelangen. Es ist dies die **Kleinhirnseitenstrangbahn.** Etwas weiter ventralwärts von dieser letzteren liegen die **Gowersschen Bündel**, welche sich schließlich ebenfalls ins Kleinhirn einsenken.

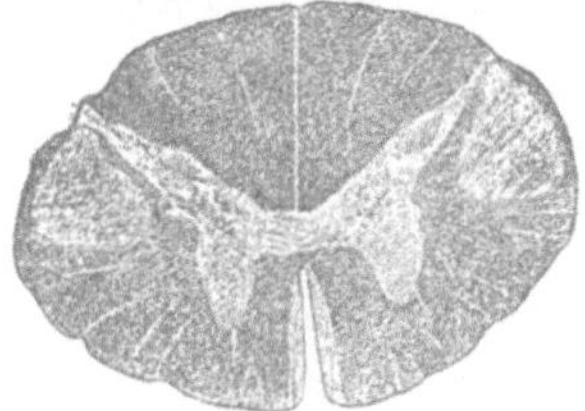

Fig. 354.
Absteigende sekundäre Degeneration nach Querläsion des Rückenmarks.

Degeneriert sind die Pyramidenseitenstrangbahnen und die Pyramidenvorderstrangbahnen.
(Markscheidenmethode nach Weigert.)

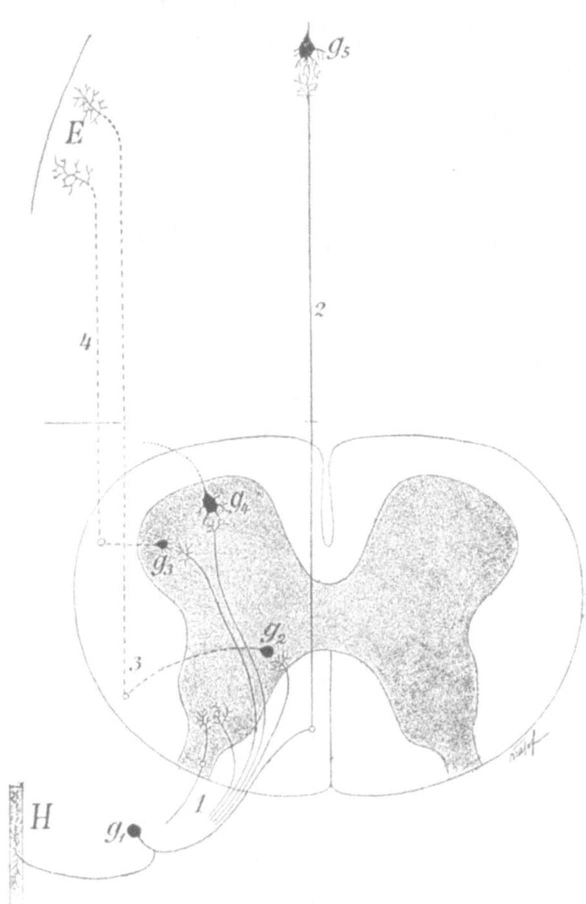

Fig. 355.
Schema der sensiblen Bahnen.

g_1 Spinalganglienzelle mit einem Fortsatz in den peripheren Nerven zur Haut *H* und einem in die hintere Wurzel. *1* Fasern der hinteren Wurzel; dieselben steigen teils im Hinterstrang auf (*2*), teils gehen sie in das Hinterhorn hinein. g_2 Zelle der Clarkeschen Säule; von dieser ausgehend (*3*) Faser der Kleinhirnbahn bis ins Kleinhirn *E*. g_3 Ganglienzelle der grauen Substanz, von dieser ausgehend Faser (*4*) zum Gowersschen Bündel, g_5 Zelle im Nucleus gracilis der Medulla oblongata. Aus den hinteren Wurzeln gehen auch Fasern (Reflexkollateralen) zur Vorderhornganglienzelle g_4.

Wir können für diese Gebiete folgende sekundäre Degenerationen feststellen:

1. Nach Läsion eines peripheren Nerven degeneriert dessen distaler Teil, weil dieser von den Zellen im Ganglion intervertebrale getrennt ist. 2. Nach Läsion hinterer Wurzeln degenerieren die aus der betreffenden Wurzel stammenden Hinterstrangteile sowie die entsprechenden Fasern zum Hinterhorn. 3. Nach Querläsion des Rückenmarks degenerieren oberhalb der Stelle jene langen Bahnen der Hinterstränge, welche schon unterhalb der Läsionsstelle eingetreten sind; da nach oben zu zahlreiche neue Fasern aus hinteren Wurzeln eintreten, so nimmt der Umfang der Degeneration nach oben zu ab (Fig. 355). Ferner degenerieren alle oberhalb der Läsionsstelle gelegenen Anteile der Kleinhirnseitenstrangbahn und des Gowersschen Bündels (Fig. 356). 4. Nach Läsion der Spinalganglien müßten wir eine Degeneration nach beiden Richtungen hin erwarten.

Die sensiblen Fasern der Hirnnerven zeigen analoge, wenn auch in der äußeren Form etwas modifizierte Verhältnisse. So ist z. B. das Ganglion Gasseri analog einem Spinalganglion.

Wir sehen also, daß in den motorischen wie in den sensiblen Gebieten die sekundäre Degeneration der Leitungsrichtung entspricht.

Neben den langen Bahnen gibt es im Zentralnervensystem in großer Menge sogenannte **Kommissurenbahnen**, welche einzelne Bezirke der grauen Substanz miteinander verbinden: im Gehirn unterscheidet man Assoziationssysteme, welche Windungen derselben Hemisphäre untereinander, und Kommissurenfasersysteme, welche Teile beider Hemisphären miteinander in Verbindung setzen; zu letzteren gehören besonders der Balken und die vordere weiße Kommissur. Im Rückenmark finden sich Kommissurenbahnen innerhalb der Seitenstränge und Hinterstränge, welche sensible Zentren, und innerhalb der Seitenstränge und Vorderstränge, welche motorische Zentren verschiedener Segmente miteinander verbinden.

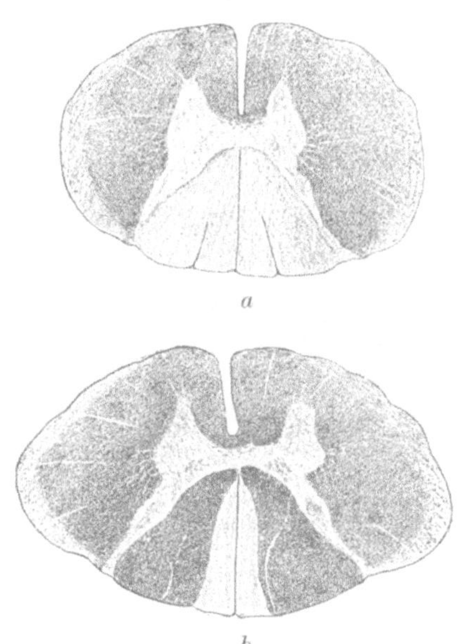

Fig. 356.
Aufsteigende sekundäre Degeneration nach Querläsion des Rückenmarks.
a unmittelbar über der Stelle der Querläsion, *b* höher oben; bei *a* sind die Hinterstränge ganz, bei *b* bloß die Gollschen Stränge degeneriert; die Degeneration am Rand entspricht den Kleinhirnbahnen und den Gowersschen Bündeln.

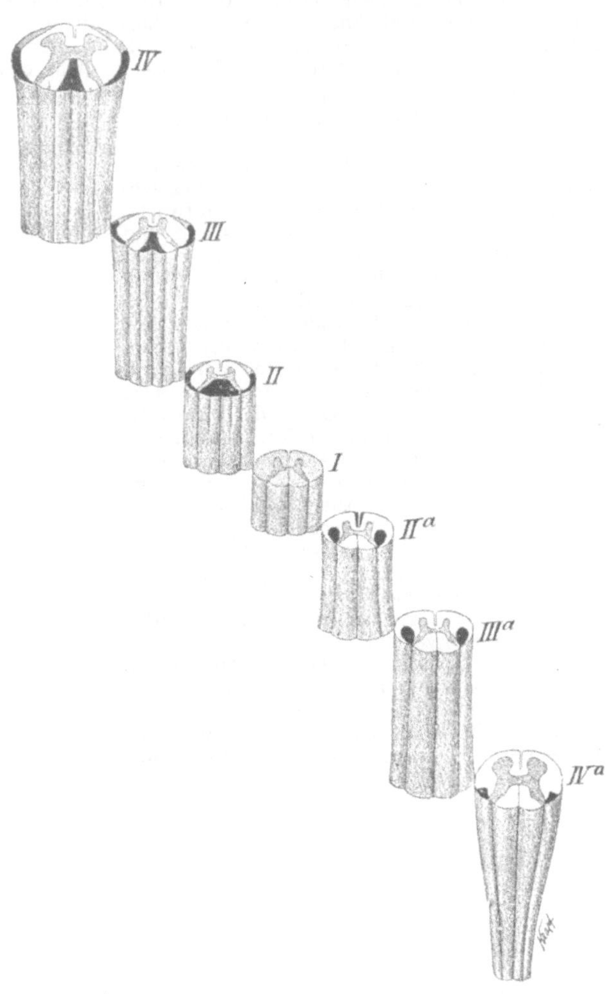

Fig. 357.
Schema der hauptsächlichsten sekundären Degenerationen.
I Stelle der Querläsion. *II—IV* oberhalb derselben (aufsteigend) Degeneration der Hinterstränge (in diesen nach oben abnehmend), der Kleinhirnbahn und der Gowersschen Bündel (letztere schwächer punktiert). *IIa—IVa* unterhalb der Querläsion (absteigend) Degeneration der Pyramidenvorderstrangbahn und der Pyramidenseitenstrangbahn.

Alle diese Bahnen können eine sekundäre Degeneration erleiden, jedoch dehnt sie sich wegen des kürzeren Verlaufes dieser Bahnen im Rückenmark nicht über längere Strecken hin aus.

II. Primäre Systemerkrankungen.

Durch verschiedenartige, namentlich toxische, Einflüsse kommen Degenerationen zustande, welche bestimmte Systeme, d. h. funktionell zusammengehörige, meist topographisch zusammengeordnete Nervenelemente, ergreifen. Im Gegensatz zu den sekundären Strangdegenerationen erkrankt hier nicht das ganze System auf einmal, sondern in langsamerem Verlauf Faser für Faser, also in allmählichem Werdegang.

1. Erkrankungen im motorischen System.

Nerven und Muskeln hängen funktionell eng zusammen, Erkrankung einer Stelle der motorischen Bahn bewirkt Reizerscheinungen, dann Parese oder Lähmung der

Muskeln; aber auch trophisch bilden die Muskeln mit dem peripheren motorischen Neuron eine Einheit auch in bezug auf Degeneration bzw. Atrophie.

Nach Degenerationen im peripheren motorischen Neuron (s. oben) findet also Atrophie der gelähmten Muskeln statt. Nach Degeneration im zentralen motorischen Neuron fehlt sie dagegen, zumeist weil hier die trophischen Zentren im Rückenmark erhalten sind (oder es entsteht einfache Inaktivitätsatrophie). Die Lähmung selbst pflegt bei Erkrankungen im peripheren motorischen Neuron eine schlaffe zu sein, bei solchen im zentralen dagegen eine spastische, d. h. die Muskeln setzen passiven Bewegungen einen gewissen Widerstand entgegen und die Reflexe sind erhöht, was wohl darauf beruht, daß infolge Wegfallens zerebraler Impulse der Muskeltonus erhöht ist und so die durch Reflexkollateralen von der sensiblen Sphäre her übermittelten Reize überwiegen.

Im einzelnen lassen sich folgende Formen von Erkrankungen im motorischen System unterscheiden:

α) Primäre Erkrankungen der Muskeln, **Dystrophien** derselben, mit atrophischer Lähmung (Kap. VII).

β) Die **progressive spinale Muskelatrophie,** bei welcher es sich um Atrophie zuerst der Vorderhörner, sodann auch der peripheren Nerven und Muskeln handelt.

Sie lokalisiert sich besonders in den oberen Teilen des Rückenmarks und macht sich in der Regel zuerst durch eine Atrophie der kleinen Handmuskeln bemerkbar, um dann, langsam fortschreitend, die Muskeln der oberen Extremitäten und des Rumpfes zu ergreifen.

Außer dieser progressiven Form der Erwachsenen (Duchenne-Adam) gibt es eine infantile (Werdnig-Hoffmann) und eine kongenitale (Oppenheim) Form der spinalen Muskelatrophie. Auch bei der letzteren sind die motorischen Ganglienzellen der Vorderhörner — vielleicht auf Grund mangelhafter Anlage und dann toxischer Einwirkungen — atrophisch und fehlen zum großen Teil. Dementsprechend zeigen die vorderen Wurzeln Markscheidenausfall und Slerose. Davon abhängig zeigen die Muskeln Atrophie und Degenerationen sowie Ersatz durch Bindegewebe. Doch sind die Fälle nicht einheitlich.

γ) Die **progressive Bulbärparalyse,** eine analoge Atrophie der Medulla oblongata und Pons, sodann der entsprechenden Nerven und Muskeln.

Die Erkrankung beginnt fast immer im Kern des Nervus hypoglossus und greift dann auf die nahe gelegenen Kerne des N. vagus und N. accessorius, oft auch den Fazialiskern, seltener den Trigeminus- und Abduzenskern über. So entsteht das bekannte Bild der Paralysis labio-glossopharyngo-laryngea, indem die gesamten von jenen Nerven versorgten Muskeln, also besonders die der Schlingmuskulatur, Zunge usw., der Lähmung und Atrophie verfallen (vgl. Kap. VII, D). Der Tod erfolgt häufig durch Aspirationspneumonie. Oft kombinieren sich γ) und β).

δ) Die **spastische Spinalparalyse** (selten), bei der nur die Pyramidenseitenstrangbahnen erkrankt sind, ohne Atrophie der gelähmten Muskeln.

ε) Die **amyotrophische Lateralsklerose,** welche auf Atrophie der Pyramidenfasern, Vorderhörner, vorderen Wurzeln, motorischen Nerven und Muskeln beruht, aber durch Medulla oblongata und Pons bis zur Hirnrinde, den Pyramidenbahnen folgend, reichen kann, so daß dann beide motorische Neuren ergriffen sind.

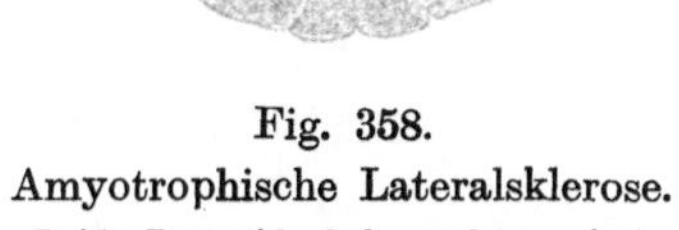

Fig. 358.
Amyotrophische Lateralsklerose.
Beide Pyramidenbahnen degeneriert.

Klinisch bestehen spastische Lähmungen mit Atrophie der Muskeln, besonders der oberen Extremitäten (da besonders der obere Rückenmarksteil befallen ist) und in den kombinierten Fällen die Symptome der progressiven Bulbärparalyse, welche den tödlichen Ausgang herbeiführt.

2. Erkrankungen im sensiblen System.

Die **Tabes dorsalis** ist in erster Linie durch Veränderungen sensibler Bahnen des Rückenmarks, und zwar jener Teile charakterisiert, welche aus den hinteren Wurzeln in dasselbe übertreten.

Die Veränderung beginnt in der Regel in den Wurzelgebieten des untersten Brustmarks und obersten Lendenmarks resp. verursacht Degeneration der von diesen Wurzelpaaren ins Rückenmark einstrahlenden Fasern; hier liegt dann jederseits im Hinterstrang neben dem Hinterhorn ein seitlich gelegenes Degenerationsgebiet (Fig. 359 Aa) und da die hier eintretenden Fasern aufsteigend in den Gollschen Strängen im Halsmark liegen, so sind auch diese degeneriert. Ergreift die Tabes dann auch die Wurzelgebiete des unteren Teiles des Rückenmarks (übriges Lendenmark und Sakralmark), so zeigt sich im Bereich dieser Gebiete allmählich der ganze Querschnitt des Hinterstranges erkrankt, weil auch die mehr in der Mitte gelegenen, aus tieferen Ebenen stammenden Fasern ergriffen sind (Fig. 359 Ba). Steigt später die Tabes nach oben auf (Wurzelgebiete des Brustmarks und Halsmarks), so treten auch in diesen Höhen neben der Degeneration der Gollschen Stränge seitliche Degenerationsfelder auf (Fig. 359 B b). Die Veränderung kann auch bis in die Medulla oblongata und selbst weiter nach oben reichen. Da ferner auch die Hinterhörner Fasern aus den hinteren Wurzeln erhalten, so werden auch sie faserärmer. Unter jenen Fasern, welche aus den Hintersträngen in die Hinterhörner übertreten,

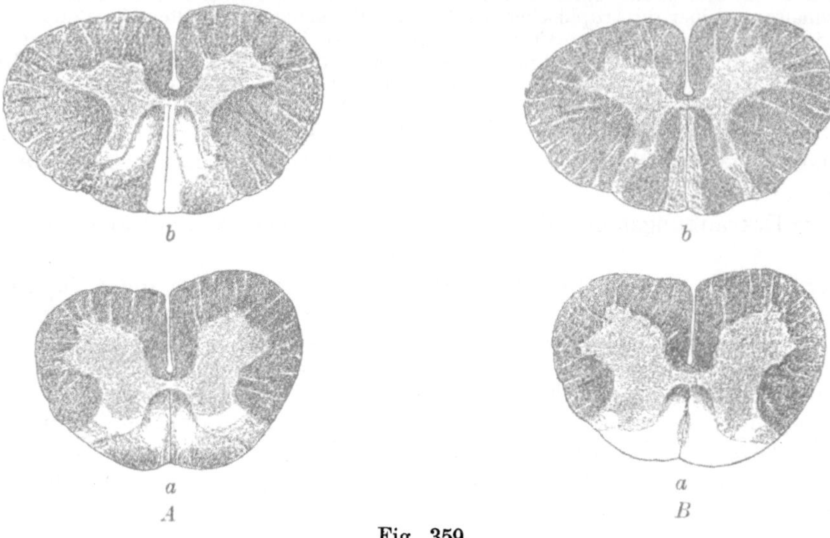

Fig. 359.
Tabes dorsalis.

A frischer Fall. Im Lendenmark *a* je ein Degenerationsfeld im Hinterstrang, im Halsmark *b* Degeneration der Gollschen Stränge.
B älterer Fall. Im Lendenmark *a* fast der ganze Hinterstrang degeneriert; im Halsmark *b* neben der Degeneration der Gollschen Stränge je ein seitliches Degenerationsfeld im Burdachschen Strang.

finden sich auch die Reflexfasern, welche weiterhin zu den Vorderhörnern ziehen; die Reflexbahn für den Kniereflex findet sich in der Höhe des ersten bis zweiten Lendennerven; da nun in dieser Höhe die Tabes frühzeitig einsetzt, so erklärt sich hierdurch das frühzeitige Schwinden des Patellarsehnenreflexes. Vor allem sind auch die in das Gebiet der hinteren Wurzeln gehörigen Spinalganglien verändert, und man hat hierin den Ausgangspunkt des ganzen Prozesses gesehen. Auch die peripheren Nerven, besonders die sensiblen, zeigen Atrophie, vor allem naturgemäß die aus dem Rückenmark stammenden; doch sind auch die Kerne und Fasern der motorischen wie sensiblen Hirnnerven ergriffen, so vor allem die Optici und die Augenmuskelnerven. Auch der Sympathikus ist oft beteiligt (viszerale Symptome) und ebenso das Kleinhirn.

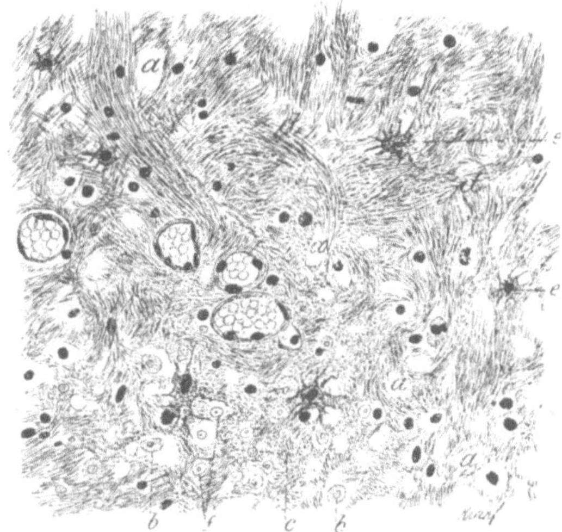

Fig. 360.
Schnitt aus dem degenerierten Hinterstrang bei Tabes dorsalis.
a Lücken durch Atrophie und Schwund von Nervenfasern entstanden, zum Teil Körnchenzellen (*b*) enthaltend; *c* quergetroffene, *d* längsgetroffene Gliafasern, *e* Spinnenzellen, *f* einzelne erhaltene Nervenfasern.

Der letzte Angriffspunkt im sensiblen Neuron (Spinalganglien, hintere Wurzeln, periphere sensible Nerven) ist nicht mit Sicherheit festgestellt.

Die Tabes dorsalis ist also eine Degeneration der Hinterstränge, Hinterhörner und hinteren Wurzeln. Die nervösen Fasern gehen zugrunde, doch erhalten sich oft viele Achsenzylinder, deren Markscheiden verloren gehen. An die Stelle zugrunde gegangenen Nervenmaterials wuchert Glia. Es liegt also eine **graue Degeneration bzw. Sklerose, besonders der Hinterstränge,** vor.

In hochgradigen Fällen ist diese schon makroskopisch kenntlich. Das Rückenmark wird in dorsoventraler Richtung abgeplattet. Die Hinterstränge (und eventuell -Hörner) sind derb, grau, die hinteren Wurzeln grau, dünn, atrophisch. Fast stets sind die weichen Häute zugleich trübe verdickt — chronische Meningitis. Da allmählich immer mehr Nervenfasern zugrunde gehen, ist der ganze Verlauf der Erkrankung, die sich naturgemäß in den Folgen des Ausfalls äußert, ein überaus schleichender.

Als Ursache der Tabes ist eine toxische Einwirkung, in den bei weitem meisten Fällen eine durch **syphilitische** Infektion hervorgerufene Giftwirkung, anzunehmen. Daher kombiniert sich die Tabes auch häufig mit progressiver Paralyse (s. unten). Man kann von einer spätsyphilitischen Affektion sprechen. Spirochäten wurden neuerdings nachgewiesen. Vielleicht kommt es bei solcher toxischer Wirkung erst auf Grund von Überanstrengungen od. dgl. zur Nervenentartung (Edingers Aufbrauchtheorie).

Außer bei Tabes kommen Degenerationen der Hinterstränge auch in anderen Fällen vor, in welchen toxische Einwirkungen nachzuweisen oder doch mit Wahrscheinlichkeit anzunehmen sind: bei Pellagra, Ergotin (Vergiftung mit Mutterkorn), ferner in Fällen von perniziöser Anämie, von Leukämie und von Diabetes, bei Karzinom, bei Tuberkulose und im Anschluß an andere Infektionskrankheiten; mindestens zum Teil handelt es sich hier um indirekte Wirkungen, um Auto-Intoxikationen, welche auch die Ursache der in solchen Fällen sich entwickelnden Kachexie darstellen. Auch bei chronischem Alkoholismus und bei Bleivergiftung sind Hinterstrangaffektionen beobachtet worden.

3. Kombinierte Systemerkrankungen.

Verschiedene Strangdegenerationen können sich kombinieren, und wenn sich der Prozeß dabei an bestimmte Systeme hält, spricht man von kombinierten Systemerkrankungen. Am häufigsten kombinieren sich Degenerationen der Hinterstränge mit solchen der Pyramiden(seitenstrang)bahnen. Hierher gehört die **hereditäre Ataxie oder Friedreichsche Krankheit.**

Hier kombinieren sich Degenerationen besonders der Hinterstränge eventuell -hörner und Wurzeln mit solchen der Pyramidenseitenstrang-Kleinhirnseitenstrangbahn, des Gowersschen Bündels usw. Die

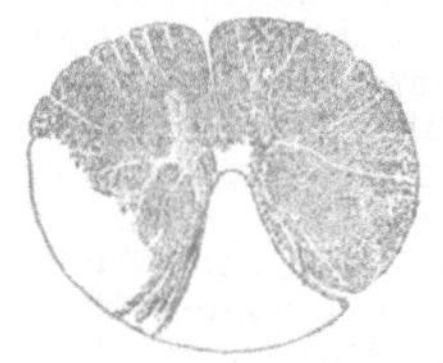
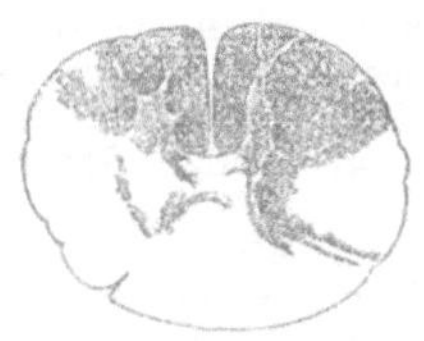

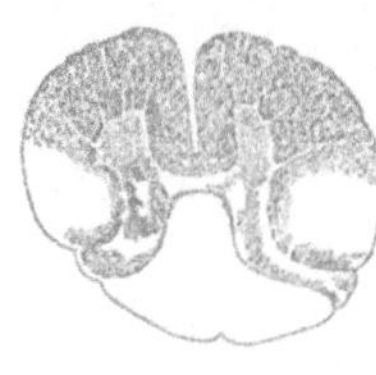
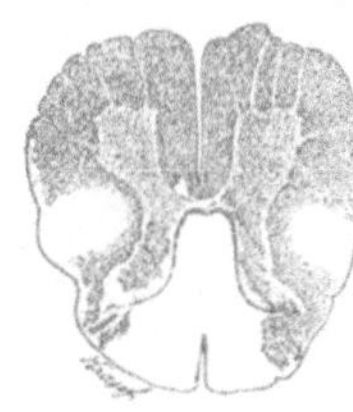

Fig. 361.
Kombinierte (etwas unregelmäßige) Degenerationen in den Vorder-, Seiten- und Hintersträngen des Rückenmarks (posttraumatische Erkrankung).

meist familiäre Erkrankung tritt gewöhnlich in der Pubertätszeit mit Ataxien, Verschwinden der Reflexe, Sprachstörungen usw. auf. Muskelatrophien und Lähmungen bestehen nicht.

Andere hierher gehörige Formen schließen sich an das Bild der Tabes oder der spastischen Spinalparalyse an.

c) Störungen der Blut- und Lymphzirkulation. — Blutungen. — Zirkulatorische Erweichungen.

Anämie und Hyperämie. Anämie findet sich bei allgemeiner Anämie oder kollateral bei abnorm starker Blutfülle anderer Organe. Oder Arterienkontraktion bewirkt lokale Blutarmut (spastische Anämie). Die Anämie ist außer durch Blässe der Oberfläche auf der Schnittfläche durch geringe Zahl von „Blutpunkten" (durchschnittene kleine Venen) charakterisiert.

Aktive Hyperämie leitet Entzündungen ein oder begleitet sie; sie zeigt eine mehr diffuse fleckige Röte. Stauungshyperämie ist Teilerscheinung allgemeiner Stauung oder lokal bedingt.

Letzteres besonders infolge Kompression der Duralsinus durch Tumoren oder bei Sinus-Thrombose (s. unten) oder Erhöhung des intrakraniellen Druckes.

Die starke Venenfüllung äußert sich im Hervortreten reichlicher Blutpunkte (die großen Venen der Pia können infolge postmortaler Senkung, besonders am hinteren Teil des Gehirns, überhaupt stark gefüllt sein). An die Stauung kann sich infolge schlechter Ernährung herdförmige Erweichung und blutige Infarzierung anschließen.

Störungen der Lymphzirkulation äußern sich durch Ansammlung von vermehrtem Transsudat an der Oberfläche des Gehirns und Rückenmarks (im Subdural- und Subarachnoidealraum), **Hydrocephalus externus,** oder in den Ventrikeln und dem Zentralkanal des Rückenmarks, **Hydrocephalus internus** bzw. **Hydromyelie,** sowie endlich in stärkerer seröser Durchtränkung der Substanz selbst — **Ödem** des Gehirns und Rückenmarks. Doch ist hier die Grenze solcher Transsudationen gegen entzündliche Exsudate schwer zu ziehen.

Ist das Ödem ein allgemeines, so ist das Gehirn stark durchfeuchtet, teigig-weich, meistens anämisch, in toto vergrößert. Daher sind die Windungen abgeplattet, die Sulzi verstrichen, das Gehirn ist gegen das Schädeldach angepreßt.

Das Ödem kann verschiedene Bedeutung haben; oft ist es nur eine agonale Erscheinung, in anderen Fällen aber hat es eine hohe Bedeutung, ja es kann in den als Apoplexia serosa bezeichneten Fällen rascher Todesart den einzigen positiven Sektionsbefund darstellen. Es findet sich auch beim Sonnenstich, bei manchen akuten Infektionskrankheiten, besonders des Kindesalters, bei Stauung (zuweilen Ödem aus anderer Ursache noch verstärkend) und endlich bei chronischen Nierenerkrankungen (wahrscheinlich hydrämisches Ödem, dem anderer Organe analog).

Andere Ödeme sind partiell, Folgen lokaler Gründe. So finden sich, besonders in der Umgebung kleinster Gefäße, — zuweilen ausgedehnte — Herde mit Degenerationen der Ganglienzellen und Fasern, Körnchenzellen u. dgl., aber meist mit Erhaltung der Glia. Auch kann wirkliche Erweichung bis zur Bildung kleiner, mit Serum gefüllter Hohlräume, welche von Gefäßen durchzogen werden, eintreten. Solche Prozesse finden sich besonders bei seniler Hirnatrophie, und hier können besonders die Stammganglien durch zahlreiche solche kleine zystenartige Hohlräume ein geradezu siebartig durchlöchertes Aussehen aufweisen: Etat criblé.

Andere partielle Ödeme finden sich in der Umgebung von Herderkrankungen(Erweichungen u. dgl., Tumoren, Abszesse, Blutungen, Tuberkel), zum Teil infolge von Kongestion, zum Teil von Kompression der Lymphbahnen. Oft sind sie auch entzündlich und nicht selten von der Dura oder den weichen Hirnhäuten fortgeleitet. Doch treten solche partielle Ödeme auch nicht selten erst kurz vor dem Tode oder agonal auf.

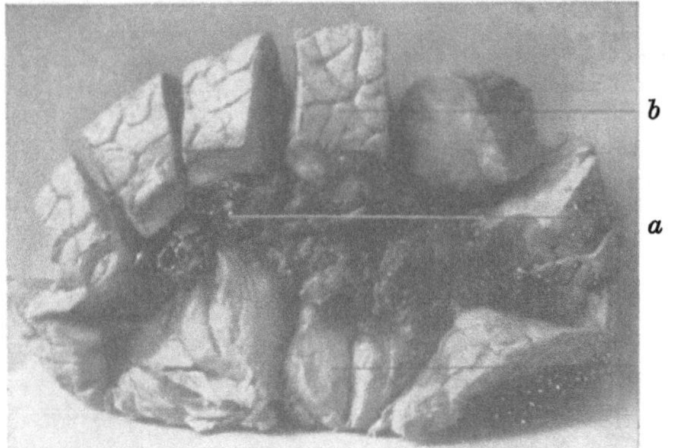

Fig. 362.
Große Blutung mit Perforation in den Seitenventrikel (bei *a*).
Gehirnrinde bei *b*.

Eine Erhöhung des intrakraniellen Druckes (d. h. des auf das Gehirn durch die Spannung des Liquor cerebrospinalis ausgeübten Druckes) wird als Hirndruck bezeichnet und entspricht einem bestimmten klinischen Symptomenkomplex. Der Zustand wird herbeigeführt durch Erhöhung des Blutdruckes, durch Blutungen oder Stauung im Gehirn und durch raumbeengende Prozesse innerhalb des Schädels (Tumoren u. dgl.), wenn Abfluß des Liquor cerebrospinalis den erhöhten Druck nicht ausgleichen kann. Bei Hirndruck ist die Dura auffallend gespannt, die weichen Hirnhäute erscheinen infolge von Anämie blaß, infolge Auspressung der serösen Flüssigkeit trocken; die Gehirnwandungen sind glatt, verbreitert, gegen die Dura angepreßt, die Sulzi verstrichen.

In seltenen Fällen chronischer intrakranieller Druckerhöhung besonders infolge von Tumoren kann Gehirnsubstanz (insbesondere Rinde) sich sogar in Gestalt sog. multipler Hirnhernien (v. Recklinghausen) durch jene hernienartige Lücken der Dura in den Schädel (besonders im Gebiete der Pacchiomschen Granulationen, Beneke) oder selbst durch diesen durchbohren und so sogar in die Orbita, die Nasennebenhöhlen und die Nase selbst (Pick) eintreten. Die Gehirnsubstanz selbst verweicht in solchen Hernien und wird durch Glia ersetzt.

Blutungen ins Gehirn sind besonders wichtig und häufig und stellen klinisch das schlagartige Bild der sog. **Apoplexie** dar.

Ursache ist meist Ruptur von Gefäßen bei Traumen oder infolge von Gefäßveränderung; als solche kommen atherosklerotische Prozesse, Syphilis und sog. Miliaraneurysmen besonders in Betracht. Zu ersteren gehört auch die arteriolosklerotische Veränderung zusammen mit Nierenveränderungen (s. im allgemeinen Teil), welche sehr häufig zu Gehirnblutungen führen (Hypertonie). Letzte Auslösungsursache ist dann meist noch gelegentliche plötzliche Blutdrucksteigerung bei körperlicher Anstrengung, venöser Stauung durch Druck der Bauchpressen, Erregungen, akuter Alkoholwirkung u. dgl.

Die Blutungen infolge Gefäßruptur sitzen zumeist in den Stammteilen, besonders den Ästen der A. Fossae Sylvii, wo auch die Miliaraneurysmen mit Vorliebe ihren Sitz haben. Das hier wie bei den Erweichungsherden häufige Mitbefallensein der inneren Kapsel bewirkt Hemiplegie. Die Blutungen sitzen seltener in Pons oder Medulla oblongata. Traumen betreffen besonders die Rinde; oft liegen sie an der der traumatischen Einwirkungsstelle gegenüber liegenden Seite — Contrecoup. Mehrere Blutungen verschiedenen Alters aus gemeinsamer Ursache finden sich oft.

Die Folgen hängen auch hier natürlich von Größe und Sitz ab. Bei größeren Blutungen wird das Gehirngewebe zertrümmert, an der Stelle liegt geronnenes oder flüssiges Blut in Gestalt eines zunächst dunkelroten Herdes. Nach Ausspülen des Blutes liegt eine Höhle mit fetzigen, in hämorrhagischer Erweichung begriffenen Rändern, aus der oft Blutgefäße direkt flottierend hervorragen, vor. Das Gewebe der Umgebung ist stark ödematös gequollen, meist mit kleinen Kapillarapoplexien durchsetzt und durch Diffusion von Blutfarbstoff gelblich gefärbt. Der Blutungsherd kann bis über Hühnereigröße erreichen. Häufig **perforiert** er in einen Seitenventrikel, von wo aus das Blut in den anderen Seitenventrikel, in den dritten und selbst vierten Ventrikel fließen kann.

Nach Bersten eines Gefäßes dauert die Blutung an, bis der Druck außerhalb der Arterie die Höhe desjenigen in ihr erreicht hat. So wird der Druck auf die Hirnsubstanz in weiterer Ausdehnung übertragen, und als Zeichen erhöhten Druckes findet sich Abflachung der Windungen, Vorwölbung des ganzen Gebietes, Trockenheit der Häute, Spannung der Dura.

Meist kleinere Blutungen treten öfters im Verlauf septischer Erkrankungen oder bei Blutkrankheiten sowie hämorrhagischen Diathesen auf. Kleine punktförmige Blutungen, sog. Kapillarapoplexien, die in Blutaustritten meist nur in die Lymphscheiden der Gefäße bestehen, finden sich häufig bei Hyperämien, in der Umgebung von Erweichungsherden und Entzündungen. Sie unterscheiden sich von den „Blutpunkten" dadurch, daß sie nicht abspülbar (von der Schnittfläche) sind.

Histologisch besteht in der Umgebung der Befund der roten Erweichung. Tritt nicht der Tod ein, so setzt nach wenigen Tagen Resorption ein. Phagozyten nehmen Fett (Körnchenzellen) und rote Blutkörperchen auf. So wird nach Resorption des Blutes der Herd durch liegenbleibendes Pigment dunkelbraun, dann gelbbraun und blaßt dann nach und nach ab.

Wie bei Erweichungsherden wuchert dann Glia bzw. Bindegewebe und bilden so die pigmentierte **apoplektische Narbe** oder **apoplektische Zyste.** Der anfangs trübe Inhalt letzterer wird allmählich klarer, heller.

Rückenmarksblutungen — Hämatomyelie — sind selten und zumeist traumatisch; sie sitzen meist in der grauen Substanz. Sie entsprechen im übrigen denen des Gehirns.

Ganz kleine, aber multiple, sog. **Ringblutungen** — die nächste Umgebung um die kleinen Gefäße ist nekrotisch, darum liegt ringförmig das ausgetretene Blut —, auch als **Gehirnpurpura** (M. B. Schmidt) bezeichnet, finden sich unter verschiedenen Bedingungen: so im Anschluß an Intoxikationen, besonders mit Salvarsan, Kohlenoxyd oder Kampfgas, bzw. Autointoxikationen, wie Urämie, oder bei Infektionskrankheiten, insbesondere Influenza, aber auch Sepsis, Pneumonie, Malaria usw., wohl auch toxisch bedingt; ferner finden sie sich bei Gefäßveränderungen, perniziöser Anämie, aber auch bei Fettembolie, Gehirnerschütterungen u. dgl. m. Prädilektionssitz für manche Formen ist der Linsenkern.

Es handelte sich nach den neueren Untersuchungen Dietrichs im Zusammenwirken örtlicher oder allgemeiner Zirkulationsstörung und vor allem örtlicher Gefäßschädigung (wobei wohl toxische Schädigung der Gefäßnerven, Ricker-Siegmund, eine Hauptrolle spielt). Die Gefäßschädigung bewirkt Schwellung eventuell Nekrose des Endothels, hyaline Propfbildung und Leukozytenanhäufungen. Im Gehirnsubstanzbereich der geschädigten Präkapillaren führen Quellung, Fibrinexsudation und Gewebsnekrose zur Bildung des ringförmigen (oder sektorartigen) Hofes. Um diesen kommt, wenn Zirkulationsstörung besteht, durch Diapedase aus den angrenzenden Abschnitten desselben Gefäßes, die sich im Zustande der Stase oder Prästase befinden, die Blutung zustande. So liegt diese erst außen vom nekrotischen Hof, indem sich bald reaktiv einkernige Zellen gliomatöser Herkunft einstellen.

Ein Teil der Fälle wird als **Encephalitis haemorrhagica** bezeichnet, doch handelt es sich bei dieser zumeist nicht um eigentliche Entzündung, wohl aber kann sich an die Blutungen reaktive Reparation anschließen. Hierher gehört auch die sog. Poliencephalitis acuta haemorrhagica superior Wernickes, zumeist auf Alkoholintoxikation (Schnaps) zu beziehen. Hier liegen die Blutungen besonders im Höhlengrau des dritten Ventrikels und Aquaeductus Sylvii; es gibt aber auch Formen von sog. Encephalitis inferior mit bulbärem Charakter.

Erweichung. Wird durch plötzlichen Gefäßverschluß ein Bezirk aus der Ernährung ausgeschaltet, so verfällt dieser — den Infarkten anderer Organe analog — der Nekrose, welche hier aber als Kolliquationsnekrose, indem die Substanz durch Flüssigkeitsaufnahme quillt und in eine breiige bis flüssige Masse zerfällt, d. h. also als Erweichung auftritt — sog. Enzephalomalazie.

Der plötzliche Verschluß eines Gefäßes ist meist die Folge einer **Thrombose** von Hirngefäßen, besonders auf Grund der hier häufigen Atherosklerose, oder einer **Embolie** beim Bestehen von Thromben in größeren Hirnarterien oder im Herzen bzw. Arcus aortae oder in den Lungenvenen, oder von endokarditischen Auflagerungen. Endlich kann Atherosklerose oder syphilitische, selten tuberkulöse, Arteriitis eine Obliteration, d. h. also einen Verschluß von Gehirnarterien herbeiführen (selten wird dies durch Tumoren, durch Kompression oder Einwachsen, bewirkt).

Die Gefäßverschlüsse sind am häufigsten in den großen Stämmen der Hirnbasis, besonders der Arteriae fossae Sylvii und den von ihr direkt nach den Stammganglien zu gehenden Ästen. Erweichungsherde finden sich daher am häufigsten in der Gegend der Capsula interna, des Nucleus caudatus und lentiformis sowie des Thalamus opticus. Die Herde können hühnereigroß und größer werden, ja es gibt Fälle, in denen der größte Teil einer Hemisphäre von der Erweichung eingenommen wird. Oft finden sich zahlreiche Herde nebeneinander, z. B. ältere kleine besonders in den Stammganglien und ein großer neuer, welcher zum Tode geführt hat; sie sind dann auf gemeinsame Ursache, etwa Atherosklerose oder wiederholte Embolie bei Endokarditis, zu beziehen. Die klinischen Folgezustände hängen natürlich von der Größe aber auch dem Sitz der Erweichung ab. Betrifft dieselbe die Gegend der inneren Kapsel (wo dicht gedrängt fast alle sensiblen und motorischen Bahnen zusammen verlaufen), so kann auch ein kleiner Herd halbseitige motorische und sensible Lähmung einer ganzen Körperhälfte hervorrufen — **Hemiplegie.**

Durch Verlegung eines kleinen Seitenastes der Arteria fossae Sylvii, welcher linkerseits die Brocasche Windung (Sprachzentrum) versorgt, kann isolierte (motorische) Aphasie entstehen. Seltener sind Verlegungen der von der Pia in die Konvexität der Großhirnhemisphären, und zwar in die Hirnrinde und oberen Schichten des Markes, ziehenden Gefäße mit umschriebenen Rindenerweichungen einer oder mehrerer Gyri. So können besonders auch durch Folgezustände Formveränderungen dieser Gyri resultieren.

Viel seltener als im Gehirn kommen ausgedehntere Erweichungen im Rückenmark vor. Kleine solche Herde von Myelomalazie finden sich öfters bei syphilitischer Meningitis bzw. Meningo-Myelitis, selten infolge von Atherosklerose.

In Erweichungsherden zerfallen die Achsenzylinder in Segmente oder völlig, die Markscheiden quellen, fallen vom Achsenzylinder zum Teil ab und bilden Myelintropfen (s. oben). Sie gehen zum Teil in Fett über. Auch die Ganglienzellen zerfallen und endlich auch die Glia.

Makroskopisch erscheinen Erweichungsherde gequollen, dann breiig-flüssig, jede regelmäßige Struktur oder Zeichnung verschwindet. An die Herde grenzt eine Zone ödematös gequollenen Nervengewebes an. Über den Herden ist die Hirnoberfläche zunächst vorgewölbt, später sinkt sie ein; von außen kann man oft schon deutliche Fluktuation wahrnehmen. Die Farbe der Erweichungsherde ist weiß oder grauweiß oder durch fettigen Zerfall mehr gelbweiß: **Weiße Erweichung.** Häufig kommt es aber zu kleinen Blutungen, teils per diapedesin, teils infolge fettiger Degeneration und Zerreißung kleiner Gefäße. Kleine Blutungen geben besonders durch Imbibition mit sich lösendem Blutfarbstoff dem Erweichungsherd eine rötlich-gelbe Farbe — **gelbe Erweichung.** Treten reichlich kapillare Blutungen auf, so wird der Herd gelb und besonders rot gesprenkelt — **rote Erweichung.**

Es stellen sich nun Reaktionserscheinungen ein. Schon nach 1—2 Tagen wandern polymorphkernige Leukozyten, dann vor allem einkernige Wanderzellen — Lymphozyten, Fibroblasten, Histiozyten und ganz besonders Gliazellen als sog. „Abräumzellen" — in den erweichten Bezirk ein. Sie phagozytieren die Zerfallsprodukte, insbesondere auch das Fett als Körnchenzellen, nehmen rote Blutkörperchen und eventuell Blutpigmente auf. Auch sonst geht Resorption vor sich, aber sehr langsam, besonders bei größeren Herden und gar wenn die Zirkulationsverhältnisse durch Ödem, Veränderungen der Gefäße usw. ungünstig sind. Die Erweichung kann sich sogar sekundär noch weiter ausbreiten. Zugleich mit der Resorptionstätigkeit setzt die reparatorische Wucherung der Glia und des Bindegewebes ein. Es kommt zu einer Narbe oder Abkapselung einer Zyste, aus Glia (besonders kleine Herde) oder Bindegewebe oder beiden bestehend (s. auch oben). Um Zysten sieht man oft innen eine bindegewebige Kapsel, außen eine bedeutendere Gliawucherung.

Eine sog. kolloide oder gelatinöse Erweichung kommt dadurch zustande, daß sich in und um die Gefäße hyaline Schollen ablagern. Bilden sich große derartige Massen, so nimmt das ganze Gebiet makroskopisch diese Beschaffenheit an.

d) Entzündungen.

Nichteiterige Entzündungen. Bei der **Enzephalitis** resp. **Myelitis** sehen wir Alterationen des Gefäßapparates mit Hyperämie, Ödem, Exsudation und Emigration einerseits, degenerative Vorgänge der Nervensubstanz andererseits, wie bei anderen Entzündungen. Die ausgewanderten Leukozyten liegen oft ganz besonders in den adventitiellen Lymphscheiden. Sehr häufig stehen — zumeist vorzugsweise an derselben Stelle gelegen — einkernige Wanderzellen im Vordergrund, teils Lymphozyten, teils Abkömmlinge seßhaft gewesener Bindegewebselemente, vor allem aber Gliazellen. Auch zu kleinen Blutungen um die Gefäße kommt es häufig. Gerade im Zentralnervensystem stehen aber die degenerativen Vorgänge des Nervenparenchyms ganz im Vordergrund infolge seiner leichten Lädierbarkeit einmal durch die Entzündungsnoxe selbst, sodann durch das Ödem, Exsudat usw. Die degenerativen Vorgänge verlaufen an den Ganglienzellen, Achsenzylindern und Markscheiden ganz so wie oben geschildert.

Sodann treten auch hier Proliferationserscheinungen von seiten des Bindegewebes und besonders der Glia auf, zunächst mehr der zelligen, später besonders der faserigen. Die Aufgaben der Glia sind sehr komplex; dienen doch die beweglichen Zellen der Resorption, „Abräumzellen", und ist doch bei den reparativen Proliferationsprozessen hier zugleich in erster Linie die Glia beteiligt und mischen sich doch degenerative und proliferative Prozesse an den Gliazellen miteinander. Bei den letzteren können sog. Spinnenzellen, d. h. große, mit zahlreichen Fortsätzen versehene Zellen in größerer Zahl auftreten. Aus der Glia- und Bindegewebswucherung resultiert ein sklerotischer Herd als Ausgang, wie oben besprochen.

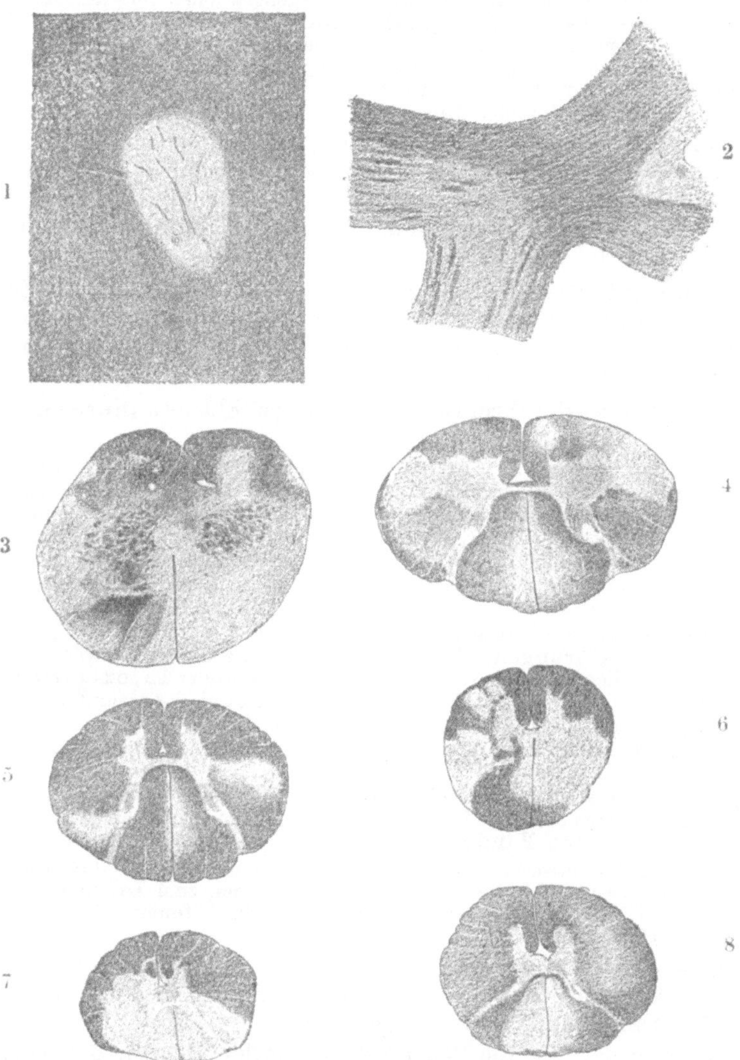

Fig. 363.
Multiple Sklerose (Schnitte bei Lupenvergrößerung).
1 Aus der Markmasse des Großhirns. 2 Chiasma. 3 Medulla oblongata (Pyramidenkreuzung). 4—8 Rückenmark. Weigertsche Markscheidenfärbung; die sklerotischen Herde erscheinen hell.

Die Entzündung kann aber auch, wenn sie den höchsten Grad erreicht, zu Erweichung des Gewebes führen, die bald der nichtentzündlichen Erweichung völlig gleicht; auch eine auf die Entzündung zu beziehende Thrombose oder Gefäßveränderung kann Erweichung bewirken. Heilt die Affektion, so ist auch hier Narbe oder Zyste das Endresultat.

Die Ursache der Entzündung ist größtenteils toxischer — Vergiftungen verschiedener Art — oder infektiöser bzw. infektiös-toxischer Natur; so findet sie sich bei oder nach allgemeinen Infektionskrankheiten, wie Scharlach, Masern, Typhus usw. oder bei chronischen Erkrankungen, wie Lues. Auch handelt es sich oft um Mischinfektionen. Auch die anscheinend idiopathischen Fälle sind wohl infektiöser Natur.

Häufig schließt sich auch die Entzündung an eine solche der Meningen, von diesen aus fortgeleitet, an, zumeist den von den weichen Häuten her einstrahlenden Gefäßen folgend.

Andererseits können von den Entzündungen des Zentralnervensystems aus sekundär die Hirnhäute in Mitleidenschaft gezogen werden. Man spricht von **Meningo-Enzephalitis** bzw. **Meningo-Myelitis.**

Es gibt eine große Reihe Einzelformen, besonders von Enzephalitis. Nur die wichtigsten sollen besprochen werden.

In einem Teil der zu den „Entzündungen" gerechneten bzw. so bezeichneten Prozesse handelt es sich eigentlich nicht um eine Entzündung, sondern um Degenerationen mit anschließenden Reparationsvorgängen. Man spricht dann besser von Enzephalomalazie bzw. Myelomalazie. Gerade bei manchen chronischen sog. Entzündungen ist dies der Fall, in denen progrediente Degenerationsvorgänge, welche aber im Gegensatz zu den oben geschilderten sich nicht an bestimmte Systeme anschließen, sondern unregelmäßig fleckig verteilt sind, oder sich oft an die Gefäße anschließen, mit folgender Glia und Bindegewebswucherung vorliegen. Zuweilen beherrscht die Gliawucherung frühzeitig das Bild.

Sind ausgedehnte Gebiete von der Entzündung befallen, so spricht man von **Encephalitis bzw. Myelitis diffusa,** ist am Rückenmark der ganze Querschnitt — oft über große Strecken hin — ergriffen, von **Myelitis transversa.** In anderen Fällen finden sich zahlreiche, oft ausgedehnte und sich häufig an den Gefäßverlauf anschließende, Herde — **disseminierte Enzephalitis bzw. Myelitis.**

Unter den disseminierten Formen gibt es eine **akute disseminierte Enzephalo-Myelitis,** welche teils selbständig auftreten kann, sich meist aber an Infektionen, besonders des Kindesalters, unter dem Bilde der sog. akuten Ataxie anschließt und in Heilung oder sklerotische Herdbildung ausgehen kann.

Am wichtigsten aber ist die chronische sog. **multiple Sklerose** (herd- oder inselförmige Sklerose).

Hier finden sich zahlreiche scharf begrenzte, derbe, graue Herde, besonders in der weißen Substanz, aber im übrigen regellos über Gehirn und Rückenmark (meist beides zugleich) verteilt, allerdings mit Lieblingssitzen im Balken, an der Wand der Seitenventrikel, in der Pons usw. Seltener sind rascher verlaufende Fälle, in denen man degenerative Vorgänge u. dgl. verfolgen kann. Fast stets findet man die fertigen Herde aus, oft langfaseriger, Glia bestehend. In diesen Herden zeigen die Nervenfasern ein eigentümliches Verhalten insofern als zuallermeist die Markscheiden untergegangen, die Achsenzylinder aber marklos erhalten geblieben sind.

Die Ursache der multiplen Sklerose ist verschieden. In einem Teil der Fälle handelt es sich um angeborene Entwicklungsstörungen, d. h. Nichtanlage oder abnorme Schwäche und Lädierbarkeit der Markscheiden. In anderen Fällen liegen Infektionskrankheiten oder Intoxikationen zugrunde. Zum Teil werden auch Störungen der Lymphzirkulation infolge chronisch-entzündlicher Veränderungen der Gefäßwände und der zugehörigen Lymphscheiden angenommen.

Neuerdings wird die multiple Sklerose auch vielfach als Infektionskrankheit, und zwar wahrscheinlich von Spirochäten bewirkt, angesehen.

Eine **diffuse,** das ganze Gehirn oder einzelne Lappen betreffende **Sklerose** findet sich, zu starker Verhärtung und Schrumpfung (Gliawucherung) führend, gleichzeitig mit Hydrocephalus externus und internus e vacuo, besonders bei idiotischen Kindern.

Bei epileptischen, meist idiotischen jungen Individuen kommt die sog. **tuberöse Sklerose** vor; hier finden sich regellos verteilt grauweiße, harte Knoten und Streifen, zum Teil tumorartig. Sie bestehen aus Glia mit Ganglienzellen (Glioma gangliocellulare). Zugleich finden sich kleine tumorartige Mißbildungen der Niere, des Herzens usw.

Bei der Enzephalitis im allgemeinen ist weiße und graue Substanz ohne Auswahl betroffen. Bestimmte Formen lokalisieren sich nun ganz vorzugsweise in der grauen Substanz; man bezeichnet sie als **Polioenzephalitis** bzw. **Poliomyelitis.**

Bestimmt charakterisiert ist die **Poliomyelitis anterior (acuta),** die sog. Kleinkinderlähmung.

Hier ist die Entzündung vorzugsweise auf das Gebiet der Arteriae sulco-commissurales des Rückenmarks lokalisiert, welche aus der an der Vorderfläche des Rückenmarks herabziehenden Arteria spinalis anterior in regelmäßigen Abständen entspringen und die Vorderhörner sowie andere Teile der grauen Substanz und benachbartes Mark versorgen. Hier lokalisieren sich dann auch über das Gebiet einer Reihe von Rückenmarkssegmenten in der Längsrichtung hin die Veränderungen also vorzugsweise im Bereich der Vorderhörner, aber auch in der übrigen grauen Substanz und in der angrenzenden weißen Substanz, je nach der Ausbreitung des Prozesses. Es bestehen Degenerationen, besonders der Ganglienzellen, daneben starke zellige (rundzellige) Infiltration, besonders im Anschluß an die Gefäße. Ausgang ist sklerotische Schrumpfung der Vorderhörner unter Verlust besonders von Ganglienzellen. Es kommt zu sekundärer Degeneration der vorderen Wurzeln, motorischen Fasern, peripheren Nerven und Muskeln. Klinisch bestehen infolgedessen Lähmungen von Muskeln, die sich zum großen Teil wieder zurückbilden; an einzelnen Muskelgruppen bleiben aber meist dauernde Paresen bestehen. Der Erkrankung ganz analog kommt derselbe Prozeß in der Medulla oblongata als **akute Bulbärparalyse,** im Gehirn als **zerebrale Form der Kinderlähmung** vor. Die Kleinkinderlähmung kommt fast nur bei Kindern als mit Fieber verlaufende allgemeine Infektionskrankheit mit spezifischem Erreger (s. S. 170) vor. Seltener sind schleichend oder in mehrfachen Schüben verlaufende, mehr durch degenerative Veränderungen als Entzündungsprozesse charakterisierte, Fälle, die man als Poliomyelitis anterior chronica bezeichnet.

Poliomyelitiden, bei denen neben der Affektion der Vorderhörner die Entzündung größere Bezirke des Querschnitts ergreift, finden sich zuweilen bei Allgemeininfektionen, wie Pocken, Typhus, Influenza, Sepsis.

Bei manchen Formen scheinen toxisch bedingte funktionelle Störungen ohne ausreichendes anatomisches Substrat zu bestehen, so bei der **Landryschen Paralyse** oder aufsteigenden akuten Spinalparalyse, bei der auch an einen Erreger gedacht wird.

Unter den **Polioenzephalitiden** ist die **Polioencephalitis epidemica** bemerkenswert, welche in Degenerationen besonders von Ganglienzellen, ganz vorzugsweise aber lymphozytären (und plasmazellulären) Ansammlungen in den perivaskulären Scheiden, Reaktionserscheinungen von seiten der Gliazellen und endlich proliferativer Gliawucherung besteht.

Klinisch finden sich mit Lethargie (Encephalitis lethargica), mit choreaartigen Erscheinungen und unter anderen Nervensymptomen einhergehende Formen. Die Erkrankung tritt epidemisch (wenn auch offenbar wenig kontagiös) auf, in im einzelnen noch unbekannten Beziehungen zu Influenzaepidemien. Erreger scheint ein dem Virus der Poliomyelitis anterior (Kleinkinderlähmung) ähnliches filtrierbares, ebenfalls von Noguchi gefundenes Virus zu sein; mit dieser Erkrankung hat die Encephalitis epidemica auch viele gemeinsame Züge.

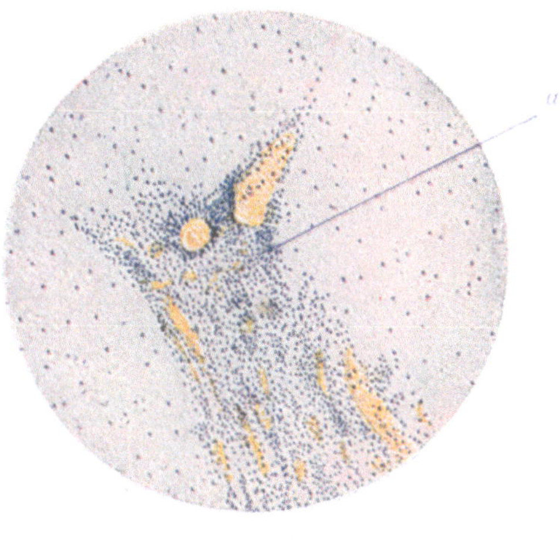

Der makroskopische Befund des Gehirnes und seiner Häute ist uncharakteristisch; oft besteht Hyperämie und leichtes Ödem. Mikroskopisch zeigen die Ganglienzellen mehr oder weniger ausgeprägte degenerative Veränderungen; die Nißlschen Granula und Fibrillen schwinden, die Zellen zeigen Vakuolen oder viel Lipofuszin, oder sie sind atrophisch, oder zerfallen einzeln auch ganz. Neuronophagie kann hiermit einhergehen, ist aber meist gering. Am in die Augen fallendsten sind die perivaskulären Infiltrationen, denen ganz zu Beginn zahlreiche Leukozyten beigesellt sein mögen (Häuptli), die aber bald fast nur aus Rundzellen, die von den Adventitialzellen abgeleitet werden, und Plasmazellen bestehen. Fettkörnchenzellen gliogener Natur erscheinen erst später. In Spätstadien sind die Gliakerne bzw. -Zellen vermehrt, dann auch die Gliafasern, so daß sich kleine Gliaherde ausbilden. Dürck fand bei der Erkrankung auch Verkalkungen, und zwar verkalkte Ganglienzellen, Gefäße und freie, scharf umschriebene Kalkschollen im Gewebe.

Fig. 364.
Poliomyelitis anterior.
Das Vorderhorn (a) zeigt starke Zellansammlungen und Blutaustritte.

Der Sitz und die Ausdehnung aller dieser Veränderungen ist sehr wechselnd und damit hängt auch die Verschiedenartigkeit der Krankheitssymptome zusammen. Konstant ist aber der Sitz der Veränderungen so gut wie ausschließlich in der grauen Substanz (Polioenzephalitis). Ergriffen sind vor allem das zentrale Höhlengrau am dritten und vierten Ventrikel sowie Aquaeductus Sylvii mit den Kernen der Hirnnerven, die Vierhügel, die großen Stammganglien, aber auch die Hirnrinde, sowie die graue Substanz von Pons und Medulla oblongata. Zumeist ist auch das Rückenmark, eventuell bis ins Lendenmark, beteiligt, so daß man die Gesamterkrankung am besten als Poliomyeloencephalitis epidemica bezeichnet. Den nach Abheilung der Veränderungen bestehen bleibenden Herden entsprechen klinische Spätsymptome, die ganz der Paralysis agitans ähnliche Bilder darstellen können.

Bei der **eitrigen Entzündung** entstehen unter Gewebseinschmelzung herdförmige **Gehirnabszesse,** gefüllt mit gelbem oder gelbgrünem Eiter; daneben kommt es häufig (Arrosion der Gefäße) zu Blutungen. Die Wand der Abszesse, meist fetzig, besteht aus eiterig infiltriertem und zerfallendem Hirngewebe, herum folgt eine ödematöse Zone. Die eiterige Enzephalitis bzw. der Hirnabszeß kann schnell zum Tode führen oder in einen Ventrikel perforieren und so Pyocephalus internus bewirken, ferner auf diesem Wege basal beginnend oder auch direkt über dem Herd zu eiteriger Meningitis führen. Allgemeineres Hirnödem und Hirndruck sind Folgezustände. Aber der Hirnabszeß bleibt oft auch lange lokalisiert. Dann entwickelt sich um ihn eine Abszeßmembran, die ihn allmählich einkapselt. Der eiterige Inhalt dickt sich dann zu einer trockenen, krümeligen Masse ein. Aber auch derartige alte Abszesse können sich noch vergrößern oder in die Ventrikel perforieren. Der Sitz der Abszesse kann je nach der Ursache sehr verschieden sein.

Eine eiterige Entzündung entsteht traumatisch, direkt durch Schädelverletzung meist zugleich mit solcher des Gehirns, wobei man oft den Weg in Gestalt einer umschriebenen Pachymeningitis mit oder ohne Sinusphlebitis. dann eiterigen Meningitis deutlich markiert findet, oder indirekt bei Verletzungen selbst nur der Weichteile offenbar auf dem Lymphwege.

Auch an Karies des Felsenbeins bzw. anderer Schädelknochen, besonders auch des Siebbeins, Meningitis, Empyem der Highmorshöhle können sich durch Fortleitung per continuitatem oder auf dem Wege über eiterige Phlebitis eines Hirnsinus, eiterige Pachymeningitis und Meningitis Hirnabszesse anschließen.

Andere Hirnabszesse entstehen **metastatisch** auf dem Blutwege bei allgemeinen, besonders eiterigen Infektionskrankheiten, wie Endokarditis, Puerperalfieber, Erysipel, Sepsis u. a. oder nach lokalisierter Eiterung, wie Phlegmonen, fötider Bronchitis, bronchiektatischen Kavernen u. dgl., zum Teil mit eiterig-jauchigem Charakter. Größere Abszesse können sich dabei an infizierte Emboli anschließen; oft entstehen aber kleinere, jedoch multiple Abszesse.

Im Rückenmark ist eiterige Entzündung meist die Folge eiteriger Meningitis oder kariöser Prozesse der Wirbelsäule, selten metastatisch, besonders nach vereiterten bronchiektatischen Höhlen.

e) Infektiöse Granulationen.

Tuberkulose kommt als **disseminierte Tuberkulose** des Hirns oder Rückenmarks vor; häufiger aber, namentlich im Gehirn, in Gestalt größerer käsiger Knoten, der sog. **Konglomerattuberkel** (oder **Solitärtuberkel** [S. 83]), welche bis Hühnereigröße erreichen können und manchmal auch eine zentrale Erweichung der verkästen Partien erkennen lassen. Um sie

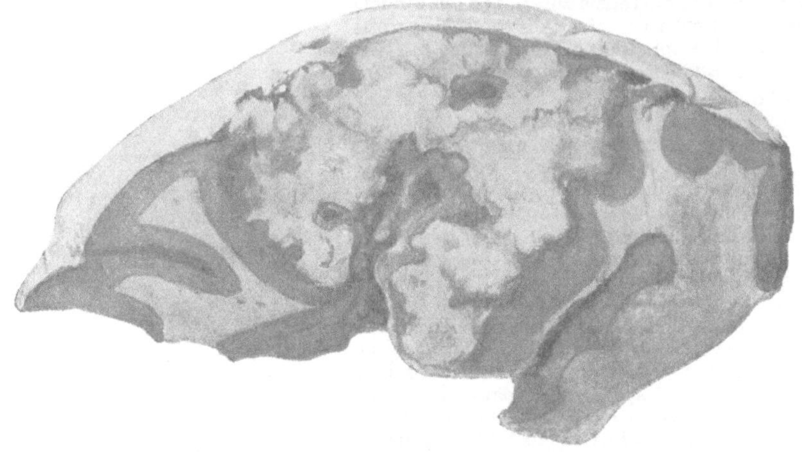

Fig. 365.
Großer Konglomerattuberkel des Gehirns unter der Pia.

findet man fast stets einen mehr oder weniger deutlichen Kranz von sekundären Knötchen, sog. Resorptionstuberkeln (S. 83).

Das umgebende Gewebe ist teils ödematös gequollen, teils von einem Granulationsgewebe durchsetzt, welches manchmal Neigung zu fibröser Umwandlung und Einkapselung der Knoten aufweist. Infolge ihres großen Umfanges treten die Konglomerattuberkel vielfach unter dem klinischen Bild von Hirntumoren auf, d. h. rufen Hirndruck, Stauungspapille und andere Allgemeinerscheinungen hervor. Ein Lieblingssitz der Tuberkel im Gehirn ist das Kleinhirn. Im Rückenmark veranlassen größere Knoten die Erscheinungen der Querschnittsläsion, d. h. Unterbrechung der Leitung, oft mit sekundären Degenerationen.

Über die wichtige tuberkulöse Meningitis s. unten unter „weiche Gehirnhäute".

Von **syphilitischen** Erkrankungen sind die der Meningen und dann erst die der nervösen Substanz die wichtigsten (s. darüber unten). Gummata finden sich wie in anderen Organen. Auch rein degenerative Prozesse sind auf Syphilis zu beziehen; so können strangförmige oder an Systeme gebundene Degenerationen und Sklerosen entstehen. Hierher gehören wahrscheinlich Fälle von sog. syphilitischer Lateralsklerose, gewisse Erkrankungen der Pyramidenbahnen, der Hinterstränge usw. Ein Teil der degenerativen Prozesse hängt aber auch mit Blutgefäßveränderungen zusammen; sie sind dann meist herdweise, unregelmäßig zerstreut.

Von besonderer Wichtigkeit ist eine den Spätformen der Syphilis zugehörige Veränderung des Gehirns, die **progressive Paralyse = Dementia paralytica der Syphilitiker.**

Es handelt sich um chronisch-degenerative Prozesse, besonders in der Großhirnrinde, mit Schwund der nervösen Elemente, so daß es zu Atrophie dieser Gebiete kommt, einerseits, exsudativ-proliferative Entzündungserscheinungen andererseits. Makroskopisch erscheinen die erkrankten Teile zunächst unregelmäßig fleckig verfärbt, hyperämisch gesprenkelt. Später herrscht helle, graugelbe Farbe, verwaschene Zeichnung und derbe Atrophie der Gebiete vor. Betroffen ist namentlich die Hirnrinde, und zwar besonders die der Frontallappen, der Schläfenlappen und die Rinde oberhalb der Inselgegend, während die Okzipitallappen mehr verschont bleiben. Die atrophischen Windungen sind kammartig verschmälert, spitz, die Sulzi erweitert. Auch die Ventrikel werden weit — Hydrocephalus e vacuo — mit Ependymwucherungen und auch die weichen Hirnhäute zeigen Oedem e vacuo, auch werden sie bindegewebig verdickt und gehen Adhäsionen mit der Hirnoberfläche ein als Endresultat einer chronischen Meningo-Enzephalitis.

Ferner werden die Stammganglien vom Prozeß ereilt, ebenso herdförmig das Kleinhirn (Spielmeyer). Auch das Rückenmark kann ergriffen werden — so können die Hinterstränge, wenn auch weniger als bei der Tabes, Pyramidenstränge oder andere Bezirke degenerieren — und endlich auch die peripheren Nerven.

Mikroskopisch finden sich Degenerationen der Ganglienzellen, Schwund der Nervenfasern, tangential beginnend und nach der Tiefe fortschreitend. Im Gewebe und besonders in den Adventitiallymphräumen treten frühzeitig Rundzellen und vor allem Plasmazelleninfiltrate als Entzündungszeichen auf; auch die Gefäße können hyaline Intimaverdickung mit Einengung der Lumina aufweisen. Die Gliazellen vergrößern und vermehren sich, wobei sich sog. „Stäbchenzellen" bilden, und auch die faserige Glia proliferiert herdförmig (Weigert). Die Rindenarchitektonik kann in toto so gestört sein, daß man die Zellschichtung nicht mehr erkennt (Jakob). Gleichzeitig bestehen nicht selten (Jakob) miliare Gummata und gummöse Gefäßwandveränderungen.

Neuerdings wurden von Noguchi, dann von Jahnel u. a. die Syphilisspirochäten (besonders im ersten rechten Frontalgyrus) bei der Paralyse nachgewiesen. Sie können „bienenschwarmartig" (Jahnel), besonders um Ganglienzellen liegen. Oft kombinieren sich progressive Paralyse und Tabes. Die Paralyse ist also eine echte syphilitische Erkrankung mit langem Intervall (ebenso wie die Tabes) nach der primären Infektion.

Ähnliche Veränderungen wie bei der Paralyse finden sich bei der durch Trypanosomen bewirkten **Schlafkrankheit** (ebenfalls zahlreiche Plasmazellen) sowie auch bei der **Tollwut.**

Hier bestehen neben diffusen Infiltrationen auch knötchenförmige Ansammlungen von Lymphozyten bzw. Gliaelementen (Babessche Knötchen), daneben auch Degenerationen von Ganglienzellen und Gliawucherungen. Die Negrischen Körperchen (s. allg. Teil) finden sich besonders in den Ganglienzellen des Ammonhorns.

Bei Alkoholvergiftung (Delirium tremens) bestehen auch degenerative Veränderungen der Ganglienzellen — besonders des Stirn-, Schläfen- und Kleinhirns (Purkinjesche Zellen) — dazu kommen oft Blutungen (Jakob). Bei chronischem Alkoholismus treten an die Stelle der diffusen Ganglienzellen- und Faserndegenerationen Gliawucherungen. Bei Bleivergiftung zeigen die kleinen Gefäße, besonders der tiefsten Rindenschichten, Endothelwucherungen und Sprossungen; Degenerationen der nervösen Elemente schließen sich an. Gehirnveränderungen zugleich mit zirrhotischen Leberzuständen finden sich bei der sog. Wilsonschen Krankheit (progressive Linsenkernerkrankung) und der Westphal-Strümpellschen Pseudosklerose.

Die **Tabes dorsalis** ist schon S. 347 besprochen.

Aktinomykose kommt in Form von Abszessen im Gehirn selten vor.

f) Tumoren und Parasiten.

Tumoren des Gehirns können frühzeitig allgemeine oder lokale Erscheinungen machen, aber auch lange symptomlos bleiben. Die Ausfallserscheinungen hängen natürlich von Sitz und Ausdehnung des Tumors ab; hinzu kommen bei größeren Tumoren auf Grund von Raumbeschränkung alle Zeichen des Hirndrucks (s. oben), sowie infolge Verlegung des Abflusses der Zerebrospinalflüssigkeit und des venösen Abflusses (besonders bei Kompression der Vena magna Galeni) Hydrocephalus internus. Auch finden sich häufig Verdrängungserscheinungen und Verschiebungen mit Formveränderungen. In der Umgebung von Tumoren besteht oft Druckatrophie, kollaterales Ödem und Verdichtung des Gliagewebes, wodurch Tumoren eingekapselt werden können. Bei bösartigen Tumoren mit infiltrierendem Wachstum (Gliom) fehlt eine scharfe Abgrenzung, auch die Verdrängungserscheinungen pflegen dann geringer zu sein.

Klinisch können auch große Gummata, Konglomerattuberkel, tierische Parasiten, Tumoren der Meningen und des Schädeldaches, oder große Blutungen wie Tumoren wirken.

Am wichtigsten unter den Tumoren sind die oft sehr großen **Gliome.**

Sie sitzen mit Vorliebe in den Großhirnhemisphären und dem Kleinhirn, aber auch in der Pons und den Brückenschenkeln. Sie wachsen meist infiltrierend und können sich der Gehirnform so anpassen, daß sie nur wenig aufzufallen brauchen. Öfters sind sie leichter zu fühlen als zu sehen. Man unterscheidet harte, hauptsächlich aus Gliafasern, und weiche, vor allem aus Gliazellen bestehende Formen. Hierüber und über das Neuroepithelioma gliomatosum vgl. S. 107. In Gliomen können markscheidenfreie Achsenzylinder in größerer Zahl erhalten sein. Sehr selten enthalten sie Ganglienzellen: Neuroglioma gangliocellulare. Sie — und wohl überhaupt die meisten Gliome — sind auf entwicklungsgeschichtliche Anlage zu beziehen.

Ferner finden sich im Gehirn **Sarkome** verschiedenster Form, darunter auch — wenn auch selten und zumeist von den Pigmentzellen führenden weichen Häuten ausgehend —

Melanosarkome, **Fibrome, Osteome, Lipome** (Balkenlipome gehen hier und da mit partiellem Balkenschwund Hand in Hand), **Angiome**, bzw. **Kavernome** (selten multipel), **Endotheliome** und **Psammome**, von den Meningen ausgehend, zuweilen auch **Mischgeschwülste** (vgl. unten Tumoren der Meningen und der Ventrikel).

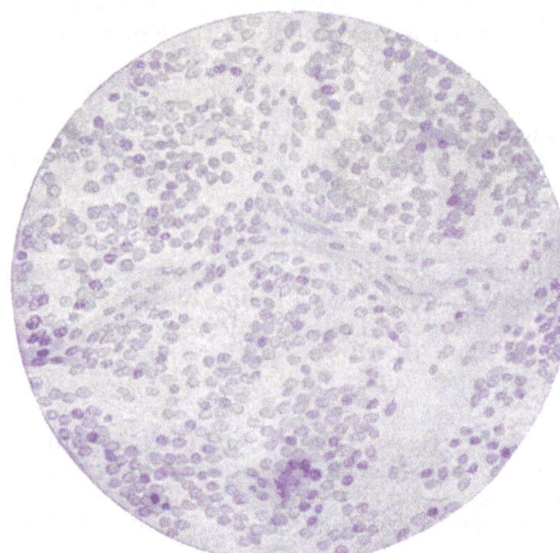

Fig. 366.
Gliom des Gehirns.
Die Zellen sind indifferente Gliazellen, das feinfaserige Netzwerk besteht aus Gliafasern.

Sehr seltene primäre Geschwülste epithelialer Natur sind von dem Ependym, vielleicht auch von (embryonal) verlagerten Epithelien der Seitenplatten abzuleiten.

Metastatisch finden sich Karzinome und Sarkome (nicht sehr häufig). Gliome der Netzhaut können sich, der Scheide des N. opticus folgend, über die Hirnbasis und selbst bis tief in den Wirbelkanal hinein ausbreiten.

Klinisch besteht zuweilen das Bild des Gehirntumors, während sich anatomisch nur Atherosklerose mit ihren Folgezuständen bzw. die sog. akute Hirnschwellung findet (sog. **Pseudotumor**).

Am Rückenmark sind **Gliome**, meist langgestreckter Form, welche durch Zerfall zu syringomyelieartigen Bildungen führen können, am relativ häufigsten.

Sehr selten sind **Sarkome, Cholesteatome, Lipome, Fibrome** usw. Die Tumoren des Rückenmarks und solche der Wirbelsäule und Meningen, welche Kompression des Rückenmarks bewirken, verursachen Verdrängungen und Verschiebungen sowie Unterbrechungen der Fasermasse mit auf- und absteigenden sekundären Strangdegenerationen. Das Nachbargewebe von Tumoren ist auch hier ödematös gequollen. Metastatische Tumoren sind äußerst selten.

Tierische Parasiten.

Zystizerkus, auch racemosus (s. S. 174), kommt in den Meningen und Plexus oder Ventrikeln (auch losgelöst, frei), seltener in der Substanz des Gehirns und am seltensten in der des Rückenmarks vor. Große oder sehr zahlreiche Blasen können Hirndruckerscheinungen auslösen.

Echinokokkus ist selten, auch öfters in den Ventrikeln als in der Hirnsubstanz. Echinokokken der Wirbelsäule, wie solche, welche im Wirbelkanal intra- oder extradural auftreten, können das Rückenmark in Mitleidenschaft ziehen. Manchmal wachsen vom subpleuralen oder subperitonealen Gewebe ausgehende Echinokokkusblasen — und ebenso zuweilen Geschwülste — durch die Foramina intervertebralia in den Wirbelkanal hinein.

g) Verletzungen des Zentralnervensystems. — Erschütterung. — Kompression.

Schnitt- und Stichverletzungen — am Zentralnervensystem wegen der geschützten Lage selten — wurden vor allem experimentell verfolgt. Ausfüllung des Spaltes erfolgt wie sonst durch Blut und serofibrinösen Erguß. Das Rückenmark zeigt bei totaler Durchtrennung starke Retraktion seiner Stümpfe. Hinzu kommt im Zentralnervensystem im Gegensatz zu Verletzung anderer Organe aber eine breite traumatische Degenerationszone, so daß auch glatte, reine Schnittwunden eine bedeutendere Ausdehnung gewinnen. Wundheilung erfolgt, wenn keine Komplikation eintritt, durch Glia und Bindegewebe (letzteres von der Pia und den Gefäßen aus).

Bei den meisten Verletzungen — durch Schüsse, stumpfe Instrumente, Knochensplitter — kommt es zu **Quetschung (Kontusion)** mit Zertrümmerung von Nervensubstanz unter dem Befund der hämorrhagischen Erweichung und zu Blutungen. Letztere können im Schädel bei Zerreißung meningealer Gefäße, besonders der Arteria meningea media, große Ausdehnung im Subdural- und Subarachnoidealraum gewinnen. Am Rückenmark werden dieselben Erscheinungen auch durch Frakturen, Luxationen und Zusammenbruch kariöser oder sonstwie zerstörter Wirbel, aber auch durch vorübergehende Verschiebungen (Distorsionen) von Wirbeln oder Bandscheiben bewirkt. Auch bei starker Überbeugung der Wirbelsäule — Sturz aus bedeutender Höhe — kann das Rückenmark in der Höhe des fünften bis sechsten Halswirbels, welche den Gipfel der bei solcher starken Beugung der Wirbelsäule entstehenden Krümmung bilden, gequetscht werden. Eine Rückenmarksquetschung kann auch eintreten bei starker Zerrung der Wirbelsäule, auch bei schweren Entbindungen (Extraktion der Frucht an den Füßen, „dystokische" Zerrungen), vielleicht auch bei forzierten Schultzeschen Schwingungen.

Bei **Schlag, Stoß** oder **Fall** kann es ohne Schädelverletzung oder mit solcher zu **Gehirnerschütterung, Commotio**, kommen. Zuweilen entstehen hierbei ausgedehntere Blutungen durch Anprall der dem Stoß auszuweichen bestrebten Zerebrospinalflüssigkeit, weswegen solche Blutungen mit Vorliebe an den Wänden der Ventrikel und an der der Einwirkung des Traumas entgegengesetzten Seite (Contrecoup) sitzen. Häufig bei Erschütterungen sind auch einzelne oder zahlreiche kapillare Apoplexien, also kleine Blutungen, die zum Teil wenigstens ebenso zu erklären sind. Auch kleine Erweichungsherde, eventuell mit Blutaustritten, kommen vor. Vielfach — und das sind eben die eigentlichen Fälle von Commotio — fehlen aber alle anatomischen Anhaltspunkte, so daß an mehr funktionelle Schädigung zu denken ist. Doch ist aus Versuchen zu schließen, daß doch eine vorübergehende anatomische Läsion, besonders der Nervenfasern der Großhirnrinde, auch in diesen Fällen statthat, so daß zwischen Contusio und Commotio cerebri nur quantitative Unterschiede bestehen (Jakob). Am Rückenmark kommt ebenfalls eine Commotio auf Grund der genannten Traumen, aber auch vorübergehender Distorsionen (s. oben) und Zerrungen vor; hier können sich chronische Degenerationen anschließen.

Eine **allmähliche Kompression des Rückenmarks,** welche zu Veränderungen dieses führt, die man als **Kompressionsmyelitis** besser **Kompressionsmyelodegeneration** bezeichnet, kommt durch verschiedene raumbeengende Prozesse im Wirbelkanal, wie Tumoren der Wirbelsäule und der Meningen, zustande.

Am wichtigsten sind aber in dieser Hinsicht **kariöse Prozesse,** meist **tuberkulöser** Natur, an den Wirbeln. Durch Zusammensinken der ergriffenen Wirbel entsteht der sog. Gibbus oder Pottsche Buckel, welcher eine Kompression des Rückenmarks bewirken kann. Die morschen Wirbel können durch ein kleines Trauma, eine rasche Bewegung od. dgl. auch plötzlich zusammenbrechen, was besonders deletär ist im Bereich der beiden obersten Halswirbel, da dann der Zahn des Epistropheus sich in die Medulla oblongata einbohren und so plötzlichen Tod bewirken kann.

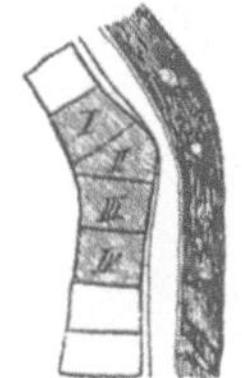

Fig. 367. Schema der Rückenmarkskompression bei Wirbelkaries.

(Nach Strümpell, Lehrbuch der speziellen Pathologie und Therapie.)

Der zusammengesunkene Wirbel *II* ist von den Wirbeln *I* und *III* nach hinten gedrängt und verengt den Wirbelkanal.

Treten dergleichen plötzliche Ereignisse nicht ein, so kommt keine Zerquetschung des Rückenmarks, sondern eben dessen langsame Kompression zustande. Doch ist dies direkt durch die kariösen Wirbel nur in höchsten Graden und selten der Fall, weil das Rückenmark innerhalb des Wirbelkanals viel Spielraum hat; außerordentlich viel häufiger aber durch Fortwuchern des tuberkulösen Prozesses von den Wirbeln auf das epidurale Fett-Bindegewebe, in dem sich massige, zum Teil verkäsende oder auch vereiternde tuberkulöse Granulationen bilden, und dann auch auf die Dura selbst — **tuberkulöse Pachymeningitis externa** —, am häufigsten in der Höhe der Lendenwirbelsäule. Durch diese und besonders den zunächst auf die Subdural- und Subarachnoidealraum ausgeübten Druck kommt es zu Stauung und Ödem im Rückenmarksgewebe. Toxische Substanzen von den tuberkulösen Massen her, vielleicht auch vasomotorische Störungen, mögen bei Entstehung des Ödems mitwirken. Durch dieses, d. h. die Schwellung, wird der Druck noch gesteigert. Quellungen, Degenerations- und Zerfallserscheinungen der Nervenelemente und Glia sind die Folge. Sklerotische Gliawucherung kann sich anschließen. Das Ödem kann aber auch, wenn es sehr hochgradig ist, zu Erweichung führen, seltener wird solche durch Thrombose oder Embolie auf Grund des ganzen Prozesses bewirkt. Nur in seltenen Fällen greift der tuberkulöse Prozeß auf die weichen Häute oder die Rückenmarksubstanz selbst über. Der Prozeß an den Wirbeln kann auch, trotz großer Ausdehnung, noch ausheilen. Die (abgestorbenen) Käse- und Eitermassen können resorbiert werden, fibröses Gewebe und neugebildetes Knochengewebe sich entwickeln, Osteophyten und Knochenspangen auftreten und die Wirbelsäule durch fibröses Narbengewebe und Ankylose fest werden. In den hochgradigsten Fällen kommt es so zu einer festen, einheitlichen Knochenmasse, in welcher einzelne Wirbel nicht mehr unterscheidbar sind. Auch im Rückenmark können dann Reparations-, in beschränktem Maße vielleicht auch Regenerationsprozesse einsetzen. Die Symptome gehen zurück mit Ausgang in Besserung oder gar Heilung.

Für alle die genannten, das Zentralnervensystem in Mitleidenschaft ziehenden Traumen usw. sei aber betont, daß eine Regeneration von Ganglienzellen nicht, und eine solche von Nervenfasern höchstens in sehr beschränktem Umfange stattzufinden scheint. Es bilden sich zwar Bündel neuer Fasern (wahrscheinlich durch Sprossung von den Faserstümpfen her). Diese vermögen aber das zwischen den Wundrändern entstehende Narbengewebe nicht zu durchdringen.

Unter den Traumen spielt gerade im Gehirn das **Geburtstrauma** eine besondere Rolle. Wirksam sind dabei die Druckdifferenzen während der Austreibungsperiode der Frucht (Schwartz), welche Kreislaufstörungen und Blutungen bewirken können, sowie Quetschungen des Kopfes während des Geburtsaktes. Die Veränderungen im Gehirn finden sich vor allem bei Frühgeburten. Sie bestehen in regressiven Veränderungen der Ganglienzellen, eventuell kleinen Erweichungsherden und vor allem dem Auftreten gliomatöser Fettkörnchenzellen. Nach Wohlwill sind solche traumatisch entstandene Körnchenzellen (Abbauzellen) durch veränderte Kerne, zu größeren Tropfen konfluierte Fettröpfchen und Lage der Zellen in unregelmäßigeren Haufen von anderen Fettkörnchenzellen, die sich im Gehirn zwischen dem 6. intrauterinen und 6. extrauterinen Lebensmonate physiologisch finden sollen, zu unterscheiden. Auf jeden Fall dürfen wir aus dem Vorhandensein von Fettkörnchenzellen, z. B. in kleinen Erweichungsherden zusammengelagert (also geburtstraumatischen Ursprungs, s. oben), nicht auf eine Entzündung (wie dies Virchow auffaßte und als Encephalitis neonatorum interstitialis bezeichnete) schließen.

B. Ventrikel und Zentralkanal.

Der **Hydrocephalus internus,** die Erweiterung der Ventrikel infolge Flüssigkeitsansammlung, betrifft meist die Seitenventrikel und den dritten Ventrikel, seltener den vierten. Der intrakranielle Druck ist beträchtlich erhöht. Die Großhirnhemisphären erleiden fortschreitende Druckatrophie. Man kann mehrere Formen des Hydrozephalus unterscheiden:

Der Hydrocephalus congenitus entwickelt sich intrauterin oder sehr bald nach der Geburt und nimmt progressiv zu, bis die meist helle, klare Flüssigkeit etwa 1 Liter betragen kann. Gerade hier kann die Erweiterung der Ventrikel eine sehr starke sein und die Großhirnhemisphären können so atrophisch werden, daß sie nur noch einige Millimeter dicke Säcke darstellen. Sie werden immer mehr gegen das Schädeldach angedrückt, bis auch der knöcherne Schädel nicht standhält und ausgedehnt und verdünnt wird; durch Auseinanderweichen der Schädelknochen werden die Nähte und Fontanellen verbreitert und sind nur von gespannten häutigen Membranen bedeckt, in denen sehr häufig noch Schaltknochen erhalten sind.

Die Genese des Hydrocephalus congenitus ist nicht sicher bekannt. In manchen Fällen ist wohl mangelhafte Ausbildung des Gehirns das Primäre, in anderen ist frühzeitig durchgemachte Entzündung an den Plexus oder Verschluß der Abflußwege des Liquor cerebrospinalis anzunehmen. Häufig besteht zugleich Idiotie, nicht selten auch andere Bildungsanomalien an Schädel und Gesicht (Hasenscharte, Schädeldachdefekte usw.). Ätiologisch wird Potatorium und Syphilis der Eltern beschuldigt.

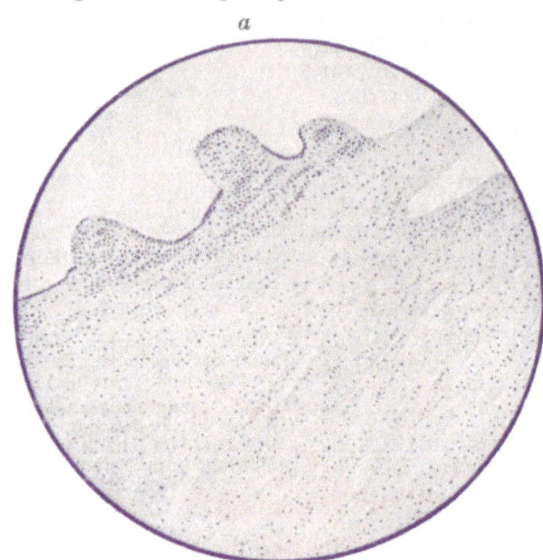

Fig. 368.
Ependymitis granularis.
Bei *a* Ependymgranula, bestehend aus zellreicher Gliawucherung. Auf der Höhe der Granula fehlen die Ependymzellen.

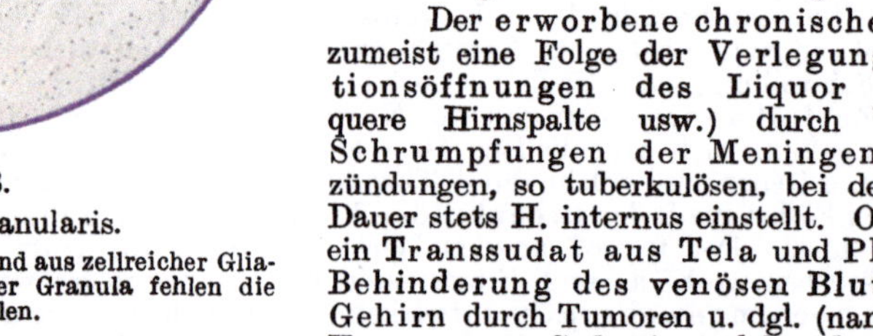

Bei Verwachsungen eines Ventrikelteiles kann Hydrozephalus eines Ventrikels oder des Teiles eines solchen entstehen.

Der erworbene akute Hydrozephalus ist meist ein entzündlicher mit Exsudation seitens der Plexus und der Tela chorioidea; am häufigsten sind es eiterige oder tuberkulöse Meningitiden, welche auf die Plexus übergreifen. In anderen Fällen handelt es sich um Behinderung des Abflusses der Flüssigkeit, am häufigsten durch ein Piaödem. Das entzündliche Exsudat unterscheidet sich vom Liquor cerebrospinalis sowie vom Inhalt (Transsudat) eines Stauungshydrozephalus durch größeren Eiweißgehalt und leichte Trübung. Auch kann das Exsudat eiterig oder hämorrhagisch sein. Die Plexus- und Ventrikelwände zeigen oft kleine Blutungen.

Der erworbene chronische Hydrozephalus ist zumeist eine Folge der Verlegung der Kommunikationsöffnungen des Liquor (Foramen Magendi, quere Hirnspalte usw.) durch Verdickungen und Schrumpfungen der Meningen nach bzw. bei Entzündungen, so tuberkulösen, bei denen sich nach einiger Dauer stets H. internus einstellt. Oder es handelt sich um ein Transsudat aus Tela und Plexus chorioidea bei Behinderung des venösen Blutabflusses aus dem Gehirn durch Tumoren u. dgl. (namentlich Druck auf die Vena magna Galeni, welche das Blut von sämtlichen tiefen Hirnvenen sammelt). Hydrozephalus tritt auch als Begleiterscheinung der Rachitis und nicht selten anscheinend idiopathisch auf.

Der Hydrocephalus e vacuo entsteht durch Atrophie des Gehirns. Auch der senile Hydrozephalus ist hierher zu rechnen.

An Stelle des Ependyms kann man kleine Knötchen finden — sog. **Ependymitis granularis** —, die aus gewucherter Glia bestehen, eventuell mit von Ependymzellen bekleideten Spalten (welche durch seitliches Überwuchern der Glia über die alten Oberflächenependymzellen zustande kommen). Die Knötchen entstehen ähnlich wie die Sehnenflecke des Epikards als Reaktion gegen geringe mechanische Schädigungen.

Der Inhalt erweiterter Ventrikel kann auch, besonders im Anschluß an Meningitis, eiterig sein — **Pyozephalus.** Sehr selten ist der Befund von Luft in den Ventrikeln, besonders Seitenventrikeln, welche bei Verletzungen in größerer Menge eingedrungen ist — Pneumozephalus (v. Hansemann).

Blutergüsse in die Ventrikel, sog. hämorrhagischer Hydrozephalus, kommt bei Durchbrüchen von Hirnblutungsherden oder traumatisch, auch bei Geburten (Zange), zustande.

Entzündungen der Plexus treten besonders bei Meningitis auf, ebenso tuberkulöse Veränderungen bei tuberkulöser Meningitis. Auch im Ependym können sich zahlreiche kleine Tuberkel — öfters mit massenhaften Tuberkelbazillen — entwickeln, makroskopisch völlig unter dem Bilde der Ependymitis granularis.

In den Plexus chorioidei finden sich Corpora amylacea und Kalkkörner, zuweilen auch größere, von Kalkmassen durchsetzte Geschwülstchen — **Psammome** (s. S. **122**). (Die Cholesteatome sind entzündliche Bildungen mit Cholesterin, Fett, Lipoiden.) **Karzinome** können vom Ependym oder Plexusepithel, **Sarkome** und **Endotheliome** sowie zottige, zwischen Hyperplasie bzw. Entzündung und Tumor stehende Bildungen, sog. Papillome, vom übrigen Gewebe der Plexus ausgehen. Kleine Zysten in den Plexus sind besonders bei älteren Leuten äußerst häufig; sie kommen durch stellenweises Auseinanderweichen des Gewebes zustande. Größere Zysten, welche selbst Ventrikel blockieren können, sind sehr selten. Über tierische Parasiten s. oben.

Unter **Syringomyelie** versteht man eigentümliche Spalt- und Höhlenbildungen im Rückenmark, meist in seinem Halsteil (oft auch noch in der Medulla oblongata), aber auch über lange Strecken des ganzen Markes, selbst bis ins Sakralmark hinab. Ausgang sind meist die zentralen Partien des Rückenmarks bzw. der Zentralkanal selbst. In den höchsten Graden bildet das Rückenmark unter Atrophie der grauen aber auch der weißen Substanz nur noch einen dünnwandigen schlaffen Sack, der mit einer serösen oder auch mehr kolloiden Masse gefüllt ist, nach deren Entleerung er kollabiert; oft zeigt die Höhle mehrfache Ausbuchtungen. Die unmittelbare Wand der Höhle wird in manchen Fällen im Zustande der Auflockerung und Erweichung, in anderen in sklerotischer Verhärtung angetroffen.

Die Pathogenese der Syringomyelie ist verschieden. Ein Teil ist auf Erweiterung der Ventrikel zurückzuführen — **Hydromyelie** — sei es angeboren auf Grund von Entwicklungsstörung (beim Schluß der Medullarplatte zum Medullarrohr), sei es erworben auf Grund von Stauung des Liquor cerebrospinalis bei behindertem Blut- und Lymphabfluß. Andere Formen beruhen wohl auch auf Entwicklungsstörungen,

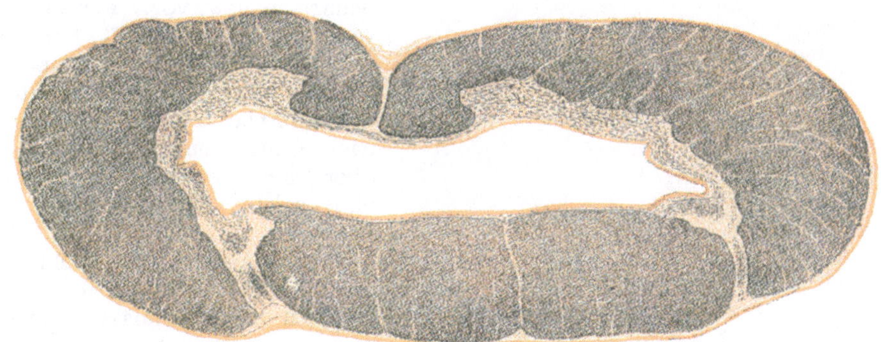

Fig. 369.
Hydromyelie (Markscheidenfärbung).

und wieder andere bilden sich aus Erweichungen, Blutungen od. dgl., welche sich der Länge nach über große Strecken des Rückenmarks ausbreiten. Doch sind diese Fälle nicht zur echten Syringomyelie zu rechnen. Dagegen hängt eine Hauptgruppe derselben mit zentral erweichten, langgestreckten Gliawucherungen zusammen. Entweder handelt es sich hierbei um echte Gliome oder um — meist besonders faserreiche — sog. „Gliosen" („Gliastifte"), d. h. diffuse Gliawucherungen der grauen Substanz ohne Auftreibung des Rückenmarks (wie beim Gliom), wie solche, z. T. wohl auch auf Grund angeborener Anlage, im Anschluß an Traumen, Blutungen, Erweichungen u. dgl. entstehen können.

C. Hüllen des Zentralnervensystems.

I. Weiche Hirnhäute (Zirkulationsstörungen, Entzündungen, Tuberkulose, Syphilis, Tumoren).

Die Veränderungen der weichen Hirnhäute gleichen denen der serösen Häute. Wichtig ist der, schon öfters erwähnte, oft intensive Übergang auf das benachbarte Zentralnervengewebe.

Blutungen finden sich bei Rindenblutungen und besonders nach Traumen, große besonders auch bei Zerreißung der Arteria meningea media. Solche sog. „Hämatome" können erheblichen Druck auf das Gehirn ausüben. Blutungen treten auch öfters bei der Geburt auf, wenn durch Übereinanderschieben von Schädelknochen Gefäße zerrissen werden; ferner als Folge von Stauung (z. B. nach Thrombose des Sinus longitudinalis und eventuell von Venen der Meningen), oder bei Entzündungen. Meningealblutungen am Rückenmark sind, wenn bedeutender, meist traumatisch.

Piaödem findet sich unter den verschiedensten Bedingungen bei allgemeinen Infektionskrankheiten u. dgl., häufig auch erst terminal. Oft ist es auch zusammen mit stark geschlängelten und gefüllten Venen bei Potatoren zu finden. Besondere Flüssigkeitsansammlung im Subarachnoidealraum heißt auch **Hydrocephalus externus.** Die Flüssigkeit sammelt sich zunächst innerhalb der Sulzi, welche so unter Auseinanderweichen der Windungen erweitert werden. Die Arachnoidea wird über den Furchen und schließlich auch über der Höhe der Gyri von der der Gehirnsubstanz adhärenteren Pia abgehoben. Der Hydrocephalus externus entsteht bei Stauung, Entzündungen und als Hydrocephalus e vacuo nach Abnahme des Hirnvolumens im ganzen oder lokalisiert.

Sehr wichtig sind die **Entzündungen — Leptomeningitiden.** Es gibt exsudative, d. h. seröse, eiterige, fibrinös-eiterige und hämorrhagische, sowie produktive Formen.

Meningitis serosa, „entzündlicher Hydrocephalus externus" stellt ein dem Ödem der Meningen völlig gleichendes Bild dar, entspricht aber doch wenigstens in einem Teil der Fälle einer leichten nicht völlig ausgebildeten Meningitis. Solches findet sich bei akuten Infektionskrankheiten, vor allem des Kindesalters, und besonders bei Typhus; ähnliches ferner bei Insolatio. Auch die oberflächliche Hirnsubstanz kann entzündliches Ödem zeigen. Die Meningitis serosa kann Übergänge zu eiterigen Formen aufweisen.

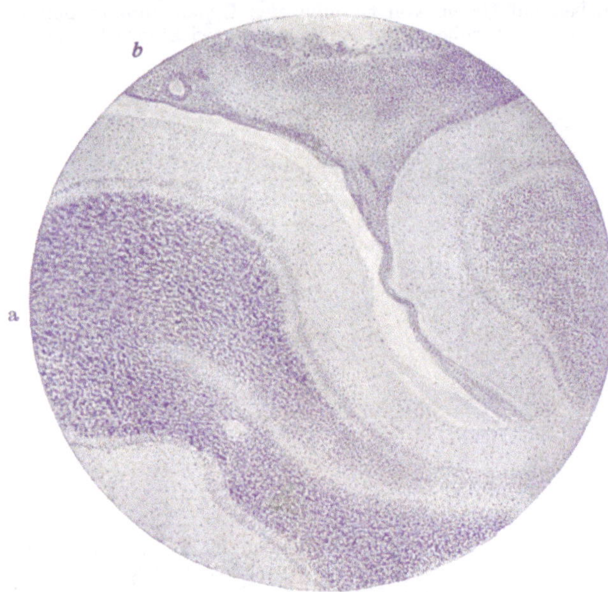

Fig. 370.
Eiterige Meningitis.
a Kleinhirn, *b* die von Eiterkörperchen durchsetzte Pia.

Eiterige Meningitis kommt **metastatisch** im Verlauf von Infektionskrankheiten, so besonders Typhus, Scharlach usw. vor. Ferner **übergeleitet von der Nachbarschaft** her, besonders von kariösen Prozessen an Wirbeln (Rückenmark) und am Schädel, insbesondere bei Karies des Felsenbeins nach Otitis, entweder auf dem Wege über eine eiterige Pachymeningitis oder ohne solche, offenbar durch Verschleppung der Erreger auf dem Lymphweg. Ferner können eiterige Affektionen der Orbita, Stirnhöhlen, Nasenhöhlen sowie primäre Hirnabszesse und besonders Pyozephalus (s. oben) zu eiteriger Meningitis führen, insbesondere an der Gehirnbasis. Des weiteren kommen **Traumen,** eventuell selbst ohne Knochenverletzung, in Betracht. In allen diesen Fällen beginnt die Meningitis dem Ausgangspunkt entsprechend umschrieben, kann aber dann diffus werden.

Am wichtigsten aber ist eine als spezifische Infektionskrankheit auftretende eiterige Meningitis, die sog. **epidemische Zerebrospinalmeningitis,** besser ihrer Ätiologie nach **Meningokokken-Meningitis** (bzw. Pneumokokken-Meningitis) benannt. Ist die Gehirn- oder Rückenmarksubstanz in erheblicherem Maße mitergriffen, so spricht man auch von **Meningo-Enzephalitis** bzw. **Meningo-Myelitis.** Über alles dies und Genaueres s. das letzte Kapitel.

Bei Meningitiden zeigt die Hirnoberfläche alle Zeichen erhöhten Hirndruckes; durch Verlegung des Abflusses der Zerebrospinalflüssigkeit oder durch Übergreifen des Prozesses auf die Tela chorioidea und die Plexus kommt es zu Hydrocephalus (seltener Pyocephalus) internus. Dann kann auch das Ependym ödematös oder kleinzellig infiltriert sein.

Enden eiterige Meningitiden verschiedener Art nicht — wie zumeist — tödlich, so kommt es zu Verdickungen und Verwachsungen.

Die **chronische Meningitis** stellt re vera öfters derartige Ausgänge akut-entzündlicher Prozesse in Gestalt diffuser oder fleckiger Trübungen und Verdickungen (Bindegewebswucherung) dar. Doch gibt es auch von vorneherein chronisch verlaufende produktive Entzündungsformen, besonders bei chronischen Nierenerkrankungen und Alkoholismus.

Die Meningitis kann ohne Beteiligung der Gehirn- bzw. Rückenmarksubstanz verlaufen — Leptomeningitis superficialis — oder es besteht solche und es kommt daher zu festen Verwachsungen der Pia mit der Organoberfläche — Meningoencephalitis bzw. -myelitis chronica oder Leptomeningitis profunda. Hierbei schließt sich die Meningitis oft erst an sklerotische Prozesse der Hirnrinde oder Rückenmarksoberfläche an, so z. B. bei progressiver Paralyse oder Tabes oder oberflächlichen Erweichungen. Im letzteren Fall kommt es zu gelb pigmentierten, Meningen und Nervenparenchym umfassenden Narben (sog. Plaques jaunes). Verwachsen bei solchen und ähnlichen Vorgängen die Meningen unter sich und mit der Dura mater, so kann sich infolge Verschlusses der großen Lymphräume (Subdural- und Subarachnoidealraum) und der Abflußwege der Zerbrospinalflüssigkeit Stauungshydrocephalus internus bzw. Hydromyelie anschließen.

Zuweilen kann dann auch in den Meningen an umschriebener Stelle Liquorabsackung entstehen, sog. Meningitis chronica serosa circumscripta (Oppenheim-Krause).

Die Pacchionischen Granulationen — bindegewebige Wucherungen Arachnoidea, die besonders im Alter häufig durch die Dura hindurch in deren Längssinus hinein und auch bis zur äußeren Oberfläche der Dura wachsen und rundliche Dellen im Schädel verursachen — sind besonders bei Potatoren in großer Zahl wahrzunehmen. Ihre Lage (dicht neben den Längssinus) und Regelmäßigkeit schützt vor Verwechslungen mit Tuberkeln.

An den Meningen des Gehirns kommen Verknöcherungen vor, die als Meningitis ossificans bezeichnet werden. Die Pia spinalis zeigt öfters kleine zackige Knochenplättchen eingelagert ohne sonst verändert zu sein.

Besonders wichtig sind die **infektiösen Granulationen** der Hirnhäute, da sie, von hier ausgehend, zumeist das Zentralnervensystem in Mitleidenschaft ziehen und so hier im Zusammenhang besprochen werden sollen.

Die **tuberkulöse Meningitis** ist die häufigste und wichtigste Form der Tuberkulose des Zentralnervensystems. Sie folgt zumeist den Gefäßen der Basis — **Basilarmeningitis** —, besonders von der Gegend des Chiasma aus den Gefäßen der Sylvischen Gruben in die Inselgegend, in Gestalt feiner Tuberkel. Daneben besteht fast stets Exsudat, sowohl mit den Tuberkeln zusammen wie auch allein, in Gestalt eines meist trüben, teigigen, sulzigen, eventuell auch eiterigen Ödems der Pia, besonders über dem Chiasma bis hinab zur Pons.

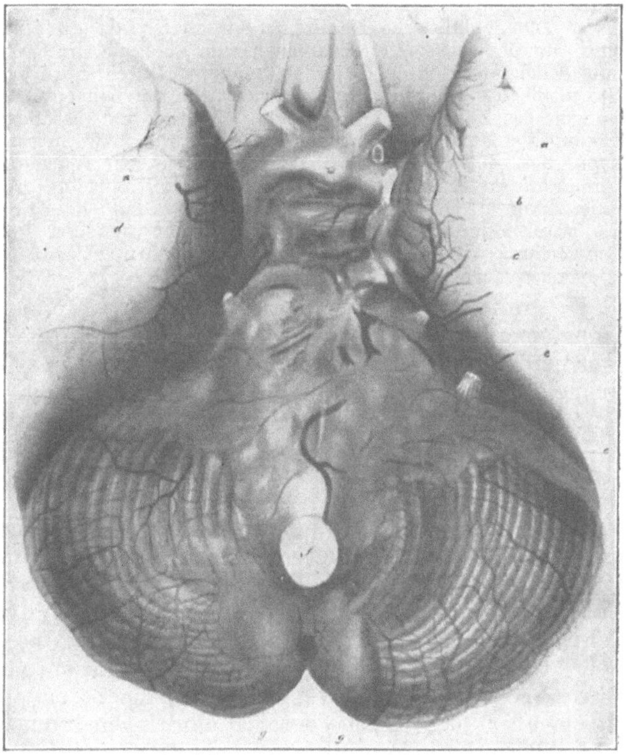

Fig. 371.
Eiterige Meningitis über dem Kleinhirn und Gehirnstamm.
Nach Lebert, l. c.

Mikroskopisch besteht das Exsudat aus seröser Flüssigkeit, Fibrin und mehr oder weniger zahlreichen Leukozyten. Im Bereich der tuberkulösen Veränderung finden sich auch fast regelmäßig zahlreiche Plasmazellen und ausgedehnter, nicht nur an die Tuberkel selbst gebundener, Zellzerfall und Nekrose. Die Gefäße zeigen zellige Infiltrationen der Adventitia, Nekrosen der Media und Intimawucherung. Kleine Gefäße zeigen oft hyaline Quellung ihrer ganzen Wand mit starker Einengung des Lumens.

Die tuberkulöse Meningitis schließt sich an andere Tuberkulosen an; selten geht sie von einem Konglomerattuberkel des Gehirns aus — mit dem zusammen sie sich öfters findet — meist kommt sie auf hämatogenem Wege zustande, als Teilerscheinung akuter allgemeiner Miliartuberkulose, oder im Anschluß an Tuberkulose der Lungen, Lymphknoten, Knochen, des Mittelohrs, besonders auch bei jüngeren Individuen. Nicht sehr selten ist aber die Eingangspforte in Gestalt tuberkulöser Veränderungen anderer Organe, insbesondere der Lunge, nicht nachzuweisen.

Von den Meningen greift der Prozeß auch auf die Hirnsubstanz — und ähnlich können sich die ganzen Vorgänge, wenn auch seltener, am Rückenmark verhalten — mehr oder weniger tief über. Auch hier den Gefäßen folgende umschriebene Tuberkel, vor allem aber in den Randpartien der Nervensubstanz Quellungs- und Infiltrationsherde sowie kleine Blutungen oder hämorrhagische Erweichungsherde.

Fibröse Umwandlung der Tuberkel und des Exsudats kommt vor, doch muß dahingestellt bleiben, wieweit es sich hier um Heilungsvorgänge handelt, da der Ausgang so gut wie stets ein tödlicher ist. Allerdings kommen Fälle vor, in welchen neben den Tuberkeln die Exsudation keine Rolle spielt und sich mehr produktiv-fibröse Prozesse in der Umgebung der Tuberkel bilden, so daß der Verlauf von vornherein ein mehr subakuter oder chronischer ist.

Die **syphilitische diffuse Meningitis** spielt sich meist an den Häuten des Gehirns, besonders der Basis, seltener des Rückenmarks ab und gehört gewöhnlich der Tertiärperiode an, kommt aber auch schon frühzeitig nach der Infektion vor.

Es handelt sich um ein zell- und gefäßreiches Granulationsgewebe, welches anfangs weiche, graurote Verdickungen bildet und dann nekrotische Einsprengungen aufweisen kann, oft aber später in derbes, schwieliges, stark schrumpfendes Narbengewebe übergeht, während kleine Herde auch vollkommen resorbiert werden können. Während der fibröse Prozeß langsam fortschreitet, können die zellreichen (Rundzellen) Infiltrationen sehr lange bestehen bleiben, so daß makroskopisch das Bild eines einfachen Piaödems vorherrschen kann, während das Mikroskop sofort hochgradige ältere Veränderungen aufdeckt. In anderen Fällen markiert die ausgedehnte Nekrose oder die dicke, schwartige, fibrös-narbige Umwandlung schon makroskopisch das Bild, besonders in späteren Stadien. Die Gefäße — Arterien wie Venen — zeigen meist ausgesprochene syphilitische Veränderungen.

Zumeist ergreift der Prozeß von den Häuten her, oft den Gefäßen folgend, auch das Nervenparenchym selbst — **Meningoencephalitis** bzw. **-myelitis syphilitica.** Auch in ihm kommt es zu zelligen Infiltrationen, die später Nekrose aufweisen oder fibrös-narbig verändert werden.

Die syphilitische Meningitis hat auch indirekte Wirkungen, die auch klinisch von Wichtigkeit sind, gerade weil sie durch antiluetische Therapie, im Gegensatz zu Affektionen anderer Ätiologie, wieder zum Rückgang gebracht werden können. Durch Kompression und Narbenschrumpfung kommt es zu Störungen der Blut- und Lymphzirkulation der benachbarten Gebiete mit Stauungs- und Quellungserscheinungen des Zentralnervengewebes. Wichtig sind besonders auch die syphilitischen Veränderungen der meningealen und benachbarten intrazerebralen bzw. intramedullären Blutgefäße — **Arteriitis bzw. Phlebitis syphilitica** —, welche die in die syphilitischen Wucherungen eingebetteten Gefäße befällt, aber auch primär an Arterien und Venen auftreten und einzelne größere Gefäße, aber auch zahlreiche kleinere befallen kann. Auch Thrombose kann dazu kommen. Folgen sind dann (ischämische) Erweichungen, die unter Bildung von Narben oder Zysten abheilen können. Die veränderten Gefäße führen infolge Schwächung der Wand auch öfters zu Aneurysmen (Heubner), die dann Gefäßzerreißungen und Blutungen herbeiführen können.

Gummata in Gehirn oder Rückenmark kommen vor, aber immerhin seltener. Sie können Konglomerattuberkeln sehr gleichen (die Gefäße, hier syphilitisch verändert, dort im Tuberkel fehlend, sind oft ein gutes Unterscheidungsmerkmal). Gummiknoten der Meningen sind selten; kleine tuberkelähnliche zirkumskripte syphilitische Leukomeningitisherde kommen vor; diese Knötchen sind dann unregelmäßiger und weniger regelmäßig verteilt als Tuberkel.

Auch bei **kongenitaler Syphilis** kommen — zuweilen erst als Syphilis tarda auftretend — diffuse Meningitiden und Gummata vor. Auch Hydrocephalus congenitus und Entwicklungshemmungen am Gehirn werden zum Teil auf Syphilis bezogen.

An den weichen Häuten kommen verschiedenartige **Tumoren** vor: **Sarkome,** darunter die sog. **diffuse Sarkomatose,** welche das Rückenmark, oft in ganzer Ausdehnung von der Cauda equina bis zur Gehirnbasis, als dicke Masse mantelförmig umgibt und auch in seine Substanz eindringen kann; meist sind es kleinrundzellige Sarkome. Ferner melanotische maligne Tumoren (von den Chromatophoren ausgehend, welche in der Pia, besonders über der Medulla oblongata, zuweilen stark entwickelt sind), Endotheliome, Fibrome, Chondrome usw. Cholesteatome, die besonders am Nervus olfactorius oder am Balken sitzen, aber auch in die Ventrikel eindringen können, sind, zum mindesten zumeist, von versprengten Epidermiskeimen als Epidermoide abzuleiten. Auch Dermoide und Teratome kommen vor.

Metastatisch finden sich Karzinome und Sarkome. Erstere können sich, den Gefäßen folgend, so diffus ausbreiten, daß das Bild einer chronischen einfachen Meningitis bestehen kann. Maligne Tumoren der Wirbel oder des Schädels können auf die Häute übergreifen.

II. Harte Hirnhaut (Zirkulationsstörungen, Entzündungen, Tumoren).

Wichtig ist die **Thrombose der Sinus** der Dura, die marantisch, bei schweren Anämien, im Verlaufe von Infektionskrankheiten, bei Tumoren und Entzündungen der Umgebung (besonders Ohr) sowie nach den Schädel treffenden Traumen zustande kommen kann. Blutstauung, Ödem der weichen Häute und des Gehirns sowie evtl. hämorrhagische Erweichungen benachbarter Hirngebiete können sich anschließen.

Eine **eiterige Pachymeningitis** (zuweilen auch jauchigen Charakters) entsteht bei Verletzungen und Karies der Schädelknochen. Bei eiteriger Meningitis ist oft die Innenfläche der Dura mit eiterigem Belag bedeckt. An eiterige Pachymeningitis kann sich eine **Thrombophlebitis der Duralsinus** anschließen; oder letztere entsteht zuerst im Anschluß an Schädelkaries oder metastatisch bei Infektionskrankheiten oder im Gefolge von Gesichtserysipel und führt dann erst zu eiteriger Pachymeningitis. In beiden Fällen kann sich eiterige Leptomeningitis und Hirnabszeß anschließen.

Bei der chronisch verlaufenden **Pachymeningitis haemorrhagica interna** handelt es sich um eine an der Innenfläche der Dura, besonders über der Konvexität der Großhirnhemisphären, auftretende Veränderung, bei welcher erst ein fibrinöses Exsudat abgeschieden wird, das dann von der Dura aus durch Granulationsgewebe eine Organisation erfährt, oder bei der von vornherein vom subendothelialen Duragewebe aus proliferative Prozesse einsetzen.

Aus den zahlreichen zartwandigen Gefäßen des Granulationsgewebes kommt es leicht und wiederholt zu Blutungen. Kleinere solche werden organisiert und so schließt das Granulationsgewebe Blut und Blutgerinnsel ein und wird durch Blutpigment rostbraun gefärbt. Aus dem Granulationsgewebe entwickeln sich dünne, von der Dura abziehbare Bindegewebsmembranen, schließlich größere und derbere Auflagerungen in mehrfachen Schichten, zwischen die immer wieder frische Blutungen stattfinden. Auch an Flächenausdehnung gewinnt der Prozeß und so kann allmählich doppelseitig, zuweilen auch einseitig, ein Häutchen die Innenseite der Dura der ganzen Hemisphären bekleiden. Durch größere Blutungen und Ansammlung größerer Blutmassen, sog. **Hämatome**, während des Prozesses kann der Tod erfolgen oder ein starker Druck — an einer mächtigen Delle kenntlich — auf das darunter gelegene Gehirn ausgeübt werden

Die Pachymeningitis haemorrhagica interna scheint auf bakterielle oder eventuell bakteriell-toxische Einwirkungen — wenn auch nicht spezifischer Natur — zurückzuführen zu sein und schließt sich nicht selten an eiterig-otitische Prozesse an. Gewisse Momente, besonders Alkoholismus, scheinen dazu zu disponieren.

Ein ähnliches, aber nicht progredientes Bild wird hervorgerufen, wenn subdurale Blutungen organisiert werden, so nach Traumen, insbesondere wohl auch bei Säuglingen nach Geburtstraumen, bei hämorrhagischer Diathese u. dgl.

Selten ist ein analoger Prozeß an der Außenfläche der Dura.

Pachymeningitis ossificans ist eine Entzündung der Dura mit Knochenbildung. Entweder liegen Knochenplatten in der Dura, besonders in der Hirnsichel, oder es handelt sich um der Dura außen aufgelagerte Osteophyten. Die Fähigkeit Knochen zu bilden ist der Dura eigen, da sie (das innere Periost des Schädeldaches darstellt. Die Knochenbildungen sind nur zum Teil entzündlicher Natur.

Auch einfache **produktiv-fibröse Pachymeningitiden** kommen vor, welche zu Verwachsungen mit den Meningen führen.

Die **Pachymeningitis cervicalis hypertrophica,** meist luetischen Ursprungs, führt zu einem das Mark umgebenden fibrösen Ring, von den weichen Hirnhäuten ausgehend, aber unter Beteiligung der Dura. Sog. Kompressionsmyelitis ist die Folge.

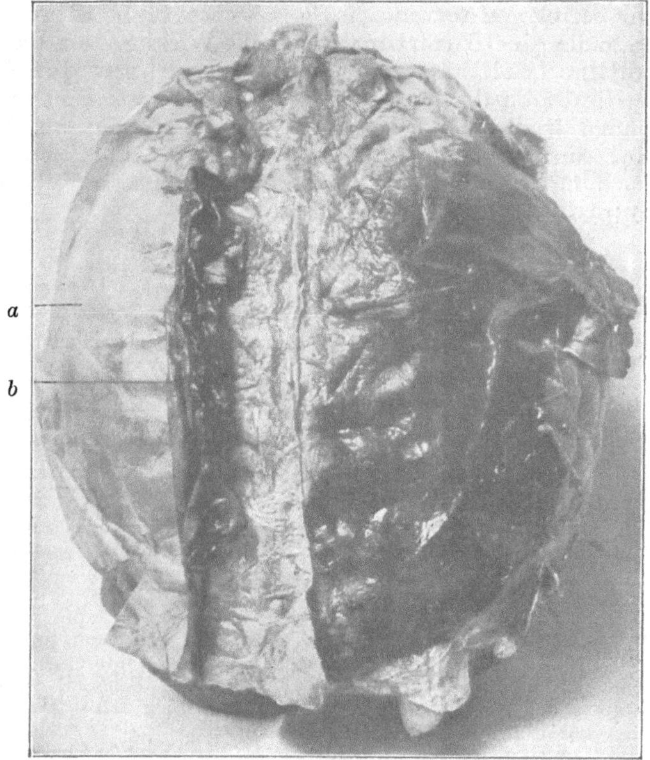

Fig. 372.
Pachymeningitis haemorrhagica interna.
Bei *a* die Dura, bei *b* das zurückgestreifte frischgebildete Häutchen. Letzteres bedeckt auf der anderen Seite noch die Dura.

Über **tuberkulose** Veränderungen der Dura, selten des Gehirns, häufiger bes. von Wirbelkaries ausgehend des Rückenmarks s. S. 359.

Syphilitische Pachymeningitis tritt öfters an der Dura cerebralis als spinalis auf und geht meist erst vom Knochen oder den weichen Häuten auf die Dura über. Letztere zeigt dabei teils diffuse, teils mehr zirkumskripte gummöse Entzündung. Den Ausgang stellen meist von käsigen Herden durchsetzte Schwarten mit Verwachsungen mit dem Schädeldach einerseits, den weichen Häuten andererseits dar. Die Gefäße der Dura zeigen meist auch syphilitische Veränderungen. Die luetische Affektion kann auch sekundär auf die weichen Häute übergreifen.

Von **Tumoren** kommen besonders **Endotheliome** vor. Relativ häufig sind es **Psammome.** Auch in anderen Tumoren der harten Hirnhäute finden sich häufig Psammomkörner. Diese entstehen wohl durch Verkalkung teils endothelialer Zellwucherungen, teils obliterierter und hyalin umgewandelter Gefäße. Ferner finden sich Sarkome. Die malignen Tumoren der Dura können nach außen durch den Knochen oder nach dem Gehirn zu wachsen und in letzterem Fall Erscheinungen der Hirntumoren (Hirndruck) hervorrufen. Sehr selten ist eine diffuse Anfüllung der Duralgefäße mit metastatischen Karzinommassen, öfters gleichzeitig mit Pachymeningitis interna: Pachymeningitis carcinomatosa (haemorrhagica interna productiva).

D. Periphere Nerven.

Degenerationen und Entzündungen. Es ist oben schon dargelegt, daß nach dem **Wallerschen Gesetz** bei Leitungsunterbrechung peripherer Nerven das periphere Nervenstück und retrograd, wenn auch in geringerem Grade, auch der zentrale Stumpf degeneriert. Der Zerfall der Achsenzylinder und Markscheiden geht hier wie im Zentralnervensystem vor sich.

Aber auch sonst treten häufig degenerative Prozesse histologisch ähnlicher Natur an peripheren Nerven auf. So bei einer Reihe allgemeiner Infektionskrankheiten, insbesondere bei Diphtherie, auf die Wirkung der Bakterientoxine zu beziehen. Wenn auch zellige Infiltrationen und Wucherungen des Nervenbindegewebes ev. mit Ausgang in fibröse Induration dazu kommen, bezeichnet man solche degenerativ-entzündliche Vorgänge (beides läßt sich hier schwer trennen) als **Neuritis.** Sie kommt als Polyneuritis vor, auch meist auf Intoxikationen zu beziehen, so bei Blei- oder Alkoholvergiftung. Auch im Verlauf von Hirn- oder Rückenmarkserkrankungen, wie Tabes oder zerebrospinaler Syphilis, kommt es zu Neuritiden.

Eine Neuritis liegt auch der durch besondere Nahrung (einseitige Ernährung mit durch unzweckmäßige Bereitung seiner Vitamine beraubtem Reis) verursachten Beri-Beri-Krankheit (Asien), zugrunde. Ferner der Pellagra (besonders Oberitalien), bei welcher Degenerationen bzw. Entzündungen der Rückenmarksnerven (neben Degenerationen und Nekrosen der Darmschleimhaut und Schweißdrüsen, Nierenveränderungen und öfters hämorrhagischer Diathese) auftreten. Ätiologisch ist auch hier besondere Nahrung (geschälter Mais) anzuschuldigen, eventuell unter Mitwirkung photodynamischer Einflüsse, doch wird auch an eine bakterielle Ätiologie gedacht.

Innerhalb von Entzündungsherden, z. B. Phlegmonen, können Nerven auch Degenerationen und Infiltrationen, aber auch **Vereiterung** und **Nekrose** eingehen.

Im Gegensatz zum Zentralnervensystem zeigen periphere Nerven weitgehende Regenerationsfähigkeit nach Degenerationen usw., aber auch nach Durchtrennungen. Wird die Vereinigung nicht durch zu große Entfernung der Stümpfe, dazwischen gewuchertes derbes Narbengewebe od. dgl. gehindert, so kommt es zu Wiedervereinigung der Stümpfe und Wiederherstellung der Leitung.

Die Regeneration scheint vom zentralen Stumpf auszugehen, und zwar von in der Nähe des freien Endes entspringenden seitlichen Kollateralen, von denen junge Achsenzylinder aussprossen, in den peripheren Stumpf einwachsen und sich allmählich wieder mit einer Markscheide umgeben. Dabei scheinen Wucherungen der Neurilemmkerne (Schwannsche Scheide) voranzugehen, welche als Leitungsbahn für die sprossenden Nervenfasern nötig sind, nicht aber selbst als Neuroblasten junge Nervenfasern (sog. autogene Regeneration) zu bilden scheinen.

Tuberkulose und **Syphilis** ergreifen die Nerven bzw. Nervenwurzeln besonders an ihren Durchtrittsstellen durch die in dieser Weise erkrankten Meningen in Gestalt von Granulationen mit Zerstörung der Fasern. Daß die **Lepra** als Lepra nervorum besonders die Nerven ergreift, ist S. **93** beschrieben.

Von **Tumoren** sind **Fibrome** und **Neurinome,** besonders die multiplen der **Recklinghausenschen Neurofibromatose**, und daraus hervorgehende **sarkomartige Tumoren** schon S. 106 besprochen. Auch die meist vom Akustikus bzw. Fazialis ausgehenden sog. **Kleinhirnbrückenwinkeltumoren** sind in dies Gebiet zu rechnen. Über **Neurome** und die sog. **Amputationsneurome** s. S. 105. — **Sarkome** kommen vor, **Gliome** im Nervus opticus. Metastatisch breiten sich Karzinome sehr oft in den Lymphräumen des Perineurium, dann auch des Endoneurium aus.

Im Nervus ischiadicus werden häufig Varizen und Phlebektasien mit wechselnder Größe, Sitz und Ausdehnung gefunden.

Kapitel VII.

Erkrankungen des Bewegungsapparates.

A. Knochen.

Vorbemerkungen.

Die kompakte Knochenrinde sowie die Balken der nach innen gelegenen spongiösen Substanz bestehen aus verkalkter Grundmasse, an der die mit Ausläufern versehenen Knochenhöhlen (Knochenkörperchen), in denen die Knochenzellen liegen, gelegen sind. Die Ausläufer der Knochenhöhlen stehen untereinander in Verbindung und bilden so das Netzwerk der sog. Knochenkanälchen. In der kompakten Substanz finden sich zudem größere Kanälchen für die Gefäße und Nerven, die Haversschen Kanäle. Die Knochengrundsubstanz ist lamellär (konzentrisch um die Haversschen Kanälchen) gebaut; die Lamellen bestehen aus verkalkten, durch eine Kittsubstanz verbundenen Fasern. An der Oberfläche des Knochens liegt das fibröse Periost, von dem Bindegewebsbündel — Sharpeysche Fasern — in die Knochensubstanz eindringen; die Gelenkenden der Knochen sind von Knorpel bedeckt.

Zur Zeit der Geburt ist die Diaphyse der langen Röhrenknochen schon völlig verknöchert, die Epiphyse noch im ganzen knorplig; sie zeigt einen Knochenkern, von welchem aus Ossifikation (und Wachstum) der Epiphyse statthat. Weiterhin findet bei dem Längenwachstum von der Epiphyse aus eine Knorpelwucherung statt — Knorpelwucherungszone (in der man 3 Schichten unterscheiden kann) an der Epiphysengrenze —, und der neugebildete Knorpel wird von der Diaphyse her durch Knochen ersetzt, indem sich zunächst die provisorische Verkalkungszone bildet, in diese von der Diaphyse aus Markmassen hineinwachsen und Osteoblasten Knochensubstanz bilden. Bei dieser enchondralen Verknöcherung dringen, soweit sie normal verläuft, die Markmassen nur in die Zone verkalkten Knorpels (nicht bis in den unverkalkten Knorpel) vor, so daß die Grenze von Knorpel und Knochen in einer scharfen Linie abschneidet. Mit beendetem Wachstum sind Epi- und Diaphyse knöchern verschmolzen. Das Dickenwachstum der langen Knochen beruht vorzugsweise auf der Bildung neuer Knochenanlagen vom Periost der Diaphyse aus. Andererseits wird durch die Osteoklasten Knochensubstanz resorbiert und so die Markhöhle erweitert und durch Resorption von den Haversschen Kanälchen aus die Spongiosa gebildet, in der das Knochenmark liegt.

Die platten Schädelknochen, aus bindegewebigen Anlagen gebildet, zeigen Wachstum und Verknöcherung von den Knochenkernen aus, sowie von dem an den Rändern zunächst teilweise unverkalkt erhaltenen knochenbildenden („osteogenen") Gewebe her. Nach Beendigung des Wachstums verknöchert auch dies Gewebe und so entstehen die Suturen. Die knorplig angelegte Schädelbasis wächst auf dem Wege der enchondralen Ossifikation.

a) Angeborene Anomalien. — Entwicklungsstörungen.

Über die hochgradigsten Mißbildungen des Skelettes, ferner den **Riesenwuchs** u. dgl. siehe den allgemeinen Teil.

Nanosomie, Zwergwuchs, bedeutet eine aus inneren Ursachen bedingte, vererbbare, zu geringe, aber proportionierte Entwicklung des Gesamtskelettes. Bei Wachstumsstörung durch Erkrankungen des Skelettes (Rachitis, fötale Störungen usw.) kommt unproportionierter Zwergwuchs zustande (s. u.).

Bei **Hypoplasien** kommen vor allem zwei Momente in Betracht:

1. Eine zu geringe Wucherung des Knorpels an der Epiphysengrenze resp. des ossifizierenden Bindegewebes am Rande platter Knochen. So bleibt das Längenwachstum zurück.

2. Eine zu frühzeitige Verknöcherung des osteogenen Gewebes der platten Knochen (prämature Synostose). Weiteres Wachstum wird so verhindert. Wenn so am Schädel frühzeitige Verknöcherung sämtlicher Nähte eintritt, entsteht die **Mikrozephalie,** wobei die Schädelkapsel im ganzen zu klein ist, während die Kiefer normal entwickelt sind. Auch das Gehirn ist mangelhaft entwickelt; die Individuen sind idiotisch. Die Mikrozephalie ist vererbbar und oft familiär. Bei den **Nanozephali, Zwergköpfen,** ist der Kopf im ganzen zu klein, also auch die Kiefer. Hier kann das Gehirn, wenn auch klein, so doch wohlgebildet sein, Idiotie fehlen. Die Nanozephalie kann allein oder als Teilerscheinung allgemeinen Zwergwuchses vorhanden sein.

Prämature Synostose einzelner Nähte bewirkt Schädelformen, welche in bestimmten Durchmessern verkürzt sind. Andere Schädelteile können sich kompensatorisch stärker entwickeln. Bei Verkleinerung einzelner Durchmesser kann man unterscheiden:

a) Schrägverengte Schädel, **Phagiozephali,** wenn die Koronar- oder Lambdanaht der einen Seite frühzeitig verknöchert und der Schädel dadurch schief wird („vordere" und „hintere Synostose").

b) Querverengte Schädel, **Dolichozephali.** Zu geringe Breitenentwicklung kann verursacht werden durch geringes Wachstum der Stirnbeine und der Scheitelbeine, auch durch Synostose der Pfeilnaht, der Sphenoparietalnaht oder der Sphenofrontalnaht. Bei Synostose der Pfeilnaht entsteht einfache Dolichozephalie; bei Synostose der Sphenoparietalnaht eine Einziehung am Schädel hinter dem Stirnbein, Klinozephalie (Sattelköpfe), bei Synostose der Sphenofrontalnaht Verschmälerung der Stirngegend, Leptozephalie.

c) Längsverengerte Schädel, **Brachyzephali,** entstehen durch frühzeitige Synostose der Koronarnaht oder der Lambdanaht. Findet im letzteren Falle (hintere Synostose) eine kompensatorische Entwicklung der vorderen Schädelpartie statt, so entsteht eine nach hinten spitze Form — Spitzköpfe **(Oxyzephali).** Hierher gehören auch die Turmschädel, welche infolge der veränderten Druckverhältnisse im Schädel vollständige Sehnervenatrophie herbeiführen können. Ist die Synostose partiell, d. h. betrifft sie nur Teile der Koronarnaht, nicht deren ganze Ausdehnung, so entstehen rundliche Schädelformen (Trochozephali).

Auch durch Verknöcherung von Synchondrosen kommen analoge Wachstumsstörungen vor; durch Verknöcherung der Articulatio sacro-iliaca entsteht in dieser Weise das querverengte und das schrägverengte Becken (s. u.). Durch mangelhafte Entwicklung der Knorpel der oberen Rippen und dadurch bedingte Verkürzung der letzteren kommt die als paralytischer Thorax oder Habitus phthisicus bekannte Thoraxform zustande (S. 88).

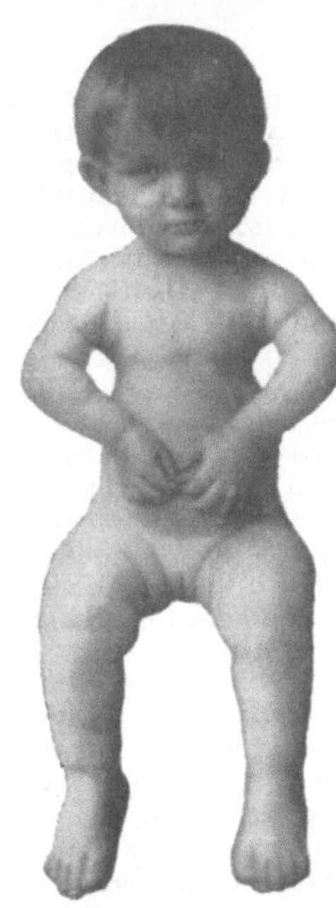

Fig. 373.
Chondrodystrophia fötalis. $4^1/_2$ Jahre alt.
Nach Wieland aus Brüning-Schwalbe, Hdb. d. allg. Pathol. u. d. path. Anat. d. Kindesalters.

An den Extremitäten kann das Längenwachstum durch mangelhafte Knorpelwucherung und frühzeitigen Abschluß derselben schon intrauterin gehemmt werden. So entsteht die sog. **(fötale) Chondrodystrophie** (Mikromelie, fötale Rachitis), welche mit der wirklichen Rachitis (s. unten) nur eine äußerliche Ähnlichkeit hat. Durch mangelhafte Entwicklung des Knochensystems — die Knorpelwucherung an der Diaphysengrenze sistiert — bleiben dabei die Extremitäten abnorm kurz (Mikromelie), aber zugleich unverhältnismäßig dick und plump, was namentlich auf die normal entwickelten, daher im Verhältnis zur Knochenlänge viel zu weiten Weichteile, zurückzuführen ist. Wächst an der Epi-Diaphysengrenze in einem abnorm weiten Markraum von der einen Seite ein „Periostsreifen" hinein, so hört einseitig das Wachstum ganz auf, und Verbiegung der Extremität muß resultieren. Der Kopf ist dabei unverhältnismäßig groß. Infolge Verkürzung der Schädelbasis (weil die Verknöcherung an der Symphysis sphenooccipitalis auch sistiert) erscheint die Nase eingefallen. Die Kinder sterben meist bald; sonst bleiben sie Zwerge.

Der Chondrodystrophie äußerlich ähnlich ist die **Osteogenesis imperfecta,** d. h. das Zurückbleiben der periostalen und myelogenen Knochenapposition infolge zu geringer Arbeitsleistung der Osteoblasten, so daß hochgradige konzentrische Atrophie zustande kommt. So bleiben das Schädeldach häutig, die Extremitätenknochen sehr dünn und brüchig **(Fragilitas ossum),** so daß Frakturen, die wieder zu Verkrümmungen, Verdickungen, Verkürzungen usw. führen, zustande kommen. Die Kinder sind gewöhnlich klein, die Extremitäten kurz; sie werden tot zur Welt gebracht oder sterben bald. Man denkt an eine schwere Stoffwechselstörung als grundlegende Ursache. Vielleicht hängt die Chondrodystrophie wie die Osteogenesis imperfecta mit Störung der Drüsen mit innerer Sekretion (Epithelkörperchen, Thymus?) zusammen. Zu erwähnen ist auch noch die sog. **Dysostosis cleido-cranialis** mit zahlreichen Abnormitäten am Schädel besonders mit Diastasen der Nahtbildung und meist zugleich mit rudimentärer Bildung der Claviculae.

Kretinismus bedeutet eine allgemeine, psychisch und körperlich mangelhafte Entwicklung, die sich durch mannigfache Hemmungsbildungen äußert; durch Zurückbleiben des ganzen Skeletts in seiner Entwicklung, geringe asymmetrische oder sonst abnorme Entwicklung des Schädels, defekte Ausbildung des Gehirns, Hydrozephalus, bis zur Idiotie gesteigerten Intelligenzdefekt, ferner mangelhafte Entwicklung der verschiedensten Organe (Genitalien, Zähne usw.). An der Schädelbasis wird besonders durch Wachstumsstörung zwischen vorderem und hinterem Keilbeinkörper und Pars basilaris des Hinterhauptbeins die Basis verkürzt und die den Kretins eigentümliche Einziehung der Nasenwurzel bewirkt. Der Kretinismus ist erblich und in gewissen Gegenden, namentlich in einzelnen Hochtälern, epidemisch. Es scheint, daß er mit einer Störung der Schilddrüsenfunktion zusammenhängt, wenigstens haben die Kretins entweder verkleinerte, atrophische oder in ihrer Struktur veränderte und vergrößerte Schilddrüsen (hierüber und über das **Myxödem** s. S. 205).

Unter den **abnorm großen Schädeln** unterscheidet man die einfachen Großköpfe, **Kephalones,** und die **hydrozephalischen Schädel.** Bei letzteren geben dem Druck der zunehmenden Ventrikelerweiterung die noch weichen Knochen in zweierlei Weise nach: Erstens werden die platten Schädelknochen dünner und an bestimmten Punkten (namentlich in der Gegend der Stirn- und Seitenhöcker) besonders stark vorgewölbt, zweitens werden die Fontanellen und Nähte, soweit sie noch vorhanden sind, verhindert, sich zu schließen, bleiben weit und klaffend. An Stelle der Nähte finden sich dann nur häutige Membranen. So wird der Gehirnschädel gegenüber dem Gesichtsschädel unverhältnismäßig groß. Die Augen sind (durch Verengungen der Orbitalhöhle von oben her) herausgedrängt, der Supraorbitalrand ist verstrichen, die äußeren Gehörgänge stehen auffallend tief und sind nach unten gerichtet, alle Knochen sind dünn und durchscheinend. Findet später eine Verkalkung der Knochen statt, so bleibt doch die abnorme Form und Größe des Schädels erhalten.

b) Degenerative Veränderungen.

Knochensubstanz kann zugrunde gehen auf dem Wege der lakunären Arrosion — zumeist — oder der Halisterese. Die **lakunäre Arrosion** besteht darin, daß an den sonst glatten Rändern der Spongiosabalken und der Haversschen Kanäle oder an der unter dem Periost liegenden Knochenoberfläche kleine Aushöhlungen, die sog. Howshipschen Lakunen, entstehen, in die sich die Osteoklasten (Riesenzellen mit gedrängt stehenden Kernen) eingelagert finden, welche eben die Resorption der Knochensubstanz bewirken (auch die physiologische Knochenresorption während der Wachstumsperiode kommt durch Vermittelung solcher Osteoklasten zustande). Mit dem zahlreicheren Auftreten der Lakunen erhalten die Bälkchen mikroskopisch ein zackiges, wie angefressenes Aussehen und können schließlich auf diese Weise ganz zugrunde gehen. Daneben kommen die sog. perforierenden Kanäle in Betracht; sie durchbrechen die Knochenlamellen und werden wohl von Gefäßsprossungen gebildet (s. u.).

Die meisten Atrophien des Knochens beruhen auf solcher lakunärer Arrosion; findet diese über einen ganzen Knochen hin mehr oder minder gleichmäßig statt, so führt sie zu einer Rarefizierung desselben, welche man als **Osteoporose** bezeichnet; in der spongiösen Substanz werden die Bälkchen dünner und an Zahl vermindert, die kompakte Rinde erhält weitere Kanäle und Hohlräume und nähert sich so der Struktur der Spongiosa. Die Haversschen Kanälchen werden zum Teil markraumartig erweitert. Im ganzen wird der Knochen leichter, porös und verliert damit an Widerstandsfähigkeit (Knochenbrüchigkeit = symptomatische Osteopsathyrosis). Wird ein Knochen durch den atrophischen Zustand im ganzen kleiner, was namentlich der Fall ist, wenn die Resorption von außen her stattfindet, so bezeichnet man den Zustand als konzentrische Atrophie. Findet dagegen eine Resorption von Knochensubstanz von der Markhöhle her statt, so daß die letztere auf Kosten der Rinde erweitert wird, so spricht man von exzentrischer Atrophie. Auch Tumorzellen u. dgl. können Knochen zur Resorption bringen.

Halisterese bedeutet Kalkentziehung, wobei also im Gegensatz zur lakunären Arrosion das Knochengewebe zunächst noch erhalten bleibt. Solcher halisteretischer Kalkschwund kommt im höheren Alter als sog. senile Osteomalazie vor, ferner bei manchen Knochentumoren, sowie bei der sog. Ostitis deformans oder Ostitis fibrosa (s. unten).

Auf diese Weise (besonders die zuerst geschilderte) zustande kommende **Atrophie** der Knochensubstanz tritt über das ganze Knochensystem verbreitet, oder an einzelnen Knochen auf. Ersteres ist der Fall bei der senilen Atrophie, sowie bei kachektischen Zuständen aller Art. Die senile Atrophie findet sich besonders an den platten Schädelknochen und den Kiefern ausgeprägt. In der Diploe der Schädelknochen findet sich neben dem senilen Schwund der Knochensubstanz nicht selten eine Verdichtung der Spongiosa an anderen Stellen. Das Knochenmark nimmt an der Atrophie durch Umbildung in Gallertmark (S. 215) teil.

Besonders die Scheitelbeine, aber auch andere Schädelknochen zeigen zuweilen eine meist im Alter erst auftretende grubige Atrophie (Chiari), bei welcher Zug- und Druckwirkung der Galea aponeurotica und mancher Muskeln mitwirken soll. Senile Knocheneinsenkung in der Sutura coronalis ist nicht gerade sehr selten, aber ohne weitere Bedeutung.

Auf einzelne Extremitäten oder einzelne Knochen beschränkt, entwickelt sich die Inaktivitätsatrophie und die Druckatrophie. Eine Inaktivitätsatrophie der Knochen findet z. B. statt, wenn durch ein chronisches Gelenkleiden oder durch zentrale Lähmung (z. B. eine Poliomyelitis anterior) eine Extremität dauernd außer Funktion gesetzt wird. Man spricht dann auch von neuroparalytischer Atrophie. Ebenso atrophiert ein Amputationsstumpf. Auch die Atrophie des Kallus (s. u.) ist eine hier zu nennende Anpassungsatrophie. Beispiele für die Druckatrophie bieten der hydrozephalische Schädel, dessen Knochen unter dem Druck des sich immer mehr ausdehnenden Gehirns im Dickendurchmesser verdünnt und hochgradig atrophisch werden, sowie die Gruben an der Innenfläche der Schädelknochen, welche als Resultat lokaler Druckwirkung von seiten der sog. Pacchionischen Granulationen entstehen. Ein weiteres Beispiel ist die Druckusur in der Wirbelsäule als Folge großer Aneurysmen (s. S. 238). Es kommen aber auch ausgesprochene Knochenatrophien als Begleiterscheinung verschiedener nervöser Erkrankungen (Tabes, progressive Paralyse u. a.) vor, ohne daß jemals eine Lähmung von Muskeln vorhanden gewesen wäre, so daß man die Atrophie auf direkte nervöse (trophische) Einflüsse zurückführt. Diese Fälle bezeichnet man als neurotische Atrophie.

Die atrophischen Knochen zeigen große Brüchigkeit; diese kommt, als „Osteopsathyrosis" bezeichnet, auch mehr selbständig vor. Die geringsten Traumen bewirken dann Frakturen. Die sog. idiopathische Osteopsathyrosis (Lobstein) gehört wohl zum Teil zu der Osteogenesis imperfecta (s. oben), zum Teil zu jugendlichen Formen der Osteomalazie (s. unten).

Ganzer Schwund von Wirbeln (Osteolysis), besonders der unteren Brust- und oberen Lendenwirbel, kommt aus unbekannter Ursache vor (Schlagenhaufer).

Zwei wichtige, in gewisser Hinsicht degenerative Knochenkrankheiten sind hier zu besprechen, die Rachitis und die Osteomalazie.

Rachitis (sog. englische Krankheit).

Das Wesen der Rachitis besteht in einem Kalklosbleiben neugebildeter Knochensubstanz. Der charakteristische Befund ist somit in vermehrtem Maße angebildetes kalkloses Knochengewebe; auch Knorpel kann sich metaplastisch in solche osteoide Substanz umwandeln. Sie tritt an Stelle des alten hier früher gelegenen verkalkten Knochens, welcher allmählich durch Wirkung von Osteoklasten und perforierenden Kanälen (ob auch durch Halisterese ist unwahrscheinlich) schwindet. So werden die Knochenmassen innen wie außen

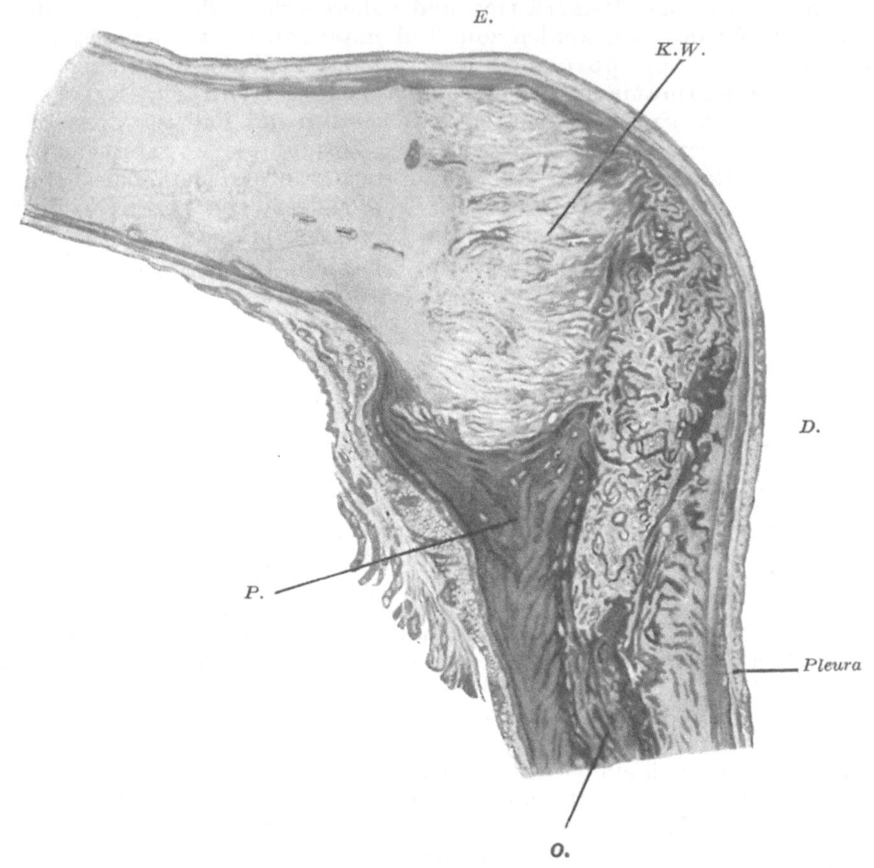

Fig. 374.

Durchschnitt durch die Knorpel-Knochengrenze der Rippe eines Rachitikers mit sog. innerem Rosenkranz. — 6fache Vergrößerung.

E. = Rippenknorpel (Epiphyse). *K.W.* = Verbreiterte Knorpelwucherungszone. *D.* = Ende der knöchernen Rippe (Diaphyse). *P.* = Periostale Einstülpung am Knickungswinkel. *O.* = Periostale Osteophytenlage. Das Ende des Rippenknorpels (*E.*) ist über das steil ansteigende Ende des Rippenschaftes (*D.*) nach innen, pleurawärts verschoben (Bajonettstellung!). Die Knorpelwucherungszone (*K.W.*) verläuft infolgedessen senkrecht, anstatt parallel zur Diaphysenachse (*D.*). Der periostale Osteophyt (*O*) ist an der äußeren Seite des knöchernen Rippenendes besonders stark entwickelt und wird zu oberst durchbrochen von einem keilförmig in den Winkel zwischen Knorpel und Knochen einspringenden, faserknorpeligen Gewebe (*P.*). Dieses entspringt breitbasig vom Perichondrium und verdankt seine Entstehung wahrscheinlich den respiratorischen Verschiebungen an dieser Stelle der stärksten Nachgiebigkeit (Kassowitz, v. Recklinghausen).

Nach Wieland, aus „Handbuch d. allgem. Pathologie u. der pathol. Anatomie des Kindesalters“. Herausg. von Brüning und Schwalbe.

mit Osteoidsäumen belegt. Zwar finden auch die physiologischen Resorptionsvorgänge, aber nur in mäßigem Umfange, statt. So können an der Ossifikationsgrenze weite Markräume auftreten, die Knochen in höchsten Graden der Erkrankung sogar osteoporotisch werden. Hierzu kommt eine Störung der enchondralen Ossifikation, besonders früh und intensiv an schnell wachsenden enchondralen Wachstumszentren. Indem die präparatorische Verkalkungszone wegfällt, wird die Einschmelzung und Umwandlung des in normalen Massen angebauten Knorpels verlangsamt bzw. aufgehoben, d. h. der Knorpel bleibt als solcher bestehen. Hierzu kommen Irregularitäten der Vaskularisation. So entsteht eine verbreiterte und unregelmäßige Knorpelwucherungszone. Hierbei spielen nach Schmorl auch die Knorpelkanäle eine große Rolle, indem sie eine starke Vaskularisation der Knorpelzone bewirken und vor allem durch ihre Persistenz zu einem etagenartigen Aufbau der Knorpelzonen führen. Ganz entsprechendes finden wir an den platten Schädelknochen; auch hier verkalkt das osteogene Gewebe nur mangelhaft; die Knochen verdicken sich, aber bleiben weich und lassen breite Lücken zwischen sich.

Das Knochenmark bleibt zunächst intakt; höchstens stellt sich an bestimmten Stellen geringe Abnahme der myeloiden Zellen ein (Schmorl); später, sekundär, wird das Mark fibrös. Für die Beurteilung florider Rachitis ist nur der Befund kalkloser Knochensubstanz maßgebend.

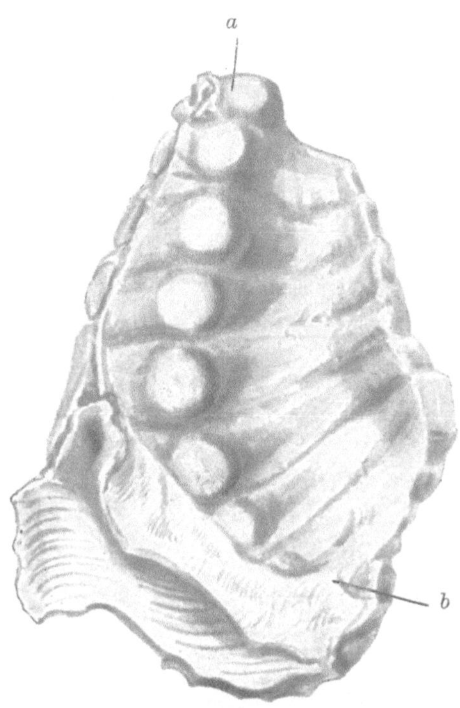

Fig. 375.
Rachitische Auftreibung der Rippenknorpelknochengrenze (*a*), sogenannter rachitischer Rosenkranz, vom Thoraxinneren aus gesehen, bei *b* Zwerchfellansatz.

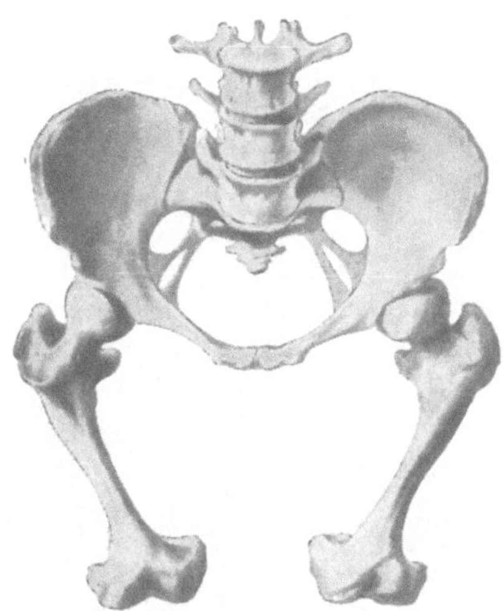

Fig. 376.
Rachitisches, allgemein verengtes und plattes Becken.
Aus Bumm, Grundriß der Geburtshilfe. Wiesbaden, Bergmann. 10. Aufl.

Bei der Heilung der Rachitis erfolgt die Verkalkung des osteoiden Gewebes an der Stelle, wo sie, wenn Rachitis nicht bestanden hätte, hätte einsetzen müssen, also nicht an der Grenze des Knorpels und der Diaphyse, sondern in der Höhe der obersten Knorpeletage. Auch dies wird durch Persistenz des entsprechenden Knorpelkanals bewirkt. Auf Remissionen können Rezidive folgen; so kommt es zu mehreren Verkalkungslinien, bis die definitive Heilung eintritt. Die enchondrale Ossifikationsstörung kann die Heilung noch überdauern, da sie längere Zeit zu ihrer Rückbildung braucht. Infolge der Wachstumsstörung der Epiphysenlinie können Verkürzungen der Knochen — rachitische Zwerge — sowie Difformitäten, besonders Verdickungen der Gelenkenden, entstehen, welche auch nach der Heilung bestehen bleiben. Als Nebenbefund sei eine bei langdauernder Rachitis auftretende pathologische Osteoporose (s. oben) erwähnt, sowie Enchondrome, welche auf abgesprengte Knorpelteile (infolge mechanischer Herausdrängung von Knorpelkanälen aus ihrer normalen Richtung und somit erfolgter Abschnürung von Teilen der Knorpelwucherungszone) bezogen werden.

Die Rachitis tritt in den meisten Fällen vom zweiten Lebensmonat bis zum vierten Jahre auf. Angeboren kommt sie nicht vor; nach der Pubertät nur sehr selten als Rachitis tarda, welche zur Osteomalazie überleitet.

Alle Prozesse der Rachitis sind in letzter Instanz auf die gemeinsame Ursache einer Behinderung der Ablagerung von Kalksalzen zu beziehen (Pommer). Als ursächliche Momente wurden kalkarme und sonst unzweckmäßige (zu kohlehydratreiche) Nahrung, abnorme Säurebildung im Körper (Milchsäure), Entzündungen, nervöse Einflüsse angeführt. Grundlegend ist nach neuerer Auffassung das Fehlen eines besonderen und im frühesten Wachstumsalter unentbehrlichen Vitamins, des sog. antirachitischen (s. S. 199). Dabei werden sehr wahrscheinlich Störungen des endokrinen Organsystems (Thymus, Epithelkörperchen usw.), die von maßgebender Bedeutung sind, ausgelöst. Von diesem Gesichtspunkt aus ist es auch wohl zu verstehen, daß schlechte, hygienische Verhältnisse, Dyspepsien u. dgl. in dem kritischen Alter als das Auftreten der Rachitis begünstigend lange bekannt sind. Und in diesem Sinne ist es auch richtig, wenn v. Hansemann die Erkrankung als Folge der „Domestikation" bezeichnete. Außer der Grundursache wirken bei den rachitischen Veränderungen Wachstumsvorgänge, mechanische Einwirkungen u. dgl. mit, und man muß berücksichtigen, daß eine viel größere Masse unverkalkter Substanz an Stelle der verkalkten nötig ist, um etwa das gleiche zu leisten (Schmorl).

Infolge der Störungen in der Epiphysenlinie — und analog dem osteogenen Gewebe der platten Knochen — erreichen rachitische Knochen nicht ihre volle Länge. So können rachitische Zwerge entstehen. Doch sind diese hochgradigsten Stadien seltener, dagegen finden wir sehr häufig

Veränderungen an den einzelnen Skeletteilen.

Schädel: Insbesondere am Hinterhaupt kann die Knochensubstanz bis auf geringe Reste schwinden, so daß es weich und durch das Liegen abgeflacht wird **„Kraniotabes"**. Die übrigen Schädel-

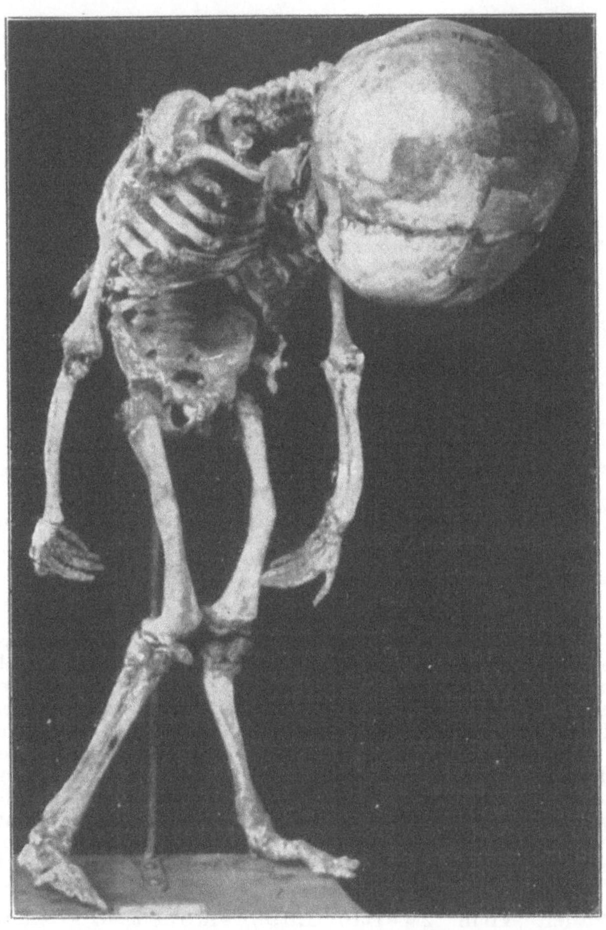

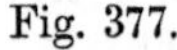

Fig. 377.

Skelett eines zwei Jahre alten, florid rachitischen Kindes.

Muskelzug und Belastungsverbiegungen der langen Röhrenknochen. — Kartenherzbecken. Kyphose. Schädel auf den schmalen Thorax herabgesunken. Am Schädel klaffende Nähte und Fontanellen. — Pathol.-anatom. Sammlung in Basel.

Nach Wieland, aus „Handbuch d. Pathologie u. pathol. Anatomie des Kindesalters" (Brüning-Schwalbe).

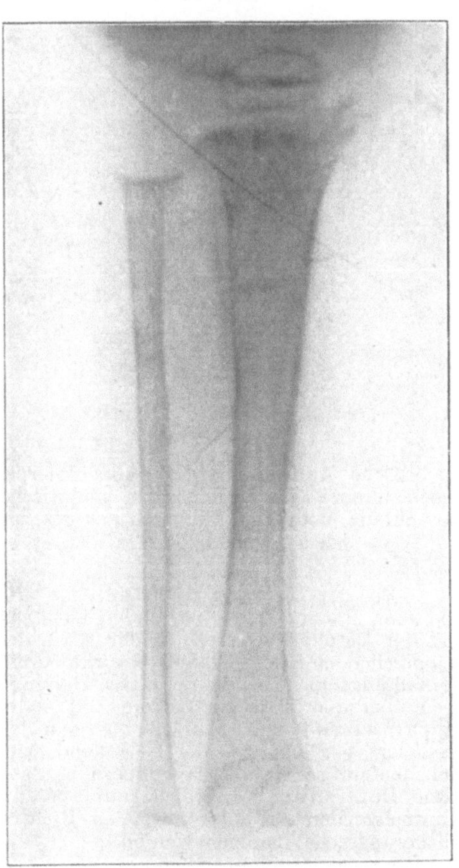

Fig. 378.

Moeller-Barlowsche Krankheit.

Man sieht an der Tibia oben die gezackte Epiphysen-Diaphysengrenze und an den beiden Seiten die Periostverdickung als dunkeln Streifen. (Nach einer mir von Herrn Oberarzt Dr. Géronne gütigst überlassenen Röntgenphotographie.)

knochen sind durch das osteoide Gewebe stark verdickt. Stirnbein- und Scheitelbeinhöcker werden durch rachitische Osteophyten stark prominent und die zwischen diesen vier Punkten liegenden Teile auffallend flach, wodurch der Schädel eine ausgesprochen viereckige Form erhält. Nähte und Fontanellen bleiben lange und weit offen. Sehr häufig ist ein mehr oder minder hochgradiger Hydrozephalus. Der Unterkiefer ist in der Gegend hinter den Schneidezähnen, der Oberkiefer am Ansatz des Jochbogens winkelig geknickt. Die Dentition ist unregelmäßig und verspätet, die Stellung der Zähne zueinander wird vielfach abnorm.

Wirbelsäule: Durch die Verbiegungen der weichen Knochen entstehen Kyphosen und Skoliosen, zudem Verschiebung und asymmetrische Gestaltung des Thorax. Letzterer zeigt außerdem noch zwei charakteristische Veränderungen: einmal Verdickungen an der Knorpelknochengrenze der Rippen, die als reihenartig angeordnete Höcker meist schon durch die Haut fühlbar sind — **„rachitischer Rosenkranz"**. Sodann eine Verschmälerung durch seitliche Kompression (wahrscheinlich durch den inspiratorischen Zwerchfellzug auf die Rippen entstanden), wodurch das Sternum kielartig nach vorn gedrängt wird (**Pectus carinatum, Hühnerbrust**).

Becken: Die Knochen der Darmbeinschaufeln bleiben kleiner. Durch den Druck der Rumpflast wird das Kreuzbein nach unten gedrängt und dabei stark nach vorn konkav gekrümmt. Seine Wirbelkörper sind nach vorne prominent, so daß die hintere Wand des kleinen Beckens in der Mittellinie vorragt, und die Conjugata vera im Beckeneingang verkürzt wird. Meist ist das rachitische Becken platt, seltener allgemein verengt oder asymmetrisch (vgl. unten).

Extremitäten: Namentlich an den unteren treten infolge der Weichheit der Knochen häufig Verkrümmungen auf (O-Beine). Infolge der Brüchigkeit entstehen bei geringfügigen Anlässen Infraktionen, welche wiederum mit weiteren Verunstaltungen heilen. Durch Resorptions- und Appositionsprozesse kann aber später ein Ausgleich der rachitischen Krümmungen stattfinden.

Eine gewisse äußerliche Ähnlichkeit mit der Rachitis zeigt die eventuell auch mit Rachitis vergesellschaftete, bei Kindern hauptsächlich im Alter von $^1/_4$—2 Jahren auftretende **Moeller-Barlowsche Krankheit (Osteotabes infantum scorbutica)**. Sie entspricht vollkommen dem Skorbut der Erwachsenen und ist wie dieser Folge unzweckmäßiger Ernährung, d. h. des Mangels des sog. antiskorbutischen Vitamins (s. S. 199). Bei den Kindern handelt es sich hier um Ernährung mit hochgradig sterilisierter Milch. Ebenso wie bei Skorbut zeigen die an Moeller-Barlowscher Krankheit leidenden Kinder hämorrhagische Diathese, so auch am Zahnfleisch. Hier treten aber auch dem Wachstumsalter entsprechend Knochenveränderungen in den Vordergrund. Diese bestehen besonders in einem Schwund des Knochenmarkes, so daß fast nur noch Endost mit Blutgefäßen übrig bleibt. Hierzu gesellt sich Resorption des Knochens, besonders der Spongiosa. Das Endost kann sodann auch wuchern und Knochenbälkchen, aber nicht typisch gebaute, hervorbringen. Die Hauptveränderungen sitzen in dem der Epiphyse benachbarten Teil der Diaphyse. Hierzu kommen fibröse Entartung des Knochenmarkes und, auf Grund der hämorrhagischen Diathese, Markblutungen. An den hierdurch in ihrer Festigkeit beeinträchtigten Skeletteilen entstehen leicht traumatische Schädigungen, Zusammenbruch der jüngsten Teile der Diaphyse mit Lockerung und Lösung der Epiphyse, Fissuren und Frakturen in Verbindung mit Blutungen im Knochen und unter dem Periost.

Osteomalazie.

Die **Osteomalazie** besteht in einer langsam fortschreitenden Erweichung des Skeletts bei Auftreten kalkfreier Knochensubstanz. Auch hier ist dies osteoide Gewebe als neugebildet (Osteoblasten) aufzufassen, nicht auf dem Wege der Halisterese, wie man früher annahm, entstanden. Diese spielt höchstens eine untergeordnete, sekundäre Rolle. Prinzipiell stehen sich somit Rachitis und Osteomalazie überaus nahe. Im wesentlichen unterscheiden sich beide aber, abgesehen von quantitativ verschiedenen Prozessen, dadurch, daß jene fast stets bei kleinen Kindern, diese bei Erwachsenen einsetzt.

Bei der Osteomalazie entstehen zunächst die sog. osteomalazischen Säume, d. h. neugebildete kalkfreie Knochenpartien, welche sich dem noch kalkhaltigen Knochen anlegen. Die Substanz dieser Säume ist zunächst lamellös und wird dann mehr und mehr homogen; die Knochenhöhlen verschwinden oder bleiben als kleine, ovale Lücken bestehen. Durch zeitweise Erweiterung der interfibrillären Spalten — wie bei allen Prozessen mit mangelhaftem Kalk im Knochen — entstehen Lücken, welche zunächst die eigentümlichen, unregelmäßig stern- oder netzförmig gestalteten sog. Gitterfiguren bilden.

Im weiteren Verlauf wird die osteoide Substanz aufgelöst und durch eine vom Knochenmark gebildete faserige Substanz ersetzt, in welcher noch Reste osteoider oder auch noch kalkhaltiger Substanz liegen können. Osteoides (kalkloses) Gewebe wird andererseits auch weiter neugebildet, besonders da, wo Zug und Druck am stärksten einwirken (v. Recklinghausen). Im ganzen wird der Knochen mehr und mehr rarefiziert, seine Markräume erweitern sich; meist leistet die äußerste Knochenrinde dem Prozeß einen stärkeren Widerstand und bildet noch lange Zeit hindurch eine dünne, harte Schale. Wird schließlich auch sie ergriffen, so stellt der ganze Knochen nur noch eine dunkelrote, weiche, pulpöse Masse dar, die kaum mehr Ähnlichkeit mit Knochensubstanz hat.

In den Anfangsstadien ist der osteomalazische Knochen brüchig, da er mit den Kalksalzen einen Teil seiner Widerstandsfähigkeit eingebüßt hat; mit Fortschreiten der Prozesse aber wird er biegsamer und weicher. Daher finden wir in den Anfangsstadien vorwiegend Frakturen und Infraktionen, in den späteren Verbiegungen der Knochen. In höchsten Graden der Erkrankung können die Knochen beliebig biegsam und schneidbar werden.

Das Knochenmark zeigt sich bei frischen und in raschem Fortschreiten begriffenen Fällen von Osteomalazie meist blutreich, lymphoid, in älteren Fällen kann sich auch Fettmark oder auch Gallertmark vorfinden; Blutungen und Pigmentierungen im Mark sind sehr häufig festzustellende Befunde, eventuell auch Erweichungszysten.

Nach Pommer handelt es sich bei dem osteomalazischen Prozeß zunächst um eine Atrophie, welche dann zustande kommt, wenn bei der auch nach Abschluß des Knochenwachstums normaliter fortwährend noch bestehenden Resorption und Apposition des Knochens erstere so überwiegt, daß die so entstehenden Defekte nicht mehr durch Neuanlagerung gedeckt werden. An die Atrophie schließt sich dann eine Anbildung neuer, nicht verkalkender Knochensubstanz an.

Die Ätiologie der Osteomalazie ist nicht sicher bekannt. Wahrscheinlich ist auch hier eine Störung des endokrinen Organsystems (Epithelkörperchen) maßgebend. Nach Kastration kann Heilung eintreten. Die Ovarien werden häufig im Zustande zystischer Degeneration gefunden. Zumeist schließt sich die Osteomalazie an Schwangerschaften oder das Puerperium an, und es ist zu bemerken, daß prinzipiell ähnliche Vorgänge wie bei der Osteomalazie, nur weit leichteren Grades, häufig während der Gravidität vorkommen. Die puerperale Form der Osteomalazie, mit oft schwankendem Verlauf, beginnt am Becken, so daß erneute Graviditäten mit großen Gefahren verknüpft sind; sie bewirken regelmäßig auch Verschlimmerungen der Osteomalazie. Die nicht puerperale Form — auch am häufigsten beim weiblichen Geschlecht — beginnt meist an den unteren Extremitäten oder auch am Schädel. Im allgemeinen ist die Osteomalazie selten; doch ist sie in manchen Gegenden, so im Stromgebiet des Rheines, endemisch; sonst tritt sie sporadisch auf.

Veränderungen an den einzelnen Skeletteilen.

Becken: Hier machen sich zwei Momente geltend, der Druck des Rumpfes auf das Kreuzbein und der seitliche Druck der Femora auf die Darmbeine. So tritt das Kreuzbein tiefer und geht

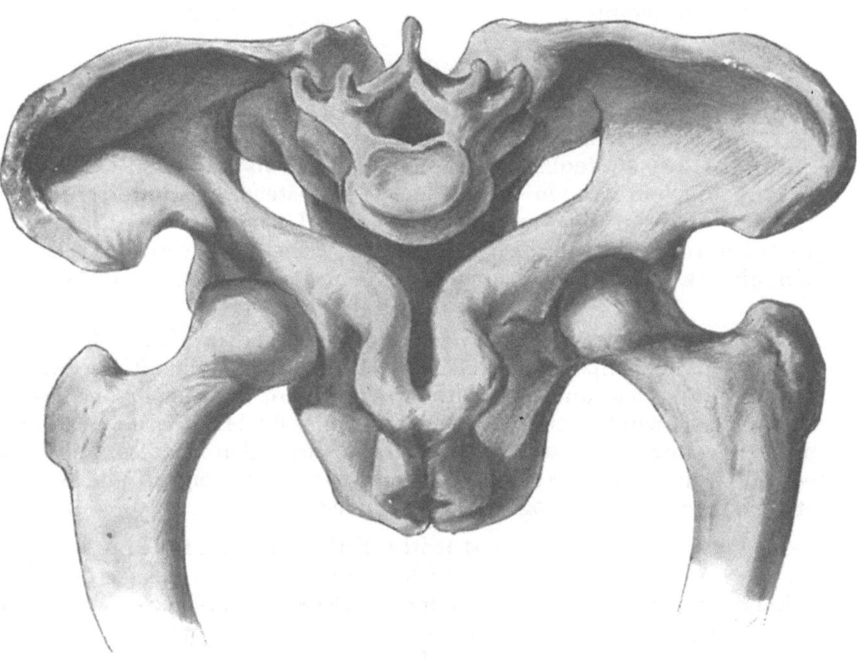

Fig. 379.

Zusammengeknicktes osteomalazisches Becken.

Aus Bumm, Grundriß der Geburtshilfe. Wiesbaden, Bergmann. 10. Aufl.

eine stärkere Krümmung oder eine Knickung nach vorn ein. Infolgedessen weicht die Symphyse nach vorn schnabelförmig vorgedrängt aus („Schnabelbecken"). Das seitlich zusammengedrückte Becken ist die typisch osteomalazische Beckenform.

Wirbelsäule: Kyphosen, Lordosen und Skoliosen.

Untere Extremitäten: Verkrümmungen infolge von Belastung oder als Folgen von Infraktionen, die anfangs knöchern, später bindegewebig und schließlich oft gar nicht mehr heilen.

Eine in der jüngsten Vergangenheit häufige Erkrankung wird als Hungerosteopathie bezeichnet. Hier werden, vor allem bei alten Leuten, Wirbelsäule, Rippen und Becken weich, schneidbar, seltener auch die Extremitäten, besonders die unteren. Doch kommt in schwereren Fällen auch letzteres, und zwar gerade auch bei jüngeren Individuen, zustande. Die Erkrankung stellt eine der Osteomalazie nahestehende Osteoporose (zwischen denen ja überhaupt die Grenzen unscharf sind) dar und entsteht infolge mangelhafter (bzw. ungeeigneter) Ernährung, vielleicht auf dem Wege über eine Störung des endokrinen Drüsensystems (Kirch).

c) Pathologische Knochenneubildung. — Reparationsvorgänge. — Transformation.

Die Vorgänge **pathologischer Knochenneubildung** nehmen, den physiologischen analog, zumeist ihren Ausgang vom Periost oder Knochenmark mit Hilfe von Osteoblasten. Zunächst können durch Osteoblastentätigkeit alten Knochen neue Knochenschichten appositionell angelagert werden; dabei werden einzelne Osteoblasten bei der Verkalkung des neugebildeten Gewebes zu Knochenkörperchen.

In anderen Fällen entstehen vom wuchernden Periost oder Markgewebe aus neue Knochenbalken ebenfalls durch Osteoblastentätigkeit. Diese legen sich gruppenweise zusammen und bilden die osteoide Substanz, in welcher sie selbst in Höhlen, welche später Auslaurer aufweisen, eingeschlossen liegen; diese geht dann durch Kalkablagerung in echten Knochen über. Den so gebildeten Knochenbalken lagern neue Osteoblasten appositionell wieder neue Knochenlagen an (s. o.). Das zwischen jungen Knochenbalken gelegene Gewebe wird zu Knochenmark.

Eine dritte Art von Knochenbildung ist die direkte Verknöcherung einzelner Züge periostalen Gewebes, dessen Zellen direkt zu Knochenzellen werden. Osteoblasten apponieren dann auch hier stärkere Knochensubstanz.

Eine vierte Art von Knochenbildung ist die aus Knorpel, analog der physiologischen endochondralen Verknöcherung an den Diaphysenenden.

Unter pathologischen Bedingungen kommt endlich auch eine Metaplasie von Bindegewebe in Knochen vor, wobei also die bindegewebige Grundsubstanz unter Kalkaufnahme sich in Knochengrundsubstanz, die Bindegewebszellen sich in Knochenkörperchen umwandeln.

Produktive oder regressive Prozesse kombinieren sich in der mannigfaltigsten Weise. Es kommt vor, daß z. B. an der einen Seite eines Spongiosabälkchens Arrosion statthat, während an der anderen Seite durch Apposition neuer Knochen angelagert wird. Auch umgekehrt findet man in neugebildeten Knochenteilen häufig wieder eine teilweise Einschmelzung, wie z. B. kompakte Osteophyten (s. u.) durch Osteoporose spongiös werden können.

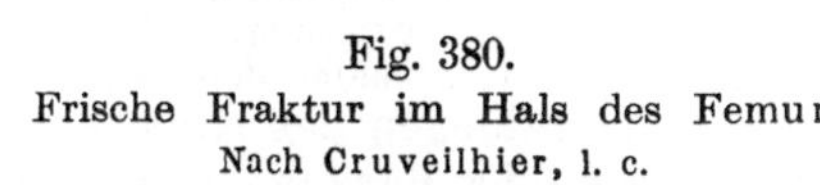

Fig. 380.
Frische Fraktur im Hals des Femur
Nach Cruveilhier, l. c.

Heilung von Frakturen. Bei einfachen, nicht komplizierten Frakturen ohne erhebliche Dislokation der Bruchenden wird die Heilung zunächst durch Resorption des Blutergusses und der etwa vorhandenen kleinen Knochensplitter vorbereitet. Die Wiedervereinigung der getrennten Bruchenden findet so statt, daß sich an und zwischen ihnen, teils vom Periost, teils vom Mark der Bruchenden aus, osteoides Gewebe bildet, welches sich in Knochen umwandelt. Dieses junge, stark eisenhaltige Gewebe heißt Kallus, je nachdem periostaler und myelogener. In beiden ist das osteoide Gewebe in Form von Balken angeordnet, die sich weiter durch Apposition verdicken. Indem der periostale und ebenso der myelogene Kallus der beiden Bruchenden sich vereinigen, wird zwischen ihnen wieder eine Verbindung hergestellt. Ist zwischen den Bruchenden ein Zwischenraum vorhanden — ohne zu starke seitliche Dislokation — so wächst der myelogene Kallus in diesen hinein und füllt ihn aus — intermediärer Kallus. Auf diese Weise entsteht an der Bruchstelle ein großer, eine spindelförmige Auftreibung darstellender Kallus, der die Bruchenden knöchern vereinigt und auch die Markhöhle sklerotisch verschließt. Die Ausbildung einer knöchernen Vereinigung der beiden Bruchenden erfordert eine verschieden lange Zeit. Man kann eine Frist von 2 –10 Wochen als zur Entwickelung eines festen Kallus erforderlich annehmen. Dieser weist nun eine unverhältnismäßig große Knochenmasse (**Callus luxurians**) auf, welche nach und nach durch teilweise Resorption wieder auf das normale Maß zurückgeführt wird. Man kann jetzt von einem definitiven Kallus, im Gegensatz zu dem bisherigen provisorischen, sprechen. Allmählich wird die spindelförmige Auftreibung niedriger, mehr und mehr spongiös, und die überflüssigen Knochenmassen schwinden um so mehr, je fester die übrigen, zur Stütze dienenden, werden. Auch die lange Zeit verschlossen gewesene Markhöhle kann sich schließlich wieder herstellen.

Unter ungünstigen Verhältnissen, z. B. bei senilem Marasmus oder kachektischen Zuständen, kann die knöcherne Verbindung der Bruchenden ausbleiben, und nur eine bindegewebige

Vereinigung zustande kommen. Manche Knochenfrakturen heilen überhaupt nur bindegewebig (Patella). Ist die fibröse Vereinigung locker, so daß die Bruchenden beweglich bleiben, so konnen sie sich abschleifen und ein falsches Gelenk (**Pseudarthrose**) zustande bringen. Bleibt eine Kallusbildung überhaupt aus, so können sich die Knochenenden gegeneinander abschleifen und so eine Art neues Gelenk bilden: **„Nearthrose"**. Waren benachbarte Knochen gebrochen, so können diese verwachsen: **„Synostose"**.

In ähnlicher Weise wie bei Frakturen geschieht die knöcherne Heilung auch bei anderweitig entstandenen Defekten (**„Knochennarben"** s. u.).

Transformation. Die feinere Architektur des Knochens zeigt eine vollendete Anpassung an seine Funktion; nicht nur ist die kompakte Masse durch die leichtere Spongiosa ersetzt, wo diese die gleiche Widerstandsfähigkeit erreichen kann, sondern auch die Hauptrichtung der Spongiosabälkchen ist stets so, daß sie den Linien des größten Druckes und Zuges folgt („Belastungskurven").

Ist durch krankhafte Prozesse die Belastung eines Knochens geändert, so baut sich auch, mit Hilfe von Resorptions- und Neubildungsprozessen, seine Struktur um und paßt sich den neuen Anforderungen an — Transformation —, z. B. in den Knochenenden ankylotischer Gelenke, im Kallus geheilter Frakturen, bei habituellen Luxationen usw.

d) Entzündungen und Hyperplasien.

Die entzündlichen Veränderungen des Knochensystems gehen vom Periost oder dem Markgewebe, das entweder in den Röhrenknochen als Markzylinder oder in Form der Spongiosa im Knochen gelegen ist, aus, während die eigentliche, verkalkte Knochensubstanz dabei nur eine passive Rolle spielt. Die Prozesse führen, ganz analog physiologischer Knochen-Resorption und -Neubildung, entweder zu einer Einschmelzung von Knochensubstanz — destruierende — oder zu Neubildung solcher — produktive. Beide kommen vielfach nebeneinander vor.

I. Destruierende Prozesse.

Diese stehen, zunächst wenigstens, im Vordergrund bei Eiterungsprozessen in und am Knochen, sowie bei Entwicklung von einfachem oder tuberkulösem (s. unten) Granulationsgewebe, welches in die Haversschen Kanäle der Kompakta sowie zwischen die Knochenbälkchen der Spongiosa vordringt und unter Einschmelzung von Knochensubstanz das normale Knochenmark ersetzt. Die Knochensubstanz wird bei dieser **entzündlichen Osteoporose** (rarefizierenden Ostitis) durch lakunäre Arrosion (s. oben) eingeschmolzen; in diesem Sinne wirken ferner häufig auch die sogenannten perforierenden Kanäle, d. h. ein von Gefäßsprossen bewirktes anastomosierendes Netzwerk von Hohlräumen, welches die Spongiosa von einem Markraum zum andern, die Kompakta durch Bildung neuer Verbindungskanäle zwischen den Haversschen Kanälchen und ohne Rücksicht auf die Lamellensysteme durchsetzt und zur Rarefikation des Knochens beiträgt (Ostitis vasculosa). Durch Granulationswucherungen werden auch die Knochenbälkchen von der Ernährung abgeschnitten und so nekrotisch; derartige losgelöste kleine Partikel werden als „Molekularnekrose" (wenn reichlich, als „Knochensand") bezeichnet. Über die Rarefikation hinaus kommt es durch das Granulationsgewebe auch zu vollständiger Einschmelzung von Knochensubstanz, so daß größere Defekte entstehen. Man spricht von **Caries** (oder Knochengeschwüren); wenn keine Eiterung dabei vorliegt, von Caries sicca. Die Caries stellt sich dar in Gestalt einer Höhle im Knocheninnern oder einer Vertiefung der Oberfläche (kleine Oberflächendefekte werden als Usuren bezeichnet), gefüllt mit Eiter oder Granulationsgewebe; in ihnen finden sich häufig auch noch abgestorbene Knochenbälkchen. Die Wand des Defektes bildet zunächst rarefizierte Knochensubstanz. Wird ein Stück nekrotischen Knochens durch demarkierende Eiterung ganz losgelöst, so liegt es als (zentraler oder peripherer) Sequester frei. Vom Periost aus kommt eine produktive Entzündung hinzu, die Periostitis ossificans (s. u.), welche den Sequester mit einem Knochenwall, der sog. **Totenlade,** umgibt.

Entzündungen des Knochens werden als Periostitis, Osteomyelitis (die des Marks), Ostitis (die des Marks spongiöser Knochen) und Panostitis (des Knochens in toto) bezeichnet. Sie können traumatisch-infektiös oder hämatogen-embolisch (metastatisch) bedingt sein, oder sich an Gewebsinfektionen der Umgebung anschließen, so an Panaritien oder Phlegmonen (oder Erkrankungen der Nase und ihrer Nebenhöhlen, der Zahnpulpa, des Mittelohrs u. dgl.). Das Resultat verschiedener Entzündungsprozesse kann identisch sein oder umgekehrt dieselbe Ursache verschiedenartige Knochenveränderungen hervorrufen. Die Gefäße spielen bei der Ansiedlung der Erreger bei Knochenentzündungen eine besonders wichtige Rolle.

Die **akute Periostitis** ist eine serofibrinöse, wobei das Periost gerötet und geschwollen ist, oder eine eiterige. Bei stärkerer Eiterung hebt der Eiter das Periost von der Knochenoberfläche ab subperiostaler Abszeß. Die bloßgelegte Knochenoberfläche wird dann durch Zerstörung periostaler Gefäße nekrotisch, rauh, es können sich oberflächliche, flache Sequester bilden (Exfoliation). Die Eiterung kann durch die Foramina nutrititia in die Knochenrinde und dann das Mark übergreifen, andererseits sich auch Phlegmone und evtl. jauchiger Zerfall der anliegenden Weichteile anschließen. Akute Periostitis entsteht im Anschluß an Traumen, Wundinfektionen, Phlegmonen der benachbarten Weichteile (häufiger auch Panaritien) und ist häufig eine Begleiterscheinung oder Folge akuter Osteomyelitis. Bei länger dauernder Periostitis kommt es neben Eiterung auch zu umschriebenen Knochenwucherungen an der Knochenoberfläche — sog. Osteophyten oder Hyperostosen (s. u.).

Die eiterige Periostitis kann bei Virulenzabnahme der Erreger in ein chronisches Stadium mit serös-fibrinösem Exsudat und Granulationsgewebsbildung übergehen.

Auch gibt es rein seröse Formen mit Übergang in chronischen Verlauf, sog. Periostitis albuminosa.

Die **akute Osteomyelitis** kommt am häufigsten bei jugendlichen Individuen, und zwar in den langen Röhrenknochen, besonders Femur oder Tibia vor. Hervorgerufen wird sie durch eitererregende Bakterien, so insbesondere durch Staphylokokken, welche besonders in den metaphysären Abschnitten der Diaphyse festgehalten werden und die ausgedehntesten und schwersten Formen bewirken, sowie durch Streptokokken vor allem in den epiphysären Gebieten, evtl. mit Durchbruch im Gelenke, besonders auch im frühesten Kindesalter. Auch bei lokalisierten Entzündungen an anderen Orten oder bei allgemeinen Infektionskrankheiten, wie Typhus, Pneumonie, Scharlach, Masern, Influenza kommt es vom Blute her metastatisch zur Infektion des Knochens, wobei oft erst sekundär dazugekommene Eitererreger (Mischinfektion) im Knochen die maßgebende Rolle spielen. Die Osteomyelitis bei Typhus neigt wenig zur Eiterung und Sequestrierung, befällt am häufigsten die Tibia und die Rippen und nimmt häufig einen langsamen Verlauf. Traumatische Einwirkungen scheinen die Ansiedlung der Entzündungserreger zu begünstigen. Dies scheint auch eine Rolle zu spielen, wenn nach langer Latenzperiode, etwa erst im 5. oder 6. Dezennium, durch Aufflackern der Osteomyelitis infolge virulent gebliebener Erreger, eine rezidivierende Osteomyelitis zustande kommt.

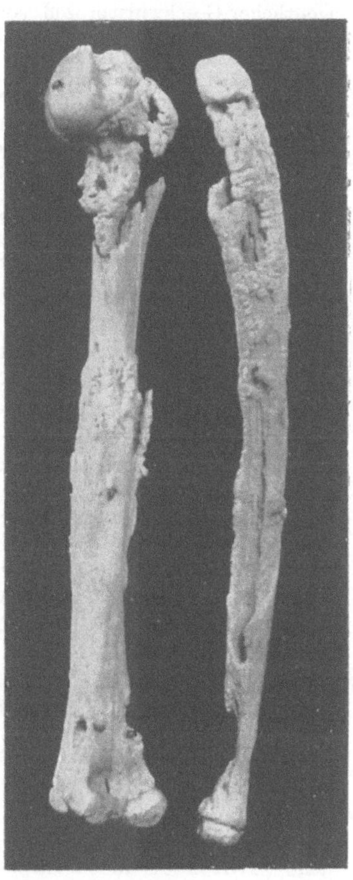

Fig. 381.
Totalnekrose der Diaphyse des linken Humerus und der rechten Fibula mit umgebender neugebildeter (periostaler) Knochenschale nach Osteomyelitis purulenta bei einem 11jährigen Mädchen.
Nach Wieland, aus „Handbuch der Pathologie und der pathol. Anatomie des Kindesalters".
(Brüning-Schwalbe.)

Der Prozeß beginnt in der Markhöhle der Knochen oder in deren Spongiosa und greift von hier aus weiter. Zunächst erhält das Mark durch starke Hyperämie, die auch mit Blutungen verbunden sein kann, eine lebhaft rote Farbe (wo Fettmark liegt, wandelt es sich in lymphoides Mark um), welche dann zu einer mehr grauroten bis gelblichen wird, Markphlegmone. An einzelnen Stellen oder über größere Strecken hin findet eiterige Einschmelzung des Gewebes statt. Vom Mark aus geht die eiterige Einschmelzung auf die Spongiosa über, und der unter Druck stehende Eiter dringt auch auf dem Wege der Haversschen Kanäle in kompakte Knochensubstanz ein und durch deren Hohlräume und Gefäßkanäle hindurch bis zur Oberfläche vor, wo das Periost wieder eine zur größeren und rascheren Ausbreitung geeignete Stätte bietet. Die eigentliche Knochensubstanz zeigt die Veränderungen der Karies und, wenn ihre Ernährung ganz unterbrochen ist, der Nekrose (Sequester S. 48). Da die Erkrankung sich namentlich auf die Diaphysen der Röhrenknochen lokalisiert, so fällt auch meist die kompakte Rinde ins Bereich der Nekrose. So entstehen **Kortikalsequester**, und zwar zentrale, periphere und totale Sequester, (welch letztere die Rinde in ihrer ganzen Dicke betreffen).

Ist die Eiterung bis zum Periost vorgedrungen, so nimmt auch dieses in Gestalt einer Ansammlung subperiostal gelegener Eitermassen teil. Um den Sequester, erzeugt das Periost, soweit es seine knochenbildende Fähigkeit nicht eingebüßt hat, neue Knochensubstanz (Periostitis ossificans s. unten), als sog. Lade; auch pflegen dem Knochen reichliche, unregelmäßige **Osteophytenbildungen** in großer Ausdehnung aufzuliegen. Die Lade enthält stets Perforationen, durch die der Eiter nach außen durchtritt, die sog. **„Kloaken"**, von denen aus sich Fistelgänge durch die Weichteile bis unter und durch die Haut hindurch fortsetzen können. Daher kommt man beim Sondieren der Fistelgänge sehr häufig auf nekrotischen Knochen, den mehr oder minder beweglichen Sequester, welcher, selbst glatt oder kariös, rauh in seiner Lade liegt, während in der Umgebung reichlich Osteophytenbildungen bestehen. Daneben bilden sich, ebenfalls auf Grund ossifizierender Periostitis und Ostitis, auch diffuse Hyperostosen, und es tritt auf Grund ossifizierender Osteomyelitis Osteosklerose der Markhöhle hinzu. Alle diese produktiven Vorgänge bilden für den gesunden Knochen eine Art Schutzwall. Wird der Sequester vollständig entfernt, so kann die Osteomyelitis ausheilen; bleibt er in der Lade liegen, so kommt der Prozeß kaum je zum Abschluß, da demarkierende Eiterung fortbesteht und sich immer wieder neue Knochenwucherungen einstellen.

Eiterige Osteomyelitiden können bei geringerer Virulenz den Erreger zu mehr zirkumskripten Knochenabszessen führen, die meist den Femur (dessen unteres Ende) befallen. Es kommt auch hier in der Umgebung zu reaktiven ossifizierenden Entzündungen.

Bei chronischer Mittelohreiterung findet sich häufig **Karies am Warzenfortsatz,** sowie an anderen Teilen der Paukenhöhlenwand; auch die Gehörknöchelchen können zerstört werden. Manchmal entsteht am Schläfenbein auch eine ausgedehnte Nekrose und Sequesterbildung. Ursache der Karies sind Eiterkokken, Pneumokokken u. dgl., in manchen Fällen auch Tuberkelbazillen. Die Paukenhöhlenschleimhaut zeigt tiefgreifende ulzeröse Zerstörungen, besonders bei Scharlach, andererseits bildet sie sehr häufig eigentümlich perlmutterartig glänzende, konzentrisch geschichtete Massen, welche aus Plattenepithelien sowie Cholesterin und Fettsäurekristallen zusammengesetzt sind — **Cholesteatombildung.** Es handelt sich hier wahrscheinlich um eine Überhäutung der granulierenden Schleimhaut mit Plattenepithel, welches durch Lücken des beim Prozeß teilweise zerstörten Trommelfelles in die Paukenhöhle hineingewuchert ist, hier weiter wuchert und in Gestalt der genannten Massen abgestoßen wird. Es liegt also ein entzündlicher, nicht eigentlicher Geschwulstprozeß vor. Die wuchernden Massen können die Wände des Gehörganges zerstören und selbst gegen die Schädelhöhle durchbrechen. Der die Karies begleitende Eiter kann nach außen oder in den Gehörgang durchbrechen oder nach innen, wo er dann subdurale Abszesse bildet. Eiterige Meningitiden oder Gehirnabszesse — besonders im Schläfen- oder Hinterhauptslappen — können sich anschließen, eventuell auf dem Wege über eine durch die Karies bedingte Thrombose bzw. Thrombophlebitis eines basalen Hirnsinus, besonders des Sinus transversus.

Phosphornekrose. Bei Zündholzarbeitern entwickelt sich an den Kiefern häufig teils Nekrose großer Knochenteile, ja selbst eines ganzen Kiefers, teils eiterige und ossifizierende Periostitis. So können sich Sequester und um diese große Knochenladen bilden. Auch auf andere Knochen kann der Prozeß übergreifen. Er beruht auf hämatogen ausgebreiteter oder lokaler osteoblastischer Phosphorwirkung und durch diese gesetzte Disposition zur Einwirkung von Eitererregern. Träger kariöser Zähne, als Eingangspforten für allerhand Infektionserreger, sind daher besonders gefährdet.

II. Produktive Prozesse.

Die produktive Periostitis ist in der Regel eine **Periostitis ossificans,** d. h. sie geht mit Anbildung neuer Knochensubstanz einher. Sie schließt sich meist an akute Periostitis an und entsteht ferner nach Traumen oder im Anschluß an Entzündungen der Umgebung, so ganz gewöhnlich nach Osteomyelitis, ferner bei Heilung von Frakturen bzw. bei Transplantationen u. dgl. m. Auch soll sie toxigen bei chronischen Lungen-Pleuraeiterungen u. dgl. sowie bei dauernder venöser Hyperämie entstehen können.

Hierher gehören die Auftreibungen der distalen Knochenenden an den Fingerspitzen bei Herz- und Lungenkranken, sowie Periost- und Knochenwucherungen beim Ulcus varicosum der Unterschenkel.

Die jungen vom Periost gebildeten Knochenauflagerungen werden als Osteophyten bezeichnet; sie haben ganz verschiedene Form, sind flach oder zackig, nadelförmig oder dgl. Zunächst mit dem unterliegenden Knochen locker verbunden, wird die Verbindung später sehr fest; doch können Osteophyten auch später teilweiser Resorption verfallen oder spongiös umgewandelt werden (Medularisation). Bildet die neue Knochenmasse eine diffuse Verdickung des ganzen Knochens, so spricht man von Hyperostose oder Periostose (Pleuritis).

Während der Gravidität entwickeln sich häufig an der Innenfläche des Schädeldaches feinblätterige Osteophyten im Anschluß an mit der Schwangerschaft zusammenhängende Resorptionsvorgänge in der Knochensubstanz. Bei Pleuritis finden sich Hyperostosen an den Rippen.

Der vom Periost neugebildete Knochen entsteht durch Verkalkung feiner osteoider Bälkchen (ähnlich wie bei der Kallusbildung) und ist daher zunächst locker, ziemlich weich; durch Zunahme der Balken in die Dicke — auf Kosten der Markräume — wird die Knochenauflagerung mehr und mehr verdichtet und kompakt, kann dann aber durch teilweise Resorption wieder ein spongiöses Gefüge erhalten.

Manchmal kommt nur eine bindegewebige Auflagerung — Periostitis fibrosa — z. B. bei Ulcus cruris chronicum zustande, die durch Verknorpelung zu knorpligen Osteophyten oder durch Verknöcherung zu sog. bindegewebig angelegten Exostosen führen kann.

Knochenneubildung innerhalb der Spongiosa — **Ostitis ossificans** — führt durch Anlagerung von Knochensubstanz an die bestehenden Knochenbälkchen zur Verdickung der letzteren und somit zur Einengung der Markräume; in hohen Graden der Veränderung kann aus vorher spongiöser Substanz kompakter Knochen entstehen und selbst die Markhöhle der langen Röhrenknochen einen vollkommenen Verschluß erfahren. Diesen der Osteoporose entgegengesetzten Zustand bezeichnet man als **Osteosklerose.** Umschriebene, innerhalb der Spongiosa entstandene sklerotische Verdichtungen des Knochens heißen auch **Enostosen** (s. u.).

Eine Osteosklerose kommt unter sehr verschiedenen Umständen vor:

1. Sie findet sich ohne nachweisbare Ursachen, zum Teil auch als senile Erscheinung, in der Diploe der platten Schädelknochen; oft besteht sie neben einer Osteoporose derselben; namentlich in Fällen von Syphilis ist sie auch häufig von Hyperostosen am Schädeldach begleitet.

2. Durch entzündliche Prozesse rarefizierte, früher kompakte Knochensubstanz kann durch eine später eintretende sklerotische Umwandlung (restitutive Sklerose) wieder dichter werden, und so schließt nicht selten eine Entzündung des Knochens mit Bildung eines dichten sklerotischen Herdes in seinem Innern, einer Enostose, ab.

3. Vielfach entwickelt sich eine umschriebene Osteosklerose in der Umgebung kariöser Herde und bildet um diese einen dichten Wall, welcher das anliegende Knochengewebe vor dem Fortschreiten der Zerstörung schützt. Derartige Sklerosen kommen bei entzündlicher, namentlich tuberkulöser oder

syphilitischer Karies, wie auch bei destruierenden Neubildungen vor, und schließen auch bei ulzerösen Prozessen an den Gelenken die übrigen Knochen mehr oder weniger von den erkrankten Gelenkenden ab.

4. Eine Osteosklerose trägt neben den periostalen und vom Mark ausgehenden Knochenwucherungen zur Bildung der Knochenlade um sequestrierte, nekrotische Knochenstücke bei.

Durch Kombination von Osteosklerose und starker Hyperostose kann der ganze Knochen beträchtlich verdickt und mißstaltet sowie verdichtet und somit abnorm hart werden: **Eburneation.**

Eine selten vorkommende, ätiologisch unklare und sowohl mit starken regressiven wie mit Knochenneubildungsprozessen einhergehende Erkrankung ist die **Ostitis deformans,** auch **Pagetsche Erkrankung** oder nach v. Recklinghausen **Ostitis fibrosa** genannt, welche im höheren Alter auftritt und meist mehrere Knochen nebeneinander, besonders die unteren Extremitäten (Tibia), die Wirbelsäule und den Kopf ergreift. Es resultiert eine affenartige Haltung. Einerseits findet sich bei dieser Form der Ostitis in reichlichem Maße die Erscheinung des Knochenschwundes (besonders durch Osteoklasten und perforierende Kanäle) sowie Umwandlung des Markes in fibröses Gewebe, andererseits tritt aber bei ihr eine lebhafte Neubildung osteoiden Gewebes hinzu, das jedoch nur mangelhaft und in unregelmäßiger Weise verkalkt (Osteomyelitis fibrosa). Durch den fortwährenden Anbau und Abbau von Knochensubstanz wird die ganze innere Struktur und äußere Gestalt der befallenen Knochen hochgradig verändert. Es kommt zu starker Verdickung und tumorartiger Auftreibung sowie zum Auftreten von Verkrümmungen an solchen Stellen des Knochensystems, welche einer besonderen Belastung ausgesetzt sind. Durch regressive Metamorphosen können sich Zysten bilden. In mancher Beziehung zeigt die Erkrankung Analogien mit der Arthritis deformans (s. unten). Der Osteofibrose ist im Wesen die Schnüffelkrankheit der Schweine nahe verwandt.

Zu den wesentlich durch Knochenneubildung ausgezeichneten Erkrankungen gehört die seltene, sog. **Leontiasis ossea,** eine sich meist bei jugendlichen Individuen einstellende hochgradige Hyperostose der Knochen des Schädels (bis zu 4 cm) und des Gesichtes, welche zu unförmiger Auftreibung derselben führt und andererseits auch Einengung der Schädelhöhle (Craniostenose), der Stirnhöhle und Augenhöhle nach sich ziehen kann. Vielleicht steht diese Erkrankung der Ostitis deformans nahe.

e) Infektiöse Granulationen.

Tuberkulose ist eine der häufigsten Knochenerkrankungen, namentlich im Kindesalter (besonders bei schweren Formen der Skrofulose). Die Infektion geschieht auf dem Blutwege metastatisch (so finden sich bei der allgemeinen Miliartuberkulose miliare Tuberkel auch im Knochenmark), oder von der Nachbarschaft her fortgeleitet, so von der Pleura auf die Rippen oder von Gelenken nach Zerstörung der Gelenkknorpel auf die knöchernen Gelenkenden. Zuweilen ist die Knochenaffektion der einzige anscheinend primäre Herd im Organismus. Knochentuberkulose breitet sich ihrerseits relativ wenig im übrigen Körper aus; besonders aber die Gelenke befällt sie öfters mit.

Greift die Tuberkulose von außen auf die Knochen über, so entsteht zunächst eine tuberkulös-käsige Periostitis, an die sich Karies des Knochens und Vordringen des Prozesses bis zum Mark anschließen kann. Die hämatogen den Knochen angreifende Tuberkulose lokalisiert sich meist in der Spongiosa der großen Röhrenknochen, seltener in der Diaphyse und Markhöhle.

Bei der tuberkulösen Osteomyelitis bildet sich ein graurotes, schwammiges Granulationsgewebe, in dem schon makroskopisch hellere umschriebene Knötchen zu erkennen sind; es durchsetzt Knochenmark und Markräume der Spongiosa und dringt in die Haversschen Kanäle vor. Durch lakunäre Resorption (s. oben) wird die Knochensubstanz eingeschmolzen; auch durch Umwachsung von Knochenbälkchen durch Granulationsgewebe werden Knochenteilchen zum Absterben gebracht. Diese **tuberkulöse Karies** ist die häufigste Form der Knochenkaries überhaupt. Die sich so bildenden Sequester sind aber meist klein, abgerundet, stark kariös angefressen im Gegensatz zu den typischen flachen Sequestern der eiterigen Osteomyelitis. Größere Knochennekrosen kommen vor allem in Form keilförmiger Stücke vor, wenn Gefäße durch den tuberkulösen Prozeß verschlossen werden und so Infarkte die Folge sind. Wird ein Knochenteil unter dem Einfluß sehr reichlicher Granulationen völlig resorbiert, so spricht man von der fungösen Form der Knochentuberkulose (vgl. auch „Gelenke").

Später fällt das tuberkulöse Granulationsgewebe der Verkäsung anheim; oft gesellt sich eiterige Einschmelzung hinzu. So entstehen im Knocheninnern Kavernen, in deren käsig-eiterigem Inhalte kleine Sequester zu finden sind. Durch demarkierende Eiterung können später ganze solche Gebiete von den umliegenden Knochenteilen losgelöst werden und wie große Sequester in die Eiterhöhle zu liegen kommen.

Der tuberkulös-käsige Prozeß verbreitet sich von der Spongiosa her innerhalb des Knochens bis zum Periost, und so entsteht auch käsige Periostitis. Kavernen durchbrechen auch das Periost, und es bilden sich periostale Abszesse und granulierende Fistelgänge nach außen, ähnlich wie bei der eiterigen Osteomyelitis. Wo Muskeln und Faszien der Umgebung ein günstiges Terrain abgeben, entwickeln sich sog. Kongestionsabszesse. Dabei senken sich Eiter und Käse gerne auf der Oberfläche eines Muskels, nach unten und erscheinen an einer entfernten Stelle weiter abwärts unter der Haut — Senkungsabszeß. Von einer tuberkulösen Karies des unteren Teiles der Wirbelsäule ausgehende käsige Abszesse senken sich so auf dem M. Psoas und erscheinen als sog. Psoasabszesse in der Inguinalgegend; von einer Karies der Halswirbelsäule ausgehende senken sich längs der Rückenmuskeln.

Andererseits kann das tuberkulöse Granulationsgewebe, statt der Verkäsung anheimzufallen, auch eine, wenigstens partielle, Umwandlung in fibröses Gewebe eingehen. Auch Knochengewebe kann sich neubilden, besonders wenn die Heilung durch möglichst vollständige Entfernung des Herdes unterstützt wird. So kann eine Sklerose der Spongiosa und Markhöhle („Enostose") auch hier resultieren. Auch eine ossifizierende Periostitis gesellt sich häufig zur tuberkulösen Osteomyelitis hinzu, so daß über dem Herd oder in dessen Umgebung Hyperostosen und Osteophyten (s. oben) entstehen. Auch neugebildeter Knochen kann wieder fortschreitender Karies zum Opfer fallen.

So erinnert der langsame, zwischen Knochenapposition und -Zerstörung schwankende Verlauf der Knochentuberkulose an das analoge Verhalten der Lungenphthise. Die Knochenzerstörung einerseits, Heilungsvorgänge andererseits bewirken häufig erhebliche Deformitäten in Gestalt von Defektbildungen, Auftreibungen, Knickungen, Lageveränderungen und vor allem Osteophytenauflagerungen auf die Oberfläche der Knochen.

Von einzelnen Skeletteilen sind die Epiphysen der langen Röhrenknochen, die Hand- und Fußwurzelknochen, die Wirbelsäule, die Rippen und die kurzen Röhrenknochen der Finger und Zehen bevorzugt. Von Schädelknochen ist am häufigsten das Schläfenbein Sitz tuberkulöser Karies, wo sie im Anschluß an Tuberkulose der Paukenhöhle auftritt. An der Wirbelsäule entsteht durch die tuberkulöse käsige Ostitis bes. der unteren Brust- und oberen Lendenwirbelgegend der sogen. **Pottsche Buckel** (Gibbus), welcher durch eine winkelige Abknickung der Wirbelsäule mit nach vorne offenem Winkel ausgezeichnet ist (s. auch S. 359). Eine mit starker Knochenbildung einhergehende Form ist die sog. **Spina ventosa,** eine Tuberkulose der Finger- und Zehenphalangen; dabei legt das Periost, während von innen her durch tuberkulöse Osteomyelitis der Knochen zerstört wird, außen immer wieder neue Knochenschichten an, und so entsteht eine charakteristische Auftreibung der Phalangen. Die Erkrankung kann ohne Aufbruch und Nekrose ausheilen.

Fig. 382. Syphilitische Hyperostose an der Tibia. Nach v. Hansemann, Artikel „Osteom" in Eulenburgs Realenzyklopädie. Berlin-Wien, Urban und Schwarzenberg, 4. Aufl.

Syphilis des Knochensystems findet sich während der sekundären und tertiären Periode sowie bei der kongenitalen Syphilis.

In der Sekundärperiode entsprechen den als rheumatisch bezeichneten heftigen Knochenschmerzen meist nur leichte exsudative Veränderungen am Periost ohne spezifische Veränderungen. Sie heilen durch einfache Resorption oder unter Hyperostosenbildung der Umgebung —Tophi syphilitici—ab. Diese Prozesse finden sich vor allem an den langen Röhrenknochen, aber auch nicht selten an Knochen des Schädels.

Die der Spätperiode zugehörigen Veränderungen des Periosts und der Knochensubstanz beginnen in diesen selbst oder sind von Geweben der Umgebung wie Haut oder Schleimhäuten (besonders der Nase) her fortgeleitet. Am wichtigsten ist die Periostitis syphilitica, die vor allem am Schädel, ferner am knöchernen Gerüst der Nase, an der Tibia, Klavikula usw. auftritt.

Hierbei entsteht ein syphilitisch-gummöses Granulationsgewebe, welches umschriebene Knoten oder mehr diffuse flache Verdickungen von weicher, zuweilen fast schleimiger, oft auch elastischer bis derber Konsistenz bildet. Dies Granulationsgewebe geht sodann die gewöhnlichen Umwandlungen syphilitischer Granulationen ein: Verfettung und Nekrose mit eventueller Resorption der Zerfallmassen, andererseits fibröse Umwandlung in derbes Narbengewebe; auch Vereiterung kommt vor.

So kommt es am Knochen zu oberflächlicher Karies und zu Usuren. Dringt die syphilitische Wucherung mit den Gefäßen in die Knochenrinde vor, so wird ein eigentümlich siebartiges, wie wurmstichig durchlöchertes Aussehen derselben herbeigeführt und sodann größere Defekte gesetzt. Dringt sie noch weiter in die Tiefe der Knochensubstanz, so kommt es zu ausgedehnten Ernährungsstörungen des Knochens und zur Loslösung größerer Sequester. Dies kommt namentlich am Schädeldach vor und hier kann sich syphilitische Pachy- und Leptomeningitis anschließen. Kommt es unter Resorption der Granulationsmasse andererseits zu einer derben Narbenbildung, so verwächst das Periost fest mit dem Knochendefekt und auch die hier eingesunkene Haut ist fest mit der Narbe verwachsen.

In der Umgebung der syphilitischen Wucherung gesellt sich ossifizierende Periostitis hinzu, so daß sich stets starke Osteophytenbildung oder diffuse Periostosen ausbilden, wodurch die eingesunkenen Partien von einem dicken Knochenwall umgeben werden; aber auch die angrenzende Spongiosa (besonders die Diploe der platten Schädelknochen) geht häufig reaktive Sklerose ein. So kann eine Heilung kariös zerstörter Partien eintreten.

Die syphilitische Osteomyelitis, auch der Spätperiode zugehörig, ist seltener.

Sie tritt ebenfalls in Form umschriebener Knoten oder (in der Spongiosa) mehr diffuser Infiltrate auf. Auch hier kommt es zu Sequesterbildung und in der Umgebung zu ossifizierender Periostitis sowie Osteosklerose.

Bei der syphilitischen Periostitis wie Osteomyelitis können die gummösen Prozesse durch die Haut durchbrechen und so syphilitische Geschwüre bewirken.

Bei der kongenitalen Syphilis findet sich als sicheres und daher diagnostisch sehr wichtiges Erkennungsmerkmal derselben, oft auch in Fällen, in denen anderweitige syphilitische Prozesse vermißt werden, an den Epiphysen der Röhrenknochen und Rippen die Osteochondritis syphilitica. Die Femurenden, wo die Erkrankung am konstantesten ist, müssen daher bei Verdacht auf kongenitale Syphilis stets darauf untersucht werden, besonders bei Neugeborenen; haben die Kinder schon einige Zeit gelebt, so findet sich die Affektion weniger.

Bei der syphilitischen Osteochondritis können wir verschiedene Grade unterscheiden. Bei den geringsten Graden ist die Verkalkungszone des Knorpels unregelmäßig verbreitert, indem sie einerseits in Form von zackigen Vorsprüngen in die Knorpelwucherungszone hineinragt, andererseits auch nicht selten durch unverkalkte Stellen unterbrochen ist; auch die Markraumbildung schließt nicht mit gerader, scharfer Linie gegen die Verkalkungszone ab, sondern dringt unregelmäßig in letztere hinein; dabei ist die Einlagerung von Kalksalzen in den Knorpel verzögert. Die Verkalkungszone des Knorpels hat eine weißliche bis weißrötliche Farbe und eigentümlich mürbe, spröde Konsistenz. Die Knochenbälkchen der anstoßenden Diaphyse sind schmal und gering entwickelt. In höheren Graden, dem sog. zweiten Stadium, ist die Zone der Kalkeinlagerung bis zu mehreren Millimetern verbreitert und noch unregelmäßiger. Durch Querbalkenverbindung zwischen den in die Knorpelwucherungszone vorspringenden Zacken werden Teile der Knorpelzone inselförmig eingeschlossen, während andererseits auch Inseln verkalkten Knorpels in dessen Wucherungszone eingestreut sind. Letztere ist — ähnlich wie bei Rachitis — gleichfalls verbreitert, weich, zuweilen gar gallertig vorquellend. Bei den höchsten Graden, dem sog. dritten Stadium, entwickelt sich in den der Diaphyse nächstliegenden Schichten eine unregelmäßige und verwaschen begrenzte rötliche bis graugelbe Zone aus einem gefäßreichen Granulationsgewebe bestehend, welches (von manchen Seiten als spezifisch gummös aufgefaßt und von den meisten Autoren vom Mark der Diaphyse hergeleitet) sich wahrscheinlich (M. B. Schmidt) in Kanälchen, die vom Perichondrium ausgehen, entwickelt. Es kann sogar eiterig erweichen.

Die Folge der beschriebenen Prozesse an der Epiphysengrenze, mit welchen eine Verdickung des Periosts und öfter auch Osteophytenbildung einhergeht, ist eine Lockerung in der Verbindung der Epiphyse und der Diaphyse, welche in höheren Graden der Affektion nur noch durch das verdickte Periost zusammengehalten werden. Es kann selbst zu einer spontanen Lösung der Epiphyse kommen, und jedenfalls ist die letztere leichter als normal von der Diaphyse loszubrechen; dabei zeigt die Bruchfläche der Diaphyse nicht, wie unter normalen Verhältnissen, eine gleichmäßige, himbeerfarbene, feinwarzige Beschaffenheit, sondern ist unregelmäßig und noch mit verschieden gefärbten, ihr anhaftenden Teilen der Verkalkungszone und Wucherungszone des Knorpels belegt. Nach Untersuchungen E. Fränkels geht die Epiphysenlösung bald mehr quer, bald mehr schräg, aber nicht an der Grenze, sondern noch in der eigentlichen Diaphyse vor sich. Der Prozeß greift oft auch auf die den Gelenken benachbarten Muskeln über (sog. Pseudoparalyse).

Die Osteochondritis syphilitica kann unter Auftreten periostitischer Prozesse abheilen.

Auch bei kongenitaler Syphilis kommen weiterhin syphilitische Periostitis (z. B. am Schädeldach), sowie ossifizierende Periostitis, eventuell mit Ausbildung größerer Osteophyten, vor.

Bei den kongenital-syphilitischen Knochenerkrankungen findet sich die Spirochaete pallida in großen Massen, mit dem Blut in den Knochen gelangt und hier in allen gefäßhaltigen Teilen, wenn auch ungleichmäßig, verbreitet. Ihre Ausbreitung ist dabei typisch und systematisch. Das Knochensystem ist für die Infektion mit der Spirochäte besonders disponiert. Die zeitlich verschiedene Reaktionsfähigkeit der Gewebe beeinflußt wesentlich die in den verschiedenen Lebensaltern unterschiedlichen Knochenveränderungen; je weiter fötal man rückwärts geht, desto geringer ist die spirochätenzerstörende Gewebsreaktion. Die Vermehrung der Spirochäte ist an den Stellen lebhaftester Wachstumszonen und Stoffwechselvorgänge am stärksten. Daher sind die am schnellsten und ehesten wachsenden Knochen am stärksten beteiligt. Besondere Beziehungen der Spirochäten zu den Knochenbildungszellen (und Knochenkörperchen) hindern die osteoblastische Tätigkeit. (Nach Schneider.) Nach ihm sind die kongenital-syphilitischen Formen der Osteochondritis, Osteomyelitis und Periostitis als lokalentzündliche Reaktionen auf die Spirochätose zu verstehen. Er unterscheidet frische, rückgängige (Schwund und Zerfall der Spirochäten, häufig noch Persistenz in den Knochenkörperchen) und fortschreitende Infektionen. Die oben angeführten verschiedenen Grade der Osteochondritis stellen verschiedene Reaktionstypen gegenüber den Spirochäten dar.

Bei ausgedehnten tuberkulösen und syphilitischen Knochenaffektionen kann sich chronisches Siechtum und allgemeine Amyloiddegeneration einstellen.

Über **Aktinomykose,** bei welcher die Knochen, besonders Kiefer, (Hals-) Wirbelsäule, Rippen, beteiligt zu sein pflegen, vgl. S. 94. Auch bei metastatischer Verbreitung des Aktinomyzespilzes können Knochen in Gestalt eiteriger Osteomyelitis mitergriffen werden.

Auch über die **Lepra** vgl. S. 93.

f) Tumoren und Parasiten.

Im Knochensystem kommen fast sämtliche der Bindesubstanzgruppe angehörige Tumoren vor, insbesondere **Sarkome.**

Ausgangspunkte sind das Periost einerseits, das Knochenmark andererseits; dazu kommen die knorpeligen Skelettenden. Die Knochensubstanz verhält sich zu den Tumoren verschieden. Einerseits kommt es, besonders bei malignen Geschwülsten, zu kariöser Zerstörung durch die wuchernden Geschwulstmassen, und zwar auf dem Wege der lakunären Arrosion, ähnlich wie bei wucherndem Granulationsgewebe, aber auch des halisteretischen Knochenschwundes. Durch ausgedehnte Knochenzerstörungen kann die Festigkeit des Knochens so herabgesetzt werden, daß es zu Spontanfrakturen kommt. Andererseits findet in der Umgebung der Neubildung reaktiv ein Anbau neuer Knochensubstanz in Form von Osteophyten, Hyperostosen und Sklerosen statt. Beide Prozesse gehen nun vielfach nebeneinander her. Der neue Schutzwall, oft in Gestalt förmlicher Schalen junger Knochenmasse, wird von innen her durch das sich ausbreitende Neoplasma wieder zerstört. So kann durch einen zentralen Tumor der ganze Knochen aufgetrieben und von oft kolossaler Dimension werden, bis endlich die Neubildung doch noch an die Oberfläche durchbricht.

Knochenneubildung innerhalb von Tumoren selbst findet bei den eigentlichen Osteomen, Osteosarkomen (Sarcoma osteoplasticum) und Mischtumoren mit Knochenanteil, zuweilen auch in Fibromen oder Chondromen statt. Der Knochen entsteht zunächst durch Osteoblastentätigkeit, zuweilen auch metaplastisch. Öfters wird dabei nur osteoide Substanz, der also die Kalkeinlagerung fehlt, neugebildet. Die destruierenden knochenbildenden Tumoren erzeugen also selbst Knochensubstanz (bzw. Osteoid), zerstören aber zugleich den normalen Knochen. Auch metastatisch den Knochen befallende Tumoren führen dessen Zerstörung herbei. Dabei kann andererseits in Karzinommetastasen neuer Knochen gebildet werden — osteoplastisches Karzinom.

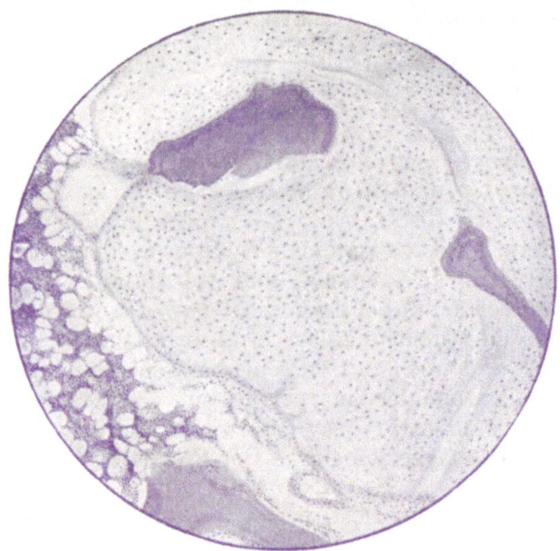

Fig. 383.
Chondrom des Knochens.

Fibrome gehen meist vom Periost aus, sind aber im allgemeinen selten; über die sog. fibrösen Nasenrachenpolypen s. S. 273.

Lipome, ebenfalls meist vom Periost ausgehend, und **Myxome,** zuweilen im Mark, sind seltener.

Die **Osteome** unterscheidet man in die vom Periost ausgehenden **Exostosen** und die vom Mark ausgehenden **Enostosen.**

Doch handelt es sich hier vielfach nicht um eigentliche Tumoren, sondern um entzündliche Knochenneubildung oder solche im Anschluß an Traumen. Die Grenze ist hier oft schwer zu ziehen. Die Exostosen kann man in eine Exostosis eburnea und eine Exostosis spongiosa einteilen. Zu den Exostosen gehört die Exostosis fibrosa, aus periostalem Bindegewebe entstehend. Diese Exostosen sind rund, keilförmig oder nadelförmig u. dgl., oft sehr groß und häufig multipel. Ferner gehört hierher die Exostosis cartilaginea, aus der Umbildung einer Knorpelwucherung entstanden. Es sind vor allem vom Epiphysenknorpel ausgehende Chondrome (s. unten), die sich in Knochen umwandeln. Die Knorpelinseln zeigen bei ihrer Ossifikation ähnlich unregelmäßige Gruppierung wie die Epiphysenverknöcherung bei Rachitis (E. Müller). Enostosen sind seltener, am häufigsten in der Diploe des Schädels und an den Kiefern. Endlich können sich auch Osteome im Bindegewebe — unabhängig vom Periost — entwickeln, sog. **Parostosen.**

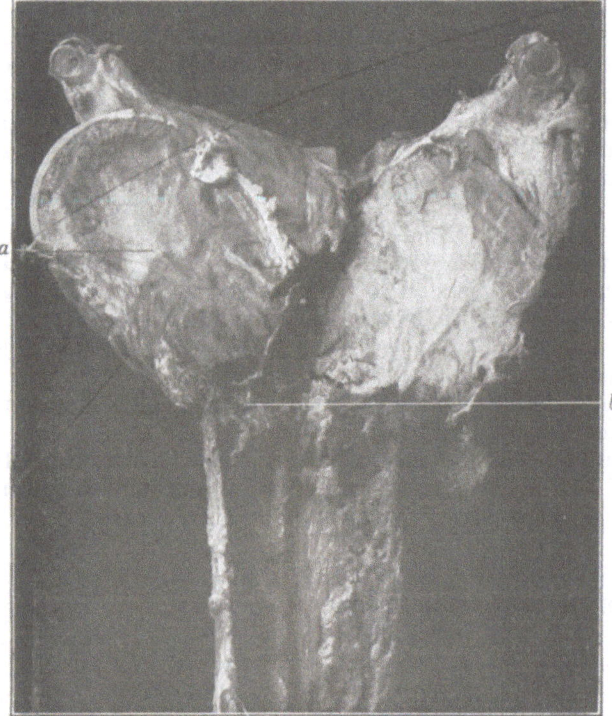

Fig. 384.
Sarkom des Humerus, besonders entwickelt im Kopf (*a*) und Hals (*b*). An letzterer Stelle Spontanfraktur.

Chondrome, oft von erheblichem Umfang, finden sich besonders an den Extremitätenknochen, so vor allem denen der Hand und des Fußes. Sie sitzen an der Oberfläche der Knochen (Exostosis cartilaginea) oder im Knochenmark (Enchondroma).

Wahrscheinlich nehmen sie ihren Ursprung von kongenital oder bei Unregelmäßigkeiten der späteren Entwickelung (Rachitis) abgesprengten Knorpelkeimen, besonders des Epiphysenknorpels. Sie sind meist multipel, öfters familiär und gehen häufig in Osteome über (s. oben). Wird osteoides Gewebe gebildet, so spricht man von Osteoidchondrom.

Über das **Chordom** s. S. 102.

Die **Sarkome** der Knochen gehen teils vom Periost, teils vom Mark aus. Sie sind klein- oder großzellige Rundzellensarkome, Spindelzellensarkome, Riesenzellensarkome, Fibrosarkome u. a. Die vom Periost ausgehenden sind zumeist Rundzellensarkome — in der Regel besonders bösartig — oder Spindelzellensarkome. Die Riesenzellensarkome sind meist myelogenen Ursprungs und ebenfalls bösartig. Dagegen ist das vom Periost der Kiefer ausgehende Riesenzellensarkom, die sog. **Epulis**, relativ gutartig (s. auch unter „Sarkom"). Die Sarkome bilden häufig Knochensubstanz — **Osteosarkom (Sarcoma osteoplasticum)** oder wenigstens Osteoidsubstanz — **Osteoidsarkom.** Gerade bei Sarkomen, die vielfach starke regressive Veränderungen aufweisen, finden sich die oben besprochenen Schalenbildungen, Spontanfrakturen usw. Häufiger als einfache Angiome (Häm- oder Lymphangiome) sind **Angiosarkome.** Auch andere Sarkome weisen öfters besonders starke, teleangiektatische Gefäßentwickelung auf (Sarcoma teleangiectodes, Fungus haematodes).

Über die **Myelome** s. S. 132, die **Chlorome** s. S. 134.

Endotheliome sind auf jeden Fall sehr selten; sie werden häufig mit Karzinommetastasen, besonders Metastasen Grawitzscher Tumoren, aber auch Sarkomen, Osteoblastomen usw. verwechselt.

In sehr seltenen Fällen gehen nämlich auch von den Osteoblasten Tumoren aus, wobei diese so wuchern wie sie physiologisch am Rande von Knochenbälkchen gelegen sind, Zelle an Zelle gelagert, ähnlich wie Epithelien. So entstehen ganz adenomartig gebaute Tumoren; stellenweise gehen sie auch in solidere karzinomartige Massen über. Man bezeichnet sie als **Osteoblastome.** Reine derartige Osteoblastome sind extrem selten; häufiger finden sich solche geschwulstmäßige Osteoblastenwucherungen in Osteosarkome eingestreut.

Primäre Karzinome können im Knochen nur von versprengten Epithelien ausgehen. **Sekundäre Karzinome** finden sich häufig im Knochen, besonders im Anschluß an Karzinome der Nieren, d. h. die sog. Grawitzschen Tumoren, und solche der Mamma, Thyreoidea und Prostata.

Zysten entstehen im Knochen seltener als Erweichungszysten der Knochensubstanz selbst bei ihren Einschmelzungsprozessen, bei Osteomalazie oder entzündlichen Vorgängen, häufiger als Erweichungszysten in Knochentumoren (Sarkomen). Am Kiefer kommen auch Zysten aus Zahnanlagen vor (besonders die sog. Follikularzysten).

Von Parasiten finden sich in seltenen Fällen Zystizerken und Echinokokken.

B. Gelenke.

Vorbemerkungen.

Man unterscheidet **Synarthrosen** (Syndesmosen, Synchondrosen) und **Diarthrosen,** an denen sich eine Gelenkhöhle zwischen mit Knorpel überzogenen Gelenken befindet. Bei letzteren kommen in Betracht die knöchernen Gelenkenden, ihr Überzug aus hyalinem Knorpel, die Gelenkkapsel und an ihrer Innenfläche die Synovialis, eine gefäßreiche Bindegewebslage mit einem Endothelbelag. Letztere hat zottenartige Auswüchse, die Synovialzotten.

In pathologischer Beziehung kommen besonders in Betracht der **Gelenkknorpel** und die **Synovialis**; die knöchernen Gelenkenden zeigen zwar auch häufig Veränderungen, indessen stimmen letztere mit denen des übrigen Knochengewebes überein. Die Gelenkkapsel wird meistens nur sekundär ergriffen.

a) Regressive Prozesse am Knorpel.

Es kommen vor allem Verfettung, Auffaserung, Erweichung, Amyloiddegeneration einerseits, Karies und Usuren andererseits in Betracht.

Verfettung der Knorpelzellen findet sich teils als senile Erscheinung, teils bei regressiven und namentlich entzündlichen Zuständen. Ein besonders als senile Erscheinung häufiges Vorkommnis am Gelenkknorpel ist seine Auffaserung: die Kittsubstanz, welche die Fibrillen des Knorpels zusammenhält, wird aufgelöst, während die Knorpelzellen teils in Wucherung geraten, teils fettig zerfallen. Die Oberfläche des aufgefaserten Knorpels ist weich, samtartig papillös oder feinfaserig. Nach den bei dieser Auffaserung auftretenden, glänzenden weißen Streifen hat man auch von asbestartiger Degeneration gesprochen. Die mit der Auffaserung verbundene **Chondromalazie,** die Knorpelerweichung, ist gleichfalls eine senile Erscheinung oder Teilerscheinung einer chronischen Arthritis. Die erweichenden Partien zeigen ein weißliches, glänzendes Aussehen, in höheren Graden der Veränderung eine transparente Beschaffenheit und eine gelbliche bis bräunliche Farbe. Schließlich bilden sich Spalten und Zerklüftungen des Knorpels, manchmal selbst umschriebene Zysten. Andererseits können die erweichenden Partien durch Hereinwachsen von Bindegewebe eine fibröse Umwandlung, schließlich auch eine Verkalkung oder sogar eine wirkliche Verknöcherung erleiden.

Amyloiddegeneration betrifft sowohl die Zellen und ihre Kapseln, wie die Grundsubstanz des Knorpels und wandelt ihn in eine homogene bis schollige Masse um.

Von Ablagerungen sind namentlich solche von Kalk, Uraten und von Pigment im Knorpel zu erwähnen. Die Verkalkung findet sich als senile Erscheinung namentlich bei Erweichung und Auffaserung des Knorpels und tritt besonders an seinen Rändern hervor. Über die Ablagerung von Uraten siehe die Arthritis urica (S. 386). Die Ablagerung eines schwarzen bis braunen Farbstoffes oder Durchtränkung mit einem solchen, welche neben dem Knorpel auch die Sehnenansätze und die Gelenkkapsel betreffen kann, bezeichnet man als **Ochronose**; sie ist eine sehr selten vorkommende Affektion (s. auch S. 42).

Wie in den Geweben der Bindesubstanzgruppe überhaupt, so kommen auch am Knorpel zuweilen sog. Metaplasien vor, so Umwandlung in Schleimgewebe, fibrilläres Bindegewebe und Knochengewebe. Ferner finden sich Umbildungen der einen Knorpelart in eine andere, z. B. von hyalinem Knorpel in Faserknorpel.

Karies, Usuren und **Nekrosen,** die zu Knorpelsequestern führen können, entsprechen den gleichnamigen Knochenprozessen.

b) Zirkulationsstörungen und Entzündungen.

Hyperämie und **Blutungen** finden sich unter Bedingungen wie an anderen Orten. Größere Blutungen in die Gelenkhöhle — **Hämarthros** — sind meist Folgen von Verletzungen, seltener bei Entzündungen. Die Resorption des Blutes, — das in der Regel zum großen Teil flüssig bleibt — erfolgt, soweit es sich um einfache Traumen handelt, meist ziemlich rasch, Pigmentierungen der Synovialis bleiben länger zurück. Geronnenes Blut wird teils auch resorbiert, teils organisiert. Verwachsungen der Gelenkflächen im Anschluß an Blutungen sind relativ selten.

Exsudative entzündliche Prozesse betreffen in erster Linie die Synovialis, von welcher auch, weil ja der Knorpel gefäßlos ist, das Exsudat geliefert wird, so daß die **Arthritis** im wesentlichen eine **Synovitis** darstellt. Am Knorpel findet sich dabei häufig eine **Synovitis pannosa.** Diese besteht darin, daß die wuchernde Synovialmembran über den Knorpel hinwächst und diesen mit einer gefäßhaltigen Bindegewebslage in ähnlicher Weise überzieht, wie von der Konjunktiva aus der Pannus der Kornea zustande kommt. Außerdem bietet der Knorpel (und der Knochen) oft regressive Veränderungen dar.

Die **akuten Gelenkentzündungen** entstehen traumatisch, oder von der Nachbarschaft, besonders den Knochen, übergeleitet, oder auf dem Blutwege, besonders bei allgemeinen Infektionskrankheiten (akute Exantheme, Typhus, Puerperalfieber und sonstige septisch-pyämische Erkrankungen, Gonorrhöe, Syphilis).

Nach der Art des Exsudats unterscheidet man seröse und serofibrinöse, sowie eiterige oder eiterig-fibrinöse, resp. eiterig-seröse Entzündungen.

Bei der serösen Synovitis ist der Gelenkerguß — **Hydrarthros acutus** — dünner als die normale Gelenkflüssigkeit. Die Synovialis ist gerötet und ödematös geschwollen, das ganze Gelenk aufgetrieben. Heilung erfolgt durch Resorption; doch kann der Prozeß chronisch werden (s. unten). **Serofibrinöses** Exsudat ist häufiger, rein **fibrinöses** selten. Es kommt dann meist zur Organisation des Exsudates und Verwachsung der Gelenkenden — **Arthritis adhaesiva.** Die bindegewebigen Verwachsungen können dann verknöchern.

Die **Arthritis purulenta** ist entweder ein eiteriger Oberflächenkatarrh der Synovialis oder eine tiefer greifende, mit Gewebszerstörung einhergehende Gelenkeiterung. Die Synovialis ist gerötet, geschwollen, eiterig durchsetzt. Der Knorpel zeigt Verfettung, Erweichung, Karies, Nekrose, die knöchernen Gelenkenden eventuell ebenfalls letztere. Sind alle Gelenkteile ergriffen, so spricht man von Panarthritis. Durch Durchbruch der Gelenkkapsel können sich periartikuläre Abszesse und dann Phlegmone der Weichteile ausbilden. Leichtere Fälle können durch restitutio ad integrum heilen, in schwereren kommt es zu narbiger Verwachsung (Arthritis adhaesiva) und Ankylose des Gelenkes. Eiterresorption kann auch zu Pyämie führen.

Meist eine seröse, selten eine eiterige Arthritis liegt dem akuten Gelenkrheumatismus, der **Polyarthritis acuta,** zugrunde, einer infektiösen Allgemeinerkrankung mit unbekanntem Erreger, welche mehrere Gelenke, und zwar meistens sprungweise hintereinander, befällt und oft zu verruköser Endokarditis führt.

Eine **chronische seröse** oder **sero-fibrinöse Arthritis** entwickelt sich selbständig oder im Anschluß an eine akute Arthritis. Durch ein dünn- oder dickflüssiges, zuweilen mehr kolloides, Sekret wird das Gelenk erweitert — **Hydrarthros chronicus.** In der Synovialis stellen sich Wucherung der Zotten, pannöse Wucherung über den Knorpel und fibröse Verdickung ein. Fibrinmassen oder gewucherte Zotten können zu freien Gelenkkörpern werden. Der Knorpel geht regressive Metamorphosen sowie Wucherungserscheinungen ein. Die Gelenkflächen verwachsen; das Gelenk verödet.

Unter der Bezeichnung **chronische Arthritis** werden noch einige Prozesse zusammengefaßt, bei denen Exsudationsvorgänge zurücktreten, dagegen regressive Erscheinungen an den Gelenkenden einerseits, entzündlich-produktive Veränderungen, namentlich der Synovialis andererseits, das Bild beherrschen. Der Knorpel geht Auffaserung und Erweichung bis zu völligem Zerfall, so daß die knöchernen Gelenkenden bloßliegen, daneben aber auch Wucherungen und Verdickungen, die zerfallen, aber auch verknöchern können, ein.

Die so freigelegten Knochenenden werden bei Bewegungen abgeschliffen, der Knochen usuriert, auch in der Tiefe unter noch erhaltenem Knorpel geht die Knochensubstanz vielfach durch entzündliche Osteoporose zugrunde. Andererseits setzen auch am Knochen lebhafte Wucherungsvorgänge ein, besonders in Gestalt von Exostosen und Osteophyten an den Rändern der Gelenkenden. Die Synovialis wuchert entzündlich, vor allem in Gestalt aus Granulationsgewebe bestehender zottiger Auswüchse, in denen sich auch Fett- oder Knorpelgewebe bilden und selbst Verknöcherungen auftreten können. Solche Wucherungen, an denen sich auch marginales Periost und Perichondrium beteiligen, treten namentlich am Rande der Gelenkflächen auf. Durch alle diese Prozesse kommen starke Verunstaltungen der Gelenke, Spontanluxationen und durch Abschleifen junger Knochenmassen eine Art neuer Gelenkköpfe zustande.

Im einzelnen kann man nach dem Vorwiegen des einen oder anderen Prozesses folgende chronische Gelenkaffektionen unterscheiden, die sich aber vielfach nicht scharf trennen lassen.

1. Als **Arthritis deformans** bezeichnet man die wesentlich mit starken Zerfalls- und Wucherungserscheinungen an den Gelenkenden, sowie Synovialwucherungen einhergehenden Formen, die oft sehr starke Verunstaltungen der Gelenke herbeiführen. Knorpeldegeneration leitet den Prozeß ein, sodann kommt es unter mechanischer Einwirkung an den Gelenkenden zu lebhafter subchondraler Wucherung, an nicht benutzten Gelenkpartien zu Atrophie. Knochenatrophie kommt häufig dazu. Diese Arthritis tritt am häufigsten im Knie- und Hüftgelenk, sodann an den Fingergelenken, besonders bei älteren Leuten, auf. An der Wirbelsäule bewirkt die Affektion einerseits durch Knochenschwund kyphotische Verbiegungen, andererseits zwischen den einzelnen Wirbeln Ankylosen (ankylosierende Spondylitis).

Die Histologie der Arthritis deformans ist von Pommer genau verfolgt worden. Er faßt als grundlegend die Veränderungen des Gelenkknorpels und davon abhängig die Störung seiner funktionellen Wirkung (Beneke) auf. Durch funktionelle oder mechanische, traumatische oder senile, oder zirkulatorische Schädigungen wird die Elastizität des Knorpels erschöpft. Auch dispositionelle Momente wirken mit. Unter dem Einfluß von Reizwirkungen bei den Gelenkfunktionen infolge der mangelnden Sicherung gegen diese Wirkungen u. dgl. kommt es nun zu Gefäß- und Knochenbildungen von den subchondralen Mark- und Gefäßräumen aus in den Gelenkknorpel hinein. Diese Prozesse insbesondere reaktiver Natur sind mehr als die regressiven zu betonen. Knorpelzellen, die losgelöst werden, Gewebstrümmer und Detrituspartikel werden bei Zusammenhangsstörungen der Knochenknorpelgrenzbezirke und an den Usurstellen des Gelenkknorpels frei. Bei den reaktiven Prozessen, die so ausgelöst werden, kommt es zu fibrösen Herden oder auch zu Zysten, die auch nach Blutungen usw. zur Entwickelung kommen. Verschleppte noch wucherungsfähige Knorpelzellen bilden „Enchondrome".

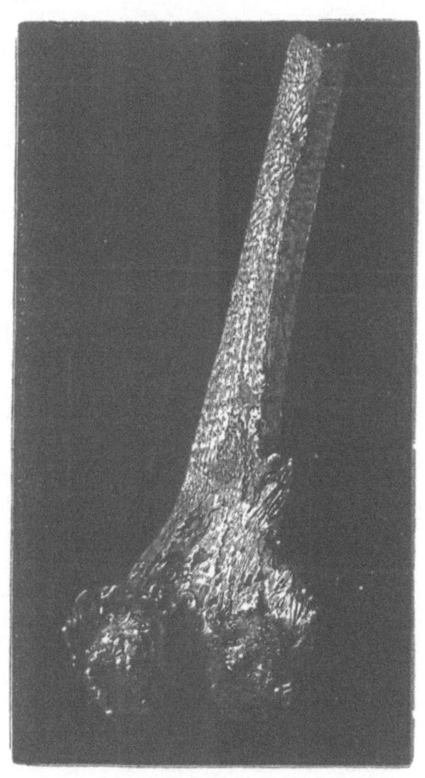

Fig. 385.
Arthritis deformans (am Femur).

2. Als **Arthritis ulcerosa sicca** bezeichnete Formen zeigen fast keine Wucherung von Knorpel- oder Knochengewebe, sondern nur regressive Veränderungen und fortschreitende Zerstörung der Gelenkenden. Auch sie treten besonders in höherem Alter und am häufigsten am Hüftgelenk (Malum coxae senile), ferner am Ellenbogengelenk, Schultergelenk und an der Wirbelsäule auf.

3. Als **Arthritis adhaesiva** werden verschiedenartige Affektionen mit dem Gemeinsamen der Verwachsung der Gelenkenden und Ankylosenbildung zusammengefaßt. Zum Teil handelt es sich um Ausgänge akuter oder chronischer (s. o.) und besonders tuberkulöser Entzündungen, zum Teil um selbständige Erkrankungen, welche dann häufig nach Art einer Arthritis pannosa (s. o.) beginnen, indem synoviales Granulationsgewebe über den Gelenkknorpel wuchert, ihn durchsetzt und substituiert. Ein großer Teil der Fälle von sog. **chronischer rheumatischer Arthritis („Arthritis pauperum"** im Gegensatz zur Gicht), welche meist an mehreren Gelenken zugleich und vor allem in jugendlichem und mittlerem Lebensalter einsetzt, gehört hierher. Die Folge aller adhäsiver Arthritiden ist fibröse

Ankylose mit Aufhebung oder Behinderung der Beweglichkeit des Gelenks, wozu auch Schrumpfung der Gelenkkapsel beiträgt.

Die Ätiologie aller genannten Affektionen (abgesehen von der letzten, soweit sie der Ausgang von Entzündungen bekannter Genese ist), ist zumeist unbekannt und jedenfalls uneinheitlich. Altersveränderungen (Malum senile s. o.), traumatische und „rheumatische" Schädlichkeiten spielen eine Rolle. Aber auch Erkrankungen des Nervensystems sind als Grundlage heranzuziehen. Zum Teil handelt es sich um trophoneurotische Störungen, zum Teil um Sensibilitätsstörungen, infolge deren mechanische Einwirkungen unbemerkt bleiben. Solche **„neuropathische" Arthritiden** kommen im Verlauf der Tabes wie bei Syringomyelie vor.

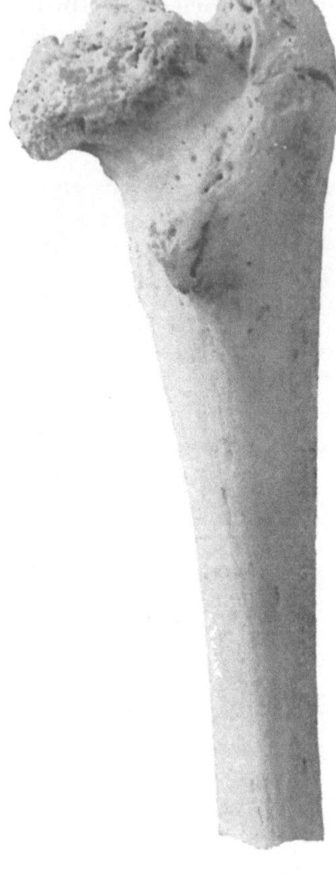

Fig. 386.
Caries sicca des rechten Femurkopfes bei einem 17 jährigen Jüngling.
Der Kopf ist bis auf eine unregelmäßige, grubig ausgehöhlte, pilzförmige Verdickung des Collum femoris geschwunden. — (Sammlung des Pathol. Instituts Basel.)
Nach Wieland, aus „Handbuch der allgem. Pathologie u. pathol. Anatomie des Kindesalters" (Brüning-Schwalbe).

Angefügt sei 4. die **Arthritis urica (Gicht)**, die Folge einer harnsauren Diathese (vgl. S. 203), wobei der Harnsäurewert des Blutes erhöht, die Harnsäureausscheidung durch die Nieren vermindert ist. Die Gelenkaffektion beginnt akut mit seröser Exsudation, nimmt aber bald einen chronischen Verlauf mit Rezidiven. Im akuten Gichtanfall kommt es zur Ablagerung harnsaurer Salze in Knorpel, Gelenkkapsel, Bänder und Umgebung des Gelenkes und zu so bewirkter Schwellung und Rötung des Gelenkes und Ödem der Umgebung. Mit der Zeit zeigen die Gelenke chronisch-arthritische Veränderungen: Auffaserung des Knorpels, Synovialverdickungen und mannigfache Deformitäten an den Gelenkenden. In den Gelenken und ihrer Umgebung bilden sich durch Abscheidung der Urate Tophi, d. h. bis erbsengroße, rundliche, kreideähnliche, weiche, außer aus wenig Fibrin vor allem aus Kristallen von harnsaurem Natrium bestehende Knoten (sie finden sich auch in der äußeren Haut und im Unterhautgewebe, z. B. der Ohrmuscheln). Infolge von Uratablagerungen werden die Knorpel nekrotisch. An den Gelenkenden können Erweichungsherde entstehen, die nach außen durchbrechen und so Geschwüre oder Fistelgänge erzeugen können, aus denen sich erweichte, mit harnsauren Salzen vermischte Massen entleeren. Eiterung kann sich anschließen. Anfangs ist meist nur ein Gelenk, und zwar besonders das Metatarsophalangealgelenk der großen Zehe (Podagra), ferner die Finger- und Handgelenke (Chiragra) ergriffen.

c) Infektiöse Granulationen.

Miliar-Tuberkulose der Synovialis kommt als Teilerscheinung allgemeiner Miliar-Tuberkulose vor.

Bei der **Arthritis tuberculosa** (Gelenkfungus), einer der häufigsten Gelenkerkrankungen, zeigt die Synovialis — primär in ihr entstanden, oder vom knöchernen Gelenkende her sekundär übergreifend — ein schwammiges, graurotes Granulationsgewebe, mit oft schon makroskopisch erkennbaren Tuberkeln, die später ebenso wie ausgedehntere Partien des tuberkulösen Granulationsgewebes verkäsen. Andererseits kann es auch zu fibröser Umwandlung kommen. Auch die Knorpel werden dann ergriffen, erweicht, aufgefasert und zerstört. Namentlich wenn die Tuberkulose vom Knochen her auf ihn übergreift, kann er in Stücken oder in toto abgehoben werden. Oder aber die tuberkulösen Synovialwucherungen wachsen über die Knorpeloberfläche (Synovitis pannosa), dringen dann ein und durchlöchern und rarifizieren so den Knorpel, der kariös wird und kleinere oder größere Defekte aufweist. Nekrotische Partikel können ganz losgelöst werden. Auch die Gelenkbänder werden ergriffen. Der Knochen kann, soweit er nicht tuberkulös zerstört ist, mit Sklerose und ossifizierender Periostitis (Osteophytenbildung) reagieren, andererseits auch entzündliche Osteoporose aufweisen.

Stehen die schwammigen Synovialwucherungen mit geringer Neigung zu Verkäsung und Zerfall im Vordergrund, so spricht man von einer fungösen Form. Gerade bei ihr treten öfters freie Gelenkkörper

(Corpora oryzoidea) (s. unten) auf, teils abgestoßene gewucherte Synoviateile, teils durch Umwandlung ausgeschiedenen Fibrins entstanden. Beherrschen die einzelnen Tuberkel schon makroskopisch das Bild, während die diffuse Wucherung der Synovia mehr zurücktreten kann, so bezeichnet man dies als Synovitis granulosa. Als ulzeröse Formen benennt man diejenigen Fälle, in denen die diffuse Verkäsung und Einschmelzung besonders ausgesprochen ist. Sie führen oft schnell zu sehr starken Zerstörungen und Deformitäten der Gelenke („Arthrocace"). Neben den Granulationen werden gerade bei dieser Form — aber auch sonst bei Gelenktuberkulose — die Gelenkhöhlen auch von flüssigen Massen ausgefüllt, teils durch Erweichung der Granulationen entstanden, teils Exsudat, so seröses oder serofibrinöses oder, gerade bei den ulzerösen Formen vor allem, Eiter. In ihm können nekrotische Knochen- oder Knorpelteile schwimmen. Bleibt das Exsudat fast ganz aus, so spricht man auch von Caries sicca.

In der Umgebung tuberkulöser Gelenke findet man entzündliches Ödem, entzündliche Wucherungen und direktes Hineinwachsen der tuberkulösen Granulationen. Weichteile und Haut sind daher hier stark geschwollen und derb infiltriert, die Haut eigentümlich glatt und glänzend — sog. Tumor albus. Die tuberkulösen Granulationen können selbst die Haut durchbrechen, und so Fistelgänge mit käsigeiterigem Inhalt entstehen; nicht selten bilden sich auch Kongestionsabszesse (s. oben).

Allem Beschriebenen entsprechend ist der Verlauf der Gelenktuberkulose meist ein chronischer und wechselt zwischen Stillstand und wiederholten Rezidiven. Selbst Heilung ist (besonders nach Entfernung der erkrankten Teile und Entleerung des Käses und Eiters) auf dem Wege fibröser Umwandlung des Granulationsgewebes, wenn auch nur mit Zerstörungen von Gelenkteilen, Schrumpfungen, Adhäsionen, möglich; hinzu kommen Atrophien und Kontrakturen von Muskeln. So resultieren auch bei Ausheilung des Prozesses Funktionshemmungen, Fixation des Gelenkes, spontane Luxationen und Subluxationen u. dgl. Zurückbleibende Käsemassen mit noch lebenden Tuberkelbazillen können einen neuen Ausbruch der Erkrankung herbeiführen. Am häufigsten ergriffen sind Hüft- und Kniegelenk, ferner die Hand- und Fußgelenke.

Syphilis äußert sich an Gelenken in ihren Frühstadien öfters in serösen oder serofibrinösen Entzündungen; in ihren Spätformen treten Gummata auf, die zu Usuren und dann unregelmäßig zackigen Narben führen können.

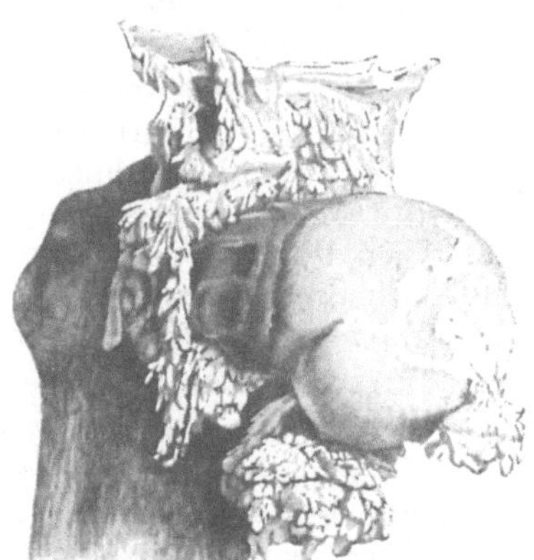

Fig. 387.
Arthritis und Ostitis deformans mit Lipoma arborescens des Hüftgelenks.
Difformierter Gelenkkopf, dessen Hals senkrecht zur Längsachse des Knochens gestellt ist. Synovialmembran mit hypertrophischen aus Fettgewebe bestehenden Zotten. $^2/_3$ der nat. Größe.
Aus Ziegler, Lehrb. d. allg. u. spez. path. Anatomie. 7. Aufl. Jena, Fischer 1892.

d) Geschwülste; freie Gelenkkörper; Ganglien.

Tumoren sind in den Gelenken selten. Am häufigsten findet sich das **Lipoma arborescens** der Synovialhaut, welches aus baumförmig verzweigten Fettgewebszotten besteht.

Sog. **freie Gelenkkörper** (Gelenkmäuse) liegen entweder ganz frei im Gelenk oder flottieren, an einem Stiele befestigt, in seiner Höhle. Sie bestehen aus Fibrin (runde, reiskornähnliche, meist zahlreiche Körper, „Corpora oryzoidea") oder abgestoßenen Wucherungen von Synovia und Synovialzotten (s. auch oben), teils handelt es sich um mechanisch (oder durch Eiterung) losgelöste Knochen und Knorpelstücke oder endlich um Fremdkörper.

Die sog. **Ganglien** oder **„Überbeine"** sind herniöse Ausstülpungen der Synovialis, die sich gegen die Gelenkhöhle abschließen und prall mit eingedickter Synovia gefüllt sind.

Im Kniegelenk kommen sie öfters symmetrisch doppelseitig vor (Hoderus).

e) Kontrakturen; Ankylosen; Verletzungen.

Unter **Kontraktur** versteht man eine Beschränkung der Beweglichkeit eines Gelenkes, durch Veränderungen innerhalb desselben oder der das Gelenk umgebenden und seine Bewegungen auslösenden Weichteile. Man unterscheidet danach arthrogene, myogene, tendogene Kontrakturen, meist auf Grund chronischer Entzündungen oder Verletzungen mit Ausgang in Narben und Schrumpfung dieser; ferner narbige Kontrakturen, d. h. solche durch ausgedehnte Hautnarben, z. B. nach Verbrennungen, und endlich neurogene bei Lähmungen von Muskeln, oft zentraler Natur. Bei Lähmungen einzelner Muskelgruppen entsteht Kontraktur ihrer Antagonisten, z. B. ein Pes calcaneus durch Lähmung der Wadenmuskulatur.

Ist ein an sich frei bewegliches Gelenk durch außerhalb desselben gelegene Ursachen, z. B. infolge von Lähmungen, dauernd in einer bestimmten Stellung fixiert, so passen sich die Gelenkflächen allmählich der angenommenen Stellung an, so daß sie nach und nach wirklich an Exkursionsfähigkeit verlieren. Besonders ist das an nachgiebigen, noch wachsenden Knochen der Fall; hierdurch erhalten die Gelenke oft ganz abnorm gebildete Gelenkflächen und hochgradige Difformitäten. Die Verunstaltungen des Fußes bei Pes varus, Pes varo-equinus u. a. geben hierfür bekannte Beispiele.

Unter **Ankylose** versteht man die Aufhebung der Beweglichkeit eines Gelenkes, wobei die Ursache der Gelenksteifigkeit im Gelenke selbst liegt. Ankylose kann entstehen durch Verwachsung. Man unterscheidet je nachdem eine Ankylosis fibrosa, Ankylosis cartilaginea und Ankylosis ossea, letztere aus den beiden ersten Formen hervorgegangen. Außerdem entsteht eine Gelenksteifigkeit auch durch Knorpel- und Knochenwucherungen sowie durch Schrumpfungsvorgänge und Kontrakturen (s. oben), welche unregelmäßig gewordene Gelenkflächen in einer bestimmten Lage fixieren. Diese Form der Ankylose ist häufig ein Effekt der Arthritis deformans. An der Wirbelsäule sind zwei Formen der Versteifung zu unterscheiden: 1. die **Spondylitis deformans,** eine senile Erscheinung, bei der die Bandscheiben komprimiert, und vom Periost Knochenspangen über sie hinweg und die Wirbel miteinander verbindend gebildet werden. Die Fixierung tritt in kyphotischer Stellung ein. 2. Die **Spondylitis ankylopoetica,** ebenfalls eine, und zwar bogenförmige, Wirbelversteifung (auch nach Bechterew genannt), welche durch Verknöcherung der Bänder und kleinen Wirbelgelenke erfolgt. Nachträglich verknöchern auch andere Teile sowie auch die benachbarten Gelenke der Rippen, Hüften und Schultern.

Wegen der **Verletzungen** (Kontusionen, Distorsionen und Luxationen) sei auf die chirurgischen Lehrbücher verwiesen. Verletzungen des Knorpels heilen in der Regel durch Narbenbildung.

C. Sehnen und Schleimbeutel.

Eine Entzündung der Sehnenscheiden, **Tendosynovitis,** kann eine fibrinöse, serofibrinöse oder eiterige sein. Bei rein fibrinöser Exsudation (Tendovaginitis sicca) entsteht das charakteristische Krepitieren bei Bewegungen. Eiterige Entzündung der Sehnen, Tendosynovitis purulenta, ist meistens sekundär nach infizierten Wunden, phlegmonösen Herden, Panaritien oder Abszessen. Sie kann ihren Ausgang in Resorption des Exsudats, oder in Verwachsungen der Sehnen und Sehnenscheiden, endlich in Auffaserung und Nekrose der Sehnen nehmen.

Chronische Entzündungen der Sehnen — am häufigsten der Hohlhand — führen zu Auftreibung der Sehnenscheiden (Hydrops tendo-vaginalis, Hygrom der Sehnenscheiden), mit zirkumskripten zystischen Bildungen oder Verwachsungen der Sehnen. Dabei entstehen durch Abschnürung zottiger Wucherungen ähnliche Corpora oryzoidea wie in den Gelenken. Ebenfalls ähnlich wie von den Gelenken aus bilden sich durch herniöse Vorstülpungen der Sehnenscheiden sog. Ganglien (Überbeine).

Im ganzen analoge Verhältnisse zeigen die Schleimbeutel bei ihren Entzündungen **(Bursitis).** Bei häufigem Knien entsteht die chronische Entzündung der Bursa praepatellaris.

Hier und da primär, meistens aber von Knochen- oder Gelenkaffektionen her fortgeleitet, tritt eine Tuberkulose der Sehnenscheiden auf und breitet sich den Sehnen entlang oft über weite Strecken aus; sie findet sich sowohl in Form miliarer Knötchen wie auch mehr diffuser verkäsender Granulationen. Bei der tuberkulösen Erkrankung ist die Bildung von Oryzoid-Körperchen eine besonders reichliche und häufige.

Unter den Tumoren seien sog. Myelome genannt, d. h. Riesenzellensarkome gutartiger Natur an Sehnen von Hand oder Fuß, von lappigem Bau. Sie weisen außer Fremdkörper-(Cholesterin-)Riesenzellen Xanthomzellen mit viel Fett und Lipoid und reichliches Hämosiderin auf. Doch handelt es sich zumeist nicht um echte Geschwülste, sondern um entzündliche Bildungen nach Art der sog. Pseudoxanthome.

Anhang: **Difformitäten einzelner Skelettabschnitte.**

Ein Teil der Difformitäten des Skelettes ist angeboren, infolge zu geringer Wachstumsenergie oder unter intrauterinen mechanischen Einwirkungen (Enge der Eihäute u. dgl., s. S. 135) entstanden. Andere sind auf Grund von Erkrankungen u. dgl. erworben.

Aus den funktionellen nahen Beziehungen der einzelnen Teile des Bewegungsapparates, der Knochen und Gelenke und ihrer Fähigkeit synergetischer Anpassung unter veränderten Bedingungen ergibt sich die gegenseitige Beeinflussung dieser Elemente im Erkrankungsfall. So kommen Transformationen der Knochen im Sinne funktioneller Anpassung (s. S. 376) zustande, und so bewirken Einflüsse, welche zunächst nur einen Knochen oder bloß ein Gelenk angreifen, in der Folge an einem ganzen Körperteil Gestaltsveränderungen.

Von besonderer Wichtigkeit sind hier primäre Erkrankungen des Knochensystems. Sie bringen einerseits direkte Verkrümmungen der belasteten Knochen hervor und setzen sie infolge verminderter Resistenz mechanischen Einflüssen in vermehrtem Maße aus, andererseits bewirken sie dann wieder abnorme statische Verhältnisse auch für andere Skeletteile. Im Kindesalter ist hier die Rachitis von besonderer Wichtigkeit. Im späteren Lebensalter wirken Osteomalazie, senile Osteoporosen u. dgl. ähnlich. Ankylosen, Kontrakturen usw. führen Änderungen in der Lage des Gesamtkörpers herbei und somit auch Änderungen am übrigen Skelett. Difformitäten eines Skeletteiles haben vielfach solche anderer, von ihm belasteter oder auf ihm ruhender Teile zur Folge; so entstehen sekundäre Verschiebungen des Brustkorbs bei Verkrümmungen der Wirbelsäule, oder die kompensatorische zweite Krümmung der Wirbelsäule bei Kyphosen usw., um die aufrechte Körperhaltung zu ermöglichen. Besonders im Jugendalter spielen auch veränderte Belastungsverhältnisse durch habituelle abnorme Körperhaltung und so bedingte andere Verteilung der Körpergewichtslast eine große Rolle; so kommen Verbiegungen der Wirbelsäule, oder bei gewohnheitsgemäß übermäßig langem Stehen Abplattung des Fußgewölbes sowie Ausbiegung des Kniegelenks zustande. Auch Muskeln erfahren bei Knochen- und Gelenkdeformitäten häufig ebenfalls Veränderungen, z. B. Verkürzungen bei dauernd fixierter Gelenkstellung. Andererseits können dauernde Verkürzungen, Lähmungen derselben usw. auch abnorme Stellungen der Gelenke (z. B. Pes varo-equinus) bewirken.

Über Difformitäten am **Schädel** s. S. 367f.

Von abnormen **Thoraxformen** seien hier erwähnt resp. noch einmal zusammengefaßt: der paralytische Thorax, die sekundären Verschiebungen des Brustkorbes bei Verkrümmungen der Wirbelsäule, die mangelhafte Entwickelung von Thoraxteilen bei angeborener resp. dauernd bleibender Atelektase größerer Lungenpartien, der faßförmige Thorax der Emphysematiker, der rachitische Thorax, der Thorax phthisicus (S. 88).

Wirbelsäule. I. **Skoliose** ist eine seitliche Verkrümmung der Wirbelsäule, so daß diese S-förmig gebogen wird. Sie ist häufig eine Belastungsdeformität bei wachsendem Organismus infolge habituell stärkerem Gebrauch der einen Körperseite. Doch wirken disponierende Momente, besonders Rachitis, mit. Diese Skoliose ist beim weiblichen Geschlecht und besonders im Jugendalter häufiger. Andere

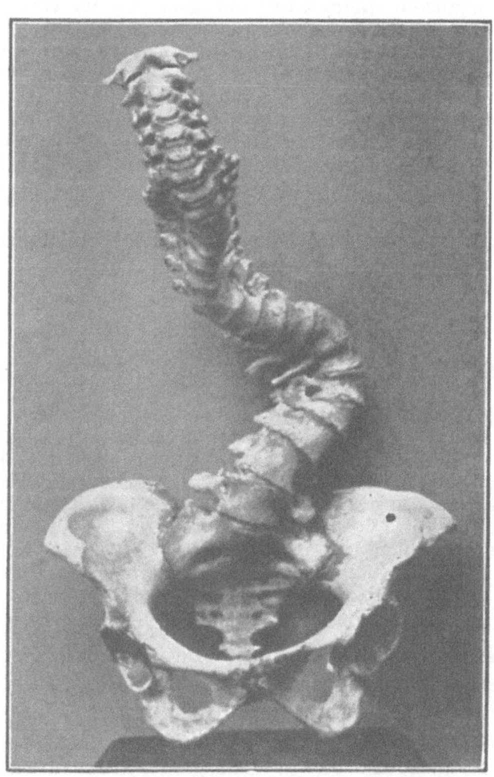

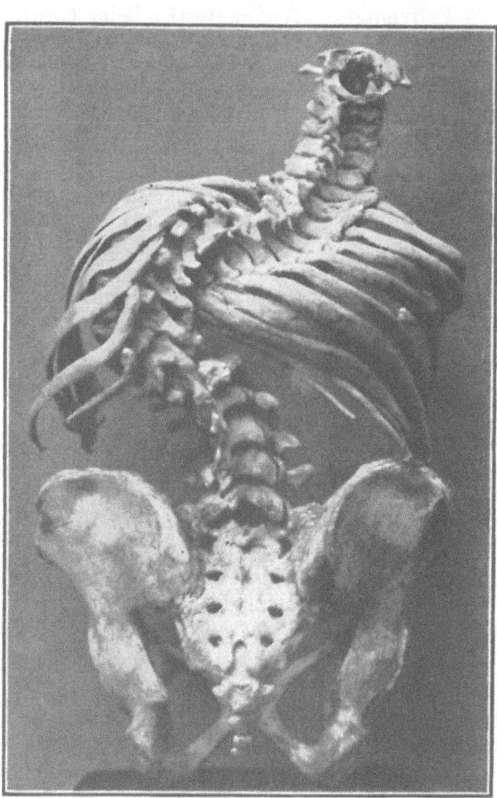

Fig. 388.
Skoliose. Links von vorne, rechts von hinten gesehen.
Aus Riedinger, Morphologie und Mechanismus der Skoliose. Wiesbaden, Bergmann.

Formen sind rein rachitisch (meist nach links konvex) oder durch Narben bewirkt oder (vorübergehend) hysterisch. Aus der zunächst mobilen Skoliose wird eine fixierte. In der Regel entsteht an einem anderen Teil der Wirbelsäule eine zweite, und zwar nach der entgegengesetzten Seite gerichtete, kompensatorische Krümmung. Mit der seitlichen Ausbiegung findet stets auch eine spiralige Drehung der Wirbelsäule um ihre senkrechte Längsachse mit einer Torsion der betreffenden Wirbel nach der gleichen Seite hin statt. In allen höheren Graden von Skoliose kommt neben ihr eine Kyphose, d. h. eine buckelförmige Ausbiegung der Wirbelsäule nach hinten, zustande — Kyphoskoliose. Auch die Rippen werden verändert, das Lumen des Thorax, besonders auf der konvexen Seite, verengt. Das Herz wird disloziert, es kommt zu Hypertrophie und Dilatation, besonders des rechten Ventrikels.

II. **Kyphose** ist eine ventralkonkave Ausbiegung der Wirbelsäule nach hinten wobei die Spitzen der Dornfortsätze sich voneinander entfernen. Man unterscheidet: 1. Die bogenförmige (flache), bei Osteomalazie, Rachitis, seniler Osteoporose, 2. die spitzwinkelige Kyphose oder den Pottschen Buckel bei vollständiger Zerstörung — durch Karies, Tumoren, Arthritis deformans usw. — eines oder mehrerer Wirbelkörper, so daß sie unter dem Gewicht der Wirbelsäule zusammenbrechen.

III. **Lordose** ist eine verstärkte dorsalkonkave Krümmung der Lendenwirbelsäule nach vorn, meist kompensatorisch für eine Kyphose im Brustteil. Sie entsteht auch wenn die Beckenneigung vermehrt ist, z. B. um bei einer durch Koxitis bedingten Fixation des Hüftgelenkes das Gehen zu ermöglichen; seltener wird eine bedeutende Verstärkung der physiologischen Lordose der Lenden- oder Halswirbelsäule durch Rachitis, Osteomalazie, Karies usw. verursacht.

Die normale **Beckenform** wird verändert durch Osteomalazie (s. o.), Rachitis (s. o.), ferner als Folge von Wirbelsäulenverkrümmungen (kyphoskoliotisches Becken).

Wird die unter dem 5. Lendenwirbel gelegene Zwischenwirbelscheibe entzündlich oder traumatisch zerstört und rutscht daher die Gesamtwirbelsäule über den Körper des 1. Kreuzbeinwirbels herab nach vorn, so daß der Körper des untersten Lendenwirbels (oder gar des 2.—4.) das Promontorium bildet, so entsteht das spondylolisthetische Becken. Ankylosen des Hüftgelenks bei Koxitis u. dgl. verschieben das Becken in schiefer Richtung: koxalgisches Becken. Ähnlich wirken Amputationen und veraltete Luxationen infolge Inaktivitätsatrophie. Das schrägverengte Becken entsteht bei einer im fötalen oder jugendlichen Lebensalter eintretenden Synostose der Synchondrosis sacro-iliaca (bei doppelter Affektion das querverengte). Ferner sind zu erwähnen: das Zwergbecken bei Nanosomie, das gleichmäßig verengte Becken, platte Becken, dessen eine Form rachitischen Ursprungs ist, das gespaltene Becken (bei Symphysenmangel).

Extremitäten. Kniegelenk: Beim Genu varum bildet das Gelenk einen nach innen offenen Winkel; es ist meist Folge rachitischer Knochenveränderungen. Beim Genu valgum ist der Winkel nach außen offen; auch es ist oft Folge von Rachitis der großen Knochen, oder entsteht im Anschluß an — rachitischen — Pes valgus (s. unten), oder durch vieles Stehen im jugendlichen Alter (Gewerbekrankheit bei Bäckern). Fußgelenk: Beim Pes varus ist der Fuß nach innen verbogen, meist verbunden mit Equinusstellung (Spitzfuß) als Pes varoequinus (Klumpfuß). Er entsteht schon intrauterin oder durch Verkürzung der unteren Extremität, Lähmung derselben, langes Krankenlager, Kontrakturen in Plantarflexion u. dgl. Eine entsprechende Deformität der Hand wird als Talimanus bezeichnet. Der Pes valgus (Plattfuß) ist die Folge einer Abflachung des Fußgewölbes, verbunden mit Drehung des Fußes nach außen. Er ist angeboren oder erworben, besonders bei Rachitis, langem Stehen, Schlaffheit der Bänder usw.

Hier konnte nur das Wichtigste kurz zusammengestellt werden. Alle Einzelheiten finden sich in den Lehrbüchern der allgemeinen Chirurgie und das Becken betreffend in denen der Geburtshilfe.

D. Muskeln.

Der ganze Muskel ist umhüllt vom bindegewebigen **Perimysium externum**; er setzt sich zusammen aus **Muskelfasern,** die, zu Bündeln zusammengeordnet, vom **Perimysium internum** umschlossen werden. Jede einzelne Muskelfaser liegt im **Sarkolemm**schlauch, unter dem die Muskelkörperchen mit den in der Längsrichtung gestellten Kernen gelegen sind. Sie besteht aus den feinsten **Muskelfibrillen,** durch **Sarkoplasma** voneinander getrennt; durch reichlicheres Sarkoplasma zwischen zu Bündeln angeordneten Primitivfibrillen entstehen auf Querschnitten die sog. **Cohnheimschen Felder.** Die einzelnen Muskelfibrillen setzen sich aus **anisotropen** und **isotropen** Scheiben und dazwischen Querscheiben zusammen. In den Muskeln, besonders der Extremitäten und des Rumpfes, finden sich ferner sehr dünne, von besonderen Nerven umsponnene sog. **Muskelspindeln** von noch nicht restlos geklärter Bedeutung.

Einfache **Atrophie** äußert sich in Verschmälerung und Verkürzung der Fasern, deren Querstreifung erst später verloren geht. Durch Verlust des Muskelhämoglobins wird der Muskel blaß, oder am häufigsten durch reichliches Auftreten von Lipofuszin (Abnutzungspigment, braun — **Pigmentatrophie.** Bei der **trüben Schwellung** erscheinen die Muskeln trüb-blaßrot, bei der **Verfettung,** bei der feinste Fetttröpfchen in das Sarkoplasma eingelagert sind, gelblich mit deutlichem Fettglanz. Sie ist am häufigsten in den tätigsten quergestreiften Muskeln des Körpers, so dem Zwerchfell, und nimmt daher mit dem Alter zu. Am meisten findet sie sich bei chronischen Erkrankungen mit schweren Kreislaufstörungen. Die Muskulatur zeigt gleichzeitig mit der Verfettung andere Zeichen von Degeneration (Kolodny). Die **Amyloiddegeneration** hat wenig Bedeutung. Wichtig ist dagegen die bes. bei Typhus (sog. Zenkersche Degeneration) aber auch bei zahlreichen anderen Infektionskrankheiten, oft zusammen mit Blutungen, häufige **hyaline** oder **wachsartige Degeneration,** welche besonders an den geraden Bauchmuskeln und Adduktoren des Oberschenkels, aber auch am Zwerchfell usw. auftritt. Der Muskel erscheint hier trüb, matt, blaß, fischfleischähnlich.

An den betreffenden, offenbar durch Toxine geschädigten, mehr oder weniger ausgedehnten Stellen wird die Querstreifung der Faser zunächst äußerst eng und undeutlich, schließlich vollkommen unkenntlich. Dies wird bewirkt durch abnorme Kontraktionen und so bedingtes enges Zusammenpressen der doppellichtbrechenden Streifen. Man bezeichnet derartige Stellen als Verdichtungsknoten; sie zeigen durch den Verlust der Querstreifung eine eigentümlich homogene, dabei glänzende, glasige Beschaffenheit. Infolge Zugwirkung der Antagonisten zerreißen die so kontrahierten Fasern nun und erleiden so vielfach einen Zerfall der kontraktilen Substanz zu einzelnen größeren oder kleineren klumpigen Bruchstücken, welche sich in der Folge vom Sarkolemm zurückziehen, so daß letzteres stellenweise einen leeren Schlauch darstellen kann. Die einzelnen, durch den Zerfall entstandenen, scholligen Massen können sich ihrerseits weiterhin in eine feinkörnige Masse umwandeln, oder zunächst als homogene Körper liegen bleiben, welche man als Sarkolyten bezeichnet, und die nach und nach an den Rändern abschmelzen und dann resorbiert werden.

Auch die **Nekrose** ähnelt insofern der beschriebenen Degenerationsform histologisch, als sich beim Zerfall der Muskelfasern hyalin-schollige Massen bilden. Es kommt zur Nekrose teils aus lokalen Ursachen wie Verletzungen, Verbrennungen oder Erfrierungen, Gefäßverschlüssen, Blutungen, Entzündungen u. dgl., teils unter Einwirkung allgemeiner Infektionen. Nekrotische Muskelfasern **verkalken** hier und da.

Bei degenerativen Vorgängen zeigen Muskelfasern auch Auffaserungen, Spaltungen, Zerklüftungen und Vakuolenbildungen (letztere auch bei Ödem). Auch Aushöhlungen und Einbuchtungen der Muskelfasern kommen vor. Eigenartig ist die sog. röhrenförmige Degeneration, wobei die Muskelfaser auf einen Hohlzylinder reduziert erscheint, welcher noch quergestreift oder homogen, strukturlos und mit dicht gedrängt gewucherten Sarkolemmkernen in reihenförmiger Anordnung besetzt ist, so daß das Bild einem embryonalen Entwickelungszustand ähnelt. Die sog. longitudinale Atrophie besteht in einer Atrophie an den Enden, so daß die Fasern kürzer werden, verbunden mit kompensatorischer Verlängerung des korrespondierenden fibrösen Sehnenbündelchens. Infolge starker Kontraktion erscheinen einzelne Muskelfasern im atrophischen Muskel auch oft von besonderer Dicke.

Häufig stellt sich bei atrophischen Prozessen eine Wucherung der Muskelkörperchen ein, welche sich mit reichlicherem Protoplasma umgeben und sich in langen Reihen dem Sarkolemmschlauch anlagern. Dabei bilden sie oft große vielkernige Riesenzellen, die auf jeden Fall als Ansätze zu Regenerationen zu deuten sind. Das Perimysium internum kann kompensatorisch eine Zunahme aufweisen, öfters wuchert dabei auch das Fettgewebe — **Lipomatose**; dies kann so weit gehen, daß trotz der Muskelfaseratrophie der Muskel im ganzen sogar größer und dicker erscheinen kann — **Pseudohypertrophie** (s. S. 56).

Viele Muskelatrophien sind die Folge von **Läsionen im Nervensystem.** Sie schließen sich an die Wallersche Degeneration an, welche bei Degenerationen im peripheren motorischen Neuron (s. unter Nervensystem) distal von der Läsionsstelle bis in die Endplatten der Nerven reicht.

Tritt nach Durchtrennung peripherer Nerven deren Heilung mit Wiederherstellung der Verbindung ein, so setzt auch eine Regeneration an den Muskeln ein, indem Myoblasten wuchern und neue Fasern bilden. Wird die Wiedervereinigung getrennter Nervenstücke verhindert, so kommt es zu dauernder Atrophie der Muskeln. Ebenso bei Degeneration der motorischen Vorderhornzellen oder bei degenerativen Prozessen in den Hirnnerven und deren Kernen. Bei Lähmungen hingegen, welche ihre Ursache im zentralen motorischen Neuron haben, bleibt die degenerative Muskelatrophie in der Regel aus und es tritt nur Inaktivitätsatrophie ein.

Dem oben Gesagten zufolge kommt eine Muskelatrophie vor:

1. Bei Degeneration peripherer Nerven durch Erkrankungen derselben infolge von allgemeinen Infektionskrankheiten, Polyneuritis, Vergiftungen (Blei usw.) oder Verletzungen, überhaupt Unterbrechungen der Nerven. Findet in dem erkrankten peripheren Nerven eine Regeneration und Wiederherstellung seiner Fasern statt, so kann sich auch eine Regeneration der verlorenen Muskelpartien einstellen.

2. Bei Läsionen der vorderen Wurzeln.

3. In Fällen von Querläsion des Rückenmarkes oder Läsion seiner Vorderhörner mit Degeneration seiner großen motorischen Ganglienzellen. Es tritt daher eine neurotische Atrophie der Muskeln ein in Fällen von Myelitis, Poliomyelitis anterior acuta und chronica, progressiver spinaler Muskelatrophie, bei amyotrophischer Lateralsklerose, in manchen Fällen von sog. Kompressionsmyelitis, bei Verletzungen des Rückenmarkes, Pachymeningitis tuberculosa oder luetica u. a.

4. Bei der progressiven Bulbärparalyse.

Über alle diese Erkrankungen wurde das Wichtigste schon im Kap. VI mitgeteilt.

Gegenüber diesen neurotischen Formen bezeichnet man als **primäre myopathische Atrophien** diejenigen, welche ihre Ursache in den Muskeln selbst haben.

Hierher gehören vor allem die Inaktivitätsatrophie als Folge geringerer Anforderungen an den Muskel bei Beweglichkeitsherabsetzung infolge von Gelenk- oder Knochenerkrankungen u. dgl., die Atrophie im höheren Alter und bei marantischen Zuständen, ferner gewisse progressive Atrophien, welche als primäre Prozesse in den Muskeln vorkommen. Die wichtigste dieser ist die **myopathische progressive Muskelatrophie** (Dystrophia muscularis juvenilis).

Die Erkrankung beruht öfters auf erblicher Anlage bzw. ist kongenital und tritt fast stets als infantile bzw. juvenile Form schon in jungen Jahren auf; sie befällt vor allem die Muskeln des Rumpfes, der Schulter, des Oberarmes und schreitet in der Regel vom Rumpf nach den Extremitäten zu fort. Mikroskopisch sind die Muskelfasern atrophisch, eventuell vakuolär zerklüftet, öfters bildet sich Pseudohypertrophie aus.

Über **Regeneration** der Muskeln s. d. Allgem. Teil.

Hypertrophie entwickelt sich als Arbeitshypertrophie. Hypertrophische Muskelfasern finden sich auch bei der kongenitalen **Thomsenschen Krankheit** (Myotonia congenita (s. auch o.).

Hier entspricht die Leistungsfähigkeit der Muskeln ihrer Volumenzunahme, welche mit Degeneration anderer Fasern verknüpft ist, nicht; es besteht erhöhte Spannung, Erregbarkeit usw. Verschiedenste Muskeln können, wenn auch ungleich, betroffen sein. Auch diese Erkrankung, die vielleicht auf Störungen der inneren

Sekretion (Epithelkörperchen) beruht, trägt hereditären bzw. familiären Charakter. In dies Krankheitsbild gehört auch die **Myotonia atrophica** bzw. **myotonische Dystrophie.** Hier sind bei Personen mittleren Alters besonders Gesichtsmuskulatur, Schlundmuskulatur, Halsmuskeln, Muskeln des Unterarmes und der Hand zum Teil atrophisch, andere Muskelgruppen myotonisch. Bei dieser Veränderung hat Heidenhain neuerdings unter dem Sarkolemm gelegene quergestreifte Zirkularmuskelfibrillen in Gestalt sog. Ringbinden (die auch in die Fasern einstrahlen) nachgewiesen; ihre Genese und Natur steht nicht fest. Bei der Erkrankung bestehen zugleich am Skelett (Wirbelsäule) Kalkschwund, psychische und nervöse Störungen, frühzeitiger Katarakt, oft Hodenatrophie, Stoffwechselstörungen (Nägeli) usw. Auch diese ausgesprochen familiär-hereditäre Erkrankung wird (von Nägeli) zu denen pluriglandulär-innersekretorischer Natur gerechnet.

Ödem des Muskelinterstitiums in Gestalt teigiger Anschwellung des Muskels findet sich nach Verletzungen, neben Blutungen und besonders Entzündungen, ferner in den ersten Stadien der Trichinose und vielleicht auch beim akuten Gelenkrheumatismus. Ausgedehnte blutige Infiltrationen treten im Verlauf von Skorbut auf.

Entzündungen der Muskeln sind selten primär.

Die Polymyositis, mit Fieber und teigiger, später derber Anschwellung der Muskeln und eventuell auch der bedeckenden Haut (Dermatomyositis) einhergehend, ist wahrscheinlich infektiös oder infektiös-toxisch. Die erkrankten Muskeln erscheinen derb, grauweiß oder durch blutige Zersetzung dunkel (Polymyositis haemorrhagica); die Muskelfasern sind trüb geschwollen, verfettet, zerklüftet, das Zwischengewebe ist von Leukozyten und roten Blutkörperchen, zum Teil auch von Fibrin durchsetzt. Phlegmonöse Eiterung und Muskelnekrose kann sich anschließen — Polymyositis suppurativa.

Die meisten Entzündungen, insbesondere auch die eitrigen, sind sekundär, von der Nachbarschaft her (Knochen, Gelenke, Unterhautbindegewebe) fortgeleitet. **Abszesse** können eingekapselt werden oder (nach Entfernung des Eiters) narbig heilen.

Die **chronische Entzündung — Myositis fibrosa** — schließt sich an akute Entzündungen an, oder entwickelt sich mehr allmählich in der Umgebung von Entzündungsherden (namentlich in Knochen oder Gelenken). Es entstehen bindegewebige Schwielen in der Muskelsubstanz. Solche können auch das Endresultat chronisch-degenerativer Veränderungen (besonders neurotischer Atrophien, s. o.) sein.

Das Auftreten von Knochensubstanz im Innern von Muskeln bezeichnet man als **Myositis ossificans** besser als **Myopathia chronica osteoplastica** (Gruber). Zum Teil handelt es sich hier in der Tat um Entzündungen, wobei Granulationsgewebe Knochen bildet oder sich Bindegewebe, wohl oft in Zusammenhang mit Periost, metaplastisch in Knochen (eventuell auf dem Wege über Knorpel) umwandelt, zum Teil mögen aber auch tumorartige Wucherungen nach Art von Osteomen vorliegen; in manchen Fällen sind zirkumskripte Knochenbildungen Folgen chronisch-mechanischer Reize.

Hierher gehören die sog. Exerzierknochen im Musculus deltoideus bei Infanteristen, oder die Reitknochen in den Adduktoren des Oberschenkels. Nahe stehen diesen Bildungen die sog. parostalen Exostosen, d. h. Knochenbildungen in Muskeln (und oft Sehnen und Bändern) in der Nähe chronisch-entzündeter Knochen.

Die **Myositis ossificans progressiva** beginnt mit teigiger Anschwellung der Muskeln; dann treten fibröse Wucherungen und — oft in Verbindung mit altem Knochen — Bildung echter Knochensubstanz ein; die Muskelfasern gehen passiv zugrunde. Die Knochenmassen haben die verschiedensten Formen. Die Erkrankung ist sehr selten und beginnt meist in der Jugend, wohl häufig auf Grund einer entwicklungsgeschichtlichen Anomalie, und zwar gewöhnlich in der Nacken- und Rückenmuskulatur, um sich dann weiterhin auszudehnen; zuletzt wird der ganze Körper starr und unbeweglich.

Tuberkulose kann von kariösen Knochen oder Gelenken auf das intermuskuläre Gewebe übergreifen und daselbst käsige, teilweise auch schwielig-indurierende Prozesse hervorrufen, wobei die Muskelsubstanz mehr oder weniger zerstört wird.

Bei **Syphilis** finden sich in sehr seltenen Fällen gummöse, nekrotische oder schwielige Prozesse im Muskel.

Von **Tumoren** kommen, abgesehen von sehr seltenen Lipomen, Angiomen (darunter auch kavernösen) und Fibromen, relativ am häufigsten **Sarkome** vor, welche meistens von dem intermuskulären Bindegewebe ausgehen und auch metastatisch auftreten.

Von Parasiten finden sich **Trichinen** und **Zystizerken** (S. 179 und 173).

Eine noch ziemlich rätselhafte Erkrankung ist die **Myasthenia gravis** (Erbsche Krankheit). Trotz Ähnlichkeit mit Bulbärparalyse zeigt hier das Zentralnervensystem keine Veränderungen. Die Muskulatur weist hingegen eigentümliche hellgefärbte (bei Eosinfärbung) Muskelfasern auf, die von Knoblauch als Atavismus (Analogie zu den weißen Muskelfasern des Kaninchens) aufgefaßt wurden, jetzt aber meist als degenerativer Natur angesehen werden. Ferner finden sich Lymphozytenherde, die Weigert, da er gleichzeitig einen Thymustumor fand, als Metastasen desselben ansah, die aber als lokal entstanden aufzufassen sind. Immerhin ist Thymus- und Mediastinaltumor bei der Myasthenie relativ häufig beobachtet worden. Vielfach wird angenommen, daß derselben eine Störung des endokrinen Systems zugrunde liegt, worauf auch Kombinationen mit Morbus Basedowii bzw. Analogien zu diesem hinweisen könnten.

Kapitel VIII.

Erkrankungen der Genitalien.

I. Weibliche Genitalien.

Angeborene Anomalien der weiblichen Genitalien.

Für die Mißbildungen des weiblichen Genitalapparates kommen in erster Linie zwei Momente in Betracht: Bildungshemmung und mangelhafte Vereinigung getrennter Anlagen, häufig verbunden mit ersterer.

Der höchste Grad der Bildungshemmung, Aplasie des ganzen Genitaltraktus kommt nur bei lebensunfähigen Mißbildungen vor. Häufiger sind Hypoplasien, Fehlen der normalen Formgestaltung und Atresie (Uterus bicornus solidus oder rudimentarius excavatus). Der Uterus foetalis hat sich nach der Geburt nicht weiter entwickelt, der Uterus infantilis ist unterentwickelt geblieben.

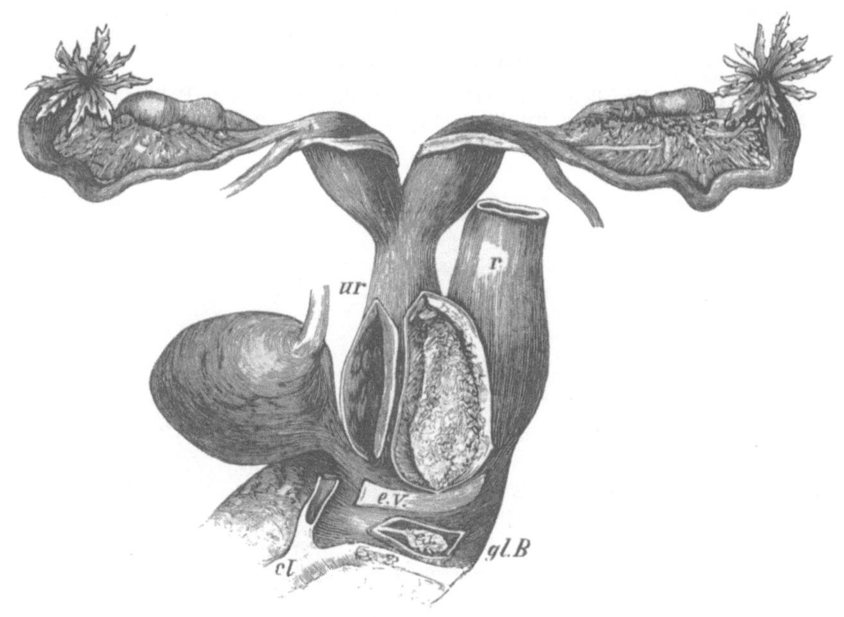

Fig. 389.
Uterus duplex bicornis cum vagina septa (nach P. Müller).
r Mastdarm, *ur* Ureter
Nach Veit l. c.

Durch mangelhafte Vereinigung der Anlagen entstehen Doppelbildungen, häufig zugleich mit rudimentärer Entwickelung. Während die obersten Abschnitte der Müllerschen (Geschlechts-)Gänge als Tuben normaliter getrennt bleiben, entwickeln sich aus den verschmelzenden unteren Abschnitten Uterus und Vagina. Unter den zahlreichen Variationen der durch Ausbleiben dieser Vereinigung entstehenden Mißbildungen seien folgende Formen genannt:

Bei völligem Ausbleiben der Vereinigung der Müllerschen Gänge entsteht **Uterus didelphys,** Uterus duplex separatus cum vagina separata, meist auch hochgradig rudimentär, nur bei nicht lebensfähigen Mißgeburten.

Relativ häufig ist der **Uterus duplex bicornis** (cum vagina septa). Das Corpus uteri besteht aus zwei völlig getrennten „Hörnern", auch der Cervix ist durch eine Scheidewand getrennt.

Gleichzeitig können alle Teile oder nur ein Horn mangelhaft entwickelt sein. Fehlt dies ganz, so entsteht der **Uterus unicornis.** Ist die Entwickelung der einzelnen Teile eine gute, so kann Schwangerschaft und Austragung der Frucht erfolgen.

Beim **Uterus bicornis unicollis** ist nur der obere Teil des Corpus uteri in zwei Hörnern geteilt, der Cervix und meist auch die Scheide einfach. Ist der Fundus durch Stehenbleiben nur eines Vorsprunges der früheren Scheidewand herzförmig, so entsteht der **Uterus arcuatus.** Auch mit dieser geringsten dieser Anomalien kann rudimentäre Entwickelung des Geschlechtsapparates oder einzelner seiner Teile verknüpft sein.

In den bisher genannten Fällen war die Mißbildung schon an der außen sichtbaren Trennung zu erkennen. In anderen Fällen ist die Verschmelzung nur im Innern des Genitalstranges eine unvollkommene. Von diesen Fällen sei hier nur einer genannt:

Beim **Uterus septus duplex** (U. bilocularis) ist die Gebärmutter äußerlich einfach, aber innen durch eine Scheidewand der ganzen Länge nach getrennt, die Vagina doppelt oder einfach.

Mangel eines **Ovariums** ist selten und findet sich nur bei Uterus unicornis (Verkümmerung des einen Müllerschen Ganges). Rudimentäre Entwickelung der Ovarien kommt neben solcher des Uterus vor. Sog. überzählige Eierstöcke entstehen dadurch, daß während der letzten Zeit des intrauterinen Lebens durch peritoneale Spangen Teile des Eierstocks abgeschnürt werden. Verlagerung ganzer von ihrem Stiel abgetrennter Ovarien kann Agenesie des einen Eierstockes vortäuschen. Auch die Follikel (mehrere Eier in einem solchen) und die Eier selbst können Abnormitäten aufweisen.

Rudimentäre Entwickelung der einen oder beider **Tuben**, wobei oft der Trichter verhältnismäßig gut ausgebildet ist, wird neben rudimentärem Uterus beobachtet; ebenso einseitiges Fehlen der Tube bei Uterus unicornis und bei doppeltem Uterus mit verkümmertem Horn.

Fehlen der **Vagina** kommt nur bei gleichzeitigem Defekt des Uterus vor; vollkommene Atresie derselben bei solcher des Uterus und der Tuben, bei sonst normalen Genitalien meist nur partiell. Man unterscheidet die eigentliche Atresia vaginae (blinde Endigung) und die Atresia vaginae hymenalis, wobei nur das Hymen den Scheideneingang vollständig verschließt. Bei der sog. Atresia ani vaginalis ist die Kloake erhalten, Rektum und Vagina münden ziemlich hoch oben in diese ein (vgl. S. 285).

Von Entwickelungsfehlern der **äußeren Genitalien** sind die bei der Besprechung des Pseudohermaphroditismus erwähnten (S. 145) die wichtigsten.

A. Ovarien.

a) Involutionsvorgänge.

Beim neugeborenen Mädchen liegen die schon vollzählig angelegten Follikel sehr dicht; bekanntlich geht weitaus die Mehrzahl der angelegten Eifollikel zugrunde ohne den Zustand der Reife erreicht zu haben

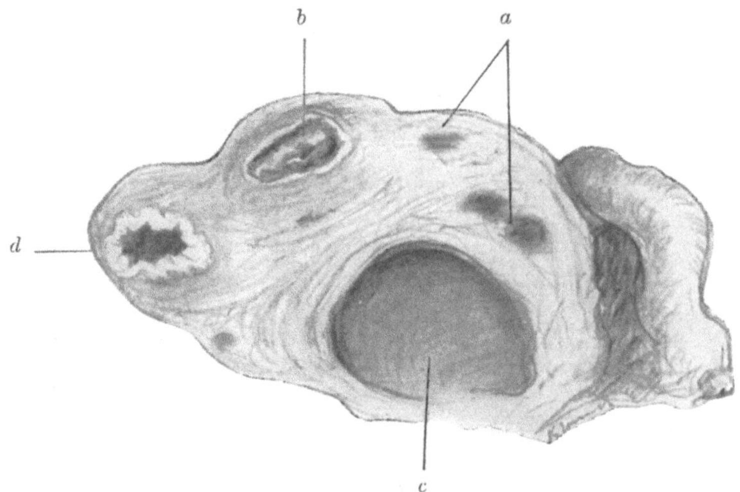

Fig. 390.
Ovarium einer nichtschwangeren Erwachsenen mit atresierenden Follikeln.
a Kleinere, *b* ein größerer atretischer Follikel. *c* Follikelzyste. *d* Corp. luteum.
(Nach Veit, l. c.)

und wird durch Bindegewebe, eventuell mit hyalinem Randstreifen ersetzt (Atresie der Follikel), wobei sich bei größeren Follikeln die Zellen der Theca interna zu Luteinzellen umbilden. v. Hansemann schätzt die Zahl der beim Neugeborenen vorhandenen Eier auf 40000 bis 80000, zur Pubertätszeit auf 16000, bei 17—18jährigen Mädchen aber schon auf nur 5000—7000; von den 16000 Eiern des geschlechtsreifen Weibes sollen 15000 durch Follikelatresie zugrunde gehen. Dementsprechend nimmt das bindegewebige Stroma zu, und es entstehen narbige Einziehungen der Oberfläche an Stellen der geborstenen Follikel (und Corpora lutea). Reife Follikel, welche einen Durchmesser von 1—$1^1/_2$ cm erreichen, sind immer nur in geringer Zahl gleichzeitig in einem Ovarium vorhanden.

Sind die Eier befruchtungsreif und platzt der Follikel, so entsteht das Corpus luteum. Durch Wucherung der Theca interna des früheren Follikels sowie besonders dessen epithelialer Granulosazellen bildet sich eine gelbliche, krausenartig gefaltete Membran, in der sich große Zellen finden, die Luteinzellen, welche später viel Fett, Lipoide und Fettpigmente enthalten. Denn die Luteinzellenschicht wird nunmehr vaskularisiert, bildet sich zurück und verschwindet allmählich wieder, indem von der bindegewebigen Theca externa aus Bindegewebe einwuchert, welches oft auch hyalines Verhalten annimmt. So wandelt sich das Corpus luteum in ein **Corpus albicans** mit Bindegewebe in der Mitte und breitem, hyalinen gekrausten Rand um. Oder infolge Wucherung der Theca externa bildet sich weniger hyalines als streifiges Bindegewebe — **Corpus fibrosum.** Blutungen im Corpus luteum sind wohl als sekundär entstanden aufzufassen, nicht wie man früher meinte der primäre Vorgang. Auf jeden Fall hängt die Corpus luteum-Bildung in rhythmischem Ablauf mit der Menstruation zusammen. Die höchste Blüte des Corpus luteum fällt mit der höchsten menstruellen Entwickelung der Uterusschleimhaut zusammen. Dann tritt die Menstruation ein und beide bilden sich zurück.

Wurde das Ei befruchtet, so bleibt das entsprechende Corpus luteum (**Corpus luteum verum**), bei welchem meist ein stärkerer Bluterguß stattfindet und welches sich meist auch durch einen größeren Umfang auszeichnet, längere Zeit bestehen; es beginnt erst in der Mitte der Schwangerschaft sich in der beschriebenen Art zurückzubilden und ist noch mehrere Monate nach Vollendung der Gravidität erkennbar. Das Corpus luteum verum enthält im Gegensatz zu dem menstruationis wenig Fett (solches tritt in größeren Mengen erst im Puerperium auf), hingegen kolloide Massen und Kalk. Das Bindegewebsgerüst und die Wände der Gefäße sind bei ihm stärker ausgebildet. Wir müssen das Corpus luteum als eine Drüse mit innerer Sekretion betrachten, es bewirkt die Ei-Innidation (oder wenn eine Befruchtung nicht stattgefunden hat, die Menstruation) und eine Hemmung der Eireifung während der Schwangerschaft.

Mit dem Klimakterium verschwinden die Follikel aus dem jetzt kleinen Ovarium vollkommen (physiologische Involution). Die Albuginea ist stark verdickt, die Oberfläche durch zahlreiche Einziehungen unregelmäßig grobhöckerig (senile Atrophie). Die Gefäße sind dickwandig oder obliteriert, geschlängelt, hyalin, oft auch mehr oder weniger verkalkt. Diese Gefäßveränderung tritt im Alter im Ovarium stets auf und ist auf Menstruationen und eventuelle Graviditäten zu beziehen.

Ähnliche Involutionsvorgänge kommen in manchen Fällen ohne erkennbare Ursache auch in einem früheren Lebensalter vor (Climacterium praecox). In anderen Fällen sind sie auf Erkrankungen zurückzuführen, die eine Verödung der Follikel zur Folge haben können, wie Entzündungen der Eierstöcke, Druckatrophie durch Tumoren, allgemeine Infektionskrankheiten, Vergiftungen (s. unten), chronische Nierenkrankheiten, Blutkrankheiten, Diabetes, Myxödem u. a. Dabei erfolgen die Rückbildungsvorgänge in der Art, daß gleichzeitig eine größere Anzahl von Primordialfollikeln (noch nicht reifen Follikeln) durch Atresie zugrunde geht und gänzlich verschwindet, und auch die reifen Follikel — oft nachdem sie sich durch eine stärkere Füllung mit Liquor ausgedehnt haben — degenerieren und zu Corpora fibrosa werden, welche längere Zeit oder dauernd als narbige Herde bestehen bleiben.

(Vgl. auch unten chronische Oophoritis.)

b) Zirkulationsstörungen.

Kongestive **Hyperämie** tritt an den Ovarien zur Zeit der Menstruation ein, das ganze Ovarium ist ödematös geschwollen, teigig-weich, etwas gerötet. Unter pathologischen Verhältnissen findet sich Hyperämie bei akuten Entzündungen. Stauungshyperämie kommt bei allgemeiner Stauung, lokal namentlich bei Kompression oder Verlegung der Vena spermatica und der besonders bei Ovarialtumoren und Zysten des Ovariums häufigen Stieltorsion (s. unten) vor.

Blutungen (abgesehen von der Menstruation) finden sich bei Entzündungen, Infektionskrankheiten, Vergiftungen (Phosphor, Arsen), Verbrennung und starker Stauung. Bei starken Blutungen kann es zu Zerreißungen und — eventuell tödlichem — Erguß in die Bauchhöhle kommen. Bei Follikelblutungen können Rückbildungsvorgänge wie an Corpora lutea stattfinden. Auch Blutungen in das Interstitium können erhebliche Größen erreichen (Haematoma ovarii).

c) Entzündungen.

Akute und chronische Oophoritis. Mehr degenerative Formen mit Follikelverödung finden sich bei akuten Infektionskrankheiten (wie Typhus, Cholera, Pneumonie, akuten Exanthemen), sowie Vergiftungen (Phosphor, Arsen). Starke akute Oophoritis ist selten. Meist ist sie fortgeleitet von den Tuben — besonders die puerperale sowie die gonorrhoische —, oder auch vom Uterus oder Bauchfell her, oder auf dem Lymphwege durch das Mesovarium, oder endlich hämatogen entstanden. Das entzündete Ovarium ist gerötet, ödematös geschwollen, weich, oft von Blutungen durchsetzt; durch sein vermehrtes Gewicht senkt es sich. Eiterige Oophoritis kommt vor allem puerperal und bei Gonorrhoe vor. Es entstehen gelbe Flecke und Streifen, eventuell phlegmonöse oder phlegmonös-jauchige Durchsetzung. Zu Abszessen kommt es vor allem in Gestalt der Follikular- und Luteinabszesse (letztere können auch durch sonstige Abszesse mit lipoidhaltigen Entzündungszellen in der Abszeßmembran vorgetäuscht sein). Abszesse kommen auch metastatisch bei allgemeinen Infektionen vor. Eiterherde des Ovarium können perforieren und eiterige Peritonitis bewirken.

Mit der bindegewebigen Ausheilung einer Oophoritis ist eine starke Atrophie des Ovariums verknüpft, welches zu einem, zuweilen nur noch kirschgroßen, sehr derben, stark höckerigen Körper wird. Abszesse heilen mit besonders tiefen narbigen Einziehungen.

Bei der chronischen Oophoritis bei chronischen Infektionen, besonders Gonorrhoe, und chronisch-toxischen Schädlichkeiten spielen sich ähnliche Veränderungen mit Follikelverödung in langsamerem Verlauf ab. Durch vermehrte Produktion von Flüssigkeit können Follikel eine zystische Erweiterung erleiden; durch zahlreiche solche kann das dann vergrößerte Ovarium das Bild der kleinzystischen Degeneration (s. u.) bieten.

Bei länger dauernder Oophoritis entwickelt sich sehr häufig in der Umgebung eine akute oder chronische Perioophoritis und Pelveoperitonitis mit serofibrinöser oder eiteriger Exsudatbildung und dann Ausbildung bindegewebiger Schwarten und Adhäsionen (Perioophoritis adhaesiva).

d) Tuberkulose.

Tuberkulose ist relativ selten, am seltensten sind isoliert die Ovarien befallen, wohl infolge hämatogener Infektion. Man findet in den Ovarien miliare oder größere verkäsende Herde. Häufiger ist tuberkulöse Perioophoritis, von einer Tuberkulose der Tuben, des Peritoneums oder von tuberkulös erkrankten Darmschlingen her fortgeleitet, oder auf dem Blutweg entstanden. Vom Bauchfell aus können sich im Exsudat enthaltene Bazillen in dem Douglasschen Raum ansammeln und so das Beckenbauchfell infizieren. Das Ovarium kann dann auch sekundär infiziert werden.

e) Hypertrophie und Neubildungen.

Als **Hypertrophie** bezeichnet man einen vor der Zeit der physiologischen Geschlechtsreife sich entwickelnden Zustand von Vergrößerung der Ovarien, d. h. eine Frühreife der Eierstöcke mit prämaturer gleichzeitiger Ausbildung zahlreicher Follikel; in solchen Fällen wird auch prämature Menstruation und Konzeptionsfähigkeit beobachtet. Zumeist handelt es sich indes nicht um echte Follikel, sondern um die unten zu erwähnende sog. kleinzystische Degeneration der Ovarien.

Das Ovarium ist ein Prädilektionsort für **einfache Zysten** (Retentionszysten) sowie **zystische Tumoren.**

Zu ersteren gehören die **Follikelzysten** (Hydrops follicularis), meist höchstens bis walnußgroß, durch abnormes Wachstum nicht zum Bersten gelangter Graafscher Follikel entstanden. Der Inhalt ist klare. seröse Flüssigkeit, das Epithel der Zystenwand geht verloren, das übrige Ovarialgewebe geht druckatrophisch zugrunde. Ferner gehören hierher die aus geborstenen Follikeln (Corpora lutea) entstehenden sog. **Corpus luteum-Zysten.** Die Innenwand dieser Zysten ist durch eine gefaltete gelb-braune Schicht ausgekleidet, der Inhalt ist durch Blutfarbstoff rötlichgelb; auch sie erreichen selten über Walnußgröße. Aus Corpora fibrosa bzw. candicantia können durch Flüssigkeitsansammlung Corpus-fibrosum-Zysten entstehen.

Zystische Neubildungen gehen von Graafschen Follikeln oder von Einsenkungen aus, die sich von dem das Ovarium bekleidenden Epithel in dies hineinbilden.

Hier handelt es sich um vom Keimepithel stammende Zellmassen, teils mit Umbildung einer Zelle zur Eizelle, also Follikelvorstufen, teils ohne Ureier, die intrauterin oder im ersten Lebensjahre entstehen. Auch später, wenn das Oberflächenepithel einfaches solches (d. h. ohne die Fähigkeit, Follikel und Ureier zu bilden) geworden ist, können einzelne weniger differenziert bleibende Zellen kompakte oder drüsenschlauchartige Einsenkungen in das Ovarium hinein bilden. Auch können sich auf Grund kongenitaler Anomalie im Oberflächenepithel oder im Ovarium selbst Herde von Plattenepithel oder flimmerndem Zylinderepithel bzw. Becherzellen finden. Alle diese Zellmassen können zu zystischen Geschwülsten Veranlassung geben.

Gleichzeitige Entwicklung zahlreicher kleiner Zysten bewirkt die sog. **kleinzystische Degeneration** des Ovariums, welche das ganze Ovarium befallen kann. Bei dem **Kystoma serosum simplex** bilden sich einfache, zuweilen bis weit über kindskopfgroße Zysten mit glatter Wand, ausgekleidet von niedrigem Zylinderepithel, ausgefüllt mit klarer, eiweißhaltiger Flüssigkeit. Sie sind gutartige, meist einseitige Bildungen.

Die eigentlichen **Kystadenome** stellen vielkammerige Tumoren dar, welche durch eine, oft enorme, Erweiterung der Drüsen eines Adenoms entstanden gedacht werden können. Sie sind meist rund, die Oberfläche (soweit nicht Adhäsionen bestehen) glatt, fast transparent, mit eigentümlich perlmutterartigem Glanz, den Zysten entsprechend grobhöckerig. Im Innern bilden sich durch Schwund der Scheidewände, von denen Reste als leistenförmige Vorsprünge stehen bleiben können, und Konfluieren der Hohlräume eine oder einige Hauptzysten aus.

Die Kystadenome können enorme Größe und ein den ganzen übrigen Körper übertreffendes Gewicht erreichen; das übrige Ovarialgewebe geht druckatrophisch zugrunde. Die Zysten wachsen dann frei in die Bauchhöhle hinein in Form gestielter Tumoren, oder zwischen den Ligamenten weiter, indem sie die Bauchfellduplikaturen entfalten — interligamentäres Wachstum. Findet die Geschwulst im kleinen Becken nicht mehr Platz, so erhebt sie sich in die Bauchhöhle, senkt sich aber nach vorn und tritt so aus dem kleinen Becken ganz heraus. Dabei kann eine Stieltorsion mit Kompression der Venen und Stauung oder gar der Arterien mit nachfolgender Nekrose eintreten. Meist kann die Zirkulation allerdings durch Adhäsionen vermittelt werden, die sich zwischen der Geschwulst und den in die Bauchfellfalten eingeschlossenen und besonders bei interligamentärem Wachstum aus ihrer Lage verdrängten und zur Atrophie gebrachten Nachbarorganen, wie Uterus und Tuben, sowie sonst mit der Umgebung ausgebildet haben. Sie sind die Folge durch Reibung entstandener Epitheldefekte oder besonders entzündlicher Erscheinungen an den Kystadenomen selbst. Durch Verwachsung mit Darmschlingen kann es bei Stieltorsion des Kystoms auch zu Achsendrehung ersterer mit Ileus kommen. Eröffnungen einzelner Zysten mit Austritt von Inhalt in die Bauchhöhle, kleine Reizungen der Serosa, vielleicht durch aus den Zysten her resorbierte Stoffwechselprodukte, können Aszites bewirken.

Die Gewebselemente der Kystome können verfetten, das Stroma auch verkalken, teils in Form von Platten, teils von rundlichen Körperchen (Psammokystome); auch Eiterung kann sich — z. B. nach Punktionen — anschließen.

Wir können 2 Hauptformen unterscheiden: Das **Kystadenoma pseudomucinosum glandulare** besteht meist aus zahlreichen, vielkammerigen Zysten mit glatter Innenfläche. Sie sind bekleidet von einer einfachen Lage hohen Epithels mit basal gelagerten Kernen und viel schleimartiger Substanz. Oft werden durchwandernde Leukozyten getroffen. Diese Kystadenome gerade erreichen oft enorme Größenverhältnisse. Als unterscheidendes Merkmal am wichtigsten ist der Zysteninhalt. Er ist hier eine fadenziehende, schleimige, seltener seröse oder mehr kolloidartige Masse, welche konstant Pseudomuzin enthält (ein Mykoid, das mit Säure eine reduzierende Substanz gibt, beim Sieden nicht gerinnt und — zum Unter-

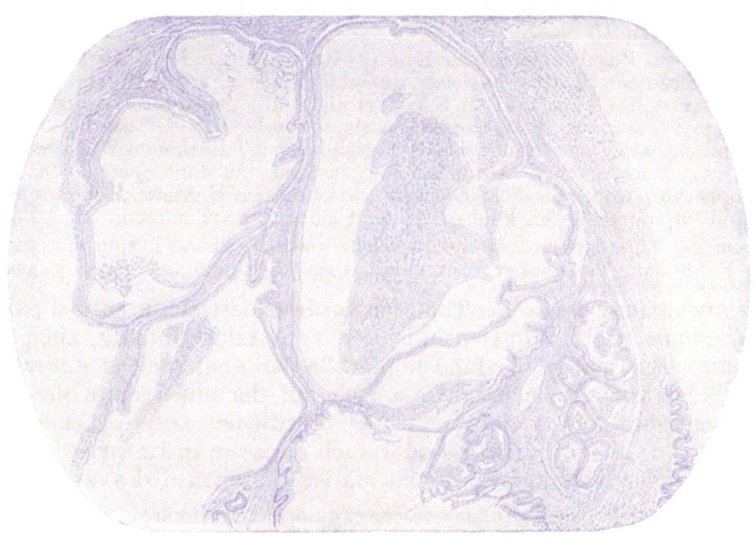

Fig. 391.

Schnitt aus der Wand eines typischen Pseudomuzinkystoms (bei schwacher Vergrößerung).

(Nach Veit, l. c.)

Die Hohlräume sind zum Teil noch mit dem (durch Alkohol geschrumpften) Pseudomuzin gefüllt, die kleinsten Räume drüsenähnlich, die größeren bereits zystisch dilatiert. Scheinbare und wirkliche Papillen ragen in das Lumen hinein. Das Epithel ist überall ein einschichtiges hohes Zylinderepithel.

schied von echtem Muzin — durch Essigsäure nicht gefällt wird; das sog. Paralbumin stellt ein Gemenge von Pseudomuzin und Eiweiß dar). Dieser Inhalt ist das Produkt einer Sekretion von seiten der Epithelien und schließt vielfach abgestoßene, in Degeneration begriffene Epithelien ein. Durch Beimengung von Blut kann der Inhalt auch rot oder braun gefärbt sein.

Die zweite Hauptform wird als **Kystadenoma serosum** bezeichnet. Diese, meist weniger großen und einkammerigen Tumoren haben zumeist **papillären** Bau und sind teilweise mit Flimmerzellen versehen. Der Inhalt ist hier dünn-serös ohne oder höchstens mit Spuren von Pseudomuzin. Die Kystadenome — und besonders die letztgenannte Form — können sog. Implantationsmetastasen machen und in destruierendes Wachstum, d. h. Karzinome übergehen. Man erkennt dies an Unregelmäßigkeiten und atypischen Wucherungserscheinungen des Epithels, Mehrschichtigkeit dieses und Vordringen ins Bindegewebe. Auch sarkomatöse Wucherungen des Stromas können sich entwickeln.

An die Kystadenome sind die **Teratome** (S. 123 f.), des Ovariums anzureihen, insofern sie entweder wirklich **zystische Tumoren**, sog. Dermoidzysten, darstellen oder (seltener) zwar **solid** gebaut sind, aber doch oft einzelne zystische Hohlräume enthalten. Daß gerade das Ovarium Prädilektionssitz für Teratome ist, darüber s. auch S. 123. Sie sind meist einseitig, seltener doppelseitig, aber öfters mit anderen Zystenbildungen (Kystadenomen) kombiniert. Auch sie können Verwachsungen, Stieltorsion, partielle Nekrose usw. eingehen und zeigen auch klinisch vielfache Analogien mit anderen Ovarialzysten. Daß in den Teratomen eine Gewebsart die andere überwuchern kann — z. B. Schilddrüsengewebe beim sog. Struma ovarii —, ist schon erwähnt. Selten entarten sie auch malign, besonders karzinomatös, und setzen Metastasen.

Aus den vom Keimepithel ausgehenden Granulosazellsträngen und -schläuchen können Tumoren entstehen, die man dementsprechend am besten als Granulosazelltumoren bezeichnet. Sie sind durch Bildung follikelartiger Zystchen mit Membrana granulosa und Theca externa charakterisiert.

Die sog. **Oberflächenpapillome** entstehen meist durch papilläre Wucherungen an der Oberfläche des Ovariums; das mehr oder minder vergrößerte Ovarium kann hierdurch in eine blumenkohlartig aussehende Masse verwandelt werden, die bis Faustgröße erreicht und im Innern vielfach selbst von Zysten durchsetzt ist, so daß Übergänge in echte zystische Geschwülste zustande kommen. Die Oberflächenpapillome erzeugen relativ häufig Implantationsmetastasen und Aszites. Auch kommen sie einseitig, neben papillären Kystadenomen der anderen Seite, vor.

Bei dem sog. **Pseudomyxoma peritonei** handelt es sich in den meisten Fällen darum, daß bei gallertigen Kystadenomen wucherungsfähige Epithelien derselben mit dem Inhalt der geplatzten oder etwa bei der Operation eröffneten Zyste in die Bauchhöhle auf das Peritoneum gelangen und hier zu Tumoren weiter wachsen, welche den Bau des primären Tumors wiederholen. Oder aber es werden Schleimmassen nach Platzen eines Kystadenoma pseudomucinosum auf das Peritoneum ausgesät und hier durch Bindegewebe abgekapselt.

Parovarialzysten. Vom Parovarium oder Epoophoron, einem kleinen, zwischen Tube und Ovarium im Mesosalpinx eingeschlossenen Körper, welcher aus mit Flimmerepithel ausgekleideten Kanälchen besteht und ein Rudiment des Wolffschen Körpers darstellt, gehen sehr häufig durch Erweiterung dieser kleinen Gänge Zysten aus. Selten erreichen sie eine erhebliche Größe. Die Parovarialzysten sind meist glatt, schlaff und enthalten eine dünne seröse Flüssigkeit; bei stärkerem Wachstum umgreifen sie die Tuben. Sie können auch bersten, ohne besondere Folgezustände zu hinterlassen. Sie kommen auch zu mehreren nebeneinander vor, wobei die Scheidewände zwischen den einzelnen Hohlräumen atrophieren und die letzteren zum Teil zusammenfließen können; es sind gutartige Tumoren.

Am Peritoneum der Tube kommen öfters zahlreiche glashelle kleine Zysten vor, sog. Serosazysten. Sie verdanken ihre Entstehung verlagerten bzw. entzündlich abgesprengten Serosadeckzellen.

Außer der **Umwandlung zystischer Tumoren in destruierende, eventuell papilläre, Tumoren** (s. oben), i. e. **Karzinome,** gibt es im Ovarium, und zwar relativ häufig, auch **solide** also nicht zystische **Karzinome.** Sie bilden bis kindskopfgroße Knoten, welche einseitig oder doppelseitig auftreten; im letzteren Falle handelt es sich auf der einen Seite vielleicht um Transplantationsmetastasen von dem anderen, primär ergriffenen Ovarium her. Ihrer Struktur nach sind sie zumeist Adeno-Karzinome oder auch einfache indifferente zellreiche Karzinome. Bei Bildung runder Kalkmassen spricht man von Psammokarzinomen (sehr selten).

Sehr selten ist auch der sog. **Krukenbergsche Tumor,** ein primäres, öfter doppelseitiges, solides Carcinoma mucocellulare (Marchand); öfters handelt es sich um Metastasen von Gallertkarzinom des Magendarmtraktus, welche sehr ähnlich aussehen können.

Sekundäre Krebsknoten kommen in den Ovarien von Karzinomen anderer Organe, besonders des Uterus, des Magendarmkanals, der Mamma usw. her sehr häufig und oft doppelseitig vor. Sie entstehen auf metastatischem Wege oder auch vom Peritoneum aus.

Einfache (nicht zystische) **Adenome** können sich von verschiedenen der oben angeführten Epitheleinsenkungen aus bilden.

Von Bindesubstanzgeschwülsten finden sich im Ovarium **Fibrome,** meist kleine, oft gestielte Knötchen, die häufig zu mehreren nebeneinander vorkommen, ferner **Sarkome** mit verschiedenen Zellformen. Viele der sarkomatös gebauten Tumoren gehören indes den Teratomen an. Ferner kommen vielleicht auch Endotheliome vor.

Von anderen Tumoren sollen **Myome, Angiome, Chondrome** (von kongenital versprengten Keimen her), erwähnt werden.

f) Lageveränderungen.

Lageveränderungen der Ovarien sind meistens sekundäre Zustände und durch Zug narbigen Bindegewebes der Umgebung (adhäsive Perioophoritis), Tumoren oder Verlagerung anderer Beckeneingeweide bedingt. Durch Vergrößerung und Gewichtszunahme oder infolge von Dehnung und Erschlaffung ihrer Ligamente, wie dies z. B. nach Geburten vorkommt, können sich die Ovarien tiefer ins kleine Becken senken (Descensus ovarii). In seltenen Fällen sind Ovarien in Hernien, meist Inguinalhernien, verlagert, ein Zustand welcher angeboren oder erworben vorkommt und im ersten Falle wohl immer, im letzteren Falle meistens die zugehörige Tube mitbetrifft. Im verlagerten Ovarium können sich sekundäre Veränderungen, Zirkulationsstörungen, namentlich Stauung und Ödem, einstellen.

B. Tuben.

Zur Zeit der Menses findet man die Tuben **hyperämisch,** auch finden **Blutungen** aus ihrer Schleimhaut statt; pathologische starke Blutungen treten infolge von Tubarschwangerschaft auf; über diese, sowie über den Hämatosalpinx s. u.

Eine **Salpingitis** kommt durch Fortleitung einer Entzündung vom Uterus her oder durch das abdominale Tubenostium vom Bauchfell her (Peritonitis, Appendicitis) zustande; seltener greifen Entzündungsprozesse durch die Ligamenta lata auf die Eileiter über oder entstehen auf hämatogenem Wege. In der Regel ist die Salpingitis doppelseitig. Bei der **akuten** Salpingitis ist die Tube geschwollen, ihre Wand aufgelockert und hyperämisch, am stärksten die Mukosa. Im oft ausgedehnten Lumen findet sich ein katarrhalisches, schleimig-seröses, in schweren Fällen auch ein schleimig-eiteriges oder rein eiteriges Sekret; in manchen Fällen ist die Tubenschleimhaut sogar diphtherisch verschorft. Bei **chronischer** Salpingitis kommt es nicht selten zu wulstiger Verdickung der Schleimhaut, namentlich ihrer Falten, welche miteinander verwachsen können, so daß abgeschlossene Ausbuchtungen entstehen, ferner zu Verlängerung, Schlängelung und dadurch

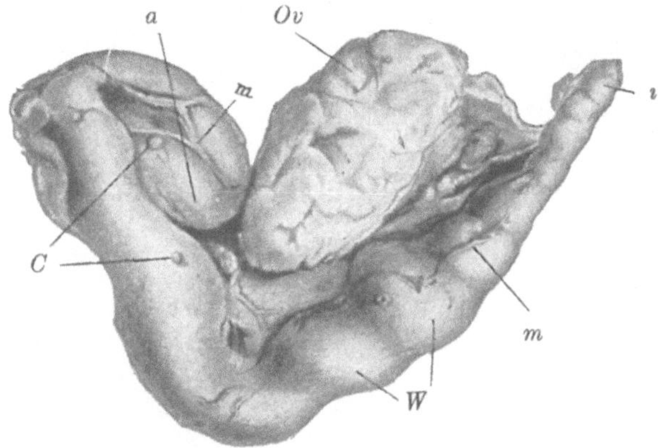

Fig. 392.

Salpingitis (Pyosalpinx) gonorrhoica.

Die Tube, verdickt und verlängert, mit dem Ovarium und dem Beckenbauchfell durch Verwachsungen verlötet, zeigt zweimalige Abknickung —in der Mitte und in der Nähe des abdominalen Endes. Von Fimbrien nichts zu sehen; das atretische abdominale Ende *a* bildet eine glatte Kuppe, welcher nur wenige Reste von Adhäsionen (*m*) anhaften. Ferner zeigt die Tube, besonders in ihrer isthmischen Hälfte, rosenkranzartige Auftreibungen, welche jedoch, wie ein Durchschnitt lehrt, als korkzieherartige Windungen aufzufassen sind (*W*). *Ov* Ovarium. *i* isthmisches Tubenende. *C* kleine Zystchen. (Nach Veit, l. c.)

zu mehrfachen Knickungen der Tube. Bei tiefgreifender Zerstörung entstehen starke Narbenbildungen, ausgedehnte Verwachsungen der Tubenwände, ja selbst Obliterationen des Lumens und namentlich auch der abdominalen Tubenmündungen (wobei besonders bei gonorrhoischer Ätiologie die Fimbrien in die letzteren eingestülpt werden). Als wichtigste Ursache der Salpingitis ist die **Gonorrhoe** zu bezeichnen, welche vom Uterus aus auf die Tuben übergreift und selbst bis in die Ovarien vordringen kann. Hier ist der in den Tuben angesammelte Eiter, sowie ganz besonders die in der Tubenwand bestehende Infiltration, durch reichlichen Gehalt an Plasmazellen, ferner auch eosinophilen Leukozyten, Lymphozyten und Lymphoblasten (nur selten in Form von Follikeln) ausgezeichnet. Dazwischen liegt besonders bei frischer Gonorrhoe eine große Zahl polymorphkerniger Leukozyten, welche zum Teil Gonokokken einschließen. Auch findet sich schon frühzeitig doppelbrechendes Fett in Gestalt der sog. Pseudoxanthomzellen.

Von der Scheide aus können Bakterien nach künstlichem Abort, besonders bei Benutzung von Laminariastiften, in die Tuben gelangen und hier Entzündungen bewirken.

Im Anschluß an eine Salpingitis entwickeln sich vielfach auch chronisch-entzündliche Vorgänge am Peritonealüberzug der Tuben und der Umgebung (Perisalpingitis und Pelveoperitonitis); diese können ihrerseits wieder Umschnürungen der Eileiter durch narbige Bindegewebszüge, Kompression oder Adhäsionen mit dem Uterus, den Ovarien oder der Wand des kleinen Beckens, Knickung der Tuben usw. zur Folge haben.

Bei allen diesen entzündlichen Prozessen in und um die Tuben kann es zur Retention von Sekret, von Blut, oder von entzündlichem Exsudat und in der Folge zu partieller oder totaler sackförmiger Ausbuchtung der Tuben kommen, Zustände, welche man als **Sakto-**

salpinx zusammenfaßt, und von denen wieder je nach dem Inhalte der **Hydrosalpinx,** der **Pyosalpinx** und der **Hämatosalpinx** unterschieden werden.

Ein **Hydrosalpinx** (Hydrops tubae), der bis Kopfgröße erreichen kann, entsteht auch an sonst normalen Eileitern, wenn das abdominale Ostium verschlossen ist (s. u.), ferner durch katarrhalische Salpingitiden. Der Inhalt kann auch trübe oder durch Blutbeimengung rötlich gefärbt sein. Die Ausdehnung der Tube betrifft namentlich deren Ampulle, während der mediane Teil oft in die Länge gezogen oder auch geschlängelt ist; die Wand des Hydrosalpinx zeigt häufig Faltungen, Duplikaturen und selbst Septierung. Die Schleimhaut erleidet schließlich eine Atrophie. In manchen Fällen erfolgt, wenn das uterine Ostium durchgängig geblieben ist, zeitweise ein Abfluß von Sekret durch den Uterus (Hydrops tubae profluens). Selten kommt es an dilatierten Tuben zur Perforation.

Eine eiterige Entzündung — meist gonorrhoischer Ätiologie — kann **Pyosalpinx** herbeiführen. Hier droht die Gefahr einer Perforation, deren Folgen von den inzwischen ausgebildeten anatomischen Verhältnissen der Umgebung (adhäsive Pelveoperitonitis) abhängig sind. In manchen Fällen kann eine Eindickung oder selbst Verkalkung des Eiters eintreten.

Durch Ansammlung von Blut in der Tube entsteht der **Hämatosalpinx,** welcher bei stärkeren oder öfter wiederholten Blutergüssen ebenfalls zur Bildung großer Säcke führen kann. Meistens gerinnt das Blut innerhalb der Tube nicht, dickt sich aber schließlich zu einer schmutzig-braunen trockenen Masse ein; die in den ersten Stadien nicht selten verdickte Tubenwand erleidet später eine Atrophie. Auch hier sind Perforationen möglich durch Traumen, neue Blutungen, eventuell Entleerung einer gleichzeitig bestehenden

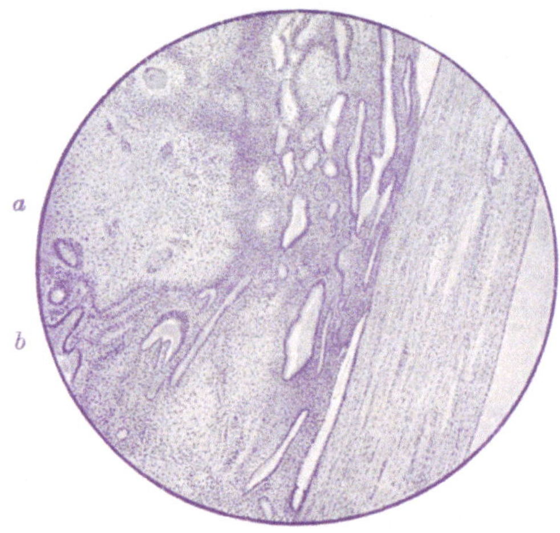

Fig. 393.
Tuberkulose und adenomatöse Wucherung der Tube.
Tuberkel mit Riesenzellen bei *a*, bei *b* Drüsenwucherungen.

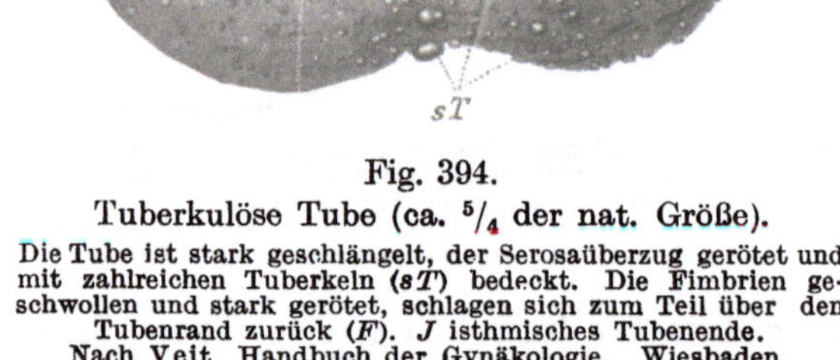

Fig. 394.
Tuberkulöse Tube (ca. $^5/_4$ der nat. Größe).
Die Tube ist stark geschlängelt, der Serosaüberzug gerötet und mit zahlreichen Tuberkeln (*sT*) bedeckt. Die Fimbrien geschwollen und stark gerötet, schlagen sich zum Teil über den Tubenrand zurück (*F*). *J* isthmisches Tubenende.
Nach Veit, Handbuch der Gynäkologie. Wiesbaden, Bergmann. 2. Aufl.

Hämatometra (s. u.) u. dgl. Nicht selten ist die Blutung in die Bauchhöhle so heftig, daß sie die Gefahr eines Verblutungstodes bedingt. In anderen Fällen schließt sich die Bildung einer Haematocele retro- oder ante-uterina (s. u.) an.

Eine **Atresie** des **uterinen Ostiums** der Tuben kommt angeboren vor und bedingt dann Sterilität; einseitiger Verschluß dieses Ostiums kann zur Extrauteringravidität Veranlassung geben. Auch in späterer Zeit kann durch obliterierende Entzündungen, Knickung, Umschnürung oder Faltenbildung ein Abschluß des Tubenlumens gegen den Uterus hin stattfinden; doch kommt es bloß bei gleichzeitigem Verschluß des abdominalen Ostiums zu den oben erwähnten Retentionszuständen.

Bei angeborener Atresie der Genitalwege, Verschluß des Hymens, der Scheide oder des Muttermundes bildet sich nicht selten ein Hämatosalpinx neben Hämatometra resp. Hämatokolpos (s. unten) aus.

Die Salpingitis nodosa isthmica oder interstitialis ist eine Form chronischer Salpingitis, welche mit Epithelwucherungen in Form von Gängen und Zysten in die Muskularis und Hypertrophie dieser einhergeht.

Von allen Teilen des vielfach von **Tuberkulose** befallenen weiblichen Genitalapparates sind die Tuben am häufigsten Sitz derselben; häufig allein, fast immer am stärksten. Im Frühstadium finden sich Bazillen im Sekret, die Wand braucht noch wenig verändert zu sein (bazillärer Katarrh). Später zeigt die verdickte, aufgetriebene, oft geschlängelte und rosenkranzartig gewundene Tube Durchsetzung mit Tuberkeln oder Käseherden, Geschwürsbildung usw. Das Lumen ist mit Käse und Eiter oder eingedickten Käsemassen gefüllt.

Restierende Schleimhautepithelien können zu adenomartigen Bildungen wuchern. Es entstehen vielfache Adhäsionen mit den Ovarien, dem Uterus, Rektum, Processus vermiformis usw. Durch Verschluß des abdominalen Tubenostiums kann sich Pyosalpinx ausbilden und dieser perforieren.

Für die Tuberkulose des weiblichen Genitalapparates, und somit insbesondere Tubentuberkulose, kommt genetisch vielleicht selten — nicht sicher bewiesen — tuberkelhaltiges Sperma in Betracht, weit häufiger auf jeden Fall Fortleitung vom Peritoneum her, sowie hämatogene Entstehung. Hämatogene Ausscheidungstuberkulose ist der häufigste Weg, und in erster Linie erkranken da die Tuben, von diesen aus Uterus und Vagina, oder die beiden letztgenannten direkt ebenfalls hämatogen. Tubentuberkulose führt auch ihrerseits zur Infektion des Peritoneums. Hypoplasie des Genitaltraktus, vielleicht auch chronisch-entzündliche Prozesse, scheinen die Entstehung der Tuberkulose zu begünstigen.

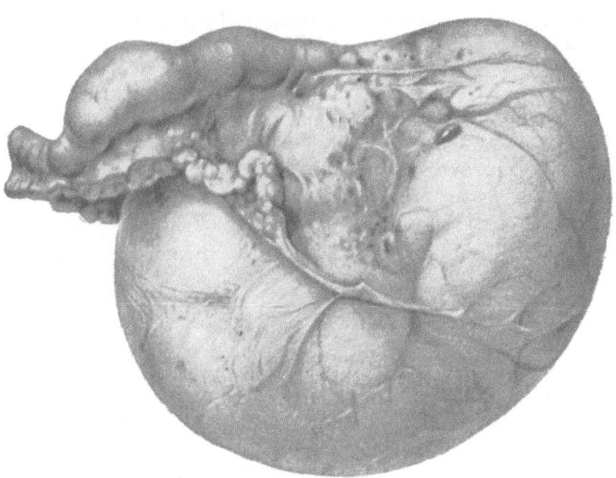

Fig. 395.
Tuboovarialabszeß, teilweise intraligamentär.
Nach Amann.

Rupturen der Tuben sind zumeist auf Tubargravidität zurückzuführen (s. dort).

Primäre **Neubildungen** treten nur selten auf; es kommen Fibrome, Myome, Lipome, Sarkome, **Karzinome** vor. In der Schleimhaut finden sich manchmal papilläre Wucherungen, welche vielleicht den Ausgangspunkt für letztere bilden können.

Sehr häufig werden dagegen die Tuben in sekundärer Weise durch Tumoren der Nachbarschaft in Mitleidenschaft gezogen, komprimiert, gezerrt und gedehnt oder, wenn es sich um bösartige Tumoren handelt, auch destruiert. Die Tuben können von sekundären Tumoren, außer durch direkte Kontinuität oder auf dem Lymph- und Blutwege, auch durch Implantation, sei es peritoneal, sei es mukös, befallen werden.

Die sehr häufig vorkommende sog. Morgagnische Hydatide, welche vom Müllerschen Gange aus entsteht, bildet bis über erbsengroße, meist gestielt einer Fimbrie aufsitzende Bläschen.

Sog. **Tuboovarialzysten,** bei denen das Fimbrienende der Tube mit dem Ovarium verklebt oder verwachsen ist, kommen z. B. dadurch zustande, daß bei einer Tubenzyste das Ovarium mit in die Zystenwand einbezogen wird, in welcher es einen verhältnismäßig unbedeutenden Bestandteil bildet. Man findet eine dem Uterus anliegende kugelige oder eiförmige Hauptzyste, an deren Oberfläche, und zwar ziemlich scharf abgesetzt, ein Schlauch entspringt, der, sich allmählich verjüngend, in das uterine Tubenende übergeht, so daß eine Retortenform entsteht. Die Hauptzyste entspricht der erweiterten Ampulle und dem stark ausgedehnten Infundibulum der Tube; die äußerlich sichtbare Einschnürung kommt dadurch zustande, daß nur das vom Peritoneum nicht fixierte abdominale Ende der Tube sich halbkugelig ausdehnen kann und sich dadurch gegen den vom Bauchfell fest umschlossenen, weniger ausdehnungsfähigen medianen Anteil scharf absetzt. In Tuboovarialzysten kann auch eine Extrauterinschwangerschaft eintreten; auch kann sich ein Karzinom in ihnen entwickeln. Ferner werden sie durch Vereiterung zu Tuboovarialabszessen.

C. Uterus.

Vorbemerkungen.

Seine Gestaltung ist je nach Lebensperiode und Funktionszustand verschieden. Beim fötalen Uterus ist der Fundus nur halb so lang als der Cervix, beim infantilen Uterus nimmt das Corpus an Länge zu und setzt sich deutlich vom Cervix ab. Zur Zeit der geschlechtlichen Entwicklung zeigt der Uterus, besonders der Körperteil, starkes Wachstum.

Man unterscheidet außer Corpus und Cervix besser noch den Übergangsteil beider, den Isthmus (Aschoff). In ihm ist der Kanal am engsten; seine Schleimhaut gleicht fast ganz der des Corpus. Dieser Isthmus wird im schwangeren Uterus, wo er bei der Bildung der Plazenta unbeteiligt bleibt, zum sog. unteren Uterinsegment.

Die Corpusschleimhaut hat einen Belag von flimmernden Zylinderzellen und reichliche, ebenso ausgekleidete Drüsen, dazwischen ein ziemlich lockeres Bindegewebe mit reichlichen, sog. Zwischenzellen. Die Zervikalschleimhaut enthält azinöse Drüsen, welche den Zervikalschleim liefern. Sie ist im übrigen derbfaseriger. Die Außenseite der Portio ist von geschichtetem Plattenepithel bekleidet.

Bei der Menstruation kommt es zu Vergrößerung und vermehrter Schleimbildung der Epithelien und Drüsenvermehrung, so daß letztere seitliche Buchten treiben müssen. Am deutlichsten ist dies in einer mittleren sog. spongiösen Schicht der Schleimhaut (welche jetzt nach dem Gehalt an Drüsen in drei Abschnitte einteilbar ist). Die Zwischenzellen vergrößern sich. Ist der Höhepunkt dieser prämenstruellen Periode erreicht, so treten die Menses ein.

Jetzt ist der Uterus vergrößert, blutreich, sukkulent, die Schleimhaut serös-blutig durchtränkt, aufgelockert, bis zum siebenfachen verdickt. Die Gefäßerweiterung und Blutstockung kommt vasomotorisch zustande; die Diapedeseblutungen beginnen subepithelial. Durch die Blutaustritte wird das Oberflächenepithel stellenweise vorgewölbt, abgehoben und durchbrochen; das Blut tritt in das Kavum über, ebenso in die Lumina der prämenstruell gewucherten Drüsen. Die Schleimhaut zerfällt, die Drüsen sinken zusammen. Die Zwischenzellen vergrößern sich derart, daß sie die Decidua menstrualis bilden, welche abbröckeln kann. Auch kann die Schleimhaut in großen Fetzen abgehen. Die ganzen Verhältnisse ähneln denen des Abortes (s. unten) (nach R. Meyer-Ruegg). In der postmenstruellen Periode wird das Blut resorbiert, und es setzen ausgedehnte Regenerationsvorgänge ein. An dem ganzen Prozeß beteiligt sich der Zervix durch vermehrte Schleimsekretion. Es folgt darauf die Ruheperiode.

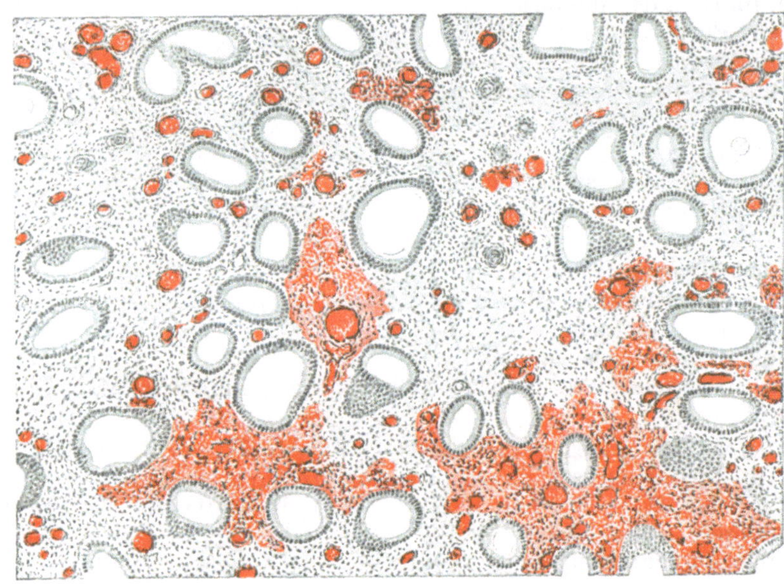

Fig. 396.

Prämenstruelle Kongestion der Uterusschleimhaut. Starke Füllung der Kapillaren, zum Teil schon Blutaustritte. Vergr. 75.

Nach Sellheim, Physiologie der weiblichen Geschlechtsorgane, Nagels Handbuch der Physiologie, II. Bd., I. Hälfte, entnommen.

Man muß die dem Zyklus zugehörenden histologischen Änderungen kennen, um nicht fälschlich Veränderungen pathologischer Art anzunehmen.

Die Größenzunahme des graviden Uterus beruht auf Hypertrophie seiner Muskelfasern (bis zum 5fachen in der Breite und 7—11fachen in der Länge). Bei der puerperalen Involution verkleinern sich dieselben wieder. Die Veränderungen der Schleimhaut bei Schwangerschaft s. unten unter f. Der Muttermund bleibt noch 10—11 Tage offen. Die Plazentarstelle zeigt reichlich thrombosierte Gefäße, die Wand des Kavum ist mit leicht abziehbaren Deziduaresten belegt. Das zunächst blutige Lochialsekret ist vom 10. Tage ab rahmartige hell (Lochia alba). Nach 6—8 Wochen ist die Rückbildung abgeschlossen, aber die Gestalt des Uterus bleibt etwas verändert; er ist größer, etwas mehr abgerundet, der Zervix ist relativ kleiner, das Ostium externum stellt einen mehr rundlichen, zackigen, narbig eingekerbten Spalt dar.

a) Involutionsvorgänge und Atrophien.

Eine physiologische Involution des Uterus hat im Klimakterium statt. Später und noch hochgradiger ausgesprochen findet sich die senile Atrophie. Der Uterus wird klein, bindegewebig derb, dabei schlaff, die verdickten Gefäße (s. o.) treten stark hervor. Ähnliche Zustände kommen als Klimacterium praecox, als präsenile Atrophie und nach Entfernung oder Verödung der Ovarien als Kastrationsatrophie in früherem Lebensalter vor.

An Erkrankungen des Wochenbettes, insbesondere infektiöse, schließt sich die sog. puerperale Atrophie an, bei welcher Muskelfasern nicht nur, wie sonst bei der puerperalen Involution, sich verkleinern, sondern nekrotisch werden. Ihr nahe steht die sog. Metritis dissecans, bei der größere umschriebene Partien Uterusgewebe völlig zugrunde gehen. Bei stillenden Frauen findet eine Hyperinvolution des Uterus statt: Laktationsatrophie. Unter pathologischen Verhältnissen kann sie besonders hochgradig und dauernd werden. Atrophien des Uterus kommen auch sonst im Anschluß an Allgemeinerkrankungen sowie an lokale Veränderungen vor. Ein Teil derselben ist auf Verödung der Ovarien (s. o.) zu beziehen, wie sie bei akuten Infektionen, Diabetes, Morbus Addison, Morbus Basedow u. dgl. eintreten kann.

Bei der Atrophie ändert sich die äußere Form des Uterus. Wird er im ganzen kleiner, so spricht man von konzentrischer Atrophie, nimmt besonders die Wanddicke ab, so daß die Höhle unverhältnis-

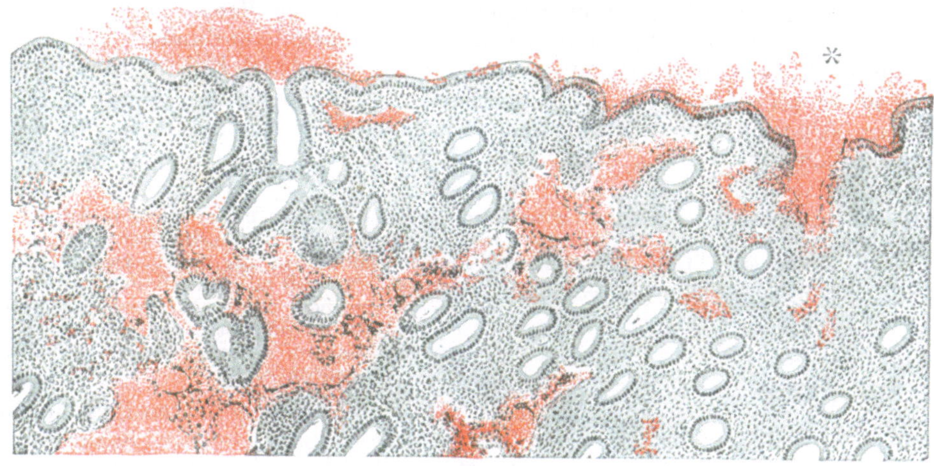

Fig. 397.
Menstruierende Uterusschleimhaut. Aufbrechen der subepithelialen Hämatome (*). Blutung in der Cavum uteri. Vergr. 75.
Nach Sellheim, l. c.

mäßig weit wird, von exzentrischer Atrophie. Der Zervix ist oft weniger beteiligt als das Korpus. Häufig ist der atrophische Uterus abnorm weich, ähnlich wie bei der puerperalen Rückbildung (Marzidität des Uterus).

b) Zirkulationsstörungen und Entzündungen des Endometrium.

Besonders starke Menses — **Menorrhagien** — finden sich bei allgemeinen Veränderungen, wie Anämie oder Chlorose, sowie bei lokalen, wie Endometritis, Metritis, Tumoren usw. Als **Dysmenorrhoea membranacea** bezeichnet man eine Menstruationsanomalie, bei der ganze Lagen von Uterusschleimhaut, ja eventuell die ganze Uterusschleimhaut (in Gestalt eines dreizipfeligen Sackes mit deutlich erkennbaren Tubenmündungen), als Membranen (Decidua

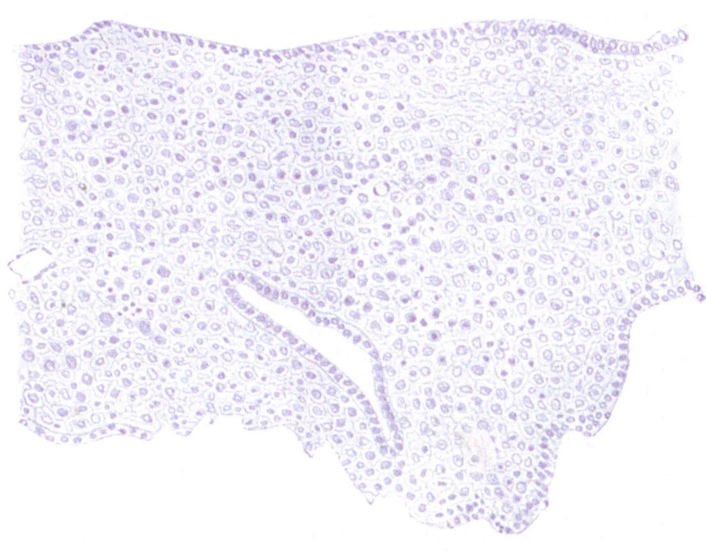

Fig. 398.
Decidua menstrualis bei Dysmenorrhoea membranacea.
Deckepithel und Uterindrüsen; Stratum proprium mit etwas vergrößerten, reichlich mit Leukozyten durchsetzten Zellen.
(Nach Amann, l. c.)

menstrualis) ausgestoßen werden. Sie bestehen aus Schleimhaut mit Drüsen und Stroma mit reichlichen deziduazellähnlichen Zellen; man spricht (nicht gut) auch von Endometritis exfoliativa. Auch Plattenepithel kommt in ihnen vor, wenn die Membranen der Portio (und Zervix) entstammen.

Stauungshyperämie findet sich bei allgemeinen Zirkulationsstörungen wie aus lokaler Ursache, so bei Lageveränderungen, Druck auf die Venen, besonders des Plexus uterinus u. dgl. Der Uterus wird groß, livid gefärbt, die Schleimhaut dunkelrot. In der Vaginalportion können sich (besonders bei Prolaps oder Schwangerschaft) Phlebektasien ausbilden.

Nicht menstruelle Blutungen — **Metrorrhagien** — treten bei Infektionskrankheiten und Intoxikationen (Phosphor), hämorrhagischen Diathesen, aus lokalen Gründen bei Stauung und Endometritiden (s. u.), sog. chronischer Metritis (s. u.), Tumoren, Gewebszerstörungen des Uterus u. dgl. auf.

Bei senil-atrophischem Uterus kommt zuweilen die sog. Apoplexia uteri vor, eine auf Atherosklerose zu beziehende ausgedehnte blutige Durchsetzung der Schleimhaut und evtl. Muskulatur, an die sich Nekrose der hämorrhagisch-infarzierten Gebiete anschließen kann. Eine Form der atherosklerotischen Veränderungen in Gestalt hyaliner Media- und Intimaveränderungen, eventuell mit Verkalkung, ferner mit Bildung enormer elastischer Massen um die Gefäße, tritt an den Uterusarterien schon mehr physiologisch besonders früh — vor allem nach Geburten — auf.

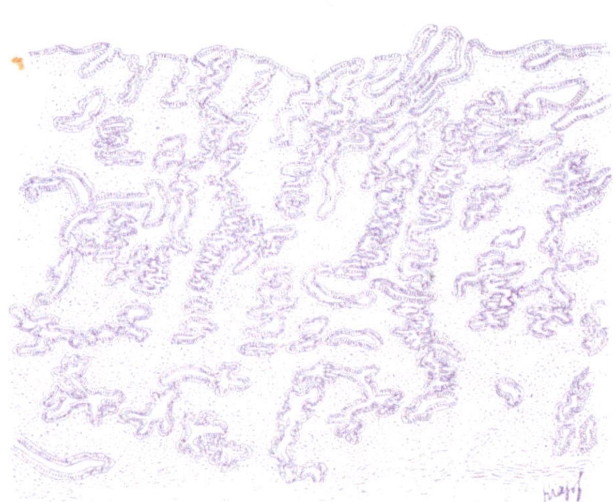

Fig. 399.
Endometritis corporis. Hypertrophie der Drüsen.
(Nach Amann, l. c.)

Bei der **akuten Endometritis** ist die erheblich verdickte Schleimhaut aufgelockert, durchfeuchtet, hyperämisch, meist von Blutungen durchsetzt. Schleimiges, eventuell eiteriges, meist blutiges Sekret wird vermehrt abgesondert.

Mikroskopisch findet man die Epithelien trüb-geschwollen oder verfettet und desquamiert, die Schleimhaut kleinzellig infiltriert. In den Drüsenlumina und im Kavum liegen zahlreiche in Schleimmassen eingebettete Leukozyten, Epithelien und rote Blutkörperchen. Je nachdem überwiegt eine dieser Zellarten.

Eine Endometritis kann sich — zuweilen ohne scharfe Grenze — an eine Menstruation anschließen; sehr häufig ist sie gonorrhoisch, besonders in Gestalt heftiger eiteriger Katarrhe, vor allem des Zervix; auch schließt sie sich an zurückgebliebene Plazentarreste, besonders nach Abort, an. Hyperämien, die in Entzündungen übergehen, finden sich auch bei vielen akuten Infektionskrankheiten, wie Typhus, Cholera, Pneumonie, Influenza, Pocken usw. Hierbei und ebenso bei Ätzungen u. dgl. des Kavums kommt auch pseudomembranöse Endometritis vor. (Über die puerperale Endometritis s. u.).

Die als **chronische Endometritis** bezeichneten Erkrankungen sind teils Ausgänge akuter, namentlich puerperaler oder gonorrhoischer Affektionen, teils Begleiterscheinung verschiedener anderweitiger Erkrankungen des Uterus, wie Tumoren, Metritiden, Stenosen des Zervikalkanals, Lageveränderungen und Knickungen, Erkrankungen der Uterusadnexe usw. Ferner finden sie sich vielfach bei allgemeinen Konstitutionskrankheiten und Bluterkrankungen, allgemeiner Stauung usw. Oft sind jedenfalls nervöse (vasomotorische) Einflüsse beteiligt.

Auch bei der Endometritis ist die Schleimhaut hyperämisch, entzündlich geschwollen, die Sekretion vermehrt; oft finden sich Blutungen und Pigmentierungen.

Die Drüsen verhalten sich verschieden, zeigen aber häufig geringe Wucherung, zuweilen mit Abschnürungen in Gestalt von Zysten. Die Zwischenzellen werden sehr groß (zum Teil deziduaartig) und sehr zahlreich. Dazwischen liegen Rundzellen, nicht selten auch in Form von Follikeln, oder auch polymorphkernige Leukozyten vereinzelt oder in kleinen Haufen. Plasmazellen finden sich meist in größerer Menge, im Gegensatz zu sonst ähnlichen Veränderungen im prämenstruellen Stadium. Die Plasmazellen sind meist sehr beweisend für wirkliche Entzündung, doch soll man sich nicht allein auf sie verlassen. Auf jeden Fall sind bei Beurteilung, ob echte Entzündung vorliegt, die Stadien der periodischen Schwankungen stets in Betracht zu ziehen.

Oft treten stärkere hyperplastische Wucherungen in den Vordergrund, wobei entweder vorzugsweise die Drüsen oder vorwiegend das interstitielle Bindegewebe betroffen sein können, Endometritis hyperplastica glandularis und interstitialis. Die Drüsen erfahren eine Vergrößerung, namentlich Verlängerung, und werden hierdurch oft geschlängelt und korkzieherartig gewunden. Vielfach zeigen sie auch Ausbuchtungen und Verzweigungen sowie oft in das Lumen hineinragende papilläre Wucherungen. Auf diese Weise entstehen in den höchsten Graden der Veränderung förmlich geschwulstartige Wucherungen, teils mehr diffus, teils mehr umschrieben adenomartig. Man spricht dann von einer Endometritis fungosa oder polyposa. Sehr oft ist der Prozeß mit Bildung kleinerer und größerer Zysten verbunden; auch die polypösen Hervorragungen sind des öfteren aus zystisch erweiterten Drüsen zusammengesetzt. In manchen Fällen findet man das Stroma der gewucherten Uterusschleimhaut mehr oder weniger dicht von dezidualen Zellen durchsetzt; die großen Zellen lagern sich oft ganz epithelartig zusammen: Endometritis decidualis. Kommt eine solche Veränderung im Anschluß an Aborte zur Ausbildung, so handelt es sich um persistierende Elemente einer echten Dezidua, welche in Wucherung geraten und auch die übrigen Schleimhautelemente zur Proliferation anregen.

Die Schleimhaut des Zervikalkanales und die Außenfläche der Portio cervicalis nehmen in vielen Fällen an den chronisch-entzündlichen Veränderungen teil; als Eingangspforte für die Entzündungserreger ist die Zervikalschleimhaut vielfach sogar in erster Linie beteiligt, während die hauptsächlich durch zirkulatorische oder nervöse Einflüsse unterhaltenen Hyperplasien der Uterusschleimhaut (s. oben) oft am

Fig. 400.
Atrophierende Endometritis.
Bildung von induriertem Bindegewebe, Schwund der Drüsen und des Oberflächenepithels. Nach Döderlein, in Veits Handb. d. Gyn. Bd. II.

inneren Muttermund abschneiden. Auch der Zervikalkatarrh ist durch entzündliche Rötung und Schwellung der Schleimhaut mit zellig-seröser Durchtränkung sowie durch vermehrte Schleimsekretion ausgezeichnet; daneben bestehen auch hier lebhafte Wucherungen an den Drüsen und im interstitiellen Bindegewebe. In den tieferen Lagen finden sehr häufig Abschnürungen der gewucherten Drüsen statt, welche sich zu kleinen, mit Schleim oder eiteriger Masse gefüllten Retentionszysten erweitern; sie stellen in vielen Fällen die als Ovula Nabothi bekannten Gebilde dar.

Als Ausgang stellt sich in vielen Fällen chronischer Endometritis eine Atrophie der Schleimhaut ein, wobei die Drüsen schwinden und die Oberflächenepithelien niedrigere, mehr kubische Formen annehmen, stellenweise selbst ganz zugrunde gehen. Das Interstitium erleidet eine narbige Schrumpfung. Durch Verwachsung gegenüberliegender ulzerierter Wandstellen kann eine partielle oder selbst totale Obliteration des Uteruslumens eintreten. In einzelnen Fällen wurde auch ein Ersatz des Zylinderepithels durch Plattenepithel konstatiert, welches selbst verhornen kann (Psoriasis uteri).

An der Außenfläche der Portio cervicalis sind das **Ektropion** und die sog. **Erosionen** die wichtigsten Vorkommnisse.

Ein Ektropion (Umstülpung der Muttermundslippen nach außen) kann nach Einrissen an dem Zervix dadurch zustande kommen, daß das Orificium externum stark zum Klaffen kommt, und dadurch die Zervikalschleimhaut nach außen evertiert wird (Lazerationsektropion); oder das Ektropion entsteht durch entzündliche Schwellung oder neoplastische Verdickung oder durch ringsum wirkenden, nach oben gerichteten Zug am Scheidengewölbe, wie er namentlich bei Prolaps und Retroflexio uteri eintreten kann.

Unter **Erosionen** versteht man eigentümliche, dunkelrot gefärbte, feuchtglänzende, etwas unebene Stellen an der Portio, in deren Bereich sich statt des normalerweise die Portioschleimhaut überziehenden Plattenepithels eine Lage von einschichtigem Zylinderepithel vorfindet.

Diese gewöhnlich als „Erosion“ bezeichnete Veränderung ist entweder angeboren (sog. angeborene histologische Erosion) oder stellt ein schon späteres Stadium eines entzündlichen Oberflächendefektes (eigentliche Erosion, kleines Ulkus, dem anderer Schleimhäute entsprechend) dar, bei dessen Heilung das Zylinderepithel atypisch gewuchert ist. Sehr häufig findet man dann an Erosionen starke Wucherungen des Zylinderepithels und der Zervikaldrüsen, welche nicht selten sogar bis in die Muskulatur hineinwachsen. Erhält durch sehr zahlreiche, tief greifende Einsenkungen von Drüsen und papillären Wucherungen des dazwischen liegenden, entzündlich infiltrierten Schleimhautgewebes die Erosion eine zerklüftete papilläre Oberfläche, so spricht man auch von papillärer Erosion; durch zystische Erweiterung der neugebildeten Drüsen entsteht die follikuläre Erosion.

Die Zervikalschleimhaut hat eine besondere Neigung zur Bildung von **Polypen**, gestielten Schleimhautwucherungen, gewöhnlich entzündlichen Charakters (s. auch u.), in welchen alle Elemente der Mukosa vertreten sein können, welche oft aber einen ausgesprochen zystischen oder auch kavernösen Bau aufweisen.

c) Zirkulationsstörungen und Entzündungen des Myometrium.

Eine **akute Metritis** schließt sich namentlich an puerperale (s. unten) und gonorrhoische Formen der Endometritis, ferner an Verletzungen des Uterus an. Der Uterus ist angeschwollen, seine Muskularis zellig-serös infiltriert. Über eiterige Metritis s. u.

Unter dem Namen **chronische Metritis** faßt man Zustände dauernder Vergrößerung des Uterus zusammen, welche in einer Hyperplasie der das Myometrium zusammensetzenden Gewebselemente begründet sind. In manchen Fällen, welche vielleicht als frühe Stadien gedeutet werden dürfen, zeigt sich eine Durchtränkung und Auflockerung des Myometriums, während dies mit der Dauer des Prozesses infolge Ersatzes der Muskulatur durch vermehrtes Bindegewebe immer mehr und mehr eine derbe, narbenartig zähe Beschaffenheit annimmt. Die Wanddicke kann bis auf 2—3 cm zunehmen.

Auch über Hypertrophie der Muskelelemente wird berichtet, welche vielleicht auf mangelhafte puerperale Involution zu beziehen ist. Ferner sollen entsprechende Veränderungen auf vasomotorischem Wege mit Adnexerkrankungen oder mit venöser Überfüllung, so bei Herzfehlern u. dgl., zusammenhängen, endlich vielleicht auch als Folge mangelhafter Kontraktionsfähigkeit des Uterus (gleichzeitig häufig Menorrhagien) aufzufassen sein. Hypoplastische Grundlage wird für manche Fälle angenommen. Auch an die Folgen besonders starker Menstruationen bei Affektionen des Ovariums wird gedacht (Metropathia chronica [nach Aschoff]).

Der Name Metritis faßt offenbar verschiedene, teils entzündliche, teils aber auch nicht entzündliche Vorgänge zusammen, deren Gemeinsames der Ausgang in fibröse Induration ist.

Es gibt auch Entzündungen mit Hyperplasie der Muskulatur und des Bindegewebes des Myometrium mit gleichzeitiger benigner heterotoper Epithelwucherung von der Schleimhaut aus in die Tiefe — **Adenomyositis.** (Ähnliches kommt — selten — auch in den Tuben vor, wobei das Serosaepithel wuchert.) (R. Meyer.)

Die Zervixhypertrophie stellt eine Volumenzunahme des Zervix mit Verlängerung dieses dar, so daß er in die Scheide herabhängt und Prolaps des Uterus vortäuschen kann; Prolaps der Vagina kann folgen. Betrifft die Vergrößerung nur eine Muttermundslippe, so bildet diese einen rüsselförmigen Vorsprung. Zum Teil handelt es sich um Folgezustände nach entzündlichen Wucherungen.

d) Infektiöse Granulationen des Uterus.

Tuberkulose ist durch Einlagerung (manchmal erst mikroskopisch nachweisbarer) Knötchen in die verdickte Mukosa charakterisiert; im weiteren Verlauf entwickelt sich das gewöhnliche Bild der Schleimhauttuberkulose mit zahlreichen, zum Teil konfluierenden, verkäsenden Herden, und eventuell bis in die Muskulatur reichenden, Geschwüren. Man kann dann eine mit Käse und Eiter gefüllte Höhle finden, die von gelber verkäster und zerfetzter Schleimhaut umgeben ist. Meistens betrifft die Tuberkulose den Uteruskörper, sehr selten die Schleimhaut des Zervix; sie nimmt fast immer ihren Ausgang von den Tuben her, und tritt meist auch in der Gegend der Tubenmündungen zuerst auf. Die Tuberkulose kann bis in die Vagina hinabreichen. Vom Endometrium aus kann das Myometrium ergriffen werden.

Syphilis kommt hie und da in Form von Primäraffekten an der Portio vaginalis uteri, im tertiären Stadium in Gestalt von Gummata oder Ulzerationen vor.

e) Tumoren des Uterus.

Umschriebene hyperplastische Schleimhautwucherungen werden als **Adenome** bezeichnet. Sie können flach oder knotig sein oder die Form **gestielter Polypen** haben, die selbst durch den Zervikalkanal hindurchtreten können. In ihnen sind die Drüsen oft zystisch erweitert, mit schleimigem oder kolloidem Sekret gefüllt (zystische Polypen, s. o.).

Auf solchen Polypen finden sich auch Plattenepithelinseln an Stelle des Zylinderepithels.

Adenomartige Wucherungen, welche zu polypöser Verlängerung der Muttermundslippen führen, bezeichnet man als follikuläre Hypertrophie der Portio vaginalis.

Adenomatöse Wucherungen finden sich auch in der Tiefe, also in die Muskularis hinein. Reichen die Drüsen schon normaliter in die obersten Muskulaturlagen, so liegen sie hier in größeren Konvoluten weiter in ihrer Tiefe. Das Fehlen wirklich atypischer Wucherung zeigt, daß kein Karzinom vorliegt.

Alle diese sog. Adenome lassen sich gegen entzündliche hyperplastische Wucherungen nicht scharf begrenzen und sind wohl zumeist dieses letzteren Ursprungs. Auch Drüsenverlagerungen im Sinne kongenitaler Gewebsmißbildung kommen vor.

Das **Karzinom** des Uterus kann von der Außenfläche der Portio cervicalis oder von der Schleimhaut des Zervikalkanals, oder von der des Uteruskörpers ausgehen. Am häufigsten ist das **Karzinom der Portio.** Es beginnt als Knoten oder zottig-papilläre, manchmal stark blumenkohlartig verzweigte, Prominenz, bildet aber sehr bald ein zerklüftetes, leicht blutendes, mit aufgeworfenen Rändern versehenes Geschwür, welches in den ersten Stadien Ähnlichkeit mit einer Erosion haben kann. Zumeist handelt es sich um ein Kankroid mit Verhornung. Doch kommen häufig auch Karzinome vom Krompecherschen Typus, oder auch solche mit kubischen oder polymorphen Epithelien, sowie selten Zylinderepithelkarzinome (von Zylinderepithelinseln auf der Portio aus) vor. Das Karzinom greift meist weniger auf den Uteruskörper als auf das Scheidengewölbe und das perivaginale Bindegewebe über, was mit der Richtung des Lymphstromes zusammenhängt. (Die Lymphgefäße der Portio und des Korpus vereinigen sich an der Kante des Zervix und verlaufen von da zusammen mit den Vasa uterina).

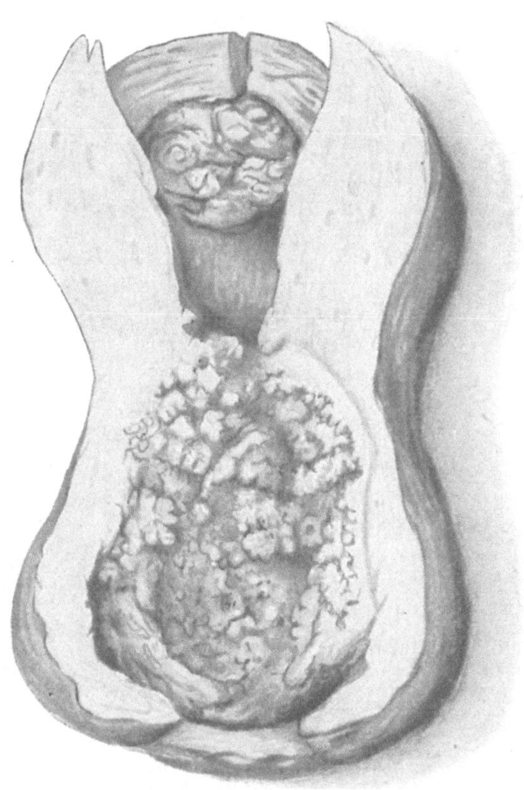

Fig. 401.
Carcinoma cervicis mit Metastase im Corpus uteri.
(Nach Winter, in Veit, l. c)

Die Portiokarzinome sind nicht scharf zu trennen von den von der Schleimhaut des **Zervikalkanals** ausgehenden **Kollumkrebsen.** Sie sind am häufigsten Krompecherkarzinome (Basalzellenkarzinome s. S. 120), seltener Adeno- oder Gallertkarzinome. Sie wachsen im allgemeinen rascher als die vorige Form und dringen besonders auf dem Lymphwege nach oben in den Uteruskörper ein, und ebenso zu den regionären Lymphknoten. Des weiteren greifen sie schneller auf die Umgebung, insbesondere die Blase und das Beckenbindegewebe, über (s. unten).

Seltener ist das **Karzinom des Uteruskörpers (Funduskrebs).** Es bilden sich markig-weißliche Knoten, welche die Uteruswand bald in großer Ausdehnung durchsetzen, sich auch an der Innenwand des Uterus ausbreiten und so den Uteruskörper oft so vollkommen zerstören, daß sich nur noch eine von weichen Krebsmassen ausgekleidete Zerfallshöhle vorfindet. Meist macht der Tumor am Orificium internum Halt, so daß der Zervix nur selten und spät angegriffen wird. Es sind Zylinderzellkarzinome, zum Teil sehr an adenomatöse Bildungen erinnernd (die atypische Wucherung zeigt sich durch das Fehlen des Zwischengewebes zwischen den Drüsenbildungen). Je atypischer die einzelnen Epithelien sich verhalten und je mehr mehrfache Schichtung der Epithelien bis zur Bildung solider Zellhaufen hervortritt, desto deutlicher wird das Bild des Adenokarzinoms. Bestehen nur solide Massen und Stränge, so kann man das Karzinom als indifferentes bezeichnen. Sehr selten sind am Korpus Plattenepithelkrebse oder gemischte Zylinderzell- und Plattenepithelkarzinome oder solche, welche den Krompecher-Karzinomen gleichen.

Allen Krebsen des Uterus ist die Neigung zu Zerfall und Bildung eiternder oder stark jauchiger Geschwüre gemeinsam. Sie durchsetzen sehr bald das Beckenbindegewebe, welches oft in eine sehr derbe Geschwulstmasse umgewandelt wird. Sehr frühzeitig kommt es ferner zum Übergreifen der Neubildung auf die Blase; so werden die unteren Enden der Ureteren durchsetzt oder auch komprimiert, und Hydronephrose bildet sich aus. Auch die Wand des Rektums wird in vielen Fällen von krebsigen Massen infiltriert. Durch den geschwürigen Zerfall der letzteren entstehen dann häufig Uterus-Blasenfisteln, Blasen-Scheidenfisteln und andere abnorme Kommunikationen.

Metastasen bilden die Uteruskarzinome in erster Linie auf dem Lymphwege in die Lymphknoten des kleinen Beckens, die inguinalen, die retroperitonealen, besonders in der Umgebung der Arteria und Vena iliaca, dann die um die Aorta abdominalis gelegenen; später auch auf dem Blutwege in die verschiedensten Organe, namentlich Ovarien, Leber und Lungen.

Die Uteruskrebse, von denen man des weiteren noch weiche — Medullarkarzinome — und härtere — skirrhöse — Formen unterscheiden kann, gehören zu den häufigsten Karzinomen überhaupt; sie machen ungefähr ein Viertel aller krebsigen Erkrankungen aus. Das Kollumkarzinom ist etwa zehnmal so häufig als das Korpuskarzinom. Die Ovarialkarzinome betragen etwa 11%, die der Vulva 4%, der Vagina 2% und der Tuben 1% der Uteruskarzinome (nach Schottländer). Die Karzinome können auch aus den oben besprochenen hyperplastischen Schleimhautwucherungen hervorgehen. Sie gehen

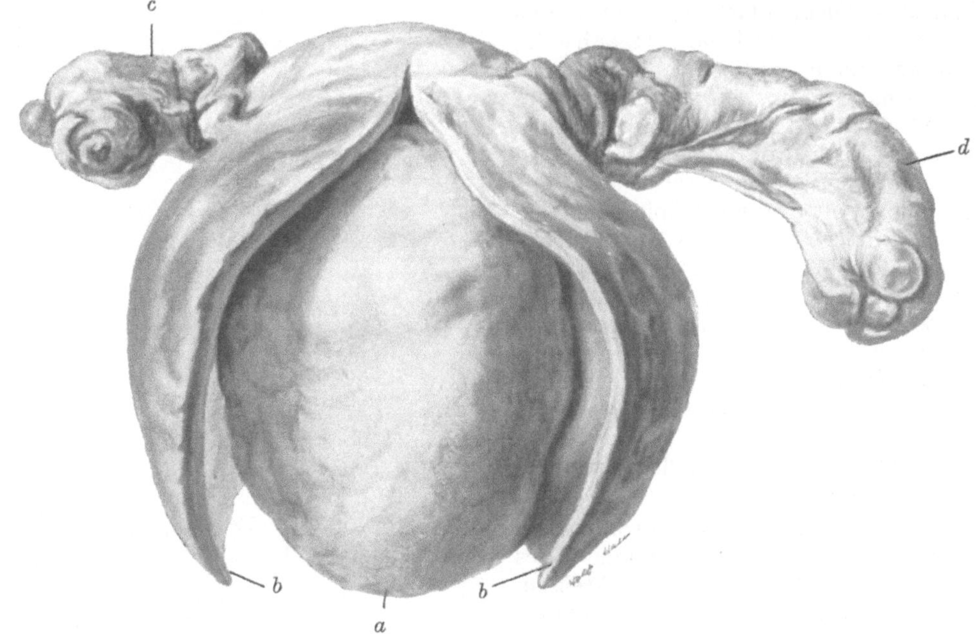

Fig. 402.
Großes Myom des Uterus (*a*). Die Vorderwand des Uterus ist aufgeschnitten (bei *b*). Rechts ist die Tube verkürzt (*c*). Links ist sie aufgetrieben und mit Eiter gefüllt = Pyosalpinx (*d*).

sehr häufig mit Blutungen einher, oft das erste klinische Anzeichen. Es gesellen sich Entzündungen des Endo- und Myometriums hinzu, ferner durch Verschluß der Höhle Erweiterungen weiter aufwärts (s. u.).

Außerordentlich häufig sind **Myome** des Uterus, zu allermeist des Korpus. Nach Lage und Wachstumsrichtung unterscheidet man subperitoneale, submuköse (polypenartig die Schleimhaut in das Kavum vorstülpende und eventuell bis in die Vagina hinabtretende) intraparietale (interstitielle, mitten in der Muskelwand gelegene) und intraligamentäre (d. h. in die Ligamenta lata wachsende) Formen. Die Myome sind meist kugelig, von sehr verschiedener Größe — oft ganz mächtig —, grauweiß, streifig. Oft sind mehrere nebeneinander vorhanden. Die Myome sind durch eine bindegewebige Kapsel scharf abgesetzt; seltener ist die einen größeren Teil des Uterus einnehmende diffuse Myomatose.

Die Myome bestehen aus glatter Muskulatur und, wie diese stets, aus geringen Mengen von Bindegewebe. Meist treten bald infolge ungenügender Ernährung regressive Metamorphosen ein: Nekrose, hyaline und myxomatöse (wohl meist ödematöse) Umwandlung, Erweichung, Verkalkung. An die Stelle zugrunde gegangenen Muskelgewebes wuchert Bindegewebe, und so zeigen die Myome in späteren Zeiten sehr viel solches (oft nicht ganz richtig als Fibromyome bezeichnet). Auch Umwandlung in Knorpel oder Knochen, oder durch Erweiterung der Lymphbahnen Zystenbildung, durch Erweiterung der Gefäße kavernöses Aussehen kommen vor. Selten wuchern ganz regelmäßig gebaute, durchaus gutartige Myome in Form von Zapfen in das Lumen von Venen, das Endothel vor sich hertreibend, ein.

Als Folgezustände kommen bei großen Myomen Verdrängung des übrigen Uterus und Lageveränderungen desselben sowie Formveränderungen der Höhle, Kompression der anderen Beckeneingeweide, Erschwerung von Befruchtung, Geburten usw. vor. Die Mukosa zeigt häufig neben den

Myomen hyperplastische Wucherungszustände, das Myometrium eine Hypertrophie oder Atrophie seiner Muskulatur mit relativem oder absolutem Überwiegen seiner bindegewebigen Bestandteile (sog. chronische Metritis, s. o.).

Ihren Ursprung verdanken die Myome wahrscheinlich entwickelungsgeschichtlicher Anlage, und zwar ganz kleinen, aus der übrigen Muskulatur ausgeschalteten Muskelherden. Über **Adenomyome,** die ja gerade im Uterus (besonders dem Tubenwinkel) vorkommen und auf entwicklungsgeschichtliche Anomalien zu beziehen sind, s. S. 104. Selten gehen vom Drüsenanteil dieser Tumoren Karzinome aus. Ähnliche Bildungen kommen auf Grund von Drüsenwucherungen in die Tiefe bei entzündlichen Prozessen vor (sog. Adenomyositis, s. o.).

In seltenen Fällen sind Myome malign und nehmen **sarkomatöse** Struktur an (Myosarkome s. S. 113). Einfacher Zellreichtum genügt nicht zu dieser Diagnose, vielmehr sind dann die Zellen sehr ungleich, zum Teil groß; es finden sich Riesenzellen, sehr zahlreiche Mitosen u. dgl. mehr. Ferner bestehen infiltratives Wachstum und zumeist Metastasen. Sehr selten sind Metastasen bei nach Art der gewöhnlichen Uterusmyome gebauten Myomen **(maligne Myome).**

Auch eigentliche **Sarkome** des Uterus — der Schleimhaut, teils mehr diffus, teils polypös, oder der Muskelschicht — sind selten. Es gibt Spindelzellen-, Rundzellensarkome usw. Mischgeschwülste kommen zuweilen am Zervix vor. Lipome und Lipomyome sind auch sehr selten.

f) Veränderungen der Uterushöhle.

Stenose und **Atresie** des Uteruskavum kommt angeboren und erworben — bei Lageveränderungen, Knickungen, Entzündungen, Tumoren — vor. Die Folgen treten meist erst mit Beginn der Geschlechtsreife auf, bei der Menstruation staut sich das Blut, das Kavum erweiternd: **Hämatometra.** In anderen Zeiten sammelt sich meist nur katarrhalisches Sekret an: **Hydrometra,** bei eiterigem Katarrh Eiter: **Pyometra.** Durch Zersetzung des Inhaltes kann es zu Gasentwickelung kommen: **Physometra.**

Bei Verschluß der Scheide ist die Vagina an der Erweiterung beteiligt: **Hämato- usw. -kolpos.**

Bei der Erweiterung des Uterus können Hypertrophie oder Atrophie der Wand sowie eventuell Perforationen die Folge sein.

Fremdkörper können im Uterus gefunden werden: Tampons, Instrumente, losgelöste Teile der Schleimhaut oder von Tumoren und vor allem sog. Plazentarpolypen (Plazentarreste). Diese Dinge können sich zu „Uterussteinen“ inkrustieren.

g) Lageveränderungen des Uterus.

Die normale, vom intraabdominalen Druck, sowie der Füllung der Blase und des Rektums abhängige Lage des Uterus ist die physiologische Anteversio und Anteflexio. Pathologische Lageveränderungen mit Fixation in dieser Lage haben ihren Grund in abnormer Starrheit oder Schlaffheit der Uteruswand (so daß im letzteren Fall die in entgegengesetzter Richtung wirkenden Kräfte das Übergewicht gewinnen), ferner auch in Tumoren des Uterus, häufiger aber in von außen wirkenden Momenten, wie parametralen Exsudaten, Narbenschrumpfung der Bänder oder Tumoren im kleinen Becken.

Die einzelnen Lageveränderungen sind:

Abnormer Hochstand — **Elevatio** — und Tiefstand — **Descensus.** Man unterscheidet den Descensus uteri, den unvollständigen und den vollständigen **Prolaps** (letzteren, wenn auch der Fundus uteri außerhalb des kleinen Beckens steht). Ragt durch Hypertrophie der Vaginalportion nur diese aus dem Beckenausgang heraus, ohne daß das Korpus einen tieferen Stand zu zeigen braucht, so spricht man von „Prolaps ohne Senkung“. Tiefstand des Uterus resultiert zumeist aus Schlaffheit der Bänder, der Scheide, des Beckenbodens, besonders nach Geburten. Auch Tumoren sowie starke Anstrengungen der Bauchpresse können in diesem Sinne wirken.

Ist der Uterus nach vorne geneigt fixiert, so spricht man von pathologischer **Anteversio,** ist er über seine vordere Fläche unausgleichbar geknickt, von pathologischer **Anteflexio.** Unter den umgekehrten Bedingungen entsteht die **Retroversio** und **Retroflexio.** Alle diese Verlagerungen werden zumeist bedingt durch narbige Adhäsionen, Schrumpfungen bzw. Erschlaffung der Ligamenta rotunda sowie der Ligamenta rectouterina und sacrouterina, narbige Parametritis anterior bzw. posterior, Perimetritis posterior u. dgl. m. **Lateroversio** und **Lateroflexio** sind meist mit Retroflexio verknüpft, eine Folge von Kürze oder abnormer Adhäsion des einen Ligamentum latum. **Torsio uteri** — Drehung um die Längsachse — entsteht durch parametrale Schrumpfungsprozesse oder Tumoren, ebenfalls meist mit anderen Lageveränderungen verbunden. Eine Einstülpung der Uteruswand — **Inversio uteri** — kommt nur bei schlaffer Wand und weiter Höhle, also fast nur im Puerperium, dann eventuell sehr leicht zustande; der ganze Uterus kann eingestülpt durch den äußeren Muttermund heraustreten — **Inversio uteri completa.** Häufig ist Prolaps damit verbunden. Ausbuchtungen eines Teiles des Uterus (nach Kaiserschnitt u. dgl.) heißt **Uterushernie.**

Wegen aller Einzelheiten vgl. die gynäkologischen Lehrbücher.

D. Uterusbänder, Parametrium, Perimetrium.

Die großen Venenplexus in der Umgebung des Zervix und in den breiten Mutterbändern können venöse Erweiterung, Thrombose und Phlebolithenbildung aufweisen: **Varicocele parovarialis superior** und **inferior.**

Beim Bersten solcher Varizen, bei stärkeren Blutungen infolge Platzens von Follikeln, bei starken Blutungen in die Tuben, beim Bersten eines Hämatosalpinx oder einer Tubargravidität kann es zu Blutungen in das kleine Becken kommen, besonders wenn Traumen, starke Menses oder Infektionen als Gelegenheitsursache fungieren; die Blutungen erfolgen zumeist in die Excavatio recto-uterina, erst dann (oder bei Obliteration ersterer) in die ante-uterina. Es kann direkt tödlicher Ausgang, oder durch Infektion Pelveoperitonitis oder diffuse Peritonitis eintreten. Sonst wird die Blutmasse später organisiert oder wenigstens als sog. Hämatom abgekapselt. Letzteres kann dann noch ganz resorbiert und durch pigmentiertes Bindegewebe ersetzt werden. Lagen vorher schon peritonitische Verwachsungen vor, so erfolgt die Blutung von vorneherein in abgesackte Räume.

Die Erkrankungen des Parametriums (des das Scheidengewölbe und den Zervix umgebenden und in den Uterusbändern vorhandenen Bindegewebes) sind meist von denen der Organe des kleinen Beckens (Uterus, Ovarien, Tuben, Parovarium, Blase, Rektum) abhängig. So entwickelt sich die **Parametritis** meist vom Uterus her, seltener vom Rektum. Häufig ist sie gonorrhoischer Natur.

Das Exsudat kann zellig-serös oder eiterig sein. Das ganze Beckenbindegewebe kann phlegmonös ergriffen werden, und Perforationen in Bauchhöhle, Vagina, Rektum, Harnblase oder durch die Bauchdecken nach außen, sowie Senkung des Eiters und Karies der Beckenknochen können Folgeerscheinungen sein. Das Endresultat einer Parametritis kann Schwielenbildung sein; der Prozeß nimmt zuweilen einen mehr chronischen Verlauf.

Entzündungen der den Uterus bekleidenden Serosa heißen **Perimetritis**; doch werden auch solche überhaupt des die Beckenorgane überziehenden Bauchfells so benannt.

Die Perimetritis entsteht, soweit sie nicht Teil allgemeiner Peritonitis (Pelveoperitonitis) ist, meist durch Fortleitung entzündlicher Prozesse vom Uterus, den Tuben, dem Mastdarm oder Parametrium her. Es finden sich (ganz der Peritonitis entsprechend) fibrinöse, fibrinös-eiterige Formen u. dgl., später fibröse Verdickungen und Adhäsionen. Daß narbige Retraktion der vom Peritoneum bekleideten Bänder Lageveränderungen des Uterus (sowie der Tuben und Ovarien) und Knickungen desselben bewirken, ist schon oben erwähnt.

Tuberkulose des Para- und Perimetriums geht meist von solcher der Tuben aus, oder ist Teilerscheinung allgemeiner Tuberkulose.

Zysten und **zystenartige Bildungen** entstehen an den Ligamenta lata (von den Serosadeckzellen aus), am Parovarium (Parovarialzysten), vielleicht auch aus Resten des unteren Teiles des Wolffschen Körpers bzw. vom Gartnerschen Gang aus, endlich bei partiellem Offenbleiben des Leistenkanales in der offenen Partie des Processus vaginalis peritonei. Alle diese Zysten weisen zumeist Zylinderepithel, nur wenige geschichtetes Plattenepithel auf.

Auf der Serosa des Uterus, der Tuben, Ovarien usw. finden sich zur Zeit der Schwangerschaft — uteriner wie extrauteriner — kleine Knötchen, welche makroskopisch ganz miliaren Tuberkeln gleichen. Es handelt sich hier um eine Entwickelung von Deziduazellen aus der direkt unter dem Oberflächenepithel (-endothel) gelegenen Bindegewebsschicht.

Von **Tumoren** kommen in den breiten Mutterbändern Lipome, Fibrome, Myome, Sarkome, endlich die sich subserös entwickelnden Ovarialkystome vor.

Von Resten des Gartnerschen Ganges aus können Adenome und Karzinome (Zylinderzellen- wie Plattenepithelkarzinome) entstehen.

E. Vagina und äußere Genitalien.

Bei der senilen Atrophie wird die Vagina kleiner, dünn und schlaff.

Der akute oder chronische **Katarrh** der Vagina — **Colpitis** — entsteht am häufigsten im Puerperium oder als Folge gonorrhoischer Infektion oder durch reizende Sekrete des Uterus (z. B. bei Karzinom desselben), ferner bei Allgemeinerkrankungen (Diabetes, Skrofulose u. a.).

Die Schleimhaut zeigt Rötung, Schwellung, besonders der Columnae und der Papillen, und Absonderung eines reichlichen trüben, zum Teil stark eiterigen Sekretes (Fluor albus). Geht der Katarrh in ein chronisches Stadium über, so findet man eine mehr schieferige, fleckige oder diffuse, livide Färbung; die geschwollenen Papillen nehmen wieder an Volumen ab, und die ganze Mukosa kann atrophisch verdünnt werden.

Kruppöse bzw. **pseudomembranöse (diphtherische) Colpitis** entsteht hie und da hämatogen bei gewissen Infektionskrankheiten (Cholera, Scharlach, Pocken).

Im höheren Alter kommt eine sog. **Colpitis ulcerosa adhaesiva** vor. An einzelnen Stellen schwindet der Epithelbelag und es entsteht eine kleinzellige Infiltration; dadurch kommt es zu Verklebungen und Verwachsungen aneinanderliegender Partien der Scheidewände und zu partieller Verengerung oder sogar Verschluß des Lumens der Scheide.

Der Befund meist stecknadelkopfgroßer, grauweißer oder pigmentierter, flacher oder leicht prominenter Flecke, besonders im oberen Teil der Vagina und zumeist im Anschluß an chronischen Scheidenkatarrh, wird als **Colpitis follicularis** (miliaris) bezeichnet. Es handelt sich um diffuse oder zirkumskripte, follikelartige Lymphozytenansammlungen. Eine seltene, mit Bläschenbildung einhergehende Veränderung ist die **Colpitis herpetica.**

Erysipel, tuberkulöse und syphilitische Affektionen (Primäraffekte, Gummata, Narben) sind selten.

Lageveränderungen. Eine Einstülpung der vorderen oder hinteren Scheidewand oder eine totale ringförmige in das Lumen hinein bezeichnet man als **Inversion.** Tritt die invertierte Stelle durch die Vulva hindurch, so spricht man von **Inversio vaginae**

cum prolapsu. Die Ursache liegt in Schlaffheit der Vagina, bzw. ihrer Umgebung, besonders nach Geburten.

Auch sekundär, durch Tiefstand des Uterus, kann die Inversion bedingt sein. Wird mit der vorderen Vaginalwand die hintere Blasenwand mit herab- und so ein Teil des Blasenlumens aus dem Beckenausgang herausgezogen, so stellt dies die sog. **Cystocele vaginalis** dar. Ähnlich entsteht bei Inversion der hinteren Vaginalwand die **Rectocele vaginalis.** Die ringförmige totale Einstülpung entsteht meist sekundär nach Uterusvorfall und beginnt gewöhnlich im Vaginalgewölbe. Seltener wird die hintere Scheidenwand durch höher gelegene Organe invertiert: Ovariocele vaginalis, Enterocele vaginalis, Hydrocolpocele vaginalis (durch Bauchhöhlenexsudat bzw. -transsudat), Pyocolpocele vaginalis (durch eiteriges Exsudat).

Von den **Verletzungen** der Vagina und deren Folgen sollen nur die Scheidenfisteln und die Scheidennarben erwähnt werden. Erstere kommen seltener durch Fremdkörper, häufiger im Verlaufe von Geburten, durch zerfallende Tumoren oder gangränöse Prozesse an Stellen zustande, wo die Scheide mit anderen Hohlorganen physiologisch oder durch pathologische Verwachsungen verbunden ist. Hierher gehören die Mastdarmscheidenfisteln, die Blasen- und Urethralscheidenfisteln, endlich Fisteln zwischen Vagina und ihr adhärenten Dünndarmschlingen.

Von **Tumoren** kommen Fibrome, Myome, Adenomyome, Fibromyome, Sarkome vor. Karzinome sind selten primär — teilweise wohl von umschriebenen Plattenepithelverdickungen, Leukoplakien, ausgehend —, meist von der Portio des Uterus fortgeleitet. In beiden Fällen sind es Kankroide. Auch das Chorionepitheliom siedelt sich gerne in der Vagina an. An der Vulva kommt von den Schweißdrüsen ausgehend das sog. Adenoma tubulare hidradenoides vor. Mischgeschwülste — mit glatter oder quergestreifter Muskulatur — finden sich vor allem in jugendlichem Alter.

Zysten sind häufiger, teils von Drüsen (Retentionszysten), teils von dilatierten Lymphgefäßen, teils von Resten der Wolffschen Gänge usw. abzuleiten. Besonders bei Schwangeren findet sich zuweilen die Scheide von zahlreichen Zysten besetzt, Colpohyperplasia oder Colpitis cystica, bei Bildung von Gasblasen Colpitis emphysematosa benannt.

Von **Parasiten** findet sich — namentlich bei Scheidenkatarrhen — Trichomonas vaginalis (S. 167); ferner Soor. Oxyuris vermicularis kann vom Darm her einwandern.

Relativ häufig finden sich in der Vagina Fremdkörper, z. B. vom Uterus ausgestoßene Massen oder therapeutisch eingeführte Pessarien.

Die inneren Flächen der **Vulva** und die **kleinen Schamlippen** sind mit Schleimhaut überkleidet, welche an den letzteren allmählich in die äußere Haut übergeht. Dementsprechend findet man an diesen Teilen teils Veränderungen, wie sie an den Schleimhäuten, teils solche, wie sie an der äußeren Haut auftreten.

Abgesehen von Verletzungen sind es Ödeme, Blutungen, Entzündungen (Vulvitis), spitze und breite Kondylome, syphilitische Primäraffekte, weicher Schanker, Lupus u. a.; außerdem Hyperplasien, besonders Elephantiasis an den großen Schamlippen, zirkumskripte Fibrome, Lipome, Angiome, Sarkome, Melanome. Das Karzinom tritt als Kankroid an den Schamlippen oder der Klitoris auf. Von zystischen Neubildungen finden sich Dermoide, Atherome, Zysten der Bartholinischen Drüsen u. a. An den letzteren kommen bei Gonorrhoe Entzündungen (Bartholinitis) vor; ferner (selten) Adenokarzinome.

F. Störungen von Schwangerschaft und Puerperium.

Vorbemerkungen.

Die Schwangerschaft teilt Aschoff zweckmäßig in folgende Perioden ein:

1. Periode der Eiwanderung,
2. Periode der Eieinnistung und des Eiwachstums,
3. Periode der Fruchtausstoßung,
4. Periode der Involution und Regeneration.

Das Ei wird wahrscheinlich in der Tube nahe dem Uterus befruchtet und nistet sich dann erst im Uterus selbst ein. Die Drüsen der Schleimhaut lockern sich auf, werden weit, korkzieherartig gewunden; die Epithelien quellen und bilden papilläre Wucherungen ins Drüsenlumen. Die wuchernden Zwischenzellen der obersten Schleimhautlagen wandeln sich zu den dicht aneinanderliegenden Deziduazellen um, während hier die Drüsen verschwinden. An der **Dezidua** unterscheidet man die Decidua vera, die reflexa, welche von der Anhaftungsstelle des Eies aus über dies hinwegwuchernd es einhüllt und gegen den 5. Monat mit der Decidua vera verschmilzt, und die serotina. Außer der Dezidua gehören zu den Fruchthüllen das **Amnion** und das **Chorion,** welches ursprünglich an seiner Außenfläche mit reichlichen Zotten bekleidet ist, die letzteren aber am größten Teil seines Umfanges durch Rückbildung verliert. Im Bereich der Serotina entsteht aus ihr und dem wuchernden Chorion die **Plazenta;** ihr fötaler Anteil kommt so zustande, daß im Bereich der Serotina die Chorionzotten erhalten bleiben und stark wuchern und sich teils als Haftzotten an der Serotina ansetzen, teils frei in die an der Serotina gebildeten mütterlichen intervillösen Bluträume hineinwachsen. Sie bestehen aus zartem Bindegewebe mit Gefäßen, das zunächst von den kubischen, gegeneinander abgegrenzten Zellen der Langhansschen Zellschicht (Abkömmlinge des fötalen Ektoblasts; sie gehen in späteren Schwangerschaftsmonaten zugrunde) und außen davon von dem protoplasmareichen, nicht in einzelne Zellterritorien abteilbaren Synzytium mit seinen Vorsprüngen, den sog. synzytialen Riesenzellen, bekleidet wird. Das Synzytium stammt wahrscheinlich auch vom fötalen Epithel (andere leiten es von Uterusepithelien her). Der mütterliche Anteil, die Serotina, zeigt neben den Deziduazellen etwa vom 5. Monat ab sehr große Zellen mit mehrfachen oder einem vielgestaltigen Kern, die serotinalen Riesenzellen; auch sie sind eingewanderte Zellen des wuchernden fötalen Ektoderms und dringen auch in die oberen Lagen der Uterusmuskulatur vor.

Wegen aller Einzelheiten sei auf die Lehrbücher der Geburtshilfe verwiesen.

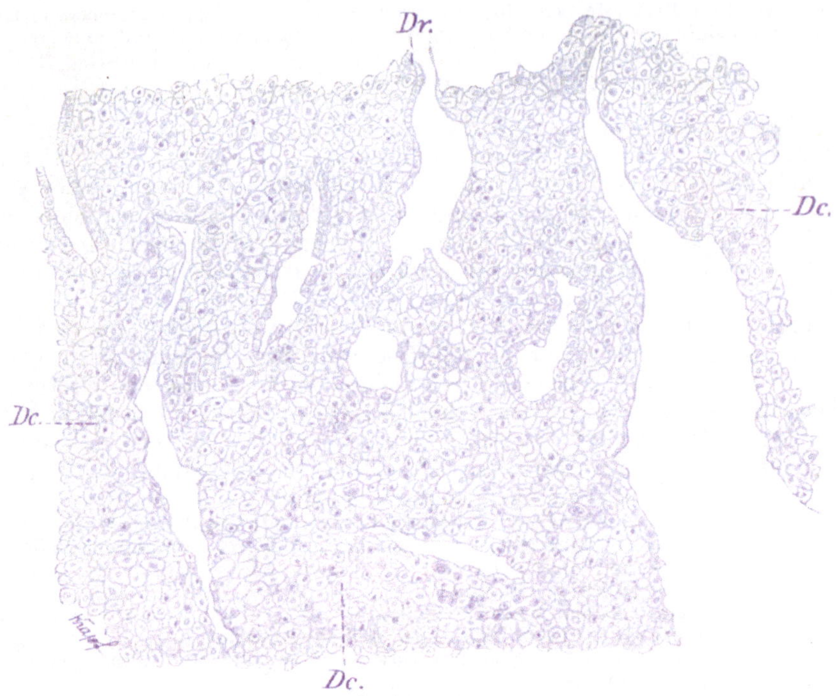

Fig. 403.
Dezidua bei regulärer Gravidität.
Stratum proprium-Zellen in große Deziduazellen (*Dc.*) verwandelt; in dieselben eingelagert erweiterte Drüsen (*Dr.*) mit zum Teil abgeflachtem Epithel. (Nach Amann, l. c.)

a) Extrauteringravidität.

Man unterscheidet 3 Formen; die weitaus häufigste tubare, eine ovariale und eine abdominale.

Bei der Tubenschwangerschaft kann sich das Ei im äußeren Teil der Tube entwickeln und aus ihm herauswachsen, oder es entwickelt sich auch in einer Tuboovarialzyste (Tuboovarialschwanger-

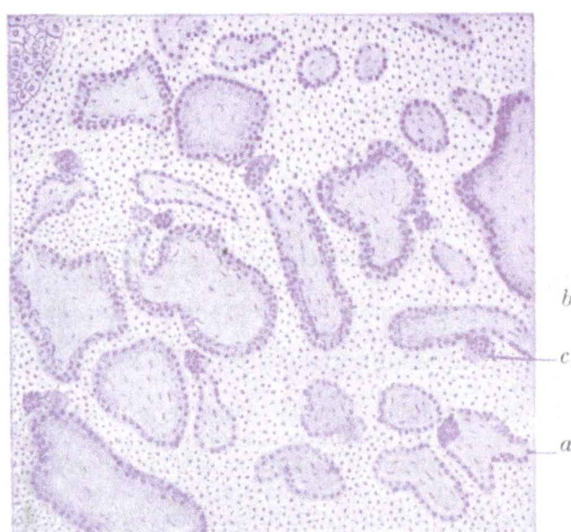

Fig. 404.
Plazentarzotten
bekleidet von Synzytium (*a*) und darunter der Langhansschen Zellschicht (*b*). Synzytiale Riesenzellen (*c*). Zwischen den Zotten Blut.

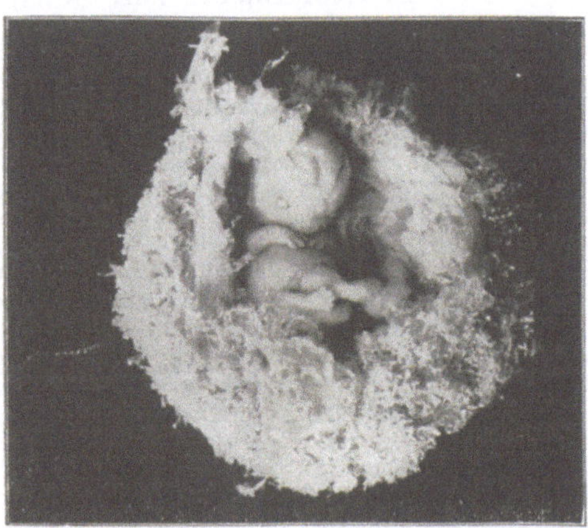

Fig. 405.
Abortivei aus dem Anfang des dritten Embryonalmonats, geöffnet.
Durch die Öffnung sieht man den 25 mm langen Embryo von vorn und etwas von rechts. Aus Broman, l. c.

schaft); in anderen Fällen setzt es sich im freien Ende der Tube (einfache Tubenschwangerschaft) oder in ihrem Isthmus (interstitielle Tubenschwangerschaft) fest. Die Tubenschleimhaut bildet eine Art Plazenta, in welche die fötalen Zotten hineinwachsen, aber nur spät und unvollkommen. So wird die ganze Tubenwand von dem sich einfressenden Ei bis zur Serosa hin durchsetzt. Schon in den ersten Schwangerschaftsmonaten kommt es infolgedessen oft zu Zerreißungen des Fruchtsackes und Blutungen in die Fruchthüllen und die Bauchhöhle (Haematocele retrouterina). Erfolgt nicht der Tod, so tritt Organisation der Blutmassen ein. Außer der direkten Tubenruptur nach außen kann auch, und zwar bei der relativ häufigsten interstitiellen Tubargravidität, das Ei nach innen in das Tubenlumen gelangen — Tubenabort — und so eventuell nach außen befördert werden — kompletter Abort. Auch kann das Ei frei in die Bauchhöhle gelangen (s. u.). Der Fötus stirbt meist frühzeitig ab und bewirkt, wenn er nicht resorbiert wird, Entzündung (Peritonitis) und in sehr seltenen Fällen eventuell Perforation in den Darm. Ursache der Tubenschwangerschaft sind Hindernisse im Wege des Eies zum Uterus: Verschluß des Tubenlumens, Verlust des Flimmerepithels, Knickungen, Divertikel u. dgl.

Bei der — äußerst seltenen — Ovarialschwangerschaft entwickelt sich das Ei in einem geplatzten Graafschen Follikel, dessen Wand und Umgebung die Fruchthüllen liefern. Von der Umgebung her bilden sich dann reichliche bindegewebige Umhüllungen.

Bei der Abdominalschwangerschaft entwickelt sich das Ei in der Bauchhöhle, am häufigsten im Douglasschen Raum. Die Bauchserosa bildet eine deziduaartige Wucherung. Jedoch ist ein solcher Vorgang mindestens extrem selten. Relativ häufiger kommt eine Abdominalschwangerschaft als sekundäre zustande, indem bei Tubargravidität das Ei in die Bauchhöhle austritt. Die Frucht stirbt meist ab; der Fötus kann dann resorbiert oder durch Kalkeinlagerung zum sog. Lithopädion werden.

Bei der Extrauteringravidität bildet sich auch im Uterus eine Dezidua, die am Ende der Schwangerschaft, oft auch früher, ausgestoßen wird.

b) Erkrankungen der Plazenta und Eihüllen.

Tritt bei hyperplastischer Endometritis Schwangerschaft ein, oder entsteht z. B. auf Grund einer Infektionskrankheit während der Gravidität eine Endometritis, so zeigt auch die Dezidua, besonders die vera, im allgemeinen die der hyperplastischen Endometritis entsprechenden Veränderungen — **Endometritis decidualis.**

In der Folge kann es zu Blutungen in die Eihäute mit Molenbildung (s. u.) kommen. In seltenen Fällen bleibt die Verwachsung zwischen Decidua vera und reflexa aus, und dann sammelt sich in dem zwischen beiden Häuten bleibenden Zwischenraum ein katarrhalisches Sekret an, welches durch Risse in den Eihäuten manchmal in großer Menge entleert wird: Hydrorrhoea gravidarum.

Unter **Blutmolen** versteht man jene Abortiv-Eier, welche längere Zeit nach dem in den ersten Wochen der Schwangerschaft erfolgten Tode des Fötus im Uterus zurückbleiben und durch Blutungen in die Eihäute hinein verändert werden.

Indem die Blutergüsse sich zwischen und in den Eihüllen flächenhaft ausbreiten, zum Teil auch ihre einzelnen Schichten voneinander abheben, kommt es zu einer starken Verdickung der Eihüllen, so daß die Eihöhle von einem dicken Mantel geronnenen Blutes umgeben erscheint. Die Blutung kann auch in die Eihöhle hinein durchbrechen. Der Fötus wird bei frühzeitigem Entstehen der Mole oft vollkommen verflüssigt und resorbiert, oder er wird doch in einem Zustand starker Erweichung (s. u.) gefunden. Bei längerem Verweilen im Uterus entfärbt sich die Blutmole durch allmähliche Lösung des Blutfarbstoffes, nimmt eine hellbraune bis gelbliche Farbe an und wird so zur „Fleischmole“. Eine solche kann schließlich auch verkalken („Steinmole“).

Von Lageanomalien der Plazenta ist die **Placenta praevia** geburtshilflich wichtig; hier bildet sich infolge zu tiefer Ansiedlung des Eies die Plazenta im unteren Teil des Uterus.

Man unterscheidet die Placenta praevia marginalis, wenn ihr Rand bis an den inneren Muttermund reicht, lateralis, wenn ein Teil der Plazenta den inneren Muttermund deckt und centralis, wenn auch bei fast völlig erweitertem Muttermund die Plazenta den inneren Muttermund noch völlig einnimmt. Die Placenta praevia kann zugleich eine Placenta praevia cervicalis sein, d. h. es können sich plazentare Ausläufer bis tief in den Zervikalkanal, ja durch diesen bis auf die hintere Lippe des Scheidenteiles erstrecken. Aschoff nimmt seiner Abgrenzung des Uterus entsprechend (s. o.) eine sehr klare Einteilung der Placenta praevia in Placenta praevia simplex — Sitz zum großen Teil tief unten im Korpus — isthmica und cervicalis vor.

Durch die Placenta praevia können gefährliche Blutungen zustande kommen, da ihre Ansiedlungsorte wenig zur Deziduabildung geeignet sind, und somit die Gefahr der Arrosion der Gefäße größer wird. Noch gefährlicher aber sind die Blutungen aus der Plazenta bei der Geburt infolge des abnormen Sitzes der Plazenta.

Die Plazenta kann zahlreiche Mißbildungen aufweisen, so eine Zwei- oder Dreiteilung, Hufeisenform oder Unterbrechung durch bindegewebige Septen.

Nicht selten bleiben Teile der Plazenta nach der Geburt in utero zurück. Einmal hindern sie die Involution des Uterus, sodann besteht große Neigung dieser Stellen zu Blutungen. Wird der **Plazentarrest** von Blut bedeckt, das gerinnt, so spricht man von Plazentarpolyp.

Blutungen der Plazenta bilden dunkelrote, später helle Stellen und können organisiert werden; sie können Nekrosen zur Folge haben. Während der Gravidität entstehende Blutungen aus der Plazenta können Ursache von Abort und Frühgeburt werden.

Die sog. **Infarkte** oder Fibrinkeile der Plazenta, derbe keilförmige oder unregelmäßige, oft zackige Herde von weißlich-gelber Farbe, Linsen- bis Walnußgröße erreichend und zumeist am Rande des Mutterkuchens gelegen, oft in reichlicher Zahl, kommen durch Thrombosen der intervillösen Bluträume der Plazenta zustande.

Bei der mikroskopischen Untersuchung ist in ihrem Bereich reichliches, die Zotten umgebendes hyalines Fibrin nachzuweisen; die Zotten selbst zeigen Kernschwund (Nekrose). Ältere Infarkte können bindegewebig organisiert werden und bedingen dann narbige Einziehungen der Oberfläche. Seltener kommt eine puriforme Erweichung der Infarkte vor.

An der Plazenta kommen produktive, zu Bindegewebsbildung führende **Entzündungen** vor, welche knotige oder diffuse, fibröse, manchmal auch verkalkende Einlagerungen in das Plazentargewebe darstellen; öfters schließt sich der Prozeß an den Verlauf der Gefäße

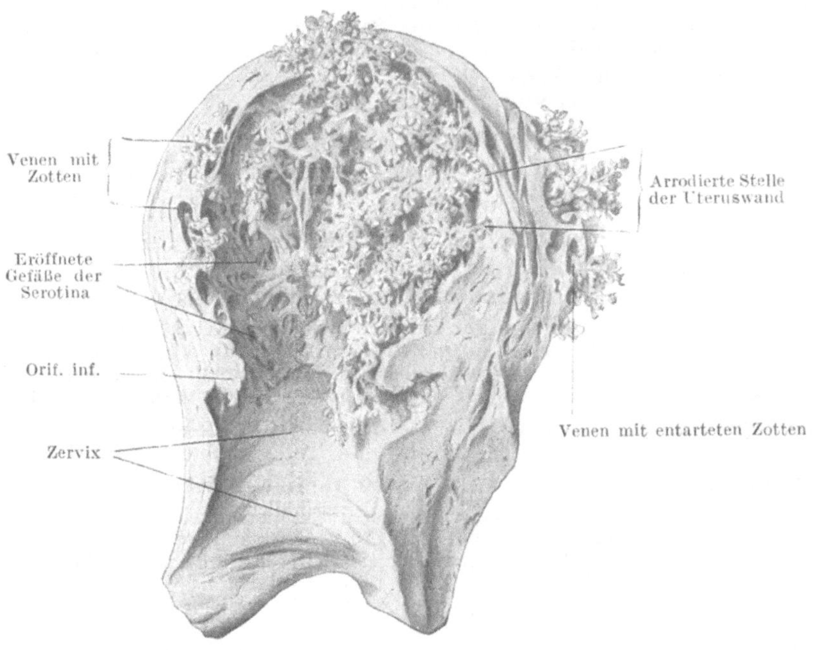

Fig. 406.
Uterus mit destruierender Blasenmole.
Aus Bumm, Grundriß der Geburtshilfe. Wiesbaden, Bergmann. 10. Aufl.

an. Die Zotten gehen dabei zugrunde. Die indurierende Entzündung der Plazenta kann ihre vorzeitige Lösung herbeiführen oder auch umgekehrt eine abnorm feste Verbindung mit dem Uterus verursachen (adhärente Plazenta).

Manche der indurierenden Entzündungen der Plazenta beruhen wahrscheinlich auf **Syphilis**; in seltenen Fällen sind auch Gummi-Knoten beschrieben worden.

Tuberkulose der Plazenta wird bei Tuberkulose der Mutter nicht selten nachgewiesen.

Die Bazillen siedeln sich an der Oberfläche der Zotten an, die entstehenden Tuberkel liegen in den intervillösen Räumen, sie wachsen peripher; etwa eingeschlossene Zotten werden nekrotisch. Auch im Innern der Zotten (seltener) entwickeln sich Tuberkel. Ferner siedeln sich die Bazillen in der Decidua basalis an; es kommt hier zu verkäsenden Tuberkeln, welche bis in die intervillösen Räume vordringen. Selten wird die choriale Deckplatte und das Amnion tuberkulös, bzw. nekrotisch. Auch im Körper des Fötus sind Bazillen und Tuberkel nachgewiesen worden, aber sehr selten. Für gewöhnlich scheint die bei Plazentartuberkulose eintretende Verödung der Zottengefäße den Durchtritt der Bazillen in die fötale Zirkulation hintanzuhalten.

Tumoren der Plazenta, wie Fibrome, Myxome, Angiome kommen vor.

Die **Blasenmole** (Traubenmole, Myxoma chorii multiplex, Mola hydatidosa) beruht auf einer Umwandlung der Chorionzotten, welche kolbige Anschwellungen bilden und das Aussehen von mit Flüssigkeit gefüllten, schleimartig-gallertigen Blasen erhalten.

Der Umbildungsprozeß an den Zotten beruht teils auf Wucherungsvorgängen, an denen mindestens in vielen Fällen das Epithel einen wesentlichen Anteil nimmt, teils auf hydropischen Degenerationsvorgängen des bindegewebigen Gerüstes der Zotten und der wuchernden Epithelien. Die Ovarien zeigen oft gleichzeitig zystische Degeneration der Follikel und besonders starke Entwickelung der Luteinzellen.

Wenn der Umbildungsprozeß an den Zotten sich in einer frühen Entwickelungsperiode des Eies einstellt, so kann die ganze Chorionoberfläche mit traubenartigen Blasen bedeckt und das Ei in toto in eine Blasenmole umgewandelt werden, so daß von Fötus, Plazenta und einer Eihöhle nichts mehr zu erkennen ist. Auch sonst stirbt der Fötus meist ab. Bei bloß geringer oder partieller Entwickelung der Molenbildung jedoch kann der Fötus gut entwickelt sein und sogar völlig ausreifen.

Dringen die wuchernden Zellmassen bei Blasenmole auch in die Serotina und die Dezidua sowie auch in die Muskellagen des Uterus vor, so spricht man von **destruierender Blasenmole.** Das physiologische Vorbild ist das gewöhnliche Eindringen einzelner Chorionepithelien und Synzytialzellen in die Serotina. Die destruierende Blasenmole leitet über zu einer typischen Geschwulstform, dem **malignen Chorionepitheliom** (Syncytioma malignum, falscherweise früher Deziduom genannt), das besonders Marchand studierte. Es schließt sich zumeist an Blasenmole an und tritt überhaupt meist bei Aborten oder Frühgeburten auf. Der Tumor nimmt seinen Ausgang vom Epithel der Chorionzotten, welches dabei in Form von Zapfen und Strängen in die Uterusmuskulatur, namentlich in die Blutgefäße derselben eindringt, die Uteruswand durchsetzt und destruiert; er bildet schwammige, blutreiche, von nekrotischen Stellen und Blutungen durchsetzte Massen und macht sehr frühzeitig Metastasen. Solche entstehen auf dem Blutwege, indem die wuchernden Epithelien, manchmal sogar ganze Chorionzotten, in die Uterusvenen eindringen und mit dem Blut in verschiedene Organe, besonders in die Lungen, verschleppt werden; daneben entstehen auch oft Implantationsmetastasen in Zervix und Scheide.

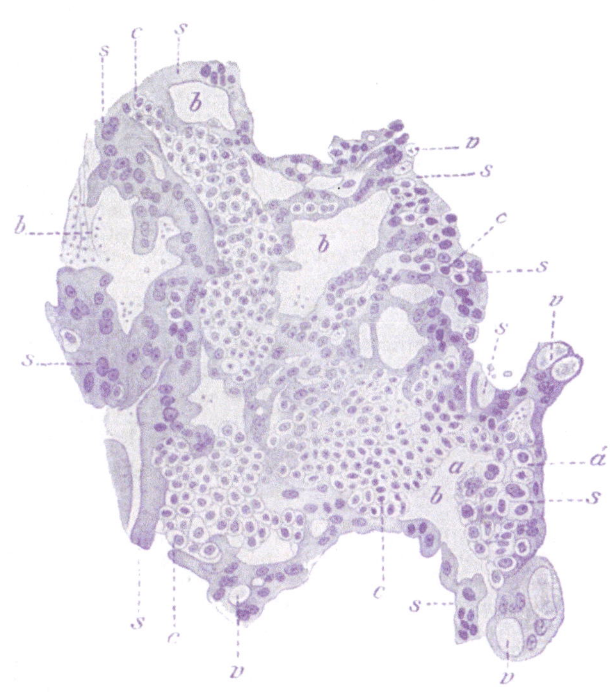

Fig 407.
Chorionepitheliom.
s synzytiales Balkenwerk. *c* zelliges Gewebe. *v* Vakuolen. *b* Bluträume. *a* stark vergrößerte Zellen mit größeren Kernen. (Nach Marchand, aus Veit, l. c.)

Bei der mikroskopischen Untersuchung zeigen sich die Geschwulstmassen in manchen Fällen sehr deutlich aus den beiden Zellformen (Langhanssche Zellschicht und Synzytium) zusammengesetzt. Geht dieser charakteristische Aufbau des Geschwulstgewebes verloren, so findet man bloß synzytiale Massen, oder es entstehen mehr diffuse, unregelmäßig angeordnete Zellmassen, so daß der Tumor mehr die Struktur eines großzelligen Sarkoms annimmt. Es gibt auch Fälle, in denen sich Chorionepitheliommetastasen ohne Uterusprimärtumor finden; sie sind offenbar verschleppt hier erst malign gewuchert. Die sehr bösartige Geschwulst soll in seltenen Fällen spontan ausgeheilt sein. Chorionepitheliomatöse Bildungen in Teratomen sind etwas ganz anderes als die eben besprochenen, sich an Schwangerschaften anschließenden Chorionepitheliome.

An der Nabelschnur kommt von Veränderungen besonders vor: die Insertio marginalis am Rande der Plazenta und die Insertio velamentosa, wobei die Nabelschnur den Rand der Plazenta nicht erreicht, sondern sich in die Eihäute einsenkt und innerhalb dieser ein Stück weit ohne Warthonsche Sulze verläuft. Knotenbildung entsteht dadurch, daß die Frucht durch eine gekreuzte Schlinge des Nabelstranges hindurchschlüpft; selten ist Absterben der Frucht die Folge. Ferner kommen Umschlingungen durch die Nabelschnur, welche selten schon vor der Geburt für den Fötus gefährlich wird, und abnorm starke Drehungen der Nabelschnur in der Längsachse mit Kompression der Gefäße, endlich abnorme Länge vor. Hie und da findet sich syphilitische Arteriitis und Phlebitis mit Intimaverdickung und Verengerung des Lumens sowie Entzündung der Nabelschnur, auch letztere meist syphilitischer Natur. Verschluß des Lumens der Nabelgefäße wird bei mazerierten Früchten öfters gefunden.

Über die vom Nabel aus entstehenden Infektionen s. S. 298. Über Hernien der Nabelschnur s. S. 143.

Von **Hydramnion** spricht man, wenn eine abnorme Menge von Fruchtwasser, mehr als $1—1^1/_2$ Liter, vorhanden ist. Die Menge kann bis über das Zehnfache der normalen betragen. Ein Hydramnion findet sich bei den verschiedensten Erkrankungen der Mutter: Entzündungen der Dezidua, Hyperplasie der Plazenta, Lues der Mutter, allgemeiner Hydrops usw. Oft finden sich bei Hydramnion auch pathologische Zustände am Fötus, welche ebenfalls zum Teil als Ursache der vermehrten Fruchtwasseransammlung angesehen werden, so schwere Mißbildungen desselben, wie Anenzephalie, Rhachischisis usw. Infolge starken Hydramnions kann die Frucht atrophisch werden oder sogar absterben.

Bei eineiigen Zwillingen kommt es manchmal im Verlauf weniger Wochen zur Ausbildung eines akuten Hydramnion, und zwar mit Nieren- und Herzaffektion sowie Hydrops des einen Fötus.

Ist eine abnorm geringe Menge von Fruchtwasser vorhanden, so sind unter Umständen eine ungenügende Abhebung des Amnion von der Oberfläche des Fötus oder Verwachsungen des Amnion mit der Körperfläche des Fötus und die daraus sich ergebenden Mißbildungen (s. S. 135) die Folge.

Von Beimischungen zum Fruchtwasser kommen vor: Mekonium, welches der Fötus indes nur bei Asphyxie entleert; Blutfarbstoff und Zersetzungsprodukte, welche bei Fäulnis oder bei einfacher Mazeration der Frucht entstehen.

c) Veränderungen der Frucht und der Fruchthüllen bei vorzeitiger Beendigung der Schwangerschaft.

Als **Abort** bezeichnet man die vorzeitige Ausstoßung der Frucht in den ersten 16 Wochen der Schwangerschaft, nach dieser Zeit eintretende Unterbrechungen als **Partus immaturus** (**praematurus**). Die häufigste Ursache ist das Absterben der Frucht, welches durch Veränderungen der Eihäute und der Plazenta (s. o.), Erkrankungen der Mutter oder solche der Frucht selbst bedingt sein kann. Von den Erkrankungen der Mutter sind hier besonders zu nennen: akute und chronische allgemeine Infektionen (Pneumonie, Typhus, Masern, Scharlach, Tuberkulose, Lues), Zirkulationsstörungen infolge von Herzfehlern oder Nierenkrankheiten, Vergiftungen. Die Frucht stirbt teils durch direkte Wirkung der Infektion usw., teils durch Störungen der Zirkulation und Ernährung innerhalb der Plazenta ab. Auch Raumbeengung des Uterus, z. B. durch Tumoren der Bauchhöhle, sowie starke körperliche und psychische Bewegungen können unter Umständen die Ursache des Abortes abgeben. Von seiten der Frucht sind es teils hochgradige Mißbildungen, teils fötale Erkrankungen, besonders Syphilis — weitaus die häufigste Ursache des intrauterinen Fruchttodes überhaupt —, welche ihren Tod und damit ihre Ausstoßung veranlassen.

Bei Ausstoßung der Frucht kann das ganze Ei mit den Eihäuten und der Decidua vera abgehen, oder es reißen die Eihäute ein und es geht nur ein Teil derselben mit dem Embryo ab, oder endlich es kann zunächst bloß der Embryo durchschlüpfen und geboren werden.

Ist die Frucht abgestorben, so können doch noch die Eihäute, insbesondere die Chorionzotten, eine Zeitlang weiter wachsen. Erfolgt der Tod der Frucht in den ersten Schwangerschaftswochen, so kommt es zu der als Molenbildung bekannten Veränderung der Eihäute (S. 413). Die abgestorbene Frucht erleidet Veränderungen, welche je nach der Schwangerschaftsperiode, in welcher der Tod eintritt, sowie nach der Zeit die der abgestorbene Fötus im Uterus verweilt hat, verschieden gefunden werden. Bei sehr frühzeitigem Absterben, so bei der Molenbildung, wird der Embryo häufig mehr oder weniger vollständig resorbiert; manchmal entstehen eigentümliche, den Mißbildungen ähnliche Formen, sog. „abortive Mißbildungen“. Namentlich wenn der Embryo etwas älter geworden ist, kommt es bei längerem Liegen desselben im Uterus zu seiner Mazeration durch die Wirkung des Fruchtwassers; die Epidermis wird zunächst in Blasen abgehoben, später in Lagen abgestreift, die Knochen werden in ihrer Verbindung gelöst, schlotterig, die Schädelknochen übereinander geschoben, alle inneren Organe zeigen sich mehr oder weniger erweicht, von blutigem Serum durchtränkt; solches findet sich auch in den Körperhöhlen (Kolliquation der Frucht, **Foetus sanguinolentus**); in allen Organen finden sich dabei regelmäßig Hämatoidinkristalle. Daneben sind häufig noch Zeichen der kongenitalen Syphilis vorhanden.

Sind die Eihäute eingerissen, so kann es zu einer fauligen Zersetzung der Frucht kommen. In anderen Fällen kann bei sehr langem Verweilen der abgestorbenen Frucht im Uterus ihre Vertrocknung (Mumifikation) eintreten.

d) Puerperale Infektionen.

Sie gehen von Verwundungen der äußeren Genitalien (besonders Dammrissen), der Scheide, des Zervix und der Uterusinnenfläche, namentlich der Plazentarstelle, aus. Die Infektionserreger — meist Streptococcus pyogenes — werden durch Untersuchung mit nicht genügend gereinigten Händen, Instrumenten u. dgl. eingeführt. Doch können auch in der Vagina (und den aus der Vagina stammenden Lochien) auch bei nicht infizierten Wöchnerinnen ansässige Erreger bei der Untersuchung in den Uterus „hinaufgeschoben“ werden, oder auch bei mangelhafter Kontraktion des Uterus bei Bestehen von Wundlücken an seiner Innenfläche sowie von Lochienstauung zur „Selbstinfektion“ führen. Gequetschte Stellen disponieren besonders zur Infektion. Bei fauliger Zersetzung — besonders zurückgebliebener Plazentarreste — sind die Erscheinungen zum Teil auch auf Resorption von Fäulnis-Toxinen zu beziehen.

Bei Infektionen wandeln sich die kleinen Verwundungsstellen bald in Geschwüre um. Sie breiten sich schnell der Fläche und Tiefe nach aus. Es schließen sich Entzündungen an, die sich verschieden kombinieren können. Die wichtigsten sind:

1. Puerperale Endometritis. Sie entsteht primär am Uterus durch Infektion oder ist von Entzündungen tiefer gelegener Teile fortgeleitet und trägt eiterigen oder eiterig-jauchigen Charakter.

Die Uterusinnenwand zeigt schmierigen, gelbbraunen Belag, besonders an der Plazentarstelle oder etwaigen Zervixwunden, die Schleimhaut selbst ist zum Teil verschorft. Oft bestehen Blutungen. Bei Druckgangrän oder Zurückbleiben von Eihautresten ist die Entzündung öfters eine jauchige (Putrescentia uteri).

2. Fast stets schließt sich Metritis an in Gestalt zelliger Infiltrationen des Myometriums oder gar zirkumskripter Abszesse oder diffuser Phlegmone. Die Lymphgefäße — besonders nach den Tubenwinkeln zu, wo sie sich sammeln — sind mit eiterigem Inhalt prall gefüllt, zu größeren Höhlen erweitert — Metrolymphangitis.

3. Daß von den puerperalen Affektionen des Uterus aus Salpingitis und Oophoritis entstehen können, wurde bereits erwähnt.

4. Von der Vagina oder dem Zervix aus entstehen Parametritiden (s. o.) zunächst zellig-seröser Natur, später, wenn sie nicht zurückgehen, eiterig-abszedierenden oder phlegmonösen, auch jauchigen Charakters. Nicht selten stellt sich auch Thrombophlebitis im Plexus uterinus ein. Kommt es zu Heilung — oder von Anfang an zu weniger stürmischem Verlauf —, so entstehen chronisch-indurierende Formen.

5. Von der Endometritis, Metritis, Parametritis, Salpingitis oder Oophoritis aus fortgeleitet bildet sich Perimetritis (Pelveoperitonitis) aus; auch sie trägt zellig-serösen, fibrinös-eiterigen oder jauchig-eiterigen Charakter, kann lokal bleiben, wenn Adhäsionen und Verklebungen zuvor bestehen oder sich schnell ausbilden, aber auch sofort oder in ersterem Falle später zu diffuser Peritonitis führen.

3. Die nach der Entbindung außer durch Uteruskontraktion vor allem durch Thromben vorläufig geschlossenen, bei der Geburt eröffnet gewesenen Gefäße der Uterusinnenfläche können eine Infektion der Thromben aufweisen, besonders an der Plazentarstelle. Es kommt zu Thrombophlebitis. Diese kann sich auf die Venen des Plexus uterinus, die Vena hypogastrica, spermatica, ja Cava inferior fortsetzen, oder die eiterig bzw. eiterig-jauchig zerfallenen Gerinnsel führen — in rascher Verbreitung allgemeiner Infektion — metastatisch Abszesse und vereiternde Infarkte anderer Organe herbei.

7. Von den Genitalien aus kommt es auch zu Thrombophlebitis der Vena saphena magna mit Periphlebitis und Phlegmone der Schenkel; letztere kommt auch ohne vorausgegangene Thrombose zustande — „Phlegmasia alba dolens". Auch Erysipel der äußeren Genitalien, Oberschenkel usw. kann sich entwickeln.

Nicht alle diese als Puerperalfieber zusammengefaßten Affektionen an den erwähnten Lokalisationen der Entzündung brauchen immer zusammen vorzukommen. Auch in den schwersten, zu allgemeiner Infektion führenden Fällen ist es oft nur eine eiterige Parametritis ohne Affektion des Uterusinnern, oder nur eine Endometritis, oder eine Thrombophlebitis der Plazentarstelle, welche den tödlichen Ausgang herbeiführt; ja ganz kleine Wunden der Vulva, der Vagina oder des Zervix können den Ausgangspunkt puerperaler Sepsis abgeben, so daß letztere fast ohne Lokalerscheinungen schnell tödlich verläuft.

G. Brustdrüse.

Normalerweise entwickelt sich die Brustdrüse erst stärker zur Zeit der Pubertät. Im ausgebildeten Zustande besteht sie wesentlich aus Bindegewebe mit Drüsengängen, de aber nur wenige Endbläschen (Drüsenbeeren) tragen. In der Gravidität bilden sich unter Anschwellung der ganzen Drüse reichlich Azini.

Agenesie der Mamma (Amazie) kommt ein- oder doppelseitig, eventuell zusammen mit Defektbildungen am Thorax (besonders Rippen) vor. Hypoplasie besteht vor allem in Ausbleiben der Entwickelung zur Zeit der Geschlechtsreife — M. infantilis — oder in ungenügender Mammaausbildung und Milchproduktion nach der Gravidität; letzterer ein einem Inaktivitätsatrophie analoger Zustand, bildet sich besonders durch gewohnheitsmäßiges Nichtstillen durch Generationen hindurch aus. Akzessorische Brustdrüsen (Polymastie) und Brustwarzen (Polythelie) — besonders in der Achselhöhlengegend bzw. Mamillarlinie — werden auf atavistische Vererbung bezogen. Feminine Ausbildung der männlichen Brustdrüse wird als Gynäkomastie bezeichnet.

Im Alter tritt eine **Atrophie** mit Rarefikation des Drüsengewebes und Vermehrung des Bindegewebes sowie Ausbildung ausgedehnter, aber plumper, zusammengeballter, elastischer Massen (ähnlich wie in der senilen Haut) ein. Das Entsprechende kommt auch präsenil, eventuell verbunden mit Schmerzen vor (Hedinger). Bei der senil-atrophischen Mamma wuchern infolge ungleichmäßigen Alterns auch einzelne Bestandteile, was zu zystischer Degeneration führt (Pribram), s. auch unten.

Mastitis ist zumeist puerperalen Ursprungs, durch Zersetzung retinierter Milch („Milchfieber") oder besonders durch von kleinen Verletzungen der Warze, Schrunden u. dgl. aus eingewanderte Infektionserreger hervorgerufen.

Die Mamma ist hyperämisch und infiltriert, daher geschwollen, auch können phlegmonös-eiterige Durchsetzungen oder buchtige Eiterhöhlen entstehen. Der Prozeß kann narbig heilen oder in chronische Mastitis übergehen. Der Eiter kann aber auch in einen größeren Milchgang oder nach außen perforieren; steht ein Milchgang mit einem Abszeß in offener Kommunikation und entleert dessen Inhalt nach außen, so bildet dies die sog. **Milchfistel.** Eine auf die Mamilla beschränkte Entzündung heißt Thelitis, eine auf deren Hof beschränkte Areolitis.

Chronische Mastitis befällt die Mamma diffus oder in Form einzelner Herde. Es tritt narbig-fibröse Umwandlung ein. Durch Verschluß von Ausführungsgängen kommt es zu Retentionszysten, sog. Galaktozelen. Man spricht dann von Mastitis cystica. Bei nichtstillenden Frauen kann die Milch eine zunächst blande **Retentionsmastitis** bewirken. Selten ist die **obliterierende Mastitis,** bei der die Ausführungsgänge und Endbläschen so komprimiert werden, daß ihr Lumen ganz oder fast ganz obliteriert.

Mastitiden kommen zuweilen auch bei Neugeborenen sowie zur Zeit der Pubertät vor.

Tuberkulose ist relativ selten. Sie ist — seltener — hämatogen, öfters von kariösen Rippen, Lymphknoten usw. her fortgeleitet. Es entstehen Granulationen mit einzelnen Tuberkeln, die verkäsen oder vereitern, aber sich auch fibrös umwandeln können. Von **syphilitischen** Veränderungen kommt Primäraffekt vor, entstanden durch Saugen kongenital-syphilitischer Kinder an der Warze. Auch Gummata und Narben kommen vor. **Aktinomykose** ist selten.

Zysten. (Über Retentionszysten s. o., über Kystadenome s. u.). Nicht selten finden sich ferner, besonders bei alten Frauen (s. o.), und neben Mammatumoren, wohl auch in solche (Karzinome) übergehend, kleine oder bis linsengroße Zysten, welche mit auffallend hellem Epithel ausgekleidet sind und in der Wand Muskelspindellagen aufweisen können. Sind

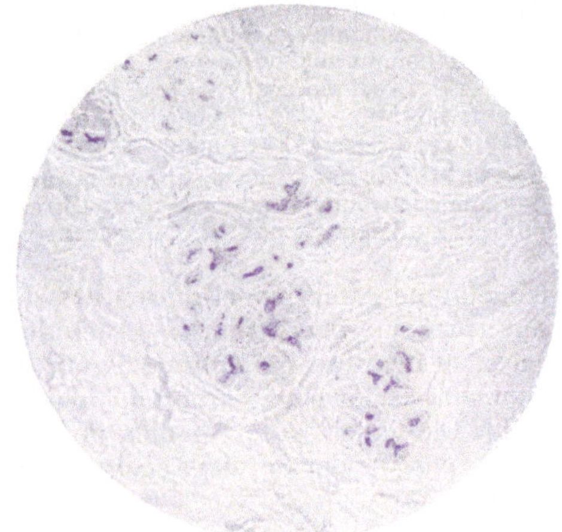

Fig. 408.
Chronische Mastitis.
Das Bindegewebe ist sehr vermehrt und derb, die Drüsen sind atrophisch.

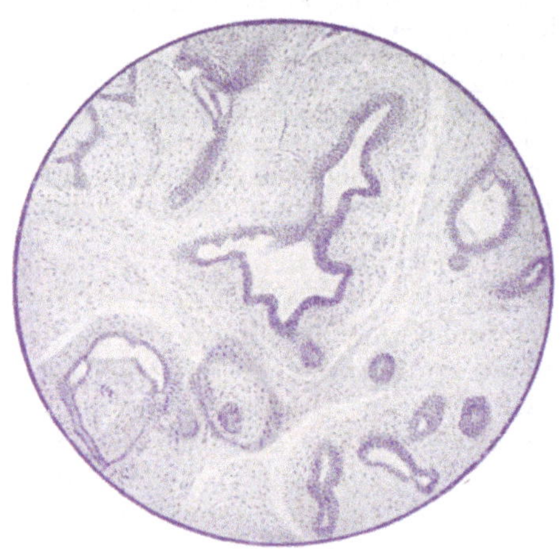

Fig. 409.
Fibroadenom der Mamma.
Unten links intrakanalikuläres, sonst perikanalikuläres (interkanalikuläres) Wachstum.

sie zahlreich, so kann man von Hydrokystoma mammae multiplex (Krompecher) sprechen.

Sie gleichen aus Schweißdrüsen (der Achselhöhle) entstandenen Zystchen und werden (Krompecher) von auf niedriger Entwickelungsstufe stehen gebliebenen (die Brustdrüse entspricht phylogenetisch einer Schweißdrüse) Drüsenanteilen abgeleitet.

Hypertrophie einer Mamma, bis zu einem Gewicht von mehreren Kilogramm, kommt zur Zeit der Pubertät zuweilen zur Entwickelung. Gravidität kann die Hypertrophie (jetzt mit Ausbildung drüsigen Parenchyms) noch wesentlich steigern und von enorm gesteigerter Milchproduktion begleitet sein. Auch sonst kommt zuweilen hyperplastische Wucherung des Drüsengewebes mit oder ohne Milchsekretion vor. Über kompensatorische Hypertrophie s. S. 54. Lipomatose — unter dem Bilde der Pseudohypertrophie — („Fettbrust") kommt bei allgemeiner Adipositas vor.

Die sehr häufigen **Adenome** kann man in azinöse (die Bildungen gleichen den Drüsenbeeren) und tubulöse (sie gleichen den Ausführungsgängen) Formen einteilen. Sie sind gutartig, zumeist auf angeborene Anlagen zurückzuführen. Doch können sich Karzinome aus ihnen entwickeln. Ist gleichzeitig das Stroma mitgewuchert, so spricht man von **Fibro-Adenomen.** Sie bilden umschriebene, harte, grauweiße Knoten.

Eigentümliche Wachstumserscheinungen im bindegewebigen Anteil bewirken nicht selten, daß die Drüsen der Geschwulst zu schmalen, halbmondförmigen oder auch längeren, gewunden verlaufenden Gängen reduziert sind; das kommt dadurch zustande, daß die dem Drüsenepithel außen anliegende Bindegewebsschicht nach Art von Papillen breite Sprossen treibt, welche in das Drüsenlumen hinein vordringen und eventuell das Epithel vor sich herschieben, so daß an den betreffenden Stellen das Lumen der Drüse mehr und mehr eingeengt wird. Man bezeichnet diese Fibroadenome als **intrakanalikuläre** (im Gegensatz zu den gewöhnlichen **perikanalikulären**).

Noch ausgesprochener kommen solche Wucherungen in den an der Mamma sehr häufigen **zystischen Adenomformen — Kystadenomen** — vor. Sie zeigen oft ähnliche Papillenbildung wie die papillären Eierstocktumoren (s. o.) **Kystadenoma papilliferum**; so bilden sich im Innern der Zysten breite knollige oder blumenkohlartig aussehende, auch wohl fein-papilläre Wucherungen, oft in so großer Zahl, daß die Zystenräume zu schmalen Spalten eingeengt, aber immerhin schon mit bloßem Auge erkennbar sind; da um die Zysten meist besondere Lagen von Bindegewebe vorhanden sind, so erscheint die ganze Geschwulst auf den Durchschnitten wie aus zahlreichen blattartigen Läppchen zusammengesetzt, welche in ihrer Mitte einen feinen Spalt enthalten; man bezeichnet solche Formen auch als **Adenoma phyllodes.**

Manche Kystadenome der Mamma zeigen auch eine gallertige Beschaffenheit ihres Stromas und der papillösen Protuberanzen, die oft gequollenen traubigen Massen ähnlich sehen, sog. Adenomyxofibrome. Hie und da weist endlich das Stroma der Adenome und Kystome einen sarkomatösen Bau auf. Meist handelt es sich dabei um Mischgeschwülste, doch kommen auch reine **Sarkome** mit und ohne Zystenbildung in der Mamma vor. Wenn in letzterem Falle eine starke Papillenbildung stattfindet, so werden die Tumoren auch als Sarcoma proliferans bezeichnet.

Das **Karzinom** der Mamma — eine der häufigst vorkommenden Geschwulsterkrankungen überhaupt — beginnt mit Bildung umschriebener Knoten, breitet sich aber bald über das Mammagewebe und in Muskulatur und Haut aus. Ist dabei die Brustwarze durch die noch nicht ergriffenen großen Milchgänge fixiert, die Umgebung durch den Tumor vorgewölbt, so bildet erstere Gegend eine nabelartige Einziehung. Sodann bricht das Karzinom durch die Haut durch (bei manchen Formen erst später) und es entstehen Ulzerationen. Auch die Haut der Umgebung, zuweilen in großer Ausdehnung, die Thoraxwand und Pleura werden dann von Krebsknoten durchsetzt. Metastasen bilden sich in erster Linie ganz gewöhnlich in den axillaren Lymphknoten, später (in etwa der Hälfte der Fälle), besonders in den Knochen, vor allem der Wirbelsäule, oft sehr ausgedehnt.

Wird die ganze Thoraxhaut durch zahllose platte, unter der Epidermis gelegene Krebsknoten derb, bretthart, so bezeichnet man diese Form als „Cancer en cuirasse". Er entsteht (wie die regionären Metastasen des Mammakarzinoms überhaupt) durch retrograde Verschleppung.

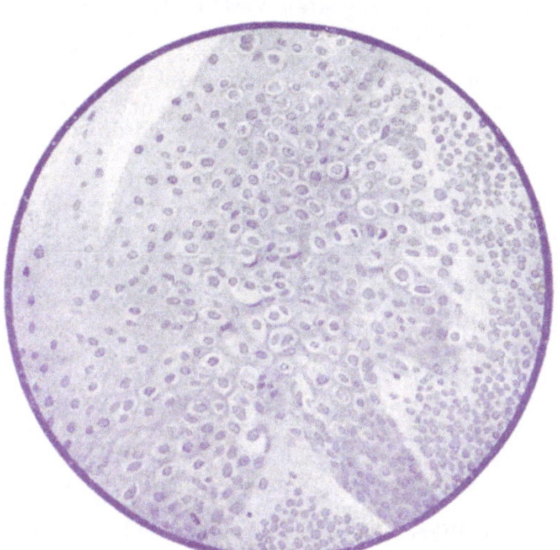

Fig. 410.
Pagetsche Erkrankung der Brustdrüse.
Der Tumor, zum großen Teil aus auffallend hellen Zellen bestehend, ist in die Epidermis gewachsen.

Histologisch sind die Karzinome Adenokarzinome oder indifferente Krebse, oft mit kleinen, in Reihen die Lymphspalten füllenden Zellen. Größere Epithelmassen sind öfters im Innern der Milchgänge gewuchert, um letztere bilden sich oft enorme verklumpte elastische Massen aus. Häufig sind die Krebse skirrhös, besonders partiell. Seltener sind Plattenepithelkrebse, zumeist von der Brustwarze ausgehend. Gallertkrebse, Psammokarzinome, Melanome sind selten.

Als **Pagetsche Erkrankung der Brustdrüse** wird eine besondere Form des Karzinoms bezeichnet, welche wahrscheinlich von den Drüsengängen der Mamma ausgeht und in die Epidermis wuchert, wobei eigenartige Degenerationsbilder — ganz helle Zellen — erscheinen.

Fibrome (öfters Fibroadenome, s. o.), Lipome, Chondrome kommen vor. Knorpelhaltige Geschwülste sind meistens Mischgeschwülste und stammen von während der Entwickelung in die Mammaanlage hinein versprengten Mesenchymkeimen. Großenteils gehören hierher auch die Sarkome der Mamma, namentlich die zystischen Formen derselben. Endlich finden sich in der Mamma manchmal Myome und Adenomyome.

Kurz sei bemerkt, daß Tumoren, eventuell Entzündungen u. dgl., wenn auch selten, auch in dem Mammarudiment beim Manne vorkommen.

II. Männliche Genitalien.

Vorbemerkungen und angeborene Anomalien.

Die Keimdrüse differenziert sich zum Hoden, der Wolffsche Gang zum Vas deferens und Schwanz des Nebenhodens, dessen Kopf aus dem oberen Teil der Urniere (des Wolffschen Körpers) entsteht. Rudimente des Müllerschen Ganges sind die ungestielte Hydatide und der Sinus prostaticus (Uterus masculinus). Der ursprünglich an der hinteren Bauchwand gelegene Hoden steigt in das spätere Skrotum hinab (Descensus testiculi), überzogen von dem Processus vaginalis peritonei, der schließlich durch Bindegewebe gegen die Bauchhöhle abgeschlossen wird. Das parietale Blatt dieser Bauchfellausstülpung ist durch das Cavum vaginale vom viszeralen getrennt, welches mit der Albuginea (dem fibrösen Überzug des Hodens) fest verbunden ist (Tunica vaginalis propria).

Von der Albuginea ziehen die bindegewebigen Septula testis konvergierend zum Corpus Highmori. Zwischen ersteren liegt das Hodenparenchym, d. h. die in ein zartes Bindegewebe eingebetteten Samenkanälchen. Diese bestehen aus den Spermatogonien, Spermatozyten und Spermatiden (von außen nach innen), welche sich ineinander umformen und zu den Spermatozoen (Samenfäden) werden. An der Peripherie der Kanälchen liegen zudem die Sertolischen Fußzellen und herum die elastische Membrana propria. In dem interstitiellen Bindegewebe zwischen den Kanälchen liegen die protoplasmareichen Zwischenzellen. Letztere sind in noch wachsenden Hoden besonders ausgeprägt und enthalten Fett (Lipoide) und Pigment; sie stellen offenbar ein trophisches Organ für den (wachsenden) Hoden selbst, d. h. die Samenepithelien dar, insbesondere die in ihnen gespeicherten Lipoide. Diese sind — ebenso wie die Zwischenzellen — besonders reichlich bei konstitutionell minderwertigen Kindern, insbesondere bei Pädatrophie (Jaffé). Ob den Zwischenzellen eine innersekretorische Funktion zukommt und welche, ist noch völlig unentschieden. Im geschlechtsreifen tätigen Hoden enthalten die Epithelien der Samenkanälchen dagegen ziemlich viel Fett. Gehen Samenzellen zugrunde, so resorbieren die Zwischenzellen so frei werdendes Fett bzw. Lipoide. In bzw. zwischen den Zellen des Hodens finden sich verschiedene Arten von Kristallen, so die Reinkeschen zusammen mit den Spermatozoen. Nach neueren Untersuchungen (Leupold) ist die Nebennierenrinde für den geregelten Verlauf der Spermiogenese wichtig. Ihre Cholesterinester schützen wahrscheinlich durch Bindung für die Samenzellen toxischer Substanzen diese, sodaß Verarmung der Nebennierenrinde von Cholesterinestern jene Stoffe erst deletär einwirken läßt. Ferner scheint die Funktion der Nebennierenrinde eine regulatorische zu sein; enthält sie übermäßig viel Cholesterinester, so treten solche in den Zwischenzellen auch im übrigen gesunder Hoden auf. Nach Jaffé und Berberich wird der Spermiogenese im höheren Alter durch akute wie chronische Krankheiten weit mehr geschädigt als im jugendlichen Alter; sekundär findet sich eine Vermehrung der Zwischenzellen häufiger in letzterem.

Das Rete testis, die Ductuli efferentes, das Vas epididymidis (mit blinden Abzweigungen, den Vasa aberrantia), das Vas deferens tragen allmählich höher werdendes Zylinderepithel, zum Teil mit Flimmern; allmählich stellt sich an den Gängen auch eine Muskellage ein, am Vas deferens in zwei longitudinale und eine dazwischen gelegene zirkuläre ausgebildet. Das Vas deferens verläuft bis zur Einmündung der Samenbläschen in den Samenstrang gemeinsam mit den den Plexus pampiniformis bildenden Samenstrangvenen und der Arteria spermatica interna in einer bindegewebigen Umhüllung. Die Samenbläschen zeigen Zylinderepithel, die Prostata ebenfalls in Form tubulöser Drüsen, dazwischen Bindegewebe und reichlich glatte Muskulatur.

Die sehr häufigen kleinen Konkremente in den Prostatadrüsen (**Corpora amylacea,** S. 44), welche schon makroskopisch als kleine braune Pünktchen wahrnehmbar sind, kommen wahrscheinlich durch Niederschläge aus dem Prostatasekret auf abgestorbene, hyalin umgewandelte Zellen zustande. Sie enthalten oft bräunliches Pigment oder Kalk. Die größeren zeigen konzentrische Schichtung.

Völliges Fehlen beider Hoden — **Anorchie** — ist mit infantilem Habitus des Individuums verbunden. Vorhandensein nur eines Hodens wird **Monorchie,** mangelhafte Entwickelung eines oder beider Hoden **Mikrorchie** genannt. Bei beiderseitiger Affektion besteht öfters eunuchoider Habitus (ähnlich wie bei Kastraten) mit Adipositas, hoher Stimme usw. Mangelhafte Anlage des Hodens mit mangelnder Spermatogenese soll sich bei „Status lymphaticus" finden.

Eine angeborene Lageveränderung stellt die Aberratio bzw. Ektopia testis dar (ähnliches kommt traumatisch als sog. Luxation vor). Die Lagerung des Hodens nach rückwärts, des Nebenhodens nach vorn — wie sie auch durch Torsion des Samenstranges entstehen kann — bezeichnet man als **Inversio.**

Die wichtigste Lageanomalie ist der **Kryptorchismus,** d. h. unvollständiger Deszensus eines oder beider Hoden. Der Hoden liegt in der Bauchhöhle oder an irgendeiner Stelle des Leistenkanals (Retentio abdominalis und inguinalis). Der Zustand ist beim Neugeborenen häufiger als beim Erwachsenen, da der Hoden noch nachträglich vollständig herabsteigen kann. Der kryptorchische Hoden ist oft hypoplastisch; degenerative (die Epithelien enthalten oft riesige Mengen großtropfiges Fett) und atrophische Veränderungen, sodann Vermehrung der Zwischenzellen schließen sich an. Leistenhernien bestehen öfters gleichzeitig. An dem zurückgebliebenen Hoden entstehen zuweilen Geschwülste (Sarkome).

Der Nebenhoden ist selten isoliert defekt od. dgl. Samenleiter und Samenblasen können samt den anderen aus dem Wolffschen Gang entstehenden Gebilden (Nieren usw.) auf einer Seite fehlen; die Samenblasen können verschmolzen, verschlossen, blind endigend, endlich in die Ureteren einmündend gefunden werden.

Über Epispadie und Hypospadie s. S. 143. Ferner kommen vor: Aplasie und partielle Defekte, Verdoppelung und Spaltung am Penis, kongenitale Penisfistel, d. h. Mündung eines oberhalb der Harnröhre den Penis durchziehenden, aus Vereinigung der Vasa deferentia zu einem selbständigen Kanal entstandenen Ganges; ferner Einlagerung von Knochenplatten, Atresie und Verengerung, Hyperplasie und elephantiastische Vergrößerung der Vorhaut und des Skrotums; endlich zahlreiche paraurethrale Gänge, die meist nur bei Gonorrhoe eine Rolle spielen. Häufig ist abnorm lange und enge Vorhaut — angeborene Phimose.

A. Hoden, Nebenhoden, Scheidenhaut und Samenstrang.

a) Degenerative Veränderungen und Zirkulationsstörungen.

Atrophie des Hodens ist zumeist eine senile, zuweilen auch präsenile Involution und kommt ferner vor bei kachektischen Zuständen, bei Status lymphaticus, nach Entzündungen, bei Druck durch Hydrozele, Hernien, Tumoren, als neurotische Atrophie (auch bei Commotio cerebri, Gehirnblutungen usw.), bei Gefäßveränderungen (Atherosklerose) und insbesondere bei

Potatorium (zusammen mit Leberzirrhose). Meist folgt auch auf Resektion oder Unterbindung des Vas deferens Atrophie.

Der Hoden ist verkleinert, die Kanälchen veröden, die Epithelien gehen zugrunde, die Membranae propriae bilden sich zu dicken, hyalinen Ringen aus, das interstitielle Gewebe, auch die Zwischenzellen — eventuell auch die Sertolischen Fußzellen — wuchern dann häufig. Überaus häufig ist Atrophie durch eine ungenügende Weiterdifferenzierung im frühesten Kindesalter vorgetäuscht.

Häufig sind regressive Veränderungen, wie abnorme **Verfettung** und **Pigmenteinlagerung**, sowohl an den Drüsenzellen, wie im interstitiellen Gewebe. Der meist verkleinerte Hoden erscheint gelbbraun, bei vorwiegender Verfettung weich, gelb, bei Zunahme des Interstitiums derb.

Bei Hodenerkrankungen bildet sich häufig Einschränkung oder Wegfall der Spermatogenese aus — **Azoospermie.** Mangelhafte Entleerung der Spermatozoen kann aber auch Folge einer Verlegung der ableitenden Wege sein (auch Azoospermatismus genannt).

Zuweilen verkalkt bei älteren Leuten die Muskularis des Vas deferens.

Unter **Varikozele** versteht man variköse Erweiterung des Plexus pampiniformis zu dicken, geschlängelten Strängen. Sie findet sich meist bei jungen Leuten und besonders links (die linke Vena spermatica mündet nicht wie die rechte direkt in die Cava inferior, sondern in die Vena renalis).

Anämie entsteht bei Druck von Hydrozelen u. dgl., **Stauung** bei Kompression der Venen, hauptsächlich durch den entzündlich geschwollenen Nebenhoden (s. u.). **Blutungen** finden sich bei Verletzungen, Entzündungen und toxischen Zuständen, bei Neugeborenen als Geburtsschädigung, besonders nach Beckenendlagen und bei Asphyxie.

Verschluß der Arteria spermatica interna und der Samenstrangvenen (Embolie, Thrombose, Endarteriitis und besonders Torsion des Samenstranges) führt zu **Nekrose** mit hämorrhagischer Infarzierung. Es kann durch Hinzutritt von Fäulniskeimen Gangrän eintreten. Bei Abheilen des infarzierten Gebietes bilden sich Narben aus (Fibrosis testis ex infarctu).

Bei Affektionen der Arteria deferentialis kommt es zu analogen Veränderungen des Nebenhodens.

b) Entzündungen.

Orchitiden sind häufig fortgeleitet von Entzündungen der Harnröhre, Blase oder Prostata, und zwar durch die Lymphbahnen längs der Samenwege zunächst auf den Nebenhoden, sodann auf den Hoden. Ihrer Ätiologie nach sind die Orchitiden meist gonorrhoisch. Ferner kommen sie metastatisch bei Parotitis, Variola, seltener bei Endocarditis ulcerosa, Typhus, Rotz, Pneumonie usw. zustande. Hie und da entstehen sie traumatisch.

Bei akuter Orchitis ist der Hoden geschwollen, ödematös, gerötet, infiltriert, öfters mit kleinen Blutungen. Der Scheidenraum weist häufig serösen Erguß auf (akute Hydrozele). Bei eiteriger Orchitis bilden sich Abszesse, die durch Scheidenhaut und Skrotum durchbrechen können, wobei sich dann vom Fistelgang aus fungöse Granulationsmassen entwickeln (Fungus benignus); doch kann auch Verjauchung und Gangrän des Skrotums eintreten. Der Inhalt der Abszesse kann sich eindicken und verkalken. Sie können auch narbig heilen.

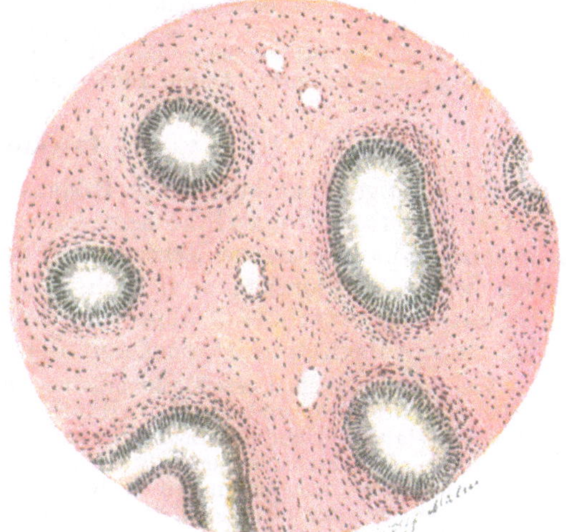

Fig. 411.
Chronische Epididymitis.
Kanälchen atrophisch, Zwischengewebe (Bindegewebe, rot) stark gewuchert.

Die sog. **chronische Orchitis** führt zu Verkleinerung des Hodens oder fleckweisen Hodenschwielen. Der abgelaufene Prozeß wird, zumal er meist keinen eigentlich entzündlichen Charakter trägt, am besten als **Fibrosis testis** (Simmonds) bezeichnet.

Die Epithelien sind degeneriert und atrophisch, die Membranae propriae hyalin (elastisch) verdickt, so daß die Kanälchen ganz obliterieren. Die Septen und die Tunica vaginalis propria sind verdickt, die Zwischenzellen eventuell gewuchert.

Die Erkrankung kommt bei Syphilis, aber auch bei anderen Infektionen, besonders

Gonorrhoe, Tuberkulose, Gelenkrheumatismus, sowie bei Intoxikationen, besonders Alkoholismus, ferner im Alter vor.

Epididymitis entsteht meist von der Harnröhre aus durch das Vas deferens, und zwar bei **Gonorrhoe,** seltener durch andere Kokken bewirkt bei Zystitis u. dgl. Oder eine Epididymitis kommt auf dem Blutwege bei Sepsis oder im Anschluß an Orchitis zustande. Öfters schließt sich andererseits an sie Orchitis und Periorchitis (s. u.) erst an.

Im akuten Zustand besteht Hyperämie, seröse und zellige Infiltration des stark anschwellenden Nebenhodens. Die Kanälchen zeigen Katarrh (Desquamation der Epithelien, Ausfüllung mit Schleim und Eiter). Dann bildet sich ein Granulationsgewebe zwischen Epithel und umgebendem Gewebe, welches bei Gonorrhoe besonders reich an Plasmazellen ist, welche ebenso wie Leukozyten ins Lumen durch das Epithel, das auch zerstört werden kann, durchwandern (völlige Analogie, vielfach im Reichtum an Plasmazellen zur gonorrhöischen Salpingitis, s. dort). Das Epithel kann sich (selten) in verhornendes Plattenepithel umwandeln (Wolf). Abszeßbildung kann sich ausbilden oder der Prozeß wird chronisch mit bindegewebiger Induration. Obliteriert das Vas deferens dabei, so tritt Azoospermie und eventuell zystische Auftreibung des Nebenhodens durch gestaute katarrhalische Massen ein.

Periorchitis, Entzündung der Scheidenhaut, schließt sich an Hoden- oder Nebenhodenentzündungen, meist gonorrhoischer Natur, oder auch an Traumen an. Das Cavum vaginale wird durch oft sehr reichliche, seröse, eventuell durch Fibrinflocken getrübte, Flüssigkeit aufgetrieben — **Hydrozele.**

Auch Eiter kann beigemischt sein. Ist Blut beigemengt, oder kommt es zu Blutergüssen bei Traumen, hämorrhagischer Diathese, Skorbut u. dgl., so entsteht die **Hämatozele.** Beimengungen von Spermatozoen werden als **Spermatozele** bezeichnet. Es wird dies auf freie Einmündung eines Vas aberrans des Nebenhodens bezogen, doch handelt es sich zumeist bei dieser Bezeichnung nicht um Erweiterungen des Kavum, sondern um solche der Vasa aberrantia selbst, der Morgagnischen Hydatide usw.

Periorchitis purulenta entsteht zumeist durch Verletzungen oder ist von eiterigen Entzündungen des Hodens bzw. Nebenhodens fortgeleitet. Bei Ausheilung obliteriert das Cavum vaginale.

Chronische Periorchitis ist der Ausgang einer akuten oder Begleiterscheinung chronischer Orchitiden und Epididymitiden.

Es bilden sich chronische seröse Ergüsse (chronische Hydrozele) oder fibrinöse, die dann organisiert werden (plastische Periorchitiden). Treten dabei stärkere Blutergüsse ein, so spricht man von chronischer Hämatozele. Es bilden sich Verdickungen, die eventuell verkalken, oder Adhäsionen und teilweise Obliteration der Höhle. Fibrinmassen können sich auch als Corpora libera loslösen.

Die **Deferentitis** (Entzündung des Vas deferens) ist zumeist eine eiterige auf gonorrhoischer Basis. Sie bewirkt oft Obliteration (mit Azoospermatismus) und kann auf den Samenstrang übergreifen — **Funiculitis** —, wobei besonders Thrombophlebitis seiner Venen auftritt. Doch kann auch chronisch-indurative Entzündung des Samenstranges ihrerseits zu Verödung des Vas deferens führen (vgl. Syphilis).

Als Perispermatitis hat man Entzündungen des in einen bindegewebigen Strang umgewandelten Anteils des Processus vaginalis peritonei bezeichnet.

Eine **Hydrocele congenita** (H. processus vaginalis) entsteht, wenn der Processus vaginalis peritonei nach dem Descensus testiculorum offen bleibt; wird dann ein Exsudat in das Cavum vaginale ausgeschieden, so kann man dieses in die Bauchhöhle verschieben. Findet eine Exsudation in weiter oben stehen gebliebene Hohlräume statt, so entsteht die **Hydrocele funiculi spermatici.**

Ein ähnliches Bild erzeugt eine **Hydrocele herniosa,** welche durch Exsudation in den Bruchsack einer Leistenhernie entsteht. Durch Blutergüsse entsteht ein **Haematoma funiculi.**

c) Infektiöse Granulationen.

Die **häufige Tuberkulose des Hodens und Nebenhodens** kann sich per continuitatem an eine Urogenitaltuberkulose anschließen oder — meist — hämatogen entstehen. Dabei kann eine vorangegangene Erkrankung der Organe bzw. ein Trauma der Tuberkulose den Boden bereiten, besonders wenn sich, wie häufig bei Tuberkulose anderer Organe, im Hoden Tuberkelbazillen vorfinden, ohne hier zunächst Veränderungen zu setzen. Primäre Nebenhoden-Hodentuberkulose ist auch auf dem Wege der Urethra als Eingangspforte möglich.

Von den männlichen Geschlechtsorganen befällt die Tuberkulose am häufigsten die Prostata (s. dort) und die Nebenhoden und Hoden. Häufig sind diese Organe, sowie das verbindende Vas deferens gleichzeitig befallen. Über den Zusammenhang herrscht noch nicht völlige Übereinstimmung. Wahrscheinlich kommt eine Verbreitung der Tuberkulose gegen den Sekretstrom — aszendierende Tuberkulose — nur ausnahmsweise vor, wenn ein Sekrethindernis besteht. Das gewöhnliche ist die deszendierende Tuberkulose, bei der also der Nebenhoden (bzw. Hoden) zuerst ergriffen wird, und die Veränderung sich durch das Vas deferens auf die Prostata fortpflanzt. Andererseits findet sich Tuberkulose der Prostata besonders häufig auf hämatogenem Wege entstanden. So können auch Hoden und Prostata gleichzeitig hämatogen infiziert werden. Bei der häufigen kombinierten Urogenitaltuberkulose sind in der Regel mehrere hämatogen infizierte koordinierte Zentren anzunehmen, z. B. Niere und Nebenhoden.

Zuerst und hauptsächlich ist der Nebenhoden ergriffen, später der Hoden (besonders das Corpus Highmori), vor allem bei der längs der Samenwege fortgeleiteten Tuberkulose. Vermittler sind hier die die letzteren begleitenden Lymphgefäße. Hoden und Nebenhoden sind stark verdickt.

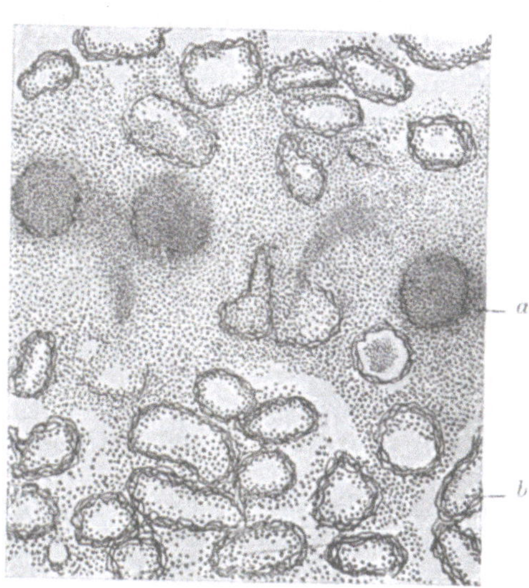

Fig. 412.
Tuberkulose des Hodens.
Färbung auf elastische Fasern (nach Weigert). Im tuberkulösen Gebiete (*a*) Samenkanälchen zum Teil noch an der Form erkennbar. Ihre Elastika, welche an den normalen Samenkanälchen (*b*) deutlich sichtbar ist, ist hier zum großen Teil zerstört.

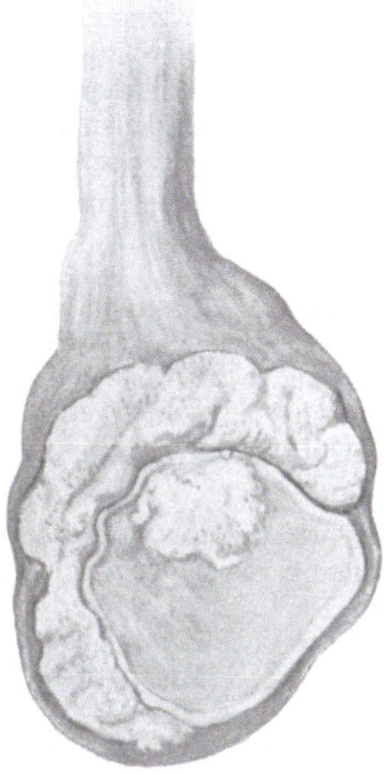

Fig. 413.
Tuberkulose des Nebenhodens. Im Hoden (oben) ein großer tuberkulös-käsiger Herd.

Zunächst entstehen zumeist die Tuberkel in der Wand der Kanälchen; sie verkäsen, die Zerfallsmassen verstopfen die Lumina. Auch das interstitielle Gewebe wird ergriffen und es bilden sich große Käseknoten, welche von der Umgebung aus oft abgekapselt werden. Doch entstehen in ihr auch frische Resorptionstuberkel, die dann wieder verkäsen usw. Außer durch die Kanälchen verbreiten sich die Prozesse durch die Lymphgefäße und eventuell Gefäße. Indem teils kleinere Knoten, teils ausgedehnte erweichende Käseherde, teils fibröse Umwandlungen sich ausbilden, gewinnt der ganze Prozeß mancherlei Analogien mit der Verbreitung in den Lungen.

Die hämatogen entstandenen Formen dagegen nehmen ihren Ausgangsort im Zwischengewebe, wo Tuberkel entstehen, die sich dann ausbreiten und zu größeren Käseherden führen.

Die **Tunica vaginalis** beteiligt sich durch disseminierte Knötchen oder kleine Herde, Hydrozele, oder produktive tuberkulöse Entzündung eventuell mit Obliteration des Kavum. Käsige Herde können nach außen durchbrechen, und so Hodenfisteln entstehen; tuberkulöse Granulationsmassen, die durch die Skrotalhaut durchwachsen, bilden an der Oberfläche den sog. Fungus testis.

Tuberkulose des Samenstranges ist meist vom Nebenhoden, eventuell auch den Samenbläschen, Ductus ejaculatorii, oder der Prostata (Sekretumkehrung bei Bestehen eines Hindernisses) fortgeleitet. Die Wand des stark verdickten und aufgetriebenen Vas deferens zeigt dann Tuberkeleruption und Verkäsung, der Käse verstopft das Lumen. Auch im umliegenden Bindegewebe entwickeln sich Tuberkel.

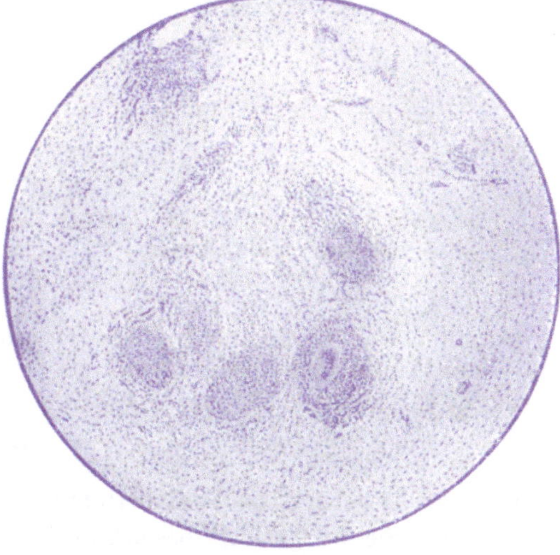

Fig. 414.
Tuberkulose des Vas deferens.
Riesenzellhaltige Knötchen in der Wand des Vas deferens mit Verschluß seines Lumens.

Im Gegensatz zur Tuberkulose befällt die **Syphilis**—der Spätperiode — meist zuerst und vorzugsweise den Hoden, dann erst den Nebenhoden. Zumeist ist der Hoden in Form der uncharakteristischen indurierenden, fibrösen Entartung (s. oben) ergriffen, die vor allem am Corpus Highmori beginnt. Doch kommen auch diffuse verkäsende, gummöse Infiltrationen oder zirkumskripte Gummiknoten vor. Durch schwielige Umwandlung dieser und der Umgebung entstehen Narben. Tunica vaginalis und Albuginea können verdickt oder gummös ergriffen sein. Oft besteht auch chronische Periorchitis. Die Massen können auch durchbrechen und fungöse Granulationen bilden. Der Samenstrang verödet öfters fibrös oder er bzw. die Nebenhoden weisen, aber selten, Gummata auf.

Bei der kongenitalen Syphilis tritt auch (stets doppelseitige) diffuse Sklerose auf.

Unterscheidung von Hodentuberkulose und Syphilis kann — besonders in späten Stadien — schwierig sein. Die elastischen Fasern gehen bei ersterer frühzeitig zugrunde (s. auch Lunge), bei letzterer bleiben sie bestehen bzw. vermehren sich, so daß Färbung auf elastische Fasern oft sehr nützlich ist.

Die **Lepra** betrifft meist besonders den Nebenhoden, dann den Hoden und führt zu Atrophie. **Leukämische** Neubildungen kommen auch vor.

d) Neubildungen.

Hypertrophie kommt besonders bei jungen Individuen kompensatorisch auf der einen Seite vor. Solange Spermatogonien noch erhalten sind, ist Regeneration in beträchtlichem Maße möglich.

Unter den **Tumoren** sind besonders **Teratome** (Teratoblastome), eventuell **Chorionepitheliome** und **Mischgeschwülste,** besonders auch in ihren malignen Formen, bemerkenswert (s. darüber S. 124).

Karzinome stellen zum Teil karzinomatös entartete und einseitig entwickelte derartige Tumoren dar. Doch kommen auch sonst Karzinome des Hodens von ziemlich indifferentem Bau und sehr zellreich nicht sehr selten vor. Sie finden sich auch bei jüngeren Leuten, wachsen sehr schnell und rezidivieren oft auch nach Operationen sehr bald; sie können enorme Ausbreitung gewinnen.

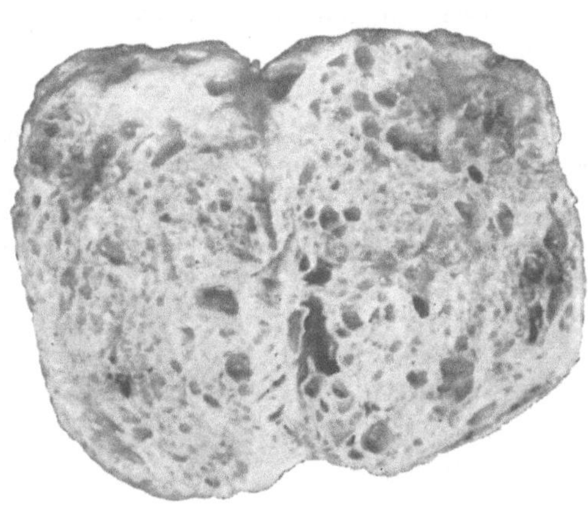

Fig. 415.
Mischgeschwulst des Hodens (sog. solides Embryom). 6jähr. Knabe.
(Nach Schultze, l. c.)

Sarkome gehen vom interstitiellen Gewebe aus, sind auch sehr bösartig und schliessen sich öfters an Traumen an. Auch bei Kryptorchismus sind sie beobachtet. Manche Formen (von großlappigem Aussehen) bestehen aus großen, Epithelien sehr gleichenden, Zellen und gehen von den „Zwischenzellen“ des Hodens aus. Brechen maligne Tumoren durch die Hüllen des Hodens durch, so entsteht der sog. „Fungus malignus testis“.

Auch sekundäre Tumoren kommen im Hoden vor. Der Samenstrang zeigt zuweilen Lipome und — selten — Myome.

Zysten finden sich im Hoden und häufiger im Nebenhoden als Retentionszysten. Bei Stich- oder Schußwunden oder Quetschungen treten Blutungen, Entzündungen, Narbenbildungen auf. Der Hoden kann bei Durchtrennung des Skrotums vorfallen, und sich an der Wundfläche Heilung durch Granulationsbildung einstellen, „Fungus benignus testis“.

B. Prostata.

a) Degenerative Veränderungen, Entzündungen und infektiöse Granulationen.

Atrophie findet sich besonders bei Marasmus und Kastration (daher der Versuch, Prostatahypertrophien durch Kastration operativ zu behandeln), sowie als Ausgang von Entzündungen. Bei letzteren besonders kommen auch Verfettung und Pigmentierungen der Epithelien, hyaline und fettige Entartung der Muskelfasern, hyaline Verdickung der Drüsenwandungen vor.

Prostatitis entsteht meist von der Nachbarschaft fortgeleitet, besonders von der Urethra bei Gonorrhoe dieser, seltener im Anschluß an Verletzungen, oder metastatisch, endlich bei Thrombophlebitis der paraprostatischen Venen. Eiterige Entzündung führt zu Abszessen, die meist gonorrhoischer Natur sind (eventuell Mischinfektion bei Gonorrhoe). Sie können unter Fistelbildung in Mastdarm, Urethra usw. oder nach außen durchbrechen. Die entzündete Prostata führt oft zu starker Kompression der Urethra. Durch Verschleppung septischer Thromben des Plexus venosus prostaticus kann allgemeine Infektion entstehen.

Tuberkulose ist bei solcher des Urogenitalapparates (vor allem des Nebenhodens) oder besonders hämatogen entstanden, vor allem bei Lungentuberkulose, sehr häufig. Es finden sich Tuberkel oder größere Käseherde, welche in Blase, Urethra oder Rektum perforieren können.

Die Tuberkel bilden sich auch hier meist von der Wand der Drüsen aus, sei es, daß die Bazillen (bei Urogenitaltuberkulose) auf diesem Wege eindringen, sei es, daß sie (zumeist) hämatogen die Prostata erreichen und dann in die Drüsengänge „ausgeschieden" (s. bei Niere) werden. Besonders bei der allgemeinen Miliartuberkulose liegen die Tuberkel auch interstitiell.

Bei der Tuberkulose der männlichen Geschlechtsorgane sind (nach Simmonds) die Prostata in 76%, die Samenbläschen in 62%, die Nebenhoden in 54% ergriffen.

b) Neubildungen.

Die **Hypertrophie** der Prostata ist im Alter überaus häufig. Entweder tritt die fibromyomatöse Wucherung besonders hervor, wobei die Drüsenschläuche zum Teil atrophiert sind, dann ist die Drüse hart, trocken, von grauen Knoten und Streifen durchsetzt, oder es überwiegt umgekehrt Wucherung und Neubildung durch Sprossung von seiten der Drüsenkanälchen, dann ist das Organ weich, meist mehr diffus vergrößert, graugelb; es läßt sich ein milchiger Saft, der desquamierte verfettete Epithelien enthält, auspressen. Seine Retention kann auch die Drüsenschläuche zystisch auftreiben.

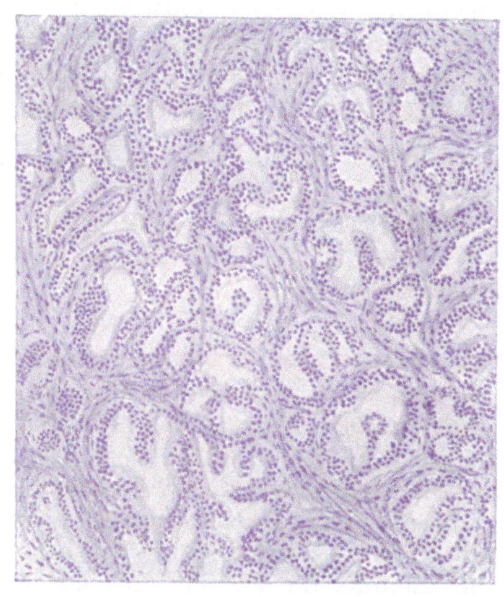

Fig. 416.
Prostatahypertrophie.
Adenomatöse Form derselben.

Die Hypertrophie betrifft entweder diffus einen großen Teil der Prostata (ein kleinerer verschonter Teil geht druckatrophisch zugrunde) oder es werden besonders einzelne Teile mehr knotig befallen, meist die sog. Seitenlappen, „Adenome im Körper der Prostata, Ribbert", oft aber auch die Mitte, wodurch der sog. mittlere Lappen der hypertrophischen Prostata entsteht, „Adenome im Sphinktergebiet der Urethra, Ribbert". Es handelt sich um eine Hypertrophie, wohl erst als Folge einer im Alter auftretenden Atrophie der Hauptdrüse (senile Involution) in Gestalt einer kompensatorischen Wucherung (Simmonds). Doch steht die Hypertrophie an der Grenze echter Geschwulstbildung (Adenom). Entzündliche Vorgänge sind als häufige sekundäre Erscheinung zu werten.

Strittig ist noch der Ausgangspunkt der Hypertrophie. Viele Autoren leiten sie nicht von dem Hauptteil der Prostata, sondern von den „urethralen Prostatadrüsen" ab, d. h. den im Bereich der muskulösen Harnröhrenwand gelegenen, so Ribbert, Simmonds u. a. Löschcke teilt die Prostata ein in eine „Außendrüse" und eine „Innendrüse", welche in dem von der Blasenmuskulatur gebildeten auf die Pars prostatica urethrae fortgesetzten Muskellager liegt. Beide haben gesonderte Gefäßversorgung. Löschcke leitet nun die Prostatahypertrophie in der Regel von der „Innendrüse", selten von der „Außendrüse", in beiden Fällen von verschiedenem Aussehen, ab. Verschiedenheiten der Wachstumsrichtung der sich vergrößernden Innendrüse sollen den sog. „mittleren Lappen" einerseits, das gewöhnliche Auftreten um die Urethra andererseits erklären.

Die vergrößerte Prostata, besonders bei Bestehen des sog. mittleren Lappens, komprimiert den Blasenhals und die Harnröhre und ruft so durch erschwerte Harnentleerung Balkenblase und weiterhin Erweiterung der Ureteren und Hydronephrose hervor. Auch schließt sich meist Zystitis (infolge Katheterismus) an.

Von **Neubildungen** finden sich zirkumskripte Adenome und — sehr selten — Rhabdomyome, ferner selten Sarkome (Lymphosarkome), häufiger **Karzinome.**

Das Karzinom ist diffus (so daß zunächst makroskopisch eine einfache Hypertrophie vorgetäuscht wird) oder knotenförmig. Die Karzinome wachsen vor allem nach dem Blasenhals zu und können in Blase oder Urethra durchbrechen und an der Oberfläche ulzerieren. Auch die Wand des Rektum und das Beckenbindegewebe werden oft von Karzinomknoten durchsetzt, so daß zum Schluß der Ausgangspunkt schwer feststellbar sein kann. Die Prostatakarzinome metastasieren besonders häufig in Knochen.

Es handelt sich um Zylinderepithelkrebse, oft mit unregelmäßigen Zellen, mehr medullär oder skirrhös, selten um Kankroide.

An den Cowperschen Drüsen kommen im Anschluß an Entzündungen der Harnröhre oder der Prostata abszedierende Entzündungen vor. Sie können bis zu Bohnengröße anschwellen; es kann Fistelbildung, vollständige Verödung oder, bei Obliteration des Ausführungsganges, Zystenbildung entstehen.

C. Samenbläschen und Ductus ejaculatorii.

Es finden sich Katarrhe (auch eiterige) — **Spermatozystitis** —, meist vom Vas deferens fortgeleitet. Es kann zu Erweiterung und Perforation oder zu Wandverdickung und Obliteration kommen. Zuweilen entstehen in den Samenbläschen Konkremente, welche eventuell Samenfäden einschließen.

Tuberkulose der Samenbläschen besteht meist im Zusammenhang mit solcher des Urogenitalapparates, isoliert ist sie durch Aufnahme vom Hoden ausgeschiedener Bazillen entstanden zu denken. Zu allererst findet sich bei unveränderter Wand nur tuberkelbazillenhaltiger Eiter im Lumen (Spermatocystitis tuberculosa purulenta, Simmonds). Dann treten typische Tuberkel mit Verkäsung, Ulzerationen usw. auf, und endlich können sich fibröse Verdickungen entwickeln. Auch die Ductus ejaculatorii sind oft mitergriffen, durch ihre Obliteration bilden sich aus den Samenbläschen Retentionszysten. Auch der Peritonealüberzug zeigt häufig Tuberkel.

Karzinome kommen sehr selten vor.

D. Penis und Skrotum.

(Vergleiche auch Haut, Kap. IX; über die Urethra siehe Harnorgane.)

Skrotum und Penishaut sind in besonderem Maße zu **Ödem** (z. B. bei allgemeinem Hydrops) disponiert.

Balanitis, Entzündung der Schleimhaut an der Eichel, eventuell zusammen mit einer solchen des inneren Präputiumblattes — **Balanoposthitis** —, ist meist gonorrhöisch oder begleitet einen syphilitischen Primäraffekt, kommt aber auch bei Zersetzung von Smegma, traumatisch usw. vor. So entsteht die entzündliche Phimose. Ist die Phimose eine totale, so kann die Vorhaut durch den gestauten Harn zu einem faustgroßen Sack ausgedehnt werden; auch Eiter kann sich ansammeln. Über angeborene Phimose s. o. Auch narbige Verwachsungen und epitheliale Verklebungen können eine Art Phimose bewirken. Wird bei einer Phimose die Vorhaut mit Gewalt zurückgeschoben und klemmt die Eichel (und meist auch den unterliegenden Teil der umgestülpten Vorhaut selbst) ein, so daß infolge von Stauung und Ödem die Resorption unmöglich wird, so liegt Paraphimose vor. Wird die Paraphimose nicht gelöst, so kann es zu Gangrän der Glans kommen.

Kavernitis — Entzündung der Schwellkörper — kommt hie und da, von der Urethra fortgeleitet oder traumatisch, selten metastatisch (bei Pyämie, Typhus, Pocken usw.) vor. Es kann zu diffuser Eiterung oder Abszeßbildung mit Einbruch in die Urethra oder zu Narben kommen.

Penis, besonders Glans und Frenulum, sind der Hauptsitz des **syphilitischen Primäraffektes** (s. dort). Auch das Ulcus molle, erzeugt durch die Ducrey-Unnaschen Bazillen (s. S. 161), hat hier seinen Lieblingssitz. Syphilitische Prozesse im Innern des Hodensackes greifen auf ihn über; so können die Verschieblichkeit des Skrotums beeinträchtigende Narben entstehen. Über die verschiedenen fungösen Wucherungen s. o. Die **Kondylome,** sowohl die spitzen, gonorrhoischen wie die breiten syphilitischen, sitzen — im Gegensatz zu karzinomatösen Wucherungen — der Basis verschieblich auf.

Am Präputium können sich **elephantiastische** Wucherungen ausbilden. Elephantiasis des Skrotum (und der Penishaut) ist im Orient bei Filariasis (s. S. 179) häufig. Teleangiektasien, Lipome, Atherome, Hauthörner (öfters neben Kankroid) kommen vor, am Skrotum vor allem auch Atherome und hie und da Teratome.

Karzinom — Kankroid — findet sich besonders an Glans und Präputium, nicht selten im Anschluß an Phimose und syphilitische Narben (nicht mit blumenkohlartigen Kondylomen verwechseln).

Karzinom des Skrotum, meist in Gestalt ulzerierender Knoten, kommt besonders bei Kaminkehrern — **Schornsteinfegerkrebs** — und Paraffinarbeitern — **Paraffinkrebs** — zur Beobachtung (s. auch S. 126).

Präputialsteine entstehen durch sich ansammelndes und eindickendes Präputialsekret, welches sich auf verhornte Epithelien oder liegen gebliebene Blasensteine niederschlägt und sich mit Kalk imprägniert.

Von **Verletzungen** des Penis kommen Quetschung und Fraktur (Ruptur der Scheide der Schwellkörper durch Knickung) vor; die Wunden können auch die Urethra ganz durchsetzen, so daß Urethralfisteln mit Harninfiltration, dann Eiterung, Nekrose und Gangrän die Folge sein können. Seltener ist Luxation, wobei der Penis aus seiner Scheide bis in die Regio inguinalis hinaufrutschen kann. Starke Blutungen aus den Corpora cavernosa können alle Penisverletzungen begleiten. In der Folge kann Vernarbung mit Knickungen eintreten.

Kapitel IX.

Erkrankungen der endokrinen Drüsen.

Über die durch Ausfall der inneren Sekretion entstehenden Erkrankungen s. den allgemeinen Teil.

A. Schilddrüse.

Als angeborene Anomalien kommen totale Aplasie, gefolgt von Kachexia strumipriva (s. S. 205) oder Aplasie eines Lappens oder des Isthmus zwischen beiden vor. Gleichzeitig finden sich zuweilen Tumoren vom Ductus thyreoglossus ausgehend, mit Platten- und Flimmerepithel, gutartig oder bösartig. Andererseits kommen auch sehr große Schilddrüsen vor; so kann der Isthmus einen bis über den Kehlkopf hinaufreichenden mittleren Lappen bilden (wichtig für Tracheotomie!). Auch akzessorische Schilddrüsen (auch am Zungenrand) kommen vor.

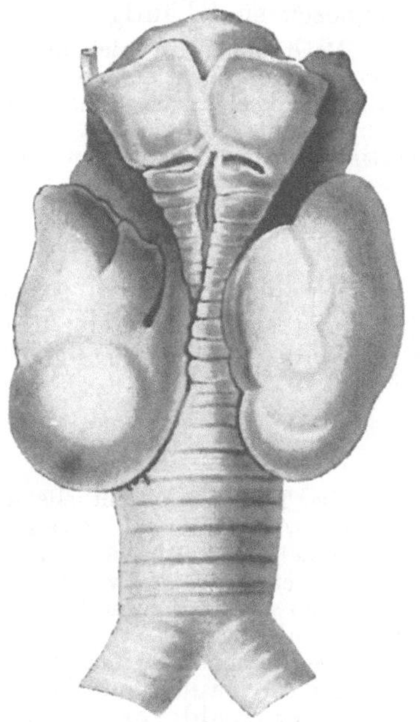

Akute Thyreoiditis (nicht häufig) findet sich bei Infektionskrankheiten, bei Rheumatismus oder idiopathisch; eiterige besonders metastatisch bei Allgemeinerkrankungen oder nach Traumen. Ausgang kann Atrophie des Organs sein, eventuell gefolgt von Myxödem. Tuberkel finden sich vor allem als Teilerscheinung allgemeiner Miliartuberkulose, sonst ebenso wie Gummata selten.

Am wichtigsten und häufigsten ist die Hyperplasie, **Struma, Kropf** benannt. Er kommt in allen möglichen Graden und in manchen Gegenden mit besonderer Häufigkeit, in gewissen Hochgebirgstälern geradezu endemisch, vor; bemerkenswert ist dabei das Zusammentreffen solcher Formen mit Idiotie und Kretinismus.

Von manchen Seiten wird eine miasmatische Infektion angenommen. In den Strumagegenden entwickeln sich Strumen auch bei Eingewanderten, andererseits verliert sich der Kropf vielfach in Familien bei Übersiedelung in andere Gegenden. Man denkt besonders auch an das Trinkwasser: gutes Quellwasser kann die Zahl der endemischen Strumen sehr herabsetzen. Nach Bircher entsteht der Kropf durch „an gewisse Bodenformationen gebundene Toxinkolloide chemischer Natur und ist nur indirekt auf ein lebendes Virus zurückzuführen."

Fig. 417.
Beiderseitige Struma. Kompression der Luftröhre (Säbelscheidenform).
Nach Leser, Die spez. Chirurgie. 9. Aufl. Jena, Fischer 1909.

Die Hyperplasie befällt die ganze Schilddrüse oder nur einen Lappen, und ferner entweder diffus oder in Form umschriebener adenomatöser Knoten, Struma nodosa. Diese Knoten entwickeln sich wohl aus embryonalen Keimen.

Beruht die Hyperplasie auf Vermehrung und Erweiterung der Alveolen, so spricht man von **Struma parenchymatosa**; die Epithelien zeigen dabei Proliferationserscheinungen. Ist das Kolloid stark vermehrt und erweitert so die Drüsenbläschen, so liegt **Struma colloides** vor. Dies ist die weitaus häufigste Form.

Bei dem Morbus Basedowii (s. S. 205) spielt die Thyreoideahyperplasie eine Hauptrolle. Es liegt hier keine charakteristische Strumaart zugrunde, bei weitem am häufigsten aber besteht parenchymatöse Struma mit wenig Kolloid; das alte wird verflüssigt, neues wird nicht aufgespeichert (A. Kocher); dagegen findet sich öfters eine schleimartige Substanz. Meist finden sich gerade bei Basedow-Strumen papilläre Wucherungen sowie eventuell solide Epithelwucherungen, die sehr an Karzinom erinnern, sowie Hypertrophie und Hyperplasie der Follikel und oft ausgedehnte Lymphfollikel mit Keimzentren (die auch in normalen Schilddrüsen vorkommen). Infolge dieser Veränderungen pflegen Basedow-Strumen von kompaktem Bau und ausgesprochen grauer Farbe zu sein. Die Veränderung kann die Schilddrüse diffus oder in Knotenform beallen. Zur Zeit der Pubertät soll die Schilddrüse vergrößert sein und ähnliche histologische Details, aber weit geringeren Grades, aufweisen.

In Strumen ist das Bindegewebe oft auch vermehrt, besonders an Stellen, wo Parenchym zugrunde geht. Es kann dabei hyalinen Charakter annehmen und verkalken, eventuell auch verknöchern: Struma fibrosa bzw. calcarea bzw. ossea. Besteht starke Gefäßentwicklung, so spricht man von Struma vasculosa. Es kann zu Blutungen und Zerstörung des Parenchyms, im Anschluß daran zu Narben oder durch Abkapselung zu hämorrhagischen oder später stark pigmentiert erscheinenden Zystenbildungen kommen. Zysten können auch durch lokalisierte Nekrosen ähnlich entstehen, ferner dadurch, daß bei der Struma colloides Drüsenräume unter Atrophie der Scheidewände zu größeren Hohlräumen zusammenfließen. In allen diesen Fällen spricht man von Struma cystica. Führt Stauung oder Kongestion der Gefäße einer nicht strumösen Schilddrüse vorübergehende bedeutende Anschwellung dieser herbei, so bezeichnet man dies als transitorische Struma.

Lokale Folgezustände der Struma sind Kompression der Nachbarschaft, namentlich der Trachea (Säbelscheidenform derselben) und der großen Gefäße (eventuell mit starken Stauungserscheinungen). Große, in das Mediastinum hinabwachsende Strumen oder hier isolierte Thyreoidalknoten (sog. substernale Strumen) können selbst in der Brusthöhle Kompressionserscheinungen herbeiführen.

Von echten Tumoren kommen **Sarkome** (Rundzellen-, Spindelzellen-, Riesenzellensarkome), Endotheliome und vor allem **Karzinome** vor. Sie treten diffus oder in Form multipler Knoten auf. Ihr malignes Wachstum unterscheidet sie von einfachen Strumen; es äußert sich in Durchsetzung der Kapsel oder des Nachbargewebes, eventuell Einbruch in Trachea oder Blut- bzw. Lymphgefäße und dann Metastasen, besonders im Knochensystem. Letztere, wie die Karzinome selbst, produzieren meist noch Kolloid. Blutungen und regressive Metamorphosen sind häufig.

Meist handelt es sich um Zylinderzellkrebse, oft mit mehr kubischen, wenig charakteristischen Zellen. Es gibt aber auch Formen, die ganz einfachen Strumen gleichen, sich nur durch Metastasierung als Karzinome erweisen. Eine relativ benigne Form, die nur auf dem Blutweg (nicht Lymphweg) zu metastasieren scheint, ist als sog. wuchernde Struma abgegliedert worden. Auch zystisch-papilläre Karzinome kommen vor, sehr selten Kankroide.

B. Epithelkörperchen.

An ihnen kommen Adenome und Karzinome vor, die sich besonders in die Schilddrüse als sog. Parastrumen entwickeln. Vielleicht haben die Adenome Beziehungen zu Knochenwachstumsstörungen. Über Beziehungen zur Tetanie usw. s. S. 206.

C. Thymus.

Der Thymus ist epithelial angelegt. Reste dieser Anlage sind die großen fettreichen sog. Retikulumzellen sowie die Hassalschen Körperchen, welche verfetten, verkalken oder verhornen können. Sie liegen in der Marksubstanz, neben der man eine Rindenschicht unterscheidet. Die meisten Zellen beider Schichten entsprechen Lymphozyten, welche nachträglich in das epithelial angelegte Organ einwandern (sie werden von Stöhr und Schridde als Epithelien gedeutet). Ferner finden sich meist zahlreiche eosinophile Leukozyten.

Der Thymus wird meist von der Pubertät an zum größten Teil durch Fettgewebe substituiert, in welchem aber noch Thymusreste mit sich noch neubildenden Hassalschen Körperchen erhalten bleiben — Thymusfettkörper (Waldeyer). Auch fällt der Thymus häufig schon bei Kindern der sog. akzidentellen Involution (sklerotischen Atrophie nach Schridde) anheim, besonders bei Magendarmstörungen und Atrophie der Säuglinge, aber auch bei allen möglichen Infektionskrankheiten.

Mangel des Thymus kommt bei Anenzephalen vor. Über persistierenden Thymus und Status thymicus bzw. thymolymphaticus s. S. 206.

Blutungen finden sich vor allem bei Vergiftungen (Phosphor) und zuweilen beim Erstickungstod.

Die sog. Thymus- (Duboissche) Abszesse der Neugeborenen und kleinen Kinder mit kongenitaler Syphilis stellen mit Leukozyten gefüllte Höhlen — Sequester bzw.

Sequesterzysten (Hammar) — dar, die von gewucherten Epithelien umsäumt sind, also keine eigentlichen Abszesse. Zum Teil liegt mehrschichtiges Plattenepithel vor, wenn die Störung so früh einsetzt, daß noch die ursprünglichen Thymuskanäle bestehen und sich deren Epithel in mehrschichtiges Plattenepithel umbildet (Ribbert).

Wirkliche Abszesse finden sich metastatisch, so bei Pyämie u. dgl. Hyperplasie befällt diffus den ganzen Thymus oder nur das Mark (Schridde), letzteres bei Status thymolymphaticus. Tuberkel, Gummata, leukämische Wucherungen kommen vor, die erstgenannten besonders bei akuter allgemeiner Miliartuberkulose.

Von Tumoren sind **Lymphosarkome** des Thymus bemerkenswert, die als sog. Mediastinaltumoren wachsen und sich über Lungen, Pleura, Herzbeutel ausbreiten. Zuweilen finden sich in ihnen noch Hassalsche Körperchen.

Die sog. malignen Thymusgeschwülste nehmen ihren Ausgang von den Thymuszellen und sind als Sarkome (bei der Auffassung jener als Epithelien als Karzinome) anzusehen. Teratome sind sehr selten.

D. Nebennieren.

Man unterscheidet Rinde und Mark. Erstere wird nach der Zellanordnung (von außen nach innen) eingeteilt in die Zona glomerulosa, fasciculata und reticularis. Die Nebennierenrinde ist wohl nicht Produktionsstätte der hier (besonders nach außen) reichlich abgelagerten Lipoide (und Cholesterinester), sondern deren Speicherungsstätte und dient ihrer weiteren Verwendung (Landau). Die Menge dieser Lipoide wechselt sehr; sie ist sehr groß z. B. bei Atherosklerose, Zirrhose, Nephritis, Stauung, Gehirnblutungen, sehr gering bei Typhus sowie verschiedenen Infektionen und Intoxikationen (Weltmann).

Das Mark ist vom Sympathikus abzuleiten und enthält neben Ganglienzellen und Nervenfasern sog. chromaffine Zellen (sie bräunen sich mit Chromlösungen, was ihrem Gehalt an Adrenalin entspricht); es wird ebenso wie die ähnlich gebaute Karotisdrüse, Steißdrüse usw. als Paraganglion bezeichnet. Die Menge des Adrenalins soll bei Infektionskrankheiten, Verbrennungen und Konstitutionsanomalien herabgesetzt, besonders bei Nephritis erhöht sein (Lucksch). Trotz der scharfen Scheidung in Mark und Rinde bestehen aber offenbar zwischen beiden funktionell nahe synergetische Beziehungen, was auch für die Pathologie des Organs wichtig ist.

Hypoplasie findet sich besonders bei Status thymolymphaticus, ferner bei Anenzephalie und anderen schweren Mißbildungen des Großhirns. Abnorme Lagerung ist häufig, so werden die Nebennieren nicht selten unmittelbar auf der Niere unter deren Kapsel gefunden. Sehr häufig sind **akzessorische Nebennieren** aus versprengter Rindensubstanz entstanden; diese sog. **Nebennierenkeime** liegen vor allem in der Niere, in der Gegend der Ovarien (Marchandsche Nebennieren), in der Leber usw.

Kleine Blutungen (per diapedesin) finden sich häufiger an der Mark-Rindengrenze bei Neugeborenen bzw. besonders Säuglingen. Sie verschwinden später. Größere Blutungen, **Nebennierenapoplexien,** treten vor allem bei infektiösen und toxischen Zuständen sowie bei Stauungen auf. Selten finden sich — zuweilen doppelseitig — infolge Gefäßverschlusses fast das ganze Organ durchsetzende **Infarkte. Atrophien** finden sich als senile Erscheinung oder bei kachektischen Zuständen oder als Endresultat von Entzündungen. Verfettung, hyaline und besonders **amyloide Degeneration** kommt vor. Die **akuten Entzündungen** der Nebennieren haben an sich wenig Charakteristisches. Sehr häufig ist eine **degenerativ-entzündliche** Veränderung der Nebenniere bei infektiös-toxischen Prozessen, so bei Peritonitis oder Gasödem. Ja die Nebenniere ist als besonders scharfer und frühzeitiger Reaktionsort bei allen derartigen Körperschädigungen zu bezeichnen (Dietrich). Die Veränderungen betreffen die Rinde und bestehen zunächst in Aufsplitterung und Randstellung der in den Zellen der Nebennierenrinde gehäuften Lipoide (s. o.) zusammen mit Lipoidschwund, sodann in vakuolärem Zerfall oder wabiger Aufquellung der Zellen und endlich entzündlichen Reaktionen in Gestalt von Hyperämie, Blutungen, Leukozytenansammlungen und Infiltrationsherden sowie Thrombenbildung (Dietrich).

Fibrös-indurierende Entzündungen sind in vielen Fällen wohl auf **Syphilis,** besonders kongenitale, zurückzuführen; auch gummöse Prozesse kommen, und zwar sowohl bei kongenitaler wie bei erworbener Lues, vor. Besonders eine Entzündung der Nebennierenkapsel, meist mit Randatrophie und schwieliger Veränderung in der Nebennierenrinde, scheint für kongenitale Syphilis charakteristisch.

Die **Tuberkulose** tritt entweder in Form zunächst umschriebener, dann konfluierender Knoten oder von vornherein in Form einer diffusen, käsigen oder käsig-fibrösen Entzündung auf; meist bestehen ausgedehnte Käseherde. Selten ist die Tuberkulose der Nebenniere primär, meist entsteht sie im Verlauf anderweitiger Organtuberkulose, am häufigsten im Verlauf der Lungentuberkulose. Meist ist sie doppelseitig. (Über ihre Beziehungen zur Addisonschen Krankheit s. S. 206.)

Hypertrophie der Nebenniere kommt vor allem kompensatorisch vor. Unter den Tumoren der Rinde sind besonders die sog. knotigen Hyperplasien und die **Adenome** zu nennen. Sie treten in Form umschriebener, bis über Kirschgröße erreichender Knoten auf und bestehen aus einem bindegewebigen Stroma und aus einem Parenchym, dessen Zellen den Epithelien der Rinde entsprechen und meist sehr viel Fett und Lipoid (gelbe Farbe), außerdem, wie auch jene, Glykogen enthalten. Sie sitzen zumeist in der Rinde, aber auch im Mark und sind ganz überaus häufig. Auch von weiter versprengten Keimen können Adenome ausgehen. Mehr diffuse Hypertrophie bzw. Adenombildung des ganzen Organs wird als **Struma suprarenale** bezeichnet. Karzinome können sich daraus entwickeln. Die **Karzinome** der Nebennieren (Rinde) kommen nicht allzu selten vor. Es sind meist solide, indifferente Karzinome, die sehr weich sind, zu regressiven Metamorphosen (Verfettung) und vor allem zu ausgedehnten Blutungen neigen und auf diese Weise bunte Bilder bieten können, ähnlich wie die sog. Grawitzschen Tumoren der Niere (s. dort), die ja auch von Nebennierenkeimen abgeleitet werden. Doch bestehen histologisch Unterschiede zwischen diesen und den Karzinomen der Nebenniere selbst. Letztere veranlassen öfters durch frühzeitiges Einbrechen in Venenlumina früh zahlreiche Metastasen.

Vom sympathischen Nebennierenmark gehen die relativ häufigsten Tumoren des Sympathikusgebietes überhaupt aus. Auch kommen in ihnen öfters wie irgendwo anders neugebildete Ganglienzellen und Nervenfasern vor. Doch sind diese Tumoren auch hier sehr selten. Wir können unterscheiden das **Neuroblastom** und die beiden reifen Tumorformen, das **Ganglioneurom** und den sog. chrombraunen Tumor oder **Paragangliom,** bzw. gemischte Formen. Auch von der **Steißdrüse und Karotisdrüse,** ebenfalls „Paraganglien", können solche Tumoren ausgehen. Über alle diese s. S. 105.

Die Nebennieren sind nicht selten — und zwar häufiger doppelseitig — Sitz metastatischer Tumoren, vor allem von Karzinomen, bei Primärsitz solcher etwa im Magen.

Ferner finden sich in den Nebennieren kleinzellige Rundzellensarkome, großzellige Sarkome sowie Endotheliome und selten, und wohl stets metastatisch, melanotische Adenome und Karzinome. Außerdem kommen in seltenen Fällen **Zysten** (Lymphzysten) vor.

Sehr oft findet man bei Sektionen, namentlich älterer Leute, die zentralen Partien der Nebennieren erweicht, in eine pulpöse blutähnliche Masse umgewandelt, ein Zustand welcher auf einer eigentümlichen kadaverösen Erweichung des Gewebes beruht.

E. Hypophyse und Epiphyse.

Die **Hypophyse** besteht in ihrem vorderen Lappen aus drüsigem, der Thyreoidea ähnlichem Gewebe mit chromophoben und chromophilen (eosinophilen und zyanophilen) Zellen, in ihrem hinteren Lappen aus Nervenzellen, Nervenfasern, Glia und Bindegewebe. Sie enthält eisenhaltiges und eisenfreies Pigment, welches vielleicht mit einer Blutkörperchen zerstörenden Tätigkeit zusammenhängt (Lubarsch). Kolloide Zysten finden sich relativ oft. Genaueres s. im allg. Teil S. 207.

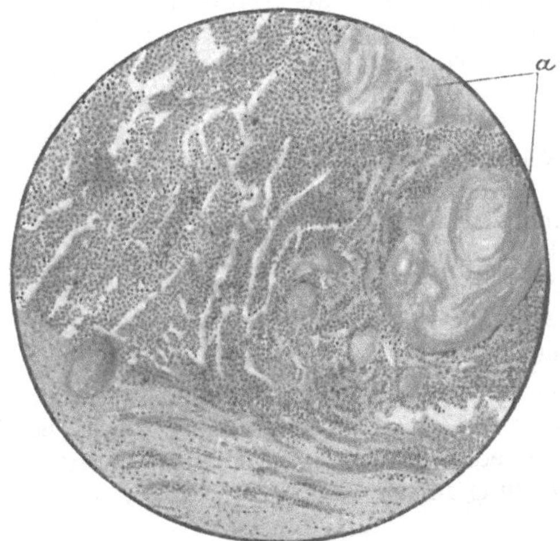

Fig. 418.
Adenom der Hypophyse bei Akromegalie.
Die Kolloidmassen sind bei a in kleinen Zysten gelegen.

Angeborene Mißbildungen, Degenerationen, Atrophie, Entzündungen, Tuberkulose (Miliartuberkel und Konglomerattuberkel), Syphilis (Gummata evtl. miliare, luetische diffuse Narbenbildung, auch kongenitale Lues), Embolien mit anämischen Infarkten kommen vor, aber im ganzen selten.

Auch im Anschluß an Schwangerschaft kommt Nekrose mit Ausgang in fibröse Induration vor. Es finden sich tuberkelähnliche Bildungen mit Riesenzellen in und außerhalb der Herde, nach Simmonds auf Sekretanomalien zu beziehen. Hyperplastische Wucherungen des Vorderlappens, die bis Hühnereigröße erreichen können, werden als **Adenome** (auch Strumen) bezeichnet. Es sind meist sog. Hauptzellenadenome (Kraus), doch kommen auch andere Formen vor. Sie können auch in Karzinome übergehen. **Hypophysengangtumoren** führen Plattenepithel, sie können durch Druck die Hypophyse zum Untergang bringen, wodurch sog. Paltaufscher Zwergwuchs, d. h. Nanosomia pituitaria (Erdheim) resultiert. Auch **Teratome** kommen vor. Über den Zusammenhang der Hypophysenvergrößerungen mit **Akromegalie** sowie Anomalien des Hinterlappens in ihren Beziehungen zu **Störungen der Geschlechtsfunktionen** und zu **allgemeiner Fettleibigkeit** s. allg. Teil S. 207.

Zur Zeit der Schwangerschaft, besonders bei Multiparen, geht die Hypophyse eine Hypertrophie ein mit Auftreten von den Hauptzellen abgeleiteter sog. Schwangerschaftszellen. Auch nach Kastration ist der Vorderlappen oft vergrößert, bzw. er weist besonders viele eosinophile und wenig basophile Epithelien auf. Ähnliches findet sich bei angeborenem Mangel der Schilddrüse sowie nach ihrer Exstirpation; dabei vermehren sich die Hauptzellen.

Die **Epiphyse, Glandula pinealis** (Zirbeldrüse) enthält häufig eine reichliche Menge von Kalkkörnern (Hirnsand). Seltener werden hyperplastische Zustände (Adenome), Zysten und Geschwülste, so Sarkome, Karzinome bzw. Psammome, ferner Teratome, Gliome, beobachtet. Vielleicht hängen Veränderungen (Geschwülste) der Zirbeldrüse mit Stoffwechselstörungen (allgemeine oder lokalisierte Adipositas, frühzeitige Entwicklung oder Hypertrophie der Genitalien) zusammen.

Kapitel X.

Allgemeine pathologische Anatomie der äußeren Haut.

Vorbemerkungen.

I. Die **Epidermis** besteht zunächst aus dem Stratum basale (cylindricum, germinativum), Stratum spinosum (aus den Stachel- oder Riffelzellen mit den Protoplasmafasern und -brücken bestehend) und Stratum granulosum (mit platteren Zellen mit Keratohyalinkörnern), welche zusammen das **Rete Malpighii** darstellen, und ferner aus dem eleidinhaltigen Stratum lucidum und dem Stratum corneum (platte, völlig verhornte Zellen, die auch Fett und Cholesterin enthalten).

II. Die **Kutis** besteht aus der Cutis vasculosa, pars papillaris (Papillarkörper), welche Papillen in die Epidermis vortreibt, zwischen denen die Epithelleisten liegen. Diese Kutisschicht besteht aus sich durchkreuzenden Bindegewebsfasern mit elastischen Fasern und zahlreichen Gefäßen. Letztere liegen, ebenso wie die Nerven, besonders dicht in den Papillen. Darunter liegt die eigentliche Cutis propria, Pars reticularis aus sich maschenartig durchflechtenden Bindegewebsbündeln bestehend, deren Maschenräume längliche Rhomben (mit der größten Diagonale parallel der Spannungsrichtung) bilden. Die Bindegewebsbündel werden von elastischen Fasernetzen umsponnen.

III. Die **Subkutis** besteht aus einem lockeren, weitmaschigen Netzwerk von Bindegewebsbündeln sowie elastischen Fasern; dazwischen liegen reichlich Fettzellen (subkutanes Fettgewebe).

Epidermis und Cutis vasculosa gehören funktionell eng zusammen gegenüber der übrigen Kutis; man kann sie als „Parenchymhaut“ (Kromayer), dem Parenchym der drüsigen Organe entsprechend, zusammenfassen.

Die Epithelien, besonders der Basalschicht, und die Bindegewebszellen der oberen Kutislage (sog. Chromatophoren) enthalten eisenfreies Pigment, das Melanin, von den Zellen selbst metabolisch aus ihnen zugeführten Stoffen gebildet, wobei unpigmentierte Propigmente durch Oxydation zum Pigment werden.

Außer groben Falten zeigt die Hautoberfläche die feine **Oberhautfelderung** (besonders an der dorsalen Fläche der Hände und Finger).

Zu der Haut gehören noch Drüsen, die Schweißdrüsen (Knäueldrüsen) einerseits, die Talgdrüsen andererseits. Letztere sitzen an den Haaren, welche in ihrem tieferen Teile eine äußere Wurzelscheide (dem Rete Malpighii entsprechend) und eine innere (nach innen zu verhornt) aufweisen. Um die Wurzelscheiden liegt eine Bindegewebsschicht; zusammen bilden sie den Haarbalg. Er sitzt unten der Haarpapille auf. Am Haarbalg sitzt der Musculus Arrector pili an.

a) Veränderungen der Pigmentierung.

Über die **Pigmentnävi**, in denen vermehrtes Melanin in den Nävuszellen, aber auch in der Epidermis und im Bindegewebe liegt, s. S. 108. Ähnliche, wenn auch weniger ausgebildete, kleinere Zellnester finden sich bei den **Epheliden**, Sommersprossen, welche unter dem Einfluß des Sonnenlichtes besonders an unbedeckten Stellen der Haut zustande kommen und während des Sommers deutlicher hervortreten; sie kommen besonders bei blonden Individuen, offenbar auf Grund angeborener Anlage, und vor allem in der Jugend vor. Die **Lentigines,** Linsenflecke, sind nävusähnliche, stecknadelkopfgroße bis linsengroße Flecke, welche aber im Gegensatz zu den Nävi nicht angeboren sind, sondern erst im späteren Leben auftreten. Die Warzenhöfe und die Linea alba sind während der Gravidität stark pigmentiert und das sog. **Chloasma gravidarum** bzw. **uterinum** findet sich bei Schwangeren bzw. an Erkrankungen des Genitalapparates leidenden weiblichen Personen. Das **Chloasma cachecticorum** findet sich vor allem bei Lungenphthise, ähnliche Pigmentierungen bei kongenital-luetischen Kindern. Andere Überpigmentierungen entstehen durch äußere thermische, mechanische, chemische u. dgl. Einwirkungen, so das Chloasma caloricum („Verbranntwerden" durch Sonnenstrahlen), Chloasma toxicum (durch Senfteig, Kanthariden, langdauernde Arsenbehandlung), Chloasma traumaticum, ferner Pigmentierungen bei akuten und chronischen entzündlichen Prozessen, wie Ekzemen, Prurigo, Lichen, Geschwüren, besonders des Unterschenkels, syphilitischen Exanthemen usw. In allen diesen Fällen liegt vermehrte Pigmentbildung von seiten der Epithelien vor; diese Pigmentierungen sind auch viel persistenter als solche durch Blutpigment, das sich, aus kleinen Blutungen stammend, daneben vorfinden kann.

Über Morbus Addisonii s. S. 206.

Unter **Xeroderma pigmentosum** faßt man braune Pigmentierungen, besonders an Händen und Gesicht bei Kindern auftretend, zusammen. Es beruht auf besonderer familiärer oder vererbter Disposition und geht zumeist in Karzinom über.

Leukodermie, Mangel des normalen Hautpigments, kommt angeboren als **Albinismus** vor; er ist allgemein über den ganzen Körper verbreitet und betrifft außer der Haut auch die Augen (die Pupille erscheint rot) und Haare (weiß), oder er ist partiell, **Leukopathia congenita partialis,** und betrifft nur einzelne Haarbüschel oder kleinere Hautflecke. Der erworbene Pigmentmangel, **Leukopathia acquisita** oder **Vitiligo,** tritt in Form zirkumskripter pigmentloser Flecke auf, die gleichfalls pigmentlose Haare tragen können; die hellen Stellen vergrößern sich und konfluieren; daneben zeigt sich in der Umgebung der pigmentfreien Stellen stärkere Pigmenteinlagerung, so daß man den Eindruck einer Pigmentverschiebung erhält.

Das **Leukoderma syphiliticum,** vorzugsweise beim weiblichen Geschlecht, und zwar besonders am Hals und Nacken, beruht wahrscheinlich auf Verminderung des Pigmentes bei der Resorption luetischer Exantheme, wobei in der Umgebung eine Zunahme des Pigmentes stattfindet. Ein ähnlicher Pigmentschwund kommt auch bei anderen Hauterkrankungen, nach Psoriasis usw. vor, doch ist die Anordnung und Lokalisation der Flecke beim Leukoderma syphiliticum eine typische. (Näheres s. in den Lehrbüchern der Syphilidologie.)

Nach **Blutergüssen** in die Haut entstehen Pigmentierungen durch Hämosiderin und Hämatoidin, teils in Körnern, teils in Kristallen (s. S. 40); über Pigmentierung durch Gallenfarbstoff s. S. 41.

Zur Pigmentierung durch von außen zugeführte Stoffe gehört die Tätowierung, ferner die graubraune Verfärbung, welche in der Haut wie auch in anderen Organen durch Silberniederschläge bei längerem innerem Gebrauch von Argentum nitricum als **Argyrie** auftritt.

Über **Xanthelasmen** s. unten.

b) Zirkulationsstörungen.

Durch aktive **Hyperämie** hervorgerufene (an der Leiche meist verschwundene), bei Druck zeitweise schwindende Rötungen heißen im allgemeinen **Erytheme,** umschriebene kleine fleckige Rötungen speziell **Roseolen.** Sie entstehen reflektorisch, thermisch (Erythema solare = Sonnenstich, Erythema caloricum), traumatisch, toxisch, bei manchen Infektionskrankheiten vor allem durch die Erreger selbst (Roseola beim Typhus abdominalis, bei Typhus exanthematicus usw.). In vielen Fällen handelt es sich jedoch bei diesen Erythemen nicht bloß um einfache kongestive Hyperämie, sondern bereits um entzündliche Erscheinungen (s. u.).

Mit Hyperämie und Kapillarerweiterung beginnt auch die **Acne rosacea,** die vor allem die Nase und die anstoßenden Backenteile befällt. Bald kommt hier allerdings Talgüberproduktion und Entzündung der Follikel, eventuell mit Vereiterung, hinzu. Es kann sich bindegewebige Hyperplasie anschließen, die zu entstellender Nasenverdickung, Rhinophyma (Pfundnase), führt.

Stauungshyperämie aus lokalen Gründen oder bei allgemeiner Stauung, und dann namentlich an den peripheren Teilen der Extremitäten und an den Lippen, ist durch die livide Färbung der Haut und die starke Füllung der Venen charakterisiert. Bei längerer Dauer treten dann zinnoberrote Flecke auf lividem Grunde auf, wahrscheinlich auf Diffusion von Blutfarbstoff beruhend. Die Stauungshyperämie ist meist auch noch an der Leiche kenntlich.

Atonische oder asthenische Hyperämie (S. 9) kommt bei Herz- und Lungenkrankheiten zustande, sowie lokal namentlich durch Frost, wobei durch die Hyperämie die Kapillaren ebenfalls zuerst ausgedehnt werden und dann im Zustande der Atonie verbleiben, ferner beim Dekubitus (s. u.), wo der anfänglichen Druckanämie der aufliegenden Körperstellen eine atonische Hyperämie derselben folgt.

Allgemeine **Anämie** fällt an der Leiche nur, wenn sie sehr hochgradig ist (bei Verblutungstod, Blutkrankheiten usw.) auf. Umschriebene anämische Stellen entstehen durch lokalen Druck oder als Folge von Gefäßkontraktionen, durch Kälte oder vasomotorische Einflüsse. Wahrscheinlich wirkt auch das Secale cornutum (Ergotin) durch zentral ausgelöste Erregung der Vasokonstriktoren.

Ödematöse Durchtränkung des subkutanen Gewebes stellt das **Anasarka** oder **Hyposarka** dar (s. S. 25). Es kommt bei allgemeiner Stauung, besonders in bestimmten Gegenden (Beine, Füße), oder als lokales Ödem bei lokaler Zirkulationsstörung (Venenthrombose usw.), als dyskrasisches Ödem (S. 26), sowie als Fluxionsödem, besonders an gewissen mit lockerer Subkutis versehenen Stellen (Augenlider, Genitalien), vor.

Das zirkumskripte sog. Papillarödem bildet flache Erhabenheiten, welche in allmählicher Abflachung in die umgebende Haut übergehen — **ödematöse Papel** oder **Quaddel** (Urtika). Es kommt als Fluxionsödem vor, durch verschiedene lokale Reize, Insektenstiche, Brennessel, gewisse Medikamente oder Genußmittel hervorgerufen. Manche Individuen haben eine besondere Disposition zu dieser sog. **Urtikaria, Nesseln.** Ausgelöst werden die Nesseln dann meist durch gewisse Speisen (Krebse, Erdbeeren usw.). Zum Teil kann das Papillarödem auch durch nervöse Einflüsse auf reflektorischem Wege hervorgerufen werden. Bei manchen Leuten rufen auch Berührungen der Haut, z. B. durch Darüberstreifen mit dem Griffel, lokal begrenzte Ödeme hervor — Urticaria factitia. Die Urtikaria kann in entzündliche Zustände übergehen (s. u.).

Nervösen Ursprungs ist auch das nach 1—2 Tagen meist wieder schwindende, aber oft wiederkehrende, Oedema fugax (Quincke), besonders am Gesicht und an den Extremitäten.

An chronisches Ödem können sich hyperplastische und indurative Zustände der Haut, Elephantiasis, anschließen.

Blutungen entstehen oft und unter verschiedensten Bedingungen. Teils sind sie traumatischen Ursprungs, teils entstehen sie bei verschiedenen Exanthemen, bei perniziöser Anämie, Skorbut, Allgemeinerkrankungen, besonders **Sepsis** oder Vergiftungen. Bei Endocarditis ulcerosa treten an der Haut oft kleine embolische hämorrhagische Infarkte auf.

Ganz kleine, punktförmige, umschriebene Blutungen nennt man **Petechien,** streifige **Vibices,** etwas größere, zackig begrenzte **Ekchymosen** und große diffuse **Sugillationen.** Viele (nicht traumatische) Hautblutungen faßt man unter dem Namen **Purpura** zusammen, so die Purpura rheumatica, Purpura haemorrhagica (Morbus maculosus Werlhofii) (s. S. 14), Purpura scorbutica und Purpura senilis. Zum Teil sind die Purpurablutungen auf infektiöse (Purpura variolosa) oder chemische Einwirkungen (Phosphor, Jod), zum Teil auf Änderung in der Blutbeschaffenheit oder auf nervöse Einflüsse zurückzuführen.

c) Atrophien, Nekrosen und Ulzerationen.

Atrophie äußert sich in Verdünnung der einzelnen Hautschichten. Von außen sichtbar sind dabei die Veränderungen der Parenchymhaut: Die Oberfläche wird glatt, die Oberhautfelderung verstrichen, die Papillen und die dazwischen gelegenen Epithelleisten sind erniedrigt.

Bei der senilen Atrophie werden zudem die Bindegewebsbündel der Kutis verdünnt und hyalin umgewandelt. Die sie umspinnenden elastischen Fasern rücken dichter zusammen und verschmelzen zu großen homogenen Massen. Die Kutis verliert dadurch an Elastizität und kann sich nach Dehnungen nicht mehr genügend zusammenziehen. Die Haut wird schlaff und faltig. Die Haare fallen aus und regenerieren sich nicht mehr; die Talgdrüsen degenerieren. Ähnlich ist die marantische Atrophie bei kachektischen Erkrankungen.

Lokal atrophiert die Haut bei stärkerem Druck über Tumoren u. dgl. Hierher gehören die bei Dehnung infolge starker Ausdehnung der Bauchdecken auftretenden Distentionsstreifen, insbesondere die sog. Schwangerschaftsnarben, aber auch bei Auftreibung der Bauchhöhle durch Tumoren, starke Flüssigkeitsansammlungen u. dgl. Die Bindegewebsfasern der Kutis werden dabei teilweise zerrissen und legen sich — statt der normalen maschenförmigen Anordnung — parallel in der Richtung der Dehnung. Auch die Epidermis wird dann glatt, faltenlos.

Andere Atrophien entstehen unter nervösen Einflüssen.

Eine besondere Atrophieform, bei der gelbe Flecken auftreten, die mikroskopisch aus zerfallenden elastischen Fasern bestehen, stellt das sog. Pseudoxanthoma elasticum dar.

Von der **amyloiden Degeneration** werden vor allem die Talg- und Schweißdrüsen befallen.

Sehr selten ist lokale Amyloidosis besonders in den Papillen der Kutis bei anderen Hauterkrankungen, Atrophie, Hyperkeratose u. dgl.

Bei embolischem oder thrombotischem Verschluß der Arterien oder starker Lumenbeeinträchtigung durch Atherosklerose treten **Nekrosen** auf. Durch Vertrocknung solcher Partien entsteht der trockene Brand — die **Mumifikation** —, sonst der feuchte Brand, meist **Gangrän,** d. h. durch Fäulniserreger hervorgerufene Zersetzung der nekrotischen

Teile. Bei starker Herzschwäche kann auch ohne völlige Verlegung des Arterienlumens die Zirkulation in den feineren Ästen der peripheren Teile stocken und so, besonders an Füßen und Unterschenkeln, Nekrose und Gangrän eintreten. Dies findet sich vor allem im Alter — **senile Gangrän** — oder bei anderen marantischen Zuständen — **kachektische Gangrän.** Hierher gehört auch die fast stets auf Gefäßveränderungen beruhende **diabetische Gangrän,** besonders der Zehen, und die ebenfalls meist die Zehen und die Finger befallende **symmetrische Gangrän,** die sog. **Raynaudsche Krankheit.** Gelegenheitsursache sind dabei oft kleine Verletzungen, die zu Entzündungen und bei der mangelhaften Zirkulation (besonders im Alter) zu Nekrose führen. Sekundär schließt sich dann oft ausgedehnte Thrombose an.

Auf infektiösen Ursachen beruht auch die **Noma** (s. S. 272) und der sich an Wundinfektionen anschließende **Hospitalbrand** (Wunddiphtherie); die Wunden zeigen dabei infolge Nekrotisierung der Granulationen grauweißen, nicht entfernbaren Belag; namentlich in der vorantiseptischen Zeit war dies häufig und führte durch Allgemeininfektion zum Tode.

Andere Nekrosen entstehen durch Traumen, Ätzung, Verbrennung, Erfrierung usw. Auch sog. spontane Gangrän ohne nachweisbare Ursache kommt vor.

Sehr wichtig ist der **Druckbrand, Dekubitus.** Er kommt unter dem Druck des Körpergewichts an solchen Stellen zustande, wo die aufliegenden Teile diesem Druck besonders ausgesetzt sind: bei Rückenlage in der Kreuz- und Steißbeingegend, an den Dornfortsätzen der Rückenwirbel, dem Hinterhaupt, der Ferse. Bei Seitenlage auch am Trochanter, der Spina anterior superior, dem Malleolus externus, dem Ellenbogengelenk.

Außer dem Druck sind lokale Störungen der Zirkulation beteiligt, besonders bei Schwäche der Herzkraft. Aber auch zu lokaler Drosselung der Gefäße kommt es, so besonders in der Kreuzbeingegend zu solcher der Arteria und Vena glutaea, deren Verlauf das Zusammendrücken begünstigt. Thrombose kann so eintreten (Dietrich). Auch zentrale oder periphere Nervenerkrankungen sind auf dem Wege trophoneurotischer Einflüsse äußerst wirksam. So entsteht fast stets bei Rückenmarksleiden mit Lähmungen sehr schnell Dekubitus. Die Veränderungen setzen mit Anämie ein, an deren Stelle sehr schnell atonische Hyperämie tritt. Es bilden sich durch Stase und Diffusion des Blutfarbstoffes livid-rote Flecke. Diese wandeln sich unter dem Druck bald in schwarze, schorfartige oder weiche, brandige Massen um. Doch entstehen — besonders bei stürmischem Verlauf — auch schon durch die Gefäßdrosselung anämische oder hämorrhagisch abgestorbene Keile, die dann von der Haut aus oder metastatisch infiziert werden (Dietrich). In jedem Falle kommt es zu nekrotischen Massen, welche gangränös zersetzt werden. Durch Fortschreiten des brandigen Zerfalles und Abstoßung solcher Massen entstehen ausgedehnte Geschwüre, welche die Knochen freilegen oder gar angreifen können. Septische Infektionen und metastatische Eiterungen können sich anschließen.

Ulzera der Haut entstehen durch Abstoßung irgendwie nekrotischer Gebiete, oder bei infektiösen Granulationen oder Geschwülsten (s. u.), traumatisch usw. Nach der Form unterscheidet man: kallöse Geschwüre mit aufgeworfenen infiltrierten Rändern, sinuöse mit unterminiertem Rand, fungöse mit pilzartigen Wucherungen am Grund, fistulöse durch Perforation tiefer liegender Zerfallsherde entstanden, und serpiginöse, die an einer Seite zuheilen, an der anderen fortschreiten. Heilung erfolgt durch Vernarbung.

Folgende besondere Geschwürsarten seien erwähnt:

Das **Ulcus varicosum,** Ulcus cruris chronicum, Unterschenkelgeschwür, kommt bei Stauung, besonders Varizen des Unterschenkels, infolge der dann bestehenden Empfindlichkeit der Haut unter Einwirkung geringfügiger äußerer Einflüsse (leichte Exkoriationen durch Druck, Reibung, Traumen) zustande.

Die Tendenz zur Heilung ist gering, daher der Verlauf sehr chronisch; zwar bilden sich Wundgranulationen, aber diese führen bloß teilweise und vorübergehend zur Vernarbung, zerfallen bald wieder selbst und vergrößern so den Defekt. Die Wundränder sind zackig, derb infiltriert. Oft besteht elephantiastische diffuse Verdickung der umgebenden Haut, durch Stauungsblutungen wird sie pigmentiert. Nicht selten treten Periostwucherungen und selbst Knochenneubildungen von seiten des Periosts auf.

Über den weichen Schanker, das **Ulcus molle,** siehe das letzte Kapitel.

Das **Mal perforant du pied,** meist an der Fußsohle oder der Ferse, beginnt mit Eiterung unter einer schwieligen Stelle der Haut, greift aber rasch in die Tiefe und zerstört auch Knochen und Gelenke. Charakteristisch ist das unaufhaltsame Fortschreiten verbunden mit völliger Schmerzlosigkeit. Ursächlich handelt es sich wahrscheinlich um trophoneurotische Einflüsse, zumal daneben fast immer andere trophische Störungen der Haut und der Nägel vorhanden sind. Die Erkrankung tritt namentlich bei Tabes dorsalis, Syringomyelie, Lepra der Nerven, ferner auch bei Diabetes mellitus auf.

Der **Ergotismus, Kriebelkrankheit,** stellt eine auf Vergiftung mit Secale cornutum (Mutterkorn) zurückzuführende Erkrankung, welche öfters zu Hautgangrän führt, dar.

Ainhum wird eine Negererkrankung genannt, welche zu Gangrän und Abstoßung der vierten oder fünften Zehe führt.

Bei **Lepra mutilans** sowie bei **Syringomyelie** (S. 361) finden sich Zirkulationsstörungen mit livider Verfärbung der Haut, Ödem, Blasenbildung, Panaritien, Knochennekrosen (besonders an den

Fingerphalangen), Veränderungen der Nägel usw., Prozesse, welche zu hochgradiger Verstümmelung der Finger führen können. Hierher gehört ferner die **Morvansche Krankheit**, welche wahrscheinlich ebenfalls auf Syringomyelie zurückzuführen ist.

Skorbutische Geschwüre entstehen durch Blutungen in die Haut mit nachfolgender Infektion.

d) Entzündungen.

Die entzündlichen Prozesse der Haut sind oberflächliche, d. h. betreffen im wesentlichen nur die Parenchymhaut (s. o.) oder tief greifende, d. h. ergreifen zudem Kutis und subkutanes Gewebe.

I. Entzündungen wesentlich der Parenchymhaut.

1. Akute Formen.

Als leichteste Grade von **akuter Entzündung der Parenchymhaut** lassen sich gewisse **Exantheme** und **Erytheme** bzw. **Roseolae**, besonders toxischer und infektiöser Natur, bei denen zur aktiven Hyperämie (s. o.) geringe Exsudation kommt, auffassen, so bei Masern, Scharlach, Pellagra usw. Leichte Abschuppung schließt sich öfters an.

Bei stärkerer Exsudation tritt eine Anschwellung der Haut ein, entweder diffus verbreitet oder auf kleinere Bezirke lokalisiert. Im letzteren Falle entsteht die entzündliche **Papel**, eine meist kegelförmige, seltener große Knoten oder Quaddeln bildende Erhebung der Haut, bedingt durch vermehrte Durchtränkung des Papillarkörpers und der Epidermis. Innerhalb der Epidermis kommt es durch Austreten von Flüssigkeit aus dem Papillarkörper zur Bildung von **Bläschen (Vesiculae)** oder größeren **Blasen**. Ihr Sitz ist verschieden:

Findet plötzlicher Austritt von Flüssigkeit aus dem Papillarkörper statt, so sitzt die Flüssigkeit zwischen abgehobener Epidermis und Papillen. In anderen Fällen breitet sich die ausgetretene Flüssigkeit innerhalb der intraepithelialen Spalträume aus, in wieder anderen Fällen kommt es zu Einschmelzung und Verflüssigung von Epithelien (Kolliquationsnekrose). Der Inhalt der Bläschen besteht zunächst aus klarer seröser Flüssigkeit mit nur wenig Leukozyten. Die Decke der Bläschen pflegt zu vertrocknen, oder die Bläschen platzen oder werden eingerissen, worauf sich die Decke dem Grunde des Bläschens anlegt; die Heilung erfolgt durch Epithelregeneration. Dauert die Entzündung an, so kann eine Sekretion nach außen stattfinden („nässen"); das Sekret kann zu Borken oder Krusten eintrocknen.

In anderen Fällen trübt sich der Inhalt der Bläschen, indem das Exsudat eiterig wird: **Pusteln.**

Auch an diesen kann Vertrocknung der Blasendecke oder länger dauerndes Nässen und Eintrocknung des Sekretes mit Bildung von Borken und gelblichen oder durch Blutfarbstoff schmutzigbraunen Krusten stattfinden.

Die Heilung der oberflächlichen akuten Hautentzündungen erfolgt ohne Narbenbildung.

Unter den Ursachen sind in erster Linie lokale, mechanische, thermische oder chemische Reize sowie infektiöse Einflüsse anzuführen. Auch trophoneurotische spielen bei Zustandekommen und Ausbreitung der Entzündung eine Rolle; so folgt der Herpes zoster (s. u.) dem Ausbreitungsgebiet von Hautnerven; auch bei Prurigo, Herpes labialis und genitalis sind vielleicht nervöse Einflüsse von Bedeutung. Endlich können verschiedene auf reflektorischem Wege entstandene Ödeme der Haut, wie die Urtikaria und das Erythema exsudativum multiforme (s. u.), in entzündliche Prozesse übergehen.

Von den **einzelnen Formen** seien erwähnt:

α) Einfache Exantheme bzw. Erytheme (mit geringer Exsudation).

Über das **Masern-** und **Scharlachexanthem** s. im Kap. XI.

Manche Medikamente wie Chinin oder Salizyl rufen Exantheme hervor, sog. **Arzneimittelexantheme.**

Das **Erythema exsudativum multiforme** beginnt mit kleinen Papeln, welche sich rasch bis zu Zehnpfennigstückgröße und mehr vergrößern, während die zentralen Partien einsinken. Außerdem kommen große Blasen, ringförmige Bläschen usw. vor. Wahrscheinlich handelt es sich um eine akute Infektionskrankheit.

Das **Erythema nodosum** bildet besonders am Unterschenkel und Fußrücken oft recht große, erst blasse, dann rote Knoten, die bald resorbirt werden. Es zieht sich durch 4—6 Wochen hin und tritt oft zusammen mit Gelenkschmerzen bei Infektionskrankheiten, besonders Gelenkrheumatismus, Scharlach usw. auf.

Erythema induratum s. unter Tuberkulose der Haut.

β) Vesikuläre Exantheme.

Bei dem Hauptrepräsentanten, dem **Ekzem,** folgt meist einem Stadium papulosum das Stadium vesiculosum. Aber die Bläschen können auch vereitern, Stadium pustulosum. Platzen die Bläschen oder Pusteln, so entstehen kleine „nässende“ (d. h. seröse Flüssigkeit absondernde) Exkoriationen — Stadium madidans. Durch Eintrocknung entstehen Krusten — Stadium crustosum. Sammelt sich unter den Krusten Eiter, so entsteht das Stadium impetiginosum. Schließt sich eine chronische Wucherung mit Desquamation verhornter Zellen an, so bezeichnet man dies als Stadium squamosum. Doch macht keineswegs jedes Ekzem alle diese Stadien nacheinander durch. Es können an der geschwollenen, unnachgiebigen Haut, besonders an den Händen und über den Gelenken, Einrisse, sog. Rhagaden auftreten.

Der Schweißfriesel, **Miliaria,** besteht in der Eruption kleiner, wasserheller, einige Tage bestehender Bläschen, besonders am Rumpf, im Verlauf mancher Infektionskrankheiten (Puerperalfieber, Typhus, akuter Gelenkrheumatismus) sowie als Folge der Reizwirkung des Schweißes.

Beim **Pemphigus vulgaris** werden ausgedehntere, haselnuß- bis walnußgroße, selbst handtellergroße Blasen (bullöses Exanthem) mit seröser, gelblicher, später sich eiterig trübender Flüssigkeit gebildet; gewöhnlich trocknen sie zu bräunlich gefärbten Borken ein und heilen ohne Narbenbildung ab.

Der **Pemphigus neonatorum** ist eine mit kleinen, aber sich rasch vergrößernden Bläschen beginnende, unregelmäßig lokalisierte Erkrankung, meist ohne Störung des Allgemeinbefindens.

Der **Pemphigus syphiliticus,** ebenfalls bei Neugeborenen, zeichnet sich außer durch das gleichzeitige Bestehen noch anderer Zeichen der kongenitalen Lues durch symmetrische Lokalisation auf Handteller oder Fußsohlen aus, wobei auch noch an anderen Stellen Blasen vorhanden sein können.

Es gibt auch bösartige, mit Pemphiguseruptionen einhergehende, progressive Erkrankungen, welche sich über den ganzen Körper sukzessive ausbreiten und nach Monaten unter den Erscheinungen des Marasmus zum Tode führen können. Hierher gehört der **Pemphigus foliaceus,** bei welchem das Korium in großer Ausdehnung bloßgelegt und von Borken bedeckt wird, und der **Pemphigus vegetans,** welcher ein serpiginöses Fortschreiten zeigt und meist zum Tode führt.

Der **Herpes** bildet gruppenförmig angeordnete Bläschen mit anfangs klarem, später sich trübendem Inhalt, welche schließlich vertrocknen und unter Abstoßung der kleinen Borken abheilen; selten werden die Spitzen der Papillen zerstört, worauf sich kleine Narben bilden. Dem Sitz nach unterscheidet man vor allem den Herpes facialis (insbesondere labialis) bei fieberhaften Erkrankungen, wie Influenza, heftigen Katarrhen, Pneumonien, Typhus, und den Herpes genitalis an Präputium und Glans sowie Labien.

Der **Herpes zoster** bildet Bläschen, die dem Ausbreitungsgebiet bestimmter Nervenstämme oder -Äste folgen. Er ist wahrscheinlich neurotischen Ursprunges und entsteht idiopathisch oder nach Infektionen und Intoxikationen. Manchmal enthalten die kleinen Bläschen blutige Flüssigkeit (Herpes zoster haemorrhagicus); in manchen anderen Fällen entwickeln sich gangränöse Schorfe (Herpes zoster gangraenosus).

Die Neigung mancher Individuen, auf leichtesten Druck hin, z. B. durch die Kleidungsstücke, pemphigusartige Blasen zu bilden, wird als **Epidermolysis bullosa (hereditaria)** bezeichnet.

γ) Pustulöse Exantheme.

Über das Hauptprototyp, die **Pocken,** s. im Kap. XI. Ebenso über die **Variola** und **Varizellen.**

Als **Impetigo** bezeichnet man durch Konfluieren entstehende bis linsengroße Pusteln. Treten noch größere Pusteln auf, so bezeichnet man den Ausschlag als **Ekthyma.** Beide Arten von Effloreszenzen trocknen zu dicken, braunen Borken ein.

2. Chronische Formen.

Bei den als **chronische Entzündungen** der Parenchymhaut zusammengefaßten Affektionen kommt (abgesehen von denen, welche nur insofern chronisch sind, als sie stets rezidivierende akute Anfälle darstellen) zu Hyperämie und Exsudation, Bläschen und Pusteln noch Proliferation fixer Gewebselemente und Rundzelleninfiltration dazu; so wuchert die Epidermis, die Papillen sind verlängert, der Papillarkörper geschwollen, die Hyperämie tritt zurück. Auf diese Weise entstehen plateauartige Papeln oder ausgedehntere Effloreszenzen. Mit der Vermehrung der Epidermisepithelien geht eine oft charakteristische Abschuppung einher, welche auf einer Verhornungsanomalie der lebhaft proliferierenden Epithelien — der sog. Parakeratose und ähnlichen Vorgängen — beruht (sie kommt auch bei akuten Erythemen bei Scharlach, Masern u. dgl. vor). Es bilden sich kleine kleienartige Schüppchen oder große, fast hornartige Lamellen. Diese abnormen Verhornungsvorgänge können das Hauptmerkmal chronischer Entzündungen sein, „essentielle Schuppung“ bei Psoriasis, chronischen Ekzemen u. dgl. Bei der Abheilung können sich Epidermis und Papillarkörper wieder zur Norm zurückbilden, oder aber es bildet sich richtiges Granulationsgewebe mit Ausgang in narbige Umwandlung.

Beispiele solcher chronischen Entzündungen der Parenchymhaut sind:

Die **chronischen Ekzeme.** Sie gehen zumeist aus akuten durch andauernde Rezidive hervor. Es kommt zu starker zelliger Infiltration und chronischer Sekretion mit Borken und Schuppen. Auch die tieferen Teile der Kutis und die Subkutis können sklerotisch werden, und sich zuweilen elephantiasisähnliche Veränderungen anschließen.

Röntgenstrahlen können chronische Ekzeme und ausgedehnte, tiefe, meist sehr schlecht heilende Ulzera bewirken, an die sich Karzinome anschließen können. Die Gefäße zeigen oft Endarteriitis.

Die **Psoriasis** — Schuppenflechte — ist der Typus der Proliferationen mit Schuppung und Verhornungsanomalien. Es bilden sich in sehr chronischem Verlauf Knötchen oder größere Effloreszenzen mit feinen, weißen, trockenen Schuppen oder großen scheibenförmigen Platten. Man unterscheidet die Psoriasis punctata mit aufgespritzten, Mörteltropfen gleichenden Erhebungen, die Psoriasis diffusa mit ausgebreiteten unregelmäßigen Effloreszenzen, und die Psoriasis annularis, bei der der Prozeß im Zentrum abheilt, während er am Rande kreisförmig fortschreitet. Die Psoriasis tritt besonders in der Knie- und Ellenbogengegend, am behaarten Kopf und in der Skrotalgegend auf. Das sog. **Ekzema seborrhoicum** bildet Papeln mit ähnlichen Schuppungen wie bei Psoriasis.

Bei der **Pityriasis rubra** besteht zunächst Rötung und Schuppung, aber sodann Hautatrophie; die Haarfollikel und Talgdrüsen veröden. Die seltene Erkrankung unbekannter Ätiologie führt nach jahrelangem Verlauf unter Marasmus zum Tode.

Bei dem **Lichen** bilden sich Knötchen, welche als solche bestehen bleiben. Der Papillarkörper erleidet starke, zuweilen großzellige, Hyperplasie mit narbiger Umwandlung. Vor allem sind die Haarfollikel und ihre Umgebung ergriffen. Der Lichen ruber planus bildet anfangs rote, platte, eingedellte Knötchen mit weißer, netzförmig gezeichneter Epidermis, ohne Schuppung; der Lichen acuminatus kleine, schuppende Knötchen, der sog. Lichen scrophulosus (neben Skrofulose vorkommend und den tuberkulösen Prozessen zuzurechnen) flache, an der Spitze mit kleinen Schuppen bedeckte Knötchen, welche je einer Follikularmündung entsprechen.

Der **Lupus erythematodes** — mit unbekannter Ätiologie — befällt vor allem Gesicht, Kopf und Hände, aber auch Rumpf und Extremitäten, oft symmetrisch, und zeigt erst rote, etwas erhabene Flecke; es treten oft großzellige, auch mit Riesenzellen versehene Wucherungen des Papillarkörpers auf, die in starke narbige Atrophie ausgehen können.

Prurigo beginnt meist schon im zweiten Lebensjahre und kann später eine das ganze Leben hindurch bestehen bleibende Erkrankung darstellen, welche sich besonders an den Streckseiten der Beine, vor allem an den Unterschenkeln, ferner in der Kreuzbeingegend und an den Nates, in geringerem Maße auch am Abdomen und den oberen Extremitäten lokalisiert (Gesicht, Ellenbogen und Kniebeuge bleiben stets frei). Das Prurigoexanthem besteht aus Quaddeln und Papeln, infolge meist sehr ausgedehnter Kratzeffekte kommen Pigmentierungen dazu; später treten Infiltrationen und Verdickungen der ganzen Haut, Abschuppung usw. ein. Die Lymphknoten schwellen als sog. Prurigobubonen an.

II. Entzündungen, wesentlich der tieferen Kutisschichten.

Das **Erysipel**, der Rotlauf, eine vorzugsweise auf die Kutis lokalisierte akute Entzündung, kommt durch Wundinfektion, selten hämatogen zustande. Erreger sind zumeist Streptokokken. Vor allem befallen ist das Gesicht. Es tritt Hyperämie und starke leukozytäre Infiltration der zwischen den Kutisbündeln gelegenen Lymphspalten auf, welche jedoch in der Regel, ohne zu Vereiterung zu führen, abläuft. Die Erkrankung kann sich ausbreiten und dabei über große Hautgebiete wandern (Erysipelas migrans). Zuweilen bilden sich Bläschen oder Pusteln oder Borken, hie und da auch große Blasen (Erysipelas bullosum); selbst Nekrose kann eintreten (Erysipelas gangraenosum).

Die **Phlegmone** stellt eine zu rascher eiteriger Einschmelzung und Nekrose führende Erkrankung des subkutanen Gewebes dar, die schnell eine große Ausbreitung erfahren und auf Muskulatur, Periost usw. sowie auch auf die Haut selbst übergreifen kann. Als **Panaritium** bezeichnet man eine Phlegmone der Haut der Finger.

Über die sog. Gasphlegmone und das maligne Ödem s. das letzte Kapitel, über Erfrierungen und Verbrennungen s. S. 149/150.

e) Infektiöse Granulationen.

Tuberkulose tritt in Form des Lupus, des Skrophuloderma und der sog. eigentlichen Hauttuberkulose auf. Die Tuberkelbazillen gelangen in die Haut durch direkte Einimpfung, oder vom umliegenden Gewebe, z. B. den Knochen aus, oder auf dem Blutwege.

Die häufigste Form ist der **Lupus.** In der Kutis bzw. dem subkutanen Gewebe bildet sich ein Granulationsgewebe mit Tuberkeln, so daß makroskopisch flache, später etwas prominierende Knötchen bis Erbsengröße entstehen. Es finden sich meist nur äußerst spärliche Bazillen. Die Knötchen können sich zurückbilden, und narbige Einziehungen zurückbleiben.

Geht das tuberkulöse Gewebe in sklerotisches Narbengewebe über, so bilden sich mit Horn bedeckte Wärzchen — Lupus sclerosus oder verrucosus. Durch Konfluieren der Knötchen können auch ausgedehntere Infiltrate von runder oder unregelmäßiger Form entstehen. Tritt starke Wucherung auch des umliegenden Gewebes und des darüber gelegenen Epithels mit Wucherung der Papillen und der interpapillären Zapfen sowie starker diffuser Verdickung der Haut ein, so entsteht der Lupus hypertrophicus, kommt starke Abschuppung dazu, der Lupus exfoliativus. Bilden sich durch Erweichung und Oberflächendurchbruch Geschwüre, welche bei geringer Tendenz zur Heilung sich gerne nach den Seiten und in die Tiefe vergrößern und in der Tiefe selbst knorpelige und knöcherne Unterlagen zerstören, so spricht man von Lupus exulcerans. Bei schließlicher Abheilung entstehen ausgedehnte, stark verunstaltende Narben.

Der Lupus befällt mit Vorliebe das Gesicht, besonders Nase und Wangen. Der vordere Teil der Nase kann völlig zerstört werden. Die Affektion kann auch auf die Schleimhäute der Nase und Lippen, dann den Gaumen, Racheneingang, selbst den Kehlkopf, andererseits auf Konjunktiva, Kornea usw. übergreifen. An den Schleimhäuten bilden sich meist keine Knötchen, sondern von vornherein diffuse Infiltrate und Ulzerationen, schließlich ausgedehnte Narben mit starker Verunstaltung.

Die Epidermis der Umgebung zeigt oft atypische Epithelwucherung, nicht selten schließt sich Karzinom (Kankroid) an.

Beim **Skrophuloderma (Tuberculosis colliquativa)** bilden sich — meist infolge Übergreifens tuberkulöser Lymphknoten bei skrofulösen Kindern — in der Haut oder zuerst im subkutanen Gewebe, besonders am Hals, den Vorderarmen und Unterschenkeln, umschriebene Knoten, welche bald zu größeren, weichen, prominenten Massen aus tuberkulösem Granulationsgewebe heranwachsen. Sodann entstehen Geschwüre oder Fistelgänge und durch fortschreitenden Zerfall große sinuöse Ulzerationen von sehr torpidem Charakter; doch können sie schließlich unter starker Narbenbildung heilen.

Die eigentliche Hauttuberkulose, **Tuberculosis vera cutis,** entsteht meist durch Selbstinfektion mit Tuberkelbazillen bei Phthisikern, selten hämatogen. Es bilden sich kleine miliare Tuberkel, sodann fast immer sehr rasch zackige, unregelmäßige Ulzerationen, welche am Rande manchmal frische Tuberkel erkennen lassen. In dem Geschwürssekret finden sich massenhaft Tuberkelbazillen. Es entstehen weiterhin derbe blaurote Knoten, welche vom Korium ausgehen und von Wucherung des angrenzenden Epithels und Auflagerung von Schorfen oder verhornten Epidermismassen an der Kuppe begleitet sind. Seltener treten papilläre Formen auf (Tuberculosis verrucosa cutis).

Die sog. **Leichentuberkel,** am Handrücken oder an der Dorsalseite der Finger, entstehen durch direkte Einimpfung von Tuberkelbazillen bei der Sektion Tuberkulöser; doch bilden sich vor allem makroskopisch ganz entsprechende Bildungen auch durch andere Mikroorganismen (Eitererreger). In ähnlicher Weise können Tuberkel an den Händen von Fleischern, Tierärzten usw. infolge Berührung mit tuberkulösen Tieren oder dem Fleisch von solchen entstehen. Diese Inokulationstuberkulosen mit Perlsuchtbazillen breiten sich meist nicht weiter aus (s. auch S. 85).

Einige nicht charakteristisch gebaute Hauterkrankungen, die, bei Tuberkulösen auftretend, wohl auf Tuberkelbazillentoxine zu beziehen sind, werden als **Tuberkulide** bezeichnet. Hierher gehören der Lichen scrophulosus (s. o.), das Erythema induratum (derbinfiltrierte, eventuell ulzerierende Hautplatten) oder die sog. Folliclis.

Über den **syphilitischen Primäraffekt** s. S. 89, über die der sekundären Periode angehörigen **Syphilide** S. 90. Sie stellen Entzündungen dar, welche sich in der Regel auf die obere Parenchymschicht beschränken und ohne Narbenbildung abheilen. Man unterscheidet ein erythematöses (die sog. Roseola syphilitica), papulöses, squamöses, pustulöses Syphilid, zu welch letzterem Acne syphilitica, Pemphigus syphiliticus, Ekthyma und Rupia syphilitica gehören. Ferner sind hier die breiten Kondylome, bzw. die sog. Plaques muqueuses zu nennen. In der tertiären Peroide treten **Gummata** und gummöse Entzündungen auf, welche im Gegensatz zu den Effloreszenzen der sekundären Periode tiefgreifende Zerstörungen des präformierten Gewebes und starke Narbenbildung zur Folge haben. Die gummösen Herde bilden flache oder rundliche, bis faustgroße, derbe Knoten, welche vom kutanen oder subkutanen Bindegewebe ihren Ausgang nehmen. Erst später wird der Papillarkörper in Mitleidenschaft gezogen; die Veränderung der Epidermis kann sich auf eine leichte Abschuppung beschränken. Die Knoten können unter Bildung narbiger Einziehungen abheilen. Doch kann auch Ulzeration oder zentrale Erweichung (mit Bildung einer fadenziehenden, schleimartigen Masse) mit Perforation nach außen, so daß sich auch hier Geschwüre, oft serpignösen Charakters bilden, eintreten. Auch dann kann Narbenbildung das Endresultat sein.

Über den **Pemphigus syphiliticus** s. S. 93.

Über **Lepra** s. S. 93, **Aktinomykose** (welche die Haut primär oder sekundär befallen kann) S. 94. Letzterer nahe steht der besonders in den Tropen (Indien) heimische Madurafuß.

Malleus (Rotz) entsteht meist durch Wundinfektion, s. S. 93. Wird die Haut hämatogen befallen, so bilden sich rote Flecke, dann pockenähnliche Pusteln oder auch Blasen, welche aufbrechen und einen dicken, schleimig-blutigen Eiter entleeren. Auch ulzerierende Beulen können sich bilden. Die Affektion kann große Ausdehnung gewinnen. Der akute Rotz dauert meist 2—4 Wochen, der chronische 2—6 Monate.

Über **Mykosis fungoides** s. S. 94, **Rhinosklerom** S. 94 und 160, **Hautmilzbrand (Pustula maligna)** das letzte Kapitel.

Die sog. **teleangiektatischen Granulome** erreichen selten bis Dreimarkstückgröße und sitzen besonders an Hand, Fuß und Gesicht. (Über die mutmaßlichen Erreger s. S. 169.)

Bei **leukämischer und aleukämischer Lymphadenose** treten auch in der Haut manchmal Infiltrate auf.

f) Dermatomykosen und Dermatozoonosen.

Unter **Dermatomykosen** versteht man Hautinfektionen, welche durch Fadenpilze hervorgerufen werden und besonders die Epidermis betreffen; die wichtigsten derselben sind:

Das Trichophyton tonsurans (s. S. 166) ist die Ursache des **Herpes tonsurans,** jetzt auch **Trichophytia tonsurans** genannt, eine Hautaffektion welche zuerst Bläschen, dann Schuppen aufweist und durch kreisförmige Anordnung und Ausbreitung mit Abblassen vom Zentrum her charakterisiert ist. An behaarten Stellen dringt der Pilz von den Haarfollikeln in den Haarschaft ein, wo man Fäden und Konidien vorfindet, und verursacht Haarausfall; an unbehaarten Stellen liegen die Pilze in den tieferen Schichten des Rete Malpighii. Man kann diese Formen als **Trichophytia superficialis** mit Eruption von Bläschen usw. zusammenfassen. Im Bart entsteht durch das Trichophyton tonsurans die **Sycosis parasitaria,** oder **Trichophytia profunda** genannt, eine eiterige Entzündung der Haarbälge der Barthaare und ihrer Umgebung, welhce hauptsächlich durch die Rasierstuben verbreitet wird.

Man kann eine mehr zirkumskripte tumorartige und eine diffuse furunkelähnliche Form unterscheiden; die verursachenden Trichophytonpilze zeigen eine Reihe Spielarten; die zweite oben genannte Form scheint vor allem durch das Trichophyton cerebriforme, die erste zum Teil durch Trichophyton gipseum hervorgerufen zu werden (Jadassohn). Ferner unterscheidet man die **Trichophytia profunda tonsurans capillitii,** also der behaarten Kopfhaut. Selten sind Trichophytien an anderen, nur mit Lanugohärchen bedeckten Hautgebieten.

Alle diese Pilzerkrankungen, besonders der behaarten Gegenden, werden klinisch wieder in weitere Unterarten geteilt. Die den Kopf befallenden oberflächlichen Formen finden sich vor allem bei noch nicht geschlechtsreifen Kindern. Auch zeigen die Trychophytonpilze eine größere Reihe verschiedener Formen; neben den eigentlichen großsporigen Trichophytiepilzen — die man wieder in Ektothriseartem und Endothrisearten, in solche menschlichen Ursprungs und solche tierischen Ursprungs (die dann aber auch vom Menschen weiter auf den Menschen übertragen werden) und weiterhin in einzelne Formen einteilt — kommen kleinsporige Pilze vor. Die regionäre Ausbreitung der einzelnen Pilzarten kann sehr verschieden sein.

Der **Favus** (Erbgrind) tritt besonders am Kopf in Form von zirkumskripten, linsengroßen, gelblichen Borken auf, die in der Mitte napfartig verdickt und meist von einem Haar durchbohrt sind — Skutula. Diese bestehen der Haupsache nach aus Hyphen und Konidien des Favuspilzes, des Achorion Schoenleinii (s. S. 165), daneben aus Zellen, Detritus usw. Die Pilzfäden liegen ursprünglich in der Epidermis, dringen aber auch in die Haarschäfte, Haarbälge und Wurzelscheiden ein und rufen allgemein-entzündliche Veränderungen hervor. Auch der Nagel kann degenerieren und verkrüppeln: Onychogryphosis favosa.

Die **Pityriasis versicolor,** welche bräunliche Flecken mit Abschuppung der Epidermis bildet, besonders an Brust, Hals und Rücken, wird durch das Mikrosporon furfur (s. S. 166) hervorgerufen.

Das Erythrasma stellt rote bis braune Flecke der Inguinalregion (und Axillarzone) dar und wird durch das Mikrosporon minutissimum bewirkt.

Zu erwähnen ist noch die **Sporotrichose,** welche klinisch, makroskopisch und selbst mikroskopisch Syphilis, zum Teil aber auch Tuberkulose, sehr gleicht. Die Affektion lokalisiert sich vor allem in der Kutis und im subkutanen Gewebe. Eine Verbreitung findet auf dem Blut- und Lymphwege statt. Erreger ist das Sporotrichum de Beurmanns.

In sehr seltenen Fällen sind **Hefepilze** als Erreger von Hautaffektionen nachgewiesen worden.

Zu den **Dermatozoonosen,** also den durch tierische Erreger hervorgerufenen Hautaffektionen, gehört vor allem die **Skabies;** über deren Erreger, sarcoptes scabiei, s. S. 181.

Als **Molluscum contagiosum** (über den mutmaßlichen Erreger s. S. 169) bezeichnet man multiple, selten über Erbsengröße erreichende, kleine, weiche Hautknoten, besonders im Gesicht, an Vorderarmen und Penis, welche eine weißliche talgartige Masse ausdrücken lassen. Sie zeigen lappigen Bau mit epithelialen Zellen vom Charakter derer des Rete Malpighii (besonders Zylinderzellen), getrennt durch bindegewebige Septa. Sie liegen in die Kutis vorgeschoben, deren Elemente auseinander drängend.

Bei der sog. **Darierschen Krankheit** (Psorospermose folliculaire vegetante) bilden sich kleine Krusten und hauthörnchenähnliche Auswüchse, seltener größere tumorartige Gebilde. Kleine homogene Körperchen hielt Darier für Psorospermien, andere Autoren für Produkte der Verhornung.

Die Orientbeule, Aleppobeule, Delhibeule usw. werden am besten nach ihren wahrscheinlichen Erregern (s. S. 169) als **Leishmaniosis ulcerosa cutis** zusammengefaßt. Es entwickelt sich eine Papel, dann Pustel, die ulzeriert und dann vernarbt. Mikroskopisch finden sich große Lymphozyten und Plasmazellen sowie Riesenzellen.

g) Regenerations- und Reparationsvorgänge (Narben).

Nach Läsionen der Epidermis bzw. der Parenchymhaut ist regenerative restitutio ad integrum ohne Narbe möglich. Das Epithel regeneriert sich leicht und das Bindegewebe, welches ja in der Cutis vasculosa nicht die regelmäßige Rhombenanordnung der eigentlichen Kutis besitzt, kann sich ohne große Formänderung ebenfalls neubilden; ebenso die elastischen Fasern. Da die Elastizität der darunter gelegenen Kuts erhalten bleibt, bilden sich auch die Papillen wieder aus, und die Oberfläche zeigt normales Aussehen.

Betrifft dagegen ein Defekt die eigentliche Kutis mit, so entsteht eine Narbe, welche nicht die Elastizität der normalen Kutis besitzt und durch Fehlen der Neubildung des Papillarkörpers und der Oberhautfaltung eine glatte Oberfläche aufweist. Entsteht bei der Narbenbildung eine Vertiefung der Oberfläche, so spricht man von narbiger Atrophie. Nach Verbrennungen, Entzündungen, Ulzerationen usw. tritt teils einfache Atrophie, teils Narbenbildung, teils narbige Atrophie ein.

h) Hyperplasien. — Nävi. — Geschwülste.

Hyperplasien der Epidermis mit besonderer Zunahme der Hornschicht bezeichnet man als **Hyperkeratosen.** Dabei kann die ganze Parenchymhaut hyperplastisch sein, wie bei den Warzen oder Hauthörnern, oder sie kann druckatrophisch werden, sodaß die verdickte Hornlage fast unmittelbar auf der Cutis propria liegt. Die Ursache der Hyperkeratose liegt in einer sklerotischen Umwandlung des Bindegewebes der Cutis vasculosa.

Kallositas, Schwiele, ist eine umschriebene Verdickung der Hornschicht, besonders an den Fußsohlen und Handtellern infolge von Druckwirkung.

Klavus (Hühnerauge, Leichdorn) ist eine ebenfalls durch Druck entstehende umschriebene Hypertrophie der Hornschicht mit Atrophie des Papillarkörpers. Die Verdickung dringt bis in die Kutis vor; entzündliche Rötung und Schwellung, ja selbst eiterige Entzündung der Umgebung kann sich anschließen.

Die Hauthörner, **Cornua cutanea,** krallenartige Erhebungen, entstehen ebenfalls durch starke Wucherung der Hornschicht mit Verlängerung der Papillen, welche in die Hornmasse hineinragen, und zwar besonders am Kopf auf sonst normaler Umgebung oder über Narben, Geschwülsten u. dgl.

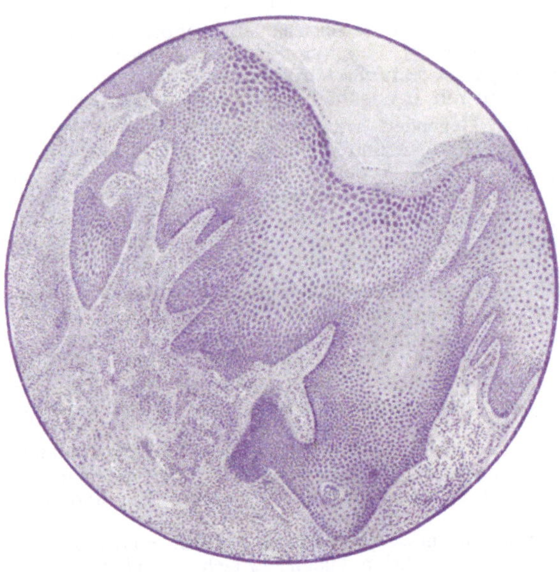

Fig. 419.
(Gewöhnliche) harte Warze. Hyperplasie der Epidermis und des Papillarkörpers Epithel scharf begrenzt, nicht atypisch gewuchert (also kein Kankroid).

Die **Ichthyosis** ist eine diffuse Keratose mit Bildung hornartiger Platten, oft in Form von Schuppen oder Höckern. Hypertrophieren dabei die Papillen, so entstehen stachelige Vorsprünge (Ichthyosis hystrix). Die Ichthyosis kommt angeboren, ferner im Kindesalter entstanden vor.

Über die harte Warze — **Verruca vulgaris** — oft multipel, besonders an den Fingern, s. S. 108. Meist am Hand- oder Fußrücken sitzt die sog. flache Warze (Verruca dorsi manus et pedis); noch erwähnt sei die senile Warze und die Verruca seborrhoica mit Hornperlen und fettigen Hornmassen.

Das **spitze Kondylom (Condyloma acuminatum),** s. auch letztes Kapitel, beruht auch auf entzündlicher Hyperplasie der Epidermis und Papillen, verursacht durch zersetztes Smegma, meist aber Trippersekret, insbesondere an den Genitalien (Sulcus coronarius Penis, Schamlippen, Introitus vaginae) und am Anus. Es können sich große blumenkohlartige Massen bilden.

Die **Elephantiasis** beruht auf Hyperplasie des kutanen und subkutanen Bindegewebes mit Verdickung der Epidermis, Wucherung der Papillen usw.; Haarbälge und Schweißdrüsen gehen meist zugrunde, das subkutane Fettgewebe schwindet. Am meisten betroffen sind die Unterschenkel oder Geschlechtsteile, die zu unförmigen, dicken Massen werden, event. auch sackartig herabhängen. Die Ursache der Elephantiasis liegt meist in chronischen oder oft wiederholten akuten Entzündungen (z. B. Erysipel) sowie in Blut- und Lymphstauung (z. B. nach Lymphknotenexstirpation oder bei chronischen Unterschenkelgeschwüren, wobei sich oft Hyperostosen der Knochen hinzugesellen). Bei den zahlreichen Elephantiasisformen der Tropen — Elephantiasis arabum — spielen Entzündungen eine besondere Rolle, welche sich an durch Filaria sanguinis (s. S. 177) bewirkte Lymphgefäßerweiterungen und Lymphstauungen anschließen (Elephantiasis lymphangiectatica) (s. S. 241). Die sog. Elephantiasis congenita beruht auf diffuser Lymphangiombildung der Haut und Subkutis.

Bei der **Sklerodermie** entwickelt sich an mehr oder weniger ausgedehnten Hautbezirken ein narbiges Gewebe in der Kutis mit Verschmelzung der Fibrillen, Schwund der elastischen Fasern, eventuell auch Zellwucherungen, Gefäßveränderungen usw. Ausgang ist Atrophie der Haut, so daß diese bretthart und gespannt wird. Die Ätiologie ist unbekannt. Ähnliche Formen kommen auch als sog. neurotische Atrophien vor.

Verdickt, hart und gespannt erscheint die Haut auch beim **Sklerema neonatorum.** Die Ursache soll in Erstarrung des subkutanen Fettgewebes (das bei Kindern sehr reich an Palmitin und Stearin mit ihrem höheren Schmelzpunkt ist) bei Kollapszuständen Neugeborener liegen — Sclerema adiposum; oder es liegt Ödem zugrunde — Sklerödem.

Die **Nävi** oder Muttermäler (s. auch S. 108) beruhen auf umschriebenen Gewebsmißbildungen mit oder ohne Pigmentanomalien der Haut und sind in vielen, aber nicht in allen Fällen erblich; die meisten Nävusarten haben wir bereits früher erwähnt; es seien hier noch einmal folgende Formen zusammengefaßt:

Naevus verrucosus, pigmentiert.

Naevus pilosus, meist ebenfalls pigmentierte, behaarte Hervorragung der Haut, zu den warzigen Nävi gehörig.

Naevus mollusciformis, weiches pigmentiertes Fibrom oder Lipom, welches polypenartig der Haut aufsitzt.

Naevus vasculosus, umschriebene Teleangiektasie der Kutis oder des subkutanen Bindegewebes, zu den Angiomen gehörig (s. u.); Naevus lymphaticus, umschriebene Lymphangiektasie der genannten Teile, eventuell zu den Lymphangiomen gehörig (s. u.).

Naevus linearis, papilläre, warzige, meist flachhöckerige Hervorragungen, welche in Reihen angeordnet sind und in manchen Fällen deutlich dem Verlauf von Hautnerven folgen („Nervennävi").

Wir kommen nun zu den **Geschwülsten der Haut.**

Von den vom Bindegewebe abzuleitenden finden sich **Fibrome** (s. S. 100), die öfters gestielt herabhängen. Eine weiche Form stellt das Fibroma molluscum dar. Die Fibrome werden meist unter Verlust der Papillen von der Epidermis glatt überzogen.

Über die **Fibromata** und **Neurinomata nervorum** s. S. 105, über das **Keloid** S. 100, die **Xanthome** und **Xanthelasmen** S. 101 u. 34. **Lipome** (zuweilen angeboren und familiär) S. 101, die seltenen **Myome** (meist multipel, von überentwickelten Arrectores pilorum ausgehend, selten solitär von kleinen Gefäßen aus) S. 104. **Myxome, Chondrome, Osteome** sind selten. **Adenome** gehen von Talg- oder Schweißdrüsen aus (Adenoepitheliom der Talgdrüsen von Pick). Über **Angiome** (Teleangiektasien, Naevi vasculosi, kavernöse Angiome) s. S. 102/103. Sie sind zumeist kongenitaler Anlage, doch entwickeln sich Teleangiektasien auch im Verlauf erworbener Hautaffektionen (Acne rosacea, Lupus erythematodes), sowie auch spontan in höherem Alter. Über **Lymphangiome** s. S. 103. Von den **Fibroepitheliomen** (s. S. 107) war schon die Rede. Sie lassen sich gegen entsprechende entzündliche Bildungen nicht scharf begrenzen. Es gibt gutartige Epitheliome (den Cholesteatomen ähnlich), welche von versprengten Epidermiskeimen abzuleiten sind; sie können verkalken oder auch verknöchern.

Von den **malignen Tumoren** kommen Sarkom und Karzinom in Betracht.

Unter den **Sarkomen** finden sich Spindelzellen- und Rundzellensarkome, Myosarkome usw.

Am wichtigsten sind die **Karzinome.** Sie sitzen mit Vorliebe an Übergangsstellen der Haut und Schleimhäute, an den Lippen, der Nase, den Augenlidern, am Penis, dem Skrotum, der Klitoris, der Mammilla usw. Öfters können wir entzündliche und ähnliche Reizungen als Auslösungsursache annehmen, so bei Karzinomen, welche sich an Lupusnarben, Unterschenkelgeschwüre, chronische Ekzeme, Röntgenbestrahlungen u. dgl. anschließen. Auch an den „Schornsteinfegerkrebs" und „Paraffinarbeiterkrebs" (s. oben), sei erinnert.

Man unterscheidet häufig flache Hautkrebse, die schnell ulzerieren (sog. Ulcus rodens) und stellenweise vernarben und im ganzen relativ gutartig sind, und tiefgreifende Formen von bösartigerem Verhalten. Manche Hautkrebse wachsen auch in papillärer Form.

Die Hautkarzinome sind zumeist Plattenepithelkarzinome, **Kankroide** (s. S. 119). Sie gehen von der Epidermis, seltener von den Haarbälgen oder Talgdrüsen aus. Oft ist die Verhornung sehr ausgeprägt; auch kann Verkalkung der Krebsnester stattfinden (Atherokarzinome). Die zweite Hauptform sind die sog. **Krompecher-Karzinome** (s. S. 120). Sie entsprechen gerade den relativ gutartigen Formen (Ulcus rodens s. oben) und sitzen mit Vorliebe am Gesicht, auf und an der Nase, an Stirn und Schläfe. Früher wurden sie vielfach als Endotheliome gedeutet; hierher gehören auch die in der Haut nicht seltenen, an „Zylindrome" erinnernden Formen. Eine eigene Kategorie bilden die Tumoren, die sich aus pigmentierten Nävi entwickeln. Man kann sie als **maligne Melanome** bezeichnen (s. S. 114); sie sind überaus bösartig.

Sekundär kann die Haut bei Karzinom unter ihr liegender Teile ergriffen werden, so besonders bei Mammakarzinom. Auch finden sich metastatische Krebsknoten.

i) Erkrankungen der Hautanhänge (Hautdrüsen, Haare und Nägel).

Die **Talgdrüsen** atrophieren bei Altersatrophie der Haut. Eine vermehrte Sekretion, allgemein oder lokal, besonders am Kopf, im Gesicht oder an den Genitalien, wird als **Seborrhoe** bezeichnet. Ist das Sekret flüssig-fettig (besonders an Nase und Stirn), so spricht man von Seborrhoea oleosa, besteht es hauptsächlich aus eingetrockneten Epidermiszellen (besonders am behaarten Kopf), von Seborrhoea sicca (squamosa).

Die **Komedonen** — Mitesser — beruhen auf Sekretanhäufung zystisch erweiterter Talgdrüsen. Das aufsitzende schwarze Pünktchen entsteht durch äußere Verunreinigungen. Sie sitzen vor allem im Gesicht (Nase, Stirn), am Hals und an der Brust.

Das **Milium** stellt ein kleines (bis hirsekorngroßes) weißes Knötchen, unmittelbar unter der Epidermis gelegen, dar, das besonders an den Augenlidern vorkommt und auf Ansammlung von Epidermiszellen und Talg in Talgdrüsen beruht.

Größere (bis über haselnußgroße) Gebilde stellen die **Atherome** dar, die zum Teil ebenfalls Retentionszysten von Haarbälgen oder Talgdrüsen sind (Follikelzysten), zum anderen Teil aber von in die Kutis oder Subkutis versprengten (oder traumatisch verlagerten) Epithelkeimen oder von erhalten gebliebenen Kiemengangresten ausgehen, dann also Epidermoiden oder Dermoiden (s. S. 125) entsprechen. Die Atherome bestehen aus einer bindegewebigen Wand mit Plattenepithel, der breiige, grützeähnliche Inhalt aus verhornten Epithelien, Fett und Fettkristallen, Cholesterin usw. Bei den dermoidalen Atheromen zeigt die Wand den typischen Bau der äußeren Haut.

Zu den entzündlichen Veränderungen der Hautdrüsen gehören Akne, Furunkel und Karbunkel. Die **Akne** entsteht durch eine eiterige Entzündung der Haarbälge oder Talgdrüsen (besonders aus Komedonen) und Umgebung, besonders zur Zeit der Pubertät, oder wenn gleichzeitig Magendarmstörungen vorhanden sind, ferner nach Applikation gewisser reizender Stoffe auf die Haut oder nach innerlicher Aufnahme gewisser Medikamente (Jod, Brom).

Als **Furunkel** bezeichnet man eine intensivere und ausgedehntere eiterige Entzündung der Hautfollikel und deren Umgebung mit einem nekrotisch gewordenen Zentrum, das schließlich als Pfropf ausdrückbar ist. Die Furunkel kommen besonders durch Kokken, namentlich bei Einreiben, z. B. durch den scheuernden Kragen, zustande. Ausgedehnte Furunkulose findet sich häufig bei Diabetes mellitus.

Unter **Karbunkel** verstehen wir eine ähnliche zirkumskripte, aber stets größere Bezirke ergreifende, eiterig-nekrotisierende Entzündung mit zentraler Gangrän größerer Teile der Haut und des Unterhautbindegewebes. An Furunkulose und besonders Karbunkulose schließt sich leicht Phlegmone an (s. S. 74).

Von den Talg- und Schweißdrüsen aus entstehen in seltenen Fällen **Adenome** und **Karzinome.**

Abnormitäten der Haare. Das Ausfallen der Haare ist Folge verschiedener lokaler Hautaffektionen. So der senilen Atrophie der Haut: Alopecia senilis; auch frühzeitig kann sich — zuweilen familiär — Haarausfall einstellen. Hierher gehört auch die Alopecia areata, wahrscheinlich trophoneurotischen Ursprungs, bei welcher runde bis ovale Flecke haarlos werden. Eine andere Form der Alopezie ist syphiliticsh. Andererseits findet sich abnorme Haarbildung (Hypertrichosis) an sonst nicht behaarten Stellen, so auf Nävi (Naevi pilosi), oder als allgemeine, auch im Gesicht (Affenmenschen).

An den Nägeln findet sich die **Paronychia,** Entzündung des Nagelbettes, mit Ausgang in Eiterung, teils aus lokalen Ursachen, besonders im Anschluß an eingewachsene Nägel, teils (beiderseitig) als Manifestation der Syphilis. Die **Onychogryphosis** beruht auf einer Hypertrophie des unter dem Nagel liegenden Polsters, wodurch der Nagel emporgehoben und krallenförmig gekrümmt wird. **Onychomykosis** ist eine Erkrankung des Nagels durch den Favuspilz und den Pilz des Herpes tonsurans (S. 166).

Eiterungen oder Blutungen in die Nagelmatrix bewirken, daß der Nagel abgestoßen wird. Entzündungen der Haut oder Tumoren, welche unter dem Nagel wachsen, können ihn in Mitleidenschaft ziehen. Bei Posteriasis erkranken die Nägel häufig mit.

Kapitel XI.

(Akute) Infektionskrankheiten.

In diesem Kapitel sollen die hauptsächlichen anatomischen Veränderungen im Verlauf der wichtigsten Infektionskrankheiten, besonders der akuten, zusammengestellt werden. Über den Begriff der Infektionskrankheiten und manches Allgemeine hierzu s. S. 156 ff. Über die einzelnen Erreger vergleiche ebenfalls das Kapitel Parasiten.

Die als chronische entzündliche Granulationen verlaufenden Infektionen, wie Tuberkulose, Syphilis usw. sind schon im Kapitel III des I. Teiles, die Eiterungen — Sepsis, Pyämie usw. — auch im selben Kapitel und unter ihren Erregern besprochen, einige Tropenkrankheiten, so die Schlafkrankheit, schon kurz skizziert.

Die folgenden Infektionskrankheiten sind nicht nach einem „natürlichen System" geordnet.

Zieht man ein solches der Erreger heran, so vernachlässigt man den ebenso wichtigen Faktor, die ganz verschiedene Reaktion des menschlichen Körpers. Eine Einteilung nach Infektion und Intoxikation oder nach Exotoxinen, die von den Bakterien produziert in Umlauf kommen, und Endotoxinen, die erst bei Zerfall der Erreger frei werden, ist auch kaum durchzuführen, da bei derselben Erkrankung meist alles dies, wenn auch quantitativ verschieden, zusammenwirkt; eher ist eine Einteilung möglich nach dem Hauptansiedlungs- bzw. Vermehrungsort der Erreger, wie Rößle eine solche in 1. Oberflächeninfektionen, 2. Blut- und Lymphinfektionen, 3. Gewebsinfektionen gibt. Dann gehören zu 1. z. B. Gonorrhoe, Diphtherie, Ruhr, Cholera, Tetanus, Gasödem, zu 2. Typhus, Paratyphus, Pest, Milzbrand, zu 3. vor allem die Epitheleinschlußerkrankungen (Chlamydozoeneinschlüsse bei Pocken usw.), Blutzellenschmarotzererkrankungen (wie Malaria) usw. Aber auch hier finden wir vielfach Übergänge und Verschiedenheiten im Einzelfall, und Infektionsweg und -modus sind uns vielfach nicht hinreichend bekannt, um z. B. zu wissen, ob die Verbreitung auf dem Blutwege eine primäre vor der Gewebslokalisation oder sekundäre nach ihr ist. Es kommt hinzu, daß wir bei einigen Krankheiten, wie Scharlach und Masern, den Erreger noch nicht kennen.

Manche Organe sind bei einer großen Zahl von Infektionskrankheiten verändert, so vor allem die Milz, deren Schwellung ja oft der erste Hinweis bei der Sektion ist, daß überhaupt eine Infektion vorliegt. Die Form dieser Milzschwellung kann charakteristisch und unterschiedlich sein wie bei Typhus oder Sepsis, völlig anders bei Malaria. In anderen Fällen hat der Milztumor nichts für eine bestimmte Infektion Charakteristisches. Auch mikroskopisch kommen in der Milz bei vielen Infektionskrankheiten gemeinsame Züge vor, so die phagozytäre Aufnahme geschädigter roter Blutkörperchen, die bei Typhus wohl am stärksten, aber nicht charakteristisch ist. Auch vermehrte Hämosiderinablagerung in Milz, Leber usw. ist vielen gemeinsam, während andererseits die Ablagerung des Malariapigmentes, das ja oft auch schon makroskopisch das Bild beherrscht, spezifisch für diese Erkrankung ist. Auch das Knochenmark ist bei einer Reihe von Infektionskrankheiten oft in ähnlichem Sinne, wenn auch graduell verschieden, mitbeteiligt, studiert vor allem an den Wirbeln (E. Fränkel) und an den langen Röhrenknochen, wo Pneumokokken z. B. Blutungen und andere Veränderungen, vor allem hämolytische Streptokokken dagegen häufig Nekrosen (nicht Abszesse, wie in anderen Organen) bewirken (Hartwich). Ebenso das Blut, wenn auch Hyperleukozytose einerseits, Hypoleukozytose andererseits oft Schlüsse auf bestimmte Infektionen (letztere besonders bei Typhus) zulassen. Sehr wichtig sind auch die im Verlaufe zahlreicher Infektionen auftretenden, besonders von Wiesel studierten, degenerativen Veränderungen an den Arterien besonders als Grundlage für spätere Atherosklerose. Bei sehr vielen Infektionskrankheiten ist auch die Haut beteiligt; Exantheme können, wie bei Scharlach oder Masern, das Bild völlig beherrschen. Sie sind fast stets an der Leiche weit schwerer als im Leben zu erkennen. Hauteffloreszenzen treten auch bei Typhus, Paratyphus, Fleckfieber, Meninigitis usw. auf. Während sie oft allgemein entzündlicher Natur sind, und, wenn auch bei manchen Infektionen zellulär etwas verschieden, nur schwer diagnostische Schlüsse zulassen, können sie andererseits, wie vor allem beim Fleckfieber, ganz charakteristisch gebaut und so auch bei Exzision vom Lebenden diagnostisch von großer Bedeutung sein. Eine Reihe toxisch gedeuteter Erscheinungen tritt bei zahlreichen Infektionskrankheiten gemeinsam auf, so Degenerationen, besonders trübe Schwellung und Verfettung innerer Organe, besonders des Herzmuskels, der Nieren, der Leber. Die Einwirkung der Bakterientoxine auf die feinsten Zellbestandteile (Altmannsche Granula) ist auch experimentell in Angriff genommen. Sehr vielen Infektionen gemeinsam ist auch Verfettung der Körpermuskulatur und ihr scholliger Zerfall, die sog. Zenkersche wachsartige Degeneration, besonders in den geraden Bauchmuskeln und dem Zwerchfell. Diese Veränderungen sind auch auf Toxinwirkung (zusammen mit mechanischen Momenten) zu beziehen, und ebenso die auch bei vielen Infektionen (besonders Typhus) auftretenden Zellwucherungen in der Leber, die sog. Lymphome. Hier kommen auch bei den verschiedensten Infektionskrankheiten Nekrosen nichtprogredienten Charakters, mit meist zentroazinärem Sitz, vor. Zahlreichen Infektionskrankheiten gemeinsam sind auch Blutungen verschiedenen Umfanges in Haut, seröse Häute, Muskulatur, innere Organe, ferner Einwirkungen auf Gehirn und weiche Hirnhäute. Sehr häufige Komplikationen, sind Entzündungen der oberen Respirationsorgane, Bronchitis und Bronchopneumonien, doch handelt es sich hier nur zum Teil um direkte Wirkung der spezifischen Infektionserreger, zum großen Teil um Mischinfektion mit Eitererregern u. dgl. Es soll besonders betont werden, daß überhaupt bei den meisten Infektionskrankheiten Misch- oder Sekundärinfektionen — zu denen sei es der Erreger selbst neigt, sei es der geschwächte Boden Veranlassung gibt — eine sehr bedeutsame Rolle spielen. Es kann dann zu sehr komplizierten Wechselwirkungen kommen. Sind Infektionskrankheiten in ein chronisches Stadium getreten, so kann das Bild oft ein ganz anderes als im akuten Stadium sein. Vielen ist im späteren Verlauf auch hochgradiger Marasmus mit seinen anatomischen Kennzeichen gemeinsam. Zu erwähnen ist hier auch die bei vielen Infektionskrankheiten keineswegs seltene — teils durch die infektiöse Gefäßwand- und eventuell Blutveränderung, teils durch langes Liegen und Marasmus bedingte — Venenthrombose mit der Gefahr der Lungenembolie. Bei Infektionskrankheiten scheint auch die Nebennierenrinde an Lipoid zu verarmen und so zum tödlichen Ausgang beitragen zu können. Vielleicht sind auch überhaupt Störungen der inneren Sekretion verschiedener endokriner Drüsen wichtiger als bisher bekannt ist.

Viele der angeführten Merkmale sind also zahlreichen Infektionskrankheiten gemeinsam, nur nach Grad und Häufigkeit des Auftretens für die einzelnen verschieden; ja manche, besonders auch toxisch bedingte, Veränderungen können sich ebenso auch unter nicht infektiös-toxischen Bedingungen finden, so die Degenerationszeichen innerer Organe oder die wachsartige Muskeldegeneration bei Vergiftungen mit Schlangengift, bei Autointoxikationen, bei Anaphylaxie usw.

Bei allen Infektionskrankheiten, soweit uns die Erreger bekannt sind, ist die bakteriologische Untersuchung des Blutes, der Fäzes, des Urins, der Meningen- oder Ventrikelflüssigkeit oder der Organe kulturell, in Ausstrichen und in Schnittpräparaten vorzunehmen. Oft dient sie zur Unterstützung der anatomischen Diagnose, oft — bei uncharakteristischem Sektions- und histologischen Befund — ermöglicht sie überhaupt erst eine Diagnose. Am schlimmsten sind wir in den Fällen daran, wo ein charakteristischer anatomischer Befund nicht vorliegt und der Erreger überhaupt nicht bekannt ist, wie bei Scharlach oder Masern. Bei aller Wichtigkeit der ätiologischen Seite der Infektionskrankheiten ist aber bei ihnen wie bei allen Krankheiten zu betonen, daß der Erreger nur ein Moment ist, der Zustand des Organismus ein ebenso wichtiges, und daß erst seine Reaktion die Krankheit darstellt. Über Zustände der Immunität und Disposition usw. s. Kapitel VIII des I. Teils. Erwähnt sei nur noch, daß sich der Zustand und damit die Reaktion des Organismus auch im Verlauf einer Infektionskrankheit ändern kann; so scheint im zeitlichen Ablauf mancher derselben (s. auch unter Tuberkulose) eine während derselben erworbene Überempfindlichkeit — Anaphylaxie (s. S. 188) — eine wesentliche Rolle zu spielen. Daß andererseits bei vielen Infektionskrankheiten eine Immunität durch Überstehen der Erkrankung erworben wird, ist schon im Kapitel VIII besprochen; ist dies doch die Grundlage der prophylaktischen Impfung gegen Pocken, aber auch gegen Typhus, Cholera usw.

Masern, Scharlach, Keuchhusten.

Masern, Morbilli.

Der Erreger dieser hauptsächlich Kinder befallenden Krankheit ist unbekannt. Charakteristisch ist im Leben das Masernexanthem.

Es befällt besonders Gesicht (Stirn) und Rücken, zieht von hier aus auf Hals, Stamm, Schultern und weiter abwärts und besteht aus nicht konfluierenden, roten, linsengroßen und größeren Fleckchen mit zentralem Knötchen. Nach etwa zwei Tagen werden sie blasser, gelblichbraun, dann schuppen sie kleienförmig ab. Entsprechen die Knötchen in ihrem Sitz Follikelmündungen, so spricht man von Morbilli papillosi; selten werden die Flecke hämorrhagisch oder erreichen durch Konfluenz größere Ausdehnung.

Gleichzeitig besteht Fieber (das meist nach etwa fünf Tagen sich kritisch löst) und Katarrh der oberen Luftwege, besonders in Gestalt einer fleckigen Röte am Gaumenbogen, ferner Kehlkopfkatarrh. Es schließen sich in schweren Fällen — als Hauptsektionsbefund — Entzündungen der Bronchiolen (besonders ihrer Enden) zusammen mit Peribronchiolitis und dann Bronchopneumonien an, welch letztere oft relativ viel Fibrin aufweisen, und bei denen sich (wie auch bei den Bronchopneumonien bei Diphtherie, Keuchhusten usw.) öfters Riesenzellenbildungen der Alveolarepithelien finden.

Auch Bronchopneumonien, die zu Abszessen führen, kommen vor. Ferner sind Obliterationen der kleinen Bronchien (Bronchiolitis fibrosa obliterans) gefunden worden. Weiterhin werden Enteritiden mit Follikelschwellungen beobachtet. Wenn sich bei Kindern an Masern (und Scharlach) Tuberkulose anschließt, so lag meist vorher schon solche der Lungenhiluslymphknoten vor, die jetzt auch die Lungen ergreift.

Scharlach, Scarlatina.

Auch hier werden meist Kinder befallen und auch hier kennen wir den Erreger nicht. Ferner liegt auch bei dieser Erkrankung Fieber, Katarrh der oberen Luftwege und ein Hautexanthem vor; doch ist die Erkrankung meist wesentlich schwerer.

Das Exanthem befällt vor allem den Hals, den Rumpf und die obere Hälfte der Extremitäten, zuletzt einen großen Teil des Körpers, am wenigsten das Gesicht, besonders nicht die Mundgegend. Das Exanthem besteht aus bis linsengroßen, flachen, zuweilen etwas stärker hervorragenden tiefroten Flecken in hellerer Umgebung. Sie stehen sehr dicht, konfluieren und bilden so die diffuse Scharlachröte. Zumeist nach 2—4 Tagen wird die Haut gelbbräunlich, und die Flecke schuppen dann, etwa nach 8 Tagen beginnend, kleienförmig oder in Gestalt größerer Lamellen ab. Aus den Flecken können sich auch Bläschen — sog. Scharlachfriesel — bilden, oder kleine Papeln, oder es kommt zu eventuell größeren Blutaustritten — Scarlatina haemorrhagica. Mikroskopisch handelt es sich um ein zellig (besonders Leukozyten)-hämorrhagisches Exsudat, das in den oberen Kutisschichten beginnt; bei der Schuppung kommt zum Exsudat atypische Verhornung (sog. Parakeratose) hinzu.

Die Erkrankung der Nasen-, Mund- und Rachenhöhle besteht besonders in einer katarrhalischen Angina mit mehr gleichmäßiger Rötung von Gaumenbögen und Mandelgegend und eventuell feinerem, weichen, lockeren Belag. Häufig kommt es aber zu weit schwereren Veränderungen, zu Eiterungen und vor allem auch Nekrose, der sog. Scharlachdiphtherie.

Zum Unterschied gegenüber der durch typische Diphtheriebazillen hervorgerufenen Diphtherie (s. u.) handelt es sich hier weniger um Exsudatbeläge als zunächst um schmutziggraue Flecke, die aus einer Nekrose der Schleimhaut hervorgehen, welche in der Tiefe durch einen demarkierenden Leukozytenwall abgegrenzt wird. Die nekrotischen Partien stoßen sich ab, und dann liegen Geschwüre vor, die besonders an den Tonsillen öfters ausgedehnt tief greifen und durch Vernarbung heilen können.

Bei dieser Scharlachdiphtherie handelt es sich aber schon nicht um einfachen Scharlach, sondern um Misch- bzw. Sekundärinfektion besonders mit Streptokokken.

Diese sind überhaupt bei Scharlach äußerst häufig und gestalten ihn oft zu einer sehr schweren, selbst zum Tode führenden Krankheit. Außer der Scharlachdiphtherie kommt es dann auch häufig zu Schwellungen, Eiterungen und Nekrosen in den benachbarten Lymphknoten, oder auch im Zellgewebe des Halses eventuell mit tödlichen Gefäßarrosionen (Kaufmann). Mittelohreiterungen schließen sich häufig an.

Die komplizierenden Streptokokken können auch ins Blut gelangen und so Endokarditis, Gelenkaffektionen, Sepsis usw. erzeugen. Besonders häufig schließt sich an Scharlach Nephritis mit starken Ödemen an.

Die meist erst im weiteren Verlauf des Scharlach auftretende Nephritis verläuft gerade hier zumeist sehr charakteristisch und weist anatomisch gewöhnlich das Bild der typischen Glomerulonephritis, relativ häufig auch das der exsudativ-lymphozytären Nephritis (s. unter Niere) auf.

Auch durch Haut- und Schleimhautverletzungen kann das Scharlachvirus den Körper angreifen, so entsteht auf Grund kleiner Verletzungen bei Entbindungen auch puerperaler Scharlach.

Nur kurz erwähnt werden soll eine andere Form schwerer Angina, die **gangränös-ulzerierende** nach **Plaut-Vincent** benannte.

Hier finden sich an den Mandeln schnell fortschreitende Geschwüre von fetzig-schmutzigem, stinkenden Charakter, die von fusiformen Bazillen (s. S. 163) in Symbiose mit der Spirochaete buccalis oder anderen Mundbewohnern hervorgerufen werden. Die Geschwüre heilen narbig.

Ferner soll der **Keuchhusten** nur kurz erwähnt werden, dessen nicht unbestrittener Erreger der Bordet-Gengousche Bazillus ist. Hier besteht auch Katarrh der oberen Respirationsorgane ohne anatomisch irgendwie charakteristisches Substrat der meist langwierigen, aber ungefährlichen Erkrankung.

Grippe. Influenza.

Die Influenza, deren Erreger mit größter Wahrscheinlichkeit der Influenzabazillus ist (s. S. 160), tritt epidemisch, zuweilen in raschem Fluge fast über die ganze Welt, dazwischen auch in kleinen Epidemien oder sporadisch auf. Im Vordergrund stehen zumeist, besonders zu Beginn, Katarrhe des oberen Respirationstraktus. Es besteht aber auch starke Störung des Allgemeinbefindens mit Fieber, Gelenkschmerzen u. dgl. Die Erkrankung führt oft überraschend schnell zum Tode.

Es findet sich ein meist schwerer Katarrh der Nase, des Kehlkopfes, der Trachea und der Bronchien. Die letzteren Organe zeigen in der Schleimhaut sehr starke Hyperämie, oft auch zahlreiche kleine Blutungen; auch eiterige Entzündungen können bestehen; seltener hochgradige pseudomembranöse Entzündung. Doch findet man bei Sektionen in frischen Fällen ganz besonders häufig die oberen Halsorgane fast unverändert und etwa von den Stimmbändern an oder noch häufiger erst unterhalb des Kehlkopfes starke Rötung der Schleimhaut (durch Hyperämie und Blutungen), welche sich nach unten steigert und in den Bronchien und Bronchiolen meist äußerst stark ist. Von hier aus werden nun überaus häufig — und darin liegt eine Hauptgefahr der Influenza — die Lungen ergriffen. Es tritt wohl zu allererst ein oft sehr ausgedehntes eigenartig blutiges entzündliches Ödem auf, sehr schnell bilden sich aber vor allem bronchopneumonische Herde aus, die sich zunächst an die Lungenazini (s. unter Tuberkulose) halten. Sie konfluieren dann oft zu großen, ja selbst lobären, der grauen Hepatisation der fibrinösen Pneumonie sehr gleichenden, Gebieten; auch das Zwischengewebe ist zellig infiltriert. Diese Lungenherde neigen sehr zu eiterigem Zerfall, so daß sich auch Abszesse bilden; oft aber tritt herdweise auch Nekrose und Gangrän ein. Es können Lungenpartien sogar sequesterartig abgestoßen werden (Pneumonia dissecans). Oft finden sich viele dieser Prozesse nebeneinander, so daß die Lunge ein sehr buntes Bild bieten kann. Karnifikation einzelner Gebiete und Bronchiolitis obliterans (s. unter Lunge) sowie Bronchiektasenbildung können sich anschließen.

In den Entzündungsgebieten der Bronchien und Lungen kann der Influenzabazillus allein gefunden werden. Ganz besonders häufig, vor allem in den Lungenherden, finden sich aber Kokken, insbesondere Diplo-Streptokokken, Diplococcus catarrhalis und Pneumokokken, seltener Staphylokokken. Es ist anzunehmen, daß der Influenzabazillus diesen Mischinfektionen den Boden ebnet, wobei er selbst unterdrückt werden kann, und daß gerade die oft in geradezu ungeheurer Menge in der Lunge (besonders in den kleinen Bronchiolen) zu findenden Kokken die Schwere der Erkrankung bedingen. Mischinfektion mit Pneumokokken kann — wenn auch selten — zu echter lobärer Pneumonie führen, wobei dann die daneben auch in nichtpneumonischen Gebieten bestehende eiterige Bronchitis auf Influenza hinweist (nach Kaufmann). An die Lungenaffektionen schließt sich fast stets geringe fibrinöse Pleuritis, sehr oft aber auch Empyem an; so kann auch Perikarditis und selbst Peritonitis entstehen. Die tracheobronchialen Lymphknoten (aber auch andere) sind sehr häufig geschwollen und hämorrhagisch durchsetzt.

Auch andere Organe sind häufig verändert. So finden sich ganz gewöhnlich Ödem und Entzündung der Nasennebenhöhlen (E. Fränkel), auch häufig Blutaustritte der Netzhaut (E. Fränkel). Häufig sind Blutungen der serösen Häute, des Magens und Darmes, des Herzens usw. Auch in den Nebennieren kommen Blutungen evtl. mit hämorrhagischer Infarcierung beider Organe (plötzlicher Tod) vor. In manchen Fällen schließt sich eine hämorrhagische Enzephalitis an; dazu kommen Meningitis und Sinusthrombosen; ferner können Myelitiden und Neuritiden entstehen. Auch Enteritis ist bei bestimmten Formen häufig. Zenkersche Degeneration des Musculus rectus abdominis, des Zwerchfells usw. kann sich finden. Die Gefäße (besonders auch die Koronargefäße) sind öfters in der Intima oder Media teils mehr in degenerativem, teils reparativ-entzündlichem Sinne verändert (Stork und Epstein). Öfters bildet sich Myokarditis evtl. in großer Ausdehnung aus, wobei auch das Reizleitungssystem ergriffen sein kann (Schmidt). Die Nieren sind zumeist nur in geringem Grade affiziert, Glomerulonephritis ist sehr selten. Milzschwellung besteht meist nicht. Nicht sehr häufig kommt es zu Sepsis und Pyämie mit Abszessen in der Niere, Haut usw.

Von der **epidemischen Enzephalitis,** die von der Influenza an sich zu trennen ist, deren Beziehungen zu ihr aber noch nicht völlig klargestellt sind (sie tritt fast nur zu Zeiten von Influenzaepidemien auf) war schon S. 355 die Rede.

Diphtherie.

Wir bezeichnen als solche am besten nur die Veränderungen, die als spezifische Infektionskrankheit durch den Diphtheriebazillus (s. S. 162) bewirkt werden. Besonders Kinder (nach dem ersten bis zum fünften Lebenjahr) werden befallen. Antitoxinbehandlung hat sich prophylaktisch und therapeutisch als von äußerster Wichtigkeit erwiesen. Die Erkrankung ist vor allem eine lokale der oberen Luftwege usw., während die übrigen Erscheinungen vor allem auf Toxinwirkung beruhen.

Dementsprechend finden sich die Bazillen in den für die Erkrankung charakteristischen Pseudomembranen, besonders in deren oberflächlichen Lagen, oft zusammen mit Kokken, ferner in benachbarten Lymphknoten oder in den Lungen. Sie können aber auch ins Blut übergehen und im Urin gefunden werden. Nach überstandener Krankheit können die Bazillen noch lange in Hals und Nase bleiben, so daß Bazillenträger die Hauptansteckungsgefahr darstellen.

Die pseudomembranöse Entzündung, wegen der auf S. 72 verwiesen sei, befällt Pharynx, Larynx, Nasenhöhle, Kehlkopf und Bronchien. Der Larynx ist selten primär erkrankt, seine Erkrankung ist meist schwerer als die des Pharynx (dagegen treten dann Mischinfektionen usw meist sehr zurück). Mittelohr und Konjunktiven sind öfters mitbefallen. Die Trachea und großen Bronchien zeigen sehr oft auch Pseudomembranen, die kleinen Bronchien mehr Katarrh, zuweilen aber auch ganze fester haftende Ausgüsse, so daß es zu Erstickung kommen kann. Es schließen sich Bronchopneumonien der Lungen, durch Mischinfektion hervorgerufen, ganz besonders auch nach Tracheotomien (Hübschmann), eventuell auch kleine Atelektasen, andererseits Lungenblähung an.

In leichten Fällen kann die Entzündung der Halsorgane in einer einfachen Rötung derselben bestehen, andererseits kommen besonders tiefgreifende, gangränöse Veränderungen (eventuell Mischinfektionen mit

Kokken) vor, das Typische ist die pseudomembranöse Entzündung. Die Pseudomembranen können zu Larynxstenose mit Erstickungsgefahr führen, so daß Tracheotomie indiziert ist. Von den Halsorganen aus können die benachbarten Lymphknoten entzündlich erkranken, es können sich — selten — auch am Hals diffuse, fibrinös-eiterige Entzündungen entwickeln.

Die Hauptgefahr der Diphtherie liegt aber in der toxischen Wirkung auf das Herz. Dieses wird oft dilatiert gefunden. Es besteht hochgradige Verfettung, oft auch scholliger Zerfall der Muskulatur und Myokarditis, zuweilen mit zahlreichen Plasmazellen oder auch eosinophilen Leukozyten; selten wird das Reizleitungssystem isoliert befallen. Gerade auch in späteren Stadien tritt oft noch Herztod ein.

Auch zu einer diffusen Bindegewebsvermehrung scheint die Diphtherie führen zu können (Herzzirrhose, Hübschmann). Ob richtige Regeneration des Herzmuskels nach Affektion desselben bei Diphtherie vorkommt, wie angenommen worden, ist sehr zweifelhaft.

Dieselben Veränderungen wie der Herzmuskel zeigen die den Halsorganen benachbarten Muskeln, ferner, besonders Verfettungen, auch die übrige, quergestreifte Muskulatur, besonders auch das Zwerchfell. Die Nieren weisen öfters Degenerationen, höchstens sehr selten Glomerulonephritis, auf. Die Milz ist meist nicht sehr groß. In den Follikeln derselben finden sich, besonders bei Kindern, häufig nekrotische Partien mit gewucherten Retikulumzellen (offenbar toxisch bedingt).

Eine häufige Erscheinung nach Diphtherie, auch toxischen Ursprungs, sind Lähmungen, besonders des Kehlkopfes und Gaumens, aber auch anderer Gebiete.

In den Nerven und im Rückenmark werden anatomische erklärende Veränderungen nicht gefunden. In Ganglienzellen der Medulla oblongata sollen Veränderungen beobachtet sein.

Auch die Nebennieren sollen verändert sein, nach manchen Ansichten das Mark an chromaffiner Substanz (Adrenalin) verarmen, oder auch die Rinde lipoidarm werden, doch ist hier ein abschließendes Urteil noch nicht möglich.

Auch im Magen (Kardia) kommen bei Diphtherie pseudomembranöse, eventuell hämorrhagische Entzündungen mit zahlreichen Diphtheriebazillen, an der Haut echte diphtherische Prozesse selten, dagegen häufiger hämorrhagische Entzündungsherde mit zahlreichen Leukozyten und Lymphozyten (Bazillen hier nicht nachweisbar) vor (E. Fränkel).

Ohne größere Bedeutung ist die bei kleinen Kindern häufige Nasendiphtherie.

Die Diphtheriebazillen können auch an der Haut und den Schleimhäuten (z. B. Vulva bzw. Scheide bei Kindern) geschwürige Veränderungen, ohne daß Halsdiphtherie bestände, hervorrufen.

Außer den durch den Diphtheriebazillus verursachten, pseudomembranösen Erkrankungen der Halsorgane (Diphtherie) kommen solche auch sonst vor. Besonders zu betonen ist hier die schon oben erwähnte, durch Kokken verursachte Scharlachdiphtherie. Die äußeren Unterschiede sind schon oben skizziert. Bei der Sektion sprechen zudem Nephritis eher für Scharlach, Herzveränderungen für echte Diphtherie.

Lungenentzündung, Pneumonie.

Die kruppöse, fibrinöse, genuine, lobäre Pneumonie stellt eine charakteristische Infektionskrankheit dar, welche zumeist durch den Pneumokokkus verursacht wird; aber auch Pneumobazillen und Streptokokken können sie bewirken. Die Erreger gelangen meist wohl auf dem Luft-, seltener auf dem Blutweg zur Lunge.

Die dort bewirkte lobäre fibrinöse Entzündung, welche meist zuerst den Unterlappen (rechts öfters als links) ergreift, der Verlauf in Stadien usw. sind schon S. 250 ff. geschildert. Die Veränderung breitet sich allmählich aus oder sie wandert, Pneumonia migrans, seltener sprungweise. Die Pneumokokken bewirken das typische Bild der fibrinösen lobären Pneumonie meist nur bei in gutem Alter stehenden Personen, bei Greisen und Kachektischen sind die Bilder weniger typisch, die Entzündung ist weniger fibrinreich, die Körnelung tritt zurück, sog. schlaffe Pneumonie; bei Kindern kommt es meist nur zu lobulärer Ausbreitung. Die Kokken finden sich in der Lunge besonders in Frühstadien der Erkrankung oft massenhaft, zum großen Teil in Leukozyten eingeschlossen; von der Lunge aus können direkt oder vor allem auf dem Lymphwege auch die oberen Luftwege infiziert werden, ebenso das Mediastinum, ferner kann es zu Peritonitis, besonders auch subphrenischem Abszeß, kommen. Auch Enteritis kommt vor, ferner Eiterungen der Nasennebenhöhlen, Otitis media und vor allem Leptomeningitis. Letztere kann auch auftreten, ohne daß eine Pneumonie vorangegangen ist, und doch durch Pneumokokken hervorgerufen sein, wohl vom Nasenrachenraum her. Auch im Blute können Pneumokokken nachgewiesen werden; es kann Endokarditis entstehen und es kann zu Pneumokokkensepsis kommen. Osteomyelitis kommt auch vor. Relativ recht häufig sind im Verlaufe der Pneumonie, meist leichte, Glomerulonephritiden.

Alles in allem müssen wir die Pneumokokken auch als Eitererreger betrachten; zuweilen liegen Mischinfektionen mit anderen Kokken vor. Der Tod erfolgt zumeist an Herzschwäche, besonders auf dem Höhepunkt der Erkrankung. Besondere Veränderungen weist das Herz nicht auf.

Die Pneumokokken finden sich häufig auch in der Mundhöhle Gesunder. Zur Infektion gehört offenbar noch ein Faktor hinzu.

Ein großer Teil auch der Bronchopneumonien, wie sie sich unspezifisch unter allen möglichen Bedingungen finden, wird durch Pneumokokken verursacht. Sie werden auch als Erreger von Konjunktivitiden und Ulcus corneae serpens sowie von Endometritiden und Salpingitiden angeschuldigt.

Die durch den Friedländerschen Pneumokokkus hervorgerufene Pneumonie zeigt oft eine weniger gekörnte Lungenschnittfläche, dafür ein mehr schleimiges, fadenziehendes Exsudat.

Weicher Schanker. Ulcus molle.

Das vom Unna-Ducreyschen Streptobazillus (s. S. 161) erzeugte, durch den Koitus übertragene Geschwür sitzt an den Genitalien, besonders unten an der Vorhaut oder am Frenulum bzw. der Glans. Es kann aber auch an anderen Stellen auftreten.

Zunächst entsteht ein Knötchen, das zu einer kleinen Pustel wird; aus dieser entwickelt sich das mit eiterig-blutigem Sekret bedeckte, oft wie ausgestoßen scharf erscheinende Geschwür, dessen Ränder auch nekrotische Massen aufweisen können; der Rand ist im übrigen infiltriert, aber nicht hart, zum Unterschied vom luetischen Ulcus durum, doch besteht nicht selten beides zusammen. Das Ulkus eitert ziemlich stark, das Sekret ist sehr kontagiös, die Bazillen finden sich frei oder in Leukozyten. Lymphangitis und eiterige Entzündung der Lymphknoten (Bubonen), in denen sich die Bazillen teils finden, teils vermißt werden, schließen sich an. Später reinigen sich die Geschwüre und gehen in einigen Wochen in flache Narben über. Von besonderen Formen sind der phagedänische Schanker (rasches Fortschreiten mit großen Zerstörungen), der serpiginöse (Fortschreiten auf der einen Seite, Abheilen auf der anderen) und der gangränöse zu nennen.

Durch Autoinfektion können multiple Geschwüre entstehen, so auch am Skrotum oder Oberschenkel.

Tripper. Gonorrhoe.

Der Erreger der durch den Koitus erworbenen Erkrankung ist der Gonokokkus (s. S. 159). Es handelt sich zunächst um einen eiterigen Katarrh der Urethra, zuerst zumeist der Fossa navicularis — Urethritis anterior —, sodann bis zur Pars membranacea — Urethritis posterior.

Mikroskopisch findet sich eine Wucherung und besonders Desquamation des Epithels, ferner im Gewebe Leukozyten, Lymphozyten und Plasmazellen. Die Gonokokken liegen zum großen Teil im und zwischen dem Epithel, sie dringen aber auch durch dies bis in die subepithelialen Bindegewebslagen ein. Im Eiter finden sie sich zum großen Teil intrazellulär. Wenn sie nicht bald abgetötet werden, so daß der akute Tripper mit Epithelregeneration heilt, so kommt es zur chronischen Form. Die Gonokokken halten sich dann lange besonders in den Taschen der Schleimhaut, gerade auch im Gebiete der Pars membranacea oder auch in sog. paraurethralen Gängen (mit verschieden gestaltetem Epithel) bzw. in den Littréschen Drüsen. Auch in die Lymphspalten dringen die Gonokokken ein und gelangen so zu den Leistenlymphknoten, wo sie Bubonen bewirken.

Bei der chronischen Gonorrhoe nimmt das Sekret an Menge ab und mehr schleimigen Charakter an; so entstehen die sog. Tripperfäden, die im Urin diagnostisch wichtig sind. Der chronische Tripper heilt meist auch ab oder aber es bilden sich Narben, eventuell auch — seltener — erst Erosionen oder Geschwüre, die dann vernarben. Teils durch die Narbenschrumpfung, teils durch Umwandlung des Epithels in Plattenepithel (wohl von kleinen Inseln solcher aus), das verhornt (Prosoplasie, s. S. 51) kann es zu ringförmigen oder auf längere Strecken ausgedehnten, meist in der Pars membranacea sitzenden Verengerungen — Strikturen — kommen. Wenn auch das submuköse Gewebe infiltriert war, können sehr derbe, sog. kallöse, Strikturen entstehen. Hinter Strikturen können sich Ektasien ausbilden sowie eventuell papillomatöse Schleimhautwucherungen. Es können Balkenblase und durch Harnstauung (eventuell auch Verunreinigungen beim Katheterisieren) Zystitis usw. sowie andere Folgen der Harnstauung (s. Nieren) entstehen.

Der Tendenz der Oberflächenausbreitung folgend kommen oft eiterige Entzündungen der benachbarten Wege hinzu.

Beim Manne kommt es zu Prostatitis, eventuell auch Prostataabszessen, Spermatozystitis, Entzündung des Vas deferens, besonders am Übergang zum Ductus epididymidis. Entzündung des Nebenhodens (später außer den Leukozyten viel Plasmazellen), des Hodens und Periorchitis (eventuell mit Ausbildung einer Hydrozele oder mit Verwachsungen) schließen sich an. Bei der Frau kommt es zu Vaginitis, Vulvovaginitis (besonders bei weiblichen Kindern), aufsteigendem Katarrh des Uterus und der Tuben, der Ovarien und Bartholinischen Drüsen. Die gonorrhoische Salpingitis ist durch mächtige subepitheliale Plasmazelleninfiltration mit weniger Leukozyten und Durchwanderung beider, besonders letzterer, ins stark verengte Lumen meist sehr charakteristisch. In Zellen eingeschlossen finden sich häufig Gonokokken. Durch Abschluß am Uterusende entstehen oft aus den Tuben große Eitersäcke. Später kommt es zu narbigen Verdickungen. An die Tubeneiterung schließen sich perimetrische und parametrische Entzündungen an; die Affektion ist meist sehr hartnäckig, die Frauen sind dauernd „leidend". Besonders beim Mann können auch die Harnwege bis zu den Ureteren ergriffen werden. Die Erkrankung der männlichen Geschlechtsorgane bewirkt sehr oft Sterilität. Auf der Haut entstehen öfters die Condylomata acuminata (Feigwarzen). Bei bestimmter Infektionsart können auch im Mastdarm eiterige Entzündungen entstehen, bei Kindern auch öfter von gonorrhoischer Vulvovaginitis aus.

Aber die Gonokokken können auch ins Blut gelangen, noch häufiger tun dies andere, pyogene Kokken, welche, sich zu den Gonokokken hinzugesellend, überhaupt im Bilde der Gonorrhöe eine große

Rolle spielen. Metastatisch kann es zu Entzündungen der Gelenke, teils eines, teils einer Reihe solcher, manchmal ohne sichtbare Veränderungen, oft mit Erguß (serösem oder eiterigem) kommen, oder zu Entzündungen der Sehnenscheiden, öfters Bursitis an der Achillessehne; aber auch Endokarditis, Phlebitis, Eiterungen im Auge, Nephritis und allgemeine tödliche Septikopyämie können die Folge sein; es finden sich dann teils Gonokokken, seltener allein, öfters andere eitererregende Kokken. Relativ oft stellt eine Thrombose der Leistenvenen den Übergang zur Gonokokkensepsis dar (Socin).

Auch die gonorrhöische Konjunktivitis — die sog. **Blenorrhoe** — besonders der Neugeborenen, wird durch den Gonokokkus hervorgerufen.

Meningitis.

Die Meningitis (cerebrospinalis) wird zumeist als epidemica bezeichnet, und sie ist wohl auch übertragbar, doch kommt es meist nur zu einigen Fällen, nicht zu wirklichen Epidemien.

Es gehören offenbar zur Infektion außer dem Virus noch besondere, uns nicht näher bekannte Bedingungen (oft Erkältungen u. dgl., Auftreten besonders zwischen Herbst und Frühling). Zudem ist (Gruber) der Erreger besonders leicht hinfällig; dieser ist am häufigsten der spezifische Meningokokkus, daneben kommt auch der Pneumokokkus in Betracht. Die Erkrankung bezeichnet man danach am besten als Meningokokkenmeningitis (bzw. Pneumokokkenmeningitis). Im Nasenrachenraum wird der Meningokokkus bei (gesunden) Bazillenwirten gefunden; von hier aus soll er mit Ausscheidungen hinausgelangen, und so auf dem Atmungswege Infektion erfolgen können. Dies ist jedoch ebensowenig sicher gestellt wie der genaue weitere Infektionsweg zum Gehirn. Vielleicht gelangt der Kokkus zunächst ins Blut und überschwemmt so den Körper, wobei die Hirnhäute als Prädilektionsort erkranken. Auf jeden Fall, wenn nicht primär so doch sekundär, kommt es zur Anwesenheit der Kokken im Blut — Bakteriämie — und eventuell zur Ansiedlung auch an anderen Orten.

Der Eiter findet sich in den Meningen besonders an der Konvexität des Großhirns, den Gefäßen folgend und greift dann auch auf Basis und eventuell Rückenmark über. Tela und Plexus chorioidei können mitergriffen sein; Entzündungsherde, eventuell mit zahlreichen kleinen Blutungen, oder Eiterungen sowie Ödem ziehen das Gehirn und eventuell Rückenmark in Mitleidenschaft. Auch kann es zu größeren Abszessen kommen. Ein großer Teil der Patienten erliegt der Erkrankung früh. Wird sie überstanden, so kann chronischer hochgradiger Hydrocephalus internus (ein akuter begleitet oft die akute Erkrankung) eintreten, an dem unter Zeichen der Verblödung und Ausfall der Zentren im Gehirnstamm die Patienten noch zugrunde gehen können. Daß es sich um eine allgemeine Infektion handelt, kann die große weiche Milz zeigen.

Ferner kann es zu metastatischen Abszessen in allen möglichen Organen, zu Trübungen von Leber, Herz usw., ferner zu Blutungen in Schleimhäuten, serösen Häuten und besonders der Haut kommen. Diese Hautpetechien, Exantheme, große Blutungen oder andersgestaltete Ausschläge (Gruber) sind relativ häufig; sie treten gleich zu Beginn der Erkrankung (im Gegensatz zur Fleckfieberroseola) auf. Sie sind metastatischer Natur, und es finden sich in ihnen Meningokokken, besonders, zum großen Teil in Leukozyten eingeschlossen, in kleinen Gefäßen der Kutis. Es kann, besonders an kleinen Arterien, zu Infiltrationen, eventuell Nekrose der Gefäßwand und Thrombosen kommen, dann zu Austritt von roten Blutkörperchen und entzündlicher Zellanhäufung, insbesondere Leukozyten, wozu sich in kleinerer Zahl Lymphozyten usw. hinzugesellen. Auch außerhalb der Gefäße finden sich die Meningokokken. Das Überwiegen der Leukozyten (exsudativ-entzündlicher Prozeß) wie das Fehlen der für Fleckfieberroseola typischen histologischen Kennzeichen scheiden das Exanthem bei Meningitis, das im übrigen auch histologisch sich sehr variabel verhalten kann, von dem des Fleckfiebers. Auch in der Milz, den verschiedensten Organen — pneumonischen Lungen, endokarditischen Effloreszenzen, Eiter aus Perikard oder Pleura — und dem Blut sind die Meningokokken nachzuweisen.

Neben der Bakteriämie spielen nach Gruber auch die Toxine der Kokken (z. B. bei den Nekrosen der verschiedenen Organe sowie den Veränderungen des Herzmuskels) eine Rolle. Im Herzen finden sich nämlich häufig degenerative Erscheinungen der Muskelfasern einerseits, Myokarditiden (zunächst besonders Leukozyten, später besonders Lymphozyten) andererseits. Auch Glomerulonephritiden kommen, wohl ebenfalls auf infektiös-toxischer Basis, vor.

Typhus abdominalis.

Der Typhusbazillus wird vom Menschen mit den Exkrementen oder dem Urin weiter verbreitet und kann den Menschen direkt oder auf dem Umwege über durch ihn verunreinigtes Wasser, Milch, Gemüse usw. infizieren.

Zumeist wird angenommen, daß die verschluckten Bazillen den Darm direkt infizieren. Doch wurde auch die Hypothese aufgestellt, daß die Bazillen durch die Tonsillen oder den Darm ins Lymph- und Blutgefäßsystem gelangten, und der Darm erst dann als Prädilektionsort erkranke. Ob primär oder erst sekundär vom Darm aus, auf jeden Fall kommt es bald zu Übertritt der Bazillen ins Blut (Bakteriämie).

Im Vordergrund aller Prozesse beim Typhus steht der nach einem, in der Regel zwei bis drei Wochen betragenden, Inkubationsstadium Veränderungen aufweisende Darm. Neben allgemeiner katarrhalischer Entzündung bilden sich charakteristische Veränderungen des Follikelapparates aus. Dem typischen klinischen Verlauf des Typhus entsprechen dabei auch ziemlich scharf scheidbare anatomische Stadien, die man in das der markigen Schwellung, der Schorfbildung, der Geschwürsbildung und der Geschwürsreinigung einzuteilen pflegt.

Im ersten Stadium — erste bis Anfang der zweiten Woche — zeigt der untere Dünndarm und obere Dickdarm neben Schwellung und Rötung; eventuell auch kleineren Blutungen der Schleimhaut, die Solitärfollikel zu hanfkorn- bis erbsengroßen Knoten und vor allem die (nur im Dünndarm und Processus vermiformis vorhandenen) Peyerschen Haufen sehr stark geschwollen. Letztere werden dabei in ovale, beetartige, 3—4 mm hohe Prominenzen umgewandelt, welche mit ihrem größten Durchmesser zumeist der Längsrichtung des Darmes parallel gerichtet sind. Bloß auf der Bauhinschen Klappe findet sich auch ein großer quergelegener Peyerscher Haufen. Die Oberfläche der geschwollenen Haufen kann glatt, oder wulstig (den einzelnen sie zusammensetzenden Follikeln entsprechend) sein; es kann ihr etwas fibrinöses Exsudat aufliegen. Sehr schnell nehmen nun die geschwollenen Einzelfollikel und Haufen blassere, graurote bis graugelbe und schließlich markigweiße Beschaffenheit an: „markige Schwellung“ (Infiltration). Von den Follikeln aus wird die umgebende Schleimhaut und besonders die Submukosa und Muskularis in den Prozeß einbezogen. Dieser besteht in einer Wucherung großer Zellen, im wesentlichen Abkömmlingen der Retikulumzellen und eventuell Endothelien; die Zellen entfalten auch phagozytäre Eigenschaften. In dieser so entstehenden diffusen Infiltration sind später die Follikel nicht mehr abgrenzbar. Die Schleimhaut darüber zeigt einen pseudomembranösen Belag (Fibrin, nekrotische Zellen, Leukozyten). Zuweilen sind die fibrinösen, pseudomembranösen Auflagerungen über den Haufen oder Solitärfollikeln besonders ausgesprochen, so daß sie sich als größere zusammenhängende Platten loslösen und den Fäzes beimengen können (Marchand).

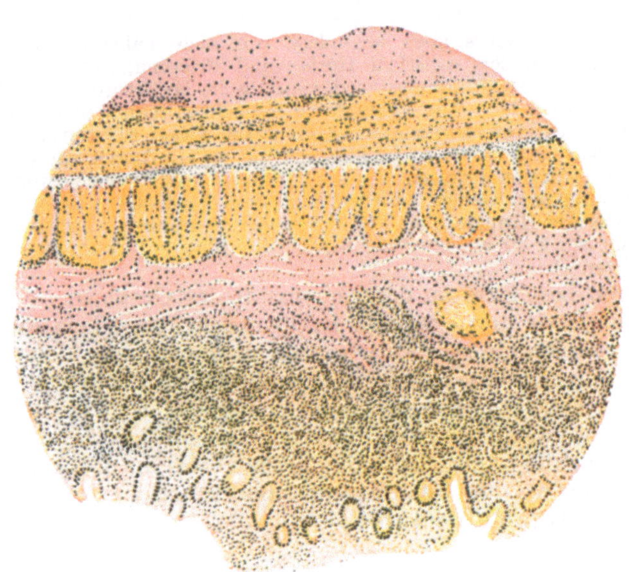

Fig. 420.
Typhus abdominalis.
Markige Schwellung des Darmes (3. Woche).

In leichteren Fällen geht die Infiltration zurück; es tritt Heilung ein. In schweren Fällen schließt sich als zweites Stadium Nekrose der infiltrierten Gebiete an. Die zentralen Teile derselben sterben ab und wandeln sich in Schorfmassen um. Diese „Verschorfung“ (Nekrose) kann das Infiltrat in verschiedener Ausdehnung ergreifen, insbesondere auch nach der Tiefe zu, indem ihr nur die Schleimhaut oder auch Submukosa und Muskularis zum Opfer fallen, so daß unter dem Schorf eventuell nur noch die Serosa erhalten bleibt. Die Schorfe werden durch Darminhalt bald braun und gallig gefärbt. Dies Stadium der Schorfbildung dauert vom Ende der zweiten bis Anfang der dritten Woche.

Es schließt sich als drittes Stadium in der dritten Woche die Demarkation der nekrotischen Teile an. Der Zusammenhang der Schorfe mit ihrer Umgebung wird gelockert, sie lösen sich, bröckeln stückweise ab, oder werden auch im ganzen abgestoßen. Da der Schorf den abgestorbenen Partien der infiltrierten Follikel entspricht, so muß nach seiner Entfernung ein Defekt entstehen, das typhöse Geschwür. Es greift in der Regel nicht weit über die Follikel hinaus und erscheint rundlich, wenn es aus Solitärfollikeln, oval, wenn es aus einem Peyerschen Haufen hervorgegangen ist, und ist im letzteren Falle natürlich weit größer und in der Längsrichtung des Darmes orientiert; der Rand des Geschwüres ist wallartig, breit und hoch, steil abfallend und bewahrt die schon für das erste Stadium charakteristische markige Beschaffenheit. Am Grunde des Geschwüres zeigen sich längere Zeit hindurch teils zusammenhängende größere Schorfe, teils kleinere, fetzige, nekrotische Massen; je nachdem die

Nekrose oberflächlich geblieben war oder in die Tiefe gegriffen hatte, wird der Geschwürsgrund von der Mukosa, der Submukosa, der Muskularis oder selbst der Serosa gebildet. Nur manchmal kommen sog. lenteszierende Geschwüre vor, d. h. solche, die sich noch sekundär vergrößern, indem die Infiltration und Nekrose weiter auf die Umgebung übergreifen. Die bisher beschriebenen Geschwüre sind die sog. ungereinigten.

Mit der vollständigen Abstoßung der Schorfe wird als viertes Stadium in der dritten bis Anfang der vierten Woche der Geschwürsgrund „gereinigt"; Geschwüre, deren Grund von der Muskularis gebildet wird, zeigen die charakteristische Streifung der Muskelschicht. Jetzt beginnen auch die infiltrierten Ränder abzuschwellen, legen sich über den Geschwürsgrund und decken ihn so an den peripheren Teilen, während das Zentrum durch granulierendes Gewebe ausgefüllt wird. Auf diese Weise beginnt in der vierten Woche die Heilung durch eine flache Vernarbung der Geschwüre. Es finden sich hier manchmal längere Zeit hindurch Pigmenteinlagerungen als Residuen stattgehabter kleiner Blutungen. Die Follikel können eine teilweise Regeneration erfahren. Der ganze Heilungsprozeß ist in zwei bis drei Wochen, selten erst nach längerer Zeit, vollendet. Stärkere Narbenschrumpfungen der Darmschleimhaut kommen im Gefolge des Typhus nicht vor.

Die hauptsächlichsten typhösen Veränderungen betreffen meist das unterste Ileum, dabei namentlich auch die Ileozökalklappe—„Ileotyphus". Processus vermiformis und oberstes Kolon sind häufig stark mitbefallen. Nach oben gegen das Jejunum zu, wie nach unten nehmen die Prozesse an Zahl und Intensität ab. Ist dagegen — seltener — fast nur bzw. vorzugsweise das Kolon Sitz der Veränderungen, so spricht man von „Kolotyphus".

Vom Darm aus gelangen die Bazillen frühzeitig auf dem Lymphwege in die mesenterialen Lymphknoten und bringen auch sie zu markiger Schwellung. Nekrose oder Vereiterung kann sich anschließen, und Perforation sogar zu allgemeiner Peritonitis führen.

Der in den meisten Fällen günstige Verlauf des Typhus kann durch Komplikationen verschiedener Art unterbrochen werden. Darmblutungen entstehen bei der Geschwürsbildung durch Arrosion von Gefäßen bei Lösung der Schorfe, am häufigsten am Ende der zweiten und Anfang der dritten Woche; sie können zum Verblutungstod führen. Eine Perforation des Darmes entsteht durch Übergreifen der Geschwürsbildung auf die Serosa oder durch Einreißen der durch den Defekt verdünnten Darmwand bei Gelegenheit plötzlicher heftiger Peristaltik oder starker Aufblähung des Darmrohres, namentlich auch bei sog. lenteszierenden Geschwüren. Am häufigsten sind die Perforationen in der dritten und vierten Krankheitswoche; ihre Folge ist eine fäkulente allgemeine Peritonitis.

Um die Krankeitsdauer nach dem Sektionsbefunde zu beurteilen, ist zu berücksichtigen, daß nicht alle Follikelschwellungen und Geschwüre gleichzeitig entstehen, sondern daß die nahe der Ileozökalklappe gelegenen gewöhnlich die ältesten sind, und nach oben zu sich jüngere Zustände vorfinden. Es können z. B. im unteren Dünndarm bereits gereinigte Geschwüre, weiter nach oben noch Schorfe vorhanden sein. Andererseits geht im untersten Ileum, wo überhaupt der Prozeß am intensivsten zu sein pflegt, die Abschwellung am langsamsten vor sich. Noch mehr Verschiedenheiten findet man natürlich dann, wenn sich, was nicht selten vorkommt, ein Typhusrezidiv eingestellt hat. Am häufigsten kommt ein solches in der vierten Krankheitswoche vor, also zu einer Zeit, wo die Geschwüre sich schon reinigen; dann findet man neben bereits gereinigten Geschwüren frische markige Infiltrationen und frische Nekrosen mit beginnender Ulzeration.

Wie schon erwähnt, gelangen die Bazillen in das Blut, werden mit ihm — in dem sie meist leicht nachzuweisen sind — im Körper weiter verbreitet und rufen hier teils bazilläre, teils toxische weitere Veränderungen hervor. In erster Linie ist hier der konstante Milztumor zu nennen. Die Milz ist sehr groß, kirschrot oder dunkelrot, Zeichnung undeutlich, Konsistenz weich, aber nicht zerfließlich (wie bei Sepsis).

Die Pulpa ist blutreich; es finden sich mikroskopisch besonders viel rote Blutkörperchen oder blutpigmenthaltige Zellen, eventuell auch Nekrosen, ferner oft große Haufen der Bazillen oder auch phagozytierte Bazillen. In der Milz können, ähnlich wie in den mesenterialen Lymphknoten, auch Infarkte mit demarkierender Eiterung in die Erscheinung treten; es kann sich Peritonitis anschließen.

Selten kommt es auf Grund der Überdehnung der Kapsel durch hochgradige Milzschwellung oder Blutungen in die Milz (besonders unter die Kapsel) bzw. durch Übergreifen von Nekrosen auf die Kapsel (Necheles) bei geringsten Traumen zur Milzruptur, was zum Verblutungstod zu führen pflegt.

In der Leber können Bazillenhaufen inmitten kleiner runder, nekrotischer Herde gefunden werden. Das Knochenmark zeigt Umwandlung in Lymphoidmark. Es finden sich nekrotische, mit Fibrin durchsetzte Herde. Geschädigte rote Blutkörperchen werden hier in großen Mengen abgelagert und phagozytiert. Bazillen sind nachzuweisen. Besonders Rippen und Wirbel sind ergriffen. Durch Spondylitis können selbst benachbarte größere Gefäße arrodiert werden. Mit der Knochenmarkveränderung hängt die für den Typhus charakteristische, auch diagnostisch wichtige Verarmung des Blutes an Leukozyten (Leukopenie) zusammen. In der Haut, besonders Bauchhaut, treten meist Ende der ersten oder Anfang der zweiten Woche typische Roseolen auf, die klinisch-diagnostisch wichtig sind. Gerade in ihnen finden sich auch Bazillen. Mikroskopisch handelt es sich (E. Fränkel) um metastatische Ablagerung der Bazillen in Lymphräumen und in deren Umgebung, um Anschwellung des Papillarkörpers mit Vergrößerung und Vermehrung der fixen Gewebszellen. Später kommt es zu regressiven Veränderungen und eventuell Nekrosen in Papillarkörper und Epidermis sowie Lockerung zwischen beiden. In dem so entstehenden Spalt finden sich in späteren Stadien die Typhusbazillen. Die Epidermis wird dann in Form feinster Schüppchen abgestoßen, und es bleiben zunächst kleine braune Fleckchen zurück. Die Gewebszellen schwellen wieder ab, das nekrotische Material wird resorbiert, Narben bilden sich nie.

Sehr wichtig sind die durch den Typhusbazillus bewirkten **Cholezystitiden**; in der Gallenblase (auch ohne Entzündung ihrer Wand) halten sich die Typhusbazillen sehr lange (s. auch die Verwendung der Galle zur kulturellen Anreicherung der Bazillen im Blut); von hier aus können Bazillen in den Darm wieder ausgeschieden werden und so Rezidive verursachen. Auch nach abgelaufener Erkrankung halten sich die Bazillen oft in den Gallenwegen und gelangen öfters in periodischen Abständen in den Darm, und so stellen die Fäzes solcher „Dauerausscheider" eine Hauptinfektionsquelle dar. Des weiteren sollen sich an solche Cholezystitiden bei Typhus auch Gallensteine anschließen können.

Es finden sich bei Typhus Osteomyelitis (s. auch oben), Ostitis und Periostitis, meist in Form kleinerer Herde, besonders an den Rippen und Unterschenkeln, aber auch an anderen Knochen, in denen Bakterien zu finden sind; ferner Gelenkaffektionen.

Auch andere Organe sind bei Typhus sehr häufig verändert. Besonders ist es der Respirationsapparat, welcher im Verlauf des Typhus vielfach eine Mitbeteiligung erfährt. Im Kehlkopf finden sich neben katarrhalischer Entzündung der Schleimhaut teils flache Erosionen und Geschwüre (zum Teil sog. Dekubitalgeschwüre), teils können sich auch ähnliche markige Schwellungen mit folgender Nekrose und Ulzeration finden wie im Darm. Die Bronchien zeigen katarrhalische Entzündung; in der Lunge kann sich eine katarrhalische oder auch (selten) eine echte kruppöse Pneumonie ausbilden; doch wird ein großer Teil dieser wie anderer Begleiterscheinungen des Typhus seltener durch den Typhusbazillus selbst hervorgerufen, zumeist durch sekundäre Infektionen mit anderen Entzündungserregern.

Ferner kommen Mittelohrkatarrhe vor und des weiteren Meningitiden, besonders seröse Formen. In manchen Fällen sind Bazillen zu finden, in anderen nicht; man spricht dann von Meningismus und denkt auch an toxische Einwirkung. Im Gehirn sind Gliazellwucherungen in Gestalt eines gliösen Strauchwerkes gefunden worden (Spielmeyer). Es kann zu Zystitis, selten Orchitis usw. kommen. Im Verlauf des Typhus treten auch öfter Thrombosen großer Körpervenen und eventuell Embolien ein.

Durch die Verbreitung der Bazillen im Blut bildet sich öfters das Bild der Sepsis oder Pyämie aus. Der Typhusbazillus ist an den verschiedensten Orten nachgewiesen, so in Milz, Roseolen, Leber, Knochenmark, Gallenblase, pleuritischen und peritonealen Exsudaten, dem Zentralnervensystem usw. Dementsprechend können die Bazillen auch in allen möglichen Organen Abszesse hervorrufen, so in der Milz, den Muskeln, den Knochen, in der Prostata, Lunge, Schilddrüse usw. Die Abszesse bestehen oft noch jahrelang nach Ablauf der Erkrankung; bei ihrer Bildung spielen aber sicher vielfach Mischinfektionen mit Kokken usw. eine große Rolle.

Dazu kommen nun die als toxisch gedeuteten Affektionen. Von besonderer Wichtigkeit ist hier das Zentralnervensystem. Von der Taumeligkeit, Benommenheit rührt der Name der Erkrankung, sowie die populäre Bezeichnung „Nervenfieber" her. In den Muskeln, insbesondere den recti abdominis und Adduktoren, sowie dem Zwerchfell, findet sich sehr regelmäßig die sog. Zenkersche wachsartige Degeneration (daneben auch Muskelkernproliferationen und Infiltrationen). Sie tritt sehr oft schon makroskopisch hervor; es kann aber, besonders in den geraden Bauchmuskeln, und fast stets etwa symmetrisch, auch zu großen Blutungen kommen, die zumeist in der dritten Woche auftreten und lange anhalten können. An der Muskulatur des Herzens, in der Leber und der Niere treten trübe Schwellung oder Verfettung auf. Besonders in der Leber finden sich öfters Zellproliferationen, sog. Lymphome, die wahrscheinlich auch toxisch bedingt sind.

Es gibt beim Typhus auch leichte Fälle, sog. Fälle von Typhus ambulatorius, die oft nicht erkannt werden und so eine große Gefahr quoad infectionem darstellen. Besonders bei Kindern kommen Abortivfälle vor. Zuweilen finden sich auch schwere Typhusseptikämien mit den Bazillen im Blut ohne Darmbefund.

Überstehen der Krankheit macht in der Regel immun. Die Typhusschutzimpfung (prophylaktisch) ist vor allem in bezug auf die Mortalität von gutem Einfluß.

Paratyphus.

Den Typhusbazillen steht eine ganze Gruppe sog. Paratyphusbazillen nahe, ist aber von ihnen scharf abzugrenzen. Neben anderen Arten kommt besonders der Paratyphusbazillus A und B in Betracht.

Die durch die verschiedenen Paratyphusbazillen gesetzten anatomischen Veränderungen sind im Prinzip die gleichen, bei Paratyphus B sind die schwereren Erkrankungen häufiger. Die durch die Paratyphusbazillen hervorgerufenen Krankheiten verlaufen in zwei recht verschiedenen Formen. Einmal entsteht die meist ganz akute Gastroenteritis paratyphosa mit heftigen Durchfällen und Diarrhöen nach Art einer Cholera nostras. Hierher gehören zahlreiche Fälle von Fleischvergiftung, die früher dem Bacillus botulinus irrtümlich zugeschrieben wurden.

Anatomisch herrscht ein schwerer, diffuser Darmkatarrh, besonders auch des Dickdarmes, mit Hyperämie, Blutungen, Schwellung und Ödem der Schleimhaut, eventuell leichter Schwellung der Follikel; sonst findet sich bei der Sektion nichts Charakteristisches. Doch ist zu bedenken, daß es sich um eine akute Erkrankung handelt, die in der Regel bald zur Heilung, selten aber und dann auch recht schnell zum Tode führt.

Dementsprechend sind die anatomischen Veränderungen viel schärfer ausgeprägt bei der zweiten Form, die, klinisch mit weit protrahierterem, wochenlangem Verlauf, oft ganz einem Typhus gleichen kann, dem sog. **Paratyphus abdominalis.**

Hier findet sich bei Sektionen oft auch nur die ausgesprochene Enteritis bzw. Gastroenteritis in Gestalt eines schweren, den ganzen Darm, aber insbesondere den Dickdarm, betreffenden Katarrhs, weit diffuser und stärker als beim Typhus. Dazu kommen aber in den schwereren bzw. älteren Fällen Geschwüre; auch sie bevorzugen ganz besonders den Dickdarm (eventuell auch das unterste Ileum) und sitzen regellos, nicht an die Lymphfollikel oder Peyerschen Haufen gebunden, auch zeigen sie keinen markigen Grund noch zerrissene Ränder, sondern sind glatt, wie ausgestanzt, zumeist oberflächlicher und öfters quergestellt; so unterscheiden sich die Geschwüre auch hier von denen des Typhus. Besonders im unteren Dickdarm können die Geschwüre so zahlreich werden, daß die Schleimhaut in großem Umfange Zerstörungen aufweist, und in alten Fällen ein an Ruhr sehr erinnerndes Bild entsteht. Mikroskopisch finden sich sehr große Massen Lymphozyten, Plasmazellen, größere einkernige Zellen und im Gebiet der Geschwüre Leukozyten, ferner mächtige Schleimproduktion (Becherzellen), Hyperämie, Blutungen usw. Paratyphusbazillen finden sich spärlich in der Schleimhaut. Des weiteren erkranken manchmal die mesenterialen Lymphknoten, indem sie schwellen, aber lange nicht so regelmäßig und so hochgradig markig wie beim Typhus. Auch ein Milztumor, wenn er sich überhaupt findet, ist keineswegs so ausgesprochen wie dort. Andererseits kommen auch Paratyphusfälle vor, welche auch anatomisch dem Typhus völlig entsprechen. Blutungen, Geschwürsperforationen, Thromben, Eiterungen in allen möglichen Organen, vor allem Bronchitis, Bronchopneumonien, wachsartige Muskeldegeneration eventuell mit Blutung, Leberlymphome, Nierendegenerationen, Herzdegeneration, Cholezystitis usw. finden sich beim Paratyphus — wenn auch zumeist im ganzen seltener — ganz ebenso wie beim Typhus. Zystitis und Pyelitis scheinen relativ häufig zu sein. Es kommt wie beim Typhus zum Übertritt der Bazillen ins Blut — Bakteriämie; an der Haut treten, auch histologisch der entsprechenden Hautveränderung bei Typhus völlig gleichende (E. Fränkel), Roseolen auf.

Als dritte selbständige Form hat man auch durch den Paratyphusbazillus — ohne nachweisbare Darminfektion — hervorgerufene Pyelitiden, Cholezystitiden und ähnliche isolierte Einzelorganerkrankungen unterschieden.

Worauf der Unterschied in der Wirkungsweise der Bazillen in den obigen beiden unterschiedenen Hauptformen — der Gastroenteritis paratyphosa und dem Paratyphus abdominalis — beruht, ist vorläufig nicht mit Bestimmtheit zu sagen; doch gibt es Übergänge. Neuerdings werden Verschiedenheiten der verursachenden Bakterien verantwortlich gemacht. Für die anatomischen Befunde spielt auf jeden Fall die Zeitdauer der Erkrankung eine große Rolle. Bei den der Dysenterie sehr gleichenden Fällen ist auch an Doppelinfektion mit Dysenteriebazillen zu denken.

Auch Darminfektionen mit **Proteus, Bacterium enteritidis Gärtner** und eventuell **Streptococcus lacticus** können paratyphusartige Erkrankungen machen.

Ausschlaggebend für die Diagnose Paratyphus ist die bakteriologische Feststellung und die gerade differentialdiagnostisch gegenüber Typhus wichtige Gruber-Widalsche Agglutinationsprobe des Blutes. Prophylaktisch zur Verhütung von Epidemien von Paratyphus ist natürlich auf die frühzeitige bakteriologische Erkennung, ebenso wie beim Typhus, da bei beiden der Mensch die Infektionsquelle für den Menschen ist, aller Nachdruck zu legen.

Ruhr. Dysenterie.

Unter dieser Bezeichnung werden zwei verschiedene, aber Berührungspunkte aufweisende, Krankheiten zusammengefaßt.

Die **Bazillenruhr** kommt in den nichttropischen Ländern vor, bei uns sporadisch oder epidemisch. Über die verschiedenen Dysenteriebazillen s. S. 161. Die Erkrankung betrifft den **Dickdarm,** besonders in seinen unteren Partien.

Die Dysenterie setzt akut ein, kann aber auch einen sehr chronischen Verlauf nehmen. In leichtesten Fällen — katarrhalische Dysenterie — ist die Schleimhaut nur durch seröse bzw. serös-eiterige Infiltration geschwollen, aufgelockert und mit glasigem oder eiterigem, oft blutig gefärbten Schleim sowie mit Fibrin bedeckt. Ganz akute Fälle, die zum Tode führen, zeigen oft nur das Bild der katarrhalischen Ruhr, aber sehr diffus ausgebreitet (Hart).

Bei den schwereren Fällen — nekrotisierende Dysenterie — erscheinen, zuerst auf der Höhe der Querfalten und den Längsbändern entsprechenden Schleimhautvorragungen, zunächst leicht abziehbare kleienartige Beläge. Daneben kommt es zu eiterig-gangränösen Prozessen und somit Ulzerationen. In den schwersten Fällen — diphtherische Dysenterie — werden ausgedehnte Schleimhautpartien mehr oder weniger tief nekrotisch. Große weißliche Schorfe treten auf, auch zunächst auf der Höhe der Falten; sie werden durch Imbibition mit Kot und Galle gelblich bis braun verfärbt und sind nicht mehr von der Unterlage abziehbar, da sie aus abgestorbenen Schleimhautpartien selbst bestehen. Es handelt sich also um einen pseudomembranösen (diphtherischen) Prozeß. Histologisch sieht man jetzt die oberen Schleimhautlagen in eine kernlose, schollige bis körnige Masse verwandelt, eventuell durchsetzt von Leukozyten; die Drüsen sind noch zum Teil in der Form erhalten, aber ihre Epithelien nekrotisch. Die noch nicht nekrotischen tieferen Lagen sind stark zellig infiltriert, hochgradig hyperämisch, oft blutig durchtränkt; ebenso die Muskularis. Auch die Serosa weist oft schon fibrinös-eiterigen Belag auf. Die ganze Wand ist gequollen, verdickt.

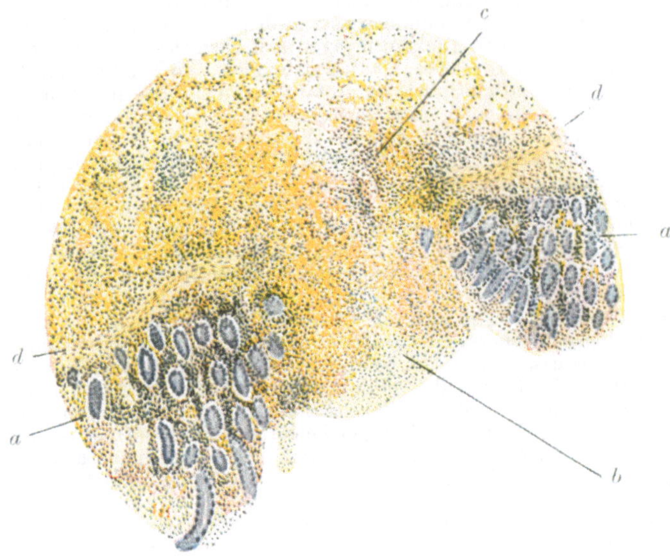

Fig. 421.
Dysenterie.
Schleimhaut (bei *a*) in der Mitte in geringer Ausdehnung nekrotisch (bei *b*). In der Submukosa (*c*) Zellansammlungen und Blutaustritte. Bei *d* Muscularis mucosae.

Fig. 422.
Dysenterie.
Nekrotische Schleimhaut. Starke Zellinfiltration bis in die Tiefe

Durch eiterig-jauchigen *Zerfall* und *Abstoßung der Schorfe* entstehen nun ausgedehnte *Geschwüre*, die sich rasch nach allen Seiten ausdehnen. Entsprechend der Lage der Schorfe zeigen sich auch die Geschwüre vorzugsweise auf der Höhe der Quer- und Längsfalten;

da beide sich in ihrer Richtung kreuzen, so entsteht vielfach eine regelmäßige Zeichnung, indem je zwei parallel verlaufende Defekte durch Zwischenstücke, wie die Sprossen einer Leiter, verbunden werden. Kleinere dysenterische Geschwüre sind unregelmäßig zackig, wie angenagt, und setzen sich durch ihren schmutzigen Belag scharf von den dunkelroten, stark geschwollenen und eventuell auch schon weißlich belegten Schleimhautinseln ab, so daß ein sehr charakteristisches Bild zustande kommt. Mit der Ausbreitung und dem Konfluieren der Schleimhautnekrosen, welche schließlich auch die Täler zwischen den Schleimhautfalten betreffen, nehmen auch die Geschwüre an Größe zu, so daß ausgedehnte Strecken der Darminnenfläche mit unregelmäßigen, zusammenfließenden Ulzerationen bedeckt werden, und die Schleimhaut stellenweise ganz fehlen kann. Der Geschwürsgrund kann durch Blutungen schwarzrot gefärbt sein. Die Geschwüre reichen in die Tiefe eventuell bis zur Serosa, und Perforation bzw. Zerreißung des Darmes können folgen. Es kommt dann zur Perforationsperitonitis oder am Mastdarm zu Periproktitis mit Fistelbildung. Doch wirkt, besonders in chronischen Fällen, die zunehmende Wandverdickung der Perforation entgegen.

Die Veränderungen sind zumeist im Rektum am schwersten, nehmen nach oben an Intensität ab und bestehen im Dünndarm in der Regel nur noch in katarrhalischer Entzündung, eventuell mit leichtem schiefrigen Belag.

Der Inhalt des Darmes ist bei Dysenterie in der Regel dünn, schleimig-serös bis schleimig-eiterig, öfters von heller Farbe, oft aber auch hämorrhagisch verfärbt; vielfach enthält er Flocken von Schleim, oder abgestorbene Epithelien, oder auch größere nekrotische Schleimhautstückchen. Der Schleim bildet manchmal ziemlich feste sagokornartige Klümpchen. Bei gangränösen Prozessen ist der Inhalt des Darmes von schmutziger Farbe und stark übelriechend.

Ein eigenes Bild bietet die sog. **follikuläre Ruhr.** Hier steht die Schwellung der Follikel (des Dickdarms) im Vordergrund; es bildet sich Eiter und durch dessen Durchbruch entstehen eigentümliche, rundliche, sog. „lentikuläre Geschwüre". Da der Durchbruch nur auf der Höhe des Eiterherdes erfolgt, so zeigt das Geschwür dünne, von den Seiten her überhängende Ränder, die sich beim Wasseraufgießen blähen (sinuöse Geschwüre). Der Eiterungsprozeß kriecht unter den seitlichen Decken vielfach im submukösen Gewebe auch weiter fort und unterminiert so die Schleimhaut in großer Ausdehnung. So bilden durch Konfluenz solcher Eiterherde die Schleimhautreste nur noch lockere, leicht abhebbare Brücken zwischen den zackigen, sich auch mehr und mehr vergrößernden Defekten. Das dazwischen gelegene Schleimhautgewebe bildet oft ausgedehnte entzündliche Verdickungen, die in Verbreiterung des interstitiellen Gewebes und Schleimhautatrophie übergehen können.

Es gibt auch Ruhrfälle, welche mit anatomisch sehr geringen Veränderungen, wie Katarrh (besonders der Flexur und des Rektum) und eventuell geringen kleienförmigen Belägen schon zum Tode führen, wohl besonders bei vorher schon sehr geschwächten Individuen (Beitzke). Auch kann der obere Dickdarm dies Bild, der untere Nekrosen und Geschwüre aufweisen.

An die Ruhr schließen sich ausgedehnte Heilungsvorgänge an (besonders neuerdings von Beitzke verfolgt). Ganz oberflächliche Geschwüre heilen leicht durch Regeneration von den stehen gebliebenen Böden der Krypten aus. Bis zur Muscularis mucosae (die nur sehr beschränkt wiederhergestellt wird) oder tiefer reichende Geschwüre zeigen bei der Heilung zunächst Granulationsgewebe, dann Epithelwucherung am Rande; das Epithel senkt sich dabei in Gestalt oft unregelmäßiger (was durch die Kapillaren bedingt wird) Krypten ein; dies hat vorzugsweise an Stellen statt, wo Follikel zerstört wurden. Bei Nachschüben kommt es im Gebiete solcher atypischer Kryptenwucherung besonders leicht zur Entstehung tiefer buchtiger Geschwüre (Löhlein).

Da das neugebildete Epithel hier starke Schleimbildung (Becherzellen) aufweist, so kommt es durch Retention des Schleimes oft zu Zysten, die in großer Zahl und bis kleinerbsengroß gefunden werden können. So kann sich sog. Colitis cystica an Dysenterie anschließen. Nach dem Besprochenen ist die Heilfähigkeit der Darmschleimhaut nach Ruhr eine große. Meist heilen nur tief in die Darmmuskulatur eindringende geschwürige Prozesse in Gestalt unregelmäßiger strahliger Narben, die offenbar nur äußerst selten so hochgradige Schrumpfungen bewirken, daß Stenosen auftreten. Zwischen den Narben bleiben Schleimhautinseln stehen, und diese können in späten Stadien ihrerseits durch Wucherungen der Drüsen zu polypenartigen Bildungen führen.

Die Shiga-Kruseschen Bazillen bewirken zumeist die schwersten Dysenterieformen; zuweilen auch die Bazillen von Flexner-y-Typus. In Irrenanstalten epidemisch auftretende leichtere Dysenterien werden durch den Kruseschen Pseudodysenteriebazillus erzeugt. Auch sonst sind diese oder ähnliche Bazillen Erreger der leichteren Ruhrfälle. Die Hauptansteckungsgefahr für die Bazillenruhr liegt in Dauerausscheidern.

Die Bazillen finden sich in der veränderten Darmschleimhaut und im Inhalt; sie gelangen wohl zu den oft mäßig geschwollenen und geröteten mesenterialen Lymphknoten, auch rufen wahrscheinlich ihre Toxine die auch bei Bazillenruhr nicht seltenen Leberabszesse hervor, aber die Bazillen gelangen selten weiter. Dementsprechend stellt die Dysenterie zwar eine Allgemeinerkrankung mit wechselndem Fieber dar, aber die Lokalerscheinungen des Darmes (schleimig-eiterig-blutige Diarrhöen, Koliken, Tenesmus) beherrschen das Bild. Sie können bei der chronischen Ruhr äußerst langwierig sein, und schwerster Marasmus mit tödlichem Ausgang eintreten. Erscheinungen von seiten anderer Organe treten demgegenüber völlig zurück. Immerhin können pseudomembranöse, nekrotisierende Entzündungen des obersten Verdauungs- und Respirationstraktus auftreten (Hart); sehr selten kompliziert eine Glomerulonephritis die Erkrankung. Bakteriämie und Pyämie sind ebenfalls selten.

Außer den Dysenteriebazillen können bei besonderer Disposition — wie Genuß rohen Obstes, allgemeiner starker Marasmus u. dgl. — auch andere, sonst harmlose Darmschmarotzer, wie Proteus oder Streptococcus lacticus, vielleicht auch Bacterium coli, Enteritiden hervorrufen, die leichten Ruhrfällen sehr ähneln; auch sie haben meist ihren Sitz im Dickdarm, zuweilen auch im Dünndarm. Über andere pseudomembranöse Darmerkrankungen mit anderer Ätiologie s. S. 287/288. Durch alle diese Verhältnisse ist der Begriff „Ruhr" und die Frage, ob er anatomisch - klinisch oder ätiologisch gefaßt werden soll, sehr umstritten. Zunächst ist das erstere wohl das richtige, doch läßt sich bei epidemischem Auftreten dann meist auch die ätiologische Seite leicht lösen. Dies ist natürlich für prophylaktische Maßnahmen von Wichtigkeit.

Die **Amöbenruhr,** wohl besser **Amöbenenteritis** (Löhlein), herrscht in den Tropen, sowie in Ägypten und zum Teil in Japan endemisch. Auch ihr Sitz ist der Dickdarm, aber mehr nach dem Zökum zu als analwärts.

Zuerst bilden sich auf den Faltenhöhen kleine Schleimhautnekrosen von Stecknadelkopf- bis Bohnengröße. Dann entstehen öfters tiefere Ulzerationen und Veränderungen bis in die Submukosa. Durch Konfluenz bilden sich unregelmäßige, zackige Geschwüre mit überhängenden Rändern. Sie können sehr dicht stehen und vernarben dann. Die Amöben finden sich zuerst im Oberflächenepithel und bewirken die Nekrosen. Später finden sie sich an den Rändern der Geschwüre, ferner in der ödematösen Submukosa in der Umgebung eiteriger Bezirke, zuweilen auch sehr zahlreich in erweiterten Gefäßen der Schleimhaut und tieferer Schichten. Öfters besteht Amöben- und Bazillenruhr zusammen.

Der Amöbenruhr ähnliche geschwürige Dickdarmprozesse können auch durch das Balantidium coli hervorgerufen werden. Nekrotischer Grund und überhängende Ränder charakterisieren die Geschwüre. Wahrscheinlich setzen die Balantidien nur Entzündung und rufen erst, wenn sie absterben und zerfallen, Nekrose hervor (Jaffé).

Cholera asiatica.

Erreger der Cholera sind die Choleravibrionen (Kommabazillen s. S. 164), die sich im Darminhalt oft in sehr großen Mengen finden. Man unterscheidet bei der Cholera meist außer einem Prodromal- bzw. Initialstadium, das wenig charakteristisch ist, ein **Stadium algidum** (bzw. asphycticum), das mit den charakteristischen „reiswasserähnlichen", enorm häufigen Stuhlentleerungen, mit Untertemperatur, Schweißausbrüchen, Haut- und Schleimhautaustrocknungserscheinungen, Anurie, Zyanose, Herzschwäche, Muskelkrämpfen (Wadenkrämpfen), Bluteindickung (vielleicht nur peripher) einherzugehen pflegt und schon sehr häufig zum Tode führt, und das — sonst schon nach wenigen Tagen eintretende — **Choleratyphoid** (Stadium comatosum, von anderen nur für eine Sekundärkrankheit gehalten), das mit Fieber, schwerer Benommenheit, oft mit Hautexanthemen, aber auch noch mit Diarrhöen verläuft.

Die meisten Symptome werden auf besonders beim Zerfall der Vibrionen freiwerdende Toxine, das Stadium algidum auf Einwirkung auf das Wärmeregulierungszentrum bezogen. Lehndorff versucht die Erscheinungen des Stadium algidum mit einer toxischen, zentralen Lähmung der Vasomotoren, besonders im Gebiete des Splanchnikus, zu erklären; durch die so bedingte Gefäßlähmung werde die Verbreitung der Toxine im übrigen Körper gehindert, die im Choleratyphoid nach Aufhören der Zirkulationsstörung dann einträte. Jochmann deutet dies Choleratyphoid als Ausdruck einer infolge gesteigerten Zerfalls der Vibrionen eingetretenen Überempfindlichkeit.

Am wichtigsten unter den anatomischen Befunden sind die des Darmes. Im Stadium algidum ist die Darmwandung durch mächtige Gefäßfüllung (eventuell auch im Mesenterium und den mesenterialen Lymphknoten) hellrot gefärbt, die Hyperämie am stärksten im Bereich der Dünndarmzotten, besonders auch im subepithelialen Kapillargebiet. Eine Folge ist Flüssigkeitsaustritt, so daß die Wand durch Ödeme stark verdickt wird. Die Zotten schwellen so zu plumpen Keulenformen an (Störk), auch in das Darmlumen kommen große Mengen Flüssigkeit. Dann treten rote Blutkörperchen aus, die Zotten sind hämorrhagisch infiltriert. Ferner kommt es zu Schleimhypersekretion. Schleimmassen lagern sich der Schleimhaut auf. Durch das Extravasat wird das Epithel gelockert und abgehoben, andererseits aber sehr reichlich neugebildet. Im Zottenstroma finden sich zahlreiche Lymphozyten und Plasmazellen (nach Störk). Im Dickdarm treten die gleichen Veränderungen, nur geringeren Grades, auch kleine Nekrosen, besonders des Epithels, auf. Das Bild der Darmveränderung wird also beherrscht durch die Hyperämie und toxische Schädigung der Gefäßwände wie des Epithels. Besonders der Dünndarm (zuweilen erst das untere Ileum, eventuell aber auch der Dickdarm) ist „schwappend“ mit dem typischen, reiswasserähnlichen, flüssigen Inhalt gefüllt; er kann auch durch Galle bräunlich, wenn die Vibrionen hämolytisch wirken auch dunkelrot, gefärbt sein. In der Flüssigkeit flottieren häufig Membranen, die aus Schleim, eventuell mit nekrotischen Darmepithelien oder Rundzellen, bestehen.

Tritt der Tod erst im Choleratyphoid ein, so ist der Darmbefund meist viel geringer. Die Schleimhaut erscheint wieder blaß, eventuell als Folge der Blutungen schiefrig gefärbt. Der Inhalt ist meist nicht mehr so dünnflüssig und gallig gefärbt. Im Dickdarm können sich sogar wieder Kotballen finden.

In manchen Fällen schließen sich diphtherische Verschorfungen an, die zu Geschwüren führen. Dann kann sich im Darminhalt auch Blut finden.

Bei der äußeren Besichtigung von Choleraleichen fällt die starke Zyanose distaler Gebiete sonst Blässe sowie die Rigidität der Muskeln, insbesondere der Wadenmuskeln, auf; die Totenstarre tritt sehr rasch ein und bleibt sehr lange bestehen. Auffallend ist ferner oft, daß das Abdomen tief kahnförmig eingezogen ist.

Neben den Darmveränderungen ist die wichtigste Erscheinung der Cholera eine hochgradige Eindickung des Blutes, welche sich als Folge der massenhaften Flüssigkeitsentleerungen einstellt und jedenfalls an dem Entstehen der allgemeinen Erscheinungen der Erkrankung wesentlich mitbeteiligt ist. Außerdem aber handelt es sich bei letzteren um Wirkung toxischer Produkte der Erreger.

Vom übrigen Sektionsbefund sind zu erwähnen: Das Blut ist dunkel, dickflüssig und enthält nur wenige Gerinnsel, der linke Ventrikel ist meistens leer, der rechte Ventrikel und die großen Venen sind mit Blut gefüllt. Eine eigentümliche Beschaffenheit zeigen die serösen Häute (Brustfell, Bauchfell, Herzbeutel). Sie fühlen sich seifenartig an, was die Folge eines sie bedeckenden, sehr dicken, eiweißreichen, klebrigen Belages ist. Im Gegensatz zu anderen Infektionskrankheiten findet sich bei der Cholera keine eigentliche Schwellung der Milz, sie ist oft nur durch Stauung vergrößert. Dagegen zeigen die Nieren vielfache Veränderungen, zumeist Stauung und Ödem, oft trübe Schwellung oder Verfettung, seltener auch das ausgesprochene Bild der Nephritis. Doch kommen Formen des Choleratyphoids vor, welche vorzugsweise die Erscheinungen der Nephritis mit Urämie aufweisen. Ähnlich wie in der Niere finden sich parenchymatöse Degenerationen auch in der Leber. Im Knochenmark finden sich Hyperämie und Blutungen (Stanischewskaja). Die Muskulatur, insbesondere auch der Stimmbandmuskel, zeigt (wachsartige) Degeneration, ferner infiltrative und proliferative Veränderungen (Störk). Als Komplikationen kommen vor allem Bronchopneumonien dazu.

Da trotz allem der anatomische Sektionsbefund wenig charakteristisch ist, ist kulturell-bakteriologische Ergänzung stets erforderlich. Die Mortalität der Erkrankung beträgt etwa 25—40%. Prophylaktische Choleraschutzimpfung hat gute Erfolge erzielt.

In den heißen Monaten kommt die **Cholera nostras** vor. Sie wird nicht durch Choleravibrionen bewirkt; ihre Ätiologie ist wohl nicht einheitlicher Natur. Da die Erscheinungen denen der asiatischen Cholera völlig gleichen können und ebenso der anatomische Befund, ist bakteriologische Untersuchung zur Unterscheidung von letzterer unbedingt nötig.

Milzbrand, Anthrax.

Der Erreger (s. S. 161) gelangt zum Menschen vom milzbrandkranken, auf der Weide infizierten Vieh; deshalb erkranken Leute, die mit dem Ausweiden oder mit den Tierfellen oder Haaren beschäftigt sind, wie Schäfer einerseits, Schlächter und Abdecker andererseits, am relativ häufigsten. Auch Insektenstiche können die Krankheit übertragen. Sie ist im ganzen sehr selten. Als Eintrittsstellen kommt zumeist die Haut, ferner der Magendarmkanal, wo verschluckte Sporen auskeimen, und endlich, wenn dasselbe mit inhalierten Sporen der Fall ist, die Lunge (sog. „Hadernkrankheit“) in Betracht.

In der Haut entsteht, besonders am Arm oder Gesicht, zuerst die Milzbrandpustel, die dann zum erbsen- bis walnußgroßen Milzbrandkarbunkel (Pustula maligna) wird.

Er weist in der Mitte einen trockenen braunroten Schorf auf. Das umgebende Gewebe zeigt starkes Ödem mit besonders perivaskulär angeordneten Infiltraten, bestehend aus Fibrin, Leukozyten und eventuell roten Blutkörperchen. Im Papillarkörper, besonders auch gegen das abgehobene Epithel hin, finden sich viele Milzbrandbazillen. Später nekrotisiert die Epidermis mit der benachbarten Kutis. Seltener als die beschriebene Pustula maligna entwickelt sich auf Milzbrandinfektion hin an der Haut nur das Milzbrandödem. Die Hautaffektion heilt narbig. Von der Haut aus werden die regionären Lymphknoten infiziert. Sie sind rot, von Blutungen — besonders nach dem Hilus zu — durchsetzt und weisen Zerfall und Nekrose von Lymphozyten mit Auftreten von Makrophagen auf.

Bei dem primären Darmmilzbrand zeigt besonders der Dünndarm karbunkelartige Herde mit Eiter und Schorfbildung, die zu zunächst braunschwarzen und verschorften Geschwüren führen. Oder es besteht mehr diffuse hämorrhagisch-nekrotisierende Entzündung. Vom Darm aus können die Bazillen die mesenterialen Lymphknoten infizieren.

Bei der Hadernkrankheit entstehen primär in den Bronchien und Lungenalveolen hämorrhagisch-entzündliche Herde. Die Bazillen finden sich vor allem in den Lymphwegen. Pleuritis, eventuell Mediastinitis, die durch blutig-seröses Verhalten charakteristisch sein kann (Kaufmann), und Infektion der bronchialen Lymphknoten kann erfolgen.

Die Bazillen bevorzugen also Verbreitung mit dem Lymphstrom. Sie können aber auch auf dem Blutwege Metastasen machen, so im Magendarmkanal oder auch bei anderweitigem Primärsitz in der Haut (sehr selten) oder vor allem im Gehirn, wo hämorrhagische Enzephalitis sowie Leptomeningitis hervorgerufen werden können. Bei letzterer besteht an den Arterien der weichen Hirnhäute eine eigenartige Arteriitis acuta, welche von der Adventitia zur Intima fortschreitet, mit Lösung der einzelnen Gefäßschichten und Blutungen sowie Exsudatbildung; es finden sich große Bazillenmassen. Dann wird meist auch Milztumor mit Bazillen gefunden.

Wundstarrkrampf, Tetanus.

Der streng anaërobe Tetanusbazillus bzw. seine Sporen finden sich in der Erde. Er befällt den Körper, wenn unterminierte zerfetzte Wunden mit Erde beschmutzt werden oder mit beschmutzten Kleidungsstücken u. dgl. in Berührung kommen, Bedingungen, wie sie besonders auch bei Granatverletzungen gegeben sind. Große lokale Schwankungen hängen wohl besonders mit dem verschiedenen Gehalt der Erde an Tetanusbazillen zusammen, periodische Schwankungen mit der Witterung (Trockenheit oder Feuchtigkeit in ihrem Einfluß auf Erdbeschmutzungen von Kleidern usw.). Der Tetanus äußert sich klinisch besonders in Muskelkrämpfen unter Vorwiegen des Krampfes der Kaumuskeln mit Kiefersperre (Trismus). Er führt in einem großen Prozentsatz nach verschieden langer Dauer zum Tode.

Der anatomische Befund bei der Sektion ist — abgesehen von der Wunde — zumeist äußerst gering. Es hängt dies damit zusammen, daß die Bazillen sich nur lokal entwickeln und ihre Toxine das wirksame sind. Diese gelangen teils von der Verwundungsstelle — die fast ausnahmslos an Extremitäten und Rumpf liegt — aus, den Nervenbahnen folgend, zum größten Teil aber indem sie ins Blut übergehen und von allen möglichen peripheren Nerven aus der Bahn dieser folgen zum Rückenmark. Hier werden besonders frühzeitig die höher gelegenen Zentren ergriffen; so erklärt sich der Beginn mit Trismus. Die inneren Organe werden oft besonders blutreich gefunden, im Gehirn und der Pia findet sich Ödem. Die Muskeln, besonders des Bauches und Oberschenkels, das Zwerchfell usw. zeigen oft Blutungen und Rupturen (heftige Muskelkontraktionen), wachsartige Degeneration besonders häufig der Ileopsoas. Die Milz ist bei reinem Tetanus nicht vergrößert oder erweicht. Oft bestehen ausgedehnte bronchopneumonische Herde in den Unterlappen, welche den Tod herbeiführen.

Überaus häufig sind Mischinfektionen bzw. Sekundärinfektionen mit Eitererregern, dem Fränkelschen Gasbazillus, der ja unter den gleichen anaëroben Bedingungen gedeiht, usw. Diese beherrschen dann anatomisch das Bild, z. B. Sepsis mit Milztumor u. dgl.; sie scheinen aber auch die Virulenz und Vermehrungsfähigkeit der Tetanusbazillen zu steigern.

Das Tetanusantitoxin ist prophylaktisch äußerst wirksam und daher bei allen Verwundungen, die mit Erde usw. beschmutzt sind, möglichst sofort anzuwenden, bei ausgebrochener Erkrankung ist sein Wert kein großer.

Der sog. rheumatische Tetanus (ohne auffindbare Eingangspforte) ist vielleicht durch Infektion von kleinsten unbeachteten Hautwunden oder von der Mundhöhle (Tonsillen) bzw. den Respirationswegen her bedingt.

Gasgangrän und malignes Ödem.

Auch diese schweren, in einem sehr großen Prozentsatz zum Tode führenden Wundkrankheiten schließen sich gerade an vielfach zerrissene und zerquetschte, in ihrer Ernährung gestörte Wunden — also besonders an Granatverwundungen u. dgl. — an. Auch hier werden infizierte Kleiderfetzen usw. oft in den Wunden gefunden. Das **Gasgangrän (Gasbrand, Gasphlegmone)** ist bei weitem häufiger. Allerdings darf keineswegs jeder Befund von Gasblasen im Leben oder gar postmortal — wie sie unter den verschiedensten Bedingungen entstehen können — hierher gerechnet werden. Es kommt beim Gasgangrän im Anschluß an die Verletzung (zumeist an Extremitäten) zuerst zu Gasentwickelung im Unterhautzellgewebe (wo sich der Erreger zunächst vermehrt), so daß hier bei Berührung Knistern entsteht. Nach dem weiteren Fortschreiten der Veränderung kann man (Payr) zwei Hauptformen unterscheiden: eine leichtere epifasziale mit geringer Gasentwickelung und eine rapider und tiefer bzw. weiter um sich greifende muskuläre bzw. subfasziale. Der Prozeß verbreitet sich meist sehr schnell, oft besonders bei der zweiten Form mit sehr starker Gasentwickelung. Die Muskulatur zerfällt völlig zundrig; mikroskopisch liegt Auflösung in Fibrillen und Scheiben vor. Auf der anderen Seite steht das weit seltenere typische **maligne Ödem,** auf ähnliche Schußverletzungen und Infektionsmodus zurückzuführen. Hier findet sich sehr ausgedehnte Transsudation einer serös sanguinolenten Flüssigkeit in die Gewebe, während eigentliche entzündliche Prozesse sehr in den Hintergrund treten (E. Fränkel). Gasbläschen finden sich dabei in wechselnder Menge. Ergriffen ist auch hier das Unterhautbindegewebe oder eventuell tiefere Schichten. Mikroskopisch ist die Muskulatur auch in Fibrillen gespalten oder in klumpig schollige Massen zerfallen, andere benachbarte Muskelgebiete sind intakt. Die Septen sind gequollen, die Gewebe mit Flüssigkeit durchsetzt. Durch Schwellung und Proliferation adventitieller und ähnlicher Zellen kommt es auch zu umschriebenen Zellhaufen. Die Bazillen finden sich einzeln oder in dichten Zügen, besonders im Gebiet des stärksten Ödems (nach E. Fränkel). Die Erkrankung ist ganz besonders infaust.

Das typische Gasgangrän wird hervorgerufen durch den (Welch-) Fränkelschen Bazillus, das typische maligne Ödem durch den Kochschen malignen Ödembazillus, ferner aber auch durch andere diesem sehr nahestehende Bazillen. Es hat sich nun aber gezeigt, daß gerade die durch Granatverletzungen hervorgerufenen schweren Gasinfektionen oft ein klinisch und anatomisch von dem typischen Gasgangrän wie malignen Ödem etwas abweichendes Bild — gewissermaßen ein gemischtes — darbieten, und als Erreger sind verschiedene neue Bazillen (von Aschoff, Conradi-Bieling, Pfeiffer und Bessau) gefunden worden, welche, in dieselbe Gruppe der Anaërobier gehörend, sich von den beiden obengenannten typischen Erregern doch wesentlich unterscheiden (besonders auch im Tierversuch). Auch die Rauschbrandbazillen sind hier herangezogen worden. Über die Einteilung aller dieser Bazillen s. S. 162. Die Vermischung des klinischen und anatomischen Bildes wird auch besonders durch die häufige Infektion mit mehreren der genannten Anaërobier bewirkt. Aschoff faßt daher die ganze Erkrankung mehr indifferent unter dem Namen **Gasödem** zusammen. Wieweit es sich hier um malignes Ödem (nach E. Fränkel), wieweit um eine Zwischenform bzw. Mischform zwischen diesem und der eigentlichen Gasphlegmone, die demnach überhaupt nicht scharf zu trennen wären (Aschoff), handelt, ist nicht sicher entschieden.

Man kann an den veränderten Gebieten mit Aschoff drei Zonen unterscheiden: 1. den Primärinfekt, von wo Verletzung und Infektion ausgehen, also zumeist die Umgebung des Schußkanales. Hier findet sich in Bindegewebe und Muskulatur Ödem mit mehr oder weniger starker Gasbildung; die Muskulatur ist schmutzig verfärbt; ist nicht sehr viel Gas gebildet — die Gasbildung entsteht beim Absterben des Gewebes — so sieht die Muskulatur schmierig und feucht aus, überwiegt das Gas, so erscheint sie trocken zundrig, öfters wie gekocht. Benachbarte Muskelgebiete können dadurch ein ganz unterschiedliches Bild darbieten. Daneben findet sich hochgradiges Ödem sowie Zeichen von Entzündung in Gestalt von Fibrin und oft zahlreichen Leukozyten (besonders in den Interstitien), die auch die Bazillen phagozytär enthalten können. Als zweite Zone unterscheidet Aschoff die an Breite sehr wechselnde des ausgesprochen blutigen oder hämolytischen Ödems; besonders das subkutane Fettgewebe ist hier schmutzig-rot verfärbt. Gas findet sich auch hier in wechselnder, oft noch sehr großer Menge. Das sich hieran nach außen anschließende dritte Gebiet zeigt hellgelbliches Ödem; Gas kann sich auch noch hier finden. Das Ödem folgt auch hier besonders den Bindegewebsscheiden der Muskulatur bzw. der bedeckenden Faszie. Daraus nun, daß sich in der letztgenannten Zone die erregenden Bazillen oder ihre Sporen nicht finden, muß geschlossen werden, daß die eigentliche Infektion nicht so weit reicht als es makroskopisch den Anschein hat, sondern daß das Ödem des äußeren Gebietes toxisch entstanden ist. Überhaupt handelt es sich im wesentlichen um eine Intoxikation, keine Sepsis; die Milz ist nicht vergrößert und beherbergt keine Bazillen. Ins Blut gelangt, gehen die Bazillen meist schnell zugrunde. Der Blutfarbstoff wird verändert. Es findet sich Hämoglobinurie. Der Tod wird meist durch Herzlähmung auf toxischer Basis erklärt, während neuerdings auch degenerative Erscheinungen am Gehirnnervengewebe mit Lähmung besonders des Atmungszentrums für denselben verantwortlich gemacht werden. Auch Verarmung der Nebenniere an Lipoid soll oft gefunden werden. Das Gift ist vielleicht ein durch Fermentwirkung der Bazillen aus dem Muskeleiweiß bei Zerfall der Muskulatur entstehendes Toxalbumin. Durch Mischinfektion kommt es aber auch oft zu Eiterung in dem Verwundungsgebiet und eventuell zu Sepsis.

Wesentlich anders gestaltet sich aber das Bild an der Leiche, wenn diese längere Zeit — besonders warm — gelegen hat. Agonal oder besonders postmortal infolge der Verarmung des Blutes an Sauerstoff vermehren sich die Bazillen enorm, gelangen mit dem Blut in die inneren Organe und rufen hier, besonders in Leber, Milz usw., durch enorme Gasentwickelung, die sich in großen konfluierenden Blasen äußert, das Bild der sog. **Schaumorgane** hervor. Auch in Unterhautgewebe und Muskulatur erlangt der Prozeß eine enorme, über einen großen Teil des Körpers reichende Ausbildung; die ödematöse Beschaffenheit tritt gegenüber der enormen Gasbildung zurück. Ebenso wie hier sind auch bei dem durch den Fränkelschen Bazillus erzeugten eigentlichen Gasgangrän die Schaumorgane nur postmortalen (bzw. agonalen) Ursprungs.

Malaria.

Den drei Hauptspezies der Malariaplasmodien (s. S. 170/171, s. dort auch die Übertragung durch die Anopheles) entsprechen die drei Hauptformen der Malaria: die Tertiana, Quartana und Malaria perniciosa sive tropica. Die Erkrankung besteht in Fieberanfällen mit Kopfschmerz, Abgeschlagenheit usw. Bei der Tertiana liegt zwischen den Anfallstagen je ein fieberfreier Tag, bei der Quartana deren zwei; eine Quotidiana kommt durch doppelte Tertiana oder dreifache Quartana zustande; bei der Tropika sind die Anfälle unregelmäßiger verteilt, oft täglich. Sie tritt vor allem im Herbst und Sommer auf (Malaria autumno-aestivalis), die Tertiana im Frühjahr. Doch kommt es bei typischer Malaria zu zahlreichen Rezidiven, so daß sie chronisch, später mit Kachexie, verläuft. Chinin kupiert meist die Anfälle oder verhütet sie prophylaktisch; es ist geradezu ein Spezifikum gegen Malaria.

Unsere Sektionskenntnisse beziehen sich fast nur auf die zum Tode führende Malaria chronica (perniciosa). Der akute Tod ist Folge der Gehirnveränderungen, im chronischen Stadium führt Kachexie allmählich zum Tode unter Erscheinungen gleichzeitig von Anämie, Amyloidose u. dgl. Das beherrschende anatomische Merkmal ist das Pigment (Malariahämatin); es fehlt nur in ganz akuten Fällen oder wenn das abgelagerte Pigment wieder ausgeschieden wurde. Am charakteristischsten bei der Sektion ist die Milz, die sofort durch ihre Größe (ihr Gewicht kann bis auf das 5—6fache steigen) und Farbe auffällt.

Zunächst nur während derAnfälle geschwollen und weich, ist die Milz später dauernd sehr hart; das Bindegewebe, vor allem das Gitterfasergerüst ist hyperplastisch, die Konsistenz zähe, die Kapsel oft besonders mit dem Zwerchfell verwachsen. Charakteristisch ist die „rauchgraue" bis grauschwarze Farbe. Oft bestehen Nekrosen oder Infarkte bzw. an ihrer Stelle Narben. Bei Traumen treten Milzrupturen mit oft großen Blutungen auf. Die geschwollene, teigig weiche Leber, der Darm (evtl. nur die Follikel,) der Hoden und vor allem auch sehr charakteristisch das Knochenmark, besonders des Femur, zeigen dieselbe graue bis schwarze Pigmentierung (das Knochenmark diffus oder mehr fleckig, besonders peripher). Als Zeichen der letzten Todesursache bestehen oft Herzdilatation oder Bronchopneumonien.

Die Plasmodien befallen während des Anfalles die roten Blutkörperchen des strömenden Blutes; sie werden hämaglobinarm, zeigen Gestaltsveränderungen, basophile Granulierung oder Polychromasie; ein Teil geht ganz zugrunde. So entsteht schwere Anämie. Auch Erythroblasten finden sich im Blut. Es werden zwei Farbstoffe frei, einmal eisenhaltiges Hämosiderin, bei Zerfall der Blutkörperchen entstehend, besonders in der Leber abgelagert, und sodann vor allem das von den Parasiten aus den roten Blutkörperchen gebildete schwarze Pigment, das Malariahämatin.

Das Malariapigment wird phagozytär besonders von **Endothelien,** vor allem auch den Sternzellen der Leber sowie den Zellen der Milz und des Knochenmarks, ferner von lymphozytären Zellen (nicht von Parenchymzellen) aufgenommen. Die Endothelien lösen sich dabei oft los und transportieren das Pigment weiter. Andere Pigmentmassen verbacken zu größeren Klümpchen zusammen. Die Nieren scheiden das Pigment auch aus (sog. Melanurie). Die plasmodienhaltigen roten Blutkörperchen (sowie die pigmenthaltigen Endothelien) können in verschiedenen Organen die Kapillaren strotzend füllen, so die der Milz (Pulpagefäße), der Leber (deren Lockerung infolge Verkleinerung der Leberzellen die oben gestreiften makroskopischen Eigenheiten erklärt und in der sich oft Infiltration des periportalen Bindegewebes mit Rundzellen findet), des Knochenmarks.

Sehr wichtig sind die Veränderungen des Gehirns, welche den Tod unter Erscheinungen von Koma (sog. Malaria perniciosa comatosa) erklären.

Makroskopisch ist das Gehirn diffus geschwollen; die graue Substanz (Rinde wie zentrale graue Partien) zeigt dunkelrötlichgraue bis schiefergraue Farbe; zum Teil mehr fleckig. Sehr häufig finden sich weiterhin, in wechselnder Zahl und Verbreitung, aber besonders in den Großhirnhemisphären in den großen Marklagern, im Kleinhirn vor allem in der Rinde, kleine punktförmige Blutungen, seltener größere apoplektische Herde oder Erweichungsherde. Diese Veränderungen beruhen teils auf der mechanischen Wirkung der durch die parasitenhaltigen Blutkörperchen, pigmentbeladenen Endothelien und Pigmentmassen blockierter Gefäße, teils auf durch toxische Einflüsse der Plasmodien bewirkten degenerativ-entzündlichen Gehirnveränderungen. Die kleinen Blutungsherde werden gliomatös eingekapselt. Die die Pigmente und Plasmodienrückstände phagozytierenden Endothelien erleiden Degenerationen, besonders auch Verfettung, werden in großen Massen abgestoßen und können mit Leukozyten usw. zusammen zu Thrombosierungen von Gefäßen führen. Auch können — seltener — Gefäßwucherungen dazu kommen. Die Ganglienzellen degenerieren und zeigen Neuronophagie. Die Gliazellen finden sich zunächst in Gestalt von Körnchenzellen, besonders perivaskulär, bis zur Ausbildung kleiner Erweichungsherde. In der Kleinhirnrinde kommt es zu Gliazellwucherungen nach Art der bei Fleckfieber und Typhus von Spielmeyer beschriebenen, „strauchartigen umschriebenen Gliaherde". Am wichtigsten und für Malaria charakteristischsten aber sind dann, stets perivaskulär gelegene, Knötchen aus gliösen Zellderivaten bestehend. Um das zentral gelegene Gefäß und eine kleine herumgelegene nekrotische Zone lagern sich die gewucherten Gliazellen (besonders sog. Stäbchenzellen) so radiär, rosettenartig, daß eine „Gänseblümchenform" der Knötchen erscheint. Außen kann sich eine kleine Blutung sowie faserige Gliawucherung anschließen. In den Knötchen sind die Markscheiden von Nervenfasern zugrunde gegangen, Achsenzylinder zum Teil erhalten. Diese Knötchen, welche ihren Sitz besonders im Mark des Großhirns und Balken, ferner im Kleinhirn, Pons, Medulla oblongata, evtl. auch Rückenmark haben, sind eine typische granulomartige

Bildung als Reaktion gegen die toxische Wirkung der Malariaplasmodien. Derartige Herde können klinisch zum Bilde der multiplen Sklerose (s. unter Gehirn) führen (nach Dürck). Auch Verkalkungen (der Gefäße, der Ganglienzellen und freie Kalkbröckel) kommen bei Malaria im Gehirn vor (Weingartner). Die weichen Hirnhäute können eiterige Entzündung und vor allem Rundzelleninfiltrationen aufweisen.

In der Retina werden häufiger Blutungen und evtl. nachher Pigmentierungen beobachtet (Pereyra).

Beim **Schwarzwasserfieber** in Afrika, zum Teil als besonders schwere Malaria, wohl mit mehr Recht aber als Folge des Chiningenusses bei Malaria gedeutet, tritt Hämoglobinurie auf. Die Leber, die Niere usw. können dunkelbraun erscheinen. Blutungen besonders im Gehirn können vielleicht teilweise auch auf Chiningenuß bezogen werden und selbst tödlich sein (Weingartner).

Rückfallfieber, Febris Recurrens.

Das Weibchen einer Zecke, des Ornithodorus moubata, welches die Krankheit auf den Menschen überträgt, saugt nachts Blut von kranken Menschen; so gelangt die Spiroechaete Obermeieri, der Krankheitserreger (s. S. 168), in deren Ovarium, in die Eier und Embryonen. Auch Läuse und Wanzen sollen, indem in ihnen die Spirochäten einen Entwickelungsgang durchmachen, die Krankheit übertragen. Diese tritt, in Europa besonders im Osten, vor allem bei Landstreichern, in Gefängnissen usw. auf.

Charakteristisch ist das Fieber, welches im ersten Anfall meist eine Woche dauert, dann nach fünf bis sechs Tagen Pause im zweiten Anfall kürzer ist; so folgen sich drei bis vier Anfälle. Die Spirochäten gehen gegen Ende des Anfalles zum größten Teil zugrunde, die überlebenden bedingen den neuen Anfall, bis alle vernichtet sind. Zur Zeit des Anfalles finden sich die Spirochäten auch in der Milz, wo sie, von Wanderzellen aufgenommen, absterben. Anatomisch findet sich ein großer blasser Milztumor.

Die Milz zeigt häufig auch anämisch-nekrotische Stellen. Die Milzfollikel sind oft gelb verfärbt und eventuell nekrotisch erweicht oder vereitert, die Pulpa zeigt Zelldegenerationen sowie gewucherte Zellen. Auch im Darm können die Lymphfollikel schwellen. Das Knochenmark kann Erweichungsherde zeigen; die adventitiellen Zellen, besonders im Mark der Diaphysen, weisen zuweilen große Mengen Fett auf. Spirochäten finden sich in manchen Fällen, welche mit meningitischen Symptomen verlaufen, auch in der Lumbalflüssigkeit.

In Ägypten tritt die Krankheit mit Ikterus als sog. „biliöses Typhoid" auf (Griesinger). Doch wird dies auch anders gedeutet, so von Hübener als zum Bilde der Weilschen Krankheit gehörend. In Afrika wird eine entsprechende Erkrankung mit dreitägigen Fieberperioden, das sog. „Zeckenfieber", durch die Spirochäte Duttoni hervorgerufen. In Amerika ist die Spirochaete Novyi der Erreger des dortigen Rekurrens.

Weilsche Krankheit, Icterus infectiosus.

Die Erkrankung tritt in kleinen Epidemien, besonders bei Soldaten im Anschluß an Baden, in bestimmten Badeanstalten u. dgl. auf und verläuft mit sehr starkem Ikterus, ferner hochgradigen Wadenschmerzen, Fieber, nephritischen Erscheinungen, Blutungen, oft Durchfällen und Hautausschlägen (Exanthemen). Es liegt also keine Lebererkrankung, sondern eine Allgemeininfektion vor. Der Erreger ist uns jetzt in Gestalt der Spirochaete nodosa oder icterogenes (s. S. 168) bekannt.

Die Infektion der Menschen scheint durch kleinste Wunden der Haut bzw. Schleimhäute zu erfolgen Miller nimmt vor allem die Nasen- und Mundrachenhöhle als Eintrittspforte, die Tonsillen als Sitz der ersten Veränderungen an. Vielleicht geschieht die Verbreitung durch infizierte Ratten mit deren Urin und Kot, wodurch besonders Badeanstalten verseucht werden könnten. Übertragung durch Stich der Haematopota pluvialis ist auch angenommen worden, aber wohl nicht die Regel. Die Krankheit tritt zumeist im Juni—Juli—August auf. Die Mortalität beträgt etwa 10—13%.

Bei der Sektion ist die Leber meist groß, intensiv gelb gefärbt. Mikroskopisch liegt kein Stauungsikterus vor, sondern ein toxisch durch Schädigung der Leberzellen bedingter. Doch ist auch ein hämatogen zu deutender Ikterus, wobei die Sternzellen der Leber eine Hauptrolle spielen, angenommen worden (Lepehne). Die Leberzellen zeigen diffus verteilte, allgemeine Degenerationszeichen (keine Verfettung), in späteren Fällen Regenerationsbilder in Gestalt auffallend zahlreicher, mehrkerniger Zellen und Mitosen. Das periportale Gewebe zeigt ähnliche Infiltrate, wie sie in der Niere sofort erwähnt werden sollen. Ob auch Leberveränderungen nach Art der akuten Leberatrophie mit etwaigem Ausgang in Zirrhose bei reinen Fällen von Weilscher Krankheit vorkommen, ist zweifelhaft. Die Nieren sind oft groß, grüngelb gefärbt, zuweilen mit dunkelroten Flecken an der Oberfläche. Mikroskopisch finden sich trübe Schwellung und Nekrose der Epithelien mit Gallenimbibition, Zylinder usw. und besonders im Interstitium (am meisten um die Gefäße der Mark-Rindengrenze) kleine Blutungen und herdförmige Zellhaufen, in denen (und eben so in den hier gelegenen Kapillaren) die großen Lymphozyten vorherrschen, während sich daneben auch kleine Lymphozyten, Leukozyten (zum Teil auch eosinophile), Plasmazellen und rote Blutkörperchen finden. Die Wadenmuskulatur (den klinisch hervortretenden Schmerzen entsprechend), aber auch andere Muskeln, wie Pectoralis major, zeigen zumeist nur mikroskopisch auffallende Blutungen und hyalinscholligen oder wabigen Zerfall, wenn auch meist sehr verteilt. Die Milz ist sehr oft nicht wesentlich geschwollen oder weich, was mit dem meist ziemlich späten Zeitpunkt des Todes zusammenhängen kann. Die Haut, aber auch die serösen Häute, weisen Blutungen auf, desgleichen auch sehr häufig die inneren Organe, wie Lungen, Herz, Milz, Schleimhäute der oberen Luftwege, des Magendarmkanals (wo sich auch Nekrosen anschließen können), des Nierenbeckens, Hirnhäute usw. Die Blutungen entstehen auf dem Wege der Diapedese.

In den Organen kann man die Spirochaete nodosa nachweisen, aber meist schwer, zumal sie bald aus ihnen zu verschwinden scheint. Am häufigsten findet man sie in der Leber und (offenbar auch im längsten) vor allem in der Niere; der Urin scheint auch besonders lange infektiös zu bleiben. Durch Injektion von Blut von Frühfällen oder Urin kann man bei Meerschweinchen die Krankheit reproduzieren; Blut und Organe der Tiere weisen dann die Spirochäte in größeren Mengen auf.

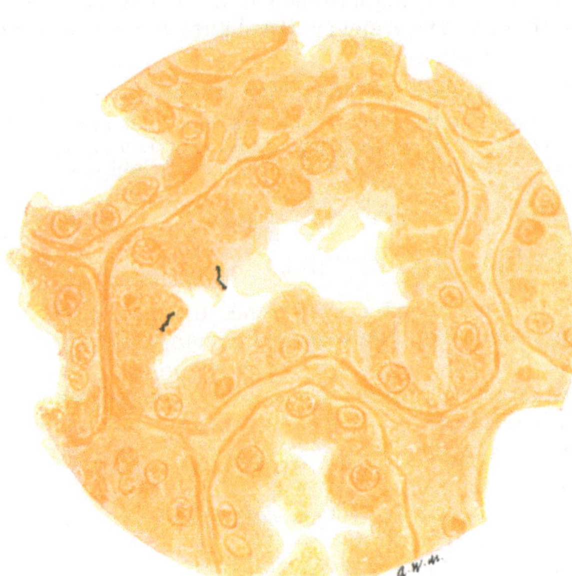

Fig. 423.
Weilsche Krankheit.
Nierenschnitt mit 2 Exemplaren der Spirochaete nodosa.

Fleckfieber, Typhus exanthematicus.

Diese bei uns ausgestorben gewesene Krankheit ist in Europa besonders noch in Rußland sowie sonst in Osteuropa heimisch. Die Mortalität ist eine mittlere, wenn aber Einwohner von Ländern, wo sie nicht vorherrscht, ergriffen werden, eine sehr hohe. Überstehen der Krankheit gewährt hohe Immunität. Als Erreger ist mit Wahrscheinlichkeit die sog. Rickettsia Provazeki anzusehen, welche auch in menschlichen Zellen nachgewiesen wurde (Kuczynski) (s. S. 169/170). Die Weil-Felixsche Reaktion (Agglutination des Blutes von Fleckfieberkranken mit gewissen Proteusstämmen) wird von einigen auch in dem Sinne gedeutet, daß der mutmaßliche Erreger in Symbiose mit einer Proteusart lebt. Als Überträger der Erkrankung ist mit Sicherheit nur die Laus bekannt. Sie infiziert sich am kranken Menschen, in ihr macht der Erreger wahrscheinlich eine Entwickelung durch; ihr Biß überträgt die Krankheit wieder auf den Menschen, bei dem sich die Erreger wohl im Blut verbreiten und so zu den Organen gelangen. Auf Entlausung ist daher prophylaktisch aller Nachdruck zu legen.

Der Sektionsbefund ergibt wenig Charakteristisches. Immerhin kann man in älteren Fällen eine besondere Atrophie des Fettgewebes, Trockenheit der Muskulatur und einen merkwürdigen, schmierig-klebrigen Zustand der serösen Häute feststellen. Die Milz ist anfänglich geschwollen, wird aber bald kleiner oder klein. Sie wie auch die Leber zeigen ausgesprochene Braunfärbung infolge besonders hochgradiger Phagozytose roter Blutkörperchen. In den Nieren findet Hämoglobinausscheidung statt, die auch hier mit Hämosiderinablagerung verknüpft sein kann. Bronchitis und Bronchopneumonien finden sich sehr häufig. Leber, Nieren, Herzmuskel sind meist trübe. Die Muskeln, besonders die geraden Bauchmuskeln, sind sehr oft wachsartig degeneriert. Blutungen, besonders an den serösen Häuten, im Knochenmark usw. kommen vor. Öfters schließt sich Gangrän der Extremitäten oder auch der Lunge — zuweilen einer ganzen Lunge — an. Das Ohr soll oft mit Tuben- und Mittelohrkatarrhen bzw. Eiterungen erkranken. Auch nekrotisierende und diphtherische Erkrankungen der Luftwege sowie eiterige Parotitiden sind häufige Sekundärinfektionen. So kann es auch zu Septikopyämie kommen.

Schwere Veränderungen zeigt natürlich die Haut, in Gestalt eines typischen Exanthems, — an der Leiche schwerer als im Leben zu erkennen —, welches das Gesicht meist frei läßt. Es ist eine reine Roseola, die petechial umgewandelt werden kann. Nur in Einzelfällen kommt es zu papulo-nekrotischer Veränderung. Auch Kehlkopfschleimhaut und Mundrachenraum können exanthematische Flecken aufweisen.

Von außerordentlicher Wichtigkeit sind die mikroskopischen, an Gefäße sich anschließenden Veränderungen, die von E. Fränkel zuerst klargelegt, ganz charakteristisch sind und die Schwere der Erkrankung erklären. Man kann von einer Systemerkrankung der kleinen Arterien sprechen, da sich der gleiche Prozeß in den verschiedensten Organen abspielt. Am wichtigsten sind zunächst die der Fleckfieberroseola zugrunde liegenden Prozesse, die bei Exzision am Lebenden die frühzeitige sichere Diagnose gestatten, ja zusammen mit der Weil-Felixschen Reaktion oft überhaupt erst ermöglichen.

Es zeigen hier die kleinen Arterien bzw. Kapillaren an einzelnen Stellen Auftreibung, Abstoßung und Nekrose der Endothelien, ferner Quellung der ganzen Intima, und vor allem in einem Teil der Peripherie Nekrose der Intima und eventuell Media. Dazu kommen hyaline oder feingranulierte Thromben, die oft nur einem Teil der Gefäßperipherie, und zwar gerade dem veränderten, aufliegen. Die Veränderung beginnt also endovaskulär; aber es schließen sich an die Gefäßwandschädigung an denselben Stellen sofort perivaskuläre Entzündungsherde an in Gestalt von Knötchen, die ganz besonders aus adventitiellen, gewucherten Zellen bestehen. Dazu kommen Lymphozyten, große einkernige Elemente, eventuell (aber weniger) Plasmazellen und Leukozyten. Dadurch, daß diese Zellmassen oft nur einem Teil der Gefäßwand, da ja auch die Nekrose dieser oft nur einen Teil der Peripherie betrifft, ansitzen, kommen Spindelformen u. dgl. zustande. Die feineren Veränderungen sind im übrigen, je nach Hochgradigkeit und Alter der Erkrankung, etwas unterschiedlich. Da man charakteristische Herde oft in etwas tieferen Schichten findet und an den erkrankten — im ganzen erweiterten — Gefäßen nur an dieser oder jener Stelle, soll man zu diagnostischen Zwecken nicht zu oberflächlich exzidieren. Bei petechialer Umwandlung finden sich besonders im Papillarkörper

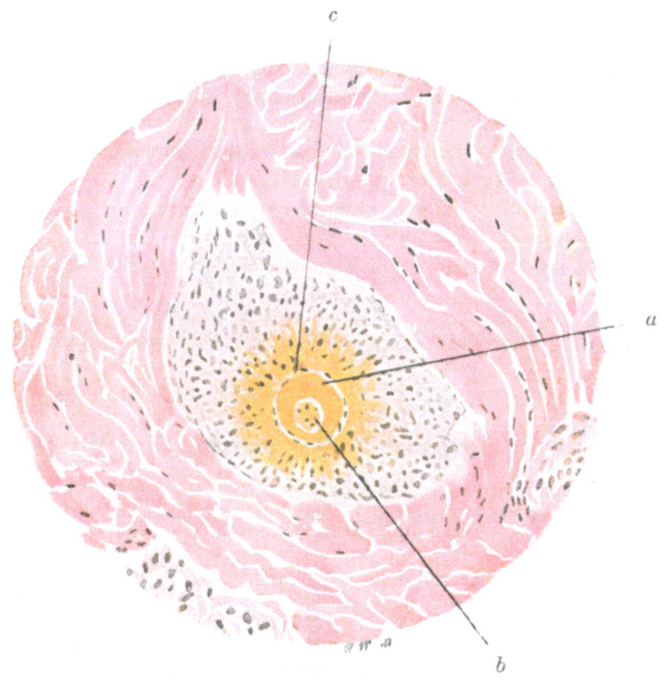

Fig. 424.
Fleckfieberroseola der Haut.
Bei *a* nekrotische Wand eines kleinen Gefäßes (bes. nach oben), in dessen Lumen eine kleine thrombotische Masse (*b*) liegt. Um das Gefäß gewucherte adventitielle Zellen (direkt um das Gefäß bei *c* in Nekrose übergehend).

Anhäufungen von roten Blutkörperchen (aber erst später und lange nicht stets, da die perivaskuläre Zellanhäufung oft wohl den Austritt der Blutkörperchen verhindert). In späten Stadien können eventuell schon verschwundene Roseolen durch Anwendung der Staubinde wieder sichtbar gemacht und, wenn diagnostisch wichtig, noch exzidiert werden. In Endstadien scheinen die perivaskulären Zellanhäufungen Bindegewebswucherungen Platz zu machen; in den Gefäßen selbst soll es durch denselben Vorgang zu Endarteriitis obliterans kommen.

Die gleichen Veränderungen wie an der Haut spielen sich nun auch an anderen Organen ab; am wichtigsten ist hier das Gehirn.

Die Gefäßchen zeigen das gleiche. An den perivaskulären Zellanhäufungen beteiligen sich auch Gliaabkömmlinge. Die Knötchen können sehr zahlreich sein; ein Prädilektionssitz ist anscheinend der Boden des 4. Ventrikels und die Medulla oblongata. Auch die Pia ist beteiligt. Die Gehirnsubstanz selbst leidet sekundär; die Ganglienzellen in der Umgebung der Gefäßveränderungen werden in Mitleidenschaft gezogen. Es kommt auch zu entzündlichem Hydrozephalus. Haut und Gehirn scheinen im Befallensein temporär zusammenzufallen, und ebenso in den Verschiedenheiten der Schwere des einzelnen Falles.

Aber auch die anderen Organe, wie Herz, Nieren, Hoden, Leber, Schilddrüse, Magendarmwand, periphere Nerven, Muskeln, Chorioidea, zeigen Veränderungen ihrer kleinen Gefäße ganz in gleichem Sinne. Die Schwere und Ausbreitung des Prozesses in allen Organen, besonders auch im Gehirn, mit dem Einfluß auf das Organ selbst, lassen uns die Schwere der Krankheit beim Fleckfieber verstehen.

Wolhynisches Fieber.

Bei dem sog. **Fünftagefieber** oder **Wolhynischen Fieber** sind anatomische Befunde im einzelnen nicht bekannt. Es treten auch hier Hautveränderungen, darunter Roseolen, auf. Mikroskopisch sollen sich dabei Hyperämie der Arteriolen der Kutis mit Lymphozytenansammlungen und vereinzelten Leukozyten um die Arteriolen, Ödem und Quellung der Bindegewebszellen finden, also rein entzündlich-exsudative Prozesse, völlig anders als beim Fleckfieber. Eine der Rickettsia des Fleckfiebers ähnliche Rickettsia quintana ist in ihrer ätiologischen Bedeutung sehr fraglich; Läuse sollen auch hier als Überträger dienen. Die Stellung des Wolhynischen Fiebers ist noch in jedem Punkte unsicher. Man hält es auch für milde Abortivformen von Rekurrens (Koch).

Gelbfieber (und Kedani).

Das Gelbfieber tritt besonders in Mittel- und Südamerika sowie an der Westküste Afrikas auf und besteht zunächst in hohem Fieber mit Kopfschmerzen usw., sowie hochgradiger Hyperämie, besonders des Gesichtes. Nach 3—4 Tagen tritt Ikterus auf; es werden erst gallige, dann dunklere Massen erbrochen. Am 6.—10. Tag tritt meist der Tod ein. Anatomisch findet sich vor: Verfettung und Nekrose in der intermediären Zone der Leberazini, ferner Magen- und Darmblutungen (eventuell auch Hämorrhagien an anderen Schleimhäuten); im Magen ist daher kaffeesatzähnlicher Inhalt vorhanden (da Rocha Lima). Der Erreger scheint in den ersten drei Tagen im Blute zu kreisen; er scheint besonders klein zu sein und passiert Berkefeld- und Chamberlandfilter. Ganz neuerdings ist es Noguchi gelungen, denselben mit Wahrscheinlichkeit nachzuweisen. Überträger ist eine Mücke — die Stegomya calopus —, in der der Erreger offenbar einen — 12tägigen — Entwickelungsgang durchmacht. Die Infektion geht fast nur nachts vonstatten, da die Mücken zu einer Zeit, da das Virus in ihnen schon infektionstüchtig ist, fast nur noch nachts Menschen stechen.

Kedani ist eine fieberhafte Erkrankung, die sich in Japan im Anschluß an ein kleines Geschwür entwickelt, welches besonders in der Achselhöhle, an den Genitalien oder in der Leistengegend durch die Kedanimilbe als Überträger eines unbekannten Virus gesetzt wird und mit Lymphadenitis einhergeht (s. S. 182). Die Mortalität beträgt etwa 30%.

Papatacifieber (und Denguefieber).

Das Papatacifieber tritt in den Gebieten um das Mittelmeer, besonders in der Türkei, auf, auch in epidemischer Form. Der Erreger ist unbekannt, Überträger ist Phlebotomus papataci, die Sandfliege, in der der Erreger sich offenbar entwickelt und deren Stiche sich bei den Kranken besonders an Hand und Arm finden. Die Erkrankung setzt plötzlich ein mit starken Kopfschmerzen, Wadenschmerzen, Fieber, absoluter Apathie und Niedergeschlagenheit, häufig auch Magen-Darmstörungen. Schon spätestens am zweiten Tage hört der krankhafte Zustand, am dritten meist schon das Fieber auf, aber die Rekonvaleszenz dauert oft auffallend lange. Auch treten häufig (nach Tagen bis Wochen) — öfters mehrfache — Rückfälle auf. Die Krankheit ist im ganzen völlig harmlos. Ihr objektives Hauptsymptom ist die Konjunktivitis, besonders der Übergangsfalten; an der Haut finden sich gewöhnlich Röte und Roseolen, besonders am Rücken (Zlocisti). Es besteht leichte Angina. Wichtig ist die sehr plötzlich einsetzende und meist wieder bald verschwindende Leukopenie — besonders der eosinophilen Leukozyten, die überhaupt fast ganz verschwinden — mit Lymphozytose. Über andere anatomische Veränderungen ist nichts bekannt.

Klinisch ähnlich ist das in zahlreichen tropischen und subtropischen Ländern vorkommende, mit Hautausschlag und Gelenkschmerzen einhergehende **Denguefieber.** Es hält aber länger (bis über eine Woche) an. Als Überträger wird eine Moskitoart — Culex fatigans — angenommen

Pest.

Die Pest, eine fieberhafte Allgemeinerkrankung, die schnell töten kann, herrscht vor allem in Indien und China endemisch bzw. epidemisch. Die Pestbazillen (über sie und die für die Pest sehr wichtigen Rattenerkrankungen s. S. 161) werden von Menschen oder Ratten mit Exkrementen, Urin u. dgl. entleert und halten sich lange trocken. Sie infizieren dann wieder den Menschen, und zwar entweder durch die Haut bzw. Schleimhäute der oberen Luftwege und wohl auch des Magendarmkanals, wobei dann die regionären Lymphknoten erkranken — **Bubonenpest** —, oder (seltener) durch Einatmen, wobei die **Lungenpest** entsteht, die sehr infektiös ist und meist schnell tödlich verläuft. Beide Formen können sich auch kombinieren.

Bei der Bubonenpest entsteht, vor allem an Stellen minimaler Hautläsionen, die Pestpustel, eine hämorrhagisch-furunkelartige Hautveränderung, und von hier aus (eventuell auch ohne Auftreten der Hautaffektion) erkranken die benachbarten Lymphknoten, je nachdem der Hals-, Achsel-, Inguinalgegend usw. Sie werden durch Blutungen dunkelrot; es bestehen starkes Ödem und Zellhyperplasie. Auch die Umgebung der Lymphknoten ist mit Leukozyten und roten Blutkörperchen durchsetzt. Die Lymphknoten werden dann, zentral beginnend, nekrotisch oder vereitern und brechen auf. Die Bazillen finden sich vor allem in den Lymphknoten in großer Menge. Ist die Mundrachenhöhle die Eingangspforte, so bestehen auch hier nekrotisierende und eiterige Herde. Pestbronchitis soll häufig sein. Die Lunge kann auch sekundär erkranken.

Die Lungenpest stellt eine schlaffe konfluierende Pneumonie in Gestalt eines aus roten Blutkörperchen, Leukozyten, Fibrin und geblähten Alveolarepithelien bestehenden Infiltrates mit ödematöser Umgebung dar. Überwiegen gangränöse, mit Blutungen einhergehende Prozesse, so können dunkle, zerstörte Lungenmassen ausgehustet werden, „schwarzer Tod" des Mittelalters.

Besonders bei der Bubonenpest kommt es auch zum Übertritt der Bazillen ins Blut. Die Milz ist groß und dunkelrot, weist eventuell Nekrosen besonders der Gefäßwände auf, und kann dann „chagriniert" erscheinen. Leber und Nieren zeigen Degenerationen. Im Knochenmark finden sich nekrotische Herde mit Fibrin, Hyperämie und Blutungen, sowie oft große Mengen von Pestbazillen. Die Lungen können metastatisch ergriffen sein. In allen diesen Organen können sich bei der Pestsepsis auch Eiterungen entwickeln. Hier spielen eventuell auch Mischinfektionen eine Rolle.

Pocken, Variola.

Die Pocken stellen eine schwere, akute, fieberhafte, kontagiöse Allgemeinerkrankung dar, die, obwohl der Erreger nicht mit Sicherheit bekannt ist, dank der gesetzlich durchgeführten Impfung bei uns fast verschwunden ist. Schon das Prodromalstadium setzt öfters mit hohem Fieber und scharlachartigem Exanthem ein. Dann (nach etwa drei Tagen) kommt es, zunächst und besonders am Kopf und Gesicht, später über dem ganzen Körper, zu den typischen Pockeneffloreszenzen der Haut, d. h. zunächst roten, derben, etwa miliaren Knötchen mit hyperämischer Randzone, aus denen sich dann Bläschen mit zentraler Delle entwickeln, die nach einigen Tagen vereitern und so Pusteln bilden.

Mikroskopisch sieht man, daß sich durch Quellung und Trübung, sodann Koagulationsnekrose der Zellen des Rete Malpighi zusammen mit zunächst seröser Exsudation ein Bläschen bildet; dies ist durch Zwischenleisten, welche aus nekrotischen Massen oder stehengebliebenen Epithelien bestehen, mehrkammerig. Durch Eiterung wird dann das ganze eingeschmolzen, und so entsteht die einkammerige Pustel. Die Umgebung wird gerötet und stark ödematös, oft besonders im Gesicht. Die Pusteln platzen und trocknen dann mit Borken- und Krustenbildung ein. Bei eventueller Heilung entstehen zahlreiche kleine, glänzende, leicht eingesunkene, weiße Narben, besonders im Gesicht. Nur wenn die Papillen verschont geblieben, heilen die Effloreszenzen in Gestalt leicht bräunlicher Flecke ohne Narbenbildung. Auch die Schleimhäute des Mundes und Ösophagus, eventuell auch des Rektums, können ergriffen sein.

Von Allgemeinveränderungen finden sich Degenerationen in Herz, Leber, Nieren usw., im Knochenmark Ödem, Nekrosen und eventuell Blutungen, auch in den weiblichen Geschlechtsorganen und anderen Organen Blutungen. Auch Osteomyelitiden sind bekannt. In Larynx und Luftröhre entstehen pseudomembranöse Entzündungen oder kleine Nekrosen bzw. Eiterherde und Geschwüre. Die Lunge kann bronchopneumonische Herde aufweisen. Die Milz ist im allgemeinen nicht vergrößert.

Unter den atypischen Formen sind die von vornherein oder nach dem Bläschenstadium hämorrhagisch werdenden **„schwarzen Pocken"** zu nennen. Hier bestehen große Blutungen in der Haut, aber auch in den serösen Häuten, dem Knochenmark, Respirations- und Urogenitalsystem usw. Zu Pustelbildung u. dgl. kommt es meist nicht; der Tod tritt zu schnell ein.

Über das mutmaßliche Pockenvirus und die charakteristischen, diagnostisch wichtigen Guarnierischen Körperchen s. S. 169. Die Infektion soll von den oberen Luftwegen aus durch Tröpfcheninfektion, von den Hauteffloreszenzen aus nach Platzen dieser durch Eintrocknung, Verstäubung und Einatmung erfolgen.

Diagnostisch soll die sog. Paulsche Reaktion wertvoll sein. Bei Impfung von Variolamaterial auf die Kaninchenkornea entstehen nach 36—48 Stunden kleine Erhebungen, die bei kurzer Fixierung der Hornhaut in Sublimatalkohol, wenn es sich in der Tat um Pockenmaterial handelte, als kreideweiße (weißopake) Knötchen zutage treten; sie beruhen auf lebhafter Epithelproliferation.

Variolois sind — besonders bei Geimpften — ganz leicht verlaufende Pocken. Hier trocknen die Bläschen vor der Eiterung ein.

Die **Kuhpocke** entspricht den menschlichen Pocken.

Varizellen, Windpocken, stellen eine leichte Kinderkrankheit dar. Hier werden bis höchstens erbsengroße Bläschen der Haut mit klarem Inhalt gebildet, die dann schnell eintrocknen. Bei Ausstrichen sollen sich zahlreiche Riesenzellen finden, die bei Pocken meist vermißt werden (Paschen).

Anhang.

Die wichtigsten Maß- und Gewichtsangaben.

Durchschnittsgewichte der Organe normaler, erwachsener Individuen. (Die Zahlen sind abgerundet; beim weiblichen Geschlecht sind die Gewichte durchschnittlich etwas geringer und nähern sich mehr der niedrigeren hier angegebenen Zahl, beim männlichen Geschlecht nähern sie sich mehr der höheren Zahl.)

Gehirn	1200—1400 g
Herz	250— 350 g
Lungen: linke Lunge	325— 480 g
rechte Lunge	350— 570 g
Milz	150— 250 g
Leber	1400—1600 g
Nieren (zusammen)	300 g

(Die linke ist um einige Gramm schwerer als die rechte.)

Durchschnittsmaße am (reifen) Neugeborenen.

Länge	50	cm
Gewicht: männlich 3250, weiblich 3000 g.		
Kopfdurchmesser: kleiner querer	8	,,
,, großer querer	9,25	,,
,, fronto-okzipitaler	12	,,
Schädelumfang	34	,,
Große Fontanelle: Länge	2—2,5	,,
Länge der Nabelschnur	51	,,
Durchmesser des Knochenkernes in der unteren Femurepiphyse (nicht ganz konstant)	5	mm

Altersbestimmung der Frucht nach ihrer Länge.

Für die ersten fünf Schwangerschaftsmonate ist die Länge der Frucht gleich dem Quadrat der Monatszahl. Es ergibt sich also die Reihe:

1 × 1,	also Länge	im	1.	Monat	1	cm
2 × 2,	,,	,,	2.	,,	4	,,
3 × 3,	,,	,,	3.	,,	9	,,
4 × 4,	,,	,,	4.	,,	16	,,
5 × 5,	,,	,,	5.	,,	25	,,

Für die fünf letzten Schwangerschaftsmonate ergibt die Länge des Fötus dividiert durch 5 die Monatszahl; z. B. Länge 30 cm, also Alter: 6 Monate.

Alphabetisches Sachregister.